"工科数学分析"MOOC配套教材

工科数学分析教程
（上册）

主　编　杨小远

参　编　冯伟杰　魏光美　张英晗
　　　　高颖辉　张奇业

科学出版社

北京

内 容 简 介

《工科数学分析教程(上册)》是一本信息化研究型教材. 本书包括数列极限、函数极限与连续、导数的计算与应用、泰勒公式、不定积分、定积分的应用、广义积分、数项级数. 本书体系内容由浅入深, 符合学生认知规律. 每章都有提高课, 内容包括混沌现象与极限、连续函数不动点定理以及应用、极值问题与数学建模、泰勒公式与科学计算、积分算子的磨光性质以及应用等系列内容, 初步为学生打开现代数学的窗口. 同时每章都设置了系列探索类问题, 包括理论问题、应用问题, 培养学生应用数学解决实际问题的能力. 本教材有与之配套的MOOC课程, 充分利用多媒体信息技术, 将复杂数学问题直观化, 图文并茂. 视频课为读者营造一对一的视频授课环境, 通过扫描教材中的二维码进入视频课的学习, 使得学生对数学问题的理解更通透.

本书适用于普通高等院校工科专业学生使用, 也为自学者提供优质自学资源, 还可供相关科技工作者参考使用.

图书在版编目(CIP)数据

工科数学分析教程. 上册/杨小远主编. —北京: 科学出版社, 2018.9
"工科数学分析" MOOC 配套教材
ISBN 978-7-03-058599-8

Ⅰ.①工… Ⅱ.①杨… Ⅲ.①数学分析–高等学校–教材 Ⅳ.①O17

中国版本图书馆 CIP 数据核字(2018) 第 195599 号

责任编辑: 张中兴 梁 清 孙翠勤／责任校对: 张凤琴
责任印制: 吴兆东／封面设计: 迷底书装

科学出版社 出版
北京东黄城根北街 16 号
邮政编码: 100717
http://www.sciencep.com

北京天宇星印刷厂印刷
科学出版社发行 各地新华书店经销
*
2018 年 9 月第 一 版 开本: 787×1092 1/16
2024 年 8 月第六次印刷 印张: 31 1/4
字数: 620 000
定价: **79.00 元**
(如有印装质量问题, 我社负责调换)

前言 Preface

随着信息时代的到来,数学越来越显示其强大的生命力,工科各个专业对数学要求越来越高,在新工科背景下我们出版了此套教材,这是一套信息化研究型教材. 本套教材的特点如下:

1. 科学严谨的渐进式教材体系

教材体系由浅入深、循序渐进,不仅涵盖了数学分析经典内容,同时初步引入现代数学的内容,符合学生的认知规律,可以满足不同程度读者的要求.

2. 教材的可阅读性

数学是一门抽象的学科,为了使读者更容易学懂数学,本套教材以问题驱动的模式引入数学问题. 将许多复杂数学问题直观化,图文并茂,对数学问题的分析阐述详尽,有丰富的例题,大幅度提高了教材的可阅读性,使得读者对数学问题知其然又要知其所以然.

3. 教材的前沿性

本套教材大部分章节都设有提高课,将数学建模的思想引入教学,增加了微积分解决实际问题的经典案例. 本套教材增加了混沌现象与极限、泰勒公式与多项式逼近、勒贝格积分初步、从傅里叶变换到小波变换初步、常微分方程与数学建模、非线性方程的数值求解、数值优化初步、积分算子与应用等一系列内容,主要目的是初步为学生打开现代数学窗口,开拓视野. 这些内容体系编排确保学生在数学分析体系下能学懂.

4. 教材的研究探索性

本套教材每一章都设有系列探索类问题,包括基础理论类问题、应用类问题、实验类问题,培养学生应用数学解决实际问题的能力,创新能力的培养从研究一个问题开始.

5. 教材的信息化

本套教材有配套的 MOOC 视频课程,并充分利用多媒体信息技术,绘制了几千幅图解释数学问题，使得数学课程变得生动，为读者营造了一对一的教学环境. 读者可以通过扫描教材的二维码进入视频课的学习. 视频课可以帮助读者更好地理解数学问题，感受数学思想.

感谢朱日东博士、吕静云博士、王敬凯博士为本书绘制全部配图. 本套教材得到北京航空航天大学出版基金资助出版，在此表示谢意.

杨小远
2018 年 6 月

目录

前言

第 1 章　数列极限 ··· 1

1.1　数列极限的定义与基本性质 ·· 1
1.1.1　数列极限的定义 ·· 1
1.1.2　数列极限定义的应用 ·· 4
1.1.3　收敛数列的性质 ··· 10
1.1.4　数列极限的运算法则 ··· 14
1.1.5　无穷小量及其运算性质 ·· 21
1.1.6　趋向于无穷大的数列 ··· 21

1.2　单调有界定理与应用 ··· 24
1.2.1　单调有界定理 ·· 24
1.2.2　两个典型单调数列 ·· 26
1.2.3　单调数列综合例题 ·· 29

1.3　闭区间套定理与应用 ··· 33
1.3.1　闭区间套定理 ·· 33
1.3.2　闭区间套定理的应用 ··· 34

1.4　柯西收敛准则及其应用 ··· 36
1.4.1　列紧性定理 ·· 36
1.4.2　柯西收敛准则 ·· 37
1.4.3　柯西收敛准则的应用 ··· 39

1.5　确界存在定理与应用 ··· 42
1.5.1　确界存在定理 ·· 42

	1.5.2 确界存在定理的应用	44
1.6	有限覆盖定理	46
1.7	实数系六个定理的等价性讨论	47
	1.7.1 实数的连续与完备性讨论	47
	1.7.2 无理数集合、有理数集合与实数集合的进一步讨论	51
1.8	数列的上下极限与应用	52
1.9	施笃兹定理与应用	56
	1.9.1 施笃兹定理	56
	1.9.2 施笃兹定理的应用	58
1.10	综合例题选讲	59
*1.11	提高课	64
*1.12	探索类问题	72

第 2 章 函数极限与连续   77

2.1	集合	77
	2.1.1 集合的定义	77
	2.1.2 集合的基本术语	78
	2.1.3 集合的势的定义与基本性质	83
2.2	初等函数的讨论	87
	2.2.1 初等函数回顾	87
	2.2.2 平面曲线的数学描述	89
	2.2.3 函数与数学建模	90
	2.2.4 函数基本性质讨论	91
2.3	函数极限的定义与基本理论	94
	2.3.1 函数极限的定义	94
	2.3.2 函数极限的基本性质	98
	2.3.3 函数极限的四则运算与夹逼定理	101
	2.3.4 复合函数的极限	103
	2.3.5 典型例题	104
	2.3.6 海涅原理	107

	2.3.7 柯西收敛定理 · 109

2.4 连续函数 · 112
    2.4.1 连续函数与间断点分类 · 112
    2.4.2 函数的间断点类型分析 · 115
    2.4.3 连续函数的应用：函数极限求解与函数方程 · 117

2.5 函数极限的其他形式与结论 · 120
    2.5.1 单侧极限 · 120
    2.5.2 自变量趋向于无穷大时函数的极限 · 122
    2.5.3 典型例题 · 127

2.6 一致连续函数 · 133
    2.6.1 函数一致连续的定义 · 133
    2.6.2 函数一致连续典型例题 · 137

2.7 收敛速度讨论：无穷小与无穷大阶的比较 · 140
    2.7.1 无穷小阶的比较 · 140
    2.7.2 无穷小阶的运算性质 · 143
    2.7.3 无穷大阶的比较 · 145

2.8 有限闭区间上连续函数的整体性质 · 148
    2.8.1 有限闭区间上连续函数的性质 · 148
    2.8.2 连续函数性质的进一步讨论 · 153

2.9 综合例题选讲 · 155

*2.10 提高课 · 162
    2.10.1 有限覆盖定理的进一步认识 · 162
    2.10.2 连续函数的不动点定理以及应用 · 164

*2.11 探索类问题 · 167

第 3 章 导数的计算与应用 · 173

3.1 导数的定义与计算 · 173
    3.1.1 导数的定义 · 173
    3.1.2 导数的四则运算法则 · 176
    3.1.3 四则运算应用举例 · 177

  3.1.4 复合函数逐层链式求导定理 ·· 178
  3.1.5 复合函数求导计算例题 ·· 179
  3.1.6 反函数求导法则与应用 ·· 181
3.2 高阶导数 ··· 182
  3.2.1 高阶导数的定义与计算 ·· 182
  3.2.2 莱布尼茨求导公式与应用 ·· 184
  3.2.3 高阶导数的计算 ··· 184
3.3 隐函数和参数方程的求导 ··· 186
3.4 微分中值定理 ··· 188
  3.4.1 罗尔定理证明 ·· 188
  3.4.2 罗尔定理应用 ·· 189
  3.4.3 拉格朗日中值定理证明 ·· 191
  3.4.4 拉格朗日中值定理应用 ·· 193
  3.4.5 柯西中值定理 ·· 194
  3.4.6 柯西中值定理应用 ·· 195
3.5 函数的单调性 ··· 197
  3.5.1 函数单调性判定定理 ·· 197
  3.5.2 函数单调区间分析应用例题 ··· 198
3.6 极值问题 ··· 200
  3.6.1 极值问题判定定理 ··· 200
  3.6.2 极值问题求解 ·· 201
  3.6.3 函数的最大最小值 ··· 203
3.7 凹凸函数 ··· 206
  3.7.1 函数凹凸的定义及詹森定理 ··· 206
  3.7.2 凹凸函数的判定定理 ·· 207
  3.7.3 凹凸函数应用 ·· 210
3.8 洛必达法则 ·· 213
  3.8.1 洛必达法则 ··· 213
  3.8.2 洛必达法则应用 ··· 215

- 3.9 函数作图 ··· 217
- 3.10 综合例题选讲 ··· 219
- *3.11 提高课 ·· 223
  - 3.11.1 数学建模：彩虹现象 ·· 223
  - 3.11.2 数学建模：罐子设计 ·· 225
  - 3.11.3 方程求根 ·· 227
  - 3.11.4 几类特殊函数性质的讨论 ·· 231
- *3.12 探索类问题 ··· 236

第 4 章 微分与泰勒公式 ··· 239

- 4.1 微分的定义与运算性质 ·· 239
  - 4.1.1 微分的定义与计算 ·· 239
  - 4.1.2 高阶微分的定义与计算 ·· 242
  - 4.1.3 微分的应用：近似计算 ·· 243
- 4.2 带佩亚诺型余项的泰勒公式 ··· 243
  - 4.2.1 带佩亚诺型余项的泰勒公式 ·· 243
  - 4.2.2 常用函数的泰勒展开 (佩亚诺型余项) ··································· 245
  - 4.2.3 泰勒公式局部逼近 ·· 247
  - 4.2.4 函数的泰勒渐近展开 ··· 248
- 4.3 带拉格朗日余项的泰勒公式 ··· 250
  - 4.3.1 带拉格朗日余项的泰勒公式 ·· 250
  - 4.3.2 泰勒公式的应用 ··· 252
  - 4.3.3 泰勒公式典型例题 ·· 255
- 4.4 综合例题选讲 ·· 258
- *4.5 提高课 ·· 261
  - 4.5.1 泰勒公式在科学计算中的应用 ··· 261
  - 4.5.2 拉格朗日插值逼近 ·· 264
- *4.6 探索类问题 ··· 266

第 5 章 不定积分 ·· 269

- 5.1 不定积分的定义与基本性质 ··· 269

5.2 第一类换元公式与应用 ····· 271
5.3 分部积分公式与应用 ····· 276
5.4 第二类换元公式与应用 ····· 278
5.5 几类特殊函数的不定积分 ····· 282
5.5.1 有理函数的不定积分 ····· 283
5.5.2 三角函数有理式的不定积分 ····· 286
5.5.3 无理根式的不定积分 ····· 287
5.6 综合例题选讲 ····· 289
*5.7 探索类问题 ····· 295

第 6 章 定积分 ····· 297
6.1 定积分的定义与基本运算性质 ····· 297
6.2 函数可积性讨论 ····· 303
6.2.1 函数可积定理 ····· 303
6.2.2 可积函数类 ····· 310
6.3 微积分基本定理 ····· 318
6.3.1 牛顿–莱布尼茨公式 ····· 318
6.3.2 微积分基本定理 ····· 320
6.4 定积分的计算 ····· 325
6.4.1 定积分的分部积分公式 ····· 325
6.4.2 定积分的换元公式 ····· 329
6.5 定积分中值定理 ····· 335
6.5.1 定积分第一中值定理 ····· 335
6.5.2 定积分第二中值定理 ····· 337
6.5.3 定积分第三中值定理 ····· 340
6.6 勒贝格定理 ····· 341
6.6.1 勒贝格定理 ····· 341
6.6.2 勒贝格定理的应用 ····· 343
6.7 综合例题选讲 ····· 345
*6.8 提高课 ····· 352

6.8.1　积分算子的应用：函数的磨光 ··· 352

　　　6.8.2　定积分的数值计算 ·· 356

　　　6.8.3　勒贝格积分初步 ·· 363

　*6.9　探索类问题 ··· 367

第 7 章　定积分的应用 ·· 370

　7.1　定积分解决实际问题的一般方法 ·· 370

　7.2　平面图形面积的计算 ·· 371

　　　7.2.1　直角坐标系下图形面积计算 ··· 371

　　　7.2.2　参数方程表示的曲线围成平面图形的面积 ························· 373

　　　7.2.3　极坐标系下平面图形面积的计算 ······································· 375

　7.3　旋转曲面面积的计算 ·· 377

　7.4　旋转体体积的计算方法 ··· 383

　7.5　曲线的弧长 ··· 388

　7.6　平面曲线的曲率 ·· 391

　7.7　定积分的物理应用 ··· 393

　　　7.7.1　变力做功与压力压强 ··· 393

　　　7.7.2　液体的压力与压强 ·· 394

　　　7.7.3　引力问题 ··· 395

　　　7.7.4　力矩和质心 ··· 397

　*7.8　探索类问题 ··· 399

第 8 章　广义积分 ·· 401

　8.1　无穷积分的基本概念与性质 ·· 401

　　　8.1.1　无穷积分的定义 ·· 401

　　　8.1.2　无穷积分的计算 ·· 405

　8.2　无穷积分敛散性的判别方法 ·· 408

　　　8.2.1　无穷区间上非负函数积分的敛散性判别 ····························· 408

　　　8.2.2　无穷积分的狄利克雷和阿贝尔判定定理 ····························· 412

　8.3　瑕积分 ·· 419

　8.4　综合例题选讲 ·· 428

*8.5 探索类问题 ··· 431

第9章 数项级数 ·· 433

9.1 数项级数的基本概念与性质 ··· 433
9.1.1 数项级数的概念 ·· 433
9.1.2 数项级数的性质 ·· 434

9.2 正项级数 ·· 439
9.2.1 正项级数的比较判别法 ··· 439
9.2.2 正项级数的柯西积分判别法 ·· 443
9.2.3 正项级数的柯西判别法 ··· 446
9.2.4 正项级数的达朗贝尔判别法 ·· 448
9.2.5 正项级数的拉贝判别法 ··· 451

9.3 一般级数收敛问题讨论 ·· 455
9.3.1 交错级数 ·· 455
9.3.2 狄利克雷判别法和阿贝尔判别法 ··· 456
9.3.3 绝对收敛和条件收敛级数 ··· 460
9.3.4 绝对收敛级数的性质 ··· 464
9.3.5 广义积分与数项级数 ··· 467

9.4 综合例题选讲 ·· 469

*9.5 提高课 ·· 473
9.5.1 级数的乘法 ·· 473
9.5.2 无穷乘积 ·· 476

*9.6 探索类问题 ··· 480

参考文献 ··· 482
索引 ··· 484

第 1 章 数列极限

工欲善其事,必先利其器. 极限是微积分理论的基础,要想真正掌握微积分这门学科的实质,就必须掌握极限的概念. 这一章讨论数列极限的定义与基本性质以及实数系六个定理: 单调有界定理、闭区间套定理、列紧性定理、柯西收敛准则、确界存在定理和有限覆盖定理. 提高拓展部分讨论了数列在实际问题中的应用. 本章的最后设置了系列研究探索类问题.

1.1 数列极限的定义与基本性质

扫码学习

1.1.1 数列极限的定义

例 1.1.1 利用数学家刘徽提出的方法:"割之弥细,所失弥少,割之又割,以至于不可割",求圆的面积.

解 如图 1.1.1 所示,设圆的内接正六边形的面积为 A_1,内接正十二边形的面积为 A_2,依次类推,内接正 $6 \times 2^{n-1}$ 边形的面积为 A_n,得到点列 $A_1, A_2, A_3, \cdots, A_n, \cdots$,该点列 $\{A_n\}$ 逐步逼近圆的面积 S.

例 1.1.2 庄子提出的截杖问题:"一尺之棰,日取其半,万世不竭"的数学分析.

解 如图 1.1.2 所示,长度为 1 尺的杖,第一天截下 $X_1 = \dfrac{1}{2}$,第二天截下 $X_2 = \dfrac{1}{2^2}$,…,第 n 天截下 $X_n = \dfrac{1}{2^n}$,依次类推得到点列 $X_1, X_2, X_3, \cdots, X_n, \cdots$,该点列 $\{X_n\}$ 逐步逼近 0.

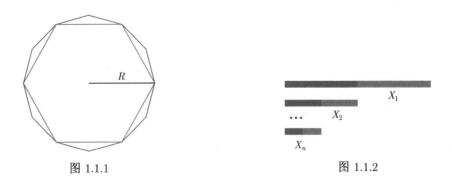

图 1.1.1　　　　　图 1.1.2

例 1.1.1 和例 1.1.2 利用数列的变化趋势解决实际问题. 下面给出数列的定义.

定义 1.1.1　按照自然数编号排列的无穷多个数

$$x_1, x_2, \cdots, x_n, \cdots$$

称为数列, 记为 $\{x_n\}$ 或者 $\{x_n\}_{n=1}^{\infty}$, x_n 为数列的通项.

例如, 以 $2^n, \dfrac{\sin n}{2^n}, \arctan n$ 为通项的数列分别为

$$\{2^n\} = \{2, 4, 8, \cdots, 2^n, \cdots\}$$

$$\left\{\frac{\sin n}{2^n}\right\} = \left\{\frac{\sin 1}{2}, \frac{\sin 2}{4}, \frac{\sin 3}{8}, \cdots, \frac{\sin n}{2^n}, \cdots\right\}$$

$$\{\arctan n\} = \{\arctan 1, \arctan 2, \cdots, \arctan n, \cdots\}$$

例 1.1.3　分析数列的变化趋势: $a_n = n\sin\dfrac{1}{n}, b_n = \arctan n, c_n = \sin n, d_n = \sin\sqrt{n}, n = 1, 2, 3, \cdots$.

解　如图 1.1.3 所示, 通过四个数列变化的几何直观图可以发现, 随着 n 的不断增大, 数列 $\left\{n\sin\dfrac{1}{n}\right\}$ 逐步逼近 1, $\{\arctan n\}$ 逐步逼近 $\dfrac{\pi}{2}$, 而数列 $\{\sin n\}$ 和 $\{\sin\sqrt{n}\}$ 没有逼近任何实数.

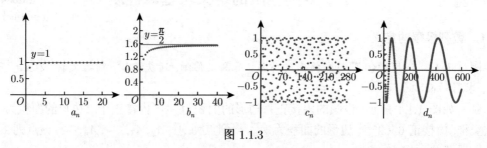

图 1.1.3

随着 n 的增大, 逐步逼近一个常数的数列是我们将要重点讨论的, 下面用数学语言刻画数列变化的规律.

例 1.1.4　分析数列 $\left\{a_n = \dfrac{(-1)^n}{n}\sin\dfrac{1}{n}\right\}$ 的变化趋势, 用数学语言刻画数列的变化规律.

解　(1) 取 $\varepsilon = \dfrac{1}{2}$, 如果要使 $|a_n - 0| = \left|\dfrac{1}{n}\sin\dfrac{1}{n}\right| \leqslant \dfrac{1}{n} < \varepsilon$, 则只需 $n > 2$, 即对任意自然数 $n > N_1 = 2$, 都有 $|a_n - 0| < \dfrac{1}{2}$, 或者 $\{a_n\}_{n=3}^{\infty} \subset \left(-\dfrac{1}{2}, \dfrac{1}{2}\right)$.

(2) 取 $\varepsilon = \dfrac{1}{2^2}$, 如果要使 $|a_n - 0| = \left|\dfrac{1}{n}\sin\dfrac{1}{n}\right| \leqslant \dfrac{1}{n} < \varepsilon$, 则只需 $n > 2^2$, 即对任意自然数 $n > N_2 = 2^2$, 都有 $|a_n - 0| < \dfrac{1}{2^2}$, 或者 $\{a_n\}_{n=5}^{\infty} \subset \left(-\dfrac{1}{2^2}, \dfrac{1}{2^2}\right)$.

(3) 依次类推, 取 $\varepsilon = \dfrac{1}{2^k}$, 如果要使 $|a_n - 0| = \left|\dfrac{1}{n}\sin\dfrac{1}{n}\right| \leqslant \dfrac{1}{n} < \varepsilon$, 则只需 $n > 2^k$, 即对任意自然数 $n > N_k = 2^k$, 都有 $|a_n - 0| < \dfrac{1}{2^k}$, 或者 $\{a_n\}_{n=2^k+1}^{\infty} \subset \left(-\dfrac{1}{2^k}, \dfrac{1}{2^k}\right)$. 如图 1.1.4 所示.

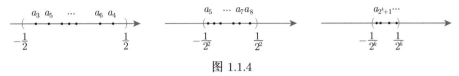

图 1.1.4

图 1.1.4 是数列 $\left\{\dfrac{(-1)^n}{n}\sin\dfrac{1}{n}\right\}$ 逐步逼近零的几何示意图, 即

$$\{a_n\}_{n=2^k+1}^{\infty} \subset \left(-\dfrac{1}{2^k},\dfrac{1}{2^k}\right), \quad k=1,2,\cdots$$

当 k 充分大时, 区间 $\left(-\dfrac{1}{2^k},\dfrac{1}{2^k}\right)$ 的长度趋向于零, 因此 $\left\{\dfrac{(-1)^n}{n}\sin\dfrac{1}{n}\right\}$ 趋于 0.

一般情况下, 对于任意给定的 $\varepsilon>0$, 要使 $|a_n-0|\leqslant\dfrac{1}{n}<\varepsilon$, 则只需 $n>\dfrac{1}{\varepsilon}$, 因此存在自然数 $N=\left[\dfrac{1}{\varepsilon}\right]+1$, 对任意自然数 n, 当 $n>N$ 时, 有 $|a_n-0|<\varepsilon$. 这里符号 $[\cdot]$ 是取整运算.

下面给出数列极限的严格的数学定义.

定义 1.1.2 给定数列 $\{a_n\}$, 若存在实数 a, 对于任意给定的 $\varepsilon>0$, 都存在一个自然数 N, 使得当 $n>N$ 时, 有

$$|a_n-a|<\varepsilon \tag{1.1.1}$$

则称数列 $\{a_n\}$ 是收敛的, 并称 a 为该数列的极限, 或者 $\{a_n\}$ 收敛于 a, 记为 $\lim\limits_{n\to\infty}a_n=a$. 如果不存在实数 a, 使得 $\{a_n\}$ 以 a 为极限, 则称数列 $\{a_n\}$ 是发散数列.

注 1.1.1 定义 1.1.2 中的 ε 刻画了 a_n 与 a 的逼近程度, ε 可以限制为小于某一正数, 比如限制 $0<\varepsilon\leqslant 1$; 定义中的 N 和 ε 有关, 仅要求存在, 一般 ε 越小, N 越大.

在本套教材中用 $\mathbf{N}^*=\{1,2,3,\cdots\}$ 表示正自然数集合, $\mathbf{Z}=\{0,\pm 1,\pm 2,\cdots\}$ 表示整数集合, $\mathbf{Q}$ 表示全体有理数集合, $\mathbf{R}$ 表示全体实数集合.

定义 1.1.2 可以用下述逻辑符号表示:

$$\forall \varepsilon>0, \exists N(\varepsilon)\in\mathbf{N}^*, \forall n>N: |a_n-a|<\varepsilon \tag{1.1.2}$$

其中 $\forall$ 表示任意选取, $\exists$ 表示存在, 冒号 : 表示满足的结论.

数列可看成是数轴上的一列点, 也可以看成定义在自然数集上的函数. 数列极限的几何意义可以用图形直观地反映出来.

把数列 $\{x_n\}$ 看成数轴上的一列点, 则 $\lim\limits_{n\to\infty}x_n=a$ 意味着对任意的 $\varepsilon>0$, 存在自然数 N, 使得 $\{x_n\}_{n=N+1}^{\infty}\subset(a-\varepsilon,a+\varepsilon)$. 如图 1.1.5 所示.

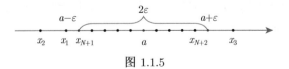

图 1.1.5

把数列 $\{x_n\}$ 看成自然数集上的函数, 则 $\lim\limits_{n\to\infty}x_n=a$ 意味着对任意的 $\varepsilon>0$, 存在自然数 N, 使得 $\{(n,x_n)\}_{n=N+1}^{\infty}\subset(N,+\infty)\times(a-\varepsilon,a+\varepsilon)$. 如图 1.1.6 所示.

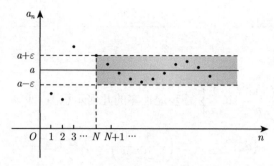

图 1.1.6

由上述讨论结果, 可以得到下面的结论.

结论 1 $\lim\limits_{n\to\infty} x_n = a$ 的充要条件为: $\forall \varepsilon > 0, \exists N \in \mathbf{N}^*$, 使得

$$\{x_n\}_{n=N+1}^{\infty} \subset (a-\varepsilon, a+\varepsilon)$$

结论 2 $\lim\limits_{n\to\infty} x_n = a$ 的充要条件为: $\forall \varepsilon > 0, \{x_n\}_{n=1}^{\infty}$ 中只有有限项落在 $(a-\varepsilon, a+\varepsilon)$ 之外.

下面讨论数列 $\{a_n\}$ 的极限不存在的表述方法. 首先由 $\lim\limits_{n\to\infty} a_n = a$ 的定义推出 $\lim\limits_{n\to\infty} a_n \neq a$ 的定义.

$$\lim_{n\to\infty} a_n = a: \quad \forall \varepsilon > 0, \exists N(\varepsilon) \in \mathbf{N}^*, \forall n > N : |a_n - a| < \varepsilon \tag{1.1.3}$$

$$\Downarrow \quad \Downarrow \quad \Downarrow \quad \Downarrow$$

$$\lim_{n\to\infty} a_n \neq a: \quad \exists \varepsilon_0 > 0, \forall N \in \mathbf{N}^*, \exists n_0 > N : |a_{n_0} - a| \geqslant \varepsilon_0 \tag{1.1.4}$$

这里 $\forall$ 的否定是 $\exists$, $\exists$ 的否定是 $\forall$.

(1.1.4) 式的含义是存在 $\varepsilon_0 > 0$, 对于任意自然数 N, 无论多么大, 都存在自然数 $n_0 > N$, 使得 $|a_{n_0} - a| \geqslant \varepsilon_0$.

下面给出数列极限不存在的定义.

定义 1.1.3 给定数列 $\{a_n\}$, 若对任意实数 $a \in \mathbf{R}$, 存在 $\varepsilon_0 > 0$, 对任意 $N \in \mathbf{N}^*$, 总存在 $n_0 > N$, 使得 $|a_{n_0} - a| \geqslant \varepsilon_0$, 则称 $\{a_n\}$ 为发散数列. 用逻辑符号表述为

$$\forall a \in R, \exists \varepsilon_0 > 0, \forall N \in \mathbf{N}^*, \exists n_0 > N : |a_{n_0} - a| \geqslant \varepsilon_0 \tag{1.1.5}$$

(1.1.5) 式的含义是对于任意实数 a, 都存在一个 $\varepsilon_0 > 0$, 对任意自然数 N, 无论多么大, 都存在自然数 $n_0 > N$, 使得 $|a_{n_0} - a| \geqslant \varepsilon_0$.

1.1.2 数列极限定义的应用

利用数列极限的定义证明极限存在的关键是确定定义 1.1.2 中的自然数 $N(\varepsilon)$, 一般采用反分析和不等式放大的方法确定.

下面介绍几个常用等式和不等式, 其证明留给读者完成.

(1) 调和-几何-算术平均值不等式:

$$\frac{1}{\frac{1}{n}\left(\frac{1}{a_1}+\frac{1}{a_2}+\cdots+\frac{1}{a_n}\right)} \leqslant \sqrt[n]{a_1 a_2 \cdots a_n} \leqslant \frac{a_1+a_2+\cdots+a_n}{n}$$

$(a_i > 0, i = 1, 2, \cdots, n)$

(2) 伯努利不等式:

$$(1+x)^n \geqslant 1 + nx \quad (\forall x > -1, n \in \mathbf{N}^*)$$

(3) 柯西不等式:

$$\left(\sum_{i=1}^n a_i b_i\right)^2 \leqslant \left(\sum_{i=1}^n a_i^2\right)\left(\sum_{i=1}^n b_i^2\right)$$

(4) 对 $x \geqslant 0, y \geqslant 0, n \in \mathbf{N}^*$, 有

$$(x+y)^n \geqslant x^n + y^n, \quad (x^n + y^n)^{\frac{1}{n}} \leqslant x + y$$
$$(x+y)^{\frac{1}{n}} \leqslant x^{\frac{1}{n}} + y^{\frac{1}{n}}, \quad \left|x^{\frac{1}{n}} - y^{\frac{1}{n}}\right| \leqslant |x - y|^{\frac{1}{n}}$$

(5) 二项式展开:

$$(a+b)^n = \sum_{k=0}^n \mathrm{C}_n^k a^k b^{n-k}$$

(6) 因式分解:

$$a^n - b^n = (a-b)\left(a^{n-1} + a^{n-2}b + \cdots + ab^{n-2} + b^{n-1}\right)$$

(7) 闵可夫斯基不等式:

$$\left(\sum_{i=1}^n (a_i + b_i)^2\right)^{1/2} \leqslant \left(\sum_{i=1}^n a_i^2\right)^{1/2} + \left(\sum_{i=1}^n b_i^2\right)^{1/2}$$

例 1.1.5 证明 $\lim\limits_{n \to \infty} \dfrac{n + (-1)^{n-1}}{n} = 1$.

分析 对任意 $\varepsilon > 0$, 通过解不等式 $|x_n - a| < \varepsilon$, 确定数列极限定义 1.1.2 中的自然数 N. 如果 $|x_n - 1| = \left|\dfrac{n + (-1)^{n-1}}{n} - 1\right| = \dfrac{1}{n} < \varepsilon$, 则 $n > \dfrac{1}{\varepsilon}$, 因此取 $N = \left[\dfrac{1}{\varepsilon}\right] + 1$ 即可.

证明 对任意 $\varepsilon > 0$, 存在自然数 $N = \left[\dfrac{1}{\varepsilon}\right] + 1$, 对任意自然数 $n > N$, 成立

$$\left|\frac{n + (-1)^{n-1}}{n} - 1\right| < \varepsilon$$

即 $\lim\limits_{n \to \infty} \dfrac{n + (-1)^{n-1}}{n} = 1$. 结论得证.

注 1.1.2 极限定义中的 N, 仅要求存在，因此 N 的选取不是唯一的，比如例 1.1.5 中可取 $N = \left[\dfrac{1}{\varepsilon}\right] + 2$，或 $N = \max\left\{\left[\dfrac{1}{\varepsilon}\right], 1\right\}$.

例 1.1.6 证明 $\lim\limits_{n\to\infty} q^n = 0$, 其中 $|q| < 1$.

证明 若 $q = 0$, 则 $\lim\limits_{n\to\infty} q^n = \lim\limits_{n\to\infty} 0 = 0$. 若 $0 < |q| < 1$, 对任意 $0 < \varepsilon < 1$, 由 $|x_n - 0| = |q^n| < \varepsilon$ 可推出 $n > \dfrac{\ln \varepsilon}{\ln |q|}$, 所以取 $N = \left[\dfrac{\ln \varepsilon}{\ln |q|}\right] + 1$, 当 $n > N$ 时, 成立 $|q^n - 0| < \varepsilon$. 结论得证.

注 1.1.3 这里限制 $0 < \varepsilon < 1$, 以确保 $N = \left[\dfrac{\ln \varepsilon}{\ln |q|}\right] + 1$ 为正的自然数.

例 1.1.7 证明 $\lim\limits_{n\to\infty} \dfrac{n}{3^n} = 0$.

分析 对于任意 $\varepsilon > 0$, 通过 $\left|\dfrac{n}{3^n} - 0\right| < \varepsilon$ 成立, 推出 n 的变化范围, 进一步确定极限定义中的自然数 N. 根据二项式展开公式：

$$(1+1)^n = 1 + C_n^1 + C_n^2 + \cdots + C_n^n > C_n^1 = n$$

得 $2^n > n$, 因此得到结论：

$$\left|\dfrac{n}{3^n} - 0\right| < \left(\dfrac{2}{3}\right)^n < \varepsilon \Rightarrow n > \dfrac{\ln \varepsilon}{\ln \dfrac{2}{3}} \quad (0 < \varepsilon < 1) \tag{1.1.6}$$

(1.1.6) 式中给出了 n 的变化范围，从而进一步可以确定数列极限定义中的自然数 N. 下面给出严谨叙述.

证明 $\forall 0 < \varepsilon < 1, \exists N = \left[\dfrac{\ln \varepsilon}{\ln \dfrac{2}{3}}\right] + 1$, 对任意自然数 $n > N$, 成立

$$\left|\dfrac{n}{3^n} - 0\right| < \left(\dfrac{2}{3}\right)^n < \varepsilon$$

结论得证.

注 1.1.4 这里限定 $0 < \varepsilon < 1$, 以确保 $N = \left[\dfrac{\ln \varepsilon}{\ln \dfrac{2}{3}}\right] + 1$ 为正的自然数.

例 1.1.8 证明 $\lim\limits_{n\to\infty} n^{\frac{1}{n}} = 1$.

证明 方法 1: 利用几何–算术平均不等式

$$\sqrt[n]{a_1 a_2 \cdots a_n} \leqslant \dfrac{a_1 + a_2 + \cdots + a_n}{n} \quad (a_i \geqslant 0, i = 1, 2, \cdots, n)$$

得

$$n^{\frac{1}{n}} = \sqrt[n]{\underbrace{1 \cdot 1 \cdots 1}_{n-2} \cdot \sqrt{n}\sqrt{n}} \leqslant \dfrac{n - 2 + 2\sqrt{n}}{n} < \dfrac{n + 2\sqrt{n}}{n}$$

如果
$$\left|n^{\frac{1}{n}}-1\right|=n^{\frac{1}{n}}-1<\frac{2\sqrt{n}}{n}=\frac{2}{\sqrt{n}}<\varepsilon$$

则要求 $n>\left(\frac{2}{\varepsilon}\right)^2$，所以得到
$$\forall \varepsilon>0, \exists N=\left[\frac{4}{\varepsilon^2}\right]+1, \forall n>N: |n^{\frac{1}{n}}-1|<\varepsilon$$

方法 2: 设 $n^{\frac{1}{n}}=1+h_n\,(h_n\geqslant 0)$，则有 $n=(1+h_n)^n$，利用二项式展开公式:
$$(a+b)^n=\sum_{k=0}^n C_n^k a^k b^{n-k}$$

得
$$n=(1+h_n)^n=1+nh_n+\frac{n(n-1)}{2}h_n^2+\cdots+h_n^n>\frac{n(n-1)}{2}h_n^2 \quad (n>2)$$

即
$$\forall n>2:\quad n>\frac{n(n-1)}{2}h_n^2 \tag{1.1.7}$$

在 (1.1.7) 式两边约去 n 得 $h_n^2<\frac{2}{n-1}$. 因此从 $\left|n^{\frac{1}{n}}-1\right|=h_n<\sqrt{\frac{2}{n-1}}<\varepsilon$ 可以解出 $n>\frac{2}{\varepsilon^2}+1$，所以
$$\forall \varepsilon>0, \exists N=\left[\frac{2}{\varepsilon^2}\right]+3, \forall n>N:\left|n^{\frac{1}{n}}-1\right|<\varepsilon$$

结论得证.

例 1.1.9 证明 $\lim\limits_{n\to\infty}\frac{c^n}{n!}=0\,(c\neq 0)$.

分析 由于 $\left|\frac{c^n}{n!}\right|=\left|\frac{c\cdot c\cdot c\cdots c}{1\cdot 2\cdot 3\cdots(n-1)n}\right|$，以下分两种情况讨论:

(1) 当 $0<|c|\leqslant 1$ 时，$\left|\frac{c^n}{n!}\right|<\frac{1}{n}$.

(2) 当 $|c|>1$ 时，存在 $m\in \mathbf{N}^*$，使得 $|c|<m+1$，于是
$$\left|\frac{c^n}{n!}\right|=\left|\frac{c\cdot c\cdot c\cdots c}{1\cdot 2\cdot 3\cdots(m-1)m}\right|\cdot\left|\frac{c\cdot c\cdot c\cdots c}{(m+1)(m+2)\cdots n}\right|$$

令
$$M=\left|\frac{c\cdot c\cdot c\cdots c}{1\cdot 2\cdot 3\cdots(m-1)m}\right|$$

由于
$$\left|\frac{c\cdot c\cdot c\cdots c}{(m+1)(m+2)\cdots n}\right|<\left|\frac{c}{n}\right|$$

因此有
$$\forall n>m:\left|\frac{c^n}{n!}\right|<\frac{M|c|}{n} \tag{1.1.8}$$

下面给出严谨证明.

证明 (1) 当 $0 < |c| \leqslant 1$ 时，$\forall \varepsilon > 0, \exists N = \left[\dfrac{1}{\varepsilon}\right] + 1, \forall n > N : \left|\dfrac{c^n}{n!}\right| < \dfrac{1}{n} < \varepsilon.$

(2) 当 $|c| > 1$ 时，令 $m = [|c|] + 1$，则当 $n > m$ 时，根据 (1.1.8) 式,

$$\left|\dfrac{c^n}{n!}\right| = \left|\dfrac{c \cdot c \cdot c \cdots c}{1 \cdot 2 \cdot 3 \cdots (m-1)m}\right| \cdot \left|\dfrac{c \cdot c \cdot c \cdots c}{(m+1)(m+2)\cdots n}\right| \leqslant M\left|\dfrac{c}{n}\right|$$

因此

$$\forall \varepsilon > 0, \exists N = \max\left\{\left[\dfrac{M|c|}{\varepsilon}\right] + 1, m\right\}, \forall n > N : \left|\dfrac{c^n}{n!}\right| < \dfrac{M|c|}{n} < \varepsilon$$

结论得证.

例 1.1.10 已知 $\lim\limits_{n\to\infty} a_n = a$，证明 $\lim\limits_{n\to\infty} \dfrac{a_1 + a_2 + \cdots + a_n}{n} = a.$

证明 由于

$$\dfrac{a_1 + a_2 + \cdots + a_n}{n} - a = \dfrac{(a_1 - a) + (a_2 - a) + \cdots + (a_n - a)}{n}$$

令 $\alpha_n = a_n - a$，则

$$\lim_{n\to\infty} \dfrac{a_1 + a_2 + \cdots + a_n}{n} = a \Leftrightarrow \lim_{n\to\infty} \dfrac{\alpha_1 + \alpha_2 + \cdots + \alpha_n}{n} = 0$$

由 $\lim\limits_{n\to\infty} \alpha_n = 0$，根据数列极限的定义:

$$\forall \varepsilon > 0, \exists N_1 \in \mathbf{N}^*, \forall n > N_1 : |\alpha_n| < \dfrac{\varepsilon}{2}$$

所以

$$\dfrac{|(\alpha_1 + \alpha_2 + \cdots + \alpha_{N_1}) + (\alpha_{N_1+1} + \cdots + \alpha_n)|}{n} < \dfrac{|\alpha_1 + \alpha_2 + \cdots + \alpha_{N_1}|}{n} + \left(\dfrac{n - N_1}{n}\right) \cdot \dfrac{\varepsilon}{2} \quad (1.1.9)$$

对上述 N_1，由于 $\lim\limits_{n\to\infty} \dfrac{|\alpha_1 + \alpha_2 + \cdots + \alpha_{N_1}|}{n} = 0$，根据数列极限的定义:

$$\exists N_2 \in \mathbf{N}^*, \forall n > N_2 : \dfrac{|\alpha_1 + \alpha_2 + \cdots + \alpha_{N_1}|}{n} < \dfrac{\varepsilon}{2} \quad (1.1.10)$$

令 $N = \max\{N_1, N_2\}$，当 $n > N$ 时，(1.1.9) 式和 (1.1.10) 式同时成立，因此

$$\dfrac{|\alpha_1 + \alpha_2 + \cdots + \alpha_n|}{n} < \dfrac{\varepsilon}{2} + \dfrac{\varepsilon}{2} = \varepsilon$$

结论得证.

例 1.1.11 证明极限 $\lim\limits_{n\to\infty} \sin n$ 不存在.

分析 根据极限不存在的定义: $\forall A \in \mathbf{R}, \exists \varepsilon_0 > 0, \forall N \in \mathbf{N}^*, \exists n_0 > N : |\sin n_0 - A| \geqslant \varepsilon_0$，证明的关键找出 ε_0 和 n_0.

证明 分两种情况讨论.

(1) 对任意实数 $A > 0$，考虑区间 $I_n = \left(2n\pi + \dfrac{5\pi}{4}, 2n\pi + \dfrac{7\pi}{4}\right)$，如图 1.1.7 所示. 当 $x \in I_n$

时, $\sin x < -\frac{\sqrt{2}}{2}$. 由于 I_n 的区间长度 $|I_n| = \left|\left(2n\pi + \frac{7\pi}{4}\right) - \left(2n\pi + \frac{5\pi}{4}\right)\right| > 1$, 因此存在正整数 $n_0 \in I_n$, 满足 $|\sin n_0 - A| = |\sin n_0| + A \geqslant \frac{\sqrt{2}}{2} = \varepsilon_0$.

(2) 如果 $A \leqslant 0$, 同理可证. 结论得证.

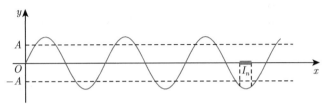

图 1.1.7

通过以上几个例题的分析, 得到数列极限的几个常用结论. 这些结论在后续课程学习过程中经常用到, 其中 (4), (5), (6) 的证明留给读者完成.

(1) $\lim_{n\to\infty} \sqrt[n]{n} = 1$; (2) $\lim_{n\to\infty} q^n = 0, |q| < 1$; (3) $\lim_{n\to\infty} \frac{c^n}{n!} = 0$;

(4) $\lim_{n\to\infty} \frac{n^\alpha}{c^n} = 0 \ (\alpha > 0, c > 1)$; (5) $\lim_{n\to\infty} \frac{n!}{n^n} = 0$; (6) $\lim_{n\to\infty} \sqrt[n]{a} = 1 \ (a > 0)$.

习题 1.1.2 数列极限定义的应用

1. 下列陈述是否可以作为 $\lim_{n\to\infty} a_n = a$ 的定义? 若回答是肯定的, 证明之; 若回答是否定的, 举出反例.

(1) 对于无限多个正数 $\varepsilon > 0$, 存在 $N \in \mathbf{N}^*$, 当 $n > N$ 时, 有 $|a_n - a| < \varepsilon$.

(2) 对于任意给定的 $\varepsilon > 1$, 存在 $N \in \mathbf{N}^*$, 当 $n > N$ 时, 有 $|a_n - a| < \varepsilon$.

(3) 对于任意给定的 $\varepsilon > 0$, 有无穷多项 a_n 满足 $|a_n - a| < \varepsilon$.

(4) 对于每一个正整数 k, 存在 $N_k \in \mathbf{N}^*$, 当 $n > N_k$ 时, 有 $|a_n - a| < \frac{1}{k}$.

2. 用数列极限定义证明:

(1) $\lim_{n\to\infty} \frac{\sqrt[3]{n^2} \sin(n!)}{n+1} = 0$.

(2) $\lim_{n\to\infty} \frac{1^2 + 2^2 + \cdots + n^2}{n^3} = \frac{1}{3}$.

(3) 设 $x_n = \begin{cases} \dfrac{2n+1}{n}, & n = 2k+1, k = 0, 1, 2, \cdots, \\ \dfrac{\sqrt{4n^2+n}}{n}, & n = 2k, k = 1, 2, 3, \cdots, \end{cases}$ 则 $\lim_{n\to\infty} x_n = 2$.

3. 设 $\lim_{n\to\infty} a_n = a$, 用数列极限定义证明下列结论:

(1) $\lim_{n\to\infty} \mathrm{e}^{a_n} = \mathrm{e}^a$; (2) $\lim_{n\to\infty} \ln a_n = \ln a \ (a > 0, a_n > 0, n = 1, 2, \cdots)$.

4. 设 $\lim_{n\to\infty} a_n = a$, 证明 $\lim_{n\to\infty} |a_n| = |a|$, 举例说明这个命题的逆命题不成立.

5. 证明下列问题:

(1) $\lim_{n\to\infty} \frac{n^\alpha}{c^n} = 0 \ (\alpha > 0, c > 1)$; (2) $\lim_{n\to\infty} \frac{n!}{n^n} = 0$; (3) $\lim_{n\to\infty} \sqrt[n]{a} = 1 \ (a > 0)$.

1.1.3 收敛数列的性质

本节讨论收敛数列性质: 极限的唯一性与保序性.

定理 1.1.1 若数列 $\{a_n\}$ 收敛, 则其极限唯一.

首先从数列极限的几何直观图可以直观理解数列极限的唯一性, 如图 1.1.8 所示.

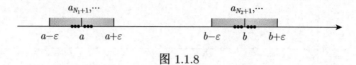

图 1.1.8

如果 $\lim\limits_{n\to\infty} a_n = a$, $\lim\limits_{n\to\infty} a_n = b$, 且 $a \neq b$, 则对于充分小的 $\varepsilon > 0$, 分别存在自然数 N_1, N_2, 使得

$$\{a_n\}_{n=N_1+1}^{\infty} \subset (a-\varepsilon, a+\varepsilon), \quad \{a_n\}_{n=N_2+1}^{\infty} \subset (b-\varepsilon, b+\varepsilon)$$

并且

$$(a-\varepsilon, a+\varepsilon) \cap (b-\varepsilon, b+\varepsilon) = \varnothing$$

这里 $\varnothing$ 为空集. 当 $N = \max\{N_1, N_2\} + 1$ 时, 同时成立

$$\{a_n\}_{n=N+1}^{\infty} \subset (a-\varepsilon, a+\varepsilon), \quad \{a_n\}_{n=N+1}^{\infty} \subset (b-\varepsilon, b+\varepsilon)$$

显然矛盾. 下面给出严谨证明.

证明 设 $\lim\limits_{n\to\infty} a_n = a$, $\lim\limits_{n\to\infty} a_n = b$, 根据极限的定义:

$$\forall \varepsilon > 0, \exists N_1 \in \mathbf{N}^*, \forall n > N_1 : |a_n - a| < \varepsilon \tag{1.1.11}$$

$$\exists N_2 \in \mathbf{N}^*, \forall n > N_2 : |a_n - b| < \varepsilon \tag{1.1.12}$$

取 $N = \max\{N_1, N_2\}$, 当 $n > N$ 时, (1.1.11) 式和 (1.1.12) 式同时成立, 因此有

$$|a - b| = |(a_n - b) - (a_n - a)| \leqslant |a_n - b| + |a_n - a| < 2\varepsilon$$

由 ε 的任意性, 上式仅当 $a = b$ 时才能成立, 故极限唯一. 结论得证.

定义 1.1.4 (数列有界的定义) (1) 对数列 $\{a_n\}$, 若存在一个实数 M, 使得对任意 $n \in \mathbf{N}^* : a_n \leqslant M$, 则称 $\{a_n\}$ 有上界, M 是 $\{a_n\}$ 的一个上界.

(2) 对数列 $\{a_n\}$, 若存在一个实数 W, 使得对任意 $n \in \mathbf{N}^* : a_n \geqslant W$, 则称 $\{a_n\}$ 有下界, W 是 $\{a_n\}$ 的一个下界.

(3) 对数列 $\{a_n\}$, 若存在一个实数 X, 使得对任意 $n \in \mathbf{N}^* : |a_n| \leqslant X$, 则称 $\{a_n\}$ 有界.

例如数列 $\left\{\dfrac{n}{n+1}\right\}$ 有界, 数列 $\{2^n\}$ 无上界, 数列 $\{(-1)^n n\}$ 无界.

定理 1.1.2 收敛的数列必定有界.

证明 设 $\lim\limits_{n\to\infty} x_n = a$, 由数列极限定义, 取 $\varepsilon = 1$, 则存在 $N \in \mathbf{N}^*$, 对任意 $n > N$ 都有 $|x_n - a| < 1$, 即

$$n > N : a - 1 < x_n < a + 1$$

或者
$$\{x_n\}_{n=N+1}^{\infty} \subset (a-1, a+1)$$

如图 1.1.9 所示. 记 $M = \max\{|x_1|, \cdots, |x_N|, |a-1|, |a+1|\}$, 则对一切自然数 n, 皆有 $|x_n| \leqslant M$, 即数列 $\{x_n\}$ 有界. 结论得证.

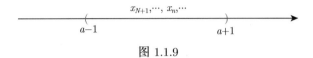

图 1.1.9

推论 1.1.1 无界数列必是发散数列.

注 1.1.5 有界性是数列收敛的一个必要条件, 但是有界数列不一定收敛, 例如数列 $\{(-1)^n\}$ 与数列 $\left\{\dfrac{1+(-1)^n n}{n}\right\}$ 均有界但是极限都不存在.

定义 1.1.5 (数列的子列) 设有数列 $\{a_n\}$, $\{n_k\}$ 为正整数集合的无限子集, 且
$$n_1 < n_2 < n_3 < \cdots < n_k < \cdots$$

称数列 $a_{n_1}, a_{n_2}, \cdots, a_{n_k}, \cdots$ 为数列 $\{a_n\}$ 的子列, 记为 $\{a_{n_k}\}$.

注 1.1.6 $\{a_n\}$ 的子列 $\{a_{n_k}\}$ 的各项都选自 $\{a_n\}$, 且保持这些项在 $\{a_n\}$ 中的先后次序. $\{a_{n_k}\}$ 中的第 k 项 a_{n_k} 是 $\{a_n\}$ 的第 n_k 项, 故总有 $n_k \geqslant k$. $\{n_k\}$ 本身也是正整数列 $\{n\}$ 的子列. 例如 $\{a_n\}$ 的两个子列 $\{a_{2k-1}\}, \{a_{2k}\}$. $\{a_n\}$ 的三个子列 $\{a_{3k}\}, \{a_{3k+1}\}, \{a_{3k+2}\}$.

定理 1.1.3 若数列 $\{a_n\}$ 收敛于 a, 则它的任何一个子列也收敛并且极限为 a.

证明 设 $\{a_{n_k}\}$ 是数列 $\{a_n\}$ 的任一子列. 由 $\lim\limits_{n\to\infty} a_n = a$, 因此
$$\forall \varepsilon > 0, \exists N \in \mathbf{N}^*, \forall n > N : |a_n - a| < \varepsilon$$

对上述 ε, 取 $K = N$, 当 $k > K$ 时, $n_k > n_K = n_N \geqslant N$, 于是 $|a_{n_k} - a| < \varepsilon$. 结论得证.

注 1.1.7 如果数列中有两个子列极限存在但不相等, 则数列发散; 如果一个子列极限不存在, 则该数列极限不存在. 例如 $x_n = \dfrac{(-1)^n n}{n+1}$, $\lim\limits_{k\to\infty} x_{2k+1} = -1$, $\lim\limits_{k\to\infty} x_{2k} = 1$. 数列 $\{x_n\}$ 中的两个子列 $\{x_{2k}\}, \{x_{2k+1}\}$ 极限存在但是不相等, 因此数列 $\{x_n\}$ 的极限不存在.

例 1.1.12 设数列 $\{a_n\}$ 的两个子列 $\{a_{2k}\}, \{a_{2k+1}\}$ 收敛且极限相等, 证明 $\{a_n\}$ 收敛.

证明 设数列 $\{a_{2k}\}, \{a_{2k+1}\}$ 的极限为 a, 由数列极限定义有
$$\forall \varepsilon > 0, \exists N_1 \in \mathbf{N}^*, \forall k > N_1 : |a_{2k} - a| < \varepsilon \tag{1.1.13}$$
$$\exists N_2 \in \mathbf{N}^*, \forall k > N_2 : |a_{2k+1} - a| < \varepsilon \tag{1.1.14}$$

取 $N = \max\{2N_1, 2N_2 + 1\} \in \mathbf{N}^*$, 则当 $n > N$ 时, (1.1.13) 式和 (1.1.14) 式同时成立. 因此有
$$|a_n - a| < \varepsilon$$

结论得证.

注 1.1.8 类似可以得到结论: 数列 $\{a_n\}$ 收敛的充分必要条件是子列 $\{a_{3k}\}$, $\{a_{3k+1}\}$ 和 $\{a_{3k+2}\}$ 极限存在并且相等.

定理 1.1.4 (数列极限的保序性) (1) 设 $\lim\limits_{n\to\infty} a_n = a$, $\alpha < a < \beta$, 则存在 $N \in \mathbf{N}^*$, 使得当 $n > N$ 时, 有 $\alpha < a_n < \beta$;

(2) 设 $\lim\limits_{n\to\infty} a_n = a$, $\lim\limits_{n\to\infty} b_n = b$, 且 $a < b$, 则存在 $N \in \mathbf{N}^*$, 使得当 $n > N$ 时, 有 $a_n < b_n$;

(3) 设 $\lim\limits_{n\to\infty} a_n = a$, $\lim\limits_{n\to\infty} b_n = b$, 若存在 $N \in \mathbf{N}^*$, 使得当 $n > N$ 时, 有 $a_n \leqslant b_n$, 则 $a \leqslant b$.

首先通过数列极限的几何直观分析定理 1.1.4 的结论, 在此基础上给出严谨证明.

分析结论 1: 由于 $\lim\limits_{n\to\infty} a_n = a$, 因此对于任给的 $\varepsilon > 0$, 存在自然数 N, 使得

$$\{a_n\}_{n=N+1}^{\infty} \subset (a-\varepsilon, a+\varepsilon)$$

只要 ε 足够小, 使得 $(a-\varepsilon, a+\varepsilon) \subset (\alpha, \beta)$, 结论即可证得, 如图 1.1.10 所示. 这里可取 $\varepsilon = \min\left\{\dfrac{\beta-a}{2}, \dfrac{a-\alpha}{2}\right\}$.

分析结论 2: 由于 $\lim\limits_{n\to\infty} a_n = a$, $\lim\limits_{n\to\infty} b_n = b$, 因此对于任给的 $\varepsilon > 0$, 存在自然数 N_1, N_2, 使得

$$\{a_n\}_{n=N_1+1}^{\infty} \subset (a-\varepsilon, a+\varepsilon), \quad \{b_n\}_{n=N_2+1}^{\infty} \subset (b-\varepsilon, b+\varepsilon)$$

选取 ε 充分小, 使得 $(a-\varepsilon, a+\varepsilon) \cap (b-\varepsilon, b+\varepsilon) = \varnothing$, 如图 1.1.11 和图 1.1.12 所示. 取 $N = \max\{N_1, N_2\}$, 则成立

$$\{a_n\}_{n=N+1}^{\infty} \subset (a-\varepsilon, a+\varepsilon), \quad \{b_n\}_{n=N+1}^{\infty} \subset (b-\varepsilon, b+\varepsilon)$$

因此 $n > N: a_n < b_n$.

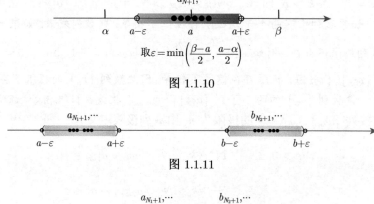

图 1.1.10

图 1.1.11

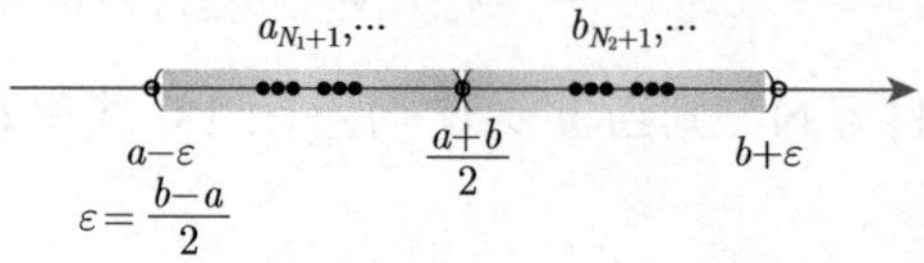

图 1.1.12

下面给出严谨证明.

证明 (1) 因为 $\lim\limits_{n\to\infty} a_n = a$, 根据数列极限的定义, 取 $\varepsilon = \dfrac{a-\alpha}{2} > 0$, 则

$$\exists N_1 \in \mathbf{N}^*, \forall n > N_1 : |a_n - a| < \varepsilon = \dfrac{a-\alpha}{2}$$

即有

$$a_n > a - \varepsilon = \dfrac{a+\alpha}{2} > \alpha \tag{1.1.15}$$

取 $\varepsilon = \dfrac{\beta-a}{2}$, $\exists N_2 \in \mathbf{N}^*, \forall n > N_2 : |a_n - a| < \varepsilon = \dfrac{\beta-a}{2}$, 即有

$$a_n < a + \varepsilon = \dfrac{a+\beta}{2} < \beta \tag{1.1.16}$$

取 $N = \max\{N_1, N_2\}$, 则当 $n > N$ 时, (1.1.15) 式和 (1.1.16) 式同时成立, 于是

$$\exists N \in \mathbf{N}^*, n > N : \alpha < a_n < \beta$$

(2) $\lim\limits_{n\to\infty} a_n = a$, $\lim\limits_{n\to\infty} b_n = b$, 根据数列极限的定义:

$$\varepsilon = \dfrac{b-a}{2} > 0, \exists N_1 \in \mathbf{N}^*, \forall n > N_1 : |a_n - a| < \varepsilon = \dfrac{b-a}{2}$$

$$\exists N_2 \in \mathbf{N}^*, \forall n > N_2 : |b_n - b| < \varepsilon = \dfrac{b-a}{2}$$

即

$$a_n < a + \varepsilon = \dfrac{a+b}{2} \tag{1.1.17}$$

$$b_n > b - \varepsilon = \dfrac{b+a}{2} \tag{1.1.18}$$

取 $N = \max\{N_1, N_2\}$, 则当 $n > N$ 时, (1.1.17) 式和 (1.1.18) 式同时成立. 于是

$$\exists N \in \mathbf{N}^*, n > N : a_n < b_n$$

(3) 采用反证法证明. 由结论 (2), 如果 $a > b$, 则存在 N, 对任意 $n > N : a_n > b_n$, 与已知条件矛盾. 结论得证.

注 1.1.9 定理 1.1.4 的 (3) 中即使不等号严格成立, 即 $a_n < b_n$, 也可能得到 $a = b$, 例如取 $a_n = \left\{\dfrac{1}{2n+1}\right\}$, $b_n = \left\{\dfrac{1}{2n}\right\}$, 显然 $a_n < b_n$, 但 $\lim\limits_{n\to\infty} a_n = \lim\limits_{n\to\infty} b_n = 0$.

注 1.1.10 由数列极限的保序性, 设 $\lim\limits_{n\to\infty} a_n = a$, 如果存在 $N \in \mathbf{N}^*$, 对任意 $n > N : a_n \geqslant 0$, 则 $a \geqslant 0$.

例 1.1.13 设 $a_n \geqslant 0$, 若 $\lim\limits_{n\to\infty} a_n = a$, 则 $\lim\limits_{n\to\infty} \sqrt[k]{a_n} = \sqrt[k]{a}$ $(k \in \mathbf{N}^*)$.

证明 由极限的保序性可得 $a \geqslant 0$.

若 $a = 0$, 由 $\lim\limits_{n\to\infty} a_n = 0$, 根据数列极限的定义:

$$\forall \varepsilon > 0, \exists N \in \mathbf{N}^*, \forall n > N : a_n < \varepsilon^k$$

从而 $\sqrt[k]{a_n} < \varepsilon$,故有 $\lim\limits_{n\to\infty} \sqrt[k]{a_n} = 0$.

若 $a > 0$,利用公式 $x^k - y^k = (x-y)(x^{k-1} + x^{k-2}y + \cdots + y^{k-1})$,分别令 $x = \sqrt[k]{a_n}, y = \sqrt[k]{a}$,得到

$$\left|\sqrt[k]{a_n} - \sqrt[k]{a}\right| = \left|\frac{\left(\sqrt[k]{a_n} - \sqrt[k]{a}\right)\left(\left(\sqrt[k]{a_n}\right)^{k-1} + \cdots + \left(\sqrt[k]{a}\right)^{k-1}\right)}{\left(\sqrt[k]{a_n}\right)^{k-1} + \cdots + \left(\sqrt[k]{a}\right)^{k-1}}\right|$$

$$= \frac{|a_n - a|}{\left(\sqrt[k]{a_n}\right)^{k-1} + \cdots + \left(\sqrt[k]{a}\right)^{k-1}} \leqslant \frac{|a_n - a|}{\left(\sqrt[k]{a}\right)^{k-1}}$$

由 $\lim\limits_{n\to\infty} a_n = a$,根据数列极限的定义:

$$\forall \varepsilon > 0, \exists N \in \mathbf{N}^*, \forall n > N : |a_n - a| < \left(\sqrt[k]{a}\right)^{k-1} \varepsilon$$

从而

$$\left|\sqrt[k]{a_n} - \sqrt[k]{a}\right| \leqslant \frac{|a_n - a|}{\left(\sqrt[k]{a}\right)^{k-1}} < \varepsilon$$

结论得证.

例 1.1.14 求 $\lim\limits_{n\to\infty} \dfrac{1}{\sqrt{n}(\sqrt{n+1} - \sqrt{n})}$.

解 由于 $\sqrt{n}(\sqrt{n+1} - \sqrt{n}) = \dfrac{\sqrt{n}}{\sqrt{n+1} + \sqrt{n}} = \dfrac{1}{\sqrt{1 + \dfrac{1}{n}} + 1}$,利用 $1 + \dfrac{1}{n} \to 1 (n \to \infty)$ 和 例 1.1.13 的结论可得

$$\lim\limits_{n\to\infty} \frac{1}{\sqrt{n}(\sqrt{n+1} - \sqrt{n})} = \lim\limits_{n\to\infty} \left(\sqrt{1 + \frac{1}{n}} + 1\right) = 2$$

习题 1.1.3 收敛数列的性质

1. 证明下列数列发散.
   (1) $\left\{(-1)^n \dfrac{n}{n+1}\right\}$; (2) $\left\{n^{(-1)^n}\right\}$; (3) $\left\{\sin \dfrac{n\pi}{4}\right\}$.
2. 若 $\lim\limits_{n\to\infty} a_n = a > 0$,证明存在充分大的自然数 $N \in \mathbf{N}^*$,使得 $n > N : a_n > 0$.
3. 若 $\lim\limits_{n\to\infty} a_n = a$,证明对任何自然数 $k \in \mathbf{N}^*$, $\lim\limits_{n\to\infty} a_{n+k} = a$.
4. 若 $\lim\limits_{n\to\infty} a_n = a \neq 0$,证明 $\lim\limits_{n\to\infty} \dfrac{a_{n+1}}{a_n} = 1$,举例说明当 $a = 0$ 时,不能得出上述结论.
5. 设 $\lim\limits_{n\to\infty} a_n = a > 0$,证明 $\lim\limits_{n\to\infty} \sqrt[n]{a_n} = 1$.

1.1.4 数列极限的运算法则

定理 1.1.5 (数列极限的四则运算法则) 设 $\lim\limits_{n\to\infty} a_n = a$, $\lim\limits_{n\to\infty} b_n = b$,则有

(1) $\lim\limits_{n\to\infty} (a_n \pm b_n) = a \pm b$;

(2) $\lim\limits_{n\to\infty} (a_n b_n) = ab$;

(3) $\lim\limits_{n\to\infty}\left(\dfrac{a_n}{b_n}\right) = \dfrac{a}{b}$ $(b\neq 0)$.

证明 这里仅证明 (2) 和 (3). 由绝对值运算的三角不等式可得

$$|a_nb_n - ab| = |a_nb_n - ab_n + ab_n - ab|$$
$$\leqslant |a_nb_n - ab_n| + |ab_n - ab| = |a_n - a||b_n| + |b_n - b||a|$$

由于 $\{b_n\}$ 收敛, 故有界, 所以存在 $M > 0$, 使得

$$|b_n| \leqslant M, \quad n = 1, 2, 3, \cdots$$

由于 $\lim\limits_{n\to\infty} a_n = a$, $\lim\limits_{n\to\infty} b_n = b$, 因此由数列极限的定义:

$$\forall \varepsilon > 0, \exists N_1 \in \mathbf{N}^*, \forall n > N_1 : |a_n - a| < \frac{\varepsilon}{2(M+1)} \tag{1.1.19}$$

$$\exists N_2 \in \mathbf{N}^*, \forall n > N_2 : |b_n - b| < \frac{\varepsilon}{2(|a|+1)} \tag{1.1.20}$$

取 $N = \max\{N_1, N_2\}$, 当 $n > N$ 时, (1.1.19) 式和 (1.1.20) 式同时成立, 因此

$$|a_nb_n - ab| \leqslant |a_n - a||b_n| + |b_n - b||a| < \varepsilon$$

所以结论 (2) 得证.

对于 (3), 由 (2) 的结论, $\lim\limits_{n\to\infty}\dfrac{a_n}{b_n} = \lim\limits_{n\to\infty} a_n \lim\limits_{n\to\infty}\dfrac{1}{b_n}$, 所以仅需证明 $\lim\limits_{n\to\infty}\dfrac{1}{b_n} = \dfrac{1}{b}$ 即可.
由于 $\lim\limits_{n\to\infty} b_n = b \neq 0$, 由数列极限的定义:

$$\varepsilon = \frac{|b|}{2}, \exists N_1 \in \mathbf{N}^*, \forall n > N_1 : |b_n - b| < \frac{|b|}{2} \Rightarrow n > N_1 : |b_n| > \frac{|b|}{2} > 0$$

因此有

$$n > N_1 : \left|\frac{1}{b_n} - \frac{1}{b}\right| = \left|\frac{b_n - b}{b_nb}\right| < \frac{2|b_n - b|}{b^2} \tag{1.1.21}$$

由于 $\lim\limits_{n\to\infty} b_n = b$, 所以

$$\forall \varepsilon > 0, \exists N_2 \in \mathbf{N}^*, n > N_2 : |b_n - b| < \frac{\varepsilon b^2}{2} \tag{1.1.22}$$

取 $N = \max\{N_1, N_2\}$, 当 $n > N$ 时, (1.1.21) 式和 (1.1.22) 式同时成立, 因此

$$\left|\frac{1}{b_n} - \frac{1}{b}\right| \leqslant \frac{2}{b^2}|b_n - b| < \varepsilon$$

即证得 $\lim\limits_{n\to\infty}\dfrac{1}{b_n} = \dfrac{1}{b}$. 再由 (2) 的结论可得结论 (3) 成立. 结论得证.

例 1.1.15 求 $\lim\limits_{n\to\infty}\dfrac{2n^2 - 3n + 4}{5n^2 + 4n - 1}$.

解 利用数列极限的四则运算法则:

$$\lim_{n\to\infty}\frac{2n^2-3n+4}{5n^2+4n-1}=\lim_{n\to\infty}\frac{2-3/n+4/(n^2)}{5+4/n-1/(n^2)}=\frac{\lim\limits_{n\to\infty}2-\lim\limits_{n\to\infty}3/n+\lim\limits_{n\to\infty}4/(n^2)}{\lim\limits_{n\to\infty}5+\lim\limits_{n\to\infty}4/n-\lim\limits_{n\to\infty}1/(n^2)}=\frac{2}{5}$$

例 1.1.16 设 $|q|<1$, 计算 $\lim\limits_{n\to\infty}(1+q+q^2+\cdots+q^{n-1})$.

解 利用数列极限的四则运算法则:

$$\lim_{n\to\infty}(1+q+q^2+\cdots+q^{n-1})=\lim_{n\to\infty}\frac{1-q^n}{1-q}$$
$$=\lim_{n\to\infty}\frac{1}{1-q}-\lim_{n\to\infty}\frac{q^n}{1-q}=\frac{1}{1-q}-\frac{1}{1-q}\lim_{n\to\infty}q^n=\frac{1}{1-q}$$

例 1.1.17 计算 $\lim\limits_{n\to\infty}\dfrac{a_m n^m+a_{m-1}n^{m-1}+\cdots+a_1 n+a_0}{b_k n^k+b_{k-1}n^{k-1}+\cdots+b_1 n+b_0}$, 其中 $m\leqslant k, a_m\neq 0, b_k\neq 0$.

解 将数列通项分子分母同除以 n^k 得

$$\lim_{n\to\infty}\frac{a_m n^m+a_{m-1}n^{m-1}+\cdots+a_1 n+a_0}{b_k n^k+b_{k-1}n^{k-1}+\cdots+b_1 n+b_0}$$
$$=\lim_{n\to\infty}\frac{a_m n^{m-k}+a_{m-1}n^{m-k-1}+\cdots+a_1 n^{-k+1}+a_0 n^{-k}}{b_k+b_{k-1}n^{-1}+\cdots+b_1 n^{1-k}+b_0 n^{-k}}$$

而

$$\lim_{n\to\infty}\left[b_k+\left(b_{k-1}n^{-1}+\cdots+b_1 n^{1-k}+b_0 n^{-k}\right)\right]=b_k\neq 0$$

利用数列极限的四则运算法则:

$$\lim_{n\to\infty}\frac{a_m n^m+a_{m-1}n^{m-1}+\cdots+a_1 n+a_0}{b_k n^k+b_{k-1}n^{k-1}+\cdots+b_1 n+b_0}=\begin{cases}\dfrac{a_m}{b_k}, & m=k\\ 0, & m<k\end{cases}$$

利用例 1.1.17 可以得到 $\lim\limits_{n\to\infty}\dfrac{9n^{10}+10n^9+1}{7n^{10}+10n^8+15}=\dfrac{9}{7}$, $\lim\limits_{n\to\infty}\dfrac{8n^{15}-17n^3+1}{4n^{16}+18n^8+15}=0$.

注 1.1.11 对于例 1.1.17 类型的数列极限问题, 一般求解方法是关注分子分母中 n 的最高次幂, 如果相等则极限为分子分母最高次幂的系数相比, 否则极限为零.

例 1.1.18 计算 $\lim\limits_{n\to\infty}\dfrac{(7^{n+1}+2^n)}{(5\cdot 7^n+2\cdot 3^n)}$.

解 将数列等价变形, 分子分母同除 7^n, 在此基础上利用数列极限的四则运算法则得到

$$\lim_{n\to\infty}\frac{7^{n+1}+2^n}{5\cdot 7^n+2\cdot 3^n}=\lim_{n\to\infty}\frac{7+\left(\dfrac{2}{7}\right)^n}{5+2\cdot\left(\dfrac{3}{7}\right)^n}=\frac{7}{5}$$

例 1.1.19 求 $\lim\limits_{n\to\infty}\left(\dfrac{1}{1\cdot 2}+\dfrac{1}{2\cdot 3}+\cdots+\dfrac{1}{n(n+1)}\right)$.

解 由于

$$\frac{1}{1\cdot 2}+\frac{1}{2\cdot 3}+\cdots+\frac{1}{n(n+1)}=\left(\frac{1}{1}-\frac{1}{2}\right)+\left(\frac{1}{2}-\frac{1}{3}\right)+\cdots+\left(\frac{1}{n}-\frac{1}{n+1}\right)=1-\frac{1}{n+1}$$

所以

$$\lim_{n\to\infty}\left(\frac{1}{1\cdot 2}+\frac{1}{2\cdot 3}+\cdots+\frac{1}{n(n+1)}\right)=\lim_{n\to\infty}\left(1-\frac{1}{n+1}\right)=1-\lim_{n\to\infty}\frac{1}{n+1}=1$$

例 1.1.20 求 $\lim\limits_{n\to\infty}\left(\dfrac{1}{2}+\dfrac{3}{2^2}+\cdots+\dfrac{2n-1}{2^n}\right)$.

解 设 $S_n=\dfrac{1}{2}+\dfrac{3}{2^2}+\cdots+\dfrac{2n-1}{2^n}$, 则

$$\begin{aligned}S_n=2S_n-S_n&=\left(\frac{1}{1}+\frac{3}{2}+\frac{5}{2^2}+\cdots+\frac{2n-3}{2^{n-2}}+\frac{(2n-1)}{2^{n-1}}\right)\\&\quad-\left(\frac{1}{2}+\frac{3}{2^2}+\frac{5}{2^3}+\cdots+\frac{2n-3}{2^{n-1}}+\frac{2n-1}{2^n}\right)\\&=1+\left(1+\frac{1}{2}+\frac{1}{2^2}+\cdots+\frac{1}{2^{n-2}}\right)-\frac{2n-1}{2^n}\end{aligned}$$

所以

$$\lim_{n\to\infty}\left(\frac{1}{2}+\frac{3}{2^2}+\cdots+\frac{2n-1}{2^n}\right)=\lim_{n\to\infty}\left[3-\frac{1}{2^{n-2}}-\frac{n}{2^{n-1}}+\frac{1}{2^n}\right]=3$$

注 1.1.12 根据结论 $\lim\limits_{n\to\infty}\dfrac{n^\alpha}{c^n}=0\,(\alpha>0,c>1)$ 得到 $\lim\limits_{n\to\infty}\dfrac{n}{2^{n-1}}=0\,(\alpha=1,c=2)$.

例 1.1.21 假设 $a_0+a_1+a_2+\cdots+a_p=0$, 计算 $\lim\limits_{n\to\infty}\left(a_0\sqrt{n}+a_1\sqrt{n+1}+\cdots+a_p\sqrt{n+p}\right)$.

解 原式可化为

$$\begin{aligned}&a_0\sqrt{n}+a_1\sqrt{n+1}+\cdots+a_p\sqrt{n+p}\\&=-(a_1+\cdots+a_p)\sqrt{n}+a_1\sqrt{n+1}+\cdots+a_p\sqrt{n+p}\\&=a_1\left(\sqrt{n+1}-\sqrt{n}\right)+a_2\left(\sqrt{n+2}-\sqrt{n}\right)+\cdots+a_p\left(\sqrt{n+p}-\sqrt{n}\right)\\&=\frac{a_1}{\sqrt{n+1}+\sqrt{n}}+\frac{2a_2}{\sqrt{n+2}+\sqrt{n}}+\cdots+\frac{pa_p}{\sqrt{n+p}+\sqrt{n}}\end{aligned}$$

根据极限的加法运算法则: $\lim\limits_{n\to\infty}\left(a_0\sqrt{n}+a_1\sqrt{n+1}+\cdots+a_p\sqrt{n+p}\right)=0$.

例 1.1.22 已知 $\lim\limits_{n\to\infty}(a_1+a_2+\cdots+a_n)=s$, 证明 $\lim\limits_{n\to\infty}\dfrac{a_1+2a_2+\cdots+na_n}{n}=0$.

证明 令 $s_n=a_1+a_2+\cdots+a_n$, 则

$$\begin{aligned}&a_1+2a_2+\cdots+na_n\\&=(a_1+a_2+\cdots+a_n)+(a_2+\cdots+a_n)+(a_3+\cdots+a_n)+\cdots+(a_n)\\&=s_n+(s_n-s_1)+\cdots+(s_n-s_{n-1})\end{aligned}$$

进一步有
$$\frac{a_1+2a_2+\cdots+na_n}{n}=s_n-\frac{s_1+\cdots+s_{n-1}}{n}=s_n+\frac{s_n}{n}-\frac{s_1+\cdots+s_{n-1}+s_n}{n}$$

根据极限的四则运算法则:
$$\lim_{n\to\infty}\frac{a_1+2a_2+\cdots+na_n}{n}=s+0-s=0$$

结论得证.

注 1.1.13 例 1.1.22 用到了结论: 若 $\lim\limits_{n\to\infty}a_n=a$, 则 $\lim\limits_{n\to\infty}\dfrac{a_1+a_2+\cdots+a_n}{n}=a$.

定理 1.1.6 (夹逼定理) 若对于给定的三个数列 $\{a_n\},\{b_n\}$ 和 $\{c_n\}$ 满足
$$a_n\leqslant b_n\leqslant c_n,\quad n=1,2,3,\cdots,\quad \lim_{n\to\infty}a_n=\lim_{n\to\infty}c_n$$

则 $\lim\limits_{n\to\infty}a_n=\lim\limits_{n\to\infty}c_n=\lim\limits_{n\to\infty}b_n$.

注 1.1.14 若存在 $N\in\mathbf{N}^*,n>N:a_n\leqslant b_n\leqslant c_n,\lim\limits_{n\to\infty}a_n=\lim\limits_{n\to\infty}c_n$, 则结论仍然成立. 如图 1.1.13 所示.

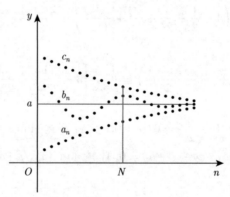

图 1.1.13

证明 设 $\lim\limits_{n\to\infty}a_n=\lim\limits_{n\to\infty}c_n=a$, 根据数列极限的定义:
$$\forall\varepsilon>0,\exists N_1\in\mathbf{N}^*,n>N_1:|a_n-a|<\varepsilon \tag{1.1.23}$$

$$\exists N_2\in\mathbf{N}^*,n>N_2:|c_n-a|<\varepsilon \tag{1.1.24}$$

取 $N=\max\{N_1,N_2\}$, 当 $n>N$ 时, (1.1.23) 式和 (1.1.24) 式同时成立, 即
$$a-\varepsilon<a_n<a+\varepsilon,\quad a-\varepsilon<c_n<a+\varepsilon$$

所以当 $n>N$ 时, $a-\varepsilon<b_n<a+\varepsilon$ 成立, 因此 $\lim\limits_{n\to\infty}b_n=a$. 结论得证.

例 1.1.23 求 $\lim\limits_{n\to\infty}\left(\dfrac{1}{\sqrt{n^2+1}}+\dfrac{1}{\sqrt{n^2+2}}+\cdots+\dfrac{1}{\sqrt{n^2+n}}\right)$.

解 由于
$$\frac{n}{\sqrt{n^2+n}}<\frac{1}{\sqrt{n^2+1}}+\cdots+\frac{1}{\sqrt{n^2+n}}<\frac{n}{\sqrt{n^2+1}}$$

且
$$\lim_{n\to\infty}\frac{n}{\sqrt{n^2+n}}=\lim_{n\to\infty}\frac{1}{\sqrt{1+\frac{1}{n}}}=1,\quad \lim_{n\to\infty}\frac{n}{\sqrt{n^2+1}}=\lim_{n\to\infty}\frac{1}{\sqrt{1+\frac{1}{n^2}}}=1$$

由夹逼定理, 所求极限等于 1.

例 1.1.24 证明 $\lim\limits_{n\to\infty}a^{\frac{1}{n}}=1\,(a>0)$.

证明 若 $a\geqslant 1$, 当 $n>a$ 时, 有 $1\leqslant a^{\frac{1}{n}}\leqslant n^{\frac{1}{n}}$, 由于 $\lim\limits_{n\to\infty}n^{\frac{1}{n}}=1$, 所以由夹逼定理,
$$\lim_{n\to\infty}a^{\frac{1}{n}}=1$$

若 $a<1$, 这时 $a^{-1}>1$, 于是利用数列极限的四则运算法则:
$$\lim_{n\to\infty}a^{\frac{1}{n}}=\frac{1}{\lim\limits_{n\to\infty}\left(\frac{1}{a}\right)^{\frac{1}{n}}}=1$$

结论得证.

例 1.1.25 设 $0\leqslant a_1\leqslant a_2\leqslant\cdots\leqslant a_k$, 证明 $\lim\limits_{n\to\infty}\sqrt[n]{a_1^n+a_2^n+\cdots+a_k^n}=a_k$.

证明 由于 $a_k=\sqrt[n]{a_k^n}\leqslant\sqrt[n]{a_1^n+a_2^n+\cdots+a_k^n}\leqslant\sqrt[n]{ka_k^n}$, 而
$$\lim_{n\to\infty}\sqrt[n]{ka_k^n}=\lim_{n\to\infty}a_k k^{\frac{1}{n}}=a_k$$

所以由夹逼定理, $\lim\limits_{n\to\infty}\sqrt[n]{a_1^n+a_2^n+\cdots+a_k^n}=a_k$. 结论得证.

例 1.1.26 求 $\lim\limits_{n\to\infty}\dfrac{(2n-1)!!}{(2n)!!}$.

解 利用不等式 $\sqrt[n]{a_1 a_2\cdots a_n}\leqslant\dfrac{a_1+a_2+\cdots+a_n}{n}$, 得
$$2=\frac{1+3}{2}>\sqrt{1\cdot 3},\quad 4=\frac{3+5}{2}>\sqrt{3\cdot 5},\quad\cdots,\quad 2n>\sqrt{(2n-1)(2n+1)}$$

因此
$$0<\frac{(2n-1)!!}{(2n)!!}=\frac{1\cdot 3\cdot 5\cdots(2n-1)}{2\cdot 4\cdot 6\cdots(2n)}<\frac{1\cdot 3\cdot 5\cdots(2n-1)}{\sqrt{1\cdot 3}\cdot\sqrt{3\cdot 5}\cdots\sqrt{(2n-1)(2n+1)}}=\frac{1}{\sqrt{(2n+1)}}$$

由夹逼定理得 $\lim\limits_{n\to\infty}\dfrac{(2n-1)!!}{(2n)!!}=0$.

注 1.1.15 在例 1.1.26 的证明过程中, 得到了不等式:
$$\frac{(2n-1)!!}{(2n)!!}<\frac{1}{\sqrt{(2n+1)}}\quad (n\in\mathbf{N}^*)$$

例 1.1.27 求极限 $\lim\limits_{n\to\infty}\left(\dfrac{1}{n+1}+\dfrac{1}{\sqrt{n^2+1}}+\cdots+\dfrac{1}{\sqrt[n]{n^n+1}}\right)$.

解 由于

$$\frac{n}{n+1} \leqslant \frac{1}{n+1} + \frac{1}{\sqrt{n^2+1}} + \cdots + \frac{1}{\sqrt[n]{n^n+1}} \leqslant \frac{n}{\sqrt[n]{n^n+1}}$$

且有 $\lim\limits_{n\to\infty} \dfrac{n}{n+1} = 1$, 进一步由于

$$\frac{1}{2^{\frac{1}{n}}} = \frac{1}{\sqrt[n]{1+1}} < \frac{n}{\sqrt[n]{n^n+1}} = \frac{1}{\sqrt[n]{1+\dfrac{1}{n^n}}} < 1$$

根据 $\lim\limits_{n\to\infty} \dfrac{1}{2^{\frac{1}{n}}} = 1$ 和夹逼定理得到

$$\lim_{n\to\infty} \frac{n}{\sqrt[n]{n^n+1}} = 1$$

再一次应用夹逼定理得 $\lim\limits_{n\to\infty}\left(\dfrac{1}{n+1} + \dfrac{1}{\sqrt{n^2+1}} + \cdots + \dfrac{1}{\sqrt[n]{n^n+1}}\right) = 1$.

习题 1.1.4 数列极限的运算法则

1. 回答下列问题.

(1) 数列 $\{a_n\}, \{b_n\}$ 都发散, 分析数列 $\{a_n + b_n\}, \{a_n b_n\}$ 的敛散性.

(2) $\{a_n\}$ 收敛, $\{b_n\}$ 发散, 分析数列 $\{a_n + b_n\}, \{a_n b_n\}$ 的敛散性.

(3) $\lim\limits_{n\to\infty} a_n = a \neq 0, \{b_n\}$ 发散, 分析 $\{a_n b_n\}$ 的敛散性.

(4) $\lim\limits_{n\to\infty} a_n = 0, \{b_n\}$ 发散, 分析 $\{a_n b_n\}$ 的敛散性.

(5) 设 $a_n \leqslant b_n \leqslant c_n$, 且 $\lim\limits_{n\to\infty}(c_n - a_n) = 0$, 分析 $\{b_n\}$ 的敛散性.

2. 求下列极限.

(1) $\lim\limits_{n\to\infty} \dfrac{1+a+a^2+\cdots+a^{n-1}}{1+b+b^2+\cdots+b^{n-1}}$ $(|a|<1, |b|<1)$;

(2) $\lim\limits_{n\to\infty}\left(1-\dfrac{1}{2^2}\right)\left(1-\dfrac{1}{3^2}\right)\cdots\left(1-\dfrac{1}{n^2}\right)$;

(3) $\lim\limits_{n\to\infty}\left(\dfrac{1+2+\cdots+n}{n+2} - \dfrac{n}{2}\right)$.

3. 利用夹逼定理求下列极限.

(1) $\lim\limits_{n\to\infty}\left(\sqrt{n^2+n}-n\right)^{\frac{1}{n}}$;

(2) $\lim\limits_{n\to\infty}\left((n^2+1)^{\frac{1}{8}} - (n+1)^{\frac{1}{4}}\right)$;

(3) $\lim\limits_{n\to\infty}(n^2-n+2)^{\frac{1}{n}}$;

(4) $\lim\limits_{n\to\infty}(2\sin^2 n + \cos^2 n)^{\frac{1}{n}}$;

(5) $\lim\limits_{n\to\infty} \sqrt[n]{\dfrac{1}{n!}}$;

(6) $\lim\limits_{n\to\infty} \sqrt[n]{n\ln n}$.

4. 求下列极限.

(1) $\lim\limits_{n\to\infty} \dfrac{3n^2+4n-1}{n^2+1}$;

(2) $\lim\limits_{n\to\infty} \dfrac{n^3+2n^2-3n+1}{2n^3-n+3}$;

(3) $\lim\limits_{n\to\infty} \dfrac{n^{10}+2n^8-3n+1}{2n^{11}-10n^9+3}$;

(4) $\lim\limits_{n\to\infty} \dfrac{3^n+(-2)^n}{3^{n+1}+(-2)^{n+1}}$;

(5) $\lim\limits_{n\to\infty} \sqrt{n}\left(\sqrt{n+1}-\sqrt{n}\right);$

(6) $\lim\limits_{n\to\infty} \sqrt{n}\left(\sqrt[4]{n^2+1}-\sqrt{n+1}\right);$

(7) $\lim\limits_{n\to\infty} \dfrac{3^n+n^3}{3^{n+1}+(n+1)^3};$

(8) $\lim\limits_{n\to\infty} \left(\sqrt[n]{n^2+1}-\sqrt{n+1}\right)\sin\dfrac{n\pi}{2}.$

5. 证明下列结论.

(1) 设数列 $\{x_n\}$ 满足条件 $\lim\limits_{n\to\infty} x_n = a$ 且 $x_n > 0\, (n=1,2,3,\cdots)$, 则 $\lim\limits_{n\to\infty} \sqrt[n]{x_1 x_2 \cdots x_n} = a.$

(2) 设数列 $\{x_n\}$ 满足条件 $x_n > 0\, (n=1,2,3,\cdots)$ 且 $\lim\limits_{n\to\infty} \dfrac{x_{n+1}}{x_n} = l$, 则 $\lim\limits_{n\to\infty} \sqrt[n]{x_n} = l.$

(3) 设 $\lim\limits_{n\to\infty} a_n = a,\ \lim\limits_{n\to\infty} b_n = b$, 则 $\lim\limits_{n\to\infty} \dfrac{a_1 b_n + a_2 b_{n-1} + \cdots + a_n b_1}{n} = ab.$

(4) 设 $\lim\limits_{n\to\infty}(a_1 + a_2 + \cdots + a_n) = s\, (a_i > 0, i=1,2,3,\cdots)$, 证明 $\lim\limits_{n\to\infty} (n! a_1 a_2 \cdots a_n)^{\frac{1}{n}} = 0.$

(5) 设数列 $\{x_n\}$ 满足 $\lim\limits_{n\to\infty} \dfrac{x_1 + x_2 + \cdots + x_n}{n} = s$, 证明 $\lim\limits_{n\to\infty} \dfrac{x_n}{n} = 0.$

1.1.5 无穷小量及其运算性质

作为数列极限的一种特例, 本节介绍无穷小量的概念和性质.

定义 1.1.6 (无穷小量) 如果数列 $\{a_n\}$ 的极限为零, 那么称数列 $\{a_n\}$ 为无穷小量 (或者称为无穷小).

定理 1.1.7 (无穷小量的运算性质) (1) $\{a_n\}$ 为无穷小量的充分必要条件是 $\{|a_n|\}$ 为无穷小量;

(2) 有限个无穷小量之和仍然为无穷小量;

(3) 设 $\{a_n\}$ 为无穷小量, $\{c_n\}$ 有界, 则 $\{a_n c_n\}$ 为无穷小量;

(4) $\{a_n\}$ 的极限为 a 的充分必要条件是 $\{a_n - a\}$ 为无穷小量;

(5) $\lim\limits_{n\to\infty} x_n = a$ 的充分必要条件是 $x_n = a + \alpha_n$, 其中 $\lim\limits_{n\to\infty} \alpha_n = 0.$

注 1.1.16 无穷小量并不是一个很小的量, 而是极限为零的一个变量. 例如数列 $\left\{\dfrac{1}{n^p}\right\}$ $(p>0)$, $\left\{\dfrac{\sin n}{n}\right\}$ 和 $\{q^n\}\, (|q|<1)$ 均为无穷小量, 但 $\dfrac{1}{10000}$ 不是无穷小量.

习题 1.1.5 无穷小量及其运算性质

1. 举例说明下面关于无穷小量的定义是错误的.

(1) $\forall \varepsilon > 0, \exists N \in \mathbf{N}^*, n > N: x_n < \varepsilon.$

(2) $\forall \varepsilon > 0,$ 存在无穷多个 n, 使得 $x_n < \varepsilon.$

2. 证明下列数列是无穷小量.

(1) $\left\{\dfrac{n}{n^2+9}\right\};$

(2) $\left\{\dfrac{1}{n^2}+5^{-n}\right\};$

(3) $\left\{\dfrac{3^n}{n!}\right\};$

(4) $\left\{\sin\dfrac{\pi}{n}\right\};$

(5) $\left\{\dfrac{n!}{n^n}\right\};$

(6) $\left\{\dfrac{1}{n}-\dfrac{1}{n+1}+\dfrac{1}{n+2}-\cdots+(-1)^n\dfrac{1}{2n}\right\}.$

1.1.6 趋向于无穷大的数列

考虑数列 $a_n = n,\ b_n = -n,\ c_n = (-1)^n n\, (n=1,2,\cdots)$, 虽然它们的极限都不存在, 但随着 n 的增加, 它们的绝对值都趋向于无穷大, 这类数列就是本节将要介绍的趋向于无穷大的数列.

定义 1.1.7 给定数列 $\{a_n\}$,

(1) 如果对任意的 $A > 0$, 存在 $N \in \mathbf{N}^*$, 当 $n > N$ 时, 有 $a_n > A$, 则称数列 $\{a_n\}$ 趋于正无穷, 记为 $\lim\limits_{n\to\infty} a_n = +\infty$.

(2) 如果对任意的 $A > 0$, 存在 $N \in \mathbf{N}^*$, 当 $n > N$ 时, 有 $a_n < -A$, 则称数列 $\{a_n\}$ 趋于负无穷, 记为 $\lim\limits_{n\to\infty} a_n = -\infty$.

(3) 如果对任意的 $A > 0$, 存在 $N \in \mathbf{N}^*$, 当 $n > N$ 时, 有 $|a_n| > A$, 则称数列 $\{a_n\}$ 趋于无穷, 记为 $\lim\limits_{n\to\infty} a_n = \infty$.

定义 1.1.8 若 $\lim\limits_{n\to\infty} a_n = \infty$, 或 $\lim\limits_{n\to\infty} a_n = -\infty$, 或 $\lim\limits_{n\to\infty} a_n = +\infty$, 则称当 n 趋向于无穷大时, 数列 $\{a_n\}$ 为无穷大量.

关于无穷大量有如下运算性质.

定理 1.1.8 (1) 若 $\lim\limits_{n\to\infty} a_n = +\infty(-\infty, \infty)$, 则对于 $\{a_n\}$ 的任何子列 $\{a_{n_k}\}$, 有 $\lim\limits_{k\to\infty} a_{n_k} = +\infty(-\infty, \infty)$;

(2) 若 $\lim\limits_{n\to\infty} a_n = +\infty(-\infty)$, $\lim\limits_{n\to\infty} b_n = +\infty(-\infty)$, 则 $\lim\limits_{n\to\infty} (a_n b_n) = +\infty$, $\lim\limits_{n\to\infty}(a_n + b_n) = +\infty(-\infty)$;

(3) $\{a_n\}$ 为无穷大量的充分必要条件是 $\left\{\dfrac{1}{a_n}\right\}$ 为无穷小量.

例如数列 $\{n\}$ 和 $\{n^2\}$ 为无穷大量, $\{n+n^2\}$ 为无穷大量, $\{n \cdot n^2\} = \{n^3\}$ 为无穷大量. 数列 $\{-n\}$ 和 $\{-n^2\}$ 为无穷大量, $\{-n-n^2\}$ 为无穷大量, $\{(-n) \cdot (-n^2)\} = \{n^3\}$ 为无穷大量.

注 1.1.17 若 $\{a_n\}$ 为无穷大量, 则 $\{a_n\}$ 无界, 反之不一定成立. 例如数列 $\{n+(-1)^n n\}$ 无界, 该数列有子列 $\{(2n+1)+(-1)^{2n+1}(2n+1)\} = \{0\}$ 不是无穷大量, 因此 $\{n+(-1)^n n\}$ 不是无穷大量.

例 1.1.28 设 $a_n = n^2 - 3n - 5$, $n = 1, 2, 3, \cdots$, 证明 $\lim\limits_{n\to\infty} a_n = +\infty$.

证明 由 $a_n = n^2 - 3n - 5 > n^2 - 3n - 5n = n(n-8)$, 当 $n \geqslant 9$ 时, $a_n \geqslant n$, 故对任何正数 A, 取 $N = \max\{9, [A]+1\}$, 只要 $n > N$, 就有 $a_n \geqslant n \geqslant [A]+1 > A$, 所以 $\lim\limits_{n\to\infty} a_n = +\infty$. 结论得证.

例 1.1.29 证明若 $\{a_n\}$ 无上界, 则必存在一个子列 $\{a_{n_k}\}$ 满足 $\lim\limits_{k\to\infty} a_{n_k} = +\infty$.

分析 如果 $\{a_n\}$ 有上界, 则

$$\exists M > 0, \forall n \in \mathbf{N}^* : a_n \leqslant M$$

反之如果 $\{a_n\}$ 无上界, 则

$$\forall M > 0, \exists n_0 \in \mathbf{N}^* : a_{n_0} > M \tag{1.1.25}$$

证明 因为 $\{a_n\}$ 无上界, 根据 (1.1.25) 式, 取 $M_1 = 1$, 存在 $n_1 \in \mathbf{N}^*$, 使得 $a_{n_1} > M_1 = 1$.

由于 $\{a_n\}$ 无上界, 则 $\{a_n\}_{n=n_1+1}^{\infty}$ 无上界, 根据 (1.1.25) 式, 取 $M = 2$, 存在 $n_2 \in \mathbf{N}^*$, $n_2 > n_1$, 使得 $a_{n_2} > M_2 = 2$.

继续这一过程, 一般情况下, 对于 $M_k = k$, 存在 $n_k \in \mathbf{N}^*, n_k > n_{k-1}$, 使得 $a_{n_k} > k$. 上

述过程依次进行下去, 得到子列 $\{a_{n_k}\}$, 满足

$$\begin{cases} n_1 < n_2 < \cdots < n_k < \cdots \\ a_{n_k} > k \end{cases}$$

显然 $\lim\limits_{k \to \infty} a_{n_k} = +\infty$. 结论得证.

注 1.1.18   类似于例 1.1.29, 可以证明下面的结论: 无下界的数列 $\{a_n\}$ 必存在一个子列 $\{a_{n_k}\}$, 使得 $\lim\limits_{k \to \infty} a_{n_k} = -\infty$; 无界的数列 $\{a_n\}$ 必存在一个子列 $\{a_{n_k}\}$, 使得 $\lim\limits_{k \to \infty} a_{n_k} = \infty$.

例 1.1.30   设 $a_1 = 1, a_{n+1} = a_n + \dfrac{1}{a_n}, n = 1, 2, \cdots$, 证明 $\lim\limits_{n \to \infty} a_n = +\infty$.

证明   由已知条件, $a_{n+1} > a_n > \cdots > a_1 = 1, n = 1, 2, \cdots$, 于是

$$1 = \frac{1}{a_1} > \frac{1}{a_2} > \cdots > \frac{1}{a_n} > \frac{1}{a_{n+1}}$$

由于

$$\begin{aligned} a_{n+1} &= a_n + \frac{1}{a_n} = a_{n-1} + \frac{1}{a_{n-1}} + \frac{1}{a_n} = \cdots \\ &= a_1 + \frac{1}{a_1} + \frac{1}{a_2} + \cdots + \frac{1}{a_n} > \frac{n+1}{a_{n+1}} \end{aligned}$$

所以有 $a_{n+1} > \sqrt{n+1}$, 从而 $\lim\limits_{n \to \infty} a_n = +\infty$. 结论得证.

例 1.1.31   设 $x_n = \dfrac{a_l n^l + a_{l-1} n^{l-1} + \cdots + a_0}{b_m n^m + b_{m-1} n^{m-1} + \cdots + b_0} (a_l \neq 0, b_m \neq 0, l > m)$, 求 $\lim\limits_{n \to \infty} x_n$.

解   数列的通项分子分母同除以 n^l

$$\begin{aligned} \lim_{n \to \infty} x_n &= \lim_{n \to \infty} \frac{(a_l n^l + a_{l-1} n^{l-1} + \cdots + a_0)/(n^l)}{(b_m n^m + b_{m-1} n^{m-1} + \cdots + b_0)/(n^l)} \\ &= \lim_{n \to \infty} \frac{a_l + a_{l-1} n^{-1} + \cdots + a_0 n^{-l}}{n^{m-l}(b_m + b_{m-1} n^{-1} + \cdots + b_0 n^{-m})} \end{aligned}$$

$$\lim_{n \to \infty} \left(a_l + a_{l-1} n^{-1} + \cdots + a_0 n^{-l}\right) = a_l \neq 0$$

$$\lim_{n \to \infty} \left(b_m + b_{m-1} n^{-1} + \cdots + b_0 n^{-m}\right) = b_m \neq 0$$

所以

$$\lim_{n \to \infty} x_n = \lim_{n \to \infty} n^{l-m} \left(\frac{a_l + a_{l-1} n^{-1} + \cdots + a_0 n^{-l}}{b_m + b_{m-1} n^{-1} + \cdots + b_0 n^{-m}} \right) = \begin{cases} +\infty, & \dfrac{a_l}{b_m} > 0 \\ -\infty, & \dfrac{a_l}{b_m} < 0 \end{cases}$$

注 1.1.19   例 1.1.31 的推导过程中用到结论: $\lim\limits_{n \to \infty} a_n = \infty, \lim\limits_{n \to \infty} b_n = l \neq 0 \Rightarrow \lim\limits_{n \to \infty} a_n b_n = \infty$. 证明留给读者完成. 但是如果 $\lim\limits_{n \to \infty} a_n = \infty, \lim\limits_{n \to \infty} b_n = 0$, 则结论不成立. 例如 $\lim\limits_{n \to \infty} n^2 = +\infty, \lim\limits_{n \to \infty} \dfrac{1}{n^3} = 0, \lim\limits_{n \to \infty} \left(n^2 \cdot \dfrac{1}{n^3}\right) = 0$.

通过上例可以发现, 通项是关于 n 的有理多项式的数列极限求解是有规律的, 下面我们做一个总结.

设 $x_n = \dfrac{a_l n^l + a_{l-1} n^{l-1} + \cdots + a_0}{b_m n^m + b_{m-1} n^{m-1} + \cdots + b_0}\ (a_l \neq 0, b_m \neq 0)$, 则

$$\lim_{n\to\infty} x_n = \lim_{n\to\infty} \frac{a_l n^l + a_{l-1} n^{l-1} + \cdots + a_0}{b_m n^m + b_{m-1} n^{m-1} + \cdots + b_0}$$

$$= \begin{cases} \dfrac{a_l}{b_m}, & l = m \\ 0, & l < m \\ +\infty, & \dfrac{a_l}{b_m} > 0, l > m \\ -\infty, & \dfrac{a_l}{b_m} < 0, l > m \end{cases}$$

例如 $\displaystyle\lim_{n\to\infty} \dfrac{n^2 + 3n + 5}{n^2 + 1} = 1,\ \lim_{n\to\infty} \dfrac{n^8 + 3n^5 + 2}{n^9 + 10n^8 + 3n} = 0,\ \lim_{n\to\infty} \dfrac{n^5 + 4n^4 + n}{n^2 + 1} = +\infty.$

习题 1.1.6 趋向于无穷大的数列

1. 用定义证明下面的结论.

(1) $\displaystyle\lim_{n\to\infty} \dfrac{1}{\sqrt{n}}(1 + 2 + 3 + \cdots + n) = +\infty$.

(2) $\displaystyle\lim_{n\to\infty} n\left(\sqrt{n} - \sqrt{n+1}\right) = -\infty$.

(3) $\displaystyle\lim_{n\to\infty} \left(\dfrac{1}{\sqrt{n+1}} + \dfrac{1}{\sqrt{n+2}} + \cdots + \dfrac{1}{\sqrt{n+n}}\right) = +\infty$.

2. 设 $\displaystyle\lim_{n\to\infty} a_n = +\infty\,(-\infty)$, 证明 $\displaystyle\lim_{n\to\infty} \dfrac{a_1 + a_2 + \cdots + a_n}{n} = +\infty\,(-\infty)$.

3. 设 $\{x_n\}$ 无下界, 证明存在子序列 $\{x_{n_k}\}$, 满足 $\displaystyle\lim_{k\to\infty} x_{n_k} = -\infty$.

4. 设 $\{x_n\}$ 是无穷大量, 存在 $\beta > 0$, 存在 $N \in \mathbf{N}^*, n > N: |y_n| \geqslant \beta$, 则 $\{x_n y_n\}$ 为无穷大量.

5. 设 $\{x_n\}$ 是无穷大量, $\displaystyle\lim_{n\to\infty} y_n = b \neq 0$, 证明 $\{x_n y_n\}, \left\{\dfrac{x_n}{y_n}\right\}$ 为无穷大量.

扫码学习

1.2 单调有界定理与应用

本节介绍单调数列收敛定理及其应用范例.

1.2.1 单调有界定理

定义 1.2.1 (单调数列) (1) 若数列 $\{a_n\}$ 满足: 任意 $n \in \mathbf{N}^*: a_n \leqslant a_{n+1}$(任意$n \in \mathbf{N}^*$, $a_n \geqslant a_{n+1}$), 则称 $\{a_n\}$ 是单调递增 (单调递减) 数列.

(2) 若数列 $\{a_n\}$ 满足: 任意 $n \in \mathbf{N}^*: a_n < a_{n+1}$ (任意$n \in \mathbf{N}^*, a_n > a_{n+1}$), 则称 $\{a_n\}$ 是严格单调递增 (严格单调递减) 数列.

注 1.2.1 若 $\{a_n\}$ 从某项以后单调, 即存在 $N \in \mathbf{N}^*, n > N : a_n \leqslant a_{n+1}(a_n \geqslant a_{n+1})$, 则仍然称 $\{a_n\}$ 是单调递增 (单调递减) 数列. 若存在 $N \in \mathbf{N}^*, n > N : a_n < a_{n+1}(a_n > a_{n+1})$, 则仍然称 $\{a_n\}$ 是严格单调递增 (严格单调递减) 数列.

单调数列不一定存在极限, 比如数列 $a_n = n, b_n = \dfrac{1}{n}\ (n = 1, 2, \cdots)$ 都是单调数列, 但是它们一个发散, 一个收敛. 如果单调数列再加上有界的条件, 其极限是否存在呢? 如图 1.2.1 所示, 观察图中两个单调有界数列的变化趋势. 直观上来看, 这类数列的极限是存在的, 下面这个定理给我们提供了理论依据.

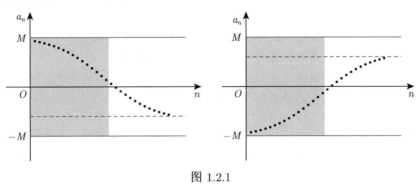

图 1.2.1

定理 1.2.1 单调有界数列必有极限.

证明 不妨设 $\{a_n\}$ 单调递增, 用十进制无尽小数来表示数列中的项:

$$\begin{cases} a_1 = A_1.a_{11}a_{12}\cdots \\ a_2 = A_2.a_{21}a_{22}\cdots \\ \quad \cdots\cdots \\ a_n = A_n.a_{n1}a_{n2}\cdots \\ \quad \cdots\cdots \end{cases} \quad A_i \in \mathbf{Z}, a_{ij} \in \{0, 1, 2, \cdots, 9\}, i, j = 1, 2, 3, \cdots$$

对数列 $\{a_n\}$ 中的每一项整数部分以及小数点后面各位变化规律进行如下分析.

(1) 由于 $\{a_n\}$ 单调递增有界, 因此数列的整数部分 $\{A_n\}$ 在某一项 N_0 开始达到最大值 A, 使得 $\{a_n\}_{n=N_0}^{\infty}$ 的整数部分恒为 A.

(2) 数列 $\{a_n\}_{n=N_0}^{\infty}$ 为单调有界数列, 因此存在 $N_1 > N_0$, 使得数列 $\{a_n\}_{n=N_0}^{\infty}$ 每一项小数点后的第一位对应的数列 $\{a_n\}_{n=N_0}^{\infty}$ 在 N_1 处达到最大值, 记为 x_1, 即数列 $\{a_n\}_{n=N_1}^{\infty}$ 每一项小数点后面第一位恒为 x_1.

(3) 数列 $\{a_n\}_{n=N_1}^{\infty}$ 为单调有界数列, 因此存在 $N_2 > N_1$, 使得数列 $\{a_n\}_{n=N_1}^{\infty}$ 每一项小数点后第二位对应的数列在 N_2 处达到最大值, 记为 x_2, 即数列 $\{a_n\}_{n=N_2}^{\infty}$ 每一项小数点后面第二位恒为 x_2.

上述过程一直继续进行下去, 得到一个实数

$$a = A.x_1x_2\cdots x_n\cdots \quad (N_0 < N_1 < \cdots < N_k < \cdots)$$

使得 $\{a_n\}_{n=N_i}^{\infty}$ 的整数部分以及直到小数点后面第 i 位数值都一样, 为

$$A.x_1x_2x_3\cdots x_i$$

下面证明 $A.x_1x_2\cdots x_n\cdots$ 为数列 $\{a_n\}$ 的极限.

对于任意 $\varepsilon > 0$, 一定存在自然数 $m \in \mathbf{N}^*$, 满足 $10^{-m} < \varepsilon$, 所以当 $n > N_m$ 时, a_n 的整数部分和小数点后面前 m 位上的数与 a 是一样的, 因此 $|a_n - a| \leqslant 10^{-m}$, 即

$$|a_n - A.x_1x_2\cdots x_n\cdots| < \varepsilon$$

因此结论得证.

注 1.2.2 对于单调递增 (递减) 数列 $\{x_n\}$, $\lim\limits_{n\to\infty} x_n = \alpha \Rightarrow \forall n \in \mathbf{N}^* : x_n \leqslant \alpha\,(x_n \geqslant \alpha)$. 关于单调数列, 进一步有如下结论, 证明留给读者完成.

推论 1.2.1 (1) 单调数列收敛的充要条件是有一个子列的极限存在;

(2) 单调数列发散的充要条件是有一个子列的极限不存在;

(3) 一个单调数列要么极限存在, 要么趋向于 $\pm\infty$;

(4) 单调数列收敛的充分必要条件是数列有界.

例 1.2.1 证明数列 $x_n = \sqrt{3 + \sqrt{3 + \sqrt{3 + \cdots + \sqrt{3}}}}$ (n 重根式) 极限存在并求其值.

证明 由于 $x_{n+1} > x_n$, 因此 $\{x_n\}$ 是单调递增数列. 又 $x_1 = \sqrt{3} < 3$, 假定 $x_k < 3$, 有

$$x_{k+1} = \sqrt{3 + x_k} < \sqrt{3 + 3} < 3$$

所以由数学归纳法, $\{x_n\}$ 有界. 由单调有界定理, $\lim\limits_{n\to\infty} x_n$ 存在, 记为 A.

由 $x_{n+1} = \sqrt{3 + x_n}$, 得 $x_{n+1}^2 = 3 + x_n$, 进而 $\lim\limits_{n\to\infty} x_{n+1}^2 = \lim\limits_{n\to\infty}(3 + x_n)$, 即 $A^2 = 3 + A$, 解得 $A = \dfrac{1+\sqrt{13}}{2}$ 或 $A = \dfrac{1-\sqrt{13}}{2}$ (根据数列极限的保序性舍去), 所以 $\lim\limits_{n\to\infty} x_n = \dfrac{1+\sqrt{13}}{2}$. 结论得证.

1.2.2 两个典型单调数列

作为单调有界定理的应用, 本节介绍两个重要的单调数列, 其极限是数学领域中重要的常数.

设有数列

$$s_n = 1 + \frac{1}{1!} + \frac{1}{2!} + \cdots + \frac{1}{n!}$$

$$e_n = \left(1 + \frac{1}{n}\right)^n$$

下面我们分步骤讨论这两个数列的极限问题.

(1) $\{s_n\}$ 单调递增, 且

$$s_n = 1 + \frac{1}{1} + \frac{1}{1\cdot 2} + \frac{1}{1\cdot 2\cdot 3} + \frac{1}{1\cdot 2\cdot 3\cdot 4} + \cdots + \frac{1}{1\cdot 2\cdots n}$$

$$\leqslant 1 + 1 + \frac{1}{2} + \frac{1}{2^2} + \cdots + \frac{1}{2^{n-1}} < 3$$

所以 $\{s_n\}$ 有上界. 由单调有界定理, $\{s_n\}$ 有极限, 记 $\lim\limits_{n\to\infty} s_n = s$.

(2) 因为 $e_n = \left(1+\dfrac{1}{n}\right)^n = \sum\limits_{k=0}^{n} C_n^k \left(\dfrac{1}{n}\right)^k$,

$$C_n^k \left(\dfrac{1}{n}\right)^k = \dfrac{n!}{k!(n-k)!n^k} = \dfrac{n(n-1)\cdots(n-k+1)}{k!n^k} = \dfrac{1}{k!}\left(1-\dfrac{1}{n}\right)\cdots\left(1-\dfrac{k-1}{n}\right)$$

因此

$$e_n = 1 + 1 + \dfrac{1}{2!}\left(1-\dfrac{1}{n}\right) + \dfrac{1}{3!}\left(1-\dfrac{1}{n}\right)\left(1-\dfrac{2}{n}\right) + \cdots + \dfrac{1}{n!}\left(1-\dfrac{1}{n}\right)\left(1-\dfrac{2}{n}\right)\cdots\left(1-\dfrac{n-1}{n}\right)$$

$$\leqslant 1 + 1 + \dfrac{1}{2!} + \dfrac{1}{3!} + \cdots + \dfrac{1}{n!} = s_n \leqslant s$$

所以 $\{e_n\}$ 有界且

$$e_n \leqslant s_n \leqslant s \tag{1.2.1}$$

又因为

$$\begin{aligned}\dfrac{e_{n+1}}{e_n} &= \left(1+\dfrac{1}{n+1}\right)\left(1+\dfrac{1}{n+1}\right)^n \left(1+\dfrac{1}{n}\right)^{-n} \\ &= \left(1+\dfrac{1}{n+1}\right)\left(\dfrac{n^2+2n}{n^2+2n+1}\right)^n = \left(1+\dfrac{1}{n+1}\right)\left(1-\dfrac{1}{(n+1)^2}\right)^n\end{aligned}$$

由伯努利不等式 $(1+x)^n \geqslant 1 + nx (x > -1)$, 得

$$\dfrac{e_{n+1}}{e_n} \geqslant \dfrac{n^3+3n^2+3n+2}{n^3+3n^2+3n+1} > 1$$

所以 $\{e_n\}$ 单调递增. 由单调有界定理, $\lim\limits_{n\to\infty} e_n = \lim\limits_{n\to\infty}\left(1+\dfrac{1}{n}\right)^n$ 存在, 记为 e. 根据公式 (1.2.1) 和数列极限的保序性, 得到 $e \leqslant s$.

(3) 根据

$$e_n = 1 + 1 + \dfrac{1}{2!}\left(1-\dfrac{1}{n}\right) + \dfrac{1}{3!}\left(1-\dfrac{1}{n}\right)\left(1-\dfrac{2}{n}\right) + \cdots + \dfrac{1}{n!}\left(1-\dfrac{1}{n}\right)\left(1-\dfrac{2}{n}\right)\cdots\left(1-\dfrac{n-1}{n}\right)$$

对于任意给定的 m, 当 $n > m$ 时有

$$e_n > 1 + \dfrac{1}{1!} + \dfrac{1}{2!}\left(1-\dfrac{1}{n}\right) + \cdots + \dfrac{1}{m!}\left(1-\dfrac{1}{n}\right)\cdots\left(1-\dfrac{m-1}{n}\right) \tag{1.2.2}$$

对于公式 (1.2.2), 固定 m, 令 $n \to \infty$, 根据数列极限的保序性得到

$$e \geqslant 1 + \dfrac{1}{1!} + \dfrac{1}{2!} + \cdots + \dfrac{1}{m!} = s_m \tag{1.2.3}$$

公式 (1.2.3) 说明对于任意自然数 m, $s_m \leqslant e$ 成立. 由数列极限的保序性有 $e \geqslant s$, 因此 $e = s$.

(4) 综合上面分析, 有

$$\lim_{n\to\infty}\left(1+\dfrac{1}{1!}+\dfrac{1}{2!}+\cdots+\dfrac{1}{n!}\right) = e, \quad \lim_{n\to\infty} e_n = \lim_{n\to\infty}\left(1+\dfrac{1}{n}\right)^n = e$$

e 是一个无理数, 称为自然对数之底. e 是数学上最重要的常数之一, 其近似计算方法和近似值为

$$\begin{cases} e \approx 1 + \dfrac{1}{1!} + \dfrac{1}{2!} + \cdots + \dfrac{1}{n!} \\ e \approx \left(1 + \dfrac{1}{n}\right)^n \\ e \approx 2.718281828459 \end{cases} \tag{1.2.4}$$

(5) 提出问题: 由 (1.2.4) 式近似计算 e 的误差是多少? 如何估计误差范围? 下面给出详细分析.

对于任意自然数 m, 有

$$0 < s_{n+m} - s_n = \frac{1}{(n+1)!} + \frac{1}{(n+2)!} + \cdots + \frac{1}{(n+m)!}$$
$$= \frac{1}{(n+1)!}\left(1 + \frac{1}{n+2} + \cdots + \frac{1}{(n+m)\cdots(n+2)}\right)$$
$$\leqslant \frac{1}{(n+1)!}\left(1 + \frac{1}{n+1} + \cdots + \frac{1}{(n+1)^{m-1}}\right)$$
$$= \frac{1}{(n+1)!}\left(\frac{1 - \left(\dfrac{1}{n+1}\right)^m}{1 - \dfrac{1}{n+1}}\right) < \frac{1}{n!n}$$

在上式中令 $m \to \infty$, 利用数列极限的保序性得到

$$0 < e - s_n < \frac{1}{n!n} \tag{1.2.5}$$

进一步, 由于 $\lim\limits_{n\to\infty}\left(1 + \dfrac{1}{1!} + \dfrac{1}{2!} + \cdots + \dfrac{1}{n!}\right) = e$, 因此得到

$$e - s_n > \frac{1}{(n+1)!} \tag{1.2.6}$$

根据公式 (1.2.5) 和 (1.2.6), 得

$$\frac{1}{(n+1)!} < e - s_n < \frac{1}{nn!} \tag{1.2.7}$$

所以

$$\frac{n}{n+1} < (e - s_n)nn! < 1 \tag{1.2.8}$$

令 $\theta_n = (e - s_n)nn!$, 根据公式 (1.2.8), $\dfrac{n}{n+1} < \theta_n < 1$, 由此得到

$$e = s_n + \frac{\theta_n}{n!n} = 1 + \frac{1}{1!} + \frac{1}{2!} + \cdots + \frac{1}{n!} + \frac{\theta_n}{n!n}, \quad \frac{n}{n+1} < \theta_n < 1$$

在此基础上得到先验误差估计:

$$e - s_n = \frac{\theta_n}{n!n}, \quad \frac{n}{n+1} < \theta_n < 1 \tag{1.2.9}$$

例 1.2.2 由公式 (1.2.4) 近似计算 e, 要求计算精度为 10^{-10}.

解 利用
$$\mathrm{e} - s_n = \frac{\theta_n}{n!n} < \frac{1}{n!n} < 10^{-10}$$

即 $n!n > 10^{10}$, 解得 $n \geqslant 13$.

$$\mathrm{e} \approx 1 + \frac{1}{1!} + \frac{1}{2!} + \cdots + \frac{1}{13!} \approx 2.7182818284$$

1.2.3 单调数列综合例题

例 1.2.3 证明 $\lim\limits_{n \to \infty} \left(1 + \dfrac{k}{n}\right)^n = \mathrm{e}^k \ (k \in \mathbf{N}^*)$.

证明 记 $a_n = \left(1 + \dfrac{k}{n}\right)^n$, 当 $n = mk$ 时, $a_{mk} = \left(1 + \dfrac{1}{m}\right)^{mk}$. 由于

$$\lim_{m \to \infty} a_{mk} = \left[\lim_{m \to \infty} \left(1 + \frac{1}{m}\right)^m\right]^k = \mathrm{e}^k$$

因此子列 $\{a_{mk}\}$ 的极限存在. 又由不等式

$$\sqrt[n]{x_1 x_2 \cdots x_n} \leqslant \frac{x_1 + x_2 + \cdots + x_n}{n} \quad (x_i > 0, i = 1, 2, \cdots, n)$$

得

$$a_n = 1 \cdot \left(1 + \frac{k}{n}\right) \cdots \left(1 + \frac{k}{n}\right) \leqslant \left[\frac{1 + n\left(1 + \dfrac{k}{n}\right)}{n+1}\right]^{n+1} = \left(1 + \frac{k}{n+1}\right)^{n+1}$$

因此 $a_n \leqslant a_{n+1}$, $\{a_n\}$ 是单调递增数列, 所以 $\lim\limits_{n \to \infty} a_n = \lim\limits_{m \to \infty} a_{mk} = \mathrm{e}^k$. 结论得证.

注 1.2.3 例 1.2.3 的求解过程用到了结论: 单调数列收敛的充要条件是有子列收敛.

例 1.2.4 计算 $\lim\limits_{n \to \infty} \left(1 - \dfrac{k}{n}\right)^n$.

解 原式可化为

$$\lim_{n \to \infty} \left(\frac{n-k}{n}\right)^n = \lim_{n \to \infty} \frac{1}{\left(\dfrac{n}{n-k}\right)^n} = \frac{1}{\lim\limits_{n \to \infty} \left(1 + \dfrac{k}{n-k}\right)^n}$$

令 $a_n = \left(1 + \dfrac{k}{n-k}\right)^n$, 则

$$\lim_{n \to \infty} a_n = \lim_{n \to \infty} \left(1 + \frac{k}{n-k}\right)^{n-k} \cdot \lim_{n \to \infty} \left(1 + \frac{k}{n-k}\right)^k = \mathrm{e}^k$$

所以 $\lim\limits_{n \to \infty} \left(1 - \dfrac{k}{n}\right)^n = \mathrm{e}^{-k}$.

例 1.2.5 证明以下结论:

(1) 设 $a_n = 1 + \dfrac{1}{2} + \cdots + \dfrac{1}{n}, n \in \mathbf{N}^*$, 求证 $\{a_n\}$ 发散.

(2) 设 $a_n = 1 + \dfrac{1}{2^\alpha} + \cdots + \dfrac{1}{n^\alpha}, n \in \mathbf{N}^*, \alpha > 1$, 求证 $\{a_n\}$ 收敛.

证明 (1) 易见 $\{a_n\}$ 严格单调递增, 若有子列发散, 则 $\{a_n\}$ 发散, 结论即可得证. 考虑下面子列的变化规律:

$$a_{2^k} = 1 + \frac{1}{2} + \left(\frac{1}{3} + \frac{1}{4}\right) + \underbrace{\left(\frac{1}{5} + \cdots + \frac{1}{8}\right)}_{4\text{个}} + \underbrace{\left(\frac{1}{9} + \cdots + \frac{1}{16}\right)}_{8\text{个}} + \cdots + \underbrace{\left(\frac{1}{2^{k-1}+1} + \cdots + \frac{1}{2^k}\right)}_{2^{k-1}\text{个}}$$

$$\geqslant 1 + \frac{1}{2} + \left(\frac{1}{4} + \frac{1}{4}\right) + \left(\frac{1}{8} + \cdots + \frac{1}{8}\right) + \left(\frac{1}{16} + \cdots + \frac{1}{16}\right) + \cdots + \left(\frac{1}{2^k} + \cdots + \frac{1}{2^k}\right)$$

$$= 1 + \underbrace{\frac{1}{2} + \frac{1}{2} + \cdots + \frac{1}{2}}_{k\text{个}} = 1 + \frac{k}{2} \quad (k = 0, 1, \cdots)$$

子列 $\{a_{2^k}\}$ 发散, 从而 $\{a_n\}$ 发散.

(2) $\{a_n\}$ 严格单调递增, 只需证有收敛子列即可. 考虑下面子列的变化规律:

$$a_{2^k-1} = 1 + \left(\frac{1}{2^\alpha} + \frac{1}{3^\alpha}\right) + \underbrace{\left(\frac{1}{4^\alpha} + \cdots + \frac{1}{7^\alpha}\right)}_{4\text{个}} + \underbrace{\left(\frac{1}{8^\alpha} + \cdots + \frac{1}{15^\alpha}\right)}_{8\text{个}}$$

$$+ \cdots + \underbrace{\left(\frac{1}{(2^{k-1})^\alpha} + \cdots + \frac{1}{(2^k-1)^\alpha}\right)}_{2^{k-1}\text{个}}$$

$$\leqslant 1 + \frac{2}{2^\alpha} + \frac{4}{4^\alpha} + \frac{8}{8^\alpha} + \cdots + \frac{2^{k-1}}{(2^{k-1})^\alpha}$$

$$= 1 + \frac{1}{2^{\alpha-1}} + \frac{1}{4^{\alpha-1}} + \frac{1}{8^{\alpha-1}} + \frac{1}{(2^{k-1})^{\alpha-1}}$$

$$= 1 + \frac{1}{2^{\alpha-1}} + \left(\frac{1}{2^{\alpha-1}}\right)^2 + \cdots + \left(\frac{1}{2^{\alpha-1}}\right)^{k-1}$$

$$= \frac{1 - \left(\dfrac{1}{2^{\alpha-1}}\right)^k}{1 - \dfrac{1}{2^{\alpha-1}}} < \frac{2^{\alpha-1}}{2^{\alpha-1} - 1}$$

子列 $\{a_{2^k-1}\}$ 有界, 因此收敛, 所以原数列收敛. 结论得证.

注 1.2.4 例 1.2.5 的证明用到了结论: 若单调数列的一个子列收敛 (发散), 则这个数列收敛 (发散).

例 1.2.6 计算 $\lim\limits_{n\to\infty} (n!e - [n!e])$.

解 利用结论 $e = 1 + \dfrac{1}{1!} + \dfrac{1}{2!} + \cdots + \dfrac{1}{n!} + \dfrac{\theta_n}{n!n}$, 所以

$$\lim_{n\to\infty} (n!e - [n!e])$$
$$= \lim_{n\to\infty} \left(\left(1 + \frac{1}{1!} + \frac{1}{2!} + \cdots + \frac{1}{n!} + \frac{\theta_n}{n!n}\right) n! - \left[\left(1 + \frac{1}{1!} + \frac{1}{2!} + \cdots + \frac{1}{n!} + \frac{\theta_n}{n!n}\right) n!\right] \right)$$
$$= \lim_{n\to\infty} \left(\left(1 + \frac{1}{1!} + \frac{1}{2!} + \cdots + \frac{1}{n!} + \frac{\theta_n}{n!n}\right) n! - \left(1 + \frac{1}{1!} + \frac{1}{2!} + \cdots + \frac{1}{n!}\right) n! \right)$$
$$= \lim_{n\to\infty} \frac{\theta_n}{n!n} n! = \lim_{n\to\infty} \frac{\theta_n}{n} = 0$$

例 1.2.7 利用不等式 $\dfrac{1}{n+1} < \ln\left(1 + \dfrac{1}{n}\right) < \dfrac{1}{n}$, 证明

(1) $\dfrac{k}{n+k} < \ln\left(1 + \dfrac{k}{n}\right) < \dfrac{k}{n}$;

(2) 极限 $\lim\limits_{n\to\infty} x_n = \lim\limits_{n\to\infty} \left[1 + \dfrac{1}{2} + \dfrac{1}{3} + \cdots + \dfrac{1}{n} - \ln(1+n)\right]$ 存在, 设极限为 γ, 进一步得到欧拉公式

$$1 + \frac{1}{2} + \cdots + \frac{1}{n} = \ln n + \gamma + \varepsilon(n)$$

其中 $\lim\limits_{n\to\infty} \varepsilon(n) = 0$, γ 称为欧拉 (Euler) 常数.

注 1.2.5 欧拉常数是有理数还是无理数还是个开放问题.

证明 (1) 根据

$$\frac{1}{n+1} < \ln\left(1 + \frac{1}{n}\right) < \frac{1}{n}$$

有 $\dfrac{1}{n+1} < \ln(n+1) - \ln n < \dfrac{1}{n}$, 所以

$$\begin{cases} \dfrac{1}{n+1} < \ln(n+1) - \ln n < \dfrac{1}{n} \\[2pt] \dfrac{1}{n+2} < \ln(n+2) - \ln(n+1) < \dfrac{1}{n+1} \\[2pt] \dfrac{1}{n+3} < \ln(n+3) - \ln(n+2) < \dfrac{1}{n+2} \\[2pt] \cdots\cdots \\[2pt] \dfrac{1}{n+k} < \ln(n+k) - \ln(n+k-1) < \dfrac{1}{n+k-1} \end{cases}$$

将上面的式子相加得到 $\dfrac{k}{n+k} < \ln(n+k) - \ln n < \dfrac{k}{n}$.

(2) 由 $\dfrac{1}{n+1} < \ln(n+1) - \ln n < \dfrac{1}{n}$，有

$$\begin{cases} \dfrac{1}{2} < \ln 2 - \ln 1 < 1 \\ \dfrac{1}{3} < \ln 3 - \ln 2 < \dfrac{1}{2} \\ \cdots\cdots \\ \dfrac{1}{n+1} < \ln(n+1) - \ln n < \dfrac{1}{n} \end{cases}$$

得

$$\dfrac{1}{2} + \dfrac{1}{3} + \cdots + \dfrac{1}{n+1} \leqslant \ln(n+1) \leqslant 1 + \dfrac{1}{2} + \cdots + \dfrac{1}{n}$$

由此知 $0 < x_n < 1 - \dfrac{1}{n+1}$，即 $\{x_n\}$ 有界. 又

$$x_{n+1} - x_n = \dfrac{1}{n+1} - \ln(n+2) + \ln(n+1) = \dfrac{1}{n+1} - \ln\left(1 + \dfrac{1}{n+1}\right) \geqslant 0$$

故 $\{x_n\}$ 单调递增. 由单调有界定理，$\{x_n\}$ 有极限，记为 $\lim\limits_{n\to\infty} x_n = \gamma$. 令

$$y_n = 1 + \dfrac{1}{2} + \cdots + \dfrac{1}{n} - \ln n = 1 + \dfrac{1}{2} + \cdots + \dfrac{1}{n} - \ln(n+1) + \ln(n+1) - \ln n$$

而

$$\ln(n+1) - \ln n = \ln\dfrac{n+1}{n} = \ln\left(1 + \dfrac{1}{n}\right)$$

即 $\lim\limits_{n\to\infty}(\ln(n+1) - \ln n) = 0$，所以 $\lim\limits_{n\to\infty} y_n = \lim\limits_{n\to\infty} x_n = \gamma$. 综上所述

$$1 + \dfrac{1}{2} + \cdots + \dfrac{1}{n} - \ln n = \gamma + \varepsilon(n), \quad \lim\limits_{n\to\infty} \varepsilon(n) = 0$$

结论得证.

例 1.2.8 证明 $1 + \dfrac{1}{3} + \dfrac{1}{5} + \cdots + \dfrac{1}{2n-1} = \ln(2\sqrt{n}) + \dfrac{\gamma}{2} + \alpha(n)$，这里 $\lim\limits_{n\to\infty} \alpha(n) = 0$.

证明 利用例 1.2.7 的结论：$1 + \dfrac{1}{2} + \cdots + \dfrac{1}{n} = \ln n + \gamma + \varepsilon(n)$，$\lim\limits_{n\to\infty} \varepsilon(n) = 0$，可以得到

$$1 + \dfrac{1}{2} + \cdots + \dfrac{1}{2n} = \ln(2n) + \gamma + \varepsilon(2n), \quad \lim\limits_{n\to\infty} \varepsilon(2n) = 0$$

故有

$$1 + \dfrac{1}{3} + \dfrac{1}{5} + \cdots + \dfrac{1}{2n-1} + \dfrac{1}{2}\left[1 + \dfrac{1}{2} + \cdots + \dfrac{1}{n}\right] = \ln(2n) + \gamma + \varepsilon(2n)$$

$$1 + \dfrac{1}{3} + \dfrac{1}{5} + \cdots + \dfrac{1}{2n-1} = \ln(2n) + \gamma + \varepsilon(2n) - \dfrac{1}{2}\left[1 + \dfrac{1}{2} + \cdots + \dfrac{1}{n}\right]$$

$$= \ln(2n) + \gamma + \varepsilon(2n) - \dfrac{1}{2}(\ln n + \gamma + \varepsilon(n)) = \ln(2\sqrt{n}) + \dfrac{\gamma}{2} + \alpha(n)$$

即

$$1 + \dfrac{1}{3} + \dfrac{1}{5} + \cdots + \dfrac{1}{2n-1} - \ln(2\sqrt{n}) = \dfrac{\gamma}{2} + \alpha(n)$$

这里 $\alpha(n) = \varepsilon(2n) - \dfrac{1}{2}\varepsilon(n)$，$\lim\limits_{n\to\infty} \alpha(n) = 0$，结论得证.

习题 1.2 单调有界定理与应用

1. 求下列极限.

(1) $\lim\limits_{n\to\infty}\left(1+\dfrac{1}{n-2}\right)^n$;

(2) $\lim\limits_{n\to\infty}\left(1-\dfrac{1}{n+3}\right)^n$;

(3) $\lim\limits_{n\to\infty}\left(\dfrac{1+n}{2+n}\right)^n$;

(4) $\lim\limits_{n\to\infty}\left(1+\dfrac{1}{2n^2}\right)^{4n^2}$;

(5) $\lim\limits_{n\to\infty}\left(1+\dfrac{1}{n^2}\right)^n$;

(6) $\lim\limits_{n\to\infty}\left(1+\dfrac{1}{n^5}\right)^n$.

2. 利用数列的递推公式与单调有界定理证明下面的结论.

(1) $\lim\limits_{n\to\infty}\dfrac{2}{3}\cdot\dfrac{3}{5}\cdot\dfrac{4}{7}\cdots\dfrac{n+1}{2n+1}=0$.

(2) $\lim\limits_{n\to\infty}\dfrac{a^n}{n!}=0\,(a>1)$.

3. 证明下列数列极限存在, 并求极限.

(1) $x_1=\sqrt{2},x_{k+1}=\sqrt{2+x_k},k=1,2,3,\cdots$.

(2) $x_1=1,x_{k+1}=\sqrt{4+3x_k},k=1,2,3,\cdots$.

(3) $x_1=1,x_{k+1}=\dfrac{-1}{2+x_k},k=1,2,3,\cdots$.

(4) $0<x_1<1,x_{k+1}=x_k(2-x_k),k=1,2,3,\cdots$.

4. 设 $a_n>0\,(n=1,2,3,\cdots)$, 且 $\lim\limits_{n\to\infty}\dfrac{a_n}{a_{n+1}}=l>1$, 则 $\lim\limits_{n\to\infty}a_n=0$.

5. 设 $\{a_n\}$ 单调递增, $\{b_n\}$ 单调递减, 且 $\lim\limits_{n\to\infty}(b_n-a_n)=0$, 证明 $\lim\limits_{n\to\infty}a_n,\lim\limits_{n\to\infty}b_n$ 都存在.

6. 求极限.

(1) 设 $a>0,x_1>0,x_{n+1}=\dfrac{1}{2}\left(x_n+\dfrac{a}{x_n}\right),n=1,2,3,\cdots$, 求 $\lim\limits_{n\to\infty}x_n$;

(2) 设 $a>0,x_1>0,x_{n+1}=\dfrac{1}{3}\left(2x_n+\dfrac{a}{x_n^2}\right),n=1,2,3,\cdots$, 求 $\lim\limits_{n\to\infty}x_n$.

7. 证明以下问题.

(1) $\dfrac{1}{2\sqrt{n+1}}<\sqrt{n+1}-\sqrt{n}<\dfrac{1}{2\sqrt{n}}\,(n=1,2,\cdots)$;

(2) 数列 $x_n=1+\dfrac{1}{\sqrt{2}}+\cdots+\dfrac{1}{\sqrt{n}}-2\sqrt{n}$ 的极限存在.

1.3 闭区间套定理与应用

扫码学习

1.3.1 闭区间套定理

定理 1.3.1 (闭区间套定理) 设 $I_n=[a_n,b_n],n=1,2,3,\cdots$ 为一列闭区间, 满足条件

(1) $I_1\supset I_2\supset I_3\supset\cdots I_n\supset\cdots$;

(2) 区间的长度序列满足 $\lim\limits_{n\to\infty}|I_n|=\lim\limits_{n\to\infty}(b_n-a_n)=0$.

则存在唯一的一点 α, 满足 $\alpha\in\bigcap\limits_{i=1}^{\infty}I_i$, 且 $\lim\limits_{n\to\infty}a_n=\lim\limits_{n\to\infty}b_n=\alpha$. 如图 1.3.1 所示.

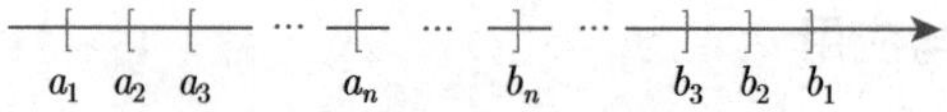

```
  |--|--|--|···|--|···|--|···|--|--|--|-->
  a₁ a₂ a₃    aₙ    bₙ    b₃ b₂ b₁
```

图 1.3.1

证明 由条件知 $\{a_n\}$ 单调递增有上界 b_1, $\{b_n\}$ 单调递减有下界 a_1. 由单调有界定理, $\{a_n\}, \{b_n\}$ 有极限, 设 $\lim\limits_{n\to\infty} a_n = a$, $\lim\limits_{n\to\infty} b_n = b$. 由于 $a_n \leqslant b_n (n \in \mathbf{N}^*)$, 根据极限的保序性质, 有 $a \leqslant b$. 故有

$$a_n \leqslant a \leqslant b \leqslant b_n \quad (n \in \mathbf{N}^*)$$
$$0 \leqslant b - a \leqslant b_n - a_n = |I_n|$$

由 $|I_n| \to 0 (n \to \infty)$ 可知 $a = b$, 于是 $a_n \leqslant a \leqslant b_n (\forall n \in \mathbf{N}^*)$, 即 $a \in I_n (\forall n \in \mathbf{N}^*)$, 所以 $a \in \bigcap\limits_{n=1}^{\infty} I_n$.

下面证明唯一性.

假设存在 $\alpha \in \bigcap\limits_{n=1}^{\infty} I_n, \beta \in \bigcap\limits_{n=1}^{\infty} I_n$, 则 $|\beta - \alpha| \leqslant |b_n - a_n|$, $|\beta - \alpha| \leqslant \lim\limits_{n\to\infty} |b_n - a_n| = 0$, 因此 $\beta = \alpha$. 结论得证.

注 1.3.1 定理中的闭区间条件是必须的, 否则结论不一定成立. 例如区间列 $I_n = \left(0, \dfrac{1}{n}\right), n = 1, 2, 3, \cdots$, 满足定理中的条件 (1) 和 (2), 但是 $\bigcap\limits_{n=1}^{\infty} \left(0, \dfrac{1}{n}\right)$ 是空集.

1.3.2 闭区间套定理的应用

例 1.3.1 设有数列 $x_{n+1} = \sqrt{x_n y_n}$, $y_{n+1} = \dfrac{x_n + y_n}{2}$, $x_1 = a > 0$, $y_1 = b > a > 0$, 证明 $\lim\limits_{n\to\infty} x_n = \lim\limits_{n\to\infty} y_n$.

证明 考虑闭区间序列 $\{[x_n, y_n]\}_{n=1}^{\infty}$. 由于 $x_{n+1} \leqslant y_{n+1}$,

$$x_{n+1} - x_n = \sqrt{x_n y_n} - x_n \geqslant \sqrt{x_n^2} - x_n = 0$$
$$y_{n+1} - y_n = \dfrac{x_n + y_n}{2} - y_n \leqslant \dfrac{2y_n}{2} - y_n = 0$$

所以 $\{x_n\}$ 单调递增, $\{y_n\}$ 单调递减. 如图 1.3.2 所示.

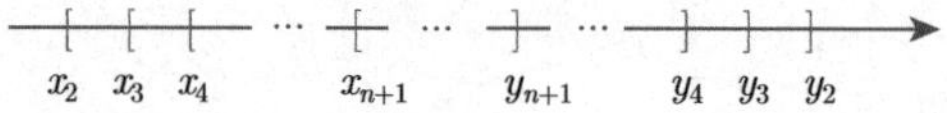

```
  |--|--|--|···|--|···|--|···|--|--|--|-->
  x₂ x₃ x₄    xₙ₊₁   yₙ₊₁   y₄ y₃ y₂
```

图 1.3.2

进一步有

$$y_{n+1} - x_{n+1} \leqslant y_{n+1} - x_n = \dfrac{y_n - x_n}{2} \leqslant \dfrac{y_{n-1} - x_{n-1}}{2^2} \leqslant \cdots \leqslant \dfrac{y_1 - x_1}{2^n}$$

所以 $\lim\limits_{n\to\infty} (y_{n+1} - x_{n+1}) = 0$. 由闭区间套定理, $\lim\limits_{n\to\infty} x_n = \lim\limits_{n\to\infty} y_n$. 结论得证.

例 1.3.2 设数列 $x_1 = \dfrac{1}{2}, x_{n+1} = \dfrac{1}{x_n + 1}, n \in \mathbf{N}^*$, 证明 $\lim\limits_{n\to\infty} x_n = \dfrac{\sqrt{5} - 1}{2}$.

分析 $\lim\limits_{n\to\infty} x_n$ 存在等价于 $\lim\limits_{n\to\infty} x_{2n} = \lim\limits_{n\to\infty} x_{2n-1}$, 因此构造闭区间套 $\{[x_{2n-1}, x_{2n}]\}$, 进一步利用闭区间套定理证明结论.

证明 根据递推公式 $x_1 = \dfrac{1}{2}, x_{n+1} = \dfrac{1}{x_n+1}$, 计算得到 $x_1 = \dfrac{1}{2}, x_2 = \dfrac{2}{3}, x_3 = \dfrac{3}{5}, x_4 = \dfrac{5}{8}, \cdots$, 且 $\dfrac{1}{2} \leqslant x_n < 1, n = 1,2,3,4,\cdots$. 如图 1.3.3 所示, 初步发现规律

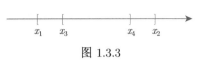

图 1.3.3

$$x_1 < x_2, x_3 < x_4, [x_1, x_2] \supset [x_3, x_4]$$

进一步分析 $[x_{2n-1}, x_{2n}] \supset [x_{2n+1}, x_{2n+2}]$ 是否成立? 为此需要证明: $\{x_{2n}\}$ 单调递减; $\{x_{2n-1}\}$ 单调递增; $x_{2n-1} \leqslant x_{2n} (\forall n \in \mathbf{N}^*)$. 根据递推关系 $x_{n+1} = \dfrac{1}{x_n+1}$, 得到

$$x_{2n+2} - x_{2n} = \frac{1}{1+x_{2n+1}} - \frac{1}{1+x_{2n-1}} = \frac{x_{2n-1} - x_{2n+1}}{(1+x_{2n+1})(1+x_{2n-1})}$$

进一步有递推公式

$$x_{2n+2} - x_{2n} = \frac{1}{(1+x_{2n+1})(1+x_{2n-1})(1+x_{2n-2})(1+x_{2n})}(x_{2n} - x_{2n-2})$$

重复利用上述递推公式, 得

$$\begin{aligned} x_{2n+2} - x_{2n} &= \frac{x_{2n-1} - x_{2n+1}}{(1+x_{2n+1})(1+x_{2n-1})} \\ &= \frac{1}{(1+x_{2n+1})(1+x_{2n})(1+x_{2n-1})(1+x_{2n-2})}(x_{2n} - x_{2n-2}) = \cdots \\ &= \frac{1}{(1+x_{2n+1})(1+x_{2n})\cdots(1+x_3)(1+x_2)}(x_4 - x_2) < 0 \end{aligned}$$

因此 $\{x_{2n}\}$ 单调递减, $\{x_{2n-1}\}$ 单调递增. 根据 $x_n \geqslant \dfrac{1}{2}$ 和递推关系

$$x_{2n} = \frac{1}{1+x_{2n-1}}, \quad x_{2n-1} = \frac{1}{1+x_{2n-2}}, \quad x_{2n-2} = \frac{1}{1+x_{2n-3}}$$

得

$$x_{2n} - x_{2n-1} = \frac{x_{2n-2} - x_{2n-1}}{(1+x_{2n-1})(1+x_{2n-2})} = \frac{x_{2n-2} - x_{2n-3}}{(1+x_{2n-1})(1+x_{2n-2})^2(1+x_{2n-3})}$$

重复利用上式, 得

$$x_{2n} - x_{2n-1} = \cdots = \frac{x_2 - x_1}{(1+x_{2n-1})(1+x_{2n-2})^2(1+x_{2n-3})^2\cdots(1+x_2)^2(1+x_1)}$$

因此得到

$$0 < x_{2n} - x_{2n-1} \leqslant (x_2 - x_1)\bigg/\left(\dfrac{3}{2}\right)^{4n-4} \quad (n > 2)$$

在上面分析的基础上, 可得闭区间序列 $\{[x_{2n-1}, x_{2n}], n \in \mathbf{N}^*\}$ 满足闭区间套定理的条件:

(1) $[x_{2n-1}, x_{2n}] \supset [x_{2n+1}, x_{2n+2}]$;

(2) $\lim\limits_{n\to\infty}(x_{2n}-x_{2n-1})=0$.

因此 $\lim\limits_{n\to\infty}x_{2n}=\lim\limits_{n\to\infty}x_{2n-1}=\alpha$, 即 $\lim\limits_{n\to\infty}x_n=\alpha$. 由

$$\lim_{n\to\infty}x_{n+1}=\frac{1}{\lim\limits_{n\to\infty}x_n+1}=\frac{1}{1+\alpha}$$

解得 $\alpha=\dfrac{\sqrt{5}-1}{2}$(舍去负根). 结论得证.

习题 1.3 闭区间套定理与应用

1. 设 $x_1=a, y_1=b$, 且 $a>b>0$, $x_{n+1}=\dfrac{x_n+y_n}{2}, y_{n+1}=\dfrac{2x_ny_n}{x_n+y_n}$ $(n=1,2,3,\cdots)$, 用闭区间套定理证明 $\lim\limits_{n\to\infty}x_n=\lim\limits_{n\to\infty}y_n$.

2. 设 $x_1=\sqrt{2}, x_{n+1}=\dfrac{1}{2+x_n}$ $(n=1,2,3,\cdots)$, 用闭区间套定理证明数列 $\{x_n\}$ 的极限存在并求其值.

3. 开区间套定理: 如果

(1) $I_n=(a_n,b_n), n\in\mathbf{N}^*, a_1<a_2<\cdots<a_n<\cdots<b_n<b_{n-1}<\cdots<b_2<b_1$;

(2) $|I_n|=b_n-a_n\to 0(n\to\infty)$.

则存在唯一一点 α 满足 $\alpha\in\bigcap\limits_{n=1}^{\infty}I_n$.

扫码学习

1.4 柯西收敛准则及其应用

数列的收敛性和数列极限的求法是我们研究的中心问题. 本节将要介绍的柯西 (Cauchy) 收敛准则从数列本身的变化规律出发, 给出了数列收敛的充分必要条件.

1.4.1 列紧性定理

定理 1.4.1 (Bolzano-Weierstrass 列紧性定理) 任何有界数列中都存在收敛的子列.

证明 设有界数列 $\{x_n\}$ 满足 $a\leqslant x_n\leqslant b$. 下面我们分步证明 $\{x_n\}$ 有收敛的子列.

(1) 将区间 $[a,b]$ 二等分, 选取包含 $\{x_n\}$ 中无穷多项的子区间记为 $[a_1,b_1]$, $b_1-a_1=\dfrac{b-a}{2}$, 取 $x_{n_1}\in[a_1,b_1]$.

(2) 将区间 $[a_1,b_1]$ 二等分, 选取包含 $\{x_n\}$ 中无穷多项的子区间记为 $[a_2,b_2]$, $b_2-a_2=\dfrac{b-a}{2^2}$, 取 $x_{n_2}\in[a_2,b_2], n_2>n_1$.

(3) 依此类推, 将区间 $[a_{k-1},b_{k-1}]$ 二等分, 选取包含 $\{x_n\}$ 中无穷多项的子区间记为 $[a_k,b_k]$, $b_k-a_k=\dfrac{b-a}{2^k}$, 取 $x_{n_k}\in[a_k,b_k], n_k>n_{k-1}$.

(4) 继续这一过程, 我们得到一个区间序列 $\{[a_n,b_n]\}$, 满足条件

$$\begin{cases}\text{(i)}\ [a_1,b_1]\supset[a_2,b_2]\supset\cdots\supset[a_k,b_k]\supset[a_{k+1},b_{k+1}]\supset\cdots\\ \text{(ii)}\ \lim\limits_{n\to\infty}|b_k-a_k|=\lim\limits_{n\to\infty}\dfrac{b-a}{2^k}=0\\ \text{(iii)}\ \exists x_{n_k}\in[a_k,b_k], n_k>n_{k-1}, k=2,3,\cdots\end{cases}\quad(1.4.1)$$

(1.4.1) 式中 (iii) 的结论表明构造的闭区间套具有重要的性质: 任何闭区间 $[a_k, b_k]$ 中都有数列 $\{x_n\}$ 中的点. 由闭区间套定理和夹逼定理, $\lim\limits_{k\to\infty} a_k = \lim\limits_{k\to\infty} x_{n_k} = \lim\limits_{k\to\infty} b_k = c$. 即 $\{x_n\}$ 有收敛的子列, 结论得证.

例 1.4.1 设发散数列 $\{a_n\}$ 满足 $a_n \in [\alpha, \beta], n = 1, 2, 3, \cdots$, 则 $\{a_n\}$ 中必有两个子列收敛于不同的极限.

证明 由列紧性定理知 $\{a_n\}$ 中有收敛的子列 $\{a_{n_k^1}\}$, 设 $\lim\limits_{k\to\infty} a_{n_k^1} = a$. 由于 $\{a_n\}$ 发散, 因此

$$\exists \varepsilon_0 > 0, \forall k \in \mathbf{N}^*, \exists n_k > k : |a_{n_k} - a| \geqslant \varepsilon_0 \tag{1.4.2}$$

根据公式 (1.4.2), 对不同的 k, 有

$$\begin{cases} k = 1, \exists n_1 > 1 : |a_{n_1} - a| \geqslant \varepsilon_0 \\ k = n_1, \exists n_2 > n_1 : |a_{n_2} - a| \geqslant \varepsilon_0 \\ \cdots\cdots \\ k = n_i, \exists n_{i+1} > n_i : |a_{n_{i+1}} - a| \geqslant \varepsilon_0 \\ \cdots\cdots \end{cases}$$

得到结论:

(1) $\{a_{n_k}\}$ 一定不以 a 为极限;

(2) 由于 $\{a_{n_k}\} \subset [\alpha, \beta]$, 应用列紧性定理, $\{a_{n_k}\}$ 必有收敛的子列 $\{a_{n_k^2}\}$ 且 $\lim\limits_{k\to\infty} a_{n_k^2} \neq a$;

(3) $\lim\limits_{k\to\infty} a_{n_k^1} = a$.

因此存在具有不同极限的两个收敛子列 $\{a_{n_k^1}\}, \{a_{n_k^2}\}$. 结论得证.

1.4.2 柯西收敛准则

回顾极限的定义: 对 $\forall \varepsilon > 0, \exists N \in \mathbf{N}^*, \forall n > N : |a_n - a| < \varepsilon$. 如图 1.4.1 所示, $\{a_n\}$ 从第 N 项以后全部落在以 a 为中心, 长度为 2ε 的区间内. 于是对于收敛数列, 有

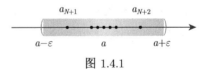

图 1.4.1

$$\forall \varepsilon > 0, \exists N \in \mathbf{N}^*, \forall n, m > N : |a_m - a_n| \leqslant |a_n - a| + |a_m - a| < \varepsilon + \varepsilon = 2\varepsilon$$

反之, 上式是否是数列收敛的充分条件呢? 下面给出详细的分析.

定义 1.4.1(基本列) 给定数列 $\{a_n\}$, 如果对于任意 $\varepsilon > 0$, 存在 $N \in \mathbf{N}^*$(这里 N 仅与 ε 有关), 对任意的 $n > m > N$, 一致成立

$$|a_m - a_n| < \varepsilon$$

则称 $\{a_n\}$ 为一个基本列 (或者称为柯西列).

基本列可以等价叙述为: 给定数列 $\{a_n\}$, 如果对于任意 $\varepsilon > 0$, 存在 $N \in \mathbf{N}^*$(这里 N 仅与 ε 有关), 对任意的自然数 $n > N$, 以及 $p \in \mathbf{N}^*$, 一致成立

$$|a_{n+p} - a_n| < \varepsilon$$

则称 $\{a_n\}$ 为一个基本列.

基本列可以用逻辑符号表示为

$$\forall \varepsilon > 0, \exists N(\varepsilon) \in \mathbf{N}^*, \forall n > N, \forall p \in \mathbf{N}^*: |a_{n+p} - a_n| < \varepsilon$$

$$\forall \varepsilon > 0, \exists N(\varepsilon) \in \mathbf{N}^*, \forall m, n > N: |a_m - a_n| < \varepsilon$$

例 1.4.2 证明数列 $a_n = 1 + \dfrac{1}{2^2} + \cdots + \dfrac{1}{n^2}, n = 1, 2, \cdots$ 为基本列.

证明 由于

$$0 < a_{n+p} - a_n = \frac{1}{(n+1)^2} + \cdots + \frac{1}{(n+p)^2}$$

$$< \frac{1}{n(n+1)} + \frac{1}{(n+1)(n+2)} + \cdots + \frac{1}{(n+p-1)(n+p)}$$

$$= \left(\frac{1}{n} - \frac{1}{n+1}\right) + \left(\frac{1}{n+1} - \frac{1}{n+2}\right) + \cdots + \left(\frac{1}{n+p-1} - \frac{1}{n+p}\right)$$

$$= \frac{1}{n} - \frac{1}{n+p} < \frac{1}{n}$$

于是得

$$\forall p, n \in \mathbf{N}^*: |a_{n+p} - a_n| < \frac{1}{n} \tag{1.4.3}$$

所以 $\forall \varepsilon > 0, \exists N = \left[\dfrac{1}{\varepsilon}\right] + 1, \forall n > N, \forall p \in \mathbf{N}^*: |a_{n+p} - a_n| < \varepsilon$. 结论得证.

注 1.4.1 公式 (1.4.3) 通过不等式恰当放大使得对任何自然数 p 都成立, (1.4.3) 式右端项与 p 无关, 使得基本列定义中的自然数 N 仅和 ε 有关, 这一步分析是证明问题的关键.

例 1.4.3 证明数列 $a_n = \dfrac{1}{1^\alpha} + \dfrac{1}{2^\alpha} + \cdots + \dfrac{1}{n^\alpha}, n \in \mathbf{N}^*$ ($\alpha \leqslant 1$) 不是基本列.

分析 利用基本列的定义

$$\forall \varepsilon > 0, \exists N \in \mathbf{N}^*, \forall n > N, \forall p \in \mathbf{N}^*: |a_{n+p} - a_n| < \varepsilon$$

可以写出基本列的否定形式

$$\exists \varepsilon_0 > 0, \forall N \in \mathbf{N}^*, \exists n_0 > N, \exists p_0 \in \mathbf{N}^*: |a_{n_0+p_0} - a_{n_0}| \geqslant \varepsilon_0 \tag{1.4.4}$$

因此证明数列 $\{a_n\}$ 不是基本列的关键在于确定 (1.4.4) 式中的 ε_0 和 n_0 以及 p_0. 下面给出详细证明.

证明 对于任意自然数 p, 成立

$$a_{n+p} - a_n = \frac{1}{(n+1)^\alpha} + \frac{1}{(n+2)^\alpha} + \cdots + \frac{1}{(n+p)^\alpha} \geqslant \frac{1}{n+1} + \cdots + \frac{1}{n+p} \geqslant \frac{p}{n+p}$$

所以

$$\exists \varepsilon_0 = \frac{1}{2}, \ \forall N \in \mathbf{N}^*, \exists n_0 > N, p_0 = n_0: |a_{n_0+p_0} - a_{n_0}| > \frac{1}{2} = \varepsilon_0$$

所以 $\{a_n\}$ 不是基本列. 结论得证.

定理 1.4.2 (数列极限的柯西收敛准则)　数列 $\{a_n\}$ 收敛的充分必要条件是 $\{a_n\}$ 是基本列.

证明　必要性: 设 $\lim\limits_{n\to\infty} a_n = a$, 则
$$\forall \varepsilon > 0, \exists N \in \mathbf{N}^*, \forall n > N : |a_n - a| < \frac{\varepsilon}{2}$$

对 $m, n > N$,
$$|a_m - a_n| \leqslant |a_m - a| + |a_n - a| < \frac{\varepsilon}{2} + \frac{\varepsilon}{2} = \varepsilon$$

因此是 $\{a_n\}$ 是基本列, 必要性得证.

充分性: 设 $\{a_n\}$ 是基本列, 首先证明 $\{a_n\}$ 有界.

取 $\varepsilon_0 = 1$, 存在 $N \in \mathbf{N}^*$, 任意 $n > N$: $|a_n - a_{N+1}| < 1$, 即
$$|a_n| \leqslant |a_n - a_{N+1} + a_{N+1}| \leqslant |a_n - a_{N+1}| + |a_{N+1}| < 1 + |a_{N+1}|$$

取 $M = \max\{|a_1|, |a_2|, \cdots, |a_N|, 1 + |a_{N+1}|\}$, 则对任意自然数 n, 有 $|a_n| \leqslant M$, 即 $\{a_n\}$ 是有界数列.

下面证明基本列 $\{a_n\}$ 收敛. 由列紧性定理知存在收敛子列 $\{a_{n_k}\}$, 设 $\lim\limits_{k\to\infty} a_{n_k} = a$, 则
$$\forall \varepsilon > 0, \exists N_1 \in \mathbf{N}^*, \forall k > N_1 : |a_{n_k} - a| < \frac{\varepsilon}{2}$$

再由 $\{a_n\}$ 是基本列, 得
$$\exists N \in \mathbf{N}^*, \forall m, n > N : |a_m - a_n| < \frac{\varepsilon}{2}$$

取 $k > \max\{N_1, N\}$, 则当 $n > N$ 时有
$$|a_n - a| = |(a_n - a_{n_k}) + (a_{n_k} - a)| \leqslant |a_n - a_{n_k}| + |a_{n_k} - a| < \varepsilon$$

因此 $\lim\limits_{n\to\infty} a_n = a$. 结论得证.

柯西收敛准则表明, 实数构成的基本列必存在实数极限, 这一性质称为实数系统的完备性. 有理数集合是不完备的. 例如有理数列 $\left\{\left(1 + \dfrac{1}{n}\right)^n\right\}$ 的极限是无理数 e.

1.4.3　柯西收敛准则的应用

柯西收敛准则回顾: $\forall \varepsilon > 0, \exists N(\varepsilon) \in \mathbf{N}^*, \forall n > N, \forall p \in \mathbf{N}^* : |a_{n+p} - a_n| < \varepsilon$. 所以利用柯西收敛准则处理问题的关键在于确定 $N(\varepsilon)$, 一般通过不等式放大, 从 $|a_{n+p} - a_n| < \varepsilon$ 反推 $N(\varepsilon)$. 下面举例说明.

例 1.4.4　证明数列 $x_n = \dfrac{\cos 1}{1 \cdot 2} + \dfrac{\cos 2}{2 \cdot 3} + \cdots + \dfrac{\cos n}{n \cdot (n+1)}$ 收敛.

证明 首先分析 $|x_{n+p} - x_n|$ 的变化规律. 对于任意自然数 p, 有

$$|x_{n+p} - x_n| \leqslant \frac{1}{(n+1)(n+2)} + \cdots + \frac{1}{(n+p+1)(n+p)}$$

$$\leqslant \frac{1}{n+1} - \frac{1}{n+2} + \cdots + \frac{1}{n+p} - \frac{1}{n+p+1}$$

$$= \frac{1}{n+1} - \frac{1}{n+p+1} \leqslant \frac{1}{n+1} < \frac{1}{n}$$

因此得到不等式

$$\forall p, n \in \mathbf{N}^* : |x_{n+p} - x_n| < \frac{1}{n} \tag{1.4.5}$$

所以对 $\forall \varepsilon > 0, \exists N = \left[\dfrac{1}{\varepsilon}\right] + 1, \forall n > N, \forall p \in \mathbf{N}^*: |x_{n+p} - x_n| < \varepsilon$. 结论得证.

注 1.4.2 不等式 (1.4.5) 对任何自然数 p 都成立, 且右端项与 p 无关, 从而使得基本列定义中的自然数 N 仅和 ε 有关, 这一步分析是证明问题的关键.

例 1.4.5 若 $\{a_n\}$ 分别满足下列两种情况, 试问数列 $\{a_n\}$ 是否收敛.

(1) $|a_{n+p} - a_n| \leqslant \dfrac{p}{n}, \forall n, p \in \mathbf{N}^*$;

(2) $|a_{n+p} - a_n| \leqslant \dfrac{p}{n^2}, \forall n, p \in \mathbf{N}^*$.

解 (1) 不一定. 例如数列 $\left\{1 + \dfrac{1}{2} + \dfrac{1}{3} + \cdots + \dfrac{1}{n}\right\}$ 满足 $|a_{n+p} - a_n| \leqslant \dfrac{p}{n}$, 但它不收敛.

(2) 收敛. 对于任意自然数 p, n, 有

$$|a_{n+p} - a_n| \leqslant |a_{n+p} - a_{n+p-1}| + |a_{n+p-1} - a_{n+p-2}| + \cdots + |a_{n+1} - a_n|$$

$$\leqslant \frac{1}{(n+p-1)^2} + \cdots + \frac{1}{n^2} \leqslant \frac{1}{(n+p-1)(n+p-2)} + \cdots + \frac{1}{n(n-1)}$$

$$= \frac{1}{n-1} - \frac{1}{n+p-1} < \frac{1}{n-1}$$

于是

$$\forall p, n \in \mathbf{N}^* : |a_{n+p} - a_n| < \frac{1}{n-1} \quad (n > 1)$$

因此

$$\forall \varepsilon > 0, \exists N = \left[\frac{1}{\varepsilon}\right] + 2, \forall n > N, \forall p \in \mathbf{N}^* : |a_{n+p} - a_n| < \varepsilon$$

所以数列收敛.

例 1.4.6 数列 $\{x_n\}$ 满足 $|x_{n+1} - x_n| \leqslant q|x_n - x_{n-1}|, 0 < q < 1, n = 1, 2, 3, \cdots$. 证明 $\{x_n\}$ 收敛.

证明 因为 $|x_{n+1} - x_n| \leqslant q|x_n - x_{n-1}|$, 递推得到

$$|x_{n+1} - x_n| \leqslant q^2|x_{n-1} - x_{n-2}| \leqslant \cdots \leqslant q^n|x_1 - x_0|$$

因此对于任意自然数 p,n, 有
$$|x_{n+p}-x_n| \leqslant |x_n-x_{n+1}|+|x_{n+1}-x_{n+2}|+\cdots+|x_{n+p-1}-x_{n+p}|$$
$$\leqslant \left(q^n+q^{n+1}+\cdots+q^{n+p-1}\right)|x_1-x_0|$$
$$= q^n\left(\frac{1-q^p}{1-q}\right)|x_1-x_0| \leqslant \frac{q^n}{1-q}|x_1-x_0|$$

于是
$$\forall p,n \in \mathbf{N}^*: |x_{n+p}-x_n| < \frac{q^n|x_1-x_0|}{1-q}$$

所以
$$\forall \varepsilon > 0, \exists N = \max\left\{\left[\frac{\ln[(\varepsilon(1-q))/|x_1-x_0|]}{\ln q}\right], 1\right\}, \forall n > N, \forall p \in \mathbf{N}^*: |x_{n+p}-x_n| < \varepsilon \tag{1.4.6}$$

结论得证.

注 1.4.3 用柯西收敛准则证明数列极限存在的一般方法: 通过不等式恰当放大使得 $\exists N \in \mathbf{N}^*, \forall n > N, \forall p \in \mathbf{N}^*: |a_{n+p}-a_n| < \beta(n)$. 这里数列 $\{\beta(n)\}$ 与自然数 p 无关, 且 $\lim\limits_{n\to\infty}\beta(n)=0$.

注 1.4.4 如果数列 $\{a_n\}$ 满足: 对于任意自然数 p, $\lim\limits_{n\to\infty}|a_{n+p}-a_n|=0$, $\{a_n\}$ 不一定收敛. 例如 $a_n = 1+\dfrac{1}{2}+\cdots+\dfrac{1}{n}$, 对任意 $p \in \mathbf{N}^*$,
$$\lim_{n\to\infty}|a_{n+p}-a_n| = \lim_{n\to\infty}\left|\frac{1}{n+1}+\frac{1}{n+2}+\cdots+\frac{1}{n+p}\right| = 0$$

根据例 1.4.3, $\{a_n\}$ 是发散的.

习题 1.4 柯西收敛准则及其应用

1. 用柯西收敛准则证明下列数列收敛.

(1) $a_n = 1 - \dfrac{1}{2^2} + \dfrac{1}{3^2} - \cdots + (-1)^{n-1}\dfrac{1}{n^2}$;

(2) $b_n = \sin x + \dfrac{\sin 2x}{2^2} + \cdots + \dfrac{\sin nx}{n^2}$;

(3) $c_n = \dfrac{\sin 2x}{2(2+\sin 2x)} + \dfrac{\sin 3x}{3(3+\sin 3x)} + \cdots + \dfrac{\sin nx}{n(n+\sin nx)}$;

(4) $d_n = a_0 + a_1 q + \cdots + a_n q^n$ ($|q|<1, |a_n|\leqslant M, n=0,1,2,3,\cdots$).

2. 用柯西收敛准则证明下列数列发散.

(1) $a_n = \sin\dfrac{n\pi}{2}$;   (2) $b_n = 1 + \dfrac{1}{\sqrt{2}} + \dfrac{1}{\sqrt{3}} + \cdots + \dfrac{1}{\sqrt{n}}$;   (3) $c_n = \dfrac{1}{\ln 2} + \cdots + \dfrac{1}{\ln n}$.

3. 设数列 $\{a_n\}$ 满足条件: $\{|a_2-a_1|+|a_3-a_2|+\cdots+|a_n-a_{n-1}|\}$ 有界, 证明 $\{a_n\}$ 收敛.

4. 设 $x_n = a_1+a_2+\cdots+a_n$, 若 $\tilde{x}_n = |a_1|+|a_2|+\cdots+|a_n|$ 的极限存在, 证明 $\{x_n\}$ 收敛.

5. 设 $f(x)$ 定义在 $(-\infty,+\infty)$ 上, 且 $|f(x)-f(y)| \leqslant q|x-y|$ (任意 $x,y \in \mathbf{R}, 0<q<1$). 设迭代序列
$$\begin{cases} x_{n+1} = f(x_n) \\ \forall x_1 \in (-\infty,+\infty) \end{cases}$$

证明 $\{x_n\}$ 收敛.

扫码学习

1.5 确界存在定理与应用

本节介绍确界存在定理及其应用.

1.5.1 确界存在定理

设 $E \subset \mathbf{R}$ 是一个非空集合, 若存在 $\alpha, \beta \in \mathbf{R}$, 使得对任意的 $x \in E$, 有 $\alpha \leqslant x \leqslant \beta$, 则称 E 是一个有界集合, α, β 分别为集合 E 的下界和上界. 进一步对任意的 $x \in E$, 有 $\alpha - n \leqslant x \leqslant \beta + n$, 任意 $n \in \mathbf{N}^*$, 所以 $\alpha - n, \beta + n$ 分别为 E 的下界和上界. 如果 E 是非空有界集合, 则 E 有无穷多个上界和下界.

提出这样一个问题: 有上 (下) 界的集合是否存在一个最小 (大) 的上 (下) 界? 为了给这个问题一个精确的回答, 下面给出上下确界的概念.

定义 1.5.1 设 E 是一个非空有上界的集合, 若存在实数 β 满足

(1) 对于任意的 $x \in E$, 有 $x \leqslant \beta$, 即 β 是 E 的一个上界;

(2) 对于任意的 $\varepsilon > 0$, 存在 $x_\varepsilon \in E$, 使得 $x_\varepsilon > \beta - \varepsilon$, 即 $\beta - \varepsilon$ 不是 E 的上界.

则称 β 为集合 E 的上确界. 记为 $\beta = \sup E$.

定义 1.5.2 设 E 是一个非空有下界的集合, 若存在实数 α 满足

(1) 对任意的 $x \in E$, 有 $x \geqslant \alpha$, 即 α 是 E 的一个下界;

(2) 对任意的 $\varepsilon > 0$, 存在 $x_\varepsilon \in E$, 使得 $x_\varepsilon < \alpha + \varepsilon$, 即 $\alpha + \varepsilon$ 不是 E 的下界.

则称 α 为集合 E 的下确界. 记为 $\alpha = \inf E$.

例 1.5.1 求集合 $E_1 = \mathbf{N}^*, E_2 = (0,1)$ 和 $E_3 = \left\{ \dfrac{1}{n} \,\middle|\, n \in \mathbf{N}^* \right\}$ 的上下确界.

解 $\inf E_1 = 1, \sup E_1 = +\infty$; $\inf E_2 = 0, \sup E_2 = 1$; $\inf E_3 = 0, \sup E_3 = 1$.

注 1.5.1 从上例可以看出, 集合 E 的确界可以属于 E, 也可以不属于 E.

例 1.5.2 求集合 $S = \left\{ 1 + n \sin \dfrac{n\pi}{3} \right\}$ 的上下确界.

解 取 S 的两个子集合

$$S_1 = \left\{ 1 + (6k+1)\sin\dfrac{(6k+1)\pi}{3}, k \in \mathbf{N}^* \right\} = \left\{ 1 + (6k+1)\dfrac{\sqrt{3}}{2}, k \in \mathbf{N}^* \right\}$$

$$S_2 = \left\{ 1 + (6k+5)\sin\dfrac{(6k+5)\pi}{3}, k \in \mathbf{N}^* \right\} = \left\{ 1 - (6k+5)\dfrac{\sqrt{3}}{2}, k \in \mathbf{N}^* \right\}$$

容易看出 $\sup S_1 = +\infty, \inf S_2 = -\infty$, 所以 $\inf S = -\infty, \sup S = +\infty$.

定理 1.5.1 (确界存在定理) 非空有上界的集合必有上确界, 非空有下界的集合必有下确界.

证明 设非空集合 E 有上界. 下面用闭区间套定理逐步逼近集合 E 的上确界.

(1) 设 r 是 E 的一个上界, 任取 $x \in E$, 将 $[x, r]$ 记为 $[a_1, b_1]$. 如图 1.5.1 所示.

(2) 将 $[a_1, b_1]$ 二等分, 若右边区间有 E 中的点, 记右边区间为 $[a_2, b_2]$, 否则记左边区间为 $[a_2, b_2]$. 如图 1.5.2 所示.

(3) 将 $[a_2, b_2]$ 二等分, 若右边区间有 E 中的点, 记右边区间为 $[a_3, b_3]$, 否则记左边区间为 $[a_3, b_3]$.

重复上述过程, 得到闭区间列 $\{[a_n, b_n]\}$ 满足闭区间套定理的条件:

(a) $[a_1, b_1] \supset [a_2, b_2] \supset \cdots \supset [a_n, b_n] \supset \cdots$;

(b) $\lim\limits_{n\to\infty}(b_n - a_n) = \lim\limits_{n\to\infty}\dfrac{r-x}{2^{n-1}} = 0$;

(c) 每个 $[a_n, b_n]$ 中必含有 E 中的点, b_n 右边无 E 中的点.

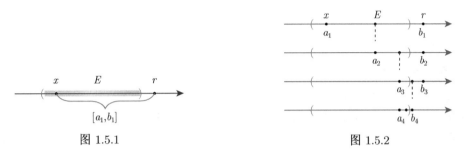

图 1.5.1   图 1.5.2

由闭区间套定理, 存在 $\beta \in \bigcap\limits_{n=1}^{\infty} I_n$, 即有 $\lim\limits_{n\to\infty} a_n = \lim\limits_{n\to\infty} b_n = \beta$.

接下来证明 $\beta = \sup E$. 根据构造的闭区间套性质 (c), 任意 $x \in E$, 必有 $x \leqslant b_n$, 因此根据极限的保序性质, $x \leqslant \lim\limits_{n\to\infty} b_n = \beta$, 因此 β 为集合 E 的一个上界.

由于 $\lim\limits_{n\to\infty} a_n = \beta$, 根据数列极限的定义,

$$\forall \varepsilon > 0, \exists N \in \mathbf{N}^*, \forall n > N : |a_n - \beta| < \varepsilon$$

所以存在自然数 $N_1 > N : a_{N_1} > \beta - \varepsilon$. 根据构造的闭区间套性质 (c), 在 $[a_{N_1}, b_{N_1}]$ 中必有 E 中的点 x_{N_1}, 使得 $x_{N_1} \geqslant a_{N_1} > \beta - \varepsilon$. 因此 $\beta = \sup E$. 结论得证.

根据定理 1.5.1 的证明过程可以得到下面的推论, 证明留给读者完成.

推论 1.5.1 设集合 E 有上界 β, 并存在一个数列 $\{x_n\} \subset E$, 满足 $\lim\limits_{n\to\infty} x_n = \beta$, 则 β 为集合 E 的上确界. 设集合 E 有下界 α, 并存在一个数列 $\{x_n\} \subset E$, 满足 $\lim\limits_{n\to\infty} x_n = \alpha$, 则 α 为集合 E 的下确界.

接下来讨论确界的运算性质, 其证明留给读者完成.

定理 1.5.2 定义集合 $X + Y = \{x + y : x \in X, y \in Y\}$, 则有确界的基本性质:

(1) $\inf(X + Y) = \inf X + \inf Y$;

(2) $\sup(X + Y) = \sup X + \sup Y$;

(3) $\inf(a + X) = a + \inf X$;

(4) $\sup(a + X) = a + \sup X$;

(5) $\inf(X + Y) \leqslant \inf X + \sup Y \leqslant \sup(X + Y)$;

(6) $\forall n \in \mathbf{N}^*, x_n \leqslant y_n \Rightarrow \begin{cases} \sup\{x_n\} \leqslant \sup\{y_n\}, \\ \inf\{x_n\} \leqslant \inf\{y_n\}. \end{cases}$

确界存在定理, 通常称为实数系的连续性定理. 实数的连续性指实数域中每一个点都与

图 1.5.3

坐标轴上点唯一对应. 假设实数 a, b 不属于实数轴, 则 $(-\infty, a)$ 没有上确界, $(b, +\infty)$ 没有下确界, (a, b) 没有上下确界, 因此矛盾, 如图 1.5.3 所示, 所以实数与坐标轴上的点建立了一一对应.

在有理数集合, 确界存在定理不成立. 例如集合

$$E_1 = \left\{ x \,\middle|\, 0 \leqslant x < \sqrt{3}, x \in \mathbf{Q} \right\}, \quad E_2 = \left\{ x \,\middle|\, \sqrt{3} < x < +\infty, x \in \mathbf{Q} \right\}$$

集合 E_1 的上确界为 $\sqrt{3}$ 不是有理数, E_2 的下确界为 $\sqrt{3}$ 不是有理数. 因此在有理数集合, 确界存在定理不成立.

1.5.2 确界存在定理的应用

例 1.5.3 由确界存在定理推导单调有界定理.

证明 设 $\{a_n\}$ 单调递增有上界, 则 $\{a_n\}$ 有上确界, 记 $\sup\{a_n\} = a$, 则 $a_n \leqslant a$. 由上确界的定义, 任意 $\varepsilon > 0$, 存在 $a_N : a_N > a - \varepsilon$. 于是当 $n > N$ 时, 成立 $a - \varepsilon < a_N \leqslant a_n \leqslant a$, 即 $|a_n - a| < \varepsilon$, 所以 $\lim\limits_{n \to \infty} a_n = a = \sup\{a_n\}$. 结论得证.

例 1.5.4 设有界集合 $A \subset \{x \mid x \geqslant 0\}, B \subset \{y \mid y \geqslant 0\}$, 定义 $AB = \{xy \mid x \in A, y \in B\}$, 证明 $\sup AB = \sup A \sup B$.

证明 对任意 $x \in A, y \in B$, 有 $x \leqslant \sup A$, $y \leqslant \sup B$, $xy \leqslant \sup A \sup B$, 故

$$\sup AB \leqslant \sup A \sup B$$

任给 $\varepsilon > 0$, 存在 $x_0 \in A, y_0 \in B$, 满足

$$x_0 > \sup A - \frac{\varepsilon}{\sup A + \sup B + 1} > 0, \quad y_0 > \sup B - \frac{\varepsilon}{\sup A + \sup B + 1} > 0$$

因此

$$x_0 y_0 > \left(\sup A - \frac{\varepsilon}{\sup A + \sup B + 1}\right)\left(\sup B - \frac{\varepsilon}{\sup A + \sup B + 1}\right) > \sup A \sup B - \varepsilon$$

结论得证.

例 1.5.5 求 $S = \left\{ \sqrt[n]{1 + 2^{n(-1)^n}} \,\middle|\, n \in \mathbf{N}^* \right\}$ 的上下确界.

分析 对数集 $\left\{ \sqrt[n]{1 + 2^{n(-1)^n}} \right\}$ 进行分类讨论.

$$\sqrt[n]{1 + 2^{n(-1)^n}} = \begin{cases} (1 + 2^{2k})^{\frac{1}{2k}} = 2\left(1 + \dfrac{1}{2^{2k}}\right)^{\frac{1}{2k}}, & n = 2k \\ \left(1 + \dfrac{1}{2^{2k+1}}\right)^{\frac{1}{2k+1}}, & n = 2k+1 \end{cases}$$

因两数列 $\left\{\left(1 + \dfrac{1}{2^{2k}}\right)^{\frac{1}{2k}}\right\}, \left\{\left(1 + \dfrac{1}{2^{2k+1}}\right)^{\frac{1}{2k+1}}\right\}$ 均单调递减, 所以

$$2 < 2\left(1 + \frac{1}{2^{2k}}\right)^{\frac{1}{2k}} \leqslant \sqrt{5} \quad (k = 1)$$

$$1 < \left(1 + \frac{1}{2^{2k+1}}\right)^{\frac{1}{2k+1}} < \sqrt{5}$$

在上面讨论的基础上初步得到结论: $\sup S = \sqrt{5}, \inf S = 1$. 接下来给出严谨证明.

证明 上面的分析已经得到 $\sup S = \sqrt{5}$, 下证 $\inf S = 1$. 利用确界定义, 只需证明
$$\begin{cases} \forall x \in S : x \geqslant 1 \\ \forall \varepsilon > 0, \exists \alpha \in S : \alpha < 1 + \varepsilon \end{cases}$$

首先可以得到: $\forall n \in \mathbf{N}^*, \sqrt[n]{1 + 2^{n(-1)^n}} \geqslant 1$.

利用等式 $a^n - 1 = (a-1)(a^{n-1} + a^{n-2} + \cdots + 1)$, 令 $a = \sqrt[2k+1]{1 + \dfrac{1}{2^{2k+1}}}, n = 2k+1$, 得

$$\sqrt[2k+1]{1 + \frac{1}{2^{2k+1}}} - 1 = \frac{\dfrac{1}{2^{2k+1}}}{a^{2k} + a^{2k-1} + \cdots + 1} \leqslant \frac{1}{2^{2k+1}}$$

如果 $\dfrac{1}{2^{2k+1}} < \varepsilon$, 可以推得 $k > \dfrac{1}{2}\left(\log_2 \dfrac{1}{\varepsilon} - 1\right)$. 于是

$$\forall 0 < \varepsilon < \frac{1}{2}, \exists k_0 \in \mathbf{N}^*, k_0 > \frac{1}{2}\left(\log_2 \frac{1}{\varepsilon} - 1\right) : \sqrt[2k_0+1]{1 + \frac{1}{2^{2k_0+1}}} - 1 \leqslant \frac{1}{2^{2k_0+1}} < \varepsilon$$

即
$$\sqrt[2k_0+1]{1 + \frac{1}{2^{2k_0+1}}} < 1 + \varepsilon$$

所以 $\inf S = 1$. 结论得证.

例 1.5.6 求 $\{\sqrt[n]{n}\}$ $(n \in \mathbf{N}^*)$ 的上下确界.

解 $\forall n \in \mathbf{N}^*, \sqrt[n]{n} \geqslant 1$, 因此 $\inf\{\sqrt[n]{n}\} = 1$.

在公式 $a^k - b^k = (a-b)\left(a^{k-1} + a^{k-2}b + \cdots + b^{k-1}\right)$ 中分别令 $a = \sqrt[n]{n}, b = \sqrt[n+1]{n+1}, k = n(n+1)$, 得

$$\sqrt[n]{n} - \sqrt[n+1]{n+1} = \frac{\left(\sqrt[n]{n} - \sqrt[n+1]{n+1}\right)\left((\sqrt[n]{n})^{n(n+1)-1} + \cdots + (\sqrt[n+1]{n+1})^{n(n+1)-1}\right)}{(\sqrt[n]{n})^{n(n+1)-1} + \cdots + (\sqrt[n+1]{n+1})^{n(n+1)-1}}$$
$$= \frac{n^{n+1} - (n+1)^n}{(\sqrt[n]{n})^{n(n+1)-1} + \cdots + (\sqrt[n+1]{n+1})^{n(n+1)-1}}$$

由于 $\dfrac{(n+1)^n}{n^{n+1}} = \dfrac{\left(1 + \dfrac{1}{n}\right)^n}{n} \leqslant \dfrac{\mathrm{e}}{n} < 1 \, (n \geqslant 3)$, 所以 $n \geqslant 3$ 时 $\{\sqrt[n]{n}\}$ 单调递减. 因此

$$\sup\{\sqrt[n]{n}\} = \max\{1, \sqrt{2}, \sqrt[3]{3}\} = \sqrt[3]{3}$$

习题 1.5　确界存在定理与应用

1. 求下列数集的下确界和上确界.
   (1) $\left\{\dfrac{1}{n}\right\}_{n=1}^{\infty}$;　(2) $\{\sqrt{n}\}_{n=1}^{\infty}$;　(3) $\left\{\sin\dfrac{\pi}{n}\right\}_{n=1}^{\infty}$;　(4) $\{x \,|\, x^2 - 2x - 3 < 0\}$.

2. 求下列数列的下确界和上确界.
   (1) $\left\{\left(1 + \dfrac{1}{n}\right)^n\right\}$;　(2) $\left\{\left(1 + \dfrac{1}{n}\right)^{n+1}\right\}$.

3. 设 $S = \{y \mid y = 1 + x^2, x \text{ 为非零有理数}\}$, 证明 $\inf S = 1, \sup S = +\infty$.

4. 设正数列 $\{x_n\}$, $\lim\limits_{n\to\infty} \dfrac{1}{x_n} = 0$, 则 $\{x_n\}$ 必能取到下确界.

5. 设数集 S 是非空有上界的集合, 且 $\sup(S) \notin S$, 证明在 S 中存在严格单调的递增数列 $\{x_n\}$, 使得 $\lim\limits_{n\to\infty} x_n = \sup S$.

6. 设数列 $\{x_n\}$ 无界, 但非无穷大, 则一定存在两个子列 $\{x_{n_k}^1\}, \{x_{n_k}^2\}$, 其中一个子列是无穷大量, 一个是收敛子列.

7. 设 $a > 0, a \neq 1$, x 为有理数, 证明

$$a^x = \begin{cases} \sup\{a^r\} & (a > 1), \quad r \text{ 为有理数}, r < x, \\ \inf\{a^r\} & (a < 1), \quad r \text{ 为有理数}, r < x. \end{cases}$$

扫码学习

1.6 有限覆盖定理

定义 1.6.1 设 A 是一实数集, 若有一族开区间 $\{I_\lambda, \lambda \in \Lambda\}$ (Λ 是指标集合), 使得 $A \subset \bigcup\limits_{\lambda \in \Lambda} I_\lambda$, 则称这一开区间族 $\{I_\lambda\}$ 是 A 的一个开覆盖.

设 $\{I_\lambda, \lambda \in \Lambda\}$ 是 A 的一个开覆盖, 则对任意的 $x \in A$, 总有一个开区间 $I_{\lambda_0} \in \{I_\lambda\}$, 使得 $x \in I_{\lambda_0}$.

例如开区间族 $\left\{\left(0, \dfrac{2}{3}\right), \left(\dfrac{1}{2}, \dfrac{3}{4}\right), \left(\dfrac{2}{3}, \dfrac{4}{5}\right), \cdots, \left(\dfrac{n-1}{n}, \dfrac{n+1}{n+2}\right), \cdots\right\}$ 覆盖了区间 $(0, 1)$.

定理 1.6.1 (Heine-Borel 有限覆盖定理) 设 $\{I_\lambda\}$ 为有限闭区间 $[a, b]$ 的任意一个无限开覆盖, 则可从 $\{I_\lambda\}$ 中选出有限个开区间覆盖 $[a, b]$.

证明 用反证法. 假设结论不成立, 即 $[a, b]$ 不能被 $\{I_\lambda\}$ 中有限个开区间覆盖.

将 $[a, b]$ 二等分得到两个闭区间, 则必有其中一个不能被有限覆盖, 记这个区间为 $[a_1, b_1]$. 将 $[a_1, b_1]$ 二等分, 必有一个区间不能被有限覆盖, 记这个区间为 $[a_2, b_2]$. 继续这个过程, 得到闭区间套 $\{[a_n, b_n]\}$, 满足

(1) $[a, b] \supset [a_1, b_1] \supset [a_2, b_2] \cdots \supset [a_n, b_n] \supset \cdots$;

(2) $\lim\limits_{n\to\infty}(b_n - a_n) = \lim\limits_{n\to\infty}\dfrac{b-a}{2^n} = 0$;

(3) 闭区间序列 $\{[a_n, b_n]\}$ 中的任意一个闭区间不能被 $\{I_\lambda\}$ 有限覆盖.

因此由闭区间套定理, $\lim\limits_{n\to\infty} a_n = \lim\limits_{n\to\infty} b_n = \eta, \eta \in [a, b]$.

由开覆盖的定义, 在 $\{I_\lambda\}$ 中至少有一个开区间 (α, β), 满足 $\alpha < \eta < \beta$. 根据数列极限的定义

$$\varepsilon = \eta - \alpha, \exists N_1 \in \mathbf{N}^*, n > N_1 : a_n > \alpha$$
$$\varepsilon = \beta - \eta, \exists N_2 \in \mathbf{N}^*, n > N_2 : b_n < \beta$$

令 $N = \max\{N_1, N_2\}, n > N : [a_n, b_n] \subset (\alpha, \beta)$, 这与闭区间套 $\{[a_n, b_n]\}$ 的性质 (3) 相矛盾. 结论得证.

注 1.6.1 定理中有限闭区间的条件必不可少, 例如 $\{(0,n)\}, n = 1, 2, 3, \cdots$ 是区间 $(1, +\infty)$ 的一个开覆盖, 但不能从中选出有限个区间覆盖 $(1, +\infty)$. $\left\{\left(\dfrac{1}{n}, 1\right)\right\}, n = 2, 3, \cdots$ 是开区间 $(0,1)$ 的一个开覆盖, 但不能从中选出有限个开区间覆盖 $(0,1)$.

对不同的数学问题, 有限覆盖定理中的开区间族承载不同数学性质, 其本质是将无穷问题转化为有限问题, 将逐点性质转化为整体性质. 有限覆盖定理的应用将在第 2 章函数极限与连续中有详细阐述.

1.7 实数系六个定理的等价性讨论

☞ 扫码学习

在前几节中我们利用单调有界定理证明了闭区间套定理, 利用闭区间套定理证明了列紧性定理、有限覆盖定理、确界存在定理, 利用列紧性定理证明了柯西收敛准则, 利用确界存在定理证明了单调有界定理. 这些定理的证明关系如图 1.7.1 所示. 本节继续讨论实数系六个定理.

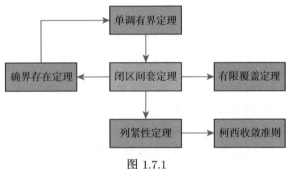

图 1.7.1

1.7.1 实数的连续与完备性讨论

实数的基本性质:
(1) 实数对四则运算封闭;
(2) 任意两个实数满足下面三种关系之一: $a > b, a = b, a < b$;
(3) 实数大小具有传递性 $a > b, b > c \Rightarrow a > c$;
(4) 实数具有阿基米德 (Archimedes) 性: $\forall a, b \in \mathbf{R}, b > a > 0$, 存在正整数 n, 使得 $na > b$;
(5) 实数集合具有稠密性: 任何两个实数之间必存在另一个实数;
(6) 实数与数轴之间建立了一一对应关系.

下面引入集合的聚点的概念.

定义 1.7.1 如果点 a 的任何邻域 $U(a; \delta) = \{x | |x - a| < \delta\}$ 中都含有集合 E 中无穷多个点, 则称 a 为集合 E 的聚点.

例 1.7.1 集合 $(a, b), [a, b), (a, b]$ 和 $[a, b]$ 的聚点的集合皆为 $[a, b]$.

证明 在区间 $[a, b]$ 上任取一点 x, x 的任何邻域 $U(x; \delta)$ 中都含有集合 $(a, b), [a, b), (a, b]$ 和 $[a, b]$ 中无穷多个点, 以集合 (a, b) 为例, 如图 1.7.2 所示, 结论得证.

定理 1.7.1 点 a 为集合 E 的聚点的充要条件是存在各项互异的点列 $\{x_n\} \subset E$, 使得 $\{x_n\}$ 以 a 为极限.

证明 必要性: 设 a 为集合 E 的聚点. 考虑集合
$$U\left(a;\frac{1}{n}\right) = \left\{x\,|\,|x-a| < \frac{1}{n}\right\}, \quad n=1,2,\cdots$$

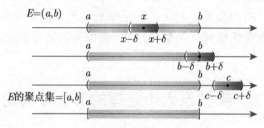

图 1.7.2

$U\left(a;\frac{1}{n}\right)$ 中含有 E 中无穷多个点, 因此可以取到各项互异的点 $x_n \in U\left(a;\frac{1}{n}\right) \cap E$, 得到点列 $\{x_n\}$ 满足 $|x_n - a| < \frac{1}{n}, \lim\limits_{n\to\infty} x_n = a$.

充分性: 设各项互异数列 $\{x_n\} \subset E$, 且 $\{x_n\}$ 以 a 为极限, 则
$$\forall \delta > 0, \exists N \in \mathbf{N}^*, \forall n > N : |x_n - a| < \delta$$

所以有 $\{x_n\}_{n=N+1}^{\infty} \subset U(a;\delta)$, 因此 a 为 E 的聚点, 结论得证.

推论 1.7.1 若 $E = \{x_n\}$, 则集合 E 的聚点集合是 $\{x_n\}$ 所有收敛子列 (子列中有无穷多个互异的项或者各项互异) 极限的集合.

注 1.7.1 推论 1.7.1 中, $\{x_n\}$ 的子列是各项互异的条件必不可少, 例如常数列 $\{1\}$ 极限存在, 但是 1 不是聚点. 同理数列 $\{(-1)^n\}$ 没有聚点.

例 1.7.2 求集合的聚点:

(1) $\left\{\dfrac{1}{2^n}, \dfrac{2^n-1}{2^n} : n \in \mathbf{N}^*\right\}$; (2) $\left\{1, \dfrac{1}{2}, \dfrac{1}{3}, \dfrac{2}{3}, \dfrac{1}{4}, \dfrac{2}{4}, \dfrac{3}{4}, \dfrac{1}{5}, \dfrac{2}{5}, \dfrac{3}{5}, \dfrac{4}{5}, \dfrac{1}{6}, \cdots\right\}$.

解 (1) 集合 $\left\{\dfrac{1}{2^n}, \dfrac{2^n-1}{2^n} : n \in \mathbf{N}^*\right\}$ 中有各项互异的收敛数列 $\left\{\dfrac{1}{2^n}\right\}, \left\{\dfrac{2^n-1}{2^n}\right\}$, 因此 0, 1 为聚点.

(2) 集合 $\left\{1, \dfrac{1}{2}, \dfrac{1}{3}, \dfrac{2}{3}, \dfrac{1}{4}, \dfrac{2}{4}, \dfrac{3}{4}, \dfrac{1}{5}, \dfrac{2}{5}, \dfrac{3}{5}, \dfrac{4}{5}, \dfrac{1}{6}, \cdots\right\}$ 是 $[0,1]$ 中所有有理点的集合. 由有理数在实数中的稠密性, 得聚点集合为区间 $[0,1]$.

例 1.7.3 证明数列 $\{x_n\}, \left\{n^{\frac{1}{n}} x_n\right\}$ 有相同的聚点.

证明 由于 $\lim\limits_{n\to\infty} n^{\frac{1}{n}} = 1$, 因此数列 $\{x_n\}, \left\{n^{\frac{1}{n}} x_n\right\}$ 有相同的收敛子列, 从而有相同的聚点. 结论得证.

注 1.7.2 例 1.7.3 的分析用到了结论: $\lim\limits_{n\to\infty} a_n b_n = c, \lim\limits_{n\to\infty} b_n = b \neq 0 \Rightarrow \lim\limits_{n\to\infty} a_n = \dfrac{c}{b}$.

如果 $b=0$, 则结论不成立. 例如两个数列 $\left\{\left(1+\dfrac{1}{n}\right)^n\right\}, \left\{\dfrac{\left(1+\dfrac{1}{n}\right)^n}{n}\right\}$ 的聚点分别是 e, 0.

定理 1.7.2 实数轴上任何一个有界无限点集 E 至少有一个聚点.

证明 利用闭区间套定理逐步逼近集合 E 的聚点.

设 $E \subset [a,b]$, 将 $[a,b]$ 二等分, 则至少有一个子区间含有 E 中无穷多个点, 记这个区间为 $[a_1,b_1]$. 继续将 $[a_1,b_1]$ 二等分, 则至少有一个子区间含有 E 中无穷多个点, 记这个区间为 $[a_2,b_2]$. 依此类推可得闭区间套 $\{[a_k,b_k]\}$, 满足

(1) $[a_{k+1},b_{k+1}] \subset [a_k,b_k], k=1,2,\cdots$;

(2) $\lim\limits_{k\to\infty} |b_k - a_k| = 0$;

(3) $\{[a_k,b_k]\}$ 中每个区间都含有 E 的无穷多个点.

由闭区间套定理, 存在唯一的 $\alpha \in \bigcap\limits_{k=1}^{\infty} [a_k,b_k]$, 即 $\lim\limits_{k\to\infty} a_k = \lim\limits_{k\to\infty} b_k = \alpha$. 根据极限定义得

$$\left.\begin{array}{l} \forall \varepsilon > 0, \exists N_1 \in \mathbf{N}^*, \forall k > N_1 : |a_k - \alpha| < \varepsilon \\ \exists N_2 \in \mathbf{N}^*, \forall k > N_2 : |b_k - \alpha| < \varepsilon \end{array}\right\} \quad (1.7.1)$$

即

$$\left.\begin{array}{l} \exists N_1 \in \mathbf{N}^*, \forall k > N_1 : \alpha - \varepsilon < a_k < \alpha + \varepsilon \\ \exists N_2 \in \mathbf{N}^*, \forall k > N_2 : \alpha - \varepsilon < b_k < \alpha + \varepsilon \end{array}\right\} \quad (1.7.2)$$

因此得到: $\forall k > N = \max\{N_1, N_2\} : [a_k, b_k] \subset U(\alpha;\varepsilon)$. 由闭区间套的性质 (3), $U(\alpha;\varepsilon)$ 中含有 E 中无穷多个点, 由聚点的定义知 α 为集合 E 的聚点. 结论得证.

例 1.7.4 用有限覆盖定理证明聚点定理.

证明 利用反证法证明.

设有界无限点集 S 无聚点. 根据 S 有界知存在实数 a,b 使得 $S \subset [a,b]$, 由 S 无聚点知 $[a,b]$ 中的点都不是 S 的聚点. 因此对于任意 $x \in [a,b]$, 存在 $\delta_x > 0$, 使得 $U(x;\delta_x)$ 中仅含有 S 的有限个点.

记开区间族 $F = \{U(x;\delta_x) | x \in [a,b]\}$, 则 F 为 $[a,b]$ 的开覆盖, 由有限覆盖定理, 在 F 中存在有限个开区间 $U(x_i;\delta_{x_i}), i = 1,2,3,\cdots,n$ 覆盖 $[a,b]$, 因此覆盖了 S.

每个 $U(x_i;\delta_{x_i}), i = 1,2,3,\cdots,n$ 仅含有 S 的有限个点, 所以 S 只有有限个点, 因此矛盾. 结论得证.

例 1.7.5 用柯西收敛准则证明确界存在定理.

证明 下面我们分步骤证明.

(1) 设 S 为非空有上界集合, 设 M 为其一个上界. 对任意 $\alpha > 0, x \in S$, 由实数的阿基米德性,

$$\exists k_1 \in \mathbf{Z} : k_1 \alpha < x$$
$$\exists k_2 \in \mathbf{Z} : k_2 \alpha > M$$

其中 $k_1 < k_2$, $\mathbf{Z}$ 为整数集合. 所以 $k_1 \alpha$ 不是 S 的上界, $k_2 \alpha$ 是 S 的上界. 由于集合

$$\{k_1\alpha, (k_1+1)\alpha, \cdots, k_2\alpha\}$$

只有有限个数, 因此存在整数 $k_\alpha \in \{k_1, k_1+1, \cdots, k_2\}$, 使得 $\lambda_\alpha = k_\alpha \alpha$ 是 S 的上界, $\lambda_\alpha - \alpha$ 不是 S 的上界.

(2) 取 $\alpha = \dfrac{1}{n}$, 存在 λ_n 为 S 的上界, $\lambda_n - \dfrac{1}{n}$ 不是 S 的上界. 取 $\alpha = \dfrac{1}{m}$, 存在 λ_m 为 S 的

上界，$\lambda_m - \dfrac{1}{m}$ 不是 S 的上界. 即 $\lambda_m > \lambda_n - \dfrac{1}{n}, \lambda_n > \lambda_m - \dfrac{1}{m}$，易得 $|\lambda_n - \lambda_m| < \max\left\{\dfrac{1}{n}, \dfrac{1}{m}\right\}$.
所以有
$$\forall \varepsilon > 0, \exists N = \left[\dfrac{1}{\varepsilon}\right] + 1, \forall m, n > N : |\lambda_m - \lambda_n| < \varepsilon$$
由柯西收敛准则，数列 $\{\lambda_n\}$ 收敛，记 $\lim\limits_{n\to\infty}\lambda_n = \lambda$.

(3) 证明 λ 是 S 的上确界. $\forall x \in S, x \leqslant \lambda_m$，由极限的保序性有 $x \leqslant \lambda$. 又因为 $\lim\limits_{n\to\infty}\lambda_n = \lambda$，所以
$$\forall \varepsilon > 0, \exists N_1 \in \mathbf{N}^*, \forall n > N_1 : |\lambda_n - \lambda| < \dfrac{\varepsilon}{2}$$
由此推出
$$\forall \varepsilon > 0, \exists N_1 \in \mathbf{N}^*, \forall n > N_1 : \lambda_n > \lambda - \dfrac{\varepsilon}{2}$$
又
$$\exists N_2 \in \mathbf{N}^*, \forall n > N_2 : \dfrac{1}{n} < \dfrac{\varepsilon}{2}$$
取 $N = \max\{N_1, N_2\}$，当 $n > N$ 时，
$$\lambda - \varepsilon = \lambda - \dfrac{\varepsilon}{2} - \dfrac{\varepsilon}{2} < \lambda_n - \dfrac{1}{n} \Rightarrow \exists x_1 \in S, x_1 > \lambda - \varepsilon$$
由确界定义知 λ 是 S 的上确界，结论得证.

在上面讨论的基础上，我们得到了实数系六个等价定理的证明关系，如图 1.7.3 所示.

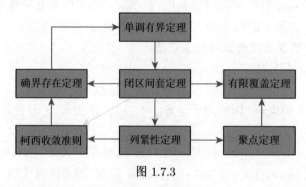

图 1.7.3

例 1.7.6 用闭区间套定理证明柯西收敛准则.

证明 首先利用闭区间套定理分析数列，预测数列极限. 根据柯西收敛准则的条件，
$$\forall \varepsilon > 0, \exists N' \in \mathbf{N}^*, \forall m, n > N' : |x_m - x_n| < \varepsilon$$
因此一定有
$$\forall \varepsilon > 0, \exists N \in \mathbf{N}^*, \forall m > N > N' : |x_m - x_N| < \varepsilon \Rightarrow x_N - \varepsilon < x_m < x_N + \varepsilon \quad (1.7.3)$$
接下来用 (1.7.3) 式进一步分析.

(1) 在 (1.7.3) 式中取 $\varepsilon = \dfrac{1}{2}, \exists N_1 \in \mathbf{N}^*, \forall m > N_1 : x_{N_1} - \dfrac{1}{2} < x_m < x_{N_1} + \dfrac{1}{2}$，记 $[a_1, b_1] = \left[x_{N_1} - \dfrac{1}{2}, x_{N_1} + \dfrac{1}{2}\right]$，并且 $\{x_n\}_{n=N_1}^{\infty} \subset [a_1, b_1]$.

(2) 在 (1.7.3) 式中取 $\varepsilon = \dfrac{1}{2^2}, \exists N_2 \in \mathbf{N}^*, N_2 > N_1, \forall m > N_2 : x_{N_2} - \dfrac{1}{2} < x_m < x_{N_2} + \dfrac{1}{2}$，记 $[a_2, b_2] = \left[x_{N_2} - \dfrac{1}{2^2}, x_{N_2} + \dfrac{1}{2^2}\right] \cap [a_1, b_1]$，并且 $\{x_n\}_{n=N_2}^{\infty} \subset [a_2, b_2]$.

(3) 在 (1.7.3) 式中取 $\varepsilon = \dfrac{1}{2^3}, \exists N_3 \in \mathbf{N}^*, N_3 > N_2$, 使得区间 $[a_3, b_3] = \left[x_{N_3} - \dfrac{1}{2^3}, x_{N_3} + \dfrac{1}{2^3} \right] \cap [a_2, b_2]$ 中含有项 $\{x_n\}_{n=N_3}^{\infty}$.

一般情况下取 $\varepsilon = \dfrac{1}{2^k}, \exists N_k \in \mathbf{N}^*, N_k > N_{k-1}$, 使得 $[a_k, b_k] = \left[x_{N_k} - \dfrac{1}{2^k}, x_{N_k} + \dfrac{1}{2^k} \right] \cap [a_{k-1}, b_{k-1}]$ 中含有项 $\{x_n\}_{n=N_k}^{\infty}$.

继续这一过程, 得到闭区间套 $\{[a_n, b_n]\}$, 满足条件

(1) $[a_{n+1}, b_{n+1}] \subset [a_n, b_n], \quad n = 1, 2, 3, \cdots$;

(2) $0 \leqslant b_n - a_n \leqslant \dfrac{1}{2^{n-1}}, \lim\limits_{n \to \infty}(b_n - a_n) = 0$;

(3) 闭区间序列 $\{[a_k, b_k]\}$ 满足 $\{x_n\}_{n=N_k}^{\infty} \subset [a_k, b_k]$.

根据闭区间套定理, $\lim\limits_{n \to \infty} b_n = \lim\limits_{n \to \infty} a_n = \xi$.

下面证明数列极限存在. 任意 $\varepsilon > 0$, 存在 $K \in \mathbf{N}^*$, 使得 $\dfrac{1}{2^K} < \varepsilon$. 根据闭区间套的性质 (3) 得到

$$\{x_n\}_{n=N_{K+1}}^{\infty} \subset [a_{K+1}, b_{K+1}] \subset \left[x_{N_{K+1}} - \dfrac{1}{2^{K+1}}, x_{N_{K+1}} + \dfrac{1}{2^{K+1}} \right]$$

因此 $|x_n - \xi| < \dfrac{1}{2^K} < \varepsilon$. 结论得证.

习题 1.7.1 实数的连续与完备性讨论

1. 求下列集合的聚点.

(1) $\left\{ \dfrac{2^n - 1}{2^n} \right\}$;   (2) $\left\{ 3\left(1 - \dfrac{1}{n}\right) + 2(-1)^n \right\}$;   (3) $\left\{ \dfrac{(a+b) + (-1)^n (a-b)}{2} \right\}$.

2. 证明数列 $\{x_n\}, \left\{ x_n a^{\frac{1}{n}} \right\} (a > 0)$ 有相同的聚点.

3. 求下列集合的聚点.

(1) $\left\{ \cos^n \dfrac{2n\pi}{3} \right\}$;   (2) $\left\{ \sqrt[n]{1 + 2^{(-1)^n n}} \right\}$;   (3) $\left\{ (-1)^n + \sin \dfrac{n\pi}{4} \right\}$.

4. 用有限覆盖定理证明闭区间套定理.

1.7.2 无理数集合、有理数集合与实数集合的进一步讨论

实数集由有理数集和无理数集构成, 本节利用极限来进一步分析有理数集和实数集之间的关系.

定理 1.7.3 有理数集在实数集中稠密, 即

$$\forall x \in \mathbf{R}, \forall \varepsilon > 0, \exists p, q \in \mathbf{Z} : \left| x - \dfrac{p}{q} \right| < \varepsilon$$

或者等价地

$$\forall x \in \mathbf{R}, \exists p_k, q_k \in \mathbf{Z}(k = 1, 2, \cdots) : \lim_{k \to \infty} \dfrac{p_k}{q_k} = x$$

即对于任何实数, 存在有理数列, 使得其极限为此实数.

证明 设整数 $q > 0$, 如图 1.7.4 所示, 把单位长度分成 q 等份. 固定 q, 如果让 p 取遍所有的整数, 那么 $\dfrac{p}{q}$ 这些数把数轴分成一些长度为 $\dfrac{1}{q}$ 的区间.

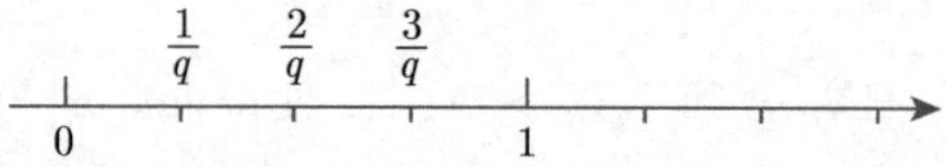

图 1.7.4

对任意实数 $x \in \mathbf{R}$, 一定可以找到一个整数 p, 使得 $\dfrac{p}{q} \leqslant x < \dfrac{p+1}{q}$, 即 $\left|x - \dfrac{p}{q}\right| < \dfrac{1}{q}$. 所以对任意 $\varepsilon > 0$, 取正整数 $q > \dfrac{1}{\varepsilon}$, 存在 $p \in \mathbf{Z}$ 满足: $\left|x - \dfrac{p}{q}\right| < \varepsilon$.

进一步, 任意 $x \in \mathbf{R}, \varepsilon = \dfrac{1}{k}$, 存在 $p_k, q_k \in \mathbf{Z}$ 满足: $\left|\dfrac{p_k}{q_k} - x\right| < \varepsilon, k = 1, 2, 3, \cdots$, 因此 $\lim\limits_{k \to \infty} \dfrac{p_k}{q_k} = x$, 结论得证.

推论 1.7.2 根据定理 1.7.3 可以得到下面的结论:
(1) 所有有理数的聚点的集合是实数集合;
(2) 任何 2 个有理数之间存在无理数, 任何 2 个无理数之间存在有理数;
(3) 无理数在实数集中稠密, 即对于任何实数, 存在无理数列, 其极限为此实数.

习题 1.7.2 无理数集合、有理数集合与实数集合的进一步讨论

1. 用反正法证明若 p 为不完全正整数, 则 $\sqrt{p}$ 是无理数, 由此证明 $\sqrt{2} + \sqrt{3}$ 为无理数.

2. 设 a 是有理数, b 是无理数, 则 $a \pm b, ab, \dfrac{b}{a} (a \neq 0)$ 为无理数.

3. 构造下面的集合: 任何两个有理数之间有无穷多个有理数和无理数, 任何两个实数之间有无穷多个有理数和无理数.

扫码学习

1.8 数列的上下极限与应用

本节介绍数列的上下极限的定义与基本性质及其应用.

定义 1.8.1 扩充实数系, 引入记号 $\mathbf{R}_\infty = \mathbf{R} \cup \{+\infty, -\infty\}$.

定义 1.8.2 设 $\{a_n\}$ 是一个数列, 集合 E 为 $\{a_n\}$ 中所有子列极限 (包含 $\pm\infty$) 构成的集合, 即
$$E = \{l \in \mathbf{R}_\infty : \exists \{a_{n_k}\}, a_{n_k} \to l (k \to \infty)\}$$

分别称集合 E 的上下确界 $a^* = \sup E, a_* = \inf E$ 为数列 $\{a_n\}$ 的上极限和下极限, 记为
$$\limsup_{n \to \infty} a_n = a^*, \quad \liminf_{n \to \infty} a_n = a_*$$

根据定义 1.8.2, 如果存在 $\alpha = +\infty \in E$, 则 $\limsup\limits_{n \to \infty} a_n = +\infty$; 如果存在 $\alpha = -\infty \in E$, 则 $\liminf\limits_{n \to \infty} a_n = -\infty$.

注 1.8.1 根据确界存在定理, 任何有界数列的上下极限总是存在的.

例 1.8.1 求数列 $a_n = (-1)^n \left(1 + \dfrac{1}{n}\right)$ 的上下极限.

解 由于
$$\lim_{n\to\infty} a_{2n} = \lim_{n\to\infty} \left(1 + \dfrac{1}{2n}\right) = 1, \quad \lim_{n\to\infty} a_{2n+1} = -\lim_{n\to\infty} \left(1 + \dfrac{1}{2n+1}\right) = -1$$
除此之外该数列 $\{a_n\}$ 的收敛子列再无其他极限, 所以 $E = \{1, -1\}$, 因此有
$$\lim_{n\to\infty} \sup a_n = 1, \quad \lim_{n\to\infty} \inf a_n = -1$$

例 1.8.2 求下列数列的上下极限:

(1) $x_n = \dfrac{n^2}{1+n^2} \cos \dfrac{2n\pi}{3}$;

(2) $y_n = (-1)^n \left(1 + \dfrac{1}{n}\right)^n + \sin \dfrac{n\pi}{4}$;

(3) $z_n = \sqrt[n]{1 + 2^{(-1)^n n}} \quad (n \in \mathbf{N}^*)$.

解 (1) 首先分析数列的收敛子列. 通项为 $x_n = \dfrac{n^2}{1+n^2} \cos \dfrac{2n\pi}{3}$ 的数列有收敛子列如下:
$$x_{3n} = \dfrac{(3n)^2}{1+(3n)^2} \cos \dfrac{6n\pi}{3} = \dfrac{(3n)^2}{1+(3n)^2}, n \in \mathbf{N}^*$$
$$x_{3n+1} = \dfrac{(3n+1)^2}{1+(3n+1)^2} \cos \dfrac{2(3n+1)\pi}{3} = \left(-\dfrac{1}{2}\right) \dfrac{(3n+1)^2}{1+(3n+1)^2}, n \in \mathbf{N}^*$$
$$x_{3n+2} = \dfrac{(3n+2)^2}{1+(3n+2)^2} \cos \dfrac{2(3n+2)\pi}{3} = \left(-\dfrac{1}{2}\right) \dfrac{(3n+2)^2}{1+(3n+2)^2}, n \in \mathbf{N}^*$$
进一步
$$\lim_{n\to\infty} x_{3n} = 1, \quad \lim_{n\to\infty} x_{3n+1} = -\dfrac{1}{2}, \quad \lim_{n\to\infty} x_{3n+2} = -\dfrac{1}{2}$$
所以 $\lim\limits_{n\to\infty} \sup x_n = 1, \lim\limits_{n\to\infty} \inf x_n = -\dfrac{1}{2}$.

(2) 通项为 $y_n = (-1)^n \left(1 + \dfrac{1}{n}\right)^n + \sin \dfrac{n\pi}{4}$ 的数列有收敛子列如下:
$$y_{8n} = \left(1 + \dfrac{1}{8n}\right)^{8n} + \sin \dfrac{8n\pi}{4} = \left(1 + \dfrac{1}{8n}\right)^{8n}$$
$$y_{8n+1} = -\left(1 + \dfrac{1}{8n+1}\right)^{8n+1} + \sin \dfrac{(8n+1)\pi}{4} = -\left(1 + \dfrac{1}{8n+1}\right)^{8n+1} + \dfrac{\sqrt{2}}{2}$$
$$y_{8n+2} = \left(1 + \dfrac{1}{8n+2}\right)^{8n+2} + \sin \dfrac{(8n+2)\pi}{4} = \left(1 + \dfrac{1}{8n+2}\right)^{8n+2} + 1$$
$$y_{8n+3} = -\left(1 + \dfrac{1}{8n+3}\right)^{8n+3} + \sin \dfrac{(8n+3)\pi}{4} = -\left(1 + \dfrac{1}{8n+3}\right)^{8n+3} + \dfrac{\sqrt{2}}{2}$$

$$y_{8n+4} = \left(1 + \frac{1}{8n+4}\right)^{8n+4} + \sin\frac{(8n+4)\pi}{4} = \left(1 + \frac{1}{8n+4}\right)^{8n+4}$$

$$y_{8n+5} = -\left(1 + \frac{1}{8n+5}\right)^{8n+5} + \sin\frac{(8n+5)\pi}{4} = -\left(1 + \frac{1}{8n+5}\right)^{8n+5} - \frac{\sqrt{2}}{2}$$

$$y_{8n+6} = \left(1 + \frac{1}{8n+6}\right)^{8n+6} + \sin\frac{(8n+6)\pi}{4} = \left(1 + \frac{1}{8n+6}\right)^{8n+6} - 1$$

$$y_{8n+7} = -\left(1 + \frac{1}{8n+7}\right)^{8n+7} + \sin\frac{(8n+7)\pi}{4} = -\left(1 + \frac{1}{8n+7}\right)^{8n+7} - \frac{\sqrt{2}}{2}$$

进一步有

$$\lim_{n\to\infty} y_{8n} = \mathrm{e}, \quad \lim_{n\to\infty} y_{8n+1} = -\mathrm{e} + \frac{\sqrt{2}}{2}, \quad \lim_{n\to\infty} y_{8n+2} = \mathrm{e} + 1, \quad \lim_{n\to\infty} y_{8n+3} = -\mathrm{e} + \frac{\sqrt{2}}{2}$$

$$\lim_{n\to\infty} y_{8n+4} = \mathrm{e}, \quad \lim_{n\to\infty} y_{8n+5} = -\mathrm{e} - \frac{\sqrt{2}}{2}, \quad \lim_{n\to\infty} y_{8n+6} = \mathrm{e} - 1, \quad \lim_{n\to\infty} y_{8n+7} = -\mathrm{e} - \frac{\sqrt{2}}{2}$$

所以 $\lim\limits_{n\to\infty} \sup y_n = \mathrm{e} + 1, \lim\limits_{n\to\infty} \inf y_n = -\mathrm{e} - \dfrac{\sqrt{2}}{2}$.

(3) 通项为 $z_n = \sqrt[n]{1 + 2^{(-1)^n n}}$ 的数列有收敛子列如下:

$$z_{2n} = \sqrt[2n]{1 + 2^{2n}} = \left(1 + 2^{2n}\right)^{\frac{1}{2n}} = 2\left(1 + \frac{1}{2^{2n}}\right)^{\frac{1}{2n}}$$

$$z_{2n+1} = \sqrt[2n+1]{1 + 2^{-(2n+1)}} = \left(1 + \frac{1}{2^{2n+1}}\right)^{\frac{1}{2n+1}}$$

由于 $2 < z_{2n} < 2(2)^{\frac{1}{2n}}$, 根据夹逼定理,

$$\lim_{n\to\infty} z_{2n} = 2$$

进一步由于 $1 < z_{2n+1} < 2^{\frac{1}{2n+1}}$, 根据夹逼定理,

$$\lim_{n\to\infty} z_{2n+1} = 1$$

所以 $\lim\limits_{n\to\infty} \sup z_n = 2, \lim\limits_{n\to\infty} \inf z_n = 1$.

下面给出上下极限的一些性质和结论, 证明留给读者完成.

定理 1.8.1 设 $\{a_n\}, \{b_n\}$ 为两个有界数列, 则

(1) $\lim\limits_{n\to\infty} \inf a_n \leqslant \lim\limits_{n\to\infty} \sup a_n$;

(2) $\lim\limits_{n\to\infty} \inf a_n = \lim\limits_{n\to\infty} \sup a_n = a \Leftrightarrow \lim\limits_{n\to\infty} a_n = a$;

(3) 若存在 $N \in \mathbf{N}^*$, 对任意 $n > N$, 有 $a_n \leqslant b_n$, 则 $\lim\limits_{n\to\infty} \inf a_n \leqslant \lim\limits_{n\to\infty} \inf b_n$, $\lim\limits_{n\to\infty} \sup a_n \leqslant \lim\limits_{n\to\infty} \sup b_n$.

定理 1.8.1 的性质 (3) 称为上下极限的保序性. 性质 (3) 成立的条件中没有要求两个数列 $\{a_n\}, \{b_n\}$ 的极限存在, 与数列极限的保序性条件相比弱了很多, 也使得利用数列上下极限分析问题更为灵活.

对于数列的上下极限进一步有下面的结论.

定理 1.8.2 对于有界数列 $\{a_n\}$, 定义

$$\alpha_n = \inf_{k \geqslant n}\{a_k\} = \inf\{a_n, a_{n+1}, \cdots\}, \quad \beta_n = \sup_{k \geqslant n}\{a_k\} = \sup\{a_n, a_{n+1}, \cdots\}$$

则 $\{\alpha_n\}$ 单调增, $\{\beta_n\}$ 单调减, 并且

$$\lim_{n\to\infty}\alpha_n = \lim_{n\to\infty}\inf a_n = a_*, \quad \lim_{n\to\infty}\beta_n = \lim_{n\to\infty}\sup a_n = a^*$$

定理 1.8.2 的证明留给读者完成. 下面讨论数列上下极限的应用.

例 1.8.3 设 $\lim_{n\to\infty} x_n = A$, 证明 $\lim_{n\to\infty} \dfrac{x_1 + x_2 + \cdots + x_n}{n} = A$.

证明 因为 $\lim_{n\to\infty} x_n = A$, 根据数列极限的定义:

$$\forall \varepsilon > 0, \exists N \in \mathbf{N}^*, \forall n > N : |x_n - A| < \varepsilon$$

令 $y_n = \dfrac{x_1 + \cdots + x_n}{n}$, 则

$$|y_n - A| = \frac{|(x_1 - A) + (x_2 - A) + \cdots + (x_N - A) + (x_{N+1} - A) + \cdots + (x_n - A)|}{n}$$

$$\leqslant \frac{|(x_1 - A) + (x_2 - A) + \cdots + (x_N - A)|}{n} + \frac{n - N}{n}\varepsilon \leqslant \frac{1}{n}\sum_{k=1}^{N}|x_k - A| + \varepsilon \quad (1.8.1)$$

上式两边取上极限, 则有

$$\lim_{n\to\infty}\sup|y_n - A| \leqslant \lim_{n\to\infty}\left(\frac{1}{n}\sum_{k=1}^{N}|x_k - A| + \varepsilon\right) = \varepsilon \quad (1.8.2)$$

由 ε 的任意性, 有

$$\lim_{n\to\infty}\sup|y_n - A| = 0$$

因此 $\lim_{n\to\infty}\inf|y_n - A| = \lim_{n\to\infty}\sup|y_n - A| = 0$, 所以 $\lim_{n\to\infty} y_n = A$. 结论得证.

注 1.8.2 (1.8.1) 式中的两个数列 $\{|y_n - A|\}, \left\{\dfrac{1}{n}\sum_{k=1}^{N}|x_k - A| + \varepsilon\right\}$ 没有分析极限的存在性, 根据 (1.8.1) 式的不等式关系, 再利用上下极限的保序性得到 (1.8.2) 式, 这是证明非常关键的一步, 可见利用数列的上下极限分析问题更为灵活.

例 1.8.4 设 $x_n > 0$, $\lim_{n\to\infty} x_n = A > 0$, 证明 $\lim_{n\to\infty} \sqrt[n]{x_1 x_2 \cdots x_n} = A$.

证明 因为 $\lim_{n\to\infty} x_n = A$, 根据数列极限的定义:

$$\forall \varepsilon > 0, \exists N \in \mathbf{N}^*, \forall n > N : A - \varepsilon < x_n < A + \varepsilon$$

令 $y_n = \sqrt[n]{x_1 x_2 \cdots x_n}$, 则成立

$$\forall n > N : y_n = \sqrt[n]{(x_1 x_2 \cdots x_N)(x_{N+1} \cdots x_n)}$$

$$\leqslant \sqrt[n]{x_1 \cdots x_N}(A + \varepsilon)^{\frac{n-N}{n}} = \sqrt[n]{\frac{x_1 \cdots x_N}{(A + \varepsilon)^N}}(A + \varepsilon) \quad (1.8.3)$$

在 (1.8.3) 式两边取上极限, 利用数列上极限的保序性以及 $\lim\limits_{n\to\infty}\sqrt[n]{a}=1$, 得

$$\lim\limits_{n\to\infty}\sup y_n \leqslant A+\varepsilon$$

由 ε 的任意性, $\lim\limits_{n\to\infty}\sup y_n \leqslant A$.

类似于上面的推导过程, 利用 $\forall n>N: x_n > A-\varepsilon$, 可得 $\lim\limits_{n\to\infty}\inf y_n \geqslant A$. 因此

$$\lim\limits_{n\to\infty}\inf y_n = \lim\limits_{n\to\infty}\sup y_n = A$$

所以得 $\lim\limits_{n\to\infty} y_n = A$, 结论得证.

通过上面两个例题的分析, 可以看出利用数列上下极限讨论问题的特点: ①任何有界数列的上下极限都存在; ②任何两个数列只要存在大小关系, 数列上下极限的保序性都成立, 而极限的保序性需要极限存在, 因此利用上下极限讨论问题更为灵活方便.

习题 1.8 数列的上下极限与应用

1. 求数列的上下极限.

(1) $\left\{1-\dfrac{1}{n}\right\}$; (2) $\{(-1)^n n\}$; (3) $\left\{\dfrac{(-1)^n}{n}+\dfrac{1+(-1)^n}{2}\right\}$;

(4) $\left\{1+\dfrac{n}{n+1}\cos\dfrac{n\pi}{2}\right\}$; (5) $\left\{1+n\sin\dfrac{n\pi}{2}\right\}$; (6) $\left\{\cos^n\dfrac{2n\pi}{3}\right\}$.

2. 证明定理 1.8.1.

扫码学习

1.9 施笃兹定理与应用

1.9.1 施笃兹定理

定理 1.9.1 $\left(\text{施笃兹 (Stolz) 定理 } \dfrac{\infty}{\infty} \text{ 型}\right)$ 设有数列 $\{a_n\}$ 和 $\{b_n\}$, 满足条件

(1) $\{b_n\}$ 严格单调递增;

(2) $\{b_n\}$ 趋于 $+\infty$;

(3) $\lim\limits_{n\to\infty}\dfrac{a_n-a_{n-1}}{b_n-b_{n-1}} = A(A\text{为有限数}, -\infty, +\infty)$.

则 $\lim\limits_{n\to\infty}\dfrac{a_n}{b_n} = A$.

$\left(\text{施笃兹定理 } \dfrac{0}{0} \text{ 型}\right)$ 设有数列 $\{a_n\}$ 和 $\{b_n\}$, 满足条件

(1) $\lim\limits_{n\to\infty} a_n = 0, \lim\limits_{n\to\infty} b_n = 0$;

(2) $\{b_n\}$ 严格单调递减;

(3) $\lim\limits_{n\to\infty}\dfrac{a_n-a_{n-1}}{b_n-b_{n-1}} = A(A\text{为有限数}, -\infty, +\infty)$.

则 $\lim\limits_{n\to\infty}\dfrac{a_n}{b_n} = A$.

证明 这里只证 $\dfrac{\infty}{\infty}$ 型. 分三种情况讨论.

(1) 若 A 为有限数, 由 $\lim\limits_{n\to\infty}\dfrac{a_n - a_{n-1}}{b_n - b_{n-1}} = A$, 根据极限的定义,

$$\forall \varepsilon > 0, \exists N \in \mathbf{N}^*, \forall n > N : A - \varepsilon < \dfrac{a_n - a_{n-1}}{b_n - b_{n-1}} < A + \varepsilon$$

即

$$(A-\varepsilon)(b_n - b_{n-1}) < a_n - a_{n-1} < (A+\varepsilon)(b_n - b_{n-1})$$

进一步得到

$$(A-\varepsilon)(b_{N+1} - b_N) < a_{N+1} - a_N < (A+\varepsilon)(b_{N+1} - b_N)$$
$$(A-\varepsilon)(b_{N+2} - b_{N+1}) < a_{N+2} - a_{N+1} < (A+\varepsilon)(b_{N+2} - b_{N+1})$$
$$\cdots\cdots$$
$$(A-\varepsilon)(b_n - b_{n-1}) < a_n - a_{n-1} < (A+\varepsilon)(b_n - b_{n-1})$$

将上式累加求和得到

$$(A-\varepsilon)(b_n - b_N) < a_n - a_N < (A+\varepsilon)(b_n - b_N)$$

由于 $\lim\limits_{n\to\infty} b_n = +\infty$, 不妨设 $n > N: b_n > 0$.

将上式两边同除 b_n 得

$$n > N : (A-\varepsilon)\left(1 - \dfrac{b_N}{b_n}\right) + \dfrac{a_N}{b_n} < \dfrac{a_n}{b_n} < (A+\varepsilon)\left(1 - \dfrac{b_N}{b_n}\right) + \dfrac{a_N}{b_n}$$

进一步有

$$\lim\limits_{n\to\infty}\inf (A-\varepsilon)\left(1 - \dfrac{b_N}{b_n}\right) + \dfrac{a_N}{b_n} = A - \varepsilon, \quad \lim\limits_{n\to\infty}\sup\left[(A+\varepsilon)\left(1 - \dfrac{b_N}{b_n}\right) + \dfrac{a_N}{b_n}\right] = A + \varepsilon$$

根据上下极限的保序性, 得

$$A - \varepsilon \leqslant \lim\limits_{n\to\infty}\inf \dfrac{a_n}{b_n} \leqslant \lim\limits_{n\to\infty}\sup \dfrac{a_n}{b_n} \leqslant A + \varepsilon$$

由 ε 的任意性知, $\lim\limits_{n\to\infty}\inf \dfrac{a_n}{b_n} = \lim\limits_{n\to\infty}\sup \dfrac{a_n}{b_n} = A$, 所以 $\lim\limits_{n\to\infty}\dfrac{a_n}{b_n} = A$.

(2) 若 $A = +\infty$, 由 $\lim\limits_{n\to\infty}\dfrac{a_n - a_{n-1}}{b_n - b_{n-1}} = +\infty$,

$$\exists N \in \mathbf{N}^*, \forall n > N : \dfrac{a_n - a_{n-1}}{b_n - b_{n-1}} > 1 \Rightarrow a_n - a_{n-1} > b_n - b_{n-1} > 0$$

因此 $\{a_n\}$ 严格单调递增, 且 $\lim\limits_{n\to\infty} a_n = +\infty$, $\lim\limits_{n\to\infty}\dfrac{b_n - b_{n-1}}{a_n - a_{n-1}} = 0$. 根据 (1) 的结论可以得到 $\lim\limits_{n\to\infty}\dfrac{b_n}{a_n} = 0$, 因此 $\lim\limits_{n\to\infty}\dfrac{a_n}{b_n} = +\infty$.

(3) 设 $A = -\infty$, 取 $c_n = -a_n$, 则 $\lim\limits_{n\to\infty}\dfrac{c_n - c_{n-1}}{b_n - b_{n-1}} = +\infty$, 由 (2) 的结论得到

$$\lim\limits_{n\to\infty}\dfrac{c_n}{b_n} = +\infty \Rightarrow \lim\limits_{n\to\infty}\dfrac{a_n}{b_n} = -\lim\limits_{n\to\infty}\dfrac{c_n}{b_n} = -\infty$$

结论得证.

注 1.9.1 施笃兹定理的逆命题不成立, 例如 $a_n = \begin{cases} 2k, & n = 2k, \\ 2k, & n = 2k-1, \end{cases}$ $b_n = n$, $\lim\limits_{n\to\infty} \dfrac{a_n}{b_n} = 1$, 但是

$$n = 2k: \quad \lim_{n\to\infty} \frac{a_n - a_{n-1}}{b_n - b_{n-1}} = \lim_{k\to\infty} \frac{2k - 2k}{1} = 0$$

$$n = 2k+1: \quad \lim_{n\to\infty} \frac{a_n - a_{n-1}}{b_n - b_{n-1}} = \lim_{k\to\infty} \frac{2(k+1) - 2k}{1} = 2$$

因此 $\lim\limits_{n\to\infty} \dfrac{a_n - a_{n-1}}{b_n - b_{n-1}}$ 不存在.

1.9.2 施笃兹定理的应用

例 1.9.1 计算 $\lim\limits_{n\to\infty} \dfrac{1^k + 2^k + \cdots + n^k}{n^{k+1}}, k \in \mathbf{N}^*$.

解 因为数列满足施笃兹定理的条件, 且

$$n^{k+1} - (n-1)^{k+1} = n^{k+1} - [n^{k+1} - (k+1)n^k + \mathrm{C}_{k+1}^2 n^{k-1} - \cdots + (-1)^{k+1}]$$
$$= (k+1)n^k - \mathrm{C}_{k+1}^2 n^{k-1} + \cdots + (-1)^{k+2}$$

所以

$$\lim_{n\to\infty} \frac{1^k + 2^k + \cdots + n^k}{n^{k+1}}$$
$$= \lim_{n\to\infty} \frac{n^k}{n^{k+1} - (n-1)^{k+1}}$$
$$= \lim_{n\to\infty} \frac{n^k}{(k+1)n^k + \cdots + (-1)^{k+2}} \Leftarrow \boxed{\text{分子分母关于 } n \text{ 的最高次幂相等}}$$
$$= \frac{1}{k+1}$$

例 1.9.2 求极限 $\lim\limits_{n\to\infty} \left(\dfrac{1^p + 2^p + \cdots + n^p}{n^p} - \dfrac{n}{p+1} \right), p \in \mathbf{N}^*$.

解 由施笃兹定理

$$\lim_{n\to\infty} \left(\frac{1^p + 2^p + \cdots + n^p}{n^p} - \frac{n}{p+1} \right)$$
$$= \lim_{n\to\infty} \frac{(1^p + 2^p + \cdots + n^p)(p+1) - n^{p+1}}{(p+1)n^p}$$
$$= \lim_{n\to\infty} \frac{(p+1)(n+1)^p - (n+1)^{p+1} + n^{p+1}}{(p+1)((n+1)^p - n^p)}$$

进一步有

$$(n+1)^p = n^p + pn^{p-1} + \frac{(p-1)p}{2} n^{p-2} + \cdots + 1$$
$$(n+1)^{p+1} = n^{p+1} + (p+1)n^p + \frac{(p+1)p}{2} n^{p-1} + \cdots + 1$$

所以原式等于

$$\lim_{n\to\infty} \frac{(p+1)\left(n^p + pn^{p-1} + \cdots + 1\right) - \left((p+1)n^p + \frac{(p+1)p}{2}n^{p-1} + \cdots + 1\right)}{(p+1)\left((n^p + pn^{p-1} + \cdots + 1) - n^p\right)}$$

由于上式中分子分母关于 n 的最高次幂均为 $p-1$，所以原式等于

$$\lim_{n\to\infty} \frac{[(p+1)pn^{p-1}]/2 + f(n)}{(p+1)pn^{p-1} + g(n)} = \frac{1}{2}$$

其中 $f(n), g(n)$ 是关于 n 的最高次幂为 $p-2$ 的多项式.

例 1.9.3 设 $a_1 > 0, a_{n+1} = a_n + \frac{1}{a_n}, n = 1, 2, 3, \cdots$，证明 $\lim_{n\to\infty} \frac{a_n}{\sqrt{2n}} = 1$.

证明 由已知条件，$\{a_n\}$ 是单调递增数列，所以 $a_n \to A$ 或 $+\infty \, (n \to \infty)$. 若 $\lim_{n\to\infty} a_n = A$，则 $A = A + \frac{1}{A}$，于是 $A = +\infty$. 由施笃兹定理得

$$\lim_{n\to\infty} \left(\frac{a_n}{\sqrt{2n}}\right)^2 = \lim_{n\to\infty} \frac{a_{n+1}^2 - a_n^2}{2(n+1) - 2n} = \frac{1}{2} \lim_{n\to\infty} \frac{a_{n+1} + a_n}{a_n}$$

$$= \frac{1}{2} \lim_{n\to\infty} \frac{2a_n + \frac{1}{a_n}}{a_n} = \frac{1}{2} \lim_{n\to\infty} \left(2 + \frac{1}{a_n^2}\right) = 1$$

结论得证.

习题 1.9　施笃兹定理与应用

1. 施笃兹定理中，如果极限 $\lim_{n\to\infty} \frac{a_n - a_{n-1}}{b_n - b_{n-1}} = \infty$，能否推出 $\lim_{n\to\infty} \frac{a_n}{b_n} = \infty$？如果极限 $\lim_{n\to\infty} \frac{a_n - a_{n-1}}{b_n - b_{n-1}}$ 不存在，能否推出 $\lim_{n\to\infty} \frac{a_n}{b_n}$ 不存在？

2. 计算下列极限.

(1) $\lim_{n\to\infty} \frac{1 + \sqrt{2} + \cdots + \sqrt{n}}{n\sqrt{n}}$;

(2) $\lim_{n\to\infty} \frac{1^2 + 3^2 + \cdots + (2n-1)^2}{n^3}$;

(3) $\lim_{n\to\infty} \frac{\sqrt[n]{(n+1)(n+2)\cdots(n+n)}}{n}$;

(4) $\lim_{n\to\infty} \frac{\sqrt[n]{n!}}{n}$.

3. 证明下列结论：

(1) $\lim_{n\to\infty} \frac{\log_a n}{n} = 0 \, (a > 1)$;

(2) $\lim_{n\to\infty} \frac{n^k}{a^n} = 0 \, (a > 1, k \in \mathbf{N}^*)$.

4. 设 $\lim_{n\to\infty} a_n = a$，证明 $\lim_{n\to\infty} \frac{a_1 + 2a_2 + \cdots + na_n}{n^2} = \frac{a}{2}$.

5. 证明 $\frac{0}{0}$ 型的施笃兹定理.

1.10　综合例题选讲

扫码学习

本节讨论数列极限的综合例题. 首先回顾几个典型数列的极限，这些结论有助于求其他复杂数列的极限.

(1) $\lim_{n\to\infty} \sqrt[n]{n} = 1$;

(2) $\lim_{n\to\infty} q^n = 0 \, (|q| < 1)$;

(3) $\lim\limits_{n\to\infty} \dfrac{c^n}{n!} = 0$;

(4) $\lim\limits_{n\to\infty} \dfrac{n!}{n^n} = 0$;

(5) $\lim\limits_{n\to\infty} \sqrt[n]{a} = 1\ (a>0)$;

(6) $\lim\limits_{n\to\infty} \dfrac{n^\alpha}{c^n} = 0\ (\alpha>0, c>1)$;

(7) $\lim\limits_{n\to\infty}\left(1+1+\dfrac{1}{2!}+\dfrac{1}{3!}+\cdots+\dfrac{1}{n!}\right) = \mathrm{e}$;

(8) $\lim\limits_{n\to\infty}\left(1+\dfrac{1}{n}\right)^n = \mathrm{e}$;

(9) $1+\dfrac{1}{2}+\cdots+\dfrac{1}{n}-\ln(n) = \gamma + \varepsilon(n),\ \lim\limits_{n\to\infty}\varepsilon(n) = 0$;

(10) $x_n = 1 + \dfrac{1}{2^\alpha} + \cdots + \dfrac{1}{n^\alpha}\ (\alpha>1\text{ 收敛},\alpha\leqslant 1\text{ 发散})$;

(11) $\lim\limits_{n\to\infty} a_n = a \Rightarrow \lim\limits_{n\to\infty}\dfrac{a_1+a_2+\cdots+a_n}{n} = a$;

(12) $\lim\limits_{n\to\infty} x_n = a \geqslant 0 \Rightarrow \lim\limits_{n\to\infty} \sqrt[k]{x_n} = \sqrt[k]{a}\ (k\in\mathbf{N}^*)$;

(13) $\lim\limits_{n\to\infty}\left(1+\dfrac{k}{n}\right)^n = \mathrm{e}^k\ (k\in\mathbf{N}^*)$;

(14) $x_n > 0,\ \lim\limits_{n\to\infty} x_n = A > 0 \Rightarrow \lim\limits_{n\to\infty}\sqrt[n]{x_1 x_2 \cdots x_n} = A$;

(15) $\lim\limits_{n\to\infty}\dfrac{a_l n^l + a_{l-1}n^{l-1} + \cdots + a_0}{b_m n^m + b_{m-1}n^{m-1} + \cdots + b_0}\ (a_l \neq 0, b_m \neq 0) = \begin{cases} \dfrac{a_l}{b_m}, & l = m, \\ 0, & l < m, \\ +\infty, & \dfrac{a_l}{b_m} > 0, l > m, \\ -\infty, & \dfrac{a_l}{b_m} < 0, l > m. \end{cases}$

求数列极限的几种常用方法: ①利用极限定义分析极限的存在性; ②极限的四则运算; ③极限的夹逼定理; ④单调有界定理; ⑤两个重要极限; ⑥施笃兹定理.

例 1.10.1 证明 $\lim\limits_{n\to\infty}\dfrac{n^\alpha}{c^n} = 0\ (\alpha>0, c>1)$.

分析 由极限定义: $\exists a \in \mathbf{R}, \forall \varepsilon > 0, \exists N(\varepsilon) \in \mathbf{N}^*, \forall n > N : |x_n - a| < \varepsilon$. 所以关键在于确定 $N(\varepsilon)$. 进一步进行不等式放大:

$$\left|\dfrac{n^\alpha}{c^n} - 0\right| = \dfrac{n^\alpha}{c^n} = \dfrac{n^\alpha}{\left(c^{\frac{n}{\alpha}}\right)^\alpha} = \left(\dfrac{n}{c^{\frac{n}{\alpha}}}\right)^\alpha = \left(\dfrac{n}{\beta^n}\right)^\alpha \quad \left(\beta = c^{\frac{1}{\alpha}} > 1\right)$$

接下来分析满足 $\left|\dfrac{n^\alpha}{c^n} - 0\right| = \left(\dfrac{n}{\beta^n}\right)^\alpha < \varepsilon$ 的自然数 n 的变化范围, 从而确定极限定义中的 $N(\varepsilon)$. 令 $\beta = 1 + \gamma\ (\gamma > 0)$, 则

$$\beta^n = 1 + n\gamma + \dfrac{n(n-1)}{2}\gamma^2 + \cdots + n\gamma^{n-1} + \gamma^n$$

当 $n > 2$ 时, 成立

$$\dfrac{n}{\beta^n} \leqslant \dfrac{n}{[n(n-1)/2]\gamma^2} = \left(\dfrac{2}{\gamma^2}\right)\dfrac{1}{n-1} < \varepsilon^{\frac{1}{\alpha}}$$

在上式中可以解出 n 的范围, 从而确定数列极限定义中的 $N(\varepsilon)$.

证明 因为 $\left|\dfrac{n^\alpha}{c^n}-0\right|=\left(\dfrac{n}{\beta^n}\right)^\alpha$ $\left(c^{\frac{1}{\alpha}}=\beta=1+\gamma\right)$, 当 $n>2$ 时,

$$\dfrac{n}{\beta^n}=\dfrac{n}{(1+\gamma)^n}\leqslant\dfrac{n}{[n(n-1)/2]\gamma^2}=\left(\dfrac{2}{\gamma^2}\right)\dfrac{1}{n-1}$$

如果 $\left(\dfrac{2}{\gamma^2}\right)\dfrac{1}{n-1}<\varepsilon^{\frac{1}{\alpha}}$, 则 $n>\dfrac{2}{\gamma^2\varepsilon^{\frac{1}{\alpha}}}+1$. 所以

$$\forall \varepsilon>0, \exists N(\varepsilon)=\left[\dfrac{2}{\gamma^2\varepsilon^{\frac{1}{\alpha}}}\right]+3, \forall n>N:\left|\dfrac{n^\alpha}{c^n}-0\right|<\varepsilon$$

结论得证.

例 1.10.2 证明 $\lim\limits_{n\to\infty}\dfrac{\ln n}{n^\alpha}=0\,(\alpha>0)$.

证明 关键是确定数列极限定义中的自然数 $N(\varepsilon)$. 应用不等式 $\ln n<n$, 则有

$$\dfrac{\ln n}{n^\alpha}=\dfrac{\frac{2}{\alpha}\ln n^{\frac{\alpha}{2}}}{n^\alpha}\leqslant\dfrac{2}{\alpha}\left(\dfrac{n^{\frac{\alpha}{2}}}{n^\alpha}\right)=\left(\dfrac{2}{\alpha}\right)\dfrac{1}{n^{\frac{\alpha}{2}}}<\varepsilon$$

解得 $n>\left(\dfrac{2}{\varepsilon\alpha}\right)^{\frac{2}{\alpha}}$, 由此得到结论

$$\forall\varepsilon>0,\exists N(\varepsilon)=\left[\left(\dfrac{2}{\varepsilon\alpha}\right)^{\frac{2}{\alpha}}\right]+1\in\mathbf{N}^*,\forall n>N:\dfrac{\ln n}{n^\alpha}<\varepsilon$$

结论得证.

例 1.10.3 求极限 $\lim\limits_{n\to\infty}\left\{(n^2+1)^{\frac{1}{8}}-(n+1)^{\frac{1}{4}}\right\}$.

解 通过多次分子有理化分析数列的变化规律, 详细计算过程如下:

$$\dfrac{\left[(n^2+1)^{\frac{1}{8}}-(n+1)^{\frac{1}{4}}\right]\left[(n^2+1)^{\frac{1}{8}}+(n+1)^{\frac{1}{4}}\right]}{(n^2+1)^{\frac{1}{8}}+(n+1)^{\frac{1}{4}}}=\dfrac{(n^2+1)^{\frac{1}{4}}-(n+1)^{\frac{1}{2}}}{(n^2+1)^{\frac{1}{8}}+(n+1)^{\frac{1}{4}}} \Leftarrow \boxed{\text{分子有理化}}$$

$$=\dfrac{\left[(n^2+1)^{\frac{1}{4}}-(n+1)^{\frac{1}{2}}\right]\left[(n^2+1)^{\frac{1}{4}}+(n+1)^{\frac{1}{2}}\right]}{\left[(n^2+1)^{\frac{1}{8}}+(n+1)^{\frac{1}{4}}\right]\left[(n^2+1)^{\frac{1}{4}}+(n+1)^{\frac{1}{2}}\right]} \Leftarrow \boxed{\text{分子有理化}}$$

$$=\dfrac{(n^2+1)^{\frac{1}{2}}-(n+1)}{\left[(n^2+1)^{\frac{1}{8}}+(n+1)^{\frac{1}{4}}\right]\left[(n^2+1)^{\frac{1}{4}}+(n+1)^{\frac{1}{2}}\right]} \Leftarrow \boxed{\text{分子有理化}}$$

$$=\dfrac{(n^2+1)-(n+1)^2}{\left[(n^2+1)^{\frac{1}{8}}+(n+1)^{\frac{1}{4}}\right]\left[(n^2+1)^{\frac{1}{4}}+(n+1)^{\frac{1}{2}}\right]\left[(n^2+1)^{\frac{1}{2}}+(n+1)\right]}$$

$$=\dfrac{-2n}{\left[(n^2+1)^{\frac{1}{8}}+(n+1)^{\frac{1}{4}}\right]\left[(n^2+1)^{\frac{1}{4}}+(n+1)^{\frac{1}{2}}\right]\left[(n^2+1)^{\frac{1}{2}}+(n+1)\right]} \quad (1.10.1)$$

在上面分析的基础上可以看到 (1.10.1) 式中的分母的最高次幂为 $\left(n^{\frac{1}{4}}\right)\left(n^{\frac{1}{2}}\right)(n) = n^{\frac{7}{4}}$. 进一步分子分母同除 $n^{\frac{7}{4}}$, 利用极限的四则运算法则:

$$\lim_{n\to\infty}\left\{(n^2+1)^{\frac{1}{8}} - (n+1)^{\frac{1}{4}}\right\}$$

$$= \lim_{n\to\infty}\frac{-2n/n^{\frac{7}{4}}}{\left[\left(1+\frac{1}{n^2}\right)^{\frac{1}{8}}+\left(1+\frac{1}{n}\right)^{\frac{1}{4}}\right]\left[\left(1+\frac{1}{n^2}\right)^{\frac{1}{4}}+\left(1+\frac{1}{n}\right)^{\frac{1}{2}}\right]\left[\left(1+\frac{1}{n^2}\right)^{\frac{1}{2}}+\left(1+\frac{1}{n}\right)\right]} = 0$$

例 1.10.4 求极限 $\displaystyle\lim_{n\to\infty}\frac{\sqrt[n]{(n+1)(n+2)\cdots(2n)}}{n}$.

解 令 $A_n = \dfrac{\sqrt[n]{(n+1)(n+2)\cdots(2n)}}{n}$, 利用对数运算简化数列表达式得到

$$\ln A_n = \frac{\ln(n+1)+\ln(n+2)+\cdots+\ln 2n}{n} - \ln n$$

$$= \frac{\ln(n+1)+\ln(n+2)+\cdots+\ln 2n - n\ln n}{n}$$

利用施笃兹定理,

$$\lim_{n\to\infty}\ln A_n = \lim_{n\to\infty}\left[\ln(2n+1)+\ln(2n+2)-2\ln(n+1)+n\ln n - n\ln(n+1)\right]$$

$$= \lim_{n\to\infty}\left[\ln\frac{(2n+1)(2n+2)}{(n+1)^2} - \ln\left(1+\frac{1}{n}\right)^n\right] = \ln\frac{4}{\mathrm{e}}$$

所以 $\displaystyle\lim_{n\to\infty}\frac{\sqrt[n]{(n+1)(n+2)\cdots(2n)}}{n} = \frac{4}{\mathrm{e}}$.

注 1.10.1 例 1.10.4 的计算过程用了习题 1.1.2 第 3 题结论:

$$\lim_{n\to\infty}a_n = a \Rightarrow \lim_{n\to\infty}\mathrm{e}^{a_n} = \mathrm{e}^a;\quad \lim_{n\to\infty}a_n = a\,(a>0) \Rightarrow \lim_{n\to\infty}\ln a_n = \ln a$$

例 1.10.5 设 $a_n > 0, n \in \mathbf{N}^*, \displaystyle\lim_{n\to\infty}\frac{a_{n+1}}{a_n} = l < 1$, 证明 $\displaystyle\lim_{n\to\infty}a_n = 0$.

证明 由于 $l < 1, \exists \alpha > 0, l + \alpha = \beta < 1$, 又 $\displaystyle\lim_{n\to\infty}\frac{a_{n+1}}{a_n} = l < \beta$, 由数列极限的保序性得到

$$\exists N \in \mathbf{N}^*, \forall n > N : \frac{a_{n+1}}{a_n} < \beta, \text{即} \exists N \in \mathbf{N}^*, \forall n > N : a_{n+1} < \beta a_n,$$

整理得

$$\forall n > N : a_{n+1} < \beta a_n < \beta^2 a_{n-1} < \cdots < \beta^{n-N}a_{N+1}$$

进一步由夹逼定理, $\displaystyle\lim_{n\to\infty}a_n = 0$. 结论得证.

注 1.10.2 如果 $\displaystyle\lim_{n\to\infty}\frac{a_{n+1}}{a_n} = 1$, 则 $\displaystyle\lim_{n\to\infty}a_n$ 不一定存在. 例如 $a_n = n$, 满足 $\displaystyle\lim_{n\to\infty}\frac{a_{n+1}}{a_n} = 1$, 但是 $\displaystyle\lim_{n\to\infty}a_n = \infty$.

例 1.10.6 设 $\begin{cases} x_{2n} = \dfrac{x_{2n-1} + 2x_{2n-2}}{3}, \\ x_{2n+1} = \dfrac{2x_{2n} + x_{2n-1}}{3}, \end{cases}$ $x_0 = a, x_1 = b\,(b > a)$, 证明 $\lim\limits_{n \to \infty} x_n$ 存在.

证明 $\lim\limits_{n \to \infty} x_n$ 存在等价于 $\lim\limits_{n \to \infty} x_{2n} = \lim\limits_{n \to \infty} x_{2n+1}$. 根据闭区间套定理, 需证明:

$\forall n \in \mathbf{N}^*: (1)\, x_{2n} < x_{2(n+1)} < x_{2n+1};\ (2)\, x_{2(n+1)} < x_{2n+3} < x_{2n+1};\ (3)\, \lim\limits_{n \to \infty}(x_{2n+1} - x_{2n}) = 0$

即 $\{[x_{2n}, x_{2n+1}]\}$ 构成了闭区间套序列, 如图 1.10.1 所示, 并且满足闭区间套定理的条件, 结论即可得证.

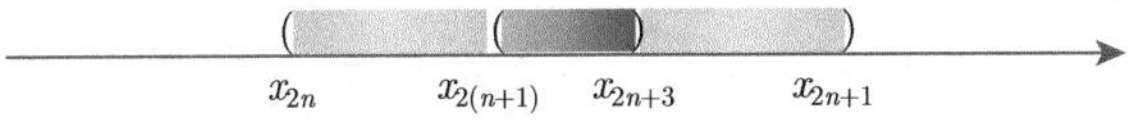

图 1.10.1

已知 $x_2 - x_3 = \dfrac{2(a-b)}{3} < 0$, 利用数学归纳法可以证明 $x_{2n} < x_{2n+1}$. 又

$$x_{2n+2} - x_{2n} = \frac{x_{2n+1} + 2x_{2n}}{3} - x_{2n} = \frac{x_{2n+1} - x_{2n}}{3} > 0$$

$$x_{2n+2} - x_{2n+1} = \frac{x_{2n+1} + 2x_{2n}}{3} - x_{2n+1} = 2\left(\frac{x_{2n} - x_{2n+1}}{3}\right) < 0$$

$$x_{2n+3} - x_{2n+1} = \frac{2x_{2n+2} + x_{2n+1}}{3} - x_{2n+1} = 2\left(\frac{x_{2n+2} - x_{2n+1}}{3}\right) < 0$$

$$x_{2n+3} - x_{2n+2} = \frac{2x_{2n+2} + x_{2n+1}}{3} - x_{2n+2} = \frac{x_{2n+1} - x_{2n+2}}{3} > 0$$

所以 $\{[x_{2n}, x_{2n+1}]\}$ 构成闭区间套. 进一步由于

$$x_{2n+1} - x_{2n} = \frac{2x_{2n} + x_{2n-1}}{3} - x_{2n} = \frac{x_{2n-1} - x_{2n}}{3} < \frac{x_{2n-1} - x_{2n-2}}{3} \tag{1.10.2}$$

递推使用 (1.10.2) 式, 得 $x_{2n+1} - x_{2n} < \left(\dfrac{1}{3}\right)^n (x_1 - x_0)$, 即有 $\lim\limits_{n \to \infty}(x_{2n+1} - x_{2n}) = 0$. 根据闭区间套定理, 有 $\lim\limits_{n \to \infty} x_{2n} = \lim\limits_{n \to \infty} x_{2n+1}$ 成立. 结论得证.

例 1.10.7 给定数列 $\{x_n\}$ 满足 $0 \leqslant x_{n+m} \leqslant x_n + x_m\,(m, n \in \mathbf{N}^*)$, 证明 $\lim\limits_{n \to \infty} \dfrac{x_n}{n}$ 存在.

证明 因为 $x_n \leqslant x_{n-1} + x_1 \leqslant x_{n-2} + 2x_1 \leqslant \cdots \leqslant nx_1$, 所以 $0 \leqslant \dfrac{x_n}{n} \leqslant x_1$, 即 $\left\{\dfrac{x_n}{n}\right\}$ 有界, 因此可以假设 $\lim\limits_{n \to \infty}\sup \dfrac{x_n}{n} = b < +\infty$, $\lim\limits_{n \to \infty}\inf \dfrac{x_n}{n} = a > -\infty$. 由下极限的定义, $\lim\limits_{n \to \infty}\inf \dfrac{x_n}{n} = \lim\limits_{n \to \infty} a_n = a,\ a_n = \inf\limits_{k \geqslant n}\left\{\dfrac{x_k}{k}\right\}$, 进一步有

$$\forall \varepsilon > 0, \exists n^* \in \mathbf{N}^*: |a_{n^*} - a| < \varepsilon \Rightarrow a_{n^*} < a + \varepsilon$$

由下确界的定义:

$$a_{n^*} = \inf_{k \geqslant n^*}\left\{\frac{x_k}{k}\right\} \Rightarrow \exists N > n^*: \frac{x_N}{N} < a + \varepsilon$$

对任意的 $n \in \mathbf{N}^* > N$，设 $n = qN + r(0 \leqslant r < N)$，根据已知条件有

$$x_n = x_{qN+r} \leqslant x_{qN} + x_r \leqslant qx_N + x_r$$
$$\Rightarrow \frac{x_n}{n} \leqslant \frac{qx_N + x_r}{qN} \frac{qN}{n} \leqslant (a+\varepsilon)\frac{qN}{n} + \frac{x_r}{n} \leqslant (a+\varepsilon) + \frac{x_r}{n} \tag{1.10.3}$$

根据 (1.10.3) 式和上极限的保序性：

$$\lim_{n\to\infty}\sup \frac{x_n}{n} \leqslant a+\varepsilon \Rightarrow \lim_{n\to\infty}\sup \frac{x_n}{n} \leqslant a$$

所以 $\lim\limits_{n\to\infty}\sup \dfrac{x_n}{n} = \lim\limits_{n\to\infty}\inf \dfrac{x_n}{n} = a$。结论得证。

例 1.10.8 如果数列 $\{a_n\}$ 既没有最小值也没有最大值，则 $\{a_n\}$ 一定发散。

分析 $\{a_n\}$ 的最大值、最小值定义为：$n_1, n_2 \in \mathbf{N}^*$，满足 $a_{n_1} = \sup\{a_n\}, a_{n_2} = \inf\{a_n\}$。

证明 由于 $\{a_n\}_{n=1}^\infty$ 没有最大值，所以有下面结论：

(1) 存在 $a_{n_1} > a_1$，

(2) $\{a_n\}_{n=n_1}^\infty$ 没有最大值。存在 $n_2 > n_1 : a_{n_2} > a_{n_1}$，

(3) 依此类推，$\{a_n\}_{n=n_k}^\infty$ 没有最大值。所以存在 $n_{k+1} > n_k : a_{n_{k+1}} > a_{n_k}$。

继续这一过程，得到单调递增子列 $\{a_{n_k}\}$。由于 $\{a_n\}_{n=1}^\infty$ 没有最小值，所以有下面结论：

(4) 存在 $a_{l_1} < a_1$，

(5) $\{a_n\}_{n=l_1}^\infty$ 没有最小值，所以存在 $l_2 > l_1 : a_{l_2} < a_{l_1}$，

(6) 依此类推，$\{a_n\}_{n=l_k}^\infty$ 没有最小值，所以存在 $l_{k+1} > l_k : a_{l_{k+1}} < a_{l_k}$，

继续这一过程，得到单调递减子列 $\{a_{l_k}\}$。

在上面讨论基础上有下面几种情况：(a) $\lim\limits_{k\to\infty} a_{l_k} = +\infty$ (b) $\lim\limits_{k\to\infty} a_{n_k} = -\infty$ (c) $\lim\limits_{k\to\infty} a_{l_k}$，$\lim\limits_{k\to\infty} a_{n_k}$ 存在，但不相等。因此原数列发散，结论得证。

扫码学习

*1.11 提 高 课

本节介绍利用数列解决实际问题的两个实例，在此基础上可以初步了解混沌现象。

应用实例 1 生物学应用实例：酵母培养物的增长分析。酵母培养物是指在特定工艺条件控制下由酵母菌在特定的培养基上经过充分的厌氧发酵后形成的微生态制品。酵母培养物在促进动物生长、提高饲料利用率、预防疾病、提高机体免疫力和改善环境方面具有重要作用。下面以数列为工具进行酵母培养物的增长分析。

设在时刻 n 观察到的酵母生物量为 p_n，其中 $n = 0, 1, 2, \cdots$ 表示以小时计的时间，记单位时间内酵母生物量的变化为 $\Delta p_n = p_{n+1} - p_n$。在一次实验中，到时刻 $n = 7$ 为止观察到的数据如表 1.11.1 所示。通过进一步数据分析，生物量的变化值 Δp_n 关于生物量值 p_n 近似呈线性关系，如图 1.11.1 所示。

表 1.11.1

以小时计的时间 n	观察到的酵母生物量 P_n	生物量的变化 $P_{n+1} - P_n$
0	9.6	8.7
1	18.3	10.7
2	29.0	18.2
3	47.2	23.9
4	71.1	48.0
5	119.1	55.5
6	174.6	82.7
7	257.3	

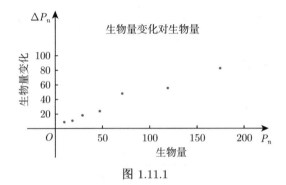

图 1.11.1

根据图 1.11.1 的数据分布, 建立数学模型:

$$\Delta p_n = p_{n+1} - p_n \approx 0.5 p_n, \quad n = 0, 1, 2, 3, \cdots$$
$$p_{n+1} = 1.5 p_n \tag{1.10.1}$$

(1.10.1) 式通常称为线性系统.

随着 n 的增大, 所得数据如表 1.11.2 和图 1.11.2 所示. 通过数据分析, 随着 n 的增大, 生物量的变化值 Δp_n 关于生物量值 p_n 已不呈线性关系. 当 p_n 趋于 665 的时候, p_n 变化很慢, $665 - p_n$ 变化很小.

表 1.11.2

以小时计的时间 n	观察到的酵母生物量 P_n	变化/小时 $P_{n+1} - P_n$	以小时计的时间 n	观察到的酵母生物量 P_n	变化/小时 $P_{n+1} - P_n$
0.0	9.6	8.7	10.0	513.3	46.4
1.0	18.3	10.7	11.0	559.7	35.1
2.0	29.0	18.2	12.0	594.8	34.6
3.0	47.2	23.9	13.0	629.4	11.4
4.0	71.1	48.0	14.0	640.8	10.3
5.0	119.1	55.5	15.0	651.1	4.8
6.0	174.6	82.7	16.0	655.9	3.7
7.0	257.3	93.4	17.0	659.6	2.2
8.0	350.7	90.3	18.0	661.8	
9.0	441.0	72.3			

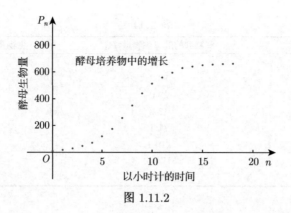

图 1.11.2

由于当 p_n 趋于 665 的时候, p_n 变化很慢, $665-p_n$ 变化很小, 我们记录生物量的变化值和 $(665-p_n)p_n$ 之间的关系, 所得数据如表 1.11.3. 从图 1.11.3 可以看出, 两者之间近似成线性关系. 在此基础上建立数学模型

$$\Delta p_n = p_{n+1} - p_n \approx k\,(665 - p_n)\,p_n \Rightarrow p_{n+1} - p_n \approx 0.00082\,(665 - p_n)\,p_n$$
$$p_{n+1} = p_n + 0.00082\,(665 - p_n)\,p_n \tag{1.10.2}$$

表 1.11.3

$p_{n+1}-p_n$	$p_n(665-p_n)$	$p_{n+1}-p_n$	$p_n(665-p_n)$
8.7	6291.84	72.3	98784.00
10.7	11834.61	46.4	77867.61
18.2	18444.00	35.1	58936.41
23.9	29160.16	34.6	41754.96
48.0	42226.29	11.4	22406.64
55.5	65016.69	10.3	15507.36
82.7	85623.84	4.8	9050.29
93.4	104901.21	3.7	5968.69
90.3	110225.01	2.2	3561.84

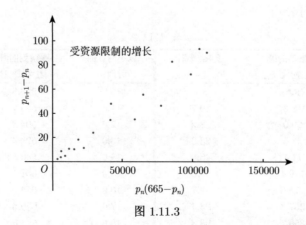

图 1.11.3

(1.10.2) 式称为非线性动力系统. 用非线性动力系统 (1.10.2) 预测酵母生物量, 预测值与真实观察值的关系如图 1.11.4 和表 1.11.4 所示. 可以看到预测模型 (1.10.2) 很好地刻画了实

际问题的变化规律.

接下来对系统的稳定性进一步分析. 将 $p_{n+1} = p_n + 0.00082(665 - p_n)p_n$ 等价变形为

$$p_{n+1} = rp_n - bp_n^2 = r\left(1 - \frac{b}{r}p_n\right)p_n$$

$$\left(\frac{b}{r}\right)(p_{n+1}) = r\left(1 - \frac{b}{r}p_n\right)\left(\frac{b}{r}\right)p_n$$

设 $a_n = \dfrac{bp_n}{r}$, 则有

$$a_{n+1} = r(1 - a_n)a_n \tag{1.10.3}$$

表 1.11.4

以小时计的时间	观察值	预测值	以小时计的时间	观察值	预测值
0	9.6	9.6	10	513.3	411.6
1	18.3	14.8	11	559.7	497.1
2	29.0	22.6	12	594.8	565.6
3	47.2	34.5	13	629.4	611.7
4	71.1	52.4	14	640.8	638.4
5	119.1	78.7	15	651.1	652.3
6	174.6	116.6	16	655.9	659.1
7	257.3	169.0	17	659.6	662.3
8	350.7	237.8	18	661.8	663.8
9	441.0	321.1			

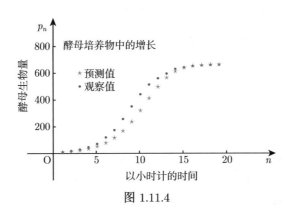

图 1.11.4

由于 (1.10.2) 式的建立是近似逼近的, 因此需要分析系统 (1.10.3) 对参数 r 的稳定性, 为此考虑系统

$$\begin{cases} a_{n+1} = r(1 - a_n)a_n \\ a_0 = 0.1 \end{cases}$$

对 r 的敏感性. 取 $r = 1.546$, 随着 n 的增大, a_n 都稳定在某一个值附近. 如图 1.11.5 所示.

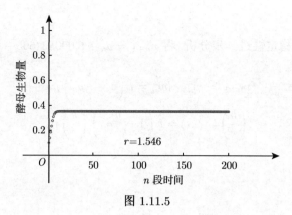

图 1.11.5

在系统 $\begin{cases} a_{n+1} = r(1-a_n)a_n, \\ a_0 = 0.1 \end{cases}$ 中, 取 $r=3.250$, 随着 n 的增大, a_n 都在两个值之间来回跳跃, 出现了 2 循环混沌现象. 如图 1.11.6 所示.

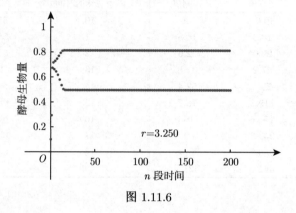

图 1.11.6

进一步在系统 $\begin{cases} a_{n+1} = r(1-a_n)a_n, \\ a_0 = 0.1 \end{cases}$ 中, 取 $r=3.525$, 随着 n 的增大, a_n 都在 4 个值之间跳跃, 出现了 4 循环混沌现象. 如图 1.11.7 所示.

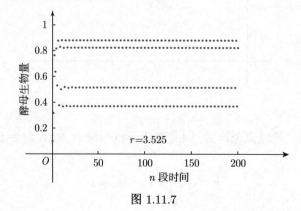

图 1.11.7

在系统 $\begin{cases} a_{n+1} = r(1-a_n)a_n, \\ a_0 = 0.1 \end{cases}$ 中, 取 $r=3.555$, 随着 n 的增大, a_n 都在 8 个值之间跳

跃, 出现了 8 循环混沌现象. 如图 1.11.8 所示.

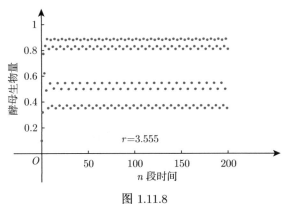

图 1.11.8

最后在系统 $\begin{cases} a_{n+1} = r(1-a_n)a_n, \\ a_0 = 0.1 \end{cases}$ 中, 取 $r = 3.750$, 随着 n 的增大, a_n 没有明显的规律, 出现了混沌现象. 如图 1.11.9 所示.

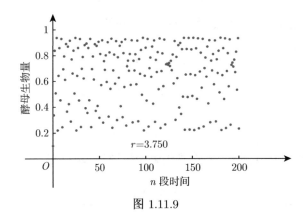

图 1.11.9

应用实例 2 竞争猎兽模型: 斑点猫头鹰和隼在其栖息地为生存而奋斗. 假设在没有其他种群存在的情况下, 每个单独种群可以无限增长. 即在一个时间区间内种群的变化与该时间区间开始的种群量成正比. 令 O_n 表示斑点猫头鹰在第 n 天结束时的种群数量, H_n 表示隼在第 n 天结束时的种群数量. 建立模型

$$\Delta O_n = k_1 O_n, \quad \Delta H_n = k_2 H_n$$

其中 k_1, k_2 为增长率.

两种种群同时存在降低了另一种种群数量的增长率. 假设增长率的减少大约和两个种群之间相互作用的次数成比例, 增长率的减少和 O_n 与 H_n 的乘积成比例. 建立模型

$$\begin{cases} \Delta O_n = k_1 O_n - k_3 O_n H_n \\ \Delta H_n = k_2 H_n - k_4 O_n H_n \end{cases}$$

即
$$\begin{cases} O_{n+1} = (k_1 + 1)O_n - k_3 O_n H_n \\ H_{n+1} = (k_2 + 1)H_n - k_4 O_n H_n \end{cases}$$

代入数据分析系统
$$\begin{cases} O_{n+1} = 1.2O_n - 0.001 O_n H_n \\ H_{n+1} = 1.3H_n - 0.002 O_n H_n \end{cases}$$

系统平衡点
$$\begin{cases} O = 1.2O - 0.001(OH) \\ H = 1.3H - 0.002(OH) \end{cases} \Rightarrow (O, H) = (150, 200)$$

这里平衡点的意义在于当初始种群 $(O, H) = (150, 200)$ 时, 生物系统处于平衡状态.

接下来进一步分析系统对初值的敏感性. 分析系统
$$\begin{cases} O_{n+1} = 1.2O_n - 0.001 O_n H_n \\ H_{n+1} = 1.3H_n - 0.002 O_n H_n \\ (O_1, H_1) = (151, 199) \end{cases}$$

结论如表 1.11.5 和图 1.11.10 所示, 斑点猫头鹰无限增长, 隼灭绝.

表 1.11.5

n	斑点猫头鹰	隼	n	斑点猫头鹰	隼
1	151	199	16	172.3438	166.9315
2	151.151	198.602	17	178.043	159.4717
3	151.3623	198.1448	18	185.2588	150.5276
4	151.6431	197.6049	19	194.424	139.9128
5	152.0063	196.9556	20	206.1064	127.4818
6	152.4691	196.1653	21	221.0528	113.1767
7	153.0538	195.1966	22	240.2454	97.09366
8	153.7889	194.0044	23	264.9681	79.56915
9	154.711	192.5343	24	296.8785	61.27332
10	155.866	190.7202	25	338.0634	43.27385
11	157.3124	188.4827	26	391.0468	26.99739
12	159.1242	185.7261	27	458.6989	13.98212
13	161.3956	182.3369	28	544.0252	5.349589
14	164.2463	178.1812	29	649.9199	1.133844
15	167.83	173.1044	30	779.1669	0.000182

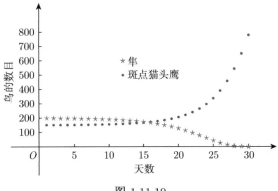

图 1.11.10

代入初值分析系统

$$\begin{cases} O_{n+1} = 1.2O_n - 0.001O_nH_n \\ H_{n+1} = 1.3H_n - 0.002O_nH_n \\ (O_1, H_1) = (149, 201) \end{cases}$$

得到数据结果如表 1.11.6 和图 1.11.11 所示, 隼无限增长, 斑点猫头鹰灭绝.

表 1.11.6

n	斑点猫头鹰	隼	n	斑点猫头鹰	隼
1	149	201	16	129.2414	237.4137
2	148.851	201.402	17	124.406	247.2705
3	148.6423	201.8648	18	118.5253	259.9277
4	148.3651	202.413	19	111.4223	276.29
5	148.0071	203.0748	20	102.9219	297.6073
6	147.552	203.8842	21	92.87598	325.6289
7	146.9789	204.8824	22	81.20808	362.8313
8	146.2613	206.1204	23	67.98486	412.751
9	145.3661	207.6616	24	53.52101	480.4547
10	144.2524	209.5862	25	38.51079	573.1623
11	142.8696	211.9954	26	24.14002	700.9651
12	141.1558	215.0186	27	12.04671	877.412
13	139.0358	218.822	28	3.886124	1119.496
14	136.4189	223.6204	29	0.31285	1446.643
15	133.1966	229.6944	30	−0.07716	1879.731

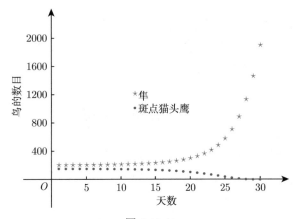

图 1.11.11

代入初值分析系统

$$\begin{cases} O_{n+1} = 1.2O_n - 0.001 O_n H_n \\ H_{n+1} = 1.3H_n - 0.002 O_n H_n \\ (O_1, H_1) = (10, 10) \end{cases}$$

得到数据结果如表 1.11.7 和图 1.11.12 所示, 隼无限增长, 斑点猫头鹰灭绝.

表 1.11.7

n	斑点猫头鹰	隼	n	斑点猫头鹰	隼
1	10	10	14	58.09413	165.493
2	11.9	12.8	15	60.09878	195.9126
3	14.12768	16.33536	16	60.34443	231.1382
4	16.72244	20.77441	17	58.46541	272.5838
5	19.71952	26.31193	18	54.22177	322.4855
6	23.14457	33.16779	19	47.58039	384.2597
7	27.00583	41.58282	20	38.81324	462.9712
8	31.28402	51.81171	21	28.60647	565.9237
9	35.91994	64.11347	22	18.13869	703.3227
10	40.80098	78.7416	23	9.009075	888.8048
11	45.74844	95.93862	24	2.803581	1139.432
12	50.50908	115.9421	25	0.169808	1474.872
13	54.75477	139.0125	26	-0.04668	1916.833

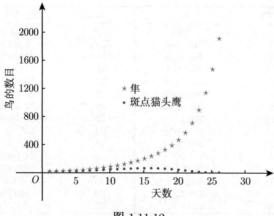

图 1.11.12

通过上面的分析为科学家研究生态平衡的变化规律提供了科学依据.

应用实例 1 和 2 都是用数列作为数学工具, 建立数学模型, 在此基础上进一步分析相应数学模型对参数的敏感性, 即混沌现象.

*1.12　探索类问题

探索类问题 1　证明 1.1.2 节中 7 个常用不等式和等式.

探索类问题 2　设数列 $\{a_n\}$ 有界, 证明数列上下极限的两种定义是等价的.

$$\varlimsup_{n\to\infty} a_n = \sup\left\{\alpha \,\middle|\, \exists \{a_{n_k}\}, \lim_{k\to\infty} a_{n_k} = \alpha\right\}$$

$$\varliminf_{n\to\infty} a_n = \inf\left\{\alpha \,\Big|\, \exists\{a_{n_k}\}, \lim_{k\to\infty} a_{n_k} = \alpha\right\}$$

$$\alpha_n = \inf_{k\geqslant n}\{a_k\} = \inf\{a_n, a_{n+1},\cdots\}, \quad \beta_n = \sup_{k\geqslant n}\{a_k\} = \sup\{a_n, a_{n+1},\cdots\}$$

证明 $\varliminf\limits_{n\to\infty} a_n = \lim\limits_{n\to\infty}\alpha_n, \varlimsup\limits_{n\to\infty} a_n = \lim\limits_{n\to\infty}\beta_n$.

探索类问题 3 证明下面的结论:

(1) $\varliminf\limits_{n\to\infty} a_n + \varliminf\limits_{n\to\infty} b_n \leqslant \varliminf\limits_{n\to\infty}(a_n+b_n) \leqslant \varliminf\limits_{n\to\infty} a_n + \varlimsup\limits_{n\to\infty} b_n,$

(2) $\varliminf\limits_{n\to\infty} a_n + \varlimsup\limits_{n\to\infty} b_n \leqslant \varlimsup\limits_{n\to\infty}(a_n+b_n) \leqslant \varlimsup\limits_{n\to\infty} a_n + \varlimsup\limits_{n\to\infty} b_n.$

如果 $\{a_n\},\{b_n\}$ 为非负数列, 则有下面的结论:

(3) $\left(\varliminf\limits_{n\to\infty} a_n\right)\left(\varliminf\limits_{n\to\infty} b_n\right) \leqslant \varliminf\limits_{n\to\infty}(a_nb_n) \leqslant \left(\varliminf\limits_{n\to\infty} a_n\right)\left(\varlimsup\limits_{n\to\infty} b_n\right),$

(4) $\left(\varliminf\limits_{n\to\infty} a_n\right)\left(\varlimsup\limits_{n\to\infty} b_n\right) \leqslant \varlimsup\limits_{n\to\infty}(a_nb_n) \leqslant \left(\varlimsup\limits_{n\to\infty} a_n\right)\left(\varlimsup\limits_{n\to\infty} b_n\right).$

探索类问题 4 证明下面的结论:

(1) 如果 $\lim\limits_{n\to\infty} x_n$ 存在, 则对任何数列 $\{y_n\}$, 有

(a) $\varlimsup\limits_{n\to\infty}(x_n+y_n) = \lim\limits_{n\to\infty} x_n + \varlimsup\limits_{n\to\infty} y_n,$

(b) $\varlimsup\limits_{n\to\infty}(x_ny_n) = \left(\lim\limits_{n\to\infty} x_n\right)\left(\varlimsup\limits_{n\to\infty} y_n\right)$ (如果$n\in\mathbf{N}^*, x_n\geqslant 0$).

(2) 对于给定数列 $\{x_n\}$, 对任何数列 $\{y_n\}$, 满足 (c) 和 (d) 至少一个成立, 则 $\lim\limits_{n\to\infty} x_n$ 存在.

(c) $\varlimsup\limits_{n\to\infty}(x_n+y_n) = \varlimsup\limits_{n\to\infty} x_n + \varlimsup\limits_{n\to\infty} y_n,$

(d) $\varlimsup\limits_{n\to\infty}(x_ny_n) = \left(\varlimsup\limits_{n\to\infty} x_n\right)\left(\varlimsup\limits_{n\to\infty} y_n\right)$ (如果$n\in\mathbf{N}^*, x_n\geqslant 0$).

(3) 若 $\{x_n\}$ 是正数列, 且 $\varlimsup\limits_{n\to\infty} x_n \varlimsup\limits_{n\to\infty}\dfrac{1}{x_n} = 1$, 则数列 $\{x_n\}$ 收敛.

探索类问题 5 设 $\{x_n\}$ 是有界数列, 则

(1) $\varlimsup\limits_{n\to\infty}(x_n) = l$ 的充分必要条件是对于任意给定的 $\varepsilon > 0$, 存在 $N\in\mathbf{N}^*$, 任意 $n > N: x_n < l+\varepsilon$, 且 $\{x_n\}$ 中有无穷多项满足 $x_n > l-\varepsilon$.

(2) $\varliminf\limits_{n\to\infty}\{x_n\} = l$ 的充分必要条件是对于任意给定的 $\varepsilon > 0$, 存在 $N\in\mathbf{N}^*$, 任意 $n > N: x_n > l-\varepsilon$, 且 $\{x_n\}$ 中有无穷多项满足 $x_n < l+\varepsilon$.

探索类问题 6 证明下面的结论:

(1) 若 $\lim\limits_{n\to\infty} a_n = a, \sigma_n = \lambda_1+\lambda_2+\cdots+\lambda_n, \lambda_i > 0\,(i=1,2,\cdots,n), \lim\limits_{n\to\infty}\dfrac{1}{\sigma_n} = 0$, 证明

$$\lim_{n\to\infty}\frac{\lambda_1 a_1+\lambda_2 a_2+\cdots+\lambda_n a_n}{\lambda_1+\lambda_2+\cdots+\lambda_n} = a$$

(2) 设 $\lim\limits_{n\to\infty} a_n = a, 0 < \lambda < 1$, 证明

$$\lim_{n\to\infty}\left(a_n+\lambda a_{n-1}+\lambda^2 a_{n-2}+\cdots+\lambda^n a_0\right) = \frac{a}{1-\lambda}$$

(3) 设 $A_n = \sum\limits_{k=1}^n a_k, \lim\limits_{n\to\infty} A_n$ 存在, 数列 $\{p_n\}$ 是严格单调递增正的发散数列, 证明

$$\lim_{n\to\infty}\frac{p_1 a_1+p_2 a_2+\cdots+p_n a_n}{p_n} = 0$$

(4) $\lim\limits_{n\to\infty} a_n = a$, 证明

$$\lim_{n\to\infty} \frac{a_0 + C_n^1 a_1 + \cdots + C_n^k a_k + \cdots + C_n^n a_n}{2^n} = a$$

探索类问题 7 生态学中种群增长模型是逻辑斯蒂 (Logistic) 序列:

$$p_{n+1} = kp_n(1-p_n)$$

其中 p_n 表示单独物种第 n 年时规模与种群数量最大值的比值.

(1) $p_0 = \dfrac{1}{2}, 1 < k < 3$, 分析序列变化趋势;

(2) $p_0 \in (0,1), 1 < k < 3$, 分析序列变化趋势;

(3) $3 < k < 3.4$, 分析序列变化趋势;

(4) $3.6 < k < 4$, 分析序列变化趋势.

探索类问题 8 经济学家要研究单个产品价格的变化. 市场上产品高价格会吸引更多的供应商, 但是增加供应的数量会导致价格的下跌. 随着时间的变化, 存在着价格和供应商之间的相互作用. 经济学家提出了下列模型: P_n 表示第 n 年的产品价格, Q_n 表示第 n 年的产品数量.

$$\begin{cases} P_{n+1} = P_n - 0.1(Q_n - 500) \\ Q_{n+1} = Q_n + 0.2(P_n - 100) \end{cases}$$

(1) 分析该模型的意义, 100, 500 代表的含义, -0.1 和 0.2 代表的含义;

(2) 对表 1.12.1 所列的初始条件进行检验, 并预测长期行为;

(3) 研究系统对初始条件的敏感性.

表 1.12.1

价格	数量	价格	数量
100	500	100	600
200	500	100	400

探索类问题 9 假设斑点猫头鹰主要食物是老鼠. 生态学家预测在野生鸟保护区斑点猫头鹰和老鼠的种群水平, 提出模型:

$$\begin{cases} M_{n+1} = 1.2 M_n - 0.001(O_n M_n) \\ O_{n+1} = 0.7 O_n + 0.002(O_n M_n) \end{cases}$$

其中 M_n 表示 n 年后老鼠的种群量, O_n 表示 n 年后斑点猫头鹰的种群量.

(1) 分析该模型的意义和模型中系数代表的含义;

(2) 对表 1.12.2 所列的初始条件进行检验, 并预测长期行为;

(3) 研究系统对初始条件的敏感性.

表 1.12.2

猫头鹰	老鼠	猫头鹰	老鼠
150	200	100	200
150	300	10	20

探索类问题 10 13 世纪意大利数学家斐波那契 (Fibonacci) 提出兔子繁殖问题: 每对兔子每月能生殖一对兔子 (一雄一雌). 每对兔子第一个月没有生殖能力, 从第二个月后每月生殖一对兔子. n 个月后有多少对兔子?

兔子的繁殖规律如图 1.12.1 所示, 用数列描述如下:
$$\begin{cases} F_1 = F_2 = 1 \\ F_{n+2} = F_n + F_{n+1} \quad (n \geqslant 3) \end{cases}$$

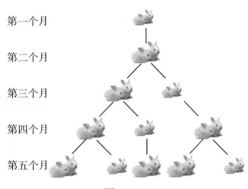

图 1.12.1

下面讨论斐波那契数的性质:

$$F_{n+2} - F_n - F_{n+1} = 0 \Rightarrow F_{n+2} - \alpha F_{n+1} = \beta (F_{n+1} - \alpha F_n)$$
$$\Rightarrow \alpha + \beta = 1, \ \alpha\beta = 1 \Rightarrow \left(\alpha = \frac{1-\sqrt{5}}{2}, \beta = \frac{1+\sqrt{5}}{2}\right) \text{ 或 } \left(\alpha = \frac{1+\sqrt{5}}{2}, \beta = \frac{1-\sqrt{5}}{2}\right)$$

即
$$F_{n+2} - F_n - F_{n+1} = 0 \Rightarrow F_{n+2} - \alpha F_{n+1} = \beta (F_{n+1} - \alpha F_n)$$

令 $g_n = F_{n+1} - \alpha F_n$, 则
$$g_{n+1} = \beta g_n = \beta^2 g_{n-1} = \beta^n g_1 = \beta^{n+1} = \left(\frac{\sqrt{5}+1}{2}\right)^{n+1}$$

$$\begin{cases} F_{n+1} - \alpha F_n = \left(\dfrac{\sqrt{5}+1}{2}\right)^{n+1} \\ F_{n+1} - \beta F_n = \left(\dfrac{1-\sqrt{5}}{2}\right)^{n+1} \end{cases}$$

$$F_n = \frac{1}{\sqrt{5}} \left\{ \left(\frac{\sqrt{5}+1}{2}\right)^{n+1} - \left(\frac{1-\sqrt{5}}{2}\right)^{n+1} \right\}, \quad n = 0, 1, 2, \cdots$$

从上式可看出数列 $\{F_n\}$ 的极限不存在. 下面我们分析 $\{F_n\}$ 两项之间比值的极限.

$$\lim_{n\to\infty} \frac{F_n}{F_{n+1}} = \lim_{n\to\infty} \frac{\left(\frac{\sqrt{5}+1}{2}\right)^{n+1} - \left(\frac{1-\sqrt{5}}{2}\right)^{n+1}}{\left(\frac{\sqrt{5}+1}{2}\right)^{n+2} - \left(\frac{1-\sqrt{5}}{2}\right)^{n+2}}$$

$$= \lim_{n\to\infty} \frac{\left(\frac{\sqrt{5}+1}{2}\right)^{n+1}\left\{1 - \left(\frac{1-\sqrt{5}}{2}\right)^{n+1}\Big/\left(\frac{\sqrt{5}+1}{2}\right)^{n+1}\right\}}{\left(\frac{\sqrt{5}+1}{2}\right)^{n+2}\left\{1 - \left(\frac{1-\sqrt{5}}{2}\right)^{n+2}\Big/\left(\frac{\sqrt{5}+1}{2}\right)^{n+2}\right\}} = \frac{\sqrt{5}-1}{2}$$

斐波那契数列在生物学中的应用: 树木的生长过程中, 新枝需要休息一段时间供自身生长才能发出新枝. 假设时间间隔一年. 一棵树每年的枝桠数目构成斐波那契数. 这是著名的"鲁德维格定律", 如图 1.12.2 所示.

图 1.12.2

通过查文献了解斐波那契数列在实际问题中的应用.

第 1 章习题答案与提示

第 2 章

函数极限与连续

数学分析的主要研究对象是函数,极限与连续是研究函数的方法与桥梁. 第 1 章我们讨论了数列的极限, 本章将接着讨论函数的极限, 内容包括集合映射基本术语和集合的分类、函数极限的定义与基本理论、无穷小和无穷大阶的比较、函数连续与一致连续以及有限闭区间上连续函数的性质. 本章的提高拓展部分讨论了有限覆盖定理和连续函数不动点定理的应用. 本章最后设置了系列研究探索类问题.

2.1 集　　合

扫码学习

集合是数学领域重要的概念, 集合论的基础是德国数学家康托尔 (Contor) 在 19 世纪 70 年代奠定. 当今现代数学的各个分支几乎都建立在集合理论上. 数学分析所讨论的一元函数微分学是实函数, 即定义在实数上且取值于实数的函数, 所以在介绍函数理论之前, 先简要介绍一下集合与数集, 内容包括集合的定义与基本运算、映射基本术语、集合势的定义与基本性质.

2.1.1 集合的定义

集合是指具有某些特定性质的具体的或抽象的对象汇集成的总体. 这些对象称为集合的元素. 一般集合用大写字母表示, 其元素用小写字母表示. 例如 $\mathbf{R}$: 表示全体实数集合, $\mathbf{Q}$: 表示全体有理数集合, $\mathbf{Z}$: 表示全体整数集合, $\mathbf{N}^*$: 表示全体正整数集合. 集合的一般描述方法:

$$A = \{x \mid x \text{具有某种性质}\}$$

例如: $\mathbf{R}^+ = \{x \mid x \in \mathbf{R}, \text{且} x > 0\}$ 表示正实数组成的集合, $\mathbf{Q}^+ = \{x \mid x \in \mathbf{Q}, \text{且} x > 0\}$ 表示正有理数集合. 不含任何元素的集合称为空集, 记为 $\varnothing$.

一元函数微积分的讨论中主要用到如下几种集合, 或称为区间, 定义如下:

$$[a,b] = \{x \mid a \leqslant x \leqslant b, x \in \mathbf{R}\}, \quad (a,b) = \{x \mid a < x < b, x \in \mathbf{R}\}$$
$$[a,b) = \{x \mid a \leqslant x < b, x \in \mathbf{R}\}, \quad (a,b] = \{x \mid a < x \leqslant b, x \in \mathbf{R}\}$$
$$(a,+\infty) = \{x \mid x > a, x \in \mathbf{R}\}, \quad [a,+\infty) = \{x \mid x \geqslant a, x \in \mathbf{R}\}$$
$$(-\infty,b] = \{x \mid x \leqslant b, x \in \mathbf{R}\}, \quad (-\infty,b) = \{x \mid x < b, x \in \mathbf{R}\}$$
$$(-\infty,+\infty) = \mathbf{R}$$

上述区间中含有有限端点的集合为闭区间,例如:$[a,b], [a,+\infty), (-\infty,b]$. 不含有有限端点的区间为开区间,例如 $(a,b),(a,+\infty),(-\infty,b)$,这里 $(-\infty,+\infty)$ 既是开区间又是闭区间. 在上述区间中除了有限边界点以外的点是内点. 例如 $[a,b],(a,b),(a,b],[a,b)$ 的内点的集合是 (a,b). $(a,+\infty),[a,+\infty)$ 的内点的集合是 $(a,+\infty)$. 下面给出集合的基本运算.

定义 2.1.1 (集合的运算) 对于给定的集合 A,B,C.

(1) 集合的交:$A \cap B = \{x|x \in A, 且 x \in B\}$;

(2) 集合的并:$A \cup B = \{x|x \in A, 或者 x \in B\}$;

(3) 集合的差:设 $B \subset A$,$A \backslash B = \{x|x \in A, 且 x \notin B\}$.

例如:设 $A=\{1,2,3,4,5\}, B=\{11,22,14,15\}, C=\{1,2,3,4,5,6,7,8,9,10\}$,则

$$A \cup B = \{1,2,3,4,5,11,22,14,15\}, \quad A \cap B = \varnothing,$$
$$A \cap C = \{1,2,3,4,5\}, \quad C \backslash A = \{6,7,8,9,10\}.$$

多元函数微积分是建立在 $N \in \mathbf{N}^*$ 维向量空间上的,N 维向量空间的集合运算及运算性质将在第 12 章多元函数极限与连续中详细讨论.

2.1.2 集合的基本术语

定义 2.1.2(集合的映射) 设 A,B 为两个集合,如果 f 是一种规则,对于任意 $x \in A$,在 B 中有唯一元素 $f(x)$ 与之对应,称这个对应规则 f 是集合 A 到 B 的映射,记为

$$f: A \to B$$

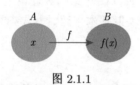

图 2.1.1

如图 2.1.1 所示,称集合 A 为映射 f 的定义域,$f(x) \in B$,称为 x 在映射 f 之下的像. A 中元素的像的全体称为映射的值域,记为 $f(A)$,即

$$f(A) = \{y|y = f(x), \forall x \in A\} \subset B$$

定义 2.1.3 (相等映射) 设 $f: A \to B, g: A \to B$,若对任意 $x \in A$,成立 $f(x) = g(x)$,称映射 f 与 g 相等,记为 $f = g$.

例 2.1.1 映射 $f(x) = \ln x$ 与 $g(x) = \frac{1}{2}\ln x^2$ 的定义域分别为 $(0,+\infty)$ 和 $(-\infty,0) \cup (0,+\infty)$,定义域不一样,因此不是相等映射.

定义 2.1.4 (复合映射) 设映射 $f: B \to C, g: A \to B$,当 $x \in A$ 时,定义映射

$$(f \circ g)(x) = f(g(x))$$

为映射 f 和 g 的复合映射.

注 2.1.1 复合映射的定义域要匹配,映射 g 的值域是集合 B 的子集即满足 $g(A) \subset B$. 复合映射的几何直观如图 2.1.2 所示. 自变量 x 可以看成是输入,在映射 g 的作用下输出为 $g(x)$,进一步在映射 f 的作用下输出为 $(f \circ g)(x)$.

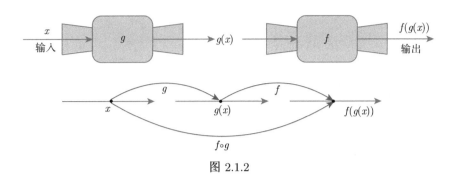

图 2.1.2

复合映射可以推广到多重复合, 设 $f_i: A_i \to A_{i-1}, i = 1, 2, 3, 4, \cdots, n$, 则

$$(f_1 \circ f_2 \circ \cdots \circ f_n)(x) = f_1\left(f_2\left(\cdots\left(f_{n-1}\left(f_n(x)\right)\right)\cdots\right)\right)$$

若 f 是一个自身到自身的映射 $f: A \to A$, 则 $f \circ f \circ \cdots \circ f$, 即 n 个 f 的复合运算.

例 2.1.2 设 $f(x) = x/(x+1), g(x) = x^{10}, h(x) = x + 3$, 求 $f \circ g \circ h$.

解 $f \circ g \circ h(x) = f(g(h(x))) = f(g(x+3)) = f\left((x+3)^{10}\right) = \dfrac{(x+3)^{10}}{(x+3)^{10} + 1}$.

例 2.1.3 设 $f(x) = ax + b$, 求 $f \circ f \circ \cdots \circ f$.

解

$$f \circ f(x) = a(ax + b) + b = a^2 x + ab + b = a^2 x + (a+1)b$$
$$f \circ f \circ f(x) = a\left(a^2 x + ab + b\right) + b = a^3 x + \left(a^2 + a + 1\right)b$$

由数学归纳法容易证明: $f \circ f \circ \cdots \circ f = a^n x + \left(a^{n-1} + a^{n-2} + \cdots + a + 1\right)b$.

例 2.1.4 复合映射的应用举例.

(1) 复合映射 $y = \cos(e^x)$ 的图像如图 2.1.3 所示.

(2) 复合映射 $y = \arccos(\ln(|\sin x| + 1))$ 的图像如图 2.1.4 所示.

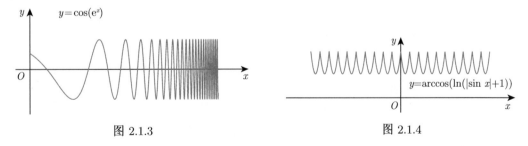

图 2.1.3　　　　　　　　　　图 2.1.4

例 2.1.5 设 $A = \{a_1, a_2, \cdots, a_n\}, n \geqslant 2$, 证明存在一个非恒等映射 $f: A \to A$, 使得 $f \circ f$ 为恒等映射.

证明 对 n 分情况讨论, 定义映射如下

当 $n = 2k$ 时, $\begin{cases} f(a_i) = a_{k+i}, \\ f(a_{k+i}) = a_i, \end{cases} i = 1, 2, 3, \cdots, k$

当 $n = 2k+1$ 时，$\begin{cases} f(a_i) = a_{k+i+1}, \\ f(a_{k+i+1}) = a_i, \quad i = 1,2,3,\cdots,k \\ f(a_{k+1}) = a_{k+1}, \end{cases}$

可以验证 $f \circ f = I$. 结论得证.

定义 2.1.5 (单射) 设 $f: A \to B$, 对任意 $x, y \in A$, 若 $x \neq y$, 则 $f(x) \neq f(y)$, 则称 f 为单射.

如图 2.1.5 所示, 映射中 f 为单射, g 不是单射.

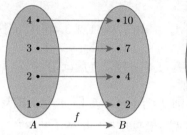
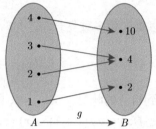

图 2.1.5

定义 2.1.6 (满射) 设 $f: A \to B$, 如果 $f(A) = B$, 则 f 为 $A \to B$ 上的满射.

定义 2.1.7 (一一对应) 设 $f: A \to B$, 若 f 既为单射又为满射, 则称 f 为一一对应, 也称 f 在集合 A, B 之间建立了一个一一对应.

如图 2.1.6 所示, 映射 f 是一一对应, g 不是一一对应. 一一对应可以用 $f: A \leftrightarrow B$ 描述.

定义 2.1.8 (映射的逆像) 如果 $f: A \to B, F \subset B$, 则 A 的子集

$$f^{-1}(F) = \{x \in A : f(x) \in F\}$$

称为 F 的逆像.

如图 2.1.7 所示 $f^{-1}(Q) = \{1\}, f^{-1}(E) = \varnothing, f^{-1}(R) = \{3,4\}$. $\varnothing$ 表示空集.

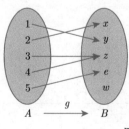
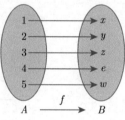
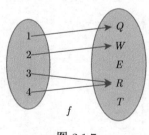

图 2.1.6　　　　　　　　　　图 2.1.7

定义 2.1.9 (逆映射) 设映射 $f: A \to B$ 是一个一一对应, 定义逆映射 $f^{-1}: B \to A$, 满足

$$f^{-1} \circ f(x) = f^{-1}(f(x)) = x, \quad \forall x \in A$$
$$f^{-1} \circ f = I_A$$
$$f \circ f^{-1}(y) = f(f^{-1}(y)) = y, \quad \forall y \in B$$

$$f \circ f^{-1} = I_B$$

I_A, I_B 分别为 A, B 上的恒等映射. 一一对应的几何解释如图 2.1.8 所示.

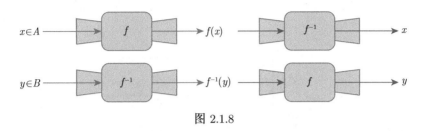

图 2.1.8

如果映射 $f: A \to B$ 存在逆映射,下面给出求逆映射的方法.

例 2.1.6 求 $f(x) = x^3 + 2$ 的逆映射.

解 由于 $f(x): (-\infty, +\infty) \to (-\infty, +\infty)$ 为一一映射,因此存在逆映射. 求逆映射的一般方法如下:

第一步: 将映射写成 $y = x^3 + 2$.

第二步: 解出 $x, x^3 = y - 2 \Rightarrow x = \sqrt[3]{y-2}$.

第三步: x 与 y 位置互换, $y = \sqrt[3]{x-2}$.

求得逆映射: $f^{-1}(x) = \sqrt[3]{x-2}$.

例 2.1.7 求 $f(x) = \log_a x (a > 0 且 a \neq 1)$ 的逆映射.

解 由于 $y = \log_a x: (0, +\infty) \to (-\infty, +\infty)$ 为一一映射,因此存在逆映射. 利用例 2.1.2 的方法,通过 $y = \log_a x$ 解出 $x = a^y$, x 与 y 互换得 $y = a^x$,所以 $f^{-1}(x) = a^x$. 特别当 $a = \mathrm{e}$ 时, $f(x) = \ln x$, $f^{-1}(x) = \mathrm{e}^x$.

例 2.1.8 求 $f(x) = \sin x, x \in [-\pi/2, \pi/2]$ 的逆映射.

解 由于 $y = \sin x: [-\pi/2, \pi/2] \to [-1, 1]$ 是一一映射,因此存在逆映射,记为 $x = \arcsin y$. x 与 y 互换得, $y = \arcsin x$,所以 $f^{-1}(x) = \arcsin x, x \in [-1, 1]$.

类似讨论问题的方法,可以得到其余几个三角函数的逆映射:

$$f(x) = \cos x, x \in [0, \pi]; \quad f^{-1}(x) = \arccos x, x \in [-1, 1]$$

$$f(x) = \tan x, x \in \left(-\frac{\pi}{2}, \frac{\pi}{2}\right); \quad f^{-1}(x) = \arctan x, x \in (-\infty, +\infty)$$

$$f(x) = \cot x, x \in (0, \pi); \quad f^{-1}(x) = \operatorname{arccot} x, x \in (-\infty, +\infty)$$

几个三角函数及其逆映射的几何图形如图 2.1.9 所示.

注 2.1.2 映射与其逆映射的图形关于直线 $x = y$ 对称. 如图 2.1.10 所示.

常用三角函数公式如下,证明留给读者完成.

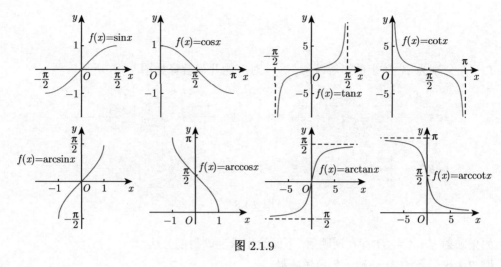

图 2.1.9

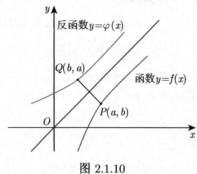

图 2.1.10

和差化积公式:

$$\sin\alpha + \sin\beta = 2\sin\frac{\alpha+\beta}{2}\cos\frac{\alpha-\beta}{2}, \quad \sin\alpha - \sin\beta = 2\sin\frac{\alpha-\beta}{2}\cos\frac{\alpha+\beta}{2}$$

$$\cos\alpha + \cos\beta = 2\cos\frac{\alpha+\beta}{2}\cos\frac{\alpha-\beta}{2}, \quad \cos\alpha - \cos\beta = -2\sin\frac{\alpha-\beta}{2}\sin\frac{\alpha+\beta}{2}$$

积化和差公式:

$$\sin\alpha\cos\beta = \frac{1}{2}\left[\sin(\alpha+\beta) + \sin(\alpha-\beta)\right],$$

$$\cos\alpha\cos\beta = \frac{1}{2}\left[\cos(\alpha+\beta) + \cos(\alpha-\beta)\right]$$

$$\sin\alpha\sin\beta = -\frac{1}{2}\left[\cos(\alpha+\beta) - \cos(\alpha-\beta)\right]$$

其他的一些公式:

$$\sin(\alpha\pm\beta) = \sin\alpha\cos\beta \pm \cos\alpha\sin\beta, \quad \cos(\alpha\pm\beta) = \cos\alpha\cos\beta \mp \sin\alpha\sin\beta$$

习题 2.1.2 集合的基本术语

1. 构造一一映射, 使得: (1) $[a,b] \leftrightarrow [0,1]$; (2) $(0,1) \leftrightarrow (-\infty,+\infty)$.
2. 下面的映射是否为相等映射:

(1) $f(x) = \log_2(x^2)$, $g(x) = 2\log_2(x)$;

(2) $f(x) = \sec^2 x - \tan^2 x$, $g(x) = 1$;

(3) $f(x) = \sin^2 x + \cos^2 x$, $g(x) = 1$.

3. 定义映射 $D: (-\infty, +\infty) \to \{0,1\}$ 如下: $D(x) = \begin{cases} 1, & x \in \mathbf{Q}, \\ 0, & x \in \mathbf{R}\backslash\mathbf{Q}, \end{cases}$ $\mathbf{Q}$ 是有理数集合, $\mathbf{R}$ 为实数集合. (1) 求复合映射 $D \circ D$; (2) 求 $D^{-1}(0), D^{-1}(1), D^{-1}(0,1)$.

4. 求函数 $f(x) = (ax+b)/(cx+d)$ 的反函数, 什么条件下此函数的逆映射与已知函数相同.

5. 求下列函数的逆映射及其定义域.

(1) $y = x^2$; (2) $y = 2x - x^2$; (3) $y = \sin x$; (4) $y = \cos x$.

6. 关于函数 $y = [x]$, 证明下面结论:

(1) $x > 0: 1 - x < x\left[\dfrac{1}{x}\right] \leqslant 1$;

(2) $x < 0: 1 \leqslant x\left[\dfrac{1}{x}\right] < 1 - x$.

2.1.3 集合的势的定义与基本性质

定义 2.1.10 (集合的等价) 如果集合 A, B 之间存在一一对应, 则称集合 A, B 有相同的势或等价, 记为 $A \sim B$.

集合的等价关系具有:

自反性: $A \sim A$;

对称性: 如果 $A \sim B$, 则 $B \sim A$;

传递性: 如果 $A \sim B, B \sim C$, 则 $A \sim C$.

下面我们利用等价关系对集合进行分类.

定义 2.1.11 (集合的分类) 设 $N_n = \{1, 2, 3, \cdots, n\}$.

(1) 若存在一个正整数 n, 使得 $A \sim N_n$, 则称 A 为有限集, 特别地, 空集被认为是有限集;

(2) 若 A 不是有限集, 则 A 为无限集;

(3) 若 $A \sim \mathbf{N}^*$, 则称 A 为可数集;

(4) 若 A 既不是有限集, 也不是可数集, 则称 A 为不可数集;

(5) 若 A 为有限集或者可数集, 则称 A 为至多可数集.

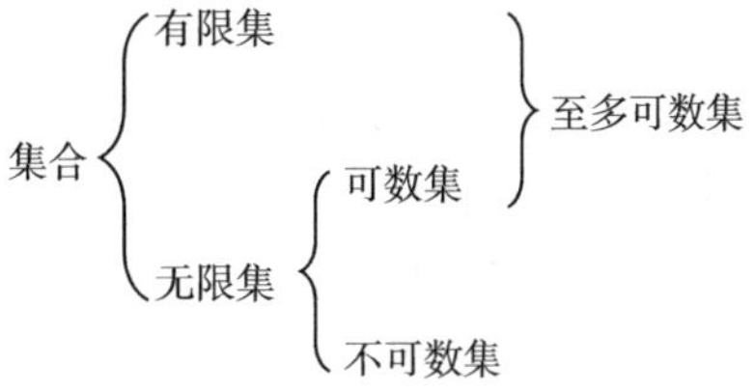

集合分类的直观图如图 2.1.11 所示.

图 2.1.11

注 2.1.3 如果 A 为可数集, 设 A 中的元素 x_n 与自然数 $n \in \mathbf{N}^*$ 一一对应, 则 A 可以表示为

$$A = \{x_1, x_2, \cdots, x_n, \cdots\}$$

即如果 A 为可数集, 则 A 可以用数列表示.

例 2.1.9 证明全体整数构成的集合 $\mathbf{Z}$ 是可数集.

证明 将 $\mathbf{Z}$ 的元素排列为 $0,1,-1,2,-2,3,-3,\cdots$，定义映射

$$f(n) = \begin{cases} \dfrac{n}{2}, & n \text{ 为偶数}, \\ -\dfrac{(n-1)}{2}, & n \text{ 为奇数}, \end{cases} \quad n=1,2,\cdots$$

则 $f: \mathbf{N}^* \to \mathbf{Z}$ 是一个一一映射，结论得证.

例 2.1.10 设 A 是 $[0,1)$ 中有理数的全体，则 A 是可数集.

证明 将 A 中的元素按照如下方式排列：

$$0$$
$$\frac{1}{2}$$
$$\frac{1}{3}, \quad \frac{2}{3}$$
$$\frac{1}{4}, \quad \frac{2}{4}, \quad \frac{3}{4}$$
$$\frac{1}{5}, \quad \frac{2}{5}, \quad \frac{3}{5}, \quad \frac{4}{5}$$
$$\cdots\cdots$$

按行得到排列：

$$0, \frac{1}{2}, \frac{1}{3}, \frac{2}{3}, \frac{1}{4}, \frac{2}{4}, \frac{3}{4}, \frac{1}{5}, \frac{2}{5}, \frac{3}{5}, \frac{4}{5}, \cdots$$

去掉重复的数，得到与自然数集合一一对应的排列：

$$\begin{array}{ccccccc} 0, & \dfrac{1}{2}, & \dfrac{1}{3}, & \dfrac{2}{3}, & \dfrac{1}{4}, & \dfrac{3}{4}, & \cdots \\ \updownarrow & \updownarrow & \updownarrow & \updownarrow & \updownarrow & \updownarrow & \cdots \\ 1, & 2, & 3, & 4, & 5, & 6, & \cdots \end{array}$$

因此集合 $[0,1)$ 中有理数是可数集. 结论得证.

例 2.1.11 证明集合 $(0,1)$ 与 $[0,1]$ 有相同的势.

证明 首先将集合 $A=[0,1]$ 和 $B=(0,1)$ 分解为

$$A=[0,1]: A_1 = \left\{0, 1, \frac{1}{2}, \frac{1}{3}, \frac{1}{4}, \cdots, \frac{1}{n}, \cdots\right\}, A_2 = A \backslash A_1$$

$$B=(0,1): B_1 = \left\{\frac{1}{2}, \frac{1}{3}, \frac{1}{4}, \cdots, \frac{1}{n}, \cdots\right\}, B_2 = B \backslash B_1$$

这里 $A \backslash B$ 表示 A 中去掉集合 B 中元素得到的集合. 则 $A_2 = B_2$. 定义映射

$$f_1(x) = \begin{cases} \dfrac{1}{2}, & x=0, \\ \dfrac{1}{n+2}, & x=\dfrac{1}{n}, n \in \mathbf{N}^* \end{cases} \qquad f_2(x) = x, x \in A_2$$

则 f_1 是 A_1 到 B_1 的一一对应, f_2 是 A_2 到 B_2 的一一对应. 因此映射

$$f(x) = \begin{cases} \dfrac{1}{2}, & x = 0 \\ \dfrac{1}{n+2}, & x = 1/n, n \in \mathbf{N}^* \\ x, & \text{其他} \end{cases}$$

是 A 到 B 的一一对应. 故集合 $(0,1)$ 与 $[0,1]$ 有相同的势. 结论得证.

注 2.1.4 用类似例 2.1.11 讨论问题的方法可以证明: $(0,1) \sim [0,1] \sim [0,1) \sim (0,1]$.

定理 2.1.1 (集合的性质) 关于集合的势有下面几个结论:

(1) 可数集的任何无限子集是可数集.

(2) 设 $\{E_n\}, n = 1, 2, 3, \cdots$ 是可数集序列, 则 $S = \bigcup\limits_{n=1}^{\infty} E_n$ 为可数集.

(3) 全体有理数集合是可数集.

(4) 实数集合不是可数集.

证明 这里给出 (2) 和 (4) 的证明, (1) 和 (3) 的证明留给读者完成.

(2) 的证明: 设 $E_n = \{x_{n1}, x_{n2}, \cdots, x_{nk}, \cdots\}$. 如图 2.1.12 所示, 将每个集合的元素排成一行, 按照箭头所示方向重新排列, 并将重复出现的元素只保留一次得到映射关系:

$$\begin{matrix} x_{11}, & x_{21}, & x_{12}, & x_{31}, & \cdots \\ \updownarrow & \updownarrow & \updownarrow & \updownarrow & \cdots \\ 1, & 2, & 3, & 4, & \cdots \end{matrix}$$

可见 $S \sim \mathbf{N}^*$, 结论得证.

(4) 的证明: 用反证法首先证明 $[0,1]$ 中的全体实数是不可数的. 假设 $[0,1]$ 中的全体实数是可数的, 则可以把它们排成数列: $x_1, x_2, \cdots, x_n, \cdots$. 把区间 $I_0 = [0,1]$ 三等分, 取出一个不含 x_1 的小区间记为 I_1; 再将区间 I_1 三等分, 取一个不含 x_2 的小区间记为 I_2. 如图 2.1.13 所示. 如此进行下去, 取不含有 x_n 的区间记为 I_n, 则得到一个闭区间套序列 $\{I_n\}$ 具有性质:

1) $I_n \supset I_{n+1}, n = 0, 1, 2, 3, \cdots$;

2) $\lim\limits_{n \to \infty} |I_n| = 0$;

3) I_n 不含有 $x_1, x_2, \cdots, x_n, n = 1, 2, 3, \cdots$.

图 2.1.12　　　　　　　　　图 2.1.13

根据闭区间套定理, $\bigcap\limits_{n=1}^{\infty} I_n = \{x^*\}, x^* \in [0,1]$, 根据性质 3), $x^* \neq x_1, x_2, \cdots, x_n, \cdots$, 而这与假设 $[0,1]$ 中的全体实数可以排成一列 $x_1, x_2, \cdots, x_n, \cdots$ 矛盾. $[0,1]$ 不是可数集, 因此实数集合不是可数集. 结论得证.

例 2.1.12 证明过原点的可数条射线不能覆盖整个平面.

证明 作圆 $x^2 + y^2 = R^2$. 过原点 $(0,0)$ 和 $x^2 + y^2 = R^2$ 上任一点的射线族 E 覆盖整个平面, 射线族 E 与圆周上的点集合建立一一对应. $x^2 + y^2 = R^2$ 上的点构成的集合是不可数集, 因此覆盖平面的射线族是不可数的. 结论得证.

例 2.1.13 证明所有整系数多项式 $a_n x^n + a_{n-1} x^{n-1} + \cdots + a_0 = 0 (n \in \mathbf{N}^*, a_n, a_{n-1}, \cdots, a_0 \in \mathbf{Z})$ 的根的集合为可数集.

证明 给定整系数多项式 $a_n x^n + a_{n-1} x^{n-1} + \cdots + a_0 = 0$ 的根的个数为 n 个(包括重根). 由于整数集合 $\mathbf{Z} = \{0, \pm 1, \pm 2, \cdots\}$ 是可数集, 因此对于选定自然数 $n, \{a_n x^n + a_{n-1} x^{n-1} + \cdots + a_0 = 0\}$ 是可数集合. 根据可列个可数集合的并是可数集合, 得到所有整系数多项式集合 $\{a_n x^n + a_{n-1} x^{n-1} + \cdots + a_0 = 0\}$ 是可数集合, 所以所有整系数多项式的根集合为可数集合. 结论得证.

例 2.1.14 证明 $(-\infty, +\infty) \sim (a,b) \sim [a,b] \sim [a,b) \sim (a,b] \sim (0, +\infty) \sim (-\infty, 0)$.

证明 由一一映射和集合等价关系的传递性:

$$y = \tan \frac{\pi x}{2} : (-1,1) \leftrightarrow (-\infty, +\infty) \Rightarrow (-\infty, +\infty) \sim (-1,1)$$

$$y = e^x : (-\infty, +\infty) \leftrightarrow (0, +\infty) \Rightarrow (-\infty, +\infty) \sim (0, +\infty)$$

$$y = -e^x : (-\infty, +\infty) \leftrightarrow (-\infty, 0) \Rightarrow (-\infty, +\infty) \sim (-\infty, 0)$$

得到结论 (1): $(-\infty, +\infty) \sim (0, +\infty) \sim (-\infty, 0) \sim (-1,1)$.

进一步, 定义一一映射并得到

$$y = -\frac{a(x-1)}{2} + \frac{b(x+1)}{2} : \begin{cases} [-1,1] \leftrightarrow [a,b] \Rightarrow [-1,1] \sim [a,b] \\ (-1,1) \leftrightarrow (a,b) \Rightarrow (-1,1) \sim (a,b) \\ [-1,1) \leftrightarrow [a,b) \Rightarrow [-1,1) \sim [a,b) \\ (-1,1] \leftrightarrow (a,b] \Rightarrow (-1,1] \sim (a,b] \end{cases}$$

将集合分解:

$$[-1,1] : A = \left\{-1, 1, \frac{1}{2}, \frac{1}{3}, \cdots, \frac{1}{n}, \cdots\right\}, B = [-1,1] \backslash A$$

$$(-1,1) : C = \left\{\frac{1}{2}, \frac{1}{3}, \cdots, \frac{1}{n}, \cdots\right\}, D = (-1,1) \backslash C$$

由于 $A \sim C, B \sim D \Rightarrow [-1,1] \sim (-1,1)$, 类似讨论, 得到结论 (2): $(-1,1) \sim [-1,1] \sim [-1,1) \sim (-1,1]$ 和结论 (3): $(a,b) \sim [a,b] \sim [a,b) \sim (a,b] \sim (-1,1)$. 在结论 (1), (2), (3) 的基础上得到结论:

$$(-\infty, +\infty) \sim (a,b) \sim [a,b] \sim [a,b) \sim (a,b] \sim (0, +\infty) \sim (-\infty, 0)$$

结论得证.

习题 2.1.3   集合的势的定义与基本性质

1. 证明实数域上所有有理数是可数集合.
2. 若平面上点的两个坐标都是有理数, 则称为有理点, 证明平面上所有有理点的集合为可数集.
3. 可数集的任何无限子集是可数集.

2.2 初等函数的讨论

扫码学习

在中学已经学过的函数有常数函数、幂函数、指数函数、对数函数、三角函数和反三角函数, 这些函数称为基本初等函数. 基本初等函数经过有限次四则运算和复合运算得到的函数称为初等函数. 本节回顾初等函数、函数的四则运算以及复合运算, 同时讨论函数的几个特征: 周期性、有界性、单调性和奇偶性.

2.2.1 初等函数回顾

设映射 $f: A \to B$ 的单值映射, 若 $A, B \subset \mathbf{R}$, 则称 f 为函数. 函数是一类特殊的映射, 如果函数的逆映射存在, 也称为反函数. 下面给出基本初等函数:

(1) 常数函数: $y = c$;
(2) 幂函数: $y = x^\alpha$;
(3) 指数函数: $y = a^x \quad (a > 0, a \neq 1)$;
(4) 对数函数: $y = \log_a x \quad (a > 0, a \neq 1)$;
(5) 三角函数: $y = \sin x, y = \cos x, y = \tan x, y = \cot x, y = \sec x = \dfrac{1}{\cos x}, y = \csc x = \dfrac{1}{\sin x}$;
(6) 反三角函数: $y = \arcsin x, y = \arccos x, y = \arctan x, y = \operatorname{arccot} x$.

下面定义函数的基本运算.

定义 2.2.1(函数的四则运算性质)   设 f, g 为两个函数, 定义域分别为 $D(f) = D_f, D(g) = D_g$, 定义函数的四则运算如下:

(1) $(f \pm g)(x) = f(x) \pm g(x), x \in D_f \cap D_g$;
(2) $(fg)(x) = f(x) g(x), x \in D_f \cap D_g$;
(3) $\left(\dfrac{f}{g}\right)(x) = \dfrac{f(x)}{g(x)}, x \in D_f \cap D_g, g(x) \neq 0$.

定义 2.2.2 (函数的复合运算)   设函数 $y = f(u)$ 的定义域为 A, 函数 $u = g(x)$ 的定义域为 B, 若函数 g 的值域 $g(B) \subset A$, 定义

$$y = f \circ g(x) = f[g(x)]$$

为 f 和 g 的复合函数.

由基本初等函数经过有限次四则运算和有限次复合运算所得到的函数称为初等函数.

例 2.2.1   设 $f(x) = \begin{cases} \mathrm{e}^x, & x < 1, \\ x, & x \geqslant 1, \end{cases} \quad \phi(x) = \begin{cases} x + 2, & x < 0, \\ x^2 - 1, & x \geqslant 0, \end{cases}$ 求 $f[\phi(x)]$.

解 由于
$$f[\phi(x)] = \begin{cases} e^{\phi(x)}, & \phi(x) < 1 \\ \phi(x), & \phi(x) \geqslant 1 \end{cases}$$

当 $\phi(x) < 1$ 时,
$$x < 0 : \phi(x) = x + 2 < 1 \Rightarrow x < -1$$
$$x \geqslant 0 : \phi(x) = x^2 - 1 < 1 \Rightarrow 0 \leqslant x < \sqrt{2}$$

当 $\phi(x) \geqslant 1$ 时,
$$x < 0 : \phi(x) = x + 2 \geqslant 1 \Rightarrow -1 \leqslant x < 0$$
$$x \geqslant 0 : \phi(x) = x^2 - 1 \geqslant 1 \Rightarrow x \geqslant \sqrt{2}$$

综上所述, $f[\phi(x)] = \begin{cases} e^{x+2}, & x < -1, \\ x + 2, & -1 \leqslant x < 0, \\ e^{x^2-1}, & 0 \leqslant x < \sqrt{2}, \\ x^2 - 1, & x \geqslant \sqrt{2}. \end{cases}$

图 2.2.1 给了 4 个复合函数的几何图形. 接下来我们介绍几种双曲函数.

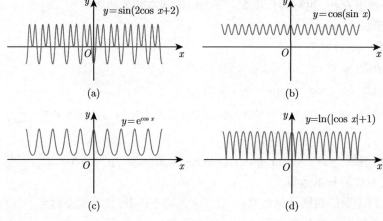

图 2.2.1

双曲正弦与反双曲正弦函数
$$\sinh x = \frac{e^x - e^{-x}}{2}, x \in (-\infty, +\infty); \quad \operatorname{arcsinh} x = \ln(x + \sqrt{x^2 + 1}), x \in \mathbf{R}$$

双曲余弦与反双曲余弦函数
$$\cosh x = \frac{e^x + e^{-x}}{2}, x \in (-\infty, +\infty); \quad \operatorname{arccosh} x = \ln(x + \sqrt{x^2 - 1}), x \in [1, +\infty)$$

双曲正切与反双曲正切函数
$$\tanh x = \frac{e^x - e^{-x}}{e^x + e^{-x}}, x \in (-\infty, +\infty); \quad \operatorname{arctanh} x = \frac{1}{2}\ln\frac{1+x}{1-x}, x \in (-1, 1)$$

双曲余切与反双曲余切函数
$$\coth x = \frac{e^x + e^{-x}}{e^x - e^{-x}}, x \in (-\infty, +\infty) \text{ 且 } x \neq 0; \quad \operatorname{arccoth} x = \frac{1}{2}\ln\frac{1+\frac{1}{x}}{1-\frac{1}{x}}, x \in (-\infty, -1) \cup (1, +\infty)$$

2.2.2 平面曲线的数学描述

平面曲线可以用直角坐标系的函数关系来表示,也可以用极坐标的函数关系描述,还可以用参数方程描述. 下面分别讨论.

定义 2.2.3(极坐标) 如图 2.2.2 所示,在平面内取一个定点 O,引出一条射线 Ox,再选一个长度单位和角度的正方向 (通常取逆时针方向). 对平面内的任意一点 M,用 r 表示线段 OM 的长度,θ 表示从 Ox 到 OM 的转角. 称有序数对 (r,θ) 为点 M 的极坐标. 这样建立的坐标系叫做极坐标系,O 称为极点,Ox 称为极轴,r 称为点 M 的极径,θ 称为点 M 的极角.

将极点 O 和极轴 Ox 分别与直角坐标系的原点和 x 轴正半轴重合,则极坐标和直角坐标有关系:

$$\begin{cases} x = r\cos\theta, \\ y = r\sin\theta, \end{cases} \quad \begin{cases} x^2 + y^2 = 1 \\ \tan\theta = y/x \end{cases}$$

一条平面曲线可以用直角坐标系描述,也可以用极坐标描述,例如圆的方程 $x^2 + y^2 = 1$ 在极坐标的表示为 $\begin{cases} x = r\cos\theta, \\ y = r\sin\theta, \end{cases}$ 相应方程为 $r = 1$,这说明有些曲线的方程用直角坐标表示相对比较复杂,但是用极坐标表示有可能会变得简单. 下面给出两个极坐标下平面曲线的数学表达式,其几何图形如图 2.2.3 所示.

$$\text{(a)} \begin{cases} r = \sin\theta + \sin^2(5\theta/2), \\ x = r(\theta)\cos\theta, \\ y = r(\theta)\sin\theta \end{cases} \quad \text{和} \quad \text{(b)} \begin{cases} r = \sin^2(4\theta) + \cos 4\theta \\ x = r(\theta)\cos\theta \\ y = r(\theta)\sin\theta \end{cases}$$

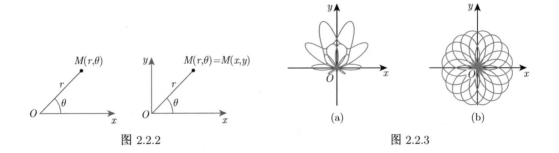

图 2.2.2   图 2.2.3

为了描述更复杂平面曲线,可以用参数方程描述,一般形式为

$$\begin{cases} x = \varphi(t), \\ y = \psi(t), \end{cases} \quad a \leqslant t \leqslant b$$

其中 t 为参数. 直角坐标系和极坐标系是参数方程的特例,即有

$$\begin{cases} y = f(x), \\ x = x, \end{cases} \quad c \leqslant x \leqslant d; \quad \begin{cases} x = r(\theta)\cos\theta, \\ y = r(\theta)\sin\theta, \end{cases} \quad \alpha \leqslant \theta \leqslant \beta$$

参数方程是描述复杂曲线的有力工具. 图 2.2.4 给出了 4 个参数方程的几何直观图. 其参数方程分别是

(a) $\begin{cases} x = a(\cos t - t\sin t), \\ y = a(\sin t - t\cos t), \\ a = 3, -20 \leqslant t \leqslant 20; \end{cases}$ (b) $\begin{cases} x = a(\cos t - t\sin t) \\ y = a(\sin t - t\cos t) \\ a = 3, -50 \leqslant t \leqslant 50 \end{cases}$

(c) $\begin{cases} x = t + 2\sin 2t, \\ y = t + 2\cos 5t, \\ -2\pi \leqslant t \leqslant 2\pi; \end{cases}$ (d) $\begin{cases} x = \cos t - \cos 80t \sin t \\ y = 2\sin t - \sin 80t \\ 0 \leqslant t \leqslant 2\pi \end{cases}$

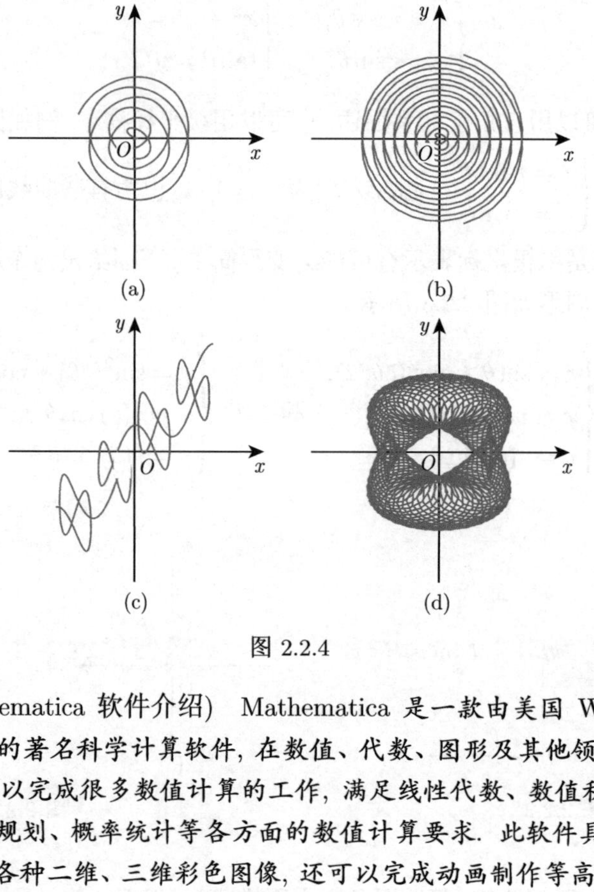

图 2.2.4

注 2.2.1 (Mathematica 软件介绍) Mathematica 是一款由美国 Wolfram Research(沃尔夫勒姆) 公司开发的著名科学计算软件, 在数值、代数、图形及其他领域都有广泛的应用. Mathematica 软件可以完成很多数值计算的工作, 满足线性代数、数值积分、微分方程数值解、插值拟合、线性规划、概率统计等各方面的数值计算要求. 此软件具有非常出色的绘图功能, 不仅能够绘制各种二维、三维彩色图像, 还可以完成动画制作等高级功能.

2.2.3 函数与数学建模

数学模型是现实世界中自然现象的数学描述, 建模的目的在于理解自然现象并且对未来行为做出预测. 数学建模过程如图 2.2.5 所示. 函数曲线是描述自然界变化规律常用的数学工具, 下面举例说明.

例 2.2.2 (旋轮线) 如图 2.2.6 所示, 当一个圆沿着直线滚动时, 圆周上的一点 P 所画出的轨迹称为旋轮线. 若圆的半径为 r 且沿着 x 轴滚动, 以一点 P 作为初始位置, 选择圆的旋转角度为 θ(当 P 在初始位置时 $\theta = 0$) 作为参数, 求旋轮线的方程.

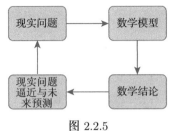

图 2.2.5

解 如图 2.2.6 所示，因为 $|OT| = \left|\widehat{PT}\right| = r\theta$，所以圆心为 $C(r\theta, r)$. 设 P 的坐标为 (x, y)，则旋轮线的参数方程为

$$\begin{cases} x = |OT| - |PQ| = r\theta - r\sin\theta = r(\theta - \sin\theta) \\ y = |TC| - |QC| = r - r\cos\theta = r(1 - \cos\theta) \end{cases}$$

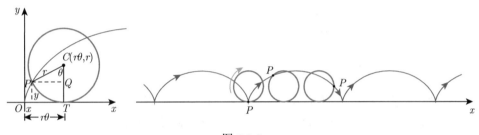

图 2.2.6

注 2.2.2 参数方程是从 $0 \leqslant \theta \leqslant 2\pi$ 推导出来的，当 θ 取其他值时也是正确的.

例 2.2.3 (摆线问题) 如图 2.2.7(a) 所示，求一条曲线，使质点在最短时间内 (仅受重力影响) 从 A 点滑动到 B 点 (比 A 点低但不在其正下方). 1696 年瑞士数学家约翰·伯努利 (Johann Bernoulli) 证明，在所有连接点 A, B 的曲线中，若某一条是倒转的旋轮线的一部分，那么质点所用时间最少.

荷兰物理学家惠更斯 (Huygens) 证明，旋轮线也是等时降落曲线问题的解：即无论质点 P 开始在倒转旋轮线的什么位置，它都将用相同的时间滑到拱形的底部. 惠更斯提议摆钟沿着旋轮线摆动，这样摆钟无论摆过一个大一些或者小一些的弧，都会在相同的时间内完成一次摆动. 如图 2.2.7(b) 所示.

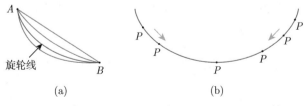

图 2.2.7

2.2.4 函数基本性质讨论

函数的有界性、单调性、奇偶性和周期性是在中学就已经涉及的概念，下面我们用精确

的数学语言来叙述它们. 在后续的学习中, 我们会经常用到这些叙述方式, 因此要求读者掌握它们.

2.2.4.1 函数的有界性

设 f 是定义在 D 上的函数, 若存在数 $M(L)$, 使得

$$f(x) \leqslant M \quad (f(x) \geqslant L), \quad \forall x \in D$$

则称 f 为 D 上的有上 (下) 界函数, $M(L)$ 称为 f 在 D 上的一个上 (下) 界.

如果存在正数 M, 使得对任意 $x \in D$, 有 $|f(x)| \leqslant M$ 成立, 则称 f 为 D 上的有界函数.

注 2.2.3 f 在 D 上无上界、无下界或无界的定义可按上述相应定义的否定来叙述. 例如函数 f 在 D 上无界: 任意 $M > 0$, 存在 $x_M \in D : |f(x_M)| > M$.

例 2.2.4 证明 $f(x) = 1/x$ 为 $(0,1)$ 上的无界函数.

证明 对任何正数 M, 取 $(0,1)$ 上一点 $x_0 = 1/(M+1)$, 则有 $f(x_0) = M + 1 > M$, 所以 $f(x)$ 在 $(0,1)$ 上无界. 结论得证.

2.2.4.2 函数的单调性

设有函数 $y = f(x), x \in I$. 对任意 $x_1, x_2 \in I$, 当 $x_1 < x_2$ 时,

(1) 若 $f(x_1) \leqslant f(x_2)$, 则称函数 $f(x)$ 为 I 上的单调递增函数;

(2) 若 $f(x_1) \geqslant f(x_2)$, 则称函数 $f(x)$ 为 I 上的单调递减函数;

(3) 若 $f(x_1) < f(x_2)$, 则称函数 $f(x)$ 为 I 上的严格单调递增函数;

(4) 若 $f(x_1) > f(x_2)$, 则称函数 $f(x)$ 为 I 上的严格单调递减函数.

例如 $y = x^2$ 在 $(0, +\infty)$ 上单调递增, 在 $(-\infty, 0)$ 上单调递减.

2.2.4.3 函数的奇偶性

定义 2.2.4 设函数 $y = f(x)$ 的定义域 I 关于原点对称, (1) 若对一切 $x \in I, f(-x) = f(x)$ 成立, 则称函数 f 是偶函数; (2) 若对一切 $x \in I, f(-x) = -f(x)$ 成立, 则称函数 f 是奇函数. 如图 2.2.8 所示. 偶函数曲线关于 y 轴对称, 奇函数曲线关于原点对称.

注 2.2.4 偶函数加减偶函数是偶函数, 奇函数加减奇函数是奇函数. 偶函数乘以偶函数是偶函数, 奇函数乘以奇函数是偶函数, 偶函数乘以奇函数是奇函数.

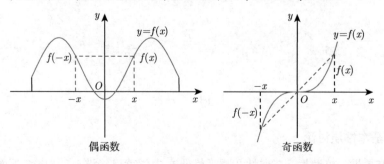

图 2.2.8

2.2.4.4 函数的周期性

设 f 定义在 I 上, 若存在 $T>0$, 使得对一切 $x \in I$ 有 $f(x\pm T)=f(x)$ 成立, 则称 f 为周期函数, T 为 f 的一个周期. 若周期函数 f 的所有周期中有一个最小的周期, 则称它为 f 的基本周期, 简称周期.

注 2.2.5 显然若 T 为 f 的周期, 则 $nT(n$ 为正整数$)$ 也是 f 的周期.

例 2.2.5 若 $f(x)\,(-\infty<x<+\infty)$ 的图像关于 $x=a, x=b\,(b>a)$ 对称, 则 $f(x)$ 为周期函数.

证明 任意 $x \in \mathbf{R}$, 有 $f(a+x)=f(a-x), f(b+x)=f(b-x)$, 所以
$$f(x)=f(a-(a-x))=f(a+(a-x))=f(2a-x)$$
$$=f(b-(b-2a+x))=f(b+(b-2a+x))=f(x+2(b-a))$$
这表明 $f(x)$ 是以 $2(b-a)$ 为周期的周期函数. 结论得证.

2.2.4.5 反函数存在定理

定理 2.2.1 设函数 $f:A\to B=f(A)$ 为严格单调函数, 则 f^{-1} 存在, 并且在其定义域 $f(A)$ 内与 f 有相同的单调性.

证明 由 f 的严格单调性知, 若 $f(x_1)=f(x_2)$, 则必有 $x_1=x_2$, 这表明 $f:A\to B$ 是一个一一对应, 因此反函数 f^{-1} 存在.

不妨设 f 严格单调递增, 若 f^{-1} 不是 B 上的严格单增函数, 则存在 $y_1,y_2\in B$, 且 $y_1<y_2$, 但 $f^{-1}(y_1)\geqslant f^{-1}(y_2)$, 由 f 严格单调递增有: $f(f^{-1}(y_1))\geqslant f(f^{-1}(y_2))$, 即 $y_1\geqslant y_2$, 与 $y_1<y_2$ 矛盾, 所以 f^{-1} 也是严格单调递增函数. 结论得证.

在本节最后, 我们来讨论非初等函数.

例 2.2.6 非初等函数举例: 分段函数.

符号函数:
$$y=\operatorname{sgn} x=\begin{cases}1, & x>0\\ 0, & x=0\\ -1, & x<0\end{cases}$$

狄利克雷 (Dirichlet) 函数:
$$D(x)=\begin{cases}1, & x\text{为有理数}\\ 0, & \text{其他}\end{cases}$$

黎曼 (Riemann) 函数:
$$R(x)=\begin{cases}1/q, & x=p/q\,(q>0),\text{整数}p,q\text{互素}\\ 1, & x=0\\ 0, & x\text{为无理数}\end{cases}$$

例 2.2.7 取整函数
$$y=[x]=n,\quad n\leqslant x<n+1,\quad n\in\mathbf{Z}$$

分段函数在实际应用领域有着广泛应用, 例如 B 样条函数, 将在第 6 章定积分部分详细介绍.

习题 2.2 初等函数的讨论

1. 求下列函数的定义域.

(1) $f(x) = \dfrac{x+1}{x^2+x-2}$;   (2) $f(x) = \ln\dfrac{1+\sin x}{1-\cos x}$.

2. 求函数 f 的 n 次复合.

(1) $f(x) = \dfrac{x}{1+bx}$;   (2) $f(x) = \dfrac{x}{\sqrt{1+x^2}}$.

3. 判断下面函数的奇偶性.

(1) $f(x) = x + \sin x$;   (2) $f(x) = \ln\left(x+\sqrt{1+x^2}\right)$;   (3) $f(x) = xe^{x^4}$.

4. 求下列函数的周期.

(1) $f(x) = \sin 4x$;   (2) $f(x) = \tan 3x$;   (3) $f(x) = \cos\dfrac{x}{2} + 9\sin\dfrac{x}{3}$.

5. 设 $a, b \in \mathbf{R}$, 证明下面问题.

(1) $\max\{a,b\} = \dfrac{a+b+|a-b|}{2}$;

(2) $\min\{a,b\} = \dfrac{a+b-|a-b|}{2}$.

6. 将函数 $(1)\, f(x) = \sin x + 1\, (x > 0)$，$(2)\, f(x) = \begin{cases} 1 - \sqrt{1-x^2}, & 0 < x \leqslant 1, \\ x^3, & x > 1 \end{cases}$ 延拓到整个实数域, 使延拓后的函数分别为奇函数和偶函数.

扫码学习

2.3 函数极限的定义与基本理论

本节讨论函数极限的定义与基本性质、函数极限的四则运算与夹逼定理、复合函数的极限、海涅原理与柯西定理.

2.3.1 函数极限的定义

实例分析: 观察当 $x \to 0$ 时, 下面四个函数的变化趋势.

(1) $y = \dfrac{\sin x}{x}$;   (2) $y = \sin\dfrac{\pi}{x}$;   (3) $y = \dfrac{\arctan x}{x}$;   (4) $y = \dfrac{1}{x}$.

如图 2.3.1 所示, 当 $x \to 0$ 时, 函数 $(\sin x)/x, (\arctan x)/x$ 逐步逼近 1, 而函数 $y = 1/x$ 趋向于无穷大, $\sin(\pi/x)$ 在 $x = 0$ 附近函数曲线上下震荡, 没有逼近任何实数.

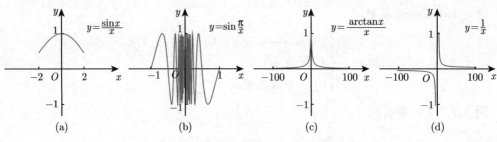

图 2.3.1

例 2.3.1 设 $f(x)=\begin{cases}2x-1, & x\neq 3,\\ 6, & x=3,\end{cases}$ 考虑当 $x\to 3$ 时, $f(x)$ 的变化趋势.

解 由于当 $x\to 3$ 时, $2x-1\to 5$, 下面详细分析逐步逼近过程.
(1) 取 $\varepsilon=1/2$, 要使 $|f(x)-5|<\varepsilon$, 即 $|f(x)-5|=2|x-3|<\varepsilon=1/2$ 成立, 需要满足:
$$\exists\delta=\frac{1}{4}, \text{且} 0<|x-3|<\delta$$
(2) 取 $\varepsilon=1/4$, 要使 $|f(x)-5|<\varepsilon=1/4$, 则需要满足:
$$\exists\delta=\frac{1}{8}, \text{且} 0<|x-3|<\delta$$
(3) 一般情况, $\forall\varepsilon>0$, 要使 $|f(x)-5|=2|x-3|<\varepsilon$ 成立, 则需要满足:
$$\exists\delta=\frac{\varepsilon}{2}, 0<|x-3|<\delta:|f(x)-5|<\varepsilon$$
在上面讨论的基础上得到逐步逼近过程的数学叙述:
$$\forall\varepsilon>0, \exists\delta=\frac{\varepsilon}{2}, 0<|x-3|<\delta:|f(x)-5|<\varepsilon$$

例 2.3.2 讨论 $f(x)=x^2\sin(1/x), x\to 0$ 时, $f(x)$ 的变化趋势.

分析 任意给定 $\varepsilon>0$, 如果 $|f(x)-0|=|x^2\sin(1/x)-0|\leqslant x^2<\varepsilon$ 成立, 需要 $0<x^2<\varepsilon$, 即 $0<|x-0|<\sqrt{\varepsilon}$.

上述逐步逼近过程可以等价叙述:
$$\forall\varepsilon>0, \exists\delta=\sqrt{\varepsilon}, 0<|x-0|<\sqrt{\varepsilon}:|f(x)-0|<\varepsilon$$

在上面讨论的基础上给出函数极限的定义. 首先给出邻域的定义.

定义 2.3.1 (邻域) 定义集合
$$U(x_0;\delta)=\{x\,|\,|x-x_0|<\delta\}, \quad U^o(x_0;\delta)=\{x\,|\,0<|x-x_0|<\delta\}$$
称 $U(x_0;\delta)$ 为以点 x_0 为心, δ 为半径的邻域, $U^o(x_0;\delta)$ 为以点 x_0 为心, δ 为半径的去心邻域.

定义 2.3.2 (函数极限定义) 设函数 $f(x)$ 在 $U^o(x_0;\delta')$ 内有定义, L 为一个实数, 如果对于任意给定的 $\varepsilon>0$, 存在 $0<\delta(\varepsilon)<\delta'$, 使得当 $0<|x-x_0|<\delta$ 时, 有 $|f(x)-L|<\varepsilon$ 成立, 则称 $x\to x_0$ 时 $f(x)$ 以 L 为极限, 记为 $\lim\limits_{x\to x_0}f(x)=L$ 或者用符号语言表述为
$$\forall\varepsilon>0, \exists 0<\delta(\varepsilon)<\delta', 0<|x-x_0|<\delta:|f(x)-L|<\varepsilon$$

注 2.3.1 关于函数极限定义的理解有下面进一步的解释:
(1) 讨论 $\lim\limits_{x\to x_0}f(x)$ 与 $f(x)$ 在点 x_0 是否有定义无关.
(2) 定义中的 ε 是任意小的正实数, 刻画了 $f(x)$ 与极限的逼近程度.
(3) 函数极限为局部性质, 仅和 $f(x)$ 在点 x_0 附近取值有关.
(4) $\delta(\varepsilon)$ 随着 ε 变化而变化, 一般 ε 越小, $\delta(\varepsilon)$ 越小.
(5) 极限定义中的 $\delta(\varepsilon)$ 仅要求存在, 并不要求最优.

接下来讨论函数极限的几何直观:

(1) 当 $x \in U^o(x_0;\delta)$ 时,函数 $y = f(x)$ 的图像完全落在以直线 $y = L$ 为中心线,宽为 2ε 的带状区域内. 如图 2.3.2 所示.

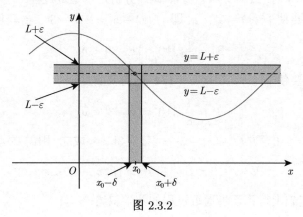

图 2.3.2

(2) 对于任意的 $\varepsilon > 0$,函数 $f : U^o(x_0;\delta) \to (L-\varepsilon, L+\varepsilon)$. 如图 2.3.3 所示.

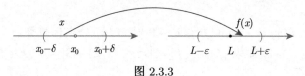

图 2.3.3

接下来我们讨论函数极限不存在的表述方法. 首先分析 $\lim\limits_{x \to x_0} f(x) \neq L$ 的数学叙述,在此基础上给出函数极限不存在的数学叙述. 设函数 $f(x)$ 在 $U^o(x_0;\delta')$ 内有定义,相应叙述如下:

(1) $\lim\limits_{x \to x_0} f(x) = L$: $\forall \varepsilon > 0, \exists 0 < \delta(\varepsilon) < \delta', 0 < |x - x_0| < \delta : |f(x) - L| < \varepsilon$.

(2) $\lim\limits_{x \to x_0} f(x) \neq L$: $\exists \varepsilon_0 > 0, \forall \delta > 0, \exists x' \in U^o(x_0;\delta'), 0 < |x' - x_0| < \delta : |f(x') - L| \geqslant \varepsilon_0$.

(3) $\lim\limits_{x \to x_0} f(x)$ 不存在: $\forall L \in R, \exists \varepsilon_0 > 0, \forall \delta > 0, \exists x' \in U^o(x_0;\delta'), 0 < |x' - x_0| < \delta : |f(x') - L| \geqslant \varepsilon_0$.

(2) 式的含义是存在 $\varepsilon_0 > 0$,无论 $\delta > 0$ 多么小,都存在 $x' \in U^o(x_0;\delta')$,尽管 $0 < |x' - x_0| < \delta$,但是 $|f(x') - L| \geqslant \varepsilon_0$.

(3) 式的含义是对于任意实数 L,都存在 $\varepsilon_0 > 0$,无论 $\delta > 0$ 多么小,都存在 $x' \in U^o(x_0;\delta')$,尽管 $0 < |x' - x_0| < \delta$,但是 $|f(x') - L| \geqslant \varepsilon_0$.

例 2.3.3 证明 $\lim\limits_{x \to 1}(x^2 - 1)/(2x^2 - x - 1) = 2/3$.

证明 由函数极限定义,证明的关键在于找到满足定义 2.3.2 的 $\delta(\varepsilon)$. 由于

$$\left| \frac{x^2 - 1}{2x^2 - x - 1} - \frac{2}{3} \right| = \left| \frac{x+1}{2x+1} - \frac{2}{3} \right| = \left| \frac{x-1}{3(2x+1)} \right| \tag{2.3.1}$$

若 $0 < |x - 1| < 1$,则 $|2x + 1| = |2(x-1) + 3| \geqslant 3 - |2(x-1)| \geqslant 1$,将 (2.3.1) 式适当放大,得到

$$0 < |x - 1| < 1 : \left| \frac{x-1}{3(2x+1)} \right| \leqslant \frac{|x-1|}{3}$$

在上面讨论基础上得到

$$\forall \varepsilon > 0, \exists \delta = \min\{1, 3\varepsilon\}, \ 0 < |x-1| < \delta : \left|\frac{x^2-1}{2x^2-x-1} - \frac{2}{3}\right| < \varepsilon$$

因此结论得证.

例 2.3.4 黎曼函数

$$R(x) = \begin{cases} 1/q, & x = p/q, \quad q > 0, 整数 p,q 互素 \\ 0, & x 为无理数 \\ 1, & x = 0 \end{cases}$$

证明: 对任意 $x_0 \in \mathbf{R}, \lim_{x \to x_0} R(x) = 0$.

证明 对于任意 $\varepsilon > 0$, 若 $|R(x) - 0| = |1/q| = 1/q > \varepsilon$, 则 $q < 1/\varepsilon$. 因此得到如下结论:

(1) 在邻域 $U^o(x_0; 1)$ 内满足 $q \leqslant 1/\varepsilon$ 的有理数只有有限个, 记为 $\{x_1, x_2, \cdots, x_n\}$.

(2) 令 $\delta = \min\{|x_1 - x_0|, |x_2 - x_0|, \cdots, |x_n - x_0|\}$, 则 $U^o(x_0; \delta) \subset U^o(x_0; 1)$. 如图 2.3.4 所示, $\{x_1, x_2, \cdots, x_n\}$ 不属于 $U^o(x_0; \delta)$.

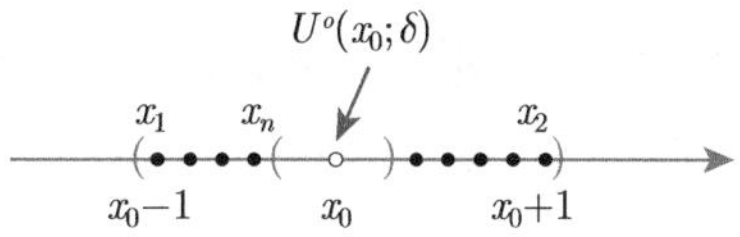

(3) 当 $x \in U^o(x_0; \delta)$ 且为有理数时, $|R(x) - 0| \leqslant 1/q < \varepsilon$ 成立, 当 $x \in U^o(x_0; \delta)$ 且为无理数时, $|R(x) - 0| = 0$.

图 2.3.4

在上面讨论基础上得到结论: $\lim_{x \to x_0} R(x) = 0$. 结论得证.

例 2.3.5 函数 $f(x) = \begin{cases} x, & x 为有理数, \\ 0, & x 为无理数, \end{cases}$ 证明: $\forall x_0 \neq 0, \lim_{x \to x_0} f(x)$ 不存在.

证明 要证 $\forall x_0 \in \mathbf{R}, x_0 \neq 0, \forall A \in \mathbf{R}, \lim_{x \to x_0} f(x) \neq A$, 需要证明

$$\forall A \in \mathbf{R}, \exists \varepsilon_0 > 0, \forall \delta > 0, \exists x', 0 < |x' - x_0| < \delta : |f(x') - A| \geqslant \varepsilon_0$$

证明的关键在于找出上式中的 ε_0 和 x'. 下面分类讨论.

(1) 当 $A = 0$ 时, 取 $\varepsilon_0 = |x_0|/2$, 对任意 $\delta > 0$, 根据有理数在实数域中的稠密性, 存在有理数 $x' \in U^o(x_0, \delta)$, 满足 $|x'| > |x_0| : |f(x') - 0| = |x'| > |x_0|/2 = \varepsilon_0$.

(2) 当 $A \neq 0$ 时, 取 $\varepsilon_0 = |A|/2$, 对任意 $\delta > 0$, 根据无理数在实数域中的稠密性, 存在无理数 $x' \in U^o(x_0, \delta)$, 满足 $|f(x') - A| = |A| > |A|/2 = \varepsilon_0$. 结论得证.

注 2.3.2 例 2.3.5 中 $\lim_{x \to 0} f(x) = 0$, 证明留给读者完成.

定义 2.3.3 (函数的左右极限的定义)

左极限: $\forall \varepsilon > 0, \exists \delta(\varepsilon) > 0$, 当 $x_0 - \delta < x < x_0$ 时有 $|f(x) - A| < \varepsilon$, 称 $x \to x_0-$ 时, $f(x)$ 以 A 为左极限, 记为 $\lim_{x \to x_0-} f(x) = A$ 或 $f(x_0 - 0) = A$.

右极限: $\forall \varepsilon > 0, \exists \delta(\varepsilon) > 0$, 当 $x_0 < x < x_0 + \delta$ 时有 $|f(x) - A| < \varepsilon$, 称 $x \to x_0+$ 时, $f(x)$ 以 A 为右极限, 记为 $\lim_{x \to x_0+} f(x) = A$ 或 $f(x_0 + 0) = A$.

图 2.3.5 给出左右极限的几何直观图. 下面的定理给出了函数极限和相应左右极限的关系.

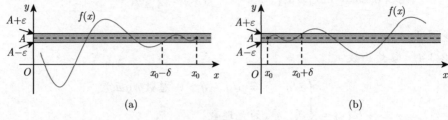

图 2.3.5

利用函数极限定义可以证明下面定理 2.3.1, 证明留给读者完成.

定理 2.3.1 $\lim\limits_{x\to x_0} f(x) = A \Leftrightarrow \lim\limits_{x\to x_0+} f(x) = \lim\limits_{x\to x_0-} f(x) = A.$

例 2.3.6 验证 $\lim\limits_{x\to 0} |x|/x$ 不存在.

证明 $\lim\limits_{x\to 0-} |x|/x = \lim\limits_{x\to 0-} -x/x = -1,\ \lim\limits_{x\to 0+} |x|/x = \lim\limits_{x\to 0+} x/x = 1$. 左右极限存在但不相等, 因此 $\lim\limits_{x\to 0} |x|/x$ 不存在. 结论得证.

习题 2.3.1 函数极限的定义

1. 用 ε-δ 语言证明:

(1) $\lim\limits_{x\to 2} x^3 = 8$; (2) $\lim\limits_{x\to 3} \dfrac{x-3}{x^2-9} = \dfrac{1}{6}$; (3) $\lim\limits_{x\to 1} \dfrac{x(x-1)}{x^2-1} = \dfrac{1}{2}$; (4) $\lim\limits_{x\to 0} e^x = 1$.

2. 计算下面单侧极限:

(1) $\lim\limits_{x\to 1-} \arctan \dfrac{1}{x-1}$; (2) $\lim\limits_{x\to 1+} \arctan \dfrac{1}{x-1}$; (3) $\lim\limits_{x\to 0-} \dfrac{1}{1-e^{1/x}}$; (4) $\lim\limits_{x\to 0+} \dfrac{1}{1-e^{1/x}}$.

3. 讨论下面分段函数在指定点极限是否存在.

(1) $f(x) = \begin{cases} 1/2x, & 0 < x \leqslant 1, \\ x^2, & 1 < x \leqslant 2,\quad x=1,2; \\ 2x, & 2 < x < 3, \end{cases}$ (2) $f(x) = \dfrac{1}{x} - \left[\dfrac{1}{x}\right], x = \dfrac{1}{n}\ (n=1,2,3,\cdots)$.

4. 设函数 $D(x) = \begin{cases} 1, & x \text{为有理数}, \\ 0, & x \text{为无理数}, \end{cases}$ 讨论函数在实数域任何一点极限是否存在.

2.3.2 函数极限的基本性质

与数列极限的性质类似, 函数极限也有相应的性质.

定理 2.3.2 (函数极限唯一性) 设函数 $f(x)$ 在邻域 $U^o(x_0;\delta)$ 内有定义, 如果 $\lim\limits_{x\to x_0} f(x)$ 存在, 则必定唯一.

分析 如果 $\lim\limits_{x\to x_0} f(x) = A,\ \lim\limits_{x\to x_0} f(x) = B$, 对任意的 $\varepsilon > 0$, 存在 $\delta_1 > 0, \delta_2 > 0$, 如图 2.3.6 所示, 使得

$$f(x) : (x_0 - \delta_1, x_0 + \delta_1)\, (x \neq x_0) \to (A - \varepsilon, A + \varepsilon)$$

$$f(x) : (x_0 - \delta_2, x_0 + \delta_2)\, (x \neq x_0) \to (B - \varepsilon, B + \varepsilon)$$

同时成立, 如果 ε 充分小确保 $(A-\varepsilon, A+\varepsilon) \cap (B-\varepsilon, B+\varepsilon) = \varnothing$, 显然是矛盾的. 在上面几何直观分析基础上, 我们进一步给出严谨的证明.

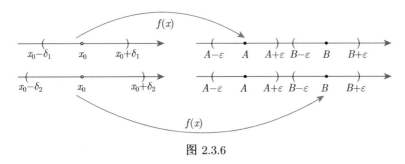

图 2.3.6

证明 设 $\lim\limits_{x \to x_0} f(x) = A, \lim\limits_{x \to x_0} f(x) = B$, 根据函数极限定义有

$$\forall \varepsilon > 0, \exists \delta_1 > 0, 0 < |x - x_0| < \delta_1 < \delta : |f(x) - A| < \varepsilon \tag{2.3.2}$$

$$\exists \delta_2 > 0, 0 < |x - x_0| < \delta_2 < \delta : |f(x) - B| < \varepsilon \tag{2.3.3}$$

取 $\delta^* = \min\{\delta_1, \delta_2\}$, 则当 $0 < |x - x_0| < \delta^*$ 时, (2.3.2) 式和 (2.3.3) 式同时成立, 因此有

$$|A - B| = |(f(x) - A) - (f(x) - B)| \leqslant |f(x) - A| + |f(x) - B| < 2\varepsilon$$

由 ε 的任意性得到 $A = B$, 结论得证.

定理 2.3.3 (局部有界性) 设函数 $f(x)$ 在邻域 $U^o(x_0; \delta)$ 内有定义, 若 $\lim\limits_{x \to x_0} f(x) = A$ 存在, 则存在一个邻域 $U^o(x_0; \delta_1) \subset U^o(x_0; \delta)$, 使得 $f(x)$ 在 $U^o(x_0; \delta_1)$ 内有界.

证明 由 $\lim\limits_{x \to x_0} f(x) = A$, 取 $\varepsilon_0 = 1$, 存在 $\delta_1 > 0$, 当 $0 < |x - x_0| < \delta_1 < \delta$ 时, 有 $|f(x) - A| < 1$, 即

$$|f(x)| \leqslant |A| + |f(x) - A| < |A| + 1$$

所以 f 在 $U^o(x_0; \delta_1)$ 内有界. 结论得证.

注 2.3.3 对函数 $f(x) = 1/x, \lim\limits_{x \to 1/2} 1/x = 2$, 当 $x \in U^o(1/2; 1/4)$ 时, $|1/x| < 4$, 所以局部有界. 但 $f(x) = 1/x$ 在 $(0,1)$ 内无界.

定理 2.3.4 (局部保序性) 设函数 $f(x), g(x)$ 的定义域为 $U^o(x_0; \delta^*)$, 且 $\lim\limits_{x \to x_0} f(x) = A$, $\lim\limits_{x \to x_0} g(x) = B$, 则

(1) 若 $A > B$, 则存在 $\delta > 0$, 当 $x \in U^o(x_0; \delta) \subset U^o(x_0; \delta^*)$ 时, 有 $f(x) > g(x)$.

(2) 若存在 $\delta > 0$, 当 $x \in U^o(x_0; \delta) \subset U^o(x_0; \delta^*)$ 时, $f(x) > g(x)$, 则 $A \geqslant B$.

(3) 若 $\lim\limits_{x \to x_0} f(x) = A > 0$, 则存在 $\delta > 0, x \in U^o(x_0; \delta) \subset U^o(x_0; \delta^*) : f(x) > 0$.

首先分析结论 (1). 如果 $\lim\limits_{x \to x_0} f(x) = A, \lim\limits_{x \to x_0} g(x) = B, A > B$, 则存在 $\delta_1 > 0, \delta_2 > 0$, 使得

$$f(x) : (x_0 - \delta_1, x_0 + \delta_1)(x \neq x_0) \to (A - \varepsilon, A + \varepsilon)$$

$$g(x) : (x_0 - \delta_2, x_0 + \delta_2)(x \neq x_0) \to (B - \varepsilon, B + \varepsilon)$$

如果 ε 充分小,确保 $(A-\varepsilon,A+\varepsilon)\cap(B-\varepsilon,B+\varepsilon)=\varnothing$,则

$$x\in(x_0-\min(\delta_1,\delta_2),x_0+\min(\delta_1,\delta_2))(x\neq x_0)\Rightarrow f(x)>g(x)$$

显然结论 (1) 成立. 在上面分析基础上,进一步给出严谨证明.

证明 (1) 如图 2.3.7 所示,取 $\varepsilon=(A-B)/2$,由 $\lim\limits_{x\to x_0}f(x)=A,\lim\limits_{x\to x_0}g(x)=B$,得

$$\exists\delta_1>0, 0<|x-x_0|<\delta_1<\delta^*:|f(x)-A|<\frac{A-B}{2} \tag{2.3.4}$$

$$\exists\delta_2>0, 0<|x-x_0|<\delta_2<\delta^*:|g(x)-B|<\frac{A-B}{2} \tag{2.3.5}$$

取 $\delta=\min\{\delta_1,\delta_2\}$,则当 $0<|x-x_0|<\delta$ 时,(2.3.4) 式和 (2.3.5) 式同时成立,因此

$$f(x)>\frac{A+B}{2},\quad g(x)<\frac{A+B}{2}$$

因而有 $x\in U^o(x_0;\delta):f(x)>g(x)$,结论得证. (2) 和 (3) 留给读者证明.

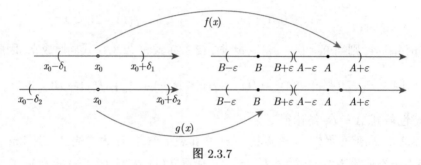

图 2.3.7

注 2.3.4 定理 2.3.4 的 (2) 中如果 $f(x)>g(x)$,也可能 $A=B$. 例如 $f(x)=x+x^2, g(x)=x$,虽然 $f(x)>g(x)(x\neq 0)$,但 $A=\lim\limits_{x\to 0}f(x)=0=\lim\limits_{x\to 0}g(x)=B$. 定理 2.3.4 中 (3) 也称为极限的局部保号性.

例 2.3.7 设在 $U^o(x_0;\delta')$ 内 $f(x)\geqslant 0, \lim\limits_{x\to x_0}f(x)=A$,证明 $\lim\limits_{x\to x_0}\sqrt[k]{f(x)}=\sqrt[k]{A}\ (k\in\mathbf{N}^*)$.

证明 由函数极限的保序性可得 $A\geqslant 0$. 下面分类讨论.

(1) 若 $A=0$,由 $\lim\limits_{x\to x_0}f(x)=0$,任意 $\varepsilon>0$,存在 $\delta>0(\delta<\delta')$,当 $0<|x-x_0|<\delta$ 时,有 $|f(x)|<\varepsilon^k$,从而 $\sqrt[k]{f(x)}<\varepsilon$,故有 $\lim\limits_{x\to x_0}\sqrt[k]{f(x)}=0$.

(2) 若 $A>0$,利用公式 $a^k-b^k=(a-b)(a^{k-1}+ab^{k-2}+\cdots+b^{k-1})$,分别令 $a=\sqrt[k]{f(x)}, b=\sqrt[k]{A}$,得

$$\left|\sqrt[k]{f(x)}-\sqrt[k]{A}\right|=\left|\frac{(\sqrt[k]{f(x)}-\sqrt[k]{A})((\sqrt[k]{f(x)})^{k-1}+\cdots+(\sqrt[k]{A})^{k-1})}{(\sqrt[k]{f(x)})^{k-1}+\cdots+(\sqrt[k]{A})^{k-1}}\right|$$

$$=\frac{|f(x)-A|}{(\sqrt[k]{f(x)})^{k-1}+\cdots+(\sqrt[k]{A})^{k-1}}\leqslant\frac{|f(x)-A|}{(\sqrt[k]{A})^{k-1}} \tag{2.3.6}$$

因为 $\lim\limits_{x\to x_0}f(x)=A$,所以

$$\forall\varepsilon>0,\exists\delta>0(\delta<\delta'), 0<|x-x_0|<\delta:|f(x)-A|<(\sqrt[k]{A})^{k-1}\varepsilon$$

根据 (2.3.6) 式进一步成立

$$\left|\sqrt[k]{f(x)} - \sqrt[k]{A}\right| < \frac{|f(x) - A|}{(\sqrt[k]{A})^{k-1}} < \varepsilon$$

因此结论得证.

例 2.3.8 求 $\lim\limits_{x\to 0} x/(\sqrt{x+1} - 1)$.

解 分母有理化: $x/(\sqrt{x+1} - 1) = x(\sqrt{x+1}+1)/x = \sqrt{x+1} + 1$. 由 $x+1 \to 1(x \to 0)$ 及上例结论, 得 $\lim\limits_{x\to 0} x/(\sqrt{x+1} - 1) = \lim\limits_{x\to 0}(\sqrt{x+1}+1) = 2$.

2.3.3 函数极限的四则运算与夹逼定理

定理 2.3.5 (函数极限的四则运算) 设函数 $f(x), g(x)$ 在 $U^o(x_0; \delta)$ 内有定义, 若 $\lim\limits_{x\to x_0} f(x) = A$, $\lim\limits_{x\to x_0} g(x) = B$, 则

(1) $\lim\limits_{x\to x_0}[f(x) \pm g(x)] = A \pm B$;

(2) $\lim\limits_{x\to x_0}[f(x) \cdot g(x)] = A \cdot B$;

(3) $\lim\limits_{x\to x_0}[f(x)/g(x)] = A/B \ (B \neq 0)$.

注 2.3.5 函数极限的四则运算法则证明方法同数列极限的四则运算法则一致, 证明留给读者完成. 在除法法则中, $\lim\limits_{x\to x_0} g(x) = B > 0$, 根据极限保号性得到: $\exists U^o(x_0; \delta^*)$, $x \in U^o(x_0; \delta^*)(\delta^* < \delta): g(x) > 0$. 由此保证定理 2.3.5 的 (3) 有意义, $B < 0$ 时同理.

例 2.3.9 求 $\lim\limits_{x\to -1}\left[1/(x+1) - 3/(x^3+1)\right]$.

解 利用函数极限的除法法则:

$$\lim_{x\to -1}\left(\frac{1}{x+1} - \frac{3}{x^3+1}\right) = \lim_{x\to -1}\frac{x^2 - x - 2}{x^3 + 1}$$
$$= \lim_{x\to -1}\frac{(x+1)(x-2)}{(x+1)(x^2-x+1)} = \lim_{x\to -1}\frac{x-2}{x^2-x+1} = -1$$

类似于数列极限的夹逼定理, 函数极限同样有夹逼定理成立.

定理 2.3.6 (夹逼定理) 如果当 $x \in U^o(x_0; \delta)$ 时, 下列条件满足:

(1) $g(x) \leqslant f(x) \leqslant h(x)$;

(2) $\lim\limits_{x\to x_0} g(x) = A, \lim\limits_{x\to x_0} h(x) = A$.

则 $\lim\limits_{x\to x_0} f(x) = A$.

如图 2.3.8 所示, 在 x_0 附近, $f(x)$ 介于 $g(x)$ 和 $h(x)$ 之间, 当 $x \to x_0, f(x) \to A$, 证明留给读者完成.

例 2.3.10 计算 $\lim\limits_{x\to 0} x^2 \sin(1/x)$.

解 由 $-1 \leqslant \sin(1/x) \leqslant 1$ 得 $-x^2 \leqslant x^2 \sin(1/x) \leqslant x^2$. 因为 $\lim\limits_{x\to 0} x^2 = \lim\limits_{x\to 0}(-x^2) = 0$, 所以由函数极限的夹逼定理得 $\lim\limits_{x\to 0} x^2 \sin(1/x) = 0$. 函数曲线如图 2.3.9 所示.

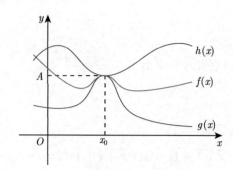

图 2.3.8

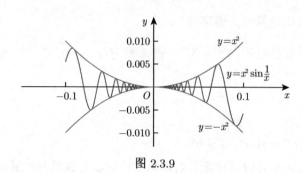

图 2.3.9

例 2.3.11 计算 $\lim\limits_{x\to 0}\dfrac{\sin x}{x}$.

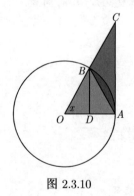

图 2.3.10

解 在单位圆内做一个三角形 OAB, 角 $\angle AOC = x$, 以及直角三角形 OAC, 如图 2.3.10 所示, 则有三角形 OAB 面积 $\leqslant$ 扇形 OAB 面积 $\leqslant$ 三角形 OAC 面积. 因此

$$x \in \left(0, \frac{\pi}{2}\right): \frac{1}{2}\sin x \leqslant \frac{1}{2}x \leqslant \frac{1}{2}\tan x \Rightarrow \cos x < \frac{\sin x}{x} < 1$$

又因为 $0 < 1 - \cos x = 2\sin^2(x/2) < 2(x/2)^2 = x^2/2$, 由夹逼定理, $\lim\limits_{x\to 0+}(1-\cos x) = 0$, 所以 $\lim\limits_{x\to 0+}\cos x = 1$. 再次应用夹逼定理, 得 $\lim\limits_{x\to 0+}(\sin x)/x = 1$. 又 $\sin x/x$ 为偶函数, 所以 $\lim\limits_{x\to 0-}(\sin x)/x = 1$. 因此 $\lim\limits_{x\to 0}(\sin x)/x = 1$.

注 2.3.6 根据例 2.3.11 的证明过程, 可以得到不等式: $|\sin x| \leqslant |x|\,(\forall x \in \mathbf{R})$.

例 2.3.12 计算 $\lim\limits_{x\to 0} x[1/x]$.

解 根据取整运算: $x - 1 < [x] \leqslant x$ 得到

$$x > 0: 1 - x = x\left(\frac{1}{x} - 1\right) < x\left[\frac{1}{x}\right] \leqslant x\left(\frac{1}{x}\right) = 1$$

$$x < 0: 1 - x = x\left(\frac{1}{x} - 1\right) > x\left[\frac{1}{x}\right] \geqslant x\left(\frac{1}{x}\right) = 1$$

所以得到不等式

$$\min\{1-x, 1\} \leqslant x\left[\frac{1}{x}\right] \leqslant \max\{1-x, 1\}$$

而 $\lim_{x\to 0}(1-x)=1, \lim_{x\to 0}1=1$, 根据夹逼定理得 $\lim_{x\to 0}x[1/x]=1$.

2.3.4 复合函数的极限

定理 2.3.7 (复合函数的极限) 设函数 $f(x)$ 在 $U^o(x_0;\delta')$ 内有定义且 $\lim_{x\to x_0}f(x)=A$, 函数 $g(t)$ 在 $U^o(t_0;\delta'')$ 内有定义且 $\lim_{t\to t_0}g(t)=x_0$, 并且在 $U^o(t_0;\delta'')$ 内 $g(t)\neq x_0$, 则 $\lim_{t\to t_0}f(g(t))=\lim_{x\to x_0}f(x)=A$.

证明 由 $\lim_{x\to x_0}f(x)=A$, 根据函数极限定义:

$$\forall \varepsilon>0, \exists \sigma>0(\sigma<\delta'), \quad \forall x\in U^o(x_0;\sigma): \quad |f(x)-A|<\varepsilon \tag{2.3.7}$$

又由于 $\lim_{t\to t_0}g(t)=x_0$, 根据函数极限定义, 对 (2.3.7) 式中的 $\sigma>0, \exists \delta>0 (\delta<\delta''), \forall t\in U^o(t_0;\delta):0<|g(t)-x_0|<\sigma$, 即 $g(t)\in U^o(x_0,\sigma)$. 进一步根据 (2.3.7) 式得到 $|f(g(t))-A|<\varepsilon$. 结论得证.

注 2.3.7 定理中 $U^o(t_0;\delta'')$ 内 $g(t)\neq x_0$ 不能少, 否则结论不成立. 例如

$$u=g(x)=x\sin\frac{1}{x}, \quad y=f(u)=\begin{cases}0, & u=0\\ 1, & u\neq 0\end{cases}$$

有 $\lim_{x\to 0}g(x)=0, \lim_{u\to 0}f(u)=1, g(1/(n\pi))=0, n\in\mathbf{N}^*$ 且 $f(g(x))=\begin{cases}0, & x=1/(n\pi),\\ 1, & x\neq 1/(n\pi).\end{cases}$

如图 2.3.11 所示, 当自变量取 $x=1/(n\pi)$ 充分逼近零时, $f(g(x))$ 趋向于零, 当自变量 $x\neq 1/(n\pi)$ 趋向于零时, $f(g(x))$ 趋向于 1, 因此 $\lim_{x\to 0}f(g(x))$ 不存在.

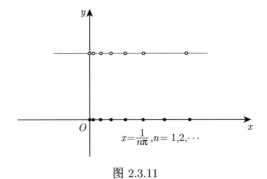

图 2.3.11

例 2.3.13 应用 $\lim_{x\to 0}(\sin x)/x=1$, 进一步利用函数的四则运算法则和复合函数极限的定理可以得到下面结论:

(1) $\lim_{x\to 0}\dfrac{\tan x}{x}=\lim_{x\to 0}\left(\dfrac{\sin x}{x}\right)\left(\dfrac{1}{\cos x}\right)=1,$

(2) $\lim_{x\to 0}\dfrac{\sin ax}{\sin bx}=\lim_{x\to 0}\left(\dfrac{\sin ax}{ax}\right)\left(\dfrac{bx}{\sin bx}\right)\dfrac{a}{b}=\dfrac{a}{b},$

(3) $\lim_{x\to 0}\dfrac{\arcsin x}{x}=\lim_{t\to 0}\dfrac{t}{\sin t}=1 \Leftarrow \boxed{\text{作变换} x=\sin t},$

(4) $\lim_{x\to 0}\dfrac{\arctan x}{x}=\lim_{t\to 0}\dfrac{t}{\tan t}=1 \Leftarrow \boxed{\text{作变换} x=\tan t},$

(5) $\lim\limits_{x\to 0}\dfrac{1-\cos x}{x^2} = \lim\limits_{x\to 0}\dfrac{2\sin^2(x/2)}{x^2} = 2\lim\limits_{x\to 0}\dfrac{\sin^2(x/2)}{(x/2)^2 4}$

$= \dfrac{1}{2}\lim\limits_{t\to 0}\left(\dfrac{\sin t}{t}\right)^2 = \dfrac{1}{2} \Leftarrow$ 作变换 $\dfrac{x}{2}=t$,

(6) $\lim\limits_{x\to 1}(1-x)\tan\dfrac{\pi x}{2} = \lim\limits_{t\to 0}t\tan\left(\dfrac{\pi}{2}-\dfrac{\pi}{2}t\right) \Leftarrow$ 作变换 $1-x=t$

$= \lim\limits_{t\to 0}t\cot\left(\dfrac{\pi}{2}t\right) = \lim\limits_{t\to 0}\dfrac{t}{\sin(\pi/2)t}\cos\left(\dfrac{\pi}{2}t\right) = \dfrac{2}{\pi}\lim\limits_{t\to 0}\dfrac{(\pi/2)t}{\sin(\pi/2)t} = \dfrac{2}{\pi}.$

注 2.3.8 例 2.3.13 中的 (3)~(6) 求极限过程中的作自变量的变换, 实际上是函数极限的复合运算.

2.3.5 典型例题

例 2.3.14 有理函数的极限.

有理函数是指形如 $p(x)/q(x)$ 的函数, 其中 $p(x),q(x)$ 都是多项式. 下面我们讨论求有理函数极限 $\lim\limits_{x\to x_0}[p(x)/q(x)]$ 的一般方法. 分几种情况讨论:

(1) 如果 $q(x_0) \neq 0$, 根据极限四则运算性质, 有

$$\lim\limits_{x\to x_0}\dfrac{p(x)}{q(x)} = \lim\limits_{x\to x_0}\dfrac{b_m x^m + \cdots + b_0}{a_n x^n + \cdots + a_0} = \dfrac{p(x_0)}{q(x_0)}$$

(2) 如果 $q(x_0)=0, p(x_0)=0$, 此时可设

$$p(x) = (x-x_0)^\alpha p_1(x) \quad (\alpha \in \mathbf{N}^*, p_1(x_0) \neq 0)$$
$$q(x) = (x-x_0)^\beta q_1(x) \quad (\beta \in \mathbf{N}^*, q_1(x_0) \neq 0)$$

则在 $\alpha \geqslant \beta$ 时函数极限存在, 为

$$\lim\limits_{x\to x_0}\dfrac{p(x)}{q(x)} = \lim\limits_{x\to x_0}(x-x_0)^{\alpha-\beta}\dfrac{p_1(x)}{q_1(x)} = \begin{cases} 0, & \alpha > \beta \\ p_1(x_0)/q_1(x_0), & \alpha = \beta \end{cases}$$

例 2.3.15 求 $\lim\limits_{x\to 2}(x^2-x-2)^{20}/(x^3-12x+16)^{10}$.

解

$$\lim\limits_{x\to 2}\dfrac{(x^2-x-2)^{20}}{(x^3-12x+16)^{10}} = \lim\limits_{x\to 2}\dfrac{(x-2)^{20}(x+1)^{20}}{(x-2)^{20}(x+4)^{10}} = \lim\limits_{x\to 2}\dfrac{(x+1)^{20}}{(x+4)^{10}} = \dfrac{3^{20}}{6^{10}} = \left(\dfrac{3}{2}\right)^{10}$$

例 2.3.16 求极限 $\lim\limits_{x\to 1}(m/(x^m-1) - n/(x^n-1)), m,n \in \mathbf{N}^*$.

解 首先将函数变形

$\lim\limits_{x\to 1}\left(\dfrac{m}{x^m-1} - \dfrac{n}{x^n-1}\right) = \lim\limits_{x\to 1}\dfrac{m(x^n-1)-n(x^m-1)}{(x^m-1)(x^n-1)} \Leftarrow$ 分母函数因式分解

$= \left[\lim\limits_{x\to 1}\dfrac{m(x^n-1)-n(x^m-1)}{(x-1)(x-1)}\right]$

$\times \left[\lim\limits_{x\to 1}\dfrac{1}{(x^{m-1}+\cdots+x+1)(x^{n-1}+\cdots+x+1)}\right] \Leftarrow$ 应用函数极限四则运算法则

$= \left(\dfrac{1}{mn}\right)\lim\limits_{x\to 1}\dfrac{m(x^n-1)-n(x^m-1)}{(x-1)^2} = \left(\dfrac{1}{mn}\right)\lim\limits_{t\to 0}\dfrac{m[(t+1)^n-1]-n[(t+1)^m-1]}{t^2} \Leftarrow$ 作变换 $x=t+1$

将上式分子二项式展开得

$$\begin{aligned}
\text{原式} &= \left(\frac{1}{mn}\right) \lim_{t\to 0} \left\{ m\left(1+nt+\frac{n(n-1)}{2}t^2+\cdots+t^n-1\right) \right. \\
&\quad \left. -n\left(1+mt+\frac{m(m-1)}{2}t^2+\cdots+t^m-1\right)\right\}/t^2 \Leftarrow \boxed{\text{进行二项展开}} \\
&= \left(\frac{1}{mn}\right) \lim_{t\to 0} \left\{ \left(mn\frac{n-1}{2}-mn\frac{m-1}{2}\right)t^2 + (c_3 t^3 + \cdots + c_n t^n)\right\}/t^2 \\
&= \left(\frac{1}{mn}\right) \left\{ \lim_{t\to 0}\left(mn\frac{n-1}{2}-mn\frac{m-1}{2}\right)t^2/(t^2) + \lim_{t\to 0}(c_3 t^3+\cdots+c_n t^n)/t^2\right\} \\
&= \frac{n-1}{2} - \frac{m-1}{2} = \frac{n-m}{2}
\end{aligned}$$

注 2.3.9 例 2.3.16 的解题过程中出现的 $c_3, c_4, \cdots, c_n$ 分别是 $t^3, t^4, \cdots, t^n$ 的系数, 是有界常数. 因为最终所求极限与 $c_3, c_4, \cdots, c_n$ 的数值无关, 所以这里不必写出 $c_3, c_4, \cdots, c_n$ 的具体数值, 从而简化计算过程.

例 2.3.17 求极限 $\lim_{x\to 0} x^2/(\sqrt[5]{1+5x} - (1+x))$.

分析 函数分母出现根式 $\sqrt[5]{1+5x}$ 使得计算极限复杂, 为此作变换 $y = \sqrt[5]{1+5x}$, 在此基础上对变量 y 的分式化简后, 应用四则运算法则求极限.

解 作变换 $y = \sqrt[5]{1+5x}$, 则 $x = (y^5-1)/5, 1+x = (y^5+4)/5$. 于是

$$\begin{aligned}
\frac{x^2}{\sqrt[5]{1+5x}-(1+x)} &= \frac{1}{25} \cdot \frac{(y^5-1)^2}{y-(y^5+4)/5} = \frac{1}{5} \cdot \frac{(y^5-1)^2}{5(y-1)-(y^5-1)} \\
&= \frac{1}{5} \cdot \frac{(y^4+y^3+y^2+y+1)^2(y-1)^2}{[4-(y^4+y^3+y^2+y)](y-1)} = -\frac{1}{5} \cdot \frac{(y^4+y^3+y^2+y+1)^2}{y^3+2y^2+3y+4}
\end{aligned}$$

当 $x\to 0$ 时 $y\to 1$, 所以

$$\lim_{x\to 0} \frac{x^2}{\sqrt[5]{1+5x}-(1+x)} = \lim_{y\to 1}\left(-\frac{1}{5}\right) \cdot \frac{(y^4+y^3+y^2+y+1)^2}{y^3+2y^2+3y+4} = -\frac{1}{2}.$$

例 2.3.18 求极限 $\lim_{x\to \pi/3} [\sin(x-\pi/3)]/(1-2\cos x)$.

解 作变换 $y = x - \pi/3$, 当 $x\to \pi/3$ 时 $y\to 0$, 于是有

$$\lim_{x\to \pi/3} \frac{\sin(x-\pi/3)}{1-2\cos x} = \lim_{y\to 0} \frac{\sin y}{1-2\cos(y+\pi/3)} = \lim_{y\to 0} \frac{\sin y}{1-\cos y + \sqrt{3}\sin y}$$

上式分子分母同除 $\sin y$, 再利用函数极限的四则运算法则得到

$$\begin{aligned}
\text{原式} &= \lim_{y\to 0} \frac{1}{\{1-\cos y\}/\sin y + \sqrt{3}} \\
&= \lim_{y\to 0} \frac{1}{\{2\sin^2(y/2)\}/\{2\sin(y/2)\cos(y/2)\} + \sqrt{3}} = \frac{1}{\sqrt{3}}
\end{aligned}$$

例 2.3.19 求 $\lim\limits_{x\to 0}(\sqrt{1+x}-\sqrt{1-x})/(\sqrt[3]{1+x}-\sqrt[3]{1-x})$.

解 利用公式 $a^3-b^3=(a-b)(a^2+ab+b^2)$, $a^2-b^2=(a-b)(a+b)$ 将分子分母同时有理化:

$$\lim_{x\to 0}\frac{\sqrt{1+x}-\sqrt{1-x}}{\sqrt[3]{1+x}-\sqrt[3]{1-x}}$$

$$=\lim_{x\to 0}\frac{(\sqrt{1+x}-\sqrt{1-x})(\sqrt{1+x}+\sqrt{1-x})}{(\sqrt[3]{1+x}-\sqrt[3]{1-x})(\sqrt{1+x}+\sqrt{1-x})}\frac{\left(\sqrt[3]{(1+x)^2}+\sqrt[3]{1-x^2}+\sqrt[3]{(1-x)^2}\right)}{\left(\sqrt[3]{(1+x)^2}+\sqrt[3]{1-x^2}+\sqrt[3]{(1-x)^2}\right)}$$

$$=\lim_{x\to 0}\frac{(2x)\left(\sqrt[3]{(1+x)^2}+\sqrt[3]{1-x^2}+\sqrt[3]{(1-x)^2}\right)}{(2x)\left(\sqrt{1+x}+\sqrt{1-x}\right)}=\frac{3}{2}$$

注 2.3.10 例 2.3.19 用到结论: 设在邻域 $U^o(x_0;\delta')$ 内 $f(x)\geqslant 0$, 且 $\lim\limits_{x\to x_0}f(x)=A$, 则 $\lim\limits_{x\to x_0}\sqrt[k]{f(x)}=\sqrt[k]{A}$ $(k\in\mathbf{N}^*)$.

例 2.3.20 求极限 $\lim\limits_{x\to 0}(1-\cos a_1 x\cdot\cos a_2 x\cdots\cos a_n x)/x^2$.

解 利用二倍角公式将函数等价变形:

$$\lim_{x\to 0}\frac{1-\cos a_1 x\cdot\cos a_2 x\cdots\cos a_n x}{x^2}$$

$$=\lim_{x\to 0}\frac{1-\left(1-2\sin^2(a_1 x/2)\right)\left(1-2\sin^2(a_2 x/2)\right)\cdots\left(1-2\sin^2(a_n x/2)\right)}{x^2}$$

$$=\lim_{x\to 0}\frac{2\sin^2(a_1 x/2)+2\sin^2(a_2 x/2)+\cdots+2\sin^2(a_n x/2)-G(x)}{x^2}$$

其中 $G(x)$ 为 $\{-2\sin^2(a_1 x/2),-2\sin^2(a_2 x/2),\cdots,-2\sin^2(a_n x/2)\}$ 中任意 2 项, 3 项, 一直到 n 项乘积之和. 由于

$$\lim_{x\to 0}\frac{\sin x}{x}=1,\quad \lim_{x\to 0}\frac{\sin x^2}{x^2}=1,\quad \lim_{x\to 0}\frac{\sin x^3}{x^2}=0,\quad \lim_{x\to 0}\frac{\sin x^k}{x^2}=0\,(k>2)$$

因此

$$\lim_{x\to 0}\frac{\sin^2(a_i x/2)\sin^2(a_j x/2)}{x^2}=\lim_{x\to 0}\frac{\sin^2(a_i x/2)\sin^2(a_j x/2)}{(a_i x/2)^2(a_j x/2)^2}\left(\frac{a_i^2 a_j^2 x^2}{16}\right)=0$$

类似成立:

$$\lim_{x\to 0}\frac{\sin^2(a_i x/2)\sin^2(a_j x/2)\sin^2(a_k x/2)}{x^2}=0$$

所以 $\lim\limits_{x\to 0}G(x)/x^2=0$, 在上面讨论基础上得到

$$原式=\lim_{x\to 0}\frac{2\sin^2(a_1 x/2)+2\sin^2(a_2 x/2)+\cdots+2\sin^2(a_n x/2)}{x^2}+\lim_{x\to 0}\frac{G(x)}{x^2}$$

$$=\frac{a_1^2+a_2^2+\cdots+a_n^2}{2}$$

注 2.3.11 例 2.3.16~ 例 2.3.20 求解函数极限遇到共同问题是分子分母极限为零, 不能直接利用函数极限的四则运算法则求解, 处理这类问题的一般方法: 将函数进行变形, 使得分母函数极限为零的因子项消掉, 在此基础上利用函数极限的四则运算法则求解.

例 2.3.21 (1) 证明: 若 $\lim\limits_{x\to 0} f(x^3) = A$ 存在, 则 $\lim\limits_{x\to 0} f(x) = \lim\limits_{x\to 0} f(x^3)$.

(2) 若 $\lim\limits_{x\to 0} f(x^2)$ 存在, 试问 $\lim\limits_{x\to 0} f(x) = \lim\limits_{x\to 0} f(x^2)$ 是否成立.

分析 由于 $x\to 0$ 的过程中可以确保 x^3 从 $x^3\to 0+, x^3\to 0-$ 两个方向趋于 0, 但是 $x\to 0$ 时 x^2 只能从一个方向趋于 0, 即 $x^2\to 0+$. 因此初步断定 (1) 成立, (2) 不成立. 下面给出严谨证明.

证明 (1) 由 $\lim\limits_{x\to 0} f(x^3) = A$ 存在, 根据函数极限定义有

$$\forall \varepsilon > 0, \exists \delta > 0, 0 < |x| < \delta : |f(x^3) - A| < \varepsilon$$

令 $y = x^3$, 当 $0 < \sqrt[3]{|y|} < \delta$ 时, 由上式, $|f(y) - A| < \varepsilon$. 即 $0 < |y| < \delta^3 : |f(y) - A| < \varepsilon$, 因此 $\lim\limits_{y\to 0} f(y) = A$, 故 $\lim\limits_{x\to 0} f(x) = \lim\limits_{x\to 0} f(x^3) = A$.

(2) 令 $f(x) = \begin{cases} x, & x \geqslant 0, \\ 1, & x < 0, x \in \mathbf{Q}, \\ 0 & x < 0, x \in \mathbf{R}\backslash\mathbf{Q}, \end{cases}$ 则 $\lim\limits_{x\to 0+} f(x^2) = \lim\limits_{x\to 0+} x^2 = \lim\limits_{x\to 0-} f(x^2) = \lim\limits_{x\to 0-} x^2 = 0$, 但 $\lim\limits_{x\to 0-} f(x)$ 不存在, 所以 $\lim\limits_{x\to 0} f(x)$ 不存在. 结论得证.

2.3.6 海涅原理

下面我们讨论函数极限与数列极限之间的关系. 首先回顾函数极限的定义:

$$\lim\limits_{x\to x_0} f(x) = A \Leftrightarrow \forall \varepsilon > 0, \exists \delta > 0, 0 < |x - x_0| < \delta : |f(x) - A| < \varepsilon$$

即 $f : (x_0 - \delta, x_0 + \delta)(x \neq x_0) \to (A - \varepsilon, A + \varepsilon)$. 如图 2.3.12 所示.

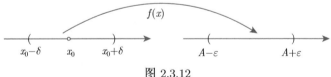

图 2.3.12

任取以 x_0 为极限的点列 $\{x_n\}(\forall n \in \mathbf{N}^*, x_n \neq x_0)$, 则存在 $N \in \mathbf{N}^*, n > N : |x_n - x_0| < \delta$, 即 $\{x_n\}_{n=N+1}^{\infty} \subset (x_0 - \delta, x_0 + \delta)$. 于是 $f : \{x_n\}_{n=N+1}^{\infty} \to (A - \varepsilon, A + \varepsilon)$. 如图 2.3.13 所示. 因此

$$\forall n > N : |f(x_n) - A| < \varepsilon$$

即 $\lim\limits_{n\to\infty} f(x_n) = A$.

在上面讨论基础上, 进一步得到海涅原理.

定理 2.3.8 (海涅原理) 设函数 $f(x)$ 定义在 $U^o(x_0; \delta^*)$ 上, 则 $\lim\limits_{x\to x_0} f(x) = A$ 的充分必要条件是: 任意 $\{x_n\} \subset U^o(x_0; \delta^*)$, $\lim\limits_{n\to\infty} x_n = x_0$, 都有 $\lim\limits_{n\to\infty} f(x_n) = A$.

注 2.3.12 海涅原理建立了数列极限和函数极限之间的联系. 如图 2.3.13 所示.

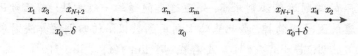

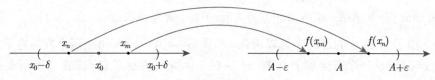

图 2.3.13

证明 必要性: 由 $\lim\limits_{x\to x_0}f(x)=A$, 根据极限定义有

$$\forall \varepsilon>0, \exists \delta>0(\delta<\delta^*), 0<|x-x_0|<\delta : |f(x)-A|<\varepsilon$$

因为 $\lim\limits_{n\to\infty}x_n=x_0, x_n\neq x_0, n=1,2,3,\cdots$, 对于上述 $\delta>0$,

$$\exists N\in \mathbf{N}^*, n>N : 0<|x_n-x_0|<\delta$$

所以 $n>N : |f(x_n)-A|<\varepsilon$, 即 $\lim\limits_{n\to\infty}f(x_n)=A$.

充分性: 设 $\lim\limits_{x\to x_0}f(x)\neq A$, 则存在 $\varepsilon_0>0$, 取 $\delta_n=\min\{1/n,\delta^*\}$, 存在 $x_n\in U^o(x_0;\delta_n)$ 满足 $0<|x_n-x_0|<\delta_n$, 但是

$$|f(x_n)-A|\geqslant \varepsilon_0 >0$$

可见存在 $\{x_n\}\in U^o(x_0;\delta_n)$, $\lim\limits_{n\to\infty}x_n=x_0$, 但 $\lim\limits_{n\to\infty}f(x_n)\neq A$, 矛盾. 所以 $\lim\limits_{x\to x_0}f(x)=A$. 结论得证.

例 2.3.22 证明 $\lim\limits_{x\to 0}\sin(1/x)$ 不存在.

证明 取两个收敛于零的点列

$$\{x_n\}=\left\{\frac{1}{n\pi}\right\}, \quad \lim_{n\to\infty}x_n=0, \quad \{x'_n\}=\left\{\frac{1}{\pi(4n+1)/2}\right\}, \quad \lim_{n\to\infty}x'_n=0$$

则有

$$\lim_{n\to\infty}\sin\frac{1}{x_n}=\lim_{n\to\infty}\sin n\pi=0, \quad \lim_{n\to\infty}\sin\frac{1}{x'_n}=\lim_{n\to\infty}\sin\frac{4n+1}{2}\pi=\lim_{n\to\infty}1=1$$

由海涅原理, $\lim\limits_{x\to 0}\sin\dfrac{1}{x}$ 不存在. 结论得证.

例 2.3.23 设 $f(x)=\begin{cases}x^2, & x\in \mathbf{Q}, \\ 0, & x\in \mathbf{R}\backslash \mathbf{Q}.\end{cases}$ 证明: $\forall x_0\in \mathbf{R}\,(x_0\neq 0)$, $\lim\limits_{x\to x_0}f(x)$ 不存在.

证明 根据有理数和无理数在实数域中的稠密性, $\forall x_0\in \mathbf{R}\,(x_0\neq 0)$, 存在有理数序列 $\{x_n\}, \lim\limits_{n\to\infty}x_n=x_0$, 存在无理数序列 $\{y_n\}, \lim\limits_{n\to\infty}y_n=x_0$. 因为 $\lim\limits_{n\to\infty}f(x_n)=\lim\limits_{n\to\infty}x_n^2=x_0^2$, $\lim\limits_{n\to\infty}f(y_n)=0$, 由海涅原理, $\lim\limits_{x\to x_0}f(x)$ 不存在. 结论得证.

注 2.3.13 根据海涅原理得到极限不存在的几种情况:
(1) 存在 $\{x_n\}, \{y_n\} \subset U^o(x_0; \delta^*)$ 极限为 x_0, $\lim\limits_{n\to\infty} f(x_n) = A$, $\lim\limits_{n\to\infty} f(y_n) = B$, 但 $A \neq B$.
(2) 存在 $\{x_n\} \subset U^o(x_0; \delta^*)$ 极限为 x_0, 但 $\lim\limits_{n\to\infty} f(x_n)$ 不存在.

例 2.3.24 用海涅原理证明函数极限的四则运算性质.

证明 这里只证除法法则, 其余类似. 设 $f(x), g(x)$ 定义在 $U^o(x_0; \delta)$ 上, $\lim\limits_{x\to x_0} f(x) = A$, $\lim\limits_{x\to x_0} g(x) = B(B \neq 0)$. 由海涅原理, 任意 $\{x_n\} \subset U^o(x_0; \delta)$, $\lim\limits_{n\to\infty} x_n = x_0$, 有
$$\lim_{n\to\infty} f(x_n) = A, \quad \lim_{n\to\infty} g(x_n) = B$$
由数列极限的四则运算性质, $\lim\limits_{n\to\infty} f(x_n)/g(x_n) = A/B$. 由 $\{x_n\}$ 的任意性, 再次应用海涅原理得 $\lim\limits_{x\to x_0} f(x)/g(x) = A/B$. 结论得证.

注 2.3.14 由海涅原理, 数列极限的夹逼定理、保序性可以推广到函数极限的夹逼定理、保序性, 证明留给读者完成.

例 2.3.25 设函数 $f(x)$ 在邻域 $U^o(x_0, \delta^*)$ 内有定义, 则 $\lim\limits_{x\to x_0} f(x) = A$ 的充分必要条件是: 如果任意 $\{x_n\} \subset U^o(x_0, \delta^*)$, 满足 $\lim\limits_{n\to\infty} x_n = x_0$ 和 $0 < |x_{n+1} - x_0| < |x_n - x_0|$, 都有 $\lim\limits_{n\to\infty} f(x_n) = A$ 成立.

证明 必要性同定理 2.3.8, 下面证充分性.
若 $\lim\limits_{x\to x_0} f(x) \neq A$, 则
$$\exists \varepsilon_0 > 0, \forall \delta > 0 (\delta < \delta^*), \exists x' \in U^o(x_0; \delta) : |f(x') - A| \geqslant \varepsilon_0$$
取 $\delta_1 = \min\{1, \delta^*\}$, 则存在 $x_1 \in U^o(x_0; \delta_1) : |f(x_1) - A| \geqslant \varepsilon_0$;
取 $\delta_2 = \min\{1/2, |x_1 - x_0|, \delta^*\}$, 则存在 $x_2 \in U^o(x_0; \delta_2) : |f(x_2) - A| \geqslant \varepsilon_0$;
依此类推, 取 $\delta_n = \min\{1/n, |x_{n-1} - x_0|, \delta^*\}$, 则存在 $x_n \in U^o(x_0; \delta_n) : |f(x_n) - A| \geqslant \varepsilon_0$.
继续这一过程, 得到数列 $\{x_n\}$ 满足
$$0 < |x_{n+1} - x_0| < |x_n - x_0|, \quad \lim_{n\to\infty} x_n = x_0$$
但 $|f(x_n) - A| \geqslant \varepsilon_0$. 这与 $\lim\limits_{n\to\infty} f(x_n) = A$ 矛盾, 所以 $\lim\limits_{x\to x_0} f(x) = A$. 结论得证.

注 2.3.15 例 2.3.25 是海涅原理的加强形式.

2.3.7 柯西收敛定理

如同数列极限, 函数极限也有柯西收敛定理成立. 首先回顾函数极限定义:
$$\lim_{x\to x_0} f(x) = A \Leftrightarrow \forall \varepsilon > 0, \exists \delta > 0, 0 < |x - x_0| < \delta : |f(x) - A| < \frac{\varepsilon}{2}$$
如图 2.3.14 所示,
$$\forall x_1, x_2 \in U^o(x_0; \delta), f(x_1) \in \left(A - \frac{\varepsilon}{2}, A + \frac{\varepsilon}{2}\right), f(x_2) \in \left(A - \frac{\varepsilon}{2}, A + \frac{\varepsilon}{2}\right)$$
于是
$$\forall x_1, x_2 \in U^o(x_0; \delta), |f(x_1) - f(x_2)| \leqslant |f(x_1) - A| + |f(x_2) - A| < \frac{\varepsilon}{2} + \frac{\varepsilon}{2} = \varepsilon \tag{2.3.8}$$
接下来分析 (2.3.8) 式是否是极限存在的充分条件, 也即柯西收敛定理.

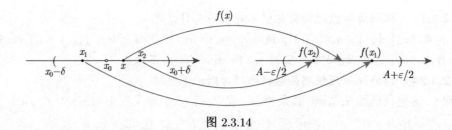

图 2.3.14

定理 2.3.9 (柯西收敛定理) 设函数 $f(x)$ 定义在 $U^o(x_0;\delta')$, 则 $\lim\limits_{x \to x_0} f(x)$ 存在的充分必要条件是

$$\forall \varepsilon > 0, \exists \delta > 0(\delta < \delta'), \forall x_1, x_2 \in U^o(x_0;\delta) : |f(x_1) - f(x_2)| < \varepsilon \tag{2.3.9}$$

证明 必要性: 设 $\lim\limits_{x \to x_0} f(x) = A$, 根据极限定义:

$$\forall \varepsilon > 0, \exists \delta > 0(\delta < \delta'), 0 < |x - x_0| < \delta : |f(x) - A| < \frac{\varepsilon}{2}$$

则对任意 $x_1, x_2 \in U^o(x_0;\delta), 0 < |x_i - x_0| < \delta, i = 1, 2,$ 成立

$$|f(x_1) - f(x_2)| \leqslant |f(x_1) - A| + |f(x_2) - A| < \varepsilon$$

必要性得证.

充分性: 任取 $\{x_n\} \subset U^o(x_0;\delta')$ 且 $\lim\limits_{n \to \infty} x_n = x_0$, 由数列极限的定义, 对于 (2.3.9) 式中的 δ,

$$\exists N \in \mathbf{N}^*, \forall n > N : |x_n - x_0| < \delta$$

根据 (2.3.9) 式得到

$$\forall m, n > N, 0 < |x_n - x_0| < \delta, 0 < |x_m - x_0| < \delta : |f(x_n) - f(x_m)| < \varepsilon$$

根据数列极限的柯西收敛准则, $\{f(x_n)\}$ 是柯西列, $\lim\limits_{n \to \infty} f(x_n) = l_x$ 存在. 得到结论

$$\forall \{x_n\} \subset U^o(x_0;\delta'), \lim\limits_{n \to \infty} x_n = x_0 \Rightarrow \lim\limits_{n \to \infty} f(x_n) = l_x \tag{2.3.10}$$

任取 $\{y_n\} \subset U^o(x_0;\delta'), \lim\limits_{n \to \infty} y_n = x_0$, 则有 $\lim\limits_{n \to \infty} f(y_n) = l_y$. 将 $x_1, y_1, x_2, y_2, \cdots, x_n, y_n, \cdots$ 组成新的数列 $\{z_n\}$, 由于 $\{x_n\}, \{y_n\}$ 分别是 $\{z_n\}$ 的奇数和偶数子列, 所以 $\lim\limits_{n \to \infty} z_n = x_0$, 因此根据 (2.3.10) 式, $\{f(z_n)\}$ 极限存在, 设 $\lim\limits_{n \to \infty} f(z_n) = l$. 即 $l_x = l_y = l$.

于是得到结论: 对于任意收敛于 x_0 的数列 $\{w_n\} \in U^o(x_0;\delta')$, 都有 $\lim\limits_{n \to \infty} f(w_n) = l$. 根据海涅原理知 $\lim\limits_{x \to x_0} f(x)$ 存在. 结论得证.

注 2.3.16 柯西收敛定理否命题叙述, 也即 $\lim\limits_{x \to x_0} f(x)$ 不存在的叙述方法为

$$\exists \varepsilon_0 > 0, \forall \delta > 0, \exists x_1, x_2 \in U^o(x_0;\delta), 0 < |x_1 - x_0| < \delta, 0 < |x_2 - x_0| < \delta : |f(x_1) - f(x_2)| \geqslant \varepsilon_0$$

即存在 $\varepsilon_0 > 0$, 无论 $\delta > 0$ 多么小, 都存在 $x_1, x_2 \in U^o(x_0;\delta')$, 尽管 $0 < |x_1 - x_0| < \delta, 0 < |x_2 - x_0| < \delta$, 但是 $|f(x_1) - f(x_2)| \geqslant \varepsilon_0$.

例 2.3.26 证明极限 $\lim\limits_{x\to 0}\sin(1/x)$ 不存在.

证明 取 $\varepsilon_0 = 1$, 对任何 $\delta > 0$, 设 $n > 1/\delta$, 令 $x' = 1/(n\pi), x'' = 1/(n\pi + \pi/2)$, 则 $x', x'' \in U^o(0;\delta)$, 而 $|\sin(1/x') - \sin(1/x'')| = 1 = \varepsilon_0$. 由柯西定理, 极限 $\lim\limits_{x\to 0}\sin(1/x)$ 不存在. 如图 2.3.15 所示. 函数曲线在 $x=0$ 附近呈现出剧烈震荡的变化趋势, 因此 $x \to 0$ 时极限不存在. 结论得证.

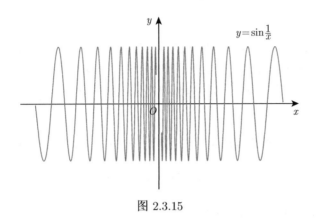

图 2.3.15

习题 2.3 函数极限的定义与基本理论

1. 计算下列极限.

(1) $\lim\limits_{x\to 1}\dfrac{x^2-1}{2x^2-x-1}$;

(2) $\lim\limits_{x\to 0}\dfrac{3x^5-5x^3+2x}{x^5-x^3+3x}$;

(3) $\lim\limits_{x\to 0}\dfrac{(1+2x)(1+3x)-1}{x}$;

(4) $\lim\limits_{x\to 2}\dfrac{(x^2-x-2)^{20}}{(x^3-12x+16)^{10}}$.

2. 计算下列极限 (以下 $m, n \in \mathbf{N}^*$).

(1) $\lim\limits_{x\to 1}\dfrac{x^m-1}{x^n-1}$;

(2) $\lim\limits_{x\to 0}\dfrac{\sqrt{1+x}-1}{x}$;

(3) $\lim\limits_{x\to 0}\dfrac{\sqrt{1+x}-\sqrt{1-x}}{x}$;

(4) $\lim\limits_{x\to 0}\dfrac{(1+x)^{\frac{1}{m}}-1}{x}$;

(5) $\lim\limits_{x\to 1}\dfrac{x+x^2+\cdots+x^m-m}{x-1}$;

(6) $\lim\limits_{x\to a}\dfrac{(x^n-a^n)-na^{n-1}(x-a)}{(x-a)^2}$;

(7) $\lim\limits_{x\to 1}\dfrac{x^{n+1}-(n+1)x+n}{(x-1)^2}$.

3. 计算下列极限.

(1) $\lim\limits_{x\to a}\dfrac{\sin x-\sin a}{x-a}$;

(2) $\lim\limits_{x\to 0}\dfrac{\sin(\sin x)}{x}$;

(3) $\lim\limits_{x\to 0}\dfrac{1-\cos ax}{x^2}$;

(4) $\lim\limits_{x\to 0}\dfrac{\tan x-\sin x}{x^3}$;

(5) $\lim\limits_{x\to 0}\dfrac{1-\cos a_1 x \cdot \cos a_2 x}{x^2}$;

(6) $\lim\limits_{x\to a}\dfrac{\cos x-\cos a}{x-a}$;

(7) $\lim\limits_{x\to 0}\dfrac{\sin(a+2x)-2\sin(a+x)+\sin a}{x^2}$;

(8) $\lim\limits_{x\to 0}\dfrac{x^2}{\sqrt{1+x\sin x}-\sqrt{\cos x}}$;

(9) $\lim\limits_{x \to 0^+} \dfrac{1 - \sqrt{\cos x}}{1 - \cos \sqrt{x}}$;   (10) $\lim\limits_{x \to 0} \dfrac{\sqrt{1+\tan x} - \sqrt{1+\sin x}}{x^3}$.

4. 设 $\lim\limits_{x \to x_0} f(x) > a$，试证存在 $\delta > 0$，当 $0 < |x - x_0| < \delta$ 时，成立 $f(x) > a$.

扫码学习

2.4 连续函数

在上一节函数极限的讨论中，我们并没有考虑函数在极限点 x_0 处的取值情况，如果把函数在 x_0 处的取值也考虑进去，就是本节将要讨论的函数的连续与间断问题. 本节内容包括连续函数定义、函数间断点分类以及利用函数连续性求极限.

2.4.1 连续函数与间断点分类

定义 2.4.1 (函数在一点连续的定义) 设 $f : (a, b) \to \mathbf{R}$，若对 $x_0 \in (a, b)$ 有

$$\lim_{x \to x_0} f(x) = f(x_0)$$

则称函数 f 在点 x_0 处连续. 或用"ε-δ"语言描述为

$$\forall \varepsilon > 0, \exists \delta > 0, \forall x \in (a, b), |x - x_0| < \delta : |f(x) - f(x_0)| < \varepsilon$$

图 2.4.1 给出了函数在一点连续的直观图，当自变量 $x \to x_0+$ 时，$x \to x_0-$ 时，$f(x) \to f(x_0)$.

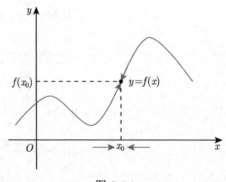

图 2.4.1

例 2.4.1 证明 $\sin x, \cos x$ 在实数域 $\mathbf{R}$ 上任意一点连续.

证明 对任意 $x_0 \in \mathbf{R}$，由于

$$|\sin x - \sin x_0| = 2 \left| \sin \frac{x - x_0}{2} \cos \frac{x + x_0}{2} \right| \leqslant 2 \left| \sin \frac{x - x_0}{2} \right| \leqslant |x - x_0|$$

因此

$$\forall \varepsilon > 0, \exists \delta = \varepsilon, |x - x_0| < \delta : |\sin x - \sin x_0| < \varepsilon$$

所以 $\sin x$ 在点 x_0 连续. 同理可证 $\cos x$ 在点 x_0 连续. 由 x_0 的任意性，$\sin x, \cos x$ 在实数域 $\mathbf{R}$ 上任意一点连续. 结论得证.

注 2.4.1 例 2.4.1 的证明过程中得到了不等式: $\forall x,y \in \mathbf{R}: |\sin x - \sin y| \leqslant |x-y|$, 类似可以证明:
$$\forall x,y \in \mathbf{R}: |\cos x - \cos y| \leqslant |x-y|$$

定义 2.4.2 (函数在一点的左右连续) 设 $f:(a,b) \to \mathbf{R}, x_0 \in (a,b)$, 若
$$\lim_{x \to x_0+} f(x) = f(x_0)$$
称函数 f 在点 x_0 右连续. 若
$$\lim_{x \to x_0-} f(x) = f(x_0)$$
称函数 f 在点 x_0 左连续.

定理 2.4.1 函数 $f(x)$ 在点 x_0 连续的充要条件是函数在 x_0 既左连续又右连续, 即
$$\lim_{x \to x_0} f(x) = f(x_0) \Leftrightarrow \lim_{x \to x_0+} f(x) = \lim_{x \to x_0-} f(x) = f(x_0)$$

下面举例说明函数的连续性.

例 2.4.2 当 a 取何值时, 函数 $f(x) = \begin{cases} \cos x, & x < 0, \\ a+x, & x \geqslant 0 \end{cases}$ 在 $x=0$ 处连续.

解 因为 $\lim\limits_{x \to 0-} f(x) = \lim\limits_{x \to 0-} \cos x = 1$, $\lim\limits_{x \to 0+} f(x) = \lim\limits_{x \to 0+} (a+x) = a$, 要使 $f(0-0) = f(0+0) = f(0)$, 必须 $a=1$. 故当且仅当 $a=1$ 时, 函数 $f(x)$ 在 $x=0$ 处连续.

定义 2.4.3 如果函数 $f(x)$ 在 (a,b) 内任一点连续, 则称 $f(x)$ 在 (a,b) 内连续. 如果函数 $f(x)$ 在 (a,b) 上连续, 并且分别在 $x=a, x=b$ 右连续和左连续, 则称 $f(x)$ 在 $[a,b]$ 上连续.

注 2.4.2 用 $C(I)$ 表示区间 I 上连续函数的集合.

因为函数在一点连续则在这一点的极限必定存在, 所以在一点连续的函数有许多性质与函数极限的性质类似. 下面我们一一列出, 证明留给读者.

设 $f:(a,b) \to \mathbf{R}$, 则有如下性质成立.

定理 2.4.2 (函数在一点连续的局部有界性) 若 $f(x)$ 在 $x_0 \in (a,b)$ 连续, 则存在 $U(x_0;\delta) \subset (a,b)$, 使得 $f(x)$ 在 $U(x_0;\delta)$ 内有界.

定理 2.4.3 (函数在一点连续的局部保号性) 若 $f(x)$ 在 $x_0 \in (a,b)$ 连续, 且 $f(x_0) > 0 (< 0)$, 则存在 $\delta > 0$, 当 $x \in U(x_0;\delta) \subset (a,b), f(x) > 0 (< 0)$.

定理 2.4.4 (连续函数的四则运算) 若函数 $f(x), g(x)$ 在 $x_0 \in (a,b)$ 连续, 则它们的和、差、积、商
$$f(x) \pm g(x), \ f(x) \cdot g(x), \ \frac{f(x)}{g(x)} \ (g(x_0) \neq 0)$$
在 x_0 点均连续.

定理 2.4.5 (复合函数的连续性) 若 $f(x)$ 在 $x_0 \in (a,b)$ 连续, $g(t)$ 在 $t=t_0$ 连续, $g(t_0) = x_0$, 则复合函数 $f \circ g(t)$ 在 $t=t_0$ 连续.

注 2.4.3 复合函数的连续性比复合函数的极限少了在 t_0 处取值的限制, 满足
$$\lim_{t \to t_0} f \circ g(t) = \lim_{t \to t_0} f(g(t)) = f\left(\lim_{t \to t_0} g(t)\right) = f(g(\lim_{t \to t_0})) = f(x_0) \tag{2.4.1}$$

式 (2.4.1) 表示如果 $f(x)$ 是连续函数, 则函数与极限运算可以交换顺序.

关于反函数的连续有下面定理, 证明留给读者完成.

定理 2.4.6 (反函数的连续性) 设函数 f 是在区间 I 上严格单调的连续函数, 则 f^{-1} 是 $f(I)$ 上严格单调的连续函数.

下面讨论初等函数的连续性.

(1) 三角函数及反三角函数在它们的定义域内是连续的.

由 $\sin x, \cos x$ 在 $(-\infty, +\infty)$ 连续, 根据连续函数的四则运算法则可得 $\tan x, \cot x, \sec x,$ $\csc x$ 在其定义域内连续. 由 $y = \sin x$ 在 $[-\pi/2, \pi/2]$ 上单调递增且连续, 根据反函数的连续性定理得 $y = \arcsin x$ 在 $[-1, 1]$ 上也是单调递增且连续的. 同理可得其他反三角函数在其定义域上的连续性.

(2) 对数函数、幂函数和指数函数在它们的定义域内连续.

首先证明 $y = a^x \, (a > 0, a \neq 1)$ 是连续函数. 证明分三步:

1) 当 $x = 0, a > 1$. 要使 $|a^x - 1| < \varepsilon$, 需要 $1 - \varepsilon < a^x < 1 + \varepsilon$, 因此对于任意给定 $0 < \varepsilon < 1$, $\log_a(1-\varepsilon) < x < \log_a(1+\varepsilon)$. 所以得到

$$\forall 0 < \varepsilon < 1, \exists \delta = \min\{-\log_a(1-\varepsilon), \log_a(1+\varepsilon)\}, |x - 0| < \delta : |a^x - 1| < \varepsilon$$

因此当 $a > 1$ 时, a^x 在 $x = 0$ 连续.

2) $\forall x_0 \in \mathbf{R}, a > 1$. 根据极限的四则运算法则和 1) 的结论:

$$\lim_{x \to x_0} a^x = \lim_{x \to x_0} a^{x_0} a^{x - x_0} = a^{x_0} \lim_{x \to x_0} a^{x - x_0} = a^{x_0}$$

因此当 $a > 1$ 时, a^x 在 $(-\infty, +\infty)$ 内为连续函数.

3) $\forall x_0 \in \mathbf{R}, 0 < a < 1$. 由于 $\lim_{x \to x_0} a^x = \lim_{x \to x_0} 1/[(1/a)^x] = a^{x_0}$. 因此当 $0 < a < 1$ 时, a^x 为 $(-\infty, +\infty)$ 内连续函数.

进一步根据反函数连续性定理, 由 $a^x \, (a > 0, a \neq 1)$ 连续可推出对数函数 $\log_a x \, (x > 0, a > 0, a \neq 1)$ 连续, 利用复合函数连续定理推出幂函数 $x^\mu = \mathrm{e}^{\mu \ln x}, x > 0$ 连续. 在上面讨论基础上再根据连续函数的四则运算及复合函数的性质, 得到下面两个结论:

结论 1 基本初等函数在其定义域内是连续的.

结论 2 初等函数在其定义域内的区间上是连续的.

函数 $f(x)$ 在点 x_0 处连续必须满足三个条件:

(1) $f(x)$ 在点 x_0 处有定义;

(2) $\lim_{x \to x_0} f(x)$ 存在;

(3) $\lim_{x \to x_0} f(x) = f(x_0)$.

上述条件有一个不满足, 则称函数在点 x_0 不连续, 该点称为函数的间断点. 不同条件对应不同类型的间断点, 下面将间断点进行分类:

第一类间断点 如果 $f(x)$ 在点 x_0 的左右极限都存在.

(1) 若 $f(x_0 + 0) \neq f(x_0 - 0)$, 则称 x_0 为 $f(x)$ 的跳跃间断点;

(2) 若 $f(x_0 - 0) = f(x_0 + 0) \neq f(x_0)$, 或 $f(x)$ 在该点无定义, 则称 x_0 为 $f(x)$ 的可去间断点.

跳跃间断点和可去间断点统称为第一类间断点.

第二类间断点　如果 $f(x)$ 在点 x_0 的左右极限至少有一个不存在,则称点 x_0 为 $f(x)$ 的第二类间断点.

注 2.4.4　间断点的几何直观如图 2.4.2 所示. 函数在第二类间断点处的左右极限至少有一个不存在,所以函数在第二类间断点处或者趋向于无穷大,或者上下震荡,极限不存在.

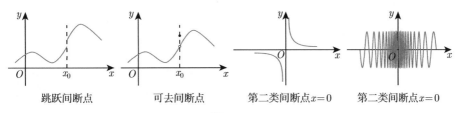

图 2.4.2

2.4.2 函数的间断点类型分析

例 2.4.3　讨论函数 $f(x) = \begin{cases} -x, & x \leqslant 0, \\ 1+x, & x > 0 \end{cases}$ 在 $x=0$ 处的连续性.

解　因为 $f(0-0) = 0, f(0+0) = 1, f(0-0) \neq f(0+0)$,所以 $x=0$ 为函数 $f(x)$ 的跳跃间断点. 如图 2.4.3 所示.

例 2.4.4　讨论函数 $f(x) = \begin{cases} 2\sqrt{x}, & 0 \leqslant x < 1, \\ 1, & x = 1, \\ 1+x, & x > 1 \end{cases}$ 在 $x=1$ 处的连续性.

解　因为 $\lim\limits_{x \to 1+} f(x) = \lim\limits_{x \to 1-} f(x) = 2$,而 $f(1) = 1$,因此 $x=1$ 为 $f(x)$ 的可去间断点. 如图 2.4.4 所示.

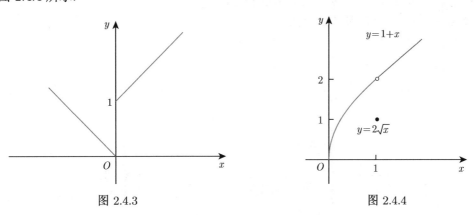

图 2.4.3　　　　　　　　　图 2.4.4

例 2.4.5　讨论函数 $f(x) = \sin(1/x)$ 在 $x=0$ 处的连续性.

解　$f(x) = \sin(1/x)$ 在 $x=0$ 处没有定义,$\lim\limits_{x \to 0+} \sin(1/x), \lim\limits_{x \to 0-} \sin(1/x)$ 不存在,所以 $x=0$ 为第二类间断点. 如图 2.4.5 所示.

例 2.4.6　讨论函数 $f(x) = [x] \sin \pi x$ 的连续性.

解 根据取整函数的定义, $f(x) = [x]\sin \pi x = \begin{cases} k\sin \pi x, & k \leqslant x < k+1, \\ (k-1)\sin \pi x, & k-1 \leqslant x < k, \end{cases}$ 在每个分段点处, $\lim\limits_{x \to k+} f(x) = \lim\limits_{x \to k-} f(x) = 0 = f(k)$, 所以函数在分段点处连续. 由初等函数的连续性, 函数在 **R** 上连续. 如图 2.4.6 所示, 函数几何图形是一条连续的曲线.

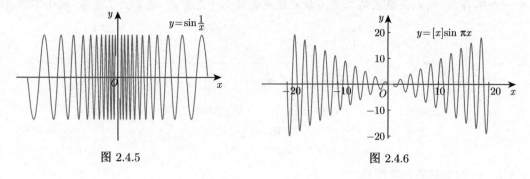

图 2.4.5　　　　　　　　　　　　图 2.4.6

例 2.4.7 讨论函数 $f(x) = x^2 - [x^2]$ 的连续性.

解 因为 $f(-x) = f(x)$, 所以仅需讨论 $x \geqslant 0$ 时的连续性. 根据取整运算, $f(x)$ 的表达式为

$$f(x) = x^2 - [x^2] = \begin{cases} x^2 - k, & \sqrt{k} \leqslant x < \sqrt{k+1}, \\ x^2 - (k-1), & \sqrt{k-1} \leqslant x < \sqrt{k} \end{cases} \quad (k \geqslant 1)$$

由 $\lim\limits_{x \to 0+} f(x) = 0 = f(0)$, $f(x)$ 在 $x = 0$ 处连续. 又由于

$$\lim\limits_{x \to \sqrt{k}+} f(x) = 0, \quad \lim\limits_{x \to \sqrt{k}-} f(x) = (\sqrt{k})^2 - (k-1) = 1$$

故函数在 $\pm\sqrt{k}, k = 1, 2, \cdots$ 间断, 且为跳跃间断点.

例 2.4.8 讨论下列函数的连续性.

(1) $y(x) = \lim\limits_{n \to \infty} (x^n - x^{-n})/(x^n + x^{-n}) \ (x \neq 0)$;

(2) $y(x) = \lim\limits_{n \to \infty} \sqrt[n]{1 + x^n + (x^2/2)^n} \ (x \geqslant 0)$.

解 (1) 由于 $|x| < 1 : \lim\limits_{n \to \infty} x^n = 0; |x| > 1 : \lim\limits_{n \to \infty} x^n = \infty$, 因此分三种情况讨论函数极限:

$$y(x) = \lim_{n \to \infty} \frac{x^n - x^{-n}}{x^n + x^{-n}} = \begin{cases} \lim\limits_{n \to \infty} \dfrac{1 - x^{-2n}}{1 + x^{-2n}}, & |x| > 1, \\ \lim\limits_{n \to \infty} \dfrac{x^{2n} - 1}{x^{2n} + 1}, & 0 < |x| < 1, \\ 0, & x = \pm 1 \end{cases} = \begin{cases} 1, & |x| > 1 \\ -1, & 0 < |x| < 1 \\ 0, & x = \pm 1 \end{cases}$$

所以间断点 $x = \pm 1$ 为第一类间断点.

(2) 设 $A_n = \sqrt[n]{1 + x^n + (x^2/2)^n} = x\sqrt[n]{1 + 1/x^n + (x/2)^n}$. 分类讨论如下:

1) 当 $0 \leqslant x \leqslant 1$ 时, 由于

$$1 < A_n = \sqrt[n]{1 + x^n + (x^2/2)^n} < 3^{1/n}$$

因为 $\lim\limits_{n\to\infty} 3^{1/n} = 1$, 进一步根据夹逼定理得到

$$y(x) = \lim_{n\to\infty} \sqrt[n]{1+x^n+(x^2/2)^n} = 1$$

2) 当 $1 \leqslant x \leqslant 2$ 时, 成立

$$x < A_n = x\sqrt[n]{1+1/x^n+(x/2)^n} < 3^{1/n}x$$

根据夹逼定理得到 $y(x) = \lim\limits_{n\to\infty} \sqrt[n]{1+x^n+(x^2/2)^n} = x$.

3) 当 $x \geqslant 2$ 时, 成立

$$\frac{x^2}{2} < A_n < \left(\frac{x^2}{2}\right) \cdot 3^{1/n}$$

根据夹逼定理得到 $y(x) = \lim\limits_{n\to\infty} \sqrt[n]{1+x^n+(x^2/2)^n} = x^2/2$.

综上讨论, $y(x) = \begin{cases} 1, & 0 \leqslant x \leqslant 1, \\ x, & 1 < x \leqslant 2, \\ x^2/2, & x > 2 \end{cases} = \max\left\{1, x, \frac{x^2}{2}\right\}(x \geqslant 0)$ 是连续函数.

2.4.3 连续函数的应用: 求解函数极限与函数方程

如果函数 $f(x)$ 在 x_0 连续, 则 $\lim\limits_{x\to x_0} f(x) = f(x_0) = f(\lim\limits_{x\to x_0} x)$. 进一步, 若 $\lim\limits_{t\to t_0} g(t) = x_0$, 则 $\lim\limits_{t\to t_0} f(g(t)) = f(\lim\limits_{t\to t_0} g(t))$. 因此对于连续函数, 极限和函数运算可以交换次序.

例 2.4.9 求 $\lim\limits_{x\to 1} \sin\sqrt{e^x - 1}$.

解 因为函数 $\sin\sqrt{e^x-1}$ 为连续函数, 因此 $\lim\limits_{x\to 1}\sin\sqrt{e^x-1} = \sin\sqrt{e^1-1} = \sin\sqrt{e-1}$.

例 2.4.10 求 $\lim\limits_{x\to 0}(\sqrt{1+x^2}-1)/x$.

解 通过分子有理化简化函数表达式, 求解过程如下:

$$\lim_{x\to 0} \frac{\sqrt{1+x^2}-1}{x} = \lim_{x\to 0} \frac{(\sqrt{1+x^2}-1)(\sqrt{1+x^2}+1)}{x(\sqrt{1+x^2}+1)} = \lim_{x\to 0} \frac{x}{\sqrt{1+x^2}+1} = 0$$

例 2.4.11 求 $\lim\limits_{x\to 0}(\sqrt[m]{1+\alpha x}-\sqrt[n]{1+\beta x})/x, m,n \in \mathbf{N}^*$.

解 在 $a^k - b^k = (a-b)\left(a^{k-1}+a^{k-2}b+\cdots+b^{k-1}\right)$ 中, 设 $k = mn$, $a = (1+\alpha x)^{1/m}$, $b = (1+\beta x)^{1/n}$, 将函数分子有理化有

$$\lim_{x\to 0} \frac{\sqrt[m]{1+\alpha x}-\sqrt[n]{1+\beta x}}{x} = \lim_{x\to 0} \frac{(1+\alpha x)^n - (1+\beta x)^m}{x\left((1+\alpha x)^{\frac{nm-1}{m}}+\cdots+(1+\beta x)^{\frac{nm-1}{n}}\right)}$$

利用函数 x^α 的连续性得到 $\lim\limits_{x\to 0}\left\{(1+\alpha x)^{\frac{nm-1}{m}}+\cdots+(1+\beta x)^{\frac{nm-1}{n}}\right\} = nm$.

进一步将 $(1+\alpha x)^n, (1+\beta x)^m$ 进行二项式展开, 利用函数极限的四则运算法则得

$$\text{原式} = \lim_{x\to 0} \frac{(n\alpha - m\beta)x + \left(C_n^2\alpha^2 x^2 - C_m^2\beta^2 x^2 + \cdots + (\alpha x)^n - (\beta x)^m\right)}{x\left((1+\alpha x)^{\frac{nm-1}{m}}+\cdots+(1+\beta x)^{\frac{nm-1}{n}}\right)} = \frac{n\alpha - m\beta}{mn}$$

例 2.4.12 设 $f: \mathbf{R} \to \mathbf{R}, f(x^2) = f(x), f(x)$ 在 $0,1$ 两点连续,则 $f(x) \equiv C$.

证明 由于任意 $x \in \mathbf{R}, f(x) = f(x^2) = f((-x)^2) = f(-x)$,因此 $f(x)$ 为偶函数,只需证明当 $x \geqslant 0$ 时结论成立.

(1) 当 $x \geqslant 1$ 时,
$$f(x) = f\left(x^{1/2} x^{1/2}\right) = f\left(x^{1/2}\right) = f\left(x^{1/4}\right) = \cdots = f\left(x^{1/2^n}\right)$$

由 $\lim_{n \to \infty} x^{1/2^n} = 1, \lim_{x \to 1} f(x) = f(1)$ 和海涅原理,$\lim_{n \to \infty} f\left(x^{1/2^n}\right) = f(1) = f(x)$.

(2) 当 $x \in (0,1)$ 时,
$$f(x) = f(x^2) = f(x^4) = \cdots = f\left(x^{2^n}\right)$$

由 $\lim_{n \to \infty} x^{2^n} = 0, \lim_{x \to 0} f(x) = f(0)$ 和海涅原理,得 $\lim_{n \to \infty} f\left(x^{2^n}\right) = f(0) = f(x)$.

综合 (1)、(2) 以及 $f(x)$ 在 $0,1$ 两点连续,可得: 任意 $x \in \mathbf{R}, f(x) \equiv C$. 结论得证.

例 2.4.13 设连续函数 $f(x)$ 不恒为零,且对任意 $x, y \in \mathbf{R}$ 满足 $f(x+y) = f(x)f(y)$,则 $f(x) = a^x, a = f(1)$.

证明 由于 $f(x) = (f(x/2))^2$,因此 $f(x) \geqslant 0, x \in \mathbf{R}$. 下面分情况讨论.

(1) 首先考虑 $x \in \mathbf{Q}$. 设 $m, n \in \mathbf{N}^*$,
$$f(m) = f(m-1)f(1) = f(m-2)(f(1))^2 = (f(1))^m$$
$$\frac{m}{n} = r > 0, m = nr : f(nr) = (f(r))^n = f(m) = (f(1))^m \Rightarrow f\left(\frac{m}{n}\right) = (f(1))^{m/n}$$

所以 $x \in \mathbf{Q}$ 且 $x > 0$ 时结论成立.

进一步有
$$f(0) = f(x)f(-x) \Rightarrow f\left(-\frac{m}{n}\right) f\left(\frac{m}{n}\right) = f(0)$$

$$\exists x_0, f(x_0) \neq 0, f(x_0) = f(x_0)f(0) \Rightarrow f(0) = 1$$

$$f\left(-\frac{m}{n}\right) = f(0)\left[f\left(\frac{m}{n}\right)\right]^{-1} = (f(1))^{-m/n} \Rightarrow \forall \frac{q}{p} \in \mathbf{Q}, f\left(\frac{q}{p}\right) = (f(1))^{q/p}, p, q \in \mathbf{Z}$$

所以 $x \in \mathbf{Q}$ 时结论成立.

(2) 证明结论对 $x \in \mathbf{R}$ 成立. 由有理数在实数域的稠密性,
$$\forall x \in \mathbf{R}, \exists \frac{q_k}{p_k} \in \mathbf{Q}, \lim_{k \to \infty} \frac{q_k}{p_k} = x, f\left(\frac{q_k}{p_k}\right) = (f(1))^{q_k/p_k}, q_k, p_k \in \mathbf{Z}$$

由 $\lim_{y \to x} f(y) = f(x)$ 和海涅原理,$\lim_{k \to \infty} f(q_k/p_k) = \lim_{k \to \infty} (f(1))^{q_k/p_k} = f(x) = (f(1))^x$. 因此 $f(x) = [f(1)]^x$. 结论得证.

注 2.4.5 通过例 2.4.13 的证明过程可以得到结论: 连续函数在有理数集的性质可以推广到实数集合上.

例 2.4.14 开普勒方程: $x - \alpha \sin x = m \, (0 < \alpha < 1)$. 构造迭代序列 $\begin{cases} x_{n+1} = \alpha \sin x_n + m, \\ x_0 \in \mathbf{R}. \end{cases}$ 证明 $\{x_n\}$ 收敛到开普勒方程的根.

证明 由于 $x_{n+1} - x_n = \alpha (\sin x_n - \sin x_{n-1})$, 并利用不等式 $|\sin x - \sin y| \leqslant |x - y|$ 得到

$$|x_{n+1} - x_n| \leqslant \alpha |\sin x_n - \sin x_{n-1}| \leqslant \alpha |x_n - x_{n-1}|$$

递推使用上式得到 $|x_{n+1} - x_n| \leqslant \alpha^n |x_1 - x_0|$, 因此得到

$$\forall p \in \mathbf{N}^*: |x_{n+p} - x_n| \leqslant |x_{n+p} - x_{n+p-1}| + |x_{n+p-1} - x_{n+p-2}| + \cdots + |x_{n+1} - x_n|$$
$$\leqslant \left(\alpha^{n+p-1} + \alpha^{n+p-2} + \cdots + \alpha^n\right) |x_1 - x_0| \leqslant \frac{\alpha^n}{1 - \alpha} |x_1 - x_0|$$

即

$$\forall p \in \mathbf{N}^*, |x_{n+p} - x_n| \leqslant [\alpha^n/(1 - \alpha)] |x_1 - x_0|$$

在上面讨论基础上, 成立

$$\forall \varepsilon > 0, \exists N = \max \left\{ \left[\ln \frac{\varepsilon(1-\alpha)}{|x_1 - x_0|} \middle/ \ln \alpha \right], 1 \right\}, \forall n > N, \forall p \in \mathbf{N}^*: |x_{n+p} - x_n| < \varepsilon$$

因此根据数列的柯西收敛准则, $\{x_n\}$ 收敛, 设 $\lim\limits_{n \to \infty} x_n = \beta$. 在方程 $x_{n+1} - \alpha \sin x_n = m$ 两边求极限, 根据函数 $\sin x$ 连续和海涅原理得到 $\beta - \alpha \sin \beta = m$, 因此结论得证.

习题 2.4 连续函数

1. 若函数 $f(x)$ 在 $x = x_0$ 连续, 则 $f^2(x), |f(x)|$ 在 $x = x_0$ 连续, 举例说明反之不成立.

2. 若函数 $f(x), g(x)$ 在集合 I 上连续, 则 $\max\{f(x), g(x)\}, \min\{f(x), g(x)\}, x \in I$ 在集合 I 上连续.

3. 讨论下列函数的连续性.

(1) $f(x) = \begin{cases} x^2, & 0 \leqslant x \leqslant 1, \\ 2 - x, & 1 < x \leqslant 2; \end{cases}$
(2) $f(x) = \begin{cases} \cos(\pi x/2), & |x| \leqslant 1, \\ |x - 1|, & |x| > 1; \end{cases}$

(3) $f(x) = \begin{cases} \sin \pi x, & x \text{ 为有理数}, \\ 0, & x \text{ 为无理数}. \end{cases}$

4. 讨论下列函数的连续性.

(1) $y(x) = \lim\limits_{n \to \infty} \frac{1}{1 + x^n} \, (x \geqslant 0);$
(2) $y(x) = \lim\limits_{n \to \infty} \cos^{2n} x;$

(3) $y(x) = \lim\limits_{n \to \infty} \frac{x}{1 + (2 \sin x)^{2n}}.$

5. 计算极限.

(1) $\lim\limits_{x \to 1} \frac{\sqrt[m]{x} - 1}{\sqrt[n]{x} - 1}, m, n \in \mathbf{N}^*;$
(2) $\lim\limits_{x \to 0} \frac{\sqrt[m]{1 + ax} - 1}{x}, m \in \mathbf{N}^*;$

(3) $\lim\limits_{x \to 1} \frac{(1 - \sqrt{x})(1 - \sqrt[3]{x}) \cdots (1 - \sqrt[n]{x})}{(1 - x)^{n-1}}, n \in \mathbf{N}^*.$

6. 设 $f(x)$ 在 $[0, +\infty)$ 上连续, 且满足 $0 \leqslant f(x) \leqslant x, x \in [0, +\infty)$, 又设 $a_1 \geqslant 0, a_{n+1} = f(a_n), n = 1, 2, 3, \cdots$, 证明: (1) 数列 $\{a_n\}$ 收敛; (2) 若 $\lim\limits_{n \to \infty} a_n = t$, 则 $f(t) = t$; 若条件改为 $0 \leqslant f(x) < x, x \in (0, +\infty)$, 则 $t = 0$.

7. 设函数 f 在区间 I 上连续,证明:

(1) 对 I 上任何有理数 x 有 $f(x)=0$,则函数 $f(x)=0, x\in I$.

(2) 对 I 上任何有理数 $r_1<r_2$ 有 $f(r_1)<f(r_2)$,则 f 在区间 I 上严格单调递增.

8. 证明黎曼函数

$$R(x)=\begin{cases} \dfrac{1}{q}, & x=\dfrac{p}{q}, \quad q>0, 整数p,q互素 \\ 0, & x为无理数 \\ 1, & x=0 \end{cases}$$

在有理点不连续,在无理点连续.

9. 设函数 f 在 $x=0$ 连续,且满足函数方程: $\forall x,y\in \mathbf{R}: f(x+y)=f(x)+f(y)$. 证明:

$$f(x)=xf(1).$$

10. 设 f 为连续函数不恒为零,满足函数方程: $f(xy)=f(x)f(y), \forall x,y>0$,证明 $f(x)=x^\alpha$,α 为一常数.

2.5 函数极限的其他形式与结论

扫码学习

本节讨论函数极限的其他形式的定义以及结论. 根据自变量的变化趋势,函数极限有以下几种:

(1) $\lim\limits_{x\to x_0} f(x)$; (2) $\lim\limits_{x\to x_0-} f(x)$; (3) $\lim\limits_{x\to x_0+} f(x)$; (4) $\lim\limits_{x\to -\infty} f(x)$; (5) $\lim\limits_{x\to +\infty} f(x)$; (6) $\lim\limits_{x\to \infty} f(x)$.
对于 (2) 到 (6) 这几种类型的极限, 也有类似 (1) 中极限的平行结论,在这一节进行详细讨论.

2.5.1 单侧极限

本节以 $\lim\limits_{x\to x_0+} f(x)$ 为例讨论函数极限的局部有界性、局部保序性、四则运算、夹逼定理、复合函数极限、海涅原理和柯西定理.

首先给出左右邻域和左右空心邻域的定义:

$$U_+(x_0;\delta)=\{x|0\leqslant x-x_0<\delta\}; \quad U_-(x_0;\delta)=\{x|0\leqslant x_0-x<\delta\}$$
$$U_+^\circ(x_0;\delta)=\{x|0<x-x_0<\delta\}; \quad U_-^\circ(x_0;\delta)=\{x|0<x_0-x<\delta\}$$

左右邻域与空心左右邻域的几何直观如图 2.5.1 所示.

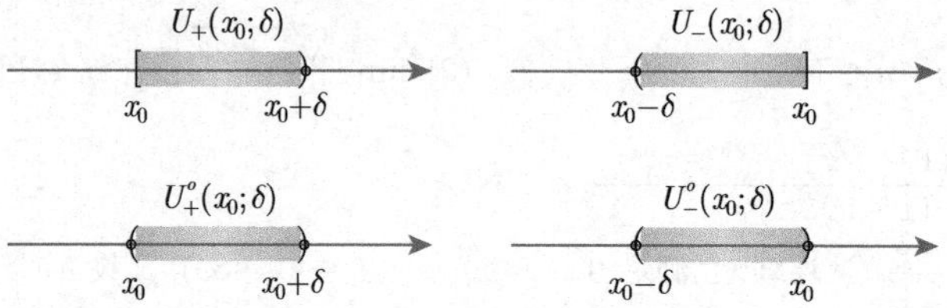

图 2.5.1

定理 2.5.1 设 $f(x)$ 和 $g(x)$ 的定义域为 $U_+^o(x_0;\delta_0)$, 则有下面的结论成立:

(1) 局部有界性: 若 $\lim\limits_{x\to x_0+} f(x)$ 存在, 则存在邻域 $U_+^o(x_0;\delta) \subset U_+^o(x_0;\delta_0)$, 使得 $f(x)$ 在 $U_+^o(x_0;\delta)$ 上有界.

(2) 局部保序性: (a) 设 $\lim\limits_{x\to x_0+} f(x) = A, \lim\limits_{x\to x_0+} g(x) = B$, 若 $A > B$, 则存在 $0 < \delta < \delta_0$, 使得当 $x \in U_+^o(x_0;\delta)$ 时 $f(x) > g(x)$;

(b) 若存在 $0 < \delta < \delta_0$, 当 $x \in U_+^o(x_0;\delta)$ 时, 有 $f(x) > g(x)$, 则 $A \geqslant B$.

(3) 四则运算: 设 $\lim\limits_{x\to x_0+} f(x), \lim\limits_{x\to x_0+} g(x)$ 存在, 则

$$\begin{cases} \lim\limits_{x\to x_0+}(f \pm g)(x) = \lim\limits_{x\to x_0+} f(x) \pm \lim\limits_{x\to x_0+} g(x) \\ \lim\limits_{x\to x_0+}(fg)(x) = \lim\limits_{x\to x_0+} f(x) \lim\limits_{x\to x_0+} g(x) \\ \lim\limits_{x\to x_0+}(f/g)(x) = \lim\limits_{x\to x_0+} f(x)/\lim\limits_{x\to x_0+} g(x) \quad (\lim\limits_{x\to x_0+} g(x) \neq 0) \end{cases}$$

(4) 夹逼定理: 设 $f(x), h(x), g(x)$ 定义在 $U_+^o(x_0;\delta_0)$ 上, 满足 $f(x) \leqslant h(x) \leqslant g(x)$, 且 $\lim\limits_{x\to x_0+} f(x) = \lim\limits_{x\to x_0+} g(x) = A$, 则 $\lim\limits_{x\to x_0+} h(x) = A$.

(5) 复合函数极限: 设 $f(x)$ 定义在 $U_+^o(x_0;\delta)$ 上, $\lim\limits_{x\to x_0+} f(x) = A$, $g(t)$ 在邻域 $U_+^o(t_0;\delta_0)$ 内取值大于 x_0, 且 $\lim\limits_{t\to t_0+} g(t) = x_0$, 则复合函数极限 $\lim\limits_{t\to t_0+} f \circ g(t) = A$.

(6) 海涅原理: $\lim\limits_{x\to x_0+} f(x) = A$ 等价于任意以 x_0 为极限的数列 $\{x_n\} \subset U_+^o(x_0;\delta_0)$, 都有 $\lim\limits_{n\to\infty} f(x_n) = A$, 又等价于任意以 x_0 为极限的递减数列 $\{x_n\} \subset U_+^o(x_0;\delta_0)$, 都有

$$\lim_{n\to\infty} f(x_n) = A.$$

(7) 柯西定理: $\lim\limits_{x\to x_0+} f(x)$ 存在的充要条件是: 任意 $\varepsilon > 0$, 存在 $0 < \delta < \delta_0$, 对于邻域 $U_+^o(x_0;\delta)$ 内的任意两点 x_1, x_2, 成立 $|f(x_1) - f(x_2)| < \varepsilon$.

注 2.5.1 定理 2.5.1 的证明类似 $\lim\limits_{x\to x_0} f(x)$ 相关问题的证明, 证明留给读者完成.

例 2.5.1 求极限 $\lim\limits_{x\to 0+}(\sqrt{1/x + \sqrt{1/x + \sqrt{1/x}}} - \sqrt{1/x - \sqrt{1/x + \sqrt{1/x}}})$.

解 分子有理化得到

$$\sqrt{1/x + \sqrt{1/x + \sqrt{1/x}}} - \sqrt{1/x - \sqrt{1/x + \sqrt{1/x}}}$$

$$= \frac{2\sqrt{1/x + \sqrt{1/x}}}{\sqrt{1/x + \sqrt{1/x + \sqrt{1/x}}} + \sqrt{1/x - \sqrt{1/x + \sqrt{1/x}}}}$$

$$= \frac{2\sqrt{1 + \sqrt{x}}}{\sqrt{1 + \sqrt{x + \sqrt{x^3}}} + \sqrt{1 - \sqrt{x + \sqrt{x^3}}}}$$

进一步根据初等函数的连续性和函数极限四则运算法则, 原式 $= 1$.

例 2.5.2 设函数 $f(x)$ 在 $[a, x_0)$ 上单调, 则极限 $\lim\limits_{x\to x_0-} f(x)$ 存在的充要条件是 $f(x)$ 在 $[a, x_0)$ 上有界.

证明 必要性: 设 $\lim\limits_{x \to x_0-} f(x)$ 存在, 由函数极限的局部有界性:

$$\exists \delta_0 > 0, M > 0, x \in U^o_-(x_0; \delta_0) \cap [a, x_0) : |f(x)| < M$$

由于在 $[a, x_0 - \delta_0]$ 上 $f(x)$ 是单调函数,

$$\forall x \in [a, x_0 - \delta_0] : |f(x)| \leqslant \max\{|f(a)|, |f(x_0 - \delta_0)|\}$$

所以函数 $f(x)$ 在 $[a, x_0)$ 上有界.

充分性: 不妨设 $f(x)$ 在 $[a, x_0)$ 上单调递增有界. 由确界存在定理, $f(x)$ 在 $[a, x_0)$ 上有上确界, 记为 A. 由上确界的定义:

$$\forall \varepsilon > 0, \exists x_\varepsilon \in [a, x_0) : A - \varepsilon < f(x_\varepsilon) \leqslant A$$

选取任意递增数列 $\{x_n\} \subset [a, x_0)$ 且满足 $\lim\limits_{n \to \infty} x_n = x_0 > x_\varepsilon$. 根据数列极限的保序性:

$$\exists N \in \mathbf{N}^*, \forall n > N : x_n > x_\varepsilon$$

进一步利用 $f(x)$ 的单调性得到

$$\forall n > N : A - \varepsilon \leqslant f(x_\varepsilon) \leqslant f(x_n) \leqslant A + \varepsilon$$

所以 $\lim\limits_{n \to \infty} f(x_n) = A$. 由 $\{x_n\}$ 的任意性和海涅原理, $\lim\limits_{x \to x_0-} f(x) = A$. 结论得证.

注 2.5.2 设函数 $f(x)$ 在 $(x_0, b]$ 上单调, $\lim\limits_{x \to x_0+} f(x)$ 存在的充要条件是 $f(x)$ 在 $(x_0, b]$ 上有界.

2.5.2 自变量趋向于无穷大时函数的极限

本节以 $\lim\limits_{x \to +\infty} f(x)$ 为例讨论函数极限存在的局部有界性、局部保序性、复合函数极限、四则运算、夹逼定理、海涅原理和柯西定理.

当自变量 $x \to +\infty$ 时, 观察函数 $f(x) = \sin x^4$ 和 $g(x) = (\sin x^2)/x$ 的变化趋势. 如图 2.5.2 所示, 当 $x \to +\infty$ 时, $(\sin x^2)/x$ 逐步逼近 0, 而 $\sin x^4$ 上下震荡没有逐步逼近任何实数. 接下来讨论如何用数学语言刻画函数的变化趋势.

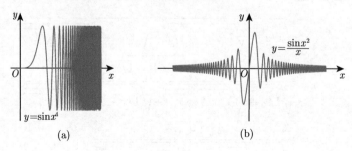

图 2.5.2

定义 2.5.1(自变量趋于正无穷时函数极限的定义) 设 $f(x)$ 为定义在 $[a, +\infty)$ 上的函数, A 为给定的数. 若对任意 $\varepsilon > 0$, 存在实数 $M > a$, 使得对任意 $x > M$, 都有 $|f(x) - A| < \varepsilon$, 则称 x 趋于 $+\infty$ 时 $f(x)$ 的极限为 A, 记为 $\lim\limits_{x \to +\infty} f(x) = A$ 或 $f(x) \to A(x \to +\infty)$.

$\lim\limits_{x\to+\infty}f(x)=A$ 的几何直观如图 2.5.3 所示.

(1) $\forall \varepsilon>0, \exists M>a, x>M, (x,f(x)) \subset (M,+\infty) \times (A-\varepsilon, A+\varepsilon)$;

(2) $\forall \varepsilon>0, \exists M>a, x>M, f(x):(M,+\infty) \to (A-\varepsilon, A+\varepsilon)$.

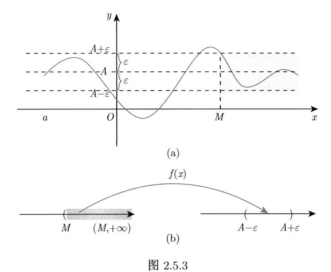

图 2.5.3

定义 2.5.2(自变量趋于负无穷时函数极限的定义) 设 $f(x)$ 为定义在 $(-\infty, a]$ 上的函数, A 为给定的数. 若对任意 $\varepsilon>0$, 存在实数 $M<a$, 使得对任意 $x<M$, 都有 $|f(x)-A|<\varepsilon$, 则称 x 趋于 $-\infty$ 时 $f(x)$ 的极限为 A, 记为 $\lim\limits_{x\to-\infty}f(x)=A$ 或 $f(x) \to A(x\to -\infty)$.

注 2.5.3 $\lim\limits_{x\to-\infty}f(x)=A$ 的几何直观如图 2.5.4 所示.

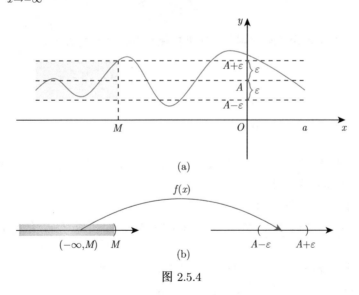

图 2.5.4

(1) $\forall \varepsilon>0, \exists M<a, x<M, (x,f(x)) \subset (-\infty, M) \times (A-\varepsilon, A+\varepsilon)$;

(2) $\forall \varepsilon>0, \exists M<a, x<M, f(x):(-\infty, M) \to (A-\varepsilon, A+\varepsilon)$.

定义 2.5.3(自变量趋于无穷时函数极限的定义) 设 $f(x)$ 为定义在 $(-\infty, +\infty)$ 上的函

数, A 为给定的数. 若对任意 $\varepsilon > 0$, 存在正数 M, 使得对任意 $|x| > M$, 都有 $|f(x) - A| < \varepsilon$, 则称 x 趋于 ∞ 时 $f(x)$ 的极限为 A, 记为 $\lim\limits_{x \to \infty} f(x) = A$ 或 $f(x) \to A(x \to \infty)$.

注 2.5.4 $\lim\limits_{x \to \infty} f(x) = A$ 的几何直观如图 2.5.5 所示.

(1) $\forall \varepsilon > 0, \exists M > 0, |x| > M, (x, f(x)) \subset ((-\infty, -M) \cup (M, +\infty)) \times (A - \varepsilon, A + \varepsilon)$;

(2) $\forall \varepsilon > 0, \exists M > 0, |x| > M, f(x) : (-\infty, -M) \cup (M, +\infty) \to (A - \varepsilon, A + \varepsilon)$.

从自变量趋向于无穷时函数的极限定义可以看出:
$$\lim_{x \to \infty} f(x) = A \Leftrightarrow \lim_{x \to +\infty} f(x) = \lim_{x \to -\infty} f(x) = A$$

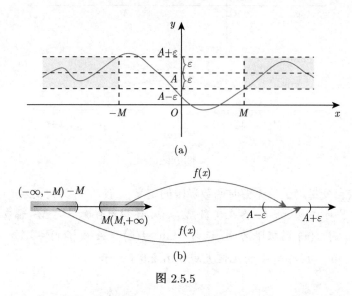

图 2.5.5

注 2.5.5 自变量趋向于无穷时, 函数的三种类型极限的定义可以用逻辑符号描述:
$$\forall \varepsilon > 0, \exists M > a, \forall x > M : |f(x) - A| < \varepsilon$$
$$\forall \varepsilon > 0, \exists M < a, \forall x < M : |f(x) - A| < \varepsilon$$
$$\forall \varepsilon > 0, \exists M > 0, \forall |x| > M : |f(x) - A| < \varepsilon$$

定义 2.5.4 如果 $\lim\limits_{x \to +\infty} f(x) = L$ 或 $\lim\limits_{x \to -\infty} f(x) = L$ 或 $\lim\limits_{x \to \infty} f(x) = L$, 则称直线 $y = L$ 为曲线 $y = f(x)$ 的水平渐近线.

例 2.5.3 求 $f(x) = (x^2 - 1)/(x^2 + 1)$ 的水平渐近线.

解 因为 $\lim\limits_{x \to \infty} f(x) = \lim\limits_{x \to \infty} (1 - 1/x^2)/(1 + 1/x^2) = 1$, 所以 $f(x)$ 有水平渐近线 $y = 1$. 如图 2.5.6 所示.

例 2.5.4 求 $f(x) = (\sqrt{2x^2 + 1})/(3x - 5)$ 的水平渐近线.

解 因为 $\lim\limits_{x \to +\infty} f(x) = \lim\limits_{x \to +\infty} (\sqrt{2 + 1/x^2})/(3 - 5/x) = \sqrt{2}/3$,
$$\lim\limits_{x \to -\infty} f(x) = \lim\limits_{x \to -\infty} (\sqrt{2 + 1/x^2})/(5/x - 3) = -\sqrt{2}/3$$
所以 $f(x)$ 有水平渐近线 $y = \sqrt{2}/3$ 和 $y = -\sqrt{2}/3$. 如图 2.5.7 所示.

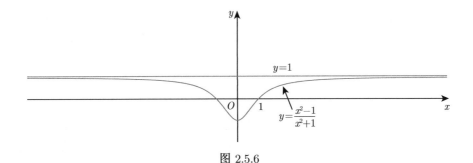

图 2.5.6

定义 2.5.5 直线 $y = ax+b$ 称为 $y = f(x)$ 的斜渐近线,如果满足: $\lim\limits_{x\to\infty}(f(x) - ax - b) = 0$ 或者 $\lim\limits_{x\to+\infty}(f(x) - ax - b) = 0$ 或者 $\lim\limits_{x\to-\infty}(f(x) - ax - b) = 0$.

设直线 $y = ax + b$ 是 $y = f(x)$ 的斜渐近线,不妨设 $\lim\limits_{x\to+\infty}(f(x) - ax - b) = 0$,则当 $x \to +\infty$ 时 $y = f(x)$ 的图像从一侧逼近直线 $y = ax + b$ 或者在直线 $y = ax + b$ 附近上下震荡且振荡幅度趋于 0, 如图 2.5.8 所示.

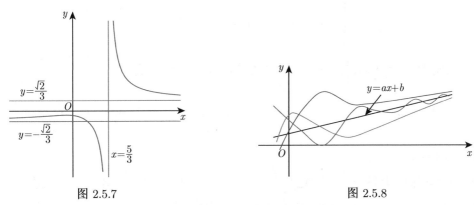

图 2.5.7   图 2.5.8

斜渐近线的求法:

$$\lim_{x\to\infty}(f(x) - ax - b) = 0 \Rightarrow \lim_{x\to\infty}\frac{f(x) - ax - b}{x} = \lim_{x\to\infty}\left(\frac{f(x)}{x} - a - \frac{b}{x}\right) = 0$$

$$\Rightarrow a = \lim_{x\to\infty}\frac{f(x)}{x}, b = \lim_{x\to\infty}(f(x) - ax)$$

注 2.5.6 当 $x \to +\infty, x \to -\infty$ 时上式结论依然成立.

例 2.5.5 分析 $f(x) = (1+x)^2/[4(1-x)]$ 的渐近线.

解 $a = \lim\limits_{x\to\infty}\dfrac{f(x)}{x} = \lim\limits_{x\to\infty}\dfrac{(1+x)^2}{4x(1-x)} = \lim\limits_{x\to\infty}\dfrac{(1+1/x)^2}{4(1/x-1)} = -\dfrac{1}{4}$

$b = \lim\limits_{x\to\infty}(f(x) - ax) = \lim\limits_{x\to\infty}\left(\dfrac{(1+x)^2}{4(1-x)} + \dfrac{x}{4}\right) = \lim\limits_{x\to\infty}\dfrac{3x+1}{4(1-x)}$

$= \lim\limits_{x\to\infty}\dfrac{3 + 1/x}{4(1/x - 1)} = -\dfrac{3}{4}$

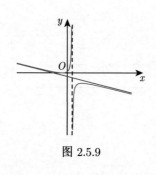

图 2.5.9

所以 $y = (-1/4)x - 3/4$ 为斜渐近线. 如图 2.5.9 所示.

下面以 $\lim\limits_{x \to +\infty} f(x)$ 为例讨论函数极限存在的局部有界性、局部保序性、复合函数极限、四则运算、夹逼定理、海涅原理和柯西定理.

(1) 局部有界: 设 $f(x)$ 定义在 $(a, +\infty)$ 上, $\lim\limits_{x \to +\infty} f(x)$ 存在, 则存在 $M > a, W > 0$, 当 $x > M$ 时: $|f(x)| < W$.

例如 $f(x) = 1/x, x \in (0, +\infty)$, 满足 $\lim\limits_{x \to +\infty} 1/x = 0, f(x)$ 在 $(0, +\infty)$ 无界, 但是局部有界: $\forall M > 0, x \in (M, +\infty): |f(x)| \leqslant 1/M$.

(2) 四则运算性质: 设 $f(x), g(x)$ 定义在 $(a, +\infty)$, $\lim\limits_{x \to +\infty} f(x) = A$, $\lim\limits_{x \to +\infty} g(x) = B$, 则

$$\begin{cases} \lim\limits_{x \to +\infty} [f(x) \pm g(x)] = A \pm B \\ \lim\limits_{x \to +\infty} [f(x) \cdot g(x)] = A \cdot B \\ \lim\limits_{x \to +\infty} f(x)/g(x) = A/B \quad (B \neq 0) \end{cases}$$

(3) 夹逼定理: 函数 $g(x), f(x), h(x)$ 定义在 $(a, +\infty)$ 上, 满足

$$\exists M > a, \forall x > M: g(x) \leqslant f(x) \leqslant h(x), \lim\limits_{x \to +\infty} g(x) = A, \lim\limits_{x \to +\infty} h(x) = A$$

则 $\lim\limits_{x \to +\infty} f(x) = A$.

(4) 复合函数的极限: 设 $f(x)$ 定义在 $(a, +\infty)$ 上, $\lim\limits_{x \to +\infty} f(x) = A, g(t)$ 定义在 $(b, +\infty)$ 且 $\lim\limits_{t \to +\infty} g(t) = +\infty$, 则 $\lim\limits_{t \to +\infty} f \circ g(t) = \lim\limits_{t \to +\infty} f(g(t)) = A$.

(5) 局部保序性: 设 $f(x), g(x)$ 定义在 $(a, +\infty)$ 上,

1) 若 $\lim\limits_{x \to +\infty} f(x) = A, \lim\limits_{x \to +\infty} g(x) = B$ 且 $A < B$, 则存在 $M > a$, 对任意 $x > M: f(x) < g(x)$;

2) 设 $\lim\limits_{x \to +\infty} f(x) = A, \lim\limits_{x \to +\infty} g(x) = B$, 若存在 $M > a$, 使得任意 $x > M$ 有 $f(x) \geqslant g(x)$ 成立, 则 $A \geqslant B$.

(6) 海涅原理: 设 $f(x)$ 定义在 $(a, +\infty)$ 上, 则 $\lim\limits_{x \to +\infty} f(x) = A$ 等价于 $(a, +\infty)$ 中任意满足 $\{x_n\}$ 趋于 $+\infty$ 的数列, 都有 $\lim\limits_{n \to \infty} f(x_n) = A$; 又等价于 $(a, +\infty)$ 中任意单调递增的数列 $\{x_n\}$ 趋于 $+\infty$, 都有 $\lim\limits_{n \to \infty} f(x_n) = A$.

(7) 柯西定理: 设 $f(x)$ 定义在 $(a, +\infty)$ 上, 则 $\lim\limits_{x \to +\infty} f(x) = A$ 的充分必要条件是

$$\forall \varepsilon > 0, \exists M > a, \forall x_1, x_2 \in (a, +\infty), x_1 > M, x_2 > M: |f(x_1) - f(x_2)| < \varepsilon$$

例 2.5.6 求 $\lim\limits_{x \to +\infty} [\ln(x^2 - x + 1)]/[\ln(x^{10} + x + 1)]$.

解 首先分析函数，进行等价变形

$$\lim_{x\to+\infty}\frac{\ln(x^2-x+1)}{\ln(x^{10}+x+1)}=\lim_{x\to+\infty}\frac{\ln[x^2(1-1/x+1/x^2)]}{\ln[x^{10}(1+1/x^9+1/x^{10})]} \Leftarrow \boxed{\text{函数等价变形}}$$

$$=\lim_{x\to+\infty}\frac{2\ln x+\ln(1-1/x+1/x^2)}{10\ln x+\ln(1+1/x^9+1/x^{10})}$$

$$=\lim_{x\to+\infty}\frac{2+(1/\ln x)\ln(1-1/x+1/x^2)}{10+(1/\ln x)\ln(1+1/x^9+1/x^{10})} \Leftarrow \boxed{\text{分子分母同除} \ln x}$$

利用函数极限四则运算性质：$\lim\limits_{x\to+\infty}[\ln(x^2-x+1)]/[\ln(x^{10}+x+1)]=1/5$.

例 2.5.7 求有理函数的极限 $\lim\limits_{x\to\infty}p(x)/q(x)=\lim\limits_{x\to\infty}(b_mx^m+\cdots+b_0)/(a_nx^n+\cdots+a_0)$，$m\leqslant n$.

解 首先将函数分子分母同除 $x^{\max(n,m)}$，进一步利用函数极限四则运算性质：

$$\lim_{x\to\infty}\frac{b_mx^m+\cdots+b_0}{a_nx^n+\cdots+a_0}=\lim_{x\to\infty}\frac{(b_mx^m+\cdots+b_0)/x^n}{(a_nx^n+\cdots+a_0)/x^n}$$

$$=\lim_{x\to\infty}\frac{(b_mx^m/x^n+b_{m-1}x^{m-1}/x^n+\cdots+b_0/x^n)}{(a_nx^n/x^n+a_{n-1}x^{n-1}/x^n+\cdots+a_0/x^n)}$$

$$=\begin{cases}b_m/a_n, & n=m\\ 0, & n>m\end{cases}$$

例 2.5.8 求 $\lim\limits_{x\to+\infty}((x+6)^{70}(x-5)^{20})/(x-1)^{90}$.

解 首先将函数分子分母同除 x^{90}，进一步利用函数极限四则运算性质：

$$\lim_{x\to+\infty}\frac{(x+6)^{70}(x-5)^{20}}{(x-1)^{90}}=\lim_{x\to+\infty}\frac{(1+6/x)^{70}(1-5/x)^{20}}{(1-1/x)^{90}}=1$$

2.5.3 典型例题

例 2.5.9 证明 $\lim\limits_{x\to\infty}(1+1/x)^x=\mathrm{e}$.

证明 当 $x\geqslant 1$ 时，有 $[x]\leqslant x\leqslant [x]+1$，所以 $\left(1+\dfrac{1}{[x]+1}\right)^{[x]}\leqslant\left(1+\dfrac{1}{x}\right)^x\leqslant\left(1+\dfrac{1}{[x]}\right)^{[x]+1}$，而

$$\lim_{x\to+\infty}\left(1+\frac{1}{[x]}\right)^{[x]+1}=\lim_{x\to+\infty}\left(1+\frac{1}{[x]}\right)^{[x]}\cdot\lim_{x\to+\infty}\left(1+\frac{1}{[x]}\right)=\mathrm{e}$$

$$\lim_{x\to+\infty}\left(1+\frac{1}{[x]+1}\right)^{[x]}=\lim_{x\to+\infty}\left(1+\frac{1}{[x]+1}\right)^{[x]+1}\cdot\lim_{x\to+\infty}\left(1+\frac{1}{[x]+1}\right)^{-1}=\mathrm{e}$$

所以由夹逼定理得 $\lim\limits_{x\to+\infty}(1+1/x)^x=\mathrm{e}$.

当 $x<0$ 时，令 $t=-x$，得

$$\lim_{x\to-\infty}\left(1+\frac{1}{x}\right)^x=\lim_{t\to+\infty}\left(1-\frac{1}{t}\right)^{-t}=\lim_{t\to+\infty}\left(1+\frac{1}{t-1}\right)^t$$

$$=\lim_{t\to+\infty}\left(1+\frac{1}{t-1}\right)^{t-1}\left(1+\frac{1}{t-1}\right)=\mathrm{e}$$

因此 $\lim\limits_{x\to\infty}(1+1/x)^x = e$, 结论得证.

在例 2.5.9 中进一步令 $t=1/x$, 得 $\lim\limits_{t\to 0}(1+t)^{1/t} = \lim\limits_{x\to\infty}(1+1/x)^x = e$. 类似可得

$$\lim_{x\to 0}(1-x)^{1/x} = \lim_{x\to 0}[(1+(-x))^{1/(-x)}]^{-1} = e^{-1},\quad \lim_{x\to\infty}\left(1-\frac{1}{x}\right)^x = e^{-1} \qquad (2.5.1)$$

利用 (2.5.1) 式和函数的连续性进一步可得

$$\lim_{x\to 0}(1-5x)^{1/x} = \lim_{x\to 0}[(1-5x)^{1/5x}]^5 = e^{-5}$$

$$\lim_{x\to 0}(1+5x)^{1/x} = \lim_{x\to 0}[(1+5x)^{1/5x}]^5 = e^{5}$$

$$\lim_{x\to\infty}\left(1+\frac{1}{2x+1}\right)^x = \lim_{x\to\infty}\left[\left(1+\frac{1}{2x+1}\right)^{2x+1}\left(1+\frac{1}{2x+1}\right)^{-1}\right]^{1/2} = e^{1/2}$$

$$\lim_{x\to\infty}\left(1-\frac{1}{2x+1}\right)^{3x} = \lim_{x\to\infty}\left[\left(1-\frac{1}{2x+1}\right)^{2x+1}\left(1-\frac{1}{2x+1}\right)^{-1}\right]^{3/2} = e^{-3/2}$$

例 2.5.10 $\lim\limits_{x\to 0}(\ln(1+x))/x = \lim\limits_{x\to 0}\ln(1+x)^{1/x} = \ln(\lim\limits_{x\to 0}(1+x)^{1/x}) = \ln e = 1.$

例 2.5.11 设 $a>0$ 且 $a\neq 1$, $\lim\limits_{x\to 0}(a^x-1)/x = \lim\limits_{t\to 0} t/\log_a(t+1) = \lim\limits_{t\to 0}(t\cdot\ln a)/(\ln(1+t)) = \ln a$, 特例:

$$\lim_{x\to 0}(e^x-1)/x = 1$$

例 2.5.12

$$\lim_{x\to 0}\frac{(1+x)^\alpha - 1}{x} = \lim_{x\to 0}\frac{e^{\alpha\ln(1+x)}-1}{x} = \lim_{x\to 0}\left(\frac{e^{\alpha\ln(1+x)}-1}{\alpha\ln(1+x)}\cdot\frac{\alpha\ln(1+x)}{x}\right) = \alpha$$

注 2.5.7 以上几个例子的结果在后续的学习中经常用到, 总结如下:

$$\lim_{x\to\infty}\left(1+\frac{1}{x}\right)^x = e,\quad \lim_{x\to 0}(1+x)^{1/x} = \lim_{t\to\infty}\left(1+\frac{1}{t}\right)^t = e$$

$$\lim_{x\to 0}(1-x)^{1/x} = e^{-1},\quad \lim_{x\to\infty}\left(1-\frac{1}{x}\right)^x = e^{-1},\quad \lim_{x\to 0}\frac{a^x-1}{x} = \ln a$$

$$\lim_{x\to 0}\frac{e^x-1}{x} = 1,\quad \lim_{x\to 0}\frac{\ln(1+x)}{x} = 1,\quad \lim_{x\to 0}\frac{(1+x)^\alpha-1}{x} = \alpha$$

$$\lim_{x\to 0}\frac{\sin x}{x} = 1,\quad \lim_{x\to 0}\frac{\arcsin x}{x} = 1,\quad \lim_{x\to 0}\frac{a^x-1}{x} = \ln a$$

$$\lim_{x\to 0}\frac{\tan x}{x} = 1,\quad \lim_{x\to 0}\frac{\arctan x}{x} = 1$$

例 2.5.13 应用公式 $\lim\limits_{y\to 0}(\ln(1+y))/y = 1$, 求 $\lim\limits_{x\to 0}(\ln(1+xe^x))/(\ln(x+\sqrt{1+x^2}))$.

解 详细计算过程如下:

$$\lim_{x\to 0}\frac{\ln(1+xe^x)}{\ln(x+\sqrt{1+x^2})} = \lim_{x\to 0}\frac{\ln(1+xe^x)}{xe^x}\cdot\frac{xe^x}{\ln(1+x^2)^{1/2}+\ln(1+x/\sqrt{1+x^2})}$$

$$= \lim_{x\to 0}\frac{e^x}{(1/2)[(\ln(1+x^2))/x^2]x + \{[\ln(1+x/\sqrt{1+x^2})]/[x/\sqrt{1+x^2}]\}(1/\sqrt{1+x^2})} = 1$$

例 2.5.14 应用 $\lim\limits_{y\to 0}(\mathrm{e}^y-1)/y=1$, 求 $\lim\limits_{x\to 0}(\mathrm{e}^{\alpha x}-\mathrm{e}^{\beta x})/(\sin\alpha x-\sin\beta x)$.

解 详细计算过程如下:

$$\lim_{x\to 0}\frac{\mathrm{e}^{\alpha x}-\mathrm{e}^{\beta x}}{\sin\alpha x-\sin\beta x}=\lim_{x\to 0}\frac{\mathrm{e}^{\beta x}\left(\mathrm{e}^{(\alpha-\beta)x}-1\right)}{2\sin[(\alpha-\beta)x/2]\cos[(\alpha+\beta)x/2]}$$

$$=\lim_{x\to 0}\frac{\mathrm{e}^{\beta x}}{\cos[(\alpha+\beta)x/2]}\cdot\left[\frac{\mathrm{e}^{(\alpha-\beta)x}-1}{(\alpha-\beta)x}\right]\cdot\left[\frac{(\alpha-\beta)x/2}{\sin[(\alpha-\beta)x/2]}\right]=1$$

例 2.5.15 求 $\lim\limits_{x\to\pi/2}(1-\sin^{\alpha+\beta}x)/\sqrt{(1-\sin^\alpha x)(1-\sin^\beta x)}\,(\alpha>0,\beta>0)$.

解 由于 $\sin^\alpha x=\mathrm{e}^{\alpha\ln\sin x}$, $\sin^\beta x=\mathrm{e}^{\beta\ln\sin x}$, 因此有

$$\lim_{x\to\pi/2}\frac{1-\sin^{\alpha+\beta}x}{\sqrt{(1-\sin^\alpha x)(1-\sin^\beta x)}}=\lim_{x\to\pi/2}\frac{1-\mathrm{e}^{(\alpha+\beta)\ln\sin x}}{\sqrt{(1-\mathrm{e}^{\alpha\ln\sin x})}\sqrt{(1-\mathrm{e}^{\beta\ln\sin x})}}$$

$$=\lim_{x\to\pi/2}\frac{1-\mathrm{e}^{(\alpha+\beta)\ln\sin x}}{-(\alpha+\beta)\ln\sin x}\cdot\frac{-(\alpha+\beta)\ln\sin x}{\sqrt{[(1-\mathrm{e}^{\alpha\ln\sin x})/(-\alpha\ln\sin x)][(1-\mathrm{e}^{\beta\ln\sin x})/(-\beta\ln\sin x)]}}$$

$$\cdot\frac{1}{\sqrt{\alpha\beta}|\ln\sin x|}=\frac{\alpha+\beta}{\sqrt{\alpha\beta}}$$

注 2.5.8 在例 2.5.15 推导过程中在 $\pi/2$ 附近 $\ln(\sin x)<0$.

例 2.5.16 计算 $\lim\limits_{n\to\infty}\left(1+1/n-1/n^2\right)^n$.

解 原式可化为

$$\lim_{n\to\infty}\left(1+\frac{1}{n}-\frac{1}{n^2}\right)^n=\lim_{n\to\infty}\left(1+\frac{n-1}{n^2}\right)^{\frac{n^2}{n-1}}\left(1+\frac{n-1}{n^2}\right)^{n-\frac{n^2}{n-1}}$$

$$=\lim_{n\to\infty}\left(1+\frac{n-1}{n^2}\right)^{\frac{n^2}{n-1}}\left(1+\frac{n-1}{n^2}\right)^{-\frac{n}{n-1}}$$

由于 $\lim\limits_{x\to+\infty}(1+1/x)^x=\mathrm{e}$, $x_n=n^2/(n-1)$, $\lim\limits_{n\to\infty}x_n=+\infty$, 由海涅原理, $\lim\limits_{n\to\infty}(1+1/x_n)^{x_n}=\mathrm{e}$, 因此 $\lim\limits_{n\to\infty}\left(1+(n-1)/n^2\right)^{n^2/(n-1)}=\mathrm{e}$. 又由于

$$1\geqslant\left(1+(n-1)/n^2\right)^{-n/(n-1)}=\left(1+(n-1)/n^2\right)^{-1-1/(n-1)}\geqslant\left(1+(n-1)/n^2\right)^{-2}$$

因为 $\lim\limits_{n\to\infty}\left(1+(n-1)/n^2\right)^{-2}=1$, 由夹逼定理, $\lim\limits_{n\to\infty}\left(1+(n-1)/n^2\right)^{-n/(n-1)}=1$. 因此得到 $\lim\limits_{n\to\infty}\left(1+1/n-1/n^2\right)^n=\mathrm{e}$.

例 2.5.17 计算 $\lim\limits_{x\to\infty}\left(\sqrt[3]{x^3+x^2+1}-\sqrt[3]{x^3-x^2+1}\right)$.

解 首先通过分子有理化, 将函数进行变形:

$$原式=\lim_{x\to\infty}\frac{(x^3+x^2+1)-(x^3-x^2+1)}{(x^3+x^2+1)^{\frac{2}{3}}+(x^3+x^2+1)^{\frac{1}{3}}(x^3-x^2+1)^{\frac{1}{3}}+(x^3-x^2+1)^{\frac{2}{3}}}$$

$$=\lim_{x\to\infty}\frac{2x^2}{(x^3+x^2+1)^{\frac{2}{3}}+(x^3+x^2+1)^{\frac{1}{3}}(x^3-x^2+1)^{\frac{1}{3}}+(x^3-x^2+1)^{\frac{2}{3}}}$$

进一步分子分母同除 x^2(分子、分母的表达式中 x 的最高次数为 2)

$$原式 = \lim_{x\to\infty} \frac{2x^2/x^2}{(x^3+x^2+1)^{\frac{2}{3}}/x^2 + (x^3+x^2+1)^{\frac{1}{3}}(x^3-x^2+1)^{\frac{1}{3}}/x^2 + (x^3-x^2+1)^{\frac{2}{3}}/x^2}$$

$$= \lim_{x\to\infty} \frac{2}{((x^3+x^2+1)/x^3)^{\frac{2}{3}} + ((x^3+x^2+1)/x^3)^{\frac{1}{3}}((x^3-x^2+1)/x^3)^{\frac{1}{3}} + ((x^3-x^2+1)/x^3)^{\frac{2}{3}}}$$

利用函数的四则运算法则得到:原式 $= 2/3$.

例 2.5.18 求幂指函数的极限: $\lim u(x)^{v(x)}$ $(u(x) > 0)$.

解 分几种情况讨论:

(1) 当 $\lim u(x) > 0, \lim v(x)$ 存在,利用对数和指数函数的连续性得到

$$\lim u(x)^{v(x)} = \lim e^{v(x)\ln u(x)} = e^{\lim(v(x)\ln u(x))} = e^{\lim v(x)\cdot\lim \ln u(x)}$$
$$= e^{\lim v(x)\cdot\ln(\lim u(x))} = e^{\ln(\lim u(x))^{\lim v(x)}} = (\lim u(x))^{\lim v(x)}$$

(2) u, v 连续时,u^v 也连续,$u(x_0) > 0$,根据 (1) 有 $\lim_{x\to x_0} u(x)^{v(x)} = u(x_0)^{v(x_0)}$.

(3) 1^∞ 型. $\lim u = 1, \lim v = \infty$. $u^v = \left((1+(u-1))^{1/(u-1)}\right)^{(u-1)v}$.

记 $A = u - 1, u \to 1$ 时 A 为无穷小量. 如果 $\lambda = \lim(u-1)v$ 存在,则 $\lim u^v = e^\lambda$.

注 2.5.9 (1),(2),(3) 对任何一种极限形式结论都成立. 结论 (3) 对数列问题也成立.

例 2.5.19 计算 $\lim_{x\to 0}(\sin x/(2x))^{x^2+1}$.

解 由于 $\lim_{x\to 0}\sin x/(2x) = 1/2 > 0, \lim_{x\to 0}(x^2+1) = 1$,因此 $\lim_{x\to 0}(\sin x/(2x))^{x^2+1} = 1/2$.

例 2.5.20 计算 $\lim_{x\to\infty}(\cos(1/x))^{x^2}$.

解 因为 $\lim_{x\to\infty}(\cos(1/x))^{x^2}$ 是 1^∞ 型极限,需要计算下面函数极限:

$$\lim_{x\to\infty} x^2\left(\cos\frac{1}{x} - 1\right) \xlongequal{x=1/t} \lim_{t\to 0}\frac{\cos t - 1}{t^2} = \lim_{t\to 0}\frac{-2(\sin t/2)^2}{4(t/2)^2} = -\frac{1}{2}$$

所以原式等于 $e^{-1/2}$.

例 2.5.21 计算 $\lim_{x\to\infty}((3x^2-x+1)/(2x^2+x+1))^{x^3/(1-x)}$.

解 因为当 $x \to \infty$ 时,

$$(3x^2-x+1)/(2x^2+x+1) \to 3/2, \quad x^3/(1-x) = x^2/(1/x-1) \to -\infty$$

所以 $\lim_{x\to\infty}((3x^2-x+1)/(2x^2+x+1))^{x^3/(1-x)} = 0$.

例 2.5.22 计算 $\lim_{x\to 0}((1+x\cdot 2^x)/(1+x\cdot 3^x))^{1/x^2}$.

解 由于 $\lim_{x\to 0}((1+x\cdot 2^x)/(1+x\cdot 3^x))^{1/x^2}$ 是 1^∞ 型极限,为此需要计算下面函数极限:

$$\lim_{x\to 0}\frac{(1+x\cdot 2^x)/(1+x\cdot 3^x) - 1}{x^2} = \lim_{x\to 0}\left(\frac{1}{1+x\cdot 3^x}\right)\left(\frac{2^x-1}{x} - \frac{3^x-1}{x}\right)$$

因为 $\lim_{x\to 0}(2^x-1)/x = \ln 2, \lim_{x\to 0}(3^x-1)/x = \ln 3$,所以 $\lim_{x\to 0}(2^x-3^x)/\{x(1+x\cdot 3^x)\} = \ln(2/3)$.

在上面讨论基础上得到: $\lim_{x\to 0}((1+x\cdot 2^x)/(1+x\cdot 3^x))^{1/x^2} = e^{\ln(2/3)} = 2/3$.

第2章 函数极限与连续

例 2.5.23 计算 $\lim\limits_{n\to\infty} \left(n\arctan\{1/(n(1+x^2)+x)\}\tan^n(\pi/4+x/2n)\right)$.

解 利用 $\tan(\alpha+\beta)=(\tan\alpha+\tan\beta)/(1-\tan\alpha\tan\beta)$, 首先将数列通项变形:

$$\lim_{n\to\infty}\left(n\arctan\frac{1}{n(1+x^2)+x}\tan^n\left(\frac{\pi}{4}+\frac{x}{2n}\right)\right)$$
$$=\lim_{n\to\infty}\left\{\left[\frac{n}{n(1+x^2)+x}\right]\left[\frac{\arctan\{1/(n(1+x^2)+x)\}}{1/(n(1+x^2)+x)}\right]\left[\left(\frac{1+\tan(x/2n)}{1-\tan(x/2n)}\right)^n\right]\right\}$$

因为 $\lim\limits_{x\to 0}(\arctan x)/x=1$, $\lim\limits_{n\to\infty}1/(n(1+x^2)+x)=0$, 由海涅原理,

$$\lim_{n\to\infty}\frac{\arctan\{1/(n(1+x^2)+x)\}}{1/(n(1+x^2)+x)}=1$$

又因为 $\lim\limits_{n\to\infty}[(1+\tan(x/2n))/(1-\tan(x/2n))]^n$ 是 1^∞ 型极限, 需要计算下面函数极限:

$$\lim_{n\to\infty}\left(\frac{1+\tan(x/2n)}{1-\tan(x/2n)}-1\right)n=\lim_{n\to\infty}\left(\frac{1}{1-\tan(x/2n)}\right)\left(\frac{\tan(x/2n)}{x/2n}\right)\left(\frac{2nx}{2n}\right)$$

$\lim\limits_{x\to 0}(\tan x)/x=1$, $\lim\limits_{n\to\infty}x/2n=0$, 由海涅原理, $\lim\limits_{n\to\infty}\tan(x/2n)/(x/2n)=1$. 所以

$$\lim_{n\to\infty}\left(\frac{1+\tan(x/2n)}{1-\tan(x/2n)}\right)^n=e^x$$

在上面讨论的基础上, 可以得到原问题的极限为 $e^x/(1+x^2)$.

例 2.5.24 计算 $\lim\limits_{n\to\infty}[1+(-1)^n/n]^{1/\sin(\pi\sqrt{1+n^2})}$.

解 由于 $\lim\limits_{n\to\infty}[1+(-1)^n/n]^{1/\sin(\pi\sqrt{1+n^2})}$ 是 1^∞ 型数列极限, 为此需要计算极限:

$$\lim_{n\to\infty}\frac{(-1)^n}{n\sin(\pi\sqrt{1+n^2})}=\lim_{n\to\infty}\frac{-1}{n\sin(n\pi-\pi\sqrt{1+n^2})}$$
$$=\lim_{n\to\infty}\left(\frac{n\pi-\pi\sqrt{1+n^2}}{\sin(n\pi-\pi\sqrt{1+n^2})}\right)\cdot\left(\frac{1}{n(\pi\sqrt{1+n^2}-n\pi)}\right)$$

由 $\lim\limits_{n\to\infty}(n\pi-\pi\sqrt{1+n^2})=\lim\limits_{n\to\infty}\frac{-\pi^2}{n\pi+\pi\sqrt{1+n^2}}=0$, $\lim\limits_{x\to 0}(\sin x)/x=1$, 所以

$$\lim_{n\to\infty}\frac{1}{n(\pi\sqrt{1+n^2}-n\pi)}=\lim_{n\to\infty}\frac{\pi n\left(\sqrt{1+(1/n)^2}+1\right)}{n\pi^2}=\frac{2}{\pi}$$

所以原式等于 $e^{2/\pi}$.

例 2.5.25 设 $f(x),g(x)$ 是周期函数, 并且 $\lim\limits_{x\to\infty}(f(x)-g(x))=0$, 则 $f(x)=g(x)$.

证明 设 $f(x+T_1)=f(x), g(x+T_2)=g(x)$, 则 $f(x+nT_1)=f(x)$, $g(x+nT_2)=g(x)$. 由 $\lim\limits_{x\to\infty}(f(x)-g(x))=0$ 以及海涅原理得到

$$\left.\begin{array}{l}\lim\limits_{n\to\infty}(f(x+nT_1)-g(x+nT_1))=0\\ \lim\limits_{n\to\infty}(f(x+nT_2)-g(x+nT_2))=0\end{array}\right\}$$

进一步利用周期性:

$$\left.\begin{array}{l}\lim_{n\to\infty}(f(x)-g(x+nT_1))=0\\ \lim_{n\to\infty}(f(x+nT_2)-g(x))=0\end{array}\right\}$$

因此 $f(x)=\lim_{n\to\infty}g(x+nT_1), g(x)=\lim_{n\to\infty}f(x+nT_2)$. 再一次利用海涅原理得到

$$\begin{aligned}f(x)-g(x)&=\lim_{n\to\infty}[g(x+nT_1)-f(x+nT_2)]\\ &=\lim_{n\to\infty}[g(x+nT_1+nT_2)-f(x+nT_2+nT_1)]=0\end{aligned}$$

结论得证.

习题 2.5 函数极限的其他形式与结论

1. 求出使得下列等式成立的常数 a 和 b.

(1) $\lim_{x\to+\infty}((x^2+1)/(x+1)-ax-b)=0$;　　(2) $\lim_{x\to+\infty}(\sqrt{x^2-x+1}-ax-b)=0$;

(3) $\lim_{x\to-\infty}(\sqrt{x^2-x+1}-ax-b)=0$.

2. (1) 证明: $\lim_{x\to+\infty}(\sin\sqrt{x+k}-\sin\sqrt{x})=0, k\in\mathbf{N}^*$;

(2) 设常数 $a_1,a_2,\cdots,a_n$ 满足 $a_1+a_2+\cdots+a_n=0$, 求证: $\lim_{x\to+\infty}\sum_{k=1}^{n}a_k\sin\sqrt{x+k}=0$.

3. 求下列函数极限.

(1) $\lim_{x\to+\infty}\left(\dfrac{1+x}{3+x}\right)^x$;　　(2) $\lim_{x\to 0}\dfrac{\sqrt{1+x\sin x}-1}{\mathrm{e}^{x^2}-1}$;

(3) $\lim_{x\to 0}\left(2\mathrm{e}^{x/(x+1)}-1\right)^{(x^2+1)/x}$;　　(4) $\lim_{x\to 0}\left(\dfrac{a^{x+1}+b^{x+1}+c^{x+1}}{a+b+c}\right)^{1/x} (a,b,c>0)$;

(5) $\lim_{x\to\pi/4}(\tan x)^{\tan 2x}$;　　(6) $\lim_{x\to a}\dfrac{\ln x-\ln a}{x-a} (a>0)$;

(7) $\lim_{x\to a}\dfrac{x^\alpha-a^\alpha}{x^\beta-a^\beta} (a>0)$.

4. 求下列数列极限.

(1) $\lim_{n\to\infty}\cos\dfrac{x}{2}\cdot\cos\dfrac{x}{4}\cdots\cos\dfrac{x}{2^n}$;　　(2) $\lim_{n\to\infty}\sin(\pi\sqrt{n^2+1})$;

(3) $\lim_{n\to\infty}\sin^2(\pi\sqrt{n^2+n})$;　　(4) $\lim_{n\to\infty}\tan^n\left(\dfrac{\pi}{4}+\dfrac{1}{n}\right)$;

(5) $\lim_{n\to\infty}\left(\dfrac{a-1+\sqrt[n]{b}}{a}\right)^n (a,b>0)$;　　(6) $\lim_{n\to\infty}\left(\dfrac{\sqrt[n]{a}+\sqrt[n]{b}}{2}\right)^n (a,b>0)$.

5. 将下列各式分子或分母有理化, 计算下列极限.

(1) $\lim_{x\to-\infty}(\sqrt{x^2+x}+x)$;　　(2) $\lim_{x\to+\infty}(\sqrt{x^2+x}-x)$;

(3) $\lim_{x\to-\infty}(\sqrt{x^2+x+1}-\sqrt{x^2-x+1})$;　　(4) $\lim_{x\to+\infty}(\sqrt{x^2+x+1}-\sqrt{x^2-x+1})$;

(5) $\lim_{x\to 0}\dfrac{\sqrt[n]{1+\alpha x}-\sqrt[m]{1+\beta x}}{x} (n,m\in\mathbf{N}^*)$;　　(6) $\lim_{x\to\infty}(\sqrt[3]{x^3+x^2+1}-\sqrt[3]{x^3-x^2-1})$;

(7) $\lim_{x\to+\infty}\left[\sqrt[n]{(x+\alpha_1)\cdots(x+\alpha_n)}-x\right]$.

6. $\lim\limits_{x\to+\infty} f(x) = A$, 则 $\lim\limits_{x\to+\infty} \dfrac{[xf(x)]}{x} = A$ (这里 $[x]$ 表示不超过 x 的最大整数).

7. 讨论下面函数的连续性.

(1) $y(x) = \lim\limits_{n\to\infty} \dfrac{x + x^2 \mathrm{e}^{nx}}{1 + \mathrm{e}^{nx}}$;

(2) $y(x) = \lim\limits_{t\to+\infty} \dfrac{1 + \mathrm{e}^{tx}}{\ln(1 + \mathrm{e}^t)}$;

(3) $f(x) = \begin{cases} 1/(1 - \mathrm{e}^{x/(1-x)}), & x \neq 1, \\ 2, & x = 1. \end{cases}$

8. 叙述 $\lim\limits_{x\to a+} f(x)$ 型的海涅原理并证明之.

9. 叙述 $\lim\limits_{x\to a+} f(x)$ 型的柯西收敛定理并证明之.

2.6 一致连续函数

☞扫码学习

本节讨论函数的一致连续性以及判定定理.

2.6.1 函数一致连续的定义

首先我们回顾函数逐点连续的定义: 设 $f: E \to \mathbf{R}$, 若

$$\forall x_0 \in E: \forall \varepsilon > 0, \exists \delta(\varepsilon, x_0) > 0, \forall x \in E, |x - x_0| < \delta : |f(x) - f(x_0)| < \varepsilon \tag{2.6.1}$$

则称函数在 E 上逐点连续. 接下来继续分析逐点连续的性质. (2.6.1) 式中的 $\delta(\varepsilon, x_0)$ 随着点 x_0 的变化而变化.

例 2.6.1 分析 $f(x) = 1/x$ 在 (1) $x \in (0, 1]$; (2) $x \in [1, 2]$ 的连续性.

解 (1) $\forall x_0 \in (0, 1]$, $|f(x) - f(x_0)| = |1/x - 1/x_0| = |(x - x_0)/(xx_0)|$. 进一步

$$|x - x_0| < x_0/2, x > x_0 - x_0/2 = x_0/2 \Rightarrow |f(x) - f(x_0)| \leqslant 2\left|(x - x_0)/x_0^2\right|$$

取 $\delta_1(\varepsilon, x_0) = \min\{x_0/2, x_0^2 \varepsilon/2\}$, 则

$$|x - x_0| < \delta_1 : |f(x) - f(x_0)| < 2\delta_1/x_0^2 = \varepsilon$$

这里 δ_1 既与 ε 有关又与 x_0 有关, 因此记为 $\delta_1(\varepsilon, x_0)$.

(2) $\forall x_0 \in [1, 2]$, 由于

$$|f(x) - f(x_0)| = |1/x - 1/x_0| = |(x - x_0)/(xx_0)| \leqslant |x - x_0|$$

所以

$$\forall \varepsilon > 0, \exists \delta_2(\varepsilon) = \varepsilon, |x - x_0| < \delta_2 : |f(x) - f(x_0)| < \varepsilon$$

这里 δ_2 仅和 ε 有关与 x_0 无关.

下面分析一下例 2.6.1 两个问题的 $\delta_1(\varepsilon, x_0), \delta_2(\varepsilon)$ 有何不同. 在问题 (1) 中,

$$\delta_1(\varepsilon, x_0) = \min\left\{\dfrac{x_0}{2}, \dfrac{x_0^2 \varepsilon}{2}\right\}, \quad \inf_{x_0 \in (0,1]}\{\delta_1(\varepsilon, x_0)\} = 0$$

而在问题 (2) 中,
$$\delta_2 = \varepsilon, \quad \inf_{x_0 \in [1,2]} \{\delta_2(\varepsilon, x_0)\} = \varepsilon$$

因此对于 (2) 可以进一步等价描述:
$$\forall \varepsilon > 0, \exists \delta_2 = \varepsilon, \forall x_1, x_2 \in [1,2], |x_2 - x_1| < \delta_2 : |f(x_2) - f(x_1)| < \varepsilon$$

即对不同的 x_0 有一个共同的 δ 满足要求, 体现了一致性.

如果函数逐点连续的定义中 $\{\delta(\varepsilon, x_0)\}$ 满足 $\inf\limits_{x_0 \in E}\{\delta(\varepsilon, x_0)\} = \delta(\varepsilon) > 0$, 导出下面一致连续的定义.

定义 2.6.1 (一致连续)   设 $f: E \to \mathbf{R}$, 若
$$\forall \varepsilon > 0, \exists \delta(\varepsilon) > 0, \forall x_1, x_2 \in E, |x_1 - x_2| < \delta : |f(x_1) - f(x_2)| < \varepsilon \tag{2.6.2}$$

则称函数 f 在 E 上一致连续.

(2.6.2) 式含义即对任意给定 $\varepsilon > 0$, 存在仅和 ε 有关的正实数 δ, 对任意 $x_1, x_2 \in E, |x_1 - x_2| < \delta$, 一致成立 $|f(x_1) - f(x_2)| < \varepsilon$.

进一步可以得到不一致连续的定义.

定义 2.6.2 (不一致连续)   设 $f: E \to \mathbf{R}$, 若
$$\exists \varepsilon_0 > 0, \forall \delta > 0, \exists x_1, x_2 \in E, |x_1 - x_2| < \delta : |f(x_1) - f(x_2)| \geqslant \varepsilon_0 \tag{2.6.3}$$

则称函数 f 在 E 上不一致连续.

(2.6.3) 式含义即存在 $\varepsilon_0 > 0$, 对任意正实数 δ, 无论多么小, 总存在 $x_1, x_2 \in E$, 即使 $|x_1 - x_2| < \delta$, 但是 $|f(x_1) - f(x_2)| \geqslant \varepsilon_0$.

不一致连续的等价表示:
$$\exists \varepsilon_0 > 0, \forall \delta_n = \frac{1}{n}, \exists s_n, t_n \in E, |s_n - t_n| < \delta_n : |f(s_n) - f(t_n)| \geqslant \varepsilon_0 \tag{2.6.4}$$

注 2.6.1   根据 (2.6.3) 式, 即使 x_1, x_2 充分逼近, 但是相应函数值 $f(x_1), f(x_2)$ 却不是充分逼近, 说明函数曲线呈现出几乎垂直 x 轴的趋势, 如图 2.6.1 所示. 或者曲线呈现上下震荡波动趋势, 如图 2.6.2 和图 2.6.3 所示.

注 2.6.2   一致连续函数的几何特征: 函数曲线变化比较平稳. 如图 2.6.4 所示.

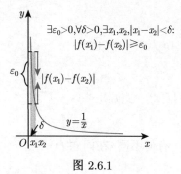

图 2.6.1

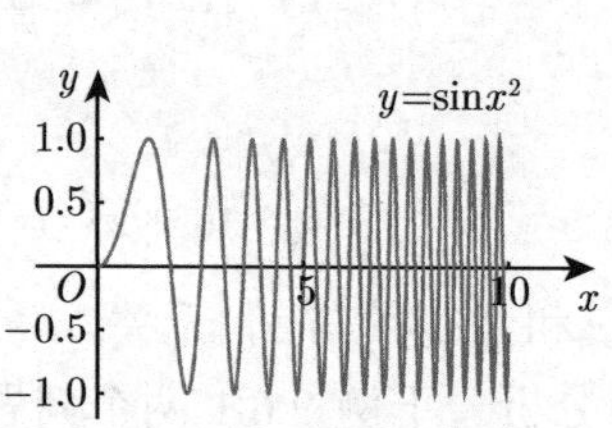

图 2.6.2

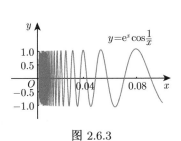
图 2.6.3

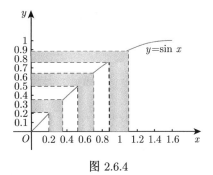
图 2.6.4

定理 2.6.1 设函数 $f: E \to \mathbf{R}$, 证明 $f(x)$ 在 E 上一致连续的充要条件是

$$\forall \{x_n'\}, \{x_n''\} \subset E, \lim_{n \to \infty} |x_n' - x_n''| = 0 : \lim_{n \to \infty} |f(x_n') - f(x_n'')| = 0$$

证明 必要性: 设 $f(x)$ 在 E 上一致连续, 根据函数一致连续的定义:

$$\forall \varepsilon > 0, \exists \delta(\varepsilon) > 0, \forall x_1, x_2 \in E, |x_1 - x_2| < \delta : |f(x_1) - f(x_2)| < \varepsilon \tag{2.6.5}$$

任取两个点列 $\{x_n'\}, \{x_n''\} \subset E, \lim_{n \to \infty} |x_n' - x_n''| = 0$, 根据数列极限的定义, 对 (2.6.5) 式中的 δ,

$$\exists N \in \mathbf{N}^*, \forall n > N : |x_n' - x_n''| < \delta$$

由 (2.6.5) 式, 当 $n > N$ 时, $|f(x_n') - f(x_n'')| < \varepsilon$. 因此 $\lim_{n \to \infty} |f(x_n') - f(x_n'')| = 0$.

充分性: 用反证法证明. 如果 $f(x)$ 在 E 上不一致连续, 则

$$\exists \varepsilon_0 > 0, \forall \delta_n = \frac{1}{n}, \exists s_n, t_n \in E, |s_n - t_n| < \delta_n : |f(s_n) - f(t_n)| \geqslant \varepsilon_0, n = 1, 2, 3, \cdots$$

因此存在 $\{s_n\}, \{t_n\} \in E, \lim_{n \to \infty} |s_n - t_n| = 0 : \lim_{n \to \infty} |f(s_n) - f(t_n)| \neq 0$, 与已知条件矛盾. 结论得证.

推论 2.6.1 设函数 $f: E \to \mathbf{R}, f(x)$ 在 E 上不一致连续的充要条件是

$$\exists s_n, t_n \in E, \lim_{n \to \infty} |s_n - t_n| = 0 : \lim_{n \to \infty} |f(s_n) - f(t_n)| \neq 0$$

定理 2.6.2 设 $f(x), g(x)$ 在 I 上一致连续, 则

(1) $f(x) \pm g(x)$ 在 I 上一致连续;

(2) 若 $f(x), g(x)$ 在 I 上有界, 则 $f(x)g(x)$ 在 I 上一致连续;

(3) 若 $f(x), g(x)$ 在 I 上有界, $|g(x)|$ 在 I 上有非零的下界, 则 $f(x)/g(x)$ 在 I 上一致连续.

证明 我们只证 (2) 和 (3).

(2) 的证明: $\forall x_1, x_2 \in I$,

$$|f(x_1)g(x_1) - f(x_2)g(x_2)| \leqslant |f(x_1)g(x_1) - f(x_1)g(x_2)| + |f(x_1)g(x_2) - f(x_2)g(x_2)|$$
$$\leqslant |f(x_1)||g(x_1) - g(x_2)| + |g(x_2)||f(x_1) - f(x_2)|$$

由于 $f(x), g(x)$ 在 I 上有界,因此存在 $M_1 > 0, M_2 > 0 : \forall x \in I, |f(x)| \leqslant M_1, |g(x)| \leqslant M_2$. 于是

$$\forall x_1, x_2 \in I, |f(x_1)g(x_1) - f(x_2)g(x_2)| \leqslant M_1 |g(x_1) - g(x_2)| + M_2 |f(x_1) - f(x_2)|$$

进一步由于 $f(x), g(x)$ 在 I 上一致连续,所以有

$$\forall \varepsilon > 0, \exists \delta_1(\varepsilon) > 0, \forall x_1, x_2 \in I, |x_1 - x_2| < \delta_1 : |f(x_1) - f(x_2)| < \varepsilon/2(M_1 + 1)$$
$$\exists \delta_2(\varepsilon) > 0, \forall x_1, x_2 \in I, |x_1 - x_2| < \delta_2 : |g(x_1) - g(x_2)| < \varepsilon/2(M_2 + 1)$$

因此对上述 $\varepsilon > 0$,

$$\exists \delta(\varepsilon) = \min\{\delta_1, \delta_2\}, \forall x_1, x_2 \in I, |x_1 - x_2| < \delta : |f(x_1)g(x_1) - f(x_2)g(x_2)| < \varepsilon$$

即 $f(x)g(x)$ 在 I 上一致连续.

(3) 的证明: $\forall x_1, x_2 \in I$,

$$\left| \frac{f(x_1)}{g(x_1)} - \frac{f(x_2)}{g(x_2)} \right| = \left| \frac{f(x_1)g(x_2) - f(x_2)g(x_1)}{g(x_1)g(x_2)} \right|$$
$$\leqslant \left| \frac{f(x_1)g(x_2) - f(x_2)g(x_2) + f(x_2)g(x_2) - f(x_2)g(x_1)}{g(x_1)g(x_2)} \right|$$
$$\leqslant \frac{|g(x_2)||f(x_1) - f(x_2)| + |f(x_2)||g(x_1) - g(x_2)|}{|g(x_1)g(x_2)|}$$

由于 $f(x), g(x)$ 在 I 上有界,$|g(x)|$ 在 I 上有非零的下界,因此

$$\exists M_1 > 0, M_2 > 0, M_3 > 0 : \forall x \in I, |f(x)| \leqslant M_1, 0 < M_2 \leqslant |g(x)| \leqslant M_3$$

于是

$$\left| \frac{f(x_1)}{g(x_1)} - \frac{f(x_2)}{g(x_2)} \right| \leqslant \frac{M_3 |f(x_1) - f(x_2)| + M_1 |g(x_1) - g(x_2)|}{M_2^2}$$

进一步由于 $f(x), g(x)$ 在 I 上一致连续,所以

$$\forall \varepsilon > 0, \exists \delta_1(\varepsilon) > 0, \forall x_1, x_2 \in I, |x_1 - x_2| < \delta_1 : |f(x_1) - f(x_2)| < M_2^2 \varepsilon/2(M_3 + 1)$$
$$\exists \delta_2(\varepsilon) > 0, \forall x_1, x_2 \in I, |x_1 - x_2| < \delta_2 : |g(x_1) - g(x_2)| < M_2^2 \varepsilon/2(M_1 + 1)$$

因此得到

$$\forall \varepsilon > 0, \exists \delta(\varepsilon) = \min\{\delta_1, \delta_2\}, \forall x_1, x_2 \in I, |x_1 - x_2| < \delta : \left| \frac{f(x_1)}{g(x_1)} - \frac{f(x_2)}{g(x_2)} \right| < \varepsilon$$

结论得证.

2.6.2 函数一致连续典型例题

例 2.6.2 讨论 $f(x) = \sin(\sin x)$ 在 $\mathbf{R}$ 上的一致连续性.

解 因为

$$|\sin(\sin x_1) - \sin(\sin x_2)| \leqslant |\sin x_1 - \sin x_2| \leqslant |x_1 - x_2|$$

所以对任意 $\varepsilon > 0$, 令 $\delta = \varepsilon$, 则

$$\forall x_1, x_2 \in \mathbf{R}, |x_1 - x_2| < \delta : |\sin(\sin x_1) - \sin(\sin x_2)| \leqslant |x_1 - x_2| < \delta = \varepsilon$$

所以 $\sin(\sin x)$ 在 $\mathbf{R}$ 上一致连续. 函数曲线如图 2.6.5 所示.

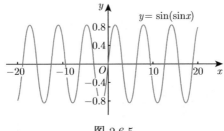

图 2.6.5

例 2.6.3 讨论 $f(x) = \sqrt{x}$ 在 $[0, +\infty)$ 上的一致连续性.

解 $|f(x_1) - f(x_2)| = |\sqrt{x_1} - \sqrt{x_2}| = |x_1 - x_2|/(\sqrt{x_1} + \sqrt{x_2})$. 由于 $\sqrt{x_1} + \sqrt{x_2} \geqslant \sqrt{|x_1 - x_2|}$, 所以

$$|f(x_1) - f(x_2)| \leqslant \frac{|x_1 - x_2|}{\sqrt{|x_1 - x_2|}} = \sqrt{|x_1 - x_2|}$$

对任意 $\varepsilon > 0$, 令 $\delta = \varepsilon^2$, 则

$$\forall x_1, x_2 \geqslant 0, |x_1 - x_2| < \delta : |\sqrt{x_1} - \sqrt{x_2}| \leqslant |x_1 - x_2|^{1/2} < \delta^{1/2} = \varepsilon$$

所以 $\sqrt{x}$ 在 $[0, +\infty)$ 上一致连续.

例 2.6.4 讨论 $f(x) = x^2$ 在 $[0, +\infty)$ 上的一致连续性.

解 因为存在 $s_n = n, t_n = n + 1/2n, |s_n - t_n| = 1/2n < 1/n, \lim\limits_{n \to \infty} |s_n - t_n| = 0$, 使得

$$|f(s_n) - f(t_n)| = \left| n^2 - \left(n + \frac{1}{2n}\right)^2 \right| = \left(2n + \frac{1}{2n}\right) \cdot \frac{1}{2n} > 1$$

即 $\lim\limits_{n \to \infty} |f(s_n) - f(t_n)| \neq 0$, 所以 $f(x) = x^2$ 在 $[0, +\infty)$ 上不一致连续. 函数曲线如图 2.6.6 所示.

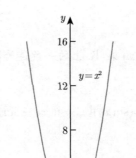

图 2.6.6

例 2.6.5 讨论 $f(x) = \sin x^2$ 在 $\mathbf{R}$ 上的一致连续性.

解 取 $s_n = \sqrt{n\pi/2}, t_n = \sqrt{(n+1)\pi/2}$, 则

$$|s_n - t_n| = \left|\sqrt{\frac{n\pi}{2}} - \sqrt{\frac{(n+1)\pi}{2}}\right| = \left|\frac{\frac{\pi}{2}}{\sqrt{\frac{n\pi}{2}} + \sqrt{\frac{(n+1)\pi}{2}}}\right| < \frac{\pi}{\sqrt{n}} \to 0 \quad (n \to \infty)$$

而 $|\sin s_n^2 - \sin t_n^2| = 1$, 所以 $f(x) = \sin x^2$ 在 $\mathbf{R}$ 上不一致连续. 函数曲线如图 2.6.7 所示.

函数 $\sin x^2$ 和 $\sin x$ 相比, 由于自变量出现 x^2 项, 使得函数曲线呈现剧烈震荡, 导致不一致连续.

例 2.6.6 讨论 $f(x) = e^x \cos(1/x)$ 在 $(0,1)$ 上的一致连续性.

解 令 $x_n = 2/\{(2n+1)\pi\}, t_n = 1/(n\pi) \in (0,1)$. 则

$$|x_n - t_n| = \left|\frac{2}{(2n+1)\pi} - \frac{1}{n\pi}\right| = \frac{1}{(2n+1)n\pi} \to 0 \quad (n \to \infty)$$

而 $|f(x_n) - f(t_n)| = e^{1/(n\pi)} \to 1 \neq 0 \, (n \to \infty)$, 因此不一致连续. 函数曲线如图 2.6.8 所示.

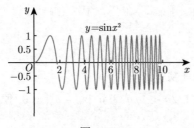

图 2.6.7

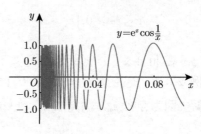

图 2.6.8

例 2.6.7 讨论 $f(x) = x \sin x$ 在区间 $[0, +\infty)$ 上的一致连续性.

解 考虑点 $x_n = 2n\pi + 1/n, x_n' = 2n\pi$, 则 $|x_n - x_n'| = 1/n$, 而

$$|f(x_n) - f(x_n')| = \left(2n\pi + \frac{1}{n}\right)\sin\frac{1}{n} = 2n\pi \sin\frac{1}{n} + \frac{1}{n}\sin\frac{1}{n}$$

由于 $\lim_{n\to\infty}(1/n)\sin(1/n)=0$, $\lim_{n\to\infty}2n\pi\sin(1/n)=\lim_{n\to\infty}2\pi\cdot\{\sin(1/n)/(1/n)\}=2\pi$, 所以 $|f(x_n)-f(x'_n)|\to 2\pi\,(n\to\infty)$. 因此 $f(x)=x\sin x$ 在区间 $[0,+\infty)$ 上不一致连续. 函数曲线如图 2.6.9 所示.

例 2.6.8 讨论 $f(x)=x/(1+x^2\sin^2 x)$ 在 $[0,+\infty)$ 上的一致连续性.

解 选取两个点列 $s_n=n\pi, t_n=n\pi+1/n, |s_n-t_n|=1/n$,

$$|f(s_n)-f(t_n)|=\left|\left(n\pi+\frac{1}{n}\right)\bigg/\left(1+\left(n\pi+\frac{1}{n}\right)^2\left(\sin\frac{1}{n}\right)^2\right)-n\pi\right|$$

$$=\left|(n\pi)\left(\left(1+\frac{1}{n^2\pi}\right)\bigg/\left(1+\left(n\pi+\frac{1}{n}\right)^2\left(\sin\frac{1}{n}\right)^2\right)-1\right)\right|$$

$$=\left|(n\pi)\left(\left(1+\frac{1}{n^2\pi}\right)\bigg/\left(1+\left(\pi+\frac{1}{n^2}\right)^2\left(\frac{\sin 1/n}{1/n}\right)^2\right)-1\right)\right|$$

因为

$$\lim_{n\to\infty}\left[\left(1+1/(n^2\pi)\right)\bigg/\left(1+\left(\pi+1/n^2\right)^2\left(\frac{\sin(1/n)}{1/n}\right)^2\right)-1\right]=-\pi^2/(1+\pi^2)\neq 0$$

$$\lim_{n\to\infty}|f(s_n)-f(t_n)|=+\infty$$

因此不一致连续. 函数曲线如图 2.6.10 所示.

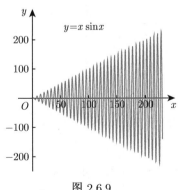

图 2.6.9

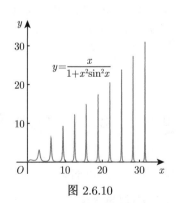

图 2.6.10

注 2.6.3 例 2.6.4~例 2.6.8 在分析函数不一致连续的时候, 构造点列 $\{s_n\},\{t_n\}$ 满足 $\lim_{n\to\infty}|s_n-t_n|=0$, 使得 $\lim_{n\to\infty}|f(s_n)-f(t_n)|\neq 0$. 构造 $\{s_n\},\{t_n\}$ 的一般性方法是在函数的震荡区或者函数发生突变的区域构造点列.

注 2.6.4 图 2.6.11 给出了几个函数的曲线图, 从几何直观可以初步断定函数一致连续和不一致连续, 证明留给读者完成.

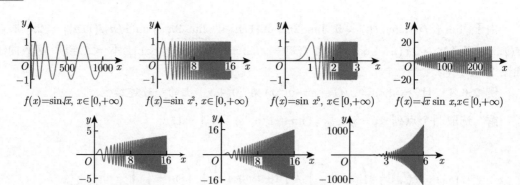

图 2.6.11

习题 2.6 一致连续函数

1. 证明下列函数在指定区间上的一致连续性:

(1) $y = \sin^2 x, x \in \mathbf{R}$;　　(2) $y = \sqrt{1+x^2}, x \in \mathbf{R}$;　　(3) $y = x + \sin x, x \in \mathbf{R}$;

(4) $y = \sin \sqrt{x}, x \in [0, +\infty)$;　　(5) $y = \cos \sqrt{x}, x \in [0, +\infty)$.

2. 讨论下列函数在指定区间上的一致连续性:

(1) $y = \ln x \, (x > 0)$;　　(2) $y = x \sin x, x \in \mathbf{R}$;　　(3) $y = \dfrac{x}{4-x^2} \, (-1 \leqslant x \leqslant 1)$;

(4) $y = \dfrac{\sin x}{x}, x \in (1, 2)$;　　(5) $y = x \sin \dfrac{1}{x}, x \in (1, 2)$;

(6) $y = \sin \dfrac{\pi}{x}, x \in (0, 1)$;　　(7) $y = \sin x^3, x \in [0, +\infty)$.

3. 设 I 是一个区间, 函数 $f: I \to \mathbf{R}$. 如果存在正常数 L, 使得 $|f(x) - f(y)| \leqslant L|x-y|$ 对任何 $x, y \in I$ 成立, 则称 f 在 I 上满足 Lipschitz 条件, 或称 f 在 I 上是 Lipschitz 连续的. 试证: 如果函数 f 在 I 上满足 Lipschitz 条件, 则 f 在 I 上一致连续.

4. 设函数 f 和 g 都在区间 I 上一致连续, 试证:

(1) $f + g$ 和 $f - g$ 在区间 I 上一致连续;

(2) $\max(f, g) = (f+g)/2 + |f-g|/2, \min(f, g) = (f+g)/2 - |f-g|/2$ 在区间 I 上一致连续.

扫码学习

2.7 收敛速度讨论: 无穷小与无穷大阶的比较

本节讨论无穷小阶的比较, 无穷大阶的比较以及无穷小和无穷大的运算性质.

2.7.1 无穷小阶的比较

观察下列两族函数收敛到零的速度:

(1) $y = x^{1/(0.5k)} (k = 2, 3, \cdots, 10)$;

(2) $y = x^{0.5k} (k = 2, 3, \cdots, 10)$.

如图 2.7.1 所示. 作一族平行于 y 轴的直线, 与两族曲线相交, 相应函数值越小, 说明收敛速度越快. 如图 2.7.1 所示, 函数族 (1) 趋向 0 速度最快的是 $y = x$, 函数族 (2) 趋向 0 速度最快的是 $y = x^5$.

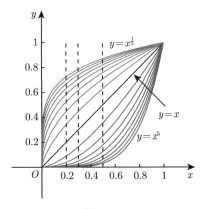

图 2.7.1

本节利用函数极限讨论收敛速度的问题, 首先引入下面定义.

定义 2.7.1 设 $f(x)$ 定义在 $U^o(x_0;\delta)$ 上, 若 $\lim\limits_{x\to x_0} f(x) = 0$, 则称 $f(x)$ 为当 $x\to x_0$ 时的无穷小量, 或简称无穷小.

类似可定义其他极限过程的无穷小量: $x\to x_0+, x\to x_0-, x\to \pm\infty, x\to \infty$. 例如

$$\lim_{x\to 0} x\sin x = 0, \quad \lim_{x\to 0+} \sqrt{x} = 0, \quad \lim_{x\to 0-} \sqrt[3]{x} = 0$$

$$\lim_{x\to +\infty} \sqrt{\frac{1}{x}} = 0, \quad \lim_{x\to -\infty} \frac{x}{3x^2+4} = 0, \quad \lim_{x\to \infty} \frac{\sin x}{x} = 0$$

均为相应极限过程的无穷小量.

定义 2.7.2 (无穷小量阶的比较) 设 $f(x), g(x)$ 在 $x\to x_0$ 时是无穷小量, 且 $g(x)$ 在 $x=x_0$ 附近不为零.

(1) 若 $\lim\limits_{x\to x_0} f(x)/g(x) = 0$, 则称 $f(x)$ 是 $g(x)$ 的高阶无穷小量;

(2) 若 $\lim\limits_{x\to x_0} f(x)/g(x) = l \neq 0$, 则称 $f(x)$ 与 $g(x)$ 是同阶无穷小量;

(3) 若 $\lim\limits_{x\to x_0} f(x)/g(x) = 1$, 则称 $f(x)$ 与 $g(x)$ 是等价无穷小量, 记为 $f\sim g\,(x\to x_0)$.

类似可定义 $x\to x_0+, x\to x_0-, x\to \pm\infty, x\to \infty$ 的情况.

定义 2.7.3 (无穷小量阶的量化) 设 $f(x)$ 在 $x\to x_0$ 时是无穷小量, 若 $\lim\limits_{x\to x_0} f(x)/(x-x_0)^k = l \neq 0\,(k>0)$, 则称 $f(x)$ 是 $x\to x_0$ 时的 k 阶无穷小量.

注 2.7.1 $x\to x_0, x_0+, x_0-$ 确定无穷小量的阶时选 $g(x) = (x-x_0)^k, k>0$ 作为标准, 而 $x\to \infty, \pm\infty$ 时选 $g(x) = 1/x^k, k>0$ 作为标准. 例如,

$$\lim_{x\to 0} \frac{\sin x}{x} = 1, \quad \lim_{x\to \infty}\left\{\frac{x/(3x^2+4)}{1/x}\right\} = \frac{1}{3},$$

所以 $\sin x$ 为 $x\to 0$ 时的 1 阶无穷小量, $x/(3x^2+4)$ 为 $x\to \infty$ 时的 1 阶无穷小量.

例 2.7.1 无穷小收敛速度比较: 分析下列无穷小量 $x\to 0$ 时的收敛速度.

(1) x^3+x^6; (2) $\sin\left(\sqrt{1+\sqrt{1+\sqrt{x}}}-\sqrt{2}\right)(x\to 0+)$; (3) $\sqrt{1-2x}-\sqrt[3]{1-3x}$;

(4) $\sin(a+x)\sin(a+2x)-\sin^2 a$; (5) $\sqrt{1+\tan x}-\sqrt{1+\sin x}$.

解 (1) 由于 $\lim_{x\to 0}(x^3+x^6)/x^3=1$，因此 x^3+x^6 为 $x\to 0$ 时的 3 阶无穷小.

(2) 首先分析函数的表达式：

$$f(x) = \sin\frac{(\sqrt{1+\sqrt{1+\sqrt{x}}}-\sqrt{2})(\sqrt{1+\sqrt{1+\sqrt{x}}}+\sqrt{2})}{(\sqrt{1+\sqrt{1+\sqrt{x}}}+\sqrt{2})} \Leftarrow \boxed{\text{分子有理化}}$$

$$= \sin\frac{\sqrt{1+\sqrt{x}}-1}{(\sqrt{1+\sqrt{1+\sqrt{x}}}+\sqrt{2})} = \sin\frac{(\sqrt{1+\sqrt{x}}-1)(\sqrt{1+\sqrt{x}}+1)}{(\sqrt{1+\sqrt{1+\sqrt{x}}}+\sqrt{2})(\sqrt{1+\sqrt{x}}+1)}$$

$$\Uparrow \boxed{\text{分子有理化}}$$

$$= \sin\frac{\sqrt{x}}{(\sqrt{1+\sqrt{1+\sqrt{x}}}+\sqrt{2})(\sqrt{1+\sqrt{x}}+1)}$$

因此

$$\lim_{x\to 0+}\frac{f(x)}{\sqrt{x}} = \lim_{x\to 0+}\frac{\sin\{\sqrt{x}/[(\sqrt{1+\sqrt{1+\sqrt{x}}}+\sqrt{2})(\sqrt{1+\sqrt{x}}+1)]\}}{\sqrt{x}}$$

$$= \lim_{x\to 0+}\frac{\sin\{\sqrt{x}/[(\sqrt{1+\sqrt{1+\sqrt{x}}}+\sqrt{2})(\sqrt{1+\sqrt{x}}+1)]\}}{\sqrt{x}/[(\sqrt{1+\sqrt{1+\sqrt{x}}}+\sqrt{2})(\sqrt{1+\sqrt{x}}+1)]}$$

$$\times (\sqrt{1+\sqrt{1+\sqrt{x}}}+\sqrt{2})^{-1}(\sqrt{1+\sqrt{x}}+1)^{-1} = \frac{1}{4\sqrt{2}}$$

所以 $f(x)=\sin(\sqrt{1+\sqrt{1+\sqrt{x}}}-\sqrt{2})$ 为 $x\to 0+$ 时的 $1/2$ 阶无穷小.

(3) 将无穷小函数有理化

$$\sqrt{1-2x}-\sqrt[3]{1-3x}$$
$$= \frac{(\sqrt{1-2x}-\sqrt[3]{1-3x})\left((1-2x)^{5/2}+(1-2x)^{4/2}(1-3x)^{1/3}+\cdots+(1-3x)^{5/3}\right)}{(1-2x)^{5/2}+(1-2x)^{4/2}(1-3x)^{1/3}+\cdots+(1-3x)^{5/3}}$$
$$= \frac{3x^2-8x^3}{(1-2x)^{5/2}+(1-2x)^{4/2}(1-3x)^{1/3}+\cdots+(1-3x)^{5/3}}$$

因此 $\lim_{x\to 0}(\sqrt{1-2x}-\sqrt[3]{1-3x})/x^2=1/2$，即 $\sqrt{1-2x}-\sqrt[3]{1-3x}$ 为 $x\to 0$ 时的 2 阶无穷小.

(4) 利用三角函数的积化和差公式分析函数的表达式：

$$\sin(a+x)\sin(a+2x)-\sin^2 a = \frac{1}{2}[\cos x - \cos(2a+3x)-(1-\cos 2a)]$$

$$= \frac{1}{2}[(\cos x - 1)-(\cos(2a+3x)-\cos 2a)]$$

$$= -\sin^2\frac{x}{2}+\sin\frac{3x}{2}\sin\left(2a+\frac{3x}{2}\right)$$

所以
$$\lim_{x\to 0} \frac{\sin(a+x)\sin(a+2x) - \sin^2 a}{x}$$
$$= \lim_{x\to 0}\left[-\frac{\sin^2(x/2)}{x} + \frac{\sin(3x/2)}{3x/2}\cdot\frac{3\sin(2a+3x/2)}{2}\right] = \frac{3}{2}\sin 2a$$

即 $(\sin(a+x)\sin(a+2x) - \sin^2 a)$ $(a \ne n\pi, n = 0, \pm 1, \pm 2, \cdots)$ 为 $x \to 0$ 时的 1 阶无穷小.

(5) 通过分子有理化化简函数:
$$\sqrt{1+\tan x} - \sqrt{1+\sin x} = \frac{\tan x - \sin x}{\sqrt{1+\tan x}+\sqrt{1+\sin x}}$$
$$= \frac{\sin x\,(1-\cos x)}{(\sqrt{1+\tan x}+\sqrt{1+\sin x})\cos x} = \frac{\sin x\,(2\sin^2(x/2))}{(\sqrt{1+\tan x}+\sqrt{1+\sin x})\cos x}$$

所以
$$\lim_{x\to 0}\frac{\sqrt{1+\tan x}-\sqrt{1+\sin x}}{x^3} = \lim_{x\to 0}\frac{\sin x}{x}\cdot\frac{2\sin^2(x/2)}{4(x/2)^2}\cdot\frac{1}{(\sqrt{1+\tan x}+\sqrt{1+\sin x})\cos x} = \frac{1}{4}$$

即 $\sqrt{1+\tan x} - \sqrt{1+\sin x}$ 为 $x \to 0$ 时的 3 阶无穷小.

对上面 5 个无穷小量收敛到零的速度排序: (2) < (4) < (3) < (1) = (5).

注 2.7.2 一般情况下收敛速度问题可以通过下面 (1) 和 (2) 方法讨论:

(1) $\lim f(x) = A$ 的收敛速度问题 $\Leftrightarrow \lim(f(x) - A) = \lim g(x)$ 收敛于零的速度问题. 进一步有结论.

(2) $\lim_{n\to\infty} x_n = a, \lim_{n\to\infty} y_n = a$ 收敛速度的比较问题有类似结论.

(3) $\lim f(x) = A \Leftrightarrow f(x) = A + g(x)$, 这里 $\lim g(x) = 0$.

2.7.2 无穷小阶的运算性质

无穷小阶的运算性质是描述数学问题的重要工具. 我们首先引入记号:
$$\lim \frac{f(x)}{g(x)} = 0 \Rightarrow f(x) = o(g(x))$$
$$\lim \frac{f(x)}{g(x)} = l \ne 0 \Rightarrow f(x) = O(g(x))$$
$$\lim f(x) = 0 \Rightarrow f(x) = o(1)$$

例如 $\lim_{x\to 0}\sin x = 0, \lim_{x\to 0}(\sin x)/x = 1, \lim_{x\to 0}(x^{3/2}\sin x)/x = 0 \Rightarrow \sin x = o(1), \sin x = O(x), x^{3/2}\sin x = o(x).$

定理 2.7.1 设 $x \to 0, \alpha, \beta \in R, \alpha > 0, \beta > 0$, 则
$$o(x^\alpha) + o(x^\beta) = o\left(x^{\min(\alpha,\beta)}\right), \quad o(x^\alpha) \times o(x^\beta) = o\left(x^{\alpha+\beta}\right)$$
$$O(x^\alpha) + O(x^\beta) = O\left(x^{\min(\alpha,\beta)}\right), \quad O(x^\alpha) \times O(x^\beta) = O\left(x^{\alpha+\beta}\right)$$

证明 设 $f = o(x^\alpha), g = o(x^\beta), \alpha > \beta$, 则
$$\frac{f+g}{x^\beta} = \frac{f}{x^\alpha}x^{\alpha-\beta} + \frac{g}{x^\beta}, \quad \lim_{x\to 0}\frac{f+g}{x^\beta} = 0$$

所以 $f+g = o\left(x^{\min(\alpha,\beta)}\right)$. 即 $o(x^\alpha) + o(x^\beta) = o\left(x^{\min(\alpha,\beta)}\right)$. 其余证明留给读者完成.

下面的定理表明, 在求乘积或者商的极限时, 无穷小因式可以用它的等价因式来替换.

定理 2.7.2 若函数 $f(x), g(x), h(x)$ 在 x_0 的某邻域内有定义, $f(x) \sim g(x)(x \to x_0)$, 则

(1) $\lim\limits_{x \to x_0} g(x) h(x) = a \Rightarrow \lim\limits_{x \to x_0} f(x) h(x) = a.$

(2) $\lim\limits_{x \to x_0} h(x)/g(x) = b \Rightarrow \lim\limits_{x \to x_0} h(x)/f(x) = b.$

注 2.7.3 在 $x \to x_0+, x \to x_0-, x \to \pm\infty, x \to \infty$ 情况下, 定理 2.7.2 的结论依然成立.

注 2.7.4 常用等价无穷小: 当 $x \to 0$ 时,

$$\sin x \sim x, \quad \arcsin x \sim x, \quad \tan x \sim x, \quad \arctan x \sim x, \quad \ln(1+x) \sim x, \quad e^x - 1 \sim x$$

$$1 - \cos x \sim \frac{1}{2}x^2, \quad \sqrt{1+x} - 1 \sim \frac{x}{2}, \quad \sqrt[3]{1+x} - 1 \sim \frac{x}{3}, \quad (1+x)^2 - 1 \sim 2x$$

注 2.7.5 等价无穷小传递中被替换的项一定在原来函数中是以因子的形式出现, 也即是在分子分母的表达式中以乘积项出现.

例如: $\lim\limits_{x \to 0}(\tan x - \sin x)/\sin^3 2x$.

误解 当 $x \to 0$ 时, $\tan x \sim x, \sin x \sim x$, 所以原式 $= \lim\limits_{x \to 0}(x-x)/(2x)^3 = 0$.

正解 当 $x \to 0$ 时, $\sin 2x \sim 2x, 1-\cos x \sim (1/2)x^2$, 因此 $\tan x - \sin x = \tan x(1 - \cos x) \sim (1/2)x^3$, 所以原式 $= \lim\limits_{x \to 0}((1/2)x^3)/(2x)^3 = 1/16$.

例 2.7.2 计算下列极限:

(1) $\lim\limits_{x \to 0} \dfrac{1-\cos x}{x \ln(1+x)};$ (2) $\lim\limits_{x \to 0+} \dfrac{\sqrt{x \sin x}}{\sin(\sin x)};$ (3) $\lim\limits_{x \to 0} \dfrac{e^{\sin x} - 1}{\arcsin(2x)};$ (4) $\lim\limits_{x \to 0} \dfrac{(1+x)^\alpha - 1}{x}.$

解 利用等价无穷小替换性质求解:

(1) $\lim\limits_{x \to 0} \dfrac{1-\cos x}{x \ln(1+x)} = \lim\limits_{x \to 0} \dfrac{x^2/2}{x^2} = \dfrac{1}{2}.$

(2) $\lim\limits_{x \to 0+} \dfrac{\sqrt{x \sin x}}{\sin(\sin x)} = \lim\limits_{x \to 0+} \dfrac{x}{x} = 1.$

(3) $\lim\limits_{x \to 0} \dfrac{e^{\sin x} - 1}{\arcsin 2x} = \lim\limits_{x \to 0} \dfrac{\sin x}{2x} = \dfrac{1}{2}.$

(4) $\lim\limits_{x \to 0} \dfrac{(1+x)^\alpha - 1}{x} = \lim\limits_{x \to 0} \dfrac{e^{\alpha \ln(1+x)} - 1}{x} = \lim\limits_{x \to 0} \dfrac{\alpha \ln(1+x)}{x} = \alpha.$

2.7.3 无穷大阶的比较

给定两族函数:

(1) $y = x^a (x > 0), a = 2 + i/10, i = 0, 1, 2, \cdots, 15 \ (x \to +\infty);$

(2) $y = 1/(x-1)^k, k = 0.1, 0.2, 0.3, \cdots, 1 \ (x \to 1+).$

两族函数都是趋向无穷大, 其变化趋势如图 2.7.2 和图 2.7.3 所示. 作一族平行于 y 轴的直线, 与两条曲线相交, 相应函数值越大, 说明趋向无穷速度越快. (1) 变化最快的是函数 $x^{3.5}$, (2) 变化最快的是 $1/(x-1)$.

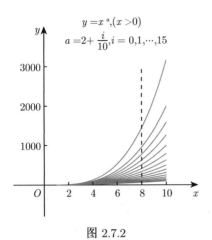
图 2.7.2

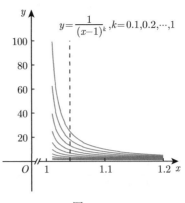
图 2.7.3

在这节讨论如何用数学语言描述哪个函数变化快,快多少的问题. 首先引入如下的定义.

定义 2.7.4 设 $f(x)$ 在 $U^o(x_0;\delta^*)$ 内有定义, 则

(1) $\forall M > 0, \exists 0 < \delta < \delta^*, 0 < |x - x_0| < \delta : |f(x)| > M$, 则称 $f(x)$ 为 $x \to x_0$ 时的无穷大量, 记为 $\lim\limits_{x \to x_0} f(x) = \infty$, 或者 $f(x) \to \infty \, (x \to x_0)$.

(2) $\forall M > 0, \exists 0 < \delta < \delta^*, 0 < |x - x_0| < \delta : f(x) > M$, 则称 $f(x)$ 为 $x \to x_0$ 时的正无穷大量, 记为 $\lim\limits_{x \to x_0} f(x) = +\infty$, 或者 $f(x) \to +\infty \, (x \to x_0)$.

(3) $\forall M > 0, \exists 0 < \delta < \delta^*, 0 < |x - x_0| < \delta : f(x) < -M$, 则称 $f(x)$ 为 $x \to x_0$ 时的负无穷大量, 记为 $\lim\limits_{x \to x_0} f(x) = -\infty$, 或者 $f(x) \to -\infty \, (x \to x_0)$.

类似可以定义其他极限过程的无穷大量: $x \to x_0+, x \to x_0-, x \to \pm\infty, x \to \infty$.

$$\lim_{x \to \infty} f(x) = \infty, \quad \lim_{x \to +\infty} f(x) = \infty, \quad \lim_{x \to -\infty} f(x) = \infty$$
$$\lim_{x \to \infty} f(x) = +\infty, \quad \lim_{x \to +\infty} f(x) = +\infty, \quad \lim_{x \to -\infty} f(x) = +\infty$$
$$\lim_{x \to \infty} f(x) = -\infty, \quad \lim_{x \to +\infty} f(x) = -\infty, \quad \lim_{x \to -\infty} f(x) = -\infty$$
$$\lim_{x \to x_0} f(x) = \infty, \quad \lim_{x \to x_0} f(x) = +\infty, \quad \lim_{x \to x_0} f(x) = -\infty$$
$$\lim_{x \to x_0+} f(x) = \infty, \quad \lim_{x \to x_0+} f(x) = +\infty, \quad \lim_{x \to x_0+} f(x) = -\infty$$
$$\lim_{x \to x_0-} f(x) = \infty, \quad \lim_{x \to x_0-} f(x) = +\infty, \quad \lim_{x \to x_0-} f(x) = -\infty$$

上述问题存在相应的海涅原理. 例如 $\lim\limits_{x \to +\infty} f(x) = +\infty$ 的充要条件是任意单调递增趋向于正无穷的数列 $\{x_n\}$, 都有 $\lim\limits_{n \to \infty} f(x_n) = +\infty$.

定义 2.7.5 直线 $x = a$ 称为曲线 $y = f(x)$ 的垂直渐近线, 如果下列条件至少有一个满足:

$$\lim_{x \to a} f(x) = \infty, \quad \lim_{x \to a-} f(x) = \infty, \quad \lim_{x \to a+} f(x) = \infty$$
$$\lim_{x \to a} f(x) = +\infty, \quad \lim_{x \to a-} f(x) = +\infty, \quad \lim_{x \to a+} f(x) = +\infty$$
$$\lim_{x \to a} f(x) = -\infty, \quad \lim_{x \to a-} f(x) = -\infty, \quad \lim_{x \to a+} f(x) = -\infty$$

例如, 对 $f(x) = 2x/(x-3)$, $\lim\limits_{x \to 3+} f(x) = +\infty, \lim\limits_{x \to 3-} f(x) = -\infty$, 所以直线 $x = 3$ 是 $f(x)$ 的垂直渐近线. 如图 2.7.4 所示.

又例如, $f(x)=\tan x$. $x \to (\pi/2)-$ 时, $\cos x \to 0+$, $x \to (\pi/2)+$ 时, $\cos x \to 0-$, 而在 $\pi/2$ 附近 $\sin x$ 为正, 所以 $\lim\limits_{x\to(\pi/2)-}\tan x = +\infty$, $\lim\limits_{x\to(\pi/2)+}\tan x = -\infty$. 直线 $x = \pi/2$ 是 $\tan x$ 的垂直渐近线. 直线族 $x = n\pi + \dfrac{\pi}{2}, n \in \mathbf{N}^*$ 是 $\tan x$ 的全部垂直渐近线. 如图 2.7.5 所示.

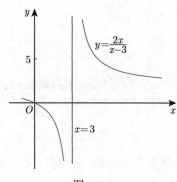

图 2.7.4

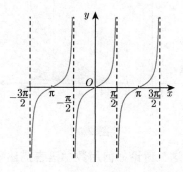

图 2.7.5

注 2.7.6 无穷大量是一种特殊的无界变量, 但是无界变量未必是无穷大量.

例如当 $x \to 0$ 时, $y = (1/x)\sin(1/x)$ 是一个无界变量, 但不是无穷大量. 这是因为

若取 $\{x_k\} = \{1/(2k\pi + \pi/2)\}$, 则 $y(x_k) = 2k\pi + \pi/2 \to \infty (k \to \infty)$;

若取 $\{x_k\} = \{1/(2k\pi)\}$, 则 $y(x_k) = 2k\pi \sin 2k\pi = 0$.

根据海涅原理: $\lim\limits_{x\to 0} f(x) = +\infty$ 的充要条件是任意趋向于零的数列 $\{x_n\}$, 都有 $\lim\limits_{n\to\infty} f(x_n) = +\infty$. 因此 $y = (1/x)\sin(1/x)$ 为无界函数, 但不是无穷大量. 函数曲线如图 2.7.6 所示.

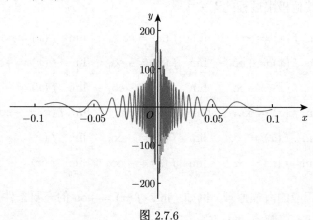

图 2.7.6

定义 2.7.6 (无穷大量阶的比较) 设 $f(x), g(x)$ 在 $x \to x_0$ 时是无穷大量.

(1) 若 $\lim\limits_{x\to x_0} f(x)/g(x) = 0$, 则称 $g(x)$ 是 $f(x)$ 的高阶无穷大量;

(2) 若 $\lim\limits_{x\to x_0} f(x)/g(x) = l \neq 0$, 则称 $f(x)$ 与 $g(x)$ 是同阶无穷大量;

(3) 若 $\lim\limits_{x\to x_0} f(x)/g(x) = 1$, 则称 $f(x)$ 与 $g(x)$ 是等价无穷大量, 记为 $f \sim g (x \to x_0)$.

其他极限过程可类似定义.

注 2.7.7 若 $\lim\limits_{x\to x_0} f(x)/g(x) = l \neq 0$, 记为 $f(x) = O(g(x)), (x \to x_0)$.

定义 2.7.7 (无穷大量阶的量化) 若 $\lim\limits_{x\to x_0} f(x)/(x-x_0)^{-k} = l (l \neq 0, k > 0)$, 则称 $f(x)$

是 $x \to x_0$ 时 k 阶无穷大量. 其他过程: $x \to x_0+, x \to x_0-$ 也以 $(x-x_0)^{-k}$ 为标准.

若 $\lim\limits_{x\to\infty} f(x)/x^k = l\,(l \neq 0, k > 0)$, 则称 $f(x)$ 是 $x \to \infty$ 时的 k 阶无穷大量. 其他过程: $x \to +\infty, x \to -\infty$ 以 x^k 为标准.

无穷大量的运算性质: 假设 $x \to \infty, \alpha, \beta \in \mathbf{R}, \alpha > 0, \beta > 0$, 则

$$O(x^\alpha) + O(x^\beta) = O\left(x^{\max(\alpha,\beta)}\right), \quad O(x^\alpha)O(x^\beta) = O(x^{\alpha+\beta})$$

例 2.7.3 求当 $x \to +\infty$ 时, 下列无穷大量的阶:

(1) $y = x^2 + 100x + 10000$; (2) $y = \dfrac{2x^6}{x^3 - 3x + 1}$; (3) $\sqrt[3]{x^2 - x} + \sqrt{x}$; (4) $\sqrt{1 + \sqrt{1 + \sqrt{x}}}$.

解 (1) $\lim\limits_{x\to+\infty}(x^2 + 100x + 10000)/x^2 = 1$, 所以 $x^2 + 100x + 10000$ 为 $x \to +\infty$ 时 2 阶无穷大量.

(2) $\lim\limits_{x\to+\infty}\{2x^6/(x^3 - 3x + 1)\}/x^3 = 2$, 所以 $2x^6/(x^3 - 3x + 1)$ 为 $x \to +\infty$ 时 3 阶无穷大量.

(3)
$$\lim_{x\to+\infty} \frac{\sqrt[3]{x^2 - x} + \sqrt{x}}{\sqrt[3]{x^2}} = \lim_{x\to+\infty}\left(\sqrt[3]{1 - \frac{1}{x}} - \frac{1}{\sqrt[6]{x}}\right) = 1$$

因此 $\sqrt[3]{x^2 - x} + \sqrt{x}$ 为 $x \to +\infty$ 时 2/3 阶无穷大量.

(4)
$$\lim_{x\to+\infty} \frac{\sqrt{1+\sqrt{1+\sqrt{x}}}}{\sqrt[8]{x}} = \lim_{x\to+\infty}\sqrt{\frac{1+\sqrt{1+\sqrt{x}}}{\sqrt[4]{x}}} = \lim_{x\to+\infty}\sqrt{\frac{1}{\sqrt[4]{x}} + \sqrt{\frac{1}{\sqrt{x}} + 1}} = 1$$

因此 $\sqrt{1 + \sqrt{1 + \sqrt{x}}}$ 为 $x \to +\infty$ 时 1/8 阶无穷大量.

在上面讨论基础上得到 4 个无穷大量速度的比较: (2) > (1) > (3) > (4).

习题 2.7 收敛速度讨论: 无穷小与无穷大阶的比较

1. 证明当 $x \to 0$ 时, 下面结论成立:

(1) $2x - x^2 = O(x)$; (2) $x\sin\sqrt{x} = O\left(x^{3/2}\right)$.

2. 证明当 $x \to +\infty$ 时, 下面结论成立:

(1) $2x^2 - 3x + 1 = O(x^2)$; (2) $\dfrac{x+1}{x^2+1} = O\left(\dfrac{1}{x}\right)$; (3) $\dfrac{\arctan x}{1 + x^2} = O\left(\dfrac{1}{x^2}\right)$.

3. 求当 $x \to 0$ 时, 下列无穷小的阶:

(1) $x - 5x^3 + x^{10}$; (2) $\sqrt{1+x} - \sqrt{1-x}$; (3) $\tan x - \sin x$; (4) $\sqrt{x + \sqrt{x + \sqrt{x}}}$.

4. 求当 $x \to 1$ 时, 下列无穷小的阶:

(1) $x^3 - 3x + 2$; (2) $\sqrt[3]{1 - \sqrt{x}}$; (3) $\ln x$; (4) $e^{x^{10}} - e$.

5. 求当 $x \to +\infty$ 时, 下列无穷大的阶:

(1) $\sqrt{x + \sqrt{x + \sqrt{x}}}$; (2) $(1+x)(1+x^2)\cdots\left(1+x^{2^n}\right)$; (3) $x^7 + 50x + 9$.

6. 求当 $x \to 1$ 时, 下列无穷大的阶:

(1) $\dfrac{x^2}{x^2 - 1}$; (2) $\sqrt{\dfrac{1+x}{1-x}}$; (3) $\dfrac{x}{\sqrt[3]{1-x^3}}$; (4) $\dfrac{1}{\sin\pi x}$; (5) $\dfrac{\ln x}{(1-x)^2}$.

7. 用等价无穷小替换法则, 求下列极限:

(1) $\lim\limits_{x\to 0}\dfrac{x\tan^4 x}{\sin^3 x\,(1-\cos x)}$; (2) $\lim\limits_{x\to 0}\dfrac{\sqrt{1+x^2}-1}{1-\cos x}$; (3) $\lim\limits_{x\to 0}\dfrac{\sqrt{1+x^4}-1}{1-\cos^2 x}$;

(4) $\lim\limits_{x\to 0}\dfrac{\tan(\tan x)}{\sin x}$; (5) $\lim\limits_{x\to 0}\dfrac{(1+x+x^2)^{1/n}-1}{\sin 2x},\, n\in\mathbf{N}^*$.

2.8 有限闭区间上连续函数的整体性质

☞扫码学习

在前几节我们讨论了函数在一点附近的局部性质. 如果函数在一个闭区间上连续, 那么它在整个闭区间上有什么样的整体性质. 本节将对这一问题作详细讨论, 内容包括有界闭区间上函数的一致连续性、有界性、最大值与最小值定理、介值定理以及零点定理.

2.8.1 有限闭区间上连续函数的性质

提出问题 1 有限闭区间上的连续函数是否一致连续.

问题 1 分析: 若 $f\in C[a,b]$, 则 f 具有怎样的性质. 因为

$$\forall x_0\in[a,b],\forall \varepsilon>0,\exists \delta_{x_0}(\varepsilon,x_0)>0, x\in[a,b],|x-x_0|<\delta_{x_0}:|f(x)-f(x_0)|<\varepsilon/2$$

这里 $\delta_{x_0}(\varepsilon,x_0)$ 表示 δ_{x_0} 与 ε,x_0 有关. 因此得到

$$\forall x_1,x_2\in U(x_0;\delta_{x_0})\cap[a,b]:\begin{cases}|f(x_0)-f(x_1)|<\varepsilon/2\\|f(x_0)-f(x_2)|<\varepsilon/2\end{cases}\Rightarrow|f(x_1)-f(x_2)|<\varepsilon \tag{2.8.1}$$

开区间族 $\bigcup\limits_{x_0\in[a,b]} U(x_0;\delta_{x_0}/2)$ 覆盖了 $[a,b]$. 由有限覆盖定理, 存在有限个开区间 $\bigcup\limits_{i=1}^{n} U(x_i;\delta_{x_i}/2)$ 覆盖 $[a,b]$. 令 $\delta=\min\limits_{1\leqslant i\leqslant n}\delta_{x_i}/2$, 则 $\forall x_1',x_2'\in[a,b], |x_1'-x_2'|<\delta$, 存在 $U(x_i;\delta_{x_i}/2)$, 使得 $x_1'\in U(x_i;\delta_{x_i}/2)$, 于是

$$|x_2'-x_i|\leqslant|x_2'-x_1'|+|x_1'-x_i|<\delta+\delta_{x_i}/2\leqslant\delta_{x_i}$$

因此 $x_1',x_2'\in U(x_i,\delta_{x_i})$, 所以 $|f(x_1')-f(x_2')|<\varepsilon$. 得到结论: 若 $f\in C[a,b]$, 则 $f(x)$ 在 $[a,b]$ 上一致连续.

注 2.8.1 开区间族 $\bigcup\limits_{x_0\in[a,b]} U(x_0;\delta_{x_0}/2)$ 的任何一个开区间承载重要的数学性质: 满足 (2.8.1) 式, 利用有限覆盖定理, 将无穷问题转换为有限问题处理, 找到函数一致连续定义中的 δ. 下面给出这个结论的另一种证明方法.

定理 2.8.1 (康托尔 (Cantor) 定理) 若 $f(x)\in C[a,b]$, 则 $f(x)$ 在 $[a,b]$ 上一致连续.

证明 假设 $f(x)$ 在 $[a,b]$ 上不一致连续, 根据定义有

$$\exists \varepsilon_0>0,\forall n\in\mathbf{N}^*,\exists s_n,t_n\in[a,b], |s_n-t_n|<\frac{1}{n}:|f(s_n)-f(t_n)|\geqslant\varepsilon_0 \tag{2.8.2}$$

由于 $\{s_n\} \in [a,b]$, 根据数列的列紧性定理, 必有收敛子列 $\{s_{n_k}\}$, $\lim\limits_{k \to \infty} s_{n_k} = s \in [a,b]$, 且 $\lim\limits_{k \to \infty} t_{n_k} = s$. 进一步 $f(x)$ 在 $x = s$ 连续, 由海涅原理:
$$\lim_{k \to \infty} |f(s_{n_k}) - f(t_{n_k})| = |f(s) - f(s)| = 0$$
与 (2.8.2) 式矛盾. 结论得证.

如果 $f(x) \in C(a,b)$, 定理 2.8.1 结论不成立. 例如 $f(x) = 1/x, x \in (0,1)$ 是连续函数, 但不是一致连续. 接下来分析如果 $f(x)$ 在 (a,b) 一致连续, $f(x)$ 在区间端点 a,b 的性质.

推论 2.8.1 若 f 在 (a,b) 内一致连续, 则 $f(a+0), f(b-0)$ 存在.

证明 因为 f 在 (a,b) 内一致连续, 根据定义
$$\forall \varepsilon > 0, \exists \delta(\varepsilon) > 0, \forall x_1, x_2 \in (a,b), |x_1 - x_2| < \delta : |f(x_1) - f(x_2)| < \varepsilon$$
进一步
$$\forall x_1, x_2 \in (a, a+\delta/2), 0 < x_1 - a < \delta/2, 0 < x_2 - a < \delta/2 : |f(x_1) - f(x_2)| < \varepsilon$$
由函数极限的柯西收敛准则, $\lim\limits_{x \to a+} f(x)$ 存在. 同理 $\lim\limits_{x \to b-} f(x)$ 存在. 结论得证.

推论 2.8.2 若 $f \in C(a,b)$ 且 $f(a+0), f(b-0)$ 存在, 则 f 在 (a,b) 内一致连续.

证明 令 $\lim\limits_{x \to a+} f(x) = A, \lim\limits_{x \to b-} f(x) = B$, 构造函数
$$F(x) = \begin{cases} A, & x = a \\ f(x), & x \in (a,b) \\ B, & x = b \end{cases}$$
根据定理 2.8.1, $F(x)$ 在 $[a,b]$ 上一致连续, 所以 f 在 (a,b) 内一致连续. 结论得证.

在上面讨论基础上得到下面结论:

推论 2.8.3 f 在 (a,b) 内一致连续当且仅当 f 在 (a,b) 上连续且 $f(a+0), f(b-0)$ 存在.

我们已知在一点连续函数的局部有界: 若 $f(x)$ 在 $x_0 \in (a,b)$ 连续, 则存在 $U(x_0, \delta) \subset (a,b)$ 使得 $f(x)$ 在 $U(x_0, \delta)$ 有界. 若 $f(x)$ 在 I 上连续, 则 $f(x)$ 在 I 上是否整体有界, 接下来给出详细分析.

令 $f(x) = 1/x, x \in (0,1)$, $f(x)$ 在 $(0,1)$ 连续, 但无界. 令 $f(x) = x, x \in (0, +\infty)$, $f(x)$ 在 $(0, +\infty)$ 连续, 但无界. 所以有限开区间上的连续函数未必有界, 无界区间上的连续函数未必有界.

提出问题 2 若 $f(x)$ 在 $[a,b]$ 上连续, 则 $f(x)$ 在 $[a,b]$ 上是否有界.

问题 2 分析: 由函数在一点连续的局部有界性,
$$\forall x_0 \in [a,b], \exists U(x_0; \delta_{x_0}), \exists M_{x_0} > 0, \forall x \in U(x_0; \delta_{x_0}) \cap [a,b] : |f(x)| \leqslant M_{x_0} \tag{2.8.3}$$
开区间族 $\bigcup\limits_{x_0 \in [a,b]} U(x_0; \delta_{x_0})$ 覆盖了 $[a,b]$. 由有限覆盖定理, 存在有限个开区间 $\bigcup\limits_{i=1}^{n} U(x_i; \delta_{x_i})$ 覆盖了 $[a,b]$. 所以
$$M = \max_{1 \leqslant i \leqslant n} M_{x_i}, \forall x \in [a,b], \exists U(x_i; \delta_{x_i}) : x \in U(x_i; \delta_{x_i}), |f(x)| \leqslant M_{x_i} \leqslant M$$

注 2.8.2　通过有限覆盖定理将逐点的性质转化为整体性质.

定理 2.8.2 (有界定理)　若 $f \in C[a,b]$, 则 $f(x)$ 在 $[a,b]$ 上有界.

推论 2.8.4　若 f 在 (a,b) 内一致连续, 则 f 在 (a,b) 上有界.

若 $f \in C[a,b]$, 由定理 2.8.2, $\sup\limits_{x \in [a,b]} f(x)$, $\inf\limits_{x \in [a,b]} f(x)$ 都是有限数, 那么它们是否属于 f 的值域, 下面的定理回答了这个问题.

定理 2.8.3 (最大值最小值定理)　设 $f \in C[a,b]$, 则 $f(x)$ 必能取到最大值和最小值. 记 $M = \sup\limits_{x \in [a,b]} f(x), m = \inf\limits_{x \in [a,b]} f(x)$, 存在 $x^*, x_* \in [a,b]$, 使得 $f(x^*) = M, f(x_*) = m$.

证明　设 $M = \sup\limits_{x \in [a,b]} f(x)$, 由集合上确界的定义:

$$\forall n \in \mathbf{N}^*, \exists x_n \in [a,b] : M - \frac{1}{n} < f(x_n) \leqslant M$$

由于 $\{x_n\} \in [a,b]$, 因此有收敛子列, 设 $\lim\limits_{k \to \infty} x_{n_k} = x^* \in [a,b]$. 则

$$M - \frac{1}{n_k} < f(x_{n_k}) \leqslant M$$

由 $\lim\limits_{x \to x^*} f(x) = f(x^*)$ 和海涅原理, $\lim\limits_{k \to \infty} f(x_{n_k}) = f(x^*) = M$. 同理可证, $\exists x_* \in [a,b]$: $f(x_*) = m$. 结论得证.

推论 2.8.5　有限区间 (a,b) 上有限个一致连续函数的加、减、乘积在此区间上仍是一致连续的.

证明　以两个函数的乘积情况为例证明. $\forall x', x'' \in (a,b)$,

$$|f(x')g(x') - f(x'')g(x'')| = |[f(x') - f(x'')]g(x') + f(x'')[g(x') - g(x'')]|$$

由于 $f(x), g(x)$ 都在区间 (a,b) 上一致连续, 根据推论 2.8.4, 故存在常数 $L > 0, M > 0$, 使得任意 $a < x < b, |f(x)| \leqslant L, |g(x)| \leqslant M$. 根据 $f(x), g(x)$ 在区间 (a,b) 上的一致连续性, 因此有

$$\forall \varepsilon > 0, \exists \delta(\varepsilon) > 0, \forall x', x'' \in (a,b), |x' - x''| < \delta :$$
$$|f(x') - f(x'')| < \frac{\varepsilon}{2(M+1)}, |g(x') - g(x'')| < \frac{\varepsilon}{2(L+1)}$$

所以

$$|f(x')g(x') - f(x'')g(x'')| \leqslant |[f(x') - f(x'')]g(x')| + |f(x'')[g(x') - g(x'')]|$$
$$< \frac{\varepsilon}{2(M+1)}M + \frac{\varepsilon}{2(L+1)}L = \varepsilon$$

因此 $f(x)g(x)$ 在区间 (a,b) 上一致连续. 结论得证.

注 2.8.3　无穷区间上一致连续函数的乘积不一定一致连续. 例如 $f(x) = x$ 在 $(-\infty, +\infty)$ 上一致连续, $(f(x))^2 = x^2$ 在 $(-\infty, +\infty)$ 上不一致连续.

定理 2.8.4 (零点定理)　若 $f \in C[a,b]$, 且 $f(a)f(b) < 0$, 则存在 $\xi \in (a,b)$, 使得 $f(\xi) = 0$.

如图 2.8.1 所示, 定理 2.8.4 在函数连续的情况下成立, 对非连续函数结论未必成立.

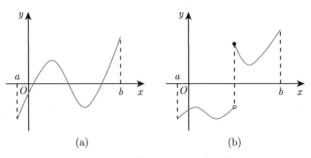

图 2.8.1

证明   不妨设 $f(a)<0, f(b)>0$. 用闭区间套定理逐步逼近 $f(x)$ 的零点.

(1) 将区间 $[a,b]$ 二等分. 若 $f((a+b)/2)=0$, 则 $\xi=(a+b)/2$. 若 $f((a+b)/2)>0$, 记 $[a_1,b_1]=[a,(a+b)/2]$; 若 $f((a+b)/2)<0$, 记 $[a_1,b_1]=[(a+b)/2,b]$.

(2) 将区间 $[a_1,b_1]$ 二等分. 若 $f((a_1+b_1)/2)=0$, 则 $\xi=(a_1+b_1)/2$. 若 $f((a_1+b_1)/2)>0 \Rightarrow [a_2,b_2]=[a_1,(a_1+b_1)/2]$; 若 $f((a_1+b_1)/2)<0 \Rightarrow [a_2,b_2]=[(a_1+b_1)/2,b_1]$.

重复上述步骤, 得闭区间套 $\{[a_n,b_n]\}$, 满足

$$\begin{cases} [a,b] \supset [a_1,b_1] \supset [a_2,b_2] \supset \cdots \supset [a_n,b_n] \supset \cdots \\ \lim_{n\to\infty}(b_n-a_n) = \lim_{n\to\infty}(b-a)/2^n = 0 \\ [a_n,b_n]: f(a_n)<0, f(b_n)>0 \end{cases}$$

由闭区间套定理, $\exists \xi \in \bigcap_{n=1}^{\infty}[a_n,b_n]: \xi = \lim_{n\to\infty}a_n = \lim_{n\to\infty}b_n$. 在 $f(a_n)<0, f(b_n)>0$ 中, 令 $n\to\infty$, 得到 $f(\xi)\leqslant 0$, 且 $f(\xi)\geqslant 0$, 所以 $f(\xi)=0$. 定理得证.

定理 2.8.4 的证明过程给出了方程 $f(x)=0$ 求根的数值方法, 如图 2.8.2 所示.

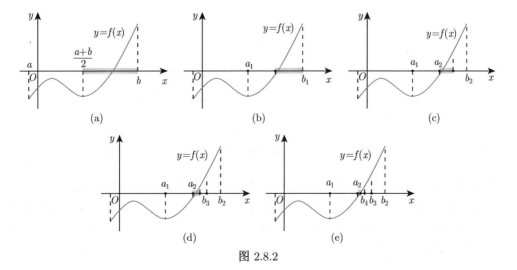

图 2.8.2

例 2.8.1 求方程 $xe^{-x}+1=0$ 根的近似值, 要求计算精度达到 10^{-5}.

解 $f(x)=xe^{-x}+1, f(-1)<0, f(0)>0$, 根据定理 2.8.4, 方程 $f(x)=0$ 有实根, 设为 $f(\alpha)=0$. 定理 2.8.4 的证明过程: $b_n-a_n=1/2^n$, 设 $x_n=a_n+(b_n-a_n)/2$, 则 $|x_n-\alpha|\leqslant(b_n-a_n)=1/2^n$, 因此

$$|x_n-\alpha|\leqslant\frac{1}{2^n}<10^{-5}\Rightarrow n>\frac{5\ln 10}{\ln 2}, n=\left[\frac{5\ln 10}{\ln 2}\right]+1$$

因此需要迭代的次数是 $n=[(5\ln 10)/\ln 2]+1=17$, 计算结果见表 2.8.1.

表 2.8.1

n	x_n	n	x_n
0	-0.500000	9	-0.567383
1	-0.750000	10	-0.566895
2	-0.625000	11	-0.567139
3	-0.562500	12	-0.567261
4	-0.593750	13	-0.567200
5	-0.578125	14	-0.567169
6	-0.570312	15	-0.567154
7	-0.566406	16	-0.567146
8	-0.568359	17	-0.567142

定理 2.8.5 (介值定理) 若 $f\in C[a,b]$, λ 是介于 $f(a)$ 与 $f(b)$ 之间的任意实数, 则存在 $c\in(a,b)$, 使得 $f(c)=\lambda$.

证明 不妨设 $f(a)<\lambda<f(b)$. 令 $g(x)=f(x)-\lambda$, 则

$$g(a)=f(a)-\lambda<0, \quad g(b)=f(b)-\lambda>0$$

所以根据定理 2.8.4, 存在 $\xi\in(a,b)$, 使得 $g(\xi)=0$, 即 $f(\xi)=\lambda$. 图 2.8.3 给出了定理 2.8.5 的几何直观图.

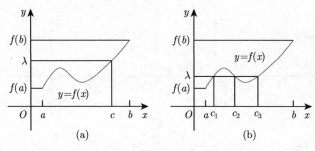

图 2.8.3

推论 2.8.6 若 $f\in C[a,b]$, 则 f 能取到最大值 M 和最小值 m 之间的任何值.

推论 2.8.7 (广义介值定理) 若 $f\in C[a,b], x_1,x_2,\cdots,x_n\in[a,b]$, 任意正实数满足 $\lambda_1+\lambda_2+\cdots+\lambda_n=1$, 则存在一点 $\eta\in[a,b]$, 使得 $f(\eta)=\lambda_1 f(x_1)+\lambda_2 f(x_2)+\cdots+\lambda_n f(x_n)$.

证明 设 $m=\min\limits_{a\leqslant x\leqslant b}f(x), M=\max\limits_{a\leqslant x\leqslant b}f(x)$, 则由 $\lambda_1+\lambda_2+\cdots+\lambda_n=1$ 得

$$m\leqslant\lambda_1 f(x_1)+\lambda_2 f(x_2)+\cdots+\lambda_n f(x_n)\leqslant M$$

由介值定理, 存在一点 $\eta \in [a,b]$, 使得 $f(\eta) = \lambda_1 f(x_1) + \lambda_2 f(x_2) + \cdots + \lambda_n f(x_n)$. 结论得证.

2.8.2 连续函数性质的进一步讨论

上节我们讨论了有限闭区间上连续函数的性质: 函数一致连续、函数有界、函数存在最大值最小值、零点定理、介值定理. 本节讨论若 $f \in C(I)$, $I = [a, +\infty), (-\infty, +\infty), (a,b)$ 时上述结论是否成立以及在什么条件下成立.

例 2.8.2 证明任意奇次多项式必有实根.

证明 设 $p(x) = x^{2n+1} + a_0 x^{2n} + a_1 x^{2n-1} + \cdots + a_{2n-1} x + a_{2n}$, 可见 $p(x) \in C(-\infty, +\infty)$. 进一步

$$p(x) = x^{2n+1}\left(1 + \frac{a_0}{x} + \frac{a_1}{x^2} + \cdots + \frac{a_{2n-1}}{x^{2n}} + \frac{a_{2n}}{x^{2n+1}}\right)$$

$$\lim_{x \to +\infty} p(x) = +\infty, \quad \lim_{x \to -\infty} p(x) = -\infty$$

所以存在 $a < b, p(a) < 0, p(b) > 0$. 根据连续函数的介值定理, 存在 $\xi \in (a,b) : p(\xi) = 0$. 结论得证.

利用例 2.8.2 分析问题的方法可以得到结论:

推论 2.8.8 (1) 如果 $f(x) \in C(-\infty, +\infty)$, $\lim_{x \to +\infty} f(x) = \pm\infty$, $\lim_{x \to -\infty} f(x) = \mp\infty$, 则 $f(x)$ 一定存在零点.

(2) 如果 $f(x) \in C(a, +\infty)$, $\lim_{x \to a+} f(x)$, $\lim_{x \to +\infty} f(x)$ 存在且异号, 则 $f(x)$ 一定存在零点.

(3) 如果 $f(x) \in C(a,b)$, $\lim_{x \to a+} f(x)$, $\lim_{x \to b-} f(x)$ 存在且异号, 则 $f(x)$ 一定存在零点.

例 2.8.3 设 $f \in C[a, +\infty)$ 且 $\lim_{x \to +\infty} f(x)$ 存在, 证明 $f(x)$ 在 $[a, +\infty)$ 上有界.

证明 设 $\lim_{x \to +\infty} f(x) = A$. 令 $\varepsilon = 1, \exists M > a, \forall x > M : |f(x) - A| < 1$. 所以当 $x > M$ 时,

$$|f(x)| = |f(x) + A - A| \leqslant |f(x) - A| + |A| < 1 + |A|$$

在 $[a, M]$ 上 f 连续必有界, 设存在 $W > 0$, 对任意 $x \in [a, M]: |f(x)| \leqslant W$.

令 $L = 1 + |A| + W$, 则

$$\forall x \in [a, +\infty), |f(x)| \leqslant L$$

结论得证.

利用例 2.8.3 的证明方法可以进一步得到结论:

推论 2.8.9 若 $f \in C(-\infty, +\infty)$ 且 $\lim_{x \to +\infty} f(x)$ 和 $\lim_{x \to -\infty} f(x)$ 存在, 则 $f(x)$ 在 $(-\infty, +\infty)$ 有界.

例 2.8.4 若 $f(x) \in C(a,b)$, $\lim_{x \to a+} f(x) = \lim_{x \to b-} f(x) = +\infty$, 证明 $f(x)$ 在 (a,b) 上存在最小值.

证明 因为 $\lim_{x \to a+} f(x) = \lim_{x \to b-} f(x) = +\infty$, 取 $x_0 = (a+b)/2$, 令 $M > f(x_0)$, 则

$$\exists \delta > 0 \left(\delta < \frac{b-a}{2}\right), \forall x \in (a, a+\delta) \cup (b-\delta, b) : f(x) > M$$

因为 $f(x)$ 在 $[a+\delta, b-\delta]$ 上连续, 所以存在最小值点 $\eta \in [a+\delta, b-\delta]$ 满足

$$\forall x \in (a, a+\delta) \cup (b-\delta, b) \Rightarrow f(x) > M > f(x_0) \geqslant f(\eta)$$

因此 $f(x)$ 在 (a,b) 上存在最小值为 $f(\eta)$. 结论得证.

利用例 2.8.4 的讨论方法可以得到下面结论:

推论 2.8.10 (1) 若函数 $f(x) \in C(a,b)$, $\lim\limits_{x \to a+} f(x) = \lim\limits_{x \to b-} f(x) = -\infty$, 则 $f(x)$ 在 (a,b) 上存在最大值, 如图 2.8.4(a) 所示.

(2) 若 $f(x) \in C(-\infty, +\infty)$, $\lim\limits_{x \to +\infty} f(x) = \lim\limits_{x \to -\infty} f(x) = -\infty$, 则 $f(x)$ 在 $(-\infty, +\infty)$ 上存在最大值.

(3) 若 $f(x) \in C(-\infty, +\infty)$, $\lim\limits_{x \to +\infty} f(x) = \lim\limits_{x \to -\infty} f(x) = +\infty$, 则 $f(x)$ 在 $(-\infty, +\infty)$ 上存在最小值, 如图 2.8.4(b) 所示.

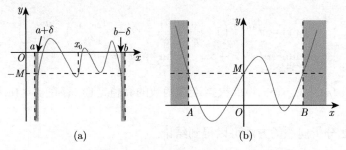

图 2.8.4

例 2.8.5 若 $f(x) \in C(-\infty, +\infty)$, $\lim\limits_{x \to +\infty} f(x) = \lim\limits_{x \to -\infty} f(x)$ 存在, 则 $f(x)$ 在 $(-\infty, +\infty)$ 上一致连续.

证明 由函数极限的柯西定理, 得到

$$\forall \varepsilon > 0, \exists M_1 > 0, \forall x_1 > M_1, \forall x_2 > M_1 : |f(x_1) - f(x_2)| < \varepsilon$$

$$\exists M_2 > 0, \forall x_1 < -M_2, \forall x_2 < -M_2 : |f(x_1) - f(x_2)| < \varepsilon$$

$f(x)$ 在 $[-M_2-1, M_1+1]$ 一致连续, 因此存在 $\delta_1(\varepsilon) > 0$,

$$\forall x_1, x_2 \in [-M_2-1, M_1+1], |x_1 - x_2| < \delta_1 : |f(x_1) - f(x_2)| < \varepsilon$$

如图 2.8.5 所示. 令 $\delta = \min\{\delta_1, 1\}, \forall x_1, x_2 \in \mathbf{R}, |x_1 - x_2| < \delta$, 则

$(1) x_1, x_2 \in (M_1, +\infty) \Rightarrow |f(x_1) - f(x_2)| < \varepsilon$

$(2) x_1, x_2 \in (-\infty, -M_2) \Rightarrow |f(x_1) - f(x_2)| < \varepsilon$

$(3) x_1, x_2 \in [-M_2-1, M_1+1] \Rightarrow |f(x_1) - f(x_2)| < \varepsilon$

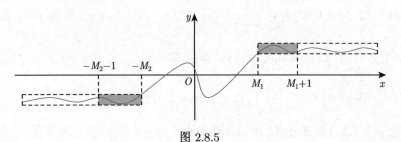

图 2.8.5

综上所述, $\forall \varepsilon > 0, \exists \delta(\varepsilon) > 0, \forall x_1, x_2 \in \mathbf{R}, |x_1 - x_2| < \delta : |f(x_1) - f(x_2)| < \varepsilon$. 结论得证.

利用例 2.8.5 的讨论方法可以得到下面结论:

推论 2.8.11 (1) 若 $f(x) \in C(I), I = I_1 \cup I_2, f(x)$ 在 I_1, I_2 上一致连续, 则 $f(x)$ 在 I 上一致连续.

(2) 若 $f(x) \in C[a, +\infty), \lim\limits_{x \to +\infty} f(x)$ 存在, 则 $f(x)$ 在 $[a, +\infty)$ 一致连续.

(3) 若 $f(x) \in C(-\infty, b], \lim\limits_{x \to -\infty} f(x)$ 存在, 则 $f(x)$ 在 $(-\infty, b]$ 上一致连续.

(4) 若 $f(x) \in C(a, +\infty), \lim\limits_{x \to +\infty} f(x), \lim\limits_{x \to a+} f(x)$ 存在, 则 $f(x)$ 在 $(a, +\infty)$ 上一致连续.

(5) 若 $f(x) \in C(-\infty, b), \lim\limits_{x \to -\infty} f(x), \lim\limits_{x \to b-} f(x)$ 存在, 则 $f(x)$ 在 $(-\infty, b)$ 上一致连续.

习题 2.8 有限闭区间上连续函数的整体性质

1. 证明方程 $x = a\sin x + b (a, b > 0)$ 至少有一个正根.

2. 证明方程 $x^3 + px + q = 0 (p > 0)$ 仅有一个实根.

3. 若 $f(x)$ 在 $(-\infty, +\infty)$ 内连续, 且 $\lim\limits_{x \to \infty} f(x)$ 存在, 求证: $f(x)$ 在 $(-\infty, +\infty)$ 内有界.

4. 设 $f(x) \in C(-\infty, +\infty)$, 且 $\lim\limits_{x \to \infty} f(x) = +\infty$, 求证: $f(x)$ 在 $(-\infty, +\infty)$ 内取到它的最小值.

5. 设 a_1, a_2, a_3 为正数, $\lambda_1 < \lambda_2 < \lambda_3$, 证明: 方程 $a_1/(x - \lambda_1) + a_2/(x - \lambda_2) + a_3/(x - \lambda_3) = 0$ 在区间 $(\lambda_1, \lambda_2), (\lambda_2, \lambda_3)$ 各有一根.

6. 设 $f(x)$ 在 $[a, b]$ 上连续, 对于区间 $[a, b]$ 中的每一个点 x, 总存在 $y \in [a, b]$, 使得 $|f(y)| \leqslant (1/2)|f(x)|$, 求证: 至少存在一点 $\xi \in [a, b]$, 使得 $f(\xi) = 0$.

7. 设 $f(x) \in C[a, b]$ 且有唯一的取到 $f(x)$ 最大值的点 x^*, 又设 $x_n \in [a, b]$ $(n = 1, 2, \cdots)$, 使得 $\lim\limits_{n \to \infty} f(x_n) = f(x^*)$, 求证: $\lim\limits_{n \to \infty} x_n = x^*$.

8. 设 $f(x) \in C[a, b]$ 且单调递增, $a < f(x) < b (\forall x \in [a, b])$. 对任意 $x_1 \in [a, b]$, 由递推公式 $x_{n+1} = f(x_n)(n = 1, 2, \cdots)$ 产生序列 $\{x_n\}$. 求证: 极限 $\lim\limits_{n \to \infty} x_n$ 存在, 且其极限值 c, 满足 $c = f(c)$.

9. 设对于任意 $x, y \in (-\infty, +\infty)$ 函数 f 满足 $|f(x) - f(y)| \leqslant k|x - y| (0 < k < 1)$. 求证: (1) $kx - f(x)$ 为递增函数; (2) 存在唯一的 $\xi \in (-\infty, +\infty)$, 使 $f(\xi) = \xi$.

10. 证明: 如果在区间 I 上单调有界函数连续, 则一定一致连续.

11. 设 f 在 $[a, +\infty)$ 上一致连续, g 在 $[a, +\infty)$ 上连续, 且 $\lim\limits_{x \to +\infty} [f(x) - g(x)] = 0$, 证明 g 在 $[a, +\infty)$ 一致连续.

扫码学习

2.9 综合例题选讲

本节讨论综合例题, 巩固读者对这一章基本理论的理解.

例 2.9.1 求 $\lim\limits_{x \to 0} (\sqrt[m]{1 + \alpha x} \cdot \sqrt[n]{1 + \beta x} - 1)/x$ $(m, n$ 为非零整数$)$.

分析 利用公式 $a^k - b^k = (a - b)(a^{k-1} + a^{k-2}b + \cdots + b^{k-1}), a = \sqrt[m]{1 + \alpha x} \cdot \sqrt[n]{1 + \beta x}, b = 1, k = mn$ 将函数分子有理化, 简化函数从而求解极限.

解 分几种情况讨论.

(1) 若 m,n 为正整数.

$$原式 = \lim_{x \to 0} \frac{\left(\sqrt[m]{1+\alpha x} \cdot \sqrt[n]{1+\beta x} - 1\right) \cdot \left(\left(\sqrt[mn]{(1+\alpha x)^n (1+\beta x)^m}\right)^{(nm-1)} + \cdots + 1\right)}{x \left(\left(\sqrt[mn]{(1+\alpha x)^n (1+\beta x)^m}\right)^{(nm-1)} + \cdots + 1\right)}$$

$$= \lim_{x \to 0} \left(\frac{(1+\alpha x)^n \cdot (1+\beta x)^m - 1}{x}\right) \lim_{x \to 0} \left(\frac{1}{\left(\sqrt[mn]{(1+\alpha x)^n (1+\beta x)^m}\right)^{(nm-1)} + \cdots + 1}\right)$$

利用初等函数的连续性:

$$\lim_{x \to 0} \frac{1}{\left(\sqrt[mn]{(1+\alpha x)^n (1+\beta x)^m}\right)^{(nm-1)} + \cdots + 1} = \frac{1}{mn} \neq 0$$

进一步利用二项式展开得到

$$原式 = \left(\frac{1}{mn}\right) \lim_{x \to 0} \frac{(1+\alpha x)^n \cdot (1+\beta x)^m - 1}{x} = \left(\frac{1}{mn}\right) \lim_{x \to 0} \frac{\left(\sum_{k=0}^n C_n^k (\alpha x)^k\right) \left(\sum_{k=0}^m C_m^k (\beta x)^k\right) - 1}{x}$$

$$= \left(\frac{1}{mn}\right) \lim_{x \to 0} \frac{(n\alpha + m\beta) x + \gamma_2 x^2 + \cdots + \gamma_{n+m} x^{n+m}}{x} \quad (\gamma_1, \gamma_2, \cdots, \gamma_{n+m} \text{为展开合并系数})$$

观察分子分母 x 的最低次幂, 并利用高阶无穷小运算性质, 得到

$$原式 = \frac{1}{mn} \lim_{x \to 0} \frac{(n\alpha + m\beta) x + o(x)}{x} = \frac{n\alpha + m\beta}{mn} = \frac{\alpha}{m} + \frac{\beta}{n}$$

(2) 若 m, n 为负整数, 设 $m = -m', n = -n'$, 其中 m', n' 为正整数, 则

$$原式 = \lim_{x \to 0} \left(\frac{1}{\sqrt[m']{1+\alpha x} \cdot \sqrt[n']{1+\beta x}}\right) \lim_{x \to 0} \left(\frac{1 - \sqrt[m']{1+\alpha x} \cdot \sqrt[n']{1+\beta x}}{x}\right)$$

$$= \lim_{x \to 0} \left(\frac{1 - \sqrt[m']{1+\alpha x} \cdot \sqrt[n']{1+\beta x}}{x}\right)$$

利用 (1) 的结果,

$$\lim_{x \to 0} \frac{\sqrt[m]{1+\alpha x} \cdot \sqrt[n]{1+\beta x} - 1}{x} = \lim_{x \to 0} \frac{1 - \sqrt[m']{1+\alpha x} \cdot \sqrt[n']{1+\beta x}}{x} = -\frac{\alpha}{m'} - \frac{\beta}{n'} = \frac{\alpha}{m} + \frac{\beta}{n}$$

(3) 若 m 及 n 中只有一个为负整数, 利用 (2) 的分析方法结论仍然成立.

综上所述, 当 m 及 n 为整数时, 有 $\lim_{x \to 0} (\sqrt[m]{1+\alpha x} \cdot \sqrt[n]{1+\beta x} - 1)/x = \alpha/m + \beta/n \, (mn \neq 0)$.

例 2.9.2 求 $\lim_{x \to +\infty} \left[\sqrt[n]{(x+\alpha_1) \cdots (x+\alpha_n)} - x\right]$.

分析 利用公式

$$a^k - b^k = (a-b)\left(a^{k-1} + a^{k-2} b + \cdots + b^{k-1}\right), a = \sqrt[n]{(x+\alpha_1) \cdots (x+\alpha_n)}, b = x, k = n$$

将函数分子有理化, 简化函数, 从而求解极限.

解 原式 $= \lim\limits_{x\to+\infty} \dfrac{(x+\alpha_1)\cdots(x+\alpha_n) - x^n}{\sum\limits_{j=1}^{n}\left[\prod\limits_{i=1}^{n}(x+\alpha_i)^{\frac{n-j}{n}}\right]x^{j-1}}$

$= \lim\limits_{x\to+\infty} \dfrac{\left(\sum\limits_{i=1}^{n}\alpha_i\right)x^{n-1} + \left(cx^{n-2}+\cdots+\prod\limits_{i=1}^{n}\alpha_i\right)}{\sum\limits_{j=1}^{n}\left[x^{n-j}\prod\limits_{i=1}^{n}\left(1+\dfrac{\alpha_i}{x}\right)^{\frac{n-j}{n}}\right]x^{j-1}}$

这里 c 是 x^{n-2} 的系数. 观察分子分母 x 的最高次幂为 x^{n-1}, 分子分母同除 x^{n-1}, 上式等于

$\lim\limits_{x\to+\infty} \dfrac{\left\{\left(\sum\limits_{i=1}^{n}\alpha_i\right)x^{n-1} + \left(cx^{n-2}+\cdots+\prod\limits_{i=1}^{n}\alpha_i\right)\right\}/x^{n-1}}{\sum\limits_{j=1}^{n}\left[x^{n-1}\prod\limits_{i=1}^{n}\left(1+\dfrac{\alpha_i}{x}\right)^{\frac{n-j}{n}}\right]/x^{n-1}}$

$= \lim\limits_{x\to+\infty} \dfrac{\sum\limits_{i=1}^{n}\alpha_i + o(1)}{\sum\limits_{j=1}^{n}\left[\prod\limits_{i=1}^{n}(1+\alpha_i/x)^{\frac{n-j}{n}}\right]} = \dfrac{\sum\limits_{i=1}^{n}\alpha_i}{n}$

注 2.9.1 上式用到了结论: $o(1)+o(1/x)+o(1/x^2)+\cdots+o(1/x^{n-2})=o(1)\ (x\to+\infty)$.

例 2.9.3 求 $\lim\limits_{x\to 0}\ln(x^2+e^x)/\ln(x^4+e^{2x})$.

解 详细计算过程如下:

原式 $= \lim\limits_{x\to 0}\dfrac{\ln e^x(x^2 e^{-x}+1)}{\ln e^{2x}(1+x^4 e^{-2x})} = \lim\limits_{x\to 0}\dfrac{x+\ln(x^2 e^{-x}+1)}{2x+\ln(1+x^4 e^{-2x})}$ ⇐ 将函数等价变形

$= \lim\limits_{x\to 0}\dfrac{1+xe^{-x}\left[(\ln(x^2 e^{-x}+1))/x^2 e^{-x}\right]}{2+x^3 e^{-2x}\left[(\ln(1+x^4 e^{-2x}))/x^4 e^{-2x}\right]}$ ⇐ 利用 $\lim\limits_{y\to 0}\dfrac{\ln(1+y)}{y}=1$

$= \dfrac{1}{2}$

注 2.9.2 例 2.9.3 推导过程中用到了结论: $\lim\limits_{x\to 0}x^2 e^{-x}=0$, $\lim\limits_{x\to 0}x^4 e^{-2x}=0$.

例 2.9.4 讨论当 $x\to 0$, 无穷小 $(\cot(a+2x)-2\cot(a+x)+\cot a)$ 的阶, 其中 $\cos a\sin a\neq 0$.

解 由三角函数的和差化积公式:

原式 $= \dfrac{-\sin x[\sin a - \sin(a+2x)]}{\sin a\sin(a+x)\sin(a+2x)} = \dfrac{2(\sin x)^2\cos(a+x)}{\sin a\sin(a+x)\sin(a+2x)}$

所以

$\lim\limits_{x\to 0}\dfrac{\cot(a+2x)-2\cot(a+x)+\cot a}{x^2}$

$= \lim\limits_{x\to 0}\left[\left(\dfrac{\sin x}{x}\right)^2\dfrac{2\cos(a+x)}{\sin a\sin(a+x)\sin(a+2x)}\right] = \dfrac{2\cos a}{\sin^3 a}\neq 0$

即 $\cot(a+2x) - 2\cot(a+x) + \cot a$ 为 $x \to 0$ 时的 2 阶无穷小.

例 2.9.5 求 $\lim\limits_{x \to a}(x^x - a^a)/(x-a)\,(a>0)$.

解 由于

$$\frac{x^x - a^a}{x - a} = a^a \cdot \left(\frac{e^{x\ln x - a\ln a} - 1}{x\ln x - a\ln a}\right) \cdot \left(\frac{x\ln x - a\ln a}{x-a}\right), \text{ 而 } \lim_{x \to a}\frac{e^{x\ln x - a\ln a} - 1}{x\ln x - a\ln a} = 1,$$

$$\lim_{x \to a}\frac{x\ln x - a\ln a}{x-a} = \lim_{x \to a}\frac{x\ln x - x\ln a}{x-a} + \ln a$$

$$= \lim_{x \to a}\frac{x}{a}\cdot\frac{\ln(1+(x-a)/a)}{(x-a)/a} + \ln a = 1 + \ln a = \ln(ea)$$

所以 $\lim\limits_{x \to a}(x^x - a^a)/(x-a) = a^a \ln(ea)$.

例 2.9.6 讨论 $f(x) = |\sin x|/x$ 在区间 I 上的一致连续性，其中 $I = (-1, 0), (0, 1), (-1, 0) \cup (0, 1)$.

解 (1) $I = (-1, 0)$.

$f(x) = |\sin x|/x \in C(-1, 0)$，$\lim\limits_{x \to 0-}|\sin x|/x = -1$，$\lim\limits_{x \to (-1)+}|\sin x|/x = -\sin 1$，所以 $f(x)$ 在区间 $I = (-1, 0)$ 上一致连续.

(2) $I = (0, 1)$.

$f(x) = |\sin x|/x \in C(0, 1)$，$\lim\limits_{x \to 0+}|\sin x|/x = 1$，$\lim\limits_{x \to 1-}|\sin x|/x = \sin 1$，所以 $f(x)$ 在区间 $I = (0, 1)$ 上一致连续.

(3) $I = (-1, 0) \cup (0, 1)$.

$\lim\limits_{x \to 0-}|\sin x|/x = \lim\limits_{x \to 0-}(-\sin x)/x = -1$，$\lim\limits_{x \to 0+}|\sin x|/x = \lim\limits_{x \to 0+}(\sin x)/x = 1$. 根据函数极限的定义：

$$\varepsilon = \frac{1}{2}, \exists \delta_1 > 0, -\delta_1 < x < 0: -\frac{3}{2} < \frac{|\sin x|}{x} < -\frac{1}{2}$$

$$\exists \delta_2 > 0, 0 < x < \delta_2: \frac{1}{2} < \frac{|\sin x|}{x} < \frac{3}{2}$$

令 $\delta^* = \min(\delta_1, \delta_2), \forall x_1 \in (-\delta^*, 0), \forall x_2 \in (0, \delta^*)$，有 $||\sin x_2|/x_2 - |\sin x_1|/x_1| > 1$. 因此

$$\forall \delta > 0, \exists x_1 \in (-\delta^*, 0) \cap \left(-\frac{\delta}{2}, 0\right), x_2 \in (0, \delta^*) \cap \left(0, \frac{\delta}{2}\right), |x_1 - x_2| < \delta$$

但

$$\left|\frac{|\sin x_1|}{x_1} - \frac{|\sin x_2|}{x_2}\right| > 1 > \frac{1}{2}$$

所以 $f(x) = |\sin x|/x$ 在 $(-1, 0) \cup (0, 1)$ 上不一致连续. 如图 2.9.1 所示.

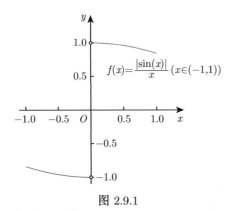

图 2.9.1

例 2.9.7 设函数 $f(x)$ 定义在 $(a, +\infty)$，$f(x)$ 在任何有限区间上有界，且满足条件 $\lim\limits_{x \to +\infty} (f(x+1) - f(x)) = A$，证明 $\lim\limits_{x \to +\infty} f(x)/x = A$.

证明 分两种情况讨论.

(1) 设 $\lim\limits_{x \to +\infty} (f(x+1) - f(x)) = A = 0$. 则

$$\forall \varepsilon > 0, \exists X^* > \max\{a, 0\}, \forall x \geqslant X^* : |f(x+1) - f(x)| < \frac{\varepsilon}{2}$$

由于任意 $x \geqslant X^*$，存在 $x_0 \in [X^*, X^* + 1] : x = x_0 + n, n = 0, 1, 2, \cdots$，所以

$$\left| \frac{f(x)}{x} \right| = \left| \frac{f(x_0 + n)}{x_0 + n} \right| = \left| \frac{f(x_0 + n) - f(x_0) + f(x_0)}{x_0 + n} \right|$$

设 $y \in [X^*, X^* + 1] : |f(y)| \leqslant M$，则

$$\left| \frac{f(x)}{x} \right| \leqslant \left| \frac{f(x_0 + n) - f(x_0)}{x_0 + n} \right| + \left| \frac{M}{x_0 + n} \right|$$

所以任意 $x \geqslant X^*$，成立

$$\left| \frac{f(x)}{x} \right| \leqslant \frac{|f(x_0 + n) - f(x_0 + n - 1)| + \cdots + |f(x_0 + 1) - f(x_0)|}{x_0 + n} + \left| \frac{M}{x_0 + n} \right|$$

$$\leqslant \left(\frac{\varepsilon}{2} \right) \left| \frac{n}{x_0 + n} \right| + \frac{M}{x_0 + n} \leqslant \frac{\varepsilon}{2} + \frac{M}{x_0 + n}$$

得到结论:

$$\forall x \geqslant X^* (x = x_0 + n) : \left| \frac{f(x)}{x} \right| \leqslant \frac{\varepsilon}{2} + \frac{M}{x_0 + n}$$

又存在 $N = \max\{[(2M/\varepsilon) - x_0], 1\}, n > N : M/(x_0 + n) < \varepsilon/2$，所以当 $x > x_0 + N + 1$ 时，$|f(x)/x| < \varepsilon$，故 $\lim\limits_{x \to +\infty} \dfrac{f(x)}{x} = 0$.

(2) 设 $\lim\limits_{x \to +\infty} (f(x+1) - f(x)) = A \neq 0$. 设 $F(x) = f(x) - Ax$，则

$$F(x+1) - F(x) = f(x+1) - f(x) - A$$

所以 $\lim\limits_{x \to +\infty} (F(x+1) - F(x)) = 0$. 根据 (1)，$\lim\limits_{x \to +\infty} F(x)/x = \lim\limits_{x \to +\infty} (f(x) - Ax)/x = 0$，因此 $\lim\limits_{x \to +\infty} f(x)/x = A$. 结论得证.

例 2.9.8 设 $f(x)$ 在 I 上一致连续，证明:(1) $|f(x)|$ 在 I 上一致连续; (2) $\sqrt[m]{|f(x)|}(m \in \mathbf{N}^*)$ 在 I 上一致连续. $I = (a,b), [a,b], (a,b], (a,+\infty), [a,+\infty), (-\infty,b), (-\infty,b], (-\infty,+\infty)$.

证明 这里只给出 (2) 的证明. 由不等式 $|x^{1/n} - y^{1/n}| \leqslant |x-y|^{1/n} (x \geqslant 0, y \geqslant 0)$,

$$\forall x_1, x_2 \in I : \left| \sqrt[m]{|f(x_1)|} - \sqrt[m]{|f(x_2)|} \right| \leqslant ||f(x_1)| - |f(x_2)||^{1/m}$$

因为 $f(x)$ 在 I 上一致连续，根据 (1)

$$\forall \varepsilon > 0, \exists \delta(\varepsilon) > 0, \forall x_1, x_2 \in I, |x_1 - x_2| < \delta : ||f(x_1)| - |f(x_2)|| < \varepsilon^m$$

所以

$$\left| \sqrt[m]{|f(x_1)|} - \sqrt[m]{|f(x_2)|} \right| \leqslant ||f(x_1)| - |f(x_2)||^{1/m} < \varepsilon$$

结论得证.

例 2.9.9 设 $f(x) \in C[a,b], f(x)$ 在 $[a,b]$ 上有唯一最大值点 x^*，存在 $\{x_n\} \subset [a,b]$ 且 $\lim\limits_{n \to \infty} f(x_n) = f(x^*)$，则 $\lim\limits_{n \to \infty} x_n = x^*$.

证明 由于 $\{x_n\} \subset [a,b]$，因此 $\{x_n\}$ 有界. 如果 $\{x_n\}$ 发散，则 $\{x_n\}$ 一定有两个收敛子列，但极限不同. 设 $\{x_{n_k^1}\}, \{x_{n_k^2}\}, \lim\limits_{k \to \infty} x_{n_k^1} = \alpha, \lim\limits_{k \to \infty} x_{n_k^2} = \beta, \alpha \neq \beta, \alpha, \beta \in [a,b]$. 根据函数连续性和海涅原理，

$$\lim_{k \to \infty} f\left(x_{n_k^1}\right) = f(\alpha), \quad \lim_{k \to \infty} f\left(x_{n_k^2}\right) = f(\beta)$$

根据已知条件 $\lim\limits_{n \to \infty} f(x_n) = f(x^*)$,

$$\lim_{k \to \infty} f\left(x_{n_k^1}\right) = f(\alpha) = \lim_{k \to \infty} f\left(x_{n_k^2}\right) = f(\beta) = f(x^*)$$

得到 α, β 为 $f(x)$ 在 $[a,b]$ 上的两个不同的最大值点，矛盾. 因此 $\{x_n\}$ 收敛且 $\lim\limits_{n \to \infty} x_n = x^*$. 结论得证.

例 2.9.10 设 $f, g \in C[a,b]$，存在 $\{x_n\} \subset [a,b]$ 满足 $g(x_n) = f(x_{n+1})$，则存在 $x^* \in [a,b]$ 使得 $f(x^*) = g(x^*)$.

证明 方法 1: 若不然，假设任意 $x \in [a,b], f(x) \neq g(x)$，则 $f(x) > g(x)$ 或 $f(x) < g(x)$. 不妨设 $f(x) > g(x)$. f, g 在 $[a,b]$ 上连续，所以 $f(x) - g(x)$ 在 $[a,b]$ 上有最小值 $c > 0$, $f(x) - g(x) \geqslant c$, 任意 $x \in [a,b]$.

$$f(x_n) - g(x_n) \geqslant c \Rightarrow f(x_n) \geqslant g(x_n) + c \Rightarrow f(x_n) \geqslant f(x_{n+1}) + c$$

因此 $\{f(x_n)\}$ 单调递减有界，设 $\lim\limits_{n \to \infty} f(x_n) = l$. 根据数列极限的保序性，在上式两端求极限，得 $l \geqslant l + c$，矛盾. 结论得证.

方法 2: $f(x^*) = g(x^*) \Leftrightarrow f(x^*) - g(x^*) = 0 \Leftrightarrow F(x) = f(x) - g(x)$ 在 $[a,b]$ 上有零点.

$$F(x_n) = f(x_n) - g(x_n) = f(x_n) - f(x_{n+1}), \quad n \in \mathbf{N}^*$$

根据广义介值定理,

$$\frac{F(x_1) + F(x_2) + \cdots + F(x_n)}{n} = \frac{f(x_1) - f(x_{n+1})}{n} = F(\alpha_n), \quad \alpha_n \in [a,b]$$

由于 $\{\alpha_n\} \in [a,b]$ 存在收敛子列 $\{\alpha_{n_k}\}$，设 $\lim\limits_{k\to\infty}\alpha_{n_k}=x^*\in[a,b]$. 根据 $F(x)$ 的连续性和海涅原理，

$$\lim_{k\to\infty} F(\alpha_{n_k}) = F(x^*) = \lim_{k\to\infty} \frac{f(x_1)-f(x_{n_k+1})}{n_k} = 0$$

结论得证.

例 2.9.11 设 $f(x)\in C(-\infty,+\infty), \lim\limits_{x\to\pm\infty}f(x)=+\infty, f(x)$ 的最小值 $f(\alpha)<\alpha$，则 $f\circ f(x)$ 有两个互异的最小值点.

证明 任意 $x\in(-\infty,+\infty), f(x)\geqslant f(\alpha), f(f(x))\geqslant f(\alpha), f(\alpha)$ 是 $f(f(x))$ 的下界. 由连续函数的介值定理：

$$\lim_{x\to+\infty}f(x)=+\infty:\exists\alpha^*>\alpha, f(\alpha^*)>f(\alpha)$$
$$\Rightarrow f(\alpha)<\alpha<f(\alpha^*)\Rightarrow \exists x^*\in(\alpha,\alpha^*):f(x^*)=\alpha$$
$$\lim_{x\to-\infty}f(x)=+\infty:\exists\beta^*<\alpha, f(\beta^*)>\alpha$$
$$\Rightarrow f(\alpha)<\alpha<f(\beta^*)\Rightarrow \exists y^*\in(\beta^*,\alpha):f(y^*)=\alpha$$

因此 $f(f(x^*))=f(f(y^*))=f(\alpha)$，结论得证.

例 2.9.12 设 $f(x)$ 的定义域为 $(0,1), \lim\limits_{x\to 0+}f(x)=0, \lim\limits_{x\to 0+}\{f(x)-f(x/2)\}/x=0$，证明 $\lim\limits_{x\to 0+}f(x)/x=0$.

证明 由于 $\lim\limits_{x\to 0+}\dfrac{f(x)-f(x/2)}{x}=0$，所以根据函数极限的定义：

$$\forall \varepsilon>0, \exists \delta>0, 0<x<\delta: \left|\frac{f(x)-f(x/2)}{x}\right|<\varepsilon$$

于是

$$\left|f(x)-f\left(\frac{x}{2}\right)\right|<\varepsilon x \Rightarrow |f(x)|<\left|f\left(\frac{x}{2}\right)\right|+\varepsilon x$$
$$|f(x)|<\left|f\left(\frac{x}{4}\right)\right|+\varepsilon\left(\frac{x}{2}\right)+\varepsilon x<\left|f\left(\frac{x}{8}\right)\right|+\varepsilon\left(\frac{x}{4}\right)+\varepsilon\left(\frac{x}{2}\right)+\varepsilon x$$
$$<\left|f\left(\frac{x}{2^k}\right)\right|+\varepsilon x\left(1+\frac{1}{2}+\frac{1}{4}+\cdots+\frac{1}{2^{k-1}}\right)<\left|f\left(\frac{x}{2^k}\right)\right|+2\varepsilon x$$

根据已知条件 $\lim\limits_{x\to 0+}f(x)=0$ 和海涅原理，$\lim\limits_{k\to+\infty}f(x/2^k)=0$. 所以当 $0<x<\delta$ 时，$|f(x)|\leqslant 2\varepsilon x$，即 $|f(x)/x|\leqslant 2\varepsilon$. 结论得证.

例 2.9.13 设 $f(x),g(x)$ 在 $(0,+\infty)$ 上有定义，$g(x)$ 单调递增，$\lim\limits_{x\to+\infty}g(f(x))=+\infty$，则 $\lim\limits_{x\to+\infty}g(x)=\lim\limits_{x\to+\infty}f(x)=+\infty$.

证明 $g(x)$ 单调递增，因此 $\lim\limits_{x\to+\infty}g(x)=A$ 或者 $\lim\limits_{x\to+\infty}g(x)=+\infty$. 根据 $\lim\limits_{x\to+\infty}g(f(x))=+\infty$ 可知 $\lim\limits_{x\to+\infty}g(x)=+\infty$. 假设 $\lim\limits_{x\to+\infty}f(x)\neq+\infty$，

$$\lim_{x\to+\infty}f(x)=+\infty:\forall A>0, \exists M>0, \forall x>M:f(x)>A$$
$$\lim_{x\to+\infty}f(x)\neq+\infty:\exists A^*>0, \forall M>0, \exists x_M>M:f(x_M)\leqslant A^*$$

分别令

$$M_1 = 1: \exists x_1 > M_1: f(x_1) \leqslant A^*$$
$$M_2 = \max\{2, x_1\}: \exists x_2 > M_2: f(x_2) \leqslant A^*$$
$$M_3 = \max\{3, x_3\}: \exists x_3 > M_3: f(x_3) \leqslant A^*$$
$$\cdots\cdots$$

继续这一过程,得单调递增数列 $\{x_k\}: \lim\limits_{k\to\infty} x_k = +\infty, \forall k \in \mathbf{N}^*: f(x_k) \leqslant A^*$,由 $g(x)$ 的单调性,$g(f(x_k)) \leqslant g(A^*)$. 因此有趋向于正无穷的数列 $\{x_k\}$,$\lim\limits_{k\to\infty} g(f(x_k)) \neq +\infty$,根据海涅原理知结论矛盾. 结论得证.

扫码学习

*2.10 提 高 课

本节进一步讨论有限覆盖定理以及连续函数的压缩映射定理在实际问题中的应用.

2.10.1 有限覆盖定理的进一步认识

有限覆盖定理回顾: 若 $\{I_\lambda\}$ 是有限闭区间 $[a,b]$ 上的任意一个无限开覆盖,则必可从中选出有限个开区间覆盖 $[a,b]$. 有限覆盖定理将无穷问题转化为有限问题处理,将逐点的性质转化为整体的性质. 下面通过几个应用实例的讨论帮助读者更好理解有限覆盖定理.

例 2.10.14 设 $f(x)$ 在 $[a,b]$ 上连续,任意 $x \in [a,b], f(x) > 0$. 证明存在正常数 $c > 0$,对任意 $x \in [a,b]$,有 $f(x) > c$.

证明 任意 $x_0 \in [a,b], f(x_0) > 0, \lim\limits_{x\to x_0} f(x) = f(x_0) > f(x_0)/2$,根据函数极限的保序性:
$$\exists U(x_0; \delta_{x_0}), \forall x \in U(x_0; \delta_{x_0}) \cap [a,b]: f(x) > f(x_0)/2$$

开区间族 $\bigcup\limits_{x_0 \in [a,b]} U(x_0; \delta_{x_0})$ 覆盖了 $[a,b]$. 这里开区间族中 $\bigcup\limits_{x_0 \in [a,b]} U(x_0; \delta_{x_0})$ 中的每个开区间承载重要性质:
$$\forall U(x_*; \delta_{x^*}) \subset \bigcup\limits_{x_0 \in [a,b]} U(x_0; \delta_{x_0}): \forall x \in U(x_*; \delta_*) \cap [a,b]: f(x) > \frac{f(x_*)}{2}$$

根据有限覆盖定理,存在有限个开区间,使得 $\bigcup\limits_{i=1}^{n} U(x_i; \delta_{x_i})$ 覆盖 $[a,b]$,则有

若 $c = \min\limits_{1 \leqslant i \leqslant n}(f(x_i)/2), \forall x \in [a,b], \exists U(x_i; \delta_{x_i}), x \in U(x_i; \delta_{x_i}) \cap [a,b]: f(x) > f(x_i)/2 \geqslant c$

结论得证. 这里有限覆盖定理将逐点性质转化为整体性质.

例 2.10.15 设 $f(x)$ 定义在 (a,b) 上,任意 $x \in (a,b)$,存在 $(x - \delta_x, x + \delta_x) \subset (a,b)$,使得 $f(x)$ 在其上单调递增,证明 $f(x)$ 在 (a,b) 上单调递增.

证明 任取 $a_1 \in (a,b), b_1 \in (a,b), a_1 < b_1$. 任意 $x_0 \in [a_1, b_1]$,根据已知条件,存在 $U(x_0; \delta_{x_0})$,使得 $f(x)$ 在 $U(x_0; \delta_{x_0})$ 上单调递增. 则开区间族 $\bigcup\limits_{x_0 \in [a_1,b_1]} U(x_0; \delta_{x_0})$ 覆盖了 $[a_1, b_1]$. 这里开区间族 $\bigcup\limits_{x_0 \in [a_1,b_1]} U(x_0; \delta_{x_0})$ 中的每个开区间承载重要性质:

$$\forall U\left(x^{*},\delta_{x^{*}}\right)\subset\bigcup_{x_{0}\in[a_{1},b_{1}]}U\left(x_{0};\delta_{x_{0}}\right):x\in U\left(x^{*},\delta_{x^{*}}\right),f(x)\text{单调递增}$$

根据有限覆盖定理, 存在有限个开区间使得 $\bigcup_{i=1}^{n}U\left(x_{i};\delta_{x_{i}}\right)$ 覆盖 $[a_{1},b_{1}]$. 不妨设这 n 个开区间中去掉任意一个剩下的 $n-1$ 个都不能覆盖 $[a_{1},b_{1}]$, 并且 $x_{1}<x_{2}<\cdots<x_{n}$, 有限开区间的分布规律如图 2.10.1 所示. 任何相邻两个开区间都有交集. 由 $a_{1}\in U\left(x_{1};\delta_{x_{1}}\right)$, 得到

$$a_{1}\in U\left(x_{1};\delta_{x_{1}}\right)$$
$$\exists y_{1,2}\in U\left(x_{1};\delta_{x_{1}}\right)\cap U\left(x_{2};\delta_{x_{2}}\right)$$
$$\exists y_{2,3}\in U\left(x_{2};\delta_{x_{2}}\right)\cap U\left(x_{3};\delta_{x_{3}}\right)$$
$$\cdots\cdots$$
$$\exists y_{n-1,n}\in U\left(x_{n-1};\delta_{x_{n-1}}\right)\cap U\left(x_{n};\delta_{x_{n}}\right)$$
$$b_{1}\in U\left(x_{n};\delta_{x_{n}}\right)$$

于是通过有限次传递得到

$$f(a_{1})\leqslant f(y_{1,2})\leqslant\cdots\leqslant f(y_{n-1,n})\leqslant f(b_{1})$$

由 a_{1},b_{1} 的任意性, f 在区间 (a,b) 上单调递增. 结论得证.

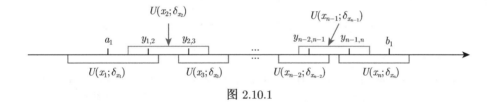

图 2.10.1

在本节最后, 用有限覆盖定理证明零点定理.

例 2.10.16 设 $f(x)\in C[a,b], f(a)f(b)<0$, 则存在 $c\in(a,b)$, 使得 $f(c)=0$.

证明 假设任意 $c\in(a,b), f(c)\neq 0$, 由连续函数局部保号性, 任意 $x_{0}\in[a,b]$, 存在 $U\left(x_{0};\delta_{x_{0}}\right)$, 使得任意 $x_{0}\in U\left(x_{0};\delta_{x_{0}}\right)\cap[a,b], f(x)>0$ 或 $f(x)<0$. 因此开区间族 $\bigcup_{x_{0}\in[a,b]}U\left(x_{0};\delta_{x_{0}}\right)$ 覆盖了 $[a,b]$. 根据有限覆盖定理, 存在有限个开区间, 使得 $\bigcup_{i=1}^{n}U\left(x_{i};\delta_{x_{i}}\right)$ 覆盖 $[a,b]$. 不妨设这 n 个开区间中去掉任意一个, 剩下的 $n-1$ 个都不能覆盖 $[a,b]$, 并且 $x_{1}<x_{2}<\cdots<x_{n}$. 如图 2.10.2 所示. 不妨设对任意 $x\in U\left(x_{1};\delta_{x_{1}}\right)\cap[a,b], f(x)>0$, 则

$$a\in U\left(x_{1};\delta_{x_{1}}\right)\cap[a,b]$$
$$\exists y_{1,2}\in U\left(x_{1};\delta_{x_{1}}\right)\cap U\left(x_{2};\delta_{x_{2}}\right)\cap[a,b]$$
$$\exists y_{2,3}\in U\left(x_{2};\delta_{x_{2}}\right)\cap U\left(x_{3};\delta_{x_{3}}\right)\cap[a,b]$$
$$\cdots\cdots$$
$$\exists y_{n-1,n}\in U\left(x_{n-1};\delta_{x_{n-1}}\right)\cap U\left(x_{n};\delta_{x_{n}}\right)\cap[a,b]$$
$$b\in U\left(x_{n};\delta_{x_{n}}\right)\cap[a,b]$$

通过有限次传递得到
$$f(a)>0 \Rightarrow f(y_{1,2})>0 \Rightarrow f(y_{2,3})>0 \Rightarrow \cdots \Rightarrow f(y_{n-1,n})>0 \Rightarrow f(b)>0$$
这与 $f(a) \cdot f(b) < 0$ 矛盾. 结论得证.

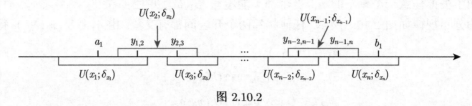

图 2.10.2

2.10.2 连续函数的不动点定理以及应用

数学上与方程有关的许多问题都可以化成不动点的存在唯一性问题. 本节讨论压缩映射原理及其在不动点问题上的应用. 首先讨论压缩数列收敛性质.

定理 2.10.1 若数列 $\{x_n\}$ 满足
$$|x_{n+1}-x_n| \leqslant k|x_n-x_{n-1}|, \quad 0<k<1, n=1,2,3,\cdots \tag{2.10.1}$$

则 $\{x_n\}$ 的极限存在, 设 $\lim\limits_{n\to\infty} x_n = \alpha$, 则有估计 $|x_n-\alpha| \leqslant [k^n/(1-k)]|x_1-x_0|$. 满足 (2.10.1) 式的数列 $\{x_n\}$ 称为压缩数列.

证明 递推使用 (2.10.1) 式得到
$$|x_{n+1}-x_n| \leqslant k|x_n-x_{n-1}| \leqslant k^2|x_{n-1}-x_{n-2}| \leqslant \cdots \leqslant k^n|x_1-x_0|$$

进一步对任意的正整数 n,p, 成立:
$$|x_{n+p}-x_n| \leqslant |x_{n+p}-x_{n+p-1}| + |x_{n+p-1}-x_{n+p-2}| + \cdots + |x_{n+1}-x_n|$$
$$\leqslant \left(k^{n+p-1}+k^{n+p-2}+\cdots+k^n\right)|x_1-x_0| = \frac{k^n(1-k^p)}{1-k}|x_1-x_0|$$

因此得到
$$\forall n,p \in \mathbf{N}^*: |x_{n+p}-x_n| \leqslant \frac{k^n}{1-k}|x_1-x_0| \tag{2.10.2}$$

所以
$$\forall \varepsilon > 0, \exists N = \max\left\{\left[\frac{\ln\frac{(1-k)\varepsilon}{|x_1-x_0|}}{\ln k}\right], 1\right\}, \forall n > N, \forall p \in \mathbf{N}^*: |x_{n+p}-x_n| < \varepsilon.$$

由数列极限的柯西收敛准则, 知数列 $\{x_n\}$ 收敛, 设其极限为 α. 在 (2.10.2) 式两边令 $p \to \infty$, 根据极限的保序性得到
$$|x_n-\alpha| \leqslant \frac{k^n}{1-k}|x_1-x_0|, \quad n=1,2,\cdots \tag{2.10.3}$$

结论得证. 称 (2.10.3) 式为先验估计.

例如计算满足精度: $|x_n-\alpha| \leqslant [k^n/(1-k)]|x_1-x_0| < 10^{-10}$, 需要迭代次数
$$n > \ln\frac{10^{-10}(1-k)}{|x-x_0|}/\ln k, \quad N = \max\left\{\left[\ln\frac{10^{-10}(1-k)}{|x-x_0|}/\ln k\right], 1\right\}$$

定义 2.10.1 设 $f(x)$ 在 $[a,b]$ 上有定义, $f(x) = x$ 在 $[a,b]$ 上的解称为 $f(x)$ 在 $[a,b]$ 上的不动点.

定义 2.10.2 如果函数 $f(x): E \to E$ 满足
$$|f(x) - f(y)| \leqslant k|x-y| \quad (\forall x, y \in E, 0 < k < 1)$$
则称函数 $f(x)$ 为 E 上的压缩映射.

定理 2.10.2(压缩映射原理) 如果函数 $f(x)$ 为下列闭区间上的压缩映射: $E = [a,b]$ 或 $[a, +\infty)$ 或 $(-\infty, a]$ 或 $(-\infty, +\infty)$. 则存在唯一不动点 $\alpha \in E, \alpha = f(\alpha)$.

证明 因为任意 $x, y \in E, |f(x) - f(y)| \leqslant k|x-y| (0 < k < 1)$, 所以
$$\forall \varepsilon > 0, \exists \delta = \frac{\varepsilon}{k}, \forall x, y \in E, |x-y| < \delta : |f(x) - f(y)| \leqslant k|x-y| < \varepsilon$$
这说明 $f(x)$ 在 E 上一致连续.

任取 $x_0 \in E$, 构造压缩数列 $x_{n+1} = f(x_n), n = 0, 1, 2, \cdots$. 由于
$$|f(x_{n+1}) - f(x_n)| \leqslant k|x_{n+1} - x_n| \Rightarrow |x_{n+2} - x_{n+1}| \leqslant k|x_{n+1} - x_n|$$
由定理 2.10.1 知, 压缩数列 $\{x_n\}$ 收敛, 设 $\lim\limits_{n \to \infty} x_n = \alpha$. 由于 E 是闭集, 所以 $\alpha \in E$. 由函数的连续性和海涅原理, 在 $x_{n+1} = f(x_n)$ 两端关于 $n \to +\infty$ 取极限, 得 $f(\alpha) = \alpha$.

假设 $f(\alpha) = \alpha, f(\beta) = \beta$, 则 $|\beta - \alpha| = |f(\alpha) - f(\beta)| \leqslant k|\beta - \alpha| \Rightarrow \alpha = \beta$. 所以不动点唯一. 结论得证.

例 2.10.17 已知 $a_0 = \sqrt{3}, a_n = \sqrt{3 + a_{n-1}} \ (n = 1, 2, \cdots)$, 证明 $\lim\limits_{n \to \infty} a_n$ 存在并求其值.

证明 令 $f(x) = \sqrt{3+x}, x \in [0,3]$, 则 $f: [0,3] \to [0,3]$ 且
$$|f(x) - f(y)| = \frac{|x-y|}{\sqrt{3+x} + \sqrt{3+y}} \leqslant \frac{1}{2\sqrt{3}}|x-y|, \quad \forall x, y \in [0,3]$$
由压缩映射原理知, 数列 $\{a_n\}$ 极限存在, 设 $\lim\limits_{n \to \infty} a_n = a$. 在 $a_n = \sqrt{3 + a_{n-1}}$ 两边关于 $n \to \infty$ 取极限, 可得 $a = \sqrt{3+a}$, 解得 $a = (1 + \sqrt{13})/2$, 这里舍掉负根. 结论得证.

例 2.10.18 设 $c > 1, x_1 > 0, x_{n+1} = c(1+x_n)/(c+x_n) \ (n = 1, 2, \cdots)$, 求 $\lim\limits_{n \to \infty} x_n$.

解 构造函数 $f(x) = c(1+x)/(c+x), f(x) \in C[0, +\infty)$, 满足 $f: x \in [0, +\infty) \to [0, +\infty)$, 且
$$|f(x) - f(y)| = \frac{c(c-1)|x-y|}{(c+x)(c+y)} \leqslant \frac{(c-1)|x-y|}{c}, \quad \forall x, y \in [0, +\infty)$$

由于 $0 < (c-1)/c < 1$, 所以 f 是压缩映射. 由压缩映射原理, $\{x_n\}$ 极限存在, 设 $\lim\limits_{n \to \infty} x_n = a$. 在 $x_{n+1} = f(x_n)$ 两边关于 $n \to \infty$ 取极限可得 $a = c(1+a)/(c+a)$, 解得 $a = \sqrt{c}$, 这里 $a = -\sqrt{c}$ 舍掉.

下面讨论压缩映射原理在非线性方程求根问题上的应用.

设 $f: E \to E$, 要求 $\alpha \in E$ 使得 $f(\alpha) = 0$. 问题转化为 $f(x) = 0 \Leftrightarrow x = \phi(x)$, 即 $\phi(x)$ 的不动点问题. 进一步可转化为如下数列极限问题:
$$\begin{cases} x_{n+1} = \phi(x_n) \\ x_0 \in E \end{cases}$$

需要考虑的问题: ①压缩映射函数 ϕ 的构造; ②收敛速度问题.

例 2.10.19 求非线性方程 $f(x) = 4x^2 - \sin x - 1$ 在 $[0, 1]$ 内的一个根.

解 原方程可化为 $x = (1/2)\sqrt{\sin x + 1}$. 设 $\phi(x) = (1/2)\sqrt{\sin x + 1}$, 因为 $\phi: [0,1] \to [0,1]$, 且对任意的 $x_1, x_2 \in [0,1]$,

$$|\phi(x_1) - \phi(x_2)| = \frac{1}{2}\left|\sqrt{\sin x_1 + 1} - \sqrt{\sin x_2 + 1}\right|$$

$$= \frac{|\sin x_1 - \sin x_2|}{2\left(\sqrt{\sin x_1 + 1} + \sqrt{\sin x_2 + 1}\right)} \leqslant \frac{1}{4}|x_1 - x_2|$$

因此 ϕ 为 $[0,1]$ 上的压缩映射. 由压缩映射原理, 迭代序列 $\begin{cases} x_{k+1} = (1/2)\sqrt{\sin x_k + 1}, \\ \forall x_0 \in [0,1] \end{cases}$ 均收敛并且是压缩数列. 根据定理 2.10.1:

$$|x_n - \alpha| \leqslant \frac{k^n}{1-k}|x_1 - x_0| = \left(\frac{1}{4}\right)^n \left(\frac{4}{3}|x_1 - x_0|\right) < 10^{-10} \Rightarrow n > -\ln\frac{3(10^{-10})}{4|x_1 - x_0|}\bigg/\ln 4$$

取 $x_0 = 0.5$, 因此需要迭代次数: $n = [-\ln\{3(10^{-10})/(4|x_1 - x_0|)\}/\ln 4] + 1 = 16$, 迭代结果见表 2.10.1. 可认为 0.63036488568 是不动点, 也是方程根的近似值.

表 2.10.1

n	x_n	逼近误差	n	x_n	逼近误差	n	x_n	逼近误差
0	0.50000000000		6	0.63036251294	0.00003520774	12	0.63036488564	0.00000000860
1	0.60815819048	0.03605273016	7	0.63036450559	0.00000880194	13	0.63036488567	0.00000000215
2	0.62676886764	0.00901318254	8	0.63036482479	0.00000220048	14	0.63036488568	0.00000000054
3	0.62978783000	0.00225329564	9	0.63036487592	0.00000055012	15	0.63036488568	0.00000000013
4	0.63027242235	0.00056332391	10	0.63036488412	0.00000013753	16	0.63036488568	0.00000000003
5	0.63035007354	0.00014083098	11	0.63036488543	0.00000003438			

例 2.10.20 求非线性方程 $f(x) = x^3 - x - 1$ 在 $[1, 2]$ 内的一个根.

解 原方程等价改写为 $x = \sqrt[3]{x+1} = \varphi(x)$. 因为 $\phi: [1, 2] \to [1, 2]$, 且对任意的 $x, y \in [1, 2]$,

$$|\phi(x) - \phi(y)| = \frac{|x - y|}{(x+1)^{2/3} + (x+1)^{1/3}(y+1)^{1/3} + (y+1)^{2/3}} \leqslant \frac{1}{3\sqrt[3]{4}}|x - y|$$

因此 ϕ 为 $[1, 2]$ 上的压缩映射. 迭代序列 $x_{k+1} = \sqrt[3]{1+x_k}$ 对任意 $x_0 \in [1, 2]$ 均收敛且为压缩数列. 根据定理 2.10.1:

$$|x_n - \alpha| \leqslant \frac{k^n}{1-k}|x_1 - x_0| = \left(\frac{1}{3\sqrt[3]{4}}\right)^n \left(\frac{3\sqrt[3]{4}}{3\sqrt[3]{4} - 1}\right)(|x_1 - x_0|) < 10^{-10}$$

$$\Rightarrow n > -\ln\frac{(10^{-10})\left((3\sqrt[3]{4} - 1)/(3\sqrt[3]{4})\right)}{|x_1 - x_0|}\bigg/\ln\left(3\sqrt[3]{4}\right)$$

取 $x_0 = 1.5$, 因此迭代次数:

$$n = \left[-\ln\frac{(10^{-10})\left((3\sqrt[3]{4} - 1)/(3\sqrt[3]{4})\right)}{|x_1 - x_0|}\bigg/\ln\left(3\sqrt[3]{4}\right)\right] + 1 = 14$$

迭代结果见表 2.10.2. 可认为 1.32471795726 是不动点，也是方程根的近似值.

表 2.10.2

n	x_n	逼近误差	n	x_n	逼近误差	n	x_n	逼近误差
0	1.50000000000		5	1.32476001129	0.00007379510	10	1.32471796764	0.00000003013
1	1.35720880830	0.03795414171	6	1.32472594523	0.00001549600	11	1.32471795922	0.00000000633
2	1.33086095880	0.00796987034	7	1.32471947453	0.00000325396	12	1.32471795762	0.00000000133
3	1.32588377423	0.00167356790	8	1.32471824545	0.00000068329	13	1.32471795732	0.00000000028
4	1.32493936340	0.00035142724	9	1.32471801199	0.00000014348	14	1.32471795726	0.00000000006

收敛速度分析:

定义 2.10.3 假设 $\{x_n\}, \{y_n\}$ 均收敛到 α, 如果 $\lim\limits_{n\to\infty}|(x_n-\alpha)/(y_n-\alpha)|=0$, 则称 $\{x_n\}$ 比 $\{y_n\}$ 收敛速度更快.

定义 2.10.4 假设 $\{x_n\}$ 收敛到 α, 如果 $\lim\limits_{n\to\infty}\left|(x_{n+1}-\alpha)/(x_n-\alpha)^\beta\right|=C\neq 0$, 则称 β 为 $\{x_n\}$ 收敛速度的阶.

挪威数学家阿贝尔 (Niels Henrik Abel) 在 1824 年已经证明对于一个五次方程没有解的精确通用表达式, 后来法国数学家伽罗瓦 (Évariste Galois) 证明了任意一个 n 次多项式 (次数大于等于 5) 没有一个通用的精确表达式, 因此需要研究数值方法求解, 数值方法就是求高精度逼近精确解的近似解的方法.

1909 年, 荷兰数学家布劳威尔 (Luitzen Brouwer) 创立了不动点理论, 在此基础上产生了用迭代法求不动点的思想. 美国数学家莱夫谢茨 (Lefschetz Solomon) 证明了以他的名字命名的不动点定理, 是布劳威尔不动点定理的推广. 波兰数学家巴拿赫 (Stefan Banach) 于 1922 年提出了压缩映射原理, 从而发展了迭代思想, 并给出了 Banach 不动点定理. Banach 压缩映射原理有着极其广泛的应用, 在代数方程、微分方程、积分方程、隐函数理论等问题中的许多存在性与唯一性问题都可以归结为此定理的推论.

*2.11 探索类问题

探索类问题 1 利用函数的四则运算、复合运算和直角坐标、极坐标、参数方程表示平面曲线的方法构造函数并用 MATLAB\MATHEMATICS 绘图, 如图 2.11.1 给出了几种函数的曲线图.

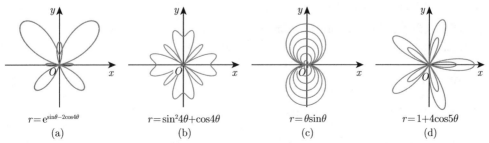

图 2.11.1

探索类问题 2 研究下面曲线的几何图像和性质 (图 2.11.2).

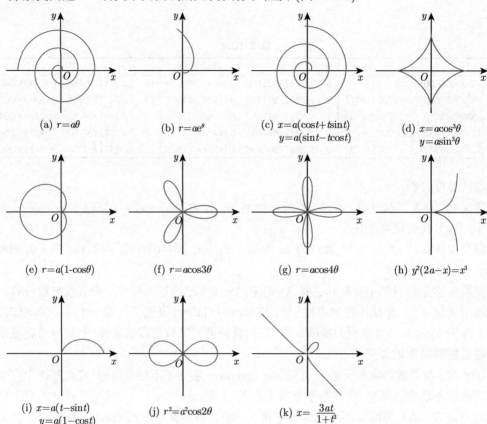

图 2.11.2

(1) 阿基米德螺线: $r = a\theta$.

(2) 对数螺线: $r = a\mathrm{e}^{\theta}$.

(3) 圆的渐开线: $\begin{cases} x = a(\cos t + t \sin t), \\ y = a(\sin t - t \cos t). \end{cases}$

(4) 星形线: $\begin{cases} x = a\cos^3\theta, \\ y = a\sin^3\theta. \end{cases}$ $(x^{\frac{2}{3}} + y^{\frac{2}{3}} = a^{\frac{2}{3}})$

(5) 心形线: $r = a(1 - \cos\theta)$.

(6) 三叶玫瑰线: $r = a\cos 3\theta, r = a\sin 3\theta$.

(7) 四叶玫瑰线: $r = a\cos 4\theta, r = a\sin 4\theta$.

(8) 蔓叶线: $y^2(2a - x) = x^3$.

(9) 摆线: $\begin{cases} x = a(t - \sin t), \\ y = a(1 - \cos t). \end{cases}$

(10) 伯努利双纽线: $r^2 = a^2 \cos 2\theta \left((x^2 + y^2)^2 = a^2(x^2 - y^2) \right)$.

(11) 笛卡儿叶形线: $\begin{cases} x = 3at/(1 + t^3) \\ y = 3at^2/(1 + t^3) \end{cases}$ $\left(x^3 + y^3 = 3axy \right)$.

探索类问题 3 正确写出下列极限不存在的叙述形式, 在此基础上探索新的数学结论:

(1) $\lim\limits_{x \to x_0} f(x)$; (2) $\lim\limits_{x \to x_0-} f(x)$; (3) $\lim\limits_{x \to x_0+} f(x)$;

(4) $\lim\limits_{x \to -\infty} f(x)$; (5) $\lim\limits_{x \to +\infty} f(x)$; (6) $\lim\limits_{x \to \infty} f(x)$.

探索类问题 4 正确叙述下列函数极限, 并给出严谨证明: 函数极限的四则运算、函数极限的夹逼定理、复合函数极限、函数极限的局部保序性、函数极限的局部有界性、柯西定理、海涅原理:

(1) $\lim\limits_{x \to x_0} f(x)$; (2) $\lim\limits_{x \to x_0-} f(x)$; (3) $\lim\limits_{x \to x_0+} f(x)$;

(4) $\lim\limits_{x \to -\infty} f(x)$; (5) $\lim\limits_{x \to +\infty} f(x)$; (6) $\lim\limits_{x \to \infty} f(x)$.

探索类问题 5 函数 f, g 定义在 I 上并且一致连续, 研究 $fg, f/g\,(g \neq 0, x \in I)$ 在 I 上的一致连续性. 其中 $I = (a, b), [a, b], [a, b), (a, b], (a, +\infty), [a, +\infty), (-\infty, b), (-\infty, b], (-\infty, +\infty)$.

探索类问题 6 研究 $f_1 \circ f_2 \circ \cdots \circ f_n$ 在 I 上一致连续的条件. 其中区间 I 的类型如探索类问题 5.

探索类问题 7 设区间 I 的类型如探索类问题 5, f 在 I 上连续. 连续函数在有限闭区间的性质在区间 I 上是否成立, 并研究在什么条件下成立?

探索类问题 8 研究数列 $\lim\limits_{n \to \infty} x_n = a, \lim\limits_{n \to \infty} y_n = a$ 收敛速度快慢以及收敛速度的定义.

探索类问题 9 研究函数的一致连续性:

(1) $f(x) = \sqrt[k]{|\cos x|}\ (k \in \mathbf{N}^*)$;

(2) $f(x) = \cos \sqrt[k]{x}\ (k \in \mathbf{N}^*)$;

(3) $f(x) = x^m \cos \sqrt[k]{x}\ (k, m \in \mathbf{N}^*)$;

(4) $f(x) = x^m \cos x^k\ (k, m \in \mathbf{N}^*)$;

(5) $f(x) = x^\alpha \cos x^\beta\ (\alpha > 0, \beta > 0)$.

探索类问题 10 研究函数的一致连续性:

(1) $f(x) = \sqrt[k]{|\sin x|}\ (k \in \mathbf{N}^*)$;

(2) $f(x) = \sin \sqrt[k]{x}\ (k \in \mathbf{N}^*)$;

(3) $f(x) = x^m \sin \sqrt[k]{x}\ (k, m \in \mathbf{N}^*)$;

(4) $f(x) = x^m \sin x^k\ (k, m \in \mathbf{N}^*)$;

(5) $f(x) = x^\alpha \sin x^\beta\ (\alpha > 0, \beta > 0)$.

探索类问题 11 研究函数的一致连续性:

(1) $f(x) = g(x) x^\alpha \cos x^\beta\ (\alpha > 0, \beta > 0)$;

(2) $f(x) = g(x) x^\alpha \sin x^\beta\ (\alpha > 0, \beta > 0)$.

其中 $g(x)$ 是一致连续函数.

探索类问题 12 两个函数一致连续性的比较, 我们有如下定理, 几何直观如图 2.11.3 所示,

(1) 若 $f(x), g(x)$ 在 $(-\infty, +\infty)$ 上连续, $\lim\limits_{x \to \infty}(f(x) - Ag(x)) = B\,(A \neq 0)$, 则 $f(x), g(x)$ 在 $(-\infty, +\infty)$ 上有相同的一致连续性.

(2) 若 $f(x), g(x)$ 在 $[a, +\infty)$ 连续, $\lim\limits_{x \to +\infty}(f(x) - Ag(x)) = B\,(A \neq 0)$, 则 $f(x), g(x)$ 在 $[a, +\infty)$ 上有相同的一致连续性.

(3) 若 $f(x), g(x)$ 在 $(-\infty, b]$ 连续，$\lim\limits_{x\to-\infty}(f(x)-Ag(x))=B(A\neq 0)$，则 $f(x), g(x)$ 在 $(-\infty, b]$ 上有相同的一致连续性.

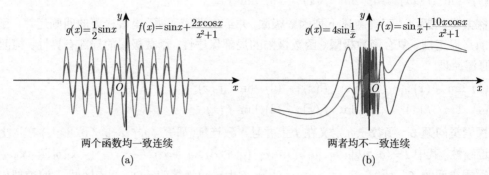

图 2.11.3

探索类问题 13 证明下面问题.

(1) 设函数 $f(x), g(x)$ 定义在 $(a,+\infty)$ 上，在任何有限区间上 $f(x), g(x)$ 有界，且满足条件

$$g(x+1)>g(x),\quad \lim_{x\to+\infty}g(x)=+\infty,\quad \lim_{x\to+\infty}\frac{f(x+1)-f(x)}{g(x+1)-g(x)}=l(或者\ l\ 为-\infty,+\infty)$$

证明：$\lim\limits_{x\to+\infty}[f(x)/g(x)]=l$.

(2) 设函数 $f(x)$ 定义在 $(a,+\infty)$，$f(x)$ 在任何有限区间上有界，且满足条件

$$\lim_{x\to+\infty}\frac{f(x+1)-f(x)}{x^n}=l\,(或者\ l\ 为-\infty,+\infty)$$

证明：$\lim\limits_{x\to+\infty}[f(x)/x^{n+1}]=\dfrac{l}{n+1}$（或者 l 为 $-\infty,+\infty$）.

探索类问题 14 证明下面问题.

有唯一连续函数 $y(x)$ 满足开普勒方程 $y-\varepsilon\sin y=x\,(0<\varepsilon<1, x\in\mathbf{R})$.

探索类问题 15 利用函数的压缩映射原理求解下面方程的根，要求精度达到小数点后面 10 位.

(1) $\sin x=5x$,

(2) $x^9+5x^5+18x^2+6=0$.

探索类问题 16 利用二分方法求解下面方程的根，要求精度达到小数点后面 10 位.

(1) $x=\mathrm{e}^x$,

(2) $x^2=\cos x$.

探索类问题 17 (收敛速度问题研究) (1) 设函数序列 $f_n(x)=x^n, n=1,2,3,\cdots$，证明

(i) 当 $x\to+\infty$ 时，$f_n(x)$ 比 $f_{n-1}(x)\,(n=2,3,\cdots)$ 增加快; (ii) 当 $x\to+\infty$ 时，e^x 比每个 $f_n(x)\,(n=1,2,3,\cdots)$ 增加快.

(2) 设函数序列 $f_n(x)=\sqrt[n]{x}, n=1,2,3,\cdots$，证明

(i) $x \to +\infty$ 时, $f_n(x)$ 比 $f_{n-1}(x)$ $(n=2,3,\cdots)$ 增加慢; (ii) 当 $x \to +\infty$ 时, $\ln x$ 比每个 $f_n(x)$ $(n=1,2,3,\cdots)$ 增加慢.

(3) 设任意给定函数序列 $f_n(x) = x^n, n = 1, 2, 3, \cdots (0 \leqslant x < +\infty)$, 构造一个函数 $f(x)$, 当 $x \to +\infty$, 比每个 $f_n(x) = x^n, n = 1, 2, 3, \cdots$ 增加都快.

探索类问题 18 皮埃尔·贝塞尔 (Pierre Bézier) 提出的 Bézier 曲线由 $n+1$ 个控制点 $P_0(x_0, y_0), P_1(x_1, y_1), P_2(x_2, y_2), \cdots, P_n(x_n, y_n)$ 确定, 由以下参数方程定义.

$$\begin{cases} x = \sum_{i=0}^{n} C_n^i x_i (1-t)^{n-i} t^i, \\ y = \sum_{i=0}^{n} C_n^i y_i (1-t)^{n-i} t^i, \end{cases} 0 \leqslant t \leqslant 1$$

其中 $t=0$ 时, $(x,y) = (x_0, y_0)$, $t=1$ 时, $(x,y) = (x_n, y_n)$. Bézier 曲线从 P_0 开始到 P_n 结束. 当 $n=1$ 时, 有两个控制点 $P_0(x_0, y_0), P_1(x_1, y_1)$,

$$\begin{cases} x = x_0(1-t) + x_1 t, \\ y = y_0(1-t) + y_1 t, \end{cases} 0 \leqslant t \leqslant 1$$

该曲线为一条直线. 如图 2.11.4 所示.

当 $n=2$ 时, 有三个控制点 $P_0(x_0, y_0), P_1(x_1, y_1), P_2(x_2, y_2)$, 如图 2.11.5 所示.

$$\begin{cases} x = x_0(1-t)^2 + 2x_1(1-t)t + x_2 t^2, \\ y = y_0(1-t)^2 + 2y_1(1-t)t + y_2 t^2, \end{cases} 0 \leqslant t \leqslant 1$$

当 $n=3$ 时, 有四个控制点 $P_0(x_0, y_0), P_1(x_1, y_1), P_2(x_2, y_2), P_2(x_3, y_3)$, 如图 2.11.6 所示.

$$\begin{cases} x = x_0(1-t)^3 + 3x_1 t(1-t)^2 + 3x_2 t^2(1-t) + x_3 t^3, \\ y = y_0(1-t)^3 + 3y_1 t(1-t)^2 + 3y_2 t^2(1-t) + y_3 t^3, \end{cases} 0 \leqslant t \leqslant 1$$

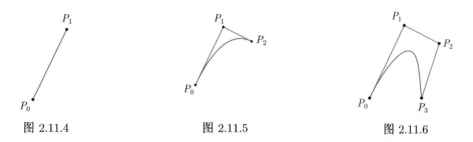

图 2.11.4　　　　　图 2.11.5　　　　　图 2.11.6

Bézier 曲线在计算机图形学和工艺设计领域具有重要应用. TrueType 字型就是由 Bézier 曲线设计的. 下面通过若干个 Bézier 曲线构造字母 "B", 红色的点表示在线上, 蓝色的点表示不在线上. 如图 2.11.7 所示.

通过 Bézier 曲线构造好轮廓, 通过轮廓填充就能得到我们需要的字母. 如图 2.11.8 所示. 利用 Bézier 曲线构造你喜欢的字体.

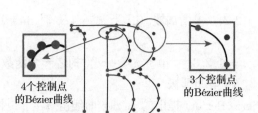

图 2.11.7　　　　　　　　　　图 2.11.8

探索类问题 19　以德国数学家康托尔 (Cantor) 命名的康托尔集合按照如下方式构造:

(1) 将闭区间 [0,1] 去掉开区间 (1/3,2/3), 剩余闭区间 [0,1/3], [2/3,1];

(2) 将剩余闭区间 [0,1/3], [2/3,1] 去掉每个区间中间的三分之一开区间 (1/9,2/9), (7/9,8/9).

依次类推, 剩余点的集合称为康托尔集合. 如图 2.11.9 所示.

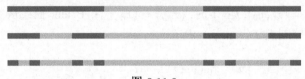

图 2.11.9

证明结论:

(1) 去掉的区间总长度为 1, 剩余点的集合有无穷多个点;

(2) 讨论集合的性质.

探索类问题 20　二维康托尔集合的构造.

(1) 将 $[0,1] \times [0,1]$ 分割为 9 个小正方形, 去掉中间的集合 $(1/3,2/3) \times (1/3,2/3)$;

(2) 将剩余 8 个小正方形每个 9 等分, 去掉中间的集合.

依次类推, 剩余的点的集合称为二维康托尔集合. 如图 2.11.10 所示. 这里 $A \times B = \{(x,y) | x \in A, y \in B\}$.

图 2.11.10

证明结论:

(1) 去掉的小正方形的总面积为 1, 剩余点的集合有无穷多个点;

(2) 讨论集合的性质.

第 2 章习题答案与提示

第 3 章　导数的计算与应用

微积分是工科数学分析研究的主要内容之一. 微积分包括'微分学'和'积分学'两部分内容. 本章介绍一元函数的微分学, 内容包括导数定义和各种计算方法; 微分学的三大中值定理: 罗尔定理、拉格朗日中值定理、柯西中值定理; 导数应用: 利用函数的一阶导数研究函数的单调性、利用函数的一阶和二阶导数研究函数极值问题、利用函数的二阶导数研究函数的凹凸性; 各类不定型函数极限的洛必达法则; 函数作图一般方法. 在本章最后介绍导数在实际问题中的应用.

3.1　导数的定义与计算

扫码学习

本节讨论导数的定义和计算方法、导数的四则运算法则、复合函数的求导法则、反函数的求导法则以及参数方程和隐函数的求导.

3.1.1　导数的定义

在历史上, 导数的概念是牛顿和莱布尼茨分别独立给出的. 牛顿从变速直线运动的瞬时速度出发, 莱布尼茨从曲线上一点的切线斜率出发, 分别给出了导数的概念. 为了给出导数的数学定义, 我们先讨论切线问题和瞬时速度问题.

问题引入 (1)　切线的斜率

如图 3.1.1 所示, 求曲线 $y=f(x)$ 上一点 $P_0(x_0,f(x_0))$ 处的切线斜率. 根据切线的定义, 过定点 $P_0(x_0,f(x_0))$ 和动点 $P(x,f(x))$ 的割线 PP_0, 当 $x\to x_0$ 时, PP_0 极限位置的直线就是过点 $(x_0,f(x_0))$ 的切线. 设动点 $P(x,f(x))$ 记作 $P(x_0+\Delta x,f(x_0+\Delta x))$, 则割线的斜率为 $(f(x_0+\Delta x)-f(x_0))/\Delta x$. 所以曲线 $y=f(x)$ 上过点 $(x_0,f(x_0))$ 的切线斜率为

$$k=\lim_{\Delta x\to 0}\frac{f(x_0+\Delta x)-f(x_0)}{\Delta x}$$

问题引入 (2)　瞬时速度

如图 3.1.2 所示, 设物体沿着直线做变速直线运动, 其路程关于时间的函数为 $f(x)$. 则在时间段 $[x_0,x_0+\Delta x]$ 内物体的平均速度为 $[f(x_0+\Delta x)-f(x_0)]/\Delta x$. 容易看出, Δx 越接近于零, 该平均速度就越接近于物体在时刻 x_0 的瞬时速度, 于是物体在时刻 x_0 的瞬时速度

$$v=\lim_{\Delta x\to 0}\frac{f(x_0+\Delta x)-f(x_0)}{\Delta x}$$

上述两个问题的实际意义虽然不同, 但是从数学上看, 它们都可以归结为求函数的瞬时变化率的问题. 现实生活中还有很多类似的问题, 比如物理学家研究功关于时间的瞬时变化率, 称为功率; 化学家研究反应物的浓度对时间的瞬时变化率, 称为反应速度; 生物学家研究细菌群落的种群数量关于时间的瞬时变化率称为增长率. 略去上述问题的背景, 仅从数学上考虑, 有如下导数的定义.

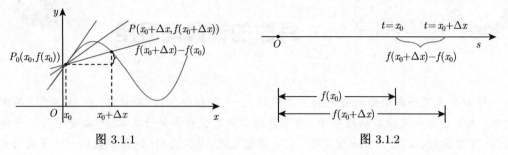

图 3.1.1 　　　　　　　　　　　　图 3.1.2

定义 3.1.1　设函数 $y=f(x)$ 在 x_0 的某邻域 $U(x_0;\delta)=(x_0-\delta,x_0+\delta)$ 内有定义, 如果极限
$$\lim_{\Delta x\to 0}\frac{\Delta y}{\Delta x}=\lim_{\Delta x\to 0}\frac{f(x_0+\Delta x)-f(x_0)}{\Delta x}$$
存在, 则称 $y=f(x)$ 在点 x_0 处可导, 称该极限为 $f(x)$ 在点 x_0 处的导数, 记为 $f'(x_0)$, 或 $y'(x)|_{x=x_0}$, 或 $\left.\dfrac{\mathrm{d}f(x)}{\mathrm{d}x}\right|_{x=x_0}$, $\Delta y=f(x_0+\Delta x)-f(x_0)$ 为 $f(x)$ 在点 x_0 处的增量.

注 3.1.1　导数定义的其他等价形式:
$$f'(x_0)=\lim_{h\to 0}\frac{f(x_0+h)-f(x_0)}{h},\quad f'(x_0)=\lim_{x\to x_0}\frac{f(x)-f(x_0)}{x-x_0}.$$

通过函数左右极限可以分析函数极限存在, 类似分析问题方法, 可以通过函数的左右导数讨论导数的存在.

定义 3.1.2　设函数 $y=f(x)$ 在 x_0 的某邻域 $U(x_0;\delta)$ 内有定义, 如果极限
$$\lim_{h\to 0+}\frac{f(x_0+h)-f(x_0)}{h}\triangleq f'_+(x_0),\quad \lim_{h\to 0-}\frac{f(x_0+h)-f(x_0)}{h}\triangleq f'_-(x_0)$$
存在, 则 $f'_+(x_0),f'_-(x_0)$ 分别称为 $f(x)$ 在点 $x=x_0$ 的右、左导数.

注 3.1.2　$f'_+(x_0),f'_-(x_0)$ 可以记为 $f'(x_{0+}),f'(x_{0-})$.

从导数和左右导数的定义可以看出, 函数在一点的导数存在等价于函数在这一点的左右导数都存在且相等. 即有如下定理成立.

定理 3.1.1　设 $f(x)$ 定义在 $U(x_0;\delta)$ 上, 则 $f(x)$ 在 x_0 可导的充分必要条件为 $f'_-(x_0)=f'_+(x_0)$.

定义 3.1.3 (函数在区间上可导)　设 $f(x)$ 定义在区间 (a,b) 上, 任意 $x_0\in(a,b)$, $f'(x_0)$ 存在, 则称 $f(x)$ 在 (a,b) 上可导. 设 $f(x)$ 在区间 $[a,b]$ 上有定义, $f(x)$ 在 (a,b) 上可导, 且在 a,b 点单侧导数存在, 则称 $f(x)$ 在 $[a,b]$ 上可导.

下面讨论函数可导和连续的关系, 有如下定理.

定理 3.1.2　设 $f(x)$ 为定义在区间 I 上的可导函数, 则 $f(x)$ 在区间 I 上连续.

证明 任取 $x_0 \in I$ 且为 I 的内点, 由于函数 $f(x)$ 在点 $x = x_0$ 可导, 则 $\lim\limits_{\Delta x \to 0} \Delta y/\Delta x = f'(x_0)$, 进一步

$$\frac{\Delta y}{\Delta x} = f'(x_0) + \alpha(\Delta x), \quad \lim_{\Delta x \to 0} \alpha(\Delta x) = 0$$

所以

$$\Delta y = f'(x_0)\Delta x + \Delta x \alpha(\Delta x), \quad \lim_{\Delta x \to 0} \Delta y = \lim_{\Delta x \to 0}[f'(x_0)\Delta x + \Delta x \alpha(\Delta x)] = 0.$$

因此 $f(x)$ 在点 $x = x_0$ 连续. 类似可以证明如果 x_0 为 I 的有限端点时, 相应函数是左或者右连续. 结论得证.

注 3.1.3 定理 3.1.2 的逆定理不成立, 即可导必连续, 但连续未必可导.

例如考虑函数 $f(x) = \begin{cases} x, & x > 0, \\ x^2, & x \leqslant 0 \end{cases}$ 在 $x = 0$ 处的连续与可导性.

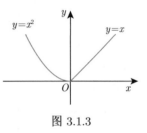

如图 3.1.3 所示, $\lim\limits_{x \to 0+} f(x) = \lim\limits_{x \to 0+} x = 0, \lim\limits_{x \to 0-} f(x) = \lim\limits_{x \to 0-} x^2 = 0$, 所以 $f(x)$ 在 $x = 0$ 处连续. 但是 $f'_+(0) = \lim\limits_{x \to 0+}(x-0)/(x-0) = 1, f'_-(0) = \lim\limits_{x \to 0-}(x^2-0)/(x-0) = 0, f'_+(0) \neq f'_-(0)$, 所以 $f(x)$ 在 $x = 0$ 处不可导.

图 3.1.3

如图 3.1.4 所示, 左边图是连续曲线, 有尖点处不可导, 右边曲线是可导函数, 可导的函数"光滑性"好.

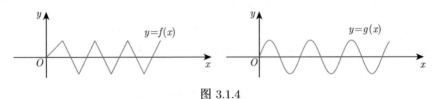

图 3.1.4

例 3.1.1 $f(x) = \sin x$, 求 $f'(x)$.

解 由导数的定义和三角函数和差化积公式:

$$(\sin x)' = \lim_{h \to 0} \frac{\sin(x+h) - \sin x}{h} = \lim_{h \to 0} \cos\left(x + \frac{h}{2}\right) \cdot \frac{\sin(h/2)}{h/2} = \cos x$$

类似可证 $(\cos x)' = -\sin x$.

例 3.1.2 求函数 $f(x) = a^x (a > 0, a \neq 1)$ 的导数.

解 由导数的定义

$$(a^x)' = \lim_{h \to 0} \frac{a^{x+h} - a^x}{h} = a^x \lim_{h \to 0} \frac{a^h - 1}{h} = a^x \ln a$$

即 $(a^x)' = a^x \ln a$, 特别有 $(e^x)' = e^x$.

例 3.1.3 求函数 $y = \log_a x (a > 0, a \neq 1)$ 的导数.

解 由导数的定义

$$y' = \lim_{h \to 0} \frac{\log_a(x+h) - \log_a x}{h} = \lim_{h \to 0} \frac{\log_a(1+(h/x))}{h/x} \cdot \frac{1}{x} = \frac{1}{x \ln a}$$

即 $(\log_a x)' = 1/(x\ln a)$, 特别有 $(\ln x)' = 1/x$.

习题 3.1.1　导数的定义

1. 设函数 f 在 $x=0$ 可导, 且 $f(0)=0$, 求极限 $\lim\limits_{x\to 0} f(x)/x$.
2. 设函数 f 在 $x=a$ 连续, 且 $\lim\limits_{x\to a}[f(x)]/(x-a) = A$, 计算 $f(a), f'(a)$.
3. 设函数 $f(x) = \begin{cases} (1-e^{-x^2})/x, & x\neq 0, \\ 0, & x=0, \end{cases}$ 计算 $f'(0)$.
4. 设函数 $f(x) = \begin{cases} x, & x<0, \\ \ln(1+x), & x\geqslant 0, \end{cases}$ 计算 $f'(x)$.
5. 设 f 是一偶函数, 且在 $x=0$ 可导, 证明 $f'(0)=0$.
6. 在抛物线 $y=x^2$ 上哪些点的切线满足:

(1) 平行于直线 $y=4x-5$;

(2) 垂直于直线 $2x-6y+5=0$;

(3) 与直线 $3x-y+1=0$ 交成 $45°$ 的角.

7. 证明函数 $f(x) = \begin{cases} x^2\sin(1/x), & x\neq 0, \\ 0, & x=0 \end{cases}$ 的导函数在 $x=0$ 处不连续.

8. μ 在什么条件下函数 $f(x) = \begin{cases} x^\mu \sin(1/x), & x\neq 0, \\ 0, & x=0. \end{cases}$

(1) 在 $x=0$ 处是连续的;(2) 在 $x=0$ 处其导函数连续.

9. 设函数 f 在 $x=a$ 可导, 且 $f(a)\neq 0$, 求数列极限 $\lim\limits_{n\to\infty}[f(a+(1/n))/f(a)]^n$.

10. 设函数 f 在 $x=0$ 可导, $a_n\to 0-, b_n\to 0+ (n\to\infty)$, 证明:

$$\lim_{n\to\infty}\frac{f(b_n)-f(a_n)}{b_n-a_n}=f'(0)$$

11. 设函数 f 定义在 $(-\infty,+\infty)$ 上且满足 $|f(x)-f(y)|\leqslant |x-y|^{1+\delta}, \delta>0, \forall x,y\in(-\infty,+\infty)$. 证明: $f'(x)=0$.

12. 设函数 f 定义在 $(-\infty,+\infty)$ 上且满足 $f(x+y)=f(x)f(y), f'(0)=1$, 证明: $f'(x)=f(x)$.

3.1.2　导数的四则运算法则

从导数的定义可以看出, 导数就是函数增量除以自变量增量的极限. 所以利用极限的四则运算性质可以推导出导数的四则运算法则.

定理 3.1.3 (导数的四则运算法则)　如果 $u(x), v(x)$ 在区间 I 上可导, 则它们的和、差、积、商也在 I 上可导, 并且

(1) $[u(x)\pm v(x)]' = u'(x) \pm v'(x)$;

(2) $[u(x)\cdot v(x)]' = u'(x)v(x) + u(x)v'(x)$;

(3) $\left[\dfrac{u(x)}{v(x)}\right]' = \dfrac{u'(x)v(x) - u(x)v'(x)}{v^2(x)} \ (\forall x\in I, v(x)\neq 0)$.

证明 以 (3) 为例证明. 设 $f(x) = u(x)/v(x)$, 任意 $x \in I$ 为内点, 利用导数定义:

$$f'(x) = \lim_{h \to 0} \frac{f(x+h) - f(x)}{h} = \lim_{h \to 0} \frac{(u(x+h)/v(x+h)) - (u(x)/v(x))}{h}$$
$$= \lim_{h \to 0} \frac{u(x+h)v(x) - u(x)v(x+h)}{v(x+h)v(x)h}$$
$$= \lim_{h \to 0} \frac{[u(x+h) - u(x)]v(x) - u(x)[v(x+h) - v(x)]}{v(x+h)v(x)h}$$

进一步利用函数极限的四则运算法则:

$$f'(x) = \lim_{h \to 0} \frac{[(u(x+h) - u(x))/h] \cdot v(x) - u(x) \cdot [(v(x+h) - v(x))/h]}{v(x+h)v(x)}$$
$$= \frac{u'(x)v(x) - u(x)v'(x)}{[v(x)]^2}$$

当 $x \in I$ 且为 I 的有限端点时, 可以证明相应单侧导数的结论依然成立. 结论得证.

在定理 3.1.3 的基础上, 利用数学归纳法可以证明下面结论.

推论 3.1.1 设 $n \in \mathbf{N}^*$ 是一个有限正整数, 则

(1) $[Cf(x)]' = Cf'(x)$;

(2) $\left[\sum_{i=1}^{n} f_i(x)\right]' = \sum_{i=1}^{n} f'_i(x)$;

(3) $[f_1(x)f_2(x)f_3(x)]' = f'_1(x)f_2(x)f_3(x) + f_1(x)f'_2(x)f_3(x) + f_1(x)f_2(x)f'_3(x)$;

(4) $\left[\prod_{i=1}^{n} f_i(x)\right]' = \sum_{j=1}^{n} f_1(x)f_2(x) \cdots f'_j(x) \cdots f_n(x)$.

注 3.1.4 函数求导的四则运算法则是有限次运算法则.

3.1.3 四则运算应用举例

例 3.1.4 求 $y = 5x^6 + \sin x$ 的导数.

解 因为

$$(x^n)' = \lim_{\Delta x \to 0} \frac{(x + \Delta x)^n - x^n}{\Delta x} = \lim_{\Delta x \to 0} \frac{(x^n + C_n^1 x^{n-1} \Delta x + \cdots + (\Delta x)^n) - x^n}{\Delta x}$$
$$= \lim_{\Delta x \to 0} \frac{\Delta x \left(C_n^1 x^{n-1} + C_n^2 x^{n-2} \Delta x + \cdots + (\Delta x)^{n-1}\right)}{\Delta x} = nx^{n-1}$$

所以 $y' = 30x^5 + \cos x$.

例 3.1.5 求 $y = \sin 2x \cdot \ln x$ 的导数.

解 将函数等价变形为 $y = 2\sin x \cdot \cos x \cdot \ln x$, 所以

$$y' = 2\cos x \cdot \cos x \cdot \ln x + 2\sin x \cdot (-\sin x) \cdot \ln x + 2\sin x \cdot \cos x \cdot \frac{1}{x}$$
$$= 2\cos 2x \ln x + \frac{1}{x} \sin 2x$$

例 3.1.6 求 $y = \tan x$ 的导数.

解
$$y' = (\tan x)' = \left(\frac{\sin x}{\cos x}\right)' = \frac{(\sin x)' \cos x - \sin x (\cos x)'}{\cos^2 x}$$
$$= \frac{\cos^2 x + \sin^2 x}{\cos^2 x} = \frac{1}{\cos^2 x} = \sec^2 x$$

同理可得 $(\cot x)' = -\csc^2 x$.

例 3.1.7 求 $y = \sec x$ 的导数.

解
$$y' = (\sec x)' = \left(\frac{1}{\cos x}\right)' = \frac{-(\cos x)'}{\cos^2 x} = \frac{\sin x}{\cos^2 x} = \sec x \tan x$$

同理可得 $(\csc x)' = -\csc x \cot x$.

习题 3.1.3 四则运算应用举例

1. 计算下面函数的导数.

(1) $y = e^x \cos x$; (2) $y = \sin^3 x \ln^2 x$; (3) $y = \dfrac{\ln x}{e^x \sin x}$;

(4) $y = \dfrac{\sin x \ln x}{1+x^n}$ $(n \in \mathbf{N}^*)$; (5) $y = \dfrac{\tan x \ln x}{e^x}$;

(6) $f(x) = (x-a_1)^{m_1} (x-a_2)^{m_2} \cdots (x-a_n)^{m_n}$ $(m_1, m_2, \cdots, m_n \in \mathbf{N}^*)$.

3.1.4 复合函数逐层链式求导定理

定理 3.1.4 如果函数 $u = \phi(x)$ 在点 x_0 可导, 而 $y = f(u)$ 在点 $u_0 = \phi(x_0)$ 可导, 则复合函数 $y = f[\phi(x)]$ 在点 x_0 可导, 其导数为

$$\left.\frac{dy}{dx}\right|_{x=x_0} = \left(\left.\frac{df(u)}{du}\right|_{u=u_0}\right) \left(\left.\frac{d\phi(x)}{dx}\right|_{x=x_0}\right) = f'(u_0) \cdot \phi'(x_0)$$

复合函数的求导法则称为链式法则.

证明 由于 $y = f(u)$ 在点 u_0 可导, 根据导数的定义, 当 $\Delta u \neq 0$ 时,

$$\Delta y = f(u_0 + \Delta u) - f(u_0) = f'(u_0)\Delta u + \alpha(\Delta u)\Delta u, \quad \lim_{\Delta u \to 0} \alpha(\Delta u) = 0$$

补充定义 $\Delta u = 0: \alpha(\Delta u) = 0$. 由于 $u = \phi(x)$ 在点 x_0 可导, 因此 $\Delta x \to 0$ 时, $\Delta u \to 0$, 所以 $\lim\limits_{\Delta x \to 0} \alpha(\Delta u) = \lim\limits_{\Delta u \to 0} \alpha(\Delta u) = 0$, 进一步根据函数极限的四则运算法则有

$$\lim_{\Delta x \to 0} \frac{\Delta y}{\Delta x} = \lim_{\Delta x \to 0}\left[f'(u_0)\frac{\Delta u}{\Delta x} + \alpha(\Delta u)\frac{\Delta u}{\Delta x}\right] = f'(u_0)\left[\lim_{\Delta x \to 0}\frac{\Delta u}{\Delta x}\right] + \left[\lim_{\Delta x \to 0} \alpha(\Delta u)\right]\left[\lim_{\Delta x \to 0}\frac{\Delta u}{\Delta x}\right]$$
$$= f'(u_0)\phi'(x_0)$$

结论得证.

注 3.1.5 (1) 如果函数 $u = \phi(x)$ 在区间 I 上可导, $y = f(u)$ 可导, 则复合函数 $y = f[\phi(x)]$ 在 I 上可导, 导数为

$$\frac{dy}{dx} = \frac{df(u)}{du} \cdot \frac{d\phi(x)}{dx}$$

(2) 设 $y = f(u), u = \phi(v), v = w(x)$ 的导数存在, 则复合函数 $y = f\{\phi[w(x)]\}$ 的导数为

$$\frac{\mathrm{d}y}{\mathrm{d}x} = \frac{\mathrm{d}y}{\mathrm{d}u} \cdot \frac{\mathrm{d}u}{\mathrm{d}x} = \frac{\mathrm{d}y}{\mathrm{d}u} \cdot \frac{\mathrm{d}u}{\mathrm{d}v} \cdot \frac{\mathrm{d}v}{\mathrm{d}x}$$

三重复合函数的求导顺序如图 3.1.5 所示.

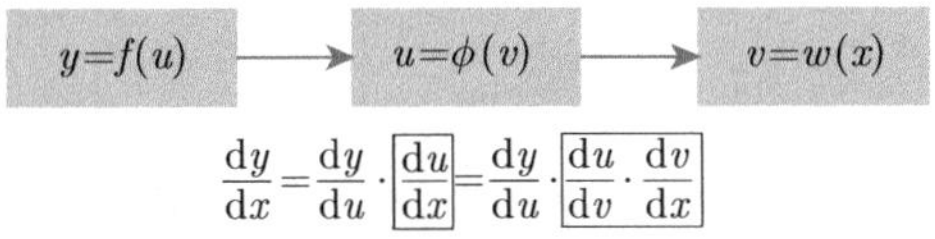

图 3.1.5

(3) 用数学归纳法可以得到 n 重复合函数的求导公式. 设 $y = f_0(u_1), u_1 = f_1(u_2), \cdots, u_n = f_n(x), f_i(x) (i = 0, 1, 2, \cdots, n)$ 为可导函数, 则

$$\frac{\mathrm{d}y}{\mathrm{d}x} = \frac{\mathrm{d}f_0(u_1)}{\mathrm{d}u_1} \cdot \frac{\mathrm{d}f_1(u_2)}{\mathrm{d}u_2} \cdot \cdots \cdot \frac{\mathrm{d}f_{n-1}(u_n)}{\mathrm{d}u_n} \cdot \frac{\mathrm{d}f_n(x)}{\mathrm{d}x}$$

复合函数求导的关键在于分析函数复合结构, 在此基础上根据复合结构逐层链式求导计算.

3.1.5 复合函数求导计算例题

例 3.1.8 求下列函数的导数: (1) $y = \ln \sin x$; (2) $y = x^\mu (x > 0)$.

解 (1) 令 $y = \ln u, u = \sin x$, 所以

$$\frac{\mathrm{d}y}{\mathrm{d}x} = \frac{\mathrm{d}y}{\mathrm{d}u} \cdot \frac{\mathrm{d}u}{\mathrm{d}x} = \frac{1}{u} \cdot \cos x = \frac{\cos x}{\sin x} = \cot x$$

(2) 令 $y = \mathrm{e}^{\mu \ln x} = \mathrm{e}^u, u = \mu \ln x$, 所以

$$y' = \left(\mathrm{e}^{\mu \ln x}\right)' = \left(\mathrm{e}^{\mu \ln x}\right) \mu \cdot \frac{1}{x} = \mu x^{\mu - 1}$$

例 3.1.9 求 $y = \sqrt{x + \sqrt{x + \sqrt{x}}}$ 的导数.

解 由复合结构 $y = \sqrt{u}, u = x + \sqrt{x + \sqrt{x}}$, 利用定理 3.1.4,

$$y' = \frac{\mathrm{d}y}{\mathrm{d}u} \cdot \frac{\mathrm{d}u}{\mathrm{d}x} = \frac{1}{2\sqrt{x + \sqrt{x + \sqrt{x}}}} \left[1 + \left(\sqrt{x + \sqrt{x}}\right)'\right]$$

再由复合结构 $\sqrt{x + \sqrt{x}} = \sqrt{v}, v = x + \sqrt{x}$, 得

$$y' = \frac{1}{2\sqrt{x + \sqrt{x + \sqrt{x}}}} \left[1 + \frac{1}{2\sqrt{x + \sqrt{x}}} \left(1 + \frac{1}{2\sqrt{x}}\right)\right]$$

$$= \frac{4\sqrt{x^2 + x\sqrt{x}} + 2\sqrt{x} + 1}{8\sqrt{x + \sqrt{x + \sqrt{x}}} \cdot \sqrt{x^2 + x\sqrt{x}}}$$

例 3.1.10 求 $f(x) = \ln\left[(1/x) + \ln\left((1/x) + \ln(1/x)\right)\right]$ 的导数.

解 由复合结构

$$f(x) = \ln u, \quad u = \frac{1}{x} + \ln\left(\frac{1}{x} + \ln\frac{1}{x}\right)$$

利用定理 3.1.4 得

$$f'(x) = \frac{1}{(1/x) + \ln\left(1/x + \ln(1/x)\right)} \left\{ -\frac{1}{x^2} + \left[\ln\left(\frac{1}{x} + \ln\frac{1}{x}\right)\right]' \right\}$$

再由复合结构 $\ln\left[(1/x) + \ln(1/x)\right] = \ln v, v = (1/x) + \ln(1/x)$, 利用定理 3.1.4 得

$$f'(x) = \frac{1}{(1/x) + \ln\left((1/x) + \ln(1/x)\right)} \left\{ -\frac{1}{x^2} + \frac{1}{(1/x) + \ln(1/x)} \left(-\frac{1}{x^2} - \frac{1}{x}\right) \right\}$$

$$= -\frac{1 + x + (1/x) + \ln(1/x)}{(1 + x\ln(1/x))(1 + x\ln((1/x) + \ln(1/x)))}$$

对于幂指函数 $f(x) = u(x)^{v(x)}$ ($u(x) > 0$) 的求导, 一般可把函数变形为

$$f(x) = u(x)^{v(x)} = e^{v(x)\ln u(x)}$$

再利用复合函数求导的方法计算.

例 3.1.11 求 $f(x) = \sin x^{\cos x}$ $\left(0 < x < \frac{\pi}{2}\right)$ 的导数.

解 $f'(x) = \left(e^{\cos x \ln \sin x}\right)'$, 复合结构 $f = e^u, u = \cos x \ln \sin x$, 利用定理 3.1.4 得

$$f'(x) = \left(e^{\cos x \ln \sin x}\right)' = e^{\cos x \ln \sin x}\left(\frac{\cos^2 x}{\sin x} - \sin x \ln \sin x\right)$$

$$= \sin x^{\cos x}\left(\cos x \cot x - \sin x \ln \sin x\right)$$

例 3.1.12 求 $f(x) = x + x^x + x^{x^x}$ ($x > 0$) 的导数.

解 $f'(x) = \left(x + x^x + x^{x^x}\right)' = \left(x + e^{x\ln x} + e^{x^x \ln x}\right)'$. 由复合函数求导法则:

$$(x^x)' = \left(e^{x\ln x}\right)' = e^{x\ln x}(x\ln x)' = x^x(1 + \ln x)$$

进一步有

$$\left(x^{x^x}\right)' = \left(e^{x^x \ln x}\right)' = e^{x^x \ln x}(x^x \ln x)' = e^{x^x \ln x}\left[(x^x)'\ln x + x^x(\ln x)'\right]$$

$$= x^{x^x}\left[(\ln x)x^x(1 + \ln x) + \frac{x^x}{x}\right]$$

所以

$$f'(x) = 1 + x^x(1 + \ln x) + x^{x^x}\left[(\ln x)x^x(1 + \ln x) + \frac{x^x}{x}\right]$$

习题 3.1.5 复合函数逐层链式求导

1. 求下面函数的导数.
(1) $y = e^{ax}\cos bx$;
(2) $y = \sqrt{1-x^2}$;
(3) $y = \arctan(1+x^2)$;
(4) $y = x(\cos(\ln x) - \sin(\ln x))$.

2. 证明:
(1) 若 f 是一可导的奇函数, 则 f' 是偶函数;
(2) 若 f 是一可导的偶函数, 则 f' 是奇函数.

3. 求下面函数的导数.
(1) $y = e^x + e^{e^x} + e^{e^{e^x}}$;
(2) $y = \ln[\ln^2(\ln^3 x)]$;
(3) $y = \ln(1+x) - \ln(1+x^2) - \dfrac{1}{(1+x)}$;
(4) $y = x^{x^a} + x^{a^x} + a^{x^x}$ ($a > 0$, $x > 0$);
(5) $y = x^{\frac{1}{x}}$ ($x > 0$).

4. 设 $\phi(x)$ 及 $\psi(x)$ 为 x 的可导函数, 求函数 y 的导函数, 若:
(1) $y = \sqrt{\phi^2(x) + \psi^2(x)}$;
(2) $y = \arctan\dfrac{\phi(x)}{\psi(x)}$;
(3) $y = (\psi(x))^{\frac{1}{\phi(x)}}$ ($\phi(x) \neq 0, \psi(x) > 0$).

5. 求函数 y 的导函数, 这里 f 为可导的函数:
(1) $y = f(x^2)$;
(2) $y = f(\sin^2 x) + f(\cos^2 x)$;
(3) $y = f(e^x) e^{f(x)}$.

3.1.6 反函数求导法则与应用

定理 3.1.5 如果函数 $x = f(y)$ 在区间 I_y 严格单调, 且导函数 $f'(y) \neq 0$, 那么它的反函数 $y = f^{-1}(x)$ 在区间 $I_x = \{x \mid x = f(y), y \in I_y\}$ 内也可导, 且有

$$\left[f^{-1}(x)\right]' = \frac{1}{f'(y)}$$

证明 因为 $x = f(y)$ 在区间 I_y 内严格单调且连续, 所以反函数 $y = f^{-1}(x)$ 在区间 I_x 内也严格单调且连续. 于是

$$\forall x \in I_x, x + \Delta x \in I_x \,(\Delta x \neq 0), \quad \Delta y = f^{-1}(x+\Delta x) - f^{-1}(x) \neq 0, \quad \frac{\Delta y}{\Delta x} = \frac{1}{\Delta x / \Delta y}$$

由于 $y = f^{-1}(x)$ 连续, $\lim\limits_{\Delta x \to 0} \Delta y = 0$, 因此 $\lim\limits_{\Delta x \to 0}(\Delta y / \Delta x) = \lim\limits_{\Delta y \to 0} 1/(\Delta x/\Delta y)$ 即 $\left[f^{-1}(x)\right]' = 1/f'(y)$, 结论得证.

例 3.1.13 求反三角函数 $y = \arcsin x$ 的导数.

解 $x = \sin y$ 在 $I_y = (-\pi/2, \pi/2)$ 内单调可导, 且 $(\sin y)' = \cos y > 0$. 所以在 $I_x \in (-1, 1)$ 内有

$$(\arcsin x)' = \frac{1}{(\sin y)'} = \frac{1}{\cos y} = \frac{1}{\sqrt{1-\sin^2 y}} = \frac{1}{\sqrt{1-x^2}}$$

类似可得

$$(\arccos x)' = -\frac{1}{\sqrt{1-x^2}} \,(-1 < x < 1), \quad (\arctan x)' = \frac{1}{1+x^2}, \quad (\text{arccot}\, x)' = -\frac{1}{1+x^2}$$

例 3.1.14 求 $y = (x/2)\sqrt{a^2-x^2} + (a^2/2)\arcsin(x/a)$ $(a>0)$ 的导数.

解 利用例 3.1.13 和函数求导的四则运算法则得到

$$y' = \left(\frac{x}{2}\sqrt{a^2-x^2}\right)' + \left(\frac{a^2}{2}\arcsin\frac{x}{a}\right)'$$

$$= \frac{1}{2}\sqrt{a^2-x^2} - \frac{1}{2}\frac{x^2}{\sqrt{a^2-x^2}} + \frac{a^2}{2\sqrt{a^2-x^2}} = \sqrt{a^2-x^2}$$

习题 3.1.6 反函数求导法则与应用

1. 计算下列函数的导数:

(1) $y = e^x \arcsin 4x$;

(2) $y = \ln\left(1 + 2(\arctan 6x)^2\right)$;

(3) $y = \dfrac{\arccos 10x}{1+x^n}$;

(4) $y = (\arccot 2x)^2 \sqrt{1+\arcsin 5x}$;

(5) $y = \dfrac{\arcsin 5x}{\sqrt{1-x^2}}$.

扫码学习

3.2 高阶导数

本节介绍高阶导数的定义与性质、莱布尼茨求导公式的证明以及高阶导数的计算.

3.2.1 高阶导数的定义与计算

定义 3.2.1 如果 $y = f(x)$ 的导函数 $y' = f'(x)$ 仍可导, 则称 $f'(x)$ 的导数为 $f(x)$ 的二阶导数. 一般地, $f(x)$ 的 $n-1$ 阶导函数的导数称为 $f(x)$ 的 n 阶导数. 二阶导数记作 $f''(x)$, $y''(x)$, $\dfrac{d^2 y}{dx^2}$ 或 $\dfrac{d^2 f(x)}{dx^2}$. 三阶导数记作 $f'''(x)$, $y'''(x)$, $\dfrac{d^3 f(x)}{dx^3}$ 或 $\dfrac{d^3 y}{dx^3}$. $f(x)$ 的 n 阶导数记为 $f^{(n)}(x), y^{(n)}(x), \dfrac{d^n y}{dx^n}$ 或 $\dfrac{d^n f(x)}{dx^n}$. 二阶和二阶以上的导数统称为高阶导数. 特别 $f^{(0)}(x) = f(x)$.

例 3.2.1 设 $y = \arctan x$, 求 $f''(0)$.

解 $y' = 1/(1+x^2), y'' = \left(1/(1+x^2)\right)' = -2x/(1+x^2)^2$.

$f''(0) = [-2x/(1+x^2)^2]|_{x=0} = 0$.

例 3.2.2 设 $y = x^\alpha$, 求 $y^{(n)}$.

解 由幂函数的求导公式, 有

$$y' = \alpha x^{\alpha-1}$$

$$y'' = \alpha(\alpha-1)x^{\alpha-2}$$

......

进一步利用数学归纳法得

$$y^{(n)} = \alpha(\alpha-1)\cdots(\alpha-n+1)x^{\alpha-n} \quad (n \geqslant 1)$$

若 $\alpha = n$ 为自然数, 则有 $y^{(n)} = (x^n)^{(n)} = n!, y^{(n+1)} = (n!)' = 0$.

例 3.2.3 设 $y = \sin x$, 求 $y^{(n)}$.

解 由三角函数的求导公式, 有
$$y' = \cos x = \sin\left(x + \frac{\pi}{2}\right)$$
$$y'' = \cos\left(x + \frac{\pi}{2}\right) = \sin\left(x + \frac{\pi}{2} + \frac{\pi}{2}\right) = \sin\left(x + 2 \cdot \frac{\pi}{2}\right)$$
......

进一步利用数学归纳法得
$$y^{(n)} = \sin\left(x + n \cdot \frac{\pi}{2}\right)$$
同理成立下面结论:
$$(\sin \alpha x)^{(n)} = \alpha^n \sin\left(\alpha x + n \cdot \frac{\pi}{2}\right)$$
$$(\cos x)^{(n)} = \cos\left(x + n \cdot \frac{\pi}{2}\right)$$
$$(\cos \alpha x)^{(n)} = \alpha^n \cos\left(\alpha x + n \cdot \frac{\pi}{2}\right)$$

例 3.2.4 设 $y = \sin^6 x + \cos^6 x$, 求 $y^{(n)}$.

解 将函数 $y = \sin^6 x + \cos^6 x$ 降幂:
$$y = (\sin^2 x)^3 + (\cos^2 x)^3 = (\sin^2 x + \cos^2 x)(\sin^4 x - \sin^2 x \cos^2 x + \cos^4 x)$$
$$= (\sin^2 x + \cos^2 x)^2 - 3\sin^2 x \cos^2 x = 1 - \frac{3}{4}\sin^2 2x = 1 - \frac{3}{4} \cdot \frac{1 - \cos 4x}{2}$$
$$= \frac{5}{8} + \frac{3}{8}\cos 4x$$
所以利用例 3.2.3 得 $y^{(n)} = (3/8) \cdot 4^n \cos(4x + n \cdot \pi/2)$.

例 3.2.5 设 $y = e^{ax} \sin bx$, 求 $y^{(n)}$.

解 首先分析函数一阶、二阶导数的变化规律:
$$y' = ae^{ax}\sin bx + be^{ax}\cos bx = e^{ax}(a\sin bx + b\cos bx)$$
$$= e^{ax}\sqrt{a^2 + b^2}\left(\frac{a}{\sqrt{a^2+b^2}}\sin bx + \frac{b}{\sqrt{a^2+b^2}}\cos bx\right)$$
$$= e^{ax}\sqrt{a^2 + b^2}(\sin bx \cos\phi + \sin\phi \cos bx)$$
$$= e^{ax}\sqrt{a^2 + b^2}\sin(bx + \phi) \quad \left(\phi = \arctan\frac{b}{a}\right)$$

类似
$$y'' = e^{ax}\sqrt{a^2 + b^2} \cdot [a\sin(bx+\phi) + b\cos(bx+\phi)] = (a^2+b^2)e^{ax}\sin(bx+2\phi)$$
进一步利用数学归纳可证得
$$y^{(n)} = (a^2+b^2)^{\frac{n}{2}} \cdot e^{ax}\sin(bx+n\phi) \quad \left(\phi = \arctan\frac{b}{a}\right)$$

常用高阶导数公式总结如下:
(1) $(a^x)^{(n)} = a^x \cdot \ln^n a (a > 0)$, $(e^x)^{(n)} = e^x$; (2) $(\sin \alpha x)^{(n)} = \alpha^n \sin\left(\alpha x + n \cdot \frac{\pi}{2}\right)$;
(3) $(\cos \alpha x)^{(n)} = \alpha^n \cos\left(\alpha x + n \cdot \frac{\pi}{2}\right)$; (4) $(x^\alpha)^{(n)} = \alpha(\alpha - 1)\cdots(\alpha - n + 1)x^{\alpha - n}$;
(5) $(\ln x)^{(n)} = (-1)^{n-1}(n-1)!/x^n$.

3.2.2 莱布尼茨求导公式与应用

根据两个函数乘积的求导公式

$$(f \cdot g)' = f' \cdot g + f \cdot g'$$

$$(f \cdot g)'' = (f' \cdot g + f \cdot g')' = (f' \cdot g)' + (f \cdot g')' = f''g + 2f' \cdot g' + f \cdot g''$$

由于 $(f \cdot g)^{(2)} = \sum_{k=0}^{2} C_2^k f^{(2-k)} g^{(k)}$ 与 $(a+b)^2 = a^2 + 2ab + b^2 = \sum_{k=0}^{2} C_2^k a^k b^{2-k}$ 形式上一致. 相应于二项式展开 $(a+b)^n = \sum_{k=0}^{n} C_n^k a^{n-k} b^k$, 一般情况 $(f \cdot g)^{(n)} = \sum_{k=0}^{n} C_n^k f^{(n-k)} g^{(k)}$ 是否成立, 下面给出详细的分析.

分析 $n=1$ 时公式显然成立. 设公式对正整数 n 成立, 即

$$(fg)^{(n)} = (f \cdot g)^{(n)} = \sum_{k=0}^{n} C_n^k f^{(n-k)} g^{(k)}$$

下面分析 $n+1$ 的情况是否成立. 由于

$$(fg)^{(n+1)} = \left((fg)^{(n)}\right)' = \left(\sum_{k=0}^{n} C_n^k f^{(n-k)} g^{(k)}\right)'$$

$$= \sum_{k=0}^{n} C_n^k [f^{(n-k+1)} g^{(k)}] + \sum_{k=0}^{n} C_n^k \left[f^{(n-k)} g^{(k+1)}\right]$$

$$= \sum_{k=0}^{n} C_n^k [f^{(n-k+1)} g^{(k)}] + \sum_{k=1}^{n+1} C_n^{k-1} f^{(n-k+1)} g^{(k)} \Leftarrow \boxed{k\text{的循环变为从} 1 \to n+1}$$

$$= C_n^0 f^{(n+1)} g^{(0)} + \sum_{k=1}^{n} (C_n^{k-1} + C_n^k) f^{(n-k+1)} g^{(k)} + C_n^n f^{(0)} g^{(n+1)}$$

$$= \sum_{k=0}^{n+1} C_{n+1}^k f^{(n-k+1)} g^{(k)} \Leftarrow \boxed{\text{利用} C_n^{k-1} + C_n^k = C_{n+1}^k}$$

所以 $n+1$ 的情况结论成立. 在上面讨论基础上有下面定理.

定理 3.2.1 (莱布尼茨 (Leibniz) 公式) 设 f, g 在 I 上有 n 阶导数, 则 $(f \cdot g)^{(n)} = \sum_{k=0}^{n} C_n^k f^{(n-k)} g^{(k)}$.

注 3.2.1 设 $n-k=i, k=j$, 定理 3.2.1 的等价形式:

$$(fg)^{(n)} = \sum_{i+j=n} \frac{n!}{i!j!} \cdot f^{(i)} g^{(j)}$$

3.2.3 高阶导数的计算

例 3.2.6 设 $y = x^2 e^{2x}$, 求 $y^{(20)}$.

解 设 $u = e^{2x}, v = x^2$, 由莱布尼茨公式:

$$(uv)^{(20)} = \sum_{k=0}^{20} C_{20}^k u^{(20-k)} v^{(k)} = \sum_{k=0}^{2} C_{20}^k u^{(20-k)} v^{(k)}$$

因此
$$y^{(20)} = (e^{2x})^{(20)} \cdot x^2 + 20(e^{2x})^{(19)} \cdot (x^2)' + \frac{20(20-1)}{2!}(e^{2x})^{(18)} \cdot (x^2)''$$
$$= 2^{20}e^{2x} \cdot x^2 + 20 \cdot 2^{19}e^{2x} \cdot 2x + \frac{20 \cdot 19}{2!}2^{18}e^{2x} \cdot 2$$
$$= 2^{20}e^{2x}(x^2 + 20x + 95)$$

例 3.2.7 设 $y = (\arcsin x)^2$, (1) 证明 $(1-x^2)y'' - xy' = 2$; (2) 求 $y^{(n)}(0)$.

证明 (1) 计算一阶导数得到
$$y' = (2\arcsin x)\left(\frac{1}{\sqrt{1-x^2}}\right) \Rightarrow y'\sqrt{1-x^2} = 2\arcsin x$$
$$(y')^2(1-x^2) = 4(\arcsin x)^2 = 4y$$

在上式两端求导
$$(1-x^2)2y'y'' - 2x(y')^2 = 4y' \Rightarrow (1-x^2)y'' - xy' = 2$$

结论得证.

(2) 将 $(1-x^2)y'' - xy' = 2$ 两端求 n 阶导数
$$\left[(1-x^2)y''\right]^{(n)} - [xy']^{(n)} = 0$$

由莱布尼茨公式, 得
$$\left[(1-x^2)y^{(n+2)} - 2nxy^{(n+1)} - n(n-1)y^{(n)}\right] - \left[xy^{(n+1)} + ny^{(n)}\right] = 0$$

整理得
$$(1-x^2)y^{(n+2)} - (2n+1)xy^{(n+1)} - n^2y^{(n)} = 0$$

代入 $x = 0$, 得到递推关系式
$$y^{(n+2)}(0) = n^2 y^{(n)}(0), \quad n \geqslant 1$$

所以
$$\begin{cases} y'(0) = 0 \Rightarrow y^{(2n+1)}(0) = 0 \\ y''(0) = 2 \Rightarrow y^{(2n)}(0) = 2\left[(2n-2)!!\right]^2 \end{cases}$$

习题 3.2 高阶导数

1. 求下列指定阶的导函数:

(1) $y = x(2x-1)^2(x+3)^3$, 求 $y^{(6)}$ 及 $y^{(7)}$; (2) $y = x^2/(1-x)$, 求 $y^{(8)}$;

(3) $y = x^2 e^{2x}$, 求 $y^{(20)}$; (4) $y = x^2 \sin 2x$, 求 $y^{(50)}$.

2. 求 $y^{(n)}$, 设

(1) $y = \dfrac{ax+b}{cx+d}$; (2) $y = \sin ax \sin bx$.

3. 用数学归纳法证明:
$$\left(x^{n-1}\mathrm{e}^{\frac{1}{x}}\right)^{(n)}=\frac{(-1)^n}{x^{n+1}}\mathrm{e}^{\frac{1}{x}}$$

4. 通过莱布尼茨高阶求导公式建立递推关系式, 在此基础上计算 $y^{(n)}(0), n\in\mathbf{N}^*$.
(1) $y(x)=\arcsin x$;
(2) $y(x)=\arctan x$;
(3) $y(x)=\cos(m\arcsin x)$;
(4) $y(x)=\sin(m\arcsin x)$.

扫码学习

3.3 隐函数和参数方程的求导

若参数方程 $\begin{cases}x=\phi(t),\\ y=\psi(t),\end{cases} t\in I$, 确定 y 与 x 间的函数关系, 称其为由参数方程所确定的函数. 如果函数 $x=\phi(t)$ 的反函数 $t=\phi^{-1}(x)$ 存在, 则 $y=\psi(t)=\psi(\phi^{-1}(x))$.

例如圆 $x^2+y^2=a^2$ 的参数方程表达式为 $\begin{cases}x=a\cos\theta,\\ y=a\sin\theta,\end{cases} 0\leqslant\theta\leqslant 2\pi$.

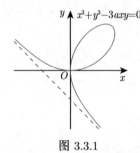

图 3.3.1

笛卡儿叶形线: $x^3+y^3-3axy=0(a>0)$ 的参数方程表达式为
$$\begin{cases}x=3at/(1+t^3),\\ y=3at^2/(1+t^3),\end{cases} t\neq -1$$

其几何图形如图 3.3.1 所示.

下面讨论由参数方程 $\begin{cases}x=\phi(t),\\ y=\psi(t),\end{cases} t\in I$ 所确定函数的求导问题.

设 $x=\phi(t)$ 严格单调可导, $\phi'(t)\neq 0$, 则 $t=\phi^{-1}(x)$ 存在并且可导. 由复合函数及反函数的求导法则, 得参数方程所确定函数的一阶导数.

$$\frac{\mathrm{d}y}{\mathrm{d}x}=\frac{\mathrm{d}y}{\mathrm{d}t}\cdot\frac{\mathrm{d}t}{\mathrm{d}x}=\frac{\mathrm{d}y}{\mathrm{d}t}\cdot\frac{1}{\mathrm{d}x/\mathrm{d}t}=\frac{\psi'(t)}{\phi'(t)},\quad t\in I$$

若函数 $x=\phi(t), y=\psi(t)$ 二阶可导, 则进一步有参数方程所确定函数的二阶导数.

$$\frac{\mathrm{d}^2y}{\mathrm{d}x^2}=\frac{\mathrm{d}}{\mathrm{d}x}\left(\frac{\mathrm{d}y}{\mathrm{d}x}\right)=\frac{\mathrm{d}}{\mathrm{d}t}\left(\frac{\psi'(t)}{\phi'(t)}\right)\frac{\mathrm{d}t}{\mathrm{d}x}=\frac{\psi''(t)\phi'(t)-\psi'(t)\phi''(t)}{\phi'^2(t)}\cdot\frac{1}{\phi'(t)},\quad t\in I$$

注 3.3.1 极坐标系下求导公式: $\begin{cases}x=r(\theta)\cos\theta,\\ y=r(\theta)\sin\theta,\end{cases} \theta\in I$,

$$\frac{\mathrm{d}y}{\mathrm{d}x}=\frac{(r(\theta)\sin\theta)'}{(r(\theta)\cos\theta)'}=\frac{r'(\theta)\sin\theta+r(\theta)\cos\theta}{r'(\theta)\cos\theta-r(\theta)\sin\theta}=\frac{r'(\theta)\tan\theta+r(\theta)}{r'(\theta)-r(\theta)\tan\theta},\quad \theta\in I$$

例 3.3.1 求由参数方程 $\begin{cases}x=a\cos^3 t,\\ y=a\sin^3 t,\end{cases} t\in[0,2\pi]$ 表示的函数的二阶导数.

解 由参数方程所确定函数的求导公式:
$$\frac{dy}{dx} = \frac{dy/dt}{dx/dt} = \frac{3a\sin^2 t \cos t}{3a\cos^2 t(-\sin t)} = -\tan t$$

进一步有
$$\frac{d^2 y}{dx^2} = \frac{d}{dx}\left(\frac{dy}{dx}\right) = \frac{d}{dt}(-\tan t) \cdot \frac{dt}{dx} = \frac{(-\tan t)'}{(a\cos^3 t)'} = \frac{-\sec^2 t}{-3a\cos^2 t \sin t} = \frac{\sec^4 t}{3a\sin t}$$

例 3.3.2 计算阿基米德螺线 $r = a\theta$ 的导函数 dy/dx.

解 由于 $\begin{cases} x = r\cos\theta = a\theta\cos\theta, \\ y = r\sin\theta = a\theta\sin\theta, \end{cases}$ 因此
$$\frac{dy}{dx} = \frac{r'(\theta)\tan\theta + r(\theta)}{r'(\theta) - r(\theta)\tan\theta} = \frac{a\tan\theta + a\theta}{a - a\theta\tan\theta} = \frac{\tan\theta + \theta}{1 - \theta\tan\theta}$$

定义 3.3.1 若方程 $F(x,y) = 0$, 对任意 $x \in I$, 总存在唯一的 $y \in J$ 满足此方程, 则称 $F(x,y) = 0$ 在 I 上确定了一个隐函数, 其中函数 $F: I \times J \to \mathbf{R}, I \times J = \{(x,y) | x \in A, y \in B\}$.
隐函数的求导实际是复合函数的求导, 下面举例说明.

例 3.3.3 已知隐函数 $\sqrt{x^2 + y^2} = e^{\arctan(y/x)}$, 求 dy/dx, $d^2 y/dx^2$.

解 将方程两边分别对 x 求导, 得到
$$\frac{x + y(dy/dx)}{\sqrt{x^2 + y^2}} = e^{\arctan(y/x)} \frac{(x(dy/dx) - y)/x^2}{1 + (y/x)^2}$$

再由 $e^{\arctan(y/x)} \big/ \left(\sqrt{x^2+y^2}\right) = 1$ 得
$$\frac{dy}{dx} = \frac{x+y}{x-y}$$

其两边继续求导, 根据函数求导的四则运算法则得
$$\frac{d^2 y}{dx^2} = \left(\frac{x+y}{x-y}\right)' = \frac{[1 + (dy/dx)](x-y) - [1 - (dy/dx)](x+y)}{(x-y)^2} = \frac{2(x^2+y^2)}{(x-y)^3}$$

习题 3.3 隐函数和参数方程的求导

1. 求下列由参数方程所表示的函数的导数 $dy/dx, d^2 y/dx^2$.

(1) $\begin{cases} x = e^{2t}\cos^2 t, \\ y = e^{2t}\sin^2 t; \end{cases}$ (2) $\begin{cases} x = \arcsin\left(t/\sqrt{1+t^2}\right), \\ y = \arccos\left(1/\sqrt{1+t^2}\right). \end{cases}$

2. 求下列隐函数的导数 $dy/dx, d^2 y/dx^2$.

(1) $x^{\frac{2}{3}} + y^{\frac{2}{3}} = a^{\frac{2}{3}}$; (2) $y = x + \arctan y$; (3) $y^{\frac{1}{x}} = x^{\frac{1}{y}}$ $(x > 0, y > 0)$.

3. 求下列由极坐标方程表示的函数 y 的导数 $dy/dx, d^2 y/dx^2$.

(1) $r = ae^{\theta}$; (2) $r = a(1 + \cos\theta)$.

4. 求参数方程 $\begin{cases} x = 2t + |t|, \\ y = 5t^2 + 4t|t| \end{cases}$ 所确定函数 $y = f(x)$ 在 $t = 0$ 处的斜率.

5. 设质点运动方程为 $\begin{cases} x = 4\sin\omega t - 3\cos\omega t, \\ y = 3\sin\omega t + 4\cos\omega t, \end{cases}$ 这里 ω 为常数, 求质点运动的轨道、速度和加速度大小.

3.4 微分中值定理

扫码学习

在前面三节讨论了导数的概念和计算方法. 从本节开始, 我们将利用导数来研究函数的性质. 微分中值定理是建立函数与其导数之间联系的重要定理, 是利用导数研究函数的有力工具. 本节介绍微分中值定理及其应用, 内容包括罗尔 (Rolle) 中值定理、拉格朗日 (Lagrange) 中值定理和柯西中值定理.

3.4.1 罗尔定理证明

微分中值定理的建立需要用到费马 (Fermat) 引理, 为此首先介绍极值点的概念.

定义 3.4.1 设 f 定义在集合 I 上, 若存在邻域 $U(x_0;\delta) \subset I$:

(1) 任意 $x \in U(x_0;\delta), f(x) \leqslant f(x_0)$, 则称 x_0 为极大值点, $f(x_0)$ 称为极大值;

(2) 任意 $x \in U(x_0;\delta), f(x) \geqslant f(x_0)$, 则称 x_0 为极小值点, $f(x_0)$ 称为极小值.

注 3.4.1 极值点是集合的内点, 不是边界点. 极值点是函数的局部性质, 函数的极大值不一定大于极小值, 如图 3.4.1 所示.

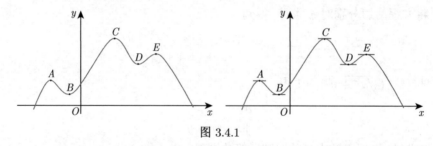

图 3.4.1

定理 3.4.1 (费马引理) 设函数 f 定义在集合 I 上, x_0 为 I 的内点. 若函数 f 在 $x = x_0$ 可导且 x_0 为极值点, 则 $f'(x_0) = 0$.

证明 设 x_0 为极大值点, 则存在邻域 $U(x_0;\delta) \subset I$, 任意 $x = x_0 + \Delta x \in U(x_0;\delta)$, 满足

$$\Delta x > 0, \quad \frac{f(x_0 + \Delta x) - f(x_0)}{\Delta x} \leqslant 0$$

$$\Delta x < 0, \quad \frac{f(x_0 + \Delta x) - f(x_0)}{\Delta x} \geqslant 0$$

根据函数极限的保序性:

$$f'(x_0) = f'_+(x_0) = \lim_{\Delta x \to 0+} \frac{f(x_0 + \Delta x) - f(x_0)}{\Delta x} \leqslant 0$$

$$f'(x_0) = f'_-(x_0) = \lim_{\Delta x \to 0-} \frac{f(x_0 + \Delta x) - f(x_0)}{\Delta x} \geqslant 0$$

因此 $f'(x_0) = 0$, x_0 为极小值点的情况同理可证.

满足 $f'(x) = 0$ 的点称为 $f(x)$ 的驻点. 定理 3.4.1 表明, 可导的极值点必是驻点. 但驻点未必是极值点, 比如 $x = 0$ 是 $f(x) = x^3$ 的驻点, 但不是极值点.

定理 3.4.2 (罗尔定理) 若函数 $f(x)$ 在 $[a,b]$ 上连续, (a,b) 内可导, 且 $f(a)=f(b)$, 则至少存在一点 $\xi \in (a,b)$, 使得 $f'(\xi)=0$.

证明 $f(x)$ 在 $[a,b]$ 上连续, 因此存在最小最大值, 分别记为 m,M. 设

$$f(x_1)=m, \quad f(x_2)=M, \quad x_1,x_2 \in [a,b]$$

(1) 若 $M=m$, 则 $f(x) \equiv M$, 则任意 $\xi \in (a,b), f'(\xi)=0$.

(2) 若 $M>m$, 则最大和最小值点 x_1,x_2 至少有一个属于 (a,b). 不妨设 $x_1 \in (a,b)$, 根据费马引理, 令 $\xi=x_1 \in (a,b)$, 满足 $f'(\xi)=0$, 结论得证.

注 3.4.2 罗尔定理表达式中的中值 $\xi \in (a,b)$, 随着 a,b 选取的不同而变化.

注 3.4.3 罗尔定理有三个条件: 闭区间上连续、开区间内可导和区间端点函数值相等. 这三个条件是在区间内存在导数为零的点的充分条件, 不是必要条件, 比如 $f(x)=x^3$ 在区间 $[-1,1]$ 上不满足罗尔定理的三个条件, 但在 $[-1,1]$ 内 $f(x)$ 有一个导数为零的点 $x=0$. 需要注意的是如果罗尔定理的三个条件有一个不满足, 结论就有可能不成立. 比如下面的三个例子.

函数 $y=|x|, x \in [-2,2]$, 在 $x=0$ 不可导, 没有一阶导数为零的点, 如图 3.4.2 所示.

函数 $y=\begin{cases} 1-x, & x \in (0,1], \\ 0, & x=0 \end{cases}$ 在 $x=0$ 不连续, 没有一阶导数为零的点, 如图 3.4.3 所示.

函数 $y=x, x \in [0,1]$ 在 $x=0, x=1$ 处函数值不相等, 没有一阶导数为零的点, 如图 3.4.4 所示.

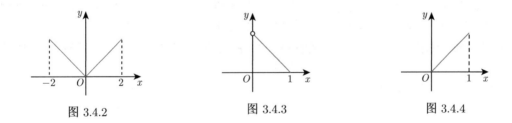

图 3.4.2   图 3.4.3   图 3.4.4

3.4.2 罗尔定理应用

例 3.4.1 设 $f(x)$ 在 $[0,1]$ 上连续, $(0,1)$ 内可导, 且 $f(1)=0$. 证明: 存在 $c \in (0,1)$, 使得 $f'(c)=-f(c)/c$.

分析 $f'(c)=-f(c)/c \Leftrightarrow$ 方程 $f(x)+xf'(x)=F'(x)=0$ 有根.

证明 令 $F(x)=xf(x)$, 则 $F(0)=F(1)=0, F$ 在 $[0,1]$ 上连续, $(0,1)$ 内可导. 所以存在 $c \in (0,1)$, 使得 $F'(c)=0$, 即 $f'(c)=-f(c)/c$, 结论得证.

例 3.4.2 设 $f(x)$ 在 $[a,b]$ 上连续, (a,b) 内可导, $a>0, f(a)=f(b)=0$. 证明存在 $\alpha \in (a,b)$ 满足 $\alpha f'(\alpha)-f(\alpha)=0$.

分析 $\alpha f'(\alpha)-f(\alpha)=0 \Leftrightarrow xf'(x)-f(x)=0$ 有根. 可设 $[xf'(x)-f(x)]/x^2=F'(x)$, 因而 $F'(x)=0$ 有根 $\Leftrightarrow (xf'(x)-f(x))/x^2=0$ 有根. 下面给出严谨证明.

证明 令 $F(x) = f(x)/x$, 则 $F(a) = F(b) = 0, F(x)$ 在 $[a,b]$ 上连续, (a,b) 内可导. 所以存在 $\alpha \in (a,b)$, 使得 $F'(\alpha) = 0$, 即 $\alpha f'(\alpha) - f(\alpha) = 0$, 结论得证.

例 3.4.3 设 $Q(x) = x^n(1-x)^n, n \in \mathbf{N}^*$. 证明 $Q^{(n)}(x)$ 在 $(0,1)$ 上有 n 个互异零点.

分析 若 $Q^{(n-1)}(x)$ 在 $[0,1]$ 上有 $n+1$ 个互异零点 $\{x_i\}_{i=0}^n$, 在每个 $[x_i, x_{i+1}], i = 0, 1, 2, \cdots, n-1$, 应用罗尔定理, $Q^{(n)}(x)$ 在 $(0,1)$ 上有 n 个互异零点 $\{\alpha_i\}_{i=1}^n$. 如图 3.4.5 所示. 因此仅需证明 $Q^{(n-1)}(x)$ 在 $[0,1]$ 上有 $n+1$ 个互异的零点. 下面给出详细的证明.

图 3.4.5

证明 根据莱布尼茨高阶求导公式:

$$Q^{(m)}(x) = (x^n(1-x)^n)^{(m)} = \sum_{i+j=m} \frac{m!}{i!j!} (x^n)^{(i)} ((1-x)^n)^{(j)}$$

$$= \sum_{i+j=m} \frac{m!}{i!j!} \cdot \left[\frac{n! x^{n-i}}{(n-i)!}\right] \cdot \left[\frac{n!}{(n-j)!}(1-x)^{n-j}(-1)^j\right] \quad (m < n)$$

所以得到结论:

(1) $Q^{(m)}(0) = Q^{(m)}(1) = 0, \quad m = 0, 1, 2, \cdots, n-1$.

(2) $Q(0) = Q(1) = 0 \Rightarrow$ 存在 $\alpha \in (0,1), Q'(\alpha) = 0$, 所以 $Q'(x)$ 在 $[0,1]$ 上有 3 个零点.

(3) 根据 $Q'(0) = Q'(\alpha) = Q'(1) = 0$, 应用罗尔定理在 $(0,\alpha), (\alpha,1)$ 上 $Q''(x)$ 有两个互异零点, 进一步 $Q''(0) = Q''(1) = 0, Q''(x)$ 在 $[0,1]$ 上有 4 个互异零点.

依此类推, 利用数学归纳法可以证明 $Q^{(n-1)}(x)$ 在 $[0,1]$ 上有 $n+1$ 个互异的零点. 因此 $Q^{(n)}(x)$ 在 $(0,1)$ 上有 n 个互异零点. 结论得证.

定理 3.4.3 (达布定理) 若函数 f 在 $[a,b]$ 上可导, 且 $f'(a+0) \neq f'(b-0)$, k 为介于 $f'(a+0)$ 和 $f'(b-0)$ 之间任一实数, 则至少存在一点 $\xi \in (a,b)$, 使得 $f'(\xi) = k$.

证明 设 $F(x) = f(x) - kx$, 则 $F(x)$ 在 $[a,b]$ 上可导, 且

$$F'(a+0)F'(b-0) = (f'(a+0) - k)(f'(b-0) - k) < 0$$

不妨设 $F'(a+0) > 0, F'(b-0) < 0$. 由导数定义和极限的保号性, 存在 $x_1 \in U_+^o(a;\delta), x_2 \in U_-^o(b;\delta), x_1 < x_2$, 使得

$$F(x_1) > F(a), F(x_2) > F(b)$$

因为 $F(x)$ 在 $[a,b]$ 上可导, 所以连续. 根据闭区间上连续函数的性质, 存在一点 $\xi \in [a,b]$, 使得 F 在 ξ 处取得最大值. 由上式知, $\xi \neq a,b$. 这说明 ξ 是 F 的极大值点. 由费马引理得 $F'(\xi) = 0$, 即 $f'(\xi) = k, \xi \in (a,b)$. 结论得证.

注 3.4.4 达布定理称为导函数的介值定理.

习题 3.4.2 罗尔定理应用

1. 设常数 $a_0, a_1, \cdots, a_{n-1}, a_n$ 满足

$$\frac{a_0}{n+1} + \frac{a_1}{n} + \cdots + \frac{a_{n-1}}{2} + a_n = 0$$

证明: 多项式 $a_0 x^n + a_1 x^{n-1} + \cdots + a_{n-1} x + a_n$ 在 $(0,1)$ 内有一零点.

2. 设函数 $f(x)$ 在 $[0,1]$ 上有三阶导函数, 且 $f(0) = f(1) = 0$. 设 $F(x) = x^2 f(x)$, 证明存在 $\xi \in (0,1)$ 使得 $F^{(3)}(\xi) = 0$.

3. 设函数 $f(x), g(x)$ 在 $[a,b]$ 上连续, 在 (a,b) 可导, 又 $g'(x) \neq 0$, 则存在一点 $\theta \in (a,b)$, 使得: $f'(\theta)/g'(\theta) = (f(\theta) - f(a))/(g(b) - g(\theta))$.

4. 设 $f(x)$ 在 $[a,b]$ 上连续, (a,b) 内可导, 且 $f(a) = f(b) = 0$, 证明: 存在 $\theta \in (a,b), f'(\theta) + f(\theta) = 0$.

5. 设函数 $f(x)$ 在 $[0,3]$ 上连续, 在 $(0,3)$ 内可导且 $f(0) + f(1) + f(2) = 3, f(3) = 1$, 证明存在 $\theta \in (0,3)$, 满足: $f'(\theta) = 0$.

6. 设 $f(x)$ 在 $[0,1]$ 上连续, 在 $(0,1)$ 内可导, $f(0) = 0$, 任意 $x \in (0,1), f(x) \neq 0$, 证明: 存在 $\theta \in (0,1) : f'(1-\theta)/f(1-\theta) = 2f'(\theta)/f(\theta)$.

7. 设 $f(x)$ 在 $[a,b]$ 上连续, (a,b) 内可导, 且 $f(a)f(b) > 0, f(a)f((a+b)/2) < 0$, 证明: 对任何 $k \in \mathbf{R}$, 存在 $\theta \in (a, b)$, 有 $f'(\theta) = kf(\theta)$.

8. (广义罗尔定理) $f(x)$ 在 $(a, +\infty)$ 可导且 $\lim\limits_{x \to a+} f(x) = \lim\limits_{x \to +\infty} f(x)$, 则存在一点 θ 使 $f'(\theta) = 0, \theta \in (a, +\infty)$.

3.4.3 拉格朗日中值定理证明

罗尔中值定理要求函数在区间端点的函数值相等, 这给罗尔定理的应用带来很多限制. 如果将罗尔定理中的 $f(a) = f(b)$ 去掉, 相应的结论也应该有所改变, 这就是如下的拉格朗日中值定理.

定理 3.4.4 设 $f(x)$ 在 $[a,b]$ 上连续, (a,b) 内可导, 则至少存在一点 $\xi \in (a,b)$, 使得

$$\frac{f(b) - f(a)}{b - a} = f'(\xi) \quad \text{或} \quad f(b) - f(a) = f'(\xi)(b - a)$$

几何解释: 在光滑曲线 AB 上至少有一点 C, 在该点处的切线平行于弦 AB, 如图 3.4.6 所示.

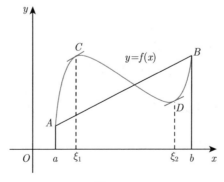

图 3.4.6

分析 直线 AB 的方程

$$y = f(a) + \frac{f(b)-f(a)}{b-a}(x-a)$$

构造辅助函数

$$F(x) = f(x) - \left[f(a) + \frac{f(b)-f(a)}{b-a}(x-a)\right]$$

在端点 a,b 的函数值相等, 满足罗尔定理的所有条件, 在此基础上可以证明结论.

证明 令 $F(x) = f(x) - f(a) - [(f(b)-f(a))/(b-a)](x-a)$, 则 $F(a) = F(b) = 0$, $F(x)$ 在 $[a,b]$ 上连续, (a,b) 内可导. 由罗尔定理, 存在 $\xi \in (a,b)$, 使得 $F'(\xi) = 0$, 即 $f'(\xi) = [f(b)-f(a)]/(b-a)$. 结论得证.

注 3.4.5 拉格朗日中值定理的等价形式:

(1) $f(b) - f(a) = f'(\xi)(b-a), \xi \in (a,b)$;

(2) $f(b) - f(a) = f'(a + \theta(b-a))(b-a), 0 < \theta < 1$;

(3) $f(a+h) - f(a) = f'(a+\theta h)h, 0 < \theta < 1$.

注 3.4.6 以注 3.4.5 为例, 如果 a 确定, θ 随着 h 的变化而变化, 在一定条件下是关于 h 的隐函数, 即为 $\theta(h)$.

推论 3.4.1 设 $f(x)$ 在 $[a,b]$ 上连续, (a,b) 内可导, 则

$$f(x) \equiv c, \forall x \in [a,b] \Leftrightarrow f'(x) = 0, \forall x \in (a,b)$$

证明 必要性: 若 $f(x) \equiv c$, 任意 $x \in [a,b]$, 则 $f'(x) = 0, x \in (a,b)$.

充分性: 若任意 $x \in (a,b), f'(x) = 0$, 则对任意 $x_1, x_2 \in [a,b], f(x_2) - f(x_1) = f'(\xi)(x_2 - x_1) = 0$. 因此 $f(x_2) = f(x_1) \Rightarrow f(x) \equiv c$. 结论得证.

例 3.4.4 证明不等式 $x/(1+x) < \ln(1+x) < x \quad (x > 0)$.

证明 考虑函数 $f(t) = \ln(1+t), f(t)$ 在 $[0,x]$ 上连续, $(0,x)$ 内可导, 由拉格朗日中值定理:

$$f(x) = f(x) - f(0) = xf'(\xi) = \frac{x}{1+\xi}, \quad \xi \in (0,x)$$

因此 $x/(1+x) < \ln(1+x) < x$, 结论得证.

例 3.4.5 证明 $f(x) = \arctan x$ 在 $(-\infty, \infty)$ 上一致连续.

证明 任意 $x_1, x_2 \in (-\infty, +\infty)$, 由拉格朗日中值定理:

$$|\arctan x_2 - \arctan x_1| = \frac{|x_2 - x_1|}{1+\alpha^2} \leqslant |x_2 - x_1|, \quad \alpha \in (x_1, x_2)$$

所以对任意 $\varepsilon > 0$, 存在 $\delta = \varepsilon$, 任意 $x_1, x_2 \in (-\infty, +\infty), |x_1 - x_2| < \delta : |\arctan x_2 - \arctan x_1| < \varepsilon$. 结论得证.

注 3.4.7 用类似例 3.4.5 证明方法可以证明 $f(x)$ 在 I 上导数有界, 则 $f(x)$ 在 I 上一致连续, 证明留给读者完成.

3.4.4 拉格朗日中值定理应用

例 3.4.6 设 $F(x)$ 定义在 $[a, +\infty)$ 上具有 n 阶导数, 满足

(1) $F(a) = F'(a) = \cdots = F^{(n-1)}(a) = 0$;

(2) $\forall x \in (a, +\infty), F^{(n)}(x) > 0$.

证明: 任意 $x \in (a, +\infty), F(x) > 0$.

证明 在区间 $[a, x]$ 对函数 $F^{(n-1)}(x)$ 应用拉格朗日中值定理:

$$F^{(n-1)}(x) = F^{(n-1)}(x) - F^{(n-1)}(a) = F^{(n)}(\alpha_{n-1})(x-a), \alpha_{n-1} \in (a, x) \Rightarrow F^{(n-1)}(x) > 0$$

在区间 $[a, x]$ 对函数 $F^{(n-2)}(x)$ 应用拉格朗日中值定理:

$$F^{(n-2)}(x) = F^{(n-2)}(x) - F^{(n-2)}(a) = F^{(n-1)}(\alpha_{n-2})(x-a), \alpha_{n-2} \in (a, x) \Rightarrow F^{(n-2)}(x) > 0$$

依此类推, 重复上述过程 $n-2$ 次, 得到结论: 任意 $x \in (a, +\infty), F(x) > 0$. 结论得证.

例 3.4.7 证明不等式 $e^x > 1 + x + (x^2/2)(x > 0)$.

证明 构造函数 $F(x) = e^x - (x^2/2) - x - 1$. 当 $x > 0$ 时, $F'(x) = e^x - x - 1$, $F''(x) = e^x - 1$, $F'''(x) = e^x > 0$. 所以利用例 3.4.6 结论, $F(0) = 0, F'(0) = 0, F''(0) = 0 \Rightarrow e^x > 1 + x + (x^2/2)$. 结论得证.

例 3.4.8 设 $f(x)$ 为非常值非线性函数, 在 $[a, b]$ 上可导, 则存在 $\alpha \in (a, b)$ 使得

$$|f'(\alpha)| > \left|\frac{f(b) - f(a)}{b - a}\right|$$

证明 构造函数

$$F(x) = f(x) - \left[f(a) + \frac{f(b) - f(a)}{b - a}(x - a)\right]$$

由于 $f(x)$ 为非常值非线性函数, 因此存在 $c \in [a, b], F(c) \neq 0$. 不妨设 $F(c) > 0$, 则

$$F'(x) = f'(x) - \frac{f(b) - f(a)}{b - a}, \quad F(a) = F(b) = 0$$

分别在 $[a, c], [c, b]$ 上应用拉格朗日中值定理, 存在 $\alpha_1 \in (a, c)$ 和 $\alpha_2 \in (c, b)$ 满足

$$\frac{F(c) - F(a)}{c - a} = F'(\alpha_1) > 0 \Rightarrow f'(\alpha_1) > \frac{f(b) - f(a)}{b - a}$$

$$\frac{F(c) - F(b)}{c - b} = F'(\alpha_2) < 0 \Rightarrow f'(\alpha_2) < \frac{f(b) - f(a)}{b - a}$$

所以

如果 $\dfrac{f(b) - f(a)}{b - a} > 0 : |f'(\alpha)| > \left|\dfrac{f(b) - f(a)}{b - a}\right| \quad (\alpha = \alpha_1)$

如果 $\dfrac{f(b) - f(a)}{b - a} < 0 : |f'(\alpha)| > \left|\dfrac{f(b) - f(a)}{b - a}\right| \quad (\alpha = \alpha_2)$

结论得证.

定理 3.4.5 (导函数没有第一类间断点) 若函数 f 在 $[a,b]$ 上可导, 则任意 $x_0 \in [a,b]$, x_0 或者是 $f'(x)$ 的连续点, 或者是 $f'(x)$ 的第二类间断点.

证明 如果 $\lim\limits_{x \to x_0+} f'(x)$ 和 $\lim\limits_{x \to x_0-} f'(x)$ 存在, 由微分中值定理:

$$f'(x_0) = f'_+(x_0) = \lim_{\Delta x \to 0+} \frac{f(x_0 + \Delta x) - f(x_0)}{\Delta x} = \lim_{\substack{\Delta x \to 0+ \\ x_0 < c < x_0 + \Delta x}} f'(c) = f'(x_0 + 0)$$

同理可证 $f'(x_0 - 0) = f'(x_0)$. 所以 $f'(x)$ 在 $x = x_0$ 处连续. 结论得证.

习题 3.4.4 拉格朗日中值定理应用

1. 证明下列不等式:
   (1) $|\sin x - \sin y| \leqslant |x - y|$, $x, y \in \mathbf{R}$.
   (2) $py^{p-1}(x-y) < x^p - y^p < px^{p-1}(x-y)$, 其中 $0 < y < x$ 且 $p > 1$.
   (3) $0 < [1/\ln(1+x)] - (1/x) < 1\,(x > 0)$.

2. 设函数 $f(x)$ 定义在 $[a,b]$ 上且满足 $|f(x_1) - f(x_2)| \leqslant |x_1 - x_2|^2$, 任意 $x_1, x_2 \in [a,b]$, 证明 $f(x)$ 在 $[a,b]$ 上恒为常数.

3. 证明下面恒等式:
   (1) $\arcsin x + \arccos x = \dfrac{\pi}{2}, x \in [0,1]$.
   (2) $3\arccos x - \arccos(3x - 4x^3) = \pi, x \in \left[-\dfrac{1}{2}, \dfrac{1}{2}\right]$.

4. 计算 $\lim\limits_{n \to +\infty} n^2 [\arctan(a/n) - \arctan(a/(n+1))]$.

5. 设函数 $f(x)$ 在 $(a, +\infty)$ 上可导, $\lim\limits_{x \to +\infty} f'(x) = 0$, 证明: $\lim\limits_{x \to \infty} [f(x)/x] = 0$.

3.4.5 柯西中值定理

如果函数 $f(x)$ 用参数方程表示 $\begin{cases} x = \varphi(t), \\ y = \psi(t), \end{cases} \alpha \leqslant t \leqslant \beta, \varphi(\alpha) = a, \varphi(\beta) = b$, 则拉格朗日中值定理可以写成

$$\frac{f(b) - f(a)}{b - a} = f'(\xi) \Rightarrow \frac{\psi(\beta) - \psi(\alpha)}{\varphi(\beta) - \varphi(\alpha)} = \frac{\psi'(\xi_1)}{\varphi'(\xi_1)} \quad (\varphi(\xi_1) = \xi)$$

接下来研究对于一般情况, 上式是否成立, 这就是如下柯西中值定理的内容.

定理 3.4.6 (柯西中值定理) 设 $f(x), g(x)$ 在 $[a,b]$ 上连续, (a,b) 内可导, 且 $g'(x) \neq 0$, 则至少存在一点 $\xi \in (a,b)$, 使得

$$\frac{f(b) - f(a)}{g(b) - g(a)} = \frac{f'(\xi)}{g'(\xi)}$$

分析 证明结论

$$\frac{f(b) - f(a)}{g(b) - g(a)} = \frac{f'(\xi)}{g'(\xi)} \Leftrightarrow (f(b) - f(a))g'(\xi) - (g(b) - g(a))f'(\xi) = 0$$

成立. 也即是证明 $F'(x) = [f(b) - f(a)]g'(x) - [g(b) - g(a)]f'(x) = 0$ 有根.

证明 首先根据拉格朗日中值定理, 存在 $\alpha \in (a,b), g(b) - g(a) = g'(\alpha)(b-a) \neq 0$, 所以 $g(b) \neq g(a)$. 设
$$F(x) = [f(b) - f(a)]g(x) - [g(b) - g(a)]f(x)$$
则 $F(a) = F(b)$, $F(x)$ 在 $[a,b]$ 上连续, (a,b) 内可导. 由罗尔中值定理, 存在 $\xi \in (a,b)$, 使 $F'(\xi) = 0$, 即
$$\frac{f(b) - f(a)}{g(b) - g(a)} = \frac{f'(\xi)}{g'(\xi)}$$
结论得证.

注 3.4.8 柯西中值定理的等价形式:

(1) $\dfrac{f(b) - f(a)}{g(b) - g(a)} = \dfrac{f'(\xi)}{g'(\xi)}, \xi \in (a,b);$

(2) $\dfrac{f(b) - f(a)}{g(b) - g(a)} = \dfrac{f'(a + \theta(b-a))}{g'(a + \theta(b-a))}, 0 < \theta < 1;$

(3) $\dfrac{f(a+h) - f(a)}{g(a+h) - g(a)} = \dfrac{f'(a + \theta h)}{g'(a + \theta h)}, 0 < \theta < 1.$

注 3.4.9 以 (3) 为例, 如果 a 确定, 式中 $\theta = \theta(h)$ 在一定条件下是关于 h 的隐函数. 罗尔定理、拉格朗日中值定理、柯西中值定理之间的关系如图 3.4.7 所示. 三大中值定理将函数的关系用导数表示, 为进一步研究函数的性质奠定了基础.

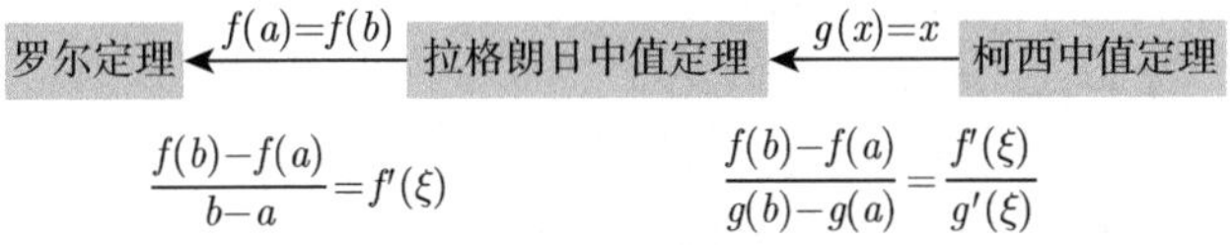

罗尔定理 $\xleftarrow{f(a)=f(b)}$ 拉格朗日中值定理 $\xleftarrow{g(x)=x}$ 柯西中值定理

$\dfrac{f(b)-f(a)}{b-a} = f'(\xi)$ $\qquad$ $\dfrac{f(b)-f(a)}{g(b)-g(a)} = \dfrac{f'(\xi)}{g'(\xi)}$

图 3.4.7

3.4.6 柯西中值定理应用

例 3.4.9 设 $f(x)$ 在 $x = 0$ 的某个邻域内具有 n 阶导数, $f(0) = f'(0) = \cdots = f^{(n-1)}(0) = 0$. 证明:
$$\frac{f(x)}{x^n} = \frac{f^{(n)}(\theta x)}{n!}, 0 < \theta < 1$$

证明 由柯西中值定理:
$$\frac{f(x)}{x^n} = \frac{f(x) - f(0)}{x^n - 0} = \frac{f'(\theta_1 x)}{n(\theta_1 x)^{n-1}}, \quad 0 < \theta_1 < 1$$
$$= \left(\frac{1}{n}\right) \frac{f'(\theta_1 x) - f'(0)}{(\theta_1 x)^{n-1} - 0} = \left(\frac{1}{n(n-1)}\right) \frac{f''(\theta_2 \theta_1 x)}{(\theta_2 \theta_1 x)^{n-2}}, \quad 0 < \theta_2 < 1$$

依此类推, 连续应用柯西中值定理 $n - 1$ 次得到
$$\frac{f(x)}{x^n} = \frac{f^{(n)}(\theta_n \cdots \theta_2 \theta_1 x)}{n!} = \frac{f^{(n)}(\theta x)}{n!}, \quad \theta = \theta_n \cdots \theta_2 \theta_1, 0 < \theta < 1$$

结论得证.

例 3.4.10 设函数 $f(x)$ 在 $[a,b]$ 上连续, 在 (a,b) 内二阶可导, 则存在 $\alpha \in (a,b)$, 使得

$$f(b) - 2f\left(\frac{a+b}{2}\right) + f(a) = \frac{(b-a)^2}{4} f''(\alpha)$$

分析 证明结论等价于证明

$$\left\{ f(b) - 2f\left(\frac{a+b}{2}\right) + f(a) \right\} \bigg/ \frac{(b-a)^2}{4} = f''(\alpha)$$

进一步等价于证明下面问题: 设

$$F(x) = f(x) - 2f\left(\frac{x+a}{2}\right) + f(a), \quad G(x) = \frac{(x-a)^2}{4}$$

即用柯西中值定理证明结论:

$$\left\{ f(b) - 2f\left(\frac{a+b}{2}\right) + f(a) \right\} \bigg/ \frac{(b-a)^2}{4} = \frac{F(b) - F(a)}{G(b) - G(a)} = f''(\alpha)$$

下面给出严谨证明.

证明 由柯西中值定理:

$$\frac{f(b) - 2f((a+b)/2) + f(a)}{(b-a)^2/4}$$
$$= \frac{F(b) - F(a)}{G(b) - G(a)} = \frac{F'(\beta)}{G'(\beta)}, \beta \in (a,b)$$
$$= \frac{f'(\beta) - f'((\beta+a)/2)}{(\beta-a)/2} \Leftarrow \boxed{\text{分子应用拉格朗日中值定理}}$$
$$= f''(\alpha), \quad \alpha \in (a,b)$$

因此结论得证.

例 3.4.11 设函数 $f(x)$ 在点 a 的某个邻域内具有二阶导数, 则存在 $\theta, 0 < \theta < 1$, 使得

$$\frac{f(a+h) + f(a-h) - 2f(a)}{h^2} = \frac{f''(a+\theta h) + f''(a-\theta h)}{2}$$

证明 首先考虑 $h > 0$ 的情况. 构造辅助函数:

$$F(x) = f(a+x) + f(a-x) - 2f(a), \quad G(x) = x^2$$

在区间 $[0,h]$ 上应用柯西中值定理, 存在 $\theta_1, 0 < \theta_1 < 1$, 使得

$$\frac{f(a+h) + f(a-h) - 2f(a)}{h^2} = \frac{F(h) - F(0)}{G(h) - G(0)} = \frac{F'(\theta_1 h)}{G'(\theta_1 h)}$$

即

$$\frac{f(a+h) + f(a-h) - 2f(a)}{h^2} = \frac{f'(a+\theta_1 h) - f'(a-\theta_1 h)}{2\theta_1 h}$$

进一步定义辅助函数: $F_1(x) = f'(a+x) - f'(a-x)$, 则 $F_1(0) = 0$.

将上式的分子在 $[0,\theta_1 h]$ 上应用拉格朗日中值定理, 存在 $\theta_2, 0 < \theta_2 < 1$, 使得

$$\frac{f'(a+\theta_1 h) - f'(a-\theta_1 h)}{2\theta_1 h} = \frac{F_1(\theta_1 h) - F_1(0)}{2\theta_1 h} = \frac{F_1'(\theta_1\theta_2 h) \cdot h\theta_1}{2\theta_1 h}$$

而 $F_1'(x) = f''(a+x) + f''(a-x)$, 因此

$$\frac{f(a+h) + f(a-h) - 2f(a)}{h^2} = \frac{f''(a+\theta_1\theta_2 h) + f''(a-\theta_1\theta_2 h)}{2}$$

$$= \frac{f''(a+\theta h) + f''(a-\theta h)}{2} \quad (\theta = \theta_1\theta_2)$$

$h < 0$ 的情况同理可证. 结论得证.

习题 3.4.6 柯西中值定理应用

1. 利用柯西中值定理计算极限.

(1) $\lim\limits_{n\to\infty} \dfrac{\arctan(1/n) - \arctan(1/(n+1))}{(1/n) - (1/(n+1))}$; (2) $\lim\limits_{x\to 0} \dfrac{\mathrm{e}^{ax} - \mathrm{e}^{bx}}{\sin ax - \sin bx} \, (a \neq b)$.

2. 设函数 $f(x)$ 在 $[a,b] \, (ab > 0)$ 上连续, (a,b) 内可导, 证明: 存在 $\xi \in (a,b)$, 使

$$\frac{1}{a-b}\begin{vmatrix} a & b \\ f(a) & f(b) \end{vmatrix} = f(\xi) - \xi f'(\xi)$$

3. 设函数 $f(x)$ 在 $[a,b] \, (a > 0)$ 上连续, (a,b) 内可导, 则存在一点 $\theta \in (a,b)$, 使得 $f(b) - f(a) = \theta \ln(b/a) f'(\theta)$.

4. 设 $a,b > 0$, 证明存在 $\xi \in (a,b)$ 满足 $a\mathrm{e}^b - b\mathrm{e}^a = (1-\xi)\mathrm{e}^\xi (a-b)$.

5. 设函数 $f(x)$ 在 $[1,+\infty)$ 上连续, $(1,+\infty)$ 内可导, 且 $\mathrm{e}^{-x} f'(x)$ 在 $(1,+\infty)$ 上有界, 证明 $\mathrm{e}^{-x} f(x)$ 在 $(1,+\infty)$ 有界.

6. 设函数 $f'(x)$ 在 $(0,a]$ 上连续且 $\lim\limits_{x\to 0+} \sqrt{x} f'(x)$ 存在. 证明: $f(x)$ 在 $(0,a]$ 上一致连续.

3.5 函数的单调性

☞扫码学习

作为微分中值定理的应用, 本节讨论如何利用导数判断函数的单调性. 内容包括函数单调性判定定理和函数单调区间分析应用例题.

3.5.1 函数单调性判定定理

首先从单调函数的几何特征分析函数特征. 如图 3.5.1 所示, 对于单调递增可导曲线, 其切线斜率大于等于零, 即函数的一阶导数大于零. 对于光滑的单调递减可导曲线, 其切线斜率小于等于零, 即函数的一阶导数小于零. 下面进一步给出严谨证明.

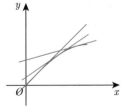
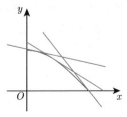

图 3.5.1

定理 3.5.1 设函数 $f(x)$ 在区间 $[a,b]$ 上连续，在 (a,b) 内可导，则 $f(x)$ 在 $[a,b]$ 上递增（递减）的充分必要条件是 $f'(x) \geqslant 0 (\leqslant 0), x \in (a,b)$.

证明 必要性：设 $f(x)$ 在 $[a,b]$ 递增，$\forall x \in (a,b), x + \Delta x \in (a,b)$，

$$\Delta x > 0: \frac{f(x+\Delta x) - f(x)}{\Delta x} \geqslant 0$$

$$\Delta x < 0: \frac{f(x+\Delta x) - f(x)}{\Delta x} \geqslant 0$$

根据导数定义和函数极限的保序性得 $f'(x) \geqslant 0$.

充分性：设 $f'(x) \geqslant 0, \forall x_1, x_2 \in [a,b]$ 且 $x_1 < x_2$，则

$$f(x_2) - f(x_1) = f'(\xi)(x_2 - x_1) \geqslant 0, \quad \xi \in (x_1, x_2)$$

所以 $f(x)$ 在区间 $[a,b]$ 上是单调递增函数. $f(x)$ 在 $[a,b]$ 递减的情况同理可以证明. 结论得证.

接下来讨论严格单调函数的判定方法. 类似定理 3.5.1 的证明可以得到定理 3.5.2.

定理 3.5.2 设函数 $f(x)$ 在区间 $[a,b]$ 上连续，在 (a,b) 内可导，

(1) 任意 $x \in (a,b), f'(x) > 0$，则 $f(x)$ 在区间 $[a,b]$ 上是严格单调递增函数；

(2) 任意 $x \in (a,b), f'(x) < 0$，则 $f(x)$ 在区间 $[a,b]$ 上是严格单调递减函数.

注 3.5.1 定理 3.5.2 的逆命题不成立，例如 $y = x^3$ 在 $(-\infty, +\infty)$ 上严格单调增加，但 $f'(x)|_{x=0} = 3x^2|_{x=0} = 0$. 另一方面 $y = x^3$ 在 $(-\infty, 0), (0, +\infty)$ 上满足 $f'(x) > 0$，所以 $y = x^3$ 在 $(-\infty, 0), (0, +\infty)$ 上严格单调递增，因此在 $(-\infty, +\infty)$ 上严格单调递增.

定理 3.5.3 设 $f(x)$ 在区间 $[a,b]$ 上连续，在 (a,b) 内除了有限个点外 $f'(x) > 0 (< 0)$，则 $f(x)$ 在区间 $[a,b]$ 上严格单调递增（递减）.

证明 设 $a < x_1 < x_2 < \cdots < x_n < b$，在 $\{x_i\}_{i=1}^n$ 之外，$f'(x) > 0$. $f(x)$ 在 $[a, x_1], [x_1, x_2], \cdots, [x_n, b]$ 上严格单调递增，所以 $f(x)$ 在区间 $[a,b]$ 上严格单调递增. 结论得证.

如果 $f(x)$ 在区间 $[a,b]$ 上单调递增，进一步存在 $x_1, x_2, x_1 < x_2 : f(x_1) = f(x_2)$，由于 $f(x)$ 是单调递增函数，则 $f(x) = f(x_1) = f(x_2)$，任意 $x \in [x_1, x_2]$，因此 $f'(x) = 0$，任意 $x \in [x_1, x_2]$. 如果 $f(x)$ 在区间 $[a,b]$ 上严格单调递增，在 $[a,b]$ 内一定不存在任何子区间 $(c,d) \subset [a,b]$，使得任意 $x \in (c,d), f'(x) = 0$. 因此有下面结论.

定理 3.5.4 设函数 $f(x)$ 在区间 $[a,b]$ 上连续，在 (a,b) 内可导，则 $f(x)$ 在 $[a,b]$ 上严格单调递增（严格单调递减）的充要条件是

(1) $f'(x) \geqslant 0 (f'(x) \leqslant 0)$，任意 $x \in (a,b)$；

(2) 在 (a,b) 内的任何子开区间上 $f'(x)$ 不恒为零.

注 3.5.2 定理 3.5.4 的条件 (2) 可表述为任意 $(c,d) \subset (a,b)$，存在 $\xi \in (c,d)$，使得 $f'(\xi) > 0 (f'(\xi) < 0)$. 定理 3.5.4 的证明留给读者完成.

注 3.5.3 当 $I = (a,b), [a,b), (a,b], (a, +\infty), [a, +\infty), (-\infty, b), (-\infty, b], (-\infty, +\infty)$ 时，定理 3.5.1 $\sim$ 定理 3.5.4 的结论依然成立.

3.5.2 函数单调区间分析应用例题

分析函数单调区间的方法是找出一阶导数为零和不存在的点，将函数的定义域分割成若干区间，判断每个区间的单调性，下面举例说明.

例 3.5.1 分析 $y=(x-1)\mathrm{e}^{(\pi/2)+\arctan x}$ 的单调区间.

解 $y'=\mathrm{e}^{(\pi/2)+\arctan x}+(x-1)\dfrac{1}{1+x^2}\mathrm{e}^{(\pi/2)+\arctan x}=\dfrac{x(1+x)}{1+x^2}\mathrm{e}^{(\pi/2)+\arctan x}.$

令 $y'=0$ 得驻点 $x_1=0, x_2=-1$. 如图 3.5.2 所示, 驻点 $x_1=0, x_2=-1$ 把函数的定义域分成 3 个区间, 通过每个区间上导数的符号, 可判断出函数在此区间的单调性. 所以 $y=(x-1)\mathrm{e}^{\frac{\pi}{2}+\arctan x}$ 在 $(-\infty,-1]$ 上是单调递增函数, 在 $[-1,0]$ 上是单调递减函数, 在 $[0,+\infty)$ 上是单调递增函数.

x		-1		0	
y'	$+$	0	$-$	0	$+$
y	↗		↘		↗

图 3.5.2

例 3.5.2 证明不等式: $\ln(1+x)<x/\sqrt{1+x}\,(x>0)$.

分析 $\ln(1+x)<\dfrac{x}{\sqrt{1+x}}\Leftrightarrow\sqrt{1+x}\ln(1+x)<x\Leftrightarrow\sqrt{1+x}\ln(1+x)-x<0.$ 若令

$$f(x)=\sqrt{1+x}\ln(1+x)-x$$

则 $f(0)=0$, 如果 $f'(x)<0\,(x>0)$, 则结论成立.

证明 令 $f(x)=\sqrt{1+x}\ln(1+x)-x$, 则

$$f'(x)=\dfrac{\ln(1+x)}{2\sqrt{1+x}}+\dfrac{\sqrt{1+x}}{x+1}-1=\dfrac{\ln(1+x)-2\sqrt{1+x}+2}{2\sqrt{1+x}}$$

令 $g(x)=\ln(1+x)-2\sqrt{1+x}+2$, 则 $g(0)=0, g'(x)=1/(1+x)-1/\sqrt{1+x}<0$, 所以 $g(x)<0$. 因此 $f'(x)<0\,(x>0)$. 结论得证.

习题 3.5 函数的单调性

1. 研究下列函数的单调区间.

(1) $y=\sqrt{x}\ln x$; (2) $y=\sqrt[3]{\dfrac{(x+1)^2}{x-2}}$; (3) $y=\arctan x-x$.

2. 证明不等式:

(1) $x(x-\arctan x)>0\quad(x>0)$;

(2) $x-x^2/2<\ln(1+x)<x\quad(x>0)$;

(3) $x-x^3/6<\sin x<x\quad(x>0)$;

(4) $\tan x>x+x^3/3\quad(0<x<\pi/2)$.

3. 证明: 当 $x>0$, 且 $x\neq 1$ 时, 有 $(1-x)(x^2\mathrm{e}^{1/x}-\mathrm{e}^x)>0$.

4. 设函数 $f(x)$ 在区间 $[0,+\infty)$ 上可导, $f(0)=0$ 且 $f'(x)$ 严格递增, 证明: $f(x)/x$ 在 $(0,+\infty)$ 上严格单调递增.

5. 设 $\arctan x-kx=0\,(k>0)$, k 为何值时, 方程存在正实根.

6. 证明不等式: $(1+1/x)^x<\mathrm{e}<(1+1/x)^{x+1}\,(x>0)$.

7. 证明: 对于多项式, 一定存在两个区间, 使得多项式在两个区间上是严格单调的.

8. 设函数 $f(x)=\begin{cases}(x/2)+x^2\sin(1/x), & x\neq 0,\\ 0, & x=0,\end{cases}$ 讨论下面问题:

(1) $f(x)$ 在 $x=0$ 是否可导;

(2) $f(x)$ 在 $x=0$ 的某个邻域是否单调.

9. 证明下面问题:

(1) 设 $P(x) = a_n x^n + a_{n-1} x^{n-1} + \cdots + a_0$, 则存在充分大的 x_0, 使得 $P(x)$ 在 $(-\infty, -x_0), (x_0, +\infty)$ 上为单调函数.

(2) 设 $R(x) = \dfrac{a_n x^n + a_{n-1} x^{n-1} + \cdots + a_0}{b_m x^m + b_{m-1} x^{m-1} + \cdots + b_0} \ (m + n \geqslant 1, a_n b_m \neq 0)$, 则存在充分大的 x_0, 使得 $R(x)$ 在 $(-\infty, -x_0), (x_0, +\infty)$ 上为单调函数.

扫码学习

3.6 极值问题

由费马引理可知, 可导的极值点必是驻点, 但反之驻点未必是极值点. 在什么情况下驻点也是极值点是本节将要讨论的问题. 本节内容包括函数极值判定定理、函数极值以及函数的最大、最小值求解.

3.6.1 极值问题判定定理

定理 3.6.1 设函数 f 在 (a,b) 上可导, $x_0 \in (a,b)$, 若存在 $\delta > 0$,

(1) 当 $x \in (x_0 - \delta, x_0) \subset (a,b)$ 时, 有 $f'(x) \geqslant 0$, 当 $x \in (x_0, x_0 + \delta)$ 时, 有 $f'(x) \leqslant 0$, 则 x_0 为 f 的极大值点, $f(x_0)$ 是极大值.

(2) 当 $x \in (x_0 - \delta, x_0) \subset (a,b)$ 时, 有 $f'(x) \leqslant 0$, 当 $x \in (x_0, x_0 + \delta)$ 时, 有 $f'(x) \geqslant 0$, 则 x_0 为 f 的极小值点, $f(x_0)$ 是极小值.

(3) 若在 x_0 两侧 $f'(x)$ 不变号, 则 x_0 不是 f 的极值点, $f(x_0)$ 不是极值.

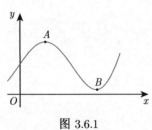

图 3.6.1

对于定理 3.6.1 中的条件和结论, 可以结合导数的几何意义和函数图像的特征来理解. 如图 3.6.1 所示, 曲线上 A, B 两点左右函数的单调性发生变化, 分别为极大值和极小值.

注 3.6.1 如果 $f(x)$ 可导, 定理 3.6.1 中函数在一点两侧单调是极值点存在的充分条件而不是必要条件, 例如

$$f(x) = \begin{cases} 2 + x^2(2 + \sin(1/x)), & x \neq 0 \\ 2, & x = 0 \end{cases}$$

当 $x \neq 0$ 时, $f(x) - f(0) = x^2(2 + \sin(1/x)) > 0$. 于是 $x = 0$ 为 $f(x)$ 的极小值点. 当 $x \neq 0$ 时, $f'(x) = 2x(2 + \sin(1/x)) - \cos(1/x)$, 当 $x \to 0$ 时, $2x(2 + \sin(1/x)) \to 0$, $\cos(1/x)$ 振荡. 所以 $f(x)$ 在 $x = 0$ 左右两侧都不单调, 如图 3.6.2 所示.

定理 3.6.2 设函数 $f(x)$ 在 (a,b) 上可导, 存在 $x_0 \in (a,b)$, $f'(x_0) = 0$, $f''(x_0)$ 存在, 则

(1) 若 $f''(x_0) < 0$, 则 $f(x_0)$ 是极大值;

(2) 若 $f''(x_0) > 0$, 则 $f(x_0)$ 是极小值;

(3) 若 $f''(x_0) = 0$, 则 $f(x_0)$ 不定.

证明 (1) 由 $f'(x_0) = 0$, 根据二阶导数的定义:

$$\lim_{x \to x_0} \frac{f'(x) - f'(x_0)}{x - x_0} = \lim_{x \to x_0} \frac{f'(x)}{x - x_0} = f''(x_0) < 0$$

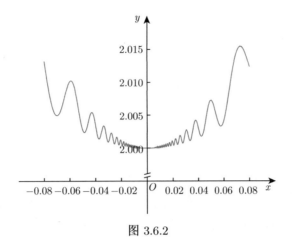

图 3.6.2

由函数极限的保序性, 存在 $U(x_0,\delta^o) \subset (a,b)$, 任意 $x \in U(x_0,\delta^o), f'(x)/(x-x_0) < 0$. 所以 $x - x_0 > 0$ 时, $f'(x) < 0$; $x - x_0 < 0$ 时, $f'(x) > 0$, 即 $f(x_0)$ 是极大值.

(2) 证明过程同 (1), 证明留给读者完成.

(3) 函数 $f(x) = x^3, f''(0) = 0, 0$ 是非极值点, 函数 $f(x) = x^4, f''(0) = 0, x = 0$ 是极小值点, 函数 $f(x) = -x^4, f''(0) = 0, x = 0$ 是极大值点, 如图 3.6.3 所示. 结论得证.

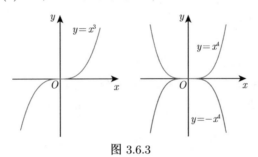

图 3.6.3

3.6.2 极值问题求解

例 3.6.1 设 $f(x) = \sqrt[3]{6x^2 - x^3}$, 求函数极值.

解 由于
$$f'(x) = \frac{1}{3}(6x^2 - x^3)^{-2/3}(12x - 3x^2) = \frac{4-x}{\sqrt[3]{x}\sqrt[3]{(6-x)^2}}$$

一阶导数为零的点 $x = 4$, 一阶导数不存在的点 $x = 0, x = 6$, 点集合 $\{0,4,6\}$ 将函数的定义域 R 分为 4 个区间 $(-\infty,0),(0,4),(4,6),(6,+\infty)$, 函数在每个区间的单调性分析如表 3.6.1 所示. 所以 $x = 0$ 为极小值点, $f(0) = 0$, $x = 4$ 为极大值点, $f(4) = 2 \cdot \sqrt[3]{4}$.

表 3.6.1

x	$(-\infty, 0)$	$(0, 4)$	$(4, 6)$	$(6, +\infty)$
y'	$-$	$+$	$-$	$-$
y	↘	↗	↘	↘

注 3.6.2 函数极值点: 求函数一阶导数为零和一阶导数不存在的点, 进一步判定是否是极值点.

例 3.6.2 讨论笛卡儿叶形线 $x^3 + y^3 - 3axy = 0\,(a > 0)$ 的单调区间.

解 设 $y = tx$, 则笛卡儿叶形线的参数方程为

$$\begin{cases} x(t) = \dfrac{3at}{1+t^3}, \\ y(t) = \dfrac{3at^2}{1+t^3}, \end{cases} \quad t \neq -1$$

进一步求得

$$\frac{\mathrm{d}x}{\mathrm{d}t} = \frac{3a(1-2t^3)}{(1+t^3)^2}, \quad \frac{\mathrm{d}y}{\mathrm{d}t} = \frac{3at(2-t^3)}{(1+t^3)^2}$$

函数 $x(t)$ 稳定点 $t = 1/\sqrt[3]{2}$, $y(t)$ 稳定点 $t = 0, t = \sqrt[3]{2}$, 点集合 $\{0, 1/\sqrt[3]{2}, \sqrt[3]{2}\}$ 将参数的变化区间分为 $(-\infty, -1), (-1, 0), (0, 1/\sqrt[3]{2}), (1/\sqrt[3]{2}, 1), (1, \sqrt[3]{2}), (\sqrt[3]{2}, +\infty)$, $x(t)$ 和 $y(t)$ 的单调区间和极值点如表 3.6.2.

表 3.6.2

t	$(-\infty, -1)$	$(-1, 0)$	0	$(0, 1/\sqrt[3]{2})$	$1/\sqrt[3]{2}$	$(1/\sqrt[3]{2}, 1]$	$(1, \sqrt[3]{2})$	$\sqrt[3]{2}$	$(\sqrt[3]{2}, +\infty)$
$x(t)$	$0 \nearrow +\infty$	$-\infty \nearrow 0$	0	$0 \nearrow \sqrt[3]{4}a$	$\sqrt[3]{4}a$ 极大	$\sqrt[3]{4}a \searrow \frac{3}{2}a$	$\frac{3}{2}a \searrow \sqrt[3]{2}a$		$\sqrt[3]{2}a \searrow 0$
$x'(t)$	$+$	$+$		$+$		$-$	$-$		$-$
$y(t)$	$0 \searrow -\infty$	$+\infty \searrow 0$	极小	$0 \nearrow \sqrt[3]{2}a$		$\sqrt[3]{2}a \nearrow \frac{3}{2}a$	$\frac{3}{2}a \nearrow \sqrt[3]{4}a$	极大	$\sqrt[3]{4}a \searrow 0$
$y'(t)$	$-$	$+$	0	$+$		$+$	$+$	0	$-$

例 3.6.3 方程 $f(x) = 1 - x + x^2/2 - x^3/3 + \cdots + (-1)^n x^n/n = 0$, 证明下面结论:
(1) n 为奇数时, 方程有唯一根. (2) n 为偶数时, 方程无根.

证明 (1) 当 $n = 2k + 1$ 时, $\lim\limits_{x \to +\infty} f(x) = -\infty$, $\lim\limits_{x \to -\infty} f(x) = +\infty$, 因此

$$\exists x_1 > 0, f(x_1) < 0, \exists x_2 < 0, f(x_2) > 0,$$

由介值定理, 存在 $\alpha \in [x_2, x_1] : f(\alpha) = 0$, 进一步

$$f'(x) = -1 + x - x^2 + x^3 + \cdots - x^{2k} = \begin{cases} -\dfrac{1 + x^{2k+1}}{1 + x}, & x \neq -1 \\ -(2k+1), & x = -1 \end{cases}$$

当 $-1 < x < 0$ 时: $1 + x^{2k+1} = 1 + x^{2k}x > 1 + x > 0 \Rightarrow f'(x) < 0$. 当 $x > 0$ 或 $x < -1$ 时: $1 + x$ 与 $1 + x^{2k+1}$ 同号, $f'(x) < 0$. 所以任意 $x \in \mathbf{R}, f'(x) < 0, f(x)$ 是单调函数, 因此有唯一根. 如图 3.6.4 所示.

(2) 当 $n = 2k$ 时, $\lim\limits_{x \to \pm\infty} f(x) = +\infty$,

$$f'(x) = -1 + x - x^2 + x^3 + \cdots + x^{2k-1}$$
$$= (x - 1) + (x^3 - x^2) + \cdots + (x^{2k-1} - x^{2k-2})$$
$$= (x - 1)(1 + x^2 + \cdots + x^{2k-2})$$

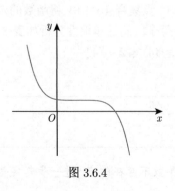

图 3.6.4

因为 $1+x^2+\cdots+x^{2k-2}$ 恒为正数, 所以

$$\begin{cases} f'(x)<0, & x<1 \\ f'(x)=0, & x=1 \\ f'(x)>0, & x>1 \end{cases}$$

函数有极小值 $f(1)=(1-1)+((1/2)-(1/3))+\cdots+[(1/(2k-2))-(1/(2k-1))]+1/2k>0$. 所以方程无实根. 结论得证.

3.6.3 函数的最大最小值

函数 $f(x)$ 在区间 $[a,b]$ 上连续, 求其最大最小值的一般步骤:

(1) 求驻点和不可导点;

(2) 求区间端点、驻点、不可导点的函数值, 其中最大的为最大值, 最小的为最小值;

(3) 如果函数在区间内只有一个极值, 则极小值就是最小值, 极大值就是最大值.

例 3.6.4 求 $f(x)=xe^x, x\in(-\infty,+\infty)$ 的最大最小值.

解 (1) $f'(x)=(x+1)e^x=0$, 得驻点 $x=-1$. 当 $x<-1$ 时, $f'(x)<0$, 当 $x>-1$ 时, $f'(x)>0$, 所以 $x=-1$ 为唯一极小值点, 因此为最小值点. $f(-1)=-1/e$ 为函数的最小值.

(2) $\lim\limits_{x\to+\infty}f(x)=+\infty$, 因此函数无最大值.

例 3.6.5 设 $f(x)=\left|2x^3-9x^2+12x\right|$, 求 $f(x)$ 在 $[-1/4, 5/2]$ 上的最大值与最小值.

解 由

$$f(x)=|x|\left|2x^2-9x+12\right|=\begin{cases} -(2x^3-9x^2+12x), & -\dfrac{1}{4}\leqslant x\leqslant 0 \\ 2x^3-9x^2+12x, & 0<x\leqslant\dfrac{5}{2} \end{cases}$$

得 $f'_+(0)=12, f'_-(0)=-12, f(x)$ 在 $x=0$ 处导数不存在.

$$f'(x)=\begin{cases} -6(x-1)(x-2), & -\dfrac{1}{4}\leqslant x<0 \\ 6(x-1)(x-2), & 0<x\leqslant\dfrac{5}{2} \end{cases}$$

得驻点 $x_1=1, x_2=2$, 边界点 $x_3=-1/4, x_4=5/2$, 一阶导数不存在的点 $x_5=0$.

$$f(1)=5, \quad f(2)=4, \quad f(0)=0, \quad f\left(-\frac{1}{4}\right)=\frac{115}{32}, \quad f\left(\frac{5}{2}\right)=5$$

因此函数 $f(x)$ 在 $x=0$ 处取最小值 0, 在 $x=1$ 和 $x=5/2$ 处取最大值 5.

例 3.6.6 设有两种均匀的介质以平面作为分界面. 在第一种介质中有一点 A, 在第二种介质中有一点 B. 如果有一束光从点 A 射向点 B, 问这束光走怎样的路线?

解 (1) 建立数学模型: 这个问题完全可以放在平面上来考虑. 如图 3.6.5 所示, 设两种介质的分界线是水平的直线, 直线上有一点 P, 光线从 A 出发经点 P 折射到 B.

如图 3.6.6 所示, 设 AP 与分界线的夹角为 α, BP 与分界线的夹角为 β, 点 A, B 在分界线上的投影分别为 A_1, B_1, $A_1B_1=d$, $A_1P=x$, $AA_1=h$, $BB_1=k$. 设在两种介质中光的速

度分别为 a,b，那么光束从 A 经 P 折射到 B 所花费的时间是

$$T(x) = \frac{1}{a}\sqrt{h^2+x^2} + \frac{1}{b}\sqrt{k^2+(d-x)^2}$$

(2) 求函数 T 的最小值：

$$T'(x) = \frac{x}{a\sqrt{h^2+x^2}} - \frac{d-x}{b\sqrt{k^2+(d-x)^2}}$$

$$T''(x) = \frac{h^2}{a(h^2+x^2)^{3/2}} + \frac{k^2}{b(k^2+(d-x)^2)^{3/2}}$$

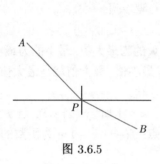

图 3.6.5

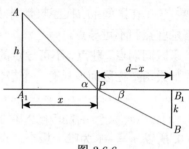

图 3.6.6

因为 $T'(0) < 0, T'(d) > 0$，由介值定理，存在 $x_0 \in (0,d)$，使得 $T'(x_0) = 0$，进一步 $T''(x_0) > 0, x_0$ 为 T 的唯一极小值点，也是最小值，满足

$$\frac{x_0}{a\sqrt{h^2+x_0^2}} = \frac{d-x_0}{b\sqrt{k^2+(d-x_0)^2}}$$

所得结论就是光的折射定律：$(\cos\alpha)/a = (\cos\beta)/b$。

例 3.6.7 抛物线 $y^2 = 2px$ 上哪一点的法线被抛物线所截取的线段最短。

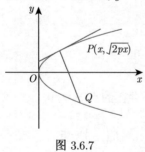

图 3.6.7

解 如图 3.6.7 所示，过抛物线 $y^2 = 2px$ 上任一固定点 $P(x, \sqrt{2px})$ 的切线斜率为 $\sqrt{p/(2x)}$，故法线方程为 $Y - \sqrt{2px} = -\sqrt{2x/p}(X - x)$。解方程组 $\begin{cases} Y - \sqrt{2px} = -\sqrt{2x/p}(X-x), \\ Y = -\sqrt{2pX}, \end{cases}$ 求得法线与抛物线的另一交点 Q 的坐标为 $\begin{cases} X = (\sqrt{x}+p/\sqrt{x})^2, \\ Y = -\sqrt{2p}(\sqrt{x}+p/\sqrt{x}), \end{cases}$ 进一步

$$L(x) = |PQ|^2 = \left[\sqrt{2px} + \sqrt{2p}(\sqrt{x}+p/\sqrt{x})\right]^2 + \left[(\sqrt{x}+p/\sqrt{x})^2 - x\right]^2$$

$$= 8px + 12p^2 + 6p^3/x + p^4/x^2 (0 < x < +\infty)$$

$$L'(x) = 8p - \frac{6p^3}{x^2} - \frac{2p^4}{x^3} = 0, \quad L''(x) = \frac{12p^3}{x^3} + \frac{6p^4}{x^4} > 0$$

解得 $x = p, y = \sqrt{2}p$ 为唯一的极小值点，因而是最小值点。同理 $x = p, y = -\sqrt{2}p$ 也满足题中要求。

例 3.6.8 重量为 G 的物体放在水平面上,若平面与物体的摩擦系数为 μ,力 F 与水平面的夹角为 θ,且使物体开始移动. 讨论 θ 为多少时,力 F 最小.

解 物体所受摩擦力为 $\mu(G - F\sin\theta)$,沿着水平方向的平衡方程为 $F\cos\theta = \mu(G - F\sin\theta)$,由此解得

$$F(\theta) = \frac{\mu G}{\cos\theta + \mu\sin\theta}$$

进一步

$$F'(\theta) = \frac{\mu G(\sin\theta - \mu\cos\theta)}{(\cos\theta + \mu\sin\theta)^2} = \frac{\mu G\cos\theta(\tan\theta - \mu)}{(\cos\theta + \mu\sin\theta)^2}, \quad 0 \leqslant \theta < \frac{\pi}{2}$$

得唯一驻点 $\theta_0 = \arctan\mu$. 又因为 $\theta < \theta_0$ 时,$F'(\theta) < 0$,$\theta > \theta_0$ 时,$F'(\theta) > 0$,即 θ_0 为极小值点,因此也是最小值点. 水平方向夹角 $\theta_0 = \arctan\mu$ 时,力 F 最小. 力学中称 $\theta_0 = \arctan\mu$ 为摩擦角.

例 3.6.9 经济领域优化问题.

假设 $C(x)$ 是某个产品的总成本,则称 $C(x)$ 为成本函数. 假设该产品的数量从 x_1 增加到 x_2,则成本的平均变化率为 $(C(x_2) - C(x_1))/(x_2 - x_1)$,如果 $\lim\limits_{x_2 \to x_1}(C(x_2) - C(x_1))/(x_2 - x_1)$ 存在,此极限被经济学家称为边际成本. 定义 $c(x) = C(x)/x$ 为平均成本函数. 由于 $c'(x) = (xC'(x) - C(x))/x^2$,因此当 $c'(x) = 0$,即 $xC'(x) - C(x) = 0$ 时,$C'(x) = c(x)$,因此得到结论:如果平均成本有最小值,则边际成本等于平均成本.

接下来考虑市场情况. 假设 $p(x)$ 为卖出 x 件产品时每件产品的价格,则卖出 x 件产品的总收入为 $R(x) = xp(x)$,其中 $R(x)$ 称为收入函数. $R'(x)$ 被经济学家称为边际收入函数. 如果卖出了 x 件产品,则总利润为 $P(x) = R(x) - C(x)$,$P(x)$ 称为利润函数,$P'(x)$ 为边际利润函数. 因此若利润有最大值,则边际收入等于边际成本. 下面举一个具体例子来说明.

假设一个公司的成本函数为 $C(x) = 84 + 1.26x - 0.01x^2 + 0.00007x^3$,价格函数为 $p(x) = 3.5 - 0.01x$,求产量多大的时候利润最大.

根据上面的分析,收入函数 $R(x) = xp(x) = 3.5x - 0.01x^2$,所以边际收入函数为 $R'(x) = 3.5 - 0.02x$,边际成本函数 $C'(x) = 1.26 - 0.02x + 0.00021x^2$,因此要使得利润最大,则应该边际收入等于边际成本,$3.5 - 0.02x = 1.26 - 0.02x + 0.00021x^2$,解得 $x = \sqrt{2.24/0.00021} \approx 103$,所以当产量为 103 时利润最大.

习题 3.6 极值问题

1. 求下列函数的极值.

   (1) $y = x(x-1)^2(x-2)^3$; (2) $y = \dfrac{x^2 - 3x + 2}{x^2 + 2x + 1}$; (3) $y = x\sqrt[3]{x-1}$.

2. 求下列函数的最大值和最小值:

   (1) $f(x) = 2^x$, $x \in [-1, 5]$; (2) $f(x) = x^2 - 4x + 6$, $x \in [-3, 10]$;

   (3) $f(x) = \ln x + 1/x$; (4) $f(x) = xe^{\frac{1}{x}}$.

3. 求椭圆 $(x^2/a^2) + (y^2/b^2) = 1$ 在第一象限中的切线,使它被坐标轴所截的线段最短.

4. 求椭圆 $(x^2/a^2) + (y^2/b^2) = 1$ 内接矩形中面积最大的矩形.

5. 设函数 $f(x)$ 在 x_0 处二阶可导,证明 $f(x)$ 在 x_0 处取到极大值 (极小值) 的必要条件是 $f'(x_0) = 0$ 且 $f''(x_0) \leqslant 0$ ($f''(x_0) \geqslant 0$).

3.7 凹凸函数

扫码学习

本节研究函数图像的弯曲方向问题, 即函数的凹凸问题. 内容包括函数凹凸的定义和函数凹凸性判定定理.

3.7.1 函数凹凸的定义及詹森定理

如图 3.7.1 所示, 观察曲线的弯曲方向, 我们发现单调性相同的曲线, 弯曲方向有可能是不同的, 即有的向上弯曲, 有的向下弯曲. 本节讨论如何用数学语言描述函数曲线的弯曲方向问题.

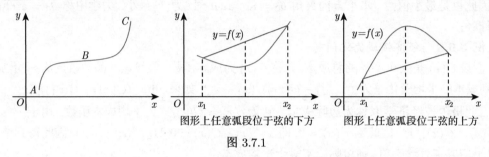

图形上任意弧段位于弦的下方　　图形上任意弧段位于弦的上方

图 3.7.1

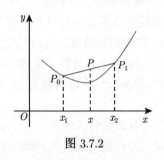

图 3.7.2

如图 3.7.2 所示, 设 $P_0(x_1, f(x_1))$, $P_1(x_2, f(x_2))$, 任取线段 P_0P_1 上点 $P(x,y)$, 则有

$$f(x) \leqslant f(x_1) + \frac{f(x_2) - f(x_1)}{x_2 - x_1}(x - x_1)$$

进一步整理可得

$$f(x) \leqslant \frac{x_2 - x}{x_2 - x_1} f(x_1) + \frac{x - x_1}{x_2 - x_1} f(x_2)$$

设 $\lambda_1 = (x_2 - x)/(x_2 - x_1), \lambda_2 = (x - x_1)/(x_2 - x_1)$, 满足 $\lambda_1 > 0, \lambda_2 > 0$, 且 $\lambda_1 + \lambda_2 = 1, x = \lambda_1 x_1 + \lambda_2 x_2$, 得到

$$f(\lambda_1 x_1 + \lambda_2 x_2) \leqslant \lambda_1 f(x_1) + \lambda_2 f(x_2)$$

我们把上述分析过程用数学语言描述, 就是如下凹凸函数的定义.

定义 3.7.1　设函数 $f(x)$ 在区间 I 上有定义, 若对任意 $x_1, x_2 \in I, x_1 \neq x_2$, 任意 $\lambda_1 > 0, \lambda_2 > 0, \lambda_1 + \lambda_2 = 1$,

(1) $f(\lambda_1 x_1 + \lambda_2 x_2) \leqslant \lambda_1 f(x_1) + \lambda_2 f(x_2)$, 称 $f(x)$ 在 I 上为凸函数;

(2) $f(\lambda_1 x_1 + \lambda_2 x_2) < \lambda_1 f(x_1) + \lambda_2 f(x_2)$, 称 $f(x)$ 在 I 上为严格凸函数.

注 3.7.1　如果将定义 3.7.1 中的不等号的方向改变, 则得到凹函数和严格凹函数的定义.

定理 3.7.1 (詹森 (Jensen) 不等式)　函数 f 定义在区间 I 上, 任取 $\{x_i\}_{i=1}^n \in I$ 和任取一组正实数 $\{\lambda_i\}_{i=1}^n$, 满足 $\lambda_1 + \lambda_2 + \cdots + \lambda_n = 1$, 有下面结论:

(1) 若函数 f 在 I 上为凸函数, 则有

$$f\left(\sum_{i=1}^n \lambda_i x_i\right) \leqslant \sum_{i=1}^n \lambda_i f(x_i)$$

(2) 若函数 f 在 I 上为严格凸函数, 且 $x_1, x_2, \cdots, x_n$ 不全相等, 则有

$$f\left(\sum_{i=1}^n \lambda_i x_i\right) < \sum_{i=1}^n \lambda_i f(x_i)$$

证明 用数学归纳法证明.

当 $n=2$ 时, $f(\lambda_1 x_1 + \lambda_2 x_2) \leqslant \lambda_1 f(x_1) + \lambda_2 f(x_2)$ 成立.

假设 $n \leqslant k$ 时, 成立 $f\left(\sum\limits_{i=1}^k \lambda_i x_i\right) \leqslant \sum\limits_{i=1}^k \lambda_i f(x_i), \sum\limits_{i=1}^k \lambda_i = 1, \lambda_i > 0$.

当 $n = k+1$ 时, 设 $\lambda_1 + \cdots + \lambda_{k+1} = 1$, 则由归纳假设

$$\begin{aligned} f\left(\sum_{i=1}^{k+1} \lambda_i x_i\right) &= f\left(\sum_{i=1}^k \lambda_i x_i + \lambda_{k+1} x_{k+1}\right) \\ &= f\left[(1-\lambda_{k+1})\left(\sum_{i=1}^k \frac{\lambda_i}{1-\lambda_{k+1}} x_i\right) + \lambda_{k+1} x_{k+1}\right] \\ &\leqslant (1-\lambda_{k+1}) f\left(\sum_{i=1}^k \frac{\lambda_i}{1-\lambda_{k+1}} x_i\right) + \lambda_{k+1} f(x_{k+1}) \end{aligned}$$

取 $u_i = \lambda_i/(1-\lambda_{k+1}), \sum\limits_{i=1}^k u_i = 1, u_i > 0$, 根据归纳假设,

$$f\left(\sum_{i=1}^{k+1} \lambda_i x_i\right) \leqslant (1-\lambda_{k+1}) f\left(\sum_{i=1}^k u_i x_i\right) + \lambda_{k+1} f(x_{k+1}) \leqslant (1-\lambda_{k+1}) \sum_{i=1}^k u_i f(x_i) + \lambda_{k+1} f(x_{k+1})$$

即

$$f\left(\sum_{i=1}^{k+1} \lambda_i x_i\right) \leqslant \sum_{i=1}^{k+1} \lambda_i f(x_i)$$

对严格凸类似可证. 结论得证.

3.7.2 凹凸函数的判定定理

本节讨论判断函数凸凹性的方法. 如图 3.7.3 所示, 在一段凸函数的曲线上, 斜率 $k_{AP} \leqslant k_{AB} \leqslant k_{PB}$. 如图 3.7.4 所示, 凸函数的切线斜率即导函数, 单调递增, 凹函数的导函数单调递减. 下面给出严谨证明.

定理 3.7.2 $f(x)$ 在 I 上为凸函数的充要条件是对任意 $x_1 < x < x_2 \in I$,

$$\frac{f(x)-f(x_1)}{x-x_1} \leqslant \frac{f(x_2)-f(x_1)}{x_2-x_1} \leqslant \frac{f(x_2)-f(x)}{x_2-x}$$

注 3.7.2 严格凸等价于将上式的 $\leqslant$ 改为 $<$.

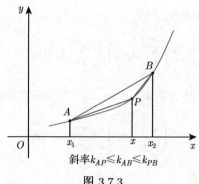

斜率 $k_{AP} \leqslant k_{AB} \leqslant k_{PB}$

图 3.7.3

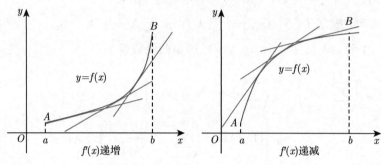

图 3.7.4

证明 利用不等式: $b>0, d>0, a/b \leqslant c/d$, 则 $a/b \leqslant (a+c)/(b+d) \leqslant c/d$, 有

$$\frac{f(x)-f(x_1)}{x-x_1} \leqslant \frac{f(x_2)-f(x_1)}{x_2-x_1} \leqslant \frac{f(x_2)-f(x)}{x_2-x}$$

$$\Leftrightarrow \frac{f(x)-f(x_1)}{x-x_1} \leqslant \frac{f(x_2)-f(x)}{x_2-x}$$

$$\Leftrightarrow \lambda_1 = \frac{x_2-x}{x_2-x_1}, \lambda_2 = \frac{x-x_1}{x_2-x_1}, x = \lambda_1 x_1 + \lambda_2 x_2$$

$$\lambda_1[f(x)-f(x_1)] \leqslant \lambda_2[f(x_2)-f(x)]$$

$$\Leftrightarrow f(\lambda_1 x_1 + \lambda_2 x_2) \leqslant \lambda_1 f(x_1) + \lambda_2 f(x_2)$$

结论得证.

定理 3.7.3 $f(x)$ 在区间 I 上可导, 则

(1) $f(x)$ 在 I 上为凸函数 $\Leftrightarrow f'(x)$ 在 I 上单调递增.

(2) $f(x)$ 在 I 上为严格凸函数 $\Leftrightarrow f'(x)$ 在 I 上严格单调递增.

证明 (1) 必要性: 设 $f(x)$ 在 I 上为凸函数. 在 I 上任选两点 x_1, x_2, 且满足 $x_1 < x < x' < x_2$, 如图 3.7.5 所示. 根据定理 3.7.2 得到

$$k_{AP} \leqslant k_{AB} \leqslant k_{PB}, \ k_{PP'} \leqslant k_{PB} \leqslant k_{P'B} \Rightarrow k_{AP} \leqslant k_{AB} \leqslant k_{P'B}$$

进一步得到

$$\frac{f(x)-f(x_1)}{x-x_1} \leqslant \frac{f(x_2)-f(x_1)}{x_2-x_1} \leqslant \frac{f(x_2)-f(x')}{x_2-x'}$$

上式中令 $x \to x_1+, x' \to x_2-$,根据函数导数存在条件以及函数极限保序性得到

$$f'(x_1) \leqslant \frac{f(x_2)-f(x_1)}{x_2-x_1} \leqslant f'(x_2)$$

所以 $f'(x)$ 在 I 上单调递增.

充分性: 设 $f'(x)$ 在 I 上单调递增,任意 $x_1, x_2 \in I, x_1 < x < x_2$,如图 3.7.6 所示,由拉格朗日中值定理:

$$\frac{f(x)-f(x_1)}{x-x_1} = f'(\xi), \quad \frac{f(x_2)-f(x)}{x_2-x} = f'(\eta)$$

因为 $f'(\xi) \leqslant f'(\eta)$,所以 $[f(x)-f(x_1)]/(x-x_1) \leqslant [f(x_2)-f(x)]/(x_2-x)$. 因此 $f(x)$ 在 I 上为凸函数.

(2) **必要性**: 设 $f(x)$ 在 I 上为严格凸函数,任意 $x_1, x_2 \in I$,取 $x^*, x, x' \in (x_1, x_2)$,使得 $x_1 < x < x^* < x' < x_2$,如图 3.7.7 所示. 则根据定理 3.7.2

$$k_{AP} < k_{AQ} < k_{QB} < k_{P'B}$$

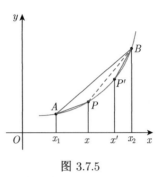

图 3.7.5

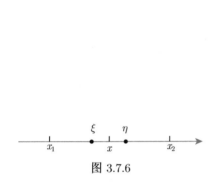

图 3.7.6

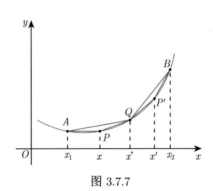

图 3.7.7

因此

$$\frac{f(x)-f(x_1)}{x-x_1} < \frac{f(x^*)-f(x_1)}{x^*-x_1} < \frac{f(x_2)-f(x^*)}{x_2-x^*} < \frac{f(x_2)-f(x')}{x_2-x'}$$

在上式中令 $x \to x_1+, x' \to x_2-$,根据函数可导的条件和函数极限保序性有

$$f'(x_1) \leqslant \frac{f(x^*)-f(x_1)}{x^*-x_1} < \frac{f(x_2)-f(x^*)}{x_2-x^*} \leqslant f'(x_2)$$

所以 $f'(x)$ 在 I 上严格单调递增.

充分性: 设 $f'(x)$ 在 I 上为严格增函数,任意 $x_1 < x < x_2$,由拉格朗日中值定理:

$$\frac{f(x)-f(x_1)}{x-x_1} = f'(\xi)$$

$$\frac{f(x_2)-f(x)}{x_2-x} = f'(\eta)$$

因为 $f'(\xi) < f'(\eta)$,所以 $(f(x)-f(x_1))/(x-x_1) < (f(x_2)-f(x))/(x_2-x)$. 因此 $f(x)$ 在 I 上为严格凸函数. 结论得证.

在定理 3.7.3 的基础上, 进一步有下面的凹凸判定定理.

定理 3.7.4 设 $f(x)$ 在区间 I 上二阶可导, 则

(1) $f(x)$ 在区间 I 上为凸函数 $\Leftrightarrow f''(x) \geqslant 0$, 任意 $x \in I$.

(2) $f(x)$ 在区间 I 上为严格凸函数 $\Leftrightarrow f''(x) \geqslant 0$, 任意 $x \in I$, 并且在 I 的任意开子区间内, $f''(x)$ 不恒为零.

凹凸函数举例:

(1) $(e^x)'' = e^x > 0, \forall x \in (-\infty, +\infty), e^x$ 为凸函数.

(2) $(\ln x)'' = -\dfrac{1}{x^2} < 0, \forall x \in (0, +\infty), \ln x$ 为凹函数.

(3) $(\arctan x)'' = \left(\dfrac{1}{1+x^2}\right)' = \dfrac{-2x}{(1+x^2)^2} \begin{cases} \geqslant 0, & \forall x \in (-\infty, 0], \\ \leqslant 0, & \forall x \in [0, +\infty), \end{cases}$ $\arctan x$ 在 $(-\infty, 0)$ 上为凸函数, $(0, +\infty)$ 上为凹函数.

3.7.3 凹凸函数应用

例 3.7.1 证明

$$(x_1 x_2 \cdots x_n)^{1/n} \leqslant \frac{x_1 + x_2 + \cdots + x_n}{n} \quad (x_i > 0, i = 1, 2, \cdots, n)$$

证明 令 $x_i = e^{y_i}$, 原不等式等价于

$$e^{(y_1 + y_2 + \cdots + y_n)/n} \leqslant \frac{e^{y_1} + e^{y_2} + \cdots + e^{y_n}}{n}$$

令 $f(x) = e^x, f''(x) = e^x > 0$, 所以 $f(x) = e^x$ 为凸函数. 取 $\lambda_i = 1/n, i = 1, 2, \cdots, n$, 则 $e^{\sum\limits_{i=1}^{n} \lambda_i y_i} \leqslant \sum\limits_{i=1}^{n} \lambda_i e^{y_i}$, 结论得证.

例 3.7.2 求证

$$\frac{x_1 x_2 \cdots x_n}{(x_1 + x_2 + \cdots + x_n)^n} \leqslant \frac{(1+x_1)\cdots(1+x_n)}{(n+x_1+\cdots+x_n)^n} \quad (x_1, x_2, \cdots, x_n > 0)$$

证明 首先分析结论

$$\frac{x_1 x_2 \cdots x_n}{(x_1 + x_2 + \cdots + x_n)^n} \leqslant \frac{(1+x_1)\cdots(1+x_n)}{(n+x_1+\cdots+x_n)^n} \Leftrightarrow \frac{1}{n}\sum_{i=1}^{n} \ln \frac{x_i}{1+x_i} \leqslant \ln \left(\frac{(1/n)\sum\limits_{i=1}^{n} x_i}{1 + (1/n)\sum\limits_{i=1}^{n} x_i} \right)$$

取 $\lambda_i = 1/n, i = 1, 2, \cdots, n$, 仅需证明 $f(x) = \ln(x/(1+x))$ 在 $(0, +\infty)$ 为凹函数即可.

$$f'(x) = \frac{1}{x} - \frac{1}{1+x} = \frac{1}{x(1+x)}, \quad f''(x) = -\frac{1}{x^2} + \frac{1}{(1+x)^2} < 0$$

所以 $f(x)$ 为严格凹函数,

$$f\left(\frac{1}{n}\sum_{i=1}^{n} x_i\right) > \frac{1}{n}\sum_{i=1}^{n} f(x_i),$$

即
$$\frac{1}{n}\sum_{i=1}^{n}\ln\frac{x_i}{1+x_i} < \ln\left(\frac{(1/n)\sum_{i=1}^{n}x_i}{1+(1/n)\sum_{i=1}^{n}x_i}\right)$$

结论得证.

例 3.7.3 设 $a_i > 0, b_i > 0, i = 1, 2, 3, \cdots, n$, 证明赫尔德不等式:
$$\sum_{i=1}^{n}a_ib_i \leqslant \left(\sum_{i=1}^{n}a_i^p\right)^{\frac{1}{p}}\left(\sum_{i=1}^{n}b_i^q\right)^{\frac{1}{q}}, \quad p>1, q>1, \frac{1}{p}+\frac{1}{q}=1$$

证明 首先分析结论, 原问题等价于证明
$$\sum_{i=1}^{n}a_ib_i \leqslant \left(\sum_{i=1}^{n}a_i^p\right)^{\frac{1}{p}}\left(\sum_{i=1}^{n}b_i^q\right)^{\frac{1}{q}} \Leftrightarrow \left(\sum_{i=1}^{n}a_ib_i\right)^p \leqslant \left(\sum_{i=1}^{n}a_i^p\right)\left(\sum_{i=1}^{n}b_i^q\right)^{\frac{p}{q}}$$
$$\Leftrightarrow \left(\frac{\sum_{i=1}^{n}a_ib_i}{\sum_{i=1}^{n}b_i^q}\right)^p \leqslant \left(\sum_{i=1}^{n}a_i^p\right)\left(\sum_{i=1}^{n}b_i^q\right)^{-1} \quad \left(\frac{p}{q}-p=p\left(\frac{1}{q}-1\right)=-1\right)$$
$$\Leftrightarrow \left(\sum_{i=1}^{n}\left(\frac{a_i}{b_i^{q-1}}\frac{b_i^q}{\sum_{i=1}^{n}b_i^q}\right)\right)^p \leqslant \sum_{i=1}^{n}\frac{b_i^q}{\sum_{i=1}^{n}b_i^q}\left(\frac{a_i}{b_i^{q-1}}\right)^p \quad ((q-1)p=q)$$

因此令 $\lambda_i = b_i^q \bigg/ \left(\sum_{i=1}^{n}b_i^q\right)$, $x_i = a_i/b_i^{q-1}$, $f(x) = x^p$, 只需证明 $f(x) = x^p$ 为凸函数. 当 $x \in (0, +\infty)$ 时, $f''(x) = p(p-1)x^{p-2} > 0$, 结论得证.

例 3.7.4 设 $f(x)$ 是开区间 I 上的凸函数, 则对任何 $[\alpha,\beta] \subset I$, $f(x)$ 在 $[\alpha,\beta]$ 上满足利普希茨条件, 即存在 $L > 0$, 对任何 $x', x'' \in [\alpha,\beta]$, 成立 $|f(x') - f(x'')| \leqslant L|x' - x''|$.

证明 如图 3.7.8 所示. 在 I 中取四个点 a, b, c, d, 满足 $a < b < \alpha < \beta < c < d$, 任取 $x', x'' \in [\alpha,\beta], x' < x''$, 根据定理 3.7.1 得到
$$k_{AB} \leqslant k_{BX'} \leqslant k_{X'X''} \leqslant k_{X''C} \leqslant k_{CD}$$
$$\frac{f(b)-f(a)}{b-a} \leqslant \frac{f(x'')-f(x')}{x''-x'} \leqslant \frac{f(d)-f(c)}{d-c}$$

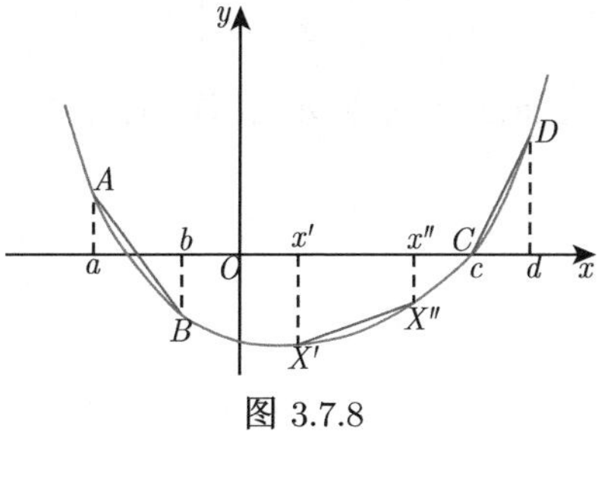

图 3.7.8

令 $L = \max\left\{\left|(f(b)-f(a))/(b-a)\right|, \left|(f(d)-f(c))/(d-c)\right|\right\}$，则有

$$|f(x'') - f(x')| \leqslant L|x''-x'|, \quad \forall x', x'' \in [\alpha, \beta]$$

由于上述常数 L 与 $[\alpha, \beta]$ 中的点 x', x'' 无关，因此 $f(x)$ 在 $[\alpha, \beta]$ 上满足利普希茨条件. 结论得证.

注 3.7.3 在例 3.7.4 讨论基础上我们进一步可以得到结论:
(1) $f(x)$ 在 $[\alpha, \beta]$ 上满足利普希茨条件，则 $f(x)$ 在 $[\alpha, \beta]$ 上连续.
(2) $f(x)$ 在开区间 I 的任何闭子区间 $[\alpha, \beta]$ 上连续，则 $f(x)$ 在 I 上连续.
(3) $f(x)$ 在开区间 I 上为凸函数，则 $f(x)$ 在 I 上连续.

习题 3.7　凹凸函数

1. 证明下面结论.
(1) 函数 $f(x), g(x)$ 在区间 I 上为凸函数，则 $f(x) + g(x)$ 在区间 I 上为凸函数；
(2) 函数 $f(x)$ 在区间 I 上为凸函数，$g(x)$ 为区间 I 上的凸函数且单调递增，则 $g \circ f(x)$ 为 I 上的凸函数. 这里假设 $f(x)$ 的值域属于 $g(x)$ 的定义域；
(3) 函数 $f(x)$ 在区间 I 上为严格凸函数，如果存在 $x_0 \in I$ 为极值点，则为唯一极值点.

2. 判断函数 $f(x)$ 的凸凹性.
(1) $f(x) = x^\mu \quad (\mu \geqslant 1, x \geqslant 0)$; 　　(2) $f(x) = x \ln x, x > 0$.

3. 设 $x_1, x_2, \cdots, x_n > 0$，证明下列不等式

(1) $a^{(x_1 + \cdots + x_n)/n} \leqslant \dfrac{1}{n}(a^{x_1} + \cdots + a^{x_n})\,(a > 0, a \neq 1)$;

(2) $\left(\dfrac{x_1 + \cdots + x_n}{n}\right)^p \leqslant \dfrac{1}{n}(x_1^p + x_2^p + \cdots + x_n^p)\,(p > 1)$;

(3) $\dfrac{x_1 + \cdots + x_n}{n} \leqslant (x_1^{x_1} x_2^{x_2} \cdots x_n^{x_n})^{1/(x_1 + \cdots + x_n)}$;

(4) $\lambda_1, \lambda_2, \cdots, \lambda_n > 0, \lambda_1 + \lambda_2 + \cdots + \lambda_n = 1, x_1^{\lambda_1} x_2^{\lambda_2} \cdots x_n^{\lambda_n} \leqslant \sum\limits_{i=1}^n \lambda_i x_i$.

4. 设函数 $f(x)$ 是正的二次可导函数，证明 $\ln f(x)$ 是凸函数的充分必要条件是

$$f(x) f''(x) - \left(f'(x)\right)^2 \geqslant 0$$

5. 设函数 $f(x)$ 是开区间 I 上的凸函数，证明 $f(x)$ 在任何内闭区间 $[a,b] \subset I$ 是有界函数.

6. 函数 $f(x)$ 在区间 I 上为凸函数的充分必要条件: 任意 $x_1, x_2, x_3 \in I$, $x_1 < x_2 < x_3$，恒有

$$\begin{vmatrix} 1 & x_1 & f(x_1) \\ 1 & x_2 & f(x_2) \\ 1 & x_3 & f(x_3) \end{vmatrix} \geqslant 0$$

7. 设 $f(x)$ 是开区间 $(0, +\infty)$ 上的函数，证明两个函数 $xf(x), f(1/x)$ 中任何一个为凸函数，另一个也为凸函数.

3.8 洛必达法则

扫码学习

导数是函数增量除以自变量增量的极限, 即导数的概念是由极限定义的. 在建立导数理论以后, 反过来可以利用导数理论解决某些不定式的极限问题, 这就是本节将要介绍的洛必达法则的内容. 本节内容包括洛必达法则 (0/0 型, ∞/∞ 型) 和洛必达 (L'Hôpital) 法则的应用.

3.8.1 洛必达法则

首先给出不定式极限的概念:

(1) 若 $\lim\limits_{x\to a} f(x) = 0, \lim\limits_{x\to a} g(x) = 0$, 则 $\lim\limits_{x\to a}[f(x)/g(x)]$ 记为 0/0 型的不定式极限.

(2) 若 $\lim\limits_{x\to a} f(x) = \infty, \lim\limits_{x\to a} g(x) = \infty$, 则 $\lim\limits_{x\to a}[f(x)/g(x)]$ 记为 ∞/∞ 型的不定式极限.

(3) 若 $\lim\limits_{x\to a} f(x) = 1, \lim\limits_{x\to a} g(x) = \infty$, 则 $\lim\limits_{x\to a} f(x)^{g(x)}$ 记为 1^∞ 型的不定式极限.

其余类型的不定式极限 $0 \cdot \infty, \infty - \infty, 0^0, \infty^0$ 可以类似给出定义.

定理 3.8.1 (洛必达法则 $\dfrac{0}{0}$ 型) 设 $f(x), g(x)$ 定义在区间 $(x_0, x_0 + \delta)$ 上且 $g(x) \neq 0$, 满足

(1) $\lim\limits_{x\to x_0+} f(x) = 0, \lim\limits_{x\to x_0+} g(x) = 0$,

(2) $f(x), g(x)$ 在区间 $(x_0, x_0 + \delta)$ 内可导且 $g'(x) \neq 0$,

(3) $\lim\limits_{x\to x_0+}[f'(x)/g'(x)] = a$ (a 可为无穷大),

则有 $\lim\limits_{x\to x_0+}[f(x)/g(x)] = \lim\limits_{x\to x_0+}[f'(x)/g'(x)] = a$.

证明 补充定义 $f(x_0) = g(x_0) = 0$. 任意 $x \in (x_0, x_0 + \delta), f(x), g(x)$ 在 $[x_0, x]$ 连续. 由柯西中值定理, 存在中值 $\alpha \in (x_0, x)$, 使得

$$\frac{f(x)}{g(x)} = \frac{f(x) - f(x_0)}{g(x) - g(x_0)} = \frac{f'(\alpha)}{g'(\alpha)}$$

而当 $x \to x_0+$ 时, $\alpha \to x_0+$, 则有 $\lim\limits_{x\to x_0+}[f(x)/g(x)] = \lim\limits_{x\to x_0+}[f'(\alpha)/g'(\alpha)] = \lim\limits_{x\to x_0+}[f'(x)/g'(x)] = a$. 结论得证.

注 3.8.1 对于其他几种类型的极限 $x \to x_0-, x \to x_0, x \to \infty, x \to \pm\infty$, $\dfrac{0}{0}$ 型洛必达法则仍然成立, 证明留给读者完成.

定理 3.8.2 (洛必达法则 $\dfrac{\infty}{\infty}$ 型) 设 $f(x), g(x)$ 定义在 $(x_0, x_0 + \delta)$ 上, 满足

(1) $\lim\limits_{x\to x_0+} f(x) = \infty, \lim\limits_{x\to x_0+} g(x) = \infty$,

(2) $f(x), g(x)$ 在区间 $(x_0, x_0 + \delta)$ 内可导且 $g'(x) \neq 0$,

(3) $\lim\limits_{x\to x_0+}[f'(x)/g'(x)] = l$ (l 可为无穷大).

则有 $\lim\limits_{x\to x_0+}[f(x)/g(x)] = \lim\limits_{x\to x_0+}[f'(x)/g'(x)] = l$.

证明 先设 l 为实数. 由条件 (3), 对 $\forall \varepsilon > 0, \exists x_1 \in (x_0, x_0 + \delta)$, 对满足 $x_0 < x < x_1$ 的所有 x, 有

(a) $\left|\dfrac{f'(x)}{g'(x)} - l\right| < \dfrac{\varepsilon}{2}$

由条件 (2), f 和 g 在区间 $[x, x_1]$ 上满足柯西中值定理条件, 故存在 $\xi \in (x, x_1) \subset (x_0, x_1)$, 使得

$$\frac{f(x_1) - f(x)}{g(x_1) - g(x)} = \frac{f'(\xi)}{g'(\xi)}$$

由 (a), 有

(b) $\left| \dfrac{f(x_1) - f(x)}{g(x_1) - g(x)} - l \right| < \dfrac{\varepsilon}{2}$

又

$$\left| \frac{f(x)}{g(x)} - \frac{f(x_1) - f(x)}{g(x_1) - g(x)} \right| = \left| \frac{f(x_1) - f(x)}{g(x_1) - g(x)} \right| \left| \frac{\dfrac{g(x_1)}{g(x)} - 1}{\dfrac{f(x_1)}{f(x)} - 1} - 1 \right|$$

由 (b), 上式右边第一个因子是有界量, 第二个因子对固定的 x_1, 由条件 (1), 当 $x \to x_0+$ 时是无穷小量. 因此, $\exists \delta > 0$, 当 $x_0 < x < x_0 + \delta < x_1$ 时有

(c) $\left| \dfrac{f(x)}{g(x)} - \dfrac{f(x_1) - f(x)}{g(x_1) - g(x)} \right| < \dfrac{\varepsilon}{2}$

综合 (b), (c), 对一切满足 $x_0 < x < x_0 + \delta$ 的 x 有

$$\left| \frac{f(x)}{g(x)} - l \right| < \varepsilon$$

这就证明了 $\lim\limits_{x \to x_0+} [f(x)/g(x)] = l$.

类似地可以证明 $l = \pm\infty$ 或 ∞ 的情形, 这里不再证明. 结论得证.

对于其他几种类型的极限 $x \to x_0-, x \to x_0, x \to \infty, x \to \pm\infty$, $\dfrac{\infty}{\infty}$ 型洛必达法则仍然成立.

注 3.8.2 用洛必达法则求解极限的时候要满足定理的条件, 下面举例说明.

(1) $\lim\limits_{x \to 0} \dfrac{x^2 \sin(1/x)}{\sin x} = \lim\limits_{x \to 0} \dfrac{2x\sin(1/x) - \cos(1/x)}{\cos x}$ 不存在, 因此不能使用洛必达法则求

解. 但是 $\left| \dfrac{x^2 \sin \dfrac{1}{x}}{\sin x} \right| \leqslant \left| \dfrac{x^2}{\sin x} \right|$, 由函数极限的夹逼定理 $\lim\limits_{x \to 0} \dfrac{x^2 \sin(1/x)}{\sin x} = 0$.

(2) 两次用洛必达法则求解 $\lim\limits_{x \to +\infty} \dfrac{x - \cos x}{x + \cos x} = \lim\limits_{x \to +\infty} \dfrac{1 + \sin x}{1 - \sin x} = \lim\limits_{x \to +\infty} \dfrac{\cos x}{-\cos x} = -1$. 错误是因为 $\lim\limits_{x \to +\infty} \dfrac{1 + \sin x}{1 - \sin x}$ 极限不存在, 不满足定理 3.8.2 的条件, 实际上 $\lim\limits_{x \to +\infty} \dfrac{x - \cos x}{x + \cos x} = \lim\limits_{x \to +\infty} \dfrac{1 - ((\cos x)/x)}{1 + ((\cos x)/x)} = 1$.

例 3.8.1 求下列函数极限.

(1) $\lim\limits_{x \to 0} \dfrac{1 - \cos x}{x^2}$;

(2) $\lim\limits_{x \to 0+} \dfrac{\sqrt{x} - \sin \sqrt{x}}{x\sqrt{x}}$;

(3) $\lim\limits_{x \to 0} \dfrac{2\mathrm{e}^{2x} - \mathrm{e}^x - 3x - 1}{(\mathrm{e}^x - 1)^2 \mathrm{e}^x}$;

(4) $\lim\limits_{x \to +\infty} \dfrac{x^\alpha}{\mathrm{e}^x} \ (\alpha > 0)$.

解 (1) 应用洛必达法则求解：$\lim\limits_{x\to 0}(1-\cos x)/x^2 = \lim\limits_{x\to 0}\sin x/(2x) = 1/2$.

(2) 首先作变换 $y = \sqrt{x}$, 然后利用洛必达法则求解

$$\lim_{x\to 0+}\frac{\sqrt{x}-\sin\sqrt{x}}{x\sqrt{x}} = \lim_{y\to 0+}\frac{y-\sin y}{y^3} = \lim_{y\to 0+}\frac{1-\cos y}{3y^2} = \frac{1}{6}$$

(3) 利用等价无穷小 $(e^x - 1) \sim x\,(x \to 0)$ 传递, 然后利用洛必达法则求解

$$\lim_{x\to 0}\frac{2e^{2x}-e^x-3x-1}{(e^x-1)^2 e^x} = \lim_{x\to 0}\frac{2e^{2x}-e^x-3x-1}{x^2}$$
$$= \lim_{x\to 0}\frac{4e^{2x}-e^x-3}{2x} = \lim_{x\to 0}\frac{8e^{2x}-e^x}{2} = \frac{7}{2}$$

(4) 设 $m-1 < \alpha \leqslant m$, 连续使用 m 次洛必达法则得到

$$\lim_{x\to +\infty}\frac{x^\alpha}{e^x} = \lim_{x\to +\infty}\frac{\alpha x^{\alpha-1}}{e^x} = \lim_{x\to +\infty}\frac{\alpha(\alpha-1)\cdots(\alpha-m+1)x^{\alpha-m}}{e^x}$$
$$= \lim_{x\to +\infty}\frac{\alpha(\alpha-1)\cdots(\alpha-m+1)}{e^x \cdot x^{m-\alpha}} = 0$$

注 3.8.3 利用洛必达法则求极限的技巧提示: 可以通过变量替换、等价无穷小替换简化函数, 多次使用洛必达法则求解直至函数分母的极限不为零.

3.8.2 洛必达法则应用

除了上节讨论的 0/0 型和 ∞/∞ 型不定式极限, 还有几种类型的不定式极限问题:

$$0 \cdot \infty, \quad \infty - \infty, \quad 0^0, \quad 1^\infty, \quad \infty^0$$

下面逐一讨论.

3.8.2.1 $0 \cdot \infty$ 型

求解步骤: $0 \cdot \infty \Rightarrow (1/\infty) \cdot \infty$ 或者 $0 \cdot \infty \Rightarrow 0 \cdot (1/0)$, 可以转化为 0/0 型或 ∞/∞ 型不定式极限求解.

例 3.8.2 求 $\lim\limits_{x\to +\infty} x^{-2} e^x$.

解 $\lim\limits_{x\to +\infty} x^{-2} e^x = \lim\limits_{x\to +\infty} e^x/(2x) = \lim\limits_{x\to +\infty} e^x/2 = +\infty$.

3.8.2.2 $\infty - \infty$ 型

求解步骤: $\infty - \infty \Rightarrow (1/0) - (1/0) \Rightarrow (0-0)/(0 \cdot 0)$, 可以转化为 0/0 型不定式极限求解, 下面举例说明.

例 3.8.3 求函数极限.

(1) $\lim\limits_{x\to 0}\left(\dfrac{1}{\sin x} - \dfrac{1}{x}\right)$; (2) $\lim\limits_{x\to 0}\left(\dfrac{1}{\ln(x+\sqrt{1+x^2})} - \dfrac{1}{\ln(1+x)}\right)$.

解 (1) 首先利用等价无穷小替换 $\sin x \sim x\,(x \to 0)$, 然后利用洛必达法则计算, 详细计算过程如下

$$\lim_{x\to 0}\left(\frac{1}{\sin x}-\frac{1}{x}\right) = \lim_{x\to 0}\frac{x-\sin x}{x\cdot\sin x} = \lim_{x\to 0}\frac{x-\sin x}{x^2} = \lim_{x\to 0}\frac{1-\cos x}{2x} = \lim_{x\to 0}\frac{\sin x}{2} = 0$$

(2) 首先利用等价无穷小替换 $\ln(1+x) \sim x\,(x \to 0)$, 然后利用洛必达法则和函数极限四则运算法则, 详细计算过程如下

$$\lim_{x \to 0}\left(\frac{1}{\ln(x+\sqrt{1+x^2})} - \frac{1}{\ln(1+x)}\right) = \lim_{x \to 0}\frac{\ln(1+x) - \ln(x+\sqrt{1+x^2})}{\ln(x+\sqrt{1+x^2})\ln(1+x)}$$

$$= \lim_{x \to 0}\frac{\ln(1+x) - \ln(x+\sqrt{1+x^2})}{x\ln(x+\sqrt{1+x^2})} = \lim_{x \to 0}\frac{(1/(1+x)) - (1/\sqrt{1+x^2})}{\ln(x+\sqrt{1+x^2}) + (x/\sqrt{1+x^2})}$$

$$= \lim_{x \to 0}\left(\frac{1}{1+x}\right) \times \lim_{x \to 0}\frac{\sqrt{1+x^2}-1-x}{\sqrt{1+x^2}\ln(x+\sqrt{1+x^2})+x}$$

$$= \lim_{x \to 0}\frac{(x/\sqrt{1+x^2}) - 1}{1 + (x/\sqrt{1+x^2})\ln(x+\sqrt{1+x^2}) + 1} = -\frac{1}{2}$$

3.8.2.3 $0^0, 1^\infty, \infty^0$ 型

求解步骤: 通过取对数 $\left.\begin{array}{c}0^0\\1^\infty\\\infty^0\end{array}\right\} \xrightarrow{\ln} \left\{\begin{array}{l}0 \cdot \ln 0\\\infty \cdot \ln 1\\0 \cdot \ln \infty\end{array}\right. \Rightarrow 0 \cdot \infty$, 进一步可以转化为 $0/0$ 型或 ∞/∞ 型不定式极限求解, 下面举例说明.

例 3.8.4 计算函数极限.

(1) $\lim\limits_{x \to 0+} x^x$;   (2) $\lim\limits_{x \to 1} x^{1/(1-x)}$;   (3) $\lim\limits_{x \to 0+}(\cot x)^{(1/\ln x)}$;   (4) $\lim\limits_{x \to 0+} x^{(x^x-1)}$.

解 利用洛必达法则和指数函数 e^x 的连续性计算 (1) 和 (2), 详细计算过程如下:

(1) $\lim\limits_{x \to 0+} x^x = \lim\limits_{x \to 0+} \mathrm{e}^{x\ln x} = \mathrm{e}^{\lim\limits_{x \to 0+} x\ln x} = \mathrm{e}^{\lim\limits_{x \to 0+}(\ln x)/(1/x)} = \mathrm{e}^{\lim\limits_{x \to 0+}(1/x)/(-1/x^2)} = \mathrm{e}^0 = 1.$

(2) $\lim\limits_{x \to 1} x^{1/(1-x)} = \lim\limits_{x \to 1} \mathrm{e}^{(\ln x)/(1-x)} = \mathrm{e}^{\lim\limits_{x \to 1}(\ln x)/(1-x)} = \mathrm{e}^{\lim\limits_{x \to 1}(1/x)/-1} = \mathrm{e}^{-1}.$

(3) 由于 $(\cot x)^{1/(\ln x)} = \mathrm{e}^{(\ln(\cot x))/\ln x}$, 进一步利用洛必达法则:

$$\lim_{x \to 0+}\frac{1}{\ln x} \cdot \ln(\cot x) = \lim_{x \to 0+}\frac{(1/\cot x) \cdot (-1/\sin^2 x)}{1/x} = \lim_{x \to 0+}\frac{-x}{\cos x \cdot \sin x} = -1$$

所以原式等于 e^{-1}.

(4) 由于 $x^{(x^x-1)} = \mathrm{e}^{(x^x-1)\ln x}, (x^x-1)\ln x = (\mathrm{e}^{x\ln x}-1)\ln x$, 应用洛必达法则:

$\lim\limits_{x \to 0+} x\ln x = \lim\limits_{x \to 0+}\frac{\ln x}{1/x} = \lim\limits_{x \to 0+}(1/x)/(-1/x^2) = 0$, 因此 $\mathrm{e}^{x\ln x} - 1 \sim x\ln x\,(x \to 0)$. 利用等价无穷小替换和 2 次使用洛必达法则得到

$$\lim_{x \to 0+}(\mathrm{e}^{x\ln x}-1)\ln x = \lim_{x \to 0+} x(\ln x)^2 = \lim_{x \to 0+}\frac{(\ln x)^2}{1/x} = -2\lim_{x \to 0+}\frac{\ln x}{1/x} = 2\lim_{x \to 0+}\frac{1/x}{1/x^2} = 0$$

故 $\lim\limits_{x \to 0+} x^{(x^x-1)} = 1.$

各种不定式极限的解题方法如图 3.8.1 所示.

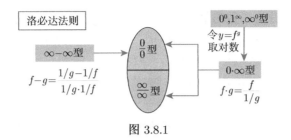

图 3.8.1

习题 3.8 洛必达法则

1. 讨论下列函数极限是否可以用洛必达法则求解.

(1) $\lim\limits_{x\to+\infty} \dfrac{e^{-2x}(\sin x + 2\cos x) + e^{-x^2}\sin^2 x}{e^{-x}(\cos x + \sin x)}$;

(2) $\lim\limits_{x\to+\infty} \dfrac{1+x+\sin x\cos x}{e^{\sin x}(x+\cos x \sin x)}$.

2. 计算下列极限.

(1) $\lim\limits_{x\to 0} \dfrac{\tan x - x}{x - \sin x}$;

(2) $\lim\limits_{x\to 0} \dfrac{x\cot x - 1}{x^2}$;

(3) $\lim\limits_{x\to\infty} \left(\cos\dfrac{a}{x}\right)^x$;

(4) $\lim\limits_{x\to 1} \left(\dfrac{1}{\ln x} - \dfrac{1}{x-1}\right)$;

(5) $\lim\limits_{x\to 0} \left(\dfrac{1}{x} - \dfrac{1}{e^x - 1}\right)$;

(6) $\lim\limits_{x\to 0} \dfrac{(1+x)^{\frac{1}{x}} - e}{x}$;

(7) $\lim\limits_{x\to\infty} \left(\tan\dfrac{\pi x}{2x+1}\right)^{\frac{1}{x}}$;

(8) $\lim\limits_{x\to 0+} \left(\ln\dfrac{1}{x}\right)^{\sin x}$;

(9) $\lim\limits_{x\to 0} \dfrac{\ln(1+x^2)}{\sec x - \cos x}$.

3. 证明下面问题.

(1) $\lim\limits_{x\to+\infty} \dfrac{\ln x}{x^\varepsilon} = 0\,(\varepsilon > 0)$; (2) $\lim\limits_{x\to+\infty} \dfrac{x^b}{e^{cx}} = 0\,(c>0, b>0)$; (3) $\lim\limits_{x\to 0+} x^\varepsilon \ln x = 0\,(\varepsilon > 0)$.

4. 设 $f(x)$ 有二阶导数, 求证:
$$f''(x) = \lim_{h\to 0} \dfrac{f(x+h) + f(x-h) - 2f(x)}{h^2}.$$
由此推出结论: 若 f 是二阶可导的凸函数, 必有 $f'' \geqslant 0$.

5. 设 $f(x) = \begin{cases} g(x)/x, & x\neq 0, \\ 0, & x=0 \end{cases}$ 且 $g(0) = 0, g'(0) = 0, g''(0) = 10,$ 计算 $f'(0)$.

6. 设 $f(x)$ 定义在 $(0, a)$, 并且满足

(1) $\lim\limits_{x\to 0+} f(x) = 0$;

(2) $-kx < f(x) < kx\,(k>0)$.

证明: $\lim\limits_{x\to 0+} x^{f(x)} = 1$.

7. 设函数 $f(x)$ 定义在 $(a, +\infty)$ 上且可导, 满足 $\lim\limits_{x\to+\infty}(f(x) + f'(x)) = k$, 证明:
$$\lim_{x\to+\infty} f(x) = k.$$

(提示: 首先证明推广的洛必达法则: $f(x), g(x)$ 在 $(a, +\infty)$ 上可微, 且 $g'(x) \neq 0, \lim\limits_{x\to+\infty} g(x) = +\infty$, $\lim\limits_{x\to+\infty} \dfrac{f'(x)}{g'(x)} = l$, 则 $\lim\limits_{x\to+\infty} \dfrac{f(x)}{g(x)} = l$)

3.9 函 数 作 图

☞扫码学习

在解决实际问题时, 如果需要作出函数的图像, 可以借助计算机作图软件方便地画出各种函数的图形. 但是有时候只需要知道函数图形的大概轮廓, 利用导数作为工具, 把函数的单调、凹凸等性质研究清楚, 就可以作出函数的轮廓图像.

函数作图一般需要分析函数的单调区间、凹凸区间、渐近线等性态. 我们知道利用一阶导数为零的点和不存在的点划分函数单调区间, 接下来分析如何划分函数的凹凸区间.

定义 3.9.1 函数凹凸的分界点称为函数的拐点.

设 $f(x)$ 二阶可导, $(x_0, f(x_0))$ 为拐点, 则 $f''(x) = (f'(x))'$ 在 x_0 两边变号, $f'(x)$ 在 x_0 取得极值, 于是 $f''(x_0) = 0$. 因此得到如下定理.

定理 3.9.1 $f(x)$ 在 $U(x_0; \delta_1)$ 上二阶可导且 $(x_0, f(x_0))$ 为拐点, 则 $f''(x_0) = 0$.

下面进一步讨论求拐点的方法. $f(x)$ 在 $U(x_0; \delta_1)$ 上二阶可导, 设函数 $f(x)$ 在 $x = x_0$ 处三阶导数存在, 且 $f''(x_0) = 0$, 则

$$f'''(x_0) = \lim_{x \to x_0} \frac{f''(x) - f''(x_0)}{x - x_0} = \lim_{x \to x_0} f''(x)/(x - x_0)$$

如果 $f'''(x_0) = \lim\limits_{x \to x_0} f''(x)/(x - x_0) > 0$, 根据极限的保号性:

$$\exists U(x_0; \delta)\,(\delta < \delta_1), x \in U(x_0; \delta): \frac{f''(x)}{x - x_0} > 0$$

因此 $x > x_0$ 时 $f''(x) > 0$, $x < x_0$ 时 $f''(x) < 0$. 所以 $(x_0, f(x_0))$ 为 $f(x)$ 的拐点. 同理, 如果 $f'''(x_0) < 0$, $(x_0, f(x_0))$ 为拐点.

在上面讨论的基础上, 得到下面定理.

定理 3.9.2 函数 $f(x)$ 在 x_0 的邻域内有三阶导数, $f''(x_0) = 0, f'''(x_0) \neq 0$, 则 $(x_0, f(x_0))$ 为函数 $f(x)$ 的拐点.

注 3.9.1 对于二阶导数不存在的点 $x_0, (x_0, f(x_0))$ 也可能是函数 $y = f(x)$ 的拐点. 例如求曲线 $y = \sqrt[3]{x}$ 的拐点. $y = \sqrt[3]{x}$ 在 $x = 0$ 处 y', y'' 不存在, $x \neq 0$ 时, $y' = \frac{1}{3}x^{-2/3}, y'' = (-2/9)x^{-5/3}$. $x > 0$ 时, $y'' < 0, x < 0$ 时, $y'' > 0$, 所以 $(0, 0)$ 为函数的拐点.

函数图形描绘步骤:

第一步: 分析函数 $y = f(x)$ 的定义域、奇偶性以及对称性;

第二步: 求函数的水平、垂直和斜渐近线;

第三步: 求函数一阶和二阶导数, 一阶和二阶导数为零以及不存在的点, 设这些点的集合为 $\{x_i\}_{i=1}^n$;

第四步: $\{x_i\}_{i=1}^n$ 将函数的定义域划分成 $n+1$ 个子区间, 分析每个子区间的单调和凹凸性质;

第五步: 根据前四步分析, 画出函数的图形.

例 3.9.1 作出函数 $f(x) = [4(x+1)/x^2] - 2$ 的图形.

解 (1) 函数的定义域为 $x \in \mathbf{R}, x \neq 0$.

(2) $\lim\limits_{x \to \infty} f(x) = \lim\limits_{x \to \infty} [4(x+1)/x^2] - 2 = -2, \lim\limits_{x \to 0^+} f(x) = \lim\limits_{x \to 0^+} [4(x+1)/x^2] - 2 = \infty$, 所以函数有水平渐近线 $y = -2$ 和垂直渐近线 $x = 0$, 函数无斜渐近线.

(3) 由 $f'(x) = -4(x+2)/x^3, f''(x) = 8(x+3)/x^4$. 得到一阶导数、二阶导数为零和不存在的点的集合 $\{0, -2, -3\}$, 此点集将函数的定义域分割成 4 个区间, 进一步列表分析函数的性质. 详细结果如表 3.9.1 所示.

表 3.9.1

x	$(-\infty, -3)$	-3	$(-3, -2)$	-2	$(-2, 0)$	0	$(0, +\infty)$
$f'(x)$	$-$	$4/27$	$-$	0	$+$	不存在	$-$
$f''(x)$	$-$	0	$+$	$1/2$	$+$	不存在	$+$
$f(x)$	↘	拐点 $\left(-3, -\dfrac{26}{9}\right)$	↘	极小值点	↗		↘

(4) 补充点 $A(-1, -2), B(1, 6), C(2, 1), D(1 - \sqrt{3}, 0), E(1 + \sqrt{3}, 0)$, 作图 (图 3.9.1).

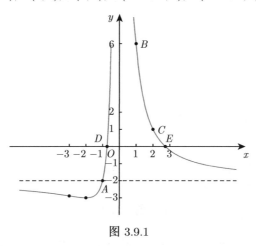

图 3.9.1

习题 3.9 函数作图

1. 求下列函数的单调区间、凹凸区间、极值点和拐点.
(1) $y = x + x^{5/3}$; (2) $y = x + \sin x$; (3) $y = x\sin(\ln x)\,(x > 0)$;
(4) $y = \sqrt[3]{x^3 - x^2 - x + 1}$; (5) $y = |x|^{\frac{3}{2}}(x - 2)^2$.

2. 证明曲线 $y = (x+1)/(x^2+1)$ 的所有拐点在一条直线上.

3. 如何选择参数 h, 使得概率曲线 $y = (h/\sqrt{\pi})\mathrm{e}^{-h^2 x^2}\,(h > 0)$ 存在拐点 $x = \pm\sigma$ (σ 为给定非负常数).

4. 研究摆线 $\begin{cases} x = a(t - \sin t), \\ y = a(1 - \cos t) \end{cases}$ $(a > 0, t \in [0, 2\pi])$ 的凹凸性.

3.10 综合例题选讲

扫码学习

本节讨论本章的综合例题, 帮助读者更好的学习本章内容.

定义 3.10.1 证明: 若函数 $f(x)$ 在无穷区间 $(x_0, +\infty)$ 内可导, 且 $\lim\limits_{x \to +\infty} f'(x) = 0$, 则 $\lim\limits_{x \to +\infty} (f(x)/x) = 0$.

证明 由于 $\lim\limits_{x \to +\infty} f'(x) = 0$, 根据函数极限定义:

$$\forall \varepsilon > 0, \exists X_1 > x_0, \forall x > X_1 : |f'(x)| < \frac{\varepsilon}{2}$$

在 $(X_1, +\infty)$ 内任取一点 a, 当 $x > a$ 时, 根据拉格朗日中值定理得到

$$|f(x) - f(a)| = |x - a| \cdot |f'(\xi)| < \frac{\varepsilon}{2} |x - a|$$

进一步得到结论:

$$|f(x)| \leqslant |f(a)| + |f(x) - f(a)| \leqslant |f(a)| + \frac{\varepsilon}{2} |x - a|$$

取 $X_2 > a$, 使 $|f(a)|/X_2 < \dfrac{\varepsilon}{2}$, 则当 $x > \max\{X_1, X_2\}$ 时, 成立

$$\left|\frac{f(x)}{x}\right| \leqslant \frac{|f(a)|}{x} + \frac{\varepsilon}{2} \cdot \frac{|x - a|}{x} < \frac{|f(a)|}{X_2} + \frac{\varepsilon}{2} < \frac{\varepsilon}{2} + \frac{\varepsilon}{2} = \varepsilon$$

因此结论得证.

例 3.10.1 设

(1) 函数 $\phi(x), \psi(x)$ 可求导 n 次;

(2) $\phi^{(k)}(x_0) = \psi^{(k)}(x_0) \, (k = 0, 1, 2, \cdots, n-1)$;

(3) 当 $x > x_0$ 时, $\phi^{(n)}(x) > \psi^{(n)}(x)$.

则当 $x > x_0$ 时, $\phi(x) > \psi(x)$ 成立.

证明 设 $F(x) = \phi(x) - \psi(x)$, 根据条件 (2) 和 (3) 得

$$F^{(n-1)}(x_0) = \phi^{(n-1)}(x_0) - \psi^{(n-1)}(x_0) = 0$$
$$F^{(n)}(x) = \phi^{(n)}(x) - \psi^{(n)}(x) > 0$$

因此 $F^{(n-1)}(x) \, (x > x_0)$ 严格递增, 故 $F^{(n-1)}(x) > F^{(n-1)}(x_0) = 0 \, (x > x_0)$, 因此 $F^{(n-2)}(x) \, (x > x_0)$ 严格递增. 进一步利用条件 (2) 得到

$$F^{(n-2)}(x_0) = \phi^{(n-2)}(x_0) - \psi^{(n-2)}(x_0) = 0$$
$$F^{(n-2)}(x) > F^{(n-2)}(x_0) = 0 \, (x > x_0)$$

依此类推得到结论: $F(x) > F(x_0) = 0 \, (x > x_0)$, 即 $\phi(x) > \psi(x) \, (x > x_0)$. 结论得证.

例 3.10.2 证明几个常用不等式:

(1) $x - \dfrac{x^2}{2} < \ln(1 + x) < x \, (x > 0)$; (2) $x - \dfrac{x^3}{6} < \sin x < x \, (x > 0)$;

(3) $\tan x > x + \dfrac{x^3}{3}, 0 < x < \dfrac{\pi}{2}$;

(4) $(x^\alpha + y^\alpha)^{1/\alpha} > (x^\beta + y^\beta)^{1/\beta}, x > 0, y > 0, 0 < \alpha < \beta$.

证明 (1) 和 (3) 的证明留给读者, 这里只证 (2) 和 (4).

(2) 首先证明 $x > \sin x \, (x > 0)$.

当 $x \in (1, +\infty)$ 时, 由于 $\sin x \leqslant 1$, 不等式成立.

当 $x \in (0, 1]$ 时, 令 $F(x) = x - \sin x, F'(x) = 1 - \cos x > 0, x \in (0, 1]$. $F(x)$ 在 $0 < x \leqslant 1$ 严格递增, 因此 $F(x) > F(0) = 0$. 即 $x > \sin x \, (x > 0)$ 成立.

接下来证明: $x - \dfrac{x^3}{6} < \sin x (x > 0)$. 设 $\psi_1(x) = x - \dfrac{x^3}{6}, \phi_1(x) = \sin x$, 则有
$$\psi_1(0) = \phi_1(0) = 0, \quad \psi_1'(0) = \phi_1'(0) = 1, \quad \psi_1''(x) = -x$$
$$\phi_1''(x) = -\sin x, \quad \phi_1''(x) > \psi_1''(x)$$

根据例 3.10.1 的结果, $\sin x > x - (x^3/6)(x > 0)$. 所以不等式 $x - (x^3/6) < \sin x < x(x > 0)$ 成立.

(4) 证明分几种情况.

(i) 当 $x = y \neq 0$: 原问题即证明
$$(2x^\alpha)^{1/\alpha} > (2x^\beta)^{1/\beta} \Rightarrow 2^{1/\alpha} > 2^{1/\beta} \quad (0 < \alpha < \beta)$$

显然结论成立.

(ii) 当 $x \neq y$, 不妨设 $0 < y/x < 1$, 则有
$$(x^\alpha + y^\alpha)^{1/\alpha} > (x^\beta + y^\beta)^{1/\beta} \Leftrightarrow \left(1 + \left(\dfrac{y}{x}\right)^\alpha\right)^{1/\alpha} > \left(1 + \left(\dfrac{y}{x}\right)^\beta\right)^{1/\beta}$$

因此只需证明 $f(t) = (1 + a^t)^{1/t}$ $(a = y/x)$ 严格递减, 等价于证明函数 $F(t) = (1/t)\ln(1 + a^t)$ 严格递减.

进一步利用 (1) 的结论当 $a^t > 0$ 时, 有 $a^t - (a^{2t}/2) < \ln(1 + a^t)$, 因此
$$F'(t) = \dfrac{a^t \ln a}{t(1 + a^t)} - \dfrac{\ln(1 + a^t)}{t^2} < \dfrac{a^t \ln a}{t(1 + a^t)} - \dfrac{a^t - (a^{2t}/2)}{t^2}$$

由于 $0 < a < 1$ 及 $t > 0$, 所以 $\ln a < 0$ 及 $a^t > a^{2t} > (a^{2t}/2)$, 从而 $F'(t) < 0$, 即 $F(t)$ 严格递减. 这就证明了当 $x \neq y$ 时, 不等式 $(x^\alpha + y^\alpha)^{1/\alpha} > (x^\beta + y^\beta)^{1/\beta}$ 成立. 结论得证.

例 3.10.3 证明以下结论:

(1) $f(x)$ 在 I 上是凸函数的充要条件是
$$\forall x_0 \in I, F(x; x_0) = \dfrac{f(x) - f(x_0)}{x - x_0} \quad (x \neq x_0)$$

关于 x 是单调递增函数.

(2) $f(x)$ 在 I 上一阶可导, 则 $f(x)$ 为凸函数的充要条件为
$$\forall x_0 \in I, \forall x \in I: f(x) \geqslant f(x_0) + f'(x_0)(x - x_0)$$

由图 3.10.1, 通过几何直观可以知道结论 (1) 和 (2) 成立, 证明留给读者完成.

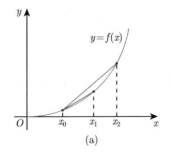
(a)

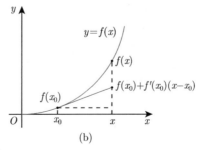
(b)

图 3.10.1

例 3.10.4 f 定义在 $(-\infty, +\infty)$ 上并且是有界凸函数, 则 $f(x) \equiv c$.

证明 $f(x)$ 是定义在 $(-\infty, +\infty)$ 上的凸函数, 任意 $a < x < y < b$ 有

$$\frac{f(a)-f(x)}{a-x} \leqslant \frac{f(y)-f(x)}{y-x} \leqslant \frac{f(b)-f(x)}{b-x}$$

$f(x)$ 在 $(-\infty, +\infty)$ 上有界, 因此有

$$\lim_{a\to-\infty}\frac{f(a)-f(x)}{a-x}=0,\quad \lim_{b\to+\infty}\frac{f(b)-f(x)}{b-x}=0$$

根据函数极限的夹逼定理: $(f(y)-f(x))/(y-x)=0$, 由此 $f(x)\equiv c$, 结论得证.

例 3.10.5 f 定义在 $[a,b]$ 上为凸函数, $f(a)=f(c)=f(b), c\in(a,b)$, 则 $f(x)\equiv f(c)$.

证明 f 定义在 $[a,b]$ 上为凸函数, 构造函数 $F(x;c)=(f(x)-f(c))/(x-c)\,(x\neq c)$, 根据例 3.10.3, $F(x;c)$ 关于 x 是单调递增函数, 因此

$$\forall a<x<b\,(x\neq c):\frac{f(a)-f(c)}{a-c}\leqslant \frac{f(x)-f(c)}{x-c}\leqslant \frac{f(b)-f(c)}{b-c}$$

因此得到结论 $f(x)\equiv f(c)$. 结论得证.

例 3.10.6 设 $a<b<c<d, f$ 在 $[a,c], [b,d]$ 上为凸函数, 则 f 在 $[a,d]$ 上为凸函数.

证明 构造函数 $F(x;\alpha)=(f(x)-f(\alpha))/(x-\alpha)\,(\alpha\in[a,c]\cap[b,d],\,x\neq\alpha)$, f 在 $[a,c]$ 上为凸函数, 所以 $F(x;\alpha)$ 在 $[a,c]$ 上单调递增. f 在 $[b,d]$ 上为凸函数, 所以 $F(x;\alpha)$ 在 $[b,d]$ 上单调递增. 所以 $F(x;\alpha)$ 在 $[a,d]$ 上单调递增, 由例 3.10.3, f 在 $[a,d]$ 上为凸函数. 结论得证.

例 3.10.7 设 f 在 $(a,+\infty)$ 上二次可微, $\lim\limits_{x\to a+}f(x)=\lim\limits_{x\to +\infty}f(x)=0$, 证明存在 $\alpha\in(a,+\infty)$ 满足 $f''(\alpha)=0$.

证明 采用反证法. 设任意 $x\in(a,+\infty), f''(x)\neq 0$, 不妨设 $f''(x)>0$. 当 $x\in(a,+\infty)$ 时, 有结论:

(1) $f(x)$ 为凸函数.

(2) $f'(x)$ 为严格单调递增函数.

(3) $\lim\limits_{x\to a+}f(x)=\lim\limits_{x\to +\infty}f(x)=0$, 根据广义罗尔定理存在 $x^*\in(a,+\infty):f'(x^*)=0$ (习题 3.4.2 第 8 题), 因此存在 $c>x^*, f'(c)>f'(x^*)=0$. 进一步利用条件 (1) 和例 3.10.3 的结论得到

$$f(x)>f(c)+f'(c)(x-c)$$

因此 $\lim\limits_{x\to +\infty}f(x)=+\infty$, 矛盾, 结论得证.

例 3.10.8 常用不等式证明:

(1) $\dfrac{x_1+x_2+\cdots+x_n}{n}\leqslant (x_1^{x_1}x_2^{x_2}\cdots x_n^{x_n})^{1/(x_1+x_2+\cdots+x_n)}\quad (x_i>0, i=1,2,\cdots,n)$.

(2) Yong 不等式: $ab\leqslant (a^p/p)+(b^q/q)\,(a>0,b>0,(1/p)+(1/q)=1)$, 等号成立的充要条件是 $a^p=b^q$.

证明 (1) 首先分析结论

$$\frac{x_1+x_2+\cdots+x_n}{n}\leqslant (x_1^{x_1}x_2^{x_2}\cdots x_n^{x_n})^{1/(x_1+x_2+\cdots+x_n)}$$

$$\Leftrightarrow (x_1+x_2+\cdots+x_n)\ln\left(\frac{x_1+x_2+\cdots+x_n}{n}\right)\leqslant x_1\ln x_1+x_2\ln x_2+\cdots+x_n\ln x_n$$

$$\Leftrightarrow \left(\frac{x_1+x_2+\cdots+x_n}{n}\right)\ln\left(\frac{x_1+x_2+\cdots+x_n}{n}\right)\leqslant \frac{x_1\ln x_1+x_2\ln x_2+\cdots+x_n\ln x_n}{n}$$

$\Leftrightarrow f(x)=x\ln x$ 为凸函数.

由于 $f'(x)=\ln x+1, f''(x)=1/x>0\,(x>0)$, 所以结论成立.

(2) 首先分析结论

$$ab\leqslant \frac{a^p}{p}+\frac{b^q}{q} \Leftrightarrow \ln ab\leqslant \ln\left(\frac{a^p}{p}+\frac{b^q}{q}\right)$$

$$\Leftrightarrow \ln a+\ln b\leqslant \ln\left(\frac{a^p}{p}+\frac{b^q}{q}\right)\Leftrightarrow \frac{\ln a^p}{p}+\frac{\ln b^q}{q}\leqslant \ln\left(\frac{a^p}{p}+\frac{b^q}{q}\right)$$

为此考察函数 $f(x)=\ln x, f''(x)=-1/x^2<0$, 所以 $f(x)$ 为凹函数, 有

$$f\left(\frac{1}{p}x+\frac{1}{q}y\right)\geqslant \frac{1}{p}f(x)+\frac{1}{q}f(y)$$

令 $x=a^p, y=b^q$, 则 $(1/p)\ln(a^p)+(1/q)\ln(b^q)\leqslant \ln[(a^p/p)+(b^q/q)]$, 从而 $ab\leqslant (a^p/p)+(b^q/q)$.

下证等号成立的充要条件是 $a^p=b^q$.

令 $a'=a^p, b'=b^q$, 代入等式 $ab=a^p/p+b^q/q$ 得 $a'^{(1/p)}b'^{(1/q)}=a'/p+b'/q$, 两边同时除以 b', 得 $(a'/b')^{1/p}=(1/p)(a'/b')+(1/q)$.

要证明 $ab=(a^p/p)+(b^q/q)\Leftrightarrow a^p=b^q$, 即证 $(a'/b')^{1/p}=(1/p)(a'/b')+1/q\Leftrightarrow a'=b'$. 即证方程 $x^{1/p}=(1/p)x+1/q$ 等号成立 $\Leftrightarrow x=1$, 也就是 $x^{1/p}-(1/p)x=1-(1/p)\Leftrightarrow x=1$.

令 $f(x)=x^{1/p}-(1/p)x\,(x>0)$, 当 $x=1$ 时, $f(1)=1-1/p$. $f'(x)=(1/p)x^{(1/p-1)}-(1/p)=(1/p)\left((1/x^{1/q})-1\right)$. 当 $x>1$ 时, $f'(x)<0, f(x)$ 严格单调递减, 当 $x<1$ 时, $f'(x)>0, f(x)$ 严格单调递增. 故 $f(x)=x^{1/p}-(1/p)x=1-1/p\Leftrightarrow x=1$, 即 $ab=(a^p/p)+(b^q/q)\Leftrightarrow a^p=b^q$, 结论得证.

*3.11 提 高 课

扫码学习

3.11.1 数学建模: 彩虹现象

彩虹是雨滴散射太阳光而产生的, 从亚里士多德 (Aristotélēs) 时代就有人开始尝试用科学的方法解释其形成原理. 这节用微积分知识解释彩虹现象. 如图 3.11.1 所示, 一束太阳光在球形雨滴 A 处进入雨滴内部, 一部分光线被反射出去, 一部分光线发生折射. AB 就是发生折射的光线的传播路径. 折射的光线向法线 AO 靠拢, 由斯内尔定律: $k=\sin\alpha/\sin\beta$, 其中 α 是入射角, β 是折射角, k 是水的折射率.

在 B 点, 一部分光线穿过水滴发生折射, 折射到空气中, 一部分光线发生反射, BC 是发生反射的光线的传播路径. 当光线到达 C 处时, 部分光线被折射到大气中. 如图 3.11.1 所示.

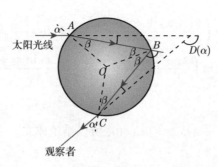

图 3.11.1

光线偏转角 $D(\alpha)$, 如图 3.11.1 所示, 是在这三个过程中光线经过路径的顺时针旋转角度之和

$$D(\alpha) = (\alpha - \beta) + (\pi - 2\beta) + (\alpha - \beta) = \pi + 2\alpha - 4\beta$$

将 $k = \sin\alpha/\sin\beta$, 代入式中可得

$$D(\alpha) = \pi + 2\alpha - 4\arcsin\left(\frac{1}{k}\sin\alpha\right)$$

对 $D(\alpha)$ 求导可得

$$D'(\alpha) = 2 - 4\frac{\cos\alpha/k}{\sqrt{1 - \left(\frac{1}{k}\sin\alpha\right)^2}} = 0 \Rightarrow \alpha = \arccos\sqrt{\frac{k^2 - 1}{3}}$$

当折射率 $k = 4/3$ 时, $\alpha \approx 1.0366 = 59.4°$, $D(\alpha) \approx 138°$, $D'(\alpha) = 0, D''(\alpha) > 0$ 可以得到 $D(\alpha)$ 在 $\alpha \approx 59.4°$ 处取到最小值 $D(\alpha) \approx 138°$.

最小偏角的意义是当 $\alpha \approx 59.4°$ 时, $D'(\alpha) \approx 0$. 在这个角度附近, 许多入射角为 $\alpha \approx 59.4°$ 的光线发生了 $138°$ 的偏转, 这些光线的汇集产生了主彩虹的光芒. 如图 3.11.2 所示.

从观察者到彩虹的最高点角度: $180° - 138° = 42°$.

接下来解释彩虹的颜色. 太阳光由一系列光谱组成, 红色、橙色、黄色、绿色、蓝色、靛色、紫色. 牛顿 (Newton) 1666 年的棱镜实验发现, 不同颜色的光的折射率不同: 红色 $k \approx 1.3318$, 紫色 $k \approx 1.3435$. 这种现象称为色散. 对每种颜色光的折射率重复上面问题讨论, 可以得到红色光的彩虹角大约为 $42.3°$, 紫色光的彩虹角大约 $40.6°$, 所以彩虹实际上由七种颜色的相分离光弧组成. 根据主彩虹的偏转角度表达式可知: k 值越大, 偏转角越大, 看到的颜色就越靠下, 因此主彩虹中颜色从上往下依次是: 红、橙、黄、绿、蓝、靛、紫.

主彩虹的上面有另一个模糊的副彩虹. 因为光线在 A 处折射到雨滴中, 在 B 和 C 处发生两次反射, 在 D 处折射到大气中, 如图 3.11.3 所示. 光线偏转的角度是逆时针旋转的所有角度之和, 即光线经历的四个阶段.

用公式表达:

$$D(\alpha) = 2\alpha - 6\beta + 4\pi$$

将 $k = \sin\alpha/\sin\beta$ 代入上式中

$$D(\alpha) = 2\alpha - 6\arcsin(\sin\alpha/k) + 4\pi, \quad D'(\alpha) = 2 - 6\frac{\cos\alpha/k}{\sqrt{1 - (\sin\alpha/k)^2}} = 0$$

当 $\cos\alpha = \sqrt{(k^2-1)/8}$ 时, $D(\alpha)$ 达到最小. 当 $k = 4/3$ 时, 求得最小偏差值为 $129°$, 所以副彩虹角大约为 $51°$. 如图 3.11.4 所示.

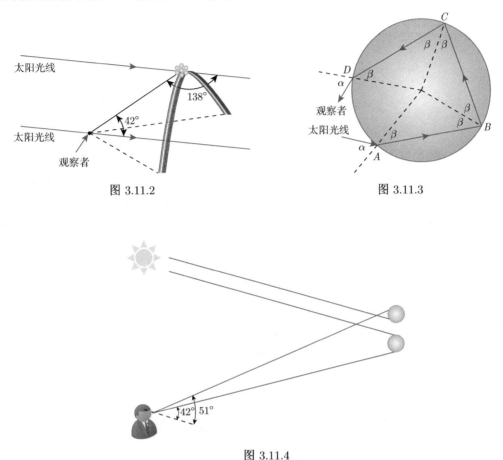

图 3.11.2

图 3.11.3

图 3.11.4

根据副彩虹的偏转角度表达式可知: k 值越大, 偏转角越大, 看到的颜色就越靠上, 因此副彩虹中颜色从下往上依次是: 红、橙、黄、绿、蓝、靛、紫. 主彩虹里的颜色和副彩虹里的颜色相反.

通过微积分知识解释的彩虹现象与实际我们见到的自然界中的彩虹现象一致.

3.11.2　数学建模: 罐子设计

我们研究罐子的最经济的形状. 用数学语言描述为: 给定圆柱形罐子的体积 V, 求罐子的高 h 和半径 r, 使得材料的花费最少. 如图 3.11.5 所示.

如果我们忽略制造过程中的材料浪费, 这个问题就能转化为圆柱形的表面积最小化问题. 如图 3.11.6 所示, 已知体积 $V = \pi r^2 h$. 罐子表面积: $A = 2\pi r^2 + 2\pi rh = 2\pi r^2 + 2V/r$.

令 $A'(r) = 4\pi r - 2V/r^2 = 0$, 解得 $r = \sqrt[3]{V/(2\pi)}$. 当 $0 < r < \sqrt[3]{V/(2\pi)}$ 时, $A'(r) < 0$, 当 $r > \sqrt[3]{V/(2\pi)}$ 时, $A'(r) > 0$. 所以 A 在 $r = \sqrt[3]{V/(2\pi)}$ 时, 取得最小值 $A = 3\sqrt[3]{2\pi V^2}$, 此时 $h = 2\sqrt[3]{V/(2\pi)} = 2r$. 即罐子的高度是底面半径的 2 倍时表面积最小.

如果我们拿着尺子去超市量一量, 就会发现通常情况下饮料罐的高度与底面半径的比例

h/r 是大于 2 的. 这个数值通常在 2 到 3.8 之间. 下面我们就这一现象作出解释.

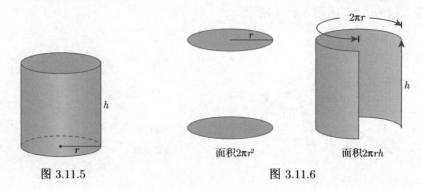

图 3.11.5   图 3.11.6

情况 1 如果罐子的原材料是从金属薄片切割出来的. 把矩形卷起来就成了圆柱体的侧面, 所以从金属片上切这些矩形时的浪费可忽略不记. 但是如果罐子的上下底面是从边长 $2r$ 的正方形切割出来的, 如图 3.11.7 所示, 这就会剩下很多边角废料. 在这种情况下, 制作一个罐子所需材料面积为

$$A(r) = 2 \times (2r)^2 + 2\pi r h = 8r^2 + \frac{2V}{r} \quad (V = \pi r^2 h)$$

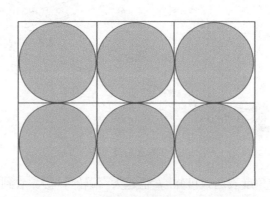

从正方形切割圆片

图 3.11.7

令 $A'(r) = 16r - (2V/r^2) = 2(8r^3 - V)/r^2 = 0$, 解得 $r = \sqrt[3]{V}/2$. 因为 $A''(r) = 16 + 4V/r^3 > 0$, 因而 $r = \sqrt[3]{V}/2$ 为最小值点, 以 $h = 8\sqrt[3]{V}/2\pi$ 时, 所需材料最少, 此时 $h/r = 8/\pi \approx 2.55 \ (V = \pi r^2 h)$.

情况 2 考虑罐子在制作过程中材料的浪费, 制作圆片的一个有效的方法是先将金属片分成正六边形, 如图 3.11.8 所示. 罐子的上下底面从正六边形切割出来, 则制作一个罐子所需材料面积

$$B(r) = 2 \times 6 \times (r^2/\sqrt{3}) + 2\pi r h = 4\sqrt{3} r^2 + 2V/r \quad (V = \pi r^2 h)$$

令 $B'(r) = 8\sqrt{3} r - 2V/r^2 = 2(4\sqrt{3} r^3 - V)/r^2 = 0, B''(r) = 8\sqrt{3} + 4V/r^3 > 0$, 解得 $r = \sqrt[3]{V/(4\sqrt{3})}, h = (4\sqrt{3}/\pi)\sqrt[3]{V/(4\sqrt{3})}$ 时, 所需材料最少, 此时 $h/r = 4\sqrt{3}/\pi \approx 2.21$.

情况 3   仔细观察超市货架上实际的饮料罐, 就会发现罐子的底和盖子的圆片半径要比 r 大, 这是因为它们的边缘要压在侧面边缘上. 除了要考虑罐子的材料费用之外, 还需加上罐子的制作成本. 假设罐子的制作费用主要是将罐子边缘连接的耗费, 设 k 为单位长度的连接费用. 设上下底面是从六边形切割出来的, 如图 3.11.8 所示, 则

$$S(r) = 4\sqrt{3}r^2 + 2\pi rh + k(4\pi r + h) = 4\sqrt{3}r^2 + 2V/r + k\left[4\pi r + (V/\pi r^2)\right] \ (V = \pi r^2 h)$$
$$S'(r) = 8\sqrt{3}r - 2V/r^2 + k[4\pi - (2V/\pi r^3)]$$

令 $S'(r) = 0$, 可求得当 $\dfrac{\sqrt[3]{V}}{k} = \sqrt[3]{\dfrac{\pi h}{r}} \cdot \dfrac{2\pi - h/r}{\pi h/r - 4\sqrt{3}}$ 时, S 取到最小值. 将 $\sqrt[3]{V}/k$ 作为 h/r 的函数, 如果罐子非常大或连接费用非常便宜的话, $\sqrt[3]{V}/k \to \infty$, 此时 h/r 接近于 2.21. 如果罐子小或者连接费用大的话, $\sqrt[3]{V}/k \to 0$, 此时 h/r 要充分大.

上述分析表明: 大罐子应该接近于方形, 而小罐子应该高细.

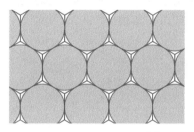
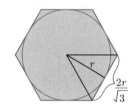

图 3.11.8

3.11.3 方程求根

下面讨论一般方程求根 $f(x) = 0, x \in I$, 假设 $f(x)$ 在 I 上可导. 设 $x_0 \in I$, 根据导数的定义:

$$f'(x_0) = \lim_{x \to x_0} \frac{f(x) - f(x_0)}{x - x_0} \Rightarrow \frac{f(x) - f(x_0)}{x - x_0} = f'(x_0) + o(1)$$

进一步整理得到

$$f(x) = f(x_0) + f'(x_0)(x - x_0) + o(x - x_0)$$

因此 $f(x)$ 的根用线性函数方程 $f(x_0) + f'(x_0)(x - x_0) = 0$ 的根近似替换, 也即

$$f(x) = f(x_0) + f'(x_0)(x - x_0) + o(x - x_0) \approx f(x_0) + f'(x_0)(x - x_0) = 0$$

解得 $x_1 = x_0 - (f(x_0)/f'(x_0))$, 这里假设 $f'(x_0) \neq 0, x_1 \in I$. 进一步 $f(x)$ 在 x_1 可导, 则有

$$f(x) = f(x_1) + f'(x_1)(x - x_1) + o(x - x_1) \approx f(x_1) + f'(x_1)(x - x_1) = 0$$

将 $f(x)$ 的根用线性函数方程 $f(x_1) + f'(x_1)(x - x_1) = 0$ 的根近似替换, 解得 $x_2 = x_1 - (f(x_1)/f'(x_1))$, 这里假设 $f'(x_1) \neq 0, x_1 \in I$.

将上述分析过程一直进行, 得到迭代算法:

$$\begin{cases} x_{k+1} = x_k - [f(x_k)/f'(x_k)] & (f'(x_k) \neq 0), k \in \mathbf{N}^* \\ x_0 \in I \end{cases} \quad (3.11.1)$$

这里 x_0 为初始值. 迭代函数为 $F(x) = x - [f(x)/f'(x)]$.

(3.11.1) 式称为牛顿迭代法. 如图 3.11.9 所示, 牛顿迭代法实际上就是将函数曲线 $y = f(x)$ 在 x_k 点用切线代替, 相应切线方程的根 x_{k+1} 逼近 $f(x) = 0$ 根的近似值 $(k = 1, 2, 3, \cdots)$. 接下来讨论牛顿迭代方法的性质.

例 3.11.9(应用实例) 求 $f(x) = (x-10)(x-50)(x-80)(x-100)$ 的根, 要求计算误差小于 10^{-4}.

解 函数 $f(x) = (x-10)(x-50)(x-80)(x-100)$ 的图像如图 3.11.10 所示. $f(x) = 0$ 有四个不同的根. 表 3.11.1 给出了选取不同初始值时的迭代结果.通过表 3.11.1 的计算结果, 第一、二、三种由于初始值选取接近根的精确值, 因此全部实根可以求出, 第四、五种由于初始值与根的精确值误差比较大, 因此没有全部求出实根.

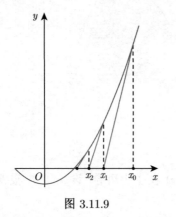

图 3.11.9

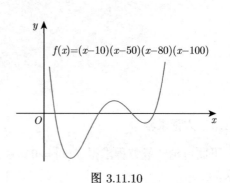

图 3.11.10

表 3.11.1

初始点	15	40	70	95	110
迭代次数	4	3	4	5	5
迭代值	9.99999991	49.99999322	80.00000000	100.00000010	100.00000000
初始点	25	27	63	90	150
迭代次数	11	4	7	10	7
迭代值	100.00000000	80.00000000	9.99996504	9.99999907	100.00001550
初始点	28	30	65	91	200
迭代次数	4	5	9	6	9
迭代值	79.99998002	49.99999413	100.00000000	49.99999985	100.00000050
初始点	−200	−100	300	400	500
迭代次数	10	8	11	12	13
迭代值	9.99999953	9.99999092	100.00000020	100.00000260	100.00000090
初始点	−1000000	−600000	−200000	200000	600000
迭代次数	39	37	33	34	38
迭代值	9.99999999	9.99999976	9.99999793	100.00001600	100.00000260

例 3.11.10 (应用实例)　求 $f(x) = 0.2x + \sin^2 x + 1$ 的根.

解　函数 $f(x) = 0.2x + \sin^2 x + 1$ 的图像如图 3.11.11 所示. $f(x) = 0$ 有三个不同的根, 计算结果如表 3.11.2 所示. 图 3.11.12 给出了初始值 $x_0 = -1$ 和 $x_0 = 10$ 的迭代结果, 可以看到牛顿迭代方法序列发散, 没有收敛到根的精确值.

通过上面的讨论可以看到牛顿迭代方法收敛速度快但是依赖初始值的选取.

例 3.11.11 (应用实例)　用牛顿迭代方法计算 $\sqrt[n]{A}\,(A > 0)$.

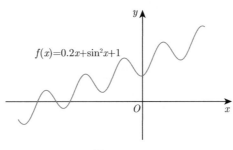

图 3.11.11

表 3.11.2

初始点	-9	-8	-7	-6	-5
1	-8.337364033	-8.776444282	-6.959991024	-5.834467197	-6.235900099
2	-8.451248520	-8.440453824	-6.959654850	-5.856162007	-5.403966534
3	-8.445473369	-8.445470971	-6.959654818	-5.856475221	-5.837370925
4	-8.445462377	-8.445462377	-6.959654818	-5.856475289	-5.856237227
5	-8.445462377	-8.445462377	-6.959654818	-5.856475289	-5.856475250
6	-8.445462377	-8.445462377	-6.959654818	-5.856475289	-5.856475289
7	-8.445462377	-8.445462377	-6.959654818	-5.856475289	-5.856475289
8	-8.445462377	-8.445462377	-6.959654818	-5.856475289	-5.856475289
9	-8.445462377	-8.445462377	-6.959654818	-5.856475289	-5.856475289
10	-8.445462377	-8.445462377	-6.959654818	-5.856475289	-5.856475289

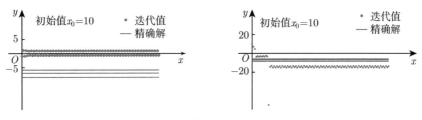

图 3.11.12

解　计算 $\sqrt[n]{A}$ 等价于求方程 $f(x) = x^n - A = 0$ 的根. 选取一个自然数 m, 使得 $(m-1)^n < A < m^n$. 根据牛顿迭代方法得到迭代序列

$$\begin{cases} x_{k+1} = x_k - (x_k^n - A)/(nx_k^{n-1}) \\ x_0 = m \end{cases}$$

以 $\sqrt[3]{2}, \sqrt[8]{2}$ 为例给出计算结果, 误差估计见表 3.11.3 和表 3.11.4.

表 3.11.3

k	x_k	误差
0	2.0000000000	0.74007895011
1	1.5000000000	0.24007895011
2	1.2962962963	0.03637524640
3	1.2609322247	0.00101117485
4	1.2599218606	0.00000081067
5	1.2599210499	0.00000000000
6	1.2599210499	0.00000000000

表 3.11.4

k	x_k	误差
0	2.0000000000	0.90949226734
1	1.7519531250	0.66144539234
2	1.5378939330	0.44738620032
3	1.3579444591	0.26743672648
4	1.2175620714	0.12705433877
5	1.1283902711	0.03788253847
6	1.0946723641	0.00416463140
7	1.0905627673	0.00005503458
8	1.0905077424	0.00000000972
9	1.0905077327	0.00000000000
10	1.0905077327	0.00000000000

关于牛顿迭代方法有下面结果, 证明留给读者完成.

定理 3.11.1 设 $f(x)$ 定义在 $[a,b]$ 上, 具有二阶导数, 满足

(1) $f(a)f(b)<0$;

(2) $f'(x)$ 在 (a,b) 上保号;

(3) $f''(x)$ 在 (a,b) 上保号;

(4) $f(x_0)f''(x_0)>0$.

则迭代序列

$$\begin{cases} x_{k+1}=x_k-[f(x_k)/f'(x_k)] & (f'(x_k)\neq 0), k\in \mathbf{N}^* \\ x_0: f(x_0)f''(x_0)>0 \end{cases}$$

收敛到方程 $f(x)=0$ 在区间 $[a,b]$ 上的唯一根.

在实际求解过程中, 牛顿迭代法每步需要计算函数的导数, 导致计算复杂度较高, 因此用 $f'(x_k)\approx [f(x_k)-f(x_{k-1})]/(x_k-x_{k-1})$, 得到下面迭代法:

$$x_{k+1}=\begin{cases} x_k-\dfrac{f(x_k)(x_k-x_{k-1})}{f(x_k)-f(x_{k-1})}, & k\in\mathbf{N}^* \\ 给定初始值 x_0, x_1 \end{cases} \tag{3.11.2}$$

(3.11.2) 式称为弦割方法, 其几何意义是过两点 $(x_{k-1},f(x_{k-1})),(x_k,f(x_k))$ 的割线与 x 轴的交点 x_{k+1} 作为方程根的近似值.

定义 3.11.2 (局部和全局收敛) 设 I 为 $\varphi(x)$ 的定义域. 迭代序列

$$\begin{cases} x_{k+1} = \varphi(x_k) \\ x_0 \in I \\ \{x_{k+1}\} \subset I \end{cases}$$

任意 $x_0 \in I, \{x_{k+1}\} = \{\varphi(x_k)\}$ 收敛到 x^*, 则称此序列全局收敛. 任意 $x_0 \in S \subset I, \{x_{k+1}\} = \{\varphi(x_k)\}$ 收敛到 x^*, 则称此序列局部收敛.

在计算数学领域, 迭代序列的收敛速度通常采用如下定义.

定义 3.11.3 (收敛速度) 给定迭代序列 $\begin{cases} x_{k+1} = \varphi(x_k), \\ x_0 \in I \end{cases}$ 或者 $\begin{cases} x_{k+1} = \varphi(x_k, x_{k-1}), \\ x_0, x_1 \in I, \end{cases}$
如果存在正实数 p, 使得 $\lim\limits_{n \to \infty} |(x_{n+1} - \alpha)/(x_n - \alpha)^p| = c \neq 0$, 则称收敛速度为 p 次.

可以证明牛顿迭代方法的收敛速度为 2 次, 弦割方法的收敛速度为

$$[1 + \sqrt{5}]/2 \approx 1.618 \text{ 次}$$

局部收敛的序列与初值的选取有关, 全局收敛的序列与初值的选取无关, 由于局部收敛的迭代方法给实际计算带来很大困难, 因此具有大范围收敛的迭代法研究在理论和实际问题求解中都非常重要.

在实际问题求解时需要考虑迭代法的效率问题, 主要有三个方面: 收敛速度、迭代过程每一步的工作量、迭代序列对初值的敏感性问题. 第二和第三方面实际上是算法的复杂性和算法的稳定性问题. 构造具有高收敛阶和全局收敛的迭代算法是非线性方程数值求解的重要研究内容.

3.11.4 几类特殊函数性质的讨论

本节讨论在工程领域应用广泛的几种特殊函数的性质.

定理 3.11.2 勒让德 (Legendre) 多项式序列

$$P_m(x) = \frac{1}{2^m m!} \left[(x^2 - 1)^m \right]^{(m)} \quad (m = 0, 1, 2, \cdots)$$

满足方程

$$(1 - x^2) P_m''(x) - 2x P_m'(x) + m(m+1) P_m(x) = 0$$

证明 设 $y = (x^2 - 1)^m \Rightarrow y' = 2mx(x^2 - 1)^{m-1} \Rightarrow (x^2 - 1) y' = 2mxy$, 两端求 $m+1$ 阶导数, 根据莱布尼茨公式, 即得

$$(x^2 - 1) y^{(m+2)} + 2(m+1) x y^{(m+1)} + m(m+1) y^{(m)} = 2mx y^{(m+1)} + 2m(m+1) y^{(m)}$$

整理得

$$(x^2 - 1) y^{(m+2)} + 2x y^{(m+1)} - m(m+1) y^{(m)} = 0$$

得到结论

$$(1 - x^2) P_m''(x) - 2x P_m'(x) + m(m+1) P_m(x) = 0$$

定理 3.11.3 切比雪夫 (Chebychev)–拉盖尔 (Laguerre) 多项式序列定义为 $L_m(x) = e^x(x^m e^{-x})^{(m)}$ $(m = 0, 1, 2, \cdots)$. 证明 $L_m(x)$ 满足方程:
$$xL_m''(x) + (1-x)L_m'(x) + mL_m(x) = 0$$

证明 根据莱布尼茨公式得到
$$L_m(x) = e^x\{(-1)^m x^m e^{-x} + (-1)^{m-1}C_m^1 mx^{m-1}e^{-x} + \cdots + (-1)C_m^{m-1}m!xe^{-x} + m!e^{-x}\}$$
$$= (-1)^m x^m + (-1)^{m-1}C_m^1 mx^{m-1} + \cdots + (-1)C_m^{m-1}m!x + m!$$
$$= (-1)^m[x^m - m^2 x^{m-1} + \cdots + (-1)^{m-1}m^2(m-1)!x + (-1)^m m!]$$

因此 $L_m(x)$ 为 m 次多项式.

设 $y = x^m e^{-x} \Rightarrow y' = mx^{m-1}e^{-x} - x^m e^{-x} \Rightarrow xy' + (x-m)y = 0$. 在两端求 $m+1$ 阶导数, 利用莱布尼茨公式得到
$$xy^{(m+2)} + (m+1)y^{(m+1)} + (x-m)y^{(m+1)} + (m+1)y^{(m)} = 0$$

整理得
$$xy^{(m+2)} + (1+x)y^{(m+1)} + (m+1)y^{(m)} = 0$$

设 $z = y^{(m)}$, 由上式可得
$$xz'' + (1+x)z' + (m+1)z = 0$$

由于
$$L_m(x) = e^x \cdot z \Rightarrow L_m'(x) = e^x(z + z'); \quad L_m''(x) = e^x(z + 2z' + z'')$$
$$xL_m''(x) + (1-x)L_m'(x) + mL_m(x) = e^x\{xz'' + (x+1)z' + (m+1)z\}$$

因此得到结论: $xL_m''(x) + (1-x)L_m'(x) + mL_m(x) = 0$.

定理 3.11.4 切比雪夫–埃尔米特 (Hermite) 函数定义为 $H_m(x) = (-1)^m e^{x^2}(e^{-x^2})^{(m)}$ $(m = 0, 1, 2, \cdots)$. 求 $H_m(x)$ 的表达式, 并且证明 $H_m(x)$ 满足方程: $H_m''(x) - 2xH_m'(x) + 2mH_m(x) = 0$.

证明 设 $y = e^{-x^2}$, 则有
$$y' = (-2x)e^{-x^2}$$
$$y'' = e^{-x^2}[(-2x)^2 - 2] = [(2x)^2 - 2]e^{-x^2}$$
$$y''' = [(2x)^2 - 2]e^{-x^2}(-2x) + 4(2x)e^{-x^2} = e^{-x^2}\left[-(2x)^3 + 6(2x)\right]$$
$$y'''' = -2xe^{-x^2}\left[-(2x)^3 + 6(2x)\right] + e^{-x^2}\left[-6(2x)^2 + 12\right] = \left[(2x)^4 - 12(2x)^2 + 12\right]e^{-x^2}$$

一般有
$$y^{(m)} = \Big[(-1)^m(2x)^m + (-1)^{m-1}\frac{m(m-1)}{1!}(2x)^{m-2}$$
$$+ (-1)^{m-2}\frac{m(m-1)(m-2)(m-3)}{2!} \cdot (2x)^{m-4} + \cdots\Big]e^{-x^2}$$

因此得到结论
$$H_m(x) = (-1)^m e^{x^2} y^{(m)}$$

$$= (2x)^m - \frac{m(m-1)}{1!}(2x)^{m-2}$$
$$+ \frac{m(m-1)(m-2)(m-3)}{2!}(2x)^{m-4} - \cdots$$

在 $y' + 2xy = 0$ 两端求 $m+1$ 阶导数，根据莱布尼茨公式，得到结论
$$y^{(m+2)} + 2xy^{(m+1)} + 2(m+1)y^{(m)} = 0$$
设 $z = y^{(m)}$，得
$$z'' + 2xz' + 2(m+1)z = 0$$
由 $H_m(x) = (-1)^m e^{x^2} z$ 得
$$H'_m(x) = (-1)^m e^{x^2}(2xz + z'), \quad H''_m(x) = (-1)^m e^{x^2}[(4x^2+2)z + 4xz' + z'']$$
将上式代入
$$H''_m(x) - 2xH'_m(x) + 2mH_m(x) = (-1)^m e^{x^2}[z'' + 2xz' + 2(m+1)z]$$
中，得到 $H''_m(x) - 2xH'_m(x) + 2mH_m(x) = 0$. 结论得证.

定理 3.11.5 证明切比雪夫多项式序列 $T_m(x) = (\cos(m \arccos x))/2^{m-1}$ ($|x| < 1, m = 0, 1, 2, \cdots$) 满足方程
$$(1-x^2)T''_m(x) - xT'_m(x) + m^2 T_m(x) = 0$$

证明 首先证明 $T_m(x) = (\cos(m \arccos x))/2^{m-1}$ 是 m 次多项式.
$$T_0(x) = 2, \quad T_1(x) = x, \quad T_2(x) = \frac{1}{2}\cos(2\arccos x) = \frac{1}{2}[2\cos^2(\arccos x) - 1] = x^2 - \frac{1}{2}$$
设 $T_m(x) = (\cos(m \arccos x))/2^{m-1}$ 为 m 次多项式. 得
$$2^m T_{m+1}(x) + 2^{m-2} T_{m-1}(x) = \cos((m+1)\arccos x) + \cos((m-1)\arccos x)$$
$$= 2x\cos(m\arccos x) \Leftarrow \boxed{三角函数和差化积公式}$$
即
$$2^m T_{m+1}(x) = -2^{m-2} T_{m-1}(x) + 2^m x T_m(x)$$
$$T_{m+1}(x) = -\frac{T_{m-1}(x)}{4} + xT_m(x)$$
因此 $T_{m+1}(x)$ 为 $m+1$ 次多项式. 进一步由于
$$T'_m(x) = \frac{m}{2^{m-1}\sqrt{1-x^2}} \sin(m\arccos x)$$
$$T''_m(x) = -\frac{m^2}{2^{m-1}(1-x^2)}\cos(m\arccos x) + \frac{mx}{2^{m-1}(1-x^2)^{\frac{3}{2}}}\sin(m\arccos x)$$
得到结论:
$$(1-x^2)T''_m(x) = -\frac{m^2}{2^{m-1}}\cos(m\arccos x) + \frac{mx}{2^{m-1}\sqrt{1-x^2}}\sin(m\arccos x) = -m^2 T_m(x) + xT'_m(x)$$
即 $(1-x^2)T''_m(x) - xT'_m(x) + m^2 T_m(x) = 0$. 结论得证.

引理 3.11.1 假设具有实系数 $a_k(k=0,1,\cdots,n)$ 的多项式 $P_n(x) = a_0x^n + a_1x^{n-1} + \cdots + a_n(a_0 \neq 0)$ 的所有根为实数,则其逐次的导函数 $P_n^{(k)}(x)(k=1,2,\cdots,n-1)$ 也仅有实根.

证明 根据多项式 $P_n(x)$ 有 n 个实根,故可设

$$P_n(x) = a_0(x-\alpha_1)^{k_1}(x-\alpha_2)^{k_2}\cdots(x-\alpha_l)^{k_l} \quad (\alpha_1 < \alpha_2 < \cdots < \alpha_l)$$

α_i 是 k_i 重根, $k_i \geqslant 1\,(i=1,2,\cdots,l), k_1+k_2+\cdots+k_l=n$.

(1) 如果 $k_i > 1$,则 α_i 为 $P'_n(x)$ 的 $k_i - 1$ 重根 $(i=1,2,\cdots,l)$.

(2) $P_n(\alpha_1) = P_n(\alpha_2) = \cdots = P_n(\alpha_l) = 0$,根据罗尔定理,存在 $\xi_i \in (\alpha_i, \alpha_{i+1})$,使

$$P'_n(\xi_i) = 0 \quad (i=1,2,\cdots,l-1)$$

在上面讨论基础上得到 $P'_n(x)$ 根的结论:

$P'_n(x)$	$\xi_1, \xi_2, \cdots, \xi_{l-1}$	α_1,	α_2,	$\cdots$	α_l
重数	单根	$k_1 - 1$,	$k_2 - 1$,		$k_l - 1$

因此 $P'_n(x)$ 根的个数为 $(k_1-1)+(k_2-1)+\cdots+(k_l-1)+(l-1) = n-1$,$n-1$ 次多项式 $P'_n(x)$ 的 $n-1$ 个根也全为实数. 反复运用这一结果,由 $P'_n(x)$ 的 $n-1$ 个实根推得 $P''_n(x)$ 的 $n-2$ 个根皆为实根. 如此下去,得到结论: $P_n^{(k)}(x)$ 仅有实根 $(k=1,2,\cdots,n-1)$.

引理 3.11.2(广义罗尔定理) 设函数 $f(x)$ 在 $I=(a,b)$ 上可导且 $\lim_{x\to a+}f(x) = \lim_{x\to b-}f(x)$,证明: 存在 $c \in (a,b)$, 使得 $f'(c)=0$.

注 3.11.1 结论对 $I=(a,b),[a,b),(a,b],(a,+\infty),[a,+\infty),(-\infty,b),(-\infty,b],(-\infty,+\infty)$ 都成立,下面以三种情况为例证明,其余情况证明留给读者.

证明 (1) $I=(a,b)$. 构造函数

$$F(x) = \begin{cases} f(x), & x \in (a,b) \\ \lim_{x \to a+} f(x), & x = a \\ \lim_{x \to b-} f(x), & x = b \end{cases}$$

$F(x)$ 在 $[a,b]$ 上连续,在 (a,b) 内可导,且有 $F(a) = F(b)$. 由罗尔定理可知,在 (a,b) 内至少存在一点 c,使得 $F'(c) = 0$. 而在 (a,b) 内, $F'(x) = f'(x)$,所以 $f'(c) = 0$.

(2) $I = (-\infty, +\infty)$.

作变换 $x = \tan t, (-\pi/2) < t < (\pi/2)$,则

$$f(x) \quad [x \in (-\infty, \infty)] \Leftrightarrow g(t) = f(\tan t) \quad \left[-\frac{\pi}{2} < t < \frac{\pi}{2}\right]$$

函数 $g(t)$ 在 $\left(-\frac{\pi}{2}, \frac{\pi}{2}\right)$ 内可导,且 $\lim_{t \to -\frac{\pi}{2}} g(t) = \lim_{t \to \frac{\pi}{2}} g(t) = \lim_{x \to \infty} f(x)$,由结论 (1),存在 $t_0 \in \left(-\frac{\pi}{2}, \frac{\pi}{2}\right)$,使得 $g'(t_0) = f'(c) \cdot \sec^2 t_0 = 0$,其中 $c = \tan t_0$. 由 $\sec^2 t_0 \neq 0$,因此 $f'(c) = 0$.

(3) $I = (a, +\infty)$.

作变换 $x = ((b_0 - a)t)/(b_0 - t) \, (b_0 > \max\{a, 0\})$，则

$$f(x) \quad [x \in (a, +\infty)] \Leftrightarrow g(t) = f\left(\frac{(b_0 - a)t}{b_0 - t}\right) \quad [t \in (a, b_0)]$$

函数$g(t)$在(a, b_0)内可导，且 $\lim_{t \to a+} g(t) = \lim_{x \to a+} f(x) = \lim_{t \to b_0-} g(t) = \lim_{x \to +\infty} f(x)$. 根据结论 (1)，存在$t_0 \in (a, b_0)$，使得$g'(t_0) = f'(c) \cdot \frac{b_0(b_0 - a)}{(b_0 - t_0)^2} = 0$. 其中$c = \frac{t_0(b_0 - a)}{b_0 - t_0}, a < c < +\infty$. 由于 $\frac{b_0(b_0 - a)}{(b_0 - t_0)^2} > 0$，故$f'(c) = 0$. 结论得证.

定理 3.11.6 证明勒让德多项式

$$P_n(x) = \frac{1}{2^n n!} \frac{d^n}{dx^n}\left\{(x^2 - 1)^n\right\}$$ 的一切根都是实根，且含于区间$(-1, 1)$中.

证明 证明分为以下过程：

(1) $2n$次多项式$Q_{2n}(x) = (x^2 - 1)^n = (x+1)^n \cdot (x-1)^n$ 仅有实根，-1是n重根，1是n重根.

(2) 根据引理 3.11.1 的结论知，$P_n(x) = \frac{1}{2^n n!} \frac{d^n}{dx^n}\left\{(x^2 - 1)^n\right\}$ 仅有实根且含于$[-1, 1]$中.

(3) 因为-1是$\frac{d^{n-1}}{dx^{n-1}}Q_{2n}(x)$的单根，因而$-1$不是$\frac{d^n Q_{2n}(x)}{dx^n}$的根，同理$1$不是$\frac{d^n Q_{2n}(x)}{dx^n}$的根. 因此$P_n(x)$的根全部位于$(-1, 1)$中，结论得证.

定理 3.11.7 证明切比雪夫–拉盖尔多项式 $L_n(x) = e^x \frac{d^n}{dx^n}\left(x^n e^{-x}\right)$ 的根都是正数.

证明 令 $Q(x) = x^n e^{-x}$，则由莱布尼茨公式

$$\begin{aligned}Q^{(m)}(x) = e^{-x}[&(-1)^m x^n + (-1)^{m-1} C_m^1 n x^{n-1} + \cdots \\&+ (-1) C_m^{m-1} n(n-1) \cdots (n - m + 2) x^{n-m+1} \\&+ n(n-1) \cdots (n - m + 1) x^{n-m}] \quad (m = 1, 2, \cdots, n)\end{aligned}$$

根据上式可以得到如下结论:

(1) $Q^{(m)}(0) = 0, m = 0, 1, \cdots, n - 1 \, \left(Q^{(0)}(x) = Q(x)\right)$；

(2) $Q^{(n)}(0) = n! \neq 0$；

根据洛必达法则：$\lim_{x \to +\infty} x^k/e^x = 0$，得到结论

(3) $\lim_{x \to +\infty} Q^{(m)}(x) = 0 \quad (m = 0, 1, \cdots, n)$.

根据 (1) 和 (3) 应用广义罗尔定理，存在 $\xi^{(1)} \in (0, +\infty)$，使得 $Q'(\xi^{(1)}) = 0$.

进一步应用罗尔和广义罗尔定理，存在 $\xi_1^{(2)} \in (0, \xi^{(1)}), \xi_2^{(2)} \in (\xi^{(1)}, +\infty)$，使得 $Q''(\xi_i^{(2)}) = 0 \, (i = 1, 2)$.

依次重复利用罗尔和广义罗尔定理 (n 次) 得到结论:

$$\exists\, 0 < \xi_1^{(n)} < \xi_2^{(n)} < \cdots < \xi_n^{(n)} < +\infty : Q^{(n)}(\xi_i^{(n)}) = 0 \quad (i = 1, 2, \cdots, n)$$

$L_n(x) = e^x Q^{(n)}(x)$ 是 n 次多项式，恰有 n 个根. 因此 $\xi_i^{(n)} \, (i = 1, 2, \cdots, n)$ 是 $L_n(x)$ 的全部根. 结论得证.

定理 3.11.8 证明切比雪夫–埃尔米特多项式 $H_n(x) = (-1)^n e^{x^2} \dfrac{d^n}{dx^n}(e^{-x^2})$ 所有的根都是实数.

证明 设 $Q(x) = e^{-x^2}$, 显然有 $Q'(x) = -2xe^{-x^2}, Q''(x) = 2e^{-x^2}(\sqrt{2}x+1)(\sqrt{2}x-1)$, 从而得知 $Q'(x) = 0$ 有一个实根, $Q''(x) = 0$ 有两个相异的实根.

设 $Q^{(k)}(x) = 0$ 有 k 个相异实根, 并记为 $\alpha_1 < \alpha_2 < \cdots < \alpha_k$, 则

$$Q^{(k)}(x) = Ae^{-x^2}(x-\alpha_1)(x-\alpha_2)\cdots(x-\alpha_k) \quad (A \neq 0)$$

下面证明 $Q^{(k+1)}(x) = 0$ 有 $k+1$ 个相异实根.

由 $Q^{(k)}(\alpha_i) = Q^{(k)}(\alpha_{i+1}) (i = 1, 2, \cdots, k-1)$ 和罗尔定理, 存在 $\beta_i \in (\alpha_i, \alpha_{i+1})$, 使得 $Q^{(k+1)}(\beta_i) = 0 (i = 1, 2, \cdots, k-1)$. 利用洛必达法则 n 次得到

$$\lim_{x \to \pm\infty} Q^{(k)}(x) = \lim_{x \to \pm\infty} \frac{A(x-\alpha_1)(x-\alpha_2)\cdots(x-\alpha_k)}{e^{x^2}} = 0$$

根据广义罗尔定理,

$$\lim_{x \to -\infty} Q^{(k)}(x) = 0, Q^{(k)}(\alpha_1) = 0 \Rightarrow \exists \beta_0 \in (-\infty, \alpha_1) : Q^{(k+1)}(\beta_0) = 0$$

$$\lim_{x \to +\infty} Q^{(k)}(x) = 0, Q^{(k)}(\alpha_k) = 0 \Rightarrow \exists \beta_k \in (\alpha_k, +\infty) : Q^{(k+1)}(\beta_k) = 0$$

于是 $Q^{(k+1)}(x) = 0$ 有 $k+1$ 个相异实根. 由数学归纳法, 知 $Q^{(n)}(x) = 0$ 有 n 个相异实根, 从而 $H_n(x)$ 有 n 个相异实根. 但由于 $H_n(x)$ 是 n 次多项式, 故 $H_n(x)$ 恰有 n 个根. 因此 $H_n(x)$ 的所有根都是实数. 结论得证.

*3.12 探索类问题

探索类问题 1 利用复合函数求导方法研究下列函数的一阶导数:

$$y = x^{a^{x^{a^{x^{\cdot^{\cdot^{\cdot^{a^x}}}}}}}} \quad (n \text{ 个 } a), \quad y = x^{x^{x^{x^{x^{\cdot^{\cdot^{\cdot^{x}}}}}}}} \quad (n+1 \text{ 个 } x) \quad (a > 0, x > 0)$$

探索类问题 2 证明下面问题:

(1) 证明函数 $f(x) = \begin{cases} x^{2n}\sin(1/x), & x \neq 0 \\ 0, & x = 0 \end{cases}$ $(n \in \mathbf{N}^*)$ 在 $x = 0$ 存在直到 n 阶导数, 而无 $n+1$ 阶导数.

(2) 证明函数

$$f(x) = \begin{cases} e^{(-1/x^2)}, & x \neq 0 \\ 0, & x = 0 \end{cases}$$

在 $x = 0$ 存在任意阶导数.

探索类问题 3 研究利用欧拉公式求函数导数的方法.

由欧拉公式 $\begin{cases} e^{i\theta} = \cos\theta + i\sin\theta, \\ e^{-i\theta} = \cos\theta - i\sin\theta \end{cases}$ 得到 $\begin{cases} \cos\theta = [e^{i\theta} + e^{-i\theta}]/2, \\ \sin\theta = [e^{i\theta} - e^{-i\theta}]/(2i), \end{cases}$ 计算下面函数的 n 阶导数.

(1) $\sin^{2p} x$; (2) $\sin^{2p+1} x$; (3) $\cos^{2p} x$; (4) $\cos^{2p+1} x$;

(5) 利用分解 $\dfrac{1}{x^2+1} = \dfrac{1}{2i}\left(\dfrac{1}{x-i} - \dfrac{1}{x+i}\right)$, 计算 $\arctan^{(n)} x$, 这里 $i = \sqrt{-1}$.

探索类问题 4 研究下列函数的单调区间和凹凸区间.

(1) $\begin{cases} x = \cos t - \cos 80t \sin t, \\ y = 2\sin t - \sin 80t \end{cases} (0 \leqslant t \leqslant 2\pi);$ (2) $\begin{cases} r = \sin\theta + \sin^3(5\theta/2), \\ x = r(\theta)\cos\theta, \\ y = r(\theta)\sin\theta; \end{cases}$

(3) $\begin{cases} r = \sin(8\theta/5), \\ x = r(\theta)\cos\theta, \\ y = r(\theta)\sin\theta. \end{cases}$

如图 3.12.1 所示.

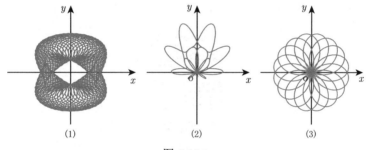

图 3.12.1

探索类问题 5 建立求导公式

(1) $(f_1 f_2 \cdots f_k)^{(n)}$; (2) $(g_1 \circ g_2 \circ \cdots \circ g_k)^{(n)}$.

探索类问题 6 研究拉格朗日中值定理的中值函数的性质:

$f(x)$ 在 $[a,b]$ 上连续, (a,b) 上可导, 则 $f(a+h) - f(a) = f'(\beta)h\,(h > 0, \beta \in (a, a+h))$.
式中 $\beta = \beta(h)$ 是关于 h 的隐函数, 研究 $\beta(h)$ 的分析性质: 极限、连续、可导等.

探索类问题 7 研究柯西中值定理的中值函数的性质:

$f(x), g(x)$ 在 $[a,b]$ 上连续, (a,b) 内可导, $g'(x) \neq 0, \forall x \in (a,b)$, 则

$$\frac{f(a+h) - f(a)}{g(a+h) - g(a)} = \frac{f'(\beta)}{g'(\beta)} \quad (h > 0, \beta \in (a, a+h))$$

上式中 $\beta = \beta(h)$ 是关于 h 的隐函数, 研究 $\beta(h)$ 的分析性质: 极限、连续、可导等.

探索类问题 8 研究函数在下列区间的罗尔定理、拉格朗日中值定理、柯西中值定理成立的条件. $I = (a,b), [a,b), (a,b], (a,+\infty), [a,+\infty), (-\infty,b), (-\infty,b], (-\infty,+\infty)$.

探索类问题 9 几类特殊多项式如下:

勒让德多项式: $P_m(x) = \left[(x^2-1)^m\right]^{(m)}/(2^m m!)\,(m = 0,1,2,\cdots)$.

切比雪夫–拉盖尔多项式: $L_m(x) = e^x (x^m e^{-x})^{(m)}\,(m = 0,1,2,\cdots)$.

切比雪夫–埃尔米特多项式: $H_m(x) = (-1)^m e^{x^2}(e^{-x^2})^{(m)}$ $(m=0,1,2,\cdots)$.

切比雪夫多项式: $T_m(x) = [\cos(m \arccos x)]/2^{m-1}$ $(m=0,1,2,\cdots)$.

查阅文献了解四类特殊函数在工程领域的应用, 写一份读书报告.

探索类问题 10 利用牛顿迭代法和弦割方法求解下列方程的根的近似值 (精度要求小数点后面 15 位):

(1) $5x^9 + 7x^8 + 10x^7 + 156x^4 + 89x^3 + 90x^2 + 101x + 50 = 0$.

(2) $xe^x + x^5 \sin x^3 = 0$.

(3) $x \ln x = 1$.

(4) $x + e^x = 0$.

探索类问题 11 利用牛顿迭代法和弦割法研究开普勒方程的解.

$$y - x - \varepsilon \sin y = 0 \quad (0 < \varepsilon < 1)$$

探索类问题 12 证明牛顿迭代方法的收敛速度为 2 次, 弦割方法的收敛速度为 $[1+\sqrt{5}]/2$ 次.

探索类问题 13 通过查阅文献了解凹凸函数在实际问题中的应用, 写一份读书报告.

第 3 章习题答案与提示

第 4 章　微分与泰勒公式

无论是理论分析, 还是近似计算, 用简单的函数来近似表达复杂的函数, 这是数学中的一个基本思想和常用方法. 泰勒公式是用简单的多项式函数局部逼近足够光滑的函数, 在实际问题中有广泛应用. 本章讨论微分的定义、带佩亚诺 (Peano) 型余项的泰勒 (Taylor) 公式和带拉格朗日 (Lagrange) 型余项的泰勒公式, 提高拓展部分讨论了拉格朗日插值以及泰勒公式在科学计算中的应用, 本章最后设置了系列探索类研究问题.

4.1　微分的定义与运算性质

4.1.1　微分的定义与计算

导数刻画了函数在某点的瞬时变化率, 下面我们研究自变量的微小变化引起函数变化量的问题, 也就是函数增量的问题. 设函数 $f(x)$ 在点 x_0 可导, 即

$$\lim_{x \to x_0} \frac{f(x) - f(x_0)}{x - x_0} = f'(x_0) \tag{4.1.1}$$

由极限的性质可得

$$\frac{f(x) - f(x_0)}{x - x_0} = f'(x_0) + o(1) \tag{4.1.2}$$

即

$$f(x) - f(x_0) = f'(x_0)(x - x_0) + o((x - x_0)) \tag{4.1.3}$$

由此可以看出函数的变化量可以表示成自变量变化量的常数倍和一个自变量变化量的高阶无穷小的和, 如图 4.1.1 所示.

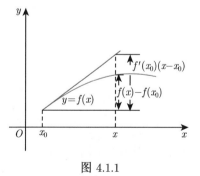

图 4.1.1

(4.1.3) 式等价于

$$f(x) = f(x_0) + f'(x_0)(x - x_0) + o((x - x_0)) \tag{4.1.4}$$

由 (4.1.4) 式, 用线性函数 $f(x_0) + f'(x_0)(x - x_0)$ 逼近函数 $f(x)$ 时, 产生的误差为 $o((x - x_0))$. 下面给出一般的数学定义.

定义 4.1.1(微分定义) 设函数 $y = f(x)$ 定义在 $U(x_0; \delta)$ 上,当 $x_0 + \Delta x \in U(x_0; \delta)$ 时,若

$$\Delta y = f(x_0 + \Delta x) - f(x_0) = A \cdot \Delta x + o(\Delta x) \tag{4.1.5}$$

成立,其中 A 是与 Δx 无关的常数,则称函数 $y = f(x)$ 在点 x_0 可微,并称 $A \cdot \Delta x$ 为函数 $y = f(x)$ 在点 x_0 相应于自变量增量 Δx 的微分,记作 $dy|_{x=x_0} = A \cdot \Delta x$ 或 $df(x_0) = A \cdot \Delta x$.

下面进一步给出微分的等价形式,在公式 (4.1.5) 中,取 $\Delta x = x - x_0$,则

$$f(x) = f(x_0) + A(x - x_0) + o(x - x_0)$$

$$f(x) - (f(x_0) + A(x - x_0)) = o(x - x_0) \tag{4.1.6}$$

(4.1.6) 式表明用线性函数 $f(x_0) + A(x - x_0)$ 逼近函数 $f(x)$,产生的误差为 $o(x - x_0)$,即是 $(x - x_0)$ 的高级无穷小,因此微分的本质是用线性函数逼近复杂函数.

下面讨论函数可微的条件. 如果函数 $f(x)$ 在点 x_0 可微,根据定义 (4.1.5) 式得到

$$\Delta y = f(x_0 + \Delta x) - f(x_0) = A \cdot \Delta x + o(\Delta x)$$

进一步整理得

$$\frac{\Delta y}{\Delta x} = A + \frac{o(\Delta x)}{\Delta x}$$

上式两边同时取极限得到

$$\lim_{\Delta x \to 0} \frac{\Delta y}{\Delta x} = A + \lim_{\Delta x \to 0} \frac{o(\Delta x)}{\Delta x} = A$$

即函数 $f(x)$ 在点 x_0 可导,且 $A = f'(x_0)$.

反之,如果函数 $f(x)$ 在点 x_0 可导,则根据导数的定义:

$$\lim_{\Delta x \to 0} \frac{\Delta y}{\Delta x} = \lim_{\Delta x \to 0} \frac{f(x_0 + \Delta x) - f(x_0)}{\Delta x} = f'(x_0)$$

即

$$\frac{\Delta y}{\Delta x} = f'(x_0) + \alpha(\Delta x)$$

$$\Delta y = f'(x_0) \cdot \Delta x + \alpha(\Delta x) \cdot (\Delta x)$$

因为 $\lim\limits_{\Delta x \to 0} \dfrac{\alpha(\Delta x) \cdot (\Delta x)}{\Delta x} = 0$,所以 $\alpha(\Delta x) \cdot (\Delta x) = o(\Delta x)$.

进一步得到结论

$$\Delta y = f'(x_0) \cdot \Delta x + o(\Delta x)$$

说明函数 $f(x)$ 在点 x_0 可微,且 $f'(x_0) = A$. 在上面讨论的基础上,得到下面定理.

定理 4.1.1 函数 $f(x)$ 定义在 $U(x_0; \delta)$,则在点 x_0 可微的充要条件是函数 $f(x)$ 在点 x_0 处可导,且 $A = f'(x_0)$.

注 4.1.1 若函数 $y = f(x)$ 在开区间 I 上每一点都可微,则称 $f(x)$ 为 I 上的可微函数. 函数 $y = f(x)$ 在 I 上任意一点 x 处的微分记作 $dy = f'(x)\Delta x, x \in I$.

注 4.1.2 当 $y = x$ 时, $dy = dx = \Delta x$, 这表示自变量的微分 dx 就等于自变量的增量 Δx. 于是微分表达式可改写为 $dy = f'(x)dx$, 即函数的微分等于函数的导数乘以自变量的微分.

下面讨论微分的运算法则.

定理 4.1.2 设函数 $u(x), v(x)$ 在开区间 J 上可微, 则有微分的运算法则:

(1) $d(u(x) \pm v(x)) = du(x) \pm dv(x)$; (2) $d(cu(x)) = cdu(x)$ (c 为常数);

(3) $d(u(x)v(x)) = v(x)du(x) + u(x)dv(x)$;

(4) $d\left(\dfrac{u(x)}{v(x)}\right) = \dfrac{v(x)du(x) - u(x)dv(x)}{v^2(x)}$ ($v(x) \neq 0, x \in J$).

证明 以结论 (4) 为例证明, 其他证明类似. 根据定理 4.1.1,

$$d\left(\frac{u(x)}{v(x)}\right) = \left(\frac{u(x)}{v(x)}\right)' dx = \frac{u'(x)v(x) - u(x)v'(x)}{v^2(x)} dx$$
$$= \frac{v(x)(u'(x)dx) - u(x)(v'(x)dx)}{v^2(x)} = \frac{v(x)du(x) - u(x)dv(x)}{v^2(x)}$$

结论得证.

根据定理 4.1.1 可以得到基本初等函数的微分公式:

$d(x^\mu) = \mu x^{\mu-1} dx \ (\mu \neq -1)$; $\quad d(\sin x) = \cos x dx$; $\quad d(\cos x) = -\sin x dx$;

$d(\tan x) = \sec^2 x dx$; $\quad d(\cot x) = -\csc^2 x dx$; $\quad d(\sec x) = \sec x \tan x dx$;

$d(\csc x) = -\csc x \cot x dx$; $\quad d(a^x) = a^x \ln a dx$; $\quad d(e^x) = e^x dx$;

$d(\log_a x) = \dfrac{1}{x \ln a} dx$; $\quad d(\ln x) = \dfrac{1}{x} dx$; $\quad d(\arcsin x) = \dfrac{1}{\sqrt{1-x^2}} dx$;

$d(\arccos x) = -\dfrac{1}{\sqrt{1-x^2}} dx$; $\quad d(\arctan x) = \dfrac{1}{1+x^2} dx$; $\quad d(\text{arccot } x) = -\dfrac{1}{1+x^2} dx$

接下来讨论几个典型例题.

例 4.1.1 设 $y = \ln(x + e^{x^2})$, 求 dy.

解 由复合函数求导法则和函数四则运算求导法则, $y' = \dfrac{1 + 2xe^{x^2}}{x + e^{x^2}}$. 因此得到

$$dy = \frac{1 + 2xe^{x^2}}{x + e^{x^2}} dx$$

例 4.1.2 设 $y = e^{1-3x} \cos x$, 求 dy.

解 应用函数的乘积微分法则, 有

$$dy = \cos x \cdot d(e^{1-3x}) + e^{1-3x} \cdot d(\cos x)$$

进一步得到

$$dy = \cos x \cdot (-3e^{1-3x})dx + e^{1-3x} \cdot (-\sin x)dx = -e^{1-3x}(3\cos x + \sin x)dx$$

4.1.2 高阶微分的定义与计算

设 $f(x)$ 二阶可导,一阶微分为 $\mathrm{d}f(x) = f'(x)\mathrm{d}x$,下面进一步计算二阶微分,根据函数乘积的微分计算公式有

$$\mathrm{d}^2 f(x) = \mathrm{d}(\mathrm{d}f(x)) = \mathrm{d}\left(f'(x)\mathrm{d}x\right) = (\mathrm{d}f'(x))\mathrm{d}x + f'(x)\mathrm{d}(\mathrm{d}x)$$

由于 $\mathrm{d}^2 x = \mathrm{d}(\Delta x) = 0$,因此

$$\mathrm{d}^2 f(x) = f''(x)(\mathrm{d}x)^2 \triangleq f''(x)\mathrm{d}x^2 \quad ((\mathrm{d}x)^2 = \mathrm{d}x^2)$$

依次类推,设 $f(x)$ n 阶可导,可以得到 n 阶微分为

$$\mathrm{d}^n f(x) = f^{(n)}(x)\mathrm{d}x^n$$

这里设 $\mathrm{d}x^n = (\mathrm{d}x)^n$,则 $f^{(n)}(x) = \dfrac{\mathrm{d}^n f(x)}{\mathrm{d}x^n}$.

例 4.1.3 设 $y = \sin x$,求 $\mathrm{d}^n y$.

解 $\mathrm{d}^n y = (\sin x)^{(n)} \mathrm{d}x^n = \sin\left(x + \dfrac{n\pi}{2}\right)\mathrm{d}x^n$.

例 4.1.4 设 $y = \mathrm{e}^{\alpha x}$,求 $\mathrm{d}^n y$.

解 $\mathrm{d}^n y = (\mathrm{e}^{\alpha x})^{(n)} \mathrm{d}x^n = \alpha^n \mathrm{e}^{\alpha x} \mathrm{d}x^n$.

接下来讨论一阶微分形式的不变性. 设函数 $y = f(x)$ 存在导数 $f'(x)$.

(1) 若 x 是自变量时,$\mathrm{d}y = f'(x)\mathrm{d}x$.

(2) 若 x 是中间变量,$x = \phi(t)$,$\phi(t)$ 可导,则

$$\mathrm{d}y = f'(x)\phi'(t)\mathrm{d}t = f'(x)\mathrm{d}x$$

因此得到结论: 无论 x 是自变量还是中间变量,函数 $y = f(x)$ 的微分为 $\mathrm{d}y = f'(x)\mathrm{d}x$,这个性质称为微分的一阶形式不变性.

二阶和二阶以上的微分不具有形式不变性,下面举例说明.

$$f(x) = \sin x^2, \quad \mathrm{d}f(x) = 2x\cos x^2 \mathrm{d}x, \quad \mathrm{d}^2 f(x) = \left(2\cos x^2 - 4x^2 \sin x^2\right)\mathrm{d}x^2$$
$$f(u) = \sin u, \quad u = x^2, \quad \mathrm{d}^2 f(u) = -\sin u \mathrm{d}u^2 = -4x^2 \sin x^2 \mathrm{d}x^2$$

可见 $\mathrm{d}^2 f(u) \neq \mathrm{d}^2 f(x)$.

利用一阶微分的形式不变性可以求复杂函数的微分.

例 4.1.5 设 $y = \sin[x(1 + \mathrm{e}^{x^2})]$,求 $\mathrm{d}y$.

解 设 $u = x\left(1 + \mathrm{e}^{x^2}\right)$,$y = \sin u$,利用微分的一阶形式不变性

$$\mathrm{d}y = \mathrm{d}\sin u = \cos u \mathrm{d}u$$

进一步有

$$\mathrm{d}y = \cos x\left(1 + \mathrm{e}^{x^2}\right) \mathrm{d}\left[x\left(1 + \mathrm{e}^{x^2}\right)\right] = \cos x\left(1 + \mathrm{e}^{x^2}\right)\left(1 + 2x^2 \mathrm{e}^{x^2} + \mathrm{e}^{x^2}\right)\mathrm{d}x$$

4.1.3 微分的应用：近似计算

在工程问题中，经常会遇到一些复杂的计算公式. 如果直接用这些公式进行计算会很麻烦，但若利用微分的定义，用简单的近似公式来代替复杂的计算公式，往往会达到事半功倍的效果. 下面举例说明.

例 4.1.6 利用公式 (4.1.3) 推导下面的近似公式. 当 $|x|$ 很小时，有

(1) $\sqrt[n]{1+x} \approx 1 + \dfrac{1}{n}x$; (2) $\sin x \approx x$;

(3) $\mathrm{e}^x \approx 1+x$; (4) $\ln(1+x) \approx x$.

证明 以 (1) 为例证明. 设 $f(x) = \sqrt[n]{1+x}$, 则

$$f(x) = f(0) + f'(0)x + o(x) \approx f(0) + f'(0)x$$

因为 $f(0) = 1, f'(x) = \dfrac{1}{n}(1+x)^{\frac{1}{n}-1}, f'(0) = \dfrac{1}{n}$, 因此根据 (4.1.3) 式

$$\sqrt[n]{1+x} \approx 1 + \dfrac{1}{n}x$$

例 4.1.7 计算下列各数的近似值

(1) $\sqrt[3]{998.5}$; (2) $\mathrm{e}^{-0.03}$.

解 (1) 利用近似公式 $\sqrt[n]{1+x} \approx 1 + \dfrac{1}{n}x$ 得到计算结果：

$$\sqrt[3]{998.5} = \sqrt[3]{1000 - 1.5} = \sqrt[3]{1000\left(1 - \dfrac{1.5}{1000}\right)}$$

$$= 10\sqrt[3]{1 - 0.0015} \approx 10\left(1 - \dfrac{1}{3} \times 0.0015\right) = 9.995$$

(2) 利用近似公式 $\mathrm{e}^x \approx 1+x$ 得到计算结果：$\mathrm{e}^{-0.03} \approx 1 - 0.03 = 0.97$.

习题 4.1 微分的定义与运算性质

1. 设 u, v, w 均为 x 的可微函数，求 $\mathrm{d}y$.

(1) $y = uvw$; (2) $y = \dfrac{u}{v^2}$; (3) $y = \dfrac{1}{\sqrt{u^2+v^2+\omega^2}}$;

(4) $y = \arctan\dfrac{u}{v\omega}$; (5) $y = \ln(u^2+v^2+w^2)^{1/2}$.

2. 利用一阶微分形式不变性计算 $\mathrm{d}y$.

(1) $y = \sin x(x\mathrm{e}^{x^2})$; (2) $y = a^{x^x}\ (a>1)$; (3) $y = x^{x^x}\ (x>0)$.

3. 计算高阶微分 $\mathrm{d}^n y$.

(1) $y = \sin \alpha x$; (2) $y = \mathrm{e}^{\alpha x}\sin \beta x\ (\alpha\beta \neq 0)$.

4.2 带佩亚诺型余项的泰勒公式

扫码学习

4.2.1 带佩亚诺型余项的泰勒公式

根据函数微分的定义：$f(x) = f(x_0) + f'(x_0)(x-x_0) + o(x-x_0)$，我们知道用线性函数逼近函数 $f(x)$，产生误差 $o(x-x_0)$. 为了提高逼近精度提出下面问题：

(1) 若用二次多项式逼近函数 $f(x)$, 逼近误差能否为 $o[(x-x_0)^2]$.

(2) 若进一步用 n 次多项式逼近函数 $f(x)$, 逼近误差能否为 $o[(x-x_0)^n]$.

设存在一个二次多项式 $p_2(x) = a + b(x-x_0) + c(x-x_0)^2$, 使得

$$f(x) = a + b(x-x_0) + c(x-x_0)^2 + o[(x-x_0)^2] \tag{4.2.1}$$

成立, 下面确定待定系数 a, b, c.

在公式 (4.2.1) 中令 $x \to x_0$, 则 $a = f(x_0)$. 将 $a = f(x_0)$ 代入公式 (4.2.1), 进一步整理得到

$$\frac{f(x) - f(x_0)}{x - x_0} = b + c(x-x_0) + \frac{o[(x-x_0)^2]}{(x-x_0)} \tag{4.2.2}$$

在公式 (4.2.2) 两边分别令 $x \to x_0$, 则有 $b = f'(x_0)$.

将 $a = f(x_0), b = f'(x_0)$ 分别代入公式 (4.2.1), 则有

$$\frac{f(x) - f(x_0) - f'(x_0)(x-x_0)}{(x-x_0)^2} = c + \frac{o[(x-x_0)^2]}{(x-x_0)^2} \tag{4.2.3}$$

在公式 (4.2.3) 两边分别令 $x \to x_0$, 利用洛必达法则得到

$$\lim_{x \to x_0} \frac{f(x) - f(x_0) - f'(x_0)(x-x_0)}{(x-x_0)^2} = \lim_{x \to x_0} \frac{f'(x) - f'(x_0)}{2(x-x_0)} = \frac{1}{2} f''(x_0)$$

即 $c = \frac{1}{2} f''(x_0)$, 所以

$$p_2(x) = f(x_0) + f'(x_0)(x-x_0) + \frac{1}{2} f''(x_0)(x-x_0)^2$$

即

$$f(x) = p_2(x) + o[(x-x_0)^2]$$

利用上面分析问题的方法进一步讨论, 如果存在三次多项式 $p_3(x)$ 满足

$$f(x) = p_3(x) + o[(x-x_0)^3]$$

则有

$$p_3(x) = f(x_0) + f'(x_0)(x-x_0) + \frac{1}{2} f''(x_0)(x-x_0)^2 + \frac{1}{3!} f^{(3)}(x_0)(x-x_0)^3 \tag{4.2.4}$$

进一步利用数学归纳法可以证明如果存在 n 次多项式 $p_n(x)$ 使得

$$f(x) = p_n(x) + o[(x-x_0)^n]$$

成立, 则 $p_n(x) = \sum_{k=0}^{n} \frac{f^{(k)}(x_0)}{k!} (x-x_0)^k$.

基于上述分析, 有如下定理.

定理 4.2.1 (带佩亚诺型余项的泰勒公式) 设函数 $f(x)$ 定义在 $U(x_0; \delta)$ 上, 且在 x_0 点 n 阶可导, $x \in U(x_0; \delta)$, 则有

$$f(x) = p_n(x) + R_n(x) \quad (x \to x_0) \tag{4.2.5}$$

$$p_n(x) = \sum_{k=0}^{n} \frac{f^{(k)}(x_0)}{k!}(x-x_0)^k, \quad R_n(x) = o((x-x_0)^n)$$

公式 (4.2.5) 称为 $f(x)$ 在 x_0 点的泰勒公式. $p_n(x)$ 为 $f(x)$ 在 x_0 点的 n 阶或者 n 次泰勒多项式, $R_n(x)$ 为佩亚诺型余项.

证明 利用数学归纳法证明结论.

$n = 1$ 时, 根据微分定义, 结论成立.

假设 $n = k$ 时, $\lim\limits_{x \to x_0} \dfrac{f(x) - p_k(x)}{(x-x_0)^k} = 0$ 成立, $p_k(x)$ 为 $f(x)$ 在 $x = x_0$ 点的 k 阶泰勒多项式.

下面证明当 $n = k+1$ 时, $\lim\limits_{x \to x_0} \dfrac{f(x) - p_{k+1}(x)}{(x-x_0)^{k+1}} = 0$ 成立, $p_{k+1}(x)$ 为 $f(x)$ 在 $x = x_0$ 点的 $k+1$ 阶泰勒多项式. 由于

$$p'_{k+1}(x) = \left(\sum_{j=0}^{k+1} \frac{f^{(j)}(x_0)}{j!}(x-x_0)^j \right)' = \sum_{j=1}^{k+1} \frac{f^{(j)}(x_0)}{(j-1)!}(x-x_0)^{j-1}$$

$$= f'(x_0) + \frac{f^{(2)}(x_0)}{1!}(x-x_0) + \cdots + \frac{f^{(k+1)}(x_0)}{k!}(x-x_0)^k$$

因此 $p'_{k+1}(x)$ 为 $f'(x)$ 在 $x = x_0$ 的 k 阶泰勒多项式, 根据归纳假设:

$$\lim_{x \to x_0} \frac{f(x) - p_{k+1}(x)}{(x-x_0)^{k+1}} = \lim_{x \to x_0} \frac{f'(x) - p'_{k+1}(x)}{(k+1)(x-x_0)^k} = 0$$

结论得证.

定理 4.2.2 满足定理 4.2.1 的泰勒多项式是唯一的.

证明 假设

$$f(x) = a_0 + a_1(x-x_0) + \cdots + a_n(x-x_0)^n + o[(x-x_0)^n] \, (x \to x_0) \tag{4.2.6}$$

在上式中令 $x \to x_0$, 得 $a_0 = f(x_0)$. 将 (4.2.6) 式改写为

$$f(x) - f(x_0) = a_1(x-x_0) + \cdots + a_n(x-x_0)^n + o[(x-x_0)^n] \, (x \to x_0)$$

当 $x \neq x_0$ 时, 上式两边除以 $x - x_0$, 并令 $x \to x_0$, 得 $a_1 = f'(x_0)$. 依此类推, 可以推出 $a_k = \dfrac{f^{(k)}(x_0)}{k!}(k = 0, 1, 2, \cdots, n)$. 因此泰勒多项式是唯一的. 结论得证.

注 4.2.1 当 $x_0 = 0$ 时, 公式 (4.2.5) 称为麦克劳林 (Maclaurin) 公式, 即为

$$f(x) = \sum_{k=0}^{n} \frac{f^{(k)}(0)}{k!} x^k + o(x^n) \quad (x \to 0) \tag{4.2.7}$$

注 4.2.2 泰勒公式 (4.2.5) 和 (4.2.7) 分别当 $x \to x_0, x \to 0$ 才有意义, 否则失去意义.

4.2.2 常用函数的泰勒展开 (佩亚诺型余项)

几个初等函数的泰勒展开式

(1) $e^x = 1 + x + \dfrac{x^2}{2!} + \cdots + \dfrac{x^n}{n!} + o(x^n) \, (x \to 0)$. \hfill (4.2.8)

由于 $f(x) = e^x, f^{(n)}(x) = e^x, f^{(n)}(0) = 1$, 因此根据定理 4.2.1 得到公式 (4.2.8).

(2) $\sin x = x - \dfrac{x^3}{3!} + \dfrac{x^5}{5!} - \dfrac{x^7}{7!} + \cdots + \dfrac{(-1)^{n-1}}{(2n-1)!}x^{2n-1} + o(x^{2n}) \, (x \to 0).$ \hfill (4.2.9)

由于 $f(x) = \sin x, f^{(n)}(0) = \sin\left(0 + \dfrac{n\pi}{2}\right) = \begin{cases} 0, & n = 2k, \\ (-1)^{k-1}, & n = 2k-1, \end{cases}$ 因此根据定理 4.2.1 得到公式 (4.2.9), 类似得到

$$\cos x = 1 - \frac{x^2}{2!} + \frac{x^4}{4!} - \frac{x^6}{6!} + \cdots + \frac{(-1)^n}{(2n)!}x^{2n} + o(x^{2n+1}) \quad (x \to 0)$$

(3) $\ln(1+x) = x - \dfrac{x^2}{2} + \dfrac{x^3}{3} + \cdots + \dfrac{(-1)^{n-1}}{n}x^n + o(x^n) \, (x \to 0).$ \hfill (4.2.10)

由于 $f(x) = \ln(1+x), f^{(k)}(x) = \dfrac{(-1)^{k-1}(k-1)!}{(x+1)^k}, f^{(k)}(0) = (-1)^{k-1}(k-1)!$, 因此根据定理 4.2.1 得到 (4.2.10) 式, 类似得到

$$\ln(1-x) = -\left(x + \frac{x^2}{2} + \frac{x^3}{3} + \cdots + \frac{x^n}{n}\right) + o(x^n) \quad (x \to 0)$$

(4) $f(x) = (1+x)^\lambda = \sum\limits_{k=0}^{n} \dfrac{\lambda(\lambda-1)\cdots(\lambda-k+1)}{k!}x^k + o(x^n)$

$$= \sum_{k=0}^{n} C_\lambda^k x^k + o(x^n) \, (x \to 0) \, (x > -1). \tag{4.2.11}$$

由于 $f(x) = (1+x)^\lambda, f^{(k)}(x) = \lambda(\lambda-1)\cdots(\lambda-k+1)(1+x)^{\lambda-k}, f^{(k)}(0) = \lambda(\lambda-1)\cdots(\lambda-k+1)$. 因此根据定理 4.2.1 得到公式 (4.2.11). 接下来讨论公式 (4.2.11) 中 λ 的几种特殊情况.

(a) $\lambda = \dfrac{1}{2}$, 根据公式 (4.2.11),

$$\sqrt{1+x} = \sum_{k=0}^{n} \frac{\dfrac{1}{2}\left(\dfrac{1}{2}-1\right)\cdots\left(\dfrac{1}{2}-k+1\right)}{k!}x^k + o(x^n) \quad (x \to 0)$$

这里 $a_0 = 1, a_1 = \dfrac{1}{2}, a_k = \dfrac{1}{k!}\dfrac{1}{2}\left(\dfrac{1}{2}-1\right)\cdots\left(\dfrac{1}{2}-k+1\right), k = 2, 3, \cdots, n$, 因此得到

$$\sqrt{1+x} = 1 + \frac{1}{2}x + \sum_{k=2}^{n}(-1)^{k-1}\frac{(2k-3)!!}{(2k)!!}x^k + o(x^n) \quad (x \to 0)$$

(b) $\lambda = -1$, 根据公式 (4.2.11),

$$\frac{1}{1+x} = \sum_{k=0}^{n}(-1)^k x^k + o(x^n) \, (x \to 0), \qquad \frac{1}{1-x} = \sum_{k=0}^{n} x^k + o(x^n) \, (x \to 0)$$

$$\frac{1}{1+x^2} = \sum_{k=0}^{n}(-1)^k x^{2k} + o(x^{2n}) \ (x \to 0), \quad \frac{1}{1-x^2} = \sum_{k=0}^{n} x^{2k} + o(x^{2n}) \ (x \to 0)$$

(c) $\lambda = -\dfrac{1}{2}$, 根据公式 (4.2.11),

$$\frac{1}{\sqrt{1+x}} = 1 + \sum_{k=1}^{n} \frac{(-1)^k (2k-1)!!}{(2k)!!} x^k + o(x^n) \quad (x \to 0)$$

4.2.3 泰勒公式局部逼近

根据泰勒公式 $f(x) = \sum_{k=0}^{n} \dfrac{f^{(k)}(x_0)}{k!}(x-x_0)^k + o[(x-x_0)^n]$ 的佩亚诺余项, 只有当 $x \to x_0$ 时, n 次泰勒多项式逼近 $f(x)$ 的效果才会好, 因此是局部逼近. 泰勒多项式的次数越高逼近效果越好. 从下面的图 4.2.1 的 (1)~(8) 不难发现, 泰勒多项式次数越高, 逼近精度越高.

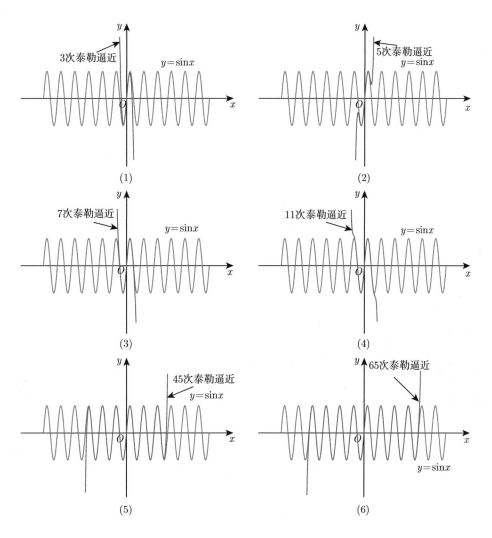

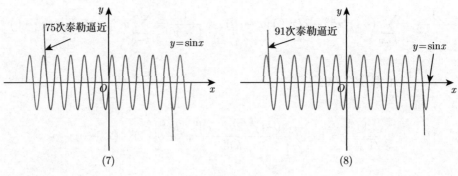

图 4.2.1

4.2.4 函数的泰勒渐近展开

例 4.2.1 求 $y = \arctan x$ 的麦克劳林展开式.

解
$$f'(x) = \frac{1}{1+x^2}, \quad (1+x^2)f'(x) = 1 \tag{4.2.12}$$

应用莱布尼茨公式 $(fg)^{(n)} = \sum_{k=0}^{n} C_n^k f^{(n-k)} g^{(k)}$, 对 (4.2.12) 式两边求 n 阶导数得到

$$(1+x^2)f^{(n+1)}(x) + n \cdot 2xf^{(n)}(x) + \frac{n(n-1)}{2} \cdot 2f^{(n-1)}(x) = 0$$

取 $x = 0$, 得到递推关系式:

$$f^{(n+1)}(0) = -n(n-1)f^{(n-1)}(0) \quad (n \geqslant 1)$$

因此得到

$$f^{(n)}(0) = \begin{cases} 0, & n = 2k \\ (-1)^k (2k)!, & n = 2k+1 \end{cases}$$

所以有

$$\arctan x = x - \frac{x^3}{3} + \frac{x^5}{5} - \frac{x^7}{7} + \cdots + \frac{(-1)^n}{(2n+1)} x^{2n+1} + o(x^{2n+2}) \quad (x \to 0)$$

同理: $\arcsin x = x + \sum_{k=1}^{n} \frac{(2k-1)!!}{(2k+1)(2k)!!} x^{2k+1} + o(x^{2n+2}) \, (x \to 0)$.

例 4.2.2 求 $f(x) = \ln \frac{\sin x}{x}$ 的带佩亚诺型余项的 6 次泰勒公式.

解 因为 $\sin x = x - \frac{x^3}{3!} + \frac{x^5}{5!} - \frac{x^7}{7!} + \cdots + \frac{(-1)^{n-1}}{(2n-1)!} x^{2n-1} + o(x^{2n})$, 则

$$\ln \frac{\sin x}{x} = \ln \left(\frac{x - \frac{x^3}{3!} + \frac{x^5}{5!} - \frac{x^7}{7!} + o(x^8)}{x} \right) = \ln \left(1 + \left(-\frac{x^2}{3!} + \frac{x^4}{5!} - \frac{x^6}{7!} + o(x^7) \right) \right)$$

$$\triangleq \ln(1+A), A = -\frac{x^2}{3!} + \frac{x^4}{5!} - \frac{x^6}{7!} + o(x^7)$$

由于 $\ln(1+x) = x - \dfrac{x^2}{2} + \dfrac{x^3}{3} + o(x^3)$, 将 x 换成 A, 需要计算 A^2, A^3.

在接下来的推导过程中用到无穷小阶的运算性质:
$$o\left(x^7\right) + \cdots + o\left(x^n\right) = o\left(x^7\right)$$
$$x^k o\left(x^n\right) = o\left(x^{n+k}\right) \quad \left(o\left(x^n\right)\right)^k = o\left(x^{nk}\right)$$

进一步得到
$$A^2 = \left[-\dfrac{x^2}{3!} + \dfrac{x^4}{5!} - \dfrac{x^6}{7!} + o\left(x^7\right)\right]^2 = \dfrac{x^4}{36} - \dfrac{x^6}{360} + o\left(x^7\right)$$
$$A^3 = \left[-\dfrac{x^2}{3!} + \dfrac{x^4}{5!} - \dfrac{x^6}{7!} + o\left(x^7\right)\right]^3 = -\dfrac{x^6}{216} + o\left(x^7\right)$$

所以
$$\ln\dfrac{\sin x}{x} = A - \dfrac{A^2}{2} + \dfrac{A^3}{3} + o(A^3) = -\dfrac{x^2}{6} + \dfrac{x^4}{120} - \dfrac{x^6}{5040} + o\left(x^7\right)$$
$$-\dfrac{1}{2}\left(\dfrac{x^4}{36} - \dfrac{x^6}{360} + o\left(x^7\right)\right) + \dfrac{1}{3}\left(-\dfrac{x^6}{216} + o\left(x^7\right)\right) + o\left(x^7\right)$$

即 $\ln\dfrac{\sin x}{x} = -\dfrac{x^2}{6} - \dfrac{x^4}{180} - \dfrac{x^6}{2835} + o\left(x^7\right), (x \to 0)$.

习题 4.2 带佩亚诺型余项的泰勒公式

1. 分析下列泰勒公式是否正确.

(1) $e^x = 1 + x + \dfrac{x^2}{2!} + \cdots + \dfrac{x^n}{n!} + o(x^n) \ (x \to +\infty)$;

(2) $e^{\frac{1}{x}} = 1 + \dfrac{1}{x} + \dfrac{1}{2!}\left(\dfrac{1}{x}\right)^2 + \cdots + \dfrac{1}{n!}\left(\dfrac{1}{x}\right)^n + o\left[\left(\dfrac{1}{x}\right)^n\right] (x \to +\infty)$;

(3) $\sin x = x - \dfrac{x^3}{3!} + \dfrac{x^5}{5!} - \dfrac{x^7}{7!} + \cdots + \dfrac{(-1)^{n-1}}{(2n-1)!}x^{2n-1} + o(x^{2n}) \ (x \to +\infty)$;

(4) $\sin\dfrac{1}{x} = \dfrac{1}{x} - \dfrac{1}{3!}\left(\dfrac{1}{x}\right)^3 + \dfrac{1}{5!}\left(\dfrac{1}{x}\right)^5 - \dfrac{1}{7!}\left(\dfrac{1}{x}\right)^7 + \cdots + \dfrac{(-1)^{n-1}}{(2n-1)!}\left(\dfrac{1}{x}\right)^{2n-1} + o\left[\left(\dfrac{1}{x}\right)^{2n}\right] (x \to +\infty)$.

2. 求下列函数在 $x = 0$ 点的带佩亚诺型余项的泰勒公式.

(1) $\sqrt{1-2x+x^3} - \sqrt[3]{1-3x+x^2}$, 3 阶泰勒公式;

(2) e^{2x-x^2}, 5 阶泰勒公式;

(3) $\dfrac{x}{e^x - 1}$, 4 阶泰勒公式;

(4) $\sqrt[3]{\sin x^3}$, 13 阶泰勒公式;

(5) $\ln\cos x$, 6 阶泰勒公式.

3. 求函数 f 在指定点处的带佩亚诺型余项的泰勒公式.

(1) $f(x) = \sin x, x_0 = \dfrac{\pi}{2}$, 展到 $2n$ 次;

(2) $f(x) = \ln x, x_0 = 2$, 展到 n 次.

4. 在 $|x|$ 很小的时候, 求下列函数的一次多项式逼近函数.

(1) $\sqrt[3]{\dfrac{1+x}{1-x}} - \sqrt[3]{\dfrac{1-x}{1+x}}$; (2) $\dfrac{\ln 2}{\ln\left(1 + \dfrac{x}{100}\right)}$; (3) $\dfrac{A}{x}\left[1 - \left(1 + \dfrac{x}{100}\right)^{-n}\right]$.

5. 选择适当的系数 a, b 使得 $x - (a + b\cos x)\sin x$ 是 x^5 的同阶无穷小.

4.3 带拉格朗日余项的泰勒公式

扫码学习

4.3.1 带拉格朗日余项的泰勒公式

带佩亚诺余项的泰勒公式中 $f(x) = \sum_{k=0}^{n} \dfrac{f^{(k)}(x_0)}{k!}(x-x_0)^k + o[(x-x_0)^n]$,误差函数 $o[(x-x_0)^n]$ 定性地描述了用 n 次泰勒多项式逼近函数 $f(x)$ 所产生的误差,这节将定量给出误差估计.

定理 4.3.1 (带拉格朗日余项的泰勒公式) 设 $f(x)$ 在 $U(x_0;\delta)$ 内有 $n+1$ 阶导数,则对任意的 $x \in U(x_0;\delta)$,有

$$f(x) = p_n(x) + R_n(x) \tag{4.3.1}$$

$p_n(x) = \sum_{k=0}^{n} \dfrac{f^{(k)}(x_0)}{k!}(x-x_0)^k, R_n(x) = \dfrac{f^{(n+1)}(\xi)}{(n+1)!}(x-x_0)^{n+1}$,中值 ξ 介于 x, x_0 之间. $R_n(x)$ 称为拉格朗日余项, (4.3.1) 称为带拉格朗日余项的泰勒公式.

证明 设 $R_n(x) = f(x) - \sum_{k=0}^{n} \dfrac{f^{(k)}(x_0)}{k!}(x-x_0)^k$,构造两个辅助函数

$$F(t) = f(x) - \left[f(t) + f'(t)(x-t) + \cdots + \dfrac{f^{(n)}(t)}{n!}(x-t)^n \right]$$
$$G(t) = (x-t)^{n+1}$$

满足

$$R_n(x) = F(x_0) - F(x) \quad (这里 F(x)=0)$$
$$G(x_0) - G(x) = G(x_0)$$

对自变量 t 求导,

$$F'(t) = \left\{ f(x) - \left[f(t) + f'(t)(x-t) + \cdots + \dfrac{f^{(n)}(t)}{n!}(x-t)^n \right] \right\}'$$
$$= -\left(f(t) + \sum_{k=1}^{n} \dfrac{f^{(k)}(t)}{k!}(x-t)^k \right)'$$
$$= -f'(t) - \sum_{k=1}^{n} \left[\dfrac{f^{(k+1)}(t)}{k!}(x-t)^k - \dfrac{f^{(k)}(t)}{(k-1)!}(x-t)^{k-1} \right]$$
$$= -f'(t) - \left(f^{(2)}(t)(x-t) - f^{(1)}(t) \right) - \left(\dfrac{f^{(3)}(t)}{2!}(x-t)^2 - f^{(2)}(t)(x-t) \right)$$
$$\quad - \left(\dfrac{f^{(4)}(t)}{3!}(x-t)^3 - \dfrac{f^{(3)}(t)}{2!}(x-t)^2 \right) - \cdots - \left(\dfrac{f^{(n+1)}(t)}{n!}(x-t)^n - \dfrac{f^{(n)}(t)}{(n-1)!}(x-t)^{n-1} \right)$$
$$= -\dfrac{f^{(n+1)}(t)}{n!}(x-t)^n$$

进一步应用柯西中值定理得
$$\frac{F(x_0)-F(x)}{G(x_0)-G(x)} = \frac{F(x_0)}{G(x_0)} = \frac{F'(\xi)}{G'(\xi)} = \frac{f^{(n+1)}(\xi)(x-\xi)^n/n!}{(n+1)(x-\xi)^n} = \frac{f^{(n+1)}(\xi)}{(n+1)!}$$
这里 ξ 介于 x, x_0 之间. 因此
$$R_n(x) = \frac{f^{(n+1)}(\xi)}{(n+1)!}(x-x_0)^{n+1}$$
定理得证.

注 4.3.1 带拉格朗日余项的泰勒公式可以等价写成
$$f(x_0+h) = \sum_{k=0}^{n} \frac{f^{(k)}(x_0)}{k!}h^k + R_n(h)$$
$$R_n(h) = \frac{f^{(n+1)}(\xi)}{(n+1)!}h^{n+1} = \frac{f^{(n+1)}(x_0+\theta h)}{(n+1)!}h^{n+1}$$
ξ 介于 x_0, x_0+h 之间, $\xi = x_0 + \theta h, 0 < \theta < 1$.

注 4.3.2 若 $f(x)$ 在 $[a,b]$ 上存在直至 n 阶的连续导数, 在 (a,b) 内存在 $n+1$ 阶导数, 则对于任意 $x \in [a,b]$, 公式 (4.3.1) 成立, 证明留给读者完成.

注 4.3.3 如果公式 (4.3.1) 中 $x_0 = 0$, 则称为带拉格朗日余项的麦克劳林展开式:
$$f(x) = f(0) + f'(0)x + \frac{f''(0)}{2!}x^2 + \cdots + \frac{f^{(n)}(0)}{n!}x^n + \frac{f^{(n+1)}(\theta x)}{(n+1)!}x^{n+1}, 0 < \theta < 1$$

几个常用函数的带拉格朗日余项的泰勒展开式:

(1) $e^x = 1 + x + \dfrac{x^2}{2!} + \cdots + \dfrac{x^n}{n!} + \dfrac{e^{\theta x}}{(n+1)!}x^{n+1}, 0 < \theta < 1.$ (4.3.2)

由于 $f(x) = e^x, f^{(n)}(x) = e^x, f^{(n+1)}(\theta x) = e^{\theta x}$, 根据定理 4.3.1 得到公式 (4.3.2).

(2) $\sin x = x - \dfrac{x^3}{3!} + \dfrac{x^5}{5!} - \dfrac{x^7}{7!} + \cdots + (-1)^{n-1}\dfrac{x^{2n-1}}{(2n-1)!} + (-1)^n\dfrac{\cos\theta x}{(2n+1)!}x^{2n+1}.$ (4.3.3)

由于 $f(x) = \sin x, f^{(2n+1)}(x) = \sin\left(x + \dfrac{2n+1}{2}\pi\right) = (-1)^n \cos x$, 根据定理 4.3.1 得到公式 (4.3.3), 类似推导可以得到公式 (4.3.4) 和公式 (4.3.5).

(3) $\cos x = 1 - \dfrac{x^2}{2!} + \dfrac{x^4}{4!} - \cdots + (-1)^n\dfrac{x^{2n}}{(2n)!} + (-1)^{n+1}\dfrac{\cos\theta x}{(2n+2)!}x^{2n+2}.$ (4.3.4)

(4) $\ln(1+x) = x - \dfrac{x^2}{2} + \dfrac{x^3}{3} + \cdots + (-1)^{n-1}\dfrac{x^n}{n} + \dfrac{(-1)^n}{n+1}\dfrac{x^{n+1}}{(1+\theta x)^{n+1}}.$ (4.3.5)

(5) $(1+x)^\lambda = \sum\limits_{k=0}^{n} C_\lambda^k x^k + C_\lambda^{n+1}(1+\theta x)^{\lambda-n-1}x^{n+1}.$ (4.3.6)

设 $f(x) = (1+x)^\lambda$, 由于 $f^{(n)}(x) = \lambda(\lambda-1)\cdots(\lambda-n+1)(1+x)^{\lambda-n}$,
$$f^{(n+1)}(\xi) = \lambda(\lambda-1)\cdots(\lambda-n)(1+\xi)^{\lambda-n-1}$$

根据定理 4.3.1 得到公式 (4.3.6).

4.3.2 泰勒公式的应用

应用 1　极值问题

我们已经学过关于极值的结论：若 $f'(x_0) = 0, f(x)$ 在 $x = x_0$ 两侧单调性不同，则 $x = x_0$ 为极值点. 若 $f'(x_0) = 0, f''(x_0) \neq 0$，则 $x = x_0$ 为极值点. 在这一节我们提出问题：若 $f'(x_0) = f''(x_0) = \cdots = f^{(k-1)}(x_0) = 0, f^{(k)}(x_0) \neq 0$，则 $x = x_0$ 是否是极值点. 本节利用泰勒公式讨论. 根据已知条件，$f(x)$ 在 $x = x_0$ 的泰勒公式：

$$f(x) = f(x_0) + \frac{f^{(k)}(x_0)}{k!}(x - x_0)^k + o[(x - x_0)^k]$$

则有

$$\frac{f(x) - f(x_0)}{(x - x_0)^k} = \frac{f^{(k)}(x_0)}{k!} + \frac{o[(x - x_0)^k]}{(x - x_0)^k} \tag{4.3.7}$$

由于 $\lim\limits_{x \to x_0} \frac{o[(x - x_0)^k]}{(x - x_0)^k} = 0$，进一步根据 (4.3.7) 式得到：存在 $\delta > 0$，当 $0 < |x - x_0| < \delta$ 时，$\frac{f(x) - f(x_0)}{(x - x_0)^k}$ 与 $f^{(k)}(x_0)$ 符号相同.

当 k 为奇数且 $0 < |x - x_0| < \delta$ 时，有

$$f^{(k)}(x_0) > 0 \Rightarrow \begin{cases} x > x_0 : f(x) > f(x_0) \\ x < x_0 : f(x) < f(x_0) \end{cases}$$

$$f^{(k)}(x_0) < 0 \Rightarrow \begin{cases} x > x_0 : f(x) < f(x_0) \\ x < x_0 : f(x) > f(x_0) \end{cases}$$

所以 $x = x_0$ 不是极值点.

当 k 为偶数且 $0 < |x - x_0| < \delta$ 时，有

$$f^{(k)}(x_0) > 0 \Rightarrow \begin{cases} x > x_0 : f(x) > f(x_0) \\ x < x_0 : f(x) > f(x_0) \end{cases}$$

$$f^{(k)}(x_0) < 0 \Rightarrow \begin{cases} x > x_0 : f(x) < f(x_0) \\ x < x_0 : f(x) < f(x_0) \end{cases}$$

所以 $x = x_0$ 为极值点. 在上面讨论的基础上得到如下结论.

定理 4.3.2　设 $f(x)$ 在 $x = x_0$ 有 k 阶导数，且

$$f'(x_0) = f''(x_0) = \cdots = f^{(k-1)}(x_0) = 0, \quad f^{(k)}(x_0) \neq 0$$

则

(1) k 为奇数时，x_0 不是极值点.

(2) k 为偶数时，x_0 是极值点，当 $f^{(k)}(x_0) > 0$ 时，x_0 为极小值点，$f^{(k)}(x_0) < 0$ 时，x_0 为极大值点.

应用 2　利用泰勒公式求函数极限

例 4.3.1　计算 $\lim\limits_{x \to 0} \frac{\cos x - e^{-\frac{x^2}{2}}}{x^4}$.

解 由泰勒公式:
$$\cos x = 1 - \frac{x^2}{2!} + \frac{x^4}{4!} + o(x^5)$$

$$e^{-\frac{x^2}{2}} = 1 - \frac{x^2}{2} + \frac{1}{2!}\left(-\frac{x^2}{2}\right)^2 + o\left[\left(-\frac{x^2}{2}\right)^2\right] = 1 - \frac{x^2}{2} + \frac{x^4}{8} + o(x^4)$$

则
$$\lim_{x\to 0} \frac{\cos x - e^{-\frac{x^2}{2}}}{x^4} = \lim_{x\to 0} \frac{-\frac{x^4}{12} + o(x^4)}{x^4} = -\frac{1}{12}.$$

例 4.3.2 计算 $\lim\limits_{x\to 0} \dfrac{e^x \sin x - x(1+x)}{\sin^3 x}$.

解 根据泰勒公式和无穷小阶运算性质:
$$\begin{aligned}
e^x \sin x &= \left[1 + x + \frac{x^2}{2} + o(x^2)\right]\left[x - \frac{x^3}{6} + o(x^3)\right] \\
&= x - \frac{x^3}{6} + x^2 - \frac{x^4}{6} + \frac{x^3}{2} - \frac{x^5}{12} + o(x^3) + xo(x^3) + \frac{x^2}{2}o(x^3) + o(x^2)o(x^3) \\
&= x + x^2 + \frac{x^3}{3} + o(x^3)
\end{aligned} \tag{4.3.8}$$

进一步利用等价无穷小传递和 (4.3.8) 式得到结论:
$$\lim_{x\to 0} \frac{e^x \sin x - x(1+x)}{\sin^3 x} \lim_{x\to 0} \frac{\frac{x^3}{3} + o(x^3)}{x^3} = \frac{1}{3}$$

例 4.3.3 计算 $\lim\limits_{x\to +\infty}\left[x - x^2 \ln\left(1 + \dfrac{1}{x}\right)\right]$.

解 $x \to +\infty$ 时, $\dfrac{1}{x} \to 0$, 由泰勒公式: $\ln\left(1 + \dfrac{1}{x}\right) = \dfrac{1}{x} - \dfrac{1}{2}\left(\dfrac{1}{x}\right)^2 + o\left(\dfrac{1}{x^2}\right)$, 得到

$$\lim_{x\to +\infty} x^2 o\left(\frac{1}{x^2}\right) = 0 \Rightarrow x^2 o\left(\frac{1}{x^2}\right) = o(1)$$
$$x - x^2 \ln\left(1 + \frac{1}{x}\right) = x - x^2\left(\frac{1}{x} - \frac{1}{2x^2}\right) - x^2 o\left(\frac{1}{x^2}\right) = \frac{1}{2} + o(1)$$

在上面讨论基础上得到结论: $\lim\limits_{x\to +\infty}\left[x - x^2 \ln\left(1 + \dfrac{1}{x}\right)\right] = \dfrac{1}{2}$.

应用 3 泰勒公式与近似计算

例 4.3.4 在 $[0, \pi]$ 上, 用 $p_9(x)$ 逼近 $\sin x$, 分析误差.

解 由于 $\sin x = x - \dfrac{x^3}{3!} + \dfrac{x^5}{5!} - \dfrac{x^7}{7!} + \dfrac{x^9}{9!} + \dfrac{-\cos\theta x}{11!}x^{11}, \theta \in (0,1)$, 所以当 $x \in [0, \pi]$ 时, 有

$$|R_n(x)| \leqslant \frac{x^{11}}{11!} \leqslant \frac{\pi^{11}}{11!} = 0.0073404$$

例 4.3.5 估计下列近似计算公式的误差.

(1) $e^x \approx 1 + x + \dfrac{x^2}{2!} + \cdots + \dfrac{x^n}{n!}$ $(0 \leqslant x \leqslant 1)$,

(2) $\sin x \approx x - \dfrac{x^3}{6}$ $\left(|x| \leqslant \dfrac{1}{2}\right)$,

(3) $\tan x \approx x + \dfrac{x^3}{3}$ $(|x| \leqslant 0.1)$,

(4) 计算 e, 精确到 10^{-9},

(5) 计算 $\sin 1°$, 精确到 10^{-8}.

解 (1) 由于 $e^x = 1 + x + \dfrac{x^2}{2!} + \cdots + \dfrac{x^n}{n!} + \dfrac{e^{\theta x} x^{n+1}}{(n+1)!}$ 进一步得到

$$0 \leqslant x \leqslant 1: \left|\dfrac{e^{\theta x} x^{n+1}}{(n+1)!}\right| \leqslant \dfrac{e}{(n+1)!}$$

(2) 由于 $\sin x = x - \dfrac{x^3}{6} + \dfrac{\sin^{(5)}(\theta x)}{5!} x^5$, 因此

$$|x| \leqslant \dfrac{1}{2} : \left|\dfrac{\sin\left(\theta x + \dfrac{5\pi}{2}\right)}{5!} x^5\right| \leqslant \dfrac{|x|^5}{5!} \leqslant \dfrac{1}{3840}$$

(3) 由于

$$\tan x = x + \dfrac{x^3}{3} + \dfrac{\tan^{(5)}(\theta x) x^5}{5}, \quad 0 < \theta < 1$$

进一步

$$(\tan x)^{(1)} = \dfrac{1}{\cos^2 x}, \quad (\tan x)^{(2)} = \dfrac{2\sin x}{\cos^3 x}, \quad (\tan x)^{(3)} = \dfrac{6}{\cos^4 x} - \dfrac{4}{\cos^2 x}$$

$$(\tan x)^{(4)} = \dfrac{24 \sin x}{\cos^5 x} - \dfrac{8 \sin x}{\cos^3 x}, \quad (\tan x)^{(5)} = \dfrac{16}{\cos^2 x} + \dfrac{120 \sin^2 x}{\cos^6 x}$$

$$(\tan x)^{(6)} = \dfrac{32 \sin x}{\cos^3 x} + \dfrac{240 \sin x}{\cos^5 x} + \dfrac{720 \sin^3 x}{\cos^7 x}$$

当 $|x| \leqslant 0.1 : (\tan x)^{(6)} > 0, (\tan x)^{(5)}$ 为偶函数, $x = 0.1$ 为 $(\tan x)^{(5)}$ 的最大值点, 因此

$$|R_5(x)| = \left|\dfrac{\tan^{(5)}(\theta x)}{5!} x^5\right| \leqslant \left|\dfrac{\tan^{(5)}(0.1)}{5!} x^5\right| \leqslant 2 \cdot 10^{-6}$$

(4) 根据泰勒公式:

$$e = 1 + 1 + \dfrac{1}{2!} + \cdots + \dfrac{1}{n!} + \dfrac{e^\theta}{(n+1)!} \quad (0 < \theta < 1)$$

因此

$$e - \left\{1 + 1 + \dfrac{1}{2!} + \cdots + \dfrac{1}{n!}\right\} = \dfrac{e^\theta}{(n+1)!} \leqslant \dfrac{3}{(n+1)!} \leqslant \dfrac{3}{nn!} < 10^{-9}$$

仅需 $nn! > 3 \cdot 10^9, n \geqslant 12$ 即可, 所以
$$e \approx 1 + 1 + \frac{1}{2!} + \cdots + \frac{1}{12!} \approx 2.718281828$$

(5) 由泰勒公式
$$\sin\frac{\pi}{180} = \frac{\pi}{180} - \frac{1}{3!}\left(\frac{\pi}{180}\right)^3 + \cdots + (-1)^{n-1}\frac{1}{(2n-1)!}\left(\frac{\pi}{180}\right)^{2n-1} + (-1)^n \frac{\cos\theta\left(\frac{\pi}{180}\right)}{(2n+1)!}\left(\frac{\pi}{180}\right)^{2n+1}$$

因此
$$\left|\sin\frac{\pi}{180} - \left\{\frac{\pi}{180} - \frac{1}{3!}\left(\frac{\pi}{180}\right)^3 + \cdots + (-1)^{n-1}\frac{1}{(2n-1)!}\left(\frac{\pi}{180}\right)^{2n-1}\right\}\right|$$
$$\leqslant \frac{1}{(2n+1)!}\left(\frac{\pi}{180}\right)^{2n+1} < 10^{-8}$$

由 $\frac{1}{(2n+1)!}\left(\frac{\pi}{180}\right)^{2n+1} < 10^{-8}$, 仅需 $n \geqslant 2$ 即可, 因此
$$\sin\frac{\pi}{180} \approx \frac{\pi}{180} - \frac{1}{3!}\left(\frac{\pi}{180}\right)^3 + \frac{1}{5!}\left(\frac{\pi}{180}\right)^5 \approx 0.01745241$$

4.3.3 泰勒公式典型例题

例 4.3.6 已知 $f(x)$ 在 $[0,1]$ 上二阶可导且 $f(0) = f(1) = 0$, 若存在 $c \in (0,1)$, 满足 $f(c) = \min\limits_{x\in[0,1]} f(x) = -1$, 证明: $\sup\limits_{x\in[0,1]} f''(x) \geqslant 8$.

解 将函数 $f(x)$ 在 $x = c$ 点泰勒展开:
$$f(x) = f(c) + f'(c)(x-c) + \frac{f''(\xi)}{2}(x-c)^2 = f(c) + \frac{f''(\xi)}{2}(x-c)^2 = -1 + \frac{f''(\xi)}{2}(x-c)^2$$
ξ 介于 x, c 之间, 进一步
$$f(0) = -1 + \frac{f''(\xi_1)}{2}(-c)^2 = 0, \quad f(1) = -1 + \frac{f''(\xi_2)}{2}(1-c)^2 = 0$$
因此
$$f''(\xi_1) = \frac{2}{c^2} \tag{4.3.9}$$
$$f''(\xi_2) = \frac{2}{(1-c)^2} \tag{4.3.10}$$

当 $c \leqslant \frac{1}{2}$ 时, 由 (4.3.9) 式推得 $f''(\xi_1) \geqslant 8$; 当 $c > \frac{1}{2}$ 时, 由 (4.3.10) 式推得 $f''(\xi_2) \geqslant 8$. 因此 $\sup\limits_{x\in[0,1]} f''(x) \geqslant 8$. 结论得证.

例 4.3.7 $f(x)$ 在 $(-1,1)$ 内 $n+1$ 阶可导, 且 $f^{(n+1)}(0) \neq 0$, 可得展式:
$$f(x) = f(0) + f'(0)x + \frac{f''(0)}{2!}x^2 + \cdots + \frac{f^{(n-1)}(0)}{(n-1)!}x^{n-1} + \frac{f^{(n)}(\theta_n x)}{n!}x^n \quad (0 < \theta_n < 1) \tag{4.3.11}$$

证明: $\lim\limits_{x\to 0} \theta_n = \frac{1}{n+1}$.

证明 根据带佩亚诺余项的泰勒公式：

$$f^{(n)}(\theta_n x) = f^{(n)}(0) + f^{(n+1)}(0)\theta_n x + o(\theta_n x) \tag{4.3.12}$$

$$f(x) = f(0) + f'(0)x + \cdots + \frac{f^{(n-1)}(0)}{(n-1)!}x^{n-1} + \frac{f^{(n)}(0)}{n!}x^n + \frac{f^{(n+1)}(0)}{(n+1)!}x^{n+1} + o(x^{n+1}) \tag{4.3.13}$$

将 (4.3.12) 式代入 (4.3.11) 式, 然后与 (4.3.13) 式相减, 得

$$\frac{f^{(n+1)}(0)}{n!}\theta_n x^{n+1} = \frac{f^{(n+1)}(0)}{(n+1)!}x^{n+1} + o(x^{n+1}), \quad \theta_n = \frac{1}{n+1} + \frac{o(x^{n+1})}{x^{n+1}}$$

因此 $\lim\limits_{x\to 0}\theta_n = \dfrac{1}{n+1}$. 结论得证.

例 4.3.8 设 $f(x)$ 在 $(-\infty, +\infty)$ 上三阶可导, 若 $f(x), f'''(x)$ 有界, 证明: $f'(x), f''(x)$ 有界.

证明 $f(y)$ 在 $y = x$ 点泰勒展开得

$$f(y) = f(x) + f'(x)(y-x) + \frac{f''(x)}{2}(y-x)^2 + \frac{f'''(\xi)}{3!}(y-x)^3, \xi \text{ 介于 } x, y \text{ 之间}.$$

若 $y = x + 1$, 则

$$f(x+1) = f(x) + f'(x) + \frac{f''(x)}{2} + \frac{f'''(\xi_1)}{3!} \tag{4.3.14}$$

若 $y = x - 1$, 则

$$f(x-1) = f(x) - f'(x) + \frac{f''(x)}{2} - \frac{f'''(\xi_2)}{3!} \tag{4.3.15}$$

ξ_1 介于 x 和 $x+1$ 之间, ξ_2 介于 $x-1$ 和 x 之间.

设 $|f(x)| \leqslant M_1, |f'''(x)| \leqslant M_2$. (4.3.14) 式与 (4.3.15) 式相加得

$$f(x+1) + f(x-1) = 2f(x) + f''(x) + \frac{1}{3!}[f'''(\xi_1) - f'''(\xi_2)]$$

$$f''(x) = f(x+1) + f(x-1) - 2f(x) - \frac{1}{3!}[f'''(\xi_1) - f'''(\xi_2)]$$

所以 $|f''(x)| \leqslant 4M_1 + \dfrac{1}{3}M_2$, 有界.

(4.3.14) 式与 (4.3.15) 式相减得

$$f(x+1) - f(x-1) = 2f'(x) + \frac{1}{3!}[f'''(\xi_1) + f'''(\xi_2)]$$

$$2f'(x) = f(x+1) - f(x-1) - \frac{1}{3!}[f'''(\xi_1) + f'''(\xi_2)]$$

所以 $|f'(x)| \leqslant M_1 + \dfrac{1}{6}M_2$, 有界. 结论得证.

习题 4.3 带拉格朗日余项的泰勒公式

1. 估计下列近似公式的绝对误差：

(1) $e^x \approx 1 + x + \dfrac{x^2}{2!} + \cdots + \dfrac{x^n}{n!}, 0 \leqslant x \leqslant 2$;

(2) $\sqrt{1+x} \approx 1 + \dfrac{x}{2} - \dfrac{x^2}{8}, 0 \leqslant x \leqslant 1$;

(3) $\ln(1+x) \approx x - \dfrac{x^2}{2} + \dfrac{x^3}{3} + \cdots + (-1)^{n-1} \dfrac{x^n}{n}, 0 \leqslant x \leqslant 2$;

(4) 计算 $\ln 1.5$, 精度达到 10^{-10} 需要多少次多项式.

2. 利用泰勒展开式, 求下列极限:

(1) $\lim\limits_{x \to +\infty} x^{\frac{3}{2}} \left(\sqrt{x+1} + \sqrt{x-1} - 2\sqrt{x} \right)$; (2) $\lim\limits_{x \to +\infty} \left(\sqrt[6]{x^6 + x^5} - \sqrt[6]{x^6 - x^5} \right)$;

(3) $\lim\limits_{x \to 0+} \dfrac{a^x + a^{-x} - 2}{x^2} \, (a > 0)$; (4) $\lim\limits_{x \to 0} \dfrac{1}{x} \left(\dfrac{1}{x} - \cot x \right)$.

3. 求下列函数在 $x = 0$ 处带拉格朗日余项的 n 次泰勒公式.

(1) $f(x) = \dfrac{1-x}{1+x}$;   (2) $f(x) = \ln \dfrac{3+x}{2-x}$;   (3) $f(x) = e^{\alpha x} \sin \beta x \, (\alpha \beta \neq 0)$.

4. 设函数 $f(x)$ 在 $[0,a]$ 上具有二阶导数, 且 $|f''(x)| \leqslant M$, f 在 $(0,a)$ 内取得最大值. 试证: $|f'(0)| + |f'(a)| \leqslant Ma$.

5. 设函数 $f(x)$ 在 $\mathbf{R}$ 上的二阶导数连续, 若 $f(x)$ 在 $\mathbf{R}$ 上有界, 则存在 $\theta \in \mathbf{R}$, 使得 $f''(\theta) = 0$.

6. 若 $f(x)$ 在 $[a,b]$ 上有二阶导数, $f'(a) = f'(b) = 0$, 试证: 存在 $\xi \in (a,b)$, 使得

$$|f''(\xi)| \geqslant \dfrac{4}{(b-a)^2} |f(b) - f(a)|$$

7. 设函数 $f(x)$ 满足:

(1) $f(x)$ 在 $(x_0 - \delta, x_0 + \delta)$ 内具有 n 阶导数, 此处 $\delta > 0$;

(2) 当 $k = 2, 3, \cdots, (n-1)$ 时, 有 $f^{(k)}(x_0) = 0$, 但是 $f^{(n)}(x_0) \neq 0$;

对微分中值公式 $\dfrac{f(x_0 + h) - f(x_0)}{h} = f'(x_0 + h \cdot \theta(h))$ 中的 $0 < \theta(h) < 1$, 其中 $0 < |h| < \delta$.

试证: $\lim\limits_{h \to 0} \theta(h) = \dfrac{1}{n^{1/(n-1)}}$.

8. 设函数 $f(x)$ 在 $(-\infty, +\infty)$ 二次可微, 若 $f(x) \leqslant \dfrac{f(x+h) + f(x-h)}{2}, h > 0$,

证明: $f''(x) \geqslant 0, x \in (-\infty, +\infty)$.

9. 设函数 $f(x)$ 在 $x = 0$ 的某个邻域具有二阶连续导数, 且 $f(0) \neq 0, f'(0) \neq 0, f''(0) \neq 0$, 证明: 存在唯一一组实数 $\lambda_1, \lambda_2, \lambda_3$, 使得

$$\lambda_1 f(h) + \lambda_2 f(2h) + \lambda_3 f(3h) - f(0) = o(h^2) \, (h \to 0)$$

10. 设函数 $f(x)$ 在 $[-1,1]$ 上具有三阶连续导数, 且 $f(-1) = 0, f(1) = 1, f'(0) = 0$, 证明在 $(-1,1)$ 内存在一点 ξ, 使得 $f^{(3)}(\xi) = 3$.

11. 设函数 $f(x)$ 在 $[a,b]$ 二次可微, 若 $f(a) = f(b) = 0$, 证明:

$$\sup_{a \leqslant x \leqslant b} |f(x)| \leqslant \dfrac{1}{8}(b-a)^2 \sup_{a \leqslant x \leqslant b} |f''(x)|$$

4.4 综合例题选讲

扫码学习

本节讨论综合例题, 帮助读者更好地理解本章的内容.

例 4.4.1 求下列函数在 $x=0$ 点处带佩亚诺余项的泰勒多项式.

(a) $\sqrt[3]{\sin x^3}$ 展到 13 次泰勒多项式,

(b) $\tan x$ 展到 5 次泰勒多项式.

解 (a) 由于 $\sin x = x - \dfrac{x^3}{3!} + \dfrac{x^5}{5!} - \dfrac{x^7}{7!} + \cdots + \dfrac{(-1)^{n-1}}{(2n-1)!}x^{2n-1} + o(x^{2n})$, 因此

$$\sin x^3 = x^3 - \dfrac{x^9}{3!} + \dfrac{x^{15}}{5!} - \dfrac{x^{21}}{7!} + \cdots + \dfrac{(-1)^{n-1}}{(2n-1)!}x^{6n-3} + o(x^{6n})$$

进一步

$$\sqrt[3]{\sin x^3} = \left(x^3 - \dfrac{x^9}{3!} + \dfrac{x^{15}}{5!} + o\left(x^{18}\right)\right)^{1/3} = x\left(1 - \dfrac{x^6}{3!} + \dfrac{x^{12}}{5!} + o\left(x^{15}\right)\right)^{1/3} \triangleq x(1)$$

由于 $(1+x)^{1/3} = 1 + \dfrac{1}{3}x - \dfrac{x^2}{9} + o\left(x^2\right)$, 进一步有

$$(1) = 1 + \dfrac{1}{3}\left(-\dfrac{x^6}{3!} + \dfrac{x^{12}}{5!} + o\left(x^{15}\right)\right) - \dfrac{1}{9}\left(-\dfrac{x^6}{3!} + \dfrac{x^{12}}{5!} + o\left(x^{15}\right)\right)^2$$
$$+ o\left(-\dfrac{x^6}{3!} + \dfrac{x^{12}}{5!} + o\left(x^{15}\right)\right)^2$$

利用无穷小阶的定义和性质:

$$o\left(-\dfrac{x^6}{3!} + \dfrac{x^{12}}{5!} + o\left(x^{15}\right)\right)^2 = o\left(x^{12}\right), \quad xo\left(x^{12}\right) = o\left(x^{13}\right)$$
$$x^\alpha = o\left(x^{\alpha-1}\right)(\alpha \geqslant 2), o\left(x^\alpha\right)o\left(x^\beta\right) = o\left(x^{\alpha+\beta}\right)(\alpha > 0, \beta > 0)$$
$$o\left(x^{17}\right) + \cdots + o\left(x^{30}\right) = o\left(x^{17}\right)$$

进一步有

$$\left(-\dfrac{x^6}{3!} + \dfrac{x^{12}}{5!} + o\left(x^{15}\right)\right)^2 = \left(-\dfrac{x^6}{3!}\right)^2 + \left\{\left(-\dfrac{x^6}{3!}\right)\left(\dfrac{x^{12}}{5!}\right) + \left(\dfrac{x^{12}}{5!}\right)^2 + \cdots + \left(o\left(x^{15}\right)\right)^2\right\}$$
$$= \left(-\dfrac{x^6}{3!}\right)^2 + o\left(x^{17}\right)$$

在上面讨论基础上得到结论:

$$\sqrt[3]{\sin x^3} = x\left(1 - \dfrac{1}{3} \times \dfrac{x^6}{3!} + \dfrac{1}{3} \times \dfrac{x^{12}}{5!} - \dfrac{1}{9}\left(-\dfrac{x^6}{3!}\right)^2 + o\left(x^{12}\right)\right) = x - \dfrac{x^7}{18} - \dfrac{x^{13}}{3240} + o\left(x^{13}\right), (x \to 0)$$

(b) $\tan x = \dfrac{\sin x}{\cos x}$, 根据 $\sin x, \cos x$ 的泰勒公式:

$$\sin x = x - \dfrac{x^3}{3!} + \dfrac{x^5}{5!} + o(x^6), \quad \cos x = 1 - \dfrac{x^2}{2!} + \dfrac{x^4}{4!} - \dfrac{x^6}{6!} + o(x^7)$$

进一步有
$$\tan x = \frac{\sin x}{\cos x} = \left(x - \frac{x^3}{3!} + \frac{x^5}{5!} + o(x^6)\right)\left(\frac{1}{1 - \frac{x^2}{2!} + \frac{x^4}{4!} - \frac{x^6}{6!} + o(x^7)}\right)$$

设
$$(2) = \frac{1}{1 - \frac{x^2}{2!} + \frac{x^4}{4!} - \frac{x^6}{6!} + o(x^7)} = \frac{1}{1+\Delta}, \quad \Delta = -\frac{x^2}{2!} + \frac{x^4}{4!} - \frac{x^6}{6!} + o(x^7)$$

利用公式: $\dfrac{1}{1+x} = \sum\limits_{k=0}^{n}(-1)^k x^k + o(x^n) = 1 - x + x^2 + o(x^2)$ 得到

$$(2) = 1 - \left(-\frac{x^2}{2!} + \frac{x^4}{4!} - \frac{x^6}{6!} + o(x^7)\right) + \left(-\frac{x^2}{2!} + \frac{x^4}{4!} - \frac{x^6}{6!} + o(x^7)\right)^2 + o(x^4)$$
$$= 1 + \frac{x^2}{2} + \frac{5x^4}{24} + o(x^4)$$

这里 $o\left(-\dfrac{x^2}{2!} + \dfrac{x^4}{4!} - \dfrac{x^6}{6!} + o(x^7)\right)^2 = o(x^4)$. 进一步保留到 x^5 项, 利用无穷小阶的运算性质有

$$\left(-\frac{x^2}{2!} + \frac{x^4}{4!} - \frac{x^6}{6!} + o(x^7)\right)^2 = \frac{x^4}{4} + o(x^5), \quad (2) = 1 + \frac{x^2}{2} + \frac{5x^4}{24} + o(x^4)$$

在上面讨论基础上得到

$$\tan x = \frac{\sin x}{\cos x} = \left(x - \frac{x^3}{3!} + \frac{x^5}{5!} + o(x^6)\right)\left(1 + \frac{x^2}{2} + \frac{5x^4}{24} + o(x^4)\right) = x + \frac{1}{3}x^3 + \frac{2}{15}x^5 + o(x^5), (x \to 0)$$

例 4.4.2 计算 $\lim\limits_{x \to +\infty}\left[\left(x^3 - x^2 + \dfrac{x}{2}\right)e^{\frac{1}{x}} - \sqrt{x^6+1}\right]$.

解 首先将函数变形

$$\left[\left(x^3 - x^2 + \frac{x}{2}\right)e^{\frac{1}{x}} - \sqrt{x^6+1}\right] = \left[\left(x^3 - x^2 + \frac{x}{2}\right)e^{\frac{1}{x}} - x^3\sqrt{1 + \frac{1}{x^6}}\right]$$

利用泰勒公式:

$$e^{\frac{1}{x}} = 1 + \frac{1}{x} + \frac{1}{2x^2} + \frac{1}{6x^3} + o\left(\frac{1}{x^3}\right), \quad \sqrt{1 + \frac{1}{x^6}} = 1 + \frac{1}{2x^6} - \frac{1}{8x^{12}} + o\left(\frac{1}{x^{12}}\right) \ (x \to +\infty)$$

$$\text{原式} = \lim_{x \to +\infty}\left[\left(x^3 - x^2 + \frac{x}{2}\right)\left(1 + \frac{1}{x} + \frac{1}{2x^2} + \frac{1}{6x^3} + o\left(\frac{1}{x^3}\right)\right)\right.$$
$$\left. - x^3\left(1 + \frac{1}{2x^6} - \frac{1}{8x^{12}} + o\left(\frac{1}{x^{12}}\right)\right)\right]$$
$$= \lim_{x \to +\infty}\left[\frac{1}{6} + \frac{1}{12x} + \frac{1}{12x^2} - \frac{1}{2x^3} + \frac{1}{8x^4} + \left(x^3 - x^2 + \frac{x}{2}\right)o\left(\frac{1}{x^3}\right) - x^3 o\left(\frac{1}{x^{12}}\right)\right]$$

利用无穷小运算的性质：当 $x \to +\infty$：

$$\left(x^3 - x^2 + \frac{x}{2}\right) o\left(\frac{1}{x^3}\right) = x^3 o\left(\frac{1}{x^3}\right) - x^2 o\left(\frac{1}{x^3}\right) + \frac{x}{2} o\left(\frac{1}{x^3}\right) = o(1) - o\left(\frac{1}{x}\right) + o\left(\frac{1}{x^2}\right) = o(1)$$

$$x^3 o\left(\frac{1}{x^{12}}\right) = o\left(\frac{1}{x^4}\right), \frac{1}{12x} + \frac{1}{12x^2} - \frac{1}{2x^3} + \frac{1}{8x^4} = o(1)$$

在上面讨论基础上得到结论：

$$\text{原式} = \lim_{x \to +\infty}\left(\frac{1}{6} + o(1) + \frac{1}{12x} + \frac{1}{12x^2} - \frac{1}{2x^3} + \frac{1}{8x^4} + o(1)\right) = \lim_{x \to +\infty}\left(\frac{1}{6} + o(1)\right) = \frac{1}{6}$$

例 4.4.3 设 $f(x)$ 定义在 $(x_0 - \delta, x_0 + \delta)$ 上，满足
(1) $f(x)$ 有 n 阶导数，$f^{(k)}(x_0) = 0, k = 2, 3, \cdots, (n-1), f^{(n)}(x_0) \neq 0$;
(2) $\dfrac{f(x_0 + h) - f(x_0)}{h} = f'(x_0 + \theta(h)h) \ (0 < |h| < \delta)$.

证明：$\lim\limits_{h \to 0} \theta(h) = \dfrac{1}{n^{1/(n-1)}}$.

证明 根据条件 (1) $f(x_0 + h)$ 和 $f'(x_0 + \theta(h)h)$ 在 $x = x_0$ 的带佩亚诺型余项的泰勒公式分别为

$$f(x_0 + h) = f(x_0) + f'(x_0)h + \frac{f^{(n)}(x_0)h^n}{n!} + o(h^n) \tag{4.4.1}$$

$$f'(x_0 + \theta(h)h) = f'(x_0) + \frac{f^{(n)}(x_0)h^{n-1}(\theta(h))^{n-1}}{(n-1)!} + o\left[(\theta(h)h)^{n-1}\right] \tag{4.4.2}$$

由已知条件和 (4.4.1) 式得

$$f'(x_0 + \theta(h)h) = f'(x_0) + \frac{f^{(n)}(x_0)h^{n-1}}{n!} + o(h^{n-1}) \tag{4.4.3}$$

由 (4.4.2) 式和 (4.4.3) 式得到

$$\frac{f^{(n)}(x_0)h^{n-1}}{n!} + o[h^{n-1}] = \frac{f^{(n)}(x_0)(\theta(h)h)^{n-1}}{(n-1)!} + o\left[(\theta(h)h)^{n-1}\right]$$

$$f^{(n)}(x_0)(\theta(h))^{n-1} = \frac{f^{(n)}(x_0)}{n} + o(1) \tag{4.4.4}$$

进一步由于 $\lim\limits_{h \to 0} \dfrac{o[h^{n-1}] - o\left[(\theta(h)h)^{n-1}\right]}{h^{n-1}} = 0$，因此根据 (4.4.4) 式得到

$$\theta(h) = \left(\frac{1}{n} + \frac{o(1)}{f^{(n)}(x_0)}\right)^{1/(n-1)}$$

因此 $\lim\limits_{h \to 0} \theta(h) = \dfrac{1}{n^{1/(n-1)}}$，结论得证.

例 4.4.4 设 $f(x)$ 在 $\mathbf{R}$ 上二次可微且任意 $x \in \mathbf{R}: |f(x)| \leqslant M_0, |f''(x)| \leqslant M_2$.

(1) 写出 $f(x+h), f(x-h)$ 在 x 点的泰勒展开公式;

(2) 证明: 任意 $h > 0: |f'(x)| \leqslant \dfrac{M_0}{h} + \dfrac{h}{2}M_2$;

(3) 证明: $|f'(x)| \leqslant \sqrt{2M_0 M_2}$.

证明 (1) $f(x+h), f(x-h)$ 在 x 点的泰勒展开公式:

$$f(x+h) = f(x) + f'(x)h + \frac{f''(x+\theta_1 h)}{2!}h^2, \quad \theta_1 \in (0,1) \tag{4.4.5}$$

$$f(x-h) = f(x) - f'(x)h + \frac{f''(x-\theta_2 h)}{2!}h^2, \quad \theta_2 \in (0,1) \tag{4.4.6}$$

(2) 由 (4.4.5) 式和 (4.4.6) 式可得

$$2f'(x)h = f(x+h) - f(x-h) - \frac{f''(x+\theta_1 h)}{2!}h^2 + \frac{f''(x-\theta_2 h)}{2!}h^2$$

$$2|f'(x)h| \leqslant 2M_0 + |h^2 M_2|$$

因此, 任意 $h > 0: |f'(x)| \leqslant \dfrac{M_0}{h} + \dfrac{h}{2}M_2$.

(3) 根据不等式 $a^2 + b^2 \geqslant 2ab$, 进一步 $a = b$ 的时候等号成立.

$$\frac{M_0}{h} + \frac{h}{2}M_2 \geqslant \sqrt{2M_0 M_2} \tag{4.4.7}$$

当 $\dfrac{M_0}{h} = \dfrac{h}{2}M_2$ 即 $h = \sqrt{2\dfrac{M_0}{M_2}}$, $\dfrac{M_0}{h} + \dfrac{h}{2}M_2 = \sqrt{2M_0 M_2}$ 成立. 因此 $|f'(x)| \leqslant \sqrt{2M_0 M_2}$, 结论得证.

*4.5 提 高 课

扫码学习

4.5.1 泰勒公式在科学计算中的应用

导数的数学定义:

$$\lim_{h \to 0} \frac{f(x+h) - f(x)}{h}, \quad \lim_{h \to 0} \frac{f(x+h) - f(x-h)}{2h}$$

如果用计算机实现导数计算, 只能近似计算, 近似公式如下:

$$f'(x) \approx \frac{f(x+h) - f(x)}{h}, \quad f'(x) \approx \frac{f(x+h) - f(x-h)}{2h}$$

接下来用公式 $f'(x) \approx \dfrac{f(x+h) - f(x-h)}{2h}$, 计算函数 $f(x) = x^{10}$ 在 $x = 1$ 处的导数近似值, 计算结果如表 4.5.1.

表 4.5.1

h	近似值	误差
0.0001	10.000001199998998	0.000001199998998
0.00001	10.000000012011512	0.000000012011512
0.000001	9.9999999998989786	0.0000000001010214
0.0000001	10.000000000842668	0.000000000842668
0.00000001	9.9999999891853264	0.0000000108146736
0.000000001	10.000000272292198	0.000000272292198

从表 4.5.1 不难发现, h 越小, 计算结果越差, 这与数学定义矛盾, 下面分析出现这种情况的原因. 设 $A = 123.4567989999999, B = 123.4567888888877$. 由于计算机是有限位计算, 因此若保留小数后面 6 位: $A - B = 0.000010$; 若保留小数点后面 4 位: $A - B = 0.0000$, 这样有效数字丢失. 因此计算机实现算法要避免相近数做减法运算. 当 h 过小的时候, 公式 $f'(x) \approx \dfrac{f(x+h) - f(x-h)}{2h}$ 出现了两个相近数减法, 所以计算结果随着 h 的变小, 结果越来越差. 接下来用泰勒公式解决问题.

设函数 $f(x)$ 在 $U(x_0;\delta)$ 存在任意阶导数, 任意 $x \in U(x_0;\delta)$, 任意 $x + h \in U(x_0;\delta)$. 根据泰勒公式有

$$f(x+h) = f(x) + f'(x)h + \frac{h^2}{2!}f^{(2)}(x) + \cdots + \frac{h^{2n}}{(2n)!}f^{(2n)}(x) + o(h^{2n}) \tag{4.5.1}$$

$$f(x-h) = f(x) - f'(x)h + \frac{h^2}{2!}f^{(2)}(x) + \cdots + \frac{h^{2n}}{(2n)!}f^{(2n)}(x) + o(h^{2n}) \tag{4.5.2}$$

将 (4.5.1) 和 (4.5.2) 两式相减有

$$\begin{aligned}\frac{f(x+h) - f(x-h)}{2h} &= f'(x) + \frac{f^{(3)}(x)h^2}{3!} + \frac{f^{(5)}(x)h^4}{5!} + \cdots + \frac{f^{(2n+1)}(x)h^{2n}}{(2n+1)!} + o(h^{2n})\\ &= f'(x) + o(h) + o(h^3) + \cdots + o(h^{2n}) = f'(x) + o(h)\end{aligned} \tag{4.5.3}$$

设 $G_1(h) = \dfrac{f(x+h) - f(x-h)}{2h}$, 为了下面叙述简洁, (4.5.3) 式等价写成

$$f'(x) - G_1(h) = c_2 h^2 + c_4 h^4 + c_6 h^6 + \cdots + c_{2n} h^{2n} + o(h^{2n}) = o(h) \tag{4.5.4}$$

因此 $G_1(h)$ 逼近 $f'(x)$ 的精度为 $o(h)$, 这里 $c_2, c_4, \cdots, c_{2n}$ 是与 h 无关的常数, 与 $f(x)$ 以及 $f(x)$ 的各阶导数有关. 接下用泰勒公式提高精度, 根据 (4.5.4) 式进一步有

$$\left.\begin{aligned}(1)\, & f'(x) - G_1(h) = c_2 h^2 + c_4 h^4 + c_6 h^6 + \cdots + c_{2n} h^{2n} + o(h^{2n})\\ (2)\, & f'(x) - G_1\left(\frac{h}{2}\right) = c_2 \left(\frac{h}{2}\right)^2 + c_4 \left(\frac{h}{2}\right)^4 + c_6 \left(\frac{h}{2}\right)^6 + \cdots + c_{2n}\left(\frac{h}{2}\right)^{2n} + o(h^{2n})\end{aligned}\right\} \tag{4.5.5}$$

在 (4.5.5) 式中 (1) 乘以 4^{-1} 减去 (2) 得到 (4.5.6) 式

$$\left.\begin{aligned}& f'(x) - G_2(h) = \tilde{c}_4 h^4 + \tilde{c}_6 h^6 + \cdots + \tilde{c}_{2n} h^{2n} + o(h^{2n})\\ & G_2(h) = \frac{G_1(h/2) - 4^{-1} G_1(h)}{1 - 4^{-1}},\, f'(x) - G_2(h) = o(h^3)\end{aligned}\right\} \tag{4.5.6}$$

因此 $G_2(h)$ 逼近 $f'(x)$ 的精度为 $o(h^3)$, 所以精度提高. 这里 $\tilde{c}_4, \tilde{c}_6, \cdots, \tilde{c}_{2n}$ 是与 h 无关的常数, 与 $f(x)$ 以及 $f(x)$ 的各阶导数有关. 进一步根据 (4.5.7) 式有

$$\left.\begin{aligned}(3)\ & f'(x) - G_2(h) = \tilde{c}_4 h^4 + \tilde{c}_6 h^6 + \cdots + \tilde{c}_{2n} h^{2n} + o(h^{2n}) \\ (4)\ & f'(x) - G_2\left(\frac{h}{2}\right) = \tilde{c}_4 \left(\frac{h}{2}\right)^4 + \tilde{c}_6 \left(\frac{h}{2}\right)^6 + \cdots + \tilde{c}_{2n}\left(\frac{h}{2}\right)^{2n} + o(h^{2n})\end{aligned}\right\} \quad (4.5.7)$$

在 (4.5.7) 式中 (3) 乘以 4^{-2} 减去 (4) 得到 (4.5.8) 式

$$\left.\begin{aligned} G_3(h) &= \frac{G_2(h/2) - 4^{-2} G_2(h)}{1 - 4^{-2}} \\ f'(x) - G_3(h) &= d_6 h^6 + d_8 h^8 + \cdots + d_{2n} h^{2n} + o(h^{2n}) = o(h^5)\end{aligned}\right\} \quad (4.5.8)$$

因此 $G_3(h)$ 逼近 $f'(x)$ 的精度为 $o(h^5)$, 所以精度再次提高, 这里 $d_6, d_8, \cdots, d_{2n}$ 是与 h 无关的常数, 与 $f(x)$ 以及 $f(x)$ 的各阶导数有关.

将上述方法推广到一般情况, 归纳一般结论:

$$\left.\begin{aligned} G_{m+1}(h) &= \frac{G_m(h/2) - 4^{-m} G_m(h)}{1 - 4^{-m}} \\ G_1(h) &= \frac{f(x+h) - f(x-h)}{2h} \\ f'(x) - G_{m+1} &= o\left(h^{2m+1}\right)\end{aligned}\right\} m = 1, 2, 3, \cdots \quad (4.5.9)$$

下面以 $G_4(h)$ 为例分析计算过程. 根据 (4.5.9) 式计算 $G_4(h)$, 需要计算 $G_3(h)$ 和 $G_3\left(\frac{h}{2}\right)$, 计算 $G_3(h)$ 需要计算 $G_2(h), G_2\left(\frac{h}{2}\right)$, 计算 $G_3\left(\frac{h}{2}\right)$ 需要计算 $G_2\left(\frac{h}{2}\right), G_2\left(\frac{h}{2^2}\right)$, 依次类推计算 $G_4(h)$ 需要 10 步的计算. 详细计算过程如表 4.5.2:

从表 4.5.2 可以看到第一列各项逼近精度 $o(h)$, 第二列逼近精度 $o(h^3)$, 第三列的逼近精度 $o(h^5)$, 第 4 列逼近精度 $o(h^7)$. 将 (4.5.9) 式处理问题的思想称为外推计算. 外推方法在科学计算领域是重要的提高数值逼近精度的方法.

表 4.5.2

$G_1(h)$	$G_2(h)$	$G_3(h)$	$G_4(h)$
$G_1\left(\dfrac{h}{2}\right)$	$G_2\left(\dfrac{h}{2}\right)$	$G_3\left(\dfrac{h}{2}\right)$	
$G_1\left(\dfrac{h}{2^2}\right)$	$G_2\left(\dfrac{h}{2^2}\right)$		
$G_1\left(\dfrac{h}{2^3}\right)$			
$o(h)$	$o(h^3)$	$o(h^5)$	$o(h^7)$

应用实例 $f(x) = -\cot x, f'(0.04) = 625.33344002, h = 0.0128.$

从表 4.5.3 的计算结果可以看到, 第一列的计算 $G_1(h), G_1(h/2), G_1\left(h/2^2\right), G_1\left(h/2^3\right)$ 与 $f'(0.04)$ 的精确值比较, 误差较大, 随着 h 的不断缩小, 近似公式 $\dfrac{f(x+h) - f(x-h)}{2h}$ 逼近 $f'(x)$ 的误差越来越大. 但是经过三次的外推计算, $G_4(h)$ 与精确值比较, 准确到小数点后 4 位, 大幅度提高计算精度, 数值方法验证是有效的.

表 4.5.3

h	$G_1(h)$	$G_2(h)$	$G_3(h)$	$G_4(h)$
$h/2$	696.6346914	623.4601726	625.3455055	625.3334226
$h/4$	641.7538023	625.227672	625.3336144	
$h/8$	629.3592047	625.3269902		
$h/16$	626.3350438			

4.5.2 拉格朗日插值逼近

函数的数值逼近是计算数学的重要研究领域. 函数逼近的构造方法、理论分析以及计算机实现是函数数值逼近的主要研究内容. 本小节讨论用多项式类函数实现函数的整体逼近, 即拉格朗日插值逼近.

定义 4.5.1 设 $f(x)$ 定义在区间 $[a,b]$ 上, 对 $[a,b]$ 进行分割 $a = x_0 < x_1 < x_2 < \cdots < x_n = b$, 求 n 次多项式 $P_n(x) = a_n x^n + a_{n-1} x^{n-1} + \cdots + a_1 x + a_0$ 满足:

$$P_n(x_i) = f(x_i), \quad i = 0, 1, 2, \cdots, n \tag{4.5.10}$$

问题 (4.5.10) 称为拉格朗日插值问题, 其中 $f(x)$ 为被插值函数, $P_n(x)$ 为 n 次拉格朗日插值函数, $\{x_i\}_{i=0}^n$ 为插值节点.

定理 4.5.1 过 $n+1$ 个互异插值节点的 n 次拉格朗日插值函数是唯一的.

证明 设 $P_n(x), Q_n(x)$ 为过 $n+1$ 个互异插值节点 $x_0, x_1, \cdots, x_n$ 的 n 次拉格朗日插值函数, 则

$$P_n(x_i) - Q_n(x_i) = 0, i = 0, 1, \cdots, n$$

上式说明次数至多是 n 次的多项式 $P_n(x_i) - Q_n(x_i)$ 有 $n+1$ 个互异的根, 因此 $P_n(x) = Q_n(x)$. 结论得证.

接下来讨论拉格朗日插值算法基本思想.

求 $P_2(x) = a_2 x^2 + a_1 x + a_0$, 满足: $P_2(x_i) = f(x_i), i = 0, 1, 2$. 直接方法是求解下面的线性代数方程组:

$$\begin{cases} P_2(x_0) = a_2 x_0^2 + a_1 x_0 + a_0 = f(x_0) \\ P_2(x_1) = a_2 x_1^2 + a_1 x_1 + a_0 = f(x_1) \\ P_2(x_2) = a_2 x_2^2 + a_1 x_2 + a_0 = f(x_2) \end{cases}$$

由于此算法求解复杂度高, 下面采用间接方法求解.

首先分析二次拉格朗日插值, 考虑三个二次多项式函数:

$$l_0(x) = \frac{(x - x_1)(x - x_2)}{(x_0 - x_1)(x_0 - x_2)}, \quad l_1(x) = \frac{(x - x_0)(x - x_2)}{(x_1 - x_0)(x_1 - x_2)}, \quad l_2(x) = \frac{(x - x_0)(x - x_1)}{(x_2 - x_0)(x_2 - x_1)}$$

三个多项式特点:

$$l_0(x_1) = l_0(x_2) = 0, \quad l_0(x_0) = 1$$
$$l_1(x_0) = l_1(x_2) = 0, \quad l_1(x_1) = 1$$
$$l_2(x_0) = l_2(x_1) = 0, \quad l_2(x_2) = 1$$

因此可以得到
$$P_2(x) = \frac{(x-x_1)(x-x_2)}{(x_0-x_1)(x_0-x_2)}f(x_0) + \frac{(x-x_0)(x-x_2)}{(x_1-x_0)(x_1-x_2)}f(x_1) + \frac{(x-x_0)(x-x_1)}{(x_2-x_0)(x_2-x_1)}f(x_2)$$

接下来分析三次拉格朗日插值求 $P_3(x) = a_3 x^3 + a_2 x^2 + a_1 x + a_0$, 满足 $P_3(x_i) = f(x_i)$, $i = 0,1,2,3$. 为此构造 4 个三次多项式函数

$$l_0(x) = \frac{(x-x_1)(x-x_2)(x-x_3)}{(x_0-x_1)(x_0-x_2)(x_0-x_3)}, \quad l_1(x) = \frac{(x-x_0)(x-x_2)(x-x_3)}{(x_1-x_0)(x_1-x_2)(x_1-x_3)}$$

$$l_2(x) = \frac{(x-x_0)(x-x_1)(x-x_3)}{(x_2-x_0)(x_2-x_1)(x_2-x_3)}, \quad l_3(x) = \frac{(x-x_0)(x-x_1)(x-x_2)}{(x_3-x_0)(x_3-x_1)(x_3-x_2)}$$

四个多项式满足
$$l_0(x_1) = l_0(x_2) = l_0(x_3) = 0, l_0(x_0) = 1$$
$$l_1(x_0) = l_1(x_2) = l_1(x_3) = 0, l_1(x_1) = 1$$
$$l_2(x_0) = l_2(x_1) = l_2(x_3) = 0, l_2(x_2) = 1$$
$$l_3(x_0) = l_3(x_1) = l_3(x_2) = 0, l_3(x_3) = 1$$

因此
$$P_3(x) = \frac{(x-x_1)(x-x_2)(x-x_3)}{(x_0-x_1)(x_0-x_2)(x_0-x_3)}f(x_0) + \frac{(x-x_0)(x-x_2)(x-x_3)}{(x_1-x_0)(x_1-x_2)(x_1-x_3)}f(x_1)$$
$$+ \frac{(x-x_0)(x-x_1)(x-x_3)}{(x_2-x_0)(x_2-x_1)(x_2-x_3)}f(x_2) + \frac{(x-x_0)(x-x_1)(x-x_2)}{(x_3-x_0)(x_3-x_1)(x_3-x_2)}f(x_3)$$

在上面讨论基础上归纳一般情况算法:

设 $l_i(x) = \prod\limits_{\substack{j=0 \\ j \neq i}}^{n} \frac{(x-x_j)}{(x_i-x_j)}$, $i = 0, 1, \cdots, n$, 满足 $l_i(x_j) = \begin{cases} 1, & j = i, \\ 0, & j \neq i, \end{cases}$ $j = 0, 1, \cdots, n$, 则

$P_n(x) = \sum\limits_{i=0}^{n} l_i(x) f(x_i) = \sum\limits_{i=0}^{n} \left[\prod\limits_{\substack{j=0 \\ j \neq i}}^{n} \frac{(x-x_j)}{(x_i-x_j)} \right] f(x_i)$, 满足

$$P_n(x_j) = \sum_{i=0}^{n} l_i(x_j) f(x_i) = f(x_j), \quad j = 0, 1, \cdots, n$$

$P_n(x)$ 称为拉格朗日插值多项式, $l_i(x)$ 称为拉格朗日插值基函数. 接下来分析误差.

定理 4.5.2 (插值误差估计定理) 设 $f^{(n)}(x)$ 在区间 $[a,b]$ 上连续, $f^{(n+1)}(x)$ 在 $[a,b]$ 上存在, $x_0, x_1, \cdots, x_n$ 是 $[a,b]$ 上互异的点, 则插值余项 $R_n(x) = f(x) - P_n(x)$ 有如下估计:
$R_n(x) = \frac{f^{(n+1)}(\xi)}{(n+1)!} \omega_{n+1}(x)$, 其中 $\omega_{n+1}(x) = \prod\limits_{j=0}^{n}(x-x_j), \xi \in [a,b]$ 为中值.

证明 由已知条件, $R_n(x_i) = 0, i = 0, 1, \cdots, n$. 作辅助函数:
$$\phi(t) = f(t) - P_n(t) - \frac{\omega_{n+1}(t)}{\omega_{n+1}(x)} R_n(x)$$

则
$$\phi(x_i) = 0, \quad i = 0, 1, \cdots, n, \quad \phi(x) = f(x) - P_n(x) - \frac{\omega_{n+1}(t)}{\omega_{n+1}(x)} R_n(x) = 0$$

$\phi(t)$ 在 $[a,b]$ 上至少有 $n+2$ 个互异零点. 应用罗尔定理, $\phi'(t)$ 在 $[a,b]$ 上至少有 $n+1$ 个互异零点, 依次类推, $\phi^{(n+1)}(t)$ 至少有一个零点, 记为 ξ. 由于 $P_n(t)$ 为不高于 n 次的多项式, $P_n^{(n+1)}(t) = 0, \omega_{n+1}^{(n+1)}(t) = (n+1)!$, 于是

$$0 = \phi^{(n+1)}(\xi) = f^{(n+1)}(\xi) - \frac{(n+1)!R_n(x)}{\omega_{n+1}(x)}$$

可得 $R_n(x) = \dfrac{f^{(n+1)}(\xi)}{(n+1)!}\omega_{n+1}(x)$, 结论得证.

例 4.5.5 $f(x) = \mathrm{e}^{\sin x}, 0 \leqslant x \leqslant 2\pi$, 选择插值节点 $x_i = \dfrac{2\pi i}{n}\,(n=3,5,8)\,i = 0,1,\cdots,n$, 分别得到 3 次、5 次、8 次拉格朗日插值多项式. 如图 4.5.1 所示, 随着插值节点的增加, 拉格朗日插值多项式的逼近效果越来越好.

例 4.5.6 $f(x) = \dfrac{1}{1+25x^2}, |x| \leqslant 1$, 选择插值节点 $x_i = -1 + 0.5i\,(0.25i, 0.2i), i = 0,1,\cdots,4$ 分别得到 4 次、8 次、10 次拉格朗日插值多项式.

如图 4.5.2 所示, 在 $[-0.2, 0.2]$ 逼近效果比较好, 但是靠近区间端点处逼近效果不好, 随着节点的增加, 拉格朗日插值多项式并没有更好地逼近原函数.

通过上面的讨论可以看到拉格朗日插值多项式在一定程度克服泰勒多项式的局部逼近的缺点, 但是随着插值节点的增多, 不能确保整体逼近效果更好.

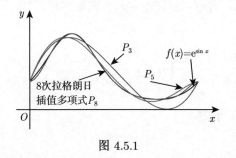

图 4.5.1 　　　　　　　　　图 4.5.2

*4.6　探索类问题

探索类问题 1 利用渐近展开方法求下列函数带佩亚诺余项的泰勒多项式.

(1) $\sqrt[3]{\sin x^3}$ 展到 21 次泰勒多项式;

(2) $\tan x$ 展到 21 次泰勒多项式.

探索类问题 2 1784 年欧拉利用 $\mathrm{e}^x = 1 + x + \dfrac{x^2}{2!} + \cdots + \dfrac{x^n}{n!} + o(x^n)$ 得到 e 的 23 位的精度. 2000 年泽维尔 (Xavier Gourdou) 仍然利用这个公式得到 e 的 120 亿位小数的精度, 探索他的研究方法.

探索类问题 3 祖冲之 (公元 429 年 ~ 500 年) 利用圆的内接正 12288 到 24576 边形, 得出圆周率 π 的值就在 3.1415926 与 3.1415927 之间, 准确到小数点后 7 位, 创造了当时世界上的最高水平. 国外数学家获得同样结果, 已是一千多年以后的事了. 利用下面泰勒公式

和外推方法研究 π 的外推计算.

$$\sin x = x - \frac{x^3}{3!} + \frac{x^5}{5!} - \frac{x^7}{7!} + \cdots + (-1)^k \frac{x^{2k+1}}{(2k+1)!} + o\left(x^{2k+2}\right)$$

$$n\sin\frac{\pi}{n} = \pi - \frac{\pi^3}{n^2 3!} + \frac{\pi^5}{n^4 5!} - \frac{\pi^7}{n^6 7!} + \cdots + (-1)^k \frac{\pi^{2k+1}}{n^{2k}(2k+1)!} + o\left(\frac{1}{n^{2k+2}}\right)$$

探索类问题 4　研究欧拉常数 γ 是有理数还是无理数.

$$1 + \frac{1}{2} + \cdots + \frac{1}{n} = \ln(n) + \gamma + \varepsilon_n, \quad \lim_{n\to\infty} \varepsilon_n = 0$$

$$\lim_{n\to\infty}\left(1 + \frac{1}{2} + \cdots + \frac{1}{n} - \ln(n)\right) = \gamma$$

探索类问题 5　研究 $f(x) = 5\tan x^5$ 在 $x = 3.5$ 处的导数的高精度的数值计算方法.

探索类问题 6　研究求导近似公式 $f'(x) \approx \dfrac{f(x+h) - f(x)}{h}$ 的外推计算方法.

探索类问题 7　研究 2 阶求导近似公式 $f''(x) \approx \dfrac{f(x-h) - 2f(x) + f(x-h)}{h^2}$ 的外推计算方法.

探索类问题 8　研究拉格朗日插值.

(1) 求如表 4.6.1 所示数据的拉格朗日插值函数.

表 4.6.1

x_i	0.2	0.3	0.4	0.6	0.9
情况 1: y_i	2.7536	3.2411	3.8016	5.1536	7.8671
情况 2: y_i	2.754	3.241	3.802	5.154	7.867
情况 3: y_i	2.7539	3.2415	3.8916	5.1536	7.8671

(2) 求 $f(x) = \dfrac{3\ln x}{5x^4 + 1}$ 在区间 $[0, 20]$ 上的 12 次拉格朗日插值函数, 插值节点:

$$x_i = 2 + \frac{18i}{12} \quad (i = 0, 1, 2, \cdots, 12)$$

(3) 求 $f(x) = \dfrac{1}{5x^4 + 1}$ 在区间 $[0, 20]$ 上的 12 次拉格朗日插值函数, 插值节点:

$$x_i = 2 + \frac{18i}{20} \quad (i = 0, 1, 2, \cdots, 20)$$

(4) 分析拉格朗日插值函数的逼近特点.

探索类问题 9　1921 年, 数学家伯恩斯坦 (Bernstein) 提出多项式:

$$B_n(f) = \sum_{k=0}^{n} f\left(\frac{k}{n}\right) C_n^k x^k (1-x)^{n-k}, f \in C[0,1]$$

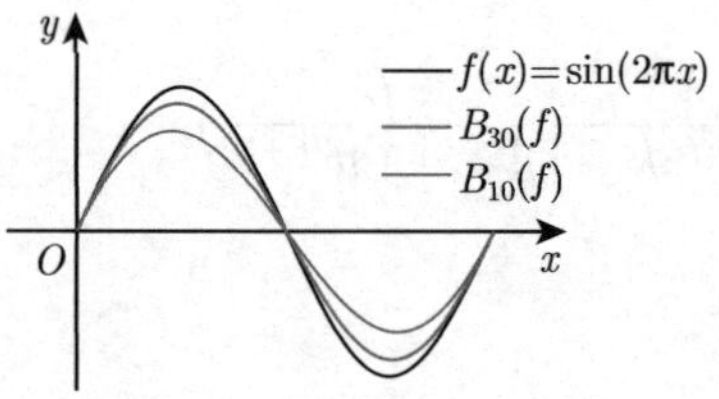

证明伯恩斯坦提出多项式的保形性质, 如图 4.6.1 所示:

(1) $f \geqslant 0 \Rightarrow B_n(f) \geqslant 0$,

(2) f 单调递增 (递减) $\Rightarrow B_n(f)$ 单调递增 (递减),

(3) f 凸函数 (凹函数) $\Rightarrow B_n(f)$ 是凸函数 (凹函数).

通过查阅文献, 了解伯恩斯坦多项式在实际问题中的应用. 写一份读书报告.

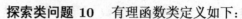

图 4.6.1

探索类问题 10 有理函数类定义如下:

$$R(x) = \frac{a_n x^n + a_{n-1} x^{n-1} + \cdots + a_1 x + a_0}{b_m x^m + b_{m-1} x^{m-1} + \cdots + b_1 x + b_0}$$

通过查阅文献, 了解有理函数在实际问题中的应用, 写一份读书报告.

探索类问题 11 通过查阅文献, 了解泰勒公式在其他学科应用例子, 写一份读书报告.

探索类问题 12 设 $f(x)$ 存在一阶导函数. 利用拉格朗日插值函数构造方法, 构造 $2n+1$ 次多项式插值函数 $H_{2n+1}(x)$, 满足如下条件:

$$\begin{cases} H_{2n+1}(x_i) = f(x_i), \\ H'_{2n+1}(x_i) = f'(x_i), \end{cases} i = 0, 1, 2, \cdots, n$$

满足上述条件的插值函数称为 Hermite 插值.

第 4 章习题答案与提示

第 5 章 不定积分

在第 3 章,我们学习了如何求一个函数的导函数,但是在实际问题中,需要讨论它的反问题,即要寻求一个可导函数,使得它的导函数等于已知函数,即求导运算的逆运算. 本章讨论不定积分定义与基本性质、第一类换元公式及应用、分部积分公式及应用、第二类换元公式及应用、有理函数以及有理三角函数的不定积分. 本章最后设置了系列研究探索问题.

5.1 不定积分的定义与基本性质

扫码学习

首先引入不定积分的定义.

定义 5.1.1 如果存在函数 $F(x)$,有 $F'(x) = f(x)$,对任意 $x \in I$,则称 $F(x)$ 为 $f(x)$ 在区间 I 上的原函数.

定义 5.1.2 函数 $f(x)$ 在区间 I 上的所有原函数,称为 $f(x)$ 在区间 I 上的不定积分. 用符号表示为

$$\int f(x)\,\mathrm{d}x = F(x) + C$$

其中 $\int$ 表示积分符号,x 表示积分变量,$f(x)$ 表示被积函数,$f(x)\mathrm{d}x$ 表示被积表达式.

任何一个函数的原函数都是函数族,这些函数可以由一个函数平移得到,如图 5.1.1 所示.

不定积分记号使得不定积分求解过程,数学推导表述简单. 不定积分具有如下性质:

(1) 若函数 $f(x)$ 的原函数存在,则 $kf(x)$ 存在原函数,且有

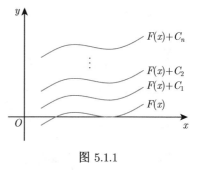

图 5.1.1

$$\int kf(x)\mathrm{d}x = k\int f(x)\mathrm{d}x, \quad \forall k \in \mathbf{R}$$

(2) 若函数 $f(x)$ 和 $g(x)$ 的原函数存在,则 $f(x) \pm g(x)$ 存在原函数,且有

$$\int (f(x) \pm g(x))\,\mathrm{d}x = \int f(x)\mathrm{d}x \pm \int g(x)\mathrm{d}x$$

(3) 积分运算和求导运算是互逆运算:

$$\frac{\mathrm{d}}{\mathrm{d}x}\left[\int f(x)\,\mathrm{d}x\right] = f(x), \quad \mathrm{d}\left[\int f(x)\,\mathrm{d}x\right] = f(x)\,\mathrm{d}x, \quad \int \mathrm{d}F(x) = F(x) + C$$

根据基本初等函数的导数可以得到积分表 5.1.1.

表 5.1.1

(1) $\int k \mathrm{d}x = kx + C$	(2) $\int x^\mu \mathrm{d}x = \dfrac{x^{\mu+1}}{\mu+1} + C \quad (\mu \neq -1)$
(3) $\int \dfrac{1}{x} \mathrm{d}x = \ln|x| + C, \quad x > 0: \int \dfrac{1}{x} \mathrm{d}x = \ln x + C$	
$\quad x < 0: \{\ln(-x)\}' = \dfrac{-1}{-x} = \dfrac{1}{x} \Rightarrow \int \dfrac{1}{x} \mathrm{d}x = \ln(-x) + C$	
(4) $\int \sin x \mathrm{d}x = -\cos x + C$	(5) $\int \cos x \mathrm{d}x = \sin x + C$
(6) $\int \dfrac{\mathrm{d}x}{1+x^2} = \arctan x + C$	(7) $\int \dfrac{\mathrm{d}x}{\cos^2 x} = \tan x + C$
(8) $\int \dfrac{\mathrm{d}x}{\sin^2 x} = -\cot x + C$	(9) $\int \sec x \tan x \mathrm{d}x = \sec x + C$
(10) $\int \csc x \cot x \mathrm{d}x = -\csc x + C$	(11) $\int a^x \mathrm{d}x = \dfrac{a^x}{\ln a} + C$
(12) $\int \sinh x \mathrm{d}x = \cosh x + C$	(13) $\int \cosh x \mathrm{d}x = \sinh x + C$
(14) $\int \dfrac{\mathrm{d}x}{\sqrt{1-x^2}} = \arcsin x + C$	(15) $\int \dfrac{-\mathrm{d}x}{\sqrt{1-x^2}} = \arccos x + C$
(16) $\int \sec^2 x \mathrm{d}x = \tan x + C$	(17) $\int \csc^2 x \mathrm{d}x = -\cot x + C$

例 5.1.1 计算 $\int x^2 \sqrt{x} \mathrm{d}x$.

解 $\int x^2 \sqrt{x} \mathrm{d}x = \int x^{5/2} \mathrm{d}x = \dfrac{x^{5/2+1}}{5/2+1} + C = (2/7) x^{7/2} + C.$

例 5.1.2 计算 $\int \left(\dfrac{3}{1+x^2} - \dfrac{2}{\sqrt{1-x^2}} \right) \mathrm{d}x$.

解 $\int \left(\dfrac{3}{1+x^2} - \dfrac{2}{\sqrt{1-x^2}} \right) \mathrm{d}x = 3 \int \dfrac{1}{1+x^2} \mathrm{d}x - 2 \int \dfrac{1}{\sqrt{1-x^2}} \mathrm{d}x$
$= 3 \arctan x - 2 \arcsin x + C.$

例 5.1.3 计算 $\int \dfrac{1+2x^2}{x^2(1+x^2)} \mathrm{d}x$.

解 $\int \dfrac{1+2x^2}{x^2(1+x^2)} \mathrm{d}x = \int \dfrac{1+x^2+x^2}{x^2(1+x^2)} \mathrm{d}x = \int \dfrac{1}{x^2} \mathrm{d}x + \int \dfrac{1}{1+x^2} \mathrm{d}x = -\dfrac{1}{x} + \arctan x + C.$

例 5.1.4 计算 $\int \dfrac{1}{1+\cos 2x} \mathrm{d}x$.

解 $\int \dfrac{1}{1+\cos 2x} \mathrm{d}x = \int \dfrac{1}{1+2\cos^2 x - 1} \mathrm{d}x = \dfrac{1}{2} \int \dfrac{1}{\cos^2 x} \mathrm{d}x = \dfrac{1}{2} \tan x + C.$

例 5.1.5 计算 $\int \tan^2 x \mathrm{d}x$.

解 $\int \tan^2 x \mathrm{d}x = \int (\sec^2 x - 1) \mathrm{d}x = \int \sec^2 x \mathrm{d}x - x = \tan x - x + C.$

习题 5.1 不定积分的定义与基本性质

求下列函数的不定积分.

(1) $\int x^2 (5-x)^4 \mathrm{d}x$;   (2) $\int \dfrac{x^2 \mathrm{d}x}{1+x^2}$;   (3) $\int (2^x + 3^x)^2 \mathrm{d}x$;   (4) $\int \dfrac{2^{x+1} - 5^{x-1}}{10^x} \mathrm{d}x$;

(5) $\int (1+\sin x + \cos x)\mathrm{d}x$; (6) $\int \cot^2 x\,\mathrm{d}x$; (7) $\int \sqrt{1-\sin 2x}\mathrm{d}x$; (8) $\int \dfrac{\mathrm{e}^{3x}+1}{\mathrm{e}^x+1}\mathrm{d}x$.

5.2 第一类换元公式与应用

扫码学习

本节将讨论的第一类换元公式, 其本质是复合函数求导的逆运算.

定理 5.2.1 (第一类换元法) 若 $f(u)$ 在区间 I 上有原函数 $F(u)$, $\varphi(x)$ 在 J 上可导, 设 $\{u|u=\varphi(x), \forall x\in J\}\subset I$, 则 $F(\varphi(x))$ 是 $f(\varphi(x))\varphi'(x)$ 在区间 J 上的原函数, 即有

$$\int f(\varphi(x))\varphi'(x)\mathrm{d}x = \int f(u)\mathrm{d}u = F(u)+C = F(\varphi(x))+C$$

证明 由复合函数的求导法则

$$\frac{\mathrm{d}F(\varphi(x))}{\mathrm{d}x} = \frac{\mathrm{d}F(u)}{\mathrm{d}u}\frac{\mathrm{d}u}{\mathrm{d}x} = f(\varphi(x))\varphi'(x)$$

所以 $\int f(\varphi(x))\varphi'(x)\mathrm{d}x = F(\varphi(x))+C$, 因此定理得证.

第一类换元公式的关键是需要将被积函数等价改写 $\int g(x)\mathrm{d}x = \int f(\varphi(x))\varphi'(x)\mathrm{d}x$, 从而进一步计算积分, 下面举例说明.

(1) $\int \tan x\mathrm{d}x = \int \dfrac{\sin x}{\cos x}\mathrm{d}x = -\int \dfrac{\mathrm{d}\cos x}{\cos x} = -\ln|\cos x|+C$;

(2) $\int \cot x\mathrm{d}x = \int \dfrac{\cos x}{\sin x}\mathrm{d}x = \int \dfrac{\mathrm{d}\sin x}{\sin x} = \ln|\sin x|+C$.

例 5.2.1 计算 $\int \sin 2x\mathrm{d}x$.

解 方法 1: $\int \sin 2x\mathrm{d}x = \dfrac{1}{2}\int \sin 2x\mathrm{d}(2x)$, 设 $u=2x$, 则

$$\int \sin 2x\mathrm{d}x = \frac{1}{2}\int \sin u\mathrm{d}u = -\frac{1}{2}\cos u + C = -\frac{1}{2}\cos 2x + C$$

方法 2: $\int \sin 2x\mathrm{d}x = 2\int \sin x\cos x\mathrm{d}x = 2\int \sin x\mathrm{d}(\sin x) = (\sin x)^2 + C$.

例 5.2.2 计算 $\int \dfrac{1}{3+2x}\mathrm{d}x$.

解 $\int \dfrac{1}{3+2x}\mathrm{d}x = \dfrac{1}{2}\int \dfrac{1}{3+2x}\mathrm{d}(3+2x)$, 设 $u=3+2x$, 则有

$$\int \frac{1}{3+2x}\mathrm{d}x = \frac{1}{2}\int \frac{1}{u}\mathrm{d}u = \frac{1}{2}\ln|3+2x|+C$$

注 5.2.1 一般地, 有 $\int f(ax+b)\mathrm{d}x = \dfrac{1}{a}\left[\int f(u)\mathrm{d}u\right], u=ax+b$.

例 5.2.3 计算 $\int \dfrac{x}{(1+x)^3}\mathrm{d}x$.

解
$$\int \frac{x}{(1+x)^3}\mathrm{d}x = \int \frac{x+1-1}{(1+x)^3}\mathrm{d}x = \int \left[\frac{1}{(1+x)^2} - \frac{1}{(1+x)^3}\right]\mathrm{d}x$$
$$= \int \left[\frac{1}{(1+x)^2} - \frac{1}{(1+x)^3}\right]\mathrm{d}(1+x).$$

令 $u = 1+x$,进一步得到
$$\int \frac{x}{(1+x)^3}\mathrm{d}x = \int \left[\frac{1}{u^2} - \frac{1}{u^3}\right]\mathrm{d}u = -\frac{1}{1+x} + \frac{1}{2(1+x)^2} + C$$

例 5.2.4 计算 $\displaystyle\int \frac{1}{1+\mathrm{e}^x}\mathrm{d}x$.

解
$$\int \frac{1}{1+\mathrm{e}^x}\mathrm{d}x = \int \frac{1+\mathrm{e}^x-\mathrm{e}^x}{1+\mathrm{e}^x}\mathrm{d}x = \int \left(1 - \frac{\mathrm{e}^x}{1+\mathrm{e}^x}\right)\mathrm{d}x = \int \mathrm{d}x - \int \frac{\mathrm{e}^x}{1+\mathrm{e}^x}\mathrm{d}x$$
$$= \int \mathrm{d}x - \int \frac{1}{1+\mathrm{e}^x}\mathrm{d}(1+\mathrm{e}^x) = x - \ln(1+\mathrm{e}^x) + C.$$

例 5.2.5 计算 $\displaystyle\int \frac{1}{\sqrt{2x+3}+\sqrt{2x-1}}\mathrm{d}x$.

解 首先将被积函数分母有理化,简化被积函数的表达式.
$$\text{原式} = \int \frac{\sqrt{2x+3}-\sqrt{2x-1}}{\left(\sqrt{2x+3}+\sqrt{2x-1}\right)\left(\sqrt{2x+3}-\sqrt{2x-1}\right)}\mathrm{d}x$$
$$= \frac{1}{4}\int \sqrt{2x+3}\,\mathrm{d}x - \frac{1}{4}\int \sqrt{2x-1}\,\mathrm{d}x$$
$$= \frac{1}{8}\int \sqrt{2x+3}\,\mathrm{d}(2x+3) - \frac{1}{8}\int \sqrt{2x-1}\,\mathrm{d}(2x-1)$$
$$= \frac{1}{12}\left(\sqrt{2x+3}\right)^3 - \frac{1}{12}\left(\sqrt{2x-1}\right)^3 + C$$

例 5.2.6 计算 $\displaystyle\int \frac{1}{x(1+2\ln x)}\mathrm{d}x$.

解
$$\int \frac{1}{x(1+2\ln x)}\mathrm{d}x = \int \frac{1}{1+2\ln x}\mathrm{d}(\ln x)$$
$$= \frac{1}{2}\int \frac{1}{1+2\ln x}\mathrm{d}(1+2\ln x) \Leftarrow \boxed{u = 1+2\ln x}$$
$$= \frac{1}{2}\int \frac{1}{u}\mathrm{d}u = \frac{1}{2}\ln|1+2\ln x| + C.$$

例 5.2.7 计算 $\displaystyle\int \left(1-\frac{1}{x^2}\right)\mathrm{e}^{x+1/x}\mathrm{d}x$.

解 由于 $\left(x+\dfrac{1}{x}\right)' = 1 - \dfrac{1}{x^2}$,因此
$$\int \left(1-\frac{1}{x^2}\right)\mathrm{e}^{x+1/x}\mathrm{d}x = \int \mathrm{e}^{x+1/x}\mathrm{d}\left(x+\frac{1}{x}\right) = \mathrm{e}^{x+1/x} + C$$

例 5.2.8 计算 $\int \dfrac{1}{\sqrt{4-x^2}\arcsin(x/2)}\mathrm{d}x$.

解 由于 $\left(\arcsin\dfrac{x}{2}\right)' = \dfrac{1}{\sqrt{1-(x/2)^2}} \cdot \dfrac{1}{2} = \dfrac{1}{\sqrt{4-x^2}}$,因此

$$\int \dfrac{1}{\sqrt{4-x^2}\arcsin(x/2)}\mathrm{d}x = \int \dfrac{1}{\sqrt{1-(x/2)^2}\arcsin(x/2)}\mathrm{d}\left(\dfrac{x}{2}\right)$$
$$= \int \dfrac{1}{\arcsin(x/2)}\mathrm{d}\left(\arcsin\dfrac{x}{2}\right) = \ln\left|\arcsin\dfrac{x}{2}\right| + C$$

例 5.2.9 计算 $\int \dfrac{1}{a^2+x^2}\mathrm{d}x$.

解 $\int \dfrac{1}{a^2+x^2}\mathrm{d}x = \dfrac{1}{a^2}\int \dfrac{1}{1+\dfrac{x^2}{a^2}}\mathrm{d}x = \dfrac{1}{a}\int \dfrac{1}{1+\left(\dfrac{x}{a}\right)^2}\mathrm{d}\left(\dfrac{x}{a}\right) = \dfrac{1}{a}\arctan\dfrac{x}{a} + C$.

例 5.2.10 计算 $\int \dfrac{1}{x^2-8x+25}\mathrm{d}x$.

解 $\int \dfrac{1}{x^2-8x+25}\mathrm{d}x = \int \dfrac{1}{(x-4)^2+9}\mathrm{d}x = \int \dfrac{1}{(x-4)^2+3^2}\mathrm{d}(x-4)$
$$= \dfrac{1}{3}\arctan\dfrac{x-4}{3} + C.$$

例 5.2.11 计算 $\int \sin^2 x \cdot \cos^5 x \mathrm{d}x$.

解 $\int \sin^2 x \cdot \cos^5 x \mathrm{d}x = \int \sin^2 x \cdot \cos^4 x \mathrm{d}(\sin x) = \int \sin^2 x \cdot (1-\sin^2 x)^2 \mathrm{d}(\sin x)$
$$= \int (\sin^2 x - 2\sin^4 x + \sin^6 x) \mathrm{d}(\sin x)$$
$$= \dfrac{1}{3}\sin^3 x - \dfrac{2}{5}\sin^5 x + \dfrac{1}{7}\sin^7 x + C$$

例 5.2.12 计算 $\int \csc x \mathrm{d}x$.

解 $\int \csc x \mathrm{d}x = \int \dfrac{1}{\sin x}\mathrm{d}x = \int \dfrac{1}{2\sin\dfrac{x}{2}\cos\dfrac{x}{2}}\mathrm{d}x = \int \dfrac{1}{\tan\dfrac{x}{2}\left(\cos\dfrac{x}{2}\right)^2}\mathrm{d}\left(\dfrac{x}{2}\right)$
$$= \int \dfrac{1}{\tan\dfrac{x}{2}}\mathrm{d}\left(\tan\dfrac{x}{2}\right) = \ln\left|\tan\dfrac{x}{2}\right| + C = \ln|\csc x - \cot x| + C.$$

类似地推出

$$\int \sec x \mathrm{d}x = \int \dfrac{1}{\cos x}\mathrm{d}x = \int \dfrac{1}{\sin\left(x+\dfrac{\pi}{2}\right)}\mathrm{d}\left(x+\dfrac{\pi}{2}\right)$$
$$= \ln\left|\tan\left[\left(x+\dfrac{\pi}{2}\right)\bigg/2\right]\right| + C = \ln|\sec x + \tan x| + C$$

用第一类换元公式可以得到常用积分表 5.2.1.

表 5.2.1

(1) $\int \dfrac{1}{\sin x}\mathrm{d}x = \ln\left|\tan\dfrac{x}{2}\right| + C$
(2) $\int \dfrac{1}{\cos x}\mathrm{d}x = \ln\left|\tan\left(\dfrac{x}{2} + \dfrac{\pi}{4}\right)\right| + C = \ln|\sec x + \tan x| + C$
(3) $\int \dfrac{\mathrm{d}x}{x^2 + a^2} = \dfrac{1}{a}\arctan\dfrac{x}{a} + C$
(4) $\int \dfrac{\mathrm{d}x}{a^2 - x^2} = \dfrac{1}{2a}\ln\left|\dfrac{a+x}{a-x}\right| + C$
(5) $\int \dfrac{\mathrm{d}x}{x^2 - a^2} = \dfrac{1}{2a}\ln\left|\dfrac{a-x}{a+x}\right| + C$
(6) $\int \dfrac{\mathrm{d}x}{\sqrt{a^2 - x^2}} = \arcsin\dfrac{x}{a} + C \; (a > 0)$

例 5.2.13 常用积分表 5.2.1 举例.

(1) $\int \dfrac{x^2 + 1}{x^4 + 1}\mathrm{d}x = \int \dfrac{x^2(1 + 1/x^2)}{x^2(x^2 + x^{-2})}\mathrm{d}x = \int \dfrac{\mathrm{d}(x - 1/x)}{(x - 1/x)^2 + 2}$

$= \dfrac{1}{\sqrt{2}}\arctan\dfrac{(x - 1/x)}{\sqrt{2}} + C.$

$\left(\text{这里利用} \int \dfrac{\mathrm{d}u}{u^2 + a^2} = \dfrac{1}{a}\arctan\dfrac{u}{a} + C.\right)$

(2) $\int \dfrac{x^2 - 1}{x^4 + 1}\mathrm{d}x = \int \dfrac{x^2(1 - 1/x^2)}{x^2(x^2 + x^{-2})}\mathrm{d}x = \int \dfrac{\mathrm{d}(x + 1/x)}{(x + 1/x)^2 - 2}$

$= \dfrac{1}{2\sqrt{2}}\ln\left|\dfrac{(x + 1/x) - \sqrt{2}}{(x + 1/x) + \sqrt{2}}\right| + C.$

$\left(\text{这里利用} \int \dfrac{\mathrm{d}u}{u^2 - a^2} = \dfrac{1}{2a}\ln\left|\dfrac{a-u}{a+u}\right| + C.\right)$

(3) $\int \dfrac{\mathrm{d}x}{\sin^2 x + 2\cos^2 x} = \int \dfrac{\mathrm{d}x}{\cos^2 x(\tan^2 x + 2)} = \int \dfrac{\mathrm{d}\tan x}{(\tan^2 x + 2)}$

$= \dfrac{1}{\sqrt{2}}\arctan\dfrac{\tan x}{\sqrt{2}} + C.$

$\left(\text{这里利用} \int \dfrac{\mathrm{d}u}{u^2 + a^2} = \dfrac{1}{a}\arctan\dfrac{u}{a} + C.\right)$

(4) $\int \dfrac{\cos x \mathrm{d}x}{\sqrt{2 + \cos 2x}} = \dfrac{\sqrt{3}}{\sqrt{2}}\int \dfrac{\mathrm{d}\left(\sqrt{\dfrac{2}{3}}\sin x\right)}{\sqrt{3\left(1 - \left(\sqrt{\dfrac{2}{3}}\sin x\right)^2\right)}}$

$= \dfrac{1}{\sqrt{2}}\arcsin\left(\sqrt{\dfrac{2}{3}}\sin x\right) + C.$

$\left(\text{这里利用} \int \dfrac{\mathrm{d}u}{\sqrt{a^2 - u^2}} = \arcsin\dfrac{u}{a} + C.\right)$

(5) $\int \dfrac{1}{\sin x + 2\cos x + 3}\mathrm{d}x$

$$= \int \frac{\mathrm{d}x}{2\sin(x/2)\cos(x/2) + 2(2\cos^2(x/2) - 1) + 3}$$

$$= \int \frac{\mathrm{d}x}{2\sin(x/2)\cos(x/2) + 4\cos^2(x/2) + 1} = \int \frac{(1/\cos^2(x/2))\,\mathrm{d}x}{2\tan(x/2) + 4 + \sec^2(x/2)}$$

$$= 2\int \frac{\mathrm{d}\tan(x/2)}{2\tan(x/2) + 5 + \tan^2(x/2)} = 2\int \frac{\mathrm{d}(\tan(x/2) + 1)}{(\tan(x/2) + 1)^2 + 4}$$

$$= \arctan\left(\frac{\tan(x/2) + 1}{2}\right) + C.$$

$\left(\text{这里利用} \int \frac{\mathrm{d}u}{u^2 + a^2} = \frac{1}{a}\arctan\frac{u}{a} + C.\right)$

(6) $\int \frac{x^3}{x^4 - x^2 + 2}\mathrm{d}x$

$$= \frac{1}{4}\int \frac{(x^4 - x^2 + 2)'}{x^4 - x^2 + 2}\mathrm{d}x + \frac{1}{2}\int \frac{x}{x^4 - x^2 + 2}\mathrm{d}x$$

$$= \frac{1}{4}\int \frac{(x^4 - x^2 + 2)'}{x^4 - x^2 + 2}\mathrm{d}x + \frac{1}{4}\int \frac{1}{(x^2 - 1/2)^2 + 7/4}\mathrm{d}\left(x^2 - \frac{1}{2}\right)$$

$$= \frac{1}{4}\ln(x^4 - x^2 + 2) + \frac{1}{4}\int \frac{1}{(x^2 - 1/2)^2 + 7/4}\mathrm{d}\left(x^2 - \frac{1}{2}\right)$$

$$= \frac{1}{4}\ln(x^4 - x^2 + 2) + \frac{1}{2\sqrt{7}}\arctan\left(\frac{2x^2 - 1}{\sqrt{7}}\right) + C.$$

$\left(\text{这里利用} \int \frac{\mathrm{d}u}{u^2 + a^2} = \frac{1}{a}\arctan\frac{u}{a} + C.\right)$

习题 5.2 第一类换元公式与应用

计算下列不定积分.

(1) $\int \frac{\mathrm{d}x}{x + a}$;

(2) $\int (2x - 3)^{10}\mathrm{d}x$;

(3) $\int \sqrt[3]{1 - 3x}\,\mathrm{d}x$;

(4) $\int \frac{\mathrm{d}x}{\sqrt{2 - 5x}}$;

(5) $\int \frac{\mathrm{d}x}{(5x - 2)^{5/2}}$;

(6) $\int \frac{\sqrt[5]{1 - 2x + x^2}}{1 - x}\mathrm{d}x$;

(7) $\int \frac{\mathrm{d}x}{x^2 - x + 2}$;

(8) $\int \frac{\mathrm{d}x}{3x^2 - 2x - 1}$;

(9) $\int \frac{1}{\sqrt{2 - 3x^2}}\mathrm{d}x$;

(10) $\int \frac{\mathrm{d}x}{\mathrm{e}^x + \mathrm{e}^{-x}}$;

(11) $\int \frac{\ln^2 x}{x}\mathrm{d}x$;

(12) $\int \sin^5 x \cos x\,\mathrm{d}x$;

(13) $\int \frac{\mathrm{d}x}{x \ln x \ln(\ln x)}$;

(14) $\int \frac{\sin x}{\sqrt{\cos^3 x}}\mathrm{d}x$;

(15) $\int \frac{1}{1 - x^2}\ln\frac{1 + x}{1 - x}\mathrm{d}x$;

(16) $\int \frac{\sin x + \cos x}{\sqrt[3]{\sin x - \cos x}}\mathrm{d}x$;

(17) $\int \frac{\sin x \cos x}{\sqrt{a^2 \sin^2 x + b^2 \cos^2 x}}\mathrm{d}x$;

(18) $\int \frac{\mathrm{d}x}{(\arcsin x)^2 \sqrt{1 - x^2}}$;

(19) $\int \frac{x^{14}\mathrm{d}x}{(x^5 + 1)^4}$;

(20) $\int \frac{\cos x\,\mathrm{d}x}{\sqrt{2 + \cos 2x}}$;

(21) $\int \frac{\sin x \cos x}{\sin^4 x + \cos^4 x}\mathrm{d}x$.

5.3 分部积分公式与应用

扫码学习

本节我们将讨论分部积分公式和应用,其本质是函数乘积求导的逆运算.

定理 5.3.1(分部积分公式) 设函数 $u(x)$ 和 $v(x)$ 可导,若 $u'(x)v(x)$ 存在原函数,则 $u(x)v'(x)$ 存在原函数,并有

$$\int u(x)v'(x)\mathrm{d}x = u(x)v(x) - \int u'(x)v(x)\mathrm{d}x$$

$$\int u(x)\mathrm{d}v(x) = u(x)v(x) - \int v(x)\mathrm{d}u(x)$$

证明 因为 $(uv)' = u'v + uv', uv' = (uv)' - u'v$,因此

$$\int u(x)v'(x)\mathrm{d}x = u(x)v(x) - \int u'(x)v(x)\mathrm{d}x$$

$$\int u(x)\mathrm{d}v(x) = u(x)v(x) - \int v(x)\mathrm{d}u(x)$$

结论得证.

应用分部积分公式时,恰当选取 u 和 v,使得 $\int v\mathrm{d}u$ 比 $\int u\mathrm{d}v$ 易求. 下面举例说明.

例 5.3.1 计算 $\int x\cos x\mathrm{d}x$.

解 $\int x\cos x\mathrm{d}x = \int x(\sin x)'\mathrm{d}x = x\sin x - \int \sin x\mathrm{d}x = x\sin x + \cos x + C$.

例 5.3.2 计算 $\int x^2 \mathrm{e}^x \mathrm{d}x$.

解 两次使用分部积分公式,计算过程如下:

$$\int x^2 \mathrm{e}^x \mathrm{d}x = \int x^2 (\mathrm{e}^x)' \mathrm{d}x = x^2 \mathrm{e}^x - 2\int x\mathrm{e}^x \mathrm{d}x$$
$$= x^2 \mathrm{e}^x - 2\int x(\mathrm{e}^x)' \mathrm{d}x = x^2 \mathrm{e}^x - 2\left[x\mathrm{e}^x - \int \mathrm{e}^x \mathrm{d}x\right] = x^2 \mathrm{e}^x - 2(x\mathrm{e}^x - \mathrm{e}^x) + C$$

例 5.3.3 计算 $\int x\arctan x\mathrm{d}x$.

解 $\int x\arctan x\mathrm{d}x = \int \left(\frac{x^2}{2}\right)' \arctan x\mathrm{d}x = \frac{x^2}{2}\arctan x - \int \frac{x^2}{2}\mathrm{d}(\arctan x)$

$$= \frac{x^2}{2}\arctan x - \int \frac{x^2}{2} \cdot \frac{1}{1+x^2}\mathrm{d}x$$
$$= \frac{x^2}{2}\arctan x - \int \frac{1}{2} \cdot \left(1 - \frac{1}{1+x^2}\right)\mathrm{d}x$$
$$= \frac{x^2}{2}\arctan x - \frac{1}{2}(x - \arctan x) + C.$$

例 5.3.4 计算 $\int \sin(\ln x)\mathrm{d}x$.

解 两次使用分部积分公式, 计算过程如下:

$$\boxed{\int \sin(\ln x)\mathrm{d}x} = \int (x)' \sin(\ln x)\mathrm{d}x = x\sin(\ln x) - \int x\cos(\ln x)\cdot \frac{1}{x}\mathrm{d}x$$

$$= x\sin(\ln x) - \int (x)' \cos(\ln x)\mathrm{d}x = x\sin(\ln x) - x\cos(\ln x) - \boxed{\int \sin(\ln x)\mathrm{d}x}$$

经过两次分部积分以后出现循环, 进一步整理得到

$$\int \sin(\ln x)\mathrm{d}x = \frac{x}{2}[\sin(\ln x) - \cos(\ln x)] + C$$

例 5.3.5 计算 $\int \mathrm{e}^x \sin x \mathrm{d}x$.

解
$$\int \mathrm{e}^x \sin x \mathrm{d}x = \int (\mathrm{e}^x)' \sin x \mathrm{d}x = \mathrm{e}^x \sin x - \int \mathrm{e}^x \cos x \mathrm{d}x$$

$$= \mathrm{e}^x \sin x - \int (\mathrm{e}^x)' \cos x \mathrm{d}x = \mathrm{e}^x \sin x - \left(\mathrm{e}^x \cos x + \int \mathrm{e}^x \sin x \mathrm{d}x\right)$$

$$= \mathrm{e}^x(\sin x - \cos x) - \int \mathrm{e}^x \sin x \mathrm{d}x.$$

经过两次分部积分出现循环, 因此得到

$$\int \mathrm{e}^x \sin x \mathrm{d}x = \frac{\mathrm{e}^x}{2}(\sin x - \cos x) + C$$

例 5.3.6 计算 $\int \cos^n x \mathrm{d}x$, 其中 $n \in \mathbf{N}^*$.

解
$$\int \cos^n x \mathrm{d}x = \int \cos^{n-1} x \, \mathrm{d}(\sin x)$$

$$= \sin x \cos^{n-1} x + (n-1)\int \cos^{n-2} x \sin^2 x \mathrm{d}x$$

$$= \sin x \cos^{n-1} x + (n-1)\int \cos^{n-2} x (1 - \cos^2 x) \mathrm{d}x$$

$$= \sin x \cos^{n-1} x + (n-1)\int \cos^{n-2} x \mathrm{d}x - (n-1)\int \cos^n x \mathrm{d}x.$$

得到递推公式:

$$\begin{cases} I_n = \int \cos^n x \mathrm{d}x = \frac{1}{n}\sin x \cos^{n-1} x + \frac{n-1}{n}\int \cos^{n-2} x \mathrm{d}x \\ I_n = \frac{1}{n}\sin x \cos^{n-1} x + \frac{n-1}{n}I_{n-2} \, (n > 2) \\ I_1 = \sin x + C, I_2 = \frac{x}{2} + \frac{1}{4}\sin 2x + C \end{cases}$$

习题 5.3　分部积分公式与应用

用分部积分法, 求下列积分.

(1) $\int x^2 \mathrm{e}^{-2x}\mathrm{d}x$;　　　　(2) $\int x^2 \sin 2x \mathrm{d}x$;　　　　(3) $\int x \arccos x \mathrm{d}x$;

(4) $\int \ln(x+\sqrt{1+x^2})\mathrm{d}x$; (5) $\int \sin x \cdot \ln(\tan x)\mathrm{d}x$; (6) $\int x^2 \arccos x \mathrm{d}x$;

(7) $\int \dfrac{x\mathrm{e}^{\arctan x}}{(1+x^2)^{3/2}}\mathrm{d}x$; (8) $\int \dfrac{\mathrm{arccot}\, \mathrm{e}^x}{\mathrm{e}^x}\mathrm{d}x$; (9) $\int \dfrac{x\mathrm{e}^x}{(x+1)^2}\mathrm{d}x$;

(10) $\int \ln(\sin x)\,\mathrm{d}x$; (11) $\int \dfrac{\ln(\sin x)}{\sin^2 x}\mathrm{d}x$.

☞扫码学习

5.4 第二类换元公式与应用

本节讨论第二类换元公式与应用.

定理 5.4.1(第二类换元公式) 设 $x=\psi(t)$ 是在区间上 J 单调可导的函数,并且 $\psi'(t) \neq 0$,又 $f(\psi(t))\psi'(t)$ 在区间 J 上存在原函数,则在 J 上有换元公式

$$\int f(x)\mathrm{d}x = \int f(\psi(t))\psi'(t)\mathrm{d}t \Big|_{t=\psi^{-1}(x)}$$

其中 $t=\psi^{-1}(x)$ 为 $x=\psi(t)$ 的反函数.

证明 当 $\psi'(t)\neq 0$ 时,$x=\psi(t)$ 存在反函数 $t=\psi^{-1}(x)$,且 $\dfrac{\mathrm{d}t}{\mathrm{d}x}=\dfrac{1}{\psi'(t)}\Big|_{t=\psi^{-1}(x)}$,进一步根据复合函数的求导有

$$\frac{\mathrm{d}}{\mathrm{d}x}\left(\int f(\psi(t))\psi'(t)\mathrm{d}t\right) = \frac{\mathrm{d}}{\mathrm{d}t}\left(\int f(\psi(t))\psi'(t)\mathrm{d}t\right)\left(\frac{\mathrm{d}t}{\mathrm{d}x}\right)$$
$$= f(\psi(t))\psi'(t)\frac{1}{\psi'(t)}\Big|_{t=\psi^{-1}(x)} = f(x)$$

因此 $\int f(\psi(t))\psi'(t)\mathrm{d}t$ 是 $f(x)$ 的原函数,结论得证.

例 5.4.1 计算 $\int \dfrac{1}{\sqrt{x^2+a^2}}\mathrm{d}x \quad (a>0)$.

解 令 $x=a\tan t, \mathrm{d}x=a\sec^2 t\mathrm{d}t, t\in(-\pi/2,\pi/2)$. 当 $t\in(-\pi/2,\pi/2)$ 时,变换 $x=a\tan t$ 存在反函数. 根据定理 5.4.1.

$$\int \frac{1}{\sqrt{x^2+a^2}}\mathrm{d}x = \int \frac{1}{a\sec t}\cdot a\sec^2 t \mathrm{d}t = \int \sec t \mathrm{d}t = \ln|\sec t + \tan t| + C$$
$$= \ln\left(\frac{x}{a}+\frac{\sqrt{x^2+a^2}}{a}\right)+C_1 = \ln\left(x+\sqrt{x^2+a^2}\right)+C$$

在上面的讨论中,为了把 $\sec t, \tan t$ 换成 x 的函数,根据 $\tan t = \dfrac{x}{a}$ 作图 5.4.1,进一步可以得到 $\sec t = \dfrac{\sqrt{x^2+a^2}}{a}$.

例 5.4.2 计算 $\int x^3 \sqrt{4-x^2}\mathrm{d}x$.

解 令 $x = 2\sin t, \mathrm{d}x = 2\cos t\mathrm{d}t, t \in (-\pi/2, \pi/2)$. 当 $t \in (-\pi/2, \pi/2)$ 时, 变换 $x = 2\sin t$ 存在反函数. 根据定理 5.4.1.

$$\int x^3 \sqrt{4-x^2}\mathrm{d}x = \int (2\sin t)^3 \sqrt{4-4\sin^2 t} \cdot 2\cos t\mathrm{d}t = 32\int \sin^3 t \cos^2 t\mathrm{d}t$$

$$= -32\int (\cos^2 t - \cos^4 t)\mathrm{d}\cos t = -32\left(\frac{1}{3}\cos^3 t - \frac{1}{5}\cos^5 t\right) + C$$

如图 5.4.2 所示, 根据 $\sin t = \dfrac{x}{2}$, 有 $\cos t = \dfrac{\sqrt{4-x^2}}{2}$, 进一步换元得到结论:

$$\text{原式} = -\frac{4}{3}\left(\sqrt{4-x^2}\right)^3 + \frac{1}{5}\left(\sqrt{4-x^2}\right)^5 + C$$

例 5.4.3 计算 $\displaystyle\int \frac{1}{\sqrt{x^2-a^2}}\mathrm{d}x (a > 0)$.

解 (1) $x > a: x = a\sec t, \mathrm{d}x = a\sec t \tan t\mathrm{d}t, t \in (0, \pi/2)$,

$$\int \frac{1}{\sqrt{x^2-a^2}}\mathrm{d}x = \int \frac{a\sec t \cdot \tan t}{a\tan t}\mathrm{d}t = \int \sec t\mathrm{d}t = \ln|\sec t + \tan t| + C_1$$

根据 $\sec t = \dfrac{x}{a}$ 作图 5.4.3, 进一步有 $\tan t = \dfrac{\sqrt{x^2-a^2}}{a}$, 经过自变量换元得到

$$\text{原式} = \ln\left(\frac{x}{a} + \frac{\sqrt{x^2-a^2}}{a}\right) + C_1 = \ln\left(x + \sqrt{x^2-a^2}\right) + C, \quad C = C_1 - \ln a$$

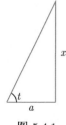
图 5.4.1

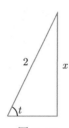
图 5.4.2

图 5.4.3

(2) $x < -a, x = -u, u > a$, 根据定理 5.4.1 得到

$$\int \frac{1}{\sqrt{x^2-a^2}}\mathrm{d}x = -\int \frac{1}{\sqrt{u^2-a^2}}\mathrm{d}u = -\ln\left(u + \sqrt{u^2-a^2}\right) + C_2$$

$$= -\ln\left(-x + \sqrt{x^2-a^2}\right) + C_2 = \ln\left(\frac{-x - \sqrt{x^2-a^2}}{a^2}\right) + C_2$$

$$= \ln\left(-x - \sqrt{x^2-a^2}\right) + C \Leftarrow \boxed{C = C_2 - 2\ln a}$$

综合上面讨论得到

$$\int \frac{1}{\sqrt{x^2-a^2}}\mathrm{d}x = \ln|x + \sqrt{x^2-a^2}| + C$$

例 5.4.4 计算 $\int \dfrac{\mathrm{d}x}{(1-x^4)\sqrt{1+x^2}}$.

解 作变换 $x = \tan t$ $(-\pi/2 < x < \pi/2)$, 当 $t \in (-\pi/2, \pi/2)$ 时, 变换 $x = \tan t$ 存在反函数. 根据定理 5.4.1 得到

$$\int \frac{\mathrm{d}x}{(1-x^4)\sqrt{1+x^2}} = \int \frac{\sec^2 t}{(1-\tan^4 t)\sec t}\mathrm{d}t = \int \frac{\cos^3 t\,\mathrm{d}t}{1-2\sin^2 t}$$

$$= \int \frac{(1-\sin^2 t)\,\mathrm{d}\sin t}{1-2\sin^2 t} = \frac{1}{2}\int \frac{(1-2\sin^2 t)\,\mathrm{d}\sin t}{1-2\sin^2 t} + \frac{1}{2}\int \frac{\mathrm{d}\sin t}{1-2\sin^2 t}$$

应用 $\int \dfrac{\mathrm{d}u}{a^2-u^2} = \dfrac{1}{2a}\ln\left|\dfrac{a+u}{a-u}\right| + C$ 得到结论

$$\text{原式} = \frac{1}{2}\sin t + \frac{1}{4\sqrt{2}}\ln\left|\frac{1+\sqrt{2}\sin t}{1-\sqrt{2}\sin t}\right| + C = \frac{1}{2}\frac{x}{\sqrt{1+x^2}} + \frac{1}{4\sqrt{2}}\ln\left|\frac{\sqrt{1+x^2}+\sqrt{2}x}{\sqrt{1+x^2}-\sqrt{2}x}\right| + C$$

方法总结 三角代换的目的是化掉根式. 一般规律如下: 当被积函数中含有

(1) $\sqrt{a^2-x^2} = a\sin t$ (令 $x = a\cos t$);

(2) $\sqrt{x^2-a^2} = a\tan t$ (令 $x = a\sec t$);

(3) $\sqrt{x^2+a^2} = a\sec t$ (令 $x = a\tan t$).

在上面讨论基础上得到常用积分表 5.4.1.

表 5.4.1

---

(1) $\int \sqrt{a^2-x^2}\,\mathrm{d}x = \dfrac{x}{2}\sqrt{a^2-x^2} + \dfrac{a^2}{2}\arcsin\dfrac{x}{a} + C$

(2) $\int \dfrac{1}{\sqrt{x^2+a^2}}\,\mathrm{d}x = \ln\left(x + \sqrt{x^2+a^2}\right) + C$

(3) $\int \dfrac{1}{\sqrt{x^2-a^2}}\,\mathrm{d}x = \ln\left|x + \sqrt{x^2-a^2}\right| + C$

(4) $\int \sqrt{x^2 \pm a^2}\,\mathrm{d}x = \dfrac{x}{2}\sqrt{x^2 \pm a^2} \pm \dfrac{a^2}{2}\ln\left|x + \sqrt{x^2 \pm a^2}\right| + C$

这里 $a > 0$

例 5.4.5 常用积分表 5.4.1 应用举例.

(1) $\int \dfrac{x^3}{\sqrt{x^4-2x^2-1}}\mathrm{d}x = \dfrac{1}{4}\int \dfrac{\mathrm{d}\left(x^4-2x^2-1\right)}{\sqrt{x^4-2x^2-1}} + \dfrac{1}{2}\int \dfrac{\mathrm{d}\left(x^2\right)}{\sqrt{x^4-2x^2-1}}$

$= \dfrac{1}{2}\sqrt{x^4-2x^2-1}$

$+ \dfrac{1}{2}\int \dfrac{\mathrm{d}\left(x^2-1\right)}{\sqrt{\left(x^2-1\right)^2-2}}$ ⇐ $\boxed{\int \dfrac{\mathrm{d}u}{\sqrt{u}} = 2\sqrt{u} + c, u = x^4-2x^2-1}$

$= \dfrac{1}{2}\sqrt{x^4-2x^2-1} + \dfrac{1}{2}\ln\left|x^2-1 + \sqrt{x^4-2x^2-1}\right| + C$

$\left(\text{这里利用}\int \dfrac{1}{\sqrt{u^2-a^2}}\mathrm{d}u = \ln\left|u + \sqrt{u^2-a^2}\right| + C.\right)$

(2) $\int \dfrac{x\arctan x}{\sqrt{1+x^2}}\mathrm{d}x$.

由于
$$\left(\sqrt{1+x^2}\right)' = \dfrac{x}{\sqrt{1+x^2}}$$

因此
$$\int \dfrac{x\arctan x}{\sqrt{1+x^2}}\mathrm{d}x = \int \arctan x\, \left(\sqrt{1+x^2}\right)'\mathrm{d}x = \sqrt{1+x^2}\arctan x - \int \sqrt{1+x^2}\mathrm{d}(\arctan x)$$
$$= \sqrt{1+x^2}\arctan x - \int \sqrt{1+x^2}\cdot \dfrac{1}{1+x^2}\mathrm{d}x$$
$$= \sqrt{1+x^2}\arctan x - \int \dfrac{1}{\sqrt{1+x^2}}\mathrm{d}x$$
$$= \sqrt{1+x^2}\arctan x - \ln|x+\sqrt{x^2+1}| + C$$

$\left(\text{这里利用} \int \dfrac{1}{\sqrt{a^2+x^2}}\mathrm{d}x = \ln\left(x+\sqrt{a^2+x^2}\right) + C.\right)$

例 5.4.6 计算 $\int \dfrac{x^5}{\sqrt{1+x^2}}\mathrm{d}x$.

解 设 $t = \sqrt{1+x^2}$, 则 $x^2 = t^2 - 1, x\mathrm{d}x = t\mathrm{d}t$.
$$\int \dfrac{x^5}{\sqrt{1+x^2}}\mathrm{d}x = \int \dfrac{(t^2-1)^2}{t}t\mathrm{d}t = \int \left(t^4 - 2t^2 + 1\right)\mathrm{d}t$$
$$= \dfrac{1}{5}t^5 - \dfrac{2}{3}t^3 + t + C = \dfrac{1}{15}(8 - 4x^2 + 3x^4)\sqrt{1+x^2} + C$$

例 5.4.7 计算 $\int \dfrac{1}{\sqrt{1+\mathrm{e}^x}}\mathrm{d}x$.

解 令 $t = \sqrt{1+\mathrm{e}^x}$, 则 $\mathrm{e}^x = t^2 - 1, x = \ln\left(t^2-1\right), \mathrm{d}x = \dfrac{2t}{t^2-1}\mathrm{d}t$.
$$\int \dfrac{1}{\sqrt{1+\mathrm{e}^x}}\mathrm{d}x = \int \dfrac{2}{t^2-1}\mathrm{d}t = \int \left(\dfrac{1}{t-1} - \dfrac{1}{t+1}\right)\mathrm{d}t = \ln\left|\dfrac{t-1}{t+1}\right| + C$$
$$= 2\ln\left(\sqrt{1+\mathrm{e}^x}-1\right) - x + C$$

例 5.4.8 计算 $\int \dfrac{1}{x^4\sqrt{x^2+1}}\mathrm{d}x$.

解 令 $x = \dfrac{1}{t}$, 则 $\mathrm{d}x = -\dfrac{1}{t^2}\mathrm{d}t$.

$$\int \dfrac{1}{x^4\sqrt{x^2+1}}\mathrm{d}x = \int \dfrac{1}{(1/t)^4\sqrt{(1/t)^2+1}}\left(-\dfrac{1}{t^2}\right)\mathrm{d}t = -\int \dfrac{t^3}{\sqrt{1+t^2}}\mathrm{d}t = -\dfrac{1}{2}\int \dfrac{t^2}{\sqrt{1+t^2}}\mathrm{d}t^2$$
$$= \dfrac{1}{2}\int \dfrac{-t^2}{\sqrt{1+t^2}}\mathrm{d}t^2 = \dfrac{1}{2}\int \dfrac{1-(t^2+1)}{\sqrt{1+t^2}}\mathrm{d}(t^2+1)$$
$$= \dfrac{1}{2}\int \left(\dfrac{1}{\sqrt{u}} - \sqrt{u}\right)\mathrm{d}u \quad (u = t^2+1)$$
$$= \sqrt{u} - \dfrac{1}{3}\left(\sqrt{u}\right)^3 + C = \dfrac{\sqrt{1+x^2}}{x} - \dfrac{1}{3}\left(\dfrac{\sqrt{1+x^2}}{x}\right)^3 + C$$

注 5.4.1 当分母的阶较高时,可采用倒代换,用于平衡被积函数分子、分母次数.

例 5.4.9 计算 $\int \dfrac{1}{x(x^7+2)}\mathrm{d}x$.

解 令 $x=\dfrac{1}{t}$, 则 $\mathrm{d}x=-\dfrac{1}{t^2}\mathrm{d}t$.

$$\int \dfrac{1}{x(x^7+2)}\mathrm{d}x = -\int \dfrac{t^6}{1+2t^7}\mathrm{d}t = -\dfrac{1}{14}\int \dfrac{1}{1+2t^7}\mathrm{d}(1+2t^7)$$
$$= -\dfrac{1}{14}\ln|1+2t^7| + C = -\dfrac{1}{14}\ln|2+x^7| + \dfrac{1}{2}\ln|x| + C$$

习题 5.4 第二类换元公式与应用

求解下列不定积分.

(1) $\int \dfrac{x\mathrm{d}x}{x^4-2x^2-1}$;

(2) $\int \dfrac{x+1}{x^2+x+1}\mathrm{d}x$;

(3) $\int \dfrac{x^3\mathrm{d}x}{x^4-x^2+2}$;

(4) $\int \dfrac{x^5\mathrm{d}x}{x^6-x^3-2}$;

(5) $\int \dfrac{\mathrm{d}x}{3\sin^2 x - 8\sin x\cos x + 5\cos^2 x}$;

(6) $\int \dfrac{\mathrm{d}x}{\sin x + 2\cos x + 3}$;

(7) $\int \dfrac{\mathrm{d}x}{\sqrt{1-2x-x^2}}$;

(8) $\int \dfrac{\mathrm{d}x}{\sqrt{x+x^2}}$;

(9) $\int \dfrac{\mathrm{d}x}{\sqrt{2x^2-x+2}}$;

(10) $\int \dfrac{x\mathrm{d}x}{\sqrt{5+x-x^2}}$;

(11) $\int \dfrac{x\mathrm{d}x}{\sqrt{1-3x^2-2x^4}}$;

(12) $\int \dfrac{x+x^3}{\sqrt{1+x^2-x^4}}\mathrm{d}x$;

(13) $\int \dfrac{\mathrm{d}x}{x\sqrt{x^2+x+1}}$;

(14) $\int \sqrt{2+x-x^2}\mathrm{d}x$;

(15) $\int \sqrt{x^4+2x^2-1}\,x\mathrm{d}x$;

(16) $\int \dfrac{x^3\mathrm{d}x}{\sqrt{x^4-2x^2-1}}$;

(17) $\int \sqrt{2+x+x^2}\mathrm{d}x$.

(18) $\int \dfrac{x^{n/2}\mathrm{d}x}{\sqrt{1+x^{n+2}}}$;

扫码学习

5.5 几类特殊函数的不定积分

本节讨论下面几类不定积分求解.

5.5.0.1 有理函数的不定积分

$$\int \dfrac{a_n x^n + a_{n-1}x^{n-1} + \cdots + a_1 x + a_0}{b_m x^m + b_{m-1}x^{m-1} + \cdots + b_1 x + b_0}\mathrm{d}x$$

5.5.0.2 三角函数有理式的不定积分

$$R(x,y) = \dfrac{\sum\limits_{i=0}^{n}\sum\limits_{j=0}^{m}a_{ij}x^i y^j}{\sum\limits_{i=0}^{l}\sum\limits_{j=0}^{k}b_{ij}x^i y^j}, \quad \int R(\sin x,\cos x)\mathrm{d}x$$

5.5.0.3 无理根式的不定积分

$$\int R\left(x, \sqrt[n]{\frac{ax+b}{cx+d}}\right) dx$$

5.5.1 有理函数的不定积分

定义 5.5.1 形如 $R(x) = \dfrac{P(x)}{Q(x)}$ 的函数, 称为有理函数, 其中 $P(x)$ 和 $Q(x)$ 分别是多项式. 若 $P(x)$ 的次数大于等于 $Q(x)$ 的次数, 则称 $R(x)$ 为假分式, 否则为真分式.

利用多项式的除法, 任何一个假分式都可以分解为一个多项式和一个真分式之和. 例如

$$\frac{x^5}{1-x^2} = \frac{x^5 - x^3 + x^3}{1-x^2} = -x^3 + \frac{x^3 - x}{1-x^2} + \frac{x}{1-x^2} = -x^3 - x + \frac{x}{1-x^2}$$

定理 5.5.1 (有理函数分解定理) 设 $R(x) = \dfrac{P(x)}{Q(x)}$ 为一个真分式, 其分母有分解式

$$Q(x) = a(x-a_1)^{n_1} \cdots (x-a_k)^{n_k} (x^2 + p_1 x + q_1)^{m_1} \cdots (x^2 + p_l x + q_l)^{m_l}$$

$n_1, \cdots, n_k, m_1, \cdots, m_l$ 为正整数, 上式中所有二次多项式没有实根, 则有下面分解结论:

$$R(x) = \frac{P(x)}{Q(x)}$$

$$= \left\{ \frac{A_{n_1}}{(x-a_1)^{n_1}} + \frac{A_{n_1-1}}{(x-a_1)^{n_1-1}} + \cdots + \frac{A_1}{(x-a_1)} \right\} \Leftarrow \boxed{\text{因子} (x-a_1)^{n_1} \text{对应分解项}}$$

$$+ \cdots +$$

$$\left\{ \frac{B_{n_k}}{(x-a_k)^{n_k}} + \frac{B_{n_k-1}}{(x-a_k)^{n_k-1}} + \cdots + \frac{B_1}{(x-a_k)} \right\} \Leftarrow \boxed{\text{因子} (x-a_k)^{n_k} \text{对应分解项}}$$

$$+ \left\{ \frac{K_{m_1} x + L_{m_1}}{(x^2 + p_1 x + q_1)^{m_1}} + \frac{K_{m_1-1} x + L_{m_1-1}}{(x^2 + p_1 x + q_1)^{m_1-1}} + \cdots \right.$$

$$\left. + \frac{K_1 x + L_1}{(x^2 + p_1 x + q_1)} \right\} \Leftarrow \boxed{\text{因子} (x^2 + p_1 x + q_1)^{m_1} \text{对应分解项}}$$

$$+ \cdots +$$

$$\left\{ \frac{M_{m_l} x + N_{m_l}}{(x^2 + p_l x + q_l)^{m_l}} + \frac{M_{m_l-1} x + N_{m_l-1}}{(x^2 + p_l x + q_l)^{m_l-1}} + \cdots \right.$$

$$\left. + \frac{M_1 x + N_1}{(x^2 + p_l x + q_l)} \right\} \Leftarrow \boxed{\text{因子} (x^2 + p_l x + q_l)^{m_l} \text{对应分解项}}$$

$R(x)$ 的分解项一共有 $n_1 + n_2 + \cdots + n_k + m_1 + \cdots + m_l$ 个.

分解项中分子出现的常数可以通过待定系数法求解, 下面举例说明.

例 5.5.1 计算 $\displaystyle\int \frac{1}{(1+2x)(1+x^2)} dx$.

解 由定理 5.5.1, 可假设 $\dfrac{1}{(1+2x)(1+x^2)} = \dfrac{A}{1+2x} + \dfrac{Bx+C}{1+x^2}$, 这里 A, B, C 为待定系

数. 进一步通分得到

$$1 = A(1+x^2) + (Bx+C)(1+2x)$$
$$1 = (A+2B)x^2 + (B+2C)x + C + A$$

因此 $\begin{cases} A+2B=0, \\ B+2C=0, \\ A+C=1 \end{cases} \Rightarrow A=\dfrac{4}{5}, B=-\dfrac{2}{5}, C=\dfrac{1}{5}$, 所以有

$$\frac{1}{(1+2x)(1+x^2)} = \left(\frac{4}{5}\right)\frac{1}{1+2x} + \left(-\frac{2}{5}x+\frac{1}{5}\right)\frac{1}{1+x^2}$$

在此基础上求解不定积分:

$$\begin{aligned}
\int \frac{1}{(1+2x)(1+x^2)}\mathrm{d}x &= \int \frac{4/5}{1+2x}\mathrm{d}x + \int \frac{-(2/5)x+1/5}{1+x^2}\mathrm{d}x \\
&= \frac{2}{5}\int \frac{1}{1+2x}\mathrm{d}(1+2x) - \frac{1}{5}\int \frac{2x}{1+x^2}\mathrm{d}x + \frac{1}{5}\int \frac{1}{1+x^2}\mathrm{d}x \\
&= \frac{2}{5}\ln|1+2x| - \frac{1}{5}\int \frac{1}{1+x^2}\mathrm{d}(1+x^2) + \frac{1}{5}\int \frac{1}{1+x^2}\mathrm{d}x \\
&= \frac{2}{5}\ln|1+2x| - \frac{1}{5}\ln(1+x^2) + \frac{1}{5}\arctan x + C
\end{aligned}$$

例 5.5.2 计算 $\displaystyle\int \frac{1}{x(x-1)^2}\mathrm{d}x$.

解 根据定理 5.5.1, 设 $\dfrac{1}{x(x-1)^2} = \dfrac{A}{x} + \dfrac{B}{(x-1)^2} + \dfrac{C}{x-1}$, 这里 A, B, C 为待定系数.

将上式通分得到

$$1 = A(x-1)^2 + Bx + Cx(x-1)$$

进一步设

$$x=0 \Rightarrow A=1, \quad x=1 \Rightarrow B=1, \quad x=2 \Rightarrow C=-1$$

因此得到分解

$$\frac{1}{x(x-1)^2} = \frac{1}{x} + \frac{1}{(x-1)^2} - \frac{1}{x-1}$$

所以有

$$\begin{aligned}
\int \frac{1}{x(x-1)^2}\mathrm{d}x &= \int \left[\frac{1}{x} + \frac{1}{(x-1)^2} - \frac{1}{x-1}\right]\mathrm{d}x \\
&= \int \frac{1}{x}\mathrm{d}x + \int \frac{1}{(x-1)^2}\mathrm{d}x - \int \frac{1}{x-1}\mathrm{d}x \\
&= \ln|x| - \frac{1}{x-1} - \ln|x-1| + C
\end{aligned}$$

例 5.5.3 计算 $\displaystyle\int \frac{1}{1+\mathrm{e}^{x/2}+\mathrm{e}^{x/3}+\mathrm{e}^{x/6}}\mathrm{d}x$.

解 令 $t = e^{x/6}$, 则 $x = 6\ln t, dx = \dfrac{6}{t}dt$.

$$\text{原式} = 6\int \frac{1}{t(1+t)(1+t^2)}dt = \int \left(\frac{6}{t} - \frac{3}{1+t} - \frac{3t+3}{1+t^2}\right)dt$$

$$= 6\ln t - 3\ln(1+t) - \frac{3}{2}\int \frac{d(1+t^2)}{1+t^2} - 3\int \frac{1}{1+t^2}dt$$

$$= 6\ln t - 3\ln(1+t) - \frac{3}{2}\ln(1+t^2) - 3\arctan t + C$$

$$= x - 3\ln(1+e^{x/6}) - \frac{3}{2}\ln(1+e^{x/3}) - 3\arctan(e^{x/6}) + C$$

根据有理函数分解定理, 有理函数积分关键讨论两类不定积分:
(1) $\int \dfrac{dx}{(x-a)^l}$;   (2) $\int \dfrac{Ax+B}{(x^2+px+q)^k}dx$.
(1) 的积分很容易得到. 难点是 (2) 的积分. 首先 (2) 形式简化为

$$\int \frac{Ax+B}{(x^2+px+q)^k}dx = \int \frac{Ax+B}{\left[(x+p/2)^2 + q - p^2/4\right]^k}dx$$

令

$$\begin{cases} u = x + \dfrac{p}{2} \\ a = \sqrt{q - p^2/4} \end{cases}$$

$$\int \frac{Ax+B}{(x^2+px+q)^k}dx = \int \frac{Au + (B - Ap/2)}{(u^2+a^2)^k}du$$

$$\int \frac{Ax+B}{(x^2+px+q)^k}dx = \frac{A}{2}\int \frac{d(u^2+a^2)}{(u^2+a^2)^k} + \left(B - \frac{Ap}{2}\right)\int \frac{du}{(u^2+a^2)^k}$$

因此

$$\int \frac{Ax+B}{(x^2+px+q)^k}dx = -\frac{A}{2(k-1)}\frac{1}{(u^2+a^2)^{k-1}} + \left(B - \frac{Ap}{2}\right)\int \frac{du}{(u^2+a^2)^k}$$

因此 (2) 的积分问题关键是求解 $\int \dfrac{du}{(u^2+a^2)^k}$.

$$B_k = \int \frac{du}{(u^2+a^2)^k} = \int \frac{(u')du}{(u^2+a^2)^k} = \frac{u}{(u^2+a^2)^k} + 2k\int \frac{u^2 du}{(u^2+a^2)^{k+1}}$$

$$= \frac{u}{(u^2+a^2)^k} + 2k\int \frac{(u^2+a^2)du}{(u^2+a^2)^{k+1}} - 2ka^2\int \frac{du}{(u^2+a^2)^{k+1}}$$

$$= \frac{u}{(u^2+a^2)^k} + 2kB_k - 2ka^2 B_{k+1}$$

因此得到如下递推公式:

$$\begin{cases} B_{k+1} = \dfrac{u}{(u^2+a^2)^k(2ka^2)} + \dfrac{(2k-1)}{2ka^2}B_k \\ B_1 = \int \dfrac{du}{u^2+a^2} = \dfrac{1}{a}\arctan \dfrac{u}{a} + c \end{cases}$$

在上面讨论基础上得到有理函数积分一般步骤:

(a) $R(x) = \dfrac{P(x)}{Q(x)}$, 如果 $R(x)$ 是假分式, 分解成多项式和真分式之和, 真分式有理函数分解.

(b) 计算下面积分:
$$\int \frac{\mathrm{d}x}{(x-a)^l}, \quad \int \frac{Ax+B}{(x^2+px+q)^k}\mathrm{d}x$$

例 5.5.4 计算 $\int \dfrac{\mathrm{d}x}{(x^2-2x+5)^2}$.

解
$$\int \frac{\mathrm{d}x}{(x^2-2x+5)^2} = \int \frac{\mathrm{d}x}{\left((x-1)^2+4\right)^2} = \int \frac{\mathrm{d}(x-1)}{\left((x-1)^2+4\right)^2} = \int \frac{\mathrm{d}u}{(u^2+4)^2}\,(u=x-1),$$

$$\int \frac{\mathrm{d}u}{(u^2+4)} = \frac{u}{(u^2+4)} + 2\int \frac{u^2\mathrm{d}u}{(u^2+4)^2} = \frac{u}{(u^2+4)} + 2\int \frac{\mathrm{d}u}{(u^2+4)} - 8\int \frac{\mathrm{d}u}{(u^2+4)^2},$$

$$\int \frac{\mathrm{d}u}{(u^2+4)^2} = \frac{1}{8}\left(\frac{u}{(u^2+4)} + \int \frac{\mathrm{d}u}{(u^2+4)}\right) = \frac{1}{8}\left(\frac{u}{(u^2+4)} + \frac{1}{2}\arctan\frac{u}{2}\right) + C,$$

原式 $= \dfrac{1}{8}\left(\dfrac{x-1}{x^2-2x+5} + \dfrac{1}{2}\arctan\dfrac{x-1}{2}\right) + C.$

5.5.2 三角函数有理式的不定积分

定义 5.5.2 $\sum\limits_{i=0}^{m}\sum\limits_{j=0}^{n}a_{ij}x^iy^j$ 为关于 x,y 的二元多项式, 若 $R(x,y)$ 为两个二元多项式的商, 则称 $R(x,y) = \dfrac{\sum\limits_{i=0}^{m}\sum\limits_{j=0}^{n}a_{ij}x^iy^j}{\sum\limits_{i=0}^{k}\sum\limits_{j=0}^{l}b_{ij}x^iy^j}$ 为二元有理函数. $\int R(\sin x, \cos x)\mathrm{d}x$ 类型的积分称为三角有理式的不定积分.

对于 $\int R(\sin x, \cos x)\mathrm{d}x$ 类型的积分, 可以通过万能代换:
$$t = \tan\frac{x}{2}, \quad \cos x = \frac{1-t^2}{1+t^2}, \quad \sin x = \frac{2t}{1+t^2}, \quad \mathrm{d}x = \frac{2}{1+t^2}\mathrm{d}t$$

将 $R(\sin x, \cos x)$ 类型的积分转化为有理函数不定积分. 下面给出三角函数不定积分例题.

例 5.5.5 计算 $\int \dfrac{\sin x}{1 + \sin x + \cos x}\mathrm{d}x$.

解 令 $u = \tan\dfrac{x}{2}$, 则 $\sin x = \dfrac{2u}{1+u^2}, \cos x = \dfrac{1-u^2}{1+u^2}, \mathrm{d}x = \dfrac{2}{1+u^2}\mathrm{d}u.$

$$\text{原式} = \int \frac{2u}{(1+u)(1+u^2)}\mathrm{d}u = \int \frac{1+u}{1+u^2}\mathrm{d}u - \int \frac{1}{1+u}\mathrm{d}u$$
$$= \int \frac{1}{1+u^2}\mathrm{d}u + \frac{1}{2}\int \frac{1}{1+u^2}\mathrm{d}(1+u^2) - \int \frac{1}{1+u}\mathrm{d}u$$
$$= \arctan u + \frac{1}{2}\ln(1+u^2) - \ln|1+u| + C = \frac{x}{2} + \ln\left|\sec\frac{x}{2}\right| - \ln\left|1+\tan\frac{x}{2}\right| + C$$

例 5.5.6 计算 $\int \dfrac{1}{\sin^4 x}\mathrm{d}x$.

解 令 $u = \tan \dfrac{x}{2}$，则 $\sin x = \dfrac{2u}{1+u^2}, \mathrm{d}x = \dfrac{2}{1+u^2}\mathrm{d}u$.

$$\text{原式} = \int \frac{1+3u^2+3u^4+u^6}{8u^4}\mathrm{d}u = \frac{1}{8}\left(-\frac{1}{3u^3} - \frac{3}{u} + 3u + \frac{u^3}{3}\right) + C$$

$$= -\frac{1}{24\left(\tan(x/2)\right)^3} - \frac{3}{8\tan(x/2)} + \frac{3}{8}\tan\frac{x}{2} + \frac{1}{24}\left(\tan\frac{x}{2}\right)^3 + C.$$

实际上，由于万能代换计算复杂，若能用其他技巧求解，则尽量不采用万能代换计算，见下面不定积分.

例 5.5.7 计算 $\int \dfrac{\mathrm{d}x}{\sin x \cos^3 x}$.

解
$$\int \frac{\mathrm{d}x}{\sin x \cos^3 x} = \int \frac{(\sin^2 x + \cos^2 x)\,\mathrm{d}x}{\sin x \cos^3 x}$$

$$= -\int \frac{1}{\cos^3 x}\mathrm{d}\cos x + 2\int \frac{\mathrm{d}x}{\sin 2x} = \frac{1}{2\cos^2 x} + \ln|\tan x| + C.$$

例 5.5.8 计算 $\int \dfrac{\mathrm{d}x}{\cos^4 x}$.

解
$$\int \frac{\mathrm{d}x}{\cos^4 x} = \int \frac{\mathrm{d}\tan x}{\cos^2 x} = \int \frac{(\sin^2 x + \cos^2 x)\,\mathrm{d}\tan x}{\cos^2 x}$$

$$= \int (1 + \tan^2 x)\mathrm{d}\tan x = \tan x + \frac{1}{3}(\tan x)^3 + C.$$

例 5.5.9 计算 $\int \dfrac{\sin x \cos x}{\sin x + \cos x}\mathrm{d}x$.

解 首先将被积函数等价变形

$$\int \frac{\sin x \cos x}{\sin x + \cos x}\mathrm{d}x = \frac{1}{2}\int \frac{\sin 2x}{\sqrt{2}\left((\sqrt{2}/2)\sin x + (\sqrt{2}/2)\cos x\right)}\mathrm{d}x = \int \frac{\sin^2(x+\pi/4) - 1/2}{\sqrt{2}\sin(x+\pi/4)}\mathrm{d}x$$

在此基础上进一步得到结论

$$\text{原式} = \frac{1}{\sqrt{2}}\int \sin\left(x + \frac{\pi}{4}\right)\mathrm{d}x - \frac{1}{2\sqrt{2}}\int \frac{1}{\sin(x+\pi/4)}\mathrm{d}x$$

$$-\frac{1}{\sqrt{2}}\cos\left(x + \frac{\pi}{4}\right) - \frac{1}{2\sqrt{2}}\ln\left|\tan\left(\frac{x}{2} + \frac{\pi}{8}\right)\right| + C$$

这里应用公式 $\int \dfrac{1}{\sin x}\mathrm{d}x = \ln\left|\tan\dfrac{x}{2}\right| + C$.

5.5.3 无理根式的不定积分

本节讨论 $R\left(x, \sqrt[n]{\dfrac{ax+b}{cx+d}}\right)$ 类型的不定积分. 处理问题的一般方法：令 $t = \sqrt[n]{\dfrac{ax+b}{cx+d}}$，去掉被积函数中的根式. 下面举例说明.

例 5.5.10 计算 $\int \frac{1}{x}\sqrt{\frac{1+x}{x}}\mathrm{d}x$.

解 设 $\sqrt{\frac{1+x}{x}} = t$, 则 $x = \frac{1}{t^2-1}, \mathrm{d}x = -\frac{2t\mathrm{d}t}{(t^2-1)^2}$, 利用定理 5.4.1.

$$\int \frac{1}{x}\sqrt{\frac{1+x}{x}}\mathrm{d}x = -2\int \frac{t^2\mathrm{d}t}{t^2-1} = -2\int \left(1 + \frac{1}{t^2-1}\right)\mathrm{d}t = -2t - \ln\left|\frac{t-1}{t+1}\right| + C$$

应用 $\int \frac{\mathrm{d}x}{x^2-a^2} = \frac{1}{2a}\ln\left|\frac{a-x}{a+x}\right| + C$, 进一步得到

$$\text{原式} = -2\sqrt{\frac{1+x}{x}} - \ln\left[x\left(\sqrt{\frac{1+x}{x}}-1\right)^2\right] + C$$

例 5.5.11 计算 $\int \frac{1}{\sqrt{x+1}+\sqrt[3]{x+1}}\mathrm{d}x$.

解 设 $t^6 = x+1$, 则 $6t^5\mathrm{d}t = \mathrm{d}x$, 进一步利用定理 5.4.1.

$$\text{原式} = 6\int \frac{t^3}{t+1}\mathrm{d}t = 6\int \frac{t^3+1}{t+1}\mathrm{d}t - 6\int \frac{1}{t+1}\mathrm{d}t$$
$$= 6\int(t^2-t+1)\mathrm{d}t - 6\int \frac{1}{t+1}\mathrm{d}t$$
$$= 2t^3 - 3t^2 + 6t - 6\ln|t+1| + C$$
$$= 2\sqrt{x+1} - 3\sqrt[3]{x+1} + 6\sqrt[6]{x+1} - 6\ln(\sqrt[6]{x+1}+1) + C$$

注 5.5.1 无理函数去根号时, 取根指数的最小公倍数.

例 5.5.12 计算 $\int \frac{\mathrm{d}x}{\sqrt[3]{(x+1)^2(x-1)^4}}$.

解 原式 $= \int \frac{\mathrm{d}x}{(x-1)\sqrt[3]{(x+1)^2(x-1)}} = \int \frac{1}{(x-1)(x+1)}\sqrt[3]{\frac{x+1}{x-1}}\mathrm{d}x$,

令

$$t = \sqrt[3]{\frac{x+1}{x-1}} \Rightarrow x = \frac{t^3+1}{t^3-1}, \mathrm{d}x = -\frac{6t^2}{(t^3-1)^2}\mathrm{d}t$$

因此

$$\text{原式} = -\frac{3}{2}\int \mathrm{d}t = -\frac{3}{2}t + C = -\frac{3}{2}\sqrt[3]{\frac{x+1}{x-1}} + C$$

习题 5.5 几类特殊函数的不定积分

1. 求原函数.

(1) $\int \frac{x}{2x^2-3x-2}\mathrm{d}x$;

(2) $\int \frac{2x^2+1}{(x+3)(x-1)(x-4)}\mathrm{d}x$;

(3) $\int \frac{x^2}{x^3+5x^2+8x+4}\mathrm{d}x$;

(4) $\int \frac{\mathrm{d}x}{1+x^3}$;

(5) $\int \frac{\mathrm{d}x}{(x^2+9)^3}$;

(6) $\int \frac{\mathrm{d}x}{1+x^4}$.

2. 求下列三角函数的原函数.

(1) $\int \sin^5 x \cos^5 x \,\mathrm{d}x$;

(2) $\int \dfrac{1}{\sin^3 x} \,\mathrm{d}x$;

(3) $\int \dfrac{\mathrm{d}x}{\sin x \cos^4 x}$;

(4) $\int \tan^5 x \,\mathrm{d}x$;

(5) $\int \dfrac{\mathrm{d}x}{\sqrt{\tan x}}$;

(6) $\int \dfrac{\sin^4 x}{\cos^6 x} \,\mathrm{d}x$;

(7) $\int \dfrac{\mathrm{d}x}{\sqrt{\sin^3 x \cos^5 x}}$;

(8) $\int \dfrac{\sin^3 x}{\cos^4 x} \,\mathrm{d}x$;

(9) $\int \dfrac{\mathrm{d}x}{\sin^4 x \cos x}$;

(10) $\int \dfrac{\sin^2 x \,\mathrm{d}x}{2\cos x + \sin x}$;

(11) $\int \dfrac{\mathrm{d}x}{\cos^4 x \sin^4 x}$.

3. 求原函数.

(1) $\int \dfrac{\mathrm{d}x}{1+\sqrt[3]{1+x}}$;

(2) $\int \dfrac{\sqrt[3]{x}}{x(\sqrt{x}+\sqrt[3]{x})} \,\mathrm{d}x$;

(3) $\int \dfrac{\sqrt{x}}{x(\sqrt{x}+\sqrt[3]{x})} \,\mathrm{d}x$;

(4) $\int \dfrac{\sqrt{1+x^2}}{2+x^2} \,\mathrm{d}x$;

(5) $\int \dfrac{x^3}{\sqrt{1+2x^2}} \,\mathrm{d}x$;

(6) $\int \sqrt{\dfrac{1-\sqrt{x}}{1+\sqrt{x}}} \,\mathrm{d}x$;

(7) $\int \dfrac{\sqrt{x+1}-\sqrt{x-1}}{\sqrt{x+1}+\sqrt{x-1}} \,\mathrm{d}x$;

(8) $\int \dfrac{\mathrm{d}x}{x^3\sqrt{x^2+1}}$;

(9) $\int \dfrac{\mathrm{d}x}{x^4\sqrt{x^2-1}}$;

(10) $\int \dfrac{\mathrm{d}x}{(1+x^n)\sqrt[n]{1+x^n}} \ (n\in\mathbf{N}^*)$.

5.6 综合例题选讲

扫码学习

本节讨论几个综合例题,帮助读者更好地理解本章学习的知识.

例 5.6.1 计算 $\int \dfrac{1}{(x^2+1)^{3/2}} \,\mathrm{d}x$.

解 首先将被积函数等价变形:

$$\int \dfrac{1}{(x^2+1)^{3/2}} \,\mathrm{d}x = \int \dfrac{1}{|x|^3 (1+1/x^2)^{3/2}} \,\mathrm{d}x = \int \dfrac{\mathrm{sgn}\,x}{x^3 (1+1/x^2)^{3/2}} \,\mathrm{d}x$$

由于 $|x|^3 = (\mathrm{sgn}\,x)\,x^3$,因此进一步有

$$\text{原式} = -\dfrac{1}{2}\int \mathrm{sgn}\,x \left(1+\dfrac{1}{x^2}\right)^{-3/2} \mathrm{d}\left(1+\dfrac{1}{x^2}\right) = \left(1+\dfrac{1}{x^2}\right)^{-1/2}\mathrm{sgn}\,x + C = \dfrac{x}{\sqrt{1+x^2}}+C$$

这里 $\mathrm{sgn}\,x = \begin{cases} 1, & x>0, \\ 0, & x=0, \\ -1, & x<0 \end{cases}$ 为符号函数.

例 5.6.2 计算 $\int \dfrac{1}{\sqrt{x(1+x)}} \,\mathrm{d}x$.

解 被积函数的定义域为 $x>0$ 或者 $x<-1$,因此分两种情况讨论.

当 $x>0$,

$$\int \dfrac{1}{\sqrt{x(1+x)}} \,\mathrm{d}x = 2\int \dfrac{\mathrm{d}\sqrt{x}}{\sqrt{1+(\sqrt{x})^2}} = 2\ln\left(\sqrt{x}+\sqrt{1+x}\right)+C$$

当 $x < -1$,
$$\int \frac{1}{\sqrt{x(1+x)}} \mathrm{d}x = \int \frac{1}{\sqrt{(-x)(-(1+x))}} \mathrm{d}x = -\int \frac{\mathrm{d}(-(x+1))}{\sqrt{(-x)(-(1+x))}}$$
$$= -2\int \frac{\mathrm{d}\left(\sqrt{-(x+1)}\right)}{\sqrt{1+\left(\sqrt{-(x+1)}\right)^2}} = -2\ln\left(\sqrt{-x} + \sqrt{-(1+x)}\right) + C$$

在上面推导过程中应用公式:
$$\int \frac{1}{\sqrt{x^2+a^2}} \mathrm{d}x = \ln\left(x + \sqrt{x^2+a^2}\right) + C$$

在上面讨论基础上得到结论:
$$\int \frac{1}{\sqrt{x(1+x)}} \mathrm{d}x = 2\mathrm{sgn}x \cdot \ln\left(\sqrt{|x|} + \sqrt{|1+x|}\right) + C$$

例 5.6.3 计算 $\int \frac{x^5}{\sqrt{1+x^2}} \mathrm{d}x$.

解 设 $x = \tan t \ (-\pi/2 < t < \pi/2)$, 则有
$$\int \frac{x^5}{\sqrt{1+x^2}} \mathrm{d}x = \int \frac{\tan^5 t}{\sec t} \sec^2 t \mathrm{d}t = \int \tan^5 t \sec t \mathrm{d}t = \int \tan^4 t \mathrm{d}\sec t$$
$$= \int (1 - \sec^2 t)^2 \mathrm{d}\sec t = \sec t - \frac{2}{3}\sec^3 t + \frac{1}{5}\sec^5 t + C$$
$$= \sqrt{1+x^2} - \frac{2}{3}\left(\sqrt{1+x^2}\right)^3 + \frac{1}{5}\left(\sqrt{1+x^2}\right)^5 + C$$

例 5.6.4 计算 $\int \frac{x^2}{\sqrt{x^2+x+1}} \mathrm{d}x$.

解 首先将被积函数等价变形:
$$\int \frac{x^2}{\sqrt{x^2+x+1}} \mathrm{d}x = \int \frac{x^2+x+1}{\sqrt{x^2+x+1}} \mathrm{d}x - \int \frac{x+1}{\sqrt{x^2+x+1}} \mathrm{d}x$$
$$= \underbrace{\int \sqrt{x^2+x+1} \mathrm{d}x}_{(1)} - \frac{1}{2}\underbrace{\int \frac{\mathrm{d}(x^2+x+1)}{\sqrt{x^2+x+1}}}_{(2)} - \frac{1}{2}\underbrace{\int \frac{\mathrm{d}x}{\sqrt{x^2+x+1}}}_{(3)}$$
$$= (1) - \frac{1}{2}(2) - \frac{1}{2}(3)$$

接下来分别计算 $(1) \sim (3)$ 的不定积分.

$$(1) = \int \sqrt{\left(x+\frac{1}{2}\right)^2 + \frac{3}{4}} \mathrm{d}\left(x+\frac{1}{2}\right) = \frac{2x+1}{4}\sqrt{x^2+x+1} + \frac{3}{8}\ln\left|x+\frac{1}{2} + \sqrt{x^2+x+1}\right| + C_1$$

这里应用公式: $\int \sqrt{x^2+a^2} \mathrm{d}x = \frac{x}{2}\sqrt{x^2+a^2} + \frac{a^2}{2}\ln\left|x + \sqrt{x^2+a^2}\right| + C$.

$$(2) = 2\sqrt{x^2+x+1} + C_2$$

$$(3) = \int \frac{\mathrm{d}x}{\sqrt{(x+1/2)^2 + 3/4}} = \ln\left|x+\frac{1}{2} + \sqrt{x^2+x+1}\right| + C_3$$

这里应用公式:
$$\int \frac{1}{\sqrt{x^2+a^2}} dx = \ln\left|x+\sqrt{x^2+a^2}\right| + C$$

在上面讨论基础上得到

$$原式 = \frac{2x+1}{4}\sqrt{x^2+x+1} - \frac{1}{8}\ln\left|x+\frac{1}{2}+\sqrt{x^2+x+1}\right| - \sqrt{x^2+x+1} + C$$

例 5.6.5 计算 $\displaystyle\int \frac{dx}{\sin(x+a)\sin(x+b)}$ $(\sin(a-b)\neq 0)$.

解 首先利用三角函数积化和差公式, 将被积函数等价变形:

$$\int \frac{dx}{\sin(x+a)\sin(x+b)} = \frac{1}{\sin(a-b)}\int \frac{\sin((a+x)-(x+b))}{\sin(x+a)\sin(x+b)}dx$$

$$= -\frac{1}{\sin(a-b)}\int \frac{\cos(x+a)}{\sin(x+a)}dx + \frac{1}{\sin(a-b)}\int \frac{\cos(x+b)}{\sin(x+b)}dx$$

$$= \frac{1}{\sin(a-b)}\ln\left|\frac{\sin(x+b)}{\sin(x+a)}\right| + C$$

例 5.6.6 计算 $\displaystyle\int \frac{\sin^2 x \cos^2 x \, dx}{\sin^8 x + \cos^8 x}$.

解 首先利用三角函数的 2 倍角公式以及 a^8+b^8 的因式分解公式, 将被积函数等价变形:

$$\int \frac{\sin^2 x \cos^2 x \, dx}{\sin^8 x + \cos^8 x} = \int \frac{2\sin^2 2x \, dx}{\sin^4 2x - 8\sin^2 2x + 8}$$

进一步被积函数分子分母同除 $\cos^4 2x$ 得到

$$原式 = \int \frac{2\tan^2 2x \sec^2 2x \, dx}{\tan^4 2x - 8\tan^2 2x \sec^2 2x + 8\sec^4 2x} = \int \frac{\tan^2 2x}{\tan^4 2x + 8\tan^2 2x + 8} d(\tan 2x)$$

设 $u = \tan 2x$, 则

$$原式 = \int \frac{u^2 du}{u^4 + 8u^2 + 8} = \int \frac{u^2 du}{(u^2+4-2\sqrt{2})(u^2+4+2\sqrt{2})}$$

$$= \left(-\frac{\sqrt{2}}{4}(2-\sqrt{2})\right)\int \frac{du}{u^2+4-2\sqrt{2}} + \left(\frac{\sqrt{2}}{4}(2+\sqrt{2})\right)\int \frac{du}{u^2+4+2\sqrt{2}}$$

$$= -\frac{1}{4}\left(\sqrt{2-\sqrt{2}}\right)\arctan\frac{\tan 2x}{\sqrt{4-2\sqrt{2}}} + \frac{1}{4}\left(\sqrt{2+\sqrt{2}}\right)\arctan\frac{\tan 2x}{\sqrt{4+2\sqrt{2}}} + C$$

这里应用公式: $\displaystyle\int \frac{dx}{x^2+a^2} = \frac{1}{a}\arctan\frac{x}{a} + C$.

例 5.6.7 计算 $\displaystyle\int \frac{dx}{\sin^3 x \cos^5 x}$.

解 在下面讨论中，五次利用 $\sin^2 x + \cos^2 x = 1$ 不断简化被积函数，详细推导如下：

$$\int \frac{\mathrm{d}x}{\sin^3 x \cos^5 x} = \int \frac{(\sin^2 x + \cos^2 x)\,\mathrm{d}x}{\sin^3 x \cos^5 x} = \int \frac{\mathrm{d}x}{\sin x \cos^5 x} + \int \frac{\mathrm{d}x}{\sin^3 x \cos^3 x}$$

$$= \int \frac{(\sin^2 x + \cos^2 x)\,\mathrm{d}x}{\sin x \cos^5 x} + \int \frac{(\sin^2 x + \cos^2 x)\,\mathrm{d}x}{\sin^3 x \cos^3 x}$$

$$= \int \frac{\sin x \mathrm{d}x}{\cos^5 x} + \int \frac{\mathrm{d}x}{\sin x \cos^3 x} + \int \frac{\mathrm{d}x}{\sin x \cos^3 x} + \int \frac{\mathrm{d}x}{\sin^3 x \cos x}$$

$$= \int \frac{\sin x \mathrm{d}x}{\cos^5 x} + 2 \int \frac{\mathrm{d}x}{\sin x \cos^3 x} + \int \frac{\mathrm{d}x}{\sin^3 x \cos x}$$

因此

$$\text{原式} = \int \frac{\sin x \mathrm{d}x}{\cos^5 x} + 2 \int \frac{(\sin^2 x + \cos^2 x)\,\mathrm{d}x}{\sin x \cos^3 x} + \int \frac{(\sin^2 x + \cos^2 x)\,\mathrm{d}x}{\sin^3 x \cos x}$$

$$= \int \frac{\sin x \mathrm{d}x}{\cos^5 x} + 2 \int \frac{\sin x \mathrm{d}x}{\cos^3 x} + 3 \int \frac{\mathrm{d}x}{\sin x \cos x} + \int \frac{\cos x \mathrm{d}x}{\sin^3 x}$$

因此得到结论：

$$\text{原式} = -\int \frac{\mathrm{d}\cos x}{\cos^5 x} - 2 \int \frac{\mathrm{d}\cos x}{\cos^3 x} + 3 \int \frac{\mathrm{d}\tan x}{\tan x} + \int \frac{\mathrm{d}\sin x}{\sin^3 x}$$

$$= \frac{1}{4\cos^4 x} + \frac{1}{\cos^2 x} + 3\ln|\tan x| - \frac{1}{2\sin^2 x} + C$$

例 5.6.8 计算 $\int \frac{x\ln\left(x + \sqrt{1+x^2}\right)}{(1-x^2)^2} \mathrm{d}x$.

解 应用分部积分公式得到

$$\int \frac{x\ln\left(x+\sqrt{1+x^2}\right)}{(1-x^2)^2} \mathrm{d}x = \frac{1}{2} \int \ln\left(x+\sqrt{1+x^2}\right) \mathrm{d}\left(\frac{1}{1-x^2}\right)$$

$$= \frac{1}{2} \ln\left(x+\sqrt{1+x^2}\right)\left(\frac{1}{1-x^2}\right) - \frac{1}{2} \boxed{\int \frac{\mathrm{d}x}{(1-x^2)\sqrt{x^2+1}}} \Leftarrow (1)$$

进一步讨论 (1)，引入变换 $x = \tan t, -\pi/2 < t < \pi/2$, 得到

$$(1) = \int \frac{\sec t \mathrm{d}t}{1-\tan^2 t} = \int \frac{\cos t \mathrm{d}t}{\cos^2 t - \sin^2 t} = \int \frac{\mathrm{d}\sin t}{1-2\sin^2 t} = \frac{1}{2\sqrt{2}} \ln\left|\frac{1+\sqrt{2}\sin t}{1-\sqrt{2}\sin t}\right| + C$$

这里利用公式：$\int \frac{\mathrm{d}x}{a^2 - x^2} = \frac{1}{2a}\ln\left|\frac{a+x}{a-x}\right| + C$.

在上面讨论基础上得到

$$\text{原式} = \frac{1}{2}\ln\left(x+\sqrt{1+x^2}\right)\left(\frac{1}{1-x^2}\right) + \frac{1}{4\sqrt{2}}\ln\left|\frac{\sqrt{1+x^2}-\sqrt{2}x}{\sqrt{1+x^2}+\sqrt{2}x}\right| + C$$

例 5.6.9 计算 $\int \sqrt{1-x^2}\arcsin x \mathrm{d}x$.

解 应用分部积分公式, 有

$$\boxed{\int \sqrt{1-x^2}\arcsin x\,dx} = \int \sqrt{1-x^2}\arcsin x\,(x)'\,dx$$

$$= x\sqrt{1-x^2}\arcsin x - \int x\left(1 - \frac{x\arcsin x}{\sqrt{1-x^2}}\right)dx$$

$$= x\sqrt{1-x^2}\arcsin x - \frac{x^2}{2} + \int \frac{x^2\arcsin x}{\sqrt{1-x^2}}dx$$

利用 $\int \frac{x^2\arcsin x}{\sqrt{1-x^2}}dx = -\int \frac{(1-x^2)\arcsin x}{\sqrt{1-x^2}}dx + \int \frac{\arcsin x}{\sqrt{1-x^2}}dx$

$$原式 = x\sqrt{1-x^2}\arcsin x - \frac{x^2}{2} - \int \sqrt{1-x^2}\arcsin x\,dx + \int \frac{\arcsin x}{\sqrt{1-x^2}}dx$$

$$= x\sqrt{1-x^2}\arcsin x - \frac{x^2}{2} - \boxed{\int \sqrt{1-x^2}\arcsin x\,dx} + \frac{(\arcsin x)^2}{2}$$

上式推导过程中出现循环, 因此进一步整理得到

$$原式 = \frac{1}{2}\left\{x\sqrt{1-x^2}\arcsin x - \frac{x^2}{2} + \frac{(\arcsin x)^2}{2}\right\} + C$$

例 5.6.10 计算 $\int \frac{\arctan e^{x/2}}{e^{x/2}(1+e^x)}dx$.

解 为了简化计算, 被积函数等价变形如下:

$$原式 = \int \left(e^{-x/2} - \frac{e^{x/2}}{1+e^x}\right)\arctan e^{x/2}\,dx$$

$$= \underbrace{\boxed{\int e^{-x/2}\arctan e^{x/2}\,dx}}_{(1)} - \underbrace{\boxed{\int \left(\frac{e^{x/2}}{1+e^x}\right)\arctan e^{x/2}\,dx}}_{(2)} = (1) - (2)$$

接下来利用分部积分公式计算 (1) 和 (2).

$$(1) = -2\int \arctan e^{x/2}\,de^{-x/2}$$

$$= -2\left(\arctan e^{x/2}\right)e^{-x/2} + \int \left(e^{-x/2}\right)\frac{e^{x/2}}{1+e^x}dx$$

$$= -2\left(\arctan e^{x/2}\right)e^{-x/2} + \int \left(1 - \frac{e^x}{1+e^x}\right)dx$$

$$= -2\left(\arctan e^{x/2}\right)e^{-x/2} + x - \ln(1+e^x) + C_1$$

$$(2) = 2\int \arctan e^{x/2}\,d\arctan e^{x/2} = \left(\arctan e^{x/2}\right)^2 + C_2$$

在上面讨论基础上, 得到结论:

$$原式 = -2\left(\arctan e^{x/2}\right)e^{-x/2} + x - \ln(1+e^x) - \left(\arctan e^{x/2}\right)^2 + C$$

注 5.6.1 分部积分适用于被积函数含有 $\sin x, \cos x, \arcsin x, \arccos x, \ln x, \arctan x, \operatorname{arccot} x$.

例 5.6.11 计算 $\int \dfrac{x^4-3}{x(x^8+3x^4+2)}\mathrm{d}x$.

解 首先将被积函数等价变形如下:

$$\text{原式} = \int \frac{x^4(1-3x^{-4})\,\mathrm{d}x}{x^9(1+3x^{-4}+2x^{-8})} = \int \frac{(1-3x^{-4})\,\mathrm{d}x}{x^5(1+3x^{-4}+2x^{-8})} = -\frac{1}{4}\int \frac{(1-3x^{-4})\,\mathrm{d}x^{-4}}{1+3x^{-4}+2x^{-8}}$$

进一步作变换: $u = x^{-4}$, 则有

$$\text{原式} = -\frac{1}{4}\int \frac{(1-3u)\mathrm{d}u}{1+3u+2u^2},\quad \int \frac{(1-3u)\,\mathrm{d}u}{1+3u+2u^2} = \int \frac{(1-3u)\,\mathrm{d}u}{(u+1)(2u+1)}$$

$$= 5\int \frac{\mathrm{d}u}{2u+1} - 4\int \frac{\mathrm{d}u}{u+1} = \frac{5}{2}\ln|2u+1| - 4\ln|u+1| + C$$

在上面讨论基础上得到结论:

$$\text{原式} = \ln|x^{-4}+1| - \frac{5}{8}\ln|2x^{-4}+1| + C = -\ln\frac{x^4}{x^4+1} + \frac{5}{8}\ln\frac{x^4}{x^4+2} + C$$

例 5.6.12 计算 $\int \dfrac{x^4}{(x^{10}-10)^2}\mathrm{d}x$.

解 为了简化计算, 首先将被积函数等价变形如下:

$$\int \frac{x^4}{(x^{10}-10)^2}\mathrm{d}x = \frac{1}{5}\int \frac{\mathrm{d}x^5}{(x^5+\sqrt{10})^2(x^5-\sqrt{10})^2}$$

进一步作变换: $u=x^5$, 则有

$$\text{原式} = \frac{1}{5}\int \frac{\mathrm{d}u}{(u+\sqrt{10})^2(u-\sqrt{10})^2} = \frac{1}{200}\int \frac{[(u+\sqrt{10})-(u-\sqrt{10})]^2}{(u+\sqrt{10})^2(u-\sqrt{10})^2}\mathrm{d}u$$

$$= \frac{1}{200}\left\{\int \frac{1}{(u-\sqrt{10})^2}\mathrm{d}u + \int \frac{1}{(u+\sqrt{10})^2}\mathrm{d}u - \int \frac{2}{(u+\sqrt{10})(u-\sqrt{10})}\mathrm{d}u\right\}$$

$$= \frac{1}{200}\left\{-(x^5-\sqrt{10})^{-1} - \frac{1}{\sqrt{10}}\ln\left|\frac{x^5-\sqrt{10}}{x^5+\sqrt{10}}\right| - (x^5+\sqrt{10})^{-1}\right\}$$

在上面推导过程中利用公式: $\int \dfrac{\mathrm{d}x}{x^2-a^2} = \dfrac{1}{2a}\ln\left|\dfrac{a-x}{a+x}\right| + C$.

例 5.6.13 计算 $\int \dfrac{1}{x^6+1}\mathrm{d}x$.

解 由于 $x^6+1 = (x^2+1)(x^4-x^2+1)$, 被积函数等价变形为

$$\int \frac{1}{x^6+1}\mathrm{d}x = \frac{1}{2}\underbrace{\int \frac{x^4+1}{x^6+1}\mathrm{d}x}_{(1)} - \frac{1}{2}\underbrace{\int \frac{x^4-1}{x^6+1}\mathrm{d}x}_{(2)} = \frac{1}{2}(1) - \frac{1}{2}(2)$$

接下来分析 (1) 和 (2) 的不定积分.

$$(1) = \int \frac{x^2+(x^4-x^2+1)}{x^6+1}\mathrm{d}x = \int \frac{x^2}{x^6+1}\mathrm{d}x + \int \frac{x^4-x^2+1}{x^6+1}\mathrm{d}x$$

$$= \frac{1}{3}\int \frac{\mathrm{d}x^3}{(x^3)^2+1} + \int \frac{1}{x^2+1}\mathrm{d}x = \frac{1}{3}\arctan x^3 + \arctan x + C_1$$

$$(2) = \int \frac{x^2-1}{x^4-x^2+1}\mathrm{d}x = \int \frac{x^2(1-1/x^2)}{x^2(x^2+x^{-2}-1)}\mathrm{d}x$$

$$= \int \frac{\mathrm{d}(x+1/x)}{(x+1/x)^2-3} = \frac{1}{2\sqrt{3}}\ln\left|\frac{x^2-x\sqrt{3}+1}{x^2+x\sqrt{3}+1}\right| + C_2$$

这里利用公式：$\int \frac{\mathrm{d}x}{x^2-a^2} = \frac{1}{2a}\ln\left|\frac{a-x}{a+x}\right| + C.$

在上面讨论基础上得到结论：

$$原式 = \frac{1}{6}\arctan x^3 + \frac{1}{2}\arctan x + \frac{1}{4\sqrt{3}}\ln\left|\frac{x^2+x\sqrt{3}+1}{x^2-x\sqrt{3}+1}\right| + C$$

*5.7 探索类问题

探索类问题 1 研究一类不定积分的求解方法.

(1) $\int \dfrac{a_1\sin x + b_1\cos x}{a\sin x + b\cos x}\mathrm{d}x = Ax + B\ln|a\sin x + b\cos x| + C$, 研究确定 A, B, C.

(2) $\int \dfrac{a_1\sin x + b_1\cos x + c_1}{a\sin x + b\cos x + c}\mathrm{d}x = A^*x + B^*\ln|a\sin x + b\cos x + c| + C^*\int \dfrac{\mathrm{d}x}{a\sin x + b\cos x + c}$,

研究确定 A^*, B^*, C^*.

在此基础上计算下面不定积分：

(3) $\int \dfrac{\sin x - \cos x}{\sin x + 2\cos x}\mathrm{d}x$; (4) $\int \dfrac{\sin x + 2\cos x - 3}{\sin x - 2\cos x + 3}\mathrm{d}x$.

探索类问题 2 研究一类不定积分的求解方法.

$$\int R\left(x, \sqrt{ax^2+bx+c}\right)\mathrm{d}x, \text{ 这里 } R(x,y) = \frac{\sum\limits_{i=0}^{n}\sum\limits_{j=0}^{m}a_{ij}x^iy^j}{\sum\limits_{i=0}^{l}\sum\limits_{j=0}^{k}b_{ij}x^iy^j}.$$

引入欧拉变换：

$$\sqrt{ax^2+bx+c} = \begin{cases} \sqrt{a}x \pm t, & a > 0 \\ tx \pm \sqrt{c}, & c > 0 \\ t(x-\alpha)\,(\text{或者}\,t(x-\beta)), & ax^2+bx+c = a(x-\alpha)(x-\beta) \end{cases}$$

(1) 研究 $\int R\left(x, \sqrt{ax^2+bx+c}\right)\mathrm{d}x$ 的求解方法.

(2) 计算不定积分：

(a) $\int \dfrac{x^2}{\sqrt{x^2+2x+5}}\mathrm{d}x$; (b) $\int \dfrac{1}{x-\sqrt{x^2+2x-8}}\mathrm{d}x$.

探索类问题 3 建立递推关系式

(1) $\int \dfrac{\mathrm{d}x}{(a\sin x + b\cos x)^n} = \dfrac{A\sin x + B\cos x}{(a\sin x + b\cos x)^{n-1}} + C\int \dfrac{\mathrm{d}x}{(a\sin x + b\cos x)^{n-2}}$.

确定 A, B, C.

(2) $\displaystyle\int \frac{\mathrm{d}x}{(a+b\cos x)^n} = \frac{A^* \sin x}{(a+b\cos x)^{n-1}} + B^* \int \frac{\mathrm{d}x}{(a+b\cos x)^{n-1}} + C^* \int \frac{\mathrm{d}x}{(a+b\cos x)^{n-2}}.$

确定 A^*, B^*, C^*. 在上面讨论基础上计算积分:

(a) $\displaystyle\int \frac{\mathrm{d}x}{(\sin x + 2\cos x)^3};$

(b) $\displaystyle\int \frac{\mathrm{d}x}{(1+\varepsilon \cos x)^2}.$

探索类问题 4 建立递推关系式

$$I_n = \int \left(\frac{\sin((x-a)/2)}{\sin((x+a)/2)}\right)^n \mathrm{d}x \quad (n=1,2,\cdots)$$

探索类问题 5 研究下列不定积分的求解方法.

(1) $\displaystyle\int P_n(x)\mathrm{e}^{ax}\mathrm{d}x;$
(2) $\displaystyle\int P_n(x)\sin x\mathrm{d}x;$
(3) $\displaystyle\int P_n(x)\cos x\mathrm{d}x.$

这里 $P_n(x)$ 为 n 次多项式.

探索类问题 6 研究下列不定积分的求解方法.

$$\int R(\mathrm{e}^{a_1 x}, \mathrm{e}^{a_2 x}, \cdots, \mathrm{e}^{a_n x})\mathrm{d}x$$

R 为多元有理函数, $a_1, a_2, \cdots, a_n$ 为可公度的数, 即: 存在 α, 满足

$$a_1 = k_1\alpha, a_2 = k_2\alpha, \cdots, a_n = k_n\alpha, \ k_1, k_2, \cdots, k_n \text{为整数}.$$

在上面讨论基础上, 计算下列积分

$$\int \frac{1+\mathrm{e}^{x/2}}{(1+\mathrm{e}^{x/4})^2}\mathrm{d}x$$

第 5 章习题答案与提示

第 6 章 定积分

本章讨论函数的定积分，内容包括定积分的定义与性质、函数的可积性理论、微积分基本定理以及定积分的计算. 本章提高拓展部分讨论了积分算子在实际问题中的应用、定积分的数值计算以及勒贝格积分. 本章最后设置了系列研究探索类问题.

6.1 定积分的定义与基本运算性质

扫码学习

下面我们以曲边梯形的面积问题和变速直线运动的路程问题为例来详细阐述定积分的思想.

实例 1 求由非负连续函数曲线 $y = f(x)$，直线 $x = a, x = b$ 以及 x 轴所围成的曲边梯形的面积 S.

已知矩形面积等于底乘以高, 而曲边梯形在底边上各点处的高 $f(x)$ 在区间 $[a,b]$ 上是变化的, 故它的面积不能直接套用矩形面积公式来计算. 由于曲边梯形的高 $f(x)$ 在区间 $[a,b]$ 上是连续变化的, 在充分小的区间段上它的变化很小. 因此, 如果把区间 $[a,b]$ 划分为许多小区间, 在每个小区间上用其中一点处的高来近似代替同一小区间上窄曲边梯形的变高, 则每个窄曲边梯形就可以近似地看成这样得到的窄矩形. 以所有这些窄矩形面积之和作为曲边梯形面积的近似值, 并把区间 $[a,b]$ 无限细分下去, 即使每个小区间的长度都趋于零, 这时所有窄曲边梯形面积之和的极限就可以作为曲边梯形的面积. 即研究问题的方法是逐步逼近的方法, 如图 6.1.1 所示, $S \approx \sum_{i=1}^{4} A_{i-1}(x_i - x_{i-1}) \approx \sum_{i=1}^{9} B_{i-1}(x_i - x_{i-1})$.

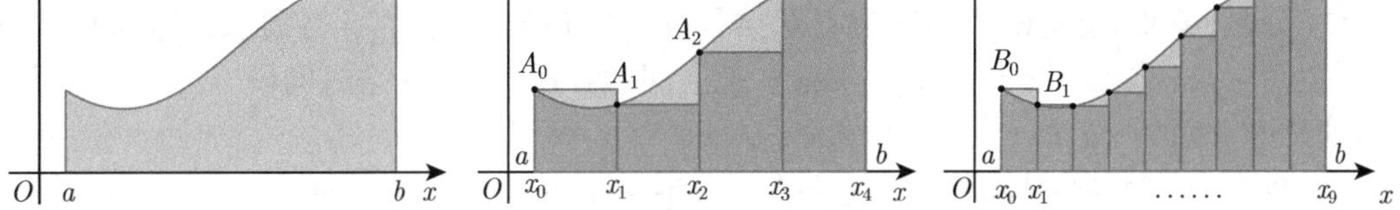

图 6.1.1

详细步骤如下:

(1) 分割: 在区间 $[a,b]$ 中任意插入 $n-1$ 个分点 $\{x_k\}_{k=1}^{n-1}$, 将 $[a,b]$ 分割成 n 个子区间

$\{[x_{i-1}, x_i]\}_{i=1}^n$，长度分别为 $\Delta x_i = x_i - x_{i-1}(1 \leqslant i \leqslant n)$. 记这个分割为

$$\pi: a = x_0 < x_1 < \cdots < x_{n-1} < x_n = b$$

(2) 求累加和: 在每个小区间 $[x_{i-1}, x_i]$ 上任取一点 ξ_i, 以 $f(\xi_i)$ 为高, $\Delta x_i = x_i - x_{i-1}$ 为底的小矩形面积为 $f(\xi_i)\Delta x_i$, 故所求曲边梯形面积 S 的近似值为

$$S \approx \sum_{i=1}^n f(\xi_i)\Delta x_i, \quad \xi_i \in [x_{i-1}, x_i] \tag{6.1.1}$$

如图 6.1.2 所示, 随着分割不断加密, 公式 (6.1.1) 逐步逼近曲边梯形的面积 S.

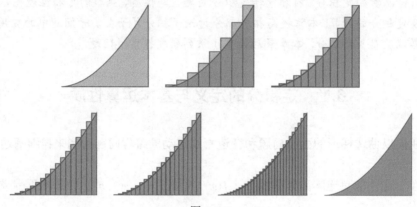

图 6.1.2

(3) 取极限: 记分割的细度 $\|\pi\| = \max\{\Delta x_1, \Delta x_2, \cdots, \Delta x_n\}$, 当小区间长度的最大值趋于零时, 取 (6.1.1) 式的极限, 便得曲边梯形的面积

$$S = \lim_{\|\pi\| \to 0} \sum_{i=1}^n f(\xi_i)\Delta x_i, \quad \forall \xi_i \in [x_{i-1}, x_i] \tag{6.1.2}$$

实例 2 求变速直线运动的路程: 设某物体做直线运动, 已知速度 $v = v(t)$ 是时间间隔 $[T_1, T_2]$ 上的函数, 求物体在这段时间内所经过的路程 s.

已知匀速直线运动的路程等于速度乘以时间. 然而问题中的速度不是常量而是随着时间变化的量, 因此所求路程不能直接按照匀速直线运动的路程来计算. 类似于实例 1, 我们用逐步逼近的方法来解决这个问题, 详细步骤如下:

(1) 分割: 在时间间隔 $[T_1, T_2]$ 内任意插入 $n - 1$ 个分点 $\{t_k\}_{k=1}^{n-1}$ 得到 $[T_1, T_2]$ 的一个分割 $\pi: T_1 = t_0 < t_1 < \cdots < t_n = T_2$. 分割 π 把区间 $[T_1, T_2]$ 分成 n 个时间段 $[t_{i-1}, t_i]$, 各个小时段的长度分别为 $\Delta t_i = t_i - t_{i-1}(1 \leqslant i \leqslant n)$.

(2) 累加和: 在每个时间间隔 $[t_{i-1}, t_i]$ 上任取 $\tau_i \in [t_{i-1}, t_i]$, 在时间段 $[t_{i-1}, t_i]$ 内物体经过的路程近似值为 $v(\tau_i)\Delta t_i$, 则所求变速直线运动的路程 s 近似为

$$s \approx \sum_{i=1}^n v(\tau_i)\Delta t_i, \quad \forall \tau_i \in [t_{i-1}, t_i] \tag{6.1.3}$$

(3) 取极限: 记 $\|\pi\| = \max\{\Delta t_1, \Delta t_2, \cdots, \Delta t_n\}$, 当时间段长度的最大值趋于零时, 取 (6.1.3) 式的极限, 便得变速直线运动的路程

$$s = \lim_{\|\pi\| \to 0} \sum_{i=1}^{n} v(\tau_i)\Delta t_i, \quad \forall \tau_i \in [t_{i-1}, t_i] \tag{6.1.4}$$

如图 6.1.3 所示.

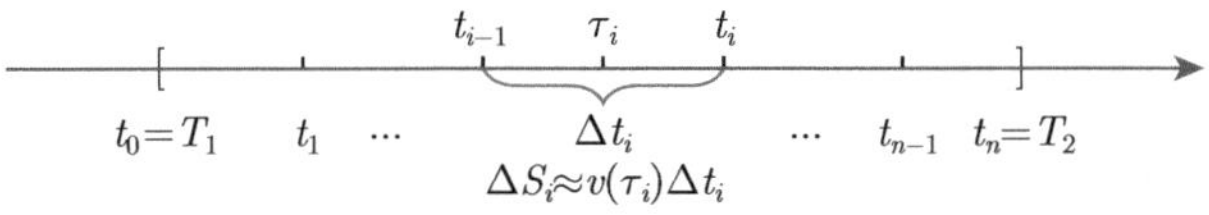

图 6.1.3

在上面两个实际问题的讨论中, 利用的是分割、累加和、极限逐步逼近的方法, 最后归结为求累加和的极限. 在实际工程领域许多问题可通过形如 (6.1.2) 式和 (6.1.4) 式的和式极限解决. 下面给出定积分的数学定义.

定义 6.1.1 设函数 $f(x)$ 在 $[a,b]$ 上有定义, 存在实数 I, 对于任意 $\varepsilon > 0$, 存在 $\delta > 0$, 对任意分割 $\pi: a = x_0 < x_1 < \cdots < x_{n-1} < x_n = b$, $\Delta x_i = x_i - x_{i-1}$, 当分割的细度 $\|\pi\| = \max\limits_{1 \leqslant i \leqslant n}\{\Delta x_i\} < \delta$ 时, 对任意 $\xi_i \in [x_{i-1}, x_i]$, 都有

$$\left|\sum_{i=1}^{n} f(\xi_i)(x_i - x_{i-1}) - I\right| < \varepsilon$$

则称 $f(x)$ 在 $[a,b]$ 上黎曼可积, I 为 $f(x)$ 在 $[a,b]$ 上的定积分或者黎曼 (Riemann) 积分, 记为

$$\int_a^b f(x)\,\mathrm{d}x = I$$

称 $f(x)$ 为被积函数, x 为积分变量, $[a,b]$ 为积分区间, a,b 称为积分的下限和上限. $\sum\limits_{i=1}^{n} f(\xi_i)\Delta x_i$ 称为 $f(x)$ 在分割 π 上的黎曼和.

注 6.1.1 定积分的定义用 ε-δ 语言来描述, 可以用极限的符号表示为

$$\int_a^b f(x)\,\mathrm{d}x = \lim_{\|\pi\| \to 0} \sum_{i=1}^{n} f(\xi_i)\Delta x_i, \quad \forall \xi_i \in [x_{i-1}, x_i]$$

定义中 ξ_i 是 $[x_{i-1}, x_i]$ 中的任意一点. 注意到极限 $\lim\limits_{\|\pi\| \to 0} \sum\limits_{i=1}^{n} f(\xi_i)(x_i - x_{i-1}) = I$ 与函数极限 $\lim\limits_{x \to a} f(x)$ 是有区别的. 由于分割任意性和 $\{\xi_i\}_{i=1}^{n}$ 的任意性使得求极限的过程更复杂, 因此定积分存在性的理论更复杂.

注 6.1.2 $\int_a^b f(x)\,\mathrm{d}x = \int_a^b f(t)\,\mathrm{d}t = \int_a^b f(r)\,\mathrm{d}r$ 是一致的, 即定积分的值只与被积函数及积分区间有关, 与自变量所用字母的选取无关.

注 6.1.3 若 $a > b$, 规定 $\int_a^b f(x)\,\mathrm{d}x = -\int_b^a f(x)\,\mathrm{d}x$.

注 6.1.4 定积分的几何意义是函数曲线与坐标轴所围成的图形面积的代数和, 如图 6.1.4 和图 6.1.5 所示.

$$S = \int_a^b f(x)\,\mathrm{d}x = S_1 + S_3 - S_2 - S_4$$

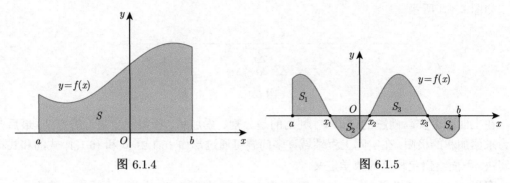

图 6.1.4　　　　　　　　　　图 6.1.5

下面从定积分的定义出发, 研究定积分的基本性质.

定理 6.1.1 (定积分的基本性质) 设函数 $f(x), g(x)$ 在 $[a,b]$ 上可积, 则有下面的性质成立:

(1) 线性性质: 对于任意实数 α, β, 有

$$\int_a^b (\alpha f(x) \pm \beta g(x))\mathrm{d}x = \alpha \int_a^b f(x)\mathrm{d}x \pm \beta \int_a^b g(x)\mathrm{d}x$$

特别有 $\int_a^b cf(x)\mathrm{d}x = c \int_a^b f(x)\mathrm{d}x$.

(2) 积分的保序性: 如果对任意 $x \in [a,b], f(x) \geqslant g(x)$, 则 $\int_a^b f(x)\mathrm{d}x \geqslant \int_a^b g(x)\mathrm{d}x$. 特别若对任意 $x \in [a,b], f(x) \geqslant 0$, 则 $\int_a^b f(x)\mathrm{d}x \geqslant 0$.

(3) 积分中值定理: 设 $f(x)$ 在 $[a,b]$ 上连续且可积, 则存在 $\theta \in [a,b]$, 使得

$$\int_a^b f(x)\mathrm{d}x = f(\theta)(b-a)$$

证明 利用极限的四则运算性质和保序性可以得到 (1) 和 (2) 的结论, 这里证明从略. 下面证明 (3). $f(x)$ 在 $[a,b]$ 上连续, 所以存在最大和最小值 M, m, 根据定积分的保序性, 有

$$\int_a^b m\,\mathrm{d}x \leqslant \int_a^b f(x)\mathrm{d}x \leqslant \int_a^b M\,\mathrm{d}x$$

而 $\int_a^b M\,\mathrm{d}x = M(b-a), \int_a^b m\,\mathrm{d}x = m(b-a)$, 如图 6.1.6 所示, 因此

$$m \leqslant \frac{\int_a^b f(x)\mathrm{d}x}{b-a} \leqslant M$$

根据连续函数的介值定理, 存在 $\theta \in [a,b]$: $\int_a^b f(x)\mathrm{d}x = f(\theta)(b-a)$, 结论得证.

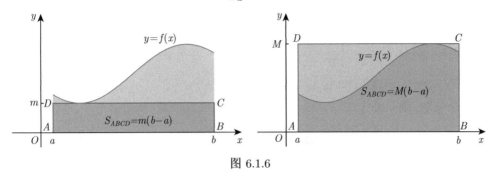

图 6.1.6

积分中值定理的几何解释如图 6.1.7 所示. 在区间 $[a,b]$ 上至少存在一点 θ, 使得以区间 $[a,b]$ 为底边, 以曲线 $y=f(x)$ 为曲边的曲边梯形的面积等于同一底边而高为 $f(\theta)$ 的一个矩形的面积.

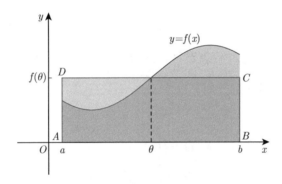

图 6.1.7

定理 6.1.2 (可积的必要条件) 函数 $f(x)$ 在 $[a,b]$ 上可积, 则 $f(x)$ 在 $[a,b]$ 上有界.

证明 设 $\int_a^b f(x)\mathrm{d}x = I$. 根据定积分的定义, 取 $\varepsilon = 1$, 则存在 $\delta > 0$, 使得当 $\|\pi\| < \delta$ 时, 对任意 $\xi_i \in [x_{i-1}, x_i]$, 都有

$$\left|\sum_{i=1}^n f(\xi_i)\Delta x_i - I\right| < 1$$

这里 $\pi: a = x_0 < x_1 < x_2 < \cdots < x_n = b$, 易见

$$\left|\sum_{i=1}^n f(\xi_i)\Delta x_i\right| < |I| + 1 \tag{6.1.5}$$

将 (6.1.5) 式变形得

$$|f(\xi_1)| < \frac{1}{\Delta x_1}\left(|I| + 1 + \left|\sum_{i=2}^n f(\xi_i)\Delta x_i\right|\right) \tag{6.1.6}$$

在 (6.1.6) 式中固定 $\xi_i \in [x_{i-1}, x_i], i = 2, 3, \cdots, n$, 则 $\frac{1}{\Delta x_1}\left(|I| + 1 + |\sum_{i=2}^n f(\xi_i)\Delta x_i|\right)$ 是一个

定值, 于是有界. 而 ξ_1 在 $[x_0, x_1]$ 上可以任取, (6.1.6) 式依然成立, 于是 $f(x)$ 在 $[x_0, x_1]$ 上有界. 依次类推可以证明函数 $f(x)$ 在 $[x_{i-1}, x_i], i = 2, 3, \cdots, n$ 上有界. 结论得证.

注 6.1.5 可积函数必有界, 但有界函数未必可积. 下面举例说明.

例 6.1.1 函数 $D(x) = \begin{cases} 1, & x \in \mathbf{Q}, \\ 0, & x \in \mathbf{R} \backslash \mathbf{Q} \end{cases}$ 在区间 $[a, b]$ 上有界但不可积.

证明 显然 $D(x)$ 是区间 $[a, b]$ 上的有界函数. 设 $\pi: a = x_0 < x_1 < \cdots < x_n = b$ 为 $[a, b]$ 的一个分割, 则

$$\begin{cases} \sum_{i=1}^n D(\xi_i)\Delta x_i = b - a, & \xi_i \in \mathbf{Q} \cap [x_{i-1}, x_i] \\ \sum_{i=1}^n D(\xi_i)\Delta x_i = 0, & \xi_i \in [x_{i-1}, x_i] \backslash \mathbf{Q} \end{cases}$$

因此函数 $D(x)$ 在任意区间 $[a, b]$ 上都不可积. 结论得证.

例 6.1.2 设 $f(x)$ 在 $[a, b]$ 上可积分, $g(x)$ 与 $f(x)$ 在 $[a, b]$ 上有限个点处函数值不同, 则 $g(x)$ 在 $[a, b]$ 上可积且 $\int_a^b f(x)\mathrm{d}x = \int_a^b g(x)\mathrm{d}x$.

证明 不妨设 $f(b) \neq g(b)$, 仅就这种特殊情况进行证明, 其他情况类似可证.

设 $\int_a^b f(x)\mathrm{d}x = I$, 对任意分割 $\pi: a = x_0 < x_1 < x_2 < \cdots < x_n = b$, 任取 $\xi_i \in [x_{i-1}, x_i]$, 则有

$$\left| \sum_{i=1}^n g(\xi_i)(x_i - x_{i-1}) - I \right|$$
$$\leqslant \left| \sum_{i=1}^n f(\xi_i)(x_i - x_{i-1}) - I \right| + \left| \sum_{i=1}^n [f(\xi_i) - g(\xi_i)](x_i - x_{i-1}) \right|$$
$$\leqslant \left| \sum_{i=1}^n f(\xi_i)(x_i - x_{i-1}) - I \right| + |f(b) - g(b)| \cdot \|\pi\|$$

由于 $f(x)$ 在 $[a, b]$ 上可积分, 因此根据定积分的定义:

$$\forall \varepsilon > 0, \exists \delta_1 > 0, \text{当} \|\pi\| < \delta_1 : \left| \sum_{i=1}^n f(\xi_i)(x_i - x_{i-1}) - I \right| < \frac{\varepsilon}{2}$$

由于当 $\|\pi\| < \dfrac{\varepsilon}{2|f(b) - g(b)|}$ 时,

$$|f(b) - g(b)| \cdot \|\pi\| < \frac{\varepsilon}{2}$$

所以当 $\|\pi\| < \min\left\{ \dfrac{\varepsilon}{2|f(b) - g(b)|}, \delta_1 \right\}$ 时,

$$\left| \sum_{i=1}^n g(\xi_i)(x_i - x_{i-1}) - I \right| < \varepsilon$$

因此 $g(x)$ 在 $[a, b]$ 上可积, 并且 $\int_a^b f(x)\mathrm{d}x = \int_a^b g(x)\mathrm{d}x$. 结论得证.

注 6.1.6　改变可积函数有限个点处的值, 不影响函数的可积性和积分值.

习题 6.1　定积分的定义与基本运算性质

1. 证明函数 $A(x) = \begin{cases} 1, & x \in \mathbf{Q}, \\ 2, & x \notin \mathbf{Q} \end{cases}$ 在 $[a,b]$ 上不可积.

2. 写出 $f(x)$ 在 $[a,b]$ 上不可积的定义.

6.2　函数可积性讨论

扫码学习

在定积分理论中我们要解决的基本问题是函数的可积性问题和积分的计算问题. 在以下各节中, 我们将逐步展开来讨论这两个问题. 本节将讨论函数可积性问题并且给出可积分的函数类.

6.2.1　函数可积定理

在定积分的定义中, 黎曼和 $\sum_{i=1}^{n} f(\xi_i)\Delta x_i$ 的极限对任意 $\xi_i \in [x_{i-1}, x_i]$ 都是存在的, 这就要求当分割的细度 $\|\pi\|$ 充分小时, 所有可能的黎曼和的上下确界相差不大. 而 $f(x)$ 在每个小区间上的上下确界只与分割有关而与 ξ_i 的选取无关. 为此引入达布 (Darboux) 上和与达布下和的定义.

定义 6.2.1　设 $f(x)$ 在 $[a,b]$ 上有界, 取 $[a,b]$ 上的一个分割 $\pi : a = x_0 < x_1 < \cdots < x_n = b$, 定义和式

$$\bar{S}(\pi, f) = \sum_{i=1}^{n} M_i (x_i - x_{i-1}), \quad \underline{S}(\pi, f) = \sum_{i=1}^{n} m_i (x_i - x_{i-1}) \tag{6.2.1}$$

这里 M_i, m_i 分别为 $f(x)$ 在 $[x_{i-1}, x_i]$ 上的上确界和下确界. 它们分别称为函数 $f(x)$ 相应于分割 π 的达布上和与下和.

设 $f(x)$ 在上 $[a,b]$ 有界, 对于任意分割 $\pi : a = x_0 < x_1 < \cdots < x_n = b$, 有

$$m(b-a) \leqslant \underline{S}(\pi, f) \leqslant \sum_{i=1}^{n} f(\xi_i)(x_i - x_{i-1}) \leqslant \bar{S}(\pi, f) \leqslant M(b-a) \tag{6.2.2}$$

其中 M, m 分别为 $f(x)$ 在 $[a,b]$ 上的上确界和下确界.

下面我们研究达布上和与达布下和的一些性质. 若分割 π' 是在分割 π 的基础上多加了新的分点所形成的分割, 则称分割 π' 是分割 π 的加密分割, 如图 6.2.1 所示. 对此我们有结论: 随着分割的加密, 达布上和单调递减, 达布下和单调递增. 详细叙述如下.

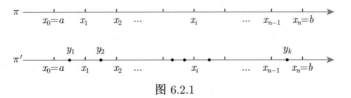

图 6.2.1

定理 6.2.1 设 $f(x)$ 在 $[a,b]$ 上有界, 在 $[a,b]$ 上有两个分割 π, π', 其中 π' 是在 π 的基础上多加了 k 个新分点的加密分割, 则有

$$\begin{cases} \bar{S}(\pi,f) \geq \bar{S}(\pi',f) \geq \bar{S}(\pi,f) - k\omega\|\pi\| \\ \underline{S}(\pi,f) \leq \underline{S}(\pi',f) \leq \underline{S}(\pi,f) + k\omega\|\pi\| \end{cases} \tag{6.2.3}$$

这里 $\omega = M - m, M, m$ 分别为 f 在 $[a,b]$ 上的上确界和下确界.

证明 仅证加密分割只增加了一个分点并且达布下和的情况. 多个分点的情况可以看成逐次加入一个分点所得. 设

$$\pi : x_0 = a < x_1 < x_2 < \cdots < x_{i-1} < x_i < \cdots < x_n = b$$
$$\pi' : x_0 = a < x_1 < x_2 < \cdots < x_{i-1} < x^* < x_i < \cdots < x_n = b$$

则分割 π' 对应的达布和是将分割 π 中小区间 $[x_{i-1}, x_i]$ 对应的项 $m_i \Delta x_i$ 替换为

$$\inf(f[x_{i-1}, x^*])(x^* - x_{i-1}) + \inf(f[x^*, x_i])(x_i - x^*)$$

由于

$$\inf(f[x_{i-1}, x^*])(x^* - x_{i-1}) + \inf(f[x^*, x_i])(x_i - x^*) \geq \inf(f[x_{i-1}, x_i])\Delta x_i$$

因此得到

$$\underline{S}(\pi,f) \leq \underline{S}(\pi',f) \tag{6.2.4}$$

$$\underline{S}(\pi',f) - \underline{S}(\pi,f) \leq M_i \Delta x_i - m_i \Delta x_i \leq \omega\|\pi\| \tag{6.2.5}$$

结论得证.

推论 6.2.1 设 $f(x)$ 在 $[a,b]$ 上有界, 则对于 $[a,b]$ 的任意两个分割 π, π', 成立

$$m(b-a) \leq \underline{S}(\pi,f) \leq \bar{S}(\pi',f) \leq M(b-a) \tag{6.2.6}$$

其中 $m = \inf_{x \in [a,b]} f(x), M = \sup_{x \in [a,b]} f(x)$. 即任意分割的达布下和不大于任意分割的达布上和.

证明 将分割 π' 中的节点插入 π 得到新的分割 π^*, 如图 6.2.2 所示. 则分割 π^* 是分割 π' 和 π 的加密分割, 根据定理 6.2.1.

$$\underline{S}(\pi,f) \leq \underline{S}(\pi^*,f) \leq \bar{S}(\pi^*,f)$$
$$\bar{S}(\pi',f) \geq \bar{S}(\pi^*,f) \geq \underline{S}(\pi^*,f)$$

因此结论得证.

设 $f(x)$ 在 $[a,b]$ 上有界, $m = \inf_{x \in [a,b]} f(x), M = \sup_{x \in [a,b]} f(x)$, 由推论 6.2.1 知, 对于 $[a,b]$ 的任意分割 π 成立

$$m(b-a) \leq \underline{S}(\pi,f) \leq \bar{S}(\pi,f) \leq M(b-a)$$

当分割越来越细时, 定理 6.2.1 告诉我们达布上和具有某种意义上的单调递减性, 达布下和具有某种意义上的单调递增性. 因此类似于单调数列极限的性质, 可以给出如下定义.

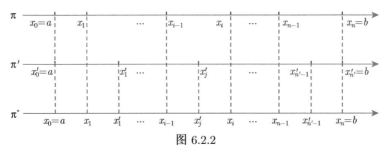

图 6.2.2

定义 6.2.2 设 $f(x)$ 在 $[a,b]$ 上有界, 令

$$\bar{I} = \inf_{\pi} \{\bar{S}(\pi, f)\} \tag{6.2.7}$$

$$\underline{I} = \sup_{\pi} \{\underline{S}(\pi, f)\} \tag{6.2.8}$$

称 $\bar{I}$ 为 $f(x)$ 在 $[a,b]$ 上的上积分, $\underline{I}$ 为 $f(x)$ 在 $[a,b]$ 上的下积分.

定理 6.2.2 (达布定理) 设函数 $f(x)$ 是区间 $[a,b]$ 上的有界函数, 则有

$$\lim_{\|\pi\|\to 0} \bar{S}(\pi, f) = \bar{I}, \quad \lim_{\|\pi\|\to 0} \underline{S}(\pi, f) = \underline{I} \tag{6.2.9}$$

证明 仅证明 $\lim\limits_{\|\pi\|\to 0} \bar{S}(\pi, f) = \bar{I}$, 另一个结论类似可证.

由下确界的定义, 对于任意 $\varepsilon > 0$, 存在分割 $\pi': x_0' = a < x_1' < x_2' < \cdots < x_p' = b$, 使得

$$\bar{S}(\pi', f) < \bar{I} + \frac{\varepsilon}{2}$$

任取分割 $\pi: x_0 = a < x_1 < x_2 < \cdots < x_n = b$, 满足

$$\|\pi\| = \max_{1 \leqslant i \leqslant n} \Delta x_i < \delta = \min\left\{\Delta x_1', \Delta x_2', \cdots, \Delta x_p', \frac{\varepsilon}{2(p-1)(M-m)}\right\}$$

这里 $m = \inf\limits_{x\in[a,b]} f(x), M = \sup\limits_{x\in[a,b]} f(x)$. 将分割 π' 和 π 合并为 π^*, 则 π^* 是分割 π 新加入至多 $p-1$ 个节点的加密分割, 如图 6.2.3 所示. 根据定理 6.2.1 得到

$$0 \leqslant \bar{S}(\pi, f) - \bar{S}(\pi^*, f) \leqslant (p-1)(M-m)\delta$$
$$\bar{S}(\pi^*, f) - \bar{S}(\pi', f) \leqslant 0$$

进一步得到

$$\bar{S}(\pi, f) - \bar{I}$$
$$\leqslant \left(\bar{S}(\pi, f) - \bar{S}(\pi^*, f)\right) + \left(\bar{S}(\pi^*, f) - \bar{S}(\pi', f)\right) + \left(\bar{S}(\pi', f) - \bar{I}\right)$$
$$\leqslant (p-1)(M-m)\delta + 0 + \frac{\varepsilon}{2} < \varepsilon$$

于是 $\lim\limits_{\|\pi\|\to 0} \bar{S}(\pi, f) = \bar{I}$ 成立. 结论得证.

根据达布定理, 我们就可以给出函数可积的一个充要条件如下.

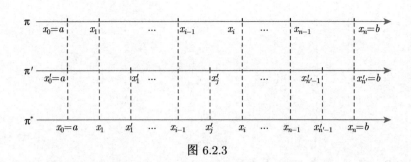

图 6.2.3

定理 6.2.3 设函数 $f(x)$ 在区间 $[a,b]$ 上有界，则 $f(x)$ 在 $[a,b]$ 上可积的充分必要条件是 $\bar{I} = \underline{I}$.

证明 充分性：任取分割 $\pi: x_0 = a < x_1 < x_2 < \cdots < x_n = b$, 则有

$$\underline{S}(\pi, f) \leqslant \sum_{i=1}^{n} f(\xi_i)(x_i - x_{i-1}) \leqslant \bar{S}(\pi, f)$$

因此根据夹逼定理，$\lim\limits_{\|\pi\| \to 0} \sum\limits_{i=1}^{n} f(\xi_i)(x_i - x_{i-1}) = \bar{I} = \underline{I}$.

必要性：设 $\int_a^b f(x)\mathrm{d}x = I$. 则对任意的 $\varepsilon > 0$, 存在 $\delta > 0$, 使得对于 $[a,b]$ 的任意分割 $\pi: a = x_0 < x_1 < \cdots < x_n = b$, 有

$$\|\pi\| < \delta, \forall \xi_i \in [x_{i-1}, x_i]: \left|\sum_{i=1}^{n} f(\xi_i) \Delta x_i - I\right| < \frac{\varepsilon}{2} \quad (6.2.10)$$

根据上确界的定义，存在 $\alpha_i \in [x_{i-1}, x_i], f(\alpha_i) > M_i - \dfrac{\varepsilon}{2(b-a)}$, 因此成立

$$0 \leqslant \sum_{i=1}^{n} M_i \Delta x_i - \sum_{i=1}^{n} f(\alpha_i) \Delta x_i < \frac{\varepsilon}{2} \quad (6.2.11)$$

根据式 (6.2.10) 式和 (6.2.11) 式进一步得到

$$\left|\bar{S}(\pi, f) - I\right| \leqslant \left|\bar{S}(\pi, f) - \sum_{i=1}^{n} f(\alpha_i) \Delta x_i\right| + \left|\sum_{i=1}^{n} f(\alpha_i) \Delta x_i - I\right| < \varepsilon$$

因此 $\lim\limits_{\|\pi\| \to 0} \bar{S}(\pi, f) = I$. 同理可证 $\lim\limits_{\|\pi\| \to 0} \underline{S}(\pi, f) = I$. 结论得证.

由以上分析过程，可以得到下面的结论.

定理 6.2.4 设 $f(x)$ 在 $[a,b]$ 上有界，则下列命题互相等价：

(1) $f(x)$ 在 $[a,b]$ 上可积；

(2) $\bar{I} = \underline{I}$；

(3) $\lim\limits_{\|\pi\| \to 0} \sum\limits_{i=1}^{n} \omega_i (x_i - x_{i-1}) = 0$, 其中 π 为 $[a,b]$ 的任意分割；

(4) 对任意 $\varepsilon > 0$, 存在 $[a,b]$ 的一个分割 π, 使得 $\sum\limits_{i=1}^{n} \omega_i (x_i - x_{i-1}) < \varepsilon$；

(5) 对任意 $\varepsilon > 0$, 存在 $\delta > 0$, 只要 $[a,b]$ 的分割 π 满足 $\|\pi\| < \delta$, 就有 $\sum_{i=1}^{n} \omega_i (x_i - x_{i-1}) < \varepsilon$.

这里 $\omega_i = M_i - m_i$ 为 $f(x)$ 在区间 $[x_{i-1}, x_i]$ 上的振幅.

证明 我们只给出 (1) 和 (4) 之间等价的证明, 其余等价留给读者自证.

首先设 $f(x)$ 在 $[a,b]$ 上可积, 由定理 6.2.3 知 $\bar{I} = \underline{I}$. 再由上下积分的定义知, 对任意 $\varepsilon > 0$, 存在 $[a,b]$ 的一个分割 π, 使得

$$\underline{I} - \frac{\varepsilon}{2} < \underline{S}(\pi, f) \leqslant \bar{S}(\pi, f) < \bar{I} + \frac{\varepsilon}{2}$$

因此有

$$\sum_{i=1}^{n} \omega_i (x_i - x_{i-1}) = \bar{S}(\pi, f) - \underline{S}(\pi, f) < \varepsilon$$

设对任意的 $\varepsilon > 0$, 存在 $[a,b]$ 的一个分割 $\pi : a = x_0 < x_1 < \cdots < x_n = b$, 使得

$$\sum_{i=1}^{n} \omega_i (x_i - x_{i-1}) < \varepsilon$$

则有

$$0 \leqslant \bar{I} - \underline{I} \leqslant \bar{S}(\pi, f) - \underline{S}(\pi, f) = \sum_{i=1}^{n} \omega_i (x_i - x_{i-1}) < \varepsilon$$

由 ε 的任意性, 即有 $\bar{I} = \underline{I}$. 再由定理 6.2.3 的结论知 $f(x)$ 在 $[a,b]$ 上可积. 结论得证.

利用定理 6.2.4, 我们可以推出下面的绝对可积性和区间可加性的结论.

定理 6.2.5 (绝对可积) 若 f 在 $[a,b]$ 上可积, 那么 $|f|$ 也在 $[a,b]$ 上可积, 并且

$$\left| \int_a^b f(x) \mathrm{d}x \right| \leqslant \int_a^b |f(x)| \mathrm{d}x$$

证明 因为 $f(x)$ 在 $[a,b]$ 上可积, 对于 $[a,b]$ 的任意分割 π, 成立

$$\lim_{\|\pi\| \to 0} \sum_{i=1}^{n} \omega_i (x_i - x_{i-1}) = 0$$

这里 $\omega_i = \sup\limits_{x_{i-1} \leqslant x \leqslant x_i} f(x) - \inf\limits_{x_{i-1} \leqslant x \leqslant x_i} f(x)$. 而

$$\omega_i' = \sup_{x_{i-1} \leqslant x \leqslant x_i} |f(x)| - \inf_{x_{i-1} \leqslant x \leqslant x_i} |f(x)| \leqslant \sup_{x_{i-1} \leqslant x \leqslant x_i} f(x) - \inf_{x_{i-1} \leqslant x \leqslant x_i} f(x) = \omega_i$$

于是

$$\lim_{\|\pi\| \to 0} \sum_{i=1}^{n} \omega_i' (x_i - x_{i-1}) \leqslant \lim_{\|\pi\| \to 0} \sum_{i=1}^{n} \omega_i (x_i - x_{i-1}) = 0$$

故 $|f|$ 也在 $[a,b]$ 上可积, 又因为 $-|f(x)| \leqslant f(x) \leqslant |f(x)|$, 由积分运算的保序性得到

$$-\int_a^b |f(x)| \mathrm{d}x \leqslant \int_a^b f(x) \mathrm{d}x \leqslant \int_a^b |f(x)| \mathrm{d}x$$

因此 $\left| \int_a^b f(x) \mathrm{d}x \right| \leqslant \int_a^b |f(x)| \mathrm{d}x$, 结论得证.

注 6.2.1 定理 6.2.5 的逆命题不成立. 例如 $D(x) = \begin{cases} 1, & x \in \mathbf{Q}, \\ -1, & x \notin \mathbf{Q}, \end{cases}$ 对区间 $[0,1]$ 的任意分割 $\pi : 0 = x_0 < x_1 < x_2 < \cdots < x_n = 1$, $D(x)$ 针对分割 π 的黎曼和为

$$\sum_{i=1}^{n} D(\xi_i)\Delta x_i = 1, \quad \forall \xi_i \in [x_{i-1}, x_i] \cap \mathbf{Q}$$

$$\sum_{i=1}^{n} D(\xi_i)\Delta x_i = -1, \quad \forall \xi_i \in [x_{i-1}, x_i] \setminus \mathbf{Q}$$

因此 $D(x)$ 在 $[0,1]$ 上不可积, 而 $|D(x)| = 1$, 对 $[0,1]$ 的任意分割 $\pi : 0 = x_0 < x_1 < \cdots < x_n = 1$, $|D(x)|$ 针对分割 π 的黎曼和为

$$\sum_{i=1}^{n} |D(\xi_i)|\Delta x_i = 1, \quad \forall \xi_i \in [x_{i-1}, x_i]$$

因此 $|D(x)|$ 在 $[0,1]$ 上可积.

定理 6.2.6 (积分对区间的可加性) $f(x)$ 在 $[a,b]$ 上可积的充分必要条件为对任意 $c \in (a,b)$, f 在 $[a,c]$ 与 $[c,b]$ 上可积, 并且有

$$\int_a^b f(x)\mathrm{d}x = \int_a^c f(x)\mathrm{d}x + \int_c^b f(x)\mathrm{d}x, \quad \forall c \in (a,b)$$

如图 6.2.4 所示.

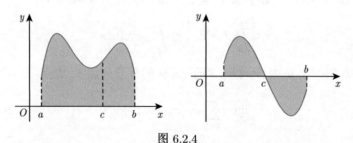

图 6.2.4

证明 必要性: 设 $f(x)$ 在 $[a,b]$ 上可积, 则对于任意 $\varepsilon > 0$, 存在 $\delta > 0$, 对任何分割 $\pi : x_0 = a < x_1 < \cdots < x_n = b$, 当 $\|\pi\| = \max\limits_{1 \leqslant i \leqslant n}(\Delta x_i) < \delta$ 时, 有 $\sum\limits_{i=1}^{n} \omega_i \Delta x_i < \varepsilon$. 在上述分割中, 总可以假设 c 是分割点, 即

$$\pi : x_0 = a < x_1 < x_2 < \cdots < x_k = c < x_{k+1} < x_{k+2} < \cdots < x_n = b$$

显然有

$$\sum_{i=1}^{k} \omega_i \Delta x_i < \sum_{i=1}^{n} \omega_i \Delta x_i < \varepsilon, \quad \sum_{i=k+1}^{n} \omega_i \Delta x_i < \sum_{i=1}^{n} \omega_i \Delta x_i < \varepsilon$$

根据定积分存在定理, $\int_a^c f(x)\mathrm{d}x$ 与 $\int_c^b f(x)\mathrm{d}x$ 均存在.

充分性: 假设 $\int_a^c f(x)\mathrm{d}x$ 与 $\int_c^b f(x)\mathrm{d}x$ 均存在, 由定积分存在定理, 对于任意 $\varepsilon > 0$, 存在分割

$$\pi_1 : x_0' = a < x_1' < x_2' < \cdots < x_{n_1}' = c$$
$$\pi_2 : x_0'' = c < x_1'' < x_2'' < \cdots < x_{n_2}'' = b$$

满足

$$\sum_{i=1}^{n_1} \omega_i' \Delta x_i' < \frac{\varepsilon}{2}, \quad \sum_{i=1}^{n_2} \omega_i'' \Delta x_i'' < \frac{\varepsilon}{2}$$

将 π_1 和 π_2 合并成区间 $[a,b]$ 的分割 π:

$$\pi : x_0' = a < x_1' < x_2' < \cdots < x_{n_1}' = c < x_1'' < x_2'' < \cdots < x_{n_2}'' = b$$

将上述分割点记为 $\{x_i\}_{i=0}^n, n = n_1 + n_2 + 1$, 则有

$$\sum_{j=1}^n \omega_j \Delta x_j = \sum_{i=1}^{n_1} \omega_i' \Delta x_i' + \sum_{i=1}^{n_2} \omega_i'' \Delta x_i'' < \varepsilon$$

因此 $f(x)$ 在 $[a,b]$ 上可积. 由于

$$\sum_\pi f(\xi_i) \Delta x_i = \sum_{\pi_1} f(\xi_i') \Delta x_i' + \sum_{\pi_2} f(\xi_i'') \Delta x_i''$$

当 $\|\pi\| \to 0$ 时, $\|\pi_1\|, \|\pi_2\|$ 均趋向于 0, 上式两边取极限得

$$\int_a^b f(x)\mathrm{d}x = \int_a^c f(x)\mathrm{d}x + \int_c^b f(x)\mathrm{d}x$$

结论得证.

注 6.2.2 如果 $c > b, f(x)$ 在 $[a,c]$ 上可积, 同样有 $\int_a^b f(x)\mathrm{d}x = \int_a^c f(x)\mathrm{d}x + \int_c^b f(x)\mathrm{d}x$. 如图 6.2.5 所示.

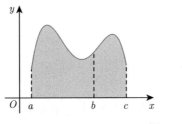

图 6.2.5

例 6.2.1 证明黎曼函数

$$R(x) = \begin{cases} 1/q, & x = p/q\,(q > 0),\ \text{整数}\,p, q\,\text{互素} \\ 1, & x = 0 \\ 0, & x\,\text{为无理数} \end{cases}$$

在区间 $[0,1]$ 上黎曼可积并且 $\int_0^1 R(x)\mathrm{d}x = 0$.

证明 对任意的 $0 < \varepsilon < 2$, 在 $[0,1]$ 中满足 $R(x) > \varepsilon/2 (1/q > \varepsilon/2, q < 2/\varepsilon)$ 的点只有有限个, 不妨设为 $\alpha_1 < \alpha_2 < \cdots < \alpha_k$, 对 $[0,1]$ 进行分割, $\pi : x_0 = 0 < x_1 < x_2 < \cdots < x_{2k-1} = 1$, 使得包含 $\alpha_1, \alpha_2, \cdots, \alpha_k$ 的分割区间长度小于 $\varepsilon/2k$, 不妨设 $\alpha_i \in [x_{2i-2}, x_{2i-1}], i = 1, 2, \cdots, k$. 因此在每个分割区间 $[x_{2i-1}, x_{2i}]$ 上的振幅 $\omega_i \leqslant \varepsilon/2$. 于是有

$$\sum_{i=1}^{2k-1} \omega_i \Delta x_i = \sum_{i=0}^{k-1} \omega_{2i+1} \Delta x_{2i+1} + \sum_{i=1}^{k-1} \omega_{2i} \Delta x_{2i} < \left(\frac{\varepsilon}{2k}\right) k + \frac{\varepsilon}{2} = \varepsilon$$

因此黎曼函数 $R(x)$ 在 $[0,1]$ 上黎曼可积.

对区间 $[0,1]$ 的任意分割 $\pi : x_0 = 0 < x_1 < \cdots < x_n = 1$, 都有 $m_i = \inf\limits_{x \in [x_{i-1}, x_i]} f(x) = 0$, 所以 $\int_0^1 f(x) \mathrm{d}x = \underline{I} = 0$. 结论得证.

习题 6.2.1 函数可积定理

1. 若 $f(x)$ 在 $[a,b]$ 上可积, $[\alpha, \beta] \subset [a,b]$, 则 $f(x)$ 在 $[\alpha, \beta]$ 上可积.
2. 若 $f(x)$ 在 $[a,b]$ 上可积, 证明 $\mathrm{e}^{f(x)}$ 在 $[a,b]$ 上可积.
3. 若 $f(x)$ 在 $[a,b]$ 上可积且 $\int_a^b f(x) \mathrm{d}x > 0$, 则一定存在 $[\alpha, \beta] \subset [a,b]$, 使得

$$f(x) > 0, \quad \forall x \in [\alpha, \beta]$$

6.2.2 可积函数类

由上节函数可积性的结论, 我们可以找到一些常见的可积函数类.

定理 6.2.7 设 $f(x)$ 在 $[a,b]$ 上单调有界, 则 $f(x)$ 在 $[a,b]$ 上可积.

证明 (1) 若 $f(a) = f(b)$, 结论成立; (2) 若 $f(a) \neq f(b)$, 设 $f(x)$ 在 $[a,b]$ 上单增, 则对于 $[a,b]$ 的任意分割 $\pi : a = x_0 < x_1 < \cdots < x_n = b$, 有

$$\sum_{i=1}^n \omega_i (x_i - x_{i-1}) = \sum_{i=1}^n (f(x_i) - f(x_{i-1})) (x_i - x_{i-1})$$

$$\leqslant \sum_{i=1}^n (f(x_i) - f(x_{i-1})) \|\pi\| = (f(b) - f(a)) \|\pi\|$$

因此对任意 $\varepsilon > 0$, 存在 $\delta = \dfrac{\varepsilon}{f(b) - f(a)}$, 对于任意分割 π, 当 $\|\pi\| < \delta$, 成立

$$\sum_{i=1}^n \omega_i (x_i - x_{i-1}) < \varepsilon$$

结论得证.

定理 6.2.8 设 $f(x)$ 在 $[a,b]$ 上连续, 则 $f(x)$ 在 $[a,b]$ 上可积.

证明 由于 $f(x)$ 在 $[a,b]$ 上连续, 因此一致连续. 根据一致连续的定义:

$$\forall \varepsilon > 0, \exists \delta(\varepsilon) > 0, \forall x_1, x_2 \in [a,b], |x_1 - x_2| < \delta : |f(x_1) - f(x_2)| < \frac{\varepsilon}{b-a} \tag{6.2.12}$$

对区间 $[a,b]$ 的任意分割 $\pi: x_0 = a < x_1 < \cdots < x_n = b$, 当 $\|\pi\| < \delta$ 时, 根据 (6.2.12) 式有

$$\sum_{i=1}^{n} \omega_i (x_i - x_{i-1}) = \sum_{i=1}^{n} |(f(s_i) - f(t_i))(x_i - x_{i-1})| \leqslant \frac{\varepsilon}{b-a}(b-a) = \varepsilon$$

这里 $f(s_i), f(t_i)$ 是 $f(x)$ 在 $[x_{i-1}, x_i]$ 上的最大值和最小值, 结论得证.

例 6.2.2 设 $f(x)$ 在 $[a,b]$ 上有界且间断点只有有限个, 证明 $f(x)$ 在 $[a,b]$ 上可积.

证明 设 $|f(x)| \leqslant M, x \in [a,b]$, 不妨设只有一个间断点 $x = b$. 如图 6.2.6 所示, 对任意 $\varepsilon > 0$, 取 δ' 满足 $0 < \delta' < \min\left\{\dfrac{\varepsilon}{4M}, b-a\right\}$. 记 f 在区间 $\Delta' = [b-\delta', b]$ 上的振幅为 ω', 则

$$\omega' \delta' < 2M \cdot \frac{\varepsilon}{4M} = \frac{\varepsilon}{2}$$

$f(x)$ 在区间 $[a, b-\delta']$ 上连续, 因此可积, 所以存在对区间 $[a, b-\delta']$ 上的一个分割

$$\pi': a = x_0 < x_1 < \cdots < x_{n-1} = b - \delta'$$

使得

$$\sum_{i=1}^{n-1} \omega_i \Delta x_i < \frac{\varepsilon}{2}$$

对于 $[a,b]$ 上的分割 $\pi: x_0 = a < x_1 < x_2 < \cdots < x_{n-1} = b - \delta' < x_n = b$, 有

$$\sum_{i=1}^{n} \omega_i \Delta x = \sum_{i=1}^{n-1} \omega_i \Delta x + \omega' \delta' < \frac{\varepsilon}{2} + \frac{\varepsilon}{2} = \varepsilon$$

结论得证.

图 6.2.6

上例中的证明方法可以用来证明以下结论: 设 $f(x)$ 在区间 $[a,b]$ 上有界, 且有无穷多个间断点, 若这些间断点构成的集合只有有限多个聚点, 则 $f(x)$ 在 $[a,b]$ 上可积.

例 6.2.3 设 $f(x)$ 在 $[a,b]$ 上有界, $\{a_n\}$ 为 $f(x)$ 在 $[a,b]$ 上的间断点, $\lim\limits_{n \to \infty} a_n = c$. 证明 $f(x)$ 在 $[a,b]$ 上可积.

证明 设 $|f(x)| \leqslant M, x \in [a,b]$. 不妨设 $c \in (a,b)$. 对任意 $\varepsilon > 0$, 令

$$\delta = \min\left\{\frac{\varepsilon}{6M}, c-a, b-c\right\}$$

由于 $\lim\limits_{n \to \infty} a_n = c$, 故

$$\exists N > 0, n > N : |a_n - c| < \frac{\delta}{2}$$

由于 $[a,b] = [a, c-\delta/2] \bigcup [c-\delta/2, c+\delta/2] \bigcup [c+\delta/2, b]$, 如图 6.2.7 所示, 设 $f(x)$ 在 $[c-\delta/2, c+\delta/2]$ 上的振幅为 ω', 则

$$\omega' \delta < 2M \frac{\varepsilon}{6M} = \frac{\varepsilon}{3}$$

由于在 $[a, c-\delta/2], [c+\delta/2, b]$ 内, $f(x)$ 分别有有限个间断点, 由例 6.2.2 知, $f(x)$ 在 $[a, c-\delta/2]$ 和 $[c+\delta/2, b]$ 上均可积, 故存在分割

$$\pi_1: x_0 = a < x_1 < x_2 < \cdots < x_{n_1} = c - \frac{\delta}{2} : \sum_{i=1}^{n_1} \omega_i' \Delta x_i < \frac{\varepsilon}{3}$$

$$\pi_2: y_0 = c + \frac{\delta}{2} < y_1 < y_2 < \cdots < y_{n_2} = b : \sum_{i=1}^{n_2} \omega_i'' \Delta y_i < \frac{\varepsilon}{3}$$

记 $x_i = y_{i-(n_1+1)}, i = n_1 + 1, \cdots, n_1 + n_2 + 1$, 则对于分割 π

$$\begin{cases} x_0 = a < x_1 < x_2 < \cdots < x_{n_1} = c - \dfrac{\delta}{2} \\ x_{n_1+1} = c + \dfrac{\delta}{2} < x_{n_1+2} < x_{n_1+3} < \cdots < x_{n_1+n_2+1} = b \end{cases}$$

有

$$\sum_{i=1}^{n_1+n_2+1} \omega_i \Delta x_i < \frac{\varepsilon}{3} + \frac{\varepsilon}{3} + \frac{\varepsilon}{3} = \varepsilon$$

结论得证.

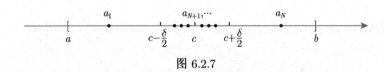

图 6.2.7

定理 6.2.9 设函数 $f(x)$ 在 $[a, b]$ 上有界, 则 $f(x)$ 在 $[a, b]$ 上可积的充分必要条件是对任意的 $\varepsilon > 0, \eta > 0$, 总存在分割 T, 使得属于 T 的所有子区间中对于振幅 $\omega_{k'} \geqslant \varepsilon$ 对应的分割区间长度总和 $\sum_{k'} \Delta x_{k'} < \eta$.

证明 必要性: 设 $f(x)$ 在 $[a, b]$ 上可积, 则对于 $\sigma = \varepsilon\eta > 0$, 存在分割 T, 使得

$$\sum_k \omega_k \Delta x_k < \sigma$$

于是有

$$\varepsilon \sum_{k'} \Delta x_{k'} \leqslant \sum_{k'} \omega_{k'} \Delta x_{k'} \leqslant \sum_k \omega_k \Delta x_k < \varepsilon\eta$$

由此即得 $\sum_{k'} \Delta x_{k'} < \eta$.

充分性: 任给 $\varepsilon' > 0$, 取 $\varepsilon = \varepsilon'/(2(b-a)) > 0, \eta = \varepsilon'/(2(M-m)) > 0$, 由假设知存在分割 T, 使得 $\omega_{k'} \geqslant \varepsilon$ 的那些 $\Delta x_{k'}$ 的长度之和 $\sum_{k'} \Delta x_{k'} < \eta$. 设 T 中其余满足 $\omega_{k''} < \varepsilon$ 的那些小区间为 $\Delta x_{k''}$, 则

$$\sum_k \omega_k \Delta x_k = \sum_{k'} \omega_{k'} \Delta x_{k'} + \sum_{k''} \omega_{k''} \Delta x_{k''}$$
$$< (M - m) \sum_{k'} \Delta x_{k'} + \varepsilon \sum_{k''} \Delta x_{k''}$$

$$< (M-m)\eta + \varepsilon(b-a) = \frac{\varepsilon'}{2} + \frac{\varepsilon'}{2} = \varepsilon'$$

于是 $f(x)$ 在 $[a,b]$ 上可积. 结论得证.

下面我们利用定积分的性质和可积性结论来讨论一些问题.

例 6.2.4 证明不等式 $\int_0^{2\pi} |a\cos x + b\sin x|\mathrm{d}x \leqslant 2\pi\sqrt{a^2+b^2}$.

证明 首先分析被积函数

$$a\cos x + b\sin x = \sqrt{a^2+b^2}\left(\frac{a}{\sqrt{a^2+b^2}}\cos x + \frac{b}{\sqrt{a^2+b^2}}\sin x\right)$$
$$= \sqrt{a^2+b^2}(\sin\phi\cos x + \cos\phi\sin x) \quad \left(\phi = \arctan\frac{a}{b}\right)$$
$$= \sqrt{a^2+b^2}\sin(x+\phi)$$

于是有 $|a\cos x + b\sin x| \leqslant \sqrt{a^2+b^2}$. 进一步根据积分的保序性:

$$\int_0^{2\pi} |a\cos x + b\sin x|\mathrm{d}x \leqslant \int_0^{2\pi} \sqrt{a^2+b^2}\mathrm{d}x = 2\pi\sqrt{a^2+b^2}$$

结论得证.

例 6.2.5 设 $f(x), g(x)$ 在 $[a,b]$ 上连续, 证明

(1) Cauchy-Schwarz 不等式

$$\left(\int_a^b f(x)g(x)\mathrm{d}x\right)^2 \leqslant \int_a^b f^2(x)\mathrm{d}x \cdot \int_a^b g^2(x)\mathrm{d}x$$

(2) Minkowski 不等式

$$\left(\int_a^b [f(x)+g(x)]^2\mathrm{d}x\right)^{1/2} \leqslant \left(\int_a^b f^2(x)\mathrm{d}x\right)^{1/2} + \left(\int_a^b g^2(x)\mathrm{d}x\right)^{1/2}$$

证明 (1) 由积分的线性性质和保序性, 对于任意 $t \in \mathbf{R}$, 成立

$$\int_a^b (f(x)+tg(x))^2\mathrm{d}x = t^2\int_a^b g^2(x)\mathrm{d}x + 2t\int_a^b f(x)g(x)\mathrm{d}x + \int_a^b f^2(x)\mathrm{d}x$$

上式右边是关于 t 的二次多项式. 由于 $\int_a^b (f(x)+tg(x))^2\mathrm{d}x \geqslant 0$, 所以二次多项式的判别式 $\Delta \leqslant 0$, 即

$$\left(\int_a^b f(x)g(x)\mathrm{d}x\right)^2 \leqslant \int_a^b f^2(x)\mathrm{d}x \cdot \int_a^b g^2(x)\mathrm{d}x$$

(2) 根据积分的线性性质,

$$\int_a^b [f(x)+g(x)]^2\mathrm{d}x = \int_a^b f^2(x)\mathrm{d}x + \int_a^b g^2(x)\mathrm{d}x + 2\int_a^b f(x)g(x)\mathrm{d}x$$

由 Cauchy-Schwarz 不等式知

$$\left|\int_a^b f(x)g(x)\mathrm{d}x\right| \leqslant \left(\int_a^b f^2(x)\mathrm{d}x\right)^{1/2} \cdot \left(\int_a^b g^2(x)\mathrm{d}x\right)^{1/2}$$

所以

$$\int_a^b [f(x)+g(x)]^2\mathrm{d}x \leqslant \int_a^b f^2(x)\mathrm{d}x + \int_a^b g^2(x)\mathrm{d}x + 2\left(\int_a^b f^2(x)\mathrm{d}x\right)^{1/2} \cdot \left(\int_a^b g^2(x)\mathrm{d}x\right)^{1/2}$$

因此得到结论

$$\left(\int_a^b [f(x)+g(x)]^2\mathrm{d}x\right)^{1/2} \leqslant \left(\int_a^b f^2(x)\mathrm{d}x\right)^{1/2} + \left(\int_a^b g^2(x)\mathrm{d}x\right)^{1/2}$$

结论得证.

例 6.2.6 设 $f(x)$ 在 $[a,b]$ 上连续非负且不恒为零, 则 $\int_a^b f(x)\mathrm{d}x > 0$.

证明 由于 $f(x)$ 在 $[a,b]$ 上非负且不恒为零, 故存在 $x_0 \in [a,b]$, 使得 $f(x_0) > 0$, 不妨假设 $x_0 \in (a,b)$. 由连续函数的保号性, 存在 $\delta > 0$, 使得当 $x \in [x_0-\delta, x_0+\delta] \subset [a,b]$ 时, $f(x) > \dfrac{f(x_0)}{2}$. 于是

$$\int_a^b f(x)\,\mathrm{d}x \geqslant \int_{x_0-\delta}^{x_0+\delta} f(x)\,\mathrm{d}x \geqslant \frac{f(x_0)}{2} 2\delta > 0$$

结论得证.

注 6.2.3 设 $f(x)$ 在 $[a,b]$ 上连续非负且 $\int_a^b f(x)\mathrm{d}x = 0$, 则 $f(x) \equiv 0$.

例 6.2.7 证明 $\lim\limits_{n\to\infty} \int_0^{\frac{\pi}{2}} \sin^n x\mathrm{d}x = 0$.

证明 设 $y_n = \int_0^{\frac{\pi}{2}} \sin^n x\mathrm{d}x$, 对任意 $0 < \varepsilon < \dfrac{\pi}{2}$, 有

$$\left|\int_0^{\frac{\pi}{2}} \sin^n x\,\mathrm{d}x\right| = \left|\int_0^{\frac{\pi}{2}-\varepsilon} \sin^n x\,\mathrm{d}x + \int_{\frac{\pi}{2}-\varepsilon}^{\frac{\pi}{2}} \sin^n x\,\mathrm{d}x\right| \leqslant \left(\frac{\pi}{2}-\varepsilon\right)\sin^n\left(\frac{\pi}{2}-\varepsilon\right) + \varepsilon$$

由于 $\lim\limits_{n\to\infty} \sin^n\left(\dfrac{\pi}{2}-\varepsilon\right) = 0$, 根据数列上下极限的保序性得

$$0 \leqslant \lim_{n\to\infty}\inf y_n \leqslant \lim_{n\to\infty}\sup y_n \leqslant \varepsilon$$

进一步令 $\varepsilon \to 0$, 得 $\lim\limits_{n\to\infty} y_n = \lim\limits_{n\to\infty} \int_0^{\frac{\pi}{2}} \sin^n x\mathrm{d}x = 0$. 结论得证.

例 6.2.8 设 $f(x)$ 在 $[a,b]$ 上连续且 $f(x) \geqslant 0$, 则 $\lim\limits_{n\to\infty}\left[\int_a^b (f(x))^n\,\mathrm{d}x\right]^{1/n} = \max\limits_{a\leqslant x\leqslant b} f(x)$.

证明 设 $f(x_0) = M = \max\limits_{a \leqslant x \leqslant b} f(x)$, 不妨假设 $x_0 \in (a,b)$. 当 $M = 0$ 时结论显然成立. 以下设 $M > 0$, 由于

$$\int_a^b f^n(x)\,\mathrm{d}x \leqslant M^n(b-a)$$

因此

$$\left(\int_a^b f^n(x)\,\mathrm{d}x\right)^{1/n} \leqslant M(b-a)^{1/n}$$

进一步由于 $\lim\limits_{x \to x_0} f(x) = f(x_0)$, 因此

$$\forall \varepsilon > 0, \exists U(x_0; \delta^*) \subset [a,b], \forall x \in U(x_0; \delta^*) : |f(x) - f(x_0)| < \varepsilon$$

即

$$x \in [x_0 - \delta, x_0 + \delta] \subset U(x_0; \delta^*) : f(x_0) - \varepsilon < f(x) < f(x_0) + \varepsilon$$

根据定积分的保序性,

$$\int_a^b f^n(x)\,\mathrm{d}x \geqslant \int_{x_0-\delta}^{x_0+\delta} f^n(x)\,\mathrm{d}x \geqslant \int_{x_0-\delta}^{x_0+\delta} (M-\varepsilon)^n\,\mathrm{d}x$$

即

$$\left(\int_a^b f^n(x)\,\mathrm{d}x\right)^{1/n} \geqslant (M-\varepsilon)(2\delta)^{1/n}$$

于是

$$(M-\varepsilon)(2\delta)^{1/n} \leqslant \left(\int_a^b f^n(x)\,\mathrm{d}x\right)^{1/n} \leqslant M(b-a)^{1/n}$$

利用数列上下极限的保序性得

$$\lim\limits_{n\to\infty}\sup\left(\int_a^b f^n(x)\,\mathrm{d}x\right)^{1/n} \leqslant M, \quad \lim\limits_{n\to\infty}\sup\left(\int_a^b f^n(x)\,\mathrm{d}x\right)^{1/n} \geqslant M-\varepsilon$$

$$\lim\limits_{n\to\infty}\inf\left(\int_a^b f^n(x)\,\mathrm{d}x\right)^{1/n} \leqslant M, \quad \lim\limits_{n\to\infty}\inf\left(\int_a^b f^n(x)\,\mathrm{d}x\right)^{1/n} \geqslant M-\varepsilon$$

进一步令 $\varepsilon \to 0$, 得到

$$\lim\limits_{n\to\infty}\sup\left(\int_a^b f^n(x)\,\mathrm{d}x\right)^{1/n} = \lim\limits_{n\to\infty}\inf\left(\int_a^b f^n(x)\,\mathrm{d}x\right)^{1/n} = M$$

结论得证.

例 6.2.9 设 $f(x)$ 在 $[a,b]$ 上连续并且 $\int_a^b x^i f(x)\mathrm{d}x = 0 (i = 0,1,2,\cdots,n)$, 证明 $f(x)$ 在 $[a,b]$ 上至少有 $n+1$ 个零点.

注 6.2.4 如果 $f(x_0) = 0$, 则称 x_0 为 $f(x)$ 的零点. 如果 $f(x) = (x-x_0)^k g(x)$, 其中 $g(x_0) \neq 0$, 则称 x_0 为 $f(x)$ 的 k 重零点. 如果 $f(x) = (x-x_0)^k g(x), g(x)$ 没有零点 ($g(x)$ 恒为负或恒为正), 则称 x_0 为 $f(x)$ 的唯一 k 重零点.

证明 如果 $f(x)$ 在 $[a,b]$ 上恒为零, 则结论成立.

设 $f(x)$ 在 $[a,b]$ 上不恒为零. 由于 $f(x)$ 在 $[a,b]$ 上连续且 $\int_a^b f(x)\mathrm{d}x = 0$, $f(x)$ 在 $[a,b]$ 上必有零点. 设 $f(x)$ 的零点个数至多为 n 个, 则 $f(x)$ 可表示为

$$f(x) = (x-x_1)^{r_1}(x-x_2)^{r_2}\cdots(x-x_p)^{r_p} q(x)$$

其中 $r_1 + r_2 + \cdots + r_p \leqslant n$, $q(x)$ 在 $[a,b]$ 上不变号. 不妨设 $q(x) > 0$. 由已知条件

$$\int_a^b x^i f(x)\mathrm{d}x = 0, \quad i = 0, 1, 2, \cdots, n$$

任取次数不大于 n 的多项式 $g(x) = c_0 + c_1 x + c_2 x^2 + \cdots + c_n x^n$, 都有 $\int_a^b g(x)f(x)\mathrm{d}x = 0$. 取

$$g(x) = (x-x_1)^{r_1}(x-x_2)^{r_2}\cdots(x-x_p)^{r_p}$$

则

$$\int_a^b g(x)f(x)\mathrm{d}x = \int_a^b (x-x_1)^{2r_1}(x-x_2)^{2r_2}\cdots(x-x_p)^{2r_p} q(x)\mathrm{d}x > 0$$

与已知条件矛盾. 结论得证.

例 6.2.10 设 $\varphi(x)$ 在 $[0,a]$ 上连续, $f(x)$ 在 $(-\infty, +\infty)$ 上二阶可导, $f''(x) \geqslant 0$, 证明

$$f\left(\frac{1}{a}\int_0^a \varphi(t)\mathrm{d}t\right) \leqslant \frac{1}{a}\int_0^a f(\varphi(t))\mathrm{d}t$$

证明 将 $[0,a]$ 分割, $\pi: 0 < x_1 < x_2 < \cdots < x_n = a$, 根据已知条件 $f''(x) \geqslant 0$, 因此 $f(x)$ 为凸函数. 由詹森不等式得

$$f\left(\frac{\sum_{i=1}^n \varphi(\xi_i)\Delta x_i}{a}\right) \leqslant \sum_{i=1}^n \frac{\Delta x_i}{a} f(\varphi(\xi_i))$$

在上式中令 $\|\pi\| \to 0$, 根据函数的连续性得到

$$\lim_{\|\pi\|\to 0} f\left(\frac{\sum_{i=1}^n \varphi(\xi_i)\Delta x_i}{a}\right) = f\left(\lim_{\|\pi\|\to 0} \frac{\sum_{i=1}^n \varphi(\xi_i)\Delta x_i}{a}\right) = f\left(\frac{1}{a}\int_0^a \varphi(t)\mathrm{d}t\right)$$

$$\leqslant \lim_{\|\pi\|\to 0} \sum_{i=1}^n \frac{\Delta x_i}{a} f(\varphi(\xi_i)) = \frac{1}{a}\int_0^a f(\varphi(t))\mathrm{d}t$$

结论得证.

例 6.2.11 设 $f(x)$ 在 $[a,b]$ 上连续且 $f(x)>0$, 证明

$$\frac{1}{b-a}\int_a^b \ln f(x)\mathrm{d}x \leqslant \ln\left(\frac{1}{b-a}\int_a^b f(x)\mathrm{d}x\right)$$

证明 将区间 $[a,b]$ n 等分, 设等分点为 $x_i = a+\dfrac{b-a}{n}i, i=0,1,2,\cdots,n$. 由于 $\ln x$ 为 $(0,+\infty)$ 上的凹函数, 因此根据詹森不等式得

$$\sum_{i=1}^n \frac{1}{n}\ln f(x_i) \leqslant \ln\left\{\sum_{i=1}^n \frac{1}{n}f(x_i)\right\}$$

进一步有

$$\frac{1}{b-a}\sum_{i=1}^n \ln f(x_i)\Delta x_i \leqslant \ln\left\{\frac{1}{b-a}\sum_{i=1}^n f(x_i)\Delta x_i\right\}$$

由已知条件知 $f(x),\ln f(x)$ 在 $[a,b]$ 上连续, 在上式中令 $n\to\infty$, 根据定积分定义得到

$$\frac{1}{b-a}\int_a^b \ln f(x)\mathrm{d}x \leqslant \ln\left(\frac{1}{b-a}\int_a^b f(x)\mathrm{d}x\right)$$

结论得证.

习题 6.2.2 可积函数类

1. 求极限.

(1) $\displaystyle\lim_{n\to\infty}\int_0^1 \frac{x^n}{1+x}\mathrm{d}x$;

(2) $\displaystyle\lim_{n\to\infty}\int_a^b \mathrm{e}^{-nx^2}\mathrm{d}x\,(0<a<b)$.

2. 利用定积分的性质比较下列积分的大小.

(1) $\displaystyle\int_0^1 \mathrm{e}^{-x}\mathrm{d}x$ 和 $\displaystyle\int_0^1 \mathrm{e}^{-x^2}\mathrm{d}x$;

(2) $\displaystyle\int_{-1}^0 \mathrm{e}^{-x^2}\mathrm{d}x$ 和 $\displaystyle\int_0^1 \mathrm{e}^{-x^2}\mathrm{d}x$;

(3) $\displaystyle\int_0^1 \frac{\sin x}{1+x}\mathrm{d}x$ 和 $\displaystyle\int_0^1 \frac{\sin x}{1+x^2}\mathrm{d}x$;

(4) $\displaystyle\int_0^{\pi/2} \frac{\sin x}{x}\mathrm{d}x$ 和 $\displaystyle\int_0^{\pi/2}\frac{\sin^2 x}{x^2}\mathrm{d}x$.

3. 证明不等式.

(1) $\dfrac{\pi}{2}<\displaystyle\int_0^{\frac{\pi}{2}}\frac{\mathrm{d}x}{\sqrt{1-(1/2)\sin^2 x}}<\dfrac{\pi}{\sqrt{2}}$;

(2) $1<\displaystyle\int_0^1 \mathrm{e}^{x^2}\mathrm{d}x<\mathrm{e}$;

(3) $1<\displaystyle\int_0^{\frac{\pi}{2}}\frac{\sin x\mathrm{d}x}{x}<\dfrac{\pi}{2}$;

(4) $3\sqrt{\mathrm{e}}<\displaystyle\int_\mathrm{e}^{4\mathrm{e}}\frac{\ln x\mathrm{d}x}{\sqrt{x}}<6$.

4. 证明不等式: $\displaystyle\int_0^1 x^m(1-x)^n\mathrm{d}x \leqslant m^m n^n/(m+n)^{m+n}\,(m,n\in \mathbf{N}^*)$.

5. 设函数 f 与 g 在 $[a,b]$ 上连续, 并且 $f(x)\leqslant g(x)$ 对一切 $x\in[a,b]$ 成立, 又 $\displaystyle\int_a^b f(x)\mathrm{d}x=\int_a^b g(x)\mathrm{d}x$, 求证 $f(x)=g(x), x\in[a,b]$.

6. 若函数 f 在 $[a,b]$ 上连续, 且 $\displaystyle\int_a^b f(x)g(x)\mathrm{d}x=0$ 对一切连续函数 g 成立, 求证: $f=0$.

7. 在 $[0,\pi]$ 上连续的函数 f 满足 $\int_0^\pi f(\theta)\cos\theta d\theta = \int_0^\pi f(\theta)\sin\theta d\theta = 0$. 求证 f 在 $(0,\pi)$ 内至少有两个零点.

8. 设 f 在 $[a,b]$ 上连续, 在 (a,b) 内可导, 并且 $(2/(b-a))\int_a^{(a+b)/2} f(x)dx = f(b)$, 则在 (a,b) 内存在一点 ξ 满足 $f'(\xi) = 0$.

9. 设 f 在 $[a,b]$ 上二阶可导, 并且 $f((a+b)/2) = 0, M = \sup\limits_{a \leqslant x \leqslant b}\left|f''(x)\right|$, 则 $\left|\int_a^b f(x)dx\right| \leqslant M(b-a)^3/24$. (提示: 用定积分定义证明 $\int_a^b (x-a)^2 dx = \dfrac{(b-a)^3}{3}$.)

扫码学习

6.3 微积分基本定理

从定积分的定义出发求定积分需要对区间分割, 然后在分割后的每个小区间上取点作和式, 再求极限. 当函数比较复杂时, 利用定义求定积分就会非常困难. 本节将要介绍的牛顿–莱布尼茨公式和微积分基本定理解决了定积分的计算问题和原函数存在性问题.

6.3.1 牛顿–莱布尼茨公式

定理 6.3.1 (牛顿–莱布尼茨公式) 如果 $F(x)$ 是连续函数 $f(x)$ 在区间 $[a,b]$ 上的一个原函数, 则

$$\int_a^b f(x)dx = F(b) - F(a)$$

证明 对于区间 $[a,b]$ 的任意分割 $\pi : x_0 = a < x_1 < x_2 < \cdots < x_n = b$, 根据拉格朗日中值定理有

$$F(b) - F(a) = \sum_{i=1}^n \left(F(x_i) - F(x_{i-1})\right) = \sum_{i=1}^n \left(F'(\xi_i)\right)(x_i - x_{i-1}), \quad \exists \xi_i \in [x_{i-1}, x_i]$$

因此有

$$F(b) - F(a) = \lim_{\|\pi\|\to 0} \sum_{i=1}^n f(\xi_i)(x_i - x_{i-1}) = \int_a^b f(x)dx$$

结论得证.

利用牛顿–莱布尼茨公式可以使定积分的运算变得十分简单. 例如物体的加速度 $a(t) = v'(t)$, 则 $\int_{t_1}^{t_2} a(t)dt = v(t_2) - v(t_1)$ 表示物体从 t_1 时刻到 t_2 时刻速度的改变量. 设 $a(t) = \dfrac{dn}{dt}$, 表示人口的增长速度, 则 $\int_{t_1}^{t_2} a(t)dt = n(t_2) - n(t_1)$ 表示人口的净增长.

例 6.3.1 计算 $\int_0^\pi \sqrt{\sin^3 x - \sin^5 x}\, dx$.

解 由牛顿–莱布尼茨公式

$$\int_0^\pi \sqrt{\sin^3 x - \sin^5 x}\, dx = \int_0^\pi |\cos x|(\sin x)^{3/2} dx$$

$$= \int_0^{\frac{\pi}{2}} \cos x \, (\sin x)^{3/2} \, dx - \int_{\frac{\pi}{2}}^{\pi} \cos x \, (\sin x)^{3/2} \, dx$$
$$= \frac{2}{5} (\sin x)^{5/2} \Big|_0^{\frac{\pi}{2}} - \frac{2}{5} (\sin x)^{5/2} \Big|_{\frac{\pi}{2}}^{\pi} = \frac{4}{5}$$

例 6.3.2 设 $I_n = \dfrac{1}{n^{\alpha+1}}(1 + 2^\alpha + 3^\alpha + \cdots + n^\alpha)(\alpha > 0)$, 求 $\lim\limits_{n\to\infty} I_n$.

解 由于
$$I_n = \frac{1}{n}\left(\frac{1}{n^\alpha} + \frac{2^\alpha}{n^\alpha} + \frac{3^\alpha}{n^\alpha} + \cdots + \frac{n^\alpha}{n^\alpha}\right) = \frac{1}{n}\sum_{i=1}^{n}\frac{i^\alpha}{n^\alpha}$$

因此 I_n 可看成函数 x^α 在区间 $[0,1]$ 上关于分割 $\pi: 0 < \dfrac{1}{n} < \dfrac{2}{n} < \cdots < \dfrac{n}{n} = 1$ 的一个黎曼和. x^α 在区间 $[0,1]$ 上连续且可积, 因此由牛顿–莱布尼茨公式可知

$$\lim_{n\to\infty} I_n = \int_0^1 x^\alpha dx = \frac{1}{\alpha+1} x^{\alpha+1}\Big|_0^1 = \frac{1}{\alpha+1}$$

例 6.3.3 计算 $\lim\limits_{n\to\infty}\left(\left(1 + \dfrac{1}{n}\right)\left(1 + \dfrac{2}{n}\right)\cdots\left(1 + \dfrac{n}{n}\right)\right)^{1/n}$.

解 设 $I_n = \ln\left(\left(1 + \dfrac{1}{n}\right)\left(1 + \dfrac{2}{n}\right)\cdots\left(1 + \dfrac{n}{n}\right)\right)^{1/n}$, 则有
$$I_n = \frac{1}{n}\left\{\ln\left(1 + \frac{1}{n}\right) + \ln\left(1 + \frac{2}{n}\right) + \cdots + \ln\left(1 + \frac{n}{n}\right)\right\}$$

I_n 可看成函数 $\ln(1+x)$ 在区间 $[0,1]$ 上关于分割 $\pi: 0 < \dfrac{1}{n} < \dfrac{2}{n} < \cdots < \dfrac{n}{n} = 1$ 的一个黎曼和. 因此 $\lim\limits_{n\to\infty} I_n = \displaystyle\int_0^1 \ln(1+x)\,dx$. 由于

$$\int \ln(1+x)\,dx = (1+x)\ln(1+x) - x$$

因此
$$\int_0^1 \ln(1+x)\,dx = [(1+x)\ln(1+x) - x]\big|_0^1 = 2\ln 2 - 1$$

因此由牛顿–莱布尼茨公式可知原式等于 $e^{2\ln 2 - 1}$.

例 6.3.4 求 $\displaystyle\int_{-4}^{4} |x^2 - 2x - 3|\,dx$.

解 由牛顿–莱布尼茨公式
$$\int_{-4}^{4} |x^2 - 2x - 3|\,dx = \int_{-4}^{4} |(x-3)(x+1)|\,dx$$
$$= \int_{-4}^{-1} (x^2 - 2x - 3)dx - \int_{-1}^{3}(x^2 - 2x - 3)dx + \int_{3}^{4}(x^2 - 2x - 3)dx$$
$$= \left[\frac{1}{3}x^3 - x^2 - 3x\right]_{-4}^{-1} - \left[\frac{1}{3}x^3 - x^2 - 3x\right]_{-1}^{3} + \left[\frac{1}{3}x^3 - x^2 - 3x\right]_{3}^{4}$$
$$= 27 + \frac{32}{3} + \frac{7}{3} = 40$$

6.3.2 微积分基本定理

利用牛顿–莱布尼茨公式求定积分, 需要知道被积函数的原函数. 我们知道, 有些初等函数的原函数不能由初等函数表示. 另外比较复杂的函数的原函数也是非常难求的. 因此对于给定的函数, 求其原函数之前我们首先需要知道其原函数是否存在.

记区间 $[a,b]$ 上可积函数的集合为 $R[a,b]$.

定义 6.3.1 (变上限积分函数) 设 $f \in R[a,b]$, 对任意 $x \in [a,b]$, 定义

$$F(x) = \int_a^x f(t)\mathrm{d}t$$

为变上限积分函数.

注 6.3.1 同理可以定义变下限积分函数 $G(x) = \int_x^b f(t)\mathrm{d}t, x \in [a,b]$.

下面讨论变上限积分函数的性质.

定理 6.3.2 若 $f \in R[a,b]$, 则 $F(x) \in C[a,b]$.

证明 对任意 $x_0 \in (a,b)$, 可取 $|h|$ 充分小使得 $x_0 + h \in (a,b)$, 则有

$$F(x_0+h) - F(x_0) = \int_a^{x_0+h} f(t)\mathrm{d}t - \int_a^{x_0} f(t)\mathrm{d}t = \int_{x_0}^{x_0+h} f(t)\mathrm{d}t$$

由于 f 在 $[a,b]$ 上有界, 设 $|f(t)| \leqslant M$, 则 $\left|\int_{x_0}^{x_0+h} f(t)\mathrm{d}t\right| \leqslant M|h|$. 因此

$$\lim_{h \to 0}(F(x_0+h) - F(x_0)) = 0$$

同理可证明当 $x = a, x = b$ 时函数 $F(x)$ 连续. 由 x_0 的任意性, $F(x) \in C[a,b]$. 结论得证.

定理 6.3.3 (变上限积分函数的可导性质) 如果 $f(t)$ 在 $[a,b]$ 上连续, 则变上限积分函数 $F(x) = \int_a^x f(t)\mathrm{d}t$ 在 $[a,b]$ 上可导, 其导数为

$$F'(x) = \frac{\mathrm{d}}{\mathrm{d}x} \int_a^x f(t)\mathrm{d}t = f(x), \quad \forall x \in [a,b]$$

证明 对任意 $x, x+h \in (a,b)$, 根据定积分的运算性质,

$$\Delta F = F(x+h) - F(x) = \int_a^{x+h} f(t)\mathrm{d}t - \int_a^x f(t)\mathrm{d}t$$

$$= \int_a^x f(t)\mathrm{d}t + \int_x^{x+h} f(t)\mathrm{d}t - \int_a^x f(t)\mathrm{d}t = \int_x^{x+h} f(t)\mathrm{d}t$$

由于 f 在 $[a,b]$ 上连续, 所以 $\Delta F = f(\xi)h, \xi$ 介于 $x, x+h$ 之间. 进一步有

$$\frac{\Delta F}{h} = f(\xi), \quad \lim_{h \to 0} \frac{\Delta F}{h} = \lim_{h \to 0} f(\xi)$$

由于 $h \to 0$ 时 $\xi \to x$, 所以 $F'(x) = f(x)$. 同理可证明当 $x = a, x = b$ 时函数 $F(x)$ 的右导数和左导数存在. 结论得证.

下面进一步考虑积分上 (下) 限是函数时, 变限定积分的求导问题.

推论 6.3.1　设 $f(x) \in C[a,b]$, $\varphi(x)$ 在 $[a,b]$ 上可导, 且当 $x \in [a,b]$ 时 $a \leqslant \varphi(x) \leqslant b$. 令 $F(x) = \int_a^{\varphi(x)} f(t)\mathrm{d}t$, 则

$$\frac{\mathrm{d}F}{\mathrm{d}x} = f(\varphi(x))\varphi'(x), \quad x \in [a,b]$$

证明　$F(x)$ 是两个函数 $F(u) = \int_a^u f(t)\mathrm{d}t, u = \varphi(x)$ 的复合函数, 根据复合函数求导法则:

$$\frac{\mathrm{d}F}{\mathrm{d}x} = \frac{\mathrm{d}F}{\mathrm{d}u} \cdot \frac{\mathrm{d}u}{\mathrm{d}x} = f(\varphi(x))\varphi'(x), \quad x \in [a,b]$$

结论得证.

利用复合函数的求导法则, 同样可得积分下限是函数时, 变限积分的求导公式以及积分上下限都是函数时, 变限积分的求导公式.

推论 6.3.2　设 $f(x) \in C[a,b]$, $\varphi(x)$ 在 $[a,b]$ 上可导, 且当 $x \in [a,b]$ 时 $a \leqslant \varphi(x) \leqslant b$. 令 $F(x) = \int_{\varphi(x)}^b f(t)\mathrm{d}t$, 则

$$\frac{\mathrm{d}F}{\mathrm{d}x} = -f(\varphi(x))\varphi'(x), \quad x \in [a,b]$$

推论 6.3.3　设 $f(x) \in C[a,b]$, $\varphi_1(x), \varphi_2(x)$ 在 $[a,b]$ 上可导, 且当 $x \in [a,b]$ 时 $a \leqslant \varphi_1(x) \leqslant b, a \leqslant \varphi_2(x) \leqslant b$. 令 $F(x) = \int_{\varphi_1(x)}^{\varphi_2(x)} f(t)\mathrm{d}t, x \in [a,b]$, 则

$$\frac{\mathrm{d}F}{\mathrm{d}x} = f(\varphi_2(x))\varphi_2'(x) - f(\varphi_1(x))\varphi_1'(x), \quad x \in [a,b]$$

定理 6.3.3 实际上解决了连续函数的原函数存在性问题, 并且给出了连续函数的原函数的一种求法.

定理 6.3.4 (原函数存在定理)　如果 $f(x)$ 在 $[a,b]$ 上连续, 则变上限积分函数 $F(x) = \int_a^x f(t)\mathrm{d}t$ 就是 $f(x)$ 在 $[a,b]$ 上的一个原函数.

例 6.3.5　求下列函数的导数.

(a) $\int_0^{x^2} \sqrt{1+t^2}\mathrm{d}t$;　　(b) $\int_{x^2}^{x^3} \frac{\mathrm{d}t}{\sqrt{1+t^4}}$;　　(c) $\int_{\sin x}^{\cos x} \cos(\pi t^2)\mathrm{d}t$.

解　(a) $\frac{\mathrm{d}}{\mathrm{d}x}\int_0^{x^2}\sqrt{1+t^2}\mathrm{d}t = \left(\frac{\mathrm{d}}{\mathrm{d}(x^2)}\int_0^{x^2}\sqrt{1+t^2}\mathrm{d}t\right) \cdot \frac{\mathrm{d}}{\mathrm{d}x}(x^2) = 2x\sqrt{1+x^4}$;

(b) $\frac{\mathrm{d}}{\mathrm{d}x}\int_{x^2}^{x^3}\frac{\mathrm{d}t}{\sqrt{1+t^4}} = \frac{3x^2}{\sqrt{1+x^{12}}} - \frac{2x}{\sqrt{1+x^8}}$;

(c) $\frac{\mathrm{d}}{\mathrm{d}x}\int_{\sin x}^{\cos x}\cos(\pi t^2)\mathrm{d}t = -\sin x \cos(\pi\cos^2 x) - \cos x \cos(\pi\sin^2 x)$

$$= (\sin x - \cos x)\cos(\pi\sin^2 x).$$

例 6.3.6 求极限.

(a) $\lim\limits_{x \to 0} \dfrac{\int_0^x \cos t^2 \mathrm{d}t}{x}$;   (b) $\lim\limits_{x \to +\infty} \dfrac{\int_0^x (\arctan t)^2 \mathrm{d}t}{\sqrt{x^2+1}}$;   (c) $\lim\limits_{x \to +\infty} \dfrac{\left(\int_0^x \mathrm{e}^{t^2} \mathrm{d}t\right)^2}{\int_0^x \mathrm{e}^{2t^2} \mathrm{d}t}$.

解 根据洛必达法则,

(a) $\lim\limits_{x \to 0} \dfrac{\int_0^x \cos t^2 \mathrm{d}t}{x} = \lim\limits_{x \to 0} \cos x^2 = 1$;

(b) $\lim\limits_{x \to +\infty} \dfrac{\int_0^x (\arctan t)^2 \mathrm{d}t}{\sqrt{x^2+1}} = \lim\limits_{x \to +\infty} \dfrac{(\arctan x)^2}{x/\sqrt{x^2+1}} = \dfrac{\pi^2}{4}$;

(c) $\lim\limits_{x \to +\infty} \dfrac{\left(\int_0^x \mathrm{e}^{t^2} \mathrm{d}t\right)^2}{\int_0^x \mathrm{e}^{2t^2} \mathrm{d}t} = \lim\limits_{x \to +\infty} \dfrac{2\mathrm{e}^{x^2} \int_0^x \mathrm{e}^{t^2} \mathrm{d}t}{\mathrm{e}^{2x^2}} = \lim\limits_{x \to +\infty} \dfrac{2\int_0^x \mathrm{e}^{t^2} \mathrm{d}t}{\mathrm{e}^{x^2}} = \lim\limits_{x \to +\infty} \dfrac{2\mathrm{e}^{x^2}}{2x\mathrm{e}^{x^2}} = \lim\limits_{x \to +\infty} \dfrac{1}{x} = 0$.

例 6.3.7 设 $f(x)$ 在 $[0, +\infty)$ 内连续且 $f(x) > 0$, 则 $F(x) = \dfrac{\int_0^x tf(t)\mathrm{d}t}{\int_0^x f(t)\mathrm{d}t}$ 在 $(0, +\infty)$ 内为单调递增函数.

证明 由于 $\dfrac{\mathrm{d}}{\mathrm{d}x}\int_0^x tf(t)\mathrm{d}t = xf(x)$, $\dfrac{\mathrm{d}}{\mathrm{d}x}\int_0^x f(t)\mathrm{d}t = f(x)$, 所以

$$F'(x) = \dfrac{xf(x)\int_0^x f(t)\mathrm{d}t - f(x)\int_0^x tf(t)\mathrm{d}t}{\left(\int_0^x f(t)\mathrm{d}t\right)^2} = \dfrac{f(x)\int_0^x (x-t)f(t)\mathrm{d}t}{\left(\int_0^x f(t)\mathrm{d}t\right)^2} > 0$$

故 $F(x)$ 在 $(0, +\infty)$ 内为单调递增函数. 结论得证.

例 6.3.8 $f(x)$ 在 $[a, b]$ 上的导函数连续, $f(a) = 0$, 证明

(1) $\max\limits_{a \leqslant x \leqslant b} f^2(x) \leqslant (b-a)\int_a^b (f'(x))^2 \mathrm{d}x$;

(2) $\int_a^b f^2(x)\mathrm{d}x \leqslant \dfrac{(b-a)^2}{2}\int_a^b (f'(x))^2 \mathrm{d}x$.

证明 (1) 由于 $f(x) = \int_a^x f'(t)\mathrm{d}t$, 由 Cauchy-Schwarz 不等式, 有

$$|f(x)|^2 = \left|\int_a^x f'(t)\mathrm{d}t\right|^2 \leqslant \left(\int_a^x \mathrm{d}t\right)\left(\int_a^x (f'(t))^2 \mathrm{d}t\right) = (x-a)\int_a^x (f'(t))^2 \mathrm{d}t$$

所以

$$|f(x)|^2 \leqslant (b-a)\int_a^b (f'(t))^2 \mathrm{d}t$$

因此 $\max\limits_{a\leqslant x\leqslant b} f^2(x) \leqslant (b-a)\int_a^b (f'(t))^2 \mathrm{d}t$.

(2) 由 (1) 的证明过程,
$$|f(x)|^2 \leqslant (x-a)\left(\int_a^x (f'(t))^2 \mathrm{d}t\right) \leqslant (x-a)\left(\int_a^b (f'(t))^2 \mathrm{d}t\right)$$

利用积分运算保序性, 得
$$\int_a^b (f(x))^2 \mathrm{d}x \leqslant \int_a^b \left\{\left((x-a)\int_a^b (f'(t))^2 \mathrm{d}t\right)\right\} \mathrm{d}x = \int_a^b (f'(t))^2 \mathrm{d}t \int_a^b (x-a)\mathrm{d}x$$
$$= \int_a^b (f'(x))^2 \mathrm{d}x \int_a^b (x-a)\mathrm{d}x = \frac{(b-a)^2}{2}\int_a^b (f'(x))^2 \mathrm{d}x$$

结论得证.

例 6.3.9 $f(x)$ 在 $[a,b]$ 上连续且单调递增, 则 $\int_a^b xf(x)\mathrm{d}x \geqslant \dfrac{a+b}{2}\int_a^b f(x)\mathrm{d}x$.

证明 构造函数 $F(t) = \int_a^t xf(x)\mathrm{d}x - \dfrac{a+t}{2}\int_a^t f(x)\mathrm{d}x$, 则

$$F'(t) = tf(t) - \dfrac{\int_a^t f(x)\mathrm{d}x}{2} - \left(\dfrac{a+t}{2}\right)f(t) = \left(\dfrac{t-a}{2}\right)f(t) - \dfrac{\int_a^t f(x)\mathrm{d}x}{2}$$
$$= \left(\dfrac{t-a}{2}\right)f(t) - \left(\dfrac{t-a}{2}\right)f(\xi) \quad (a\leqslant \xi \leqslant t) \Leftarrow \boxed{\text{利用积分中值定理}}$$
$$= \left(\dfrac{t-a}{2}\right)(f(t) - f(\xi)) \geqslant 0$$

而 $F(a) = 0$, 所以 $\int_a^b xf(x)\mathrm{d}x - \dfrac{a+b}{2}\int_a^b f(x)\mathrm{d}x \geqslant 0$, 结论得证.

例 6.3.10 设 $f(x)$ 在 $[0,1]$ 上连续且单调递减, 则对于任意的 $\alpha \in [0,1]$, 有
$$\int_0^\alpha f(x)\mathrm{d}x \geqslant \alpha \int_0^1 f(x)\mathrm{d}x$$

证明 构造函数 $F(t) = \int_0^t f(x)\mathrm{d}x - t\int_0^1 f(x)\mathrm{d}x, t \in [0,1]$, 进一步利用积分中值定理
$$F'(t) = f(t) - \int_0^1 f(x)\mathrm{d}x = f(t) - f(\xi), \quad \xi \in [0,1]$$

由于 $f(x)$ 在 $[0,1]$ 单调递减, 因此
$$F'(t) \geqslant 0, \quad t \in [0,\xi]$$
$$F'(t) \leqslant 0, \quad t \in [\xi,1]$$

进一步由 $F(0) = 0, F(1) = 0$, 得到
$$F(t) \geqslant 0, \quad t \in [0,\xi]$$

$$F(t) \geqslant 0, \quad t \in [\xi, 1]$$

因此 $F(\alpha) = \int_0^\alpha f(x)\mathrm{d}x - \alpha \int_0^1 f(x)\mathrm{d}x \geqslant 0$. 结论得证.

习题 6.3 微积分基本定理

1. 利用定积分定义计算下列极限.

(1) $\lim\limits_{n\to\infty} \dfrac{1}{n} \sum\limits_{k=1}^n \sin\left(\dfrac{k\pi}{n}\right)$;

(2) $\lim\limits_{n\to\infty} \left(\dfrac{1}{n+1} + \dfrac{1}{n+2} + \cdots + \dfrac{1}{n+n}\right)$;

(3) $\lim\limits_{n\to\infty} \left(\dfrac{n}{n^2+1^2} + \dfrac{n}{n^2+2^2} + \cdots + \dfrac{n}{n^2+n^2}\right)$.

2. 计算下列函数的导数.

(1) $F(x) = \int_x^{\tan x} \dfrac{1}{1+2t^2} \mathrm{d}t$;

(2) $F(x) = \int_x^{\int_0^x \cos^2 t \mathrm{d}t} \dfrac{\sin t}{1+t^2} \mathrm{d}t$.

3. 求极限

$$\lim_{x\to 0+} \dfrac{\int_0^{\sin x} \sqrt{\tan t}\,\mathrm{d}t}{\int_0^{\tan x} \sqrt{\sin t}\,\mathrm{d}t}$$

4. 设 $f(x)$ 在 $(-\infty, +\infty)$ 上连续, 且满足方程 $\int_0^x f(t)\,\mathrm{d}t = \int_x^1 t^2 f(t)\,\mathrm{d}t + (x^{16}/8) + (x^{18}/9) + c$, 求 $f(x)$ 和 c.

5. 若 $f(x)$ 在 $(0, +\infty)$ 上连续, 且对任何 $a > 0$, $g(x) = \int_x^{ax} f(t)\,\mathrm{d}t = C, x \in (0, +\infty)$, 其中 C 为一常数. 证明 $f(x) = (c/x), x \in (0, +\infty), c$ 为任意常数.

6. 设 $f(x)$ 在 $[a, b]$ 上连续, $F(x) = \int_a^x f(t)(x-t)\mathrm{d}t$, 证明 $F''(x) = f(x), x \in [a, b]$.

7. 设 $f(x)$ 在 $(-\infty, +\infty)$ 上连续, 证明 $\int_0^x f(u)(x-u)\,\mathrm{d}u = \int_0^x \left\{\int_0^u f(t)\,\mathrm{d}t\right\}\mathrm{d}u$.

8. 设 f 是 $[0, +\infty)$ 上严格单调递增的连续函数, 且 $f(0) = 0$, 记反函数 $x = f^{-1}(y)$, 证明 $\int_0^a f(x)\,\mathrm{d}x + \int_0^b f^{-1}(y)\,\mathrm{d}y \geqslant ab\,(a > 0, b > 0)$.

9. 设 $f(x) = \int_0^x (t-t^2)\sin^{2n} t\,\mathrm{d}t$, 证明: 当 $x \geqslant 0$ 时, $f(x)$ 的最大值不超过 $1/((2n+3)(2n+2))$ (n 为自然数).

10. 设 $[0, +\infty)$ 上的连续函数 f 满足关系: $\int_0^x f(t)\mathrm{d}t = (1/2)xf(x), x > 0$. 求证: $f(x) = cx$, 这里 c 是常数.

11. 设 $f(x)$ 在 $[0, 1]$ 上二阶可导, $f''(x) \leqslant 0$, 证明 $\int_0^1 f(x^2)\,\mathrm{d}x \leqslant f(1/3)$.

12. 若 $f(x)$ 在 $[0, a]\,(a > 0)$ 上二阶可导且 $f''(x) > 0$, 证明 $\int_0^a f(x)\,\mathrm{d}x \geqslant af(a/2)$.

13. 设函数 f 在 $[a,b]$ 上连续可微, 求证

$$\max_{x\in[a,b]}|f(x)| \leqslant \frac{1}{b-a}\left|\int_a^b f(x)\mathrm{d}x\right| + \int_a^b |f'(x)|\,\mathrm{d}x$$

14. 设 f 在 $[0,1]$ 上有一阶导数, $f(0)=0$, 且 $0 \leqslant f'(x) \leqslant 1$, 证明

$$\int_0^1 f^3(x)\,\mathrm{d}x \leqslant \left(\int_0^1 f(x)\,\mathrm{d}x\right)^2$$

6.4 定积分的计算

扫码学习

从牛顿-莱布尼茨公式知, 连续函数的定积分问题可以化为找连续函数的原函数的问题. 因此求不定积分的公式以及求不定积分的方法都可以应用于定积分的计算中. 下面我们讨论定积分的换元公式与分部积分公式以及它们的应用.

6.4.1 定积分的分部积分公式

利用两个函数乘积的求导法则, 我们可以得到定积分的分部积分公式.

定理 6.4.1 (分部积分公式) 设函数 $u(x), v(x)$ 在区间 $[a,b]$ 上具有连续导数, 则有

$$\int_a^b u(x)v'(x)\mathrm{d}x = [u(x)v(x)]\Big|_a^b - \int_a^b u'(x)v(x)\mathrm{d}x$$

证明 在等式 $[u(x)v(x)]' = u'(x)v(x) + u(x)v'(x)$ 两边从 a 到 b 积分, 得

$$[u(x)v(x)]\Big|_a^b = \int_a^b (u(x)v(x))'\,\mathrm{d}x = \int_a^b u(x)v'(x)\mathrm{d}x + \int_a^b u'(x)v(x)\mathrm{d}x$$

将上式整理即可得所证等式. 结论得证.

注 6.4.1 分部积分公式也可简写为 $\int_a^b u\mathrm{d}v = [uv]\Big|_a^b - \int_a^b v\mathrm{d}u$.

例 6.4.1 求 $\int_0^{1/2} \arcsin x \mathrm{d}x$.

解 由分部积分公式

$$\int_0^{1/2} \arcsin x\mathrm{d}x = [x\arcsin x]\Big|_0^{1/2} - \int_0^{1/2} \frac{x\mathrm{d}x}{\sqrt{1-x^2}} = \frac{1}{2}\cdot\frac{\pi}{6} + \frac{1}{2}\int_0^{1/2}\frac{1}{\sqrt{1-x^2}}\mathrm{d}(1-x^2)$$

$$= \frac{\pi}{12} + \left[\sqrt{1-x^2}\right]\Big|_0^{1/2} = \frac{\pi}{12} + \frac{\sqrt{3}}{2} - 1$$

例 6.4.2 计算 $\int_0^{\pi/4} \frac{x\mathrm{d}x}{1+\cos 2x}$.

解 由分部积分公式

$$\int_0^{\frac{\pi}{4}} \frac{x\mathrm{d}x}{1+\cos 2x} = \int_0^{\frac{\pi}{4}} \frac{x\mathrm{d}x}{2\cos^2 x} = \frac{1}{2}\int_0^{\frac{\pi}{4}} x(\tan x)'\,\mathrm{d}x$$

$$= \frac{1}{2}\left[x\tan x\right]\Big|_0^{\frac{\pi}{4}} - \frac{1}{2}\int_0^{\frac{\pi}{4}} \tan x\mathrm{d}x = \frac{\pi}{8} + \frac{1}{2}\left[\ln\cos x\right]\Big|_0^{\frac{\pi}{4}} = \frac{\pi}{8} - \frac{\ln 2}{4}$$

例 6.4.3 计算 $\int_0^1 \frac{\ln(1+x)}{(2+x)^2}\mathrm{d}x$.

解 由分部积分公式

$$\int_0^1 \frac{\ln(1+x)}{(2+x)^2}\mathrm{d}x = -\int_0^1 \ln(1+x)\mathrm{d}\left(\frac{1}{2+x}\right) = -\left[\frac{\ln(1+x)}{2+x}\right]\Big|_0^1 + \int_0^1 \frac{1}{2+x}\mathrm{d}\ln(1+x)$$

$$= -\frac{\ln 2}{3} + \int_0^1 \frac{1}{2+x}\cdot\frac{1}{1+x}\mathrm{d}x = -\frac{\ln 2}{3} + \int_0^1 \left(\frac{1}{1+x} - \frac{1}{2+x}\right)\mathrm{d}x$$

$$= -\frac{\ln 2}{3} + \left[\ln(1+x) - \ln(2+x)\right]\Big|_0^1 = \frac{5}{3}\ln 2 - \ln 3$$

例 6.4.4 证明

$$I_n = \int_0^{\pi/2} \sin^n x\mathrm{d}x = \begin{cases} \dfrac{n-1}{n}\cdot\dfrac{n-3}{n-2}\cdots\dfrac{3}{4}\cdot\dfrac{1}{2}\cdot\dfrac{\pi}{2}, & n=2m, m=1,2,3,\cdots \\ \dfrac{n-1}{n}\cdot\dfrac{n-3}{n-2}\cdots\dfrac{4}{5}\cdot\dfrac{2}{3}, & n=2m+1, m=0,1,2,\cdots \end{cases}$$

证明 由分部积分公式

$$I_n = \left[-\sin^{n-1} x\cos x\right]\Big|_0^{\pi/2} + (n-1)\int_0^{\pi/2} \sin^{n-2} x\cos^2 x\mathrm{d}x$$

所以

$$I_n = (n-1)\int_0^{\frac{\pi}{2}} \sin^{n-2} x\mathrm{d}x - (n-1)\int_0^{\frac{\pi}{2}} \sin^n x\mathrm{d}x = (n-1)I_{n-2} - (n-1)I_n$$

得到递推公式

$$I_n = \frac{n-1}{n}I_{n-2}$$

于是有

$$I_{2m} = \frac{2m-1}{2m}\cdot\frac{2m-3}{2m-2}\cdots\frac{5}{6}\cdot\frac{3}{4}\cdot\frac{1}{2}I_0$$

$$I_{2m+1} = \frac{2m}{2m+1}\cdot\frac{2m-2}{2m-1}\cdots\frac{6}{7}\cdot\frac{4}{5}\cdot\frac{2}{3}I_1$$

而 $I_0 = \int_0^{\pi/2}\mathrm{d}x = \pi/2, I_1 = \int_0^{\pi/2}\sin x\mathrm{d}x = 1$，因此可以得到

$$I_{2m} = \frac{2m-1}{2m}\cdot\frac{2m-3}{2m-2}\cdots\frac{5}{6}\cdot\frac{3}{4}\cdot\frac{1}{2}\cdot\frac{\pi}{2}, \quad m=1,2,\cdots$$

$$I_{2m+1} = \frac{2m}{2m+1} \cdot \frac{2m-2}{2m-1} \cdots \frac{6}{7} \cdot \frac{4}{5} \cdot \frac{2}{3}, \quad m = 0, 1, 2, \cdots$$

结论得证.

利用分部积分公式, 可以得到泰勒公式的积分型余项.

定理 6.4.2 (泰勒公式的积分型余项) 设 $f(x)$ 在 (a,b) 上有直到 $n+1$ 阶的连续导数, 则对于任意的 $x_0 \in (a,b)$, 有

$$f(x) = \sum_{i=0}^{n} \frac{f^{(i)}(x_0)}{i!}(x-x_0)^i + R_n(x)$$

其中

$$R_n(x) = \frac{1}{n!} \int_{x_0}^{x} (x-t)^n f^{(n+1)}(t) \mathrm{d}t, \quad x \in (a,b)$$

称 $R_n(x)$ 为泰勒公式的积分型余项.

证明 通过多次使用分部积分公式得

$$\begin{aligned} f(x) &= f(x_0) + \int_{x_0}^{x} f'(t)\mathrm{d}t \\ &= f(x_0) + \int_{x_0}^{x} (t-x)' f'(t)\mathrm{d}t = f(x_0) + (t-x)f'(t)\Big|_{x_0}^{x} - \int_{x_0}^{x} (t-x)f''(t)\mathrm{d}t \\ &= f(x_0) + (x-x_0)f'(x_0) - \left[\frac{(t-x)^2}{2}f''(t)\Big|_{x_0}^{x} - \int_{x_0}^{x} \frac{(t-x)^2}{2}f'''(t)\mathrm{d}t\right] \\ &= f(x_0) + (x-x_0)f'(x_0) + \frac{(x-x_0)^2}{2}f''(x_0) + \int_{x_0}^{x} \frac{(t-x)^2}{2}f'''(t)\mathrm{d}t \\ &= \sum_{i=0}^{n} \frac{f^{(i)}(x_0)}{i!}(x-x_0)^i + \frac{1}{n!}\int_{x_0}^{x} (x-t)^n f^{(n+1)}(t)\mathrm{d}t, \quad x \in (a,b) \end{aligned}$$

结论得证.

例 6.4.5 设 $J(m,n) = \int_{0}^{\pi/2} \sin^m x \cos^n x \mathrm{d}x \quad (m, n \in \mathbf{N}^*)$, 计算 $J(2m, 2n)$, 并证明

$$J(m,n) = \frac{n-1}{m+n} J(m, n-2) = \frac{m-1}{m+n} J(m-2, n)$$

解 首先令 $m \geqslant 2$, 则

$$\begin{aligned} J(m,n) &= \int_{0}^{\pi/2} \sin^{m-2} x \sin^2 x \cos^n x \mathrm{d}x = \int_{0}^{\pi/2} \sin^{m-2} x (1-\cos^2 x) \cos^n x \mathrm{d}x \\ &= \int_{0}^{\pi/2} [\sin^{m-2} x \cos^n x - \sin^{m-2} x \cos^{n+2} x]\mathrm{d}x = J(m-2, n) - J(m-2, n+2) \end{aligned}$$

即

$$J(m,n) = J(m-2, n) - J(m-2, n+2)$$

由分部积分公式

$$J(m-2, n+2) = \int_{0}^{\pi/2} \sin^{m-2} x \cos^{n+2} x \mathrm{d}x = \frac{1}{m-1} \int_{0}^{\pi/2} \cos^{n+1} x \mathrm{d}\sin^{m-1} x$$

$$= \frac{1}{m-1}\cos^{n+1}x\sin^{m-1}x\Big|_0^{\pi/2} + \frac{n+1}{m-1}\int_0^{\pi/2}\sin^m x\cos^n x\mathrm{d}x = \frac{n+1}{m-1}J(m,n)$$

所以
$$J(m,n) = J(m-2,n) - \frac{n+1}{m-1}J(m,n)$$

整理可得
$$J(m,n) = \frac{m-1}{m+n}J(m-2,n) \tag{6.4.1}$$

同理可证
$$J(m,n) = \frac{n-1}{m+n}J(m,n-2) \tag{6.4.2}$$

重复利用递推公式 (6.4.2), 得
$$J(2m,2n) = \frac{2n-1}{2m+2n}J(2m,2(n-1)) = \frac{2n-1}{2m+2n}\frac{2n-3}{2m+2(n-1)}J(2m,2(n-2))$$
$$= \cdots\cdots$$
$$= \frac{2n-1}{2m+2n}\frac{2n-3}{2m+2(n-1)}\cdots\frac{1}{2m+2}J(2m,0) = \frac{(2n-1)!!J(2m,0)}{2^n(m+n)\cdots(m+1)}$$

进一步重复利用递推公式 (6.4.1), 得
$$\frac{(2n-1)!!J(2m,0)}{2^n(m+n)\cdots(m+1)} = \frac{(2n-1)!!}{2^n(m+n)\cdots(m+1)}\frac{2m-1}{2m}J(2(m-1),0)$$
$$= \cdots\cdots$$
$$= \frac{(2n-1)!!(2m-1)!!}{2^{m+n}(m+n)!}J(0,0) = \frac{(2n-1)!!(2m-1)!!}{2^{m+n}(m+n)!}\frac{\pi}{2}$$

因此得到结论: $J(2m,2n) = \dfrac{(2n-1)!!(2m-1)!!}{2^{m+n}(m+n)!}\dfrac{\pi}{2}$.

例 6.4.6 设 $f(x)$ 在 $[a,b]$ 上有连续的二阶导数, $f(a) = f(b) = 0$, 证明

(1) $\int_a^b f(x)\mathrm{d}x = \dfrac{1}{2}\int_a^b (x-a)(x-b)f''(x)\mathrm{d}x$;

(2) $\left|\int_a^b f(x)\mathrm{d}x\right| \leqslant \dfrac{1}{12}(b-a)^3 \max\limits_{a\leqslant x\leqslant b}|f''(x)|$.

证明 (1) 两次使用分部积分公式得

$$\int_a^b f(x)\mathrm{d}x = \int_a^b f(x)\mathrm{d}(x-a) = f(x)(x-a)\Big|_a^b - \int_a^b (x-a)f'(x)\mathrm{d}x$$
$$= -\int_a^b (x-a)f'(x)\mathrm{d}x = -\int_a^b (x-a)f'(x)\mathrm{d}(x-b)$$
$$= -(x-a)f'(x)(x-b)\Big|_a^b + \int_a^b [(x-a)f''(x) + f'(x)](x-b)\mathrm{d}x$$
$$= \int_a^b (x-a)(x-b)f''(x)\mathrm{d}x + \int_a^b f'(x)(x-b)\mathrm{d}x$$

$$= \int_a^b (x-a)(x-b)f''(x)\mathrm{d}x + f(x)(x-b)\Big|_a^b - \int_a^b f(x)\mathrm{d}x$$

因此 $\int_a^b f(x)\mathrm{d}x = \dfrac{1}{2}\int_a^b (x-a)(x-b)f''(x)\mathrm{d}x$.

(2) 根据 (1) 的结论得

$$\left|\int_a^b f(x)\mathrm{d}x\right| \leqslant \frac{1}{2}\int_a^b |(x-a)||(x-b)||f''(x)|\mathrm{d}x \leqslant \frac{1}{2}\max_{a\leqslant x\leqslant b}|f''(x)|\int_a^b |(x-a)||(x-b)|\mathrm{d}x$$

$$= \frac{1}{2}\max_{a\leqslant x\leqslant b}|f''(x)|\int_a^b (x-a)(b-x)\mathrm{d}x = \frac{1}{12}(b-a)^3 \max_{a\leqslant x\leqslant b}|f''(x)|$$

结论得证.

6.4.2 定积分的换元公式

虽然定积分的计算可以先求不定积分然后计算原函数端点值的差而得到, 但在定积分的计算中, 有时不需要求出原函数. 比如不定积分换元法中必须将所换变量换回原来的变量, 但在定积分的换元法中, 不用换回原来的变量.

定理 6.4.3 (定积分换元法) 设

(1) $f(x)$ 在 $[a,b]$ 上连续;

(2) $\varphi(t)$ 在 $[\alpha,\beta]$ 上连续可导;

(3) 当 $t \in [\alpha,\beta]$ 时 $a \leqslant \varphi(t) \leqslant b$, 且 $\varphi(\alpha)=a, \varphi(\beta)=b$.

则有

$$\int_a^b f(x)\mathrm{d}x = \int_\alpha^\beta f(\varphi(t))\varphi'(t)\,\mathrm{d}t$$

证明 设 $F(x)$ 是 $f(x)$ 的一个原函数, 定义 $\Phi(t) = F[\varphi(t)]$, 易证其是 $f(\varphi(t))\varphi'(t)$ 的一个原函数, 因此

$$\int_\alpha^\beta f[\varphi(t)]\varphi'(t)\mathrm{d}t = \Phi(\beta)-\Phi(\alpha) = F[\varphi(\beta)] - F[\varphi(\alpha)] = F(b)-F(a) = \int_a^b f(x)\mathrm{d}x$$

结论得证.

注 6.4.2 当 $\alpha > \beta$ 时, 换元公式依然成立.

在定积分换元公式的应用中, 一定要注意换元公式的条件. 比如定积分 $\int_{-1}^{1} \dfrac{1}{1+x^2}\mathrm{d}x$ 不能作换元 $x = \dfrac{1}{t}$, 定积分 $\int_0^\pi \dfrac{1}{1+\sin^2 x}\mathrm{d}x$ 不能作换元 $t = \tan x$.

注 6.4.3 定积分换元公式的条件可放宽为

(1) $f(x)$ 在 $[a,b]$ 上可积;

(2) $\varphi(t)$ 在 $[\alpha,\beta]$ 上严格单调连续可微且 $\varphi(\alpha)=a, \varphi(\beta)=b$, 则

$$\int_a^b f(x)\mathrm{d}x = \int_\alpha^\beta f(\varphi(t))\varphi'(t)\,\mathrm{d}t$$

推论 6.4.1 设 $f(x)$ 在 $[-a,a]$ 上连续，则有

(1) 若 $f(x)$ 为偶函数，则 $\int_{-a}^{a} f(x)\mathrm{d}x = 2\int_{0}^{a} f(x)\mathrm{d}x$，

(2) 若 $f(x)$ 为奇函数，则 $\int_{-a}^{a} f(x)\mathrm{d}x = 0$.

证明 由于 $\int_{-a}^{a} f(x)\mathrm{d}x = \int_{-a}^{0} f(x)\mathrm{d}x + \int_{0}^{a} f(x)\mathrm{d}x$，在 $\int_{-a}^{0} f(x)\mathrm{d}x$ 中令 $x = -t$，得到

$$\int_{-a}^{0} f(x)\mathrm{d}x = -\int_{a}^{0} f(-t)\mathrm{d}t = \int_{0}^{a} f(-t)\mathrm{d}t$$

当 $f(x)$ 为偶函数时，$f(-x) = f(x)$，所以 $\int_{-a}^{a} f(x)\mathrm{d}x = 2\int_{0}^{a} f(x)\mathrm{d}x$. 当 $f(x)$ 为奇函数时，$f(-x) = -f(x)$，所以 $\int_{-a}^{a} f(x)\mathrm{d}x = 0$. 结论得证.

推论 6.4.2 设 $f(x)$ 是周期为 T 的连续函数，则 $\int_{a}^{a+T} f(x)\mathrm{d}x = \int_{0}^{T} f(x)\mathrm{d}x$.

证明 由于

$$\int_{a}^{a+T} f(x)\mathrm{d}x = \int_{a}^{0} f(x)\mathrm{d}x + \int_{0}^{T} f(x)\mathrm{d}x + \int_{T}^{a+T} f(x)\mathrm{d}x$$

令 $u = x - T$ 得，$\int_{T}^{a+T} f(x)\mathrm{d}x = \int_{0}^{a} f(u)\mathrm{d}u$，代入上式即可得到所证等式. 结论得证.

推论 6.4.1 和推论 6.4.2 给出了定积分的计算技巧，即利用函数的奇偶性和周期性简化计算. 例如 $\int_{-a}^{a} \sin x \sqrt{1+x^2}\mathrm{d}x = 0$，$\int_{-a}^{a} x\cos^{2015} x \sqrt{1+x^2}\mathrm{d}x = 0$.

例 6.4.7 计算 $\int_{-1}^{1} \frac{2x^2 + x\cos x}{1 + \sqrt{1-x^2}}\mathrm{d}x$.

解 利用函数的奇偶性，

$$\int_{-1}^{1} \frac{2x^2 + x\cos x}{1 + \sqrt{1-x^2}}\mathrm{d}x = \int_{-1}^{1} \frac{2x^2}{1 + \sqrt{1-x^2}}\mathrm{d}x + \int_{-1}^{1} \frac{x\cos x}{1 + \sqrt{1-x^2}}\mathrm{d}x$$
$$= 4\int_{0}^{1} \frac{x^2}{1 + \sqrt{1-x^2}}\mathrm{d}x = 4\int_{0}^{1} \frac{x^2(1-\sqrt{1-x^2})}{1-(1-x^2)}\mathrm{d}x$$
$$= 4\int_{0}^{1} (1 - \sqrt{1-x^2})\mathrm{d}x = 4 - 4\int_{0}^{1} \sqrt{1-x^2}\mathrm{d}x = 4 - \pi$$

其中最后一个积分利用了单位圆面积公式.

例 6.4.8 计算 $\int_{0}^{1} \frac{\ln(1+x)}{1+x^2}\mathrm{d}x$.

解 令 $x = \tan t, 0 \leqslant t \leqslant \pi/4$，由换元公式

$$\int_{0}^{1} \frac{\ln(1+x)}{1+x^2}\mathrm{d}x = \int_{0}^{\pi/4} \ln(1+\tan t)\mathrm{d}t = \int_{0}^{\pi/4} \ln\left(\frac{\sin t + \cos t}{\cos t}\right)\mathrm{d}t$$

$$= \int_0^{\pi/4} \ln\left(\frac{\sqrt{2}\cos(\pi/4-t)}{\cos t}\right) dt \Leftarrow \boxed{\frac{\sqrt{2}}{2}\sin t + \frac{\sqrt{2}}{2}\cos t = \cos\left(\frac{\pi}{4}-t\right)}$$

$$= \int_0^{\pi/4} \ln\sqrt{2}\,dt + \int_0^{\pi/4} \ln\cos\left(\frac{\pi}{4}-t\right) dt - \int_0^{\frac{\pi}{4}} \ln\cos t\, dt$$

令 $\frac{\pi}{4}-t=y$, 则 $\int_0^{\pi/4} \ln\cos\left(\frac{\pi}{4}-t\right) dt = \int_0^{\pi/4} \ln\cos(y)\, dy$, 因此

$$\int_0^1 \frac{\ln(1+x)}{1+x^2} dx = \int_0^{\pi/4} \ln\sqrt{2}\,dt = \frac{\pi}{8}\ln 2$$

例 6.4.9 计算 $\int_0^a x^2\sqrt{\frac{a-x}{a+x}}\, dx$.

解 由于 $\int_0^a x^2\sqrt{\frac{a-x}{a+x}}\,dx = \int_0^a \frac{x^2(a-x)}{\sqrt{a^2-x^2}}\,dx$, 令 $x=a\sin t$, 则 $dx=a\cos t\,dt$, 从而有

$$\int_0^a x^2\sqrt{\frac{a-x}{a+x}}\,dx = a^3 \int_0^{\pi/2} \sin^2 t(1-\sin t)\,dt$$

$$= a^3 \int_0^{\pi/2} \sin^2 t\,dt + a^3 \int_0^{\pi/2} (1-\cos^2 t)\,d\cos t$$

$$= a^3 \left[\frac{t}{2} - \frac{\sin 2t}{4}\right]_0^{\pi/2} - \frac{2}{3}a^3 = \left(\frac{\pi}{4} - \frac{2}{3}\right)a^3$$

例 6.4.10 计算 $\int_0^{2\pi} \frac{1}{2+\sin x}\,dx$.

错解 令 $t=\tan\frac{x}{2}$, 则 $x=2\arctan t$, $dx = \frac{2dt}{1+t^2}$, 于是

$$\sin x = \frac{2t}{1+t^2}, \int_0^{2\pi} \frac{1}{2+\sin x}\,dx = \int_0^0 \frac{dt}{t^2+t+1} = 0$$

解法是错的, 因为变换 $x=2\arctan t$, 当 $x\in(-\pi,\pi)$ 有意义, 但积分区间为 $[0,2\pi]$, 下面给出正确解法.

解 由于

$$\int_0^{2\pi} \frac{1}{2+\sin x}\,dx = \int_{-\pi}^{\pi} \frac{dx}{2+\sin x} = \int_{-\pi}^{-\pi/2} \frac{dx}{2+\sin x} + \int_{-\pi/2}^{\pi/2} \frac{dx}{2+\sin x} + \int_{\pi/2}^{\pi} \frac{dx}{2+\sin x}$$

$$\int_{-\pi}^{-\pi/2} \frac{dx}{2+\sin x} \xlongequal{t=\pi+x} \int_0^{\pi/2} \frac{dt}{2-\sin t} \xlongequal{t=-u} \int_{-\pi/2}^0 \frac{du}{2+\sin u}$$

$$\int_{\pi/2}^{\pi} \frac{dx}{2+\sin x} \xlongequal{t=\pi-x} -\int_{\pi/2}^0 \frac{dt}{2+\sin t} \Rightarrow \boxed{\int_0^{2\pi} \frac{dx}{2+\sin x} = 2\int_{-\pi/2}^{\pi/2} \frac{dx}{2+\sin x}}$$

令 $t=\tan\frac{x}{2}$, 则 $x=2\arctan t$, $dx=\frac{2dt}{1+t^2}$, $\sin x=\frac{2t}{1+t^2}$, 于是

$$\int_0^{2\pi} \frac{1}{2+\sin x}\,dx = 2\int_{-\pi/2}^{\pi/2} \frac{1}{2+\sin x}\,dx = \int_{-1}^1 \frac{2dt}{t^2+t+1} = 2\int_{-1}^1 \frac{d(t+(1/2))}{(t+(1/2))^2+(3/4)}$$

$$= \frac{4}{\sqrt{3}} \arctan \frac{2}{\sqrt{3}} \left(t + \frac{1}{2}\right) \bigg|_{-1}^{1} = \frac{2\pi}{\sqrt{3}}$$

注 6.4.4 上例的计算应用到了不定积分 $\int \frac{du}{u^2 + a^2} = \frac{1}{a} \arctan \frac{u}{a} + C$.

例 6.4.11 设 $f(x)$ 在 $[0,1]$ 上连续, 证明以下两式并由此计算 $\int_0^\pi \frac{x \sin x}{1 + \cos^2 x} dx$.

(1) $\int_0^{\frac{\pi}{2}} f(\sin x) dx = \int_0^{\frac{\pi}{2}} f(\cos x) dx$,

(2) $\int_0^\pi x f(\sin x) dx = \frac{\pi}{2} \int_0^\pi f(\sin x) dx$.

证明 (1) 令 $x = \frac{\pi}{2} - t$, 则 $x = 0 \Rightarrow t = \frac{\pi}{2}, x = \frac{\pi}{2} \Rightarrow t = 0$, 于是

$$\int_0^{\frac{\pi}{2}} f(\sin x) dx = -\int_{\frac{\pi}{2}}^0 f\left[\sin\left(\frac{\pi}{2} - t\right)\right] dt = \int_0^{\frac{\pi}{2}} f(\cos t) dt = \int_0^{\frac{\pi}{2}} f(\cos x) dx$$

(2) 令 $x = \pi - t$, 则 $x = 0 \Rightarrow t = \pi, x = \pi \Rightarrow t = 0$, 于是

$$\int_0^\pi x f(\sin x) dx = -\int_\pi^0 (\pi - t) f[\sin(\pi - t)] dt = \int_0^\pi (\pi - t) f(\sin t) dt$$
$$= \pi \int_0^\pi f(\sin t) dt - \int_0^\pi t f(\sin t) dt = \pi \int_0^\pi f(\sin x) dx - \int_0^\pi x f(\sin x) dx$$

即

$$\int_0^\pi x f(\sin x) dx = \frac{\pi}{2} \int_0^\pi f(\sin x) dx$$

由以上结论, 有

$$\int_0^\pi \frac{x \sin x}{1 + \cos^2 x} dx = \frac{\pi}{2} \int_0^\pi \frac{\sin x}{1 + \cos^2 x} dx = -\frac{\pi}{2} \int_0^\pi \frac{1}{1 + \cos^2 x} d(\cos x)$$
$$= -\frac{\pi}{2} [\arctan(\cos x)]_0^\pi = -\frac{\pi}{2} \left(-\frac{\pi}{4} - \frac{\pi}{4}\right) = \frac{\pi^2}{4}$$

结论得证.

例 6.4.12 求连续函数 $f(x)$, 使其满足 $\int_0^1 f(tx) dt = f(x) + x \sin x$.

解 令 $tx = y$, 由定积分换元公式, 有

$$\int_0^1 f(tx) dt = \frac{1}{x} \int_0^x f(y) dy = f(x) + x \sin x$$

即

$$xf(x) + x^2 \sin x = \int_0^x f(y) dy$$

由微积分基本定理, 上式右端可导, 两边分别求导可得

$$f(x) = f(x) + xf'(x) + 2x \sin x + x^2 \cos x$$

整理得
$$f'(x) = -2\sin x - x\cos x$$

求不定积分, 解得
$$f(x) = 2\cos x - \cos x - x\sin x + C = \cos x - x\sin x + C$$

例 6.4.13 设 f 为 $[0, +\infty)$ 上的凸函数, 证明 $H(x) = (1/x)\int_0^x f(t)\mathrm{d}t$ 在 $[0, +\infty)$ 上也为一个凸函数.

证明 由凸函数的定义, 对任意 $x_1, x_2 \in [0, +\infty)$, 任意 $\lambda \in (0,1)$, 成立
$$f(\lambda x_1 + (1-\lambda)x_2) \leqslant \lambda f(x_1) + (1-\lambda)f(x_2)$$

由于
$$H(\lambda x_1 + (1-\lambda)x_2) = \frac{\int_0^{\lambda x_1 + (1-\lambda)x_2} f(t)\mathrm{d}t}{\lambda x_1 + (1-\lambda)x_2}$$

作变换 $x = \dfrac{t}{\lambda x_1 + (1-\lambda)x_2}$, 则
$$H(\lambda x_1 + (1-\lambda)x_2) = \int_0^1 f((\lambda x_1 + (1-\lambda)x_2)x)\mathrm{d}x$$
$$\leqslant \int_0^1 [\lambda f(x_1 x) + (1-\lambda)f(x_2 x)]\mathrm{d}x = \lambda \int_0^1 f(x_1 x)\mathrm{d}x + (1-\lambda)\int_0^1 f(x_2 x)\mathrm{d}x$$

由于
$$\int_0^1 f(x_1 x)\mathrm{d}x \xlongequal{t=x_1 x} \frac{1}{x_1}\int_0^{x_1} f(t)\mathrm{d}t, \quad \int_0^1 f(x_2 x)\mathrm{d}x \xlongequal{t=x_2 x} \frac{1}{x_2}\int_0^{x_2} f(t)\mathrm{d}t$$

因此
$$H(\lambda x_1 + (1-\lambda)x_2) \leqslant \frac{\lambda}{x_1}\int_0^{x_1} f(t)\mathrm{d}t + \frac{1-\lambda}{x_2}\int_0^{x_2} f(t)\mathrm{d}t = \lambda H(x_1) + (1-\lambda)H(x_2)$$

结论得证.

例 6.4.14 计算 $\dfrac{\mathrm{d}}{\mathrm{d}x}\int_0^x tf(x^2 - t^2)\mathrm{d}t, (x > 0)$.

解 作变换 $u^2 = x^2 - t^2, u\mathrm{d}u = -t\mathrm{d}t$, 则
$$\frac{\mathrm{d}}{\mathrm{d}x}\int_0^x tf(x^2-t^2)\mathrm{d}t = -\frac{\mathrm{d}}{\mathrm{d}x}\int_x^0 uf(u^2)\mathrm{d}u = xf(x^2)$$

习题 6.4 定积分的计算

1. 用适当的变换计算下列积分.

(1) $\displaystyle\int_{-1}^1 \frac{x\mathrm{d}x}{\sqrt{5-4x}}$;

(2) $\displaystyle\int_0^a x^2\sqrt{a^2-x^2}\mathrm{d}x$;

(3) $\displaystyle\int_0^{\frac{1}{4}} \frac{\arcsin\sqrt{x}}{\sqrt{x(1-x)}}\mathrm{d}x$;

(4) $\displaystyle\int_0^{\ln 2} \sqrt{\mathrm{e}^x - 1}\mathrm{d}x$;

(5) $\displaystyle\int_0^1 x^{15}\sqrt{1+3x^8}\mathrm{d}x$;

(6) $\displaystyle\int_{\sqrt{2}}^2 \frac{\mathrm{d}x}{x\sqrt{x^2-1}}$.

2. 用分部积分求解下列积分.

(1) $\int_0^{\sqrt{3}} x \arctan x \mathrm{d}x$; (2) $\int_0^1 x^m (\ln x)^n \mathrm{d}x \, (n, m \in \mathbf{N}^*)$.

3. 设 m 为正整数, 证明: $\int_0^{\pi/2} \cos^m x \sin^m x \, \mathrm{d}x = 2^{-m} \int_0^{\pi/2} \cos^m x \mathrm{d}x$.

4. 证明 $\int_{-a}^{a} f(x) \mathrm{d}x = \int_0^a [f(x) + f(-x)] \mathrm{d}x$, 由此计算 $\int_{-\pi/4}^{\pi/4} \frac{\mathrm{d}x}{1+\sin x}$.

5. 计算下列问题.

(1) $\int_{-2}^{2} \max\{x, x^2\} \mathrm{d}x$; (2) $\int_0^{\pi} \sqrt{1-\sin x} \mathrm{d}x$;

(3) $\int_0^{\pi} \sqrt{1+\sin x} \mathrm{d}x$; (4) $\int_{-1}^{1} |x-y| \mathrm{e}^x \mathrm{d}x \; (|y|<1)$.

6. 设 $f(x)$ 在 $[-\sqrt{a^2+b^2}, \sqrt{a^2+b^2}]$ 上连续, 证明:

$$\int_0^{2\pi} f(a\cos\theta + b\sin\theta)\mathrm{d}\theta = 2\int_0^{\pi} f(\sqrt{a^2+b^2}\cos\lambda)\mathrm{d}\lambda$$

7. 求下列积分的递推公式并求积分值.

(1) $I_n = \int_0^1 (1-x^2)^n \mathrm{d}x$; (2) $I_n = \int_0^{\pi/4} \tan^{2n} x \mathrm{d}x$;

(3) $I_n = \int_0^{\pi/4} \left(\frac{\sin x - \cos x}{\sin x + \cos x}\right)^{2n+1} \mathrm{d}x$.

8. 若 $f(x)$ 在 $[0,\pi]$ 上连续, 且 $\int_0^{\pi} f(x) \mathrm{d}x = 0, \int_0^{\pi} f(x) \cos x \mathrm{d}x = 0$, 证明至少存在两点 $\xi_1, \xi_2 \in [0,\pi]$, 使得 $f(\xi_1) = f(\xi_2) = 0$.

9. 计算下列问题.

(1) 设 $f(x) = \begin{cases} x\mathrm{e}^{-x^2}, & x \geqslant 0, \\ \dfrac{1}{1+x^2}, & x < 0, \end{cases}$ 计算 $\int_1^4 f(x-2) \mathrm{d}x$,

(2) 设 $f(x) = \begin{cases} 1+x^2, & x < 0, \\ \mathrm{e}^{-x}, & x \geqslant 0, \end{cases}$ 计算 $\int_1^3 f(x-2) \mathrm{d}x$.

10. 设函数 $f(x) = (1/2)\int_0^x (x-t)^2 g(t) \mathrm{d}t, g(x)$ 在 $(-\infty, +\infty)$ 上连续, $g(1) = 5, \int_0^1 g(t) \mathrm{d}t = 2$, 证明 $f'(x) = x\int_0^x g(t) \mathrm{d}t - \int_0^x tg(t) \mathrm{d}t$, 并计算 $f''(1), f'''(1)$.

11. 若 $f(x)$ 连续, 且 $\int_0^1 tf(2x-t) \mathrm{d}t = (1/2)\arctan x^2, f(1) = 1$, 计算 $\int_1^2 f(x) \mathrm{d}x$.

12. 设 $f(x)$ 在区间 $(0, +\infty)$ 上连续, 证明

$$\int_1^4 f\left(\frac{x}{2} + \frac{2}{x}\right) \frac{\ln x}{x} \mathrm{d}x = (\ln 2) \int_1^4 f\left(\frac{x}{2} + \frac{2}{x}\right) \frac{1}{x} \mathrm{d}x$$

13. 设 $I_n = \int_0^{\pi/4} \tan^n x \mathrm{d}x \, (n > 1)$, 证明

(1) 数列 $\{I_n\}$ 收敛;

(2) $I_n + I_{n-2} = 1/(n-1) \; (n > 2)$;

(3) $1/(2(n+1)) \leqslant I_n \leqslant 1/(2(n-1))$ $(n>1)$.

6.5 定积分中值定理

本节介绍定积分的三个重要性质, 即定积分的三个中值定理.

6.5.1 定积分第一中值定理

定理 6.5.1(积分第一中值定理)　假设 $f(x), g(x)$ 在 $[a,b]$ 上连续, $g(x)$ 在 $[a,b]$ 上不变号, 则存在 $\theta \in [a,b]$, 使得

$$\int_a^b f(x)g(x)\,\mathrm{d}x = f(\theta)\int_a^b g(x)\,\mathrm{d}x$$

证明　不妨假设 $g(x) \geqslant 0, x \in [a,b]$. 若 $g(x) \equiv 0, x \in [a,b]$, 则结论成立. 若 $g(x)$ 在 $[a,b]$ 上不恒为零, 则 $\int_a^b g(x)\,\mathrm{d}x > 0$. 设 M, m 分别为 $f(x)$ 在 $[a,b]$ 上的最大值和最小值, 则

$$mg(x) \leqslant f(x)g(x) \leqslant Mg(x)$$

根据定积分的保序性可知

$$\int_a^b mg(x)\,\mathrm{d}x \leqslant \int_a^b f(x)g(x)\,\mathrm{d}x \leqslant \int_a^b Mg(x)\,\mathrm{d}x$$

即

$$m \leqslant \frac{\int_a^b f(x)g(x)\,\mathrm{d}x}{\int_a^b g(x)\,\mathrm{d}x} \leqslant M$$

由连续函数的介值定理, 结论得证.

注 6.5.1　设 $f(x), g(x)$ 在 $[a,b]$ 上可积, $g(x)$ 在 $[a,b]$ 上不变号, m, M 分别为 $f(x)$ 在区间 $[a,b]$ 上的下、上确界, 则一定存在实数 $\mu, m \leqslant \mu \leqslant M$, 使得

$$\int_a^b f(x)g(x)\,\mathrm{d}x = \mu \int_a^b g(x)\,\mathrm{d}x$$

例 6.5.1　设 $f(x)$ 在区间 $[-1,1]$ 上连续, 证明 $\lim\limits_{h \to 0+} \int_{-1}^1 \frac{h}{h^2+x^2} f(x)\mathrm{d}x = \pi f(0)$.

证明　由定积分的区间可加性可知

$$\int_{-1}^1 \frac{h}{h^2+x^2} f(x)\mathrm{d}x = \int_{-1}^{-h^{\frac{1}{4}}} \frac{h}{h^2+x^2} f(x)\,\mathrm{d}x + \int_{-h^{\frac{1}{4}}}^{h^{\frac{1}{4}}} \frac{h}{h^2+x^2} f(x)\,\mathrm{d}x + \int_{h^{\frac{1}{4}}}^1 \frac{h}{h^2+x^2} f(x)\,\mathrm{d}x$$
$$= I_1 + I_2 + I_3$$

由于 $\dfrac{h}{h^2+x^2}$ 在 $\left[-1,-h^{\frac{1}{4}}\right]$ 上不变号，由积分第一中值定理

$$I_1 = \int_{-1}^{-h^{\frac{1}{4}}} \frac{h}{h^2+x^2} f(x)\,\mathrm{d}x = f(\xi_1)\int_{-1}^{-h^{\frac{1}{4}}} \frac{h}{h^2+x^2}\mathrm{d}x, \quad \xi_1 \in \left[-1,-h^{\frac{1}{4}}\right]$$

$$= f(\xi_1)\arctan\frac{x}{h}\Big|_{-1}^{-h^{\frac{1}{4}}} = f(\xi_1)\left(\arctan\left(-h^{-\frac{3}{4}}\right) - \arctan\left(-h^{-1}\right)\right)$$

由于 $f(x)$ 在区间 $[-1,1]$ 上连续，因此有界，即存在 $M>0$，使得 $|f(x)|\leqslant M, |f(\xi_1)|\leqslant M$. 所以 $\lim\limits_{h\to 0+} I_1 = 0$. 同理可证 $\lim\limits_{h\to 0+} I_3 = 0$. 对于 I_2，利用中值定理

$$I_2 = \int_{-h^{\frac{1}{4}}}^{h^{\frac{1}{4}}} \frac{h}{h^2+x^2} f(x)\,\mathrm{d}x = f(\xi)\int_{-h^{\frac{1}{4}}}^{h^{\frac{1}{4}}} \frac{h}{h^2+x^2}\mathrm{d}x = f(\xi)\arctan\frac{x}{h}\Big|_{-h^{\frac{1}{4}}}^{h^{\frac{1}{4}}}$$

$$= f(\xi)\left(\arctan h^{-\frac{3}{4}} - \arctan\left(-h^{-\frac{3}{4}}\right)\right), \quad \xi \in \left[-h^{\frac{1}{4}}, h^{\frac{1}{4}}\right]$$

因此 $\lim\limits_{h\to 0+} I_2 = f(0)\pi$. 结论得证.

例 6.5.2 证明积分第一中值定理中的中值点 $\theta \in (a,b)$.

证明 不妨假设 $g(x) \geqslant 0$，且 M, m 分别为 $f(x)$ 在 $[a,b]$ 上的最大值和最小值，则 $I = \int_a^b g(x)\mathrm{d}x \geqslant 0$，且对任意的 $x \in [a,b]$，有 $mg(x) \leqslant f(x)g(x) \leqslant Mg(x)$，由积分的不等式性质可知

$$m\int_a^b g(x)\mathrm{d}x \leqslant \int_a^b f(x)g(x)\mathrm{d}x \leqslant M\int_a^b g(x)\mathrm{d}x$$

当 $I = 0\,(g(x) \equiv 0)$ 或者 $m = M\,(f(x) \equiv c)$ 时，任取 $\theta \in (a,b)$ 即可.

当 $I > 0$ 且 $m < M$ 时，令 $\mu = (1/I)\int_a^b f(x)g(x)\mathrm{d}x$，则 $m \leqslant \mu \leqslant M$. 下面分类讨论.

(1) 若 $m < \mu < M$，由连续函数的介值定理，存在 $\theta \in (a,b)$，使得 $f(\theta) = \mu$，即

$$\int_a^b f(x)g(x)\mathrm{d}x = f(\theta)\int_a^b g(x)\mathrm{d}x$$

(2) 若 $\mu = \dfrac{1}{I}\int_a^b f(x)g(x)\mathrm{d}x = m$，则存在 $\theta \in (a,b)$，使得 $f(\theta) = \mu$，否则 $f(x) - \mu > 0$，$x \in (a,b)$. 由 $I = \int_a^b g(x)\mathrm{d}x > 0$ 知 $g(x)$ 在 (a,b) 内不恒为 0. 于是

$$0 < \int_a^b (f(x)-\mu)g(x)\mathrm{d}x = \int_a^b f(x)g(x)\mathrm{d}x - \mu I = 0$$

矛盾. 故当 $\mu = m$ 时，必存在 $\theta \in (a,b)$，使得 $f(\theta) = \mu$，即

$$\int_a^b f(x)g(x)\mathrm{d}x = f(\theta)\int_a^b g(x)\mathrm{d}x$$

(3) 同理可证当 $\mu = M$ 时，必存在 $\theta \in (a,b)$，使得 $f(\theta) = \mu$. 结论得证.

例 6.5.3 设 $f(x)$ 在 $[0,1]$ 上连续，在 $(0,1)$ 上可导，满足 $f(1) = 2\int_0^{1/2} \mathrm{e}^{1-x}f(x)\mathrm{d}x$. 证明存在 $\xi \in (0,1)$，使得 $f(\xi) = f'(\xi)$.

分析 设 $F(x) = e^{-x}f(x)$, 则 $F'(x) = e^{-x}(f'(x) - f(x))$. 如果 $F'(x)$ 有零点, 则结论可以得证.

证明 构造函数 $F(x) = e^{-x}f(x)$, 由定积分第一中值定理以及例 6.5.2, 存在 $\eta \in (0,1)$, 使得
$$f(1) = 2\int_0^{\frac{1}{2}} e^{1-x}f(x)dx = e^{1-\eta}f(\eta)$$
即
$$e^{-1}f(1) = e^{-\eta}f(\eta), F(1) = F(\eta)$$
对 $F(x)$ 在 $[\eta, 1]$ 上应用罗尔定理, 存在 $\xi \in (\eta, 1) \subset (0, 1)$, 使得 $F'(\xi) = e^{-\xi}(f'(\xi) - f(\xi)) = 0$, 即 $f'(\xi) = f(\xi)$. 结论得证.

6.5.2 定积分第二中值定理

定理 6.5.2 (积分第二中值定理) 假设 $f(x), g(x)$ 在 $[a, b]$ 上可积.
(1) 如果 $g(x)$ 在 $[a, b]$ 上非负递减, 则存在 $\xi \in [a, b]$, 使得
$$\int_a^b f(x)g(x)dx = g(a)\int_a^\xi f(x)dx$$

(2) 如果 $g(x)$ 在 $[a, b]$ 上非负递增, 则存在 $\xi \in [a, b]$, 使得
$$\int_a^b f(x)g(x)dx = g(b)\int_\xi^b f(x)dx$$

证明 这里仅证明 (1), (2) 的证明留给读者完成.
若 $g(a) = 0$, 则 $g(x) \equiv 0$, 结论显然成立.
若 $g(a) > 0$, 原问题等价为存在 $\xi \in [a, b]$, 使得
$$\frac{\int_a^b f(x)g(x)dx}{g(a)} = \int_a^\xi f(x)dx$$

设 $F(x) = \int_a^x f(t)dt$, 由微积分基本定理, $F(x)$ 在 $[a, b]$ 上连续. 设 $m = \min\limits_{a \leqslant x \leqslant b} F(x)$, $M = \max\limits_{a \leqslant x \leqslant b} F(x)$. 要证明原问题只需证明
$$m \leqslant \frac{\int_a^b f(x)g(x)dx}{g(a)} \leqslant M$$
$$g(a)m \leqslant \int_a^b f(x)g(x)dx \leqslant g(a)M$$

再利用介值定理即可.

由于函数 $f(x)$ 在 $[a, b]$ 上可积, 则 $f(x)$ 在 $[a, b]$ 上有界. 设 $|f| \leqslant L$. 由于 $g(x)$ 在 $[a, b]$ 上可积, 根据积分定义, 任给 $\varepsilon > 0$, 存在分割
$$\pi : x_0 = a < x_1 < \cdots < x_n = b$$

使得
$$\sum_{i=1}^n \omega_i^g (x_i - x_{i-1}) < \frac{\varepsilon}{L}$$

由于
$$\int_a^b f(x)g(x)\mathrm{d}x = \sum_{i=1}^n \int_{x_{i-1}}^{x_i} f(x)g(x)\mathrm{d}x$$
$$= \sum_{i=1}^n \int_{x_{i-1}}^{x_i} f(x)[g(x) - g(x_{i-1})]\mathrm{d}x + \sum_{i=1}^n g(x_{i-1}) \int_{x_{i-1}}^{x_i} f(x)\mathrm{d}x = I_1 + I_2$$

对于 I_1, 有
$$|I_1| \leqslant \sum_{i=1}^n \int_{x_{i-1}}^{x_i} |f(x)| |g(x) - g(x_{i-1})| \, \mathrm{d}x \leqslant L \sum_{i=1}^n \omega_i^g (x_i - x_{i-1}) < \varepsilon$$

对于 I_2, 由于 $F(a) = F(x_0) = 0$ 和
$$\int_{x_{i-1}}^{x_i} f(x)\mathrm{d}x = \int_a^{x_i} f(x)\mathrm{d}x - \int_a^{x_{i-1}} f(x)\mathrm{d}x = F(x_i) - F(x_{i-1})$$

所以
$$I_2 = \sum_{i=1}^n g(x_{i-1})[F(x_i) - F(x_{i-1})] = \sum_{i=1}^n g(x_{i-1})F(x_i) - \sum_{i=1}^n g(x_{i-1})F(x_{i-1})$$
$$= \sum_{i=1}^n g(x_{i-1})F(x_i) - \sum_{k=0}^{n-1} g(x_k)F(x_k) = \sum_{i=1}^n g(x_{i-1})F(x_i) - \sum_{i=1}^{n-1} g(x_i)F(x_i)$$
$$= \sum_{i=1}^{n-1} F(x_i)[g(x_{i-1}) - g(x_i)] + F(b)g(x_{n-1})$$

由于函数 $g(x)$ 在 $[a,b]$ 上非负递减, 所以
$$I_2 \leqslant M \sum_{i=1}^{n-1} [g(x_{i-1}) - g(x_i)] + Mg(x_{n-1}) = Mg(a)$$

同理可得 $I_2 \geqslant mg(a)$. 因此
$$|I_1| < \varepsilon, \quad Mg(a) \geqslant I_2 \geqslant mg(a)$$

于是有
$$-\varepsilon + mg(a) \leqslant \int_a^b f(x)g(x)\mathrm{d}x = I_1 + I_2 \leqslant \varepsilon + Mg(a)$$

由 ε 的任意性得到
$$mg(a) \leqslant \int_a^b f(x)g(x)\mathrm{d}x \leqslant Mg(a)$$

进一步由介值定理可以得到所证结论.

例 6.5.4 证明 (1) $\lim\limits_{x\to+\infty}\dfrac{1}{x}\int_0^x\sqrt{t}\sin t\,\mathrm{d}t=0$; (2) $\exists\theta\in[-1,1],\int_a^b\sin t^2\mathrm{d}t=\dfrac{\theta}{a}\;(0<a<b)$.

证明 (1) $\sqrt{t}$ 在 $[0,x]$ 上单调递增, 由积分第二中值定理可知

$$\left|\dfrac{1}{x}\int_0^x\sqrt{t}\sin t\,\mathrm{d}t\right|=\left|\dfrac{\sqrt{x}}{x}\int_{\xi_x}^x\sin t\,\mathrm{d}t\right|=\dfrac{1}{\sqrt{x}}\left|\cos\xi_x-\cos x\right|\leqslant\dfrac{2}{\sqrt{x}},\quad \xi_x\in[0,x]$$

于是 $\lim\limits_{x\to+\infty}\dfrac{1}{x}\int_0^x\sqrt{t}\sin t\,\mathrm{d}t=0$. 结论得证.

(2) 对于积分 $\int_a^b\sin t^2\mathrm{d}t$, 令 $u=t^2$, 得 $\int_a^b\sin t^2\mathrm{d}t=\dfrac{1}{2}\int_{a^2}^{b^2}\dfrac{\sin u}{\sqrt{u}}\mathrm{d}u$. 因为 $\dfrac{1}{\sqrt{u}}$ 在 $[a^2,b^2]$ 上单调递减, 由积分第二中值定理可知

$$\exists\xi\in[a^2,b^2]:\int_a^b\sin t^2\mathrm{d}t=\dfrac{1}{2a}\int_{a^2}^{\xi}\sin t\,\mathrm{d}t=\dfrac{1}{2a}\left(\cos a^2-\cos\xi\right)=\dfrac{\theta}{a}$$

其中 $\theta=\dfrac{1}{2}\left(\cos a^2-\cos\xi\right),|\theta|\leqslant 1$, 结论得证.

例 6.5.5 证明当 $x>0$ 时, 有 $\left|\int_x^{x+c}\sin t^2\mathrm{d}t\right|\leqslant\dfrac{1}{x}\quad(c>0)$.

证明 由于 $\left|\int_x^{x+c}\sin t^2\mathrm{d}t\right|=\left|\int_x^{x+c}\dfrac{1}{t}\left(t\sin t^2\right)\mathrm{d}t\right|$, 由积分第二中值定理, 存在 $\xi\in[x,x+c]$, 使得

$$\left|\int_x^{x+c}\sin t^2\mathrm{d}t\right|=\left|\dfrac{1}{2x}\int_x^{\xi}\sin t^2\mathrm{d}\left(t^2\right)\right|=\left|\dfrac{\cos x^2-\cos\xi^2}{2x}\right|\leqslant\dfrac{1}{x}$$

结论得证.

例 6.5.6 估计积分的值.

(1) $\int_{100\pi}^{200\pi}\dfrac{\sin x}{x}\mathrm{d}x$; (2) $\int_a^b\dfrac{\mathrm{e}^{-\alpha x}\sin x}{x}\mathrm{d}x\;(\alpha>0,0<a<b)$.

解 (1) 由于 $\dfrac{1}{x}$ 在 $[100\pi,200\pi]$ 上单调递减且非负, 根据积分第二中值定理:

$$\int_{100\pi}^{200\pi}\dfrac{\sin x}{x}\mathrm{d}x=\dfrac{1}{100\pi}\int_{100\pi}^{\xi}\sin x\,\mathrm{d}x=\dfrac{\cos 100\pi-\cos\xi}{100\pi}=\dfrac{1-\cos\xi}{100\pi}$$

$$=\dfrac{\sin^2(\xi/2)}{50\pi}=\dfrac{\theta}{50\pi}\quad(\xi\in[100\pi,200\pi],0\leqslant\theta\leqslant 1)$$

(2) 由于 $\dfrac{\mathrm{e}^{-\alpha x}}{x}$ 在 $[a,b]$ 上单调递减非负, 根据积分第二中值定理:

$$\int_a^b\dfrac{\mathrm{e}^{-\alpha x}\sin x}{x}\mathrm{d}x=\dfrac{\mathrm{e}^{-a\alpha}}{a}\int_a^{\xi}\sin x\,\mathrm{d}x=\dfrac{\mathrm{e}^{-a\alpha}}{a}(\cos a-\cos\xi)$$

$$=-2\dfrac{\mathrm{e}^{-a\alpha}}{a}\sin\dfrac{a+\xi}{2}\sin\dfrac{a-\xi}{2}=\dfrac{2\theta}{a}\quad(\xi\in[a,b],|\theta|\leqslant 1)$$

6.5.3 定积分第三中值定理

定理 6.5.3(积分第三中值定理) 假设 $f(x),g(x)$ 在 $[a,b]$ 上可积, $g(x)$ 为单调函数, 则存在 $\xi \in [a,b]$, 使得

$$\int_a^b f(x)g(x)\mathrm{d}x = g(a)\int_a^\xi f(x)\mathrm{d}x + g(b)\int_\xi^b f(x)\,\mathrm{d}x$$

证明 不妨设 $g(x)$ 单调递减, 则 $h(x) = g(x) - g(b)$ 为 $[a,b]$ 上的非负递减函数, 根据积分第二中值定理, 存在 $\xi \in [a,b]$, 使得

$$\int_a^b f(x)h(x)\mathrm{d}x = h(a)\int_a^\xi f(x)\mathrm{d}x = [g(a)-g(b)]\int_a^\xi f(x)\mathrm{d}x$$

将 $h(x) = g(x) - g(b)$ 代入上式, 得到

$$\int_a^b f(x)g(x)\mathrm{d}x - \int_a^b f(x)g(b)\mathrm{d}x = g(a)\int_a^\xi f(x)\mathrm{d}x - g(b)\int_a^\xi f(x)\mathrm{d}x$$

即

$$\int_a^b f(x)g(x)\mathrm{d}x = g(a)\int_a^\xi f(x)\mathrm{d}x + \int_a^b f(x)g(b)\mathrm{d}x - g(b)\int_a^\xi f(x)\mathrm{d}x$$
$$= g(a)\int_a^\xi f(x)\mathrm{d}x + g(b)\int_\xi^b f(x)\mathrm{d}x$$

结论得证.

例 6.5.7 设函数 $f(x)$ 在 $[a,b]$ 上为单调递增函数, 证明 $\int_a^b xf(x)\mathrm{d}x \geqslant \dfrac{a+b}{2}\int_a^b f(x)\mathrm{d}x$.

分析 $\int_a^b xf(x)\mathrm{d}x \geqslant \dfrac{a+b}{2}\int_a^b f(x)\mathrm{d}x \Leftrightarrow \int_a^b \left[x - \dfrac{a+b}{2}\right]f(x)\mathrm{d}x \geqslant 0.$

证明 对函数 $f(x)$ 及 $g(x) = x - (a+b)/2$ 在区间 $[a,b]$ 上应用积分第三中值定理, 则存在 $\xi \in [a,b]$, 使得

$$\int_a^b f(x)\left(x - \frac{a+b}{2}\right)\mathrm{d}x = f(a)\int_a^\xi \left(x - \frac{a+b}{2}\right)\mathrm{d}x + f(b)\int_\xi^b \left(x - \frac{a+b}{2}\right)\mathrm{d}x$$
$$= [f(b) - f(a)]\frac{(b-\xi)(\xi-a)}{2} \geqslant 0$$

结论得证.

习题 6.5 定积分中值定理

1. 证明 $\lim\limits_{n\to\infty}\int_n^{n+p}\dfrac{\sin x}{x}\mathrm{d}x = 0\,(p>0)$.

2. 设函数 $f(x)$ 在 $[0,1]$ 上可微分且满足条件 $f(1) = 2\int_0^{1/2} xf(x)\,\mathrm{d}x$. 证明存在 $\xi \in (0,1)$ 使得 $f(\xi) + \xi f'(\xi) = 0$.

3. 设函数 $f(x)$ 在 $(-L,L)$ 内连续在 $x=0$ 处可导且 $f'(x) \neq 0$. 证明下面的结论:

(1) $\int_0^x f(t)\,dt + \int_0^{-x} f(t)\,dt = x\left[f(\theta x) - f(-\theta x)\right], L > 0, 0 < \theta < 1.$

(2) 计算 $\lim\limits_{x\to 0+}\theta.$

4. 设函数 $f(x)$ 在 $[0,1]$ 上连续，在 $(0,1)$ 内可导且满足
$$f(1) = k\int_0^{1/k} x\mathrm{e}^{1-x}f(x)\,\mathrm{d}x \quad (k > 1)$$
证明存在 $\xi \in (0,1)$，使得 $f'(\xi) = (1 - \xi^{-1})f(\xi).$

5. 设 $f(x)$ 在 $[-\pi,\pi]$ 上为递减函数，证明
$$I_n = \int_{-\pi}^{\pi} f(x)\sin(2n+1)x\,\mathrm{d}x \leqslant 0 \quad (n \in \mathbf{N}^*)$$

6. 设 $f(x)$ 在 $[-\pi,\pi]$ 上为可导凸函数，证明 $\int_{-\pi}^{\pi} f(x)\cos(2n+1)x\,\mathrm{d}x \leqslant 0, n \in \mathbf{N}^*.$

7. 设函数 $f(x)$ 在 $[0,1]$ 上连续，证明 $\lim\limits_{n\to\infty}\int_0^1 f(\sqrt[n]{x})\,\mathrm{d}x = f(1).$

8. 设函数 $f(x)$ 在 $[a,b]$ 上二次连续可微，证明存在 $\xi \in [a,b]$，使得
$$\int_a^b f(x)\,\mathrm{d}x = \frac{f(a)+f(b)}{2}(b-a) - \frac{(b-a)^3}{12}f''(\xi)$$

9. 证明下列问题.

(1) $\int_a^b \left|x - \dfrac{a+b}{2}\right|^n \mathrm{d}x = \dfrac{(b-a)^{n+1}}{2^n(n+1)}, n \in \mathbf{N}^*;$

(2) $f(x)$ 在 $[-1,1]$ 上连续，且满足
$$\int_0^1 x^n f(x)\,\mathrm{d}x = 1, \quad \int_0^1 x^k f(x)\,\mathrm{d}x = 0, \quad k = 0, 1, \cdots, n-1$$
则 $\max\limits_{0\leqslant x\leqslant 1}|f(x)| \geqslant 2^n(n+1).$

6.6 勒贝格定理

扫码学习

在函数的可积性理论中，我们已经证明了结论：若函数 $f(x)$ 在区间 $[a,b]$ 上有界，且有有限多个不连续点，则 $f(x)$ 在区间 $[a,b]$ 上可积；若函数 $f(x)$ 在区间 $[a,b]$ 上有界，且有无穷多个不连续点，若这些间断点构成的集合只有有限多个聚点，则 $f(x)$ 在区间 $[a,b]$ 上可积. 这些结论说明函数的可积性与其间断点的"多寡"有着某种关系. 为了刻画"点的多寡"与可积性的关系，本节将引入测度的概念并给出勒贝格 (Lebesgue) 定理.

6.6.1 勒贝格定理

首先引入零测度集的概念.

定义 6.6.1 (零测度集) 设 A 为实数集，若对任意 $\varepsilon > 0$，存在至多可数的一列开区间 $\{I_n, n \in \mathbf{N}^*\}$，它是 A 的一个开覆盖，并且 $\sum\limits_{n=1}^{\infty}|I_n| \leqslant \varepsilon$($|I_n|$ 表示区间 I_n 的长度)，那么称 A 为零测度集，简称零测集.

例 6.6.1 至多可数集是零测集.

证明 设集合 $A = \{a_1, a_2, \cdots, a_n, \cdots\}$. 对任意的 $\varepsilon > 0$, 记
$$I_i = \left(a_i - \frac{\varepsilon}{2^{i+1}}, a_i + \frac{\varepsilon}{2^{i+1}}\right), \quad i = 1, 2, \cdots$$

则有 $A \subset \bigcup\limits_{i=1}^{\infty} I_i$, 并且 $\sum\limits_{i=1}^{\infty} |I_i| = \sum\limits_{i=1}^{\infty} \frac{\varepsilon}{2^i} = \varepsilon$. 结论得证.

例 6.6.2 任何长度不为零的区间都不是零测集.

证明 不妨考虑区间 (a, b), 对覆盖 (a, b) 的任意开区间列 $\{I_n, n \in \mathbf{N}^*\}$, 都有 $\sum\limits_{n=1}^{\infty} |I_n| \geqslant b - a > 0$. 结论得证.

下面我们讨论零测度集的性质.

定理 6.6.1 (零测集的性质) (1) 至多可数个零测集的并集是零测集.

(2) 设 A 为零测集, 若 $B \subset A$, 那么 B 也是零测集.

证明 (1) 设有可数个零测集 $A_1, A_2, \cdots, A_n, \cdots$. 对任给的 $\varepsilon > 0, n \in \mathbf{N}^*$, 由于 A_n 是零测集, 所以存在开区间序列 $\{I_{ni}\}, i = 1, 2, \cdots$, 使得 $A_n \subset \bigcup\limits_{i=1}^{\infty} I_{ni}$ 并且 $\sum\limits_{i=1}^{\infty} |I_{ni}| \leqslant \frac{\varepsilon}{2^n}$. 开区间族 $\{I_{ni}\}, n \in \mathbf{N}^*, i = 1, 2, \cdots$ 含有可数个开集并且

$$\bigcup_{n=1}^{\infty} A_n \subset \bigcup_{n=1}^{\infty} \left(\bigcup_{i=1}^{\infty} I_{ni}\right), \quad \sum_{n=1}^{\infty} \sum_{i=1}^{\infty} |I_{ni}| \leqslant \sum_{n=1}^{\infty} \frac{\varepsilon}{2^n} = \varepsilon$$

由零测集的定义知 $\bigcup\limits_{n=1}^{\infty} A_n$ 为零测集.

(2) 对任意的 $\varepsilon > 0$, 由于 A 为零测集, 所以存在开区间序列 $\{I_n\}, n = 1, 2, \cdots$, 使得 $A \subset \bigcup\limits_{n=1}^{\infty} I_n$ 并且 $\sum\limits_{n=1}^{\infty} |I_n| \leqslant \varepsilon$. 由于 $B \subset A$, 所以 $B \subset \bigcup\limits_{n=1}^{\infty} I_n$ 并且 $\sum\limits_{n=1}^{\infty} |I_n| \leqslant \varepsilon$. 由零测集的定义知 B 为零测集. 结论得证.

注 6.6.1 由定理 6.6.1, 实数域中的有理数集合是零测集, 无理数集合不是零测集.

定理 6.6.2 (勒贝格定理) 设函数 $f(x)$ 在 $[a, b]$ 上有界, 则 $f(x)$ 在 $[a, b]$ 上黎曼可积的充要条件是 $D(f)$ 是一零测集, 其中 $D(f) = \{x \in [a, b] : f \text{ 在 } x \text{ 处不连续}\}$.

推论 6.6.1

(1) 如果 f 在 $[a, b]$ 上可积 $(f \neq 0)$, 则 $1/f$ 在 $[a, b]$ 上可积;

(2) 如果 f, g 在 $[a, b]$ 上可积, 则 fg 在 $[a, b]$ 上可积;

(3) 如果 f 在 $[a, b]$ 上可积, 则 f 在任何子区间 $[c, d] \subset [a, b]$ 上可积;

(4) 如果 f, g 在 $[a, b]$ 上可积 $(g \neq 0)$, 则 f/g 在 $[a, b]$ 上可积;

(5) 如果 f 在 $[a, b]$ 上连续, ϕ 在 $[\alpha, \beta]$ 上可积, $a \leqslant \phi(t) \leqslant b, t \in [\alpha, \beta]$, 则 $f \circ \phi$ 在 $[\alpha, \beta]$ 上可积.

证明 这里仅给出 (1) 和 (2) 的证明, 其他类似可证.

(1) 因为 f 在 $[a, b]$ 上可积, 由勒贝格定理, $D(f)$ 是零测集. 由于 $D(1/f) = D(f)$, 故 $D(1/f)$ 也是零测集, 所以 $1/f$ 在 $[a, b]$ 上可积.

(2) 由于 f,g 在 $[a,b]$ 上可积, 由勒贝格定理, $D(f), D(g)$ 均是零测集, 因此 $D(f)\cup D(g)$ 也为零测集. 因为 $D(fg)\subset D(f)\cup D(g)$, 所以 $D(fg)$ 为零测集, 即得 fg 在 $[a,b]$ 上可积. 结论得证.

注 6.6.2 若 f,g 在 $[a,b]$ 上可积, $f(x)$ 与 $g(x)$ 可以复合, $f(g(x))$ 在 $[a,b]$ 上也不一定可积. 设 $R(x)$ 为 $[0,1]$ 上的黎曼函数, 取 $f(u)=\begin{cases}1, & u\neq 0,\\ 0, & u=0,\end{cases}$ 则 $f(R(x))$ 在 $[0,1]$ 上不可积. 由于黎曼函数

$$R(x)=\begin{cases}1/q, & x=p/q\ (p<q),\ 正整数 p,q 互素\\ 0, & x 为 [0,1] 上的无理数\\ 1, & x=0,1\end{cases}$$

故

$$f(R(x))=\begin{cases}1, & x 为 [0,1] 上的有理数\\ 0, & x 为 [0,1] 上的无理数\end{cases}$$

$f(R(x))$ 在 $[0,1]$ 上不可积.

6.6.2 勒贝格定理的应用

例 6.6.3 判断函数 $f(x)=\begin{cases}\dfrac{1}{x}-\left[\dfrac{1}{x}\right], & x\neq 0,\\ 0, & x=0\end{cases}$ 在 $[0,1]$ 上的可积性.

解 由于

$$f(x)=\begin{cases}\dfrac{1}{x}-k, & \dfrac{1}{k+1}<x\leqslant\dfrac{1}{k}\ (k\geqslant 1)\\ \dfrac{1}{x}-k+1, & \dfrac{1}{k}<x\leqslant\dfrac{1}{k-1}\ (k\geqslant 2)\end{cases}$$

取 $x_k=\dfrac{1}{2k+(1/2)}$, 由于 $\lim\limits_{k\to\infty}\dfrac{1}{2k+(1/2)}=0, \lim\limits_{k\to\infty}f(x_k)=\dfrac{1}{2}\neq f(0)$, 故 $f(x)$ 在 $x=0$ 处不连续. 当 $k\geqslant 2$ 时, $\lim\limits_{x\to\frac{1}{k}-}f(x)=0, \lim\limits_{x\to\frac{1}{k}+}f(x)=1$, 故 $f(x)$ 在 $x=\dfrac{1}{k}, k=2,3,4,\cdots$ 处不连续. $\lim\limits_{x\to 1-}f(x)=0=f(1)$, 故 $f(x)$ 在 $x=1$ 处连续. 由于 $\dfrac{1}{x}-1\leqslant\left[\dfrac{1}{x}\right]\leqslant\dfrac{1}{x}$, 因此 $0\leqslant f(x)\leqslant 1$, 即 $f(x)$ 在 $[0,1]$ 上有界.

综合上面的讨论, $f(x)$ 在 $[0,1]$ 上有界并且其不连续点的集合

$$D(f)=\{1/n\,|\,n=2,3,\cdots\}\cup\{0\}$$

是可数集, 所以是零测集. 根据勒贝格定理, $f(x)$ 在 $[0,1]$ 上可积.

例 6.6.4 判断函数 $f(x)=\begin{cases}\operatorname{sgn}\left(\sin\dfrac{\pi}{x}\right), & x\neq 0,\\ 0, & x=0\end{cases}$ 在区间 $[0,1]$ 上的可积性.

解 由于

$$f(x) = \begin{cases} 1, & \sin\frac{\pi}{x} > 0, \\ -1, & \sin\frac{\pi}{x} < 0, \\ 0, & x = 0 \end{cases} = \begin{cases} 1, & x \in \left(\frac{1}{2k+1}, \frac{1}{2k}\right) \\ -1, & x \in \left(\frac{1}{2k+2}, \frac{1}{2k+1}\right) \\ 0, & x = 0, x = \frac{1}{2k}, x = \frac{1}{2k+1}, k = 1, 2, 3, \cdots \end{cases}$$

故 $f(x)$ 在 $[0,1]$ 上有界并且其不连续点的集合 $D(f) = \{1/n|\, n = 1, 2, 3, \cdots\} \cup \{0\}$, $D(f)$ 是可数集,所以是零测集. 根据勒贝格定理, $f(x)$ 在 $[0,1]$ 上可积.

例 6.6.5 判断函数 $f(x) = \begin{cases} -1, & x \in \mathbf{Q}, \\ 1, & x \notin \mathbf{Q} \end{cases}$ 在 $[0,1]$ 上的可积性.

解 对任意 $x \in \mathbf{R}$, 由于有理数集合和无理数集合在实数域中稠密, 存在有理数序列 $\left\{\dfrac{q_k}{p_k}\right\}$, $\lim\limits_{k \to \infty} \dfrac{q_k}{p_k} = x$, $\lim\limits_{k \to \infty} f\left(\dfrac{q_k}{p_k}\right) = -1$. 存在无理数序列 β_k, $\lim\limits_{k \to \infty} \beta_k = x$, $\lim\limits_{k \to \infty} f(\beta_k) = 1$. 故 $f(x)$ 在 $[0,1]$ 上不连续点的集合 $D(f) = [0,1]$, $D(f)$ 不是零测集, 所以 $f(x)$ 在 $[0,1]$ 上不可积.

例 6.6.6 讨论函数 $f(x) = \begin{cases} x\sin(1/x), & x \in (0, 2/\pi] \cap \mathbf{Q}, \\ 0, & x = 0, x \in (0, 2/\pi] - \mathbf{Q} \end{cases}$ 在 $[0, 2/\pi]$ 上的可积性.

解 $f(x)$ 在 $[0, 2/\pi]$ 上的连续点为 $x = 0, 1/k\pi, k = 1, 2, \cdots$. 不连续点的集合为

$$I = \left\{x \in \left[0, \frac{2}{\pi}\right], x \neq 0, x \neq \frac{1}{k\pi}, k = 1, 2, \cdots\right\}$$

I 为不可数集合, 故 $f(x)$ 在 $[0, 2/\pi]$ 上不可积.

习题 6.6 勒贝格定理

1. 判断下面函数在 $[0,1]$ 上是否可积.

(1) $f(x) = \begin{cases} 1, & x \text{为}[-1,1]\text{中有理数}, \\ -1, & x \text{为}[-1,1]\text{中无理数}; \end{cases}$

(2) $f(x) = \begin{cases} x, & x \text{为}[-1,1]\text{中有理数}, \\ 0, & x \text{为}[-1,1]\text{中无理数}; \end{cases}$

(3) $f(x) = \begin{cases} 0, & x = 0, \\ \dfrac{1}{n}, & \dfrac{1}{n+1} < x \leqslant \dfrac{1}{n}, n = 1, 2, 3, \cdots. \end{cases}$

2. 设 $f(x), g(x)$ 在 $[a,b]$ 上可积, 则 $\min(f(x), g(x))$, $\max(f(x), g(x))$ 均在 $[a,b]$ 上可积.

3. 设 $f(x), g(x)$ 在 $[a,b]$ 上可积, 对于 $[a,b]$ 上的任意分割 $\pi: a = x_0 < x_1 < \cdots < x_n = b$, 证明

$$\lim_{\|\pi\| \to 0} \sum_{i=1}^{n} f(\xi_i) g(\eta_i) = \int_a^b f(x) g(x) \mathrm{d}x, \forall \xi_i, \eta_i \in [x_{i-1}, x_i]$$

4. 设 $f(x)$ 在 $[a,b]$ 上可积且 $f(x) \geqslant 0, x \in [a,b]$, 证明 $\sqrt{f(x)}$ 在 $[a,b]$ 上可积.

5. 设 $f(x)$ 在 $[a,b]$ 上可积且 $f(x) > 0$, 证明 $\int_a^b f(x) \mathrm{d}x > 0$.

6.7 综合例题选讲

本节讨论综合例题, 巩固这章所学的知识.

例 6.7.1 用定积分定义计算下列问题.

(1) $\lim\limits_{n\to\infty} \dfrac{(1^p + 3^p + \cdots + (2n-1)^p)^{q+1}}{(2^q + 4^q + \cdots + (2n)^q)^{p+1}}$.

分析 定积分的定义为 $\lim\limits_{\|\pi\|\to 0} \sum\limits_{i=1}^{n} f(\xi_i)(x_i - x_{i-1}) = \int_a^b f(x)\,\mathrm{d}x$. 求解的关键是将题目中数列转化为某个函数在给定区间的黎曼和的极限. 接下来给出详细分析.

解 (1) $\lim\limits_{n\to\infty} \dfrac{(1^p + 3^p + \cdots + (2n-1)^p)^{q+1}}{(2^q + 4^q + \cdots + (2n)^q)^{p+1}}$

$$= \lim_{n\to\infty} \dfrac{\left[n^p\left(\left(\dfrac{1}{n}\right)^p + \left(\dfrac{3}{n}\right)^p + \cdots + \left(2 - \dfrac{1}{n}\right)^p\right)\right]^{q+1}}{\left[n^q\left(\left(\dfrac{2}{n}\right)^q + \left(\dfrac{4}{n}\right)^q + \cdots + \left(\dfrac{2n}{n}\right)^q\right)\right]^{p+1}}$$

$$= \lim_{n\to\infty} \dfrac{\left\{\dfrac{n^{p+1}}{2}\left[\left(\dfrac{2}{n}\right)\left(\left(\dfrac{1}{n}\right)^p + \left(\dfrac{3}{n}\right)^p + \cdots + \left(2 - \dfrac{1}{n}\right)^p\right)\right]\right\}^{q+1}}{\left\{\dfrac{n^{q+1}}{2}\left[\left(\dfrac{2}{n}\right)\left(\left(\dfrac{2}{n}\right)^q + \left(\dfrac{4}{n}\right)^q + \cdots + \left(\dfrac{2n}{n}\right)^q\right)\right]\right\}^{p+1}}$$

$$= 2^{p-q} \dfrac{\left(\int_0^2 x^p\,\mathrm{d}x\right)^{q+1}}{\left(\int_0^2 x^q\,\mathrm{d}x\right)^{p+1}} = 2^{p-q} \dfrac{(q+1)^{p+1}}{(p+1)^{q+1}}.$$

例 6.7.2 计算积分 $\int_0^{0.75} \dfrac{\mathrm{d}x}{(x+1)\sqrt{x^2+1}}$.

解 设 $t = \dfrac{1}{1+x}$, 根据定积分的换元公式

$$\int_0^{0.75} \dfrac{\mathrm{d}x}{(x+1)\sqrt{x^2+1}} = -\int_1^{\frac{4}{7}} \dfrac{\mathrm{d}t}{\sqrt{1-2t+2t^2}} = \int_{4/7}^1 \dfrac{\mathrm{d}t}{\sqrt{1-2t+2t^2}}$$

$$= \dfrac{1}{\sqrt{2}} \int_{4/7}^1 \dfrac{\mathrm{d}\sqrt{2}t}{\sqrt{\left(\sqrt{2}t\right)^2 - 2t + \left(\sqrt{2}/2\right)^2 + 1/2}}$$

$$= \dfrac{1}{\sqrt{2}} \int_{4/7}^1 \dfrac{\mathrm{d}\sqrt{2}t}{\sqrt{\left[\left(\sqrt{2}t\right) - \left(\sqrt{2}/2\right)\right]^2 + 1/2}}$$

$$= \dfrac{1}{\sqrt{2}} \ln\left(2t - 1 + \sqrt{2 - 4t + 4t^2}\right)\Big|_{4/7}^1$$

$$= \dfrac{1}{\sqrt{2}} \ln \dfrac{9 + 4\sqrt{2}}{7}$$

注 6.7.1 例 6.7.2 的计算中利用到了不定积分 $\int \dfrac{1}{\sqrt{x^2+a^2}}\mathrm{d}x = \ln\left|x+\sqrt{x^2+a^2}\right|+C$.

例 6.7.3 计算积分 $I_n = \displaystyle\int_0^{\pi/4}\left(\dfrac{\sin x - \cos x}{\sin x + \cos x}\right)^{2n+1}\mathrm{d}x, n=0,1,\cdots$.

解 利用分部积分公式,

$$I_n = \int_0^{\pi/4}\left(\tan\left(x-\dfrac{\pi}{4}\right)\right)^{2n+1}\mathrm{d}x = \int_0^{\pi/4}\left(\tan\left(x-\dfrac{\pi}{4}\right)\right)^{2n-1}\left(\sec^2\left(\left(x-\dfrac{\pi}{4}\right)\right)-1\right)\mathrm{d}x$$

$$= \int_0^{\pi/4}\left(\tan\left(x-\dfrac{\pi}{4}\right)\right)^{2n-1}\mathrm{d}\left(\tan\left(x-\dfrac{\pi}{4}\right)\right) - I_{n-1} = -\dfrac{1}{2n} - I_{n-1}\quad(n\geqslant 1)$$

得到递推公式

$$\begin{cases}I_n = -\dfrac{1}{2n} - I_{n-1}\quad(n\geqslant 1)\\ I_0 = -\ln\sqrt{2}\end{cases}$$

因此得到 $I_n = (-1)^n\left\{-\ln\sqrt{2} + \dfrac{1}{2}\left[1-\dfrac{1}{2}+\cdots+(-1)^{n-1}\dfrac{1}{n}\right]\right\}$.

例 6.7.4 计算定积分 $\displaystyle\int_{1/2}^{2}(1+x-1/x)\mathrm{e}^{x+1/x}\mathrm{d}x$.

解 令 $t = x+\dfrac{1}{x}$,则 $t^2-4 = \left(x-\dfrac{1}{x}\right)^2$,$x = \dfrac{1}{2}\left(t\pm\sqrt{t^2-4}\right)$,为此分两个区间讨论:

$$x = \dfrac{1}{2}\left(t-\sqrt{t^2-4}\right) : \left[\dfrac{5}{2},2\right](t) \Rightarrow \left[\dfrac{1}{2},1\right](x)$$

$$x = \dfrac{1}{2}\left(t+\sqrt{t^2-4}\right) : \left[2,\dfrac{5}{2}\right](t) \Rightarrow [1,2](x)$$

$$\int_{\frac{1}{2}}^{2}\left(1+x-\dfrac{1}{x}\right)\mathrm{e}^{x+\frac{1}{x}}\mathrm{d}x$$

$$= \int_{\frac{1}{2}}^{1}\left(1+x-\dfrac{1}{x}\right)\mathrm{e}^{x+\frac{1}{x}}\mathrm{d}x + \int_{1}^{2}\left(1+x-\dfrac{1}{x}\right)\mathrm{e}^{x+\frac{1}{x}}\mathrm{d}x$$

$$= \int_{\frac{5}{2}}^{2}\left(1-\sqrt{t^2-4}\right)\mathrm{e}^t\mathrm{d}\dfrac{1}{2}\left(t-\sqrt{t^2-4}\right) + \int_{2}^{\frac{5}{2}}\left(1+\sqrt{t^2-4}\right)\mathrm{e}^t\mathrm{d}\dfrac{1}{2}\left(t+\sqrt{t^2-4}\right)$$

$$= \int_{2}^{\frac{5}{2}}\mathrm{e}^t\left(\sqrt{t^2-4}+\dfrac{t}{\sqrt{t^2-4}}\right)\mathrm{d}t = \int_{2}^{\frac{5}{2}}\mathrm{d}\left(\mathrm{e}^t\sqrt{t^2-4}\right) = \dfrac{3}{2}\mathrm{e}^{\frac{5}{2}}$$

例 6.7.5 计算定积分 $\displaystyle\int_0^{2\pi}\dfrac{\mathrm{d}x}{(2+\cos x)(3+\cos x)}$.

解 详细计算过程如下:

$$\int_0^{2\pi}\dfrac{\mathrm{d}x}{(2+\cos x)(3+\cos x)}$$

$$= \int_0^{2\pi}\dfrac{\mathrm{d}x}{2+\cos x} - \int_0^{2\pi}\dfrac{\mathrm{d}x}{3+\cos x} \quad\Leftarrow\boxed{\text{被积函数分解, 简化计算}}$$

$$= \left\{\int_0^\pi \frac{\mathrm{d}x}{2+\cos x}+\int_\pi^{2\pi}\frac{\mathrm{d}x}{2+\cos x}\right\}-\left\{\int_0^\pi \frac{\mathrm{d}x}{3+\cos x}+\int_\pi^{2\pi}\frac{\mathrm{d}x}{3+\cos x}\right\} \Leftarrow \boxed{\text{积分区间进行分割}}$$

由于 $\int_\pi^{2\pi}\frac{\mathrm{d}x}{2+\cos x}=\int_0^\pi\frac{\mathrm{d}u}{2-\cos u}$, $\int_\pi^{2\pi}\frac{\mathrm{d}x}{3+\cos x}=\int_0^\pi\frac{\mathrm{d}u}{3-\cos u}$ $\Leftarrow$ $\boxed{\text{作变换 } u=x-\pi}$

$$\text{原式} = \left\{\int_0^\pi\frac{\mathrm{d}x}{2+\cos x}+\int_0^\pi\frac{\mathrm{d}u}{2-\cos u}\right\}-\left\{\int_0^\pi\frac{\mathrm{d}x}{3+\cos x}+\int_0^\pi\frac{\mathrm{d}u}{3-\cos u}\right\}$$

$$= 4\int_0^\pi\frac{\mathrm{d}x}{4-\cos^2 x}-6\int_0^\pi\frac{\mathrm{d}x}{9-\cos^2 x}=4\int_0^\pi\frac{\mathrm{d}x}{4\left(\sin^2 x+\cos^2 x\right)-\cos^2 x}$$

$$-6\int_0^\pi\frac{\mathrm{d}x}{9\left(\sin^2 x+\cos^2 x\right)-\cos^2 x} \Leftarrow \boxed{\text{利用}\sin^2 x+\cos^2 x=1,\text{简化被积函数}.}$$

$$= 8\int_0^{\pi/2}\frac{\mathrm{d}x}{4\sin^2 x+3\cos^2 x}-12\int_0^{\pi/2}\frac{\mathrm{d}x}{9\sin^2 x+8\cos^2 x} \Leftarrow \boxed{\text{被积函数分子分母同除} \cos^2 x}$$

$$= 8\int_0^{\pi/2}\frac{\mathrm{d}x}{\cos^2 x\left(3+4\tan^2 x\right)}-12\int_0^{\pi/2}\frac{\mathrm{d}x}{\cos^2 x\left(9\tan^2 x+8\right)}$$

$$= 8\int_0^{\pi/2}\frac{\mathrm{d}\tan x}{\left(3+4\tan^2 x\right)}-12\int_0^{\pi/2}\frac{\mathrm{d}\tan x}{\left(9\tan^2 x+8\right)}$$

$$= \frac{8}{2\sqrt{3}}\arctan\frac{2\tan x}{\sqrt{3}}\bigg|_0^{\pi/2}-12\frac{1}{3\sqrt{8}}\arctan\frac{3\tan x}{\sqrt{8}}\bigg|_0^{\pi/2} \Leftarrow \boxed{\text{利用牛顿-莱布尼茨定理计算积分}}$$

$$= \pi\left(\frac{2}{\sqrt{3}}-\frac{1}{\sqrt{2}}\right)$$

注 6.7.2 例 6.7.5 的讨论中应用到了不定积分公式 $\int\frac{\mathrm{d}x}{x^2+a^2}=\frac{1}{a}\arctan\frac{x}{a}+C$.

例 6.7.6 设 $f(x)\in C[0,+\infty)$, $\lim\limits_{x\to+\infty}f(x)=A$, 证明 $\lim\limits_{x\to+\infty}\dfrac{\int_0^x f(t)\mathrm{d}t}{x}=A$.

证明 由 $f(x)\in C[0,+\infty)$, $\lim\limits_{x\to+\infty}f(x)=A$, 得到结论

$$\exists M>0:\forall x\in[0,+\infty),|f(x)|\leqslant M$$

进一步有

$$\frac{\int_0^x f(t)\mathrm{d}t}{x}=\frac{\int_0^{\sqrt{x}} f(t)\mathrm{d}t+\int_{\sqrt{x}}^x f(t)\mathrm{d}t}{x}=\frac{\int_0^{\sqrt{x}} f(t)\mathrm{d}t}{x}+\frac{\int_{\sqrt{x}}^x f(t)\mathrm{d}t}{x}\triangleq(1)+(2)$$

首先分析 (1):

$$\left|\frac{\int_0^{\sqrt{x}} f(t)\mathrm{d}t}{x}\right|\leqslant M\frac{1}{\sqrt{x}}\Rightarrow \lim_{x\to+\infty}\frac{\int_0^{\sqrt{x}} f(t)\mathrm{d}t}{x}=0$$

接下来分析 (2): 根据积分第一中值定理:

$$\frac{\int_{\sqrt{x}}^x f(t)\mathrm{d}t}{x}=\frac{(x-\sqrt{x})}{x}f(\eta),\quad \eta\in[\sqrt{x},x]$$

由于
$$\lim_{x\to+\infty}\frac{(x-\sqrt{x})}{x}=1, \quad \lim_{x\to+\infty}f(\eta)=A$$

因此得到结论 $\lim\limits_{x\to+\infty}\dfrac{\int_0^x f(t)\,\mathrm{d}t}{x}=A$. 结论得证.

例 6.7.7 设 $f(x)$ 是定义在 $(-\infty,+\infty)$ 上的周期函数, 周期为 p, 证明
$$\lim_{x\to+\infty}\frac{\int_0^x f(u)\,\mathrm{d}u}{x}=\frac{\int_0^p f(u)\,\mathrm{d}u}{p}$$

证明 对任意 $x>p$, 存在 $x_0\in(0,p]$ 和 $n\in\mathbf{N}^*$ 满足 $x=x_0+np$, 于是
$$\frac{\int_0^x f(u)\,\mathrm{d}u}{x}=\frac{\int_0^{x_0+np} f(u)\,\mathrm{d}u}{x_0+np}=\frac{\int_0^{x_0} f(u)\,\mathrm{d}u+\int_{x_0}^{x_0+np} f(u)\,\mathrm{d}u}{x_0+np}$$
$$=\frac{\int_0^{x_0} f(u)\,\mathrm{d}u}{x_0+np}+\frac{\int_{x_0}^{x_0+np} f(u)\,\mathrm{d}u}{x_0+np}\stackrel{\Delta}{=}(1)+(2)$$

对于 (1): $\lim\limits_{x\to+\infty}\dfrac{\int_0^{x_0} f(u)\,\mathrm{d}u}{x_0+np}=\lim\limits_{n\to+\infty}\dfrac{\int_0^{x_0} f(u)\,\mathrm{d}u}{x_0+np}=0.$

对于 (2): $\int_{x_0}^{x_0+np} f(u)\,\mathrm{d}u=\int_{x_0}^0 f(u)\,\mathrm{d}u+\int_0^{np} f(u)\,\mathrm{d}u+\int_{np}^{x_0+np} f(u)\,\mathrm{d}u.$

由于
$$\int_{np}^{x_0+np} f(u)\,\mathrm{d}u=\int_0^{x_0} f(x)\,\mathrm{d}x, \quad \int_{x_0}^{x_0+np} f(u)\,\mathrm{d}u=n\int_0^p f(u)\,\mathrm{d}u$$

于是
$$\lim_{x\to+\infty}\frac{\int_{x_0}^{x_0+np} f(u)\,\mathrm{d}u}{x_0+np}=\lim_{n\to+\infty}\frac{n\int_0^p f(u)\,\mathrm{d}u}{x_0+np}=\frac{1}{p}\int_0^p f(u)\,\mathrm{d}u$$

因此得到结论: $\lim\limits_{x\to+\infty}\dfrac{\int_0^x f(u)\,\mathrm{d}u}{x}=\dfrac{\int_0^p f(u)\,\mathrm{d}u}{p}$. 结论得证.

例 6.7.8 设 $f(x)\in C[0,+\infty)$, $\lim\limits_{x\to+\infty}f(x)=A$, 证明: $\lim\limits_{n\to+\infty}\int_0^l f(nx)\,\mathrm{d}x=Al\ (l>0).$

证明 作变换 $u=nx$, 得
$$\int_0^l f(nx)\,\mathrm{d}x=\left(\frac{1}{n}\right)\left(\int_0^{nl} f(u)\,\mathrm{d}u\right)=l\left(\frac{1}{nl}\right)\left(\int_0^{nl} f(u)\,\mathrm{d}u\right)$$

根据已知条件 $\lim\limits_{x\to+\infty}f(x)=A$ 得到
$$\forall\varepsilon>0,\exists M>a,\forall x\geqslant M:|f(x)-A|<\varepsilon$$

于是

$$\left(\frac{1}{nl}\right)\left(\int_0^{nl} f(u)\,du\right) = \frac{\int_0^M f(u)\,du + \int_M^{nl} f(u)\,du}{nl}$$

$$= \frac{\int_0^M f(u)\,du}{nl} + \frac{\int_M^{nl}(f(u)-A)\,du}{nl} + \frac{\int_M^{nl} A\,du}{nl}$$

$$\triangleq (1) + (2) + (3)$$

对于 (1) 和 (3) 式:

$$\lim_{n\to+\infty}\frac{\int_0^M f(u)\,du}{nl} = 0, \quad \lim_{n\to+\infty}\frac{\int_M^{nl} A\,du}{nl} = A$$

对于 (2):

$$\left|\frac{\int_M^{nl}(f(u)-A)\,du}{nl}\right| \leqslant \frac{\varepsilon(nl-M)}{nl} < \varepsilon$$

即 $\displaystyle\lim_{n\to+\infty}\frac{\int_M^{nl}(f(u)-A)\,du}{nl} = 0$. 因此结论得证.

例 6.7.9 证明 $\displaystyle\lim_{n\to\infty}\int_0^{\pi/2} e^x \cos^n x\,dx = 0$.

证明 设 $f_n(x) = e^x \cos^n x$, 由 $f_n'(x) = e^x(\cos^{n-1} x)(\cos x - n\sin x) = 0$ 解得

$$x_1 = \frac{\pi}{2}, \quad x_n = \arctan\frac{1}{n} \quad (n \geqslant 2)$$

进一步得到结论

(a) $x \in [0, x_n]$ 时 $f_n(x)$ 单调递增, $x \in \left[x_n, \dfrac{\pi}{2}\right]$ 时 $f_n(x)$ 单调递减.

(b) $\displaystyle\max_{0\leqslant x\leqslant \frac{\pi}{2}} f_n(x) = f_n(x_n) = e^{\arctan\frac{1}{n}}\left(\frac{n}{\sqrt{n^2+1}}\right)^n$.

(c) $\displaystyle\lim_{n\to\infty} f_n(x_n) = \lim_{n\to\infty}\left\{e^{\arctan\frac{1}{n}}\left(\frac{n}{\sqrt{n^2+1}}\right)^n\right\} = 1$.

(d) $\displaystyle\lim_{n\to\infty} x_n = 0$.

接下来分析 $\displaystyle\lim_{n\to\infty}\int_0^{\frac{\pi}{2}} e^x \cos^n x\,dx = 0$.

$$\lim_{n\to\infty}\arctan\frac{1}{n} = 0 \Rightarrow \forall \varepsilon > 0, \delta = \frac{\varepsilon}{4}, \exists N_1 \in \mathbf{N}^* : \forall n > N_1 : \arctan\frac{1}{n} < \delta$$

$$\lim_{n\to\infty} f_n(x_n) = 1 \Rightarrow \exists N_2 \in \mathbf{N}^* : \forall n > N_2 : f_n(x_n) < 2$$

进一步有

$$\int_0^{\frac{\pi}{2}} f_n(x)\,dx = \int_0^\delta f_n(x)\,dx + \int_\delta^{\frac{\pi}{2}} f_n(x)\,dx \triangleq (1) + (2)$$

对于 (1), 有

$$n > \max\{N_1, N_2\} : \int_0^\delta f_n(x)\,\mathrm{d}x \leqslant 2\delta = \frac{\varepsilon}{2}$$

对于 (2), $x \in [\delta, \pi/2] : f_n(x)$ 单调递减, $\int_\delta^{\pi/2} f_n(x)\,\mathrm{d}x \leqslant \mathrm{e}^\delta \cos^n\delta\,(\pi/2 - \delta)$, 因此

$$n > N_3 = \max\left\{\left[\ln\frac{\varepsilon}{2\mathrm{e}^\delta(\pi/2-\delta)}\bigg/\ln\cos\delta\right], 1\right\} : \int_\delta^{\pi/2} f_n(x)\,\mathrm{d}x < \frac{\varepsilon}{2}$$

所以当 $n > N = \max\{N_1, N_2, N_3\} : \int_0^{\pi/2} f_n(x)\,\mathrm{d}x < \varepsilon$, 即 $\lim\limits_{n\to\infty}\int_0^{\pi/2}\mathrm{e}^x \cos^n x\,\mathrm{d}x = 0$. 结论得证.

例 6.7.10 设 $f(x)$ 为递减有界函数, 证明

$$I_n = \int_{-\pi}^\pi f(x)\sin(2n+1)x\,\mathrm{d}x \leqslant 0, \quad n = 0, 1, 2, \cdots$$

证明 由于 $f(x)$ 为递减函数, 根据积分第三中值定理:

$$I_n = f(-\pi)\int_{-\pi}^\xi \sin(2n+1)x\,\mathrm{d}x + f(\pi)\int_\xi^\pi \sin(2n+1)x\,\mathrm{d}x$$
$$= f(-\pi)\left(\frac{\cos(2n+1)\pi - \cos(2n+1)\xi}{2n+1}\right) + f(\pi)\left(\frac{\cos(2n+1)\xi - \cos(2n+1)\pi}{2n+1}\right)$$
$$= -(f(-\pi) - f(\pi))\frac{(1+\cos(2n+1)\xi)}{2n+1} \leqslant 0$$

结论得证.

例 6.7.11 证明下列结论.

(1) $\int_a^b \left|x - \frac{a+b}{2}\right|^n \mathrm{d}x = \frac{(b-a)^{n+1}}{2^n(n+1)}, n \in \mathbf{N}^*$;

(2) 设 $f(x)$ 在 $[0,1]$ 上连续且满足

$$\int_0^1 x^k f(x)\,\mathrm{d}x = \begin{cases} 0, & k = 0, 1, 2, \cdots, n-1 \\ 1, & k = n \end{cases}$$

则 $\max\limits_{0\leqslant x\leqslant 1}|f(x)| \geqslant 2^n(n+1)$.

证明

(1) $\int_a^b \left|x - \frac{a+b}{2}\right|^n \mathrm{d}x = \int_a^{\frac{a+b}{2}}\left(\frac{a+b}{2} - x\right)^n \mathrm{d}x + \int_{\frac{a+b}{2}}^b \left(x - \frac{a+b}{2}\right)^n \mathrm{d}x = \frac{(b-a)^{n+1}}{2^n(n+1)}$.

(2) 根据已知条件得到结论

$$\int_0^1 \left(a_0 + a_1 x + \cdots + a_{n-1}x^{n-1} + a_n x^n\right)f(x)\,\mathrm{d}x = a_n$$

其中 $a_0, a_1, \cdots, a_n$ 为任意一组实数, 根据积分第一中值定理以及 (1) 得到

$$1 = \left| \int_0^1 \left(x - \frac{1}{2} \right)^n f(x) \, dx \right| \leqslant \int_0^1 \left| \left(x - \frac{1}{2} \right) \right|^n |f(x)| \, dx$$

$$= |f(\alpha)| \int_0^1 \left| \left(x - \frac{1}{2} \right) \right|^n dx = |f(\alpha)| \frac{1}{2^n (n+1)}, \quad \alpha \in [0, 1]$$

因此 $\max\limits_{0 \leqslant x \leqslant 1} |f(x)| \geqslant 2^n (n+1)$. 结论得证.

例 6.7.12 设 $f(x)$ 在 $(-\infty, \infty)$ 上可导, $f \geqslant 0$, 且满足方程

$$(x^2 + 1) f(x) = 4 \int_0^x t f(t) \, dt + 3$$

求 f.

解 由假设 $f(x)$ 在 $(-\infty, \infty)$ 可导, 根据微积分基本定理:

$$[(x^2+1) f(x)]' = 4 \left[\int_0^x t f(t) \, dt \right]' \Rightarrow 2x f(x) + (x^2+1) f'(x) = 4x f(x)$$

$$\Rightarrow (x^2+1) f'(x) = 2x f(x) \Rightarrow \frac{f'(x)}{f(x)} = \frac{2x}{x^2+1} \Rightarrow \int \frac{f'(x)}{f(x)} dx = \int \frac{2x}{x^2+1} dx$$

$$\Rightarrow \ln |f(x)| = \ln (x^2+1) + C_1$$

于是 $f(x) = C(x^2+1) \ (C = \pm e^{C_1})$, 根据

$$(x^2+1) f(x) = 4 \int_0^x t f(t) \, dt + 3 \Rightarrow f(0) = 3 \Rightarrow C = 3$$

所以 $f(x) = 3(x^2+1)$.

例 6.7.13 设函数 f 在 $[0,1]$ 上连续可微且满足 $f(0) = 0, 0 < f'(x) \leqslant 1$, 证明

$$\left(\int_0^1 f(x) \, dx \right)^2 \geqslant \int_0^1 (f(x))^3 \, dx$$

证明 构造函数 $F(x) = \left(\int_0^x f(t) \, dt \right)^2 - \int_0^x (f(t))^3 \, dt$, 则

$$\begin{cases} F'(x) = 2 f(x) \left(\int_0^x f(t) \, dt \right) - f^3(x) \\ F(0) = 0 \end{cases}$$

如果证明 $F'(x) \geqslant 0$ 结论将得证. 由于

$$F''(x) = 2 f'(x) \left(\int_0^x f(t) \, dt \right) + 2 (f(x))^2 - 3 (f(x))^2 f'(x)$$

$$= f'(x) \left[2 \int_0^x f(t) \, dt - (f(x))^2 \right] + 2 (f(x))^2 [1 - f'(x)]$$

令 $g(x) = 2\int_0^x f(t)\mathrm{d}t - (f(x))^2$，则

$$\begin{cases} g(0) = 0 \\ g'(x) = 2f(x) - 2f(x)f'(x) = 2f(x)[1 - f'(x)] \geqslant 0 \end{cases}$$

$$F''(x) \geqslant 0 \Rightarrow F'(x) \geqslant 0$$

结论得证.

扫码学习

*6.8 提 高 课

6.8.1 积分算子的应用：函数的磨光

根据微积分的基本定理：可积函数经过积分运算变为连续函数，连续函数经过积分运算后变为可导函数，因此积分运算具有"磨光"性质.

定义积分算子 D^{-1} 如下：

$$F(x) = \int_a^x f(t)\mathrm{d}t = D^{-1}f(x)$$

进一步定义中心差分算子 δ_h 如下：

$$\delta_h F(x) = F\left(x + \frac{h}{2}\right) - F\left(x - \frac{h}{2}\right) = \delta_h D^{-1} f(x)$$

根据积分中值定理：

$$\delta_h F(x) = \int_{x-h/2}^{x+h/2} f(t)\mathrm{d}t = f(\alpha)h, \alpha \in \left(x - \frac{h}{2}, x + \frac{h}{2}\right)$$

$$\lim_{h \to 0} \frac{\delta_h F(x)}{h} = \lim_{h \to 0} \left(h^{-1}\delta_h D^{-1}\right)f(x) = f(x) \tag{6.8.1}$$

根据积分的性质，$\left(h^{-1}\delta_h D^{-1}\right)f(x)$ 改善了 $f(x)$ 的性质，由 (6.8.1) 式，当 h 充分小时逼近 $f(x)$. 称 $h^{-1}\delta_h D^{-1}$ 为磨光算子，h 为磨光宽度. 如图 6.8.1 所示，折线经过磨光以后用光滑曲线逼近.

下面讨论一类特殊函数的磨光，定义 m 次截半多项式：

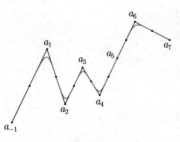

图 6.8.1

$$f(x) = x_+^m = \begin{cases} x^m, & x \geqslant 0, \\ 0, & x < 0, \end{cases} \quad g(x) = x_+^0 = \begin{cases} 1, & x \geqslant 0 \\ 0, & x < 0 \end{cases}$$

设
$$M_1(x) = \begin{cases} 0, & |x| > \dfrac{1}{2} \\ 1, & |x| < \dfrac{1}{2} \\ \dfrac{1}{2}, & x = \pm\dfrac{1}{2} \end{cases}$$

$M_1(x)$ 如图 6.8.2 所示.

磨光算子 $h^{-1}\delta_h D^{-1}$ 中, $h = 1$, 将函数 $M_1(x)$ 磨光, 得到磨光函数 $M_2(x)$ 如下:

$$M_2(x) = \int_{x-\frac{1}{2}}^{x+\frac{1}{2}} M_1(x)\,\mathrm{d}x$$

$$= \begin{cases} 0, & |x| \geqslant 1, \\ \int_{-\frac{1}{2}}^{x+\frac{1}{2}} M_1(x)\,\mathrm{d}x = 1+x, & -1 < x < 0, \\ \int_{x-\frac{1}{2}}^{\frac{1}{2}} M_1(x)\,\mathrm{d}x = 1-x, & 0 < x < 1 \end{cases} = \begin{cases} 0, & |x| \geqslant 1 \\ 1-|x|, & |x| < 1 \end{cases}$$

$M_2(x)$ 如图 6.8.3 所示.

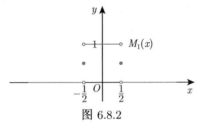
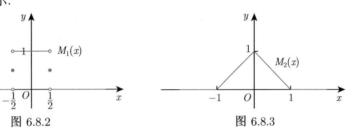

图 6.8.2　　　　　　　　图 6.8.3

将函数 $M_2(x)$ 继续磨光, 得到 $M_3(x)$:

$$M_3(x) = \int_{x-\frac{1}{2}}^{x+\frac{1}{2}} M_2(x)\,\mathrm{d}x = \begin{cases} 0, & |x| \geqslant \dfrac{3}{2} \\ \dfrac{3}{4} - x^2, & |x| < \dfrac{1}{2} \\ \dfrac{x^2}{2} - \dfrac{3}{2}|x| + \dfrac{9}{8}, & \text{其他} \end{cases}$$

$M_3(x)$ 如图 6.8.4 所示.

将函数 $M_3(x)$ 继续磨光, 得到 $M_4(x)$ 如下:

$$M_4(x) = \int_{x-\frac{1}{2}}^{x+\frac{1}{2}} M_3(x)\,\mathrm{d}x = \begin{cases} 0, & |x| \geqslant 2 \\ \dfrac{|x|^3}{2} - x^2 + \dfrac{2}{3}, & |x| \leqslant 1 \\ \dfrac{-|x|^3}{6} + x^2 - 2|x| + \dfrac{3}{4}, & \text{其他} \end{cases}$$

$M_4(x)$ 如图 6.8.5 所示.

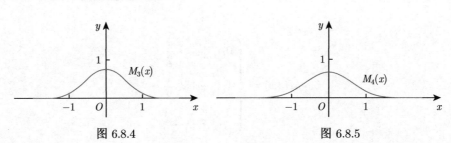

图 6.8.4　　　　　　　　　图 6.8.5

从图 6.8.2 到图 6.8.5 可以看到，随着磨光次数的不断增加，函数的光滑性越来越好. 在上面讨论的基础上，可以得到一般结论：

$$\begin{cases} M_1(x) = \left(x+\dfrac{1}{2}\right)_+^0 - \left(x-\dfrac{1}{2}\right)_+^0 \\ M_m = (\delta D^{-1})^{m-1} M_1(x) = \sum_{j=0}^{m}(-1)^j C_m^j \left(x+\dfrac{m}{2}-j\right)_+^{m-1} \Big/ (m-1)! \end{cases} \quad (6.8.2)$$

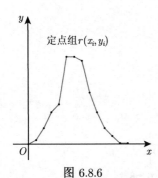

图 6.8.6

(6.8.2) 式定义为 m 阶 B 样条函数，1946 年由肖恩贝格 (Schoenberg) 提出.

下面给出 B 样条函数逼近效果. 给出定点组 $\{(x_i,y_i)\}_{i=1}^{13}$，如图 6.8.6 所示. 图 6.8.7 给出三、四阶 B 样条的逼近效果图.

$$f_3(t) = \sum_{i=0}^{13} y_i M_3(t-i), \quad f_4(t) = \sum_{i=0}^{13} y_i M_4(t-i)$$

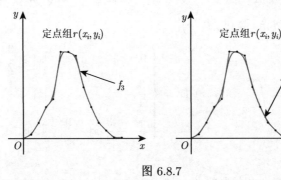

图 6.8.7

接下来讨论翼型的三阶 B 样条逼近. 一般飞机都有对称面，如果平行于对称面在机翼展向任意位置切一刀，切下来的机翼剖面称作为翼剖面或翼型. 下面给出翼型数据及三阶 B 样条拟合结果，表 6.8.1～表 6.8.3 给出翼形点的坐标.

$$(x_j, y_j) \quad (j=1,2,\cdots,N)$$

$$f_3(x) = \sum_{j=1}^{N} y_j M_3\left(\dfrac{x-x_j}{h}\right), \quad x \in [0,1], h = x_{j+1}-x_j = 0.01$$

表 6.8.1

x	y	x	y	x	y
1	0.0025	0.76	0.0277	0.52	0.0478
0.99	0.00355	0.75	0.02875	0.51	0.0481
0.98	0.0046	0.74	0.0298	0.5	0.0484
0.97	0.00565	0.73	0.03085	0.49	0.0487
0.96	0.0067	0.72	0.0319	0.48	0.049
0.95	0.00775	0.71	0.03295	0.47	0.0492
0.94	0.0088	0.7	0.034	0.46	0.0494
0.93	0.00985	0.69	0.03505	0.45	0.0496
0.92	0.0109	0.68	0.0361	0.44	0.0497
0.91	0.01195	0.67	0.03715	0.43	0.0498
0.9	0.013	0.66	0.0382	0.42	0.0499
0.89	0.01405	0.65	0.0392	0.41	0.05
0.88	0.0151	0.64	0.0402	0.4	0.05
0.87	0.01615	0.63	0.0411	0.39	0.05
0.86	0.0172	0.62	0.042	0.38	0.05
0.85	0.01825	0.61	0.0428	0.37	0.05
0.84	0.0193	0.6	0.0436	0.36	0.0499
0.83	0.02035	0.59	0.0443	0.35	0.0498
0.82	0.0214	0.58	0.0449	0.34	0.0497
0.81	0.02245	0.57	0.0455	0.33	0.0496
0.8	0.0235	0.56	0.046	0.32	0.0494
0.79	0.02455	0.55	0.0465	0.31	0.0492
0.78	0.0256	0.54	0.047	0.3	0.049
0.77	0.02665	0.53	0.0474	0.29	0.0487

表 6.8.2

x	y	x	y	x	y
0.28	0.0484	0.04	0.027	0.2	-0.0451
0.27	0.0481	0.03	0.0243	0.21	-0.0456
0.26	0.0478	0.02	0.0207	0.22	-0.0461
0.25	0.0474	0.01	0.0155	0.23	-0.0466
0.24	0.047	0	0	0.24	-0.047
0.23	0.0466	0.01	-0.0155	0.25	-0.0474
0.22	0.0461	0.02	-0.0207	0.26	-0.0478
0.21	0.0456	0.03	-0.0243	0.27	-0.0481
0.2	0.0451	0.04	-0.027	0.28	-0.0484
0.19	0.0445	0.05	-0.0292	0.29	-0.0487
0.18	0.0439	0.06	-0.0311	0.3	-0.049
0.17	0.0432	0.07	-0.0328	0.31	-0.0492
0.16	0.0425	0.08	-0.0343	0.32	-0.0494
0.15	0.0417	0.09	-0.0357	0.33	-0.0496
0.14	0.0409	0.1	-0.0369	0.34	-0.0497
0.13	0.04	0.11	-0.038	0.35	-0.0498
0.12	0.039	0.12	-0.039	0.36	-0.0499
0.11	0.038	0.13	-0.04	0.37	-0.05
0.1	0.0369	0.14	-0.0409	0.38	-0.05
0.09	0.0357	0.15	-0.0417	0.39	-0.05
0.08	0.0343	0.16	-0.0425	0.4	-0.05
0.07	0.0328	0.17	-0.0432	0.41	-0.05
0.06	0.0311	0.18	-0.0439	0.42	-0.0499
0.05	0.0292	0.19	-0.0445	0.43	-0.0498

表 6.8.3

x	y	x	y	x	y
0.44	−0.0497	0.68	−0.0361	0.92	−0.0109
0.45	−0.0496	0.69	−0.03505	0.93	−0.00985
0.46	−0.0494	0.7	−0.034	0.94	−0.0088
0.47	−0.0492	0.71	−0.03295	0.95	−0.00775
0.48	−0.049	0.72	−0.0319	0.96	−0.0067
0.49	−0.0487	0.73	−0.03085	0.97	−0.00565
0.5	−0.0484	0.74	−0.0298	0.98	−0.0046
0.51	−0.0481	0.75	−0.02875	0.99	−0.00355
0.52	−0.0478	0.76	−0.0277	1	−0.0025
0.53	−0.0474	0.77	−0.02665		
0.54	−0.047	0.78	−0.0256		
0.55	−0.0465	0.79	−0.02455		
0.56	−0.046	0.8	−0.0235		
0.57	−0.0455	0.81	−0.02245		
0.58	−0.0449	0.82	−0.0214		
0.59	−0.0443	0.83	−0.02035		
0.6	−0.0436	0.84	−0.0193		
0.61	−0.0428	0.85	−0.01825		
0.62	−0.042	0.86	−0.0172		
0.63	−0.0411	0.87	−0.01615		
0.64	−0.0402	0.88	−0.0151		
0.65	−0.0392	0.89	−0.01405		
0.66	−0.0382	0.9	−0.013		
0.67	−0.03715	0.91	−0.01195		

图 6.8.8 翼型的点的坐标数据图和 3 阶 B-样条拟合效果可以看到逼近效果非常好.

图 6.8.8 翼型的点的坐标数据和 3 阶 B-样条拟合

6.8.2 定积分的数值计算

在实际问题中, 由于被积函数的复杂性, 其原函数表达式很难用初等函数表示出来, 导致这类积分很难求出, 因此很有必要研究定积分的数值解.

6.8.2.1 等距节点的求积公式

求定积分 $\int_a^b f(x)\,\mathrm{d}x$ 的数值解的一般方法是用简单多项式函数 $p(x)$ 逼近 $f(x)$, 即

$$\int_a^b f(x)\,\mathrm{d}x \approx \int_a^b p(x)\,\mathrm{d}x$$

设 $f(x)$ 在 $[a,b]$ 上有定义, 对 $[a,b]$ 进行分割 $a = x_0 < x_1 < x_2 < \cdots < x_n = b$, 求 n 次拉格朗日插值多项式多项式 $P_n(x)$, 使得

$$\begin{cases} P_n(x) = a_n x^n + a_{n-1} x^{n-1} + \cdots + a_1 x + a_0 \\ P_n(x_i) = f(x_i), \quad i = 0, 1, 2, \cdots, n \end{cases}$$

即
$$P_n(x) = \sum_{j=0}^{n} l_j(x) f(x_j) = \sum_{j=0}^{n} \left(\prod_{\substack{i=0 \\ i \neq j}}^{n} \frac{(x-x_i)}{(x_j-x_i)} \right) f(x_j)$$

为了求得一般数值积分公式, 将 $[a,b]$ n 等分, 插值节点选

$$x_i = a + ih, \quad h = \frac{b-a}{n}, \quad i = 0,1,2,3,\cdots,n$$

则成立

$$\int_a^b f(x)\,\mathrm{d}x \approx \int_a^b \left\{ \sum_{j=0}^{n} l_j(x) f(x_j) \right\} \mathrm{d}x = \sum_{j=0}^{n} f(x_j) \int_a^b l_j(x)\,\mathrm{d}x = \sum_{j=0}^{n} A_j f(x_j)$$

这里 $A_j = \int_a^b l_j(x)\,\mathrm{d}x$. 进一步作变换 $x = a+th, x_j = a+jh, x_i = a+ih$, 得到

$$A_j = \int_a^b \left(\prod_{\substack{i=0 \\ i \neq j}}^{n} \frac{(x-x_i)}{(x_j-x_i)} \right) \mathrm{d}x = h \int_0^n \left(\prod_{\substack{i=0 \\ i \neq j}}^{n} \frac{(t-i)}{(j-i)} \right) \mathrm{d}t$$

$$= (b-a) \left[\frac{1}{n} \int_0^n \left(\prod_{\substack{i=0 \\ i \neq j}}^{n} \frac{(t-i)}{(j-i)} \right) \mathrm{d}t \right] = (b-a) c_j^n$$

$$c_j^n = \frac{1}{n} \int_0^n \left(\prod_{\substack{i=0 \\ i \neq j}}^{n} \frac{(t-i)}{(j-i)} \right) \mathrm{d}t, \quad j = 0,1,2,\cdots,n$$

$\{c_j^n\}_{j=0}^{n}$ 与被积函数和积分区间无关.

在上面讨论的基础上得到过 $n+1$ 个节点的牛顿–柯特斯求积公式:

$$\int_a^b f(x)\,\mathrm{d}x \approx (b-a) \sum_{j=0}^{n} c_j^n f(x_j) \tag{6.8.3}$$

称 $c_k^{(n)}, k=0,1,\cdots,n$ 为柯特斯 (Cotes) 求积公式的系数, 其特点是与被积函数以及积分区间无关的常数, 仅与节点个数有关, 因此柯斯特求积公式具有通用性.

代数精确度用来评判数值积分公式逼近性能, 是刻画数值积分公式精度的重要概念.

定义 6.8.1 (代数精确度) 对于牛顿–柯特斯求积公式,

(1) 若对 $f(x) = 1,x,x^2,\cdots,x^n$, 都有 (6.8.3) 式精确成立, 则称 (6.8.3) 式的代数精确度至少为 n;

(2) 若对 $f(x) = 1,x,x^2,\cdots,x^n$, 都有 (6.8.3) 式精确成立, 但对于 $f(x) = x^{n+1}$, (6.8.3) 式不精确成立, 则称 (6.8.3) 式的代数精确度为 n.

定理 6.8.1 对于牛顿–柯特斯求积分公式 (6.8.3), 有下面结论成立:

(1) 代数精确度至少为 n;

(2) $n = 2k$ 时, 代数精确度至少为 $n+1$.

证明 (1) 过 $\{x_i\}_{i=0}^n$ 作 $f(x)$ 的 n 次拉格朗日插值函数:

$$f(x) = P_n(x) + R_n(x) = \sum_{j=0}^n \left(\prod_{\substack{i=0 \\ i \neq j}}^n \frac{(x-x_i)}{(x_j-x_i)} \right) f(x_j) + \frac{f^{(n+1)}(\xi)}{(n+1)!} \prod_{i=0}^n (x-x_i)$$

则

$$\int_a^b f(x)\,\mathrm{d}x = (b-a)\sum_{j=0}^n c_j^n f(x_j) + \int_a^b \frac{f^{(n+1)}(\xi)}{(n+1)!} \prod_{i=0}^n (x-x_i)\mathrm{d}x$$

若 $f(x)$ 为 n 次多项式,

$$f^{(n+1)}(\xi) = 0, \quad \int_a^b R_n(x)\,\mathrm{d}x = 0$$

因此 (6.8.3) 式精确成立. 同理当 $f(x) = 1, x, x^2, \cdots, x^{n-1}$ 时, (6.8.3) 式精确成立.

(2) 设 $f(x) = x^{2k+1}$, $2k$ 次拉格朗日插值函数的余项为

$$R_{2k}(x) = \frac{(2k+1)!}{(2k+1)!} \prod_{i=0}^{2k}(x-x_i) = \prod_{i=0}^{2k}(x-x_i)$$

所以

$$\int_a^b R_{2k}(x)\,\mathrm{d}x = \int_a^b \prod_{i=0}^{2k}(x-x_i)\mathrm{d}x$$

$$= h^{2k+2} \int_0^n \prod_{i=0}^{2k}(t-i)\mathrm{d}t \quad \Leftarrow 作变换 (x = a+th, x_i = a+ih)$$

$$= h^{2k+2} \int_{-k}^k \prod_{i=0}^{2k}(u+k-i)\mathrm{d}u \quad \Leftarrow 作变换 (u = t-k)$$

$$= h^{2k+2} \int_{-k}^k \prod_{i=-k}^k (u-i)\mathrm{d}u = 0 \Leftarrow 被积函数是奇函数$$

结论得证.

6.8.2.2 数值积分复化公式

上节讨论了过 $n+1$ 个节点的牛顿-柯特斯求积公式:

$$\int_a^b f(x)\,\mathrm{d}x = (b-a)\sum_{j=0}^n c_j^n f(x_j)$$

本节将讨论几个具体的公式

$$n = 1, c_0^{(1)} = c_1^{(1)} = \frac{1}{2}, \quad \int_a^b f(x)\,\mathrm{d}x \approx \frac{b-a}{2}(f(a)+f(b)) \tag{6.8.4}$$

$$n = 2, c_0^{(2)} = c_2^{(2)} = \frac{1}{6}, c_1^{(2)} = \frac{4}{6}, \quad \int_a^b f(x)\,\mathrm{d}x \approx \frac{b-a}{6}\left(f(a) + 4f\left(\frac{a+b}{2}\right) + f(b)\right) \tag{6.8.5}$$

(6.8.4) 式和 (6.8.5) 式分别称为梯形和辛普森 (Simpson) 公式, 如图 6.8.9 和图 6.8.10 所示. 梯形公式是用线性函数逼近被积函数, 辛普森公式是用二次多项式逼近被积函数. 为了提高逼近精度接下来讨论复化公式.

复化梯形公式 将 $[a,b]$ n 等分, $x_i = a+ih, h = \dfrac{b-a}{n}, i = 0, 1, 2, \cdots, n$, 则

$$\int_a^b f(x)\,\mathrm{d}x = \sum_{i=1}^n \int_{x_{i-1}}^{x_i} f(x)\,\mathrm{d}x \approx \sum_{i=1}^n \dfrac{h}{2}\left[f(x_{i-1})+f(x_i)\right]$$

$$= \dfrac{h}{2}\left[f(x_0) + 2\left(f(x_1)+f(x_2)+\cdots+f(x_{n-1})\right) + f(x_n)\right] \stackrel{\Delta}{=} T_n \quad (6.8.6)$$

复化梯形公式的误差估计有如下定理.

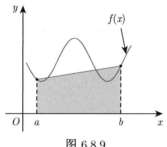 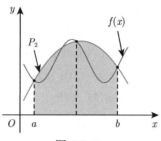

图 6.8.9　　　　　　　　　图 6.8.10

定理 6.8.2 设 $f(x)$ 在 $[a,b]$ 上存在二阶连续导数, 则有如下的先验估计:

$$\int_a^b f(x)\,\mathrm{d}x - T_n = -\dfrac{(b-a)^3}{12n^2}f''(\xi), \quad \xi \in [a,b]$$

复化辛普森公式 首先将 $[a,b]$ $2n$ 等分, $x_i = a+ih, h = \dfrac{b-a}{2n}, i = 0, 1, 2, \cdots, 2n$, 则

$$\int_a^b f(x)\,\mathrm{d}x = \sum_{i=0}^{n-1}\int_{x_{2i}}^{x_{2i+2}} f(x)\,\mathrm{d}x \approx \sum_{i=0}^{n-1}\dfrac{h}{3}\left[f(x_{2i})+4f(x_{2i+1})+f(x_{2i+2})\right]$$

$$= \dfrac{h}{3}\left[f(a)+f(b)+4\left(f(x_1)+f(x_3)+\cdots+f(x_{2n-1})\right)\right.$$

$$\left.+2\left((f(x_2)+f(x_4)+\cdots+f(x_{2n-2}))\right)\right] \stackrel{\Delta}{=} S_n \quad (6.8.7)$$

对于复化辛普森公式有如下误差估计定理.

定理 6.8.3 设 $f(x)$ 在 $[a,b]$ 上存在四阶连续导数, 则有如下的先验估计:

$$\int_a^b f(x)\,\mathrm{d}x - S_n = -\dfrac{(b-a)^5}{180n^4}f^{(4)}(\xi^*), \quad \xi^* \in [a,b]$$

例 6.8.14 当 n 为何值时, 使用复化辛普森法近似计算 $\displaystyle\int_1^2 \dfrac{1}{x}\,\mathrm{d}x$ 的精度达到 10^{-6}.

解 $f(x) = 1/x, f^{(4)}(x) = 24/x^5$. 当 $x \geqslant 1$ 时, $|f^{(4)}(x)| \leqslant 24$. 利用定理 6.8.1, 为了使误差小于 10^{-6}, 令 $(24(2-1)^5)/(180n^4) \leqslant 10^{-6}$, 即得 $n^4 > 10^6 \cdot (24/180)$, 求得 $n \approx 19.1089$, 所以 $n = 20$ 可以达到精度要求.

$$\int_1^2 \dfrac{1}{x}\,\mathrm{d}x = \ln 2 \approx 0.6931471806$$

$$S_{20} = \frac{1}{3 \cdot 20}\left[f(x_0) + 4f(x_1) + 2f(x_2) + \cdots + 2f(x_{18}) + 4f(x_{19}) + f(x_{20})\right]$$

$$S_{20} \approx 0.6931473747$$

6.8.2.3 数值积分复化公式与外推计算

下面讨论基于复化梯形公式的外推计算方法,为此引入伯努利多项式.

定义 6.8.2 在区间 $[0,1]$ 上定义伯努利多项式序列 $\{B_k(x)\}$ 如下:

(1) $B_0(x) = 1$, $B_1(x) = x - \dfrac{1}{2}$;

(2) $B'_{k+1}(x) = (k+1)B_k(x)\,(k > 0)$;

(3) $B_{2k+1}(0) = B_{2k+1}(1) = 0\,(k > 0)$.

可以验证伯努利多项式序列 $\{B_k(x)\}$ 满足下面性质 6.8.1 和性质 6.8.2.

性质 6.8.1 伯努利多项式序列满足

(1) $(-1)^k B_k(1-x) = B_k(x)\,(k > 0)$;

(2) $B_{2k}(0) = B_{2k}(1) = B_{2k}$;

(3) $\displaystyle\int_0^1 B_k(x)\,\mathrm{d}x = 0\,(k > 0)$.

性质 6.8.2 伯努利多项式序列满足

(1) $(-1)^m B_{2m-1}(x) > 0 \left(0 < x < \dfrac{1}{2}\right)$;

(2) $(-1)^m (B_{2m}(x) - B_{2m}) > 0\,(0 < x < 1)$;

(3) $(-1)^{m+1} B_{2m} > 0$.

称 $\{B_{2m}\}$ 为伯努利数.

利用分部积分公式,

$$\int_0^1 f(x)\,\mathrm{d}x = \int_0^1 \left(x - \frac{1}{2}\right)' f(x)\,\mathrm{d}x = \frac{f(0) + f(1)}{2} - \int_0^1 \left(x - \frac{1}{2}\right) f'(x)\,\mathrm{d}x$$

$$= \frac{f(0) + f(1)}{2} - \int_0^1 B_1(x) f'(x)\,\mathrm{d}x = \frac{f(0) + f(1)}{2} - \frac{1}{2}\int_0^1 [B_2(x)]' f'(x)\,\mathrm{d}x$$

$$= \frac{f(0) + f(1)}{2} - \frac{1}{2}(B_2(x) f'(x))\bigg|_0^1 + \frac{1}{2}\int_0^1 B_2(x) f''(x)\,\mathrm{d}x$$

由数学归纳法,得到一般情况:

$$\int_0^1 B_{k-1}(x) f^{(k-1)}(x)\,\mathrm{d}x = \frac{1}{k} B_k(x) f^{(k-1)}(x)\bigg|_0^1 - \frac{1}{k}\int_0^1 B_k(x) f^{(k)}(x)\,\mathrm{d}x$$

下面利用伯努利多项式提高代数精确度,由于

$$\frac{1}{k} B_k(x) f^{(k-1)}(x)\bigg|_0^1 = -\frac{B_k}{k}\left[f^{(k-1)}(0) - f^{(k-1)}(1)\right],\quad B_{2k+1} = 0 \tag{6.8.8}$$

因此由性质 6.8.1 和根据 (6.8.8) 式,进一步利用积分中值定理得到

$$\left.\begin{array}{l}\int_0^1 f(x)\,\mathrm{d}x = \dfrac{f(0)+f(1)}{2} + \sum_{l=1}^m \dfrac{B_{2l}}{(2l)!}\left(f^{(2l-1)}(0) - f^{(2l-1)}(1)\right) + r_{m+1} \\ r_{m+1} = -\dfrac{1}{(2m+1)!}\int_0^1 B_{2m+1}(x)f^{(2m+1)}(x)\,\mathrm{d}x\end{array}\right\} \quad (6.8.9)$$

$$\left.\begin{array}{rl}\int_0^1 B_{2m+1}(x)f^{(2m+1)}(x)\,\mathrm{d}x = & \dfrac{1}{2m+2}\int_0^1 (B_{2m+2}(x)-B_{2m+2})'f^{(2m+1)}(x)\,\mathrm{d}x \\ = & -\dfrac{1}{2m+2}\int_0^1 (B_{2m+2}(x)-B_{2m+2})f^{(2m+2)}(x)\,\mathrm{d}x\end{array}\right\} \quad (6.8.10)$$

由性质 6.8.1, 根据 (6.8.9) 式和 (6.8.10) 式, 利用积分中值定理得到

$$r_{m+1} = \dfrac{1}{(2m+2)!}\int_0^1 (B_{2m+2}(x)-B_{2m+2})f^{(2m+2)}(x)\,\mathrm{d}x = -\dfrac{B_{2m+2}}{(2m+2)!}f^{(2m+2)}(\xi), 0 < \xi < 1$$

概括上面讨论得到下面定理.

定理 6.8.4 假设 $f(x) \in C^{2m+2}[0,1]$, 则得到梯形公式的渐近估计式:

$$\int_0^1 f(x)\,\mathrm{d}x = \dfrac{f(0)+f(1)}{2} + \sum_{l=1}^m \dfrac{B_{2l}}{(2l)!}\left(f^{(2l-1)}(0) - f^{(2l-1)}(1)\right) - \dfrac{B_{2m+2}}{(2m+2)!}f^{(2m+2)}(\xi)$$
$(0 < \xi < 1)$

$$(6.8.11)$$

如果 $f(x) \in C^{2m+2}[a,b]$, 将区间 $[a,b]$ n 等分, 等距节点为 $x_i = a + hi, h = \dfrac{b-a}{n}, i = 0, 1, \cdots, n$ 利用 (6.8.11) 式得到

$$\int_{x_{i-1}}^{x_i} f(x)\,\mathrm{d}x = \dfrac{h(f(x_{i-1})+f(x_i))}{2} + \sum_{l=1}^m \dfrac{h^{2l}B_{2l}}{(2l)!}\left(f^{(2l-1)}(x_{i-1}) - f^{(2l-1)}(x_i)\right)$$
$$- \dfrac{B_{2m+2}h^{2m+3}}{(2m+2)!}f^{(2m+2)}(\xi_i) \quad (x_{i-1} < \xi_i < x_i)$$

因此得到复化梯形公式的渐近估计如下.

定理 6.8.5 假设 $f(x) \in C^{2m+2}[a,b]$, 则得到

$$\int_a^b f(x)\,\mathrm{d}x = \sum_{i=1}^n \dfrac{h(f(x_{i-1})+f(x_i))}{2} + \sum_{l=1}^m \dfrac{h^{2l}B_{2l}}{(2l)!}\left(f^{(2l-1)}(a) - f^{(2l-1)}(b)\right)$$
$$- \dfrac{B_{2m+2}(b-a)h^{2m+2}}{(2m+2)!}f^{(2m+2)}(\xi) \quad (a \leqslant \xi \leqslant b)$$

利用定理 6.8.5 和第 4 章介绍的外推方法, 得到下面的龙贝格 (Romberg) 求积公式:

将 $[a,b]$ 区间 2^l 等分, 得到复化梯形公式, 记为 $T_1^{(l)}$. 得到龙贝格求积公式如下:

$$\left.\begin{aligned}
&T_1^{(0)} = \frac{b-a}{2}(f(a)+f(b)) \\
&T_1^{(l)} = \frac{1}{2}\left(T_1^{(l-1)} + \frac{b-a}{2^{l-1}}\sum_{i=1}^{2^{l-1}} f\left(a+(2i-1)\frac{b-a}{2^l}\right)\right) \\
&l = 1,2,3,\cdots \\
&T_{m+1}^{(k-1)} = \frac{T_m^{(k)} - 4^{-m}T_m^{(k-1)}}{1-4^{-m}}, m=1,2,\cdots,l, k=l-m+1.
\end{aligned}\right\} \quad (6.8.12)$$

龙贝格求积公式 (6.8.12) 的计算过程与第 4 章介绍的外推公式计算过程类似. 这里不再赘述.

例 6.8.15 用龙贝格求积公式计算 $\int_1^2 \frac{\mathrm{d}x}{x}$.

$$\int_1^2 \frac{\mathrm{d}x}{x} = \ln 2 - \ln 1 = \ln 2 = 0.69314718055995$$

从表 6.8.4 可以看到 $T_5^{(l)} = 0.69314718191675$ 与精确值相比有 8 位有效数字, 而复化梯形公式在区间 2^4 等分的时候仅有 3 位有效数字, 因此龙贝格求积公式大大提高了复化梯形公式的计算精度. 计算结果见表 6.8.4.

表 6.8.4

	T_1^l	T_2^l	T_3^l	T_4^l	T_5^l
0	0.75000000000000	0.69444444444444	0.69317460317460	0.69314747764483	0.69314718191675
1	0.70833333333333	0.69325396825397	0.69314790148123	0.69314718307193	
2	0.69702380952381	0.69315453065453	0.69314719429708		
3	0.69412185037185	0.69314765281942			
4	0.69339120220753				

例 6.8.16 用龙贝格求积公式计算 $\int_0^1 \frac{\mathrm{d}x}{1+x^2}$.

$$\int_0^1 \frac{\mathrm{d}x}{1+x^2} = \arctan 1 - \arctan 0 = \arctan 1 = 0.78539816339745$$

从表 6.8.5 可以看到 $T_5^{(l)} = 0.78539816631943$ 与精确值相比有 8 位有效数字, 而复化梯形公式在区间 2^4 等分时候仅有 3 位有效数字, 因此龙贝格求积公式大大提高了复化梯形公式的计算精度. 计算结果见表 6.8.5.

表 6.8.5

	T_1^l	T_2^l	T_3^l	T_4^l	T_5^l
0	0.75000000000000	0.78333333333333	0.78552941176471	0.78539644594047	0.78539816631943
1	0.77500000000000	0.78539215686275	0.78539852353147	0.78539815959920	
2	0.78279411764706	0.78539812561468	0.78539816528564		
3	0.78474712362277	0.78539816280621			
4	0.78523540301035				

习题 6.8.2 定积分的数值计算

1. 利用龙贝格积分公式计算积分 $\int_{-1}^{1} e^{2x} dx$ 和 $\int_{0}^{1} \arctan x dx$, 要求计算精度为 10^{-10}.

2. 当 n 为何值时, 使用复化辛普森法近似计算 $\int_{1}^{2} \dfrac{\sin x}{x^2} dx$ 的精度达到 10^{-6}.

3. 当 n 为何值时, 使用复化辛普森法近似计算 $\int_{1}^{2} \dfrac{\ln x}{x^2} dx$ 的精度达到 10^{-6}.

6.8.3 勒贝格积分初步

勒贝格 (Lebesgue,1875~1941), 法国数学家. 勒贝格的主要贡献是测度论和积分理论. 测度论给出了空间点集的一种定量描述, 因此研究数学分析问题时可得到更深刻和广泛的结论, 使黎曼积分的局限性得到突破, 并建立了新的积分理论体系. 他的理论为 20 世纪的许多数学分支如 Fourier 分析、遍历理论、微分方程、动力系统等奠定了基础. 勒贝格积分在各个数学分支的应用成了现代数学的一个特征. 本节将介绍勒贝格积分的基本思想.

6.8.3.1 黎曼积分的局限性

勒贝格定理要求 $f(x)$ 在 $[a,b]$ 上黎曼可积的条件是不连续点的集合是零测集. 黎曼积分对函数连续性依赖很强, 在一定程度上限制了黎曼积分的应用范围. 黎曼积分的局限性还表现在黎曼可积意义下函数序列逐项积分要求函数序列一致收敛. 在研究二重和三重积分计算以及广义积分交换顺序等问题时都需要很强的条件, 而在实际问题中这些条件往往得不到满足. 鉴于黎曼积分的这些不足, 19 世纪后期, 不少科学家进行了改进积分的尝试. 1902 年法国数学家勒贝格在他的博士论文《积分、长度与面积》中首次提出了以他的名字命名的积分. 勒贝格积分理论的产生使得关于积分的运算变得简单灵活, 在很大程度上克服了黎曼积分的缺陷, 而且大大地扩充了可积函数的范围, 成为现代分析中不可缺少的理论基础.

6.8.3.2 勒贝格积分的定义

勒贝格积分的定义有多种方法, 为了便于同黎曼积分比较, 我们将采用和黎曼积分类似的建立过程. 这里仅介绍最简单情况下的积分, 即测度有限、函数有界条件下勒贝格积分的定义. 首先引入几个基本概念.

定义 6.8.3 (集合的外测度) 设 E 是一个点集, 任取开区间序列 $I_i, i=1,2,\cdots,n,\cdots$ 满足 $E \subseteq \bigcup\limits_{i=1}^{\infty} I_i$, 则 $\sum\limits_{i=1}^{\infty} |I_i|$ 确定一个非负实数 (或 $+\infty$), 所有这些数的集合的下确界定义为 E 的外测度, 记为 m^*E.

由定义知外测度具有非负性和单调性, 即 $m^*E \geqslant 0$, 当 $A \subset B$ 时, $m^*A \leqslant m^*B$.

例 6.8.17 设 E 为 $[0,1]$ 中的全体有理数, 则 $m^*E = 0$.

证明 由于 E 为可数集, 不妨设 $E = \{r_1, r_2, \cdots, r_i, \cdots\}$. 对任给的 $\varepsilon > 0$, 令

$$I_i = \left(r_i - \dfrac{\varepsilon}{2^{i+1}}, r_i + \dfrac{\varepsilon}{2^{i+1}}\right)$$

则 $|I_i| = \dfrac{\varepsilon}{2^i}$, 且

$$E \subset \bigcup_{i=1}^{\infty} I_i$$

而
$$\sum_{i=1}^{\infty}|I_i| = \sum_{i=1}^{\infty}\frac{\varepsilon}{2^i} = \varepsilon$$
$$m^*E \leqslant \inf\sum_{i=1}^{\infty}|I_i| < \varepsilon$$

所以 $m^*E = 0$. 结论得证.

例 6.8.18 设 I 是一个区间, 则 I 的外测度等于区间 I 的长度, 即 $m^*I = |I|$.

证明 (1) 设 I 为闭区间. 对于任给的 $\varepsilon > 0$, 存在开区间 I', 使得 $I \subset I'$ 且
$$|I'| < |I| + \varepsilon$$
由外测度的定义, $m^*I < |I| + \varepsilon$, 由 ε 的任意性, 有
$$m^*I \leqslant |I|$$
下面证明 $m^*I \geqslant |I|$. 对于任给的 $\varepsilon > 0$, 存在一列开区间 $\{I_i\}$, 使得 $I \subset \bigcup_{i=1}^{\infty}I_i$ 且
$$\sum_{i=1}^{\infty}|I_i| < m^*I + \varepsilon$$
由有限覆盖定理, 在 $\{I_i\}$ 中存在有限多个区间覆盖 I, 不妨设这有限个区间为 $I_1, I_2, \cdots, I_n$, 即
$$I \subset \bigcup_{i=1}^{n}I_i$$
因为 $I = \bigcup_{i=1}^{n}(I \cap I_i)$, $I \cap I_i$ 为区间, 于是
$$|I| \leqslant \sum_{i=1}^{n}|I \cap I_i|$$
故有
$$|I| \leqslant \sum_{i=1}^{n}|I \cap I_i| \leqslant \sum_{i=1}^{n}|I_i| \leqslant \sum_{i=1}^{\infty}|I_i| < m^*I + \varepsilon$$
由 ε 的任意性, 即得
$$m^*I \geqslant |I|$$
于是 $m^*I = |I|$

(2) 设 I 为任意区间. 作闭区间 I_1, I_2, 使得 $I_1 \subset I \subset I_2$ 且
$$|I_2| - \varepsilon < |I| < |I_1| + \varepsilon$$
则
$$|I| - \varepsilon \leqslant |I_1| = m^*I_1 \leqslant m^*I \leqslant m^*I_2 = |I_2| < |I| + \varepsilon$$
由 ε 的任意性, 即得 $m^*I = |I|$. 结论得证.

定义 6.8.4 (集合的内测度)　设 E 是一个有界点集, I 为任意包含于 E 的开区间, 定义

$$|I| - m^*(I - E)$$

为 E 的内测度, 记为 m_*E.

注 6.8.3　内测度的定义表面上依赖于开区间 I 的选取, 但可以证明它与开区间 I 的选取是无关的. 另一方面, 外测度可以看成 E 的过剩近似值的下确界, 内测度可以看成 E 的不足近似值的上确界, 所以我们总有 $0 \leqslant m_*E \leqslant m^*E$.

例 6.8.19　设 E 为 $[0,1]$ 中的全体有理数, 则 $m_*E = 0$.

证明　由例 6.8.17, $m^*E = 0$, 又因为 $0 \leqslant m_*E \leqslant m^*E$, 所以 $m_*E = 0$. 结论得证.

例 6.8.20　设 E 是一个有限区间, 则 E 的内测度等于区间 E 的长度, 即 $m_*E = |E|$.

证明　设 $\inf E = a, \sup E = b$, 我们只需证明 $m_*E = b - a$. 取 $I = (a - 1, b + 1)$, 则 $E \subset I$, 并且 $I - E$ 为下面四种情况中的一种:

$$(a - 1, a) \cup (b, b + 1)$$
$$(a - 1, a] \cup (b, b + 1)$$
$$(a - 1, a) \cup [b, b + 1)$$
$$(a - 1, a] \cup [b, b + 1)$$

由于区间的外测度等于区间的长度, 所以

$$m_*E = |I| - m_*(I - E) = b - a + 2 - (1 + 1) = b - a$$

结论得证.

定义 6.8.5 (可测集合)　设 E 是一个点集, 如果满足 $m^*E = m_*E$, 则称 E 为可测集.

注 6.8.4　实轴上的区间是可测集. 关于可测集和测度更多性质可以参考实变函数. 点集的测度实际上是区间长度的推广.

定义 6.8.6 (可测函数)　设 $E \subset \mathbf{R}$ 是可测集合, $f(x)$ 定义在 E 上, 如果对于任意实数 $a, E(f(x) > a)$ 为可测集, 则称 $f(x)$ 是 E 上的可测函数.

例 6.8.21　可测集 $E \subset \mathbf{R}$ 上的连续函数 $f(x)$ 是可测函数.

证明　设 $x \in E(f(x) > a)$, 则由连续性假设, 存在 x 的某邻域 $U(x)$, 使

$$U(x) \cap E \subset E(f(x) > a)$$

因此, 令 $G = \bigcup\limits_{x \in E(f(x) > a)} U(x)$, 则

$$G \cap E = \left[\bigcup_{x \in E(f(x) > a)} U(x)\right] \cap E = \bigcup_{x \in E(f(x) > a)} U(x) \cap E \subset E(f(x) > a)$$

反之, 显然有 $G \supset E(f(x) > a)$, 因此

$$E(f(x) > a) \subset G \cap E(f(x) > a) \subset G \cap E$$

从而 $E(f(x) > a) = G \cap E$. 由于 G 是一族开区间之并集, 所以 G 是开集. 而 E 是可测集, 故其交集 $G \cap E$ 仍为可测集. 结论得证.

由例 6.8.19 和例 6.8.20 知, 区间 $[0,1]$ 上的有理数集合是可测集, 从而区间 $[0,1]$ 上的无理数集合也是可测集, 由此可得区间 $[0,1]$ 上的狄利克雷函数是可测的. 狄利克雷函数是一个可测的非连续函数.

例 6.8.22 区间 $[0,1]$ 上的狄利克雷函数 $D(x) = \begin{cases} 1, & x \in [0,1] \cap \mathbf{Q}, \\ 0, & x \in [0,1] \backslash \mathbf{Q} \end{cases}$ 是可测函数.

证明 由于区间 $[0,1]$ 是可测集, 对任意的 a, 有

$$E(D(x) > a) = \begin{cases} \varnothing, & a \geqslant 1 \\ [0,1] \cap \mathbf{Q}, & 0 \leqslant a < 1 \\ [0,1], & a < 0 \end{cases}$$

由于 $\varnothing, [0,1] \cap \mathbf{Q}$ 以及区间 $[0,1]$ 均为可测集, 所以区间 $[0,1]$ 上的狄利克雷函数是可测函数. 结论得证.

定义 6.8.7 (勒贝格积分) 设 E 是一个可测集, 其测度满足 $m(E) < \infty$, $f(x)$ 是定义在 E 上的可测函数, 又设 $f(x)$ 有界, 即存在 l 及 μ, 使得 $f(E) \subset (l, \mu)$, 在 $[l, \mu]$ 中任取一分点组 D

$$l = l_0 < l_1 < \cdots < l_n = \mu$$

记

$$\delta(D) = \max_{1 \leqslant k \leqslant n} (l_k - l_{k-1}), \quad E_k = \{x | l_{k-1} \leqslant f(x) < l_k\}$$

并任取 $\zeta_i \in E_k$, 作和 $S(D) = \sum_{k=1}^{n} f(\zeta_i) m(E_k)$, 约定当 $E_k = \varnothing$ 时, $f(\zeta_i) m(E_k) = 0$.

如果对任意的分法与 ξ_i 的任意取法, 当 $\delta(D) \to 0$ 时, $S(D)$ 趋于有限的极限, 则称它为 $f(x)$ 在 E 上关于勒贝格测度的积分, 记作

$$J = \int_E f(x) \mathrm{d}x$$

从这两种积分的定义可以看出, 它们的主要区别是: 黎曼积分是将给定函数的定义域分小而产生的, 而勒贝格积分是划分函数的值域而产生的. 前者的优点是 $\Delta_i = [x_{i-1}, x_i]$ 的度量容易给出, 但当分法的细度 $\|T\|$ 充分小时, 函数 $f(x)$ 在 Δ_i 上的振幅 $\delta_i = \sup\limits_{x \in \Delta_i} f(x) - \inf\limits_{x \to \Delta_i}(x)$ 仍可能较大; 后者的优点是函数 $f(x)$ 在 E_k 上的振幅 $\delta_k = \sup\limits_{x \in E_k} f(x) - \inf\limits_{x \to E_k}(x) \leqslant \delta(D)$ 较小, 但 E_k 一般不再是区间而是可测集, 其度量 $m(E_k)$ 的值一般不易给出. 对定义域与对值域的分割是 R 积分与 L 积分的本质区别. 正如勒贝格自己做的比喻: 假如数一笔钱, 此时按钞票的面值的大小分类, 然后计算每一类的面额总值再相加, 这就是勒贝格积分思想; 如不按面额大小分类, 而是按从钱袋取出的先后次序来计算总数, 那就是黎曼积分思想.

6.8.3.3 勒贝格积分与黎曼积分的关系

定理 6.8.6 若 $f(x)$ 在 $[a,b]$ 上黎曼可积, 则 $f(x)$ 在 $[a,b]$ 上勒贝格可积, 且

$$(L) \int_{[a,b]} f(x) \mathrm{d}x = (R) \int_a^b f(x) \mathrm{d}x$$

这个定理说明在有限区间上黎曼可积的函数必勒贝格可积，且两者相等，但反之不成立，例如狄里克雷函数不是黎曼可积的，但根据勒贝格积分的定义容易验证它是勒贝格可积的。这说明勒贝格积分比黎曼积分有更广的可积函数类。

对于积分区域的可加性，黎曼积分具有有限可加性，即若 $E = \bigcup_{i=1}^{n} E_i$, $E, E_i (i = 1, 2, \cdots, n)$ 均为有限区间，$E_i \bigcap E_j = \varnothing (i \neq j)$，则有

$$\int_E f(x) \mathrm{d}x = \sum_{i=1}^{n} \int_{E_i} f(x) \mathrm{d}x$$

但是黎曼积分不具有可数可加性。

对于勒贝格积分，它不仅具有有限可加性，而且还具有可数可加性，克服了黎曼积分的缺陷，我们有下面的定理。

定理 6.8.7 若 $E = \bigcup_{i=1}^{\infty} E_i$, $E_i \bigcap E_j = \varnothing$ $(i \neq j)$, E, E_i $(i = 1, 2, 3, \cdots)$ 均为可测集，且 $m(E) < \infty$, $f(x)$ 是 E 上的勒贝格有界可积函数，则有

$$\int_E f(x) \mathrm{d}x = \sum_{i=1}^{\infty} \int_{E_i} f(x) \mathrm{d}x$$

勒贝格积分理论是在测度理论的基础上建立的，这一理论可以处理有界函数和无界函数的情形，而且把函数定义在更一般的点集上，而不仅仅限于 $[a,b]$ 上。这一差别使这两种积分产生了本质的区别，使勒贝格积分具备了很多黎曼积分所不具备的良好性质。从上述简单比较来看，勒贝格积分是黎曼积分的推广。勒贝格积分不仅扩大了可积函数类，而且它独特的性质，解决了许多古典分析中不能解决的问题，使数学进入了现代分析时代。黎曼积分的另外一个推广方向黎曼–斯蒂尔切斯积分也称斯蒂尔切斯积分，在此我们不再详细介绍，请感兴趣的读者参考相关文献。

*6.9　探索类问题

探索类问题 1 利用欧拉公式计算积分。

(1) $\mathrm{e}^{\mathrm{i}x} = \cos x + \mathrm{i} \sin x, \cos x = \dfrac{\mathrm{e}^{\mathrm{i}x} + \mathrm{e}^{-\mathrm{i}x}}{2}, \sin x = \dfrac{\mathrm{e}^{\mathrm{i}x} - \mathrm{e}^{-\mathrm{i}x}}{2\mathrm{i}}$；

(2) $\displaystyle\int_a^b \mathrm{e}^{(\alpha+\mathrm{i}\beta)x} \mathrm{d}x = \dfrac{\mathrm{e}^{(\alpha+\mathrm{i}\beta)b} - \mathrm{e}^{(\alpha+\mathrm{i}\beta)a}}{\alpha + \mathrm{i}\beta}$.

利用公式 (1) 和 (2) 计算积分。

(a) $\displaystyle\int_0^{\pi} \cos^n x \cos nx \mathrm{d}x$；　(b) $\displaystyle\int_0^{\pi} \dfrac{\cos(2n+1)x}{\cos x} \mathrm{d}x$；　(c) $\displaystyle\int_0^{\frac{\pi}{2}} \sin^{2n} x \cos^{2n} x \mathrm{d}x$.

探索类问题 2 证明下面问题

(1) 设函数 $f(x)$ 在 $[a,b]$ 上可积分，将 $[a,b]$ 进行分割：$a = x_0 < x_1 < x_2 < \cdots < x_n = b$, $x_i = a + ((b-a)/n)i, i = 0, 1, 2, \cdots, n$, 设 $f_i(x) = \sup\limits_{x_{i-1} \leqslant x \leqslant x_i} f(x)$, 证明：

$$\lim_{n \to \infty} \int_a^b f_n(x) \mathrm{d}x = \int_a^b f(x) \mathrm{d}x$$

(2) 设函数 $f(x)$ 在 $[a,b]$ 上可积分, 则一定存在连续的函数序列 $\{\varphi_n(x)\}_{n=1}^{\infty}$, 满足

$$\lim_{n\to\infty}\int_a^b \varphi_n(x)\,dx = \int_a^b f(x)\,dx$$

(3) 设函数 $f(x)$ 在 $[a,b]$ 上可积分, 证明函数 $f(x)$ 有积分的连续性, 即

$$\lim_{h\to 0}\int_a^b |f(x+h)-f(x)|\,dx = 0$$

探索类问题 3 研究函数系的正交性

函数序列 $\{R_m(x)\}$ 在 $[a,b]$ 上是正交函数序列是指 $\int_a^b R_m(x)R_n(x)dx \begin{cases} =0, & n=m, \\ \neq 0, & n\neq m. \end{cases}$

证明勒让德多项式 $P_m(x) = \dfrac{1}{2^m m!}\left[(x^2-1)^m\right]^{(m)}$ $(m=0,1,2,\cdots)$ 满足

$$\int_{-1}^1 P_m(x)P_n(x)dx = \begin{cases} 0, & m\neq n \\ \dfrac{2}{2n+1}, & m=n \end{cases}$$

即 $\{P_m(x)\}$ 为 $[-1,1]$ 上的正交多项式序列. 进一步研究下面函数序列的正交性:

切比雪夫–拉盖尔多项式: $L_m(x) = e^x(x^m e^{-x})^{(m)}$ $(m=0,1,2,\cdots)$.

切比雪夫–埃尔米特函数: $H_m(x) = (-1)^m e^{x^2}(e^{-x^2})^{(m)}$ $(m=0,1,2,\cdots)$.

切比雪夫多项式: $T_m(x) = \dfrac{1}{(2^{m-1})}\cos(m\arccos x)$ $(m=0,1,2,\cdots)$.

探索类问题 4 研究推广的牛顿–莱布尼茨求积公式

设 $f(x)$ 在 $[a,b]$ 上可积分, $F(x)$ 在 $[a,b]$ 上除了有限个点 $\{a,x_1,x_2,\cdots,x_p,b\}$ 外, 满足 $F'(x)=f(x)$, 且这些点为 $F(x)$ 的第一类间断点, 证明:

$$\int_a^b f(x)\,dx = F(b-0) - F(a+0) - \sum_{i=1}^p (F(x_i+0) - F(x_i-0))$$

探索类问题 5 研究推广的微积分基本定理

设 $f(x)$ 在 $[a,b]$ 上除了有限个点 $\{x_i\}_{i=1}^n$ 外连续, $\{x_i\}_{i=1}^n$ 为 $f(x)$ 的第一类间断点.

$$F(x) = \int_a^x f(t)\,dt$$

(1) 证明: $F'(x+0) = f(x+0)$, $F'(x-0) = f(x-0)$.

(2) $f(x)$ 在 $[a,b]$ 上有第一类间断点 $\{x_i\}_{i=1}^{\infty}$, (1) 是否成立?

探索类问题 6 设 $M_1(x) = \left(x+\dfrac{1}{2}\right)_+^0 - \left(x-\dfrac{1}{2}\right)_+^0$ $\left[x_+ = \begin{cases} x, & x\geqslant 0 \\ 0, & x<0 \end{cases}\right]$

证明

$$M_m = \int_{x-1/2}^{x+1/2} M_{m-1}(x)\,dx = \sum_{j=0}^m (-1)^j C_m^j \left(x+\dfrac{m}{2}-j\right)_+^{m-1} \Big/ (m-1)!$$

探索类问题 7 研究下列积分的数值计算方法, 要求计算精度为 10^{-7}.

(1) $\int_1^2 \dfrac{e^x \sin x}{x} dx$; (2) $\int_1^2 \dfrac{\sin x}{x^5} dx$; (3) $\int_1^2 \dfrac{e^x \cos x}{x^5} dx$.

探索类问题 8 设 $f(x)$ 在区间 $[a,b]$ 上可积. $\phi(x)$ 在 $[\alpha,\beta]$ 上严格单调且连续可微, 且满足 $\phi(\alpha) = a, \phi(\beta) = b$, 证明 $\int_a^b f(x) dx = \int_\alpha^\beta f(\phi(t))\phi'(t) dt$.

探索类问题 9 设 $f(x)$ 在 $[a,b]$ 上有定义, 对任意 $\varepsilon > 0$, 存在 $[a,b]$ 上的可积函数 $g(x)$, 满足 $|f(x) - g(x)| < \varepsilon$, 则 $f(x)$ 在 $[a,b]$ 上可积.

探索类问题 10 通过查阅文献研究勒贝格定理的证明方法.

第 6 章习题答案与提示

第 7 章 定积分的应用

本章讨论定积分在几何和物理方面的应用,内容包括平面图形和旋转曲面的面积计算、旋转体的体积计算、曲线的弧长的计算以及在物理学中的一系列应用. 本章最后设置了系列探索研究类问题.

7.1 定积分解决实际问题的一般方法

定积分是通过分割、累加和、极限过程,逐步逼近实际问题的精确解. 例如图 7.1.1 给出的几个几何体, 它们的体积均可通过分割、累加和、求极限来求解. 下面给出利用定积分求解实际问题的一般方法, 步骤如下:

(1) 设待求量 U 与区间 $[a,b]$ 有关, 且对区间具有可加性, 即当区间 $[a,b]$ 给定后, U 就是一个确定的量, 并且对于 $[a,b]$ 的任意分割 $a = x_0 < x_1 < \cdots < x_n = b$, 有 $U = \sum_{i=1}^{n} \Delta u_i$, 其中 Δu_i 为区间 $[x_{i-1}, x_i]$ 对应的部分量.

(2) 在 $[a,b]$ 内任意选取区间 $[x, x+\Delta x]$, 若区间 $[x, x+\Delta x]$ 对应的待求量 $\Delta u = f(x)\Delta x + o(\Delta x) = f(x)\mathrm{d}x + o(\Delta x)$, $\Delta u \approx f(x)\Delta x = \mathrm{d}u = f(x)\mathrm{d}x$. 则待求量 $U = \int_a^b f(x)\mathrm{d}x$.

图 7.1.1

注 7.1.1 根据条件 $\Delta u = f(x)\Delta x + o(\Delta x)$, 则

$$U = \int_a^b f(x)\mathrm{d}x + \int_a^b o(\Delta x)\mathrm{d}x = \int_a^b f(x)\mathrm{d}x$$

因此 $\Delta u - f(x)\mathrm{d}x = o(\Delta x)$ 是用定积分求解实际问题的准则.

上述分析问题的方法称为微元法, 其中 $\mathrm{d}u = f(x)\mathrm{d}x$ 称为待求量 U 的微元. 在下面的两节中我们将会利用微元法解决一系列实际问题.

7.2 平面图形面积的计算

平面曲线可以用直角坐标系、极坐标系以及参数方程表示，下面分别讨论三种表示形式下平面曲线所围成的平面图形的面积问题.

7.2.1 直角坐标系下图形面积计算

首先介绍两类特殊区域: X 型区域和 Y 型区域.

X 型区域的特点是平行于 y 轴的直线穿过区域内部与区域边界至多有两个交点. 如图 7.2.1 所示，$D = \{(x,y) \,|\, g(x) \leqslant y \leqslant f(x), a \leqslant x \leqslant b\}$，其中 $f(x), g(x)$ 为 $[a,b]$ 上连续曲线，区域 D 为 X 型区域. 如图 7.2.2 所示，将区域 D 用一族平行于 y 轴的直线进行分割，选定分割区间代表 $\left[x - \dfrac{\Delta x}{2}, x + \dfrac{\Delta x}{2}\right] \subset [a,b]$，则面积微元 $\mathrm{d}S = (f(x) - g(x))\Delta x$，因此相应平面图形的面积为

$$S = \int_a^b (f(x) - g(x))\mathrm{d}x$$

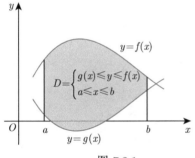

图 7.2.1

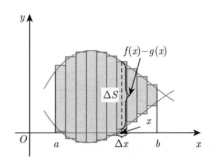

图 7.2.2

Y 型区域的特点是平行于 x 轴的直线穿过区域内部与区域边界至多有两个交点. 如图 7.2.3 所示，$D^* = \{(x,y) \,|\, g(y) \leqslant x \leqslant f(y), c \leqslant y \leqslant d\}$，其中 $f(y), g(y)$ 为 $[c,d]$ 上连续曲线，D^* 为 Y 型区域. 选定分割区间代表 $\left[y - \dfrac{\Delta y}{2}, y + \dfrac{\Delta y}{2}\right] \subset [c,d]$，则面积微 $\mathrm{d}S = (f(y) - g(y))\Delta y$，因此得到图形面积

$$S = \int_c^d (f(y) - g(y))\mathrm{d}y$$

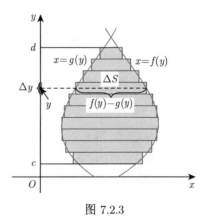

图 7.2.3

注 7.2.1 一般的平面区域可以分解成若干个 X 型和 Y 型平面区域之并集.

例 7.2.1 求曲线 $y = \dfrac{4}{x}$ 与 $y = (x-3)^2$ 所围平面图形的面积.

解 两条曲线所围成的图形如图 7.2.4 所示,为 X 型区域. 首先解方程组 $\begin{cases} y = \dfrac{4}{x}, \\ y = (x-3)^2 \end{cases}$
得两曲线的交点坐标为 $A(1,4), B(4,1)$. 由平面图形面积公式得

$$S = \int_1^4 \left[\frac{4}{x} - (x-3)^2\right] \mathrm{d}x = \left[4\ln x - \frac{1}{3}(x-3)^3\right]_1^4 = 8\ln 2 - 3$$

例 7.2.2 计算曲线 $y = x^3 - 6x$ 和 $y = x^2$ 所围成图形的面积.

解 两条曲线所围成的图形如图 7.2.5 所示,为 X 型区域. 首先解方程组 $\begin{cases} y = x^3 - 6x, \\ y = x^2 \end{cases}$
得交点 $A(-2,4), B(0,0)$ 和 $C(3,9)$. 如果选取 x 为积分变量,则当 $x \in [-2, 0]$ 时区域上下边界分别为 $x^3 - 6x$ 和 x^2, 当 $x \in [0, 3]$ 时区域上下边界分别为 x^2 和 $x^3 - 6x$. 因此所围成的图形面积为

$$S = \int_{-2}^0 (x^3 - 6x - x^2)\mathrm{d}x + \int_0^3 (x^2 - x^3 + 6x)\mathrm{d}x = \frac{253}{12}$$

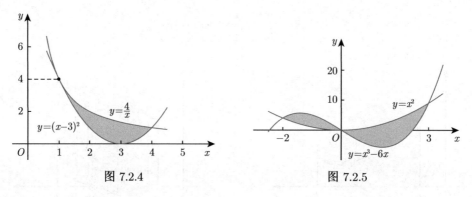

图 7.2.4　　　　　图 7.2.5

例 7.2.3 计算由曲线 $y^2 = 2x$ 和直线 $y = x - 4$ 所围成的图形面积.

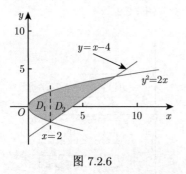

图 7.2.6

解 这两条曲线所围成的图形如图 7.2.6 所示. 首先求两曲线的交点,解方程组 $\begin{cases} y^2 = 2x, \\ y = x - 4 \end{cases}$ 得交点坐标 $A(2, -2), B(8, 4)$. 选 y 为积分变量,由平面图形面积公式得

$$S = \int_{-2}^4 \left(y + 4 - \frac{y^2}{2}\right) \mathrm{d}y = 18$$

注 7.2.2 例 7.2.3 如果选取 x 为积分变量,由于区域的下边界表达式不唯一,因此需要用直线 $x = 2$ 将区域分为两部分,区域 D_1 的下上边界曲线分别为 $y = -\sqrt{2x}, y = \sqrt{2x}$, 区域 D_2 的下上边界曲线分别为 $y = 4 - x, y = \sqrt{2x}$, 则 $S = \int_0^2 2\sqrt{2x}\mathrm{d}x + \int_2^8 \left(\sqrt{2x} - x + 4\right)\mathrm{d}x$, 采用这种方法计算复杂度高. 例 7.2.1 和例 7.2.2 如果选取 y 为积分变量,情况类似. 因此在实际计算时,选择 X 型或 Y 型区域计算时根据计算复杂度决定.

习题 7.2.1 直角坐标系下图形面积计算

1. 求由抛物线 $y = x^2$ 与 $y = 2 - x^2$ 所围图形的面积.
2. 求由曲线 $\sqrt{x/a} + \sqrt{y/b} = 1 (a, b > 0)$ 与坐标轴所围图形的面积.
3. 求两椭圆 $\dfrac{x^2}{a^2} + \dfrac{y^2}{b^2} = 1$ 与 $\dfrac{x^2}{b^2} + \dfrac{y^2}{a^2} = 1 (a > b > 0)$ 所围公共部分的面积.
4. 求由抛物线 $y^2 = 2px$ 与 $27py^2 = 8(x-p)^3$ 所围图形的面积.
5. 求由曲线 $Ax^2 + 2Bxy + Cy^2 = 1 \left(AC - B^2 > 0\right)$ 所围图形的面积.

7.2.2 参数方程表示的曲线围成平面图形的面积

定理 7.2.1 设曲线 C 由参数方程 $\begin{cases} x = u(t), \\ y = v(t), \end{cases} t \in [\alpha, \beta]$ 表示, 且满足条件:

(1) 当 $t \in [\alpha, \beta]$ 时 $u(t)$ 可微且 $u(t)$ 严格单调;
(2) $v(t)$ 在 $[\alpha, \beta]$ 上连续;
(3) $a = u(\alpha), b = u(\beta)$.

则由曲线 C 及直线 $x = a, x = b$ 和 x 轴所围成的图形面积为

$$A = \int_\alpha^\beta |y(t) x'(t)| \mathrm{d}t$$

证明 设 $a < b, x = u(t)$ 严格单调递增, 且存在反函数 $t = u^{-1}(x)$, 根据直角坐标系下面积计算公式以及定积分换元公式,

$$A = \int_a^b |y\left(u^{-1}(x)\right)| \mathrm{d}x = \int_\alpha^\beta |y(t)| u'(t) \mathrm{d}t = \int_\alpha^\beta |y(t) u'(t)| \mathrm{d}t$$

设 $a > b, x = u(t)$ 严格单调递减, 因此 $u'(t) \leqslant 0$ 且存在反函数 $t = u^{-1}(x)$, 则

$$A = -\int_a^b |y\left(u^{-1}(x)\right)| \mathrm{d}x = -\int_\alpha^\beta |y(t)| u'(t) \mathrm{d}t = \int_\alpha^\beta |y(t) u'(t)| \mathrm{d}t = \int_\alpha^\beta |y(t) x'(t)| \mathrm{d}t$$

结论得证.

注 7.2.3 $v(t)$ 连续可微且 $v'(t) \neq 0$ 的情况类似可以证明: $A = \displaystyle\int_\alpha^\beta |v'(t) u(t)| \mathrm{d}t$.

例 7.2.4 如图 7.2.7 所示, 求由摆线 $x = a(t - \sin t), y = a(1 - \cos t)(a > 0)$ 的一拱与 x 轴所围平面图形的面积.

解 摆线的一拱可取 $t \in [0, 2\pi]$. 所求面积为

$$A = \int_0^{2\pi} a \left| (1 - \cos t)[a(t - \sin t)]' \right| \mathrm{d}t$$
$$= a^2 \int_0^{2\pi} (1 - \cos t)^2 \mathrm{d}t = 3\pi a^2$$

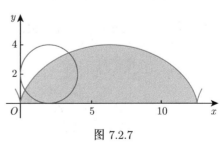

图 7.2.7

例 7.2.5 求曲线 $x^{2/3} + y^{2/3} = a^{2/3}$ 所围成图形的面积.

解 曲线 $x^{2/3} + y^{2/3} = a^{2/3}$ 关于 x, y 轴对称, 因此仅需求出第一象限图形面积. 设 $\begin{cases} x = a\cos^3 t, \\ y = a\sin^3 t, \end{cases}$ 则面积

$$A = 12a^2 \int_0^{\pi/2} \sin^4 t \cos^2 t \, dt = 12a^2 \int_0^{\pi/2} (\sin^4 t - \sin^6 t) \, dt = \frac{3\pi a^2}{8}$$

注 7.2.4 例 7.2.5 用到了例 6.4.4 的结论.

接下来我们讨论封闭曲线围成图形的面积.

定理 7.2.2 设平面图形 S 的边界曲线 γ 由参数方程 $\begin{cases} x = x(t), \\ y = y(t), \end{cases} \alpha \leqslant t \leqslant \beta$ 给出, 其中 $x(\alpha) = x(\beta), y(\alpha) = y(\beta)$, 曲线 γ 除了端点重合外再无交点. 假定 $x'(t), y'(t)$ 在区间 $[\alpha, \beta]$ 上存在且连续. 那么由曲线所围成图形的面积为

$$A = \left| \int_\alpha^\beta y(t) x'(t) dt \right| \quad \left(A = \left| \int_\alpha^\beta x(t) y'(t) dt \right| \right)$$

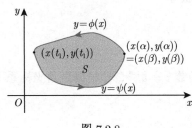

图 7.2.8

假定 t 从 α 连续变化到 β 时, 如果一个人沿着 γ 行走, 图形 S 总在他的左边. 这种规定给出了 γ 的一个正定向, 如图 7.2.8 所示.

证明 设 $\gamma : \begin{cases} x = x(t), \\ y = y(t), \end{cases} \alpha \leqslant t \leqslant \beta$ 围成一个 X 型区域, 下面利用直角坐标求面积的公式导出参数方程下的面积公式. 在曲线 γ 上选取一点 $(x(t_1), y(t_1))$ 与 $(x(\alpha), y(\alpha))$ 将 γ 分成两部分, 如图 7.2.8 所示.

当 t 从 α 严格递增到 t_1 时, $x(t)$ 从 $x(\alpha)$ 严格递减到 $x(t_1)$, 因此 $x(t)$ 在区间 $[\alpha, t_1]$ 上存在反函数 $t = t^{-1}(x)$. 将其代入 $y = y(t)$, 得

$$y = y(t^{-1}(x)) \triangleq \phi(x) \quad (x \in [x(t_1), x(\alpha)])$$

当 t 从 t_1 严格递增到 β 时, $x(t)$ 从 $x(t_1)$ 严格递增到 $x(\beta), x(t)$ 在区间 $[t_1, \beta]$ 上存在反函数 $t^{-1}(x)$, 因此当 $t \in [t_1, \beta]$ 时,

$$y = y(t^{-1}(x)) \triangleq \psi(x) \quad (x \in [x(t_1), x(\beta)])$$

由定积分的变量替换公式, 区域面积 A 为

$$A = \int_{x(t_1)}^{x(\alpha)} \phi(x) dx - \int_{x(t_1)}^{x(\beta)} \psi(x) dx = \int_{t_1}^{\alpha} y(t) x'(t) dt - \int_{t_1}^{\beta} y(t) x'(t) dt = -\int_\alpha^\beta y(t) x'(t) dt$$

若上述图形是一个 Y 型区域, 可以推出 γ 所围区域面积为 $A = \int_\alpha^\beta x(t) y'(t) dt$. 因此

$$A = \left| \int_\alpha^\beta y(t) x'(t) dt \right| \quad \text{或} \quad A = \left| \int_\alpha^\beta x(t) y'(t) dt \right|$$

结论得证.

注 7.2.5 如果 γ 所围图形可以添加几条曲线后成为若干 X 型或 Y 型区域, 则 γ 所围区域的面积仍具有形式: $A = \left| \int_\alpha^\beta x(t) y'(t) \mathrm{d}t \right| \ \left(A = \left| \int_\alpha^\beta y(t) x'(t) \mathrm{d}t \right| \right).$

例 7.2.6 求由参数方程 $x = 2t - t^2, y = 2t^2 - t^3$ 表示的曲线所围成图形的面积.

解 解方程组 $\begin{cases} x = t(2-t), \\ y = t^2(2-t) \end{cases}$ 得 $\begin{cases} x(0) = x(2) = 0, \\ y(0) = y(2) = 0. \end{cases}$ 参数由 $t = 0$ 递增至 $t = 2$ 时, 曲线上的动点从坐标原点出发又回到原点. 如图 7.2.9 所示. 由参数方程所表示封闭曲线的面积公式:

$$A = \left| \int_0^2 (2t^2 - t^3)(2t - t^2)' \mathrm{d}t \right| = 2 \left| \int_0^2 (t^4 - 3t^3 + 2t^2) \mathrm{d}t \right| = \frac{8}{15}$$

习题 7.2.2 参数方程表示的曲线围成平面图形的面积

1. 求由曲线 $x = t - t^3, y = 1 - t^4$ 所围图形的面积.
2. 求由曲线 $x = \left(\dfrac{c^2}{a}\right) \cos^3 t, y = \left(\dfrac{c^2}{b}\right) \sin^3 t \ (c^2 = a^2 - b^2)$ 所围图形的面积.
3. 求由曲线 $x = a(2\cos t - \cos 2t), y = a(2\sin t - \sin 2t)$ 以及 $y = 0$ 所围图形的面积.
4. 求由曲线 $x = a(\cos t + t \sin t), y = a(\sin t - t \cos t) \ (0 \leqslant t \leqslant 2\pi)$ 以及 $x = a, y \leqslant 0$ 所围图形的面积.

7.2.3 极坐标系下平面图形面积的计算

设由曲线 $r = r(\theta)$ 及射线 $\theta = \alpha, \theta = \beta$ 围成一曲边扇形, 如图 7.2.10 所示, 求其面积. 这里 $r(\theta)$ 在 $[\alpha, \beta]$ 上连续, 且 $r(\theta) \geqslant 0$.

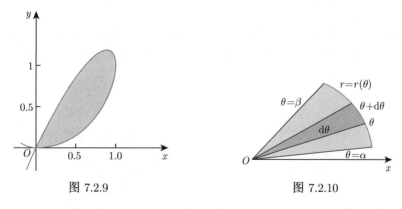

图 7.2.9 图 7.2.10

首先进行分割. 过原点引一族射线, 则图形可以分割成若干个近似的扇形, 如图 7.2.10 所示. 因此面积微元可以表示为 $\mathrm{d}A = (1/2)[r(\theta)]^2 \mathrm{d}\theta$, 所以曲边扇形的面积

$$A = \frac{1}{2} \int_\alpha^\beta r(\theta)^2 \mathrm{d}\theta$$

例 7.2.7 求心形线 $r = a(1 + \cos\theta)(a > 0)$ 所围平面图形的面积.

解 由于 $r = a(1 + \cos(-\theta)) = a(1 + \cos\theta)$, 因此曲线围成的图形关于极轴对称, 如

图 7.2.11 所示. 面积微元 $dA = (1/2)a^2(1+\cos\theta)^2 d\theta$, 利用对称性有

$$A = 2 \cdot \frac{1}{2}a^2 \int_0^\pi (1+\cos\theta)^2 d\theta = a^2 \int_0^\pi (1+2\cos\theta+\cos^2\theta)d\theta$$

由定积分牛顿-莱布尼茨公式得到

$$A = a^2 \left[\frac{3}{2}\theta + 2\sin\theta + \frac{1}{4}\sin 2\theta\right]_0^\pi = \frac{3}{2}\pi a^2$$

例 7.2.8 求双纽线 $r^2 = a^2\cos 2\theta$ 所围平面图形的面积.

解 因为 $r^2 = a^2\cos 2\theta \geqslant 0, \cos 2\theta \geqslant 0$, 所以 θ 的取值范围是 $[-\pi/4, \pi/4]$ 与 $[3\pi/4, 5\pi/4]$. $r^2 = a^2\cos(-2\theta) = a^2\cos(2\theta)$, 所以曲线围成图形关于极轴对称, 如图 7.2.12. 利用对称性和余弦函数的周期性知总面积等于 4 倍第一象限部分面积, 即

$$A = 4\int_0^{\frac{\pi}{4}} \frac{1}{2}a^2\cos 2\theta d\theta = a^2$$

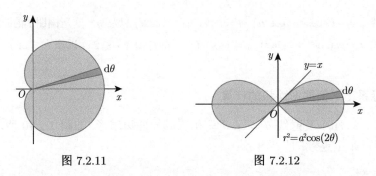

图 7.2.11　　　　图 7.2.12

例 7.2.9 如图 7.2.13 所示为阿基米德螺线 $r = a\theta(a>0, \theta \geqslant 0)$, 图 7.2.14 中 $S_0, S_1, S_2, \cdots$ 分别表示螺线每相邻两卷之间的面积. 证明 $S_1, S_2, \cdots$ 成等差数列.

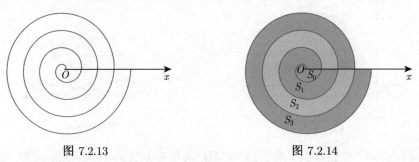

图 7.2.13　　　　图 7.2.14

证明 根据极坐标形式下的面积计算公式

$$A_k = \frac{1}{2}\int_{2k\pi}^{(2k+2)\pi} (a\theta)^2 d\theta = \frac{4}{3}a^2\pi^3(3k^2+3k+1), \quad k = 0,1,2,\cdots$$

$$S_k = A_k - A_{k-1} = \frac{4}{3}a^2\pi^3[(3k^2+3k+1)-(3k^2-3k+1)] = 8a^2\pi^3 k, \quad k = 1,2,\cdots$$

由此可见 $S_1, S_2, \cdots$ 成等差数列, 公差为 $8a^2\pi^3$. 结论得证.

例 7.2.10 求曲线 $x^4 + y^4 = a^2(x^2 + y^2)$ 围成图形的面积.

解 如图 7.2.15 所示, 曲线 $x^4+y^4 = a^2(x^2+y^2)$ 关于两个坐标轴以及直线 $x=y, y=-x$ 对称, 因此仅需求解第一象限的面积的一半. 曲线在极坐标系下的表达式: $r = \dfrac{\sqrt{2}a}{\sqrt{2-\sin^2 2\varphi}}$, 因此所求面积为

$$S = 8 \cdot \frac{1}{2} \int_0^{\pi/4} \left(\frac{\sqrt{2}a}{\sqrt{2-\sin^2 2\varphi}}\right)^2 \mathrm{d}\varphi = 4a^2 \int_0^{\pi/2} \frac{1}{2-\sin^2 \varphi} \mathrm{d}\varphi$$
$$= \frac{2a^2}{\sqrt{2}} \left\{ \left[\int_0^{\pi/2} \frac{1}{\sqrt{2}-\sin\varphi} - \frac{1}{\sqrt{2}+\sin\varphi}\right] \mathrm{d}\varphi \right\}$$

因为

$$\int \frac{1}{\sqrt{2}-\sin\varphi} \mathrm{d}\varphi = 2\arctan\left(\sqrt{2}\tan\frac{\varphi}{2} - 1\right)$$
$$\int \frac{1}{\sqrt{2}+\sin\varphi} \mathrm{d}\varphi = 2\arctan\left(\sqrt{2}\tan\frac{\varphi}{2} + 1\right)$$

由定积分的牛顿–莱布尼茨公式得到 $S = \sqrt{2}\pi a^2$.

习题 7.2.3 极坐标系下平面图形面积的计算

1. 求三叶曲线 $r = a\sin 3\varphi$ 所围图形的面积.
2. 求抛物线 $r = \dfrac{p}{1-\cos\varphi}, \varphi = \pi/4, \varphi = \pi/2$ 所围图形的面积.
3. 求椭圆 $r = \dfrac{p}{1+\varepsilon\cos\varphi}\ (0<\varepsilon<1)$ 所围图形的面积.
4. 求二曲线 $r = \sin\theta$ 与 $r = \sqrt{3}\cos\theta$ 所围公共部分的面积.

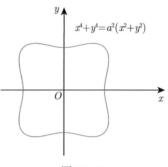

图 7.2.15

7.3 旋转曲面面积的计算

☞扫码学习

平面上的曲线绕着平面内一条直线旋转得到的曲面称为旋转曲面. 底面半径为 r, 斜高为 l 的圆锥体, 沿图 7.3.1 所示虚线切开展开, 得到半径为 l, 圆心角为 $\theta = (2\pi r)/l$ 的扇形. 已知半径为 l, 圆心角为 θ 的扇形面积为 $(1/2)\theta l^2$, 可得圆锥体的侧面积为

$$A = \frac{1}{2}\theta l^2 = \frac{1}{2}l^2\left(\frac{2\pi r}{l}\right) = \pi r l$$

如图 7.3.1 所示, 斜高为 l, 上下圆半径分别为 r_1, r_2 的圆台的侧面积为两个圆锥面积相减, 即

$$A = \pi r_2(l+l_1) - \pi r_1 l_1 = \pi(r_1+r_2)l = 2\pi r l$$

其中 $r = (r_1+r_2)/2$ 是圆台的平均半径, 上式是由三角形相似性 $r_1/r_2 = l_1/(l+l_1)$ 消去 l_1 得到.

下面讨论由连续可导函数曲线 $y = f(x), a \leqslant x \leqslant b\ [f(x) \geqslant 0]$ 绕 x 轴旋转所得曲面的面积.

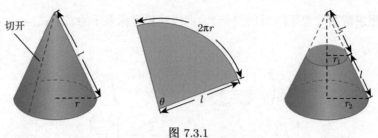

图 7.3.1

如图 7.3.2 所示, 任取微元 $[x, x + \Delta x]$, 相应圆台的上下圆的半径为 $f(x), f(x + \Delta x)$, 斜高为 $\sqrt{\Delta x^2 + \Delta y^2}$, $\Delta y = f(x + \Delta x) - f(x)$, 所以面积微元为

$$\Delta S \approx \pi \left[f(x) + f(x + \Delta x) \right] \sqrt{\Delta x^2 + \Delta y^2} = \pi \left[f(x) + f(x + \Delta x) \right] \sqrt{1 + \left(\frac{\Delta y}{\Delta x} \right)^2} \Delta x$$

又因为

$$f(x + \Delta x) = f(x) + o(1) \quad (\Delta x \to 0)$$

$$\lim_{\Delta x \to 0} \sqrt{1 + \left(\frac{\Delta y}{\Delta x} \right)^2} = \sqrt{1 + (f'(x))^2}$$

$$\sqrt{1 + \left(\frac{\Delta y}{\Delta x} \right)^2} = \sqrt{1 + (f'(x))^2} + o(1) \quad (\Delta x \to 0)$$

所以

$$\Delta S \approx \pi \left(2f(x) + o(1) \right) \left(\sqrt{1 + (f'(x))^2} + o(1) \right) \Delta x$$

$$= 2\pi f(x) \sqrt{1 + [f'(x)]^2} \Delta x + \left(2f(x)o(1) + o(1)\sqrt{1 + (f'(x))^2} + o(1)o(1) \right) \Delta x$$

$$= 2\pi f(x) \sqrt{1 + [f'(x)]^2} \Delta x + o(\Delta x)$$

因此得到旋转曲面面积微元

$$\mathrm{d}S = 2\pi f(x) \sqrt{1 + [f'(x)]^2} \mathrm{d}x$$

进一步得到旋转曲面面积

$$S = \int_a^b 2\pi f(x) \sqrt{1 + [f'(x)]^2} \mathrm{d}x$$

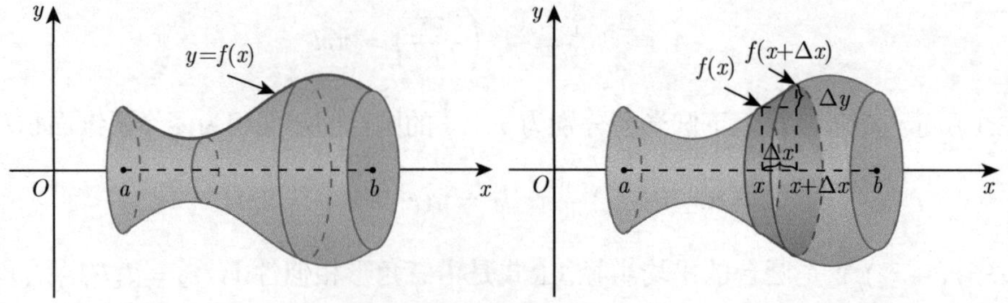

图 7.3.2

例 7.3.1 曲线 $y = \sqrt{4-x^2}, -1 \leqslant x \leqslant 1$ 是圆 $x^2 + y^2 = 4$ 上的一段弧. 求该段弧绕 x 轴旋转所得曲面的面积.

解 曲线旋转而成的旋转曲面如图 7.3.3 所示, 由于 $f'(x) = \left(\sqrt{4-x^2}\right)' = -x/\sqrt{4-x^2}$, 所以曲面面积为 $S = \int_{-1}^{1} 2\pi\sqrt{4-x^2}\sqrt{1+x^2/(4-x^2)}\mathrm{d}x = \int_{-1}^{1} 4\pi\mathrm{d}x = 8\pi$.

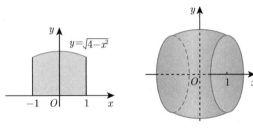

图 7.3.3

例 7.3.2 求 $y = x^2$ 从 $(1,1)$ 到 $(2,4)$ 之间的弧绕 y 轴旋转所得旋转曲面的面积.

解 旋转曲面如图 7.3.4 所示, $f'(y) = \left(\sqrt{y}\right)' = 1/(2\sqrt{y})$, 所以曲面面积为

$$S = \int_1^4 2\pi\sqrt{y}\sqrt{1 + \frac{1}{4y}}\mathrm{d}y = \int_1^4 \pi\sqrt{1+4y}\mathrm{d}y = \frac{\pi}{6}\left[(1+4y)^{3/2}\right]_1^4 = \frac{\pi}{6}(17\sqrt{17} - 5\sqrt{5})$$

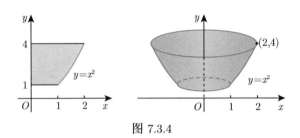

图 7.3.4

例 7.3.3 求曲线 $y = \mathrm{e}^x, 0 \leqslant x \leqslant 1$ 绕 x 轴旋转所得曲面的面积.

解 $f'(x) = (\mathrm{e}^x)' = \mathrm{e}^x$, 所以

$$S = \int_0^1 2\pi\mathrm{e}^x\sqrt{1+\mathrm{e}^{2x}}\mathrm{d}x = 2\pi\int_1^{\mathrm{e}} \sqrt{1+u^2}\mathrm{d}u \Leftarrow \boxed{\text{作变换} u = \mathrm{e}^x}$$

$$= 2\pi\int_{\pi/4}^{\alpha} \sec^3\theta\mathrm{d}\theta \Leftarrow \boxed{\text{作变换} u = \tan\theta, \alpha = \tan^{-1}\mathrm{e}}$$

由于

$$\int \sec^3 t\,\mathrm{d}t = \int \sec t\,\mathrm{d}\tan t = \sec t\tan t - \int \tan^2 t \sec t\,\mathrm{d}t$$

$$= \sec t\tan t - \int (\sec^2 t - 1)\sec t\,\mathrm{d}t = \sec t\tan t - \int \sec^3 t\,\mathrm{d}t + \int \sec t\,\mathrm{d}t$$

即

$$\int \sec^3 t\,\mathrm{d}t = \sec t\tan t - \int \sec^3 t\,\mathrm{d}t + \ln|\sec t + \tan t|$$

移项得到
$$\int \sec^3 t\, dt = \frac{\sec t \tan t}{2} + \frac{1}{2}\ln|\sec t + \tan t| + c$$
进一步利用定积分的牛顿–莱布尼茨公式
$$S = 2\pi \cdot \frac{1}{2}\left[\sec\theta\tan\theta + \ln|\sec\theta + \tan\theta|\right]_{\pi/4}^{\alpha}$$
$$= \pi\left[\sec\alpha\tan\alpha + \ln(\sec\alpha + \tan\alpha) - \sqrt{2} - \ln(\sqrt{2}+1)\right]$$

由于 $\tan\alpha = e$，则 $\sec^2\alpha = 1 + \tan^2\alpha = 1 + e^2$，所以
$$S = \pi\left[e\sqrt{1+e^2} + \ln(e + \sqrt{1+e^2}) - \sqrt{2} - \ln(\sqrt{2}+1)\right]$$

例 7.3.4 (绕倾斜轴旋转的曲面面积) 令 C 为 $y = f(x)$ 在点 $P(p, f(p))$ 和 $Q(q, f(q))$ 之间的一段曲线，求由曲线 C、直线 $y = mx + b$(在曲线 C 的下方) 以及 P, Q 到直线的垂线所围区域的面积 S，如图 7.3.5 所示，并求 C 绕直线 $y = mx + b$ 旋转所得旋转体的表面积. 这里设 $f(x)$ 有连续导函数.

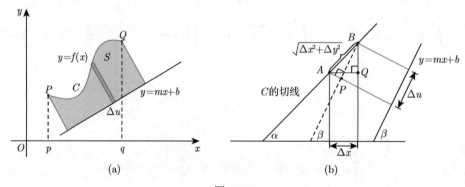

图 7.3.5

解 (1) 首先求区域面积. 对区域进行分割, 选取微元 $[u, u + \Delta u]$, 如图 7.3.5 所示. 过 A 做曲线的切线, 与 x 轴夹角为 α. 直线 $y = mx + b$ 与 x 轴夹角为 β. 由点到直线的距离公式得, 面积微元的高为 $(f(x) - mx - b)/\sqrt{1 + m^2}$, 面积微元的底长 $\Delta u = \sqrt{\Delta x^2 + \Delta y^2}\cos(\beta - \alpha)$. 由于
$$\frac{\cos(\beta - \alpha)}{\cos\alpha\cos\beta} = \frac{\cos\alpha\cos\beta + \sin\alpha\sin\beta}{\cos\alpha\cos\beta} = 1 + \tan\alpha\tan\beta = 1 + mf'(x)$$
$$\cos(\beta - \alpha) = \cos\alpha\cos\beta(1 + mf'(x)) = \frac{1}{\sqrt{1 + f'(x)^2}}\frac{1}{\sqrt{1+m^2}}(1 + mf'(x))$$

所以
$$\Delta u = \left(\frac{1}{\sqrt{1 + f'(x)^2}}\right)\left(\frac{1}{\sqrt{1 + m^2}}\right)(1 + mf'(x))\sqrt{1 + \frac{\Delta y^2}{\Delta x^2}}\Delta x$$

又由于
$$\lim_{\Delta x \to 0}\sqrt{1 + \frac{\Delta y^2}{\Delta x^2}} = \sqrt{1 + (f'(x))^2}, \quad \sqrt{1 + \frac{\Delta y^2}{\Delta x^2}} = \sqrt{1 + (f'(x))^2} + o(1) \quad (\Delta x \to 0)$$

所以
$$\Delta u = \frac{1}{\sqrt{1+m^2}}(1+mf'(x))\Delta x + o(\Delta x)$$
$$\frac{f(x)-mx-b}{\sqrt{1+m^2}}\Delta u = \frac{f(x)-mx-b}{1+m^2}(1+mf'(x))\Delta x + o(\Delta x) = \mathrm{d}S + o(\Delta x)$$
得到区域面积
$$S = \frac{1}{1+m^2}\int_p^q [f(x)-mx-b](1+mf'(x))\mathrm{d}x$$

(2) 求旋转体的表面积. 任意选取微元 $[u, u+\Delta u]$, 相应圆台面积
$$\Delta S \approx \pi\left(\frac{f(x)-mx-b}{\sqrt{1+m^2}} + \frac{f(x+\Delta x)-m(x+\Delta x)-b}{\sqrt{1+m^2}}\right)\sqrt{\Delta x^2 + \Delta y^2}$$
$$= 2\pi\frac{f(x)-mx-b}{\sqrt{1+m^2}}\sqrt{1+\frac{\Delta y^2}{\Delta x^2}}\Delta x + o(\Delta x)$$
$$= 2\pi\frac{f(x)-mx-b}{\sqrt{1+m^2}}\sqrt{1+f'(x)^2}\Delta x + o(\Delta x)$$
所以面积微元
$$\mathrm{d}S = 2\pi\frac{f(x)-mx-b}{\sqrt{1+m^2}}\sqrt{1+f'(x)^2}\Delta x$$
得到旋转曲面面积
$$S = \frac{2\pi}{\sqrt{1+m^2}}\int_p^q (f(x)-mx-b)\sqrt{1+f'(x)^2}\mathrm{d}x$$

例 7.3.5 证明下面的结论.

(1) 光滑曲线 $\begin{cases} x=\varphi(t), \\ y=\psi(t)(\geqslant 0), \end{cases}$ $\alpha \leqslant t \leqslant \beta$ 绕 x 轴旋转一周所得曲面面积
$$S = 2\pi\int_\alpha^\beta \psi(t)\sqrt{(\varphi'(t))^2 + (\psi'(t))^2}\mathrm{d}t$$

(2) 光滑曲线 $r=r(\theta), 0 \leqslant \alpha \leqslant \theta \leqslant \beta \leqslant \pi$ 绕极轴旋转一周所得曲面面积
$$S = 2\pi\int_\alpha^\beta r(\theta)\sin\theta\sqrt{(r(\theta))^2 + (r'(\theta))^2}\mathrm{d}\theta$$

证明 (1) 不妨设 $\varphi(\alpha) = a < \varphi(\beta) = b$, 根据直角坐标系下旋转曲面面积计算公式以及定积分换元公式,
$$S = 2\pi\int_a^b y(x)\sqrt{1+\left(\frac{\mathrm{d}y}{\mathrm{d}x}\right)^2}\mathrm{d}x = 2\pi\int_\alpha^\beta \psi(t)\sqrt{\frac{(\varphi'(t))^2+(\psi'(t))^2}{(\varphi'(t))^2}}|\varphi'(t)|\mathrm{d}t$$
$$= 2\pi\int_\alpha^\beta \psi(t)\sqrt{(\varphi'(t))^2+(\psi'(t))^2}\mathrm{d}t$$

(2) 由极坐标与直角坐标之间的关系, 不妨设 $r(\alpha)\cos\alpha = a < r(\beta)\cos\beta = b$, 根据直角坐标系下旋转曲面面积计算公式以及定积分换元公式,
$$S = 2\pi\int_a^b y(x)\sqrt{1+(y'(x))^2}\mathrm{d}x = 2\pi\int_\alpha^\beta r(\theta)\sin\theta\sqrt{(r(\theta))^2+(r'(\theta))^2}\mathrm{d}\theta$$
结论得证.

例 7.3.6 如图 7.3.6 所示, 求摆线 $x = a(t-\sin t), y = a(1-\cos t)\ (0 \leqslant t \leqslant 2\pi)$ 的一拱绕 x 轴旋转一周所得曲面的表面积.

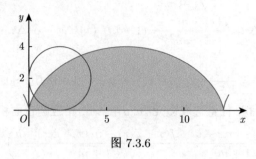

图 7.3.6

解 由于
$$\sqrt{(x'(t))^2 + (y'(t))^2} = 2a\sin\frac{t}{2}$$

由例 7.3.5 的结论, 所求面积为
$$A = 2\pi \int_0^{2\pi} a(1-\cos t) \cdot 2a\sin\frac{t}{2}\mathrm{d}t = 16\pi a^2 \int_0^\pi \sin^3 u\,\mathrm{d}u = \frac{64}{3}\pi a^2$$

例 7.3.7 求心形线 $r = a(1+\cos\theta)$ 绕极轴旋转一周所得曲面的表面积.

解 曲线 $r = a(1+\cos\theta)$ 围成区域关于极轴对称. 进一步
$$\sqrt{(r(\theta))^2 + (r'(\theta))^2} = 2a\cos\frac{\theta}{2}$$
$$y = r\sin\theta = a(1+\cos\theta)\sin\theta = 4a\cos^3\frac{\theta}{2}\sin\frac{\theta}{2}$$

于是由例 7.3.5, 所求面积为
$$A = 2\pi \int_0^\pi r(\theta)\sin\theta\sqrt{(r(\theta))^2 + (r'(\theta))^2}\mathrm{d}\theta = 2\pi\int_0^\pi 8a^2\cos^4\frac{\theta}{2}\sin\frac{\theta}{2}\mathrm{d}\theta = \frac{32}{5}\pi a^2$$

例 7.3.8 求双纽线 $r^2 = a^2\cos 2\theta$ 绕 (1) 极轴, (2) $\theta = \pi/2$, (3) $\theta = \pi/4$ 旋转所得曲面的面积.

解 $r^2 = a^2\cos 2\theta$, 则 $\cos 2\theta \geqslant 0$, 因此
$$-\frac{\pi}{2} \leqslant 2\theta \leqslant \frac{\pi}{2} \Rightarrow -\frac{\pi}{4} \leqslant \theta \leqslant \frac{\pi}{4}$$
$$-\frac{3\pi}{2} \leqslant 2\theta \leqslant \frac{3\pi}{2} \Rightarrow -\frac{3\pi}{4} \leqslant \theta \leqslant \frac{3\pi}{4}$$

$r = a\sqrt{\cos 2\theta}$, $\sqrt{r^2 + (r')^2} = a/\sqrt{\cos 2\theta}\mathrm{d}\theta$, 利用对称性和例 7.3.5, 得

(1) $S = 4\pi \int_0^{\pi/4} r(\theta)\sin\theta\sqrt{(r(\theta))^2 + (r'(\theta))^2}\mathrm{d}\theta = 4\pi\int_0^{\pi/4} a^2\sin\theta\mathrm{d}\theta = 2\pi a^2\left(2-\sqrt{2}\right);$

(2) $S = 4\pi \int_0^{\pi/4} r(\theta)\cos\theta\sqrt{(r(\theta))^2 + (r'(\theta))^2}\mathrm{d}\theta = 4\pi\int_0^{\pi/4} a^2\cos\theta\mathrm{d}\theta = 2\sqrt{2}\pi a^2;$

(3) 根据点到直线 $\theta = \dfrac{\pi}{4}$ 的距离为 $\dfrac{(r(\theta)\cos\theta - r(\theta)\sin\theta)}{\sqrt{2}}$, 因此

$$S = 4\pi \int_{-\pi/4}^{\pi/4} \frac{(r(\theta)\cos\theta - r(\theta)\sin\theta)}{\sqrt{2}} \sqrt{(r(\theta))^2 + (r'(\theta))^2} \mathrm{d}\theta$$

$$= \frac{4\pi a^2}{\sqrt{2}} \int_{-\pi/4}^{\pi/4} (\cos\theta - \sin\theta)\,\mathrm{d}\theta = 4\pi a^2$$

习题 7.3 旋转曲面面积的计算

1. 计算由内摆线 $x = a\cos^3 t, y = a\sin^3 t\ (0 \leqslant t \leqslant 2\pi)$ 绕 x 轴旋转所得旋转曲面的面积.
2. 求曲线 $y^2 = 2px\ (0 \leqslant x \leqslant x_0)$ 分别绕 x, y 轴旋转一周所得曲面的面积.
3. 求椭圆 $\dfrac{x^2}{a^2} + \dfrac{y^2}{b^2} = 1\ (0 < b < a)$ 分别绕 x, y 轴旋转一周所得曲面的面积.
4. 求曲线 $x^{2/3} + y^{2/3} = a^{2/3}$ 分别绕 x, y 轴旋转一周所得曲面的面积.

7.4 旋转体体积的计算方法

扫码学习

我们已知柱体体积等于柱体的底面积乘以高, 如图 7.4.1 所示. 下面我们讨论一般的不规则立体体积的计算方法.

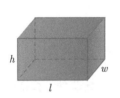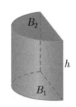

图 7.4.1

首先讨论已知平行截面面积求体积的方法. 若已知一个立体上垂直于一定轴的各个截面的面积, 则这个立体的体积可以用定积分来计算. 如图 7.4.2 所示, 设截面面积 $A(x)$ 是 $[a,b]$ 上连续函数, 则体积微元

$$\mathrm{d}V = A(x)\mathrm{d}x$$

于是

$$V = \int_a^b A(x)\mathrm{d}x$$

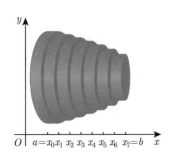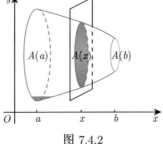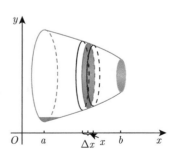

图 7.4.2

下面讨论旋转体的体积计算方法. 所谓旋转体就是由一个平面图形绕这平面内一条直线旋转一周而成的立体, 这条直线叫做旋转轴. 如图 7.4.3 所示, 圆柱、圆锥、圆台可以分别看成是由矩形绕它的一条边、直角三角形绕它的直角边、直角梯形绕它的直角腰旋转一周而成的立体, 所以它们都是旋转体.

接下来讨论由连续曲线 $y = f(x)\,(a \leqslant x \leqslant b)$ 绕 x 轴旋转一周而成的立体, 如图 7.4.4 所示. 下面考虑用定积分来计算这种旋转体的体积.

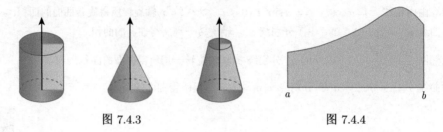

图 7.4.3　　　　　　　　　　图 7.4.4

取积分变量为 $x, x \in [a, b]$, 在 $[a, b]$ 上任取小区间 $[x, x+\Delta x]$, Δx 为底的小曲边梯形绕 x 轴旋转而成的体积的近似为体积微元

$$dV = \pi[f(x)]^2 dx$$

所以旋转体的体积为

$$V = \int_a^b \pi[f(x)]^2 dx \tag{7.4.1}$$

例 7.4.1　区域 D 由 $y = x$ 和 $y = x^2$ 围成, 并绕 x 轴旋转. 求旋转体体积.

解　如图 7.4.5 所示, $y = x$ 和 $y = x^2$ 的交点为 $(0,0)$ 和 $(1,1)$, 在 x 处横截面为内外半径分别为 x^2 和 x 的圆环, 其面积

$$A(x) = \pi x^2 - \pi(x^2)^2 = \pi(x^2 - x^4), \quad dV = \pi(x^2 - x^4)dx$$

于是

$$V = \int_0^1 A(x)dx = \int_0^1 \pi(x^2 - x^4)dx = \pi \left[\frac{x^3}{3} - \frac{x^5}{5}\right]_0^1 = \frac{2\pi}{15}$$

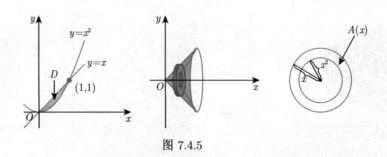

图 7.4.5

例 7.4.2　求由曲线 $y = x, y = x^2$ 所围成区域绕 $y = 2$ 旋转所得立体体积.

解 如图 7.4.6 所示, 旋转曲面的横截面为内外半径分别为 $2-x$ 和 $2-x^2$ 的圆环, 横截面的面积为
$$A(x) = \pi(2-x^2)^2 - \pi(2-x)^2$$
所以所求体积为
$$V = \int_0^1 A(x)\mathrm{d}x = \pi \int_0^1 [(2-x^2)^2 - (2-x)^2]\mathrm{d}x = \pi \left[\frac{x^5}{5} - \frac{5x^3}{3} + 2x^2\right]_0^1 = \frac{8\pi}{15}$$

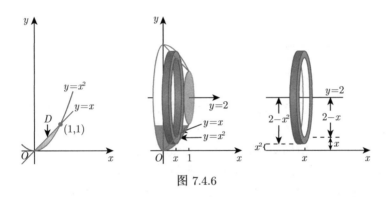

图 7.4.6

例 7.4.3 求区域 D (由曲线 $y=x$ 和 $y=x^2$ 围成) 绕 $x=-1$ 旋转所得旋转体体积.

解 图 7.4.7 中画出了水平横截面是一个内外半径分别为 $1+y$ 和 $1+\sqrt{y}$ 的圆环, 其面积为
$$A(y) = \pi(1+\sqrt{y})^2 - \pi(1+y)^2$$
于是所求体积
$$V = \int_0^1 A(y)\mathrm{d}y = \pi \int_0^1 [(1+\sqrt{y})^2 - (1+y)^2]\mathrm{d}y = \pi \left[\frac{4y^{3/2}}{3} - \frac{y^2}{2} - \frac{y^3}{3}\right]_0^1 = \frac{\pi}{2}$$

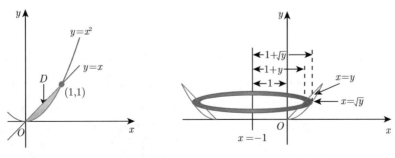

图 7.4.7

例 7.4.4 (绕倾斜轴旋转的旋转体体积) 如图 7.3.5 所示, 令 C 为 $y=f(x)$ 在点 $P(p, f(p))$ 和 $Q(q, f(q))$ 之间的一段曲线, 求曲线 C 绕直线 $y=mx+b$ 旋转所得旋转体的体积. 这里设 $f(x)$ 有连续导函数.

解 考虑任意微元的体积,由例 7.3.4 的结论,

$$\Delta V \approx \pi \left(\frac{f(x)-mx-b}{\sqrt{1+m^2}}\right)^2 \Delta u, \quad \Delta u = \frac{1}{\sqrt{1+m^2}}(1+mf'(x))\Delta x + o(\Delta x)$$

$$\Delta V = \pi \frac{(f(x)-mx-b)^2}{1+m^2} \frac{(1+mf'(x))}{\sqrt{1+m^2}} \Delta x + o(\Delta x)$$

得到体积微元

$$\mathrm{d}V = \pi \frac{(f(x)-mx-b)^2}{(1+m^2)^{3/2}}(1+mf'(x))\mathrm{d}x$$

所求体积为

$$V = \frac{\pi}{(1+m^2)^{3/2}} \int_p^q (f(x)-mx-b)^2 (1+mf'(x))\mathrm{d}x$$

由于一些体积问题利用平行截面面积求体积的方法很难得到,这时可以采用柱面法求得旋转体的体积. 例如求由 $y = 2x^2 - x^3$ 和 $y = 0$ 所围成区域绕 y 轴旋转所得旋转体的体积. 如果用垂直于 y 轴的平面横切旋转体,得到一个圆环,但是为了计算圆环内外半径 x_L, x_R,对固定的 y,必须从方程 $y = 2x^2 - x^3$ 解出 x,但这并不容易.

如图 7.4.8 所示是一个内外半径分别为 r_1, r_2,高为 h 的柱体薄壳. 薄壳体积 V 等于内外两个圆柱的体积 V_2 和 V_1 之差,薄壳厚度 $\Delta r = r_2 - r_1$,薄壳平均半径 $r = (r_2 + r_1)/2$,则

$$V = V_2 - V_1 = \pi r_2^2 h - \pi r_1^2 h = \pi(r_2^2 - r_1^2)h = \pi(r_2+r_1)(r_2-r_1)h$$
$$= 2\pi \frac{r_2+r_1}{2} h(r_2 - r_1) = 2\pi r h \Delta r$$

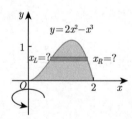
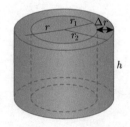

图 7.4.8

如图 7.4.9 所示,令 S 是由 $y = f(x)$(其中 $f(x) \geqslant 0$), $y = 0, x = a$ 和 $x = b(b > a \geqslant 0)$ 所围成区域绕 y 轴旋转所得的旋转体. 把旋转体分解成一些柱体薄壳,则体积微元和体积分别为

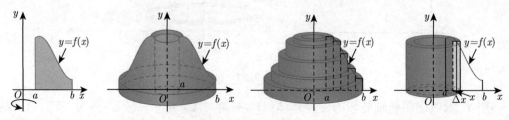

图 7.4.9

$$dV = 2\pi x f(x)\Delta x, \quad V = \int_a^b 2\pi x f(x)dx \qquad (7.4.2)$$

例 7.4.5 求由 $y = 2x^2 - x^3$ 和 $y = 0$ 围成区域绕 y 轴旋转所得旋转体的体积.

解 如图 7.4.10 所示, 柱体薄壳半径为 x, 圆周 $2\pi x$, 高为 $f(x) = 2x^2 - x^3$, 所以体积为

$$V = \int_0^2 (2\pi x)(2x^2 - x^3)dx$$
$$= 2\pi \left[\frac{x^4}{2} - \frac{x^5}{5}\right]_0^2 = \frac{16\pi}{5}$$

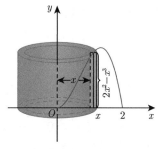

图 7.4.10

例 7.4.6 求 $x = a(t - \sin t), y = a(1 - \cos t)(a > 0), y = 0$ 围成区域分别绕 x 轴、y 轴以及直线 $y = 2a$ 旋转所得旋转体的体积.

解 利用公式 (7.4.1) 和 (7.4.2) 以及定积分换元公式得

(1) $V_x = \pi \int_0^{2\pi} y^2(t) x'(t) dt = a^3 \int_0^{2\pi} (1 - \cos t)^3 dt$

$$= a^3 \left[\frac{5}{2}t - \frac{1}{3}\cos^2 t \sin t - \frac{11}{3}\sin t + \frac{3}{2}\sin t \cos t\right]\bigg|_0^{2\pi} = 5\pi^2 a^3;$$

(2) $V_y = 2\pi \int_0^{2\pi} x(t) x'(t) y(t) dt = 2\pi a^3 \int_0^{2\pi} (t - \sin t)(1 - \cos t)^2 dt$

$$= 2\pi a^3 \left[\frac{3}{4}t^2 - 2t \sin t - \frac{1}{2}\cos 2t + \frac{1}{4}t \sin 2t - \frac{1}{3}\sin^3 t \cos t - \frac{2}{3}\cos t - \frac{1}{4}\sin^2 t\right]\bigg|_0^{2\pi}$$
$$= 6\pi^3 a^3;$$

(3) 作平移变换: $\bar{y} = y - 2a = -a(1 + \cos t), \bar{x} = x = a(t - \sin t)$, 则

$$V_{y=2a} = \pi \int_0^{2\pi} \left[a^2(1 + \cos t)^2\right] a(1 - \cos t) dt$$
$$= \pi a^3 \left(\frac{1}{2}t + \frac{1}{3}\sin t - \frac{1}{2}\sin t \cos t - \frac{1}{3}\cos^2 t \sin t\right)\bigg|_0^{2\pi} = 7\pi^2 a^3.$$

习题 7.4 旋转体体积的计算方法

1. 求椭圆 $x^2/a^2 + y^2/b^2 = 1$ 分别绕 x, y 轴旋转所得旋转体的体积.
2. 求 $y = b(x/a)^{2/3} (0 \leqslant x \leqslant a)$ 分别绕 x, y 轴旋转所得旋转体的体积.
3. 求由 $y = b(x/a)^2, y = b|x/a|$ 围成的图形分别绕 x, y 轴旋转所得旋转体的体积.
4. 求 $x^2 - xy + y^2 = a^2$ 绕 x 轴旋转所得旋转体的体积.
5. 计算 $x = a\sin^3 t, y = b\cos^3 t, t \in [0, 2\pi], a, b > 0, y = 0$ 分别绕 x, y 轴旋转所得旋转体的体积.

扫码学习

7.5 曲线的弧长

本节讨论曲线弧长的计算方法.

定义 7.5.1 (曲线的弧长) 如图 7.5.1 所示,设 A, B 是平面曲线弧上的两个端点,在弧上插入分点 $A = M_0, M_1, \cdots, M_{n-1}, M_n = B$, $\|\pi\| = \max\limits_{1 \leqslant i \leqslant n} |M_{i-1}M_i|$,如果 $\lim\limits_{\|\pi\| \to 0} \sum\limits_{i=1}^n |M_{i-1}M_i|$ 存在,并且与分割的方式无关,则称曲线弧 AB 是可求长的.

定义 7.5.2 (光滑曲线) 设 $\Gamma: \begin{cases} x = x(t), \\ y = y(t), \end{cases} \alpha \leqslant t \leqslant \beta, x'(t), y'(t)$ 在 $[\alpha, \beta]$ 上连续,并且 $(x'(t))^2 + (y'(t))^2 \neq 0, \forall t \in [\alpha, \beta]$,则称 Γ 为光滑曲线.

对光滑的曲线弧长有如下计算方法.

定理 7.5.1 设 $L: \begin{cases} x = x(t), \\ y = y(t), \end{cases} \alpha \leqslant t \leqslant \beta$ 为光滑曲线,则 L 可求弧长且

$$s = \int_\alpha^\beta \sqrt{(x'(t))^2 + (y'(t))^2}\,dt, \quad ds = \sqrt{(x'(t))^2 + (y'(t))^2}\,dt$$

其中 ds 为弧长微分.

证明 如图 7.5.2 所示,将曲线 L 进行分割,设

$$M_i(x, y) = (x(t_i), y(t_i)), \quad i = 0, 1, 2, \cdots, n$$
$$M_0(x, y) = (x(\alpha), y(\alpha)), \quad M_n(x, y) = (x(\beta), y(\beta))$$

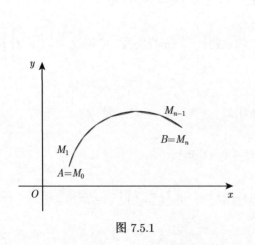

图 7.5.1

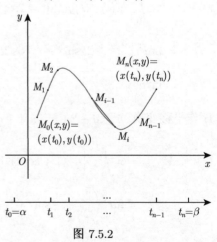

图 7.5.2

在上述分割过程中将 $[\alpha, \beta]$ 进行了分割: $t_0 = \alpha < t_1 < t_2 < \cdots < t_n = \beta$. 则

$$|M_{i-1}M_i| = \sqrt{(x(t_i) - x(t_{i-1}))^2 + (y(t_i) - y(t_{i-1}))^2}$$

进一步在任一小区间上应用拉格朗日中值定理得

$$x(t_i) - x(t_{i-1}) = x'(\alpha_i) \Delta t_i, \quad \alpha_i \in (t_{i-1}, t_i)$$
$$y(t_i) - y(t_{i-1}) = y'(\beta_i) \Delta t_i, \quad \beta_i \in (t_{i-1}, t_i)$$

因此

$$|M_{i-1}M_i| = \sqrt{(x'(\alpha_i))^2 + (y'(\beta_i))^2}\Delta t_i$$

$$\sum_{i=1}^{n}|M_{i-1}M_i| = \sum_{i=1}^{n}\sqrt{(x'(\alpha_i))^2 + (y'(\beta_i))^2}\Delta t_i$$

$$= \sum_{i=1}^{n}\sqrt{(x'(\alpha_i))^2 + (y'(\alpha_i))^2}\Delta t_i$$

$$+ \sum_{i=1}^{n}\left(\sqrt{(x'(\alpha_i))^2 + (y'(\beta_i))^2} - \sqrt{(x'(\alpha_i))^2 + (y'(\alpha_i))^2}\right)\Delta t_i$$

$$= \sum_{i=1}^{n}\sqrt{(x'(\alpha_i))^2 + (y'(\alpha_i))^2}\Delta t_i$$

$$+ \sum_{i=1}^{n}\frac{(y'(\beta_i))^2 - (y'(\alpha_i))^2}{\sqrt{(x'(\alpha_i))^2 + (y'(\beta_i))^2} + \sqrt{(x'(\alpha_i))^2 + (y'(\alpha_i))^2}}\Delta t_i$$

$$\triangleq (1) + (2)$$

由于

$$|(2)| \leqslant \sum_{i=1}^{n}\frac{|y'(\beta_i) + y'(\alpha_i)||y'(\beta_i) - y'(\alpha_i)|\Delta t_i}{\sqrt{(x'(\alpha_i))^2 + (y'(\beta_i))^2} + \sqrt{(x'(\alpha_i))^2 + (y'(\alpha_i))^2}}$$

$$\leqslant \sum_{i=1}^{n}\frac{|y'(\beta_i) + y'(\alpha_i)|}{|y'(\beta_i)| + |y'(\alpha_i)|}|y'(\beta_i) - y'(\alpha_i)|\Delta t_i \leqslant \sum_{i=1}^{n}|y'(\beta_i) - y'(\alpha_i)|\Delta t_i$$

而 $y'(t)$ 在 $[\alpha, \beta]$ 连续，因此一致连续，于是有

$$\forall \varepsilon > 0, \exists \delta(\varepsilon) > 0, \forall t_1, t_2 \in [\alpha, \beta], |t_1 - t_2| < \delta : |y'(t_1) - y'(t_2)| < \varepsilon$$

因此对于分割 $T : \alpha = t_0 < t_1 < t_2 < \cdots < t_n = \beta$，当 $\|T\| = \max\limits_{1\leqslant i\leqslant n}|t_i - t_{i-1}| < \delta$ 时，

$$\sum_{i=1}^{n}\frac{(y'(\beta_i))^2 - (y'(\alpha_i))^2}{\sqrt{(x'(\alpha_i))^2 + (y'(\beta_i))^2} + \sqrt{(x'(\alpha_i))^2 + (y'(\alpha_i))^2}}\Delta t_i < \varepsilon(\beta - \alpha)$$

对于 (1)，有

$$\lim_{\|T\|\to 0}\sum_{i=1}^{n}\sqrt{(x'(\alpha_i))^2 + (y'(\alpha_i))^2}\Delta t_i = \int_{\alpha}^{\beta}\sqrt{(x'(t))^2 + (y'(t))^2}\mathrm{d}t$$

结论得证.

注 7.5.1 对特殊情形，若 $L : y = f(x), a \leqslant x \leqslant b, f'(x)$ 连续，则 $s = \int_{a}^{b}\sqrt{1 + (f'(x))^2}\mathrm{d}x$.

若 $L : x = \varphi(y), a \leqslant y \leqslant b, \varphi'(y)$ 连续，则 $s = \int_{a}^{b}\sqrt{1 + (\varphi'(y))^2}\mathrm{d}y$.

若 $L: r = r(\theta), \alpha \leqslant \theta \leqslant \beta, r'(\theta)$ 连续, 则 $s = \int_\alpha^\beta \sqrt{(r(\theta))^2 + (r'(\theta))^2} \mathrm{d}\theta$.

若 $L: \begin{cases} x = x(t), \\ y = y(t), \\ z = z(t), \end{cases} \alpha \leqslant t \leqslant \beta$ 为空间光滑曲线, 则 L 可求弧长且

$$s = \int_\alpha^\beta \sqrt{(x'(t))^2 + (y'(t))^2 + (z'(t))^2} \mathrm{d}t$$

例 7.5.1 如图 7.5.3 所示, 求星形线 $x^{2/3} + y^{2/3} = a^{2/3}(a > 0)$ 的全长.

解 星形线的参数方程为 $\begin{cases} x = a\cos^3 t, \\ y = a\sin^3 t, \end{cases} 0 \leqslant t \leqslant 2\pi$, 由对称性, 所以弧长

$$s = 4s_1 = 4\int_0^{\pi/2} \sqrt{(x'(t))^2 + (y'(t))^2} \mathrm{d}t = 4\int_0^{\pi/2} 3a\sin t\cos t \mathrm{d}t = 6a$$

例 7.5.2 计算曲线 $y = \int_0^{x/n} n\sqrt{\sin\theta} \mathrm{d}\theta$ 的弧长, 其中 $0 \leqslant x \leqslant n\pi$.

解 因为 $y' = n\sqrt{\sin\dfrac{x}{n}} \cdot \dfrac{1}{n} = \sqrt{\sin\dfrac{x}{n}}$, 所以

$$s = \int_a^b \sqrt{1 + y'^2} \mathrm{d}x = \int_0^{n\pi} \sqrt{1 + \sin\dfrac{x}{n}} \mathrm{d}x$$

令 $t = x/n$, 则

$$s = \int_0^\pi \sqrt{1 + \sin t} \cdot n\mathrm{d}t = \int_0^\pi n\sqrt{\left(\sin\dfrac{t}{2}\right)^2 + \left(\cos\dfrac{t}{2}\right)^2 + 2\sin\dfrac{t}{2}\cos\dfrac{t}{2}} \mathrm{d}t$$
$$= n\int_0^\pi \left(\sin\dfrac{t}{2} + \cos\dfrac{t}{2}\right)\mathrm{d}t = 4n$$

例 7.5.3 如图 7.5.4 所示, 求阿基米德螺线 $r = a\theta(a>0)$ 上相应于 θ 从 0 到 2π 的弧长.

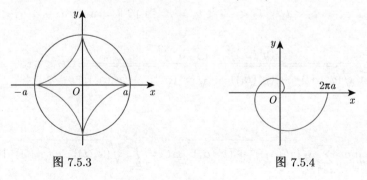

图 7.5.3   图 7.5.4

解 由弧长计算公式,

$$s = \int_\alpha^\beta \sqrt{r^2(\theta) + r'^2(\theta)} \mathrm{d}\theta = \int_0^{2\pi} \sqrt{a^2\theta^2 + a^2} \mathrm{d}\theta = a\int_0^{2\pi} \sqrt{\theta^2 + 1} \mathrm{d}\theta$$
$$= \dfrac{a}{2}\left[2\pi\sqrt{1 + 4\pi^2} + \ln(2\pi + \sqrt{1 + 4\pi^2})\right]$$

注 7.5.2 例 7.5.3 的计算用到了公式
$$\int \sqrt{x^2+a^2}\,\mathrm{d}x = \frac{x}{2}\sqrt{x^2+a^2} + \frac{a^2}{2}\ln\left|x+\sqrt{x^2+a^2}\right| + C$$

习题 7.5　曲线的弧长

1. 求下列曲线的弧长.

(1) $\begin{cases} x = a(\cos t + t\sin t), \\ y = a(\sin t - t\cos t), \end{cases} 0 \leqslant t \leqslant 2\pi$，其中常数 $a > 0$.

(2) $x = t, y = 3t^2, z = 6t^3, 0 \leqslant t \leqslant 2$.

(3) $\sqrt{x} + \sqrt{y} = 1$.

(4) $x = a\cos^3 t, y = a\sin^3 t\,(a > 0), 0 \leqslant t \leqslant 2\pi$.

(5) $r = a\sin^3(\theta/3)\,(a > 0), 0 \leqslant \theta \leqslant 3\pi$.

7.6　平面曲线的曲率

扫码学习

本节讨论如何刻画曲线上每点处的弯曲程度，即平面曲线的曲率.

首先分析影响曲线弯曲程度的因素. 如图 7.6.1 所示，在曲线上取三个点 P, Q, R，曲线上 $\overset{\frown}{PQ}$ 和 $\overset{\frown}{QR}$ 两段弧弯曲的程度不同，弧长越长弯曲的程度越小. 当一点从曲线上按照过 P, Q, R 的顺序移动时，三点切线转过的角度 $\Delta\alpha$ 大于 $\Delta\beta$，因此曲线弯曲程度越小切线的转角就越小. 因此曲线上一段弧的弯曲程度与弧长成反比而与切线的转角成正比. 为此引入下面的定义.

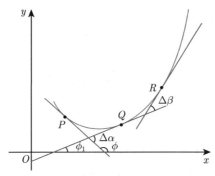

图 7.6.1

定义 7.6.1 设平面曲线 $L: \begin{cases} x = x(t), \\ y = y(t), \end{cases} \alpha \leqslant t \leqslant \beta, x(t), y(t)$ 有连续的二阶导数. P, Q 为 L 上的点，在 P 点处 L 的切线与 x 轴正向夹角为 ϕ，Q 点处 L 的切线与 x 轴正向夹角为 ϕ_1，则称 $|\Delta\phi/\Delta s|$ 为弧的平均曲率，这里 $\Delta\phi = \phi_1 - \phi, \Delta s$ 为弧长度. 进一步如果 $\lim\limits_{\Delta s \to 0}(\Delta\phi/\Delta s)$ 存在，则称 $k = \left|\lim\limits_{\Delta s \to 0}(\Delta\phi/\Delta s)\right| = |\mathrm{d}\phi/\mathrm{d}s|$ 为曲线 L 在 P 点的曲率.

下面讨论曲线曲率的计算. 设 $L: \begin{cases} x = x(t), \\ y = y(t), \end{cases} \alpha \leqslant t \leqslant \beta$ 是光滑曲线，因此有

$$\tan\phi = \frac{\mathrm{d}y}{\mathrm{d}x} = \frac{y'(t)}{x'(t)}$$

若函数 $x=x(t), y=y(t), \alpha \leqslant t \leqslant \beta$ 存在二阶导数, 则根据弧微分公式有

$$\frac{\mathrm{d}s}{\mathrm{d}t} = \sqrt{(x'(t))^2 + (y'(t))^2}$$

根据复合函数的求导法则得到曲率的计算公式为

$$k = \left|\lim_{\Delta s \to 0} \frac{\Delta \phi}{\Delta s}\right| = \left|\frac{\mathrm{d}\phi}{\mathrm{d}t}\frac{\mathrm{d}t}{\mathrm{d}s}\right| = \left|\frac{y''(t)x'(t) - y'(t)x''(t)}{((x'(t))^2 + (y'(t))^2)^{3/2}}\right|$$

当曲线用 $L: y=f(x), a \leqslant x \leqslant b$ 表示时,

$$k = \left|\frac{y''(x)}{(1+(y'(x))^2)^{3/2}}\right|$$

例 7.6.1 求悬链线 $y = (a/2)\left(\mathrm{e}^{x/a} + \mathrm{e}^{-x/a}\right)(a>0)$ 的曲率.

解 由于

$$1+(y')^2 = 1 + \frac{1}{4}\left(\mathrm{e}^{x/a} - \mathrm{e}^{-x/a}\right)^2 = \frac{1}{4}\left(\mathrm{e}^{x/a} + \mathrm{e}^{-x/a}\right)^2 = \frac{y^2}{a^2}, \quad y'' = \frac{y}{a^2}$$

所以曲率

$$K = \left|\frac{y''(x)}{(1+(y'(x))^2)^{3/2}}\right| = \frac{a}{y^2}$$

例 7.6.2 求椭圆 $x=a\cos t, y=b\sin t (0 \leqslant t \leqslant 2\pi, a>b>0)$ 上曲率最大和最小的点.

解 由于 $x'(t)=-a\sin t, x''(t)=-a\cos t, y'(t)=b\cos t, y''(t)=-b\sin t$, 因此由曲率计算公式, 椭圆上任意点的曲率为

$$k = \left|\frac{y''(t)x'(t) - y'(t)x''(t)}{((x'(t))^2 + (y'(t))^2)^{3/2}}\right| = \frac{ab}{(a^2\sin^2 t + b^2\cos^2 t)^{3/2}} = \frac{ab}{[(a^2-b^2)\sin^2 t + b^2]^{3/2}}$$

于是在 $t=0, \pi$ (长轴端点) 处有最大曲率 a/b^2, 在 $t=\pi/2, 3\pi/2$ (短轴端点) 处有最小曲率 b/a^2.

设曲线 L 在一点 P 处的曲率 $K \neq 0$. 过点 P 作一个半径为 $r=1/K$ 的圆, 使其在点 P 处与曲线 L 有相同的切线, 并且在点 P 近旁与曲线位于切线的同侧. 这个圆称为是曲线 L 在点 P 处的曲率圆. 曲率圆的半径 $(r=1/K)$ 和圆心分别称为曲线 L 在点 P 处的曲率半径和曲率中心. 由曲率圆的定义知, 曲线在其曲率非零的点处与其曲率圆有相同的切线, 又有相同的曲率和凸性.

习题 7.6 平面曲线的曲率

求下列曲线的曲率与曲率半径.

(1) 抛物线 $y^2 = 2px(p>0)$;

(2) 旋轮线 $x=a(t-\sin t), y=a(1-\cos t)(a>0)$;

(3) 心形线 $\rho = a(1+\cos\theta)(a>0)$;

(4) 双纽线 $\rho^2 = 2a^2\cos 2\theta(a>0)$.

7.7 定积分的物理应用

扫码学习

本节讨论定积分在物理学中的一些应用.

7.7.1 变力做功与压力压强

如果物体在做直线运动的过程中有一个不变的力 F 作用在这物体上, 且力的方向与物体的运动方向一致, 那么在物体移动了距离 S 时, 力 F 对物体所做的功为 $W = FS$. 对于物体在运动过程中所受的力 $F(x)$ 是变化的, 即变力做功问题, 需要用微元法求解.

如图 7.7.1 所示, 变力从 x 到 $x + \Delta x$ 所做的功微元 $\mathrm{d}W \approx F(x)\Delta x$, 于是从 a 到 b 变力做功为

$$W = \int_a^b F(x)\mathrm{d}x$$

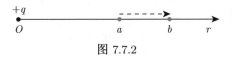

图 7.7.1

例 7.7.1 把一个带 $+q$ 电量的点电荷放在 r 轴上坐标原点处, 它产生一个电场. 这个电场对周围的电荷有作用力. 由物理学知道, 如果一单位正电荷放在这个电场中距离原点为 r 的地方, 那么电场对它的作用力的大小为 $F = k\dfrac{q}{r^2}$ (k 是常数), 如图 7.7.2 所示. 当这个单位正电荷在电场中从 $r = a$ 处沿 r 轴移动到 $r = b$ 处时, 计算电场力 F 对它所做的功.

```
+q
O         a    b    r
```

图 7.7.2

解 取 r 为积分变量, $r \in [a,b]$, 取任一小区间 $[r, r+\mathrm{d}r]$, 功微元 $\mathrm{d}W = \dfrac{kq}{r^2}\mathrm{d}r$, 所求功为
$W = \displaystyle\int_a^b \dfrac{kq}{r^2}\mathrm{d}r = kq(1/a - 1/b)$.

例 7.7.2 高 10m, 底半径 4m 的圆锥体容器, 它装满水至 8m 处. 求将所有水抽至容器顶端所需的功 (水的密度为 $1000\mathrm{kg/m}^3$).

解 如图 7.7.3 所示, 将圆锥置于垂直坐标系内. 在 x 处, $r/4 = (10-x)/10$, 于是 $r = (2/5)(10-x)$. x 到 $x + \Delta x$ 处水的体积为 $\Delta V \approx \pi r^2 \Delta x = (4\pi/25)(10-x)^2 \Delta x$, 质量 $\Delta m = $ 密度 $\times$ 体积 $\approx 160\pi(10-x)^2 \Delta x$. 于是抽出这些水需克服重力

$$\Delta F = \Delta m \cdot g \approx 9.8 \times 160\pi(10-x)^2 \Delta x = 1568\pi(10-x)^2 \Delta x$$

将这层水抽至顶端需做功 $\Delta W \approx \Delta F \cdot (10-x) \approx 1568\pi(10-x)^3 \Delta x$, 因此

$$W = \int_2^{10} 1568\pi(10-x)^3 \mathrm{d}x = 1568\pi\left(\dfrac{8^4}{4}\right) \approx 5044241.695569$$

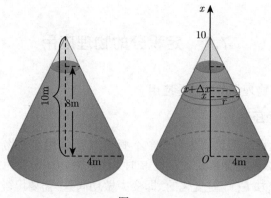

图 7.7.3

例 7.7.3 为清除井底的污泥, 用缆绳将抓斗放入井底, 抓起污泥后提出井口. 已知井深 30 米, 抓斗自重 400 牛顿, 缆绳每米重 50 牛顿, 抓斗抓起的污泥重 2000 牛顿, 提升速度为 3 米每秒, 在提升过程中污泥以 20 牛顿每秒的速度从抓斗缝隙中漏掉. 现将抓起污泥的抓斗提升到井口, 克服重力需做多少功?

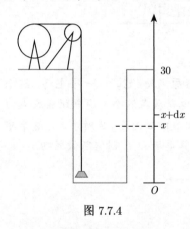

图 7.7.4

解 作 x 轴如图 7.7.4 所示. 设克服抓斗自重需做功 W_1, 克服缆绳需做功 W_2, 提升污泥做功 W_3. 将抓起污泥的抓斗由 x 提升至 $x + \mathrm{d}x$ 所做的功为

$$\mathrm{d}W_1 = 400\mathrm{d}x, \mathrm{d}W_2 = 50(30-x)\mathrm{d}x$$
$$\mathrm{d}W_3 = \left(2000 - \frac{20x}{3}\right)\mathrm{d}x$$

于是将抓起污泥的抓斗提升到井口, 克服重力需做功

$$W = \int_0^{30} \left[400 + 50(30-x) + \left(2000 - \frac{20x}{3}\right)\right]\mathrm{d}x = 91500$$

7.7.2 液体的压力与压强

由物理学知道, 水深为 h 处的压强为 $p = \gamma h$, 其中 γ 是水的比重. 如果面积为 A 的一平板水平放置在水深为 h 处, 那么平板一侧所受的水压力为 $P = p \cdot A$. 如果平板垂直放置在水中, 如图 7.7.5 所示, 由于水深不同的点处压强 p 不相等, 平板一侧所受的水压力就不能直接使用此公式, 下面采用 "微元法" 来解决这一问题.

例 7.7.4 如图 7.7.5 所示, 一个横放着的圆柱形水桶, 桶内盛有半桶水, 设桶的底半径为 R, 水的比重为 γ, 计算桶的一端面上所受的压力.

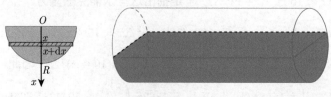

图 7.7.5

解 在端面建立坐标系如图 7.7.5 所示, 取 x 为积分变量, $x \in [0, R]$. 取任一小区间 $[x, x+\mathrm{d}x]$, 小矩形片上各处的压强近似相等 $p = \gamma x$, 面积为 $2\sqrt{R^2-x^2}\mathrm{d}x$. 压力微元为 $\mathrm{d}P = 2\gamma x\sqrt{R^2-x^2}\mathrm{d}x$, 于是端面上所受的压力

$$P = \int_0^R 2\gamma x\sqrt{R^2-x^2}\mathrm{d}x = -\gamma\int_0^R \sqrt{R^2-x^2}\mathrm{d}(R^2-x^2) = -\gamma\left[\frac{2}{3}\left(\sqrt{R^2-x^2}\right)^3\right]_0^R = \frac{2\gamma}{3}R^3$$

例 7.7.5 如图 7.7.6 所示, 边长为 a 和 b 的矩形薄板 $(a > b)$ 与液面成 α 角置于液体中, 长边平行于液面, 位于深 h 处. 设液体的密度为 μ, 求薄板一侧所受的压力.

解 如图 7.7.6 所示, 取液面上的某点为坐标原点, x 轴的正向向下. 取 x 为积分变量, 则积分区间为 $[h, h+b\sin\alpha]$. 任取小区间 $[x, x+\mathrm{d}x] \subset [h, h+b\sin\alpha]$, 对应于此小区间的薄板的面积为 $\dfrac{a\mathrm{d}x}{\sin\alpha}$, 所受水的压力微元为

$$\mathrm{d}F = \mu g x a \frac{\mathrm{d}x}{\sin\alpha}$$

于是薄板所受水的压力为

$$F = \int_h^{h+b\sin\alpha} \mu g x a \frac{\mathrm{d}x}{\sin\alpha} = \mu g a b \left(h + \frac{1}{2}b\sin\alpha\right)$$

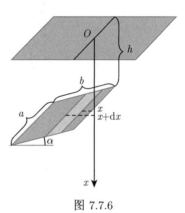

图 7.7.6

7.7.3 引力问题

由物理学知道, 质量分别为 m_1, m_2 相距为 r 的两个质点间的引力的大小为 $F = k\dfrac{m_1 m_2}{r^2}$, 其中 k 为引力系数, 引力的方向沿着两质点的连线方向. 如果要计算物体对一个质点的引力, 由于物体上各点与该质点的距离是变化的, 且各点对该质点的引力方向也是变化的, 就不能用此公式计算, 需采用微元法来解决这一问题.

例 7.7.6 有一半径为 r, 质量为 M, 密度均匀的圆弧, 质点 O 的质量为 m, 位于圆心正上方相距圆弧所在平面为 h 的地方, 求圆弧对质点的引力.

解 建立坐标系, 坐标轴 Oz 如图 7.7.7 所示, 圆弧在平面 $z = h$ 上. 在圆弧上取中心角为 $\mathrm{d}\phi$ 的弧微元 $\mathrm{d}s$, 对质点 m 的引力作为引力微元, 即把 $\mathrm{d}s$ 近似看成质点, 其质量为 $\mathrm{d}M = \dfrac{M}{2\pi r}r\mathrm{d}\phi$, 则引力微元为

$$\mathrm{d}F = \frac{km\mathrm{d}M}{h^2+r^2} = \frac{kmM\mathrm{d}\phi}{2\pi(h^2+r^2)}$$

将 $\mathrm{d}F$ 分解为水平力 $\mathrm{d}F_s$ 和竖直分力 $\mathrm{d}F_z$, 由对称性知水平方向力 $F_s = 0$,

$$\mathrm{d}F_z = \mathrm{d}F\cos\theta = \frac{kmMh\mathrm{d}\phi}{2\pi(h^2+r^2)^{3/2}}, \quad \cos\theta = \frac{h}{\sqrt{h^2+r^2}}$$

因此求得

$$F_z = \int_0^{2\pi} \frac{kmMh\mathrm{d}\phi}{2\pi(h^2+r^2)^{3/2}} = \frac{kmMh}{(h^2+r^2)^{3/2}}$$

例 7.7.7 有一半径为 R、质量为 M 的实心球体和另一相距球面为 a, 质量为 m 的质点, 求球体对质点的引力.

解 取坐标轴 Oz 如图 7.7.8 所示, 使质点位于坐标原点 O, 球心位于 Oz 上坐标为 $a+R$ 处. 问题求解的一般思路, 见图 7.7.9 所示, 首先考虑质点对圆盘的引力, 将圆盘分割成一系列圆弧, 利用例 7.7.6 的结论和微元法得到质点对圆盘的引力, 在此基础上对球进行分割, 分割成一系列的圆盘, 利用质点对圆盘的引力和微元法进一步得到质点对球的引力.

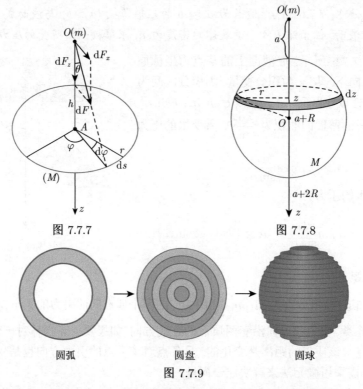

图 7.7.7　　　　　图 7.7.8

图 7.7.9

球中用垂直于坐标轴的平面任意截取圆盘如图 7.7.10 所示, 圆盘的半径与质量分别为

$$r = \sqrt{R^2 - (a+R-z)^2}, \quad M_1 = dM = \frac{3M}{4\pi R^3}\left(\pi r^2 dz\right) = \frac{3M}{4R^3}[R^2 - (a+R-z)^2]dz$$

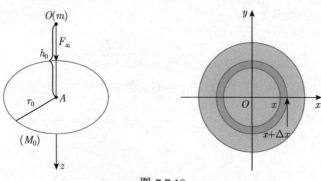

图 7.7.10

在该圆盘中任意取一半径为 $x, x+\Delta x$ 的狭小圆环，其质量为
$$\mathrm{d}M_1 = \frac{M_1}{\pi r^2}(2\pi x \mathrm{d}x) = \frac{2M_1}{r^2}x\mathrm{d}x$$
利用例 7.7.6，如图 7.7.8 所示的圆弧对质点的引力为
$$F_{z1} = \frac{2kmM_1 h_0}{r^2}\int_0^r \frac{x}{(h_0^2+x^2)^{3/2}}\mathrm{d}x = \frac{2kmM_1 h_0}{r^2}\left[\frac{1}{h_0} - \frac{1}{\sqrt{h_0^2+r^2}}\right]$$
这里
$$h_0 = z, \quad M_1 = \frac{3M}{4R^3}[R^2 - (a+R-z)^2]\mathrm{d}z$$
$$r^2 = R^2 - (a+R-z)^2$$

代入 F_{z1} 中得
$$\mathrm{d}F_z = \frac{3kmM}{2R^3}\left[1 - \frac{z}{\sqrt{z^2+R^2-(a+R-z)^2}}\right]\mathrm{d}z$$
因此得到质点对球的引力
$$F_z = \frac{3kmM}{2R^3}\int_a^{a+2R}\left[1 - \frac{z}{\sqrt{2(a+R)z-(a^2+2aR)}}\right]\mathrm{d}z$$
$$= \frac{3kmM}{R^2}\left[1 - \frac{2R^2+6aR+3a^2}{3(a+R)^2}\right] = \frac{kmM}{(a+R)^2}$$

7.7.4 力矩和质心

任意形状薄板的质心的意义是薄板在这一点达到平衡，如图 7.7.11 所示.

如图 7.7.12 所示，两个物体 m_1 和 m_2 连在质量忽略不计的杠杆两端，位于质心的两侧，距离质心分别为 d_1 和 d_2，如果满足条件 $m_1 d_1 = m_2 d_2$，则杠杆平衡，这是由阿基米德发现的实验定律，称为杠杆定律. 假设杠杆处于 x 轴，则 $m_1(\bar{x}-x_1) = m_2(x_2-\bar{x})$. 即 $m_1\bar{x} + m_2\bar{x} = m_1 x_1 + m_2 x_2$，于是 $\bar{x} = (m_1 x_1 + m_2 x_2)/(m_1 + m_2)$，即物体的总力矩除以总质量可得到质心.

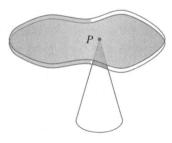

图 7.7.11

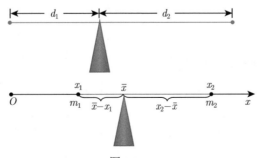

图 7.7.12

对于一般情况, 如果有 n 个质量分别为 $m_1, m_2, \cdots, m_n$ 的质点位于 x 轴的 $x_1, x_2, \cdots, x_n$, 系统力矩总和 $M = \sum\limits_{i=1}^{n} m_i x_i$, 质量总和 $m = \sum\limits_{i=1}^{n} m_i$, 则系统质心位于

$$\bar{x} = \sum_{i=1}^{n} m_i x_i \bigg/ \sum_{i=1}^{n} m_i = \frac{M}{m} \quad (m\bar{x} = M)$$

如果总质量被认为集中在质心 $\bar{x}$, 则质心的力矩和系统的力矩相等.

考虑位于 xOy 平面的质点系 $\{x_i, y_i\}, i = 1, 2, 3, \cdots, n$, 如图 7.7.13. 系统关于 x, y 轴的力矩分别为

$$M_y = \sum_{i=1}^{n} m_i x_i, \quad M_x = \sum_{i=1}^{n} m_i y_i$$

质心坐标分别为

$$\bar{x} = \frac{M_y}{m}, \quad \bar{y} = \frac{M_x}{m}$$

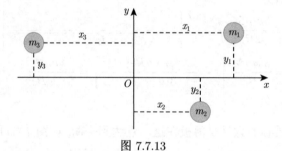

图 7.7.13

如图 7.7.14 所示, 考虑均匀密度为 ρ, 位于区域 $\{(x, y) | a \leqslant x \leqslant b, 0 \leqslant y \leqslant f(x)\}$ 的薄板质心. 首先将薄板分割, 如图 7.7.14 所示. 任取微元区间 $[x - \Delta x/2, x + \Delta x/2]$, 由于薄板是均质的, 因此 $[x - \Delta x/2, x + \Delta x/2]$ 所对应的薄板的质心坐标为 $(x, f(x)/2)$, 关于 x 轴和 y 轴的力矩微元分别为

$$\mathrm{d}M_y = x \left(\rho f(x) \Delta x \right), \quad \mathrm{d}M_x = \frac{f(x)}{2} \left(\rho f(x) \Delta x \right)$$

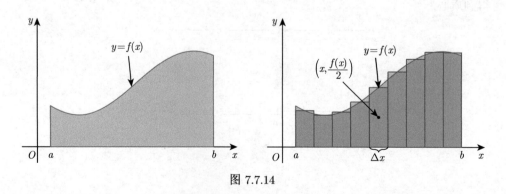

图 7.7.14

进一步有
$$M_y = \rho \int_a^b x f(x) \mathrm{d}x, \quad M_x = \rho \int_a^b \frac{[f(x)]^2}{2} \mathrm{d}x$$

薄板的质心坐标满足
$$m\bar{x} = M_y, \quad m\bar{y} = M_x$$

薄板质量为
$$m = \rho \int_a^b f(x) \mathrm{d}x$$

于是
$$\bar{x} = \frac{\int_a^b x f(x) \mathrm{d}x}{\int_a^b f(x) \mathrm{d}x}, \quad \bar{y} = \frac{\int_a^b (1/2)[f(x)]^2 \mathrm{d}x}{\int_a^b f(x) \mathrm{d}x}$$

例 7.7.8 如图 7.7.15 所示，求由曲线 $y = \cos x, y = 0, x = 0, x = \pi/2$ 围成区域的质心坐标 ($\rho = 1$).

解
$$\bar{x} = \frac{\int_a^b x f(x) \mathrm{d}x}{\int_a^b f(x) \mathrm{d}x} = \frac{\int_0^{\pi/2} x \cos x \mathrm{d}x}{\int_0^{\pi/2} \cos x \mathrm{d}x} = \frac{\pi}{2} - 1$$

$$\bar{y} = \frac{\int_a^b [f(x)]^2/2 \mathrm{d}x}{\int_a^b f(x) \mathrm{d}x} = \frac{\int_0^{\pi/2} \cos^2 x \mathrm{d}x}{2 \int_0^{\pi/2} \cos x \mathrm{d}x} = \frac{\pi}{8}$$

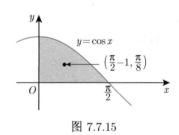

图 7.7.15

习题 7.7　定积分的物理应用

1. 将半径为 r 的球体沉入水中，其比重与水相同，试问将球体从水中捞出需要做多少功.
2. 求水对垂直壁上的压力，壁的形状为半圆形，半径为 a 且垂直于水面.
3. 一个横放着长为 4m 的椭圆柱体，其椭圆端面的横向长半轴 $b = 1$m，纵向短半轴 $a = (3/4)$m，计算当椭圆柱体装有深度为 $(9/8)$m 水时，每个端面所受的静压力.
4. 直径为 6 米的一个球浸入水中，其球心在水平面下 10 米，求球面所受浮力.
5. 用铁锤将一个铁钉钉入木板，设木板对铁钉的阻力与铁钉进入木板内部长度成正比. 设第一锤将铁钉击入 1cm，如果每锤所做的功相等，问第二锤将铁钉击入多长.

*7.8　探索类问题

探索类问题 1　(1) 曲线 $\begin{cases} 0 \leqslant \alpha \leqslant \varphi \leqslant \beta \leqslant \pi, \\ 0 \leqslant r \leqslant r(\varphi) \end{cases}$ 绕极轴旋转一周所得立体体积 $V = \frac{2\pi}{3} \int_\alpha^\beta r^3 \sin\theta d\theta$.

(2) 研究曲线 $\begin{cases} 0 \leqslant \alpha \leqslant \varphi \leqslant \beta \leqslant \pi, \\ 0 \leqslant r \leqslant r(\varphi) \end{cases}$ 绕 $y = x$ 旋转一周所得立体的体积.

(3) 求心形线 $r = a(1+\cos\varphi)\,(0 \leqslant \varphi \leqslant 2\pi)$ 围成的图形绕极轴以及直线 $r\cos\theta = -a/4$ 旋转一周所得立体的体积.

(4) $(x^2+y^2)^2 = a^2(x^2-y^2)$ 围成的图形分别绕 x,y 轴以及 $y = x$ 旋转一周所得立体的体积.

探索类问题 2　如果两个半径为 r 的圆柱相交, 如图 7.8.1 所示, 且两个圆柱的中心轴垂直, 求两个圆柱相交部分的体积.

探索类问题 3　如果两个半径为 r 的球相交, 且球体的中心分别在球的表面, 求两个球相交部分的体积. 如图 7.8.2 所示.

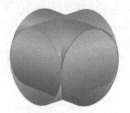
图 7.8.1

图 7.8.2

探索类问题 4　两个均质长度分别为 L_1 和 L_2 的棒放在一条线上, 求一个棒对另一个棒的引力.

探索类问题 5　有长度为 L 的棒, 半径为 R 的球均为均质, 求棒对球的引力. 如图 7.8.3 所示.

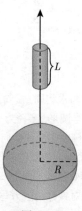
图 7.8.3

第 7 章习题答案与提示

第 8 章 广义积分

我们已经讨论了有限区间上有界函数的黎曼积分, 即定积分. 但在一些实际问题中经常会遇到积分区间为无穷区间或者被积函数是无界函数的积分问题, 它们已经不属于定积分的范畴, 所以本章对定积分作两方面的推广: 一是将积分区间推广到无穷区间, 二是将被积函数推广到无界函数. 这两种类型的积分统称为广义积分. 本章内容包括广义积分的定义与计算、非负函数广义积分的收敛性、广义积分收敛的狄利克雷和阿贝尔判别法. 本章最后设置了系列探索类问题.

8.1 无穷积分的基本概念与性质

扫码学习

在本节中我们研究无穷区间上的积分, 给出无穷积分的基本概念和性质.

8.1.1 无穷积分的定义

应用问题 1 讨论第二宇宙速度问题. 如图 8.1.1 所示, 在地球表面垂直发射火箭, 要使火箭克服地球引力无限远离地球, 试问初速度 v_0 至少要多大?

解 设地球半径为 R, 火箭质量为 m, 地面上的重力加速度为 g. 建立坐标系如图 8.1.1 所示, 地球中心为坐标原点. 根据万有引力定律: 在距离地心 $x(\geqslant R)$ 处火箭所受的引力为

$$F = \frac{mgR^2}{x^2}$$

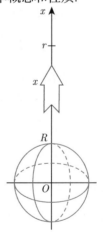

图 8.1.1

则火箭从地面上升到距离地心为 $r(r > R)$ 处需做的功为

$$\int_R^r \frac{mgR^2}{x^2} \mathrm{d}x = mgR^2 \left(\frac{1}{R} - \frac{1}{r} \right)$$

当 $r \to +\infty$ 时, 极限 mgR 就是火箭无限远离地球需要做的功, 即

$$\lim_{r \to +\infty} \int_R^r \frac{mgR^2}{x^2} \mathrm{d}x = \lim_{r \to +\infty} mgR^2 \left(\frac{1}{R} - \frac{1}{r} \right) = mgR$$

由机械能守恒定律可求得初速度 v_0 至少应是

$$\frac{1}{2}mv_0^2 = mgR$$

用 $g = 9.81(\text{m/s}^2), R = 6.371 \times 10^6(\text{m})$ 代入得

$$v_0 = \sqrt{2gR} \approx 11.2(\text{km/s})$$

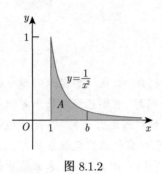

图 8.1.2

应用问题 2 如图 8.1.2 所示, 求曲线 $y = 1/x^2$ 和直线 $x = 1$ 以及 x 轴围成无界区域的面积.

解 曲线 $y = 1/x^2$, 直线 $x = 1$, x 轴以及 $x = b(b > 1)$ 围成的曲边梯形的面积为

$$\int_1^b \frac{1}{x^2}\mathrm{d}x = 1 - \frac{1}{b}$$

则无界区域的面积为

$$\lim_{b \to +\infty} \int_1^b \frac{1}{x^2}\mathrm{d}x = \lim_{b \to +\infty}\left(1 - \frac{1}{b}\right) = 1$$

在上述分析过程中, 我们把极限过程 $\lim\limits_{b\to+\infty}\int_1^b (1/x^2)\mathrm{d}x$ 和 $\lim\limits_{r\to+\infty}\int_R^r (mgR^2/x^2)\mathrm{d}x$ 分别记为 $\int_1^{+\infty}(1/x^2)\mathrm{d}x$ 和 $\int_R^{+\infty}(mgR^2/x^2)\mathrm{d}x$, 并称之为无穷积分.

下面给出无穷积分的定义.

定义 8.1.1 (无穷积分的定义) 根据无穷区间的类型, 无穷积分定义分为三种情况.

(1) 设函数 $f(x)$ 在 $[a, +\infty)$ 上有定义, 并且对任何 $A > a$, $f(x)$ 在 $[a, A]$ 上黎曼可积. 若极限 $\lim\limits_{A\to+\infty}\int_a^A f(x)\mathrm{d}x = M$ 存在, 则称 $f(x)$ 在区间 $[a, +\infty)$ 上的无穷积分收敛, 称 M 为 $f(x)$ 在 $[a, +\infty)$ 上的无穷积分, 记为 $\int_a^{+\infty} f(x)\mathrm{d}x$. 如果极限 $\lim\limits_{A\to+\infty}\int_a^A f(x)\mathrm{d}x$ 不存在, 则称无穷积分 $\int_a^{+\infty} f(x)\mathrm{d}x$ 发散.

(2) 设函数 $f(x)$ 在区间 $(-\infty, b]$ 上有定义, 并且对任意 $u < b$, $f(x)$ 在 $[u, b]$ 上黎曼可积, 若极限 $\lim\limits_{u\to-\infty}\int_u^b f(x)\mathrm{d}x = L$ 存在, 则称 $f(x)$ 在区间 $(-\infty, b]$ 上的无穷积分收敛, 称 L 为 $f(x)$ 在 $(-\infty, b]$ 上的无穷积分, 记为 $\int_{-\infty}^b f(x)\mathrm{d}x$. 如果极限 $\lim\limits_{u\to-\infty}\int_u^b f(x)\mathrm{d}x$ 不存在, 则称无穷积分 $\int_{-\infty}^b f(x)\mathrm{d}x$ 发散.

(3) 设函数 $f(x)$ 定义在 $(-\infty, +\infty)$ 上, 若对任意实数 a, $\int_{-\infty}^a f(x)\mathrm{d}x$, $\int_a^{+\infty} f(x)\mathrm{d}x$ 都收

敛, 则称 $f(x)$ 在 $(-\infty, +\infty)$ 上的无穷积分收敛, 记为 $\int_{-\infty}^{+\infty} f(x)dx$, 且

$$\int_{-\infty}^{+\infty} f(x)dx = \int_{-\infty}^{a} f(x)dx + \int_{a}^{+\infty} f(x)dx$$

上式积分值不依赖于 a 的选取. 当上式右端两个积分中至少有一个不收敛时, 称无穷积分 $\int_{-\infty}^{+\infty} f(x)dx$ 发散.

注 8.1.1 对于 $\int_{-\infty}^{+\infty} f(x)dx$, 如果 $\lim\limits_{u\to+\infty} \int_{-u}^{u} f(x)dx$ 存在, $\int_{-\infty}^{+\infty} f(x)dx$ 不一定收敛. 例如 $\lim\limits_{u\to+\infty} \int_{-u}^{u} \sin x dx = 0$, 但是 $\int_{-\infty}^{+\infty} \sin x dx$ 是发散的.

记 $F(A) = \int_{a}^{A} f(x)dx$, 如果 $\lim\limits_{A\to+\infty} F(A)$ 存在, 则 $\int_{a}^{+\infty} f(x)dx$ 收敛. 这说明广义积分存在性问题实际上是函数极限是否存在的问题. 根据定积分的性质和函数极限的性质, 可以得到广义积分的如下性质.

(1) 线性性质

若 $\int_{a}^{+\infty} f_1(x)dx$, $\int_{a}^{+\infty} f_2(x)dx$ 收敛, 则对任意 $k_1, k_2 \in \mathbf{R}$, $\int_{a}^{+\infty} [k_1 f_1(x) + k_2 f_2(x)]dx$ 收敛, 且有

$$\int_{a}^{+\infty} [k_1 f_1(x) + k_2 f_2(x)]dx = k_1 \int_{a}^{+\infty} f_1(x)dx + k_2 \int_{a}^{+\infty} f_2(x)dx$$

(2) 对区间的可加性

设函数 $f(x)$ 在任何有限区间 $[a, u]$ 上可积, 则对于任意 $b > a$,

$$\int_{a}^{+\infty} f(x)dx = \int_{a}^{b} f(x)dx + \int_{b}^{+\infty} f(x)dx$$

因此 $\int_{a}^{+\infty} f(x)dx$ 与 $\int_{b}^{+\infty} f(x)dx$ 同时收敛或发散.

例 8.1.1 若无穷积分 $\int_{a}^{+\infty} f(x)dx$ 收敛, 且 $\lim\limits_{x\to+\infty} f(x) = A$, 则 $A = 0$.

证明 由于 $\lim\limits_{x\to+\infty} f(x) = A$, 不妨设 $A > 0$, 根据函数极限的保序性:

$$\exists M > a > 0, \forall x \geqslant M : f(x) > \frac{A}{2}$$

进一步根据积分运算和函数极限运算的保序性得到

$$\lim_{u\to+\infty} \int_{a}^{u} f(x)dx = \lim_{u\to+\infty} \left\{ \int_{a}^{M} f(x)dx + \int_{M}^{u} f(x)dx \right\}$$

$$\geqslant \lim_{u\to+\infty} \left\{ \int_{a}^{M} f(x)dx + \frac{1}{2} \int_{M}^{u} A dx \right\}$$

$$= \lim_{u\to+\infty} \left\{ \int_{a}^{M} f(x)dx + \frac{A}{2}(u - M) \right\} = +\infty$$

与已知条件矛盾, 结论得证.

例 8.1.2 设无穷积分 $\int_a^{+\infty} f(x)\mathrm{d}x, \int_a^{+\infty} f'(x)\mathrm{d}x$ 收敛, 证明 $\lim\limits_{x\to+\infty} f(x)=0$.

证明 由于 $\lim\limits_{u\to+\infty}\int_a^u f'(x)\mathrm{d}x = \lim\limits_{u\to+\infty}(f(u)-f(a))$, 根据已知条件 $\int_a^{+\infty} f'(x)\mathrm{d}x$ 收敛, 因此 $\lim\limits_{x\to+\infty} f(x)$ 存在, 根据例 8.1.1 可得 $\lim\limits_{x\to+\infty} f(x)=0$.

注 8.1.2 如果 $\int_a^{+\infty} f(x)\mathrm{d}x$ 收敛, 不一定推出 $\lim\limits_{x\to+\infty} f(x)=0$, 下面举例说明.

如图 8.1.3 所示, 设函数

$$f(x)=\begin{cases} 0, & x\in\left[n-1, n-\dfrac{1}{n2^n}\right), \\ n, & x\in\left[n-\dfrac{1}{n2^n}, n\right), \end{cases} \quad n=1,2,\cdots$$

由无穷积分的定义和定积分对区间的可加性, 可知

$$\int_0^{+\infty} f(x)\mathrm{d}x = \lim_{N\to+\infty}\sum_{n=1}^N \frac{n}{n2^n} = \lim_{N\to+\infty}\sum_{n=1}^N \frac{1}{2^n} = 1$$

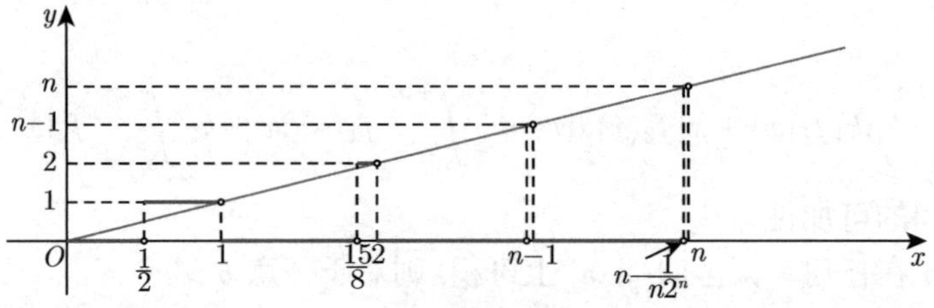

图 8.1.3

通过上面讨论可以看到, 即使被积函数是无界的, 无穷积分依然可以收敛.

例 8.1.3 证明无穷积分 $\int_a^{+\infty} \dfrac{1}{x^p}\mathrm{d}x\ (a>0)$ 当 $p>1$ 时收敛, 当 $p\leqslant 1$ 时发散.

证明 分几种情况讨论.

(1) 当 $p=1$ 时, $\int_a^A (1/x)\mathrm{d}x = \ln A - \ln a$.

(2) 当 $p\neq 1$ 时, $\int_a^A (1/x^p)\mathrm{d}x = (A^{1-p}-a^{1-p})/(1-p)$.

所以

$$\lim_{A\to+\infty}\int_a^A (1/x^p)\mathrm{d}x = \begin{cases} (a^{1-p})/(p-1), & p>1 \\ +\infty, & p\leqslant 1 \end{cases}$$

因此无穷积分 $\int_a^{+\infty}(1/x^p)\mathrm{d}x$ 当 $p>1$ 时收敛, 当 $p\leqslant 1$ 时发散, 结论得证.

例 8.1.4 证明无穷积分 $\int_a^{+\infty} 1/(x(\ln x)^p)\mathrm{d}x\ (a\geqslant 2)$ 当 $p>1$ 时收敛, 当 $p\leqslant 1$ 时发散.

证明 分几种情况讨论.

(1) 当 $p = 1$ 时,

$$\lim_{u \to +\infty} \int_a^u \frac{1}{x \ln x} \mathrm{d}x = \lim_{u \to +\infty} \int_a^u \frac{\mathrm{d} \ln x}{\ln x} = \lim_{u \to +\infty} \int_a^u \mathrm{d}(\ln \ln x)$$
$$= \lim_{u \to +\infty} (\ln \ln A - \ln \ln a) = +\infty$$

(2) 当 $p \neq 1$ 时,

$$\lim_{u \to +\infty} \int_a^u \frac{1}{x(\ln x)^p} \mathrm{d}x = \lim_{u \to +\infty} \int_a^u \frac{\mathrm{d} \ln x}{(\ln x)^p}$$
$$= \lim_{u \to +\infty} \left\{ \frac{(\ln u)^{-p+1}}{-p+1} - \frac{(\ln a)^{-p+1}}{-p+1} \right\}$$
$$= \begin{cases} -(\ln a)^{-p+1}/(-p+1), & p > 1 \\ \infty, & p < 1 \end{cases}$$

因此结论得证.

习题 8.1.1 无穷积分的定义

1. 如果 $\int_a^{+\infty} f(x)\mathrm{d}x, \int_a^{+\infty} g(x)\mathrm{d}x$ 发散, $\int_a^{+\infty} (f(x) + g(x))\mathrm{d}x$ 是否一定发散? 进一步如果 $f(x), g(x)$ 在积分区间是非负函数, 结论如何?

2. 设 $\int_a^{+\infty} f(x)\mathrm{d}x$ 收敛. 若极限 $\lim_{x \to +\infty} f(x)$ 存在, 或者 f 在 $[a, +\infty)$ 上单调, 则

$$\lim_{x \to +\infty} f(x) = 0$$

3. 讨论无穷积分 $\int_{10}^{+\infty} 1/(x \ln x (\ln \ln x)^p)\mathrm{d}x$ 的敛散性.

8.1.2 无穷积分的计算

由无穷积分的定义可知, 无穷积分的计算可化为定积分和极限的计算. 若极限 $\lim_{x \to +\infty} F(x)$, $\lim_{x \to -\infty} F(x)$ 存在, 记 $\lim_{x \to +\infty} F(x) = F(+\infty), \lim_{x \to -\infty} F(x) = F(-\infty)$.

定理 8.1.1 (1) 设 $f(x)$ 定义在 $[a, +\infty)$ 上且有原函数 $F(x), f(x)$ 在 $[a, b]$ (任意 $b > a$) 上可积, $\lim_{x \to +\infty} F(x)$ 存在, 则

$$\int_a^{+\infty} f(x)\mathrm{d}x = F(+\infty) - F(a)$$

(2) 设 $f(x)$ 定义在 $(-\infty, b]$ 上且有原函数 $F(x), f(x)$ 在 $[a, b]$ (任意 $a < b$) 上可积, $\lim_{x \to -\infty} F(x)$ 存在, 则

$$\int_{-\infty}^b f(x)\mathrm{d}x = F(b) - F(-\infty)$$

(3) 设 $f(x)$ 定义在 $(-\infty, +\infty)$ 上且有原函数 $F(x)$, $f(x)$ 在 $[a,b]$ (任意 $a,b \in \mathbf{R}, a < b$) 上可积, $\lim\limits_{x \to +\infty} F(x)$, $\lim\limits_{x \to -\infty} F(x)$ 存在, 则

$$\int_{-\infty}^{+\infty} f(x)\mathrm{d}x = F(+\infty) - F(-\infty)$$

注 8.1.3 如果 $\lim\limits_{x \to +\infty} F(x)$, $\lim\limits_{x \to -\infty} F(x)$ 不存在, 则定理 8.1.1 中相应的 (1), (2), (3) 的无穷积分发散.

注 8.1.4 无穷区间上积分的换元方法和分部积分类似定理 8.1.1 的讨论可以获得.

例 8.1.5 计算无穷积分 (1) $\int_{-\infty}^{+\infty} 1/(1+x^2)\mathrm{d}x$; (2) $\int_{0}^{+\infty} x\mathrm{e}^{-x^2}\mathrm{d}x$.

解 (1) 由无穷积分的定义:

$$\int_{-\infty}^{+\infty} \frac{1}{1+x^2}\mathrm{d}x = \lim_{a \to +\infty} \arctan x \Big|_0^a + \lim_{a \to +\infty} \arctan x \Big|_{-a}^0$$
$$= \lim_{a \to +\infty} \arctan a - \lim_{a \to +\infty} \arctan(-a) = \pi$$

(2) $\int_{0}^{+\infty} x\mathrm{e}^{-x^2}\mathrm{d}x = \lim\limits_{b \to +\infty} \int_0^b x\mathrm{e}^{-x^2}\mathrm{d}x = \lim\limits_{b \to +\infty} \left[-\frac{1}{2}\mathrm{e}^{-x^2}\right]\Big|_0^b = -\frac{1}{2}\lim\limits_{b \to +\infty}(\mathrm{e}^{-b^2}-1) = \frac{1}{2}$

由定积分的几何意义, 无穷积分是求无界区域的面积. 例如, $\int_{1}^{+\infty} (1/x^2)\mathrm{d}x$ 表示 $x=1$ 右侧, x 轴和曲线 $y = 1/x^2$ 所围成的无界曲边梯形的面积. 如图 8.1.4 所示.

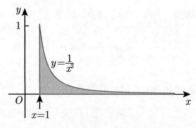

图 8.1.4

例 8.1.6 计算无穷积分 (1) $\int_{0}^{+\infty} [1/(1+x^2)^n]\mathrm{d}x$; (2) $\int_{0}^{+\infty} \mathrm{e}^{-x}|\sin x|\mathrm{d}x$.

解 (1) 应用不定积分递推公式,

$$J_n = \int \frac{\mathrm{d}x}{(1+x^2)^n} = \frac{x}{2(n-1)(1+x^2)^{n-1}} + \frac{2n-3}{2(n-1)}J_{n-1}$$

得到

$$I_n = \int_0^{+\infty} \frac{\mathrm{d}x}{(1+x^2)^n} = \frac{x}{2(n-1)(1+x^2)^{n-1}}\bigg|_0^{+\infty} + \frac{2n-3}{2(n-1)}I_{n-1}$$
$$= \frac{2n-3}{2(n-1)}I_{n-1}, \quad n = 2, 3, \cdots$$

因为 $I_1 = \int_0^{+\infty} 1/(1+x^2)dx = \arctan x \Big|_0^{+\infty} = \pi/2$，所以

$$I_n = \frac{2n-3}{2n-2} \cdot \frac{2n-5}{2n-4} \cdots \frac{1}{2} I_1 = \frac{(2n-3)!!}{(2n-2)!!} \frac{\pi}{2}, \quad n = 2, 3, \cdots$$

(2) 通过分段积分来计算

$$I = \int_0^{+\infty} e^{-x} |\sin x| \, dx = \sum_{k=0}^{+\infty} \left(\int_{2k\pi}^{(2k+1)\pi} e^{-x} \sin x dx - \int_{(2k+1)\pi}^{(2k+2)\pi} e^{-x} \sin x dx \right)$$

又因为 $\int e^{-x} \sin x dx = -\frac{1}{2} e^{-x} (\sin x + \cos x) + C$，所以

$$I = \frac{1}{2} \sum_{k=0}^{+\infty} \left[e^{-x} (\sin x + \cos x) \Big|_{(2k+1)\pi}^{2k\pi} + e^{-x} (\sin x + \cos x) \Big|_{(2k+1)\pi}^{(2k+2)\pi} \right]$$

$$= \frac{1}{2} \sum_{k=0}^{+\infty} \left[e^{-2k\pi} + 2e^{-(2k+1)\pi} + e^{-(2k+2)\pi} \right] = \frac{e^\pi + 1}{2(e^\pi - 1)}$$

注 8.1.5 (2) 的计算利用结论: $x_n = 1 + q + q^2 + \cdots + q^n$, $\lim_{n \to \infty} x_n = 1/(1-q) \, (|q| < 1)$.

例 8.1.7 计算封闭曲线 $\begin{cases} r = 2at/(1+t^2), \\ \varphi = \pi t/(1+t) \end{cases}$ 所围成的面积.

解 如图 8.1.5 所示，参数 $t = 0$ 以及 $t \to +\infty$ 时，曲线两点 $(0,0), (0,\pi)$ 重合，曲线参数的变化范围为 $[0, +\infty)$，因此需要用无穷积分来求解面积，详细计算过程如下:

$$S = \frac{1}{2} \int_0^\pi r^2 d\varphi = \frac{1}{2} \int_0^{+\infty} \left(\frac{2at}{1+t^2} \right)^2 d\left(\frac{\pi t}{1+t} \right) = 2\pi a^2 \int_0^{+\infty} \frac{t^2 dt}{(1+t^2)^2 (1+t)^2}$$

$$= 2\pi a^2 \lim_{a \to +\infty} \left\{ \int_0^a \frac{dt}{4(1+t)^2} - \frac{1}{4} \int_0^a \frac{dt}{1+t^2} + \frac{1}{2} \int_0^a \frac{t dt}{(1+t^2)^2} \right\}$$

$$= 2\pi a^2 \lim_{a \to +\infty} \left\{ -\frac{1}{4(1+t)} - \frac{1}{4} \arctan t - \frac{1}{4(1+t^2)} \right\} \Big|_0^a = \pi a^2 \left(1 - \frac{\pi}{4} \right)$$

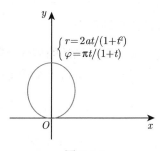

图 8.1.5

例 8.1.8 若 f 在 $(-\infty, +\infty)$ 上连续且 $\int_{-\infty}^{+\infty} f(x)\mathrm{d}x$ 收敛，则对任何 $x \in (-\infty, +\infty)$，成立

$$\frac{\mathrm{d}}{\mathrm{d}x}\int_{-\infty}^{x} f(t)\mathrm{d}t = f(x), \quad \frac{\mathrm{d}}{\mathrm{d}x}\int_{x}^{+\infty} f(t)\mathrm{d}t = -f(x)$$

证明 取定 $a \in (-\infty, +\infty)$，由 $f(x)$ 连续，根据微积分基本定理可得

$$\frac{\mathrm{d}}{\mathrm{d}x}\int_{-\infty}^{x} f(t)\mathrm{d}t = \frac{\mathrm{d}}{\mathrm{d}x}\left(\int_{-\infty}^{a} f(x)\mathrm{d}x + \int_{a}^{x} f(t)\mathrm{d}t\right) = f(x)$$

$$\frac{\mathrm{d}}{\mathrm{d}x}\int_{x}^{+\infty} f(t)\mathrm{d}t = \frac{\mathrm{d}}{\mathrm{d}x}\left(\int_{x}^{a} f(t)\mathrm{d}t + \int_{a}^{+\infty} f(x)\mathrm{d}x\right) = -f(x)$$

结论得证.

习题 8.1.2 无穷积分的计算

计算下列反常积分.

(1) $\int_{2}^{+\infty} \frac{\mathrm{d}x}{x(\ln x)^p} \ (p > 1)$;

(2) $\int_{0}^{+\infty} \mathrm{e}^{-\sqrt{x}}\mathrm{d}x$;

(3) $\int_{-\infty}^{0} x\mathrm{e}^x \mathrm{d}x$;

(4) $\int_{1}^{+\infty} \frac{\mathrm{d}x}{x(1+x)}$;

(5) $\int_{0}^{+\infty} \frac{\mathrm{d}x}{1+x^3}$;

(6) $\int_{0}^{+\infty} x^5 \mathrm{e}^{-x^2}\mathrm{d}x$;

(7) $\int_{-\infty}^{+\infty} \frac{\mathrm{d}x}{x^2+2x+2}$;

(8) $\int_{-\infty}^{+\infty} \frac{\mathrm{d}x}{(x^2+x+1)^2}$;

(9) $\int_{0}^{+\infty} x^{n-1}\mathrm{e}^{-x}\mathrm{d}x (n \in \mathbf{N}^*)$;

(10) $\int_{0}^{+\infty} \frac{\mathrm{d}x}{(a^2+x^2)^n} (n \in \mathbf{N}^*)$;

(11) $\int_{0}^{+\infty} x^{2n+1}\mathrm{e}^{-x^2}\mathrm{d}x, n = 0, 1, 2, \cdots$.

扫码学习

8.2 无穷积分敛散性的判别方法

由无穷积分的定义可知，研究无穷积分 $\int_{a}^{+\infty} f(x)\mathrm{d}x$ 的问题可转化为研究 $f(x)$ 的原函数 $F(x)$ 在正无穷处的极限问题. 但是有些函数的原函数是不容易求出来的，这就需要我们在不求原函数的情况下判断无穷积分的敛散性，这正是本节将要讨论的内容.

8.2.1 无穷区间上非负函数积分的敛散性判别

由无穷积分的几何意义，无穷区间上非负函数的积分敛散性问题等价于无穷曲边梯形面积是否有限的问题. 如图 8.2.1 所示，设 $f(x), g(x)$ 是定义在 $[a, +\infty)$ 上的非负函数. 从无穷积分的几何意义可知，由 $\int_{a}^{+\infty} g(x)\mathrm{d}x$ 收敛可推出 $\int_{a}^{+\infty} f(x)\mathrm{d}x$ 收敛，由 $\int_{a}^{+\infty} f(x)\mathrm{d}x$ 发散可推出 $\int_{a}^{+\infty} g(x)\mathrm{d}x$ 发散. 所以我们有下面的定理成立.

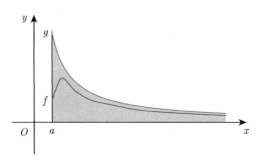

图 8.2.1

定理 8.2.1 设在 $[a,+\infty)$ 上 $f(x) \geqslant 0$, 对任何 $b > a$, $f(x)$ 在 $[a,b]$ 上可积, 则 $\int_a^{+\infty} f(x)\mathrm{d}x$ 收敛等价于函数 $F(A) = \int_a^A f(x)\mathrm{d}x$ 在 $[a,+\infty)$ 上有界.

证明 由于 $F(A)$ 是关于 A 的增函数, 由函数极限的单调有界定理, $F(A)$ 在 $[a,+\infty)$ 上有界等价于 $\lim\limits_{A \to +\infty} F(A)$ 存在, 从而等价于 $\int_a^{+\infty} f(x)\mathrm{d}x$ 收敛. 结论得证.

根据定理 8.2.1 可以得到无穷积分收敛的判定定理 8.2.2.

定理 8.2.2 (无穷积分收敛的比较判别法) 设 $f(x)$, $g(x)$ 在 $[a,+\infty)$ 上有定义, 对任何 $b > a$, $f(x)$, $g(x)$ 在 $[a,b]$ 上可积. 如果存在 $M > a$, 当 $x > M$ 时, $0 \leqslant f(x) \leqslant g(x)$, 则有结论:

(1) 若 $\int_a^{+\infty} g(x)\mathrm{d}x$ 收敛, 则 $\int_a^{+\infty} f(x)\mathrm{d}x$ 收敛.

(2) 若 $\int_a^{+\infty} f(x)\mathrm{d}x$ 发散, 则 $\int_a^{+\infty} g(x)\mathrm{d}x$ 发散.

接下来讨论定理 8.2.2 的极限形式.

定理 8.2.3 (比较判别法的极限形式) 设 $f(x)$, $g(x)$ 是定义在 $[a,+\infty)$ 上的非负函数, 对任何 $b > a$, $f(x)$, $g(x)$ 在 $[a,b]$ 上可积, 且 $\lim\limits_{x \to +\infty} f(x)/g(x) = l$, 则有结论:

(1) 若 $0 < l < +\infty$, 则 $\int_a^{+\infty} f(x)\mathrm{d}x$ 与 $\int_a^{+\infty} g(x)\mathrm{d}x$ 有相同的敛散性;

(2) 若 $l = 0$ 且 $\int_a^{+\infty} g(x)\mathrm{d}x$ 收敛, 则 $\int_a^{+\infty} f(x)\mathrm{d}x$ 收敛;

(3) 若 $l = +\infty$ 且 $\int_a^{+\infty} g(x)\mathrm{d}x$ 发散, 则 $\int_a^{+\infty} f(x)\mathrm{d}x$ 发散.

证明 (1) 由 $\lim\limits_{x \to +\infty} f(x)/g(x) = l > 0$, 根据函数极限的定义, 取 $\varepsilon = l/2 > 0$, 则

$$\exists M > 0, \forall x > M : \left|\frac{f(x)}{g(x)} - l\right| < \frac{l}{2}$$

所以当 $x > M$ 时, $(l/2) < (f(x)/g(x)) < (3l/2)$, 即

$$\frac{l}{2}g(x) < f(x) < \frac{3l}{2}g(x)$$

因此根据定理 8.2.2, $\int_a^{+\infty} f(x)\mathrm{d}x$ 与 $\int_a^{+\infty} g(x)\mathrm{d}x$ 同敛散. 结论 (2) 和 (3) 类似可以证明. 结论得证.

我们常用 $\int_a^{+\infty} (1/x^p)\mathrm{d}x\,(a>0)$ 和 $\int_a^{+\infty} [1/x(\ln x)^p]\mathrm{d}x\,(a\geqslant 2)$ 作为比较对象判断无穷积分的敛散性. 下面举例说明.

例 8.2.1 讨论下列无穷积分的敛散性.

(1) $\int_1^{+\infty} \dfrac{\mathrm{d}x}{\sqrt[3]{x^4+1}}$;

(2) $\int_1^{+\infty} \dfrac{\arctan x}{(1+x^2)^{3/2}}\mathrm{d}x$;

(3) $\int_0^{+\infty} \dfrac{x^m}{1+x^n}\mathrm{d}x\,(m,n\geqslant 0)$;

(4) $\int_1^{+\infty} x^{p-1}\mathrm{e}^{-x}\mathrm{d}x\,(p>0)$;

(5) $\int_1^{+\infty} \mathrm{e}^{-\sqrt[6]{x}}\mathrm{d}x$.

解 (1) 由于 $0 < (1/\sqrt[3]{x^4+1}) < (1/\sqrt[3]{x^4}) = (1/x^{4/3})$, $p = \dfrac{4}{3} > 1$, 根据比较判别法, 无穷积分 $\int_1^{+\infty} (1/\sqrt[3]{x^4+1})\mathrm{d}x$ 收敛.

(2) 当 $x \to +\infty$ 时, $f(x) = (\arctan x)/(1+x^2)^{\frac{3}{2}} \sim (\pi/2)\cdot(1/x^3)$, 根据比较判别法, 无穷积分 $\int_1^{+\infty} (\arctan x)/(1+x^2)^{3/2}\mathrm{d}x$ 收敛.

(3) 由于 $\lim\limits_{x\to+\infty}(x^m/(1+x^n))/(1/x^{n-m}) = 1$, 根据比较判别法, 当 $n-m>1$ 时, 无穷积分 $\int_0^{+\infty} (x^m/(1+x^n))\mathrm{d}x$ 收敛; 当 $n-m \leqslant 1$ 时, 无穷积分 $\int_0^{+\infty} (x^m/(1+x^n))\mathrm{d}x$ 发散.

(4) 选取比较无穷积分 $\int_1^{+\infty} (1/x^2)\mathrm{d}x$, 多次利用洛必达法则有

$$\lim_{x\to+\infty} \frac{x^{p-1}\mathrm{e}^{-x}}{1/x^2} = \lim_{x\to+\infty} \frac{x^{p+1}}{\mathrm{e}^x} = \lim_{x\to+\infty} \frac{(p+1)x^p}{\mathrm{e}^x} = \cdots$$

$$= \begin{cases} \lim\limits_{x\to+\infty} \dfrac{(p+1)(p)\cdots(p-[p])x^{p-[p]-1}}{\mathrm{e}^x} = 0, & p\text{不为整数} \\ \lim\limits_{x\to+\infty} \dfrac{(p+1)!}{\mathrm{e}^x} = 0 & p\text{为整数} \end{cases}$$

根据比较判别法知无穷积分 $\int_1^{+\infty} x^{p-1}\mathrm{e}^{-x}\mathrm{d}x$ 收敛.

(5) 选取比较无穷积分 $\int_1^{+\infty} (1/x^2)\mathrm{d}x$, 多次利用洛必达法则有

$$\lim_{x\to\infty} \frac{\mathrm{e}^{-\sqrt[6]{x}}}{1/x^2} = \lim_{x\to\infty} \frac{x^2}{\mathrm{e}^{\sqrt[6]{x}}} \xlongequal{y=\sqrt[6]{x}} \lim_{y\to\infty} \frac{y^{12}}{\mathrm{e}^y} = \lim_{y\to\infty} \frac{12y^{11}}{\mathrm{e}^y} = \cdots = \lim_{y\to\infty} \frac{12!}{\mathrm{e}^y} = 0$$

根据比较判别法, 无穷积分 $\int_1^{+\infty} \mathrm{e}^{-\sqrt[6]{x}}\mathrm{d}x$ 收敛.

例 8.2.2 讨论以下无穷积分的敛散性.

(1) $\int_1^{+\infty} \dfrac{\ln(1+x)}{x^\alpha}\mathrm{d}x\,(\alpha>1)$;

(2) $\int_3^{+\infty} \dfrac{x^2\ln x \mathrm{d}x}{x^4-x^3+1}$;

(3) $\int_1^{+\infty} \dfrac{(\ln x)^p}{1+x^2}\mathrm{d}x\,(p>0)$.

解 (1) 设 $\alpha = 1 + \delta\,(\delta > 0)$, 选取比较无穷积分 $\int_1^{+\infty} (1/x^{1+\frac{\delta}{2}})\mathrm{d}x$, 利用洛必达法则

$$\lim_{x\to +\infty} \frac{\frac{\ln(1+x)}{x^{1+\delta}}}{\frac{1}{x^{1+\frac{\delta}{2}}}} = \lim_{x\to +\infty} \frac{\ln(1+x)}{x^{\frac{\delta}{2}}} = \left(\frac{\delta}{2}\right)^{-1} \lim_{x\to +\infty} \frac{\frac{1}{1+x}}{x^{\frac{\delta}{2}-1}} = \left(\frac{\delta}{2}\right)^{-1} \lim_{x\to +\infty} \frac{\frac{x}{1+x}}{x^{\frac{\delta}{2}}} = 0$$

根据比较判别法, 无穷积分 $\int_1^{+\infty} (\ln(1+x))/x^\alpha \mathrm{d}x$ 收敛.

(2) 设 $0 < \varepsilon < 1$, 选取比较无穷积分 $\int_1^{+\infty} (1/x^{2-\varepsilon})\mathrm{d}x$, 利用洛必达法则

$$\lim_{x\to +\infty} \frac{\frac{x^2 \ln x}{x^4 - x^3 + 1}}{\frac{1}{x^{2-\varepsilon}}} = \lim_{x\to +\infty} \left(\frac{x^4}{x^4 - x^3 + 1}\right)\left(\frac{\ln x}{x^\varepsilon}\right) = \lim_{x\to +\infty} \frac{1}{\varepsilon x^\varepsilon} = 0$$

根据比较判别法, 无穷积分 $\int_3^{+\infty} \frac{x^2 \ln x \mathrm{d}x}{x^4 - x^3 + 1}$ 收敛.

(3) 设 $\varepsilon > 0$ 满足 $2 - \varepsilon > 1$, 选取比较无穷积分 $\int_1^{+\infty} \frac{1}{x^{2-\varepsilon}}\mathrm{d}x$, 多次使用洛必达法则, 当 p 为大于零的整数时

$$\lim_{x\to \infty} \frac{\frac{(\ln x)^p}{1+x^2}}{1/x^{2-\varepsilon}} = \lim_{x\to \infty} \frac{(\ln x)^p}{x^\varepsilon} = \lim_{x\to \infty} \frac{p(\ln x)^{p-1}}{\varepsilon x^\varepsilon} = \cdots = \lim_{x\to \infty} \frac{p!}{\varepsilon^p x^\varepsilon} = 0$$

当 p 为非整数时上式结论也成立, 根据比较判别法, 无穷积分 $\int_1^{+\infty} \frac{(\ln x)^p}{1+x^2}\mathrm{d}x$ 收敛.

图 8.2.2, 给出了例 8.2.2(3) 中 2 个广义积分的几何直观图, 积分值为图中 $x \in [1, +\infty)$ 部分无界区域阴影部分的面积.

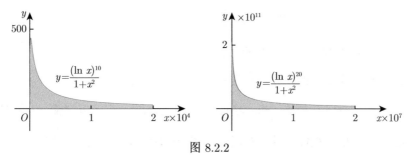

图 8.2.2

例 8.2.3 设 $f(x)$ 在 $[1, +\infty)$ 上为非负函数, 且 $\lim\limits_{x\to +\infty} \frac{\ln f(x)}{\ln x} = -\lambda$, 证明: 当 $\lambda > 1$ 时, $\int_1^{+\infty} f(x)\mathrm{d}x$ 收敛.

证明 由于 $\lambda > 1$, 所以存在 $\delta > 0$, 使得 $\lambda = 1 + \delta > 1 + \frac{\delta}{2}$, 进一步

$$\lim_{x\to +\infty} \frac{\ln f(x)}{\ln x} = -\lambda < -\left(1 + \frac{\delta}{2}\right)$$

由函数极限的保序性，存在 $M > 1$，对任意 $x > M$，有 $(\ln f(x))/(\ln x) < -(1+(\delta/2))$，于是

$$\ln f(x) < -\left(1+\frac{\delta}{2}\right)\ln x = \ln \frac{1}{x^{\left(1+\frac{\delta}{2}\right)}}$$

即 $f(x) < \dfrac{1}{x^{\left(1+\frac{\delta}{2}\right)}}$. 根据无穷积分比较判别法，结论得证.

习题 8.2.1　无穷区间上非负函数积分的敛散性判别

1. 判断下列无穷积分的敛散性.

(1) $\displaystyle\int_1^{+\infty} \frac{x}{1+x^2}dx$;　　(2) $\displaystyle\int_0^{+\infty} \frac{3x^3+5}{5x^5+6x+7}dx$;　　(3) $\displaystyle\int_1^{+\infty} \frac{dx}{x\sqrt{x^2+1}}$;

(4) $\displaystyle\int_1^{+\infty} \frac{1}{(e^x+e^{-x})^2}dx$;　　(5) $\displaystyle\int_1^{+\infty} \frac{x\ln x}{(1+x^2)^2}dx$.

2. 设 $\displaystyle\int_a^{+\infty} f^2(x)dx$, $\displaystyle\int_a^{+\infty} g^2(x)dx$ 收敛，则 $\displaystyle\int_a^{+\infty} |f(x)g(x)|dx$, $\displaystyle\int_a^{+\infty} (f(x)+g(x))^2 dx$ 收敛.

3. 设 $f(x), g(x), h(x)$ 定义在 $[a, +\infty)$ 上且满足 $f(x) \leqslant g(x) \leqslant h(x)$，如果 $\displaystyle\int_a^{+\infty} f(x)dx$ 和 $\displaystyle\int_a^{+\infty} h(x)dx$ 收敛，则 $\displaystyle\int_a^{+\infty} g(x)dx$ 收敛.

4. 设 $f(x)$ 在 $[a, +\infty)$ 上二阶连续可微分且 $f(x) \geqslant 0$, $\displaystyle\lim_{x\to +\infty} f''(x) = +\infty$，证明 $\displaystyle\int_a^{+\infty} \frac{1}{f(x)}dx$ 收敛.

5. 设 $f(x)$ 是定义在 $[a, +\infty)$ 上的函数，对任何 $b > a$，$f(x)$ 在 $[a, b]$ 上可积，且 $\displaystyle\lim_{x\to +\infty} x^p |f(x)| = l$，则有结论：

(1) $p > 1, 0 \leqslant l < +\infty$, $\displaystyle\int_a^{+\infty} |f(x)|dx$ 收敛;

(2) $p \leqslant 1, 0 < l \leqslant +\infty$, $\displaystyle\int_a^{+\infty} |f(x)|dx$ 发散.

8.2.2　无穷积分的狄利克雷和阿贝尔判定定理

本节讨论一般函数无穷积分的收敛判别方法.

设 $F(A) = \displaystyle\int_a^A f(x)dx$，如果 $\displaystyle\lim_{A\to +\infty} F(A)$ 存在，则 $\displaystyle\int_a^{+\infty} f(x)dx$ 收敛. 这说明无穷积分是否存在问题实际上是函数极限是否存在的问题. 由函数极限的柯西收敛定理：

$$\forall \varepsilon > 0, \exists M > a, \forall x_1 > M, \forall x_2 > M : |F(x_1) - F(x_2)| < \varepsilon$$

即

$$|F(x_1) - F(x_2)| = \left|\int_a^{x_1} f(x)dx - \int_a^{x_2} f(x)dx\right| = \left|\int_{x_1}^{x_2} f(x)dx\right| < \varepsilon$$

所以有如下定理成立.

定理 8.2.4 (柯西收敛定理)　设函数 $f(x)$ 在 $[a, +\infty)$ 上有定义，对于任何 $A > a$，函数

$f(x)$ 在 $[a, A]$ 上黎曼可积, 则 $\int_a^{+\infty} f(x)\mathrm{d}x$ 收敛的充分必要条件是

$$\forall \varepsilon > 0, \exists M > a, \forall u_1 > u_2 > M : \left|\int_{u_2}^{u_1} f(x)\mathrm{d}x\right| < \varepsilon$$

柯西收敛定理的直观解释如图 8.2.3 所示, 积分 $\left|\int_{u_2}^{u_1} f(x)\mathrm{d}x\right|$ 任意小是因为 $f(x)$ 的正负值抵消起到的作用.

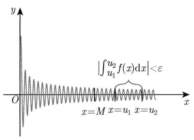

图 8.2.3

图 8.2.4 给出了 $\int_1^{+\infty} \sin x^2 \mathrm{d}x$ 和 $\int_1^{+\infty} x\sin x^4 \mathrm{d}x$ 的被积函数曲线图. 其函数曲线特征与图 8.2.3 类似, 可以初步断定两个广义积分收敛, 证明留给读者完成.

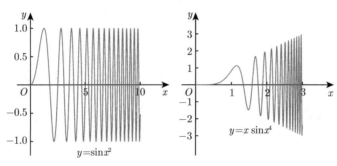

图 8.2.4

根据定理 8.2.4 可以得到 $\int_a^{+\infty} f(x)\mathrm{d}x$ 发散的充分必要条件为

$$\exists \varepsilon^* > 0, \forall M > a, \exists u_1 > u_2 > M : \left|\int_{u_2}^{u_1} f(x)\mathrm{d}x\right| \geqslant \varepsilon^*$$

也即存在 $\varepsilon^* > 0$, 对于任意 $M > a$, 无论 M 有多么大, 都存在 $u_1 > u_2 > M$, 使得积分 $\left|\int_{u_2}^{u_1} f(x)\mathrm{d}x\right| \geqslant \varepsilon^*$.

利用无穷积分的柯西收敛定理可以得到下面的推论.

推论 8.2.1 设函数 $f(x)$ 在 $[a, A]$ (任意 $A > a$) 上黎曼可积且 $\int_a^{+\infty} |f(x)|\mathrm{d}x$ 收敛, 则 $\int_a^{+\infty} f(x)\mathrm{d}x$ 收敛并且有 $\left|\int_a^{+\infty} f(x)\mathrm{d}x\right| \leqslant \int_a^{+\infty} |f(x)|\mathrm{d}x$.

定义 8.2.1 当 $\int_a^{+\infty} |f(x)| \mathrm{d}x$ 收敛时,称 $\int_a^{+\infty} f(x)\mathrm{d}x$ 为绝对收敛. $\int_a^{+\infty} f(x)\mathrm{d}x$ 收敛但 $\int_a^{+\infty} |f(x)|\mathrm{d}x$ 发散,则称 $\int_a^{+\infty} f(x)\mathrm{d}x$ 是条件收敛.

注 8.2.1 绝对收敛必收敛,收敛未必绝对收敛. 比如 $\int_1^{+\infty} \dfrac{\sin x}{x} \mathrm{d}x$ 条件收敛,但不是绝对收敛,见例 8.2.5 的讨论.

注 8.2.2 如果 $\int_a^b f(x)\mathrm{d}x$ 黎曼可积,则 $\int_a^b |f(x)|\mathrm{d}x$ 可积,反之不成立. 对于无穷积分结论恰好相反.

例 8.2.4 判别广义积分 $\int_0^{+\infty} \mathrm{e}^{-ax} \sin bx \mathrm{d}x \, (a,b \in \mathbf{R}, a > 0)$ 的收敛性.

解 因为 $|\mathrm{e}^{-ax} \sin bx| \leqslant \mathrm{e}^{-ax}$,而 $\int_0^{+\infty} \mathrm{e}^{-ax}\mathrm{d}x = \dfrac{1}{a}$ 收敛,因此 $\int_0^{+\infty} |\mathrm{e}^{-ax} \sin bx|\mathrm{d}x$ 收敛,所以 $\int_0^{+\infty} \mathrm{e}^{-ax} \sin bx \mathrm{d}x$ 收敛.

定理 8.2.5 (无穷积分的狄利克雷判别法) 设 $f(x)$ 和 $g(x)$ 满足下面两个条件:

(1) $F(A) = \int_a^A f(x)\mathrm{d}x$ 在 $[a,+\infty)$ 上有界;

(2) $g(x)$ 在 $[a,+\infty)$ 上单调,且 $\lim\limits_{x \to +\infty} g(x) = 0$.

则无穷积分 $\int_a^{+\infty} f(x)g(x)\mathrm{d}x$ 收敛.

证明 由条件 (2) 得

$$\forall \varepsilon > 0, \exists A_0 > a, \forall A', A'' > A_0 : |g(A')| < \varepsilon, |g(A'')| < \varepsilon$$

由第三积分中值定理有

$$\int_{A'}^{A''} f(x)g(x)\mathrm{d}x = g(A')\int_{A'}^{\xi} f(x)\mathrm{d}x + g(A'')\int_{\xi}^{A''} f(x)\mathrm{d}x, \quad \xi \in [A', A'']$$

所以

$$\left|\int_{A'}^{A''} f(x)g(x)\mathrm{d}x\right| \leqslant |g(A')|\left|\int_{A'}^{\xi} f(x)\mathrm{d}x\right| + |g(A'')|\left|\int_{\xi}^{A''} f(x)\mathrm{d}x\right|$$

由条件 (1) 知,存在正常数 M 使得

$$\left|\int_{A'}^{\xi} f(x)\mathrm{d}x\right| = |F(\xi) - F(A')| \leqslant 2M$$

$$\left|\int_{\xi}^{A''} f(x)\mathrm{d}x\right| = |F(A'') - F(\xi)| \leqslant 2M$$

因此当 $A', A'' > A_0$ 时,

$$\left|\int_{A'}^{A''} f(x)g(x)\mathrm{d}x\right| \leqslant 4M\varepsilon$$

由无穷积分的柯西收敛定理, $\int_a^{+\infty} f(x)g(x)\mathrm{d}x$ 收敛. 结论得证.

定理 8.2.6 (无穷积分的阿贝尔判别法) 设 $f(x)$ 和 $g(x)$ 满足下面两个条件:

(1) $\int_a^{+\infty} f(x)\mathrm{d}x$ 收敛;

(2) $g(x)$ 在 $[a,+\infty)$ 上单调有界.

则 $\int_a^{+\infty} f(x)g(x)\mathrm{d}x$ 收敛.

证明 由条件 (1) 和无穷积分的柯西收敛定理:

$$\forall \varepsilon > 0, \exists A_0 > a, \forall A', A'' > A_0 : \left|\int_{A'}^{A''} f(x)\mathrm{d}x\right| < \varepsilon$$

再由条件 (2) 知, 存在正常数 M, 使得 $|g(x)| \leqslant M$. 根据积分第三中值定理:

$$\left|\int_{A'}^{A''} f(x)g(x)\mathrm{d}x\right| \leqslant |g(A')|\left|\int_{A'}^{\xi} f(x)\mathrm{d}x\right| + |g(A'')|\left|\int_{\xi}^{A''} f(x)\mathrm{d}x\right| \leqslant 2M\varepsilon \quad (\xi \in [A', A''])$$

由无穷积分的柯西收敛定理, $\int_a^{+\infty} f(x)g(x)\mathrm{d}x$ 收敛. 结论得证.

例 8.2.5 讨论 $\int_1^{+\infty} \dfrac{\sin x}{x^p}\mathrm{d}x$ 的绝对收敛和条件收敛.

解 分几种情况讨论.

(1) 当 $p > 1$ 时, 由于 $\left|\dfrac{\sin x}{x^p}\right| \leqslant \dfrac{1}{x^p}$, 根据非负函数无穷积分的比较判别法知 $\int_1^{+\infty} \dfrac{\sin x}{x^p}\mathrm{d}x$ 绝对收敛.

(2) 当 $0 < p \leqslant 1$ 时, 由于

$$\left|\dfrac{\sin x}{x^p}\right| = \dfrac{|\sin x|}{x^p} \geqslant \dfrac{\sin^2 x}{x^p} = \dfrac{1}{2x^p} - \dfrac{\cos 2x}{2x^p}$$

$\int_1^{+\infty} \dfrac{1}{2x^p}\mathrm{d}x$ 发散, $\left\{\dfrac{1}{x^p}\right\}$ 单调递减趋于零, $\left|\int_1^A \cos 2x\mathrm{d}x\right| \leqslant 2$(任意 $A > 1$), 由狄利克雷判别法知 $\int_1^{+\infty} \dfrac{\cos 2x}{2x^p}\mathrm{d}x$ 收敛, 所以 $\int_1^{+\infty} \left|\dfrac{\sin x}{x^p}\right|\mathrm{d}x$ 发散.

进一步, $\left|\int_1^A \sin x\mathrm{d}x\right| = |\cos A - \cos 1| \leqslant 2$, $g(x) = \dfrac{1}{x^p}$ 递减趋向于 0, 由狄利克雷判别法知 $\int_1^{+\infty} \dfrac{\sin x}{x^p}\mathrm{d}x$ 收敛.

(3) 当 $p \leqslant 0$ 时, 对任意 $x > 1$ 有 $\dfrac{1}{x^p} \geqslant 1$. 任取自然数 $N \in \mathbf{N}^*$, 都有

$$\left|\int_{2N\pi+\frac{\pi}{4}}^{2N\pi+\frac{\pi}{2}} \dfrac{\sin x}{x^p}\mathrm{d}x\right| \geqslant \left|\int_{2N\pi+\frac{\pi}{4}}^{2N\pi+\frac{\pi}{2}} \sin x\mathrm{d}x\right| = \dfrac{\sqrt{2}}{2}$$

因此由无穷积分的柯西准则知 $\int_1^{+\infty} \dfrac{\sin x}{x^p} \mathrm{d}x$ 发散.

综合上面的讨论得到结论: 当 $p > 1$ 时绝对收敛; 当 $0 < p \leqslant 1$ 时条件收敛; 当 $p \leqslant 0$ 时发散.

对于无穷积分 $\int_1^{+\infty} \dfrac{\cos x}{x^p} \mathrm{d}x$ 类似可以得到结论: 当 $p > 1$ 时绝对收敛; 当 $0 < p \leqslant 1$ 时条件收敛; 当 $p \leqslant 0$ 时发散.

图 8.2.5 给出了例题 8.2.5 的几何直观. 由于曲线 $\dfrac{\sin x}{x}$ 正负值相互抵消作用, 使得 $\int_1^{+\infty} \dfrac{\sin x}{x} \mathrm{d}x$ 收敛, 但是曲线 $\left|\dfrac{\sin x}{x}\right|$ 取值全部为正, 使得在任何有限闭区间内 $\left|\dfrac{\sin x}{x}\right|$ 的积分值不能任意小, 使 $\int_1^{+\infty} \left|\dfrac{\sin x}{x}\right| \mathrm{d}x$ 发散.

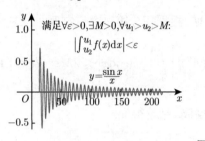
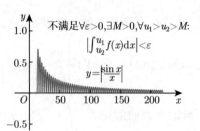

图 8.2.5

例 8.2.6 讨论 $\int_1^{+\infty} \dfrac{\sin x \arctan x}{x^p} \mathrm{d}x \, (p > 0)$ 的绝对和条件收敛性.

解 分几种情况讨论.

(1) 当 $p > 1$ 时, $\left|\dfrac{\sin x \arctan x}{x^p}\right| \leqslant \dfrac{\pi}{2 x^p}$, 由无穷积分比较判别法知原积分绝对收敛.

(2) 当 $0 < p \leqslant 1$ 时, 根据例 8.2.5, $\int_1^{+\infty} \dfrac{\sin x}{x^p} \mathrm{d}x$ 收敛. 又 $\arctan x$ 在 $[1, +\infty)$ 上单调有界, 由阿贝尔判别法知 $\int_1^{+\infty} \dfrac{\sin x \arctan x}{x^p} \mathrm{d}x$ 收敛.

下面讨论 $0 < p \leqslant 1$ 时的绝对收敛性.

$$\dfrac{\arctan x}{x^p} |\sin x| \geqslant \dfrac{\arctan x}{x^p} |\sin x|^2 = \left(\dfrac{\arctan x}{x^p}\right)\left(\dfrac{1 - \cos 2x}{2}\right)$$
$$= \dfrac{\arctan x}{2 x^p} - \dfrac{\arctan x \cos 2x}{2 x^p}$$

由于

$$\lim_{x \to +\infty} \left(\dfrac{\arctan x}{x^p}\right) \Big/ \left(\dfrac{1}{x^p}\right) = \dfrac{\pi}{2}$$

由无穷积分的比较判别法, $\int_1^{+\infty} \dfrac{\arctan x}{x^p} \mathrm{d}x$ 发散. 根据狄利克雷判别法, $\int_1^{+\infty} \dfrac{\cos 2x}{x^p} \mathrm{d}x$ 收敛. $\arctan x$ 在 $[1, +\infty)$ 单调有界, 故由阿贝尔判别法知 $\int_1^{+\infty} \dfrac{\arctan x \cos 2x}{x^p} \mathrm{d}x$ 收敛. 所以

$\int_1^{+\infty} \frac{\arctan x}{x^p}|\sin x|\mathrm{d}x$ 发散. 即 $0 < p \leqslant 1$ 时原积分条件收敛.

综合上面讨论得到结论: 当 $p > 1$ 时绝对收敛; 当 $0 < p \leqslant 1$ 时条件收敛.

图 8.2.6 给出了例题 8.2.6 的几何直观, 与图 8.2.5 讨论类似.

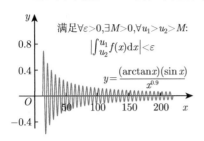 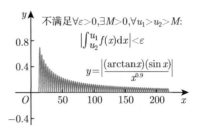

图 8.2.6

例 8.2.7 讨论 $\int_a^{+\infty} \frac{G_m(x)}{P_n(x)}\sin x \mathrm{d}x \ (a > 0)$ 的绝对和条件收敛性, 这里 $G_m(x), P_n(x)$ 是次数分别为 m, n 的多项式, 且 $P_n(x) > 0, x \in [a, +\infty)$.

解 设 $P_n(x) = a_n x^n + a_{n-1} x^{n-1} + \cdots + a_0, G_m(x) = b_m x^m + b_{m-1} x^{m-1} + \cdots + b_0$, 下面分几种情况讨论.

(1) 如果 $n > m + 1$, 则存在 $\alpha > 0$ 使得 $n > m + \alpha + 1$. 利用 $\int_a^{+\infty} \frac{1}{x^{n-m-\alpha}}\mathrm{d}x$ 作比较积分, 由于

$$\lim_{x \to +\infty} \frac{\left|\frac{G_m(x)}{P_n(x)}\sin x\right|}{1/x^{n-m-\alpha}} = \lim_{x \to +\infty} \frac{\left|\frac{G_m(x)}{P_n(x)}\right|}{1/x^{n-m}}\left|\frac{\sin x}{x^\alpha}\right| = 0$$

因此 $n > m + 1$ 时, 无穷积分 $\int_a^{+\infty} \frac{G_m(x)}{P_n(x)}\sin x \mathrm{d}x$ 绝对收敛.

(2) 如果 $n = m + 1$, 由于

$$\int_a^{+\infty} \frac{G_m(x)}{P_n(x)}\sin x \mathrm{d}x = \int_a^{+\infty} \left(\frac{xG_m(x)}{P_n(x)}\right)\left(\frac{\sin x}{x}\right)\mathrm{d}x$$

进一步由 $\lim\limits_{x \to +\infty}\left|\frac{xG_m(x)}{P_n(x)}\right| = \left|\frac{b_m}{a_n}\right| > \left|\frac{b_m}{2a_n}\right|$, 根据函数极限的保序性:

$$\exists M > a, \forall x \geqslant M: \left|\frac{xG_m(x)}{P_{m+1}(x)}\right| > \left|\frac{b_m}{2a_n}\right|$$

因此

$$\int_M^{+\infty} \left|\left(\frac{xG_m(x)}{P_{m+1}(x)}\right)\left(\frac{\sin x}{x}\right)\right|\mathrm{d}x \geqslant \left|\frac{b_m}{2a_n}\right|\int_M^{+\infty}\left|\frac{\sin x}{x}\right|\mathrm{d}x$$

由例 8.2.5 知无穷积分 $\int_M^{+\infty}\left|\frac{\sin x}{x}\right|\mathrm{d}x$ 发散, 因此 $\int_M^{+\infty}\left|\left(\frac{xG_m(x)}{P_{m+1}(x)}\right)\left(\frac{\sin x}{x}\right)\right|\mathrm{d}x$ 发散, 从而 $\int_a^{+\infty}\left|\frac{G_m(x)}{P_n(x)}\sin x\right|\mathrm{d}x$ 发散.

接下来讨论当 $n = m+1$ 时, 原无穷积分的条件收敛性. 由于

$$\left(\frac{G_m(x)}{P_{m+1}(x)}\right)' = \frac{G'_m(x)P_{m+1}(x) - G_m(x)P'_{m+1}(x)}{P^2_{m+1}(x)}$$

$$= \frac{1}{P^2_{m+1}(x)}\left[(ma_{m+1}b_m - (m+1)a_{m+1}b_m)x^{2m} + \cdots + (b_1a_0 - b_0a_1)x\right]$$

设

$$\alpha = ma_{m+1}b_m - (m+1)a_{m+1}b_m \neq 0$$

$$g(x) = (ma_{m+1}b_m - (m+1)a_{m+1}b_m)x^{2m} + \cdots + (b_1a_0 - b_0a_1)x$$

则有

$$\alpha > 0: \lim_{x \to +\infty} g(x) = -\infty$$

$$\alpha < 0: \lim_{x \to +\infty} g(x) = +\infty$$

因此

$$\alpha > 0: \exists M_1 > a, \forall x \geqslant M_1: \left(\frac{G_m(x)}{P_{m+1}(x)}\right)' < 0$$

$$\alpha < 0: \exists M_2 > a, \forall x \geqslant M_2: \left(\frac{G_m(x)}{P_{m+1}(x)}\right)' > 0$$

当 $x \geqslant M^* = \max\{M_1, M_2\}$ 时, $G_m(x)/P_{m+1}(x)$ 单调趋于零, 并且 $\left|\int_{M^*}^{A} \sin x \mathrm{d}x\right| \leqslant 2$ ($\forall A > M^*$), 根据狄利克雷判别法知 $\int_{M^*}^{+\infty} \frac{G_m(x)}{P_n(x)} \sin x \mathrm{d}x$ 收敛, 即 $\int_{a}^{+\infty} \frac{G_m(x)}{P_n(x)} \sin x \mathrm{d}x$ 收敛. 因此无穷积分 $\int_{a}^{+\infty} \frac{G_m(x)}{P_n(x)} \sin x \mathrm{d}x$ 条件收敛.

(3) 当 $n < m+1$ 时,

$$\lim_{x \to +\infty} \frac{G_m(x)}{P_n(x)} = \begin{cases} +\infty, & n < m, a_n b_m > 0 \\ -\infty, & n < m, a_n b_m < 0 \\ \dfrac{b_m}{a_n}, & n = m \end{cases}$$

因此存在 $W > 0$, 使得当 $x \geqslant W$ 时, $\dfrac{G_m(x)}{P_n(x)}$ 的符号不变, 且存在 $\alpha > 0: \left|\dfrac{G_m(x)}{P_n(x)}\right| > \alpha$. 进一步对任意 $N \in \mathbf{N}^*$, 有

$$\left|\int_{2N\pi + \frac{\pi}{4}}^{2N\pi + \frac{\pi}{2}} \frac{G_m(x)}{P_n(x)} \sin x \mathrm{d}x\right| = \int_{2N\pi + \frac{\pi}{4}}^{2N\pi + \frac{\pi}{2}} \left|\frac{G_m(x)}{P_n(x)}\right| \sin x \mathrm{d}x \geqslant \alpha \int_{2N\pi + \frac{\pi}{4}}^{2N\pi + \frac{\pi}{2}} \sin x \mathrm{d}x = \alpha \left(\frac{\sqrt{2}}{2}\right)$$

根据无穷积分的柯西收敛定理, $\int_{a}^{+\infty} \frac{G_m(x)}{P_n(x)} \sin x \mathrm{d}x$ 发散.

综合以上讨论得到结论: 当 $n > m+1$ 时, 绝对收敛; 当 $n = m+1$ 时条件收敛; 当 $n < m+1$ 时发散. 结论得证.

习题 8.2.2　无穷积分的狄利克雷和阿贝尔判定定理

1. 研究下列积分的绝对收敛性和条件收敛性.

(1) $\int_0^{+\infty} \dfrac{\sqrt{x}\sin x}{1+x}\mathrm{d}x$;　　(2) $\int_0^{+\infty} \dfrac{\sin x}{\sqrt[3]{x^2+x+1}}\mathrm{d}x$;　　(3) $\int_1^{+\infty} \dfrac{\cos(1-2x)}{\sqrt{x^3}\sqrt[3]{x^2+1}}\mathrm{d}x$;

(4) $\int_e^{+\infty} \dfrac{\ln(\ln x)}{\ln x}\sin x\mathrm{d}x$;　　(5) $\int_0^{+\infty} \dfrac{\arctan x}{2+x^n}\mathrm{d}x (n \geqslant 0)$;　　(6) $\int_2^{+\infty} \dfrac{\sin x}{x\ln x}\mathrm{d}x$;

(7) $\int_0^{+\infty} \dfrac{\sqrt{x}\cos x}{100+x}\mathrm{d}x$;　　(8) $\int_1^{+\infty} \dfrac{\sin\sqrt{x}}{x}\mathrm{d}x$;　　(9) $\int_1^{+\infty} x\sin x^4\mathrm{d}x$.

2. 设 f 在 $[a,+\infty)$ 上递减趋于 0. 证明积分 $\int_a^{+\infty} f(x)\mathrm{d}x$ 和 $\int_a^{+\infty} f(x)\sin^2 x\mathrm{d}x$ 同敛散.

3. 举例说明 $\int_a^{+\infty} f(x)\mathrm{d}x$ 收敛, $\int_a^{+\infty} f^2(x)\mathrm{d}x$ 不一定收敛. 即使 $\int_a^{+\infty} |f(x)|\mathrm{d}x$ 收敛, $\int_a^{+\infty} f^2(x)\mathrm{d}x$ 不一定收敛.

4. 若 $\int_a^{+\infty} f(x)\mathrm{d}x$ 绝对收敛, 对任何 $A > a$, 函数 g 在 $[a, A]$ 上均可积, 且 $\lim\limits_{x\to+\infty} g(x) = B$, 则 $\int_a^{+\infty} f(x)g(x)\mathrm{d}x$ 绝对收敛; 若将 $\int_a^{+\infty} f(x)\mathrm{d}x$ 改为条件收敛, 结论如何?

5. 设函数 $f(x), g(x)$ 在 $[a, +\infty)$ 上连续可微, $g(x)$ 在 $[a, +\infty)$ 上有界, $f''(x) \geqslant 0$, $\lim\limits_{x\to+\infty} f(x) = 0$, 证明 $\int_a^{+\infty} f(x)g'(x)\mathrm{d}x$ 收敛.

6. 用柯西收敛定理证明无穷积分 $\int_0^{+\infty} x\sin x^4 \sin x\mathrm{d}x$ 收敛.

7. 设函数 f 在 $[a, +\infty)$ 上有定义, 对任何 $A > a$, 函数 f 在 $[a, A]$ 上均可积, $\lim\limits_{x\to+\infty} f(x) = 0$ 并且 $\lim\limits_{n\to+\infty} \int_a^n f(x)\mathrm{d}x = l\,(n \in \mathbf{N}^*)$, 试证 $\int_a^{+\infty} f(x)\mathrm{d}x = l$.

8.3　瑕积分

扫码学习

本节将定积分推广到无界函数的积分, 即瑕积分, 并讨论瑕积分的性质和敛散性判别方法. 首先考虑两个实际问题.

应用实例　如图 8.3.1 所示, 圆柱形桶的内壁高为 h, 内半径为 R, 桶底有一半径为 r 的小孔, 试问从盛满水开始打开小孔直至流完桶中的水, 共需多长时间.

解　首先建立坐标系如图 8.3.1 所示. 从物理学知识可知, 在不计摩擦力的情形下, 当桶内水位高度为 $(h-x)$ 时, 水从孔中流出的流速 (单位时间内流过单位截面积的流量) 为

$$v = \sqrt{2g(h-x)}$$

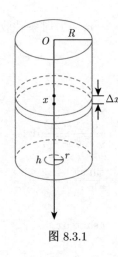

图 8.3.1

其中 g 为重力加速度. 设在很小一段时间 dt 内, 桶中液面降低的微小量为 $\Delta x = dx$, 则

$$\pi R^2 dx = v\pi r^2 dt$$

即

$$dt = \frac{R^2}{r^2\sqrt{2g(h-x)}} dx, \quad x \in [0, h)$$

所以流完一桶水所需时间为

$$t = \int_0^h \frac{R^2}{r^2\sqrt{2g(h-x)}} dx$$

上式中被积函数是 $[0,h)$ 上的无界函数, 利用极限求解无界函数的积分,

$$t = \lim_{u \to h-} \int_0^u \frac{R^2}{r^2\sqrt{2g(h-x)}} dx = \lim_{u \to h-} \sqrt{\frac{2}{g}} \frac{R^2}{r^2} \left(\sqrt{h} - \sqrt{h-u}\right) = \sqrt{\frac{2h}{g}} \left(\frac{R}{r}\right)^2$$

应用实例的分析给出了有限闭区间上无界函数积分的处理方法, 即瑕积分.

定义 8.3.1 (瑕积分定义) 分三种情况给出瑕积分的定义.

(1) 设 $f(x)$ 在区间 $(a,b]$ 上有定义, 在点 a 的任何右邻域内无界. 对于任意 $\varepsilon \in (0, b-a)$, 函数 $f(x)$ 在 $[a+\varepsilon, b]$ 上可积, 若极限 $\lim\limits_{\varepsilon \to 0+} \int_{a+\varepsilon}^b f(x) dx = l$ 存在, 称瑕积分收敛, l 称为 $f(x)$ 在 $(a,b]$ 上的瑕积分, 记为 $\int_a^b f(x) dx = l$, a 称为瑕点. 当极限不存在时称瑕积分发散.

(2) 设 $f(x)$ 在区间 $[a,b)$ 上有定义, 在点 b 的任何左邻域内无界, 对任意 $\varepsilon \in (0, b-a)$, $f(x)$ 在 $[a, b-\varepsilon]$ 上可积, 若 $\lim\limits_{\varepsilon \to 0+} \int_a^{b-\varepsilon} f(x) dx = k$ 存在, 称瑕积分收敛, k 称为 $f(x)$ 在 $[a,b)$ 上的瑕积分, 记为 $\int_a^b f(x) dx = k$, b 称为瑕点. 当极限不存在时称瑕积分发散.

(3) 若 $c \in (a,b)$, $f(x)$ 在 c 点的任何邻域无界, 则 $f(x)$ 在 $[a,b]$ 上的瑕积分定义为

$$\int_a^b f(x)dx = \int_a^c f(x)dx + \int_c^b f(x)dx = \lim_{\varepsilon \to 0+} \int_a^{c-\varepsilon} f(x)dx + \lim_{\varepsilon' \to 0+} \int_{c+\varepsilon'}^b f(x)dx$$

当上式右边的两个极限都存在时, 称该瑕积分收敛; 当上式右边有其中之一极限不存在时, 称该瑕积分发散.

例 8.3.1 讨论瑕积分 $\int_0^1 \frac{1}{x^p} dx$ $(p > 0)$ 的敛散性.

解 由于 $x = 0$ 是瑕点, 对 $0 < u < 1$,

$$\lim_{u \to 0+} \int_u^1 \frac{1}{x^p} dx = \lim_{u \to 0+} \begin{cases} \dfrac{(1-u^{1-p})}{1-p}, & p \neq 1, \\ -\ln u, & p = 1 \end{cases} = \begin{cases} \dfrac{1}{1-p}, & p < 1 \\ \infty, & p \geqslant 1 \end{cases}$$

因此当 $0 < p < 1$ 时, 瑕积分 $\int_0^1 \frac{1}{x^p} \mathrm{d}x$ 收敛; 当 $p \geqslant 1$ 时, 瑕积分 $\int_0^1 \frac{1}{x^p} \mathrm{d}x$ 发散.

例 8.3.2 讨论瑕积分 $\int_1^2 \frac{\mathrm{d}x}{x(\ln x)^p}$ 的敛散性.

解 由于

$$\int_1^2 \frac{\mathrm{d}x}{x(\ln x)^p} = \lim_{\varepsilon \to 0+} \int_{1+\varepsilon}^2 \frac{\mathrm{d}x}{x(\ln x)^p} = \lim_{\varepsilon \to 0+} \int_{1+\varepsilon}^2 \frac{\mathrm{d}(\ln x)}{(\ln x)^p}$$

$$= \lim_{\varepsilon \to 0+} \begin{cases} \dfrac{(\ln 2)^{-p+1}}{-p+1} - \dfrac{(\ln(1+\varepsilon))^{-p+1}}{-p+1}, & p \neq 1 \\ \ln(\ln 2) - \ln(\ln(1+\varepsilon)), & p = 1 \end{cases}$$

$$= \begin{cases} \dfrac{(\ln 2)^{-p+1}}{-p+1}, & p < 1 \\ \infty, & p \geqslant 1 \end{cases}$$

因此当 $0 < p < 1$ 时, $\int_1^2 \frac{\mathrm{d}x}{x(\ln x)^p}$ 收敛; 当 $p \geqslant 1$ 时, $\int_1^2 \frac{\mathrm{d}x}{x(\ln x)^p}$ 发散.

瑕积分的计算实际上是定积分的计算再加极限过程, 下面举例说明.

例 8.3.3 计算瑕积分 $\int_0^3 \frac{\mathrm{d}x}{(x-1)^{2/3}}$.

解 由于 $x = 1$ 为瑕点, $\int_0^3 \frac{\mathrm{d}x}{(x-1)^{2/3}} = \int_0^1 \frac{\mathrm{d}x}{(x-1)^{2/3}} + \int_1^3 \frac{\mathrm{d}x}{(x-1)^{2/3}}$.

$\int_0^1 \frac{\mathrm{d}x}{(x-1)^{2/3}} = \lim_{\varepsilon \to 0+} \int_0^{1-\varepsilon} \frac{\mathrm{d}x}{(x-1)^{2/3}} = 3$, $\int_1^3 \frac{\mathrm{d}x}{(x-1)^{2/3}} = \lim_{\varepsilon \to 0+} \int_{1+\varepsilon}^3 \frac{\mathrm{d}x}{(x-1)^{2/3}} = 3\sqrt[3]{2}$

所以 $\int_0^3 \frac{\mathrm{d}x}{(x-1)^{2/3}} = 3(1+\sqrt[3]{2})$.

例 8.3.4 计算瑕积分 $\int_0^{\frac{\pi}{2}} \ln(\sin x) \mathrm{d}x$.

解 $\int_0^{\frac{\pi}{2}} \ln(\sin x) \mathrm{d}x$ 的瑕点为 0, 令 $x = 2t$, 原式化为

$$I = \int_0^{\frac{\pi}{2}} \ln \sin x \mathrm{d}x = 2\int_0^{\frac{\pi}{4}} \ln \sin 2t \mathrm{d}t = 2\int_0^{\frac{\pi}{4}} (\ln 2 + \ln \sin t + \ln \cos t) \mathrm{d}t$$

$$= (2\ln 2) \cdot \frac{\pi}{4} + 2\int_0^{\frac{\pi}{4}} \ln \sin t \mathrm{d}t + 2\int_0^{\frac{\pi}{4}} \ln \cos t \mathrm{d}t$$

进一步作变换 $u = \frac{\pi}{2} - t$, 得

$$I = \frac{\pi}{2} \ln 2 + 2\int_0^{\frac{\pi}{4}} \ln \sin x \mathrm{d}x + 2\int_{\frac{\pi}{4}}^{\frac{\pi}{2}} \ln \sin u \mathrm{d}u = \frac{\pi}{2} \ln 2 + 2I$$

由此求得 $\int_0^{\frac{\pi}{2}} \ln \sin x \mathrm{d}x = -\frac{\pi}{2} \ln 2$.

例 8.3.5 求曲线 $|x| = a\ln\dfrac{a+\sqrt{a^2-y^2}}{y} - \sqrt{a^2-y^2}(a>0), y=0$ 围成图形的面积.

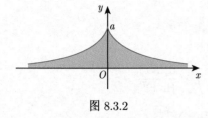

图 8.3.2

解 根据曲线的表达式知道:$0 \leqslant y \leqslant a$,进一步曲线围成图形关于 y 轴对称,如图 8.3.2 所示. 因此面积为

$$S = 2\int_0^a \left(a\ln\frac{a+\sqrt{a^2-y^2}}{y} - \sqrt{a^2-y^2}\right)\mathrm{d}y$$

上述积分被积函数 $y = 0$ 是瑕点,因此是瑕积分的计算问题,具体计算过程如下:

$$S = 2\lim_{\varepsilon\to 0+}\int_\varepsilon^a \left(a\ln\frac{a+\sqrt{a^2-y^2}}{y} - \sqrt{a^2-y^2}\right)\mathrm{d}y$$

由于

$$\int \sqrt{a^2-y^2}\mathrm{d}y = \frac{y}{2}\sqrt{a^2-y^2} - \frac{a^2}{2}\arcsin\frac{y}{a} + C$$

$$\int \ln\frac{a+\sqrt{a^2-y^2}}{y}\mathrm{d}y = y\ln\frac{a+\sqrt{a^2-y^2}}{y} + \int \frac{a}{\sqrt{a^2-y^2}}\mathrm{d}y$$

$$= y\ln\frac{a+\sqrt{a^2-y^2}}{y} + a\arcsin\frac{y}{a} + C$$

因此

$$S = 2\lim_{\varepsilon\to 0+}\left[ay\ln\frac{a+\sqrt{a^2-y^2}}{y} + a^2\arcsin\frac{y}{a} - \frac{y}{2}\sqrt{a^2-y^2} + \frac{a^2}{2}\arcsin\frac{y}{a}\right]\bigg|_\varepsilon^a = \frac{3\pi a^2}{2}$$

类似于无穷积分,瑕积分同样具有线性性质和区间可加性:

(1) 若 $f_1(x), f_2(x)$ 的瑕点同为 $x = a$,k_1, k_2 为任意常数,则当瑕积分 $\int_a^b f_1(x)\mathrm{d}x$ 与 $\int_a^b f_2(x)\mathrm{d}x$ 都收敛时,瑕积分 $\int_a^b [k_1 f_1(x) + k_2 f_2(x)]\mathrm{d}x$ 也收敛且

$$\int_a^b [k_1 f_1(x) + k_2 f_2(x)]\mathrm{d}x = k_1\int_a^b f_1(x)\mathrm{d}x + k_2\int_a^b f_2(x)\mathrm{d}x$$

(2) 若 $f(x)$ 的瑕点为 $x = a$,且 $c \in (a,b)$ 为任意常数,则瑕积分 $\int_a^b f(x)\mathrm{d}x$ 与 $\int_a^c f(x)\mathrm{d}x$ 有相同的敛散性,且 $\int_a^b f(x)\mathrm{d}x = \int_a^c f(x)\mathrm{d}x + \int_c^b f(x)\mathrm{d}x$.

瑕积分与无穷积分有平行的理论结果,下面我们一一讨论,证明留给读者完成.

定理 8.3.1 (比较判别法) 设非负函数 $f(x), g(x)$ 在 $(a,b]$ 上有定义,瑕点为 $x = a$,且对任意 $\varepsilon > 0$, $f(x), g(x)$ 在 $[a+\varepsilon, b]$ 上可积. 如果存在 $\delta > 0$,在 $(a, a+\delta)$ 上 $f(x) \leqslant g(x)$,则

(1) 若 $\int_a^b g(x)\mathrm{d}x$ 收敛, 则 $\int_a^b f(x)\mathrm{d}x$ 收敛;

(2) 若 $\int_a^b f(x)\mathrm{d}x$ 发散, 则 $\int_a^b g(x)\mathrm{d}x$ 发散.

常用于比较的 2 个瑕积分: $\int_a^b \dfrac{\mathrm{d}x}{(b-x)^p}$ 和 $\int_a^b \dfrac{\mathrm{d}x}{(x-a)^p}$, 当 $p<1$ 时收敛, 当 $p\geqslant 1$ 时发散.

定理 8.3.2 (比较判别法的极限形式) 设对任意 $x\in(a,b), f(x),g(x)\geqslant 0, a$ 为瑕点, 任意 $[c,d]\subset(a,b), f(x),g(x)$ 在 $[c,d]$ 上可积分, 且 $\lim\limits_{x\to a+}\dfrac{f(x)}{g(x)}=l$, 则

(1) 当 $0<l<+\infty$ 时, $\int_a^b f(x)\mathrm{d}x$ 与 $\int_a^b g(x)\mathrm{d}x$ 有相同的敛散性;

(2) 当 $l=0$ 时, 如果 $\int_a^b g(x)\mathrm{d}x$ 收敛, 则 $\int_a^b f(x)\mathrm{d}x$ 收敛;

(3) 当 $l=+\infty$ 时, 如果 $\int_a^b g(x)\mathrm{d}x$ 发散, 则 $\int_a^b f(x)\mathrm{d}x$ 发散.

设瑕积分 $\int_a^b f(x)\mathrm{d}x$ 收敛, a 为瑕点, $F(u)=\int_u^b f(x)\mathrm{d}x$. 由瑕积分收敛的充分必要条件, $\lim\limits_{u\to a+} F(u)$ 存在. 根据函数极限的柯西收敛定理, 极限 $\lim\limits_{u\to a+} F(u)$ 存在等价于

$$\forall \varepsilon>0, \exists \delta>0, a<u_1<a+\delta, a<u_2<a+\delta : |F(u_1)-F(u_2)|<\varepsilon$$

由此可以得到瑕积分的柯西收敛定理.

定理 8.3.3 (柯西收敛定理) 若 $f(x)$ 在 $(a,b]$ 上有定义, a 为瑕点, 任意 $\varepsilon>0, f(x)$ 在 $[a+\varepsilon,b]$ 上可积, 则 $\int_a^b f(x)\mathrm{d}x$ 收敛的充要条件是

$$\forall \varepsilon>0, \exists \delta>0, a<u_1<u_2<a+\delta : \left|\int_{u_1}^{u_2} f(x)\mathrm{d}x\right|<\varepsilon$$

下面讨论瑕积分的绝对收敛与条件收敛.

定义 8.3.2 设 $f(x)$ 在 $(a,b]$ 上有定义, a 为瑕点, 若 $\int_a^b |f(x)|\mathrm{d}x$ 收敛, 则 $\int_a^b f(x)\mathrm{d}x$ 收敛, 且 $\left|\int_a^b f(x)\mathrm{d}x\right|\leqslant \int_a^b |f(x)|\mathrm{d}x$. 若 $\int_a^b |f(x)|\mathrm{d}x$ 收敛, 称瑕积分 $\int_a^b f(x)\mathrm{d}x$ 绝对收敛. 若 $\int_a^b f(x)\mathrm{d}x$ 收敛, $\int_a^b |f(x)|\mathrm{d}x$ 发散, 则称 $\int_a^b f(x)\mathrm{d}x$ 条件收敛.

注 8.3.1 绝对收敛的瑕积分必收敛, 收敛的瑕积分未必绝对收敛.

定理 8.3.4 (狄利克雷判别法) 设 $f(x),g(x)$ 定义在 $(a,b]$ 上, 且有唯一瑕点 $x=a$, 满足条件:

(1) 任意 $0<\varepsilon<b-a, f(x),g(x)$ 在 $[a+\varepsilon,b]$ 上可积;

(2) 存在 $M>0$, 使得对任意 $0<\eta<b-a$, 有 $\left|\int_{a+\eta}^b f(x)\mathrm{d}x\right|<M$;

(3) $g(x)$ 在 $(a,b]$ 上单调, 且 $\lim\limits_{x\to a+}g(x)=0$.

则 $\int_a^b f(x)g(x)\mathrm{d}x$ 收敛.

定理 8.3.5 (阿贝尔判别法) 设 $f(x),g(x)$ 定义在 $(a,b]$ 上, 且有唯一瑕点 $x=a$, 满足条件:

(1) 任意 $0<\varepsilon<b-a, f(x),g(x)$ 在 $[a+\varepsilon,b]$ 上可积;

(2) $\int_a^b f(x)\mathrm{d}x$ 收敛;

(3) $g(x)$ 在 $(a,b]$ 上单调有界.

则 $\int_a^b f(x)g(x)\mathrm{d}x$ 收敛.

注 8.3.2 瑕点为积分上限或者为积分区间的中间值时, 有类似的结果.

例 8.3.6 判别瑕积分 $\int_0^3 \dfrac{\sin(1/x)}{\sqrt{x}}\mathrm{d}x$ 的敛散性.

解 $x=0$ 为瑕点, 且 $\left|\dfrac{\sin(1/x)}{\sqrt{x}}\right|\leqslant\dfrac{1}{\sqrt{x}}$, 而 $\int_0^3 \dfrac{\mathrm{d}x}{\sqrt{x}}$ 收敛, 由瑕积分的比较判别法, $\int_0^1 \left|\dfrac{\sin(1/x)}{\sqrt{x}}\right|\mathrm{d}x$ 收敛, 所以 $\int_0^1 \dfrac{\sin(1/x)}{\sqrt{x}}\mathrm{d}x$ 绝对收敛.

例 8.3.7 讨论瑕积分 $\int_1^3 \dfrac{\mathrm{d}x}{\ln x}$ 的敛散性.

解 $x=1$ 为瑕点, 选择 $\int_1^3 \dfrac{\mathrm{d}x}{x-1}$ 作为比较积分, 由洛必达法则

$$\lim_{x\to 1+}\dfrac{1}{\ln x}\Big/\left(\dfrac{1}{x-1}\right)=\lim_{x\to 1+}\dfrac{x-1}{\ln x}=\lim_{x\to 1+}\dfrac{1}{\dfrac{1}{x}}=1$$

根据瑕积分的比较判别法, 瑕积分 $\int_1^3 \dfrac{\mathrm{d}x}{\ln x}$ 发散.

例 8.3.8 讨论瑕积分 $\int_0^{\frac{1}{2}} \dfrac{\ln x}{(1-x)^2\sqrt{x}}\mathrm{d}x$ 的敛散性.

解 瑕点为 $x=0$, 选择 $\int_0^{\frac{1}{2}} \dfrac{1}{x^{\frac{1}{2}+\frac{1}{4}}}\mathrm{d}x$ 作为比较积分, 由洛必达法则

$$\lim_{x\to 0+}\left(\left|\dfrac{\ln x}{(1-x)^2\sqrt{x}}\right|\right)\Big/\left(\dfrac{1}{x^{\frac{1}{2}+\frac{1}{4}}}\right)=\left|\lim_{x\to 0+}x^{\frac{1}{4}}\ln x\right|=\left|\lim_{x\to 0+}\dfrac{\ln x}{x^{-\frac{1}{4}}}\right|=\left|-4\lim_{x\to 0+}x^{\frac{1}{4}}\right|=0$$

由比较判别法知瑕积分 $\int_0^{\frac{1}{2}} \dfrac{\ln x}{(1-x)^2\sqrt{x}}\mathrm{d}x$ 收敛, 且绝对收敛.

例 8.3.9 讨论瑕积分 $\int_0^{\frac{\pi}{2}} \dfrac{\ln\sin x}{\sqrt{x}}\mathrm{d}x$ 的敛散性.

解 因为 $x=0$ 为瑕点,选择 $\int_0^{\frac{\pi}{2}} \frac{1}{x^{\frac{1}{2}+\frac{1}{4}}}\mathrm{d}x$ 作为比较积分,由洛必达法则

$$\lim_{x\to 0+}\left(\left|\frac{\ln\sin x}{\sqrt{x}}\right|\right)\bigg/\left(\frac{1}{x^{\frac{1}{2}+\frac{1}{4}}}\right)=\lim_{x\to 0+}\left|x^{\frac{1}{4}}\ln\sin x\right|=\left|\lim_{x\to 0+}\frac{\ln\sin x}{x^{-\frac{1}{4}}}\right|=\left|-4\lim_{x\to 0+}\frac{x^{\frac{1}{4}+1}\cos x}{\sin x}\right|=0$$

由瑕积分的比较判别法知瑕积分 $\int_0^{\frac{\pi}{2}} \frac{\ln\sin x}{\sqrt{x}}\mathrm{d}x$ 收敛.

注 8.3.3 例 8.3.8 和例 8.3.9 用到结论: 任意 $x\in(a,c]\subset[a,b], f(x)\leqslant 0, a$ 为瑕点,则 $\int_a^b f(x)\mathrm{d}x$ 收敛等价于 $\int_a^c |f(x)|\mathrm{d}x$ 收敛.

例 8.3.10 讨论瑕积分 $\int_0^{\pi/2} 1/(\sin^p x\cos^q x)\mathrm{d}x$ 的敛散性.

解 由于瑕点为 $0,\frac{\pi}{2}$,因此需要将原积分分为两个瑕积分讨论.

$$\int_0^{\pi/2}\frac{1}{\sin^p x\cos^q x}\mathrm{d}x=\int_0^{\pi/4}\frac{1}{\sin^p x\cos^q x}\mathrm{d}x+\int_{\pi/4}^{\pi/2}\frac{1}{\sin^p x\cos^q x}\mathrm{d}x$$

(1) $\int_0^{\pi/4}\frac{1}{\sin^p x\cos^q x}\mathrm{d}x$ 的敛散性分析.

由于 $\lim\limits_{x\to 0+}\frac{1/(\sin^p x\cos^q x)}{(1/x^p)}=1$,因此当 $p<1$ 时收敛.

(2) $\int_{\pi/4}^{\pi/2}\frac{1}{\sin^p x\cos^q x}\mathrm{d}x$ 的敛散性分析.

由于

$$\lim_{x\to\frac{\pi}{2}-}\frac{1/(\sin^p x\cos^q x)}{1/\left(x-\frac{\pi}{2}\right)^q}=\lim_{x\to\frac{\pi}{2}-}\frac{\left(x-\frac{\pi}{2}\right)^q}{\cos^q x}=\left(\lim_{x\to\frac{\pi}{2}-}\frac{x-\frac{\pi}{2}}{\cos x}\right)^q=1$$

因此当 $q<1$ 时收敛.

综上所述,当 $p<1$ 且 $q<1$ 时原积分收敛.

例 8.3.11 讨论广义积分 $\int_0^{+\infty}\frac{\arctan x}{x^p}\mathrm{d}x$ 的敛散性.

解 由于 $x=0$ 是瑕点,因此需要分别分析瑕积分和无穷积分的敛散性.

$$\int_0^{+\infty}\frac{\arctan x}{x^p}\mathrm{d}x=\int_0^1\frac{\arctan x}{x^p}\mathrm{d}x+\int_1^{+\infty}\frac{\arctan x}{x^p}\mathrm{d}x$$

由

$$\frac{\arctan x}{x^p}\sim\frac{1}{x^{p-1}}\quad(x\to 0+)$$

可知,当 $p<2$ 时瑕积分收敛;

由于

$$\frac{\arctan x}{x^p}\sim\frac{\pi}{2x^p}\quad(x\to+\infty)$$

可知, 当 $p > 1$ 时第二项无穷积分收敛. 所以当 $1 < p < 2$ 时原积分收敛, 其他情况发散.

例 8.3.12 讨论广义积分 $\int_1^{+\infty} \dfrac{1}{x^p \ln^q x} \mathrm{d}x$ 的敛散性.

解 由于 $x = 1$ 为瑕点, 因此需要分别分析瑕积分和无穷积分的敛散性, 为此对原积分区间进行分割如下:

$$\int_1^{+\infty} \frac{1}{x^p \ln^q x} \mathrm{d}x = \int_1^3 \frac{1}{x^p \ln^q x} \mathrm{d}x + \int_3^{+\infty} \frac{1}{x^p \ln^q x} \mathrm{d}x$$

(1) 首先分析瑕积分 $\int_1^3 \dfrac{1}{x^p \ln^q x} \mathrm{d}x$ 的敛散性. 选取 $\int_3^{+\infty} \dfrac{1}{(x-1)^q} \mathrm{d}x$ 作为比较积分, 利用洛必达法则

$$\lim_{x \to 1+} \frac{\dfrac{1}{x^p \ln^q x}}{\dfrac{1}{(x-1)^q}} = \lim_{x \to 1+} \left(\frac{x-1}{\ln x}\right)^q = \left(\lim_{x \to 1+} \frac{x-1}{\ln x}\right)^q = 1$$

根据瑕积分的比较判别法, $\int_1^3 \dfrac{1}{x^p \ln^q x} \mathrm{d}x$ 与 $\int_1^3 \dfrac{1}{(x-1)^q} \mathrm{d}x$ 有相同的敛散性, 即当 $q < 1$ 时收敛.

(2) 分析无穷积分 $\int_3^{+\infty} \dfrac{1}{x^p \ln^q x} \mathrm{d}x$ 的敛散性.

当 $p > 1$ 时, 取 $\alpha > 0$ 使得 $p - \alpha > 1$, 选取 $\int_3^{+\infty} \dfrac{1}{x^{p-\alpha}} \mathrm{d}x$ 作为比较积分, 利用洛必达法则:

$$\forall q \in \mathbf{R}: \lim_{x \to +\infty} \frac{\dfrac{1}{x^p \ln^q x}}{\dfrac{1}{x^{p-\alpha}}} = \lim_{x \to +\infty} \frac{1}{x^\alpha \ln^q x} = 0$$

根据无穷积分比较判别法, $\int_3^{+\infty} \dfrac{1}{x^p \ln^q x} \mathrm{d}x$ 收敛.

当 $p \leqslant 1, q < 1$ 时, 由于 $\dfrac{1}{x^p \ln^q x} \geqslant \dfrac{1}{x \ln^q x}$, 此时 $\int_3^{+\infty} \dfrac{1}{x \ln^q x} \mathrm{d}x$ 发散, 因此根据无穷积分的比较判别法, $\int_3^{+\infty} \dfrac{1}{x^p \ln^q x} \mathrm{d}x$ 发散.

综上所述得到结论, 当 $p > 1, q < 1$ 时, $\int_1^{+\infty} \dfrac{1}{x^p \ln^q x} \mathrm{d}x$ 收敛.

例 8.3.13 设 $p > 0$, 讨论积分 $\int_0^1 \dfrac{\sin(1/x)}{x^p} \mathrm{d}x$ 的绝对和条件收敛性.

解 作变换 $\dfrac{1}{x} = t$, 则 $\int_0^1 \dfrac{\sin(1/x)}{x^p} \mathrm{d}x = \int_1^{+\infty} \dfrac{\sin t}{t^{2-p}} \mathrm{d}t$, 因此瑕积分敛散性问题转化为无穷积分的敛散性问题. 接下来分几种情况讨论.

(1) 当 $p \geqslant 2$ 时, 取 $\varepsilon_0 = 2$, 则对任意 $M > 0$, 存在 $u_1 = 2k\pi > M, u_2 = 2k\pi + \pi > M$, 使得

$$\left|\int_{u_2}^{u_1} f(t) \mathrm{d}t\right| = \left|\int_{2k\pi}^{2k\pi+\pi} t^{p-2} \sin t \, \mathrm{d}t\right| \geqslant (2k\pi)^{p-2} \int_0^\pi \sin t \, \mathrm{d}t = 2(2k\pi)^{p-2} \geqslant 2$$

所以由无穷积分的柯西收敛定理, 积分发散.

(2) 当 $0 < p < 1$ 时, 因为 $\left|\dfrac{\sin t}{t^{2-p}}\right| \leqslant \dfrac{1}{t^{2-p}}$, 由无穷积分收敛的比较判别法可知, 积分绝对收敛.

(3) 当 $1 \leqslant p < 2$ 时, t^{p-2} 单调递减趋于 0, $\forall A > 1$, 有 $\left|\displaystyle\int_1^A \sin x \mathrm{d}x\right| < 2$, 由无穷积分的狄利克雷判别法, 积分收敛. 进一步

$$\int_1^{+\infty} \frac{|\sin t|}{t^{2-p}}\mathrm{d}t \geqslant \int_1^{+\infty} \frac{|\sin t|^2}{t^{2-p}}\mathrm{d}t \geqslant \int_1^{+\infty} \frac{1-\cos 2t}{2t^{2-p}}\mathrm{d}t = \int_1^{+\infty} \frac{1}{2t^{2-p}}\mathrm{d}t - \int_1^{+\infty} \frac{\cos 2t}{2t^{2-p}}\mathrm{d}t$$

无穷积分 $\displaystyle\int_1^{+\infty} \frac{1}{2t^{2-p}}\mathrm{d}t$ 发散, 由无穷积分的狄利克雷判别法, $\displaystyle\int_1^{+\infty} \frac{\cos 2t}{2t^{2-p}}\mathrm{d}t$ 收敛, 因此 $\displaystyle\int_1^{+\infty} \frac{|\sin t|}{t^{2-p}}\mathrm{d}t$ 发散, 所以积分条件收敛.

在上面讨论基础上得到结论: 原瑕积分 $p \geqslant 2$ 时发散, $0 < p < 1$ 时绝对收敛, $1 \leqslant p < 2$ 时条件收敛.

习题 8.3　瑕积分

1. 计算下列瑕积分.

(1) $\displaystyle\int_{-1}^1 \frac{\arcsin x}{\sqrt{1-x^2}}\mathrm{d}x$;　　(2) $\displaystyle\int_0^1 \frac{1}{(2-x)\sqrt{1-x}}\mathrm{d}x$;　　(3) $\displaystyle\int_{-1}^1 \frac{1}{(2-x^2)\sqrt{1-x^2}}\mathrm{d}x$;

(4) $\displaystyle\int_0^1 \frac{\arcsin \sqrt{x}}{\sqrt{x(1-x)}}\mathrm{d}x$;　　(5) $\displaystyle\int_0^1 (\ln x)^n \mathrm{d}x$ $(n \in \mathbf{N}^*)$;　　(6) $\displaystyle\int_0^1 \frac{(1-x)^n}{\sqrt{x}}\mathrm{d}x$ $(n \in \mathbf{N}^*)$;

(7) $\displaystyle\int_0^{\frac{\pi}{2}} \ln \sin x \mathrm{d}x$;　　(8) $\displaystyle\int_0^{\frac{\pi}{2}} x \cot x \mathrm{d}x$;　　(9) $\displaystyle\int_0^1 \frac{\ln x}{\sqrt{1-x^2}}\mathrm{d}x$.

2. 判断下列瑕积分的敛散性.

(1) $\displaystyle\int_0^\pi \frac{\sin x}{x^{3/2}}\mathrm{d}x$;　　(2) $\displaystyle\int_0^1 \frac{\ln x \ln(1-x)}{x(1-x)}\mathrm{d}x$.

3. 判断广义积分的敛散性.

(1) $\displaystyle\int_0^{+\infty} \frac{\ln(1+x)}{x^n}\mathrm{d}x$;　　(2) $\displaystyle\int_0^{+\infty} \left[\ln\left(1+\frac{1}{x}\right) - \frac{1}{1+x}\right]\mathrm{d}x$;　　(3) $\displaystyle\int_0^{+\infty} \frac{\sin x^2}{x^p}\mathrm{d}x$.

4. 判断下列广义积分的绝对收敛性和条件收敛性.

(1) $\displaystyle\int_0^{+\infty} \cos x^2 \mathrm{d}x$;　　(2) $\displaystyle\int_0^{+\infty} \frac{\ln x}{x} \sin x \mathrm{d}x$;

(3) $\displaystyle\int_0^{+\infty} \frac{\mathrm{e}^{-x}}{x} \sin x \mathrm{d}x$;　　(4) $\displaystyle\int_0^{+\infty} \frac{\sin bx}{x^\lambda}\mathrm{d}x$ $(b \neq 0)$.

5. 设 f 在 $[a,b)$ 上连续, b 为瑕点, 若 $\displaystyle\int_a^b f^2(x)\mathrm{d}x$ 收敛, 试证 $\displaystyle\int_a^b f(x)\mathrm{d}x$ 绝对收敛.

8.4 综合例题选讲

扫码学习

本节讨论本章综合例题.

例 8.4.1 讨论广义积分 $\int_0^{+\infty} \dfrac{e^{\sin x} \cos x}{x^p} dx$ 的敛散性.

解 由于 $x=0$ 为瑕点,将积分分割如下:

$$\int_0^{+\infty} \frac{e^{\sin x}\cos x}{x^p}dx = \underbrace{\int_a^1 \frac{e^{\sin x}\cos x}{x^p}dx}_{a} + \underbrace{\int_b^{+\infty} \frac{e^{\sin x}\cos x}{x^p}dx}_{b} = (a)+(b)$$

由

$$\frac{e^{\sin x}\cos x}{x^p} \sim \frac{1}{x^p} \quad (x\to 0+)$$

可知,当 $p<1$ 时第一项瑕积分 (a) 收敛.

下面讨论无穷积分 (b) 的敛散性. 分几种情况讨论.

(1) $p \leqslant 0$ 由柯西收敛定理,无穷积分 $\int_1^{+\infty} f(x)dx$ 发散等价于

$$\exists \varepsilon_0 > 0, \forall M>1, \exists A_2 > A_1 > M : \left|\int_{A_1}^{A_2} f(x)dx\right| \geqslant \varepsilon_0$$

取 $\varepsilon_0 = (e-1)/2$,则对任意 $M>1$,存在 $A_2 = 2k\pi + \dfrac{\pi}{2} > M, A_1 = 2k\pi > M$,使得

$$\int_{2k\pi}^{2k\pi+\frac{\pi}{2}} \frac{e^{\sin x}\cos x}{x^p}dx \geqslant (2k\pi)^{-p} \int_{2k\pi}^{2k\pi+\frac{\pi}{2}} e^{\sin x}\cos x dx = (2k\pi)^{-p}(e-1) > \varepsilon_0$$

所以由无穷积分的柯西收敛定理知积分发散.

(2) $0<p<1$ 由于对 $\forall A>1$,有 $\left|\int_1^A e^{\sin x}\cos x dx\right| = |e^{\sin A} - e^{\sin 1}| < 2e$,$\dfrac{1}{x^p}$ 单调递减趋向于 0,由狄利克雷判别法,积分收敛.

在上面讨论基础上得到结论: $0<p<1$ 时原积分收敛,其他情况发散.

例 8.4.2 证明: 若 $\int_a^{+\infty} f(x)dx$ 收敛,且 f 在 $[a,+\infty)$ 上一致连续,则 $\lim\limits_{x\to +\infty} f(x) = 0$.

证明 由 f 在 $[a,+\infty)$ 上一致连续,根据函数一致连续的定义有

$$\forall \varepsilon > 0, \exists \delta > 0(\delta \leqslant \varepsilon), \forall x',x'' \in [a,+\infty), |x'-x''|<\delta : |f(x')-f(x'')| < \frac{\varepsilon}{2} \tag{8.4.1}$$

由于 $\int_a^{+\infty} f(x)dx$ 收敛,根据无穷积分的柯西收敛定理,对 (8.4.1) 式中的 δ,存在 $G>a$,$x_1,x_2 > G$ 时,有

$$\left|\int_{x_1}^{x_2} f(x)dx\right| < \frac{\delta^2}{2} \tag{8.4.2}$$

对任意 $x > G$, 取 $x_1, x_2 > G$ 且 $x_1 < x < x_2, x_2 - x_1 = \delta$, 根据 (8.4.1) 式和 (8.4.2) 式有

$$|f(x)\delta| = \left| \int_{x_1}^{x_2} f(x) \mathrm{d}t - \int_{x_1}^{x_2} f(t) \mathrm{d}t + \int_{x_1}^{x_2} f(t) \mathrm{d}t \right|$$

$$\leqslant \int_{x_1}^{x_2} |f(x) - f(t)| \, \mathrm{d}t + \left| \int_{x_1}^{x_2} f(t) \mathrm{d}t \right| < \frac{\varepsilon}{2} \delta + \frac{\delta^2}{2} \leqslant \varepsilon \delta$$

所以 $x > G : |f(x)| < \varepsilon$, 因此 $\lim\limits_{x \to +\infty} f(x) = 0$. 结论得证.

例 8.4.3 设 $f(x)$ 是 $[1, +\infty)$ 上的连续可微函数, 当 $x \to +\infty$ 时, $f(x)$ 递减趋于 0, 则 $\int_1^{+\infty} f(x) \mathrm{d}x$ 收敛的充分必要条件是 $\int_1^{+\infty} xf'(x) \mathrm{d}x$ 收敛.

证明 必要性: 若 $\int_1^{+\infty} f(x) \mathrm{d}x$ 收敛, 由无穷积分的柯西收敛定理有

$$\forall \varepsilon > 0, \exists A^* > 1, \forall A_1 > A^*, A_2 > A^* : \left| \int_{A_1}^{A_2} f(x) \mathrm{d}x \right| < \varepsilon \tag{8.4.3}$$

由于 $f(x)$ 单调递减, 对于任意的 $A > 2A^*$, 有

$$\frac{A}{2} f(A) \leqslant \int_{\frac{A}{2}}^{A} f(x) \mathrm{d}x < \varepsilon \tag{8.4.4}$$

所以 $\lim\limits_{A \to +\infty} Af(A) = 0$. 当 $A_1, A_2 > 2A^*$ 时, 进一步由 (8.4.3) 式和 (8.4.4) 式有

$$|A_2 f(A_2)| < 2\varepsilon, \quad |A_1 f(A_1)| < 2\varepsilon, \quad \left| \int_{A_1}^{A_2} f(x) \mathrm{d}x \right| < \varepsilon$$

由分部积分公式:

$$\int_{A_1}^{A_2} xf'(x) \mathrm{d}x = A_2 f(A_2) - A_1 f(A_1) - \int_{A_1}^{A_2} f(x) \mathrm{d}x$$

所以当 $A_1, A_2 > 2A^*$ 时,

$$\left| \int_{A_1}^{A_2} xf'(x) \mathrm{d}x \right| < 5\varepsilon$$

由无穷积分的柯西收敛定理, $\int_1^{+\infty} xf'(x) \mathrm{d}x$ 收敛.

充分性: 若 $\int_1^{+\infty} xf'(x) \mathrm{d}x$ 收敛, 由于

$$\int_1^{+\infty} f(x) \mathrm{d}x = \lim_{u \to +\infty} \left[xf(x) \Big|_1^u - \int_1^u xf'(x) \mathrm{d}x \right] = \lim_{u \to +\infty} xf(x) \Big|_1^u - \int_1^{+\infty} xf'(x) \mathrm{d}x$$

因此问题归结为证明 $\lim\limits_{u \to +\infty} uf(u)$ 存在. 由于 $\int_1^{+\infty} xf'(x) \mathrm{d}x$ 收敛, 根据无穷积分的柯西收敛定理:

$$\forall \varepsilon > 0, \exists A^* > 1, \forall A > A^*, A' > A^* : \left| \int_A^{A'} xf'(x) \mathrm{d}x \right| < \varepsilon \tag{8.4.5}$$

由 $f(x)$ 递减趋于 0, 进一步有

$$|Af(A) - Af(A')| = \left|A\int_A^{A'} f'(x)\mathrm{d}x\right| \leqslant \left|\int_A^{A'} xf'(x)\mathrm{d}x\right| < \varepsilon \tag{8.4.6}$$

在 (8.4.6) 式中令 $A' \to +\infty$, 可得到 $|Af(A)| < \varepsilon$, 故 $\lim\limits_{u\to+\infty} uf(u) = 0$ 存在, 从而结论得证.

例 8.4.4 研究 $\int_0^{+\infty} \dfrac{\sin\left(x+\dfrac{1}{x}\right)}{x^\alpha}\mathrm{d}x$ 和 $\int_0^{+\infty} \dfrac{\cos\left(x+\dfrac{1}{x}\right)}{x^\alpha}\mathrm{d}x\,(\alpha>0)$ 的绝对收敛和条件收敛性.

解 由于 $x = 0$ 是瑕点, 因此需要分别讨论下面的瑕积分和无穷积分的敛散性.

$$\int_0^{+\infty} \frac{\sin\left(x+\dfrac{1}{x}\right)}{x^\alpha}\mathrm{d}x = \int_0^1 \frac{\sin\left(x+\dfrac{1}{x}\right)}{x^\alpha}\mathrm{d}x + \int_1^{+\infty} \frac{\sin\left(x+\dfrac{1}{x}\right)}{x^\alpha}\mathrm{d}x$$

因此分几种情况讨论.

(1) 首先讨论无穷积分的敛散性. 由于

$$\int_1^{+\infty} \frac{\sin\left(x+\dfrac{1}{x}\right)}{x^\alpha}\mathrm{d}x = \int_1^{+\infty} \frac{\left(1-\dfrac{1}{x^2}\right)\sin\left(x+\dfrac{1}{x}\right)}{x^\alpha\left(1-\dfrac{1}{x^2}\right)}\mathrm{d}x$$

$$\forall A > 1: \left|\int_1^A \left(1-\frac{1}{x^2}\right)\sin\left(x+\frac{1}{x}\right)\mathrm{d}x\right| = \left|\int_1^A \sin\left(x+\frac{1}{x}\right)\mathrm{d}\left(x+\frac{1}{x}\right)\right| \leqslant 2$$

进一步, $\left\{x^\alpha\left(1-\dfrac{1}{x^2}\right)\right\}' = \alpha x^{\alpha-3}\left(x^2 - \dfrac{\alpha-2}{\alpha}\right) > 0$, 因此当 x 充分大时, $\left\{1/x^\alpha\left(1-\dfrac{1}{x^2}\right)\right\}$ 单调递减. 又 $\lim\limits_{x\to+\infty} \dfrac{1}{x^\alpha\left(1-\dfrac{1}{x^2}\right)} = 0$, 因此由狄利克雷判别法, 当 $\alpha > 0$ 时无穷积分收敛.

(2) 讨论瑕积分的收敛性. 作变换 $x = \dfrac{1}{t}$ 得到

$$\int_0^1 \frac{\sin\left(x+\dfrac{1}{x}\right)}{x^\alpha}\mathrm{d}x = \int_1^{+\infty} \frac{\sin\left(t+\dfrac{1}{t}\right)}{t^{2-\alpha}}\mathrm{d}t$$

根据 (1) 的讨论结果, 当 $\alpha < 2$ 时收敛.

综上所述得到结论: 当 $0 < \alpha < 2$ 时, 广义积分 $\int_0^{+\infty} \dfrac{\sin\left(x+\dfrac{1}{x}\right)}{x^\alpha}\mathrm{d}x$ 收敛.

(3) 接下来讨论无穷积分的绝对收敛性. 由于

$$\int_1^{+\infty} \left|\frac{\sin\left(x+\dfrac{1}{x}\right)}{x^\alpha}\right|\mathrm{d}x \geqslant \int_1^{+\infty} \frac{\sin^2\left(x+\dfrac{1}{x}\right)}{x^\alpha}\mathrm{d}x = \int_1^{+\infty} \frac{1-\cos 2\left(x+\dfrac{1}{x}\right)}{2x^\alpha}\mathrm{d}x$$

$$= \int_1^{+\infty} \frac{1}{2x^\alpha} dx - \int_1^{+\infty} \frac{\cos 2\left(x+\frac{1}{x}\right)}{2x^\alpha} dx$$

当 $0 < \alpha \leqslant 1$ 时 $\int_1^{+\infty} \frac{1}{2x^\alpha} dx$ 发散，类似 (1) 的讨论可得 $\int_1^{+\infty} \frac{\cos 2\left(x+\frac{1}{x}\right)}{2x^\alpha} dx$ 收敛，因此 $\int_1^{+\infty} \left|\frac{\sin\left(x+\frac{1}{x}\right)}{x^\alpha}\right| dx$ 发散.

(4) 接下来讨论瑕积分的绝对收敛性. 由于

$$\int_0^1 \frac{\sin\left(x+\frac{1}{x}\right)}{x^\alpha} dx = \int_1^{+\infty} \frac{\sin\left(t+\frac{1}{t}\right)}{t^{2-\alpha}} dx \quad \left(x=\frac{1}{t}\right)$$

类似 (3) 的讨论可得当 $0 < 2-\alpha \leqslant 1$，即 $1 \leqslant \alpha < 2$ 时 $\int_0^1 \left|\frac{\sin\left(x+\frac{1}{x}\right)}{x^\alpha}\right| dx$ 发散.

综上所述，当 $0 < \alpha < 2$ 时 $\int_0^{+\infty} \left|\frac{\sin\left(x+\frac{1}{x}\right)}{x^\alpha}\right| dx$ 发散，即 $\int_0^{+\infty} \frac{\sin\left(x+\frac{1}{x}\right)}{x^\alpha} dx$ 在 $0 < \alpha < 2$ 时条件收敛.

类似可得 $\int_0^{+\infty} \frac{\cos\left(x+\frac{1}{x}\right)}{x^\alpha} dx$ 有相同结论.

*8.5 探索类问题

探索类问题 1 讨论下面积分的绝对收敛和条件收敛性.

(1) $\int_e^{+\infty} \frac{1}{x^p (\ln x)^q (\ln \ln x)^r} dx$；(2) $\int_0^{+\infty} x^p \sin x^q dx \,(q \neq 0)$；(3) $\int_0^{+\infty} \frac{x^p \sin x}{1+x^q} dx \,(q \geqslant 0)$

探索类问题 2 设函数 $f(x)$ 定义在 $(a,b]$ 上，$x=a$ 为瑕点，$\int_a^b f(x) dx$ 收敛，讨论下面问题.

(1) 对 $(a,b]$ 区间上的任意分割 $\pi: x_0 = a < x_1 < x_2 < \cdots < x_n = b$

$$\int_a^b f(x) dx = \lim_{\|\pi\| \to 0} \sum_{i=1}^n f(\xi_i) \Delta x_i, \quad \forall \xi_i \in (x_{i-1}, x_i)$$

是否成立.

(2) 如果函数 $f(x)$ 定义在 $(a,b]$ 上是单调函数, 结论

$$\int_a^b f(x)\mathrm{d}x = \lim_{n\to\infty}\left(\frac{b-a}{n}\right)\sum_{i=1}^n f\left(a+\frac{b-a}{n}i\right)$$

是否成立.

探索类问题 3 研究无穷积分 $\int_{-\infty}^b f(x)\,\mathrm{d}x$, $\int_{-\infty}^{+\infty} f(x)\,\mathrm{d}x$ 和瑕积分 $\int_a^b f(x)\,\mathrm{d}x(b$ 为瑕点), $\int_a^b f(x)\,\mathrm{d}x(c\in(a,b)$ 为瑕点) 的敛散性判别法:

(1) 非负函数无穷积分收敛的判别法;

(2) 柯西收敛定理;

(3) 狄利克雷和阿贝尔判别法.

探索类问题 4 研究下面几类积分的数值计算方法并计算 $\int_2^{+\infty}\frac{\mathrm{d}x}{x^2}$, $\int_0^{\frac{\pi}{2}}\ln\sin x\mathrm{d}x$.

(1) $\int_a^b f(x)\,\mathrm{d}x(a$ 为瑕点); (2) $\int_a^b f(x)\,\mathrm{d}x(b$ 为瑕点); (3) $\int_a^{+\infty} f(x)\,\mathrm{d}x$;

(4) $\int_{-\infty}^b f(x)\,\mathrm{d}x$; (5) $\int_{-\infty}^{+\infty} f(x)\,\mathrm{d}x$.

探索类问题 5 计算下面曲线围成区域的面积.

(1) $y^2=\dfrac{x^3}{2a-x}, x=2a\ (a>0)$; (2) $y^2=\dfrac{x^n}{(1+x^{n+2})^2}\ (x>0, n>-2)$;

(3) $y=\mathrm{e}^{-x}\sin x, y=0\ (x>0)$; (4) $x^4+y^4=ax^2y$ (提示: 设 $y=tx$).

探索类问题 6 著名的拉普拉斯变换定义为: $F(s)=\int_0^{+\infty} f(t)\mathrm{e}^{-st}\mathrm{d}t$.

(1) 计算下列函数的拉普拉斯变换: $f(t)=1, \quad g(t)=t, \quad h(t)=\mathrm{e}^t$;

(2) 通过查阅文献和书籍了解拉普拉斯变换的性质以及在工程领域中的应用, 写一份读书报告.

探索类问题 7 概率统计中的积分: 概率密度函数 $f(x)=\dfrac{1}{\sigma\sqrt{2\pi}}\mathrm{e}^{-\frac{(x-\mu)^2}{2\sigma^2}}$, 证明

$$\int_{-\infty}^{+\infty}\frac{1}{\sigma\sqrt{2\pi}}\mathrm{e}^{-\frac{(x-\mu)^2}{2\sigma^2}}\mathrm{d}x=1$$

通过查阅文献和书籍了解概率密度函数在实际问题中的应用.

第 8 章习题答案与提示

第 9 章 数项级数

函数极限讨论的是函数值的变化趋势, 这一章我们研究函数的逼近问题, 即给定一个函数, 如何构造一系列函数来逼近这个函数, 这正是级数理论研究的内容. 级数理论是数学分析的一个重要组成部分, 它可以用来表示函数、研究函数性质以及进行数值计算, 它是研究函数的一个重要工具. 级数分为数项级数和函数项级数, 本章讨论数项级数, 内容包括数项级数的基本概念与性质、正项级数收敛的判别方法、一般项级数收敛的判别方法、绝对收敛与条件收敛、级数的乘法以及无穷乘积. 拓展提高部分介绍了级数乘积与无穷乘积问题, 本章最后设置了系列研究探索类问题.

9.1 数项级数的基本概念与性质

扫码学习

9.1.1 数项级数的概念

在许多实际问题中, 我们会遇到无穷个数相加的问题. 比如下面两个数列

$$x_n = \frac{1}{2} + \frac{1}{2^2} + \cdots + \frac{1}{2^n}, \quad n = 1, 2, \cdots$$

$$y_n = 1 + \frac{1}{2^\alpha} + \frac{1}{3^\alpha} + \cdots + \frac{1}{n^\alpha}, \quad \alpha > 1, n = 1, 2, \cdots$$

的极限就是无穷个数相加. 再比如下面的循环小数可以表示为无穷多个数的相加

$$0.\bar{3} = 0.333333\cdots = \frac{3}{10} + \frac{3}{10^2} + \frac{3}{10^3} + \frac{3}{10^4} + \cdots + \frac{3}{10^n} + \cdots$$

$$0.d_1 d_2 d_3 \cdots d_n \cdots = \frac{d_1}{10} + \frac{d_2}{10^2} + \frac{d_3}{10^3} + \frac{d_4}{10^4} + \cdots + \frac{d_n}{10^n} + \cdots$$

因此需要研究形如

$$a_1 + a_2 + a_3 + \cdots + a_n + \cdots \triangleq \sum_{n=1}^{\infty} a_n$$

的无穷多个数相加问题. 首先引入下面的定义.

定义 9.1.1 设 $\{a_n\}$ 是任意的一个实数列, 称形如 $s = a_1 + a_2 + a_3 + \cdots$ 的无穷和为无穷数值级数, 简称数项级数, 记为 $\sum_{n=1}^{\infty} a_n$. 称 $S_n = a_1 + a_2 + \cdots + a_n$ 为级数的第 n 个部分和. $\{S_n\}$ 为级数的部分和数列.

定义 9.1.2 若极限 $\lim\limits_{n\to\infty} S_n = S$ 存在, 则称级数 $\sum\limits_{n=1}^{\infty} a_n$ 收敛. 并定义 S 为级数的和, 记为 $S = \sum\limits_{n=1}^{\infty} a_n$. 若极限 $\lim\limits_{n\to\infty} S_n$ 不存在, 则称级数发散.

由定义 9.1.2 可知, 可用数列极限研究级数的收敛问题. 在第 1 章我们学过等比 (几何) 级数 $\sum\limits_{n=1}^{\infty} q^n$ 当且仅当 $|q| < 1$ 时收敛. 级数 $\sum\limits_{n=1}^{\infty} \frac{1}{n^\alpha}$, 当 $\alpha > 1$ 时收敛, 当 $\alpha \leqslant 1$ 时发散. 这两个级数在本章讨论中起到非常重要的作用.

例 9.1.1 求级数 $\sum\limits_{n=1}^{\infty} \frac{2n-1}{2^n}$ 的和.

解 令 $S_n = \sum\limits_{k=1}^{n} \frac{2k-1}{2^k}$, 则

$$S_n - \frac{1}{2}S_n = \sum_{k=1}^{n} \frac{2k-1}{2^k} - \sum_{k=1}^{n} \frac{2k-1}{2^{k+1}} = \sum_{k=1}^{n} \frac{2k-1}{2^k} - \sum_{k=2}^{n+1} \frac{2k-3}{2^k}$$

$$= \frac{1}{2} + \left(\sum_{k=2}^{n} \frac{2}{2^k}\right) - \frac{2n-1}{2^{n+1}} = \frac{3}{2} - \frac{1}{2^{n-1}} - \frac{2n-1}{2^{n+1}}$$

于是 $S_n = 3 - \frac{1}{2^{n-2}} - \frac{2n-1}{2^n}$. 根据海涅原理和洛必达法则: $\lim\limits_{n\to\infty} \frac{2n-1}{2^n} = \lim\limits_{x\to+\infty} \frac{2x-1}{2^x} = 0$, 因此

$$\lim_{n\to\infty} S_n = \lim_{n\to\infty} \left(3 - \frac{1}{2^{n-2}} - \frac{2n-1}{2^n}\right) = 3$$

所以级数收敛且 $\sum\limits_{n=1}^{\infty} \frac{2n-1}{2^n} = 3$.

习题 9.1.1 数项级数的概念

1. 求下列级数的和.

(1) $\sum\limits_{n=2}^{\infty} \frac{1}{n^2-1}$;   (2) $\sum\limits_{n=1}^{\infty} \frac{1}{n(n+1)(n+2)}$;   (3) $\sum\limits_{n=1}^{\infty} \left(\frac{1}{2^n} - \frac{1}{3^n}\right)$.

2. 设抛物线 $L_{1n}: y = nx^2 + \frac{1}{n}$, $L_{2n}: y = (n+1)x^2 + \frac{1}{n+1}$ 交点的横坐标为 $\alpha_n, n = 1, 2, \cdots$, 计算下列问题: (1) L_{1n}, L_{2n} 围成的面积 S_n; (2) $\sum\limits_{n=1}^{\infty} \frac{S_n}{\alpha_n}$.

9.1.2 数项级数的性质

下面我们研究数项级数的性质.

定理 9.1.1 若级数 $\sum\limits_{n=1}^{\infty} a_n$ 收敛, 则 $\lim\limits_{n\to\infty} a_n = 0$.

证明 由于级数 $\sum\limits_{n=1}^{\infty} a_n$ 收敛, 所以其部分和序列 $\{S_n\}$ 收敛. 不妨设 $\lim\limits_{n\to\infty} S_n = S$, 由于 $a_n = S_n - S_{n-1}$, 因此 $\lim\limits_{n\to\infty} a_n = S - S = 0$, 结论得证.

注 9.1.1 定理 9.1.1 是级数收敛的必要条件. 例如 $\lim\limits_{n\to\infty}\dfrac{1}{n}=0$, 但是级数 $\sum\limits_{n=1}^{\infty}\dfrac{1}{n}$ 发散. 由定理 9.1.1 可以得到推论 9.1.1.

推论 9.1.1 若 $\lim\limits_{n\to\infty}a_n\neq 0$, 则 $\sum\limits_{n=1}^{\infty}a_n$ 发散.

例如级数 $\sum\limits_{n=1}^{\infty}(-1)^n$, 级数 $\sum\limits_{n=1}^{\infty}n\sin\dfrac{1}{n}$ 均发散.

定理 9.1.2 设级数 $\sum\limits_{n=1}^{\infty}a_n,\sum\limits_{n=1}^{\infty}b_n$ 都收敛, λ,μ 是两个常数, 则 $\sum\limits_{n=1}^{\infty}(\lambda a_n+\mu b_n)$ 也收敛, 且

$$\sum_{n=1}^{\infty}(\lambda a_n+\mu b_n)=\lambda\sum_{n=1}^{\infty}a_n+\mu\sum_{n=1}^{\infty}b_n$$

定理 9.1.2 称为收敛级数的线性性质. 由定理 9.1.2 可知, 若级数 $\sum\limits_{n=1}^{\infty}u_n$ 与 $\sum\limits_{n=1}^{\infty}v_n$ 中一个收敛, 一个发散, 则 $\sum\limits_{n=1}^{\infty}(u_n+v_n)$ 必发散. 若 $\sum\limits_{n=1}^{\infty}u_n$ 与 $\sum\limits_{n=1}^{\infty}v_n$ 都发散, 则 $\sum\limits_{n=1}^{\infty}(u_n+v_n)$ 可能收敛也可能发散. 例如

$$\sum_{n=1}^{\infty}\frac{1}{n},\quad \sum_{n=1}^{\infty}\frac{-1}{2n},\quad \sum_{n=1}^{\infty}\frac{-1}{n+1}$$

都是发散级数, 而级数 $\sum\limits_{n=1}^{\infty}\left(\dfrac{1}{n}-\dfrac{1}{2n}\right)=\sum\limits_{n=1}^{\infty}\dfrac{1}{2n}$ 发散, 级数 $\sum\limits_{n=1}^{\infty}\left(\dfrac{1}{n}-\dfrac{1}{n+1}\right)$ 的部分和数列 $S_n=1-\dfrac{1}{n+1},\lim\limits_{n\to\infty}S_n=1$, 所以级数收敛.

由于级数是无穷项求和, 所以改变级数的有限项不影响级数的敛散性, 即有如下定理成立.

定理 9.1.3 对于级数 $\sum\limits_{n=1}^{\infty}a_n$, 增加有限项和删除有限项不改变级数的敛散性.

我们知道, 有限个数的加法满足加法结合律. 那么对于无穷个数的和, 加法结合律是否成立. 下面这个定理给出结论: 对收敛级数, 进行无穷次结合律是成立的.

定理 9.1.4 若级数 $\sum\limits_{n=1}^{\infty}a_n$ 收敛, 则任意加括号后 (不改变原来级数项的顺序) 组成的新级数亦收敛且和不变.

证明 设加括号后的级数为 $\sum\limits_{n=1}^{\infty}b_n$, 即

$$\sum_{n=1}^{\infty}a_n=\underbrace{(a_1+a_2+\cdots+a_{n_1})}_{b_1}+\underbrace{(a_{n_1+1}+a_{n_1+2}+\cdots+a_{n_2})}_{b_2}+\cdots$$
$$\stackrel{\triangle}{=}b_1+b_2+\cdots+b_n+\cdots=\sum_{n=1}^{\infty}b_n$$

记 $S_n=\sum\limits_{k=1}^{n}a_k,W_l=\sum\limits_{k=1}^{l}b_k$. 则数列 $\{W_l\}$ 是数列 $\{S_n\}$ 的子列, 因此数列 $\{W_l\}$ 收敛且 $\{W_l\}$ 和 $\{S_n\}$ 的极限相等, 结论得证.

注 9.1.2 定理 9.1.4 的逆命题不成立, 即加括号后收敛, 原级数未必收敛. 例如级数 $\sum_{n=1}^{\infty}(-1)^{n-1}$ 发散, 但是加括号后的级数 $\sum_{n=1}^{\infty}(1-1) = (1-1) + (1-1) + \cdots$ 收敛.

在一定条件下, 级数求和的结合律成立, 下面的定理给出了证明.

定理 9.1.5 若级数 $\sum_{n=1}^{\infty} a_n$ 加括号后 (不改变原来级数项的顺序)组成的新级数收敛, 并且括号里的项符号相同, 则原级数收敛且和不变.

证明 设 $\sum_{n=1}^{\infty} a_n$ 加括号后得到收敛级数 $\sum_{n=1}^{\infty} b_n$, 即

$$\sum_{n=1}^{\infty} a_n = \underbrace{(a_1 + a_2 + \cdots + a_{k_1})}_{b_1} + \underbrace{(a_{k_1+1} + \cdots + a_{k_2})}_{b_2} + \cdots + \underbrace{(a_{k_{n-1}+1} + \cdots + a_{k_n})}_{b_n} + \cdots$$

$$\triangleq b_1 + b_2 + \cdots + b_n + \cdots = \sum_{n=1}^{\infty} b_n$$

记级数 $\sum_{n=1}^{\infty} a_n$ 的部分和序列为 $S_1, S_2, \cdots, S_k, \cdots$, 级数 $\sum_{n=1}^{\infty} b_n$ 的部分和序列为 $B_1, B_2, \cdots, B_k, \cdots$. 由于 $\sum_{n=1}^{\infty} b_n$ 收敛, 设 $\lim_{k \to \infty} B_k = B$. 对于数列 $\{S_k\}$, 当 k 由 $k_{n-1} + 1$ 变到 k_n 时, 由于括号里的项 $(a_{k_{n-1}+1} + \cdots + a_{k_n})$ 符号相同, 所以 $B_{n-1} \leqslant S_k \leqslant B_n$ 或者 $B_{n-1} \geqslant S_k \geqslant B_n$ 必有其一成立. 由于 $n \leqslant k_{n-1} + 1 \leqslant k \leqslant k_n$, 根据数列的夹逼定理, $\lim_{k \to \infty} S_k = B$. 结论得证.

由级数收敛的定义, $\sum_{n=1}^{\infty} a_n$ 收敛的充分必要条件是其部分和数列 $\{S_n\}$ 收敛. 根据数列的柯西收敛准则, 得到结论:

$$\forall \varepsilon > 0, \exists N(\varepsilon) \in \mathbf{N}^*, \forall n > N, \forall p \in \mathbf{N}^* : |S_{n+p} - S_n| < \varepsilon$$

而 $S_n = \sum_{k=1}^{n} a_k$, 所以 $\left|\sum_{k=n+1}^{n+p} a_k\right| < \varepsilon$. 这个结论就是级数的柯西收敛准则.

定理 9.1.6(级数的柯西收敛准则) 级数 $\sum_{n=1}^{\infty} a_n$ 收敛的充分必要条件为对任意 $\varepsilon > 0$, 存在仅与 ε 有关的自然数 $N(\varepsilon) \in \mathbf{N}^*$, 使得当 $n > N$ 时, 对任意 $p \in \mathbf{N}^*$, 一致成立: $\left|\sum_{k=n+1}^{n+p} a_k\right| < \varepsilon$.

注 9.1.3 (1) 定理 9.1.6 中的 $N(\varepsilon)$ 仅和 ε 有关, 与自然数 p 无关;

(2) 定理 9.1.6 可以等价叙述为

$$\forall \varepsilon > 0, \exists N(\varepsilon) \in \mathbf{N}^*, \forall m > n > N : \left|\sum_{k=n}^{m} a_k\right| < \varepsilon$$

(3) 对于任意 $p \in \mathbf{N}^*$, 有 $\lim_{n \to \infty} \left|\sum_{k=n+1}^{n+p} a_k\right| = 0$, 不能保证级数收敛. 例如对于级数 $\sum_{k=1}^{\infty} \frac{1}{n}$, 有 $\left|\sum_{k=n+1}^{n+p} \frac{1}{n}\right| \leqslant \frac{p}{n}$, $\lim_{n \to \infty} \sum_{k=n+1}^{n+p} \frac{1}{n} = 0$, 但是 $\sum_{k=1}^{\infty} \frac{1}{n}$ 发散.

例 9.1.2　讨论级数 $\sum\limits_{n=1}^{\infty} \dfrac{a\cos n + b\sin n}{n(n+\sin n!)}$ 的敛散性 $(ab \neq 0)$.

解　对于任意自然数 n, p, 我们有

$$\left|\sum_{k=n+1}^{n+p} \frac{a\cos k + b\sin k}{k(k+\sin k!)}\right| \leqslant \sum_{k=n+1}^{n+p} \frac{|a|+|b|}{k(k-1)} = (|a|+|b|)\sum_{k=n+1}^{n+p}\left(\frac{1}{k-1}-\frac{1}{k}\right) \leqslant (|a|+|b|)\frac{1}{n}$$

因此对任意 $\varepsilon > 0$, 存在仅和 ε 有关的自然数 $N = \left[\dfrac{|a|+|b|}{\varepsilon}\right]+1$, 当 $n > N$ 时, 对一切自然数 $p \in \mathbf{N}^*$, 有

$$\left|\sum_{k=n+1}^{n+p} \frac{a\cos k + b\sin k}{k(k+\sin k!)}\right| < \varepsilon$$

由柯西收敛准则, 级数收敛.

例 9.1.3　证明 $\sum\limits_{n=1}^{\infty} \dfrac{(-1)^n}{n}$ 收敛.

证明　对于任意自然数 $p, n \in \mathbf{N}^*$, 有

$$\left|\sum_{k=n}^{n+p} \frac{(-1)^n}{n}\right| = \left|\frac{1}{n} - \frac{1}{n+1} + \cdots + \frac{(-1)^p}{n+p}\right|$$

$$= \begin{cases} \left|\dfrac{1}{n} - \left(\dfrac{1}{n+1} - \dfrac{1}{n+2}\right) - \cdots - \left(\dfrac{1}{n+p-1} - \dfrac{1}{n+p}\right)\right|, & p\text{为偶数} \\ \left|\dfrac{1}{n} - \left(\dfrac{1}{n+1} - \dfrac{1}{n+2}\right) - \cdots - \left(\dfrac{1}{n+p-2} - \dfrac{1}{n+p-1}\right) - \dfrac{1}{n+p}\right|, & p\text{为奇数} \end{cases}$$

$$\leqslant \frac{1}{n}$$

因此对任意 $\varepsilon > 0$, 存在仅和 ε 有关的自然数 $N = \left[\dfrac{1}{\varepsilon}\right]+1$, 当 $n > N$ 时, 对一切自然数 $p \in \mathbf{N}^*$, 有

$$\left|\sum_{k=n}^{n+p} \frac{(-1)^n}{n}\right| < \varepsilon$$

由柯西收敛准则, 级数收敛. 结论得证.

注 9.1.4　通过例 9.1.2 可以得到用柯西收敛准则证明级数收敛的一般方法: 将级数部分和进行放大, 也即存在 $N \in \mathbf{N}^*$, 任意 $n > N$, 任意 $p \in \mathbf{N}^*$, $\left|\sum\limits_{k=n+1}^{n+p} a_k\right| \leqslant \beta(n)$ 成立, 且 $\{\beta(n)\}$ 与自然数 p 无关, 满足 $\lim\limits_{n\to\infty}\beta(n)=0$, 在此基础上进一步确定柯西收敛定理中的 $N(\varepsilon)$.

应用柯西收敛准则可以得到定理 9.1.7.

定理 9.1.7　设 $\sum\limits_{n=1}^{\infty}|a_n|$ 收敛, 则 $\sum\limits_{n=1}^{\infty} a_n$ 收敛.

证明　因为 $\sum\limits_{n=1}^{\infty}|a_n|$ 收敛, 由级数的柯西收敛准则:

$$\forall \varepsilon > 0, \exists N \in \mathbf{N}^*, \forall n > N, \forall p \in \mathbf{N}^* : \sum_{k=n+1}^{n+p}|a_k| < \varepsilon$$

于是
$$\left|\sum_{k=n+1}^{n+p} a_k\right| \leqslant \sum_{k=n+1}^{n+p} |a_k| < \varepsilon$$

再次应用级数的柯西收敛准则, 可知级数 $\sum_{n=1}^{\infty} a_n$ 收敛, 结论得证.

注 9.1.5 定理 9.1.7 的逆命题不成立. 例如: 级数 $\sum_{n=1}^{\infty} \frac{(-1)^n}{n}$ 收敛, 但是 $\sum_{n=1}^{\infty} \frac{1}{n}$ 发散.

在定理 9.1.7 讨论的基础上, 进一步给出级数绝对收敛和条件收敛的定义.

定义 9.1.3 如果级数 $\sum_{n=1}^{\infty} |a_n|$ 收敛, 称 $\sum_{n=1}^{\infty} a_n$ 绝对收敛; 如果级数 $\sum_{n=1}^{\infty} |a_n|$ 发散, $\sum_{n=1}^{\infty} a_n$ 收敛, 称 $\sum_{n=1}^{\infty} a_n$ 条件收敛.

由定理 9.1.6 可以得到级数不收敛的结论: 级数 $\sum_{n=1}^{\infty} a_n$ 不收敛的充分必要条件为

$$\exists \varepsilon_0 > 0, \forall N \in \mathbf{N}^*, \exists n_0 > N, \exists p_0 \in \mathbf{N}^* : \left|\sum_{k=n_0+1}^{n_0+p_0} a_k\right| \geqslant \varepsilon_0$$

即存在 $\varepsilon_0 > 0$, 对于任意自然数 N, 无论多么大, 都存在自然数 $n_0 > N$ 和 p_0, 使得

$$\left|\sum_{k=n_0+1}^{n_0+p_0} a_k\right| \geqslant \varepsilon_0$$

例 9.1.4 证明级数 $\sum_{n=2}^{\infty} \frac{1}{\ln n}$ 发散.

证明 由于 $\sum_{k=n+1}^{2n} \frac{1}{\ln k} \geqslant \frac{n}{\ln 2n}$, 由海涅原理和洛必达法则:

$$\lim_{n\to\infty} \frac{n}{\ln 2n} = \lim_{x\to+\infty} \frac{x}{\ln 2x} = +\infty$$

因此取 $\varepsilon_0 = 1$, 则存在 $N_0 \in \mathbf{N}^*$, 当 $n > N_0$ 时, $\frac{n}{\ln 2n} > 1$. 即

$$\exists \varepsilon_0 = 1, \forall N \in \mathbf{N}^*, \exists n_0 > \max\{N, N_0\}, \exists p_0 = n_0 : \left|\sum_{k=n_0+1}^{2n_0} a_k\right| \geqslant \frac{n_0}{\ln 2n_0} > 1$$

故由柯西收敛准则, 级数发散. 结论得证.

习题 9.1.2 数项级数的性质

1. 证明下列级数发散.

   (1) $\sum_{n=1}^{\infty} \frac{1}{\sqrt[n]{2n}}$; (2) $\sum_{n=1}^{\infty} \left(1 - \frac{2}{n}\right)^n$.

2. 讨论下面级数收敛的条件.

   (1) $\sum_{n=1}^{\infty} \frac{1}{(1-x)^n}$; (2) $\sum_{n=1}^{\infty} e^{nx}$.

3. 设 $\sum\limits_{n=1}^{\infty} a_n, \sum\limits_{n=1}^{\infty} b_n$ 均发散, 判断级数 $\sum\limits_{n=1}^{\infty}(a_n+b_n)$ 是否一定发散, 举例说明. 进一步如果 $a_n, b_n \geqslant 0, n=1,2,\cdots$, 讨论 $\sum\limits_{n=1}^{\infty}(a_n+b_n)$ 的敛散性.

4. 设数列 $\{a_n\}$ 收敛, 证明 $\sum\limits_{n=1}^{\infty}(a_{n+1}-a_n)$ 收敛.

5. 设 $\lim\limits_{n\to\infty} b_n=\infty$, 则 $\sum\limits_{n=1}^{\infty}(b_{n+1}-b_n)$ 发散. 进一步如果 $b_n \neq 0, n=1,2,\cdots$, 则 $\sum\limits_{n=1}^{\infty}\left(\dfrac{1}{b_{n+1}}-\dfrac{1}{b_n}\right)$ 收敛.

6. 设级数 $\sum\limits_{n=1}^{\infty} a_n$ 收敛, 证明级数 $\sum\limits_{n=1}^{\infty}(a_n+a_{n+1})$ 也收敛. 举例说明, 逆命题不成立. 但是若 $a_n \geqslant 0, n \in \mathbf{N}^*$, 则逆命题也成立, 试证之.

7. 设数列 $\{na_n\}$ 与级数 $\sum\limits_{n=1}^{\infty} n(a_n-a_{n+1})$ 都收敛, 证明级数 $\sum\limits_{n=1}^{\infty} a_n$ 也收敛.

8. 利用柯西收敛准则, 讨论下列级数的敛散性.

(1) $\sum\limits_{n=1}^{\infty} \dfrac{1}{2n+1}$;   (2) $\sum\limits_{n=1}^{\infty} \dfrac{\sin n}{2^n}$;   (3) $\sum\limits_{n=1}^{\infty} \dfrac{\cos(n!)}{n(n+1)}$.

9. 用柯西收敛准则证明: 设 $\sum\limits_{n=1}^{\infty} a_n\,(\forall n \in \mathbf{N}^*: a_n>0)$ 收敛, 且数列 $\{a_n\}$ 单调, 则 $\lim\limits_{n\to\infty} na_n=0$.

9.2 正 项 级 数

☞ 扫码学习

由定理 9.1.7 知, 若逐项取绝对值后所得到的级数收敛, 则原级数必收敛, 即绝对收敛. 所以给定一个级数, 要判断它的收敛性, 我们可以先判断其绝对收敛性. 为此我们在本节讨论正项级数的收敛性判别方法.

9.2.1 正项级数的比较判别法

定义 9.2.1 若级数的每一项都非负, 即 $a_n \geqslant 0, n=1,2,3,\cdots$, 则称此级数为正项级数. 对于正项级数, 其部分和数列 $\{S_n\}$ 单调递增, 所以由数列极限的单调有界定理, $\{S_n\}$ 极限存在 (不存在) 等价于 $\{S_n\}$ 有界 (无界).

定理 9.2.1 正项级数 $\sum\limits_{n=1}^{\infty} a_n$ 收敛的充分必要条件是其部分和序列 $\{S_n\}$ 有界.

例 9.2.1 设 $a_n>0, n=1,2,\cdots, S_n=\sum\limits_{k=1}^{n} a_k$, 证明级数 $\sum\limits_{n=1}^{\infty} \dfrac{a_n}{S_n^2}$ 收敛.

证明 由于 $a_n>0, n \in \mathbf{N}^*$, 所以部分和序列 $\{S_n\}$ 单调递增. 记 $\dfrac{a_n}{S_n^2}=u_n$, 则

$$u_n=\dfrac{a_n}{S_n^2}>0, u_n=\dfrac{S_n-S_{n-1}}{S_n^2} \leqslant \dfrac{S_n-S_{n-1}}{S_{n-1}S_n}=\dfrac{1}{S_{n-1}}-\dfrac{1}{S_n}$$

$$S_n^*=u_2+u_3+\cdots+u_n \leqslant \left(\dfrac{1}{S_1}-\dfrac{1}{S_2}\right)+\left(\dfrac{1}{S_2}-\dfrac{1}{S_3}\right)+\cdots+\left(\dfrac{1}{S_{n-1}}-\dfrac{1}{S_n}\right)$$

$$=\dfrac{1}{S_1}-\dfrac{1}{S_n}<\dfrac{1}{a_1}$$

因此级数 $\sum_{n=1}^{\infty} u_n$ 的部分和 $\{S_n^*\}$ 有界. 所以级数 $\sum_{n=1}^{\infty} u_n$ 收敛. 结论得证.

由定理 9.2.1, 可以得到正项级数的比较判别法.

定理 9.2.2 (比较判别法) 设存在 $N \in \mathbf{N}^*$, 使得当 $n > N$ 时, $0 \leqslant a_n \leqslant b_n$, 则若级数 $\sum_{n=1}^{\infty} b_n$ 收敛, $\sum_{n=1}^{\infty} a_n$ 必收敛; 若级数 $\sum_{n=1}^{\infty} a_n$ 发散, $\sum_{n=1}^{\infty} b_n$ 必发散.

接下来讨论级数收敛比较判别法的极限形式.

定理 9.2.3 (比较判别法的极限形式) 对正项级数 $\sum_{n=1}^{\infty} a_n$ 和 $\sum_{n=1}^{\infty} b_n$, 如果 $\lim_{n \to \infty} \frac{a_n}{b_n} = l$, 则

(1) 若 $0 < l < +\infty$, 则 $\sum_{n=1}^{\infty} a_n$ 与 $\sum_{n=1}^{\infty} b_n$ 同敛散;

(2) 若 $l = 0$, $\sum_{n=1}^{\infty} b_n$ 收敛, 则 $\sum_{n=1}^{\infty} a_n$ 收敛;

(3) 若 $l = +\infty$, $\sum_{n=1}^{\infty} b_n$ 发散, 则 $\sum_{n=1}^{\infty} a_n$ 发散.

证明 我们只给出 (1) 的证明, 其余证明留给读者完成.

由 $\lim_{n \to \infty} \frac{a_n}{b_n} = l$. 根据极限的定义, 取 $\varepsilon = \frac{l}{2}$, 则存在 $N \in \mathbf{N}^*$, 使得当 $n > N$ 时, 有 $\left| \frac{a_n}{b_n} - l \right| < \frac{l}{2}$, 即

$$n > N : b_n \cdot \frac{l}{2} < a_n < b_n \cdot \frac{3l}{2} \tag{9.2.1}$$

根据定理 9.2.2 和式 (9.2.1) 式得到

1) 若 $\sum_{n=1}^{\infty} b_n$ 发散, 则 $\sum_{n=1}^{\infty} \frac{l}{2} b_n$ 发散, 所以 $\sum_{n=1}^{\infty} a_n$ 发散;

2) 若 $\sum_{n=1}^{\infty} a_n$ 发散, 则 $\sum_{n=1}^{\infty} \frac{l}{2} b_n$ 发散, 因此 $\sum_{n=1}^{\infty} b_n$ 发散;

3) 若 $\sum_{n=1}^{\infty} a_n$ 收敛, 则 $\sum_{n=1}^{\infty} \frac{l}{2} b_n$ 收敛, 所以 $\sum_{n=1}^{\infty} b_n$ 收敛;

4) 若 $\sum_{n=1}^{\infty} b_n$ 收敛, 则 $\sum_{n=1}^{\infty} \frac{3l}{2} b_n$ 收敛, 因此 $\sum_{n=1}^{\infty} a_n$ 收敛.

即 $\sum_{n=1}^{\infty} a_n$ 与 $\sum_{n=1}^{\infty} b_n$ 同敛散, 结论得证.

注 9.2.1 常用于比较的几个级数:

(1) 等比级数 $\sum_{n=1}^{\infty} q^n$, 当 $|q| < 1$ 时收敛, 当 $|q| \geqslant 1$ 时发散.

(2) p 级数 $\sum_{n=1}^{\infty} \frac{1}{n^p}$, 当 $p \leqslant 1$ 时发散, 当 $p > 1$ 时收敛.

例 9.2.2 判断级数的收敛性: (1) $\sum_{n=1}^{\infty} \frac{1}{\sqrt{n^2 + n}}$; (2) $\sum_{n=1}^{\infty} \sin \frac{1}{n}$; (3) $\sum_{n=1}^{\infty} \ln \left(1 + \frac{1}{n^2} \right)$.

解 根据定理 9.2.3 得到

(1) 由 $a_n = \dfrac{1}{\sqrt{n^2+n}} \sim \dfrac{1}{n}(n \to \infty)$ 及级数 $\sum\limits_{n=1}^{\infty} \dfrac{1}{n}$ 发散, 得原级数发散.

(2) 由 $\sin \dfrac{1}{n} \sim \dfrac{1}{n}\,(n \to \infty)$ 及级数 $\sum\limits_{n=1}^{\infty} \dfrac{1}{n}$ 发散, 得原级数发散.

(3) 由 $\ln\left(1+\dfrac{1}{n^2}\right) \sim \dfrac{1}{n^2}\,(n \to \infty)$ 及级数 $\sum\limits_{n=1}^{\infty} \dfrac{1}{n^2}$ 收敛, 得原级数收敛.

例 9.2.3 讨论级数 $\sum\limits_{n=1}^{\infty}\left(\dfrac{1}{n} - \ln\left(1+\dfrac{1}{n}\right)\right)$ 的敛散性.

解 因为 $\ln(1+x)$ 在 $x=0$ 处的麦克劳林展开式为 $\ln(1+x) = x - \dfrac{x^2}{2} + o(x^2)(x \to 0)$, 所以

$$a_n = \dfrac{1}{n} - \ln\left(1+\dfrac{1}{n}\right) = \dfrac{1}{n} - \left\{\dfrac{1}{n} - \dfrac{1}{2n^2} + o\left(\dfrac{1}{n^2}\right)\right\} = \dfrac{1}{2n^2} - o\left(\dfrac{1}{n^2}\right)$$

对于级数 $\sum\limits_{n=1}^{\infty} o\left(\dfrac{1}{n^2}\right)$, 由于 $\lim\limits_{n\to\infty} \left|\dfrac{o\left(\dfrac{1}{n^2}\right)}{\dfrac{1}{n^2}}\right| = 0$, 根据比较判别法知 $\sum\limits_{n=1}^{\infty}\left|o\left(\dfrac{1}{n^2}\right)\right|$ 收敛. 因此 $\sum\limits_{n=1}^{\infty} o\left(\dfrac{1}{n^2}\right)$ 收敛. 而级数 $\sum\limits_{n=1}^{\infty} \dfrac{1}{n^2}$ 也收敛, 故原级数收敛.

例 9.2.4 讨论级数 $\sum\limits_{n=1}^{\infty}\left(n\ln\dfrac{2n+1}{2n-1} - 1\right)$ 的敛散性.

解 因为 $\ln(1+x)$ 在 $x=0$ 处的麦克劳林展开式为

$$\ln(1+x) = x - \dfrac{x^2}{2} + \dfrac{x^3}{3} + o(x^3) \quad (x \to 0)$$

所以

$$\begin{aligned}
a_n &= n\ln\dfrac{2n+1}{2n-1} - 1 = n\ln\left(1+\dfrac{2}{2n-1}\right) - 1 \\
&= n\left(\dfrac{2}{2n-1} - \dfrac{1}{2}\left(\dfrac{2}{2n-1}\right)^2 + \dfrac{1}{3}\left(\dfrac{2}{2n-1}\right)^3 + o\left(\dfrac{1}{n^3}\right)\right) - 1 \\
&= \dfrac{1}{2n-1} - 2n\left(\dfrac{1}{2n-1}\right)^2 + \dfrac{n}{3}\left(\dfrac{2}{2n-1}\right)^3 + no\left(\dfrac{1}{n^3}\right) \\
&= -\dfrac{1}{(2n-1)^2} + \dfrac{n}{3}\left(\dfrac{2}{2n-1}\right)^3 + o\left(\dfrac{1}{n^2}\right)
\end{aligned}$$

由于级数 $\sum\limits_{n=1}^{\infty} \dfrac{1}{(2n-1)^2}, \sum\limits_{n=1}^{\infty} \dfrac{n}{3}\left(\dfrac{2}{2n-1}\right)^3, \sum\limits_{n=1}^{\infty} \dfrac{1}{n^2}, \sum\limits_{n=1}^{\infty} o\left(\dfrac{1}{n^2}\right)$ 均收敛, 所以原级数收敛.

例 9.2.5 讨论级数 $\sum\limits_{n=1}^{\infty}\left(\sqrt[n]{a} - \sqrt{1+\dfrac{1}{n}}\right)$ 的敛散性.

解 令 $x_n = \sqrt[n]{a} - \sqrt{1 + \dfrac{1}{n}} = e^{(\ln a)/n} - \left(1 + \dfrac{1}{n}\right)^{1/2}$，根据泰勒公式

$$e^x = 1 + x + \frac{x^2}{2!} + o(x^2), \quad \sqrt{1+x} = 1 + \frac{1}{2}x - \frac{1}{8}x^2 + o(x^2) \quad (x \to 0)$$

所以

$$x_n = 1 + \frac{\ln a}{n} + \frac{1}{2}\left(\frac{\ln a}{n}\right)^2 + o\left(\frac{1}{n^2}\right) - \left[1 + \frac{1}{2n} - \frac{1}{8n^2} + o\left(\frac{1}{n^2}\right)\right]$$

$$= \left(\ln a - \frac{1}{2}\right)\frac{1}{n} + \left[\frac{(\ln a)^2}{2} + \frac{1}{8}\right]\frac{1}{n^2} + o\left(\frac{1}{n^2}\right)$$

所以当 $\ln a = \dfrac{1}{2}$ 时，$\sum\limits_{n=1}^{\infty}\left(\sqrt[n]{a} - \sqrt{1 + \dfrac{1}{n}}\right)$ 收敛；当 $\ln a \neq \dfrac{1}{2}$ 时，$\sum\limits_{n=1}^{\infty}\left(\sqrt[n]{a} - \sqrt{1 + \dfrac{1}{n}}\right)$ 发散.

注 9.2.2 例 9.2.3～例 9.2.5 中，级数的通项表达式都很复杂，分析问题的方法是通过使用泰勒公式逼近级数的通项，这使得级数通项的表达式简单，有助于进一步分析. 但是使用泰勒公式分析问题的时候，多项式的次数要足够高才能解决问题. 下面以例 9.2.3 来说明，如果用一次泰勒公式则有

$$a_n = \frac{1}{n} - \ln\left(1 + \frac{1}{n}\right) = \frac{1}{n} - \left\{\frac{1}{n} + o\left(\frac{1}{n}\right)\right\} = -o\left(\frac{1}{n}\right)$$

而此时是无法判断级数 $\sum\limits_{n=1}^{\infty}\left(-o\left(\dfrac{1}{n}\right)\right)$ 的敛散性的，因此必须提高泰勒多项式次数分析问题才能得到结论.

习题 9.2.1 正项级数的比较判别法

1. 用比较判别法讨论下列级数的敛散性.

(1) $\sum\limits_{n=1}^{\infty} \dfrac{1}{n2^n}$； (2) $\sum\limits_{n=1}^{\infty}\left(\dfrac{n^2}{3n^2+1}\right)^n$； (3) $\sum\limits_{n=1}^{\infty} \dfrac{1}{n}\sin\dfrac{1}{n}$； (4) $\sum\limits_{n=1}^{\infty} \dfrac{1}{n^{1+1/n}}$；

(5) $\sum\limits_{n=1}^{\infty} \dfrac{1}{3^{\sqrt{n}}}$； (6) $\sum\limits_{n=1}^{\infty} \dfrac{(\ln n)^k}{n^2}$ (k 为自然数)； (7) $\sum\limits_{n=2}^{\infty} \dfrac{n^{\ln n}}{(\ln n)^n}$； (8) $\sum\limits_{n=1}^{\infty} \dfrac{1}{\ln^2\left(\sin\dfrac{1}{n}\right)}$.

2. 若正项级数 $\sum\limits_{n=1}^{\infty} a_n$ 收敛，证明 $\sum\limits_{n=1}^{\infty} a_n^2$ 也收敛. 但反之不然，举例说明.

3. 若 $\sum\limits_{n=1}^{\infty} a_n^2$，$\sum\limits_{n=1}^{\infty} b_n^2$ 收敛，试证 $\sum\limits_{n=1}^{\infty} |a_n b_n|$，$\sum\limits_{n=1}^{\infty} (a_n + b_n)^2$ 均收敛.

4. 设正项级数 $\sum\limits_{n=1}^{\infty} a_n$ 收敛，证明级数 $\sum\limits_{n=1}^{\infty} \sqrt{a_n a_{n+1}}$ 也收敛. 举例说明逆命题不成立，但若 $\{a_n\}$ 是递减数列，则逆命题也成立.

5. 证明级数 $\sum\limits_{n=2}^{\infty} \dfrac{1}{\ln(n!)}$ 发散.

6. 若 $\lim\limits_{n\to\infty} na_n = a > 0$, 证明 $\sum\limits_{n=1}^{\infty} a_n$ 发散.

7. 如果 $\sum\limits_{n=1}^{\infty} a_n^2$ 收敛, 证明 $\sum\limits_{n=1}^{\infty} \dfrac{|a_n|}{n}$ 收敛.

8. 如果正项级数 $\sum\limits_{n=1}^{\infty} a_n^2$ 收敛, 则 $p > \dfrac{1}{2}$ 时, $\sum\limits_{n=1}^{\infty} \dfrac{a_n}{n^p}$ 收敛. 举例说明 $p \leqslant \dfrac{1}{2}$ 时, 结论不成立.

9. 讨论下列级数的敛散性.

(1) $\sum\limits_{n=1}^{\infty} \left(\sqrt{n+a} - \sqrt[4]{n^2+n+b}\right)$; (2) $\sum\limits_{n=1}^{\infty} \left(n^{1/(n^2+1)} - 1\right)$; (3) $\sum\limits_{n=1}^{\infty} \dfrac{1}{\ln(n+1)} \sin\dfrac{1}{n}$.

10. 设 $\{a_n\}$ 为递减的非负数列, 证明 $\sum\limits_{n=1}^{\infty} a_n$, $\sum\limits_{m=0}^{\infty} 2^m a_{2^m}$ 有相同敛散性.

9.2.2 正项级数的柯西积分判别法

一个正项级数可以看作是分段函数的无穷积分, 反之一个无穷积分可以写成级数的形式 (无穷个区间长度为 1 的定积分求和). 所以级数的敛散性与无穷积分的敛散性之间必有一定的关联. 下面我们建立二者之间的联系.

如图 9.2.1 所示, $\sum\limits_{n=2}^{\infty} \dfrac{1}{n^2} < \int_{1}^{+\infty} \dfrac{1}{x^2} \mathrm{d}x$, 所以由 $\int_{1}^{+\infty} \dfrac{1}{x^2} \mathrm{d}x$ 收敛可推出 $\sum\limits_{n=1}^{\infty} \dfrac{1}{n^2}$ 收敛. 如图 9.2.2 所示, $\sum\limits_{n=1}^{\infty} \dfrac{1}{\sqrt{n}} > \int_{1}^{+\infty} \dfrac{1}{\sqrt{x}} \mathrm{d}x$, 所以由 $\int_{1}^{+\infty} \dfrac{1}{\sqrt{x}} \mathrm{d}x$ 发散, 可推出 $\sum\limits_{n=1}^{\infty} \dfrac{1}{\sqrt{n}}$ 发散.

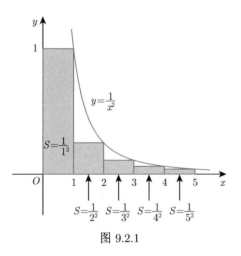

图 9.2.1

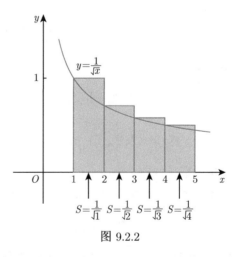

图 9.2.2

一般情况下, 设 $f(x)$ 是 $[1, +\infty)$ 上的非负递减函数. 记 $a_n = f(n), n \geqslant 1$, 则 $\sum\limits_{n=2}^{\infty} a_n < \int_{1}^{+\infty} f(x) \mathrm{d}x$. 所以由 $\int_{1}^{+\infty} f(x) \mathrm{d}x$ 收敛和正项级数的比较判别法, 可推出 $\sum\limits_{n=2}^{\infty} a_n$ 收敛. 如图 9.2.3 所示. 在上面讨论基础上, 有如下定理成立.

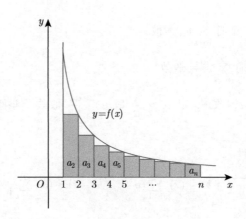

图 9.2.3

定理 9.2.4 (柯西积分判别法) 设 $x \geqslant 1$ 时,$f(x) \geqslant 0$,且单调递减,则级数 $\sum\limits_{n=1}^{\infty} f(n)$ 与无穷积分 $\int_1^{+\infty} f(x)\mathrm{d}x$ 有相同的敛散性.

证明 因为 $f(k) \leqslant \int_{k-1}^{k} f(x)\mathrm{d}x \leqslant f(k-1)(k \geqslant 2)$,所以

$$S_n - f(1) = \sum_{k=2}^{n} f(k) \leqslant \sum_{k=2}^{n} \int_{k-1}^{k} f(x)\mathrm{d}x = \int_1^n f(x)\mathrm{d}x \leqslant \sum_{k=2}^{n} f(k-1) = S_{n-1}$$

即

$$S_n - f(1) \leqslant \int_1^n f(x)\mathrm{d}x \leqslant S_{n-1} \tag{9.2.2}$$

由 (9.2.2) 式得到

若 $\int_1^{+\infty} f(x)\mathrm{d}x$ 收敛,则 $\{S_n - f(1)\}$ 有界,故 $\sum\limits_{n=1}^{\infty} f(n)$ 收敛.

若 $\int_1^{+\infty} f(x)\mathrm{d}x$ 发散,则 $\lim\limits_{n\to\infty} S_{n-1} = +\infty$,故 $\sum\limits_{n=1}^{\infty} f(n)$ 发散.

因此结论得证.

注 9.2.3 若存在 $M > 1, x \geqslant M$ 时,$f(x) \geqslant 0$ 且单调递减,定理 9.2.4 的结论仍然成立.

例 9.2.6 讨论级数 $\sum\limits_{n=1}^{\infty} \dfrac{1}{n^p}$ 的敛散性.

解 由于 $\int_1^{+\infty} \dfrac{1}{x^p}\mathrm{d}x$,当 $p > 1$ 时收敛,当 $p \leqslant 1$ 时发散. 函数 $\dfrac{1}{x^p}$ $(p > 0, x > 1)$ 单调递减非负,由柯西积分判别法知级数 $\sum\limits_{n=1}^{\infty} \dfrac{1}{n^p}$,当 $p > 1$ 时收敛,当 $0 < p \leqslant 1$ 时发散,当 $p < 0$ 时,$\lim\limits_{n\to\infty} \dfrac{1}{n^p} \neq 0$,因此发散.

例 9.2.7 讨论级数 $\sum\limits_{n=2}^{\infty} \dfrac{1}{n(\ln n)^p}$ 的敛散性.

解 因为

$$\int_2^{+\infty} \frac{1}{x(\ln x)^p} dx = \int_2^{+\infty} \frac{1}{(\ln x)^p} d(\ln x) = \begin{cases} \ln\ln x \big|_2^{+\infty} = +\infty, & p=1 \\ \dfrac{(\ln x)^{1-p}}{1-p}\bigg|_2^{+\infty} = \dfrac{(\ln 2)^{1-p}}{p-1}, & p>1 \\ \dfrac{(\ln x)^{1-p}}{1-p}\bigg|_2^{+\infty} = +\infty, & p<1 \end{cases}$$

函数 $\dfrac{1}{x(\ln x)^p}$ $(p>0, x>0)$ 单调递减非负. 由柯西积分判别法, $\sum_{n=2}^{\infty} \dfrac{1}{n(\ln n)^p}$ 在 $p>1$ 时收敛, 在 $0<p\leqslant 1$ 时发散. 当 $p<0$ 时, $\dfrac{1}{n(\ln n)^p} > \dfrac{1}{n}$, 因此 $\sum_{n=2}^{\infty} \dfrac{1}{n(\ln n)^p}$ 发散.

综合上面讨论得到结论: $\sum_{n=2}^{\infty} \dfrac{1}{n(\ln n)^p}$ 在 $p>1$ 时收敛, 在 $p\leqslant 1$ 时发散.

例 9.2.8 讨论级数 $\sum_{n=3}^{\infty} \dfrac{1}{n(\ln n)^p (\ln\ln n)^q}$ 的敛散性.

解 设 $f(x) = \dfrac{1}{x(\ln x)^p (\ln\ln x)^q}, x\geqslant 3$, 则

$$f'(x) = -\frac{(\ln x)^p (\ln\ln x)^q + xp(\ln x)^{p-1}\dfrac{1}{x}(\ln\ln x)^q + x(\ln x)^p q(\ln\ln x)^{q-1}\dfrac{1}{\ln x}\dfrac{1}{x}}{[x(\ln x)^p (\ln\ln x)^q]^2}$$

$$= -\frac{(\ln x)^p (\ln\ln x)^q + p(\ln x)^{p-1}(\ln\ln x)^q + q(\ln x)^{p-1}(\ln\ln x)^{q-1}}{[x(\ln x)^p (\ln\ln x)^q]^2}$$

即

$$f'(x) = -\frac{(\ln x)^{p-1}(\ln\ln x)^{q-1}[(\ln x)(\ln\ln x) + p(\ln\ln x) + q]}{[x(\ln x)^p (\ln\ln x)^q]^2}$$

$$= -\frac{(\ln x)^{p-1}(\ln\ln x)^{q-1}[(\ln\ln x)(\ln x + p) + q]}{[x(\ln x)^p (\ln\ln x)^q]^2}$$

所以当 $x > \max\{e^3, e^{-(p+q)}, e^{-p}\}$ 时,

$$\ln\ln x > 1, \quad \ln x + p > 0, \quad (\ln\ln x)(\ln x + p) > \ln x + p > q$$

即当 $x > \max\{e^3, e^{-(p+q)}, e^{-p}\}$ 时, $f'(x) < 0$, $f(x)$ 单调递减.

作变换 $x = e^t$, 即 $t = \ln x$, 则

$$\int_3^{+\infty} \frac{dx}{x(\ln x)^p (\ln\ln x)^q} = \int_{\ln 3}^{+\infty} \frac{dt}{t^p (\ln t)^q}$$

下面分情况讨论:

(1) 当 $p>1$ 时, 取充分小的 $\varepsilon > 0$, 使 $p-\varepsilon > 1$, 则有

$$\lim_{t\to +\infty} \frac{1}{t^p (\ln t)^q} \bigg/ \frac{1}{t^{p-\varepsilon}} = \lim_{t\to +\infty} \frac{1}{t^\varepsilon (\ln t)^q} = 0$$

由比较判别法, 无穷积分 $\int_{\ln 3}^{+\infty} \dfrac{\mathrm{d}t}{t^p (\ln t)^q}$ 收敛.

(2) 当 $p < 1$ 时, 取充分小的 $\delta > 0$, 使 $p + \delta < 1$, 则有

$$\lim_{t \to +\infty} \dfrac{1}{t^p (\ln t)^q} \bigg/ \dfrac{1}{t^{p+\delta}} = +\infty.$$

由比较判别法, 无穷积分 $\int_{\ln 3}^{+\infty} \dfrac{\mathrm{d}t}{t^p (\ln t)^q}$ 发散.

(3) 当 $p = 1$ 时, 作变换 $\ln t = u$, 即 $t = \mathrm{e}^u$, 则 $\int_{\ln 3}^{+\infty} \dfrac{\mathrm{d}t}{t (\ln t)^q} = \int_{\ln \ln 3}^{+\infty} \dfrac{\mathrm{d}u}{u^q}$, 所以当 $q > 1$ 时, $\int_{\ln 3}^{+\infty} \dfrac{\mathrm{d}t}{t (\ln t)^q}$ 收敛, 当 $q \leqslant 1$ 时, $\int_{\ln 3}^{+\infty} \dfrac{\mathrm{d}t}{t (\ln t)^q}$ 发散.

由柯西积分判别法知: 当 $p > 1$ 或 $p = 1$ 且 $q > 1$ 时, 级数收敛. 其余情况级数发散.

习题 9.2.2 正项级数的柯西积分判别法

1. 用柯西积分判别法讨论级数敛散性:

(1) $\sum\limits_{n=1}^{\infty} \dfrac{1}{n^2 + 1}$; (2) $\sum\limits_{n=1}^{\infty} \dfrac{n}{n^2 + 1}$; (3) $\sum\limits_{n=2}^{\infty} \dfrac{1}{(\ln n)^k}$ ($k \in \mathbf{N}^*$); (4) $\sum\limits_{n=1}^{\infty} n \mathrm{e}^{-\sqrt{n}}$; (5) $\sum\limits_{n=1}^{\infty} 3^{-\ln n}$.

2. 设 $f(x)$ 在 $[1, +\infty)$ 上单调递增, 且 $\lim\limits_{x \to +\infty} f(x)$ 存在, 证明下面结论:

(1) $\sum\limits_{n=1}^{\infty} (f(n+1) - f(n))$ 收敛;

(2) 进一步设 $f(x)$ 在 $[1, +\infty)$ 上二阶可导, $f''(x) < 0$, 证明 $\sum\limits_{n=1}^{\infty} f'(n)$ 收敛.

9.2.3 正项级数的柯西判别法

本节以等比级数 $\sum\limits_{n=1}^{\infty} q^n$ 为比较级数, 讨论级数收敛判别方法.

定理 9.2.5 (柯西判别法) 设 $\sum\limits_{n=1}^{\infty} a_n$ 为正项级数, 则

(1) 若存在 $0 < q < 1, N \in \mathbf{N}^*$, 使得当 $n > N$ 时, 有 $\sqrt[n]{a_n} \leqslant q < 1$, 则 $\sum\limits_{n=1}^{\infty} a_n$ 收敛;

(2) 若有无穷多个 n, 使得 $\sqrt[n]{a_n} \geqslant 1$, 则 $\sum\limits_{n=1}^{\infty} a_n$ 发散.

证明 (1) 当 $n > N$ 时, 有 $\sqrt[n]{a_n} \leqslant q < 1$, 则 $a_n \leqslant q^n$, 由比较判别法, 级数 $\sum\limits_{n=1}^{\infty} a_n$ 收敛.

(2) 若有无穷多个 n, 使得 $\sqrt[n]{a_n} \geqslant 1$, 则 $\lim\limits_{n \to \infty} a_n \neq 0$, 从而级数 $\sum\limits_{n=1}^{\infty} a_n$ 发散.

进一步讨论柯西判别法的极限形式.

定理 9.2.6 (柯西判别法的极限形式) 设 $a_n \geqslant 0, n = 1, 2, \cdots$, 且 $\lim\limits_{n \to \infty} \sqrt[n]{a_n} = q$, 则

(1) 当 $q < 1$ 时, 级数 $\sum\limits_{n=1}^{\infty} a_n$ 收敛;

(2) 当 $q > 1$ 时, 级数 $\sum\limits_{n=1}^{\infty} a_n$ 发散.

证明 (1) 由 $\lim\limits_{n\to\infty} \sqrt[n]{a_n} = q < 1$，所以存在 $\varepsilon_0 > 0$，满足 $q + \varepsilon_0 < 1$. 根据数列极限的保序性：
$$\exists N \in \mathbf{N}^*, \forall n > N : \sqrt[n]{a_n} - q < \varepsilon_0 \Rightarrow \forall n > N : a_n < (q + \varepsilon_0)^n$$

由正项级数的比较判别法，$\sum\limits_{n=1}^{\infty} a_n$ 收敛.

(2) 由 $\lim\limits_{n\to\infty} \sqrt[n]{a_n} = q > 1$，存在 $\varepsilon_0 > 0$ 满足 $q - \varepsilon_0 > 1$. 根据数列极限的保序性：
$$\exists N \in \mathbf{N}^*, \forall n > N : \sqrt[n]{a_n} > q - \varepsilon_0 \Rightarrow \forall n > N : a_n > (q - \varepsilon_0)^n$$

所以 $\lim\limits_{n\to\infty} a_n \neq 0$，因此 $\sum\limits_{n=1}^{\infty} a_n$ 不收敛. 结论得证.

注 9.2.4 (1) 定理 9.2.5 中，$\sqrt[n]{a_n} \leqslant q < 1$ 不能放宽为 $\sqrt[n]{a_n} < 1$，例如 $\frac{1}{\sqrt[n]{n}} < 1$，但是 $\sum\limits_{n=1}^{\infty} \frac{1}{n}$ 发散.

(2) 定理 9.2.6 中，$q = 1$ 时判别法失效. 例如 $\lim\limits_{n\to\infty} \frac{1}{\sqrt[n]{n}} = 1$，$\lim\limits_{n\to\infty} \frac{1}{\sqrt[n]{n^2}} = 1$，但是 $\sum\limits_{n=1}^{\infty} \frac{1}{n}$，$\sum\limits_{n=1}^{\infty} \frac{1}{n^2}$，一个收敛，一个发散.

接下来讨论柯西判别法的上极限形式.

定理 9.2.7 (柯西判别法的上极限形式) 设 $a_n \geqslant 0, n = 1, 2, \cdots$ 且 $\lim\limits_{n\to\infty} \sup \sqrt[n]{a_n} = q$，则当 $q < 1$ 时，$\sum\limits_{n=1}^{\infty} a_n$ 收敛；当 $q > 1$ 时，$\sum\limits_{n=1}^{\infty} a_n$ 发散.

证明 (1) 当 $q < 1$ 时，取 q_1 满足 $q < q_1 < 1$，$\lim\limits_{n\to\infty} \sup \sqrt[n]{a_n} = q < q_1$，则存在 $N_1 \in \mathbf{N}^*$，使得当 $n > N_1$ 时，有 $\sqrt[n]{a_n} < q_1$，即 $a_n < q_1^n$，而 $\sum\limits_{n=1}^{\infty} q_1^n$ 收敛，因此由比较判别法知 $\sum\limits_{n=1}^{\infty} a_n$ 收敛.

(2) 当 $q > 1$ 时，取 q_2 满足 $q > q_2 > 1$，$\lim\limits_{n\to\infty} \sup \sqrt[n]{a_n} = q > q_2$，则对于任意的 $N \in \mathbf{N}^*$，存在 $n' > N$，使得 $\sqrt[n']{a_{n'}} > q_2$，即 $a_{n'} > q_2^{n'}$，这说明 $\lim\limits_{n\to\infty} a_n \neq 0$，因此 $\sum\limits_{n=1}^{\infty} a_n$ 发散. 结论得证.

注 9.2.5 柯西判别法一般适用于级数通项 u_n 含 $a^n, [f(n)]^n$ 的情况. 例如级数
$$\sum_{n=1}^{\infty} \frac{1}{[\ln(1+n)]^n}, \quad \sum_{n=1}^{\infty} \left(\frac{2n-1}{3n+1}\right)^n, \quad \sum_{n=2}^{\infty} \frac{n}{\ln^n n + 1}$$

由于
$$\lim_{n\to\infty} \sqrt[n]{\frac{1}{[\ln(1+n)]^n}} = 0, \quad \lim_{n\to\infty} \sqrt[n]{\left(\frac{2n-1}{3n+1}\right)^n} = \frac{2}{3}, \quad \lim_{n\to\infty} \sqrt[n]{\frac{n}{\ln^n n + 1}} = 0$$

由柯西判别法知，级数均收敛.

例 9.2.9 讨论级数 $\frac{1}{2} + \frac{1}{3} + \frac{1}{2^2} + \frac{1}{3^2} + \frac{1}{2^3} + \frac{1}{3^3} + \cdots$ 的敛散性.

解 因为 $a_{2n-1} = \frac{1}{2^n}, a_{2n} = \frac{1}{3^n}$，且
$$\lim_{n\to\infty} \sqrt[2n-1]{a_{2n-1}} = \lim_{n\to\infty} \sqrt[2n-1]{\frac{1}{2^n}} = \lim_{n\to\infty} \frac{1}{2^{\frac{n}{2n-1}}} = \frac{1}{\sqrt{2}}$$

$$\lim_{n\to\infty} \sqrt[2n]{a_{2n}} = \lim_{n\to\infty} \sqrt[2n]{\frac{1}{3^n}} = \frac{1}{\sqrt{3}}$$

所以 $\lim\limits_{n\to\infty} \sup \sqrt[n]{a_n} = \dfrac{1}{\sqrt{2}} < 1$. 由柯西判别法, 级数 $\sum\limits_{n=1}^{\infty} a_n$ 收敛.

例 9.2.10 讨论级数的敛散性: (1) $\sum\limits_{n=1}^{\infty} \dfrac{n^2}{(2+1/n)^n}$; (2) $\sum\limits_{n=1}^{\infty} \dfrac{(1+1/n)^{n^3}}{e^{n^2}}$.

解 (1) 由于 $\lim\limits_{n\to\infty} \sqrt[n]{u_n} = \lim\limits_{n\to\infty} \dfrac{\sqrt[n]{n^2}}{2+1/n} = \dfrac{1}{2} < 1$, 因此原级数收敛.

(2) 由于
$$\lim_{n\to\infty} \sqrt[n]{u_n} = \lim_{n\to\infty} \frac{(1+1/n)^{n^2}}{e^n} = \lim_{n\to\infty} e^{n^2 \ln(1+1/n) - n}$$

进一步利用泰勒公式可得
$$\lim_{n\to\infty} \sqrt[n]{u_n} = \lim_{n\to\infty} e^{n^2\left(1/n - 1/(2n^2) + o(1/n^2)\right) - 1/n)} = \lim_{n\to\infty} e^{-1/2 + o(1)} = e^{-1/2} < 1$$

因此原级数收敛.

例 9.2.11 判断级数的敛散性: (1) $\sum\limits_{n=1}^{\infty} \dfrac{1}{2^n}\left(1+\dfrac{1}{n}\right)^{n^2}$; (2) $\sum\limits_{n=1}^{\infty} \dfrac{n^p}{2^n}$; (3) $\sum\limits_{n=1}^{\infty} \dfrac{1}{n^p}$.

解 (1) $\lim\limits_{n\to\infty} \sqrt[n]{a_n} = \lim\limits_{n\to\infty} \dfrac{1}{2}\left(1+\dfrac{1}{n}\right)^n = \dfrac{e}{2} > 1$, 所以级数发散.

(2) $\lim\limits_{n\to\infty} \sqrt[n]{a_n} = \lim\limits_{n\to\infty} \dfrac{(\sqrt[n]{n})^p}{2} = \dfrac{1}{2}$, 所以级数收敛.

(3) $\lim\limits_{n\to\infty} \sqrt[n]{a_n} = \lim\limits_{n\to\infty} \dfrac{1}{(\sqrt[n]{n})^p} = 1$, 柯西判别法失效.

柯西判别法是以 (几何) 等比级数为比较对象来判别级数是否收敛, 比几何级数收敛速度慢的级数无法用柯西判别法判断, 对此需要研究更精细的判别方法.

习题 9.2.3 **正项级数的柯西判别法**

1. 讨论下列级数的敛散性.

(1) $\sum\limits_{n=1}^{\infty} \dfrac{n^2}{3^n}$; (2) $\sum\limits_{n=1}^{\infty} \dfrac{n^5}{3^n}\left(\sqrt{3}+(-1)^n\right)^n$; (3) $\sum\limits_{n=1}^{\infty} \dfrac{n^2}{\left(2+\dfrac{1}{n}\right)^n}$;

(4) $\sum\limits_{n=1}^{\infty} \left(\dfrac{n-4}{3n+1}\right)^n$; (5) $\sum\limits_{n=1}^{\infty} \dfrac{n\cos^2\dfrac{n\pi}{3}}{2^n}$; (6) $\sum\limits_{n=1}^{\infty} \dfrac{n^3\left[\sqrt{2}+(-1)^n\right]^n}{3^n}$.

9.2.4 正项级数的达朗贝尔判别法

首先讨论下面引理.

引理 9.2.1 设 $a_n > 0, b_n > 0, n = 1, 2, \cdots$ 且存在 $n_0 > 0$, 当 $n \geqslant n_0$ 时, 有 $\dfrac{a_{n+1}}{a_n} \leqslant \dfrac{b_{n+1}}{b_n}$, 则

(1) 若 $\sum\limits_{n=1}^{\infty} b_n$ 收敛, 则 $\sum\limits_{n=1}^{\infty} a_n$ 收敛;

(2) 若 $\sum\limits_{n=1}^{\infty} a_n$ 发散, 则 $\sum\limits_{n=1}^{\infty} b_n$ 发散.

证明 因为当 $n \geqslant n_0$ 时,
$$\begin{cases} \dfrac{a_{n_0+1}}{a_{n_0}} \leqslant \dfrac{b_{n_0+1}}{b_{n_0}} \\ \dfrac{a_{n_0+2}}{a_{n_0+1}} \leqslant \dfrac{b_{n_0+2}}{b_{n_0+1}} \\ \cdots\cdots \\ \dfrac{a_n}{a_{n-1}} \leqslant \dfrac{b_n}{b_{n-1}} \end{cases}$$

不等式逐项相乘得 $\dfrac{a_n}{a_{n_0}} \leqslant \dfrac{b_n}{b_{n_0}}$, 于是 $n \geqslant n_0 : a_n \leqslant \dfrac{a_{n_0}}{b_{n_0}} b_n$. 由比较判别法, 结论得证.

接下来利用引理 9.2.1, 将 $\sum\limits_{n=1}^{\infty} q^n$ 作为比较级数, 研究相应的判别方法.

定理 9.2.8 (达朗贝尔 (D'Alembert) 判别法) 设 $a_n > 0, n = 1, 2, \cdots$, 则

(1) 若存在 $0 < q < 1$, 存在自然数 n_0, 使得当 $n \geqslant n_0$ 时, 有 $\dfrac{a_{n+1}}{a_n} \leqslant q < 1$, 则 $\sum\limits_{n=1}^{\infty} a_n$ 收敛.

(2) 若存在自然数 n_0, 当 $n \geqslant n_0$ 时, $\dfrac{a_{n+1}}{a_n} \geqslant 1$, 则 $\sum\limits_{n=1}^{\infty} a_n$ 发散.

证明

(1) 由引理 9.2.1, 取 $b_n = q^n$, 知 $n \geqslant n_0$ 时, $\dfrac{a_{n+1}}{a_n} \leqslant q = \dfrac{b_{n+1}}{b_n}$. 所以当 $q < 1$ 时, $\sum\limits_{n=1}^{\infty} a_n$ 收敛.

(2) 若 $\dfrac{a_{n+1}}{a_n} \geqslant 1$, 即 $a_{n+1} \geqslant a_n > 0$, 则 $\lim\limits_{n\to\infty} a_n \neq 0$. 所以级数发散, 结论得证.

下面讨论达朗贝尔判别法的极限形式.

定理 9.2.9 (达朗贝尔判别法的极限形式) 设 $a_n > 0, n = 1, 2, \cdots$, 则

(1) 若 $\lim\limits_{n\to\infty} \dfrac{a_{n+1}}{a_n} = q < 1$, 则 $\sum\limits_{n=1}^{\infty} a_n$ 收敛.

(2) 若 $\lim\limits_{n\to\infty} \dfrac{a_{n+1}}{a_n} = q' > 1$, 则 $\sum\limits_{n=1}^{\infty} a_n$ 发散.

证明 (1) 若 $\lim\limits_{n\to\infty} \dfrac{a_{n+1}}{a_n} = q < 1$, 则存在 $\varepsilon > 0$, 满足 $q + \varepsilon < 1$. 根据数列极限的保序性:
$$\exists n_0 \in \mathbf{N}^*, \forall n > n_0 : \dfrac{a_{n+1}}{a_n} < q + \varepsilon < 1$$

所以 $\sum\limits_{n=1}^{\infty} a_n$ 收敛.

(2) 若 $\lim\limits_{n\to\infty} \dfrac{a_{n+1}}{a_n} = q' > 1$, 则存在 $\varepsilon > 0$, 满足 $q' - \varepsilon > 1$. 根据数列极限的保序性:
$$\exists n_0 \in \mathbf{N}^*, \forall n > n_0 : \dfrac{a_{n+1}}{a_n} > q' - \varepsilon > 1$$

所以 $\lim\limits_{n\to\infty} a_n \neq 0$, $\sum\limits_{n=1}^{\infty} a_n$ 发散, 结论得证.

接下来讨论达朗贝尔判别法的上下极限形式.

定理 9.2.10 (达朗贝尔判别法的上下极限形式) 设 $a_n > 0, n = 1, 2, \cdots$, 则

(1) 若 $\lim\limits_{n \to \infty} \sup \dfrac{a_{n+1}}{a_n} = q < 1$, 则 $\sum\limits_{n=1}^{\infty} a_n$ 收敛.

(2) 若 $\lim\limits_{n \to \infty} \inf \dfrac{a_{n+1}}{a_n} = q' > 1$, 则 $\sum\limits_{n=1}^{\infty} a_n$ 发散.

证明 (1) 取 q_1 满足 $q < q_1 < 1$, $\lim\limits_{n \to \infty} \sup \dfrac{a_n}{a_{n-1}} = q < q_1$, 则存在 $N_1 \in \mathbf{N}^*$, 使得当 $n > N_1$ 时, 有 $\dfrac{a_n}{a_{n-1}} < q_1$, 因此

$$a_n = \frac{a_n}{a_{n-1}} \cdot \frac{a_{n-1}}{a_{n-2}} \cdots \frac{a_{N_1+1}}{a_{N_1}} \cdot a_{N_1} < q_1^{n-N_1} \cdot a_{N_1} = \left(\frac{a_{N_1}}{q_1^{N_1}}\right) \cdot q_1^n$$

而 $\sum\limits_{n=1}^{\infty} q_1^n$ 收敛, 因此由比较判别法, 知 $\sum\limits_{n=1}^{\infty} a_n$ 收敛.

(2) 取 q_2 满足 $q > q_2 > 1$, $\lim\limits_{n \to \infty} \inf \dfrac{a_{n+1}}{a_n} = q > q_2$, 存在 $N_2 \in \mathbf{N}^*$, 当 $n > N_2$ 时, 有 $\dfrac{a_n}{a_{n-1}} > q_2$, 因此有

$$a_n = \frac{a_n}{a_{n-1}} \cdot \frac{a_{n-1}}{a_{n-2}} \cdots \frac{a_{N_2+1}}{a_{N_2}} \cdot a_{N_2} > q_2^{n-N_2} \cdot a_{N_2} = \left(\frac{a_{N_2}}{q_2^{N_2}}\right) \cdot q_2^n$$

这说明 $\lim\limits_{n \to \infty} a_n = +\infty$, 因此 $\sum\limits_{n=1}^{\infty} a_n$ 发散. 结论得证.

注 9.2.6 当 $q = 1$ 时, 无法确定级数的敛散性. 例如级数 $\sum\limits_{n=1}^{\infty} \dfrac{1}{n}$, $\sum\limits_{n=1}^{\infty} \dfrac{1}{n^2}$ 都满足 $\lim\limits_{n \to \infty} \dfrac{a_{n+1}}{a_n} = 1$, 但是一个收敛, 一个发散. 达朗贝尔判别法更适用于分析带有阶乘的级数的敛散性.

例 9.2.12 讨论级数 $\sum\limits_{n=1}^{\infty} \dfrac{(n!)^2}{2^{n^2}}$ 的敛散性.

解 因为

$$\lim_{n \to \infty} \frac{a_{n+1}}{a_n} = \lim_{n \to \infty} \frac{((n+1)!)^2}{2^{(n+1)^2}} \frac{2^{n^2}}{(n!)^2} = \lim_{n \to \infty} \frac{(n+1)^2}{2^{2n+1}} = \lim_{x \to +\infty} \frac{(x+1)^2}{2^{2x+1}} = 0$$

所以级数收敛.

例 9.2.13 设 $x \in (0, +\infty)$, 讨论级数 $\sum\limits_{n=1}^{\infty} \dfrac{n!}{n^n} x^n$ 的敛散性.

解 因为

$$\lim_{n \to \infty} \frac{a_{n+1}}{a_n} = \lim_{n \to \infty} \frac{(n+1)!}{(n+1)^{n+1}} x^{n+1} \frac{n^n}{n! x^n} = \lim_{n \to \infty} \frac{x}{(1+\frac{1}{n})^n} = \frac{x}{\mathrm{e}}$$

所以当 $0 < x < \mathrm{e}$ 时, 级数收敛; 当 $x > \mathrm{e}$ 时, 级数发散. 当 $x = \mathrm{e}$ 时, 方法失效, 需要更精确方法分析敛散性.

习题 9.2.4 正项级数的达朗贝尔判别法

1. 判断下列级数的敛散性.

(1) $\sum\limits_{n=1}^{\infty} \dfrac{n!}{n^n}$; (2) $\sum\limits_{n=1}^{\infty} \dfrac{3^n n!}{n^n}$; (3) $\sum\limits_{n=1}^{\infty} \dfrac{(2n-1)!!}{n!}$; (4) $\sum\limits_{n=1}^{\infty} \dfrac{(n+1)!}{10^n}$.

2. 利用级数收敛的必要条件证明下面结论:

(1) $\lim\limits_{n\to\infty} \dfrac{n^n}{(n!)^2} = 0$; (2) $\lim\limits_{n\to\infty} \dfrac{(2n)!}{a^{n!}} = 0\,(a>1)$.

3. 设 $x_n > 0, \dfrac{x_{n+1}}{x_n} > 1 - \dfrac{1}{n}, n=1,2,3,\cdots$, 证明 $\sum\limits_{n=1}^{\infty} x_n$ 发散.

4. 设 $f(x)$ 在 $(-\infty, +\infty)$ 上可导, 且满足:

(1) $f(x) > 0, \forall x \in (-\infty, +\infty)$; (2) $|f'(x)| \leqslant mf(x), 0 < m < 1$;

构造 $\begin{cases} a_n = \ln f(a_{n-1}), \\ \forall a_0 \in R, \end{cases} n = 1,2,3,\cdots$, 证明 $\sum\limits_{n=1}^{\infty} |a_n - a_{n-1}|$ 收敛.

9.2.5 正项级数的拉贝判别法

由正项级数的比较判别法, 若存在 $N \in \mathbf{N}^*$, 使得当 $n > N$ 时 $0 \leqslant a_n \leqslant b_n$, 则 $\sum\limits_{n=1}^{\infty} b_n$ 收敛可推出 $\sum\limits_{n=1}^{\infty} a_n$ 收敛, $\sum\limits_{n=1}^{\infty} a_n$ 发散可推出 $\sum\limits_{n=1}^{\infty} b_n$ 发散. 若级数 $\sum\limits_{n=1}^{\infty} b_n, \sum\limits_{n=1}^{\infty} c_n$ 收敛, $\lim\limits_{n\to+\infty} \dfrac{b_n}{c_n} = 0$, 那么 $\sum\limits_{n=1}^{\infty} b_n, \sum\limits_{n=1}^{\infty} c_n$ 作为比较级数, 哪个更精确, 哪个适用范围更广? 下面将进行详细讨论.

如图 9.2.4 所示, 如果 $b_n < u_n < c_n$, 判断 $\sum\limits_{n=1}^{\infty} u_n$ 的收敛性需要利用 $\sum\limits_{n=1}^{\infty} c_n$ 的收敛性判断, 而利用级数 $\sum\limits_{n=1}^{\infty} b_n$ 的收敛性无法判断 $\sum\limits_{n=1}^{\infty} u_n$ 的收敛问题. 因此选作比较的级数收敛越慢, 适用范围越广泛.

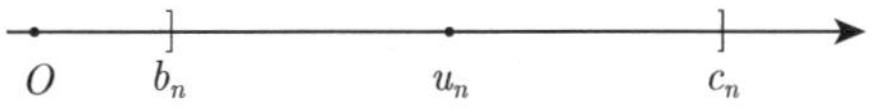

图 9.2.4

达朗贝尔和柯西判别法的比较级数是几何级数 $\sum\limits_{n=1}^{\infty} q^n$. 根据海涅原理和洛必达法则:

$$\lim_{n\to\infty} \dfrac{q^n}{(1/n)^p} = \lim_{x\to+\infty} \dfrac{q^x}{(1/x)^p} = \lim_{x\to+\infty} \dfrac{x^p}{(1/q)^x} = 0 \quad (0 < q < 1, p > 1)$$

所以 $\sum\limits_{n=1}^{\infty} \dfrac{1}{n^p}$ 作为比较级数可以得到更精确的判别方法.

取 $b_n = \dfrac{1}{n^p}, p > 1$, 若 $\dfrac{a_{n+1}}{a_n} \leqslant \dfrac{b_{n+1}}{b_n} = \left(\dfrac{n}{n+1}\right)^p$, 则 $\sum\limits_{n=1}^{\infty} a_n$ 收敛. 进一步将此式变形如下:

$$\dfrac{a_{n+1}}{a_n} \leqslant \left(\dfrac{n}{n+1}\right)^p \Leftrightarrow \dfrac{a_n}{a_{n+1}} \geqslant \left(\dfrac{n+1}{n}\right)^p \Leftrightarrow n\left(\dfrac{a_n}{a_{n+1}} - 1\right) \geqslant \dfrac{(1+1/n)^p - 1}{1/n}$$

根据数列极限的保序性和洛必达法则:

$$\lim_{n\to\infty} n\left(\frac{a_n}{a_{n+1}} - 1\right) \geqslant \lim_{n\to\infty} \frac{(1+1/n)^p - 1}{1/n} = \lim_{x\to 0} \frac{(1+x)^p - 1}{x} = \lim_{x\to 0} \frac{e^{p\ln(1+x)} - 1}{x} = p$$

由此得到启发: $\lim\limits_{n\to\infty}\left[n\left(\dfrac{a_n}{a_{n+1}} - 1\right)\right] \geqslant r > 1$ 能否保证 $\sum\limits_{n=1}^{\infty} a_n$ 收敛? 下面的定理给出进一步讨论.

定理 9.2.11 (拉贝 (Raabe) 判别法) 设 $\sum\limits_{n=1}^{\infty} a_n$ 为正项级数, 则

(1) 若存在 $r > 1, N_0 \in \mathbf{N}^*$, 使得当 $n > N_0$ 时, 有 $n\left(\dfrac{a_n}{a_{n+1}} - 1\right) \geqslant r > 1$, 则 $\sum\limits_{n=1}^{\infty} a_n$ 收敛.

(2) 若存在 $N_0 \in \mathbf{N}^*$, 使得当 $n > N_0$ 时, 有 $n\left(\dfrac{a_n}{a_{n+1}} - 1\right) \leqslant 1$, 则 $\sum\limits_{n=1}^{\infty} a_n$ 发散.

证明 设 $f(x) = 1 + sx - (1+x)^t$, 其中 $s > t > 1$, 则 $f(0) = 0, f'(0) = s - t > 0$. 由于 $f'(x)$ 连续, $\lim\limits_{x\to 0} f'(x) = f'(0)$, 根据极限的保序性, 存在 $\delta > 0, 0 < x < \delta : f'(x) > 0$, 因此

$$0 < x < \delta : 1 + sx > (1+x)^t \tag{9.2.3}$$

(1) 根据已知条件, 存在 $N_0 \in \mathbf{N}^*$, 对任意 $n > N_0 : n\left(\dfrac{a_n}{a_{n+1}} - 1\right) \geqslant r \Rightarrow \dfrac{a_n}{a_{n+1}} \geqslant 1 + \dfrac{r}{n}$. 存在 $r_1 > 1$ 满足 $r > r_1 > 1$, 根据 (9.2.3) 式得到

$$\exists N_1 \in \mathbf{N}^*, N_1 > N_0, \forall n \geqslant N_1 : \quad \frac{a_n}{a_{n+1}} \geqslant 1 + \frac{r}{n} > \left(1 + \frac{1}{n}\right)^{r_1}$$

即

$$\forall n \geqslant N_1 : n^{r_1} a_n > (n+1)^{r_1} a_{n+1}$$

这说明 $\{n^{r_1} a_n\}_{n=N_1}^{\infty}$ 单调递减. 于是

$$n^{r_1} a_n < N_1^{r_1} a_{N_1} \Rightarrow \forall n > N_1 : a_n < \frac{N_1^{r_1} a_{N_1}}{n^{r_1}}$$

而级数 $\sum\limits_{n=1}^{\infty} \dfrac{N_1^{r_1} a_{N_1}}{n^{r_1}}$ 收敛, 由比较判别法知级数 $\sum\limits_{n=1}^{\infty} a_n$ 收敛.

(2) 若存在 $N_0 \in \mathbf{N}^*$, 使得当 $n > N_0$ 时, $n\left(\dfrac{a_n}{a_{n+1}} - 1\right) \leqslant 1$, 则

$$\exists N_0, \forall n > N_0 : \frac{a_n}{a_{n+1}} \leqslant 1 + \frac{1}{n} \Rightarrow na_n \leqslant (n+1) a_{n+1}$$

故数列 $\{na_n\}_{n=N_0+1}^{+\infty}$ 单调递增. 所以 $na_n \geqslant (N_0 + 1) a_{N_0+1}$, 即

$$\forall n > N_0 : a_n \geqslant \frac{(N_0 + 1) a_{N_0+1}}{n}$$

而级数 $\sum\limits_{n=1}^{\infty} \dfrac{a_{N_0+1}}{n}$ 发散. 由比较判别法知级数 $\sum\limits_{n=1}^{\infty} a_n$ 发散. 结论得证.

下面给出拉贝判别法的极限形式, 其证明过程与定理 9.2.11 类似, 留给读者完成.

定理 9.2.12 (拉贝判别法的极限形式) 设 $\sum\limits_{n=1}^{\infty} a_n$ 为正项级数, 则

(1) 如果 $\dfrac{a_n}{a_{n+1}} = 1 + \dfrac{l}{n} + o\left(\dfrac{1}{n}\right)$, 则当 $l > 1$(或者 $l = +\infty$) 时, 级数 $\sum\limits_{n=1}^{\infty} a_n$ 收敛; 当 $l < 1$ 时, 级数 $\sum\limits_{n=1}^{\infty} a_n$ 发散.

(2) 若 $\lim\limits_{n\to\infty} n\left(\dfrac{a_n}{a_{n+1}} - 1\right) = l$, 则当 $l > 1$ 时, 级数 $\sum\limits_{n=1}^{\infty} a_n$ 收敛; 当 $l < 1$ 时, 级数 $\sum\limits_{n=1}^{\infty} a_n$ 发散.

例 9.2.14 判断级数 $\sum\limits_{n=1}^{\infty} \dfrac{(2n-1)!!}{(2n)!!} \dfrac{1}{2n+1}$ 的敛散性.

解 由于 $\lim\limits_{n\to\infty} \dfrac{a_{n+1}}{a_n} = 1$, $\lim\limits_{n\to\infty} \sqrt[n]{a_n} = 1$, 所以柯西和达朗贝尔判别法失效. 下面用拉贝判别法分析级数的敛散性. 由于

$$R_n = n\left(\dfrac{a_n}{a_{n+1}} - 1\right) = n\left(\dfrac{(2n-1)!!}{(2n)!!} \dfrac{1}{2n+1} \cdot \dfrac{(2n+3)(2n+2)!!}{(2n+1)!!} - 1\right)$$

$$= n\left(\dfrac{(2n+2)(2n+3)}{(2n+1)^2} - 1\right) = \dfrac{(6n+5)n}{(2n+1)^2} \to \dfrac{3}{2} > 1 \quad (n\to\infty)$$

故由拉贝判别法, 级数收敛.

例 9.2.15 讨论级数 $\sum\limits_{n=0}^{\infty} |C_\alpha^n|$ 的敛散性, 其中

$$\alpha > 0, \quad C_\alpha^0 = 1, \quad C_\alpha^n = \dfrac{\alpha(\alpha-1)\cdots(\alpha-n+1)}{n!}$$

解 因为 $\left|\dfrac{a_{n+1}}{a_n}\right| = \left|\dfrac{C_\alpha^{n+1}}{C_\alpha^n}\right| = \left|\dfrac{\alpha-n}{n+1}\right| \to 1\,(n\to\infty)$, 达朗贝尔判别法失效. 接下来用拉贝判别法分析级数的敛散性. 由于

$$R_n = n\left(\dfrac{a_n}{a_{n+1}} - 1\right) = n\left(\dfrac{n+1}{|\alpha-n|} - 1\right) = n\left(\dfrac{1+\alpha}{n-\alpha}\right) \to 1 + \alpha > 1 \quad (n\to\infty)$$

由拉贝判别法, 级数收敛.

例 9.2.16 判断级数 $\sum\limits_{n=1}^{\infty} \dfrac{p(p+1)\cdots(p+n-1)}{n!} \dfrac{1}{n^q}\,(p,q>0)$ 的敛散性.

解 利用 $(1+x)^\lambda = 1 + \lambda x + o(x)$, 得 $\left(1+\dfrac{1}{n}\right)^q = 1 + \dfrac{q}{n} + o\left(\dfrac{1}{n}\right)$, 所以

$$\dfrac{a_n}{a_{n+1}} = \dfrac{p(p+1)\cdots(p+n-1)}{n!n^q} \cdot \dfrac{(n+1)!(n+1)^q}{p(p+1)\cdots(p+n)} = \dfrac{n+1}{n+p}\left(1+\dfrac{1}{n}\right)^q$$

$$= \left(1+\dfrac{1-p}{n+p}\right)\left(1+\dfrac{q}{n}+o\left(\dfrac{1}{n}\right)\right) = 1 + \dfrac{q}{n} + \dfrac{1-p}{n+p} + o\left(\dfrac{1}{n}\right)$$

进一步由于

$$\dfrac{1-p}{n+p} = \dfrac{1-p}{n} + \left(\dfrac{1-p}{n+p} + \dfrac{p-1}{n}\right) = \dfrac{1-p}{n} - \dfrac{(1-p)q}{n(n+p)} = \dfrac{1-p}{n} + o\left(\dfrac{1}{n}\right)$$

所以 $\dfrac{a_n}{a_{n+1}} = 1 + \dfrac{q+1-p}{n} + o\left(\dfrac{1}{n}\right)$. 由拉贝判别法, 当 $q > p$ 时级数收敛; 当 $q < p$ 时级数发散. 当 $q = p$ 时无法判断.

例 9.2.17 讨论级数 $\sum\limits_{n=1}^{\infty} \dfrac{n! \mathrm{e}^n}{n^{n+p}}$ 的敛散性.

解 因为
$$\lim_{n\to\infty} n\left(\dfrac{a_n}{a_{n+1}} - 1\right)$$
$$= \lim_{n\to\infty} \dfrac{(1/\mathrm{e})((n+1)/n)^{n+p} - 1}{1/n}$$
$$= \lim_{x\to 0} \dfrac{(1/\mathrm{e})(1+x)^{1/x+p} - 1}{x} = \lim_{x\to 0} \dfrac{\mathrm{e}^{(1/x+p)\ln(1+x)-1} - 1}{x} \Leftarrow \boxed{\text{海涅原理}}$$

由于 $\lim\limits_{x\to 0}\left[\left(\dfrac{1}{x} + p\right)\ln(1+x) - 1\right] = 0$, 进一步, 利用等价无穷小传递性质和泰勒公式得到

$$\lim_{n\to\infty} n\left(\dfrac{a_n}{a_{n+1}} - 1\right) = \lim_{x\to 0} \dfrac{(1/x+p)\ln(1+x) - 1}{x} = \lim_{x\to 0} \dfrac{(1/x+p)\left[x - x^2/2 + o(x^2)\right] - 1}{x}$$
$$= \lim_{x\to 0} \dfrac{1 + px - x/2 - px^2/2 + (1/x)o(x^2) + po(x^2) - 1}{x} = p - \dfrac{1}{2}$$

所以根据拉贝判别法得, $p > 3/2$ 时级数收敛; $p < 3/2$ 时级数发散; $p = 3/2$ 时无法判断.

例 9.2.16 和例 9.2.17 出现级数参数在一定范围变化时, 用拉贝判别法无法判别的情况, 因此需要更精确的判别方法, 为此进行下面更深入的讨论.

定理 9.2.13 任给一个收敛的正项级数 $\sum\limits_{n=1}^{\infty} a_n$, 可以构造另一个正项级数 $\sum\limits_{n=1}^{\infty} b_n$, 使得 $\sum\limits_{n=1}^{\infty} b_n$ 收敛且 $\lim\limits_{n\to\infty} \dfrac{a_n}{b_n} = 0$.

证明 令 $S_n = \sum\limits_{k=1}^{n} a_k$, $\lim\limits_{n\to\infty} S_n = S$. 再令
$$c_n = S - S_n, \quad b_1 = 0, \quad b_n = \sqrt{c_{n-1}} - \sqrt{c_n} \quad (n = 2, 3, \cdots)$$

下面证明 $\sum\limits_{n=1}^{\infty} b_n$ 是满足定理条件的级数.

因为 $c_{n-1} \geqslant c_n$, 故 $\sum\limits_{n=1}^{\infty} b_n$ 为正项级数. 令 $S'_n = \sum\limits_{k=1}^{n} b_k$, 则 $S'_n = \sqrt{c_1} - \sqrt{c_n}$, 因此
$$\lim_{n\to\infty} S'_n = \lim_{n\to\infty} (\sqrt{c_1} - \sqrt{c_n}) = \sqrt{c_1}$$

故 $\sum\limits_{n=1}^{\infty} b_n$ 收敛.

接下来证明 $\lim\limits_{n\to\infty} \dfrac{a_n}{b_n} = 0$.
$$\lim_{n\to\infty} \dfrac{a_n}{b_n} = \lim_{n\to\infty} \dfrac{a_n}{\sqrt{c_{n-1}} - \sqrt{c_n}} = \lim_{n\to\infty} \dfrac{\left(\sqrt{c_{n-1}} + \sqrt{c_n}\right)a_n}{c_{n-1} - c_n} = \lim_{n\to\infty} \left(\sqrt{c_{n-1}} + \sqrt{c_n}\right) = 0$$

结论得证.

注 9.2.7 定理 9.2.13 说明正项级数的判别法没有最好只有更好, 需要构造比拉贝判别法更精确方法解决例 9.2.16 和例 9.2.17 中存在问题, 读者可以进一步深入研究.

习题 9.2.5 正项级数的拉贝判别法

1. 利用拉贝判别法讨论级数的敛散性.

(1) $\sum_{n=1}^{\infty} \left[\dfrac{1 \cdot 3 \cdot 5 \cdots (2n-1)}{2 \cdot 4 \cdot 6 \cdots 2n} \right]^p$;

(2) $\sum_{n=1}^{\infty} \left[\dfrac{1 \cdot 3 \cdot 5 \cdots (2n-1)}{2 \cdot 4 \cdot 6 \cdots 2n} \right]^p \cdot \dfrac{1}{n^q}$;

(3) $\sum_{n=1}^{\infty} \dfrac{\sqrt{n!}}{(2+\sqrt{1})(2+\sqrt{2}) \cdots (2+\sqrt{n})}$;

(4) $\sum_{n=1}^{\infty} \left(\dfrac{1}{2}\right)^{1+1/2+\cdots+1/n}$.

2. 任给一个发散的正项级数 $\sum_{n=1}^{\infty} a_n \, (a_n > 0)$, 可以构造一个发散的正项级数 $\sum_{n=1}^{\infty} b_n$, 使得 $\lim\limits_{n \to \infty} \dfrac{b_n}{a_n} = 0$.

9.3 一般级数收敛问题讨论

扫码学习

本节讨论任意项级数的收敛判别方法.

9.3.1 交错级数

定义 9.3.1 形如 $\sum_{n=1}^{\infty} (-1)^{n-1} a_n, a_n \geqslant 0, n = 1, 2, \cdots$ 的级数, 称为交错级数.

对于交错级数, 我们有如下的莱布尼茨判别法.

定理 9.3.1 (莱布尼茨判别法) 若交错级数 $\sum_{n=1}^{\infty} (-1)^{n-1} a_n$ 满足 $\{a_n\}$ 递减趋于 0, 则 $\sum_{n=1}^{\infty} (-1)^{n-1} a_n$ 收敛.

证明 由于
$$S_{2n} = \sum_{k=1}^{2n} (-1)^{k-1} a_k = (a_1 - a_2) + (a_3 - a_4) + \cdots + (a_{2n-1} - a_{2n})$$

因此 $\{S_{2n}\}$ 为单调递增的数列, 并且
$$S_{2n} = a_1 - (a_2 - a_3) - \cdots - (a_{2n-2} - a_{2n-1}) - a_{2n} < a_1$$

由单调有界定理, $\{S_{2n}\}$ 收敛, 而 $\lim\limits_{n \to \infty} S_{2n+1} = \lim\limits_{n \to \infty} (S_{2n} + a_{2n+1}) = \lim\limits_{n \to \infty} S_{2n}$, 故数列 $\{S_n\}$ 收敛, 结论得证.

由莱布尼茨判别法, 易得级数 $\sum_{n=1}^{\infty} (-1)^{n-1} \dfrac{1}{n^p} \, (p > 0)$ 收敛; 级数 $\sum_{n=2}^{\infty} (-1)^n \dfrac{1}{\ln n}$ 收敛; 级数 $\sum_{n=1}^{\infty} (-1)^{n-1} (\sqrt{n+1} - \sqrt{n}) = \sum_{n=1}^{\infty} \dfrac{(-1)^{n-1}}{\sqrt{n+1} + \sqrt{n}}$ 收敛.

例 9.3.1 证明级数 $\sum_{n=1}^{\infty} \dfrac{(-1)^{[\sqrt{n}]}}{n}$ 收敛.

证明 首先分析级数通项的表达式. 当 $n^2 \leqslant k \leqslant (n+1)^2 - 1$ 时, $[\sqrt{k}] = n$. 所以在级数 $\sum_{n=1}^{\infty} a_n = \sum_{n=1}^{\infty} \dfrac{(-1)^{[\sqrt{n}]}}{n}$ 中, 项 $a_{n^2}, a_{n^2+1}, \cdots, a_{(n+1)^2 - 1}$ 的符号相同, 都是 $(-1)^n$.

令 $u_n = \dfrac{1}{n^2} + \dfrac{1}{n^2+1} + \cdots + \dfrac{1}{(n+1)^2-1}$, 由定理 9.1.5 级数 $\sum\limits_{n=1}^{\infty} \dfrac{(-1)^{[\sqrt{n}]}}{n}$ 与 $\sum\limits_{n=1}^{\infty}(-1)^n u_n$ 同敛散. 由于

$$u_n = \left(\dfrac{1}{n^2} + \cdots + \dfrac{1}{n^2+n-1}\right) + \left(\dfrac{1}{n^2+n} + \cdots + \dfrac{1}{n^2+2n}\right) < \dfrac{n}{n^2} + \dfrac{n+1}{n^2+n} = \dfrac{2}{n}$$

$$u_n > \dfrac{n+1}{n^2+n} + \dfrac{n}{n^2+2n} > \dfrac{2}{n+1}$$

于是 $\dfrac{2}{n+1} < u_n < \dfrac{2}{n}$, 由此得 $\dfrac{2}{n+2} < u_{n+1} < \dfrac{2}{n+1} < u_n$, 可知 $\{u_n\}$ 单调递减且 $\lim\limits_{n\to\infty} u_n = 0$. 所以由莱布尼茨判别法知 $\sum\limits_{n=1}^{\infty}(-1)^n u_n$ 收敛, 从而 $\sum\limits_{n=1}^{\infty} \dfrac{(-1)^{[\sqrt{n}]}}{n}$ 也收敛. 结论得证.

习题 9.3.1　交错级数

1. 设正项数列 $\{a_n\}$, $\lim\limits_{n\to\infty} a_n = 0$, 举例说明 $\sum\limits_{n=1}^{\infty}(-1)^n a_n$ 是否收敛?

2. 设正项数列 $\{a_n\}$ 单调递减, 举例说明 $\sum\limits_{n=1}^{\infty}(-1)^n a_n$ 是否收敛?

3. 设级数 $\sum\limits_{n=1}^{\infty} a_n$ 的通项递减趋于 0, p 是任意固定的正整数, 证明级数

$$a_1 + \cdots + a_p - a_{p+1} - a_{p+2} - \cdots - a_{2p} + a_{2p+1} + \cdots + a_{3p} - \cdots$$

是收敛的.

4. 利用莱布尼茨判别法讨论下列级数的敛散性:

(1) $\sum\limits_{n=1}^{\infty}(-1)^n \dfrac{n}{n+1}$;

(2) $\sum\limits_{n=1}^{\infty}(-1)^n \dfrac{\ln(n+1)}{n+1}$;

(3) $\sum\limits_{n=1}^{\infty}\left((-1)^n \dfrac{1}{\sqrt{n}} + \dfrac{1}{n}\right)$;

(4) $\sum\limits_{n=1}^{\infty} \sin\left(\pi\sqrt{n^2+1}\right)$.

5. 利用泰勒公式和莱布尼茨判别法讨论下列级数的敛散性:

(1) $\sum\limits_{n=1}^{\infty}(-1)^n \dfrac{\sqrt{n}}{n+100}$;

(2) $\sum\limits_{n=2}^{\infty} \dfrac{(-1)^n}{\sqrt{n}+(-1)^n}$;

(3) $\sum\limits_{n=1}^{\infty} \dfrac{(-1)^{n-1}}{\left[\sqrt{n}+(-1)^{n-1}\right]^p}$;

(4) $\sum\limits_{n=1}^{\infty}(-1)^n \dfrac{n-1}{n+1} \dfrac{1}{\sqrt[100]{n}}$.

6. 设正项数列 $\{a_n\}$ 单调递减, 且 $\sum\limits_{n=1}^{\infty}(-1)^n a_n$ 发散, 讨论级数 $\sum\limits_{n=1}^{\infty}\left(\dfrac{1}{1+a_n}\right)^n$ 的敛散性.

9.3.2　狄利克雷判别法和阿贝尔判别法

与广义积分类似, 对于形如 $\sum\limits_{n=1}^{\infty} a_n b_n$ 的级数收敛问题, 有狄利克雷判别法和阿贝尔判别法. 本节详细讨论这两个判别法及其应用.

引理 9.3.1 (阿贝尔变换)　设 $\{a_n\}, \{b_n\}$ 是两个实数列, 记

$$S_k = a_1 + a_2 + \cdots + a_k, \quad S_0 = 0$$

则对任意正整数 n 有
$$\sum_{k=1}^{n} a_k b_k = \sum_{k=1}^{n-1} S_k(b_k - b_{k+1}) + S_n b_n$$

证明
$$\sum_{k=1}^{n} a_k b_k = \sum_{k=1}^{n}(S_k - S_{k-1})b_k = \sum_{k=1}^{n} S_k b_k - \sum_{k=1}^{n} S_{k-1} b_k$$
$$= \sum_{k=1}^{n} S_k b_k - \sum_{k=0}^{n-1} S_k b_{k+1} = \sum_{k=1}^{n-1} S_k(b_k - b_{k+1}) + S_n b_n$$

结论得证.

引理 9.3.2 (阿贝尔引理) 设 $\{b_n\}$ 是单调数列，$S_k = \sum_{l=1}^{k} a_l$. 若 $|S_k| \leqslant M, k = 1, 2, \cdots, n$, 则 $\left|\sum_{k=1}^{n} a_k b_k\right| \leqslant M(|b_1| + 2|b_n|)$.

证明 根据引理 9.3.1 和数列 $\{b_n\}$ 的单调性
$$\left|\sum_{k=1}^{n} a_k b_k\right| = \left|\sum_{k=1}^{n-1} S_k(b_k - b_{k+1}) + S_n b_n\right| \leqslant \sum_{k=1}^{n-1} |S_k||b_k - b_{k+1}| + |S_n b_n|$$
$$\leqslant M\left(\sum_{k=1}^{n-1} |b_k - b_{k+1}| + |b_n|\right) = M\left(\left|\sum_{k=1}^{n-1}(b_k - b_{k+1})\right| + |b_n|\right)$$
$$= M(|b_1 - b_n| + |b_n|) \leqslant M(|b_1| + 2|b_n|)$$

结论得证.

下面讨论 $\sum_{n=1}^{\infty} a_n b_n$ 类型级数的收敛条件.

定理 9.3.2 (狄利克雷判别法) 设 $\{a_n\}, \{b_n\}$ 是两个数列，$S_n = a_1 + a_2 + \cdots + a_n$, 满足
(1) $\{b_n\}$ 是单调数列且 $\lim_{n \to \infty} b_n = 0$;
(2) $\{S_n\}$ 有界.
则级数 $\sum_{n=1}^{\infty} a_n b_n$ 收敛

证明 设 $|S_n| \leqslant M(\forall n \in \mathbf{N}^*)$, 则
$$|a_{n+1} + a_{n+2} + \cdots + a_{n+p}| = |S_{n+p} - S_n| \leqslant 2M$$

由阿贝尔引理,
$$\left|\sum_{k=n+1}^{n+p} a_k b_k\right| \leqslant 2M(|b_{n+1}| + 2|b_{n+p}|)$$

因为 $\lim_{n \to \infty} b_n = 0$, 根据数列极限的定义:
$$\forall \varepsilon > 0, \exists N \in \mathbf{N}^*, \forall n > N : |b_n| < \frac{\varepsilon}{8M}$$

于是当 $n > N, \forall p \in N^*$ 时

$$\left|\sum_{k=n+1}^{n+p} a_k b_k\right| \leqslant 2M\left(\frac{\varepsilon}{8M} + \frac{2\varepsilon}{8M}\right) < \varepsilon$$

由柯西收敛准则, 级数 $\sum\limits_{n=1}^{\infty} a_n b_n$ 收敛. 结论得证.

定理 9.3.3 (阿贝尔判别法) 设 $\{a_n\}, \{b_n\}$ 是两个实数列, 满足

(1) $\{b_n\}$ 单调有界;

(2) $\sum\limits_{n=1}^{\infty} a_n$ 收敛.

则级数 $\sum\limits_{n=1}^{\infty} a_n b_n$ 收敛.

证明 根据阿贝尔变换 $\sum\limits_{n=1}^{\infty} a_n b_n = \sum\limits_{n=1}^{\infty} a_n(b_n - b) + b\sum\limits_{n=1}^{\infty} a_n$. 因为 $\{b_n\}$ 单调有界, $\lim\limits_{n\to\infty} b_n = b$ 存在, 所以 $\{b_n - b\}$ 单调趋于 0. 又因为 $\sum\limits_{n=1}^{\infty} a_n$ 收敛, 所以其部分和 $\{S_n\}$ 有界, 由狄利克雷判别法 $\sum\limits_{n=1}^{\infty} a_n(b_n - b)$ 收敛, 所以级数 $\sum\limits_{n=1}^{\infty} a_n b_n$ 收敛. 结论得证.

例 9.3.2 讨论级数 $\sum\limits_{n=1}^{\infty} \dfrac{\sin nx}{n^p} \, (p > 0)$ 的收敛性.

解 当 $x = k\pi, k \in Z$ 时, 级数收敛, 当 $x \neq k\pi$ 时. 因为 $\left\{\dfrac{1}{n^p}\right\}$ 单调趋于零 $(n \to \infty)$, 又因为

$$\forall x \in (k\pi, k\pi + \pi), \left|\sum_{k=1}^{n} \sin kx\right| = \left|\frac{1}{\sin\dfrac{x}{2}} \sum_{k=1}^{n} \sin kx \sin\frac{x}{2}\right| \leqslant \frac{1}{\left|\sin\dfrac{x}{2}\right|}$$

由狄利克雷判别法知, 级数 $\sum\limits_{n=1}^{\infty} \dfrac{\sin nx}{n^p} \, (p > 0)$ 收敛.

同理可证: 级数 $\sum\limits_{n=1}^{\infty} \dfrac{\cos nx}{n^p}$, 当 $0 < p \leqslant 1 \, (x \neq 2k\pi, k \in \mathbf{Z})$ 或者 $p > 1$ 时收敛.

注 9.3.1 例 9.3.2 的推导过程中, 三角函数累加和公式推导如下:

利用公式: $\sin x \sin y = -\dfrac{1}{2}[\cos(x+y) - \cos(x-y)]$.

$$\sum_{k=1}^{n} \sin kx \sin\frac{x}{2} = \sin\frac{x}{2}(\sin x + \sin 2x + \cdots + \sin nx)$$

$$= \frac{1}{2}\left(\cos\left(\frac{x}{2}\right) - \cos\left(\frac{3x}{2}\right) + \cos\left(\frac{3x}{2}\right) - \cos\left(\frac{5x}{2}\right) + \cdots - \cos\left(\frac{(2n+1)x}{2}\right)\right)$$

$$= \frac{\cos(x/2) - \cos((2n+1)x/2)}{2}$$

因此得到 $\sum\limits_{k=1}^{n} \sin kx = \dfrac{\cos(x/2) - \cos((2n+1)x/2)}{2\sin\dfrac{x}{2}}$.

同理可得 $\sum\limits_{k=1}^{n} \cos kx = \dfrac{\sin((2n+1)x/2) - \sin(x/2)}{2\sin\dfrac{x}{2}}$.

例 9.3.3 判断级数 $\sum\limits_{n=1}^{\infty} \dfrac{\cos 3n}{n} \left(1+\dfrac{1}{n}\right)^n$ 的敛散性.

解 由例 9.3.2 知级数 $\sum\limits_{n=1}^{\infty} \dfrac{\cos 3n}{n}$ 收敛. 又因为 $\left\{\left(1+\dfrac{1}{n}\right)^n\right\}$ 单调有界, 由阿贝尔判别法可知级数 $\sum\limits_{n=1}^{\infty} \dfrac{\cos 3n}{n} \left(1+\dfrac{1}{n}\right)^n$ 收敛.

例 9.3.4 判断级数 $\sum\limits_{n=1}^{\infty} (-1)^n \dfrac{\sin^2 n}{n}$ 的敛散性.

解 由于 $\sum\limits_{n=1}^{\infty} (-1)^n \dfrac{\sin^2 n}{n} = \sum\limits_{n=1}^{\infty} (-1)^n \dfrac{(1-\cos 2n)}{2n}$, 而交错级数 $\sum\limits_{n=1}^{\infty} \dfrac{(-1)^n}{2n}$ 和级数

$$\sum_{n=1}^{\infty} \dfrac{(-1)^n \cos 2n}{2n} = \sum_{n=1}^{\infty} \dfrac{\cos(n\pi+2n)}{2n}$$

均收敛, 故原级数收敛.

例 9.3.5 讨论级数 $\sum\limits_{n=1}^{\infty} \left(1+\dfrac{1}{2}+\cdots+\dfrac{1}{n}\right) \dfrac{\sin nx}{n}$ 的敛散性.

解 记 $b_n = \dfrac{1}{n}\left(1+\dfrac{1}{2}+\cdots+\dfrac{1}{n}\right)$. 由欧拉公式 $1+\dfrac{1}{2}+\cdots+\dfrac{1}{n} = \ln n + \gamma + \varepsilon_n$, 得到

$$b_n = \dfrac{1}{n}\left(1+\dfrac{1}{2}+\cdots+\dfrac{1}{n}\right) = \dfrac{\ln n}{n} + \dfrac{\gamma}{n} + \dfrac{\varepsilon_n}{n} \Rightarrow \lim_{n\to\infty} b_n = \lim_{n\to\infty} \dfrac{1}{n}\left(1+\dfrac{1}{2}+\cdots+\dfrac{1}{n}\right) = 0$$

又因为

$$b_{n+1} - b_n = \dfrac{1}{n+1}\left(1+\dfrac{1}{2}+\cdots+\dfrac{1}{n+1}\right) - \dfrac{1}{n}\left(1+\dfrac{1}{2}+\cdots+\dfrac{1}{n}\right)$$

$$= \left(\dfrac{1}{n+1}\right)^2 + \left(1+\dfrac{1}{2}+\cdots+\dfrac{1}{n}\right)\left(\dfrac{1}{n+1}-\dfrac{1}{n}\right)$$

$$= \left(\dfrac{1}{n+1}\right)^2 - \left(1+\dfrac{1}{2}+\cdots+\dfrac{1}{n}\right)\left(\dfrac{1}{(n+1)n}\right)$$

$$\leqslant \left(\dfrac{1}{n+1}\right)^2 \left\{1 - \left(1+\dfrac{1}{2}+\cdots+\dfrac{1}{n}\right)\right\} < 0$$

所以 $\{b_n\}$ 单调递减. 又由于

$$\left|\sum_{k=1}^n \sin kx\right| = \left|\sum_{k=1}^n \dfrac{\sin kx \sin \dfrac{x}{2}}{\sin \dfrac{x}{2}}\right| = \left|\sum_{k=1}^n \dfrac{\dfrac{1}{2}\left[\cos\left(n-\dfrac{1}{2}\right)x - \cos\left(n+\dfrac{1}{2}\right)x\right]}{\sin \dfrac{x}{2}}\right| \leqslant \dfrac{1}{\left|\sin \dfrac{x}{2}\right|}$$

$(x \neq 2n\pi, n = 0, \pm 1, \pm 2, \cdots)$

根据狄利克雷判别法, $x \neq 2n\pi, n = 0, \pm 1, \pm 2, \cdots$ 时, 级数 $\sum\limits_{n=1}^{\infty} \left(1+\dfrac{1}{2}+\cdots+\dfrac{1}{n}\right) \dfrac{\sin nx}{n}$ 收敛. 当 $x = 2n\pi, n = 0, \pm 1, \pm 2, \cdots$ 时, $\sum\limits_{n=1}^{\infty} \left(1+\dfrac{1}{2}+\cdots+\dfrac{1}{n}\right) \dfrac{\sin nx}{n}$ 也收敛.

综合上面讨论, 级数收敛.

例 9.3.6 讨论级数 $\sum\limits_{n=1}^{\infty} (-1)^n \dfrac{1}{\ln n} \left(1+\dfrac{1}{n}\right)^n (5 - \arctan n)$ 的敛散性.

解 由于级数 $\sum\limits_{n=1}^{\infty}(-1)^n\dfrac{1}{\ln n}$ 收敛，$\left\{\left(1+\dfrac{1}{n}\right)^n\right\}$ 单调有界. 根据阿贝尔判别法，级数 $\sum\limits_{n=1}^{\infty}(-1)^n\dfrac{1}{\ln n}\left(1+\dfrac{1}{n}\right)^n$ 收敛. 又由于 $\{5-\arctan n\}$ 单调有界，再一次根据阿贝尔判别法，原级数收敛.

注 9.3.2 类似于例 9.3.6，可以递推使用狄利克雷和阿贝尔判别法讨论
$$\sum_{n=1}^{\infty} a_1(n)a_2(n)\cdots a_k(n)$$
的敛散性.

习题 9.3.2 狄利克雷判别法和阿贝尔判别法

1. 如果级数 $\sum\limits_{n=1}^{\infty} a_1(n)$ 收敛，且 $\lim\limits_{n\to\infty}\dfrac{a_1(n)}{a_2(n)}=c\neq 0$，能否断定 $\sum\limits_{n=1}^{\infty} a_2(n)$ 收敛. 通过研究两个级数 $\sum\limits_{n=1}^{\infty}\dfrac{(-1)^n}{\sqrt{n}}$，$\sum\limits_{n=1}^{\infty}\left\{\dfrac{(-1)^n}{\sqrt{n}}+\dfrac{1}{n}\right\}$ 的敛散性来说明这个问题.

2. 如果级数 $\sum\limits_{n=1}^{\infty} a_1(n),\sum\limits_{n=1}^{\infty} a_2(n)$ 收敛，且 $a_1(n)\leqslant b(n)\leqslant a_2(n)$，则级数 $\sum\limits_{n=1}^{\infty} b(n)$ 收敛. 如果 $\sum\limits_{n=1}^{\infty} a_1(n),\sum\limits_{n=1}^{\infty} a_2(n)$ 发散，$\sum\limits_{n=1}^{\infty} b(n)$ 是否发散?

3. 设 $\sum\limits_{n=1}^{\infty} x_n$ 发散，则 $\sum\limits_{n=1}^{\infty}\left(1+\dfrac{1}{n}\right)x_n$ 发散.

4. 设 $\{a_n\}$ 递减趋于 0，讨论级数 $\sum\limits_{n=1}^{\infty} a_n\cos nx,\ \sum\limits_{n=1}^{\infty} a_n\sin nx$ 的敛散性.

5. 如果级数 $\sum\limits_{n=1}^{\infty}\dfrac{a_n}{n^\alpha}$ 收敛，那么对任意 $\beta>\alpha$，级数 $\sum\limits_{n=1}^{\infty}\dfrac{a_n}{n^\beta}$ 也收敛.

6. 讨论下列级数的敛散性:

(1) $\sum\limits_{n=1}^{\infty}\dfrac{(-1)^n}{n}\dfrac{x^n}{1+x^n}$; (2) $\sum\limits_{n=2}^{\infty}\dfrac{\sin\frac{n\pi}{12}}{\ln n}$; (3) $\sum\limits_{n=1}^{\infty}\dfrac{(-1)^n}{n^{p+1/n}}$; (4) $\sum\limits_{n=2}^{\infty}\dfrac{(\sin n)(\sin n^2)}{n}$.

7. 利用阿贝尔变换证明: 若正项级数 $\sum\limits_{n=1}^{\infty} a_n$ 收敛，且 $\{a_n\}$ 单调，则级数 $\sum\limits_{n=1}^{\infty} n(a_n-a_{n+1})$ 收敛.

9.3.3 绝对收敛和条件收敛级数

本节我们讨论级数的绝对收敛和条件收敛. 若 $\sum\limits_{n=1}^{\infty} a_n,\sum\limits_{n=1}^{\infty} b_n$ 绝对收敛，则 $\sum\limits_{n=1}^{\infty}(a_n\pm b_n)$ 绝对收敛. 若 $\sum\limits_{n=1}^{\infty} a_n$ 绝对收敛，$\sum\limits_{n=1}^{\infty} b_n$ 条件收敛，则 $\sum\limits_{n=1}^{\infty}(a_n\pm b_n)$ 条件收敛.

例 9.3.7 讨论级数 $\sum\limits_{n=1}^{\infty}\dfrac{\sin n!}{n^2},\ \sum\limits_{n=1}^{\infty}(-1)^{n-1}\ln\left(1+\dfrac{1}{n}\right)$ 的绝对收敛和条件收敛性.

解 (1) 由于 $\left|\dfrac{\sin n!}{n^2}\right|\leqslant\dfrac{1}{n^2}$，所以级数 $\sum\limits_{n=1}^{\infty}\dfrac{\sin n!}{n^2}$ 绝对收敛.

(2) 由莱布尼茨判别法，级数 $\sum\limits_{n=1}^{\infty}(-1)^{n-1}\ln\left(1+\dfrac{1}{n}\right)$ 收敛. 又 $\ln\left(1+\dfrac{1}{n}\right)\sim\dfrac{1}{n}\,(n\to\infty)$，级数 $\sum\limits_{n=1}^{\infty}\ln\left(1+\dfrac{1}{n}\right)$ 发散，所以 $\sum\limits_{n=1}^{\infty}(-1)^{n-1}\ln\left(1+\dfrac{1}{n}\right)$ 条件收敛.

例 9.3.8 讨论级数 $\sum\limits_{n=1}^{\infty} \dfrac{\cos nx}{n^p}\,(p>0)$ 的绝对收敛和条件收敛性.

解 (1) 当 $p>1$ 时, 由于 $\left|\dfrac{\cos nx}{n^p}\right| \leqslant \dfrac{1}{n^p}$, 所以 $\sum\limits_{n=1}^{\infty} \dfrac{\cos nx}{n^p}$ 绝对收敛.

(2) 当 $0<p\leqslant 1$ 时, 由狄利克雷判别法知, $\sum\limits_{n=1}^{\infty} \dfrac{\cos nx}{n^p}\,(x\neq 2k\pi)$ 收敛, 而

$$\left|\dfrac{\cos nx}{n^p}\right| \geqslant \dfrac{(\cos nx)^2}{n^p} = \dfrac{1+\cos 2nx}{2n^p}$$

级数 $\sum\limits_{n=1}^{\infty} \dfrac{1}{2n^p}$ 发散. $\sum\limits_{n=1}^{\infty} \dfrac{\cos 2nx}{2n^p}\,(x\neq 2k\pi)$ 收敛. 所以 $\sum\limits_{n=1}^{\infty}\left|\dfrac{\cos nx}{n^p}\right|$ 发散. 综上, $\sum\limits_{n=1}^{\infty} \dfrac{\cos nx}{n^p}$ 在 $p>1$ 时绝对收敛, 在 $0<p\leqslant 1\,(x\neq 2k\pi)$ 时条件收敛.

类似可证, 级数 $\sum\limits_{n=1}^{\infty} \dfrac{\sin nx}{n^p}$ 当 $p>1$ 时绝对收敛, 当 $0<p\leqslant 1$ 时条件收敛.

例 9.3.9 讨论级数 $\sum\limits_{n=2}^{\infty} \dfrac{(-1)^n}{(n+(-1)^n)^p}\,(p>0)$ 的绝对收敛和条件收敛性.

解 由于级数通项表达式复杂, 用泰勒公式简化级数通项表达式. 记

$$a_n = \dfrac{(-1)^n}{(n+(-1)^n)^p} = \dfrac{(-1)^n}{n^p}\left(1+\dfrac{(-1)^n}{n}\right)^{-p}$$

由于 $(1+x)^\lambda = 1+\lambda x + o(x)\,(x\to 0)$, 因此

$$a_n = \dfrac{(-1)^n}{n^p}\left(1-\dfrac{p(-1)^n}{n}+o\left(\dfrac{1}{n}\right)\right) = \dfrac{(-1)^{n-1}}{n^p} - \dfrac{p}{n^{p+1}} + o\left(\dfrac{1}{n^{p+1}}\right) \tag{9.3.1}$$

对于 (9.3.1) 式可以得到下面结论:

(1) 对于级数 $\sum\limits_{n=1}^{\infty} o\left(\dfrac{1}{n^{p+1}}\right)$, 由于 $\lim\limits_{n\to\infty}\left|\dfrac{o\left(\frac{1}{n^{p+1}}\right)}{\frac{1}{n^{p+1}}}\right|=0$, 因此 $p>0$ 时绝对收敛;

(2) 对于级数 $\sum\limits_{n=1}^{\infty} \dfrac{p}{n^{p+1}}$, 在 $p>0$ 时绝对收敛;

(3) 对于级数 $\sum\limits_{n=1}^{\infty} \dfrac{(-1)^{n-1}}{n^p}$, 在 $p>1$ 时绝对收敛, 在 $0<p\leqslant 1$ 条件收敛.

在上面讨论基础上得到: 在 $p>1$ 时原级数绝对收敛, 在 $0<p\leqslant 1$ 时原级数条件收敛.

例 9.3.10 讨论级数 $\sum\limits_{n=1}^{\infty} (-1)^n \left[\mathrm{e}-\left(1+\dfrac{1}{n}\right)^n\right]$ 的绝对收敛和条件收敛性.

解 首先讨论级数的绝对收敛.

利用等价无穷小的传递性质, 级数的通项可以简化:

$$a_n = \mathrm{e}-\left(1+\dfrac{1}{n}\right)^n = \mathrm{e}-\mathrm{e}^{n\ln(1+1/n)}$$

$$= \mathrm{e}\left[1-\mathrm{e}^{n\ln(1+1/n)-1}\right] \sim \mathrm{e}\left[1-n\ln\left(1+\dfrac{1}{n}\right)\right] \quad (n\to\infty)$$

进一步根据泰勒公式:

$$\ln(1+x) = x - \frac{x^2}{2} + \frac{x^3}{3} + o(x^3) \quad (x \to 0)$$

简化级数通项：
$$b_n = 1 - n\ln\left(1+\frac{1}{n}\right) = 1 - n\left[\frac{1}{n} - \frac{1}{2n^2} + \frac{1}{3n^3} + o\left(\frac{1}{n^3}\right)\right] = \frac{1}{2n} - \frac{1}{3n^2} + o\left(\frac{1}{n^2}\right)$$

由于级数 $\sum\limits_{n=1}^{\infty}\frac{1}{2n}$ 发散，级数 $\sum\limits_{n=1}^{\infty}\frac{1}{3n^2}$ 和 $\sum\limits_{n=1}^{\infty}o\left(\frac{1}{n^2}\right)$ 收敛，因此级数 $\sum\limits_{n=1}^{\infty}\left[\mathrm{e}-\left(1+\frac{1}{n}\right)^n\right]$ 发散.

接下来分析级数的条件收敛.

因为 $\lim\limits_{n\to\infty}\left[\mathrm{e}-\left(1+\frac{1}{n}\right)^n\right] = 0$，$\left\{\mathrm{e}-\left(1+\frac{1}{n}\right)^n\right\}$ 单调递减，由莱布尼茨判别法，级数 $\sum\limits_{n=1}^{\infty}(-1)^n\left[\mathrm{e}-\left(1+\frac{1}{n}\right)^n\right]$ 收敛. 因此原级数条件收敛.

例 9.3.11 讨论级数 $\sum\limits_{n=2}^{\infty}\ln\left(1+\frac{(-1)^n}{n^p}\right)$ $(p>0)$ 的敛散性.

解 方法 1：由泰勒公式 $\ln(1+x) = x - \frac{x^2}{2} + o(x^2)$ 得到级数通项的表达式：
$$a_n = \ln\left(1+\frac{(-1)^n}{n^p}\right) = \frac{(-1)^n}{n^p} - \frac{1}{2n^{2p}} + o\left(\frac{1}{n^{2p}}\right)$$

下面分别考虑级数 (1) $\sum\limits_{n=2}^{\infty}\frac{(-1)^n}{n^p}$，(2) $\sum\limits_{n=2}^{\infty}\frac{1}{2n^{2p}}$，(3) $\sum\limits_{n=2}^{\infty}o\left(\frac{1}{n^{2p}}\right)$ 的敛散性.

(I) 当 $p>1$ 时，级数 (1)，(2)，(3) 均绝对收敛. 故当 $p>1$ 时，原级数绝对收敛.

(II) 当 $1/2 < p \leqslant 1$ 时，级数 (1) 条件收敛，(2)，(3) 绝对收敛. 故当 $1/2 < p \leqslant 1$ 时，原级数条件收敛.

(III) 当 $0 < p \leqslant 1/2$ 时，级数 (1) 条件收敛，(2) 发散，(3) 无法确定，因此需要用高阶泰勒公式分析级数的敛散性.

当 $0 < p \leqslant 1/2$ 时，存在唯一正整数 $m \geqslant 2$，满足 $mp \leqslant 1 < (m+1)p$. 利用 $\ln(1+x)$ 的 $(m+1)$ 阶的泰勒公式得到
$$a_n = \frac{(-1)^n}{n^p} - \frac{1}{2n^{2p}} + \frac{(-1)^{3n}}{3n^{3p}} - \cdots + (-1)^{m-1}\frac{(-1)^{mn}}{mn^{mp}} + (-1)^m\frac{(-1)^{(m+1)n}}{(m+1)n^{(m+1)p}} + o\left(\frac{1}{n^{(m+1)p}}\right) \tag{9.3.2}$$

根据 (9.3.2) 式得到结论：

(1) (9.3.2) 式中的奇数项 $\sum\limits_{n=2}^{\infty}\frac{(-1)^n}{n^p}$，$\sum\limits_{n=2}^{\infty}\frac{(-1)^{3n}}{3n^{3p}}$，$\cdots$ $(mp \leqslant 1)$ 为收敛的交错级数，因此皆收敛.

(2) (9.3.2) 式中的偶数项 $\sum\limits_{n=2}^{\infty}\frac{1}{2n^{2p}}$，$\sum\limits_{n=2}^{\infty}\frac{1}{4n^{4p}}$，$\cdots$ $(mp \leqslant 1)$ 均为发散的正项级数，这些级数之和发散.

(3) (9.3.2) 式中 $\sum\limits_{n=1}^{\infty}(-1)^m\frac{(-1)^{(m+1)n}}{(m+1)n^{(m+1)p}}$，$\sum\limits_{n=1}^{\infty}o\left(\frac{1}{n^{(m+1)p}}\right)$ 绝对收敛. 根据 (1)~(3)，当 $0 < p \leqslant 1/2$ 时，原级数发散.

在上面讨论基础上得到结论: 当 $p > 1$ 时原级数绝对收敛; 当 $1/2 < p \leqslant 1$ 时原级数条件收敛; 当 $0 < p \leqslant 1/2$ 时原级数发散.

方法 2: 根据不等式 $\ln(1+x) < x\, (x > -1, x \neq 0)$ 得到

$$\ln\left(1 + \frac{(-1)^n}{n^p}\right) < \frac{(-1)^n}{n^p}$$

因此级数 $\sum\limits_{n=2}^{\infty}\left[\dfrac{(-1)^n}{n^p} - \ln\left(1 + \dfrac{(-1)^n}{n^p}\right)\right]$ 为正项级数. 进一步通过泰勒公式求下面极限:

$$\lim_{n \to \infty}\left[\frac{(-1)^n}{n^p} - \ln\left(1 + \frac{(-1)^n}{n^p}\right)\right] \bigg/ \frac{1}{n^{2p}}$$

$$= \lim_{n \to \infty}\left[\frac{(-1)^n}{n^p} - \frac{(-1)^n}{n^p} + \frac{1}{2n^{2p}} + o\left(\frac{1}{n^{2p}}\right)\right] \bigg/ \frac{1}{n^{2p}} = \frac{1}{2}$$

根据正项级数的比较判别法, 级数 $\sum\limits_{n=2}^{\infty}\left[\dfrac{(-1)^n}{n^p} - \ln\left(1 + \dfrac{(-1)^n}{n^p}\right)\right]$ 与级数 $\sum\limits_{n=1}^{\infty}\dfrac{1}{n^{2p}}$ 同敛散. 将原级数写成

$$\sum_{n=2}^{\infty}\ln\left(1 + \frac{(-1)^n}{n^p}\right) = \sum_{n=2}^{\infty}\left\{\frac{(-1)^n}{n^p} - \left[\frac{(-1)^n}{n^p} - \ln\left(1 + \frac{(-1)^n}{n^p}\right)\right]\right\}$$

$$= \boxed{\sum_{n=2}^{\infty}\frac{(-1)^n}{n^p}} - \boxed{\sum_{n=2}^{\infty}\left[\frac{(-1)^n}{n^p} - \ln\left(1 + \frac{(-1)^n}{n^p}\right)\right]} \triangleq (1) - (2)$$

接下来分几种情况讨论:

(a) 由于级数 (2) 与级数 $\sum\limits_{n=1}^{\infty}\dfrac{1}{n^{2p}}$ 有相同的敛散性, 所以 $p > 1$ 时, 级数 (1) 和 (2) 绝对收敛, 原级数绝对收敛;

(b) 当 $\dfrac{1}{2} < p \leqslant 1$ 时, (1) 条件收敛, (2) 绝对收敛, 于是原级数条件收敛;

(c) 当 $0 < p \leqslant \dfrac{1}{2}$ 时, (1) 条件收敛, (2) 发散, 于是原级数发散.

习题 9.3.3　绝对收敛和条件收敛级数

1. 假设 $\lim\limits_{n \to \infty}\dfrac{a_n}{b_n} = c \neq 0$, $\sum\limits_{n=1}^{\infty}b_n$ 绝对收敛, 分析 $\sum\limits_{n=1}^{\infty}a_n$ 是否收敛. 进一步如果 $\sum\limits_{n=1}^{\infty}b_n$ 是条件收敛, 则结论是否成立.

2. 如果 $\sum\limits_{n=1}^{\infty}a_n^2$, $\sum\limits_{n=1}^{\infty}b_n^2$ 收敛, 证明 $\sum\limits_{n=1}^{\infty}a_n b_n$, $\sum\limits_{n=1}^{\infty}(a_n + b_n)^2$ 绝对收敛.

3. 设 $f(x)$ 在 $[-1, 1]$ 上二阶连续可导, 且 $\lim\limits_{x \to 0}\dfrac{f(x)}{x} = 0$, 证明 $\sum\limits_{n=1}^{\infty}f\left(\dfrac{1}{n}\right)$ 绝对收敛.

4. 判断级数的绝对收敛和条件收敛性.

(1) $\sum\limits_{n=1}^{\infty}\dfrac{(-1)^n}{(n)^{p+1/n}}$;

(2) $\sum\limits_{n=2}^{\infty}\dfrac{(-1)^n}{(\sqrt{n} + (-1)^n)^p}$;

(3) $\sum\limits_{n=2}^{\infty}\dfrac{\sin(n\pi/12)}{\ln n}$;

(4) $\sum\limits_{n=1}^{\infty}(-1)^n\left(\dfrac{(2n-1)!!}{(2n)!!}\right)^p$;

(5) $\sum\limits_{n=1}^{\infty} \dfrac{\sin(n+1)x\cos(n-1)x}{n^p}$;   (6) $\sum\limits_{n=1}^{\infty} \dfrac{(-1)^{n+1}\ln(2+1/n)}{\sqrt{(3n-2)(3n+2)}}$.

9.3.4 绝对收敛级数的性质

本节讨论级数的无穷次交换律成立的条件.

定理 9.3.4 (更序定理) 设级数 $\sum\limits_{n=1}^{\infty} a_n$ 绝对收敛, 则无穷次交换 $\sum\limits_{n=1}^{\infty} a_n$ 的顺序得到的级数 $\sum\limits_{n=1}^{\infty} b_n$ 绝对收敛且和不变.

证明 分几种情况讨论.

(1) 设 $\sum\limits_{n=1}^{\infty} a_n$ 是正项级数. 则 $\sum\limits_{n=1}^{\infty} b_n$ 的部分和 $B_n = \sum\limits_{k=1}^{n} b_k \leqslant \sum\limits_{n=1}^{\infty} a_n = S$, 所以 $\sum\limits_{n=1}^{\infty} b_n$ 收敛, 且其和 $B \leqslant S$. 同样 $\sum\limits_{n=1}^{\infty} a_n$ 看成是 $\sum\limits_{n=1}^{\infty} b_n$ 更序所得, 又有 $S \leqslant B$. 所以 $S = B$.

(2) 设 $\sum\limits_{n=1}^{\infty} a_n$ 非正项级数. 记

$$a_n^+ = \frac{|a_n|+a_n}{2} = \begin{cases} a_n, & a_n \geqslant 0, \\ 0, & a_n < 0, \end{cases} \qquad a_n^- = \frac{|a_n|-a_n}{2} = \begin{cases} -a_n, & a_n \leqslant 0, \\ 0, & a_n > 0 \end{cases}$$

a_n^+ 与 a_n^- 分别称为 a_n 的正部与负部. 显然有 $0 \leqslant a_n^+ \leqslant |a_n|, 0 \leqslant a_n^- \leqslant |a_n|$ 且

$$|a_n| = a_n^+ + a_n^-, \quad a_n = a_n^+ - a_n^-$$

由 $\sum\limits_{n=1}^{\infty} |a_n|$ 收敛和比较判别法, 知 $\sum\limits_{n=1}^{\infty} a_n^+, \sum\limits_{n=1}^{\infty} a_n^-$ 均收敛, 且有

$$\sum_{n=1}^{\infty} |a_n| = \sum_{n=1}^{\infty} a_n^+ + \sum_{n=1}^{\infty} a_n^-, \quad \sum_{n=1}^{\infty} a_n = \sum_{n=1}^{\infty} a_n^+ - \sum_{n=1}^{\infty} a_n^-$$

对于 $\sum\limits_{n=1}^{\infty} b_n$, 因为 $\sum\limits_{n=1}^{\infty} b_n^+, \sum\limits_{n=1}^{\infty} b_n^-$ 分别是由 $\sum\limits_{n=1}^{\infty} a_n^+, \sum\limits_{n=1}^{\infty} a_n^-$ 更序所得. 因此

$$\sum_{n=1}^{\infty} b_n^+ = \sum_{n=1}^{\infty} a_n^+, \quad \sum_{n=1}^{\infty} b_n^- = \sum_{n=1}^{\infty} a_n^-$$

所以 $\sum\limits_{n=1}^{\infty} b_n = \sum\limits_{n=1}^{\infty} (b_n^+ - b_n^-) = \sum\limits_{n=1}^{\infty} a_n^+ - \sum\limits_{n=1}^{\infty} a_n^- = \sum\limits_{n=1}^{\infty} a_n$. 结论得证.

根据定理 9.3.4, 绝对收敛的级数无穷次交换律成立. 这个结论对于条件收敛级数来说是不成立的, 有下面的结论.

定理 9.3.5 (黎曼更序定理) 设 $\sum\limits_{n=1}^{\infty} a_n$ 条件收敛, 则适当交换各项的次序得到的新级数 $\sum\limits_{n=1}^{\infty} b_n$ 可以收敛到任意指定的实数 c, 也可以发散到 $+\infty, -\infty$.

证明 这里仅就 c 为有限数的情况进行证明.

若 $\sum\limits_{n=1}^{\infty} a_n^+, \sum\limits_{n=1}^{\infty} a_n^-$ 收敛, 则 $\sum\limits_{n=1}^{\infty} |a_n| = \sum\limits_{n=1}^{\infty} a_n^+ + \sum\limits_{n=1}^{\infty} a_n^-$ 收敛, 与 $\sum\limits_{n=1}^{\infty} a_n$ 条件收敛矛盾.

若 $\sum\limits_{n=1}^{\infty} a_n^+, \sum\limits_{n=1}^{\infty} a_n^-$ 仅有一个收敛, 则 $\sum\limits_{n=1}^{\infty} a_n = \sum\limits_{n=1}^{\infty} a_n^+ - \sum\limits_{n=1}^{\infty} a_n^-$ 发散, 与条件收敛矛盾.

因此由 $\sum\limits_{n=1}^{\infty} a_n$ 条件收敛可得

$$\sum_{n=1}^{\infty} a_n^+ = \sum_{n=1}^{\infty} \frac{|a_n| + a_n}{2} = +\infty; \quad \sum_{n=1}^{\infty} a_n^- = \sum_{n=1}^{\infty} \frac{|a_n| - a_n}{2} = +\infty$$

依次计算 $\sum\limits_{n=1}^{\infty} a_n^+$ 的部分和, 一定存在最小的 n_1, 满足 $\sum\limits_{n=1}^{n_1} a_n^+ > c$. 其次计算 $\sum\limits_{n=1}^{\infty} a_n^-$ 的部分和, 一定存在最小的 m_1, 满足 $\sum\limits_{n=1}^{n_1} a_n^+ - \sum\limits_{n=1}^{m_1} a_n^- < c$. 类似地, 一定存在最小的 $n_2 > n_1, m_2 > m_1$ 满足:

$$\sum_{n=1}^{n_1} a_n^+ - \sum_{n=1}^{m_1} a_n^- + \sum_{n=n_1+1}^{n_2} a_n^+ > c; \quad \sum_{n=1}^{n_1} a_n^+ - \sum_{n=1}^{m_1} a_n^- + \sum_{n=n_1+1}^{n_2} a_n^+ - \sum_{n=m_1+1}^{m_2} a_n^- < c$$

依次类推得到 $\sum\limits_{n=1}^{\infty} a_n$ 的一个更序级数:

$$\sum_{n=1}^{\infty} a_n' = \sum_{n=1}^{n_1} a_n^+ - \sum_{n=1}^{m_1} a_n^- + \sum_{n=n_1+1}^{n_2} a_n^+ - \sum_{n=m_1+1}^{m_2} a_n^- + \cdots$$

设其部分和序列为 $\{S_n'\}$, $S_n' = \sum\limits_{k=1}^{n} a_k'$, 并且 S_n' 介于 $c + a_{n_k}^+$ 和 $c - a_{m_k}^-$ 之间. 因为 $\sum\limits_{n=1}^{\infty} a_n$ 条件收敛, 因此 $\lim\limits_{n\to\infty} a_n^+ = \lim\limits_{n\to\infty} a_n^- = 0$. 由数列极限的夹逼定理得到 $\lim\limits_{n\to\infty} S_n' = c$. 结论得证.

例 9.3.12 讨论更序对计算速度的影响: $\dfrac{1}{2^1} + \dfrac{1}{10^1} + \dfrac{1}{2^2} + \dfrac{1}{10^2} + \cdots = \sum\limits_{k=1}^{\infty} \left(\dfrac{1}{2^k} + \dfrac{1}{10^k}\right)$, 已知其精确值 $S = \dfrac{10}{9} = 1.111\cdots$.

解 级数分别更序为

$$\left(\frac{1}{2^1} + \frac{1}{10^1} + \frac{1}{10^2}\right) + \left(\frac{1}{2^2} + \frac{1}{10^3} + \frac{1}{10^4}\right) + \cdots = \sum_{k=1}^{\infty} \left(\frac{1}{2^k} + \frac{1}{10^{2k-1}} + \frac{1}{10^{2k}}\right)$$

$$\left(\frac{1}{2^1} + \frac{1}{2^2} + \frac{1}{10^1}\right) + \left(\frac{1}{2^3} + \frac{1}{2^4} + \frac{1}{10^2}\right) + \cdots = \sum_{k=1}^{\infty} \left(\frac{1}{2^{2k-1}} + \frac{1}{2^{2k}} + \frac{1}{10^k}\right)$$

计算结果如表 9.3.1 所示.

例 9.3.13 求级数 $\sum\limits_{n=1}^{\infty} \dfrac{(-1)^{n-1}}{n}$ 经过下面更序以后的和

$$1 + \frac{1}{3} - \frac{1}{2} + \frac{1}{5} + \frac{1}{7} - \frac{1}{4} + \cdots \tag{9.3.3}$$

解 将级数加括号为

$$\left(1 + \frac{1}{3}\right) - \frac{1}{2} + \left(\frac{1}{5} + \frac{1}{7}\right) - \frac{1}{4} + \left(\frac{1}{9} + \frac{1}{11}\right) - \frac{1}{6} + \cdots \tag{9.3.4}$$

表 9.3.1

$m=1$	计算结果	误差
$\sum_{k=1}^{2m}\left(\dfrac{1}{2^k}+\dfrac{1}{10^{2k-1}}+\dfrac{1}{10^{2k}}\right)$	0.86110000000000	0.25001111111111
$\sum_{k=1}^{3m}\left(\dfrac{1}{2^k}+\dfrac{1}{10^k}\right)$	0.98600000000000	0.12511111111111
$\sum_{k=1}^{2m}\left(\dfrac{1}{2^{2k-1}}+\dfrac{1}{2^{2k}}+\dfrac{1}{10^k}\right)$	1.04750000000000	0.06361111111111
$m=2$	计算结果	误差
$\sum_{k=1}^{2m}\left(\dfrac{1}{2^k}+\dfrac{1}{10^{2k-1}}+\dfrac{1}{10^{2k}}\right)$	1.04861111000000	0.06250000111111
$\sum_{k=1}^{3m}\left(\dfrac{1}{2^k}+\dfrac{1}{10^k}\right)$	1.09548600000000	0.01562511111111
$\sum_{k=1}^{2m}\left(\dfrac{1}{2^{2k-1}}+\dfrac{1}{2^{2k}}+\dfrac{1}{10^k}\right)$	1.10719375000000	0.00391736111111
$m=5$	计算结果	误差
$\sum_{k=1}^{2m}\left(\dfrac{1}{2^k}+\dfrac{1}{10^{2k-1}}+\dfrac{1}{10^{2k}}\right)$	1.11013454861111	0.00097656250000
$\sum_{k=1}^{3m}\left(\dfrac{1}{2^k}+\dfrac{1}{10^k}\right)$	1.11108059353299	0.00003051757813
$\sum_{k=1}^{2m}\left(\dfrac{1}{2^{2k-1}}+\dfrac{1}{2^{2k}}+\dfrac{1}{10^k}\right)$	1.11111015742568	0.00000095368543
$m=10$	计算结果	误差
$\sum_{k=1}^{2m}\left(\dfrac{1}{2^k}+\dfrac{1}{10^{2k-1}}+\dfrac{1}{10^{2k}}\right)$	1.11111015743679	0.00000095367432
$\sum_{k=1}^{3m}\left(\dfrac{1}{2^k}+\dfrac{1}{10^k}\right)$	1.11111111017979	0.00000000093132
$\sum_{k=1}^{2m}\left(\dfrac{1}{2^{2k-1}}+\dfrac{1}{2^{2k}}+\dfrac{1}{10^k}\right)$	1.11111111111020	0.00000000000091

由于级数 (9.3.4) 括号里的项符号一致，因此级数 (9.3.4) 与 (9.3.3) 的和相等. 考虑级数 (9.3.4)，有

$$S_{2n}=\left(1+\frac{1}{3}\right)-\frac{1}{2}+\left(\frac{1}{5}+\frac{1}{7}\right)-\frac{1}{4}+\left(\frac{1}{9}+\frac{1}{11}\right)-\frac{1}{6}+\cdots+\left(\frac{1}{4n+1}+\frac{1}{4n+3}\right)-\left(\frac{1}{2n}\right)$$

$$=\left(1+\frac{1}{3}+\frac{1}{5}+\frac{1}{7}+\cdots+\frac{1}{4n+1}+\frac{1}{4n+3}\right)-\left(\frac{1}{2}+\frac{1}{4}+\cdots+\frac{1}{2n}\right)$$

进一步利用欧拉公式

$$1+\frac{1}{2}+\frac{1}{3}+\cdots+\frac{1}{n}=\ln n+\gamma+\varepsilon_n,\quad \lim_{n\to\infty}\varepsilon_n=0$$

得到
$$\frac{1}{2}+\frac{1}{4}+\cdots+\frac{1}{2n}=\frac{1}{2}\left(\ln n+\gamma+\varepsilon_n\right)$$
$$1+\frac{1}{2}+\frac{1}{3}+\cdots+\frac{1}{4n+3}=\ln\left(4n+3\right)+\gamma+\varepsilon_{4n+3}$$
$$1+\frac{1}{3}+\frac{1}{5}+\frac{1}{7}+\cdots+\frac{1}{4n+1}+\frac{1}{4n+3}=\left(\ln\left(4n+3\right)+\gamma+\varepsilon_{4n+3}\right)-\frac{1}{2}\left(\ln(2n+1)+\gamma+\varepsilon_{2n+1}\right)$$

因此
$$S_{2n}=\left(\ln\left(4n+3\right)+\gamma+\varepsilon_{4n+3}\right)-\frac{1}{2}\left(\ln(2n+1)+\gamma+\varepsilon_{2n+1}\right)-\frac{1}{2}\left(\ln n+\gamma+\varepsilon_n\right)$$
$$=\ln(4n+3)-\frac{1}{2}\ln(2n+1)-\frac{1}{2}\ln n+\varepsilon_{4n+3}-\frac{1}{2}\varepsilon_{2n+1}-\frac{1}{2}\varepsilon_n$$

所以
$$1+\frac{1}{3}-\frac{1}{2}+\frac{1}{5}+\frac{1}{7}-\frac{1}{4}+\cdots=\frac{3}{2}\ln 2$$

习题 9.3.4 绝对收敛级数的性质

1. 重新排序使得级数 $\sum\limits_{n=1}^{\infty}\dfrac{(-1)^n}{n}$ 发散.

2. 将级数 $\sum\limits_{n=1}^{\infty}\dfrac{(-1)^{n-1}}{n}$ 重新排列, 使得 p 个正项以后是 q 个负项, 证明重排后的级数的和为 $\ln 2+\dfrac{1}{2}\ln\dfrac{p}{q}$.

9.3.5 广义积分与数项级数

无穷积分 $\int_a^{+\infty}f(x)\mathrm{d}x$ 的敛散性判别方法有非负函数无穷积分的判别方法、一般函数无穷积分的柯西收敛准则以及形如 $\int_a^{+\infty}f(x)g(x)\mathrm{d}x$ 的无穷积分的狄利克雷和阿贝尔判别法. 数项级数 $\sum\limits_{n=1}^{\infty}a_n$ 的敛散性判别方法有正项级数的各种判别方法、一般项级数的柯西收敛准则以及形如 $\sum\limits_{n=1}^{\infty}a_nb_n$ 的级数的狄利克雷和阿贝尔判别法. 这节讨论两个不同数学问题之间的关系.

设无穷积分 $\int_a^{+\infty}f(x)\mathrm{d}x$ 收敛.
$$\int_a^{+\infty}f\left(x\right)\mathrm{d}x=\lim_{x\to+\infty}\int_a^x f\left(t\right)\mathrm{d}t=\lim_{x\to+\infty}F(x)-F(a)=A$$

其中 $F(x)$ 是 $f(x)$ 的原函数. 为了简便, 不妨设 $F(a)=0$. 任取单调递增数列 $\{a_n\}$ 满足条件 $\lim\limits_{n\to+\infty}a_n=+\infty$ $(a_0=a)$, 根据海涅原理, 则
$$\lim_{n\to+\infty}F\left(a_n\right)=\lim_{n\to+\infty}\sum_{k=1}^n\int_{a_{k-1}}^{a_k}f\left(x\right)\mathrm{d}x=A$$

令 $u_k = \int_{a_{k-1}}^{a_k} f(x)\,dx$, 则级数 $\sum\limits_{k=1}^{+\infty} u_k$ 收敛. 于是我们有下面的定理成立.

定理 9.3.6 无穷积分 $\int_a^{+\infty} f(x)\,dx$ 收敛的充分必要条件为: 对任意单调递增数列 $\{a_n\}$, 且 $\lim\limits_{n\to+\infty} a_n = +\infty$, 级数 $\sum\limits_{k=1}^{+\infty} u_k$ 收敛, 其中 $a_0 = a, u_k = \int_{a_{k-1}}^{a_k} f(x)\,dx, k = 1, 2, 3, \cdots$.

进一步对于非负函数的广义积分有下面的结论.

定理 9.3.7 设 $f(x) \geqslant 0, x \in [a, +\infty)$, 则 $\int_a^{+\infty} f(x)\,dx$ 收敛的充分必要条件为: 存在单调递增数列 $\{a_n\}$ $(a_0 = a)$ 且 $\lim\limits_{n\to+\infty} a_n = +\infty$, 级数 $\sum\limits_{k=1}^{+\infty} u_k$ 收敛. 其中 $u_k = \int_{a_{k-1}}^{a_k} f(x)\,dx, k = 1, 2, 3, \cdots$.

例 9.3.14 讨论广义积分的敛散性: (1) $\int_0^{+\infty} \dfrac{dx}{1+x^2\sin^2 x}$;   (2) $\int_0^{+\infty} \dfrac{dx}{1+x^4\sin^2 x}$.

解 (1) 取 $a_n = n\pi, n = 1, 2, 3, \cdots$, 则

$$u_n = \int_{(n-1)\pi}^{n\pi} \frac{dx}{1+x^2\sin^2 x} = \int_0^{\pi} \frac{dt}{1+[(n-1)\pi+t]^2\sin^2 t} \quad \Leftarrow \boxed{\text{作变换 } x = (n-1)\pi + t}$$

$$u_n \geqslant \int_0^{\pi} \frac{dt}{1+(n\pi)^2\sin^2 t} \geqslant \int_0^{\frac{1}{n\pi}} \frac{dt}{1+(n\pi)^2\sin^2 t}$$

当 $x \in \left[0, \dfrac{1}{n\pi}\right]$ 时

$$(n\pi)^2\sin^2 t \leqslant (n\pi)^2 t^2 \leqslant (n\pi)^2 \left(\frac{1}{n\pi}\right)^2 = 1$$

因此
$$u_n \geqslant \frac{1}{2\pi n}$$

所以级数 $\sum\limits_{k=1}^{+\infty} u_k$ 发散, 根据定理 9.3.7, 广义积分 $\int_0^{+\infty} \dfrac{dx}{1+x^2\sin^2 x}$ 发散.

(2) 类似 (1) 分析得到

$$u_n = \int_{(n-1)\pi}^{n\pi} \frac{dx}{1+x^4\sin^2 x} = \int_0^{\pi} \frac{dt}{1+[(n-1)\pi+t]^4\sin^2 t} \quad \Leftarrow \boxed{\text{作变换} x = t+(n-1)\pi}$$

$$= \int_0^{\pi/2} \frac{dt}{1+[(n-1)\pi+t]^4\sin^2 t} + \int_{\pi/2}^{\pi} \frac{dt}{1+[(n-1)\pi+t]^4\sin^2 t} \quad \Leftarrow \boxed{\text{区间分割}}$$

$$= \int_0^{\pi/2} \frac{dt}{1+[(n-1)\pi+t]^4\sin^2 t} + \int_0^{\pi/2} \frac{du}{1+(n\pi-u)^4\sin^2 u} \quad \Leftarrow \boxed{\text{作变换} t = \pi - u}$$

$$= \alpha_n + \beta_n$$

利用不等式: $\sin t > \dfrac{2t}{\pi}, t \in \left(0, \dfrac{\pi}{2}\right)$, 进一步分析得到

$$\alpha_n = \int_0^{\pi/2} \frac{dt}{1+[(n-1)\pi+t]^4\sin^2 t} \leqslant \int_0^{\pi/2} \frac{dt}{1+4(n-1)^4\pi^2 t^2}$$

$$= \frac{1}{2(n-1)^2\pi} \int_0^{(n-1)^2\pi^2} \frac{du}{1+u^2} \leqslant \frac{1}{4(n-1)^2\pi}$$

这里 $u = 2(n-1)^2 \pi t$, $\int_0^{(n-1)^2\pi t} \dfrac{\mathrm{d}u}{1+u^2} \leqslant \dfrac{\pi}{2}$, $n = 1, 2, 3, \cdots$, 所以级数 $\sum\limits_{n=1}^{\infty} \alpha_n$ 收敛, 同理 $\sum\limits_{n=1}^{\infty} \beta_n$ 收敛, 根据定理 9.3.7, 广义积分 $\int_0^{+\infty} \dfrac{\mathrm{d}x}{1+x^4\sin^2 x}$ 收敛.

习题 9.3.5 广义积分与数项级数

1. 讨论级数敛散性

(1) $\sum\limits_{n=1}^{\infty} \int_0^{1/n} \sqrt{\dfrac{x}{1-x}} \mathrm{d}x$; (2) $\sum\limits_{n=1}^{\infty} \int_0^{1/n} \ln(1+x) \mathrm{d}x$; (3) $\sum\limits_{n=1}^{\infty} \int_{n\pi}^{2n\pi} \dfrac{\sin^2 x}{x^2} \mathrm{d}x$.

2. 设 $u_n = \int_0^{\pi/4} \tan^n x \mathrm{d}x, n = 1, 2, 3, \cdots$, 证明下面结论

(1) 求级数 $\sum\limits_{k=1}^{\infty} \dfrac{u_k + u_{k+2}}{k}$ 的和;

(2) 设 $\lambda > 0$, 证明级数 $\sum\limits_{k=1}^{+\infty} \dfrac{u_k}{k^\lambda}$ 收敛.

9.4 综合例题选讲

扫码学习

本节讨论几个综合例题.

例 9.4.1 如果 $\{a_n\}$ 是正数列, 证明级数 $\sum\limits_{n=1}^{\infty} \dfrac{a_n}{(1+a_1)(1+a_2)\cdots(1+a_n)}$ 收敛.

证明 设 $b_n = \dfrac{a_n}{(1+a_1)(1+a_2)\cdots(1+a_n)}$, 则

$$b_n = \dfrac{1}{(1+a_1)(1+a_2)\cdots(1+a_{n-1})} - \dfrac{1}{(1+a_1)(1+a_2)\cdots(1+a_n)}$$

$$S_n = \sum_{k=1}^{n} b_k = \dfrac{1}{1+a_1} - \dfrac{1}{(1+a_1)(1+a_2)\cdots(1+a_n)}$$

进一步由于 $\{a_n\}$ 是正数列, 于是 $\left\{\dfrac{1}{(1+a_1)(1+a_2)\cdots(1+a_n)}\right\}$ 单调递减有下界, 因此收敛, 从而级数 $\sum\limits_{n=1}^{\infty} \dfrac{a_n}{(1+a_1)(1+a_2)\cdots(1+a_n)}$ 收敛, 结论得证.

例 9.4.2 讨论级数 $\sum\limits_{n=1}^{\infty} \dfrac{(-1)^n}{n^{p+1/n}}$ 的绝对收敛和条件收敛性.

解 分 3 种情况讨论如下.

(1) 当 $p < 0$ 时, $\lim\limits_{n\to\infty} \left|\dfrac{(-1)^n}{n^{p+1/n}}\right| = \lim\limits_{n\to\infty} \left|\dfrac{1}{n^p}\right| \lim\limits_{n\to\infty} \left|\dfrac{1}{n^{1/n}}\right| = +\infty$, 因此 $\sum\limits_{n=1}^{\infty} \dfrac{(-1)^n}{n^{p+1/n}}$ 发散.

(2) 当 $p > 1$ 时, $\sum\limits_{n=1}^{\infty} \left|\dfrac{(-1)^n}{n^{p+1/n}}\right| = \sum\limits_{n=1}^{\infty} \dfrac{1}{n^{p+1/n}}$, 由于 $\lim\limits_{n\to\infty} \dfrac{1/(n^{p+1/n})}{1/n^p} = \lim\limits_{n\to\infty} \dfrac{1}{n^{1/n}} = 1$, 因此 $\sum\limits_{n=1}^{\infty} \dfrac{(-1)^n}{n^{p+1/n}}$ 绝对收敛.

(3) 当 $0 < p \leqslant 1$ 时, $\left|\dfrac{(-1)^n}{n^{p+1/n}}\right| \geqslant \dfrac{1}{n^{1+1/n}}$, 由于 $\lim\limits_{n\to\infty} \dfrac{1/n^{1+1/n}}{1/n} = 1$, 因此 $\sum\limits_{n=1}^{\infty} \left|\dfrac{(-1)^n}{n^{p+1/n}}\right|$ 发散.

进一步由于 $\sum\limits_{n=1}^{\infty} \dfrac{(-1)^n}{n^p}$ 收敛, $\left\{\dfrac{1}{n^{1/n}}\right\}$ 单调有界, 因此根据阿贝尔判别法知级数 $\sum\limits_{n=1}^{\infty} \dfrac{(-1)^n}{n^{p+1/n}}$ 条件收敛.

综合上面分析得到结论: 当 $p > 1$ 时, $\sum\limits_{n=1}^{\infty} \dfrac{(-1)^n}{n^{p+1/n}}$ 绝对收敛; 当 $0 < p \leqslant 1$ 时, $\sum\limits_{n=1}^{\infty} \dfrac{(-1)^n}{n^{p+1/n}}$ 条件收敛.

例 9.4.3 讨论级数 $\sum\limits_{n=1}^{\infty} \dfrac{(\ln n)^k}{n^p}$ $(k \in \mathbf{N}^*)$ 的敛散性, 这里 $p > 0$.

解 分几种情况讨论.

(1) 当 $p > 1$ 时, 存在 $\varepsilon > 0$, 满足 $p - \varepsilon > 1$. 利用海涅原理和洛必达法则有

$$\lim_{n\to\infty} \dfrac{(\ln n)^k/n^p}{1/n^{p-\varepsilon}} = \lim_{n\to\infty} \dfrac{(\ln n)^k}{n^\varepsilon} = \lim_{x\to\infty} \dfrac{(\ln x)^k}{x^\varepsilon} = \lim_{x\to+\infty} \dfrac{k(\ln x)^{k-1}}{\varepsilon x^\varepsilon}$$

$$= \cdots = \lim_{x\to+\infty} \dfrac{k!}{\varepsilon^k x^\varepsilon} = 0$$

根据正项级数的比较判别法, 级数收敛.

(2) 当 $0 < p \leqslant 1$ 时, 存在 $\varepsilon > 0$, 满足 $p + \varepsilon \leqslant 1$, 由于

$$\lim_{n\to\infty} \dfrac{(\ln n)^k/n^p}{1/n^{p+\varepsilon}} = \lim_{n\to\infty} (\ln n)^k n^\varepsilon = +\infty$$

根据正项级数的比较判别法, 级数发散.

在上面讨论基础上得到结论: $\sum\limits_{n=1}^{\infty} \dfrac{(\ln n)^k}{n^p}$ $(k \in \mathbf{N}^*)$ 与 $\sum\limits_{n=1}^{\infty} \dfrac{1}{n^p}$ 的收敛性是一致的.

注 9.4.1 对于任意实数 k 例 9.4.3 的结论依然成立.

例 9.4.4 设有理函数

$$R(x) = \dfrac{a_p x^p + a_{p-1} x^{p-1} + \cdots + a_0}{b_q x^q + b_{q-1} x^{q-1} + \cdots + b_0}, \quad a_p b_q \neq 0$$

且存在 $n_0, x \geqslant n_0 : |b_q x^q + b_{q-1} x^{q-1} + \cdots + b_0| > 0$. 讨论级数 $\sum\limits_{n=n_0}^{\infty} (-1)^n R(n)$ 的绝对收敛和条件收敛性 (这里 $p > 0$).

解 分几种情况讨论.

(1) $p \geqslant q$ 由于 $\lim\limits_{n\to\infty} (-1)^n R(n) \neq 0$, 则 $\sum\limits_{n=n_0}^{\infty} (-1)^n R(n)$ 发散.

(2) $p < q$ 由于 $|R(n)| \sim \left|\dfrac{a_p n^p}{b_q n^q}\right| = \left|\dfrac{a_p}{b_q n^{q-p}}\right|$ $(n \to \infty)$, 因此 $q > p+1$ 时, $\sum\limits_{n=n_0}^{\infty} (-1)^n R(n)$ 绝对收敛; $p < q \leqslant p+1$ 时, $\sum\limits_{n=n_0}^{\infty} |R(n)|$ 发散. 下面讨论 $p < q \leqslant p+1$ 时, $\sum\limits_{n=n_0}^{\infty} (-1)^n R(n)$ 的敛散性.

(3) $p < q \leqslant p+1$ 由于 $\lim\limits_{n\to\infty} R(x) = \lim\limits_{n\to\infty} \dfrac{a_p n^p + a_{p-1} n^{p-1} + \cdots + a_0}{b_q n^q + b_{q-1} n^{q-1} + \cdots + b_0} = 0$, 进一步

$$R'(x) = \dfrac{\begin{bmatrix} (pa_p x^{p-1} + a_{p-1}(p-1) x^{p-2} + \cdots + a_1)(b_q x^q + b_{q-1} x^{q-1} + \cdots + b_0) \\ -(a_p x^p + a_{p-1} x^{p-1} + \cdots + a_0)(qb_q x^{q-1} + b_{q-1}(q-1) x^{q-2} + \cdots + b_1) \end{bmatrix}}{(b_q x^q + b_{q-1} x^{q-1} + \cdots + b_0)^2}$$

$R'(x)$ 的分子关于 x 的最高次为 $p+q-1$, 系数为

$$pa_p b_q - a_p q b_q = a_p b_q (p-q) = \begin{cases} > 0, & a_p b_q < 0 \\ < 0, & a_p b_q > 0 \end{cases}$$

因此存在 $M, x > M > n_0 : R'(x) > 0$ 或者存在 $M, x > M > n_0 : R'(x) < 0$. 因此 $\{R(n)\}$ 是单调数列且以零为极限, 又 $\left| \sum\limits_{n=n_0}^{k} (-1)^n \right| \leqslant 2$, 任意 $k \in \mathbf{N}^*$, 根据狄利克雷判别法, 级数 $\sum\limits_{n=n_0}^{\infty} (-1)^n R(n)$ 收敛.

在上面讨论基础上得到结论: 当 $p \geqslant q$ 时级数发散; 当 $q > p+1$ 时绝对收敛; 当 $p < q \leqslant p+1$ 时条件收敛.

例 9.4.5 讨论级数 $\sum\limits_{n=1}^{\infty} \dfrac{\sin\dfrac{n\pi}{4}}{n^p + \sin\dfrac{n\pi}{4}}$ 的绝对收敛和条件收敛性.

解 分几种情况讨论.

(1) $p < 0$, $\lim\limits_{n\to\infty} \dfrac{\sin\dfrac{n\pi}{4}}{n^p + \sin\dfrac{n\pi}{4}}$ 极限不存在, 所以 $\sum\limits_{n=1}^{\infty} \dfrac{\sin\dfrac{n\pi}{4}}{n^p + \sin\dfrac{n\pi}{4}}$ 发散, 易见 $p = 0$ 时级数发散.

(2) 利用泰勒公式 $(1+x)^{-1} = 1 - x + o(x)$, 分析级数的通项

$$a_n = \dfrac{\sin\dfrac{n\pi}{4}}{n^p} \left(\dfrac{1}{1 + n^{-p}\sin\dfrac{n\pi}{4}} \right) = \dfrac{\sin\dfrac{n\pi}{4}}{n^p} \left(1 - \dfrac{\sin\dfrac{n\pi}{4}}{n^p} + o\left(\dfrac{1}{n^p}\right) \right)$$

$$= \dfrac{\sin\dfrac{n\pi}{4}}{n^p} - \dfrac{\sin^2\dfrac{n\pi}{4}}{n^{2p}} + o\left(\dfrac{1}{n^{2p}}\right) \tag{9.4.1}$$

这里根据高阶无穷小定义:

$$\dfrac{\sin\dfrac{n\pi}{4}}{n^p} o\left(\dfrac{1}{n^p}\right) = o\left(\dfrac{1}{n^{2p}}\right)$$

下面分几种情况讨论:

1) 当 $p > 1$ 时, 原级数绝对收敛.

2) 当 $1/2 < p \leqslant 1$ 时,$\sum\limits_{n=1}^{\infty}\left\{\dfrac{\sin^2\frac{n\pi}{4}}{n^{2p}}+o\left(\dfrac{1}{n^{2p}}\right)\right\}$ 绝对收敛. 对于级数 $\sum\limits_{n=1}^{\infty}\dfrac{\sin\frac{n\pi}{4}}{n^p}$, 由于

$$\left|\sum_{k=1}^{n}\sin\frac{k\pi}{4}\right|=\left|\sum_{k=1}^{n}\frac{2\sin\frac{k\pi}{4}\sin\frac{\pi}{8}}{2\sin\frac{\pi}{8}}\right|=\left|\frac{\cos\frac{\pi}{8}-\cos\frac{2n+1}{8}\pi}{2\sin\frac{\pi}{8}}\right|\leqslant\frac{1}{\sin\frac{\pi}{8}}$$

$\{1/n^p\}$ 单调递减趋于零, 因此根据狄利克雷判别法, 级数 $\sum\limits_{n=1}^{\infty}\dfrac{\sin\frac{n\pi}{4}}{n^p}$ 收敛. 因此当 $1/2 < p \leqslant 1$ 时, 原级数收敛. 进一步

$$\frac{\left|\sin\frac{n\pi}{4}\right|}{n^p}\geqslant\frac{\sin^2\frac{n\pi}{4}}{n^p}=\frac{1}{2n^p}-\frac{\cos\frac{n\pi}{2}}{2n^p}$$

根据狄利克雷判别方法知 $\sum\limits_{n=1}^{\infty}\dfrac{\cos\frac{n\pi}{2}}{n^p}$ 收敛且 $\sum\limits_{n=1}^{\infty}\dfrac{1}{4n^p}$ 发散, 所以 $\sum\limits_{n=1}^{\infty}\left|\dfrac{\sin\frac{n\pi}{4}}{n^p}\right|$ 发散. 因此当 $1/2 < p \leqslant 1$ 时, 原级数条件收敛.

3) 当 $0 < p \leqslant 1/2$ 时, (9.4.1) 式中 $\sum\limits_{n=1}^{\infty}o\left(1/n^{2p}\right)$ 的敛散性无法判断, 泰勒展开式的精度不够, 因此需要通过提高泰勒公式精度研究级数的敛散性. 存在自然数 m 满足 $mp \leqslant 1 < (m+1)p$, 因此

$$(1+x)^{-1}=1-x+x^2+\cdots+(-1)^m x^m+o(x^m)$$

$$a_n=\frac{\sin\frac{n\pi}{4}}{n^p}\left(1-\frac{\sin\frac{n\pi}{4}}{n^p}+\frac{\sin^2\frac{n\pi}{4}}{n^{2p}}+\cdots+(-1)^{m-1}\frac{\sin^m\frac{n\pi}{4}}{n^{mp}}+o\left(\frac{1}{n^{mp}}\right)\right)$$

$$=\frac{\sin\frac{n\pi}{4}}{n^p}-\frac{\sin^2\frac{n\pi}{4}}{n^{2p}}+\frac{\sin^3\frac{n\pi}{4}}{n^{3p}}+\cdots+(-1)^m\frac{\sin^{(m+1)}\frac{n\pi}{4}}{n^{(m+1)p}}+o\left(\frac{1}{n^{(m+1)p}}\right) \quad (9.4.2)$$

(9.4.2) 式中的级数 $\sum\limits_{n=1}^{\infty}\left\{\dfrac{\sin\frac{n\pi}{4}}{n^p}-\dfrac{\sin^2\frac{n\pi}{4}}{n^{2p}}+\dfrac{\sin^3\frac{n\pi}{4}}{n^{3p}}+\cdots+(-1)^{m-1}\dfrac{\sin^m\frac{n\pi}{4}}{n^{mp}}\right\}$ 发散.

$\sum\limits_{n=1}^{\infty}\left\{(-1)^m\dfrac{\sin^{(m+1)}\frac{n\pi}{4}}{n^{(m+1)p}}+o\left(\dfrac{1}{n^{(m+1)p}}\right)\right\}$ 绝对收敛, 因此原级数发散.

综合上面讨论得到结论: $p \leqslant 1/2$ 时, 级数发散; $p > 1$ 时, 级数绝对收敛; $1/2 < p \leqslant 1$ 时, 级数条件收敛.

例 9.4.6 设 $u_n \neq 0, n=1,2,3,\cdots$, $\lim\limits_{n\to\infty}\dfrac{n}{u_n}=1$, 证明级数 $\sum\limits_{n=1}^{\infty}(-1)^{n+1}\left(\dfrac{1}{u_n}+\dfrac{1}{u_{n+1}}\right)$ 条件收敛.

证明 首先分析级数 $\sum\limits_{n=1}^{\infty}\left|\dfrac{1}{u_n}+\dfrac{1}{u_{n+1}}\right|$ 的敛散性. 根据已知条件 $\lim\limits_{n\to\infty}\dfrac{n}{u_n}=1$, 有

$$\lim_{n\to\infty}\dfrac{\left|\dfrac{1}{u_n}+\dfrac{1}{u_{n+1}}\right|}{\dfrac{1}{n}}=\lim_{n\to\infty}\left|\dfrac{n}{u_n}+\left(\dfrac{n+1}{u_{n+1}}\right)\left(\dfrac{n}{n+1}\right)\right|=2$$

根据正项级数的比较判别法知 $\sum\limits_{n=1}^{\infty}\left|\dfrac{1}{u_n}+\dfrac{1}{u_{n+1}}\right|$ 发散. 设

$$S_n=\sum_{k=1}^{n}(-1)^{k+1}\left(\dfrac{1}{u_k}+\dfrac{1}{u_{k+1}}\right)=\dfrac{1}{u_1}+(-1)^{n+1}\dfrac{1}{u_{n+1}}$$

由于 $\lim\limits_{n\to\infty}\dfrac{1}{u_n}=\lim\limits_{n\to\infty}\left(\dfrac{n}{u_n}\right)\left(\dfrac{1}{n}\right)=0$, 因此 $\lim\limits_{n\to\infty}S_n=\dfrac{1}{u_1}$, 即 $\sum\limits_{n=1}^{\infty}(-1)^{n+1}\left(\dfrac{1}{u_n}+\dfrac{1}{u_{n+1}}\right)$ 条件收敛. 结论得证.

例 9.4.7 如果级数 $\sum\limits_{n=1}^{\infty}a_n$ 收敛, $\sum\limits_{n=1}^{\infty}(b_{n+1}-b_n)$ 绝对收敛, 则 $\sum\limits_{n=1}^{\infty}a_nb_n$ 收敛.

证明 设 $A_n=\sum\limits_{k=1}^{n}a_k$, $S_n=\sum\limits_{k=1}^{n}a_kb_k$, 根据阿贝尔变换, 有

$$S_n=\sum_{k=1}^{n-1}A_k(b_k-b_{k+1})+A_nb_n \tag{9.4.3}$$

由于级数 $\sum\limits_{n=1}^{\infty}a_n$ 收敛, 因此 $\{A_n\}$ 是收敛数列, 设 $|A_n|\leqslant M$, 任意 $n\in\mathbf{N}^*$. 又由 $\sum\limits_{n=1}^{\infty}(b_{n+1}-b_n)$ 收敛, 于是可以得到结论:

(1) 由于 $|A_k(b_k-b_{k+1})|\leqslant M|b_k-b_{k+1}|$, 因此 $\sum\limits_{k=1}^{\infty}A_k(b_k-b_{k+1})$ 绝对收敛;

(2) $\sum\limits_{k=1}^{n-1}(b_k-b_{k+1})=b_1-b_n$, 因此 $\{b_n\}$ 的极限存在.

综合上面讨论, 级数 $\sum\limits_{n=1}^{\infty}a_nb_n$ 收敛. 结论得证.

*9.5 提 高 课

扫码学习

9.5.1 级数的乘法

我们知道 $\left(\sum\limits_{n=1}^{k}a_n\right)\left(\sum\limits_{n=1}^{m}b_n\right)=\sum\limits_{i=1}^{k}\sum\limits_{j=1}^{m}a_ib_j=AB$, 其中 $\sum\limits_{n=1}^{k}a_n=A$, $\sum\limits_{n=1}^{m}b_n=B$, 即分配律成立. 本节我们将分析级数乘法 $\left(\sum\limits_{n=1}^{\infty}a_n\right)\left(\sum\limits_{n=1}^{\infty}b_n\right)$ 的无穷次分配律是否成立. 对于乘积 $\left(\sum\limits_{n=1}^{\infty}a_n\right)\left(\sum\limits_{n=1}^{\infty}b_n\right)$, 若逐项相乘则有无穷多项, 如表 9.5.1, 其收敛性与求和顺序有关.

首先规定顺序如下:

表 9.5.1

	b_1	b_2	b_3	b_4	$\cdots$	b_n	$\cdots$
a_1	a_1b_1	a_1b_2	a_1b_3	a_1b_4	$\cdots$	a_1b_n	$\cdots$
a_2	a_2b_1	a_2b_2	a_2b_3	a_2b_4	$\cdots$	a_2b_n	$\cdots$
a_3	a_3b_1	a_3b_2	a_3b_3	a_3b_4	$\cdots$	a_3b_n	$\cdots$
a_4	a_4b_1	a_4b_2	a_4b_3	a_4b_4	$\cdots$	a_4b_n	$\cdots$
$\vdots$	$\vdots$	$\vdots$	$\vdots$	$\vdots$		$\vdots$	
a_k	a_kb_1	a_kb_2	a_kb_3	a_kb_4	$\cdots$	a_kb_n	$\cdots$
$\vdots$	$\vdots$	$\vdots$	$\vdots$	$\vdots$		$\vdots$	

(1) 在表 9.5.1 中按照对角线顺序求和, 也称为级数的柯西乘积, 相应级数如下:

$$a_1b_1 + (a_1b_2 + a_2b_1) + (a_1b_3 + a_2b_2 + a_3b_1) + \cdots$$
$$= \sum_{k=2}^{\infty}\left(\sum_{i+j=k} a_ib_j\right) = \sum_{k=1}^{\infty} c_k \quad \left(c_k = \sum_{i+j=k+1} a_ib_j = \sum_{i=1}^{k} a_ib_{k+1-i}\right)$$

(2) 正方形顺序求和

$$a_1b_1 + (a_1b_2 + a_2b_2 + a_2b_1) + (a_1b_3 + a_2b_3 + a_3b_3 + a_3b_2 + a_3b_1) + \cdots$$

下面分别讨论两种求和方式级数收敛的判别方法.

定理 9.5.1 (默腾斯 (Mertens) 定理) 设级数 $\sum\limits_{n=1}^{\infty} a_n = A$, $\sum\limits_{n=1}^{\infty} b_n = B$, 且其中至少有一个级数绝对收敛, 则它们的柯西乘积也收敛, 且 $\sum\limits_{n=1}^{\infty} c_n = \left(\sum\limits_{n=1}^{\infty} a_n\right)\left(\sum\limits_{n=1}^{\infty} b_n\right)$.

证明 设级数 $\sum\limits_{k=1}^{\infty} a_k = A$ 绝对收敛, 并记

$$A_n = a_1 + \cdots + a_n, \quad B_n = b_1 + \cdots + b_n, \quad C_n = c_1 + c_2 + \cdots + c_n$$

则柯西乘积级数的通项为

$$C_n = a_1b_1 + (a_1b_2 + a_2b_1) + (a_1b_3 + a_2b_2 + a_3b_1) + \cdots + (a_1b_n + \cdots + a_nb_1)$$
$$= a_1(b_1 + b_2 + \cdots + b_n) + a_2(b_1 + \cdots + b_{n-1}) + \cdots + a_nb_1 = a_1B_n + a_2B_{n-1} + \cdots + a_nB_1$$

由于 $\lim\limits_{n\to\infty} B_n = B$, 记 $\beta_n = B_n - B$, 则 $\lim\limits_{n\to\infty} \beta_n = 0$. 进一步

$$C_n = \underbrace{(a_1 + \cdots + a_n)B}_{A_nB} - \underbrace{(a_1\beta_n + a_2\beta_{n-1} + \cdots + a_n\beta_1)}_{\gamma_n} \triangleq A_nB - \gamma_n$$

所以问题的关键在于证明 $\lim\limits_{n\to\infty} \gamma_n = 0$.

因为对任意的 $\varepsilon > 0$, 存在 $N \in \mathbf{N}^*$, 任意 $n > N : |\beta_n| < \varepsilon$, 则

$$|\gamma_n| \leqslant |a_1\beta_n + a_2\beta_{n-1} + \cdots + a_{n-N}\beta_{N+1}| + |a_{n-N+1}\beta_N + \cdots + a_n\beta_1|$$
$$\leqslant \varepsilon(|a_n| + |a_{n-1}| + \cdots + |a_{N+1}|) + |a_{n-N+1}\beta_N + \cdots + a_n\beta_1|$$
$$\leqslant \varepsilon M + |a_{n-N+1}\beta_N + \cdots + a_n\beta_1|$$

其中 $M = \sum\limits_{n=1}^{\infty} |a_n|$, $\lim\limits_{n\to\infty} |a_{n-N+1}\beta_N + \cdots + a_n\beta_1| = 0$, 利用上下极限的保序性

$$0 \leqslant \liminf_{n\to\infty} |\gamma_n| \leqslant \limsup_{n\to\infty} |\gamma_n| \leqslant \varepsilon M$$

由 ε 任意小, 因此 $\liminf\limits_{n\to\infty} |\gamma_n| = \limsup\limits_{n\to\infty} |\gamma_n| = 0$, 因此 $\lim\limits_{n\to\infty} \gamma_n = 0$, 所以 $\lim\limits_{n\to\infty} C_n = AB$. 结论得证.

定理 9.5.2 (柯西定理) 设 $\sum\limits_{n=1}^{\infty} a_n, \sum\limits_{n=1}^{\infty} b_n$ 绝对收敛, 其和分别为 A, B, 那么 $a_i b_j (i, j = 1, 2, \cdots)$ 按任意方式相加所得的级数都绝对收敛, 且 $\left(\sum\limits_{n=1}^{\infty} a_n\right)\left(\sum\limits_{n=1}^{\infty} b_n\right) = AB$.

证明 由于级数 $\sum\limits_{n=1}^{\infty} a_n, \sum\limits_{n=1}^{\infty} b_n$ 绝对收敛, 因此存在两个实数 M_1, M_2 满足

$$\sum_{n=1}^{\infty} |a_n| \leqslant M_1, \quad \sum_{n=1}^{\infty} |b_n| \leqslant M_2$$

设 $\sum\limits_{n=1}^{\infty} w_n$ 是 $\sum\limits_{n=1}^{\infty} a_n, \sum\limits_{n=1}^{\infty} b_n$ 相乘以后任意排列得到的级数. 设 $w_k = a_{i_k} b_{j_k}, k = 1, 2, \cdots$, 取 $m = \max\{i_1, j_1, \cdots, i_n, j_n\}$, 则

$$\sum_{k=1}^{n} |w_k| \leqslant \left(\sum_{i=1}^{m} |a_i|\right)\left(\sum_{j=1}^{m} |b_j|\right) \leqslant \left(\sum_{i=1}^{\infty} |a_i|\right)\left(\sum_{j=1}^{\infty} |b_j|\right) \leqslant M_1 M_2$$

因此级数 $\sum\limits_{n=1}^{\infty} w_n$ 绝对收敛. 由更序定理, 绝对收敛的级数任意交换次序所得的级数和不变, 再由默腾斯定理, 结论得证.

例 9.5.8 求柯西乘积 $\left(\sum\limits_{n=1}^{\infty} x^{n-1}\right)\left(\sum\limits_{n=1}^{\infty} x^{n-1}\right)$, 其中 $|x| < 1$.

解 已知当 $|x| < 1$ 时, $\sum\limits_{n=1}^{\infty} x^{n-1} = \dfrac{1}{1-x}$ 绝对收敛, 因此

$$\frac{1}{(1-x)^2} = \left(\sum_{n=1}^{\infty} x^{n-1}\right)\left(\sum_{n=1}^{\infty} x^{n-1}\right) = 1 + 2x + 3x^2 + \cdots + nx^{n-1} + \cdots = \sum_{n=1}^{\infty} nx^{n-1}$$

例 9.5.9 设 $a_n = (-1)^{n-1}\dfrac{1}{\sqrt{n}}, n = 1, 2, \cdots$, 级数 $\sum\limits_{n=1}^{\infty} a_n$ 条件收敛. 讨论柯西乘积 $\sum\limits_{n=1}^{\infty} c_n = \left(\sum\limits_{n=1}^{\infty} a_n\right)^2$ 的收敛性.

解 $|c_n| = \sum\limits_{i+j=n+1} \dfrac{1}{\sqrt{i}} \cdot \dfrac{1}{\sqrt{j}} \geqslant \sum\limits_{i+j=n+1} \dfrac{2}{i+j} = \dfrac{2n}{n+1} \geqslant 1$, 所以 $\sum\limits_{n=1}^{\infty} c_n$ 发散.

注 9.5.2 绝对收敛级数与绝对收敛级数的柯西乘积绝对收敛; 绝对收敛级数与条件收敛级数的柯西乘积收敛; 条件收敛级数与条件收敛级数的柯西乘积不一定收敛.

习题 9.5.1 级数的乘法

1. 利用柯西乘积证明 $\left(\sum_{n=0}^{\infty} \dfrac{1}{n!}\right)\left(\sum_{n=0}^{\infty} \dfrac{(-1)^n}{n}\right) = 1.$

2. 设 $\sum_{n=0}^{\infty} \dfrac{a^n}{n!}, \sum_{n=0}^{\infty} \dfrac{b^n}{n!}$ 绝对收敛,证明 $\left(\sum_{n=0}^{\infty} \dfrac{a^n}{n!}\right)\left(\sum_{n=0}^{\infty} \dfrac{b^n}{n!}\right) = \sum_{n=0}^{\infty} \dfrac{(a+b)^n}{n!}.$

3. 计算 $\left(\sum_{n=1}^{\infty} nx^{n-1}\right)\left(\sum_{n=1}^{\infty} (-1)^{n-1} nx^{n-1}\right), x \in (-1, 1).$

9.5.2 无穷乘积

本节讨论无穷个数相乘的问题,即无穷乘积. 有限次乘法运算 $\prod_{i=1}^{k} p_i$ 满足交换律与结合律. 对于无穷个数的乘积 $\prod_{i=1}^{\infty} p_i$,我们需要讨论其收敛性以及运算法则,即无限次交换律和结合律在什么条件下成立.

定义 9.5.1 设 $p_1, p_2, \cdots, p_n, \cdots$ 是无穷可列个实数,定义它们的无穷乘积

$$p_1 p_2 \cdots p_n \cdots = \prod_{i=1}^{\infty} p_i$$

定义 9.5.2 定义无穷乘积 $p_1 p_2 \cdots p_n \cdots$ 的部分积序列为

$$W_i = p_1 p_2 \cdots p_i, \quad i = 1, 2, \cdots, n, \cdots$$

如果序列 $\{W_i\}$ 的极限存在且不为零,则称 $\prod_{i=1}^{\infty} p_i$ 是收敛的,并且 $\prod_{i=1}^{\infty} p_i = \lim_{i \to \infty} W_i = W$. 否则 $\{W_i\}$ 的极限不存在或者为零,则称 $\prod_{i=1}^{\infty} p_i$ 是发散的.

定理 9.5.3 如果无穷乘积 $\prod_{i=1}^{\infty} p_i$ 收敛,则 (1) $\lim_{i \to \infty} p_i = 1$; (2) $\lim_{i \to \infty} \prod_{k=i+1}^{\infty} p_k = 1$.

证明 由数列极限四则运算法则:

$$\lim_{i \to \infty} p_i = \lim_{i \to \infty} \frac{W_i}{W_{i-1}} = 1, \quad \lim_{i \to \infty} \prod_{k=i+1}^{\infty} p_k = \lim_{i \to \infty} \frac{W}{\prod_{j=1}^{i+1} p_j} = 1$$

因此结论得证.

由定理 9.5.3 和数列极限保序性,存在 $N \in \mathbf{N}^*, n > N : p_i > 1/2 > 0$. 故可以设 $\prod_{k=1}^{\infty} p_k$ 中的每一项都大于 0. 下面讨论无穷乘积的收敛判别方法.

定理 9.5.4 无穷乘积 $\prod_{i=1}^{\infty} p_i$ 收敛的充分必要条件是级数 $\sum_{i=1}^{\infty} \ln p_i$ 收敛.

证明 设 $S_n = \sum_{i=1}^{n} \ln p_i, W_i = p_1 p_2 \cdots p_i$,则 $W_n = e^{S_n}$. 因此有 $\sum_{i=1}^{\infty} \ln p_i$ 收敛的充要条件是 $\lim_{n \to \infty} W_n$ 存在且不为 0. 结论得证.

注 9.5.3 若 $\{S_n\}$ 趋于 $-\infty$,则 $\lim_{n \to \infty} W_n = 0$. 基于与无穷级数收敛对应一致,在无穷乘积中,若 $\lim_{n \to \infty} W_n = 0$ 时,仍然称无穷乘积 $\prod_{i=1}^{\infty} p_i$ 是发散的.

在定理 9.5.4 的基础上, 进一步得到下面的推论.

推论 9.5.1 设 $\prod\limits_{i=1}^{\infty} p_i = \prod\limits_{i=1}^{\infty}(1+a_i), a_i > 0, i = 1, 2, \cdots$, 则无穷乘积 $\prod\limits_{i=1}^{\infty} p_i$ 收敛的充分必要条件是级数 $\sum\limits_{i=1}^{\infty} a_i$ 收敛.

证明 如果 $\lim\limits_{i\to\infty} a_i = 0$, 则 $\lim\limits_{i\to\infty} \dfrac{\ln(1+a_i)}{a_i} = 1$, 由正项级数的比较判别法, 两个数项级数 $\sum\limits_{i=1}^{\infty} a_i, \sum\limits_{i=1}^{\infty} \ln(1+a_i)$ 有相同的收敛性, 由定理 9.5.4, 结论成立. 如果 $\lim\limits_{i\to\infty} a_i \neq 0$ 或者极限不存在, 则 $\sum\limits_{i=1}^{\infty} a_i, \sum\limits_{i=1}^{\infty} \ln(1+a_i)$ 同时发散, 由定理 9.5.4, 结论成立.

推论 9.5.2 设 $\prod\limits_{i=1}^{\infty} p_i = \prod\limits_{i=1}^{\infty}(1+a_i)$, 级数 $\sum\limits_{i=1}^{\infty} a_i$ 收敛, 则无穷乘积 $\prod\limits_{i=1}^{\infty} p_i$ 收敛的充要条件是 $\sum\limits_{i=1}^{\infty} a_i^2$ 收敛.

证明 由于 $\sum\limits_{i=1}^{\infty} a_i$ 收敛, 因此 $\lim\limits_{n\to\infty} a_n = 0$. 根据数列极限保序性:

$$\exists N \in \mathbf{N}^*, \forall n > N : -\frac{1}{2} < a_n < \frac{1}{2}$$

根据不等式 $\ln(1+x) < x, x > -1, x \neq 0$, 所以当 $i > N$ 时, 有 $\ln(1+a_i) < a_i$, 因此级数 $\sum\limits_{i=1}^{\infty}[a_i - \ln(1+a_i)]$ 为正项级数. 利用泰勒公式进一步分析:

$$\lim_{i\to\infty} \frac{a_i - \ln(1+a_i)}{a_i^2} = \lim_{i\to\infty} \frac{a_i^2/2 + o(a_i^2)}{a_i^2} = \frac{1}{2}$$

所以 $\sum\limits_{i=1}^{\infty}[a_i - \ln(1+a_i)]$ 与 $\sum\limits_{i=1}^{\infty} a_i^2$ 有相同的收敛性. 又 $\sum\limits_{i=1}^{\infty} a_i$ 收敛, 所以 $\sum\limits_{i=1}^{\infty} \ln(1+a_i)$ 与 $\sum\limits_{i=1}^{\infty} a_i^2$ 有相同的收敛性, 根据定理 9.5.4, 结论得证.

定义 9.5.3 如果 $\sum\limits_{i=1}^{\infty} \ln p_i$ 绝对收敛, 则称无穷乘积 $\prod\limits_{i=1}^{\infty} p_i$ 绝对收敛.

如果 $\sum\limits_{i=1}^{\infty} \ln p_i$ 绝对收敛, 则 $\sum\limits_{i=1}^{\infty} \ln p_i$ 任意交换顺序级数收敛且和不变, 相应无穷乘积 $\prod\limits_{i=1}^{\infty} p_i$ 任意交换顺序级数收敛且无穷乘积值不变.

定理 9.5.5 设 $a_i > -1, i = 1, 2, \cdots$, 无穷乘积 $\prod\limits_{i=1}^{\infty}(1+a_i)$ 绝对收敛的充分必要条件是 $\prod\limits_{i=1}^{\infty}(1+|a_i|)$ 收敛.

证明 必要性: 无穷乘积 $\prod\limits_{i=1}^{\infty}(1+a_i)$ 绝对收敛 $\Rightarrow \prod\limits_{i=1}^{\infty}(1+|a_i|)$ 收敛.

无穷乘积 $\prod\limits_{i=1}^{\infty}(1+a_i)$ 绝对收敛, 则 $\sum\limits_{i=1}^{\infty} \ln(1+a_i)$ 绝对收敛, 所以 $\lim\limits_{i\to\infty} a_i = 0$. 从而 $\lim\limits_{i\to\infty} \dfrac{|\ln(1+a_i)|}{|a_i|} = 1$. 根据正项级数的比较判别法, $\sum\limits_{i=1}^{\infty} a_i$ 绝对收敛. 又由 $\lim\limits_{i\to\infty} \dfrac{|\ln(1+|a_i|)|}{|a_i|} = 1$, 所以 $\sum\limits_{i=1}^{\infty} |\ln(1+|a_i|)|$ 收敛, 因此 $\prod\limits_{i=1}^{\infty}(1+|a_i|)$ 收敛.

充分性: $\prod_{i=1}^{\infty}(1+|a_i|)$ 收敛 $\Rightarrow$ 无穷乘积 $\prod_{i=1}^{\infty}(1+a_i)$ 绝对收敛.

由 $\prod_{i=1}^{\infty}(1+|a_i|)$ 收敛和定理 9.5.4 知, $\sum_{i=1}^{\infty}\ln(1+|a_i|)$ 收敛. 因为 $\lim_{i\to\infty}\frac{\ln(1+|a_i|)}{|a_i|}=1$, 所以 $\sum_{i=1}^{\infty}a_i$ 绝对收敛. 进一步 $\lim_{i\to\infty}\frac{|\ln(1+a_i)|}{|a_i|}=1$, 因此 $\sum_{i=1}^{\infty}\ln(1+a_i)$ 绝对收敛. 因此无穷乘积 $\prod_{i=1}^{\infty}(1+a_i)$ 绝对收敛. 结论得证.

由定理 9.5.5 和推论 9.5.1, 可得如下定理.

定理 9.5.6 设 $a_i > -1, i = 1, 2, \cdots$, 则无穷乘积 $\prod_{i=1}^{\infty}(1+a_i)$ 绝对收敛的充分必要条件是 $\sum_{i=1}^{\infty}a_i$ 绝对收敛.

例 9.5.10 讨论无穷乘积 $\prod_{n=1}^{\infty}\left[1+\frac{(-1)^{n+1}}{n^x}\right]$ 的收敛性.

解 (1) 由于 $\sum_{n=1}^{\infty}\frac{(-1)^{n+1}}{n^x}$ 在 $x>1$ 时绝对收敛, 根据定理 9.5.6, 当 $x>1$ 时, 无穷乘积 $\prod_{n=1}^{\infty}\left[1+\frac{(-1)^{n+1}}{n^x}\right]$ 绝对收敛.

(2) 当 $x \leqslant 0$ 时, 由于 $\lim_{n\to\infty}\left(1+\frac{(-1)^{n+1}}{n^x}\right)$ 极限不存在, 因此原无穷乘积发散.

(3) 当 $0 < x \leqslant 1$ 时, $\sum_{n=1}^{\infty}\frac{(-1)^{n+1}}{n^x}$ 收敛, $x > 1/2$ 时, $\sum_{n=1}^{\infty}\frac{1}{n^{2x}}$ 收敛, $x \leqslant 1/2$ 时, $\sum_{n=1}^{\infty}\frac{1}{n^{2x}}$ 发散. 由推论 9.5.2 知, $x > 1/2$ 时, 无穷乘积收敛.

结论: $x > 1$ 时无穷乘积绝对收敛; $x > 1/2$ 时无穷乘积收敛.

例 9.5.11 讨论 $\prod_{i=1}^{n}p_i$ 的收敛性, 这里 $p_i = 1 - \frac{1}{(2i)^2}$.

解 部分乘积为

$$W_n = \prod_{i=1}^{n}\left[1-\frac{1}{(2i)^2}\right] = \prod_{i=1}^{n}\frac{(2i-1)(2i+1)}{(2i)(2i)} = \left[\frac{(2n-1)!!}{(2n)!!}\right]^2(2n+1)$$

下面分析 $\{W_i\}$ 的收敛性. 由定积分结论:

$$I_n = \int_0^{\pi/2}\sin^n x \, dx, \quad I_{2n} = \frac{(2n-1)!!}{(2n)!!}\cdot\frac{\pi}{2}, \quad I_{2n+1} = \frac{(2n)!!}{(2n+1)!!}$$

因此 $W_n = \frac{I_{2n}}{I_{2n+1}}\cdot\frac{2}{\pi}$. 由于

$$I_{2n+1} < I_{2n} < I_{2n-1} \Rightarrow 1 < \frac{I_{2n}}{I_{2n+1}} < \frac{I_{2n-1}}{I_{2n+1}}$$

而 $\lim_{n\to\infty}\frac{I_{2n-1}}{I_{2n+1}} = 1$, 由夹逼定理知 $\lim_{n\to\infty}W_n = \lim_{n\to\infty}\frac{I_{2n}}{I_{2n+1}}\cdot\frac{2}{\pi} = \frac{2}{\pi}$. 因此 $\prod_{i=1}^{\infty}\left[1-\frac{1}{(2i)^2}\right]$ 收敛.

注 9.5.4 公式 $\prod\limits_{i=1}^{\infty}\left[1-\dfrac{1}{(2i)^2}\right]=\dfrac{2}{\pi}$ 称为沃利斯 (Wallice) 公式.

例 9.5.12 证明斯特林 (Stirling) 公式: $\dfrac{n!}{\sqrt{2\pi}n^{n+1/2}\mathrm{e}^{-n}}=1+o(1)\ (n\to\infty)$.

证明 设 $a_n=\dfrac{n!}{\sqrt{2\pi}n^{n+1/2}\mathrm{e}^{-n}}$,则 $a_n=a_1\prod\limits_{k=2}^{n}\dfrac{a_k}{a_{k-1}}$,因此 Stirling 公式证明转换为讨论无穷乘积 $\prod\limits_{k=2}^{\infty}\dfrac{a_k}{a_{k-1}}$ 的收敛性. 由于

$$\dfrac{a_n}{a_{n-1}}=\left(\dfrac{n!}{\sqrt{2\pi}n^{n+1/2}\mathrm{e}^{-n}}\right)\Big/\left(\dfrac{(n-1)!}{\sqrt{2\pi}\,(n-1)^{n-1/2}\,\mathrm{e}^{-n+1}}\right)=\mathrm{e}\left(1-\dfrac{1}{n}\right)^{n-1/2}$$

$$=\mathrm{e}^{1+(n-1/2)\ln(1-1/n)}=\mathrm{e}^{1+(n-1/2)\left(-\frac{1}{n}-\frac{1}{2n^2}-\frac{1}{3n^3}+o\left(\frac{1}{n^3}\right)\right)}$$

$$=\mathrm{e}^{-1/12n^2+o(1/n^2)}=1-\dfrac{1}{12n^2}+o\left(\dfrac{1}{n^2}\right)$$

由于级数 $\sum\limits_{n=1}^{\infty}\left(-\dfrac{1}{12n^2}+o\left(\dfrac{1}{n^2}\right)\right)$ 以及级数 $\sum\limits_{n=1}^{\infty}\left(-\dfrac{1}{12n^2}+o\left(\dfrac{1}{n^2}\right)\right)^2$ 收敛, 由推论 9.5.2, $\prod\limits_{k=2}^{\infty}\dfrac{a_k}{a_{k-1}}$ 收敛. 进一步利用沃利斯公式,

$$\lim_{n\to\infty}a_n=\lim_{n\to\infty}\dfrac{a_n^2}{a_{2n}}=\lim_{n\to\infty}\dfrac{\left(n!/(\sqrt{2\pi}n^{n+1/2}\mathrm{e}^{-n})\right)^2}{\left((2n)!/(\sqrt{2\pi}\,(2n)^{2n+1/2}\,\mathrm{e}^{-2n})\right)}=\lim_{n\to\infty}\dfrac{(2n)!!}{\sqrt{2\pi}\,(2n-1)!!}\sqrt{\dfrac{2}{n}}=1$$

结论得证.

习题 9.5.2 无穷乘积

1. 讨论下列无穷乘积的敛散性.

    (1) $\prod\limits_{n=2}^{\infty}\sqrt{\dfrac{n+1}{n-1}}$; (2) $\prod\limits_{n=1}^{\infty}\sqrt[n]{1+\dfrac{1}{n}}$; (3) $\prod\limits_{n=1}^{\infty}\left(1+\dfrac{x^2}{2^n}\right)$.

2. 设 $0<x_n<\dfrac{\pi}{2}$, $\sum\limits_{n=1}^{\infty}x_n^2$ 收敛, 证明 $\prod\limits_{n=1}^{\infty}\cos x_n$ 收敛.

3. 设 $a_{2n-1}=-\dfrac{1}{\sqrt{n}}$, $a_{2n}=\dfrac{1}{\sqrt{n}}+\dfrac{1}{n}\left(1+\dfrac{1}{\sqrt{n}}\right)$, 证明级数 $\sum\limits_{n=1}^{\infty}a_n$, $\sum\limits_{n=1}^{\infty}a_n^2$ 发散, 但是无穷乘积 $\prod\limits_{n=2}^{\infty}(1+a_n)$ 收敛.

4. 利用沃利斯公式证明: $\dfrac{1\cdot 3\cdot 5\cdots(2n-1)}{2\cdot 4\cdot 6\cdots(2n)}\sim\dfrac{1}{\sqrt{n\pi}}\ (n\to\infty)$.

5. 利用斯特林格公式求下面极限:

    (1) $\lim\limits_{n\to\infty}\sqrt[n^2]{n!}$; (2) $\lim\limits_{n\to\infty}\dfrac{n}{\sqrt[n]{n!}}$; (3) $\lim\limits_{n\to\infty}\dfrac{n}{\sqrt[n]{(2n-1)!}}$; (4) $\lim\limits_{n\to\infty}\dfrac{\ln n!}{\ln n^n}$.

*9.6 探索类问题

探索类问题 1 设 $\lim\limits_{n\to+\infty} n\left(\dfrac{b_n}{b_{n+1}}-1\right)=\lambda>0$, 证明 $\sum\limits_{n=1}^{\infty}(-1)^n b_n\,(b_n>0)$ 收敛.

探索类问题 2 研究对数判别方法: 设 $\sum\limits_{n=1}^{\infty}a_n$ 为正项级数, 则

(1) 若存在 $\alpha>0$ 和自然数 n_0, 使得当 $n>n_0$ 时, $\dfrac{\ln(1/a_n)}{\ln n}\geqslant 1+\alpha$, 则 $\sum\limits_{n=1}^{\infty}a_n$ 收敛;

(2) 若存在自然数 n_0, 使得当 $n>n_0$ 时, $\dfrac{\ln(1/a_n)}{\ln n}\leqslant 1$, 则 $\sum\limits_{n=1}^{\infty}a_n$ 发散.

研究对数判别方法极限形式的数学形式描述. 并利用对数判别法研究级数

$$\sum_{n=1}^{\infty}\frac{1}{(\ln n)^{\ln\ln n}}\ \text{与}\ \sum_{n=1}^{\infty}\frac{1}{(\ln\ln n)^{\ln n}}\ (n>1)$$

的敛散性.

探索类问题 3 设 $f(x)$ 为单调递减的正值函数, $\lim\limits_{x\to+\infty}\dfrac{\mathrm{e}^x f(\mathrm{e}^x)}{f(x)}=\lambda$. 则

$$\lambda<1\text{时}, \sum_{n=1}^{\infty}f(n)\text{收敛};\quad \lambda>1\text{时}, \sum_{n=1}^{\infty}f(n)\text{发散}.$$

探索类问题 4 设 $\sum\limits_{n=1}^{\infty}a_n$ 为正项级数, $\sum\limits_{n=1}^{\infty}\dfrac{1}{c_n}$ 为发散的正项级数, 设 $\alpha_n=c_n-c_{n+1}\dfrac{a_{n+1}}{a_n}$, 则有下面结论:

(1) 如果存在 $N\in\mathbf{N}^*$, 存在 $\delta>0$, 任意 $n>N:\alpha_n\geqslant\delta$, 则级数 $\sum\limits_{n=1}^{\infty}a_n$ 收敛.

(2) 如果存在 $N\in\mathbf{N}^*$, 任意 $n>N:\alpha_n\leqslant 0$, 则级数 $\sum\limits_{n=1}^{\infty}a_n$ 发散.

(3) 如果 $\lim\limits_{n\to\infty}\alpha_n=\alpha$, 则 $\alpha>0$ 时, $\sum\limits_{n=1}^{\infty}a_n$ 收敛; $\alpha<0$ 时, $\sum\limits_{n=1}^{\infty}a_n$ 发散.

(4) 讨论当 $\sum\limits_{n=1}^{\infty}\dfrac{1}{c_n}=\sum\limits_{n=1}^{\infty}1,\ \sum\limits_{n=1}^{\infty}\dfrac{1}{c_n}=\sum\limits_{n=1}^{\infty}\dfrac{1}{n},\ \sum\limits_{n=1}^{\infty}\dfrac{1}{c_n}=\sum\limits_{n=3}^{\infty}\dfrac{1}{(n-1)\ln(n-1)}$ 时, 判别法的具体形式.

探索类问题 5 利用拉贝判别法的研究方法研究以 $\sum\limits_{n=2}^{\infty}\dfrac{1}{n(\ln n)^p}$ 作为比较级数时, 级数收敛与发散的判别方法.

探索类问题 6 利用拉贝判别法的研究方法研究以 $\sum\limits_{n=3}^{\infty}\dfrac{1}{n(\ln n)^p(\ln\ln n)^q}$ 作为比较级数时, 级数收敛与发散的判别方法.

探索类问题 7 研究 $\sum\limits_{j=1}^{\infty}\sum\limits_{i=1}^{\infty}a_{ij}$ 收敛的定义; 研究正项级数 $\sum\limits_{j=1}^{\infty}\sum\limits_{i=1}^{\infty}a_{ij}$ 收敛判别方法; 研究一般级数 $\sum\limits_{j=1}^{\infty}\sum\limits_{i=1}^{\infty}a_{ij}$ 收敛判别方法.

探索类问题 8 证明下面问题:

(1) 定义黎曼函数 $\alpha(x) = \sum\limits_{n=1}^{\infty} \dfrac{1}{n^x} (x>1)$, 则 $\alpha(x) = \prod\limits_{n=1}^{\infty} \left(1 - \dfrac{1}{(p_n)^x}\right)$;

(2) $\prod\limits_{n=1}^{\infty} \left(1 - \dfrac{1}{p_n}\right), \sum\limits_{n=1}^{\infty} \left(1 - \dfrac{1}{p_n}\right)$ 发散.

这里 p_n 是素数序列.

探索类问题 9 利用无穷乘积理论证明下面问题:

如果 $\dfrac{a_n}{a_{n+1}} = 1 + \dfrac{p}{n} + O\left(\dfrac{p}{n^{1+\varepsilon}}\right)(\varepsilon > 0)$, 则 $a_n = O\left(\dfrac{1}{n^p}\right)$, 这里 $a_n > 0, n = 1, 2, 3, \cdots$.

第 9 章习题答案与提示

参 考 文 献

[1] 吉米多维奇. 数学分析习题集. 李荣涷, 李植, 译. 北京: 高等教育出版社, 2010.

[2] 陈纪修, 於崇华, 金路. 数学分析 (上、下册). 2 版. 北京: 高等教育出版社, 2004.

[3] 华东师范大学数学系. 数学分析 (上、下册). 4 版. 北京: 高等教育出版社, 2010.

[4] 常庚哲, 史济怀. 数学分析教程 (上、下册). 北京: 高等教育出版社, 2003.

[5] 马知恩, 王绵森. 工科数学分析基础 (上、下册). 2 版. 北京: 高等教育出版社, 2006.

[6] 菲赫金哥尔茨. 微积分学教程 (上、中、下册). 杨弢亮, 叶彦谦, 译. 8 版. 北京: 高等教育出版社, 2006.

[7] 吴良森, 毛羽辉, 韩士安, 等. 数学分析学习指导书 (上、下册). 北京: 高等教育出版社, 2004.

[8] Stewart J. Calculus. 6th ed. Thomson Brooks/Cole, 2008.

[9] 欧阳光中, 朱学炎, 金福临, 陈传璋. 数学分析 (上、下册). 3 版. 北京: 高等教育出版社, 2007.

[10] Barnett R A, Ziegler M R, Byleen K E. Calculus for Business, Economics, Life Sciences, and Social Sciences. 9th ed. 北京: 高等教育出版社, 2005.

[11] Giordano F R, Fox W P, Horton S B. A First Course in Mathematical Modeling. 5th ed. Brooks/Cole, Cengage Learning, 2013.

[12] 司守奎, 孙玺菁. 数学建模算法与应用. 北京: 国防工业出版社, 2014.

[13] 米尔斯切特. 数学建模方法与分析. 4 版. 刘来福, 黄海洋, 杨淳, 译. 北京: 机械工业出版社, 2015.

[14] de Souza P N, Silva J N. Berkeley Problems in Mathematics. 3th ed. 北京: 科学出版社, 2007.

[15] Apostol T M. Mathematical Analysis. 2nd ed. Pearson Education Limited, 1974.

[16] Fitzpatrick P M. Advanced Calculus. 2nd ed. American Mathematical Society, 2009.

[17] Bashirov A E. Mathematical Analysis Fundamentals. 哈尔滨: 哈尔滨工业大学出版社, 2016.

[18] Meerschaer M M. Mathematical Modeling. 北京: 机械工业出版社, 2015.

[19] Sauer T. Numerical Analysis (Second Edition). 裴玉茹, 马赓宇, 译. 北京: 机械工业出版社, 2014.

[20] Pinsky M A. Introduction to Fourier Analysis and Wavelets. American Mathematical Society, 2009.

[21] Gowers T. 普林斯顿数学指南 (共三卷). 齐民友, 译. 北京: 科学出版社, 2014.

[22] 夏道行, 吴卓人, 严绍宗, 舒五昌. 实变函数论与泛函分析 (上、下册). 2 版. 北京: 高等教育出版社, 2010.

[23] 庞特里亚金. 常微分方程. 金福临, 李训经, 译. 哈尔滨: 哈尔滨工业大学出版社, 2016.

[24] Taylor M E. Partial Differential Equations(共三卷). 2 版. 北京: 世界图书出版公司, 2014.

[25] Nocedal J, Wright S J. Numerical Optimization. 北京: 科学出版社, 2006.

[26] 博格斯, 马科维奇. 小波与傅里叶分析基础. 2 版. 芮国胜, 康健, 译. 北京: 电子工业出版社, 2010.

[27] Vreblad A. Fourier Analysis and Its Applications. 北京: 科学出版社, 2011.

[28] 陶然, 邓兵, 王越. 分数阶傅里叶变换及其应用. 北京: 清华大学出版社, 2009.

[29] 冉启文, 谭立英. 小波分析与分数傅里叶变换及应用. 北京: 国防工业出版社, 2002.

[30] 傅英定, 成孝予, 唐应辉. 最优化理论与方法. 北京: 国防工业出版社, 2008.

[31] 孙延奎. 小波变换与图像、图形处理技术. 北京: 清华大学出版社, 2012.

[32] 张立卫, 单锋. 最优化方法. 北京: 科学出版社, 2010.
[33] 李庆扬, 莫孜中, 祁力群. 非线性方程组的数值解法. 北京: 科学出版社, 2016.
[34] 李荣华. 偏微分方程数值解法. 2 版. 北京: 高等教育出版社, 2010.
[35] 王仁宏. 数值逼近. 北京: 高等教育出版社, 1999.
[36] 舒斯特. 混沌学引论. 成都: 四川教育出版社, 2010.
[37] 詹姆斯·格雷克. 混沌: 开创新科学 (修订版). 张淑誉, 译. 北京: 高等教育出版社, 2014.
[38] 海因茨·奥托·佩特根, 哈特穆特·于尔根斯, 迪特马尔·绍柏. 混沌与分形: 科学的新疆界. 2 版. 田逢春, 译. 北京: 国防工业出版社, 2008.
[39] 伊利亚·普里戈金. 确定性的终结: 时间、浑沌与新自然法则. 湛敏, 译; 张建树, 校. 上海: 上海科技教育出版社, 2015.
[40] 弗里德里希·克拉默. 混沌与秩序: 生物系统的复杂结构. 柯志阳, 吴彤, 译. 上海: 上海世纪出版集团, 2010.
[41] 刘式达, 梁福明, 刘式适, 等. 自然科学中的混沌和分形. 北京: 北京大学出版社, 2003.
[42] 弗朗索瓦·吕尔萨. 混沌. 马金章, 译. 北京: 科学出版社, 2005.
[43] Boyer C B. 数学史 (上、下册). 北京: 中央编译出版社, 2012.
[44] Kline M. 古今数学思想 (共三册). 上海: 上海科学技术出版社, 2013.
[45] 霍华德·伊夫斯. 数学史概论. 6 版. 欧阳绛, 译. 哈尔滨: 哈尔滨工业大学出版社, 2009.
[46] 卡兹. 数学史通论. 李文林, 王丽霞, 译. 北京: 高等教育出版社, 2008.
[47] 斯图尔特·夏皮罗. 数学哲学: 对数学的思考. 郝兆宽, 杨睿之, 译. 上海: 复旦大学出版社, 2009.

索　　引

A

阿基米德, Archimedes, 公元前 287 年 - 公元前 212 年, 47
阿贝尔, Niels Henrik Abel, 1802-1829, 167
埃尔米特, Charles Hermite, 1822-1901, 232

B

波尔查诺, Bernard Placidus Johann Nepomuk Bolzano, 1781-1848, 36
博雷尔, Félix Edouard Justin Émile Borel, 1871-1956, 46
伯努利, Johann Bernoulli, 1667-1748, 91
布劳威尔, Luitzen Egbertus Jan Brouwer, 1881-1966, 167
巴拿赫, Stefan Banach, 1892-1945, 167
贝塞尔, Pierre Bézier, 1910-1999, 171
伯恩斯坦, Sergei Natanovich Bernshtein, 1880-1968, 267

D

狄利克雷, Johann Peter Gustav Lejeune Dirichlet, 1805-1859, 93
达布, Jean Gaston Darboux, 1842-1917, 303
达朗贝尔, Jean le Rond D'Alembert, 1717-1783, 449

F

斐波那契, Leonardo Pisano Fibonacci, 1170-1250, 75
费马, Pierre de Fermat, 1601-1665, 188

H

海涅, Heinrich Eduard Heine, 1821-1881, 46
惠更斯, Christiaan Huygens, 1629-1695, 91

J

伽罗瓦, Évariste Galois, 1811-1832, 167

K

柯西, Augustin Louis Cauchy, 1789-1857, 36
康托尔, Georg Ferdinand Ludwig Philipp Cantor, 1845-1918, 148
柯特斯, Roger Cotes, 1682-1716, 357

索引

L

刘徽, 约 225 年 - 约 295 年, 1
黎曼, Georg Friedrich Bernhard Riemann, 1826-1866, 93
莱布尼茨, Gottfried Wilhelm Leibniz, 1646-1716, 184
罗尔, Michel Rolle, 1652-1719, 188
拉格朗日, Joseph-Louis Lagrange, 1736-1813, 188
洛必达, Marquis de L'Hôpital, 1661-1704, 213
勒让德, Adrien-Marie Legendre, 1752-1833, 231
拉盖尔, Edmond Nicolas Laguerre, 1834-1886, 232
勒贝格, Henri Léon Lebesgue, 1875-1941, 341
龙贝格, Werner Romberg, 1909-2003, 361
拉贝, Joseph Ludwig Raabe, 1801-1859, 452

M

麦克劳林, Colin Maclaurin, 1698-1746, 245
默腾斯, Franz Carl Joseph Mertens, 1840-1927, 474

N

牛顿, Isaac Newton, 1643-1727, 224

O

欧拉, Leonhard Euler, 1707-1783, 31

P

佩亚诺, Giuseppe Peano, 1858-1932, 239

Q

切比雪夫, Pafnuty Lvovich Chebychev, 1821-1894, 232

S

施笃兹, Otto Stolz, 1842-1905, 56
斯特林, James Stirling, 1692-1770, 479

T

泰勒, Brook Taylor, 1685-1731, 239

W

魏尔施特拉斯, Karl Theodor Wilhelm Weierstrass, 1815-1897, 36
沃利斯, John Wallice, 1616-1703, 479

X

肖恩贝格, Isaac Jacob Schoenberg, 1903-1990, 354
辛普森, Thomas Simpson, 1710-1761, 359

Y

亚里士多德, Aristotélēs, 公元前 384 年 - 公元前 322 年, 223

Z

庄子, 约公元前 369 年 - 约公元前 286 年, 1

詹森, Johan Ludwig William Valdemar Jensen, 1859-1925, 206

祖冲之, 429-500, 266

科学出版社

教师教学服务指南

为了更好服务于广大教师的教学工作，科学出版社打造了"科学 EDU"教学服务公众号，教师可通过**扫描下方二维码**，享受**样书**、**课件**、**会议信息**等服务.

样书、电子课件仅为任课教师获得，并保证只能用于教学，不得复制传播用于商业用途. 否则，科学出版社保留诉诸法律的权利.

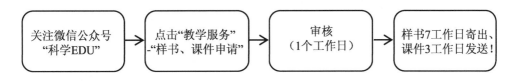

科学EDU

关注科学EDU，获取教学样书、课件资源

面向高校教师，提供优质教学、会议信息

分享行业动态，关注最新教育、科研资讯

学生学习服务指南

为了更好服务于广大学生的学习，科学出版社打造了"学子参考"公众号，学生可通过扫描下方二维码，了解海量**经典教材**、**教辅**、**考研**信息，轻松面对考试.

学子参考

面向高校学子，提供优秀教材、教辅信息

分享热点资讯，解读专业前景、学科现状

为大家提供海量学习指导，轻松面对考试

教师咨询：010-64033787　QQ：2405112526　yuyuanchun@mail.sciencep.com

学生咨询：010-64014701　QQ：2862000482　zhangjianpeng@mail.sciencep.com